G. Wickert · G. Schmaußer

Stahlwasserbau

Theorie · Konstruktive Lösungen
Spezielle Probleme

Mit 464 Abbildungen

Springer-Verlag Berlin Heidelberg GmbH 1971

apl. Prof. Dr.-Ing. GERHARD WICKERT
Beratender Ingenieur, Universität (TH) Karlsruhe

Prof. Dr.-Ing. GERHARD SCHMAUSSER
Beratender Ingenieur
Direktor der Staatlichen Ingenieurschule Aalen

ISBN 978-3-662-13038-4 ISBN 978-3-662-13037-7 (eBook)
DOI 10.1007/978-3-662-13037-7

Ursprünglich erschienen bei Springer-Verlag Berlin Heidelberg New York 1971
Softcover reprint of the hardcover 1st edition 1971

Library of Congress Catalog Card Number 75-104711

Vorwort

Im Jahre 1928 erschien erstmals ein Buch über den Stahlwasserbau mit dem Titel „Der Eisenwasserbau Band 1 (Wehre)“ von Prof. KULKA; der geplante 2. Band über Schleusentore, Docks, Wasserbehälter und Kanalbrücken ist nicht gefolgt. Die technische Entwicklung des Stahlwasserbaus in den letzten 40 Jahren fand zwar ihren Niederschlag in einer Fülle von Einzelveröffentlichungen, aber es fehlte bis heute eine Sichtung und systematische Gesamtdarstellung. Sie liegt nun mit dem Buch „Stahlwasserbau“ vor.

Als die Verfasser im Jahre 1960 mit dem Manuskript begannen, standen sie ebenfalls vor der Frage der Teilung des vielschichtigen und umfangreichen Fachgebietes in zwei Buchhälften. Der Entschluß fiel auf *einen* Band; hierfür mußte das Manuskript wegen seines ursprünglich zu großen Umfangs stark gekürzt und das Literaturverzeichnis von über 1600 Quellen auf etwa 700 verringert werden. Sollte der Leser die eine oder andere Abhandlung nicht erwähnt finden, so ist hierin der Grund zu sehen.

Das Buch stellt einen gerafften Querschnitt der Theorie, der konstruktiven Lösungen und der speziellen Probleme des Stahlwasserbaus dar. Das 1. Kapitel umfaßt die Hydromechanik nur insoweit, als sie Fragestellungen des Stahlwasserbaus betrifft. Das 2. Kapitel zeigt die Statik in ihrer Anwendung auf Verschlußkörper mit den hierfür typischen Auffassungen und den Möglichkeiten einer einfachen und für wirtschaftliche Konstruktionen ausreichenden Berechnung bzw. Bemessung. Die anschließenden Kapitel sind den konstruktiven Lösungen von Verschlüssen für Stauanlagen, Wasserkraftanlagen und Wasserstraßen gewidmet. Auch die Notverschlüsse werden eingehend behandelt. Einen breiten Raum nehmen besondere Probleme wie Dichtung, Belüftung, Kavitation, Schwingungen, Eis, Ermittlung der Antriebskräfte, Steuerungen und Korrosionsschutz ein. Die maschinelle und elektrische Ausrüstung werden ausreichend besprochen. Kapitel über Montage und Modellversuche bilden den Schluß. Die zitierten DIN (Deutsche Industrie-Normen) entsprechen dem Stand von Ende 1969, insbesondere DIN 19704, Berechnungsgrundlagen für den Stahlwasserbau und DIN 19705, Richtlinien für die bauliche Durchbildung von Stahlwasserbauten.

Prof. Dr.-Ing. G. WICKERT bearbeitete das Kap. 1 und von Kap. 3 an alle folgenden, wobei er für die Kap. 16 bis 20 die Unterstützung weiterer Fachleute fand. Prof. Dr.-Ing. G. SCHMAUSSER legte im Kap. 2 seine in der Verwaltung und Industrie sowie als Prüfingenieur erworbene Stahlwasserbau-Erfahrung nieder.

Die Verfasser danken den Firmen, Behörden und Gesellschaften für das zur Verfügung gestellte umfangreiche Informationsmaterial.

Besonderer Dank sei den nachstehend genannten Herren für die Mithilfe bei der Abfassung des Manuskriptes gesagt:

Dipl.-Ing. W. Bahlmann, Hamburg (Kap. 16 Korrosionsschutz), Obering. J. Beinecke, RU Dortmund (Kap. 17 „Armaturen und Hubmittel" und Kap. 18 „Antriebe"), Obering. F. Henkelmann, SSW Erlangen (Kap. 19 „Elektrische Ausrüstung"), Dir. G. Heunemann, RU Dortmund (Kap. 20.2 „Auf der Baustelle").

Schließlich ist dem Verlag zu danken, der viel Mühe und große Sorgfalt aufgewendet hat für ein Buch, das ein äußerst interessantes, aber doch spezielles Gebiet des Bau- und Maschinenbauwesens behandelt.

An das Erscheinen dieses Buches knüpfen die Verfasser die Hoffnung, eine Lücke in der Fachliteratur geschlossen zu haben.

Lindenfels/Aalen, im Frühjahr 1971

G. Wickert G. Schmaußer

Inhaltsverzeichnis

A. Theoretische Grundlagen

B. Verschlüsse. Konstruktive Lösungen

C. Besondere Probleme

D. Maschinelle und elektrische Ausrüstung

E. Sonstiges

A. Theoretische Grundlagen

1 Hydromechanik

In diesem Kapitel werden nur hydromechanische Grundlagen des Stahlwasserbaues behandelt. Wer sich mit den Zusammenhängen und Problemen der Hydromechanik eingehender beschäftigen möchte, sei auf die Literatur verwiesen [*1*–*21*]. Aus dieser sind auch verschiedene Beispiele entnommen. Naturgemäß kann dieses Kapitel keinen Anspruch auf Vollständigkeit erheben, da sonst der Umfang zu groß geworden wäre. Es soll lediglich einige Grundbegriffe in die Erinnerung zurückrufen.

Das spezifische Gewicht des Süßwassers ist mit dem Druck und der Temperatur zwar etwas veränderlich, in der Regel genügt es aber, mit einem Wert von $\gamma = 1000\ \text{kp/m}^3 = 1{,}0\ \text{Mp/m}^3$ zu rechnen. Man kann das Wasser als nicht zusammendrückbar (nicht kompressibel) ansehen.

1.1 Druck des ruhenden Wassers

Der durch das Gewicht einer in Ruhe befindlichen Flüssigkeit hervorgerufene Druck nimmt in senkrechter Richtung proportional der Tiefe zu. Alle Punkte in gleicher Tiefe unter der freien Oberfläche haben damit den gleichen Druck, sie bilden eine Niveaufläche.

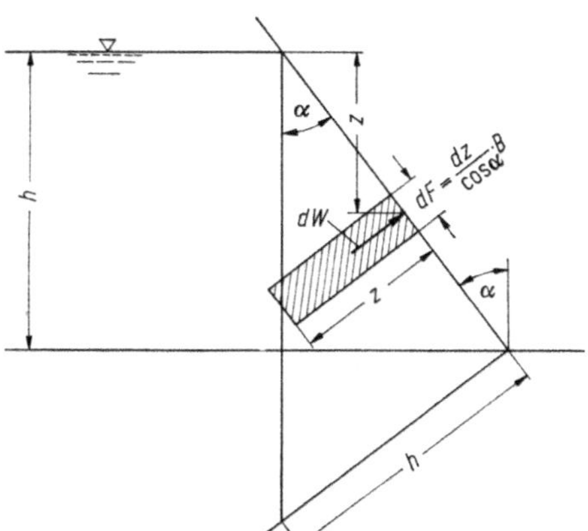

Abb. 1.1 Wasserdruck auf eine geneigte ebene Fläche.

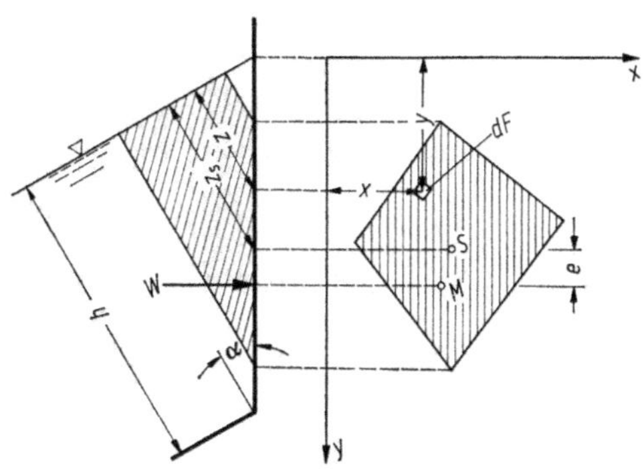

Abb. 1.2. Wasserdruck auf eine geneigte ebene Fläche beliebiger Form.

Die Integration bei einer *ebenen*, *B*-breiten Fläche (Abb. 1.1) liefert als Wasserdruckkraft

$$W = \int_0^h \gamma\, B \frac{z\, dz}{\cos\alpha} = \frac{\gamma\, B\, h^2}{2 \cos\alpha}\,. \tag{1}$$

Bei $\alpha = 0°$ (Fläche steht senkrecht) wird

$$W = \tfrac{1}{2} \gamma B h^2. \tag{2}$$

Bei einer beliebigen Fläche F, unter dem Winkel α geneigt (Abb. 1.2), ist der Druck ohne Berücksichtigung des Atmosphärendruckes

$$p\,dF = \gamma z\,dF.$$

Durch Integration über die ganze Fläche F ergibt sich als Gesamtdruck auf diese Fläche

$$W = \gamma \int_F z\,dF.$$

Wird mit z_s die Wassertiefe über dem Schwerpunkt S der Fläche F bezeichnet, dann gilt

$$\gamma \int_F z\,dF = \gamma z_s F.$$

Der Gesamtdruck kann somit auch durch

$$W = \gamma z_s F \tag{3}$$

ausgedrückt werden. Allgemein gilt deshalb: Die Druckkraft auf eine beliebige Fläche entspricht dem Produkt aus dem im Schwerpunkt der Fläche wirkenden Flächendruck z_s und der gedrückten Fläche (s. auch [703]).

In der Regel geht die Druckresultierende nicht durch den Flächenschwerpunkt, sondern durch den Druckmittelpunkt (Abb. 1.2, Punkt M). Dieser Abstand e ist die Exzentrizität des Wasserdruckes. Sie beträgt bei einer rechteckigen Fläche, die bis zur freien Oberfläche reicht,

$$e = \frac{h}{2} - \frac{h}{3} = \frac{h}{6}.$$

Liegt eine Platte mit der Höhe s und der Breite B um t unter der freien Oberfläche, wird

$$e = \frac{s^2}{12\,(s/2 + t)}.$$

Bei einer lotrechten Kreisplatte nimmt der Druckmittelpunkt M einen Abstand vom Flächenschwerpunkt an von

$$e = \frac{r^2}{4\,(h - r)}.$$

h wird dabei jeweils vom Wasserspiegel bis zur Unterkante Platte gemessen.

Beispiel. Ein Schütz für die Wassertiefe h wird durch $n = 5$ Horizontalriegel (k_1 bis k_5) ausgesteift (Abb. 1.3). Um eine ungleiche Durchbiegung zu vermeiden, soll, da die Riegel gleiches Trägheitsmoment haben, jeder Riegel den gleichen anteiligen Wasserdruck übernehmen.

Als erster Anhalt für die Lage der Riegel dient folgendes Verfahren: Die Wassertiefe h wird zeichnerisch in n gleiche Teile aufgeteilt. Die zeichnerische Lösung geht aus Abb. 1.3 hervor. Wenn der gleiche Druck wirken soll, muß bei der Einheitsbreite auf das Feld *1* der Druck

$$W_1 = \frac{\Sigma W}{n} = \frac{\gamma h^2}{2n}$$

entfallen. Somit wird

$$W_1 = \gamma h_1^2/2\,, \qquad 2W_1 = \gamma h_2^2/2\,, \qquad n\,W_1 = \gamma h^2/2\,.$$

Hieraus ergibt sich rechnerisch der Abstand zu

$$h_1 = \frac{h}{\sqrt{n}}\,, \qquad h_2 = \frac{h}{\sqrt{n}}\sqrt{2}\,, \qquad h = \frac{h}{\sqrt{n}}\sqrt{3}$$

für den k-ten oder allgemein bei k-Riegeln

$$h_k = \frac{h}{\sqrt{n}}\sqrt{k}\,. \tag{4}$$

Die Riegel sind dann jeweils im Schwerpunkt der Flächenteile $F_1, F_2, F_3, \ldots, F_n$ anzuordnen.

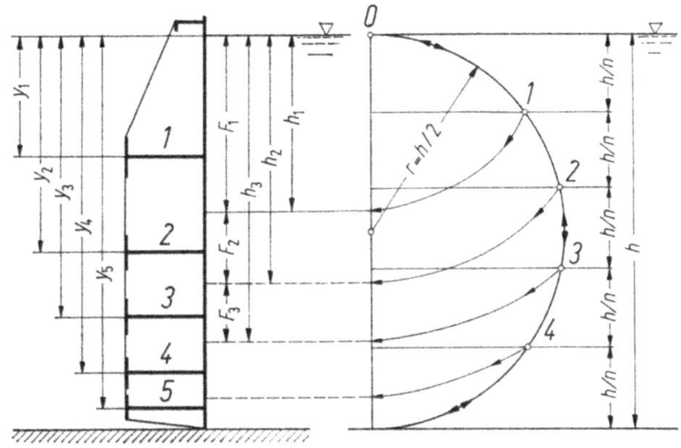

Abb. 1.3. Aufteilung in gleiche Wasserlasten, Schütz bis Wasserspiegel.

Es hat dann nach [22] der k-te Riegel vom Wasserspiegel den Abstand

$$y_k = \frac{2h}{3\sqrt{n}}\left[k^{3/2} - (k-1)^{3/2}\right]. \tag{5}$$

Liegt die Oberkante eines Schützes um t unter dem Wasserspiegel, verläuft das graphische Verfahren zur Ermittlung gleicher Lastflächen ähnlich. Auch hier werden gleiche Abschnitte $(h - t)/n$ eingeteilt und dann um den Punkt 0 durch Kreisbogen auf die lotrechte $h - t$ übertragen. Rechnerisch werden die gesuchten Koordinaten h_k für die Fläche gefunden zu

$$h_k = h\sqrt{\frac{k+\beta}{n+\beta}} \tag{6}$$

mit

$$\beta = \frac{h\,t^2}{h^2 - t^2}\,.$$

Die Koordinaten für die Riegel (y_k) werden aus der Beziehung:

$$y_k = \frac{2h}{3\sqrt{n+\beta}}\left[(k+\beta)^{3/2} - (k-1+\beta)^{3/2}\right] \tag{7}$$

ermittelt.

Bei *einfach gekrümmten* Flächen muß der Wasserdruck stets in eine Horizontal- und Vertikalkomponente zerlegt werden (Abb. 1.4), da sonst eine Integration und eine flächenmäßige Darstellung des Wasserdruckes infolge seiner veränderlichen Richtung nicht möglich ist.

Durch Zerlegung des Wasserdruckes

$$dW = \gamma\, y\, dF = \gamma\, y\, B\, ds$$

in die beiden Komponenten

$$dW_x = dW \cos\alpha = \gamma\, y\, B\, ds \cos\alpha = \gamma\, y\, B\, dy$$

und

$$dW_y = dW \sin\alpha = \gamma\, B\, ds \sin\alpha = \gamma\, y\, B\, dx$$

erhält man durch Integration über die ganze Fläche:

$$W_x = \int_0^h \gamma\, B\, y\, dy = \gamma\, B\, h^2/2\,, \tag{8}$$

$$W_y = \int_0^l \gamma\, B\, y\, dx = \text{Fläche } 0 - 1 - 2\,. \tag{9}$$

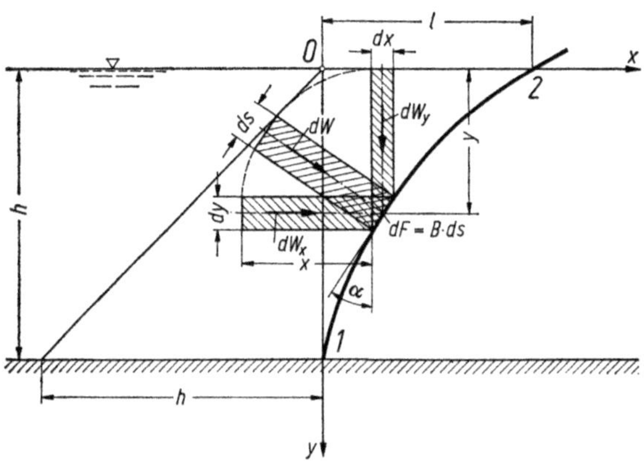

Abb. 1.4. Wasserdruck auf gekrümmte Flächen.

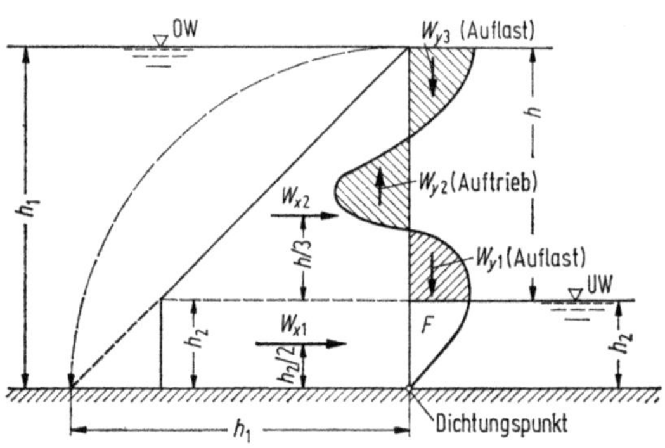

Abb. 1.5. Wasserdruck und Auftrieb bei einer gekrümmten Fläche.

Ist die Form der Fläche als $f(x)$ bekannt, dann kann die Vertikalkomponente W_y analytisch berechnet werden. Die Horizontalkomponente W_x dagegen ist von der Krümmung der Fläche unabhängig. Sie entspricht dem horizontalen statischen Wasserdruck (Wasserdruckdreieck).

Somit bereitet es für beliebig gekrümmte Flächen keine Schwierigkeiten, die einzelnen Komponenten zu bestimmen (Abb. 1.5). Die Lotrechte wird durch den Dichtungspunkt an der Sohle gelegt, und alle Flächenteile nach Oberwasser sind Auftrieb (W_{y2}), nach der Luftseite Auflast (W_{y1}, W_{y3}). Der untere Flächenteil F ergibt für das Oberwasser Auflast, für das Unterwasser aber Auftrieb, beide Komponenten heben sich somit auf. Da die Horizontalkomponente durch das Unterwasser verringert wird, gibt man für den horizontalen Druck zweckmäßigerweise zwei Komponenten an, und zwar W_{x1} und W_{x2}.

Bei *doppelt gekrümmten Flächen* gehen die drei Druckkomponenten W_x, W_y, W_z im allgemeinen nicht durch einen Punkt. Sie können deshalb auch nicht zu einer resultierenden Einzelkraft zusammengesetzt werden, lassen sich dann aber stets auf eine Einzelkraft und ein Moment reduzieren.

In einzelnen Fällen ist die Zusammensetzung der Druckkomponenten zu einer Einzelkraft möglich. Bei einer Kugelfläche geht sie durch den Kugelmittelpunkt, bei einer Zylinderfläche durch die Krümmungsachse.

Beispiel. Eine gleichmäßig gekrümmte Stauwand (Segment) wird durch Wasserdruck belastet (Abb. 1.6).

Bei allen Fällen a bis e ist der horizontale Wasserdruck [Gl. (8)], bezogen auf die Breite 1, $W_x = \gamma\, h^2/2$ in der Höhe $h/3$ (gemessen von der Sohle.)

Es wird nach [*23*] für $\gamma = 1\ \mathrm{Mp/m^2}$ (Maße in m):

Fall a u. b. Drehpunkt über dem halben Wasserspiegel (Abb. 1.6):

Fall a:

$$W_y = \gamma \left[-\frac{R^2}{2}\left(\frac{1}{2}\sin 2\beta + \beta - \varrho\right) - u\left(h - \frac{v}{2}\right)\right], \tag{10a}$$

mit der Koordinate:

$$x_s = \left[\frac{v^2}{2}\left(h - \frac{v}{3}\right) + \frac{R^3}{6}\sin^3\beta\right] \Big/ Wy, \tag{11a}$$

Fall b:

$$Wy = \gamma \left[\frac{R^2}{2}\left(\frac{1}{2}\sin 2\beta + \beta + \varrho\right) - u\left(h - \frac{v}{2}\right)\right], \tag{10b}$$

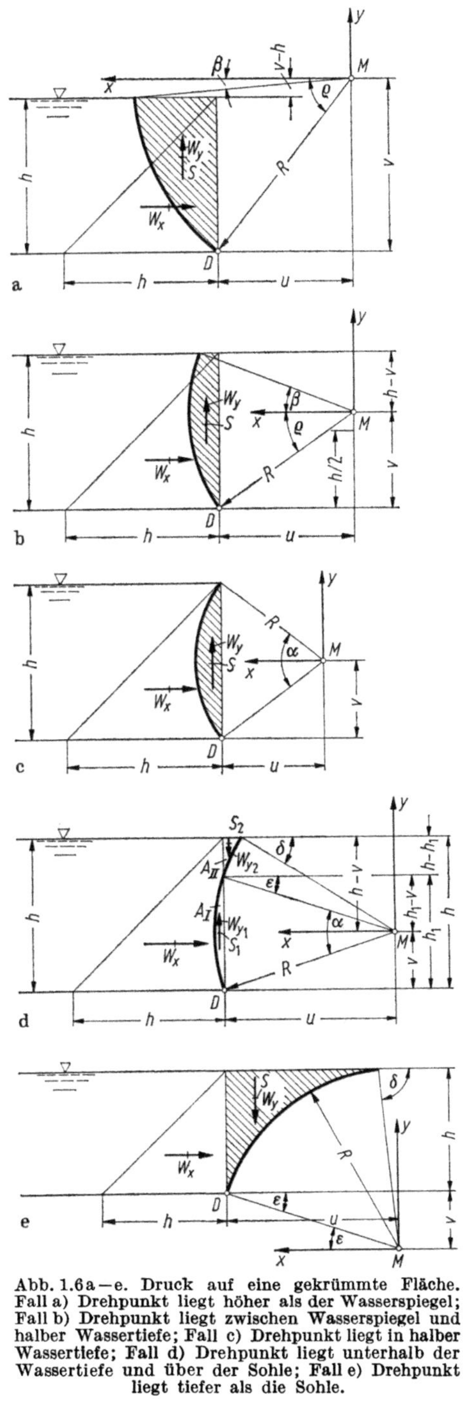

Abb. 1.6a–e. Druck auf eine gekrümmte Fläche. Fall a) Drehpunkt liegt höher als der Wasserspiegel; Fall b) Drehpunkt liegt zwischen Wasserspiegel und halber Wassertiefe; Fall c) Drehpunkt liegt in halber Wassertiefe; Fall d) Drehpunkt liegt unterhalb der Wassertiefe und über der Sohle; Fall e) Drehpunkt liegt tiefer als die Sohle.

mit der Koordinate:

$$x_s = \left[\frac{v^2}{2}\left(h - \frac{v}{3}\right) - \frac{R^3}{6}\sin^3\beta\right] \Big/ Wy. \tag{11b}$$

Fall c; Mittelpunkt der gewölbten Stauwand liegt in halber Wassertiefe: der vertikale Wasserdruck (Auftriebskraft) wird

$$W_y = \gamma A = \gamma \frac{R^2}{2}(\alpha - \sin\alpha). \tag{12}$$

Der Angriffspunkt S des vertikalen Wasserdruckes (Auftriebes) hat die Koordinate

$$x_s = \frac{h^3}{6R^2(\alpha - \sin\alpha)} = \frac{h^3}{12} \Big/ Wy. \tag{13}$$

Fall d; Drehpunkt unter der halben Wassertiefe und über der Sohle:

$$W_{y1} = \frac{\gamma R^2}{2}(\alpha - \sin\alpha), \tag{14}$$

$$x_{s1} = \frac{h_1^3}{6R^2(\alpha - \sin\alpha)} = \frac{h_1^3}{12} \Big/ Wy_1, \tag{15}$$

$$W_{y2} = \gamma\left[u\left(h - h_1 + \frac{v}{2}\right) - \frac{R^2}{2}\left(\frac{1}{2}\sin 2\delta + \delta - \varepsilon\right)\right], \tag{16}$$

$$x_{s2} = \left[\frac{1}{6}R^3\sin^3\delta - v^2\left(\frac{1}{2}(h - h_1) + \frac{v}{6}\right)\right] \Big/ Wy_2. \tag{17}$$

Fall e; Drehpunkt tiefer als die Sohle:

$$W_y = \gamma\left[u\left(h + \frac{v}{2}\right) - \frac{R^2}{2}\left(\frac{1}{2}\sin 2\delta + \delta - \varepsilon\right)\right], \tag{18}$$

$$x_s = \left[\frac{1}{6}R^3\sin^3\delta - v^2\left(\frac{1}{2}h + \frac{1}{6}v\right)\right] \Big/ Wy. \tag{19}$$

Liegt ein Schütz mit gewölbter Stauwand mit seiner Oberkante unter dem Wasserspiegel, beispielsweise um den Wert h_1 (Abb. 1.7), dann sind die vorher abgeleiteten Beziehungen nicht mehr anwendbar.

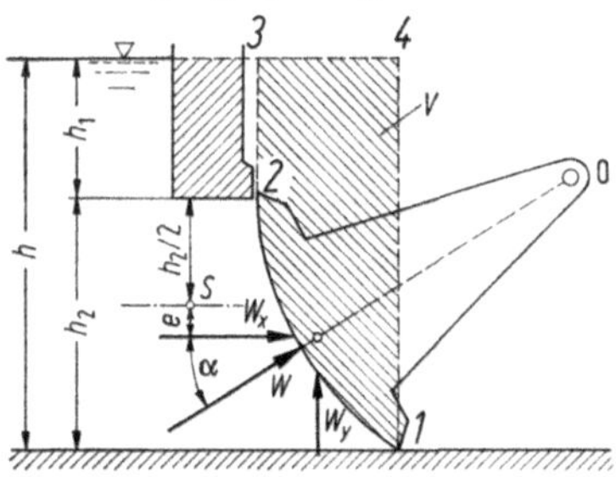

Abb. 1.7. Berechnung des Wasserdruckes gegen ein tief liegendes Segmentschütz.

Beispiel. Der Wasserdruck auf ein tiefliegendes Segmentschütz (Abb. 1.7) wird in eine horizontale und vertikale Druckkomponente zerlegt. Die Horizontalkomponente auf die Breite 1 ist

$$W_x = \gamma(h_1 + h_2/2)\,h_2.$$

Die Wirkungslinie von W_x liegt um

$$e = \frac{h_2^2}{12(h_1 + h_2/2)}$$

unter dem Schwerpunkt S.

Die Vertikalkomponente W_y entspricht dem Auftriebsvolumen V der Fläche *1–2–3–4* mit

$$W_y = \gamma V.$$

Der Gesamtdruck wird dann $W = \sqrt{W_x^2 + W_y^2}$.

Ist die Neigung der Wirkungslinie des Gesamtdruckes zur Horizontalen bekannt, wird, ohne daß die Auftriebsfläche besonders zu ermitteln ist,

$$W_y = \gamma(h_1 + h_2/2)\,h_2 \tan\alpha.$$

Der Neigungswinkel läßt sich graphisch schnell ermitteln, da die Wirkungslinie der Resultierenden durch die Krümmungsachse der Zylinderfläche führt (s. a. Wasserdrucklinienverfahren [*28*]).

1.2 Auftrieb in ruhendem Wasser

Ein fester Körper beliebiger Gestalt möge teilweise in einer Flüssigkeit eingetaucht sein (Abb. 1.8). Der Auftrieb A der ruhenden Flüssigkeit ist seiner Größe nach gleich dem Gewicht der vom Körper verdrängten Flüssigkeit, ist aufwärts gerichtet und geht durch den Schwerpunkt S des verdrängten Flüssigkeitsvolumens, also $A = \gamma V_1$. Der Körper mit dem Eigengewicht E schwimmt, wenn $E < A = \gamma V_1$, und sinkt unter, wenn $E > A = \gamma V$ (V das Gesamtvolumen des Körpers).

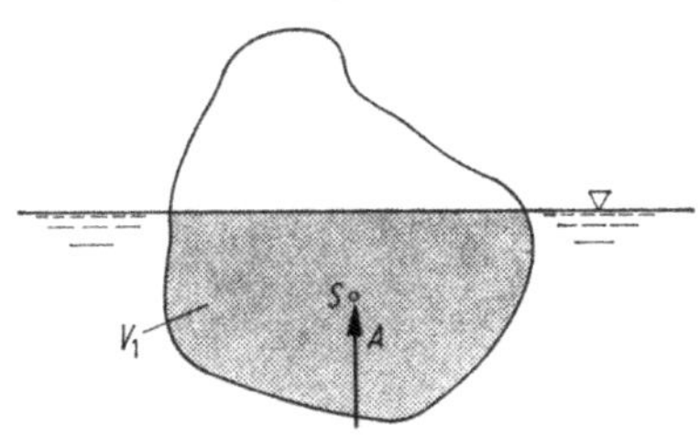

Abb. 1.8. Auftrieb eines teilweise um V_1 eingetauchten Körpers.

1.3 Stabilität schwimmender Körper

Um einen stabilen Schwimmzustand aufrechtzuerhalten, dürfen die Kräfte E und A keine Momente bilden. Mit Kentern wird die Eigenschaft bezeichnet, bei Erreichen eines bestimmten Neigungswinkels in eine andere Schwimmlage überzugehen. Es entspricht dem Kippen starrer Körper auf fester Unterlage. Die Aufgabe besteht also darin, das Gleichgewicht eines frei beweglichen starren Körpers zu untersuchen, an dem Kräfte angreifen, die bei einer Drehung des Körpers im Raum im allgemeinen ihre Lage, ihre Größe und ihre Richtung ändern.

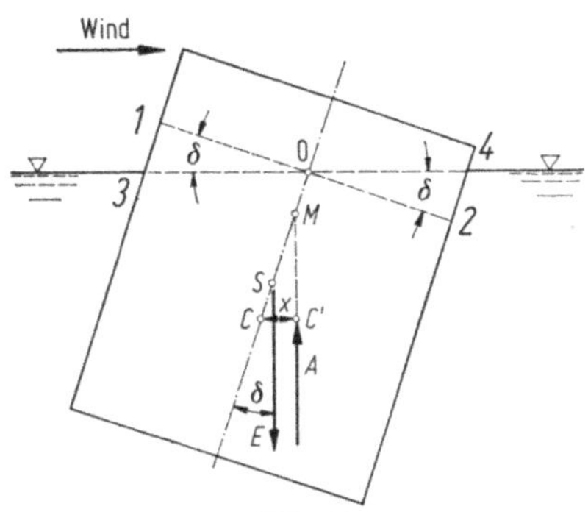

Abb. 1.9. Metazentrum eines Schwimmkörpers.

Der Auftrieb A greift im Schwerpunkt C des eingetauchten Volumens $\overline{1-2}$ ein. Die Verbindungslinie $\overline{MC}$ stimmt mit der Schwimmachse überein (Abb. 1.9).

Wird der Schwimmkörper durch eine äußere Kraft aus einer Ruhelage um den Winkel δ gedreht, so taucht jetzt das Volumen $\overline{3-4}$ bei Gleichheit der Volumen $0-1-3$ und $0-2-4$ ein. Der Schwerpunkt C' der neuen Auftriebsfläche wandert seitlich um den Wert x. Die Auftriebslinie schneidet jetzt die Schwimmachse im Punkt M, genannt Metazentrum. Der Abstand dieses Punktes zum Schwerpunkt S ist die metazentrische Höhe. Soll der Schwimmkörper nach Wegfall der äußeren Kraft wieder in die alte lotrechte Lage zurückkehren, so muß das Metazentrum stets oberhalb des Schwerpunktes S bleiben. Eingehende Untersuchungen bringt [24].

Der Nachweis der Schwimmstabilität ist für Docktore oder auch für einschwimmbare Notverschlüsse zu erbringen.

1.4 Bernoullische Energiegleichung

Die Energiegleichung für eindimensionale Behandlung von Strömungsaufgaben lautet

$$h_{g1} + p_1/\gamma + v_1^2/2g = h_{g2} + p_2/\gamma + v_2^2/2g$$

oder allgemein

$$h_g + p/\gamma + v^2/2g = \text{const} = H. \qquad (20)$$

In der Gl. (20), auch Druckgleichung der stationären Strömung genannt, ist das erste Glied die geometrische oder Ortshöhe des Flüssigkeitsteilchens über einer beliebig gewählten horizontalen Bezugsebene. Das zweite Glied mit p/γ wird Druckhöhe und das dritte Glied Geschwindigkeitshöhe bezeichnet.

Das heißt: Bei der stationären Bewegung einer idealen, nur der Schwere als Massenkraft unterworfenen Flüssigkeit ist für alle Punkte einer Stromlinie die Summe aus Orts-, Druck- und Geschwindigkeitshöhe konstant. Der Wert der Konstanten kann dabei von Stromlinie zu Stromlinie verschieden sein, und ist es besonders dann, wenn die Stromlinie verschiedenen Ursprung haben. Kommen

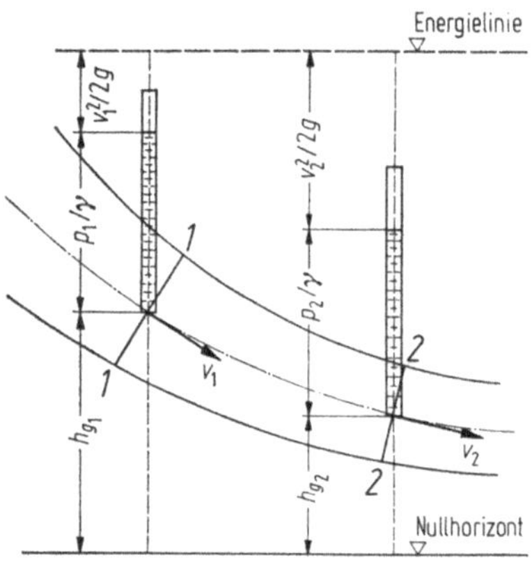

Abb. 1.10. Schematische Darstellung der Bernoullischen Gleichung.

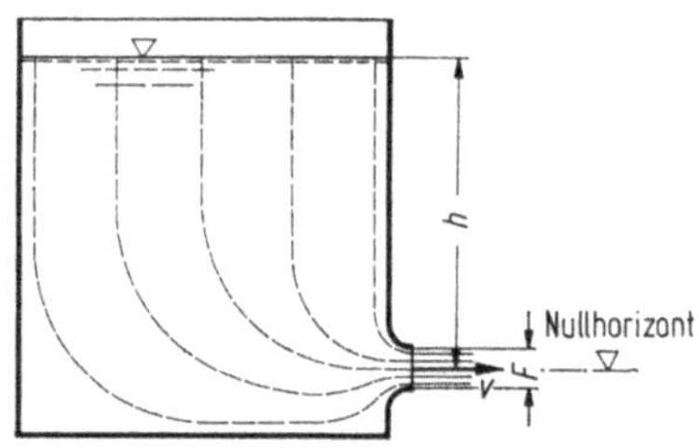

Abb. 1.11. Ausfluß aus einem Gefäß.

alle Stromlinien aus einem Raum, in dem statische Verhältnisse (d. h. Ruhe oder gleichförmige geradlinige Bewegung) herrschen, so ist die Konstante für alle Stromlinien dieselbe. Die Gl. (20) gilt dann auch quer über die Stromlinien weg im ganzen Raum.

Eine graphische Darstellung der Energiegleichung zeigt Abb. 1.10, in der über den Ortshöhen zweier Stromlinienpunkte die Geschwindigkeits- und Druckhöhen bezogen auf einen Nullhorizont eingetragen sind.

Wir haben beispielsweise ein Gefäß, aus dem Wasser ausströmt (Abb. 1.11). Der Wasserspiegel möge infolge seiner großen Fläche auf konstanter Höhe bleiben. Die Bewegung ist dann stationär. Es werden mit p_0 und v_0 die Werte für Druck und Geschwindigkeit der Wasserteilchen des Wasserspiegels bezeichnet (in diesem Fall gleich Energielinie, da $v_0 = 0$) und mit p und v die entsprechenden Werte im Bereich der größten Strahlkontraktion am Ausfluß. Wird als Nullhorizont eine Horizontalebene durch den Schwerpunkt der Ausflußöffnung gelegt, so gilt nach Gl. (20) für Anfangs- und Endpunkt einer beliebigen Stromlinie innerhalb des Gefäßes

$$v_0^2/2g + p_0/\gamma + h = v^2/2g + p/\gamma \,.$$

Daraus folgt als ideelle Ausflußgeschwindigkeit:

$$v = \sqrt{v_0^2 + 2g\,[(p_0 - p)/\gamma + h]} \,.$$

Da v_0 vernachlässigbar klein ist und der Wasserspiegel sowie die Ausflußöffnung an der freien Atmosphäre liegen, kann $p_0 = p$ gesetzt werden. Damit geht die Beziehung über in

$$v = \sqrt{2gh} \tag{21}$$

das Toricellische Theorem.

Zwar ist die Ausflußgeschwindigkeit etwas kleiner als theoretisch errechnet. Diese Differenz kann im praktischen Wasserbau aber vernachlässigt und durch den Einschnürungsbeiwert μ mit erfaßt werden, der das Verhältnis des engsten Querschnittes eines Strahles zum Querschnitt der Austrittsöffnung angibt.

Es wird dann der sekundliche Abfluß

$$Q = \mu F v = \mu F \sqrt{2gh}\,. \tag{22}$$

Der Einschnürungsbeiwert μ hängt von der Form des Ausflußquerschnittes ab und ob die Einschnürung sich vollkommen ausbilden kann.

Bei den Rohrströmungen (Abb. 1.12) geht die Drucklinie durch den in der Mittelachse der Austrittsöffnung liegenden Punkt A, da hier der Druck voll in

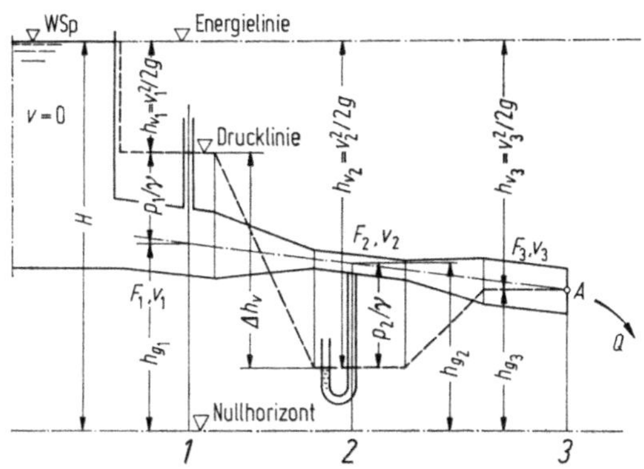

Abb. 1.12. Energie- und Drucklinie bei der Rohrströmung.

Geschwindigkeit umgesetzt ist. Für Querschnitt *3* gilt nach Gl. (20) ohne Berücksichtigung der Verluste

$$h_{g3} + v_3^2/2g = H$$

und daraus folgt, wenn für $H - h_{g3} = h_{v3}$ gesetzt wird,

$$v_3 = \sqrt{2g\,h_{v3}}\,.$$

Liegt die Drucklinie höher als ein betrachtetes Flüssigkeitsteilchen, so herrscht an der betreffenden Stelle ein größerer Druck als der der Atmosphäre. Bei Unterdruck sinkt die Drucklinie unter das betrachtete Flüssigkeitsteilchen ab (Querschnitt *2*).

Würde nun der Wasserspiegel (Abb. 1.11, 1.12) während des Abflusses absinken, so hätten wir eine nichtstationäre Bewegung, deren charakteristisches Merkmal die zeitlich sich ändernde Gesamtenergie ist (s. a. [*1, 2, 5, 9*]). Bei einer Strömung in einem Stromfaden verschwindet weder Masse noch kommt irgendwo welche hinzu. Das heißt, die Geschwindigkeit in einer Stromröhre ist umgekehrt proportional deren Querschnitt. Betrachten wir den Rohrdurchfluß (Abb. 1.12), so muß sein

$$F_1 v_1 = F_2 v_2 = F_3 v_3\,.$$

Da F_1, F_2 und F_3 ganz beliebige Querschnitte des Rohres (Stromfaden) sind, kann auch geschrieben werden

$$Q = F v, \tag{23}$$

Diese Kontinuitätsgleichung gilt sowohl für stationäre als auch nichtstationäre Strömungen.

Für offene Wasserläufe bei Parallelbewegung liefert die Bernoulli-Gleichung ebenfalls brauchbare Ergebnisse. Handelt es sich beispielsweise um einen durchströmten Rechtecksquerschnitt und wird der Nullhorizont in die Sohle gelegt (Abb. 1.13), so liefert die Bernoulli-Gleichung nach Integration über den Querschnitt

$$H = t + \frac{Q^2}{B^2 t^2 2g} . \tag{24}$$

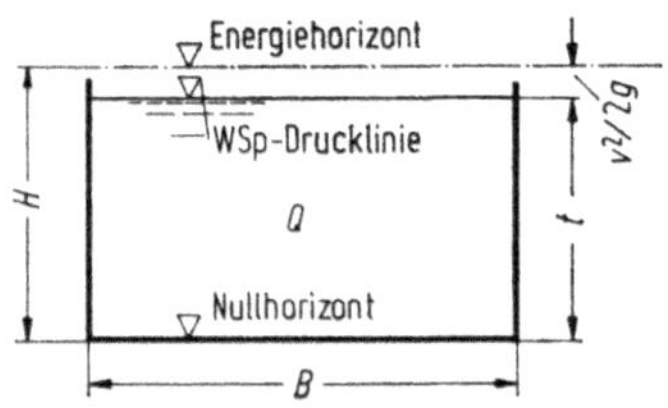

Abb. 1.13. Energiehöhe H, Wassertiefe t und Wassermenge Q bei offenem Wasserlauf.

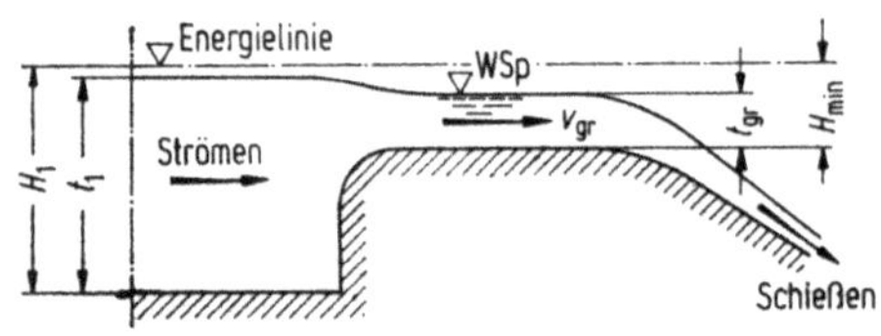

Abb. 1.14. Wehr mit breiter Krone.

Es gibt nur eine Wassertiefe (theoretische Grenztiefe t_{gr}), bei der eine konstante Wassermenge Q mit einem Minimum an Energiehöhe ($H_{\min}$) abgeführt wird (Abb. 1.14). Es ist

$$t_{gr} = \sqrt[3]{\frac{Q^2}{B^2 g}} = \frac{2}{3} H_{\min}, \tag{25}$$

$$v_{gr} = \sqrt{g\, t_{gr}}, \tag{26}$$

Das Minimum an Energiehöhe wird aus diesen Beziehungen zu

$$H_{\min} = 3 t_{gr}/2 . \tag{27}$$

Bei der gleichen Wassertiefe t_{gr} wird für eine konstante Energiehöhe H eine maximale Wassermenge abgeführt

$$Q_{\max} = \frac{2}{3\sqrt{3}} B \sqrt{2g}\, H^{3/2} . \tag{28}$$

Durch Anwendung des Extremalprinzips können die jeweils gesuchten Werte mit Hilfe der Gln. (25), (27), (28) ermittelt und der Abfluß über ein Wehr mit breiter Krone (parallele Stromfäden) berechnet werden. Hierfür ist allerdings Voraussetzung, daß der Abfluß vom Unterwasser her nicht zurückgestaut ist und daß über der Wehrkrone der strömende Abfluß in den schießenden übergeht.

Während die Bernoullische Gleichung (20) nur die Konstanz der Strömungsenergie berücksichtigt, muß für die Praxis dagegen auch mit Flüssigkeitsreibung (Zähigkeit) gerechnet werden. Diese Reibung verbraucht Energie. Solcher Energieverlust bedeutet, daß die Summe aus Geschwindigkeitshöhe ($v^2/2g$), Druckhöhe (p/γ) und geodätischer Höhe (h_g) für beliebige Punkte eines Stromfadens nicht mehr konstant ist, sondern in der Strömungsrichtung ständig abnimmt. Damit lautet die Bernoulli-Gleichung unter Berücksichtigung der Verlusthöhe (Abb. 1.15)

$$v_1^2/2g + p_{1/\gamma} + h_{g1} = v_2^2/2g + p_{2/\gamma} + h_{g2} + h_{ges} .$$

Der Gesamtverlust h_{ges} setzt sich zusammen aus den verschiedenen Einzelverlusten, wie beispielsweise Eintrittsverlust h_e, Reibungsverlust h_r, Krümmungsverlust h_k, Verlust bei plötzlicher Querschnittsveränderung h_f und Verlust bei Einbauten h_b.

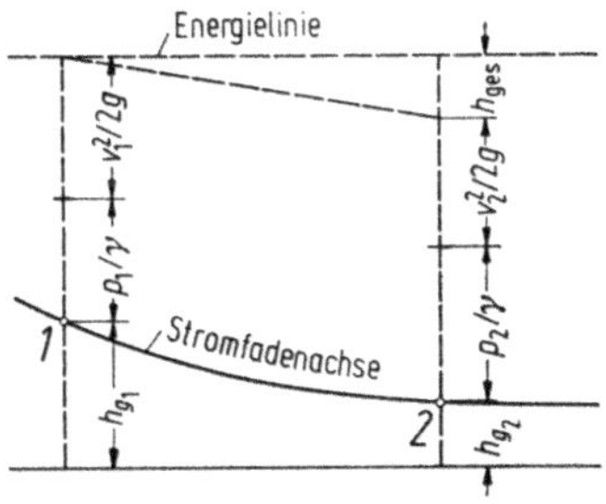

Abb. 1.15. Zur Definition der Verlusthöhe h_{ges}.

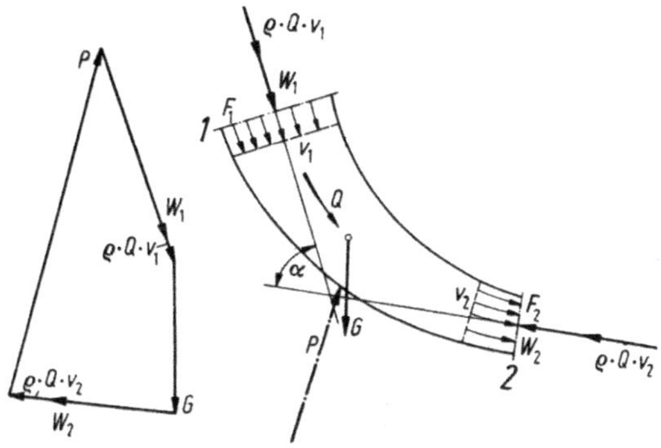

Abb. 1.16. Berechnung der Auflagerkraft P bei einem in vertikaler Ebene gekrümmten Rohr (nach Böss).

1.5 Impulssatz

Unter Impuls oder Bewegungsgröße einer Masse versteht man das Produkt aus Masse und Geschwindigkeit. Die zeitliche Änderung des Impulses ist deshalb gleich der an der Masse angreifenden resultierenden Kraft.

Der Impulssatz für stationäre Wasserbewegung lautet [9]:

$$\vec{R} = \varrho\, Q\, (v_2 - v_1)\,. \tag{29}$$

Die Resultierende R aus den äußeren Kräften ist gleich dem Überschuß der pro Zeiteinheit aus dem abgegrenzten Bereich austretenden Bewegungsgröße $\varrho\, Q\, v_2$ über die eintretende Bewegungsgröße $\varrho\, Q\, v_1$. Durch Hinzufügen der Impulskräfte $+\varrho\, Q\, v_1$ und $-\varrho\, Q\, v_2$ zu den äußeren Kräften wird der Zustand der Bewegung auf ein ruhendes Ersatzsystem zurückgeführt, für welches die statischen Gleichgewichtsbedingungen in der Form

$$R + \varrho\, Q\, v_1 - \varrho\, Q\, v_2 = 0 \tag{30}$$

anwendbar sind.

Für den Austrittsquerschnitt ist dabei zu beachten, daß die Kraft $\varrho\, Q\, v_2$ entgegengesetzt zur Geschwindigkeitsrichtung v_2 vektoriell wirkt. Für statisches Gleichgewicht muß außerdem die Bedingung

$$\sum M = 0 \tag{31}$$

erfüllt sein.

Wie aus Gl. (30) hervorgeht, ist zur Anwendung des Impulssatzes die Kenntnis der Vorgänge im Inneren des betrachteten Flüssigkeitsgebietes nicht erforderlich.

Beispiele. Bei Druckrohrleitungen ist es wichtig, die für die Verankerung maßgebenden Auflagerkräfte zu kennen. Die für ein gekrümmtes Rohr notwendige Festhaltekraft P kann nach Gl. (30) ermittelt werden (Abb. 1.16).

Die Resultierende R der äußeren Kräfte setzt sich zusammen aus dem Eigengewicht G des im Rohr befindlichen Wasservolumens und der Rohrwandung, den auf die Endflächen des betrachteten Rohrstückes ausgeübten Wasserdruckkräften W_1 und W_2, die sich bei gegebener Drucklinie ermitteln lassen und der Auflagerreaktion P. Der Impulssatz kann also in der Form

$$G + P + W_1 + W_2 + \varrho Q v_1 - \varrho Q v_2 = 0 \tag{32}$$

geschrieben werden, woraus sich P als einzige Unbekannte z. B. auf graphischem Wege (Abb. 1.16) ermitteln läßt.

Auch der Energieverlust bei plötzlicher Querschnittserweiterung einer Rohrleitung läßt sich mit Hilfe des Impulssatzes berechnen.

Der infolge des Mischvorganges und der Ablösung entstehende Verlust läßt sich entsprechend der Bernoulli-Gleichung in folgender Form ausdrücken (Abb. 1.17):

$$h_f = \left(\frac{p_1}{\gamma} + \frac{v_1^2}{2g}\right) - \left(\frac{p_2}{\gamma} + \frac{v_2^2}{2g}\right) = \frac{p_1 - p_2}{\gamma} + \frac{v_1^2 - v_2^2}{2g}\,.$$

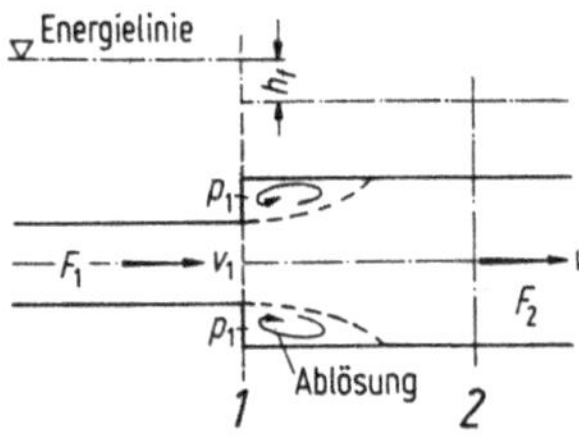

Abb. 1.17.
Plötzliche Querschnittserweiterung.

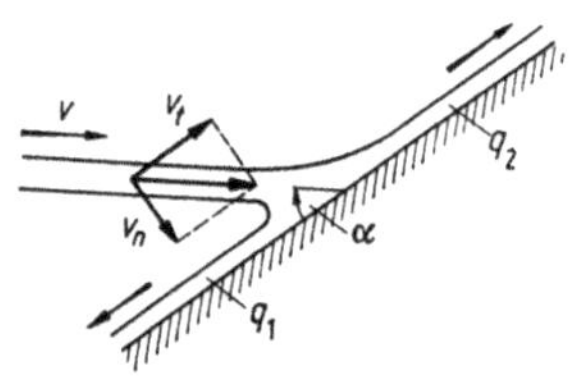

Abb. 1.18.
Strahldruck auf eine schiefe Wand.

Unter der Annahme, daß im gesamten Querschnitt 1 konstanter Druck herrscht, d. h. in den Wirbelzonen unmittelbar nach der Erweiterung ebenfalls der Druck p_1 vorhanden ist, liefert der Impulssatz

$$p_1 F_2 - p_2 + \varrho Q v_1 - \varrho Q v_2 = 0\,;$$

mit $Q = v_1 F_1 = v_2 F_2$ erhält man daraus

$$\frac{p_1 - p_2}{\gamma} = \frac{v_2^2 - v_1 v_2}{g}\,.$$

In die Bernoulli-Gleichung eingesetzt ergibt mit $v_1 = v_2 F_2/F_1$

$$h_f = \left(\frac{F_2}{F_1} - 1\right)^2 \frac{v_2^2}{2g} = \lambda_f \frac{v_2^2}{2g}\,. \tag{33}$$

Dieser Verlust wird mit „Borda-Carnotscher Stoßverlust" bezeichnet. Auch hier ist die Kenntnis des eigentlichen Mischvorganges nicht notwendig.

In dem Fall ist der Borda-Carnotsche Stoßverlust gleich dem Austrittsverlust. Will man Ablösungen, die der starke Druckanstieg in der Fließrichtung und das starke Abbremsen der Grenzschicht verursachen, verhindern, so muß der Übergang von einem zum anderen Querschnitt mit einem kleinen Erweiterungswinkel erfolgen. Der größte noch zulässige Erweiterungswinkel hängt von der Reynoldsschen Zahl und von den Strömungsverhältnissen im Eintrittsquerschnitt ab.

Ist eine Drallströmung vorhanden, so können noch größere Erweiterungswinkel gewählt werden. Günstige Strömungsverhältnisse werden erreicht bei Kegelöffnungswinkeln $\delta = 5{,}0$ bis $11{,}5°$. Diesem Winkel entspricht ein Erweiterungsverhältnis von $^1/_{24}$ bis $^1/_{10}$. Je kleiner die Reynoldssche Zahl, desto größer kann der Erweiterungswinkel gewählt werden [*25*].

Der Druck eines freien Strahles gegen eine Wand (Strahldruck) ist ebenfalls mit Hilfe des Impulssatzes zu ermitteln. Hat der Flüssigkeitsstrahl die Geschwindigkeit v und trifft er gegen eine Wand, die unter dem Winkel α geneigt ist, so werden die Flüssigkeitsteilchen parallel zur Wand abgelenkt (Abb. 1.18).

Die Geschwindigkeit v kann in ihrer Normalkomponente $v_n = v \sin\alpha$ und in die Tangentialkomponente $v_t = v \cos\alpha$ zerlegt werden.

Nach dem Impulssatz, bezogen auf die Richtung der Wandnormalen, ist unter Berücksichtigung des Vorzeichens von v_n der Wanddruck und damit der gesuchte Strahldruck

$$N = \varrho Q v_n = \varrho Q v \sin\alpha\,. \tag{34}$$

Trifft der Strahl senkrecht auf die Wand, ist somit $\alpha = 90°$, dann wird der Strahldruck $N = \varrho Q v$.

1.6 Rohrströmung

Da im praktischen Stahlwasserbau im allgemeinen nur größere Geschwindigkeiten und größere Abmessungen der Stromfadenquerschnitte vorliegen, soll nur die Erscheinung der turbulenten Strömung behandelt werden. Die Reibungsverluste bei geraden l-langen Rohren mit konstantem Durchmesser sind

$$h_r = \lambda \frac{l}{D} \frac{v^2}{2g}\,. \tag{35}$$

Verlustbeiwerte für Rohrkrümmer, Rohrbogen oder Rohrknie s. [*25, 53*].

Bei Ermittlung des Reibungsbeiwertes [*26*] zeigt sich, daß für die Strömung im hydraulisch glatten (bei einer die Unebenheiten der Wand entlang der Wand völlig einhüllenden Grenzschicht) Bereich $\lambda = \lambda_0$ nur von der Reynoldsschen Zahl

$$\mathrm{Re} = v D/\nu \approx 1{,}27 Q/\nu D^2 \tag{36}$$

abhängig ist. Der Reibungsbeiwert ermittelt sich aus der Beziehung

$$l/\sqrt{\lambda_0} = 2 \lg \left(\mathrm{Re} \sqrt{\lambda_0}/2{,}51\right)\,. \tag{37}$$

Für die Strömung im hydraulisch rauhen Bereich (Unebenheiten der Rohrwandung ragen aus der sogenannten laminaren Unterschicht heraus), ist nur von der relativen Rauhigkeit D/s abhängig. Hierbei bedeutet s die absolute Rauhigkeit, also die Höhe der Unebenheiten. Der Reibungsbeiwert errechnet sich dann aus der Beziehung

$$l/\sqrt{\lambda} = 2 \lg (3{,}71\, D/s)\,. \tag{38}$$

Zwischen diesen beiden Zuständen liegt ein Übergangsbereich, für die der Reibungsbeiwert sich errechnen läßt aus der Beziehung

$$1/\sqrt{\lambda} = -2\lg\left(\frac{2{,}51}{\mathrm{Re}\sqrt{\lambda}} + \frac{s/D}{3{,}71}\right). \tag{39}$$

Die Gln. (37) bis (39) sind in Abb. 1.19 graphisch dargestellt.

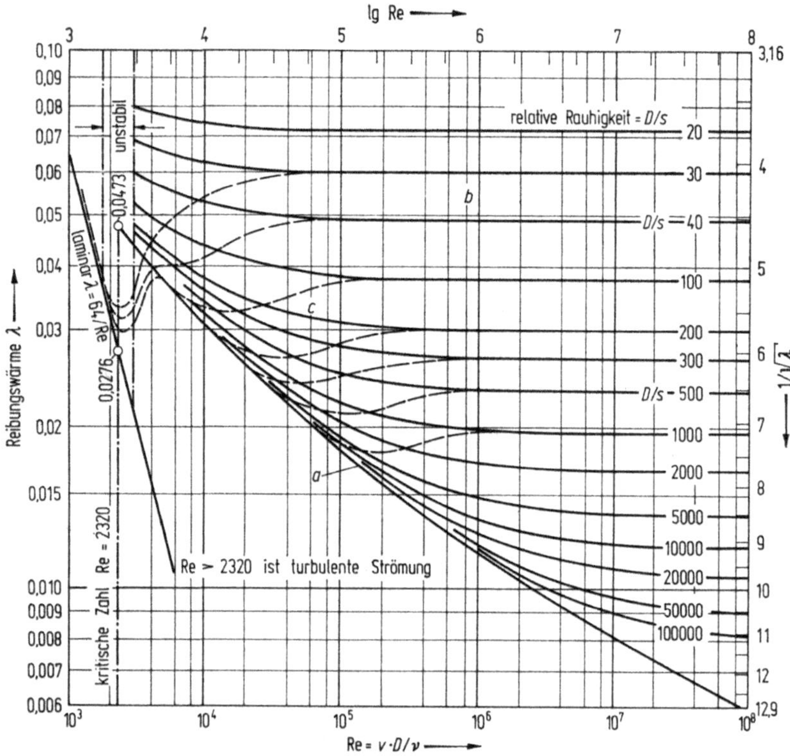

Abb. 1.19. Reibungswerte nach POISEUILLE, PRANDTL und COLEBROOK. *a* Kurven des glatten Verhaltens [Gl. (37)]; *b* Bereich des rauhen Verhaltens [Gl. (38)]; *c* Übergangsbereich [Gl. (39)].

Die Rauhigkeitszahlen s bringt Tab. 1.

Tabelle 1. *Absolute Rauhigkeit*

Rohrart	Zustand der Wand	s [mm]
Gezogene Rohre aus Glas, Kupfer, Messing	fast glatt	bis 0,0015
Gezogene Rohre aus Stahl	neu	bis 0,1
Geschweißte Rohre aus Stahl	angerostet	bis 0,4
	verkrustet	bis 3,0
Gezogene Rohre aus Gußeisen	neu	bis 1,0
	angerostet	bis 1,5
	verkrustet	bis 3,0
Geschleuderte Rohre aus Beton	mit Glattstrich	bis 1 0
	roh	bis 3,0

1.7 Zweidimensionale Strömung

Der Abfluß mit gekrümmten Strombahnen läßt sich mit Hilfe einer beliebigen zur Strömung parallelen Ebene beschreiben. Während bei der Parallelströmung unter Voraussetzung idealer Flüssigkeit eine konstante Geschwindigkeit in der Lotrechten vorhanden ist, ergibt sich bei der Strömung mit gekrümmten Bahnen eine ungleichmäßige Geschwindigkeitsverteilung in einer Normalen zur Strömungsrichtung. Dies hat zur Folge, daß entsprechend dem veränderlichen Ausdruck $v^2/2g$ für jede Stromlinie eine besondere Drucklinie besteht, und somit die Druckverteilung nicht mehr statisch, sondern dynamisch ist. Bei gekrümmten Stromfäden ist zu beachten, daß die Normalen zu den Wasserfäden gekrümmt sind (Abb. 1.20).

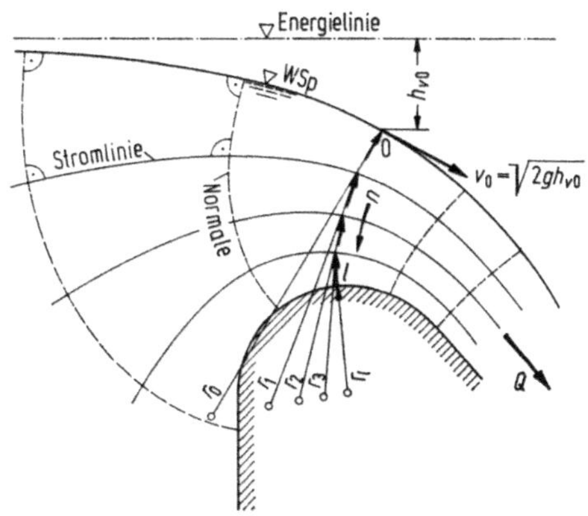

Abb. 1.20.
Strömung mit gekrümmten Strombahnen in vertikaler Ebene und freier Oberfläche (Überfall über ein Wehr).

Die Bewegungen lassen sich in zwei Hauptklassen einteilen. Es ist dies die wirbelfreie oder Potentialströmung, für die ein Geschwindigkeitspotential existiert und die Wirbelbewegung, bei der dies nicht der Fall ist. Letztere unterscheidet sich von der ersten dadurch, daß bei der wirbeligen Bewegung entweder alle Wasserteilchen oder eine gewisse Gruppe von ihnen Rotationen ausführen. Diese Bewegungen treten beim Stahlwasserbau in der Regel nicht auf (außer bei Wirbelschichten, Wirbelstraßen). Deshalb sollen die weiteren Betrachtungen der wirbelfreien oder Potentialströmung gelten.

Die Eulerschen Bewegungsgleichungen bilden die Grundlage der Wasserbewegung mit gekrümmten Bahnen. Unter der Voraussetzung konstanter Strömungsenergie wird nach [9] für eine Kreisströmung

$$-\partial v/\partial n = v/r\,. \tag{40}$$

Die Geschwindigkeiten verhalten sich also umgekehrt wie die Halbmesser. Je weiter das Teilchen vom Mittelpunkt der Krümmung entfernt ist, desto kleiner wird seine Geschwindigkeit.

Die Drucklinie bzw. freie Oberfläche in radialer Richtung erhält man aus $v^2/2g = C^2/2g \cdot l/r^2$ vom Energiehorizont. Die tatsächliche Geschwindigkeitsverteilung weicht in der Nähe des Kreismittelpunktes hiervon ab. Es bildet sich ein Wirbelkern, der sich wie ein fester Körper dreht.

Bei einer Strömung mit beliebig gekrümmten Bahnen soll als Beispiel eine Strömung in vertikaler Ebene mit freier Oberfläche (Überfall über ein Wehr) betrachtet werden. Während bei der Strömung im Kanalkrümmer die Randstromlinien in der Strömungsebene durch die seitliche Querschnittsbegrenzung vorgegeben sind, muß hier die Strahlbegrenzung an der freien Oberfläche durch Probieren ermittelt werden.

Die Geschwindigkeitsverteilung in der Normalen erhält man [9] durch Integration der Gl. (40) in den Grenzen von 0 bis l unter Beachtung der Randbedingung, daß für $n = 0$ (freie Oberfläche) $v_0 = 2g\sqrt{h_{v_0}}$ ist:

$$v = v_0\, e^{\int_0^l \frac{dn}{r}}.$$

Die Gesamtwassermenge pro Einheit der Breite

$$q = \frac{Q}{B} = \int_0^l dq = \int_0^l v\, dn = v_0 \int_0^l e^{\int_0^l \frac{dn}{r}}. \tag{41}$$

Die freie Oberfläche muß so lange verändert werden, bis die errechnete Wassermenge q mit der tatsächlich abfließenden übereinstimmt.

Im allgemeinen ist $r = r(n)$ nicht als analytische Funktion bekannt. Die Radien der Stromlinien werden zeichnerisch (Abb. 1.20) ermittelt.

Mit bekannter Geschwindigkeitsverteilung v läßt sich die Druckverteilung in der Normalen (Abb. 1.21) aus

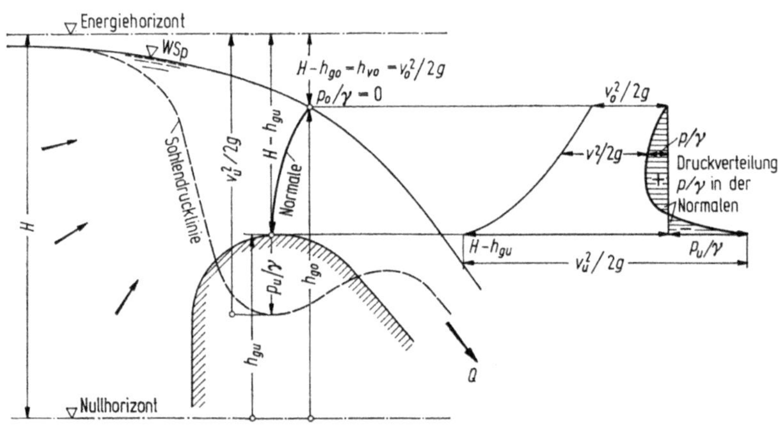

Abb. 1.21. Druckverteilung in der Normalen und entlang der Sohle.

$$p/\gamma = H - h_g - v^2/2g$$

und entlang jeder Stromlinie durch Abtragen von $v^2/2g$ vom Energiehorizont berechnen. Von besonderer Wichtigkeit zur Bestimmung der Auflasten auf Wehrkörper ist der Druckverlauf entlang der durch die Konstruktion gegebenen unteren Stromlinie.

1.8 Angewandte Hydromechanik

1.8.1. Verminderung des statischen Druckes bei strömendem Wasser

Für die Bemessung eines einfachen Tafelschützes (Abb. 1.22) wird die Staustellung als maßgebend betrachtet. Die Träger werden derart angeordnet, daß sie in dieser Stellung der Maximalbelastung gleiche Lastanteile erhalten und möglichst im Schwerpunkt ihres Anteiles am Druckdreieck liegen (Abb. 1.22a). Bei Annahme von zwei Hauptträgern ergibt sich folgendes Schema eines Schützes

$$x = 0{,}333\,h; \quad y = 0{,}138\,h; \quad o = 0{,}195\,h; \quad e = o + u = 0{,}390\,h.$$

Im angehobenen Zustand, also bei Unterströmung, wird üblicherweise das der Eintauchtiefe der Schütze $(h - a)$ entsprechende Druckdreieck als Belastung angenommen (Abb. 1.22b), wobei die Belastung der Längeneinheit des Schützes bei der Spaltweite a sich zu $W = \gamma(h - a)^2/2$ ergibt (s. auch Abb. 2.79a).

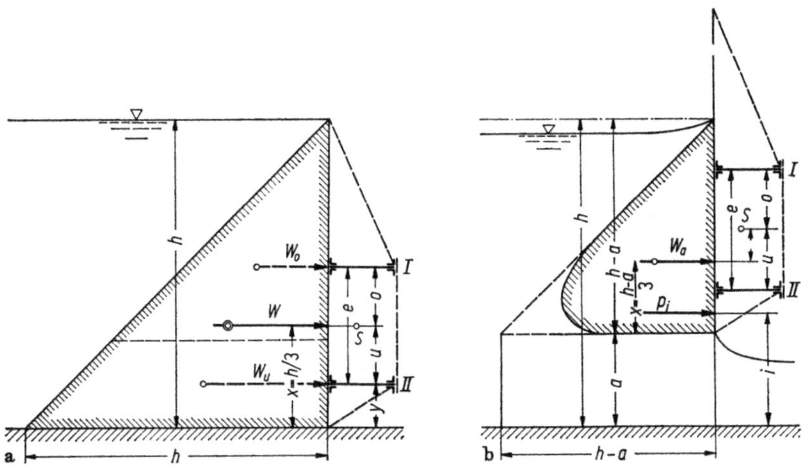

Abb. 1.22a u. b. Schema des Kräftespiels und der Tragwerksanordnung eines Tafelschützes. a) Staulage; b) angehoben.

Diese Belastung ist aber unsymmetrisch zu einem nach obigen Regeln entworfenen Tragsystem, so daß ein Drillmoment am Schütz wirksam wird. Bei der Spaltweite a verteilt sich die Belastung auf die Träger wie folgt:

$$W_o = \gamma(h - a)^2/2\,(1 - 1{,}72\,a/h); \quad W_u = \gamma(h - a)^2/4\,(1 + 1{,}72\,a/h).$$

Diese rein statischen Annahmen treffen in der Wirklichkeit aber nicht zu.

Beim Anheben eines Schützes kommt das vor dem Verschluß stehende Wasser $(v = 0)$ in Bewegung, es wird ein Teil der potentiellen Energie in kinetische umgewandelt. Hierdurch wird auch der statische Wasserdruck auf das Schütz beeinflußt (Abb. 1.22b). Die übliche Annahme der Praxis, den Wasserdruck auf einen Schütz mit $\gamma(h - a)^2/2$ anzusetzen, ist aber genau genug und bleibt auf der sicheren Seite [*29*]. Für ein Schütz mit gewölbter Stauwand gilt sinngemäß das gleiche.

Lösungsmethoden mit freier Oberfläche wie Relaxationsmethode [*27*], Theorie der komplexen Funktion und konformen Abbildung, konforme Abbildung und Singularitätsverteilung, Anpassungsverfahren, elektrolytische Analogmodelle s. [*50*].

1.8.2 Überströmte Verschlüsse

1.8.2.1 Berechnung der Abflußmenge

Bei vollkommenem Überfall (also bei getauchtem und vollständig belüftetem Strahl) errechnet sich der Abfluß (Abb. 1.23) aus

$$Q = \frac{2}{3}\mu B \sqrt{2g}\left[\left(h + \frac{v^2}{2g}\right)^{3/2} - \left(\frac{v^2}{2g}\right)^{3/2}\right]. \tag{42}$$

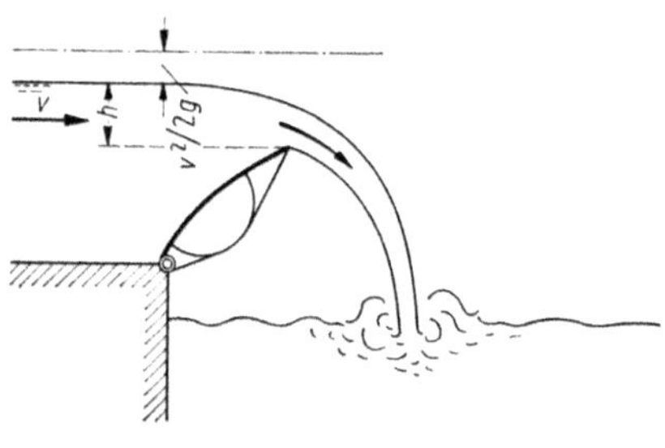

Abb. 1.23. Abfluß über eine Klappe.

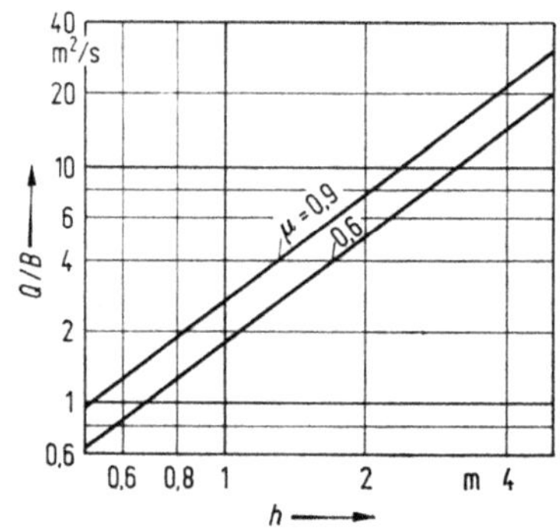

Abb. 1.24. Netzrechentafel für die Formel von POLENI.

Für eine Überschlagsrechnung kann die Geschwindigkeit $v^2/2g$ vernachlässigt und die vereinfachte Beziehung benutzt werden

$$Q = 2/3 \mu B \sqrt{2g}\, h^{3/2}. \tag{43}$$

Der Beiwert nimmt mit der Strahlstärke zu. Je nach Form schwankt μ zwischen 0,5 und 0,8 [*30*] (Tab. 2).

Tabelle 2. *Abflußbeiwerte für Überfallwehre*

	Kronenform	μ
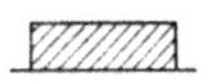	Breit, scharfkantig, waagerecht	0,49—0,51
	Breit, mit gut abgerundeten Kanten, waagerecht	0,50—0,55
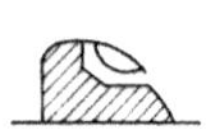	Vollständig abgerundeter, breiter Überfall, gänzlich umgelegte Klappen bei abgerundeten Kanten des Wehrkörpers	0,65—0,73
	Scharfkantig, mit Belüftung des Strahls	0,64
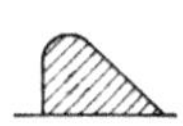	Abgerundet, mit lotrechter OW-Seite und geneigter UW-Seite	0,75
	Dachförmig, mit abgerundeter Krone	0,79

Bei vielen Aufgaben kann der Abfluß mit ausreichender Genauigkeit mit Hilfe einer Netzrechentafel ermittelt werden (Abb. 1.24).

1.8.2.2 Scharfkantiger Verschluß

Das Abflußbild über ein scharfkantiges Wehr im Bereich der Wehrkrone bringt Abb. 1.25. Sie zeigt den Verlauf der freien Wasseroberfläche sowie einige Stromlinien [*31*]. Die Koordinaten der Wasserspiellage sowie die der unteren Randstromlinie sind in Tab. 3 enthalten (für vollständig belüfteten Strahl).

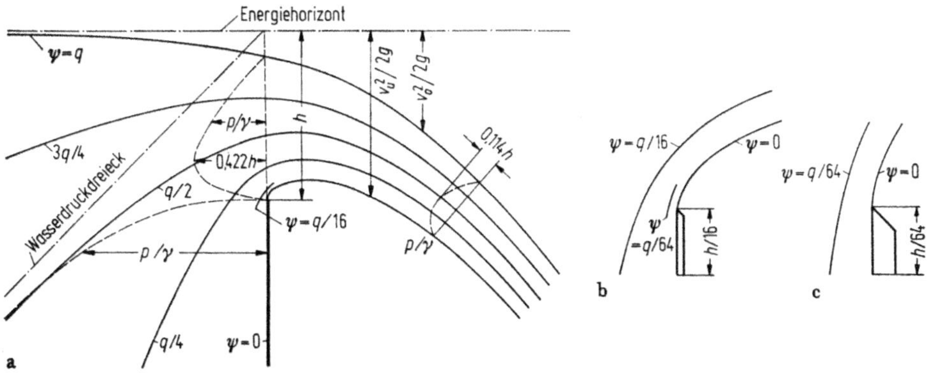

Abb. 1.25a—c. Abfluß über ein scharfkantiges Wehr. a) Gesamtbild; b) u. c) im Bereich der Schneide. Koordinatenursprung in Oberkante Wehr.

Tabelle 3

$8x/h$	y/h obere Begrenzung	$8x/h$	y/h obere Begrenzung	y/h untere Begrenzung
−16	0,991	0	0,855	0
−15	0,989	$^1/_{32}$	—	0,014
−14	0,988	$^1/_{16}$	—	0,020
−13	0,985	$^1/_8$	—	0,031
−12	0,983	$^1/_4$	—	0,047
−11	0,979	$^1/_2$	—	0,068
−10	0,973	1	0,822	0,091
− 9	0,969	2	0,781	0,113
− 8	0,965	3	0,733	0,101
− 7	0,959	4	0,678	0,065
− 6	0,951	5	0,609	0,010
− 5	0,943	6	0,531	−0,058
− 4	0,932	7	0,422	−0,135
− 3	0,921	8	0,340	−0,222
− 2	0,903	9	0,230	−0,323
− 1	0,880	10	0,114	−0,432
		11	−0,011	−0,561
		12	−0,148	−0,705
		13	−0,305	−0,866
		14	−0,491	−1,043
		15	−0,694	
		16	−0,910	

Somit ist die untere Kontur des überströmenden Wasserbandes bekannt. Paßt man die Schützkonstruktion dieser Kontur an, so treten bei Überströmung weitere hydraulische Kräfte nicht auf. Wird die Konstruktion so gewählt, daß sie die untere Kontur des Wasserbandes verdrängt, tritt zusätzliche hydraulische Auflast auf. Bleibt sie dagegen vom Wasserband weg, so tritt Unterdruck auf. Im ersteren Fall werden die Hubkräfte erhöht, im zweiten ermäßigt. Nach [*17*] mit den entsprechenden Bezeichnungen der Abb. 1.26 verändert der Abflußbeiwert sich im Verhältnis der Überfallhöhe zur Wassertiefe vor dem Verschluß (Abb. 1.27).

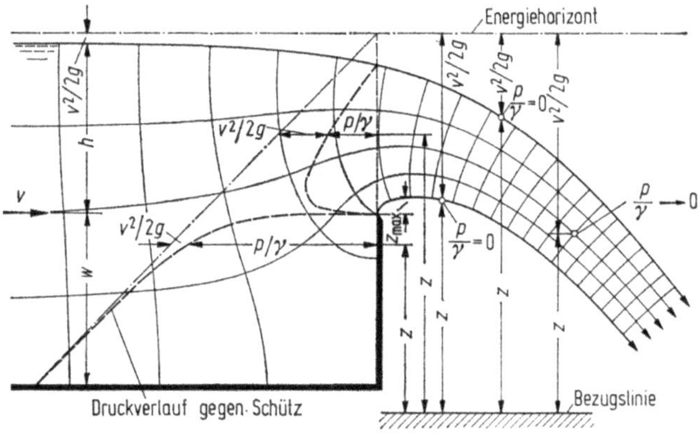

Abb. 1.26. Stromliniennetz für einen Abfluß über ein scharfkantiges Wehr.

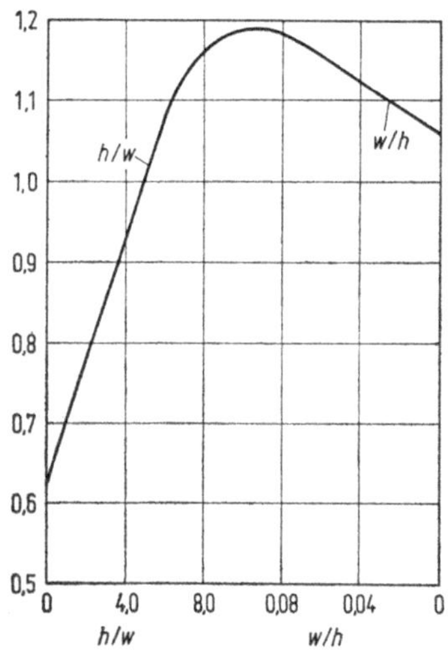

Abb. 1.27. Abflußbeiwert in Abhängigkeit der Überfallhöhe.

1.8.2.3 Hakenschütz

Bei überströmten Verschlüssen, wie z. B. Klappe oder Hakenschütz, ist es wichtig, die Druckverteilung und ihre Größe auf die Überfallfläche zu kennen (beispielsweise aus der Prášilschen Methode [*32*, *33*]).

Als Ausgangsstromlinie wird die Linie des freien Wasserspiegels angenommen. Aus der Gleichung von BERNOULLI kann dann die Verteilung des Potentials auf dieser äußersten Stromlinie ermittelt werden. Damit sind dann die für die Prášilsche Konstruktion notwendigen Größen bekannt.

Da das Potentialgefälle längs der Oberflächenstromlinie proportional der Wurzel aus der Fallhöhe h ist, gilt $v = \partial\varphi/\partial s = \sqrt{2gh}$.

Diese Gleichung wird zweckmäßigerweise graphisch gelöst. Es ist $\varphi_s = \int_0^s v\,ds$. Der Anfangspunkt für die Integrationsvariable s kann willkürlich angenommen werden. Es empfiehlt sich, ihn so weit zurückzulegen, daß er oberstrom noch

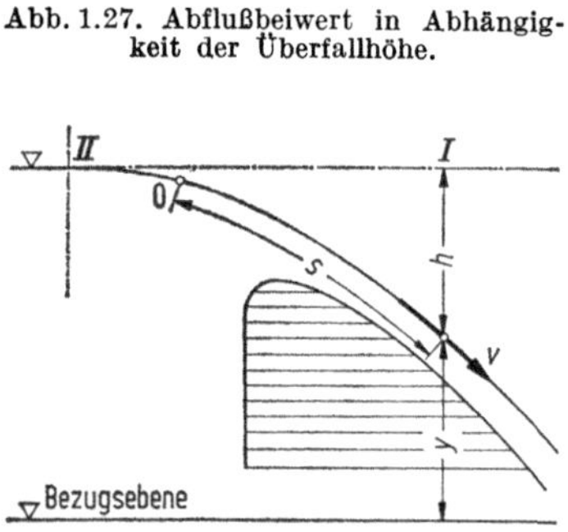

Abb. 1.28. Ermittlung des Potentials auf der äußersten Stromlinie zwischen zwei Abschnitten.

vor Beginn der Klappe oder der zu untersuchenden Stahlkonstruktion liegt (weiterer Ablauf des Verfahrens s. [*33*]).

Beispielsweise ist für ein Hakendoppelschütz die Wasserauflast auf das Überfallblech für eine Absenktiefe von 2,50 m unter Stauziel nach diesem Verfahren ermittelt.

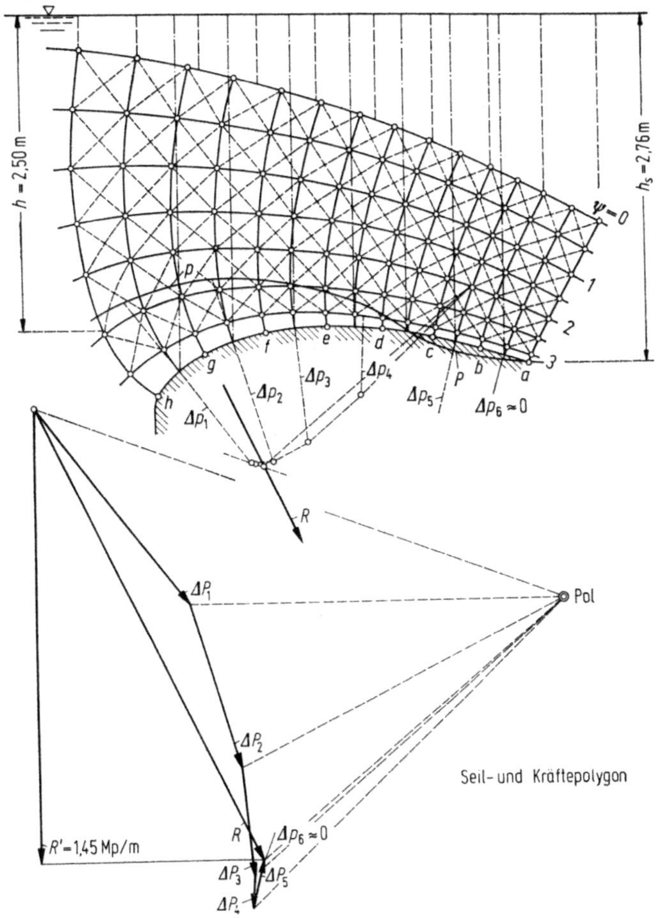

Abb. 1.29.
Endgültiges Strom- und Potentialliniennetz sowie das sich daraus ergebende Seil- und Kräftepolygon.

Nach mehrfacher Korrektur bietet sich ein Bild des Strom- und Potentialnetzes wie in Abb. 1.29. Unter Verwendung der Bernoulli-Gleichung werden nun für Teilabschnitte des Überfallbleches unter Berücksichtigung der Geschwindigkeitshöhe die wirksamen rechtwinklig zur Oberfläche stehenden Drücke errechnet und in ihrer Wirkungslinie eingetragen. Aus diesen Werten wird mit Hilfe des Seil- und Kräftepolygons (Abb. 1.29) die Resultierende R und die lotrecht wirkende Kraft R' ermittelt. Letztere interessiert insoweit, als sie während des Hub- oder Senkvorganges die durch den Antrieb aufzuwendende Hubkraft beeinflußt. Auch mit Hilfe der graphischen Iterationsmethode [*16*] läßt sich das Strom- und Potentialnetz ermitteln (s. auch [*50*]).

1.8.2.4 Klappe

Zur Berechnung der Abflußmenge nach Gl. (43) kann für $\frac{2}{3}\mu\sqrt{2g} = C$ die Abb. 1.36 verwandt werden.

Bei Ermittlung der Wasserauflasten einer Klappe ist das gleiche Verfahren, wie im vorherigen Abschnitt beschrieben, möglich. Durch zahlreiche Modellversuche [*34*] wurden die dynamischen Auflasten und Drehmomente an Stauklappen bei veränderlichem Plattenradius und verschiedenen Vorradien untersucht. Da die Ergebnisse auf Grund von Modellversuchen ermittelt wurden, ist der erste Schritt bei Benutzung der Abb. 1.30 bis 1.33, die Bestimmung des

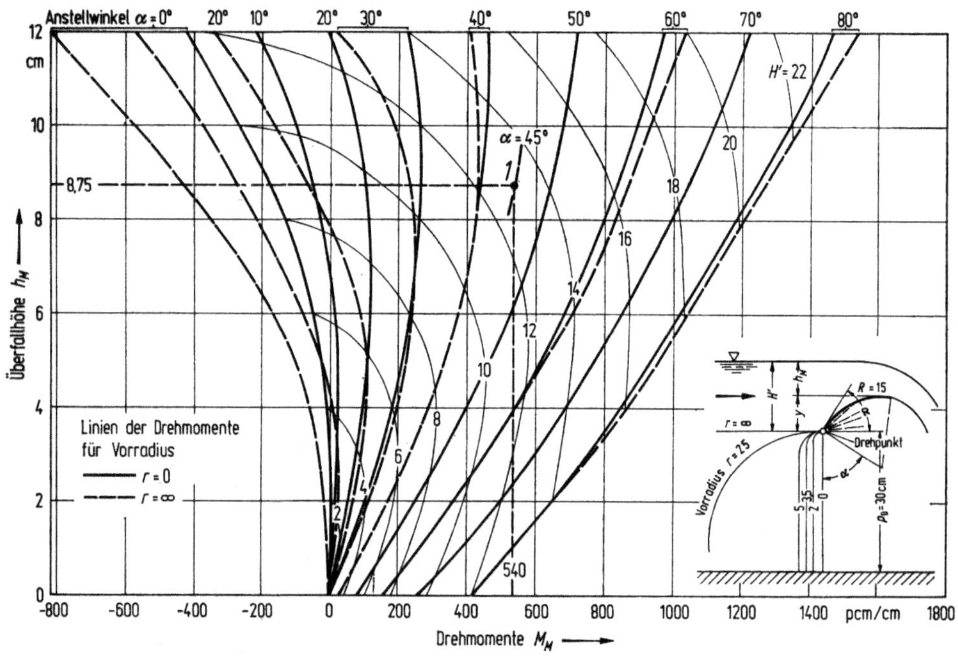

Abb. 1.30. Dynamische Drehmomente M_M bei einem Klappenradius $R_M = 15$ cm in Abhängigkeit von der Überfallhöhe h_M, Anstellwinkel α und Vorradius r_M.

Modellmaßstabfaktors k. Dieser ist das Verhältnis der Länge der abgewickelten Klappenlänge in der Natur l_N [cm] zur abgewickelten Klappenlänge des Modells $l_M = 17{,}5$ cm.

Mit Hilfe des Modellmaßstabfaktors k können die aus der Natur her bekannten Werte auf die Modellwerte umgerechnet werden. Es sind:

$R_M = R_N/k$ Klappenradius im Modell,
$h_M = h_N/k$ Überfallhöhe im Modell,
$r_M = r_N/k$ Vorradius im Modell.

Sind dann in der Abb. 1.30 bis 1.33 die dynamischen Drehmomente des zugeordneten Modells gefunden, so wird dieser Wert auf die Natur umgerechnet mit Hilfe der Beziehung

$$m\,\mathrm{Mp}/m_n = \mathrm{pcm}\;k^3/10^6\,.$$

Das bedeutet, die auf der x-Achse gefundenen Momentenwerte in pcm/cm sind mit dem Faktor $k^3/10^6$ zu multiplizieren.

Beispiel. Die zu untersuchende Klappe möge einen Radius $R_N = 4{,}0$ m haben. Die Sehnenlänge vom Klappendrehpunkt bis zum Klappenende ist 2,90 m, das entspricht einer abgewickelten Länge von $l_N = 3{,}0$ m. Da die abgewickelte Länge des Modells für alle $l_M = 17{,}5$ cm ist, errechnet sich aus diesem Verhältnis der Modellmaßstabfaktor zu $k = 300/17{,}5 = 17{,}15$. Somit wird der Modellradius $R_M = 400/17{,}15 = 23{,}35$ cm.

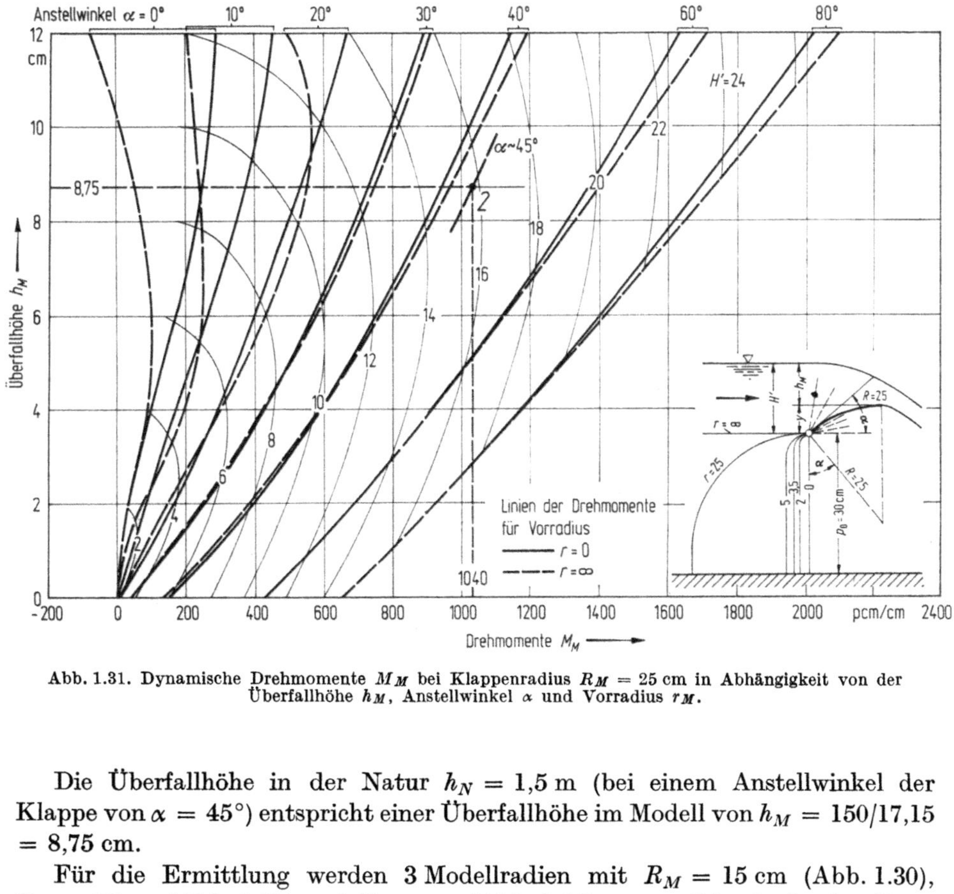

Abb. 1.31. Dynamische Drehmomente M_M bei Klappenradius $R_M = 25$ cm in Abhängigkeit von der Überfallhöhe h_M, Anstellwinkel α und Vorradius r_M.

Die Überfallhöhe in der Natur $h_N = 1{,}5$ m (bei einem Anstellwinkel der Klappe von $\alpha = 45°$) entspricht einer Überfallhöhe im Modell von $h_M = 150/17{,}15 = 8{,}75$ cm.

Für die Ermittlung werden 3 Modellradien mit $R_M = 15$ cm (Abb. 1.30), $R_M = 25$ cm (Abb. 1.31) und $R_M = \infty$ (Abb. 1.32) ausgewählt, da der für dieses Beispiel errechnete Klappenradius $R_M = 23{,}35$ cm zwischen diesen ausgewählten Radien liegt.

Abb. 1.30 liefert den Schnittpunkt *1* zwischen der Horizontalen $h_M = 8{,}75$ cm und dem Anstellwinkel α von 45°. Dieser ergibt herabgelotet auf die x-Achse ein Drehmoment $M_M = 540$ pcm/cm. Für den Modellradius $R_M = 25$ cm (Abb. 1.31) bringt der Schnittpunkt *2* ein Drehmoment in der Größe $M_M = 1040$ pcm/cm. Bei einer geraden Klappe ($R_M = \infty$) zeigt der Schnittpunkt *3* (Abb. 1.32) ein Drehmoment mit der Größe $M_M = 1765$ pcm/cm. Diese drei gefundenen Werte bei $R_M = 15$ cm (540), $R_M = 25$ cm (1040) und $R_M = \infty$ (1765) werden in den Interpolationsmaßstab (Abb. 1.33) eingetragen. Die so gefundene Gerade schneidet dann die Horizontale $R_M = 23{,}25$ cm im Punkt *4*, der auf der x-Achse für diesen Schnittpunkt einen Drehmoment in Höhe von $M_M = 990$ pcm/cm liefert. Damit weist die Klappe bei einem Anstellwinkel von $\alpha = 45°$ ein dynamisches Drehmoment von

$$M_N = M_M k^3/10^6 = 990 \cdot 5080/1\,000\,000 = 5{,}05 \text{ mMp/m}$$

auf.

Die Linie $B_1C_1D_1$ (Abb. 1.33) liefert für ein anderes Beispiel mit $R_M = 34$ cm im Schnittpunkt E ein Drehmoment in Höhe von $M_M = 1030$ pcm\cm.

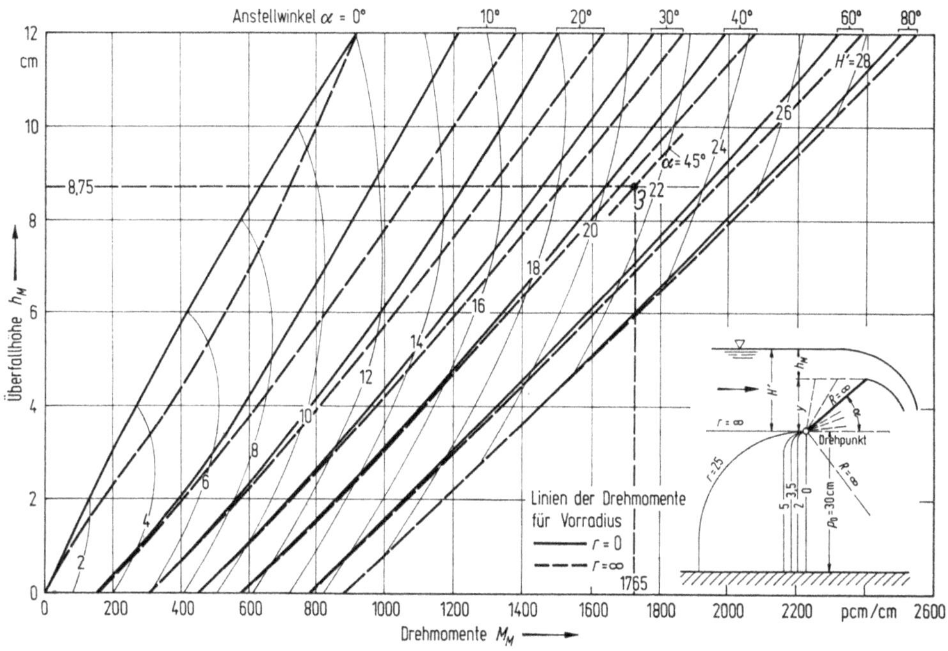

Abb. 1.32. Dynamische Drehmomente M_M bei einem Klappenradius $R_M = \infty$ in Abhängigkeit von der Überfallhöhe h_M, Anstellwinkel α und Vorradius r_M.

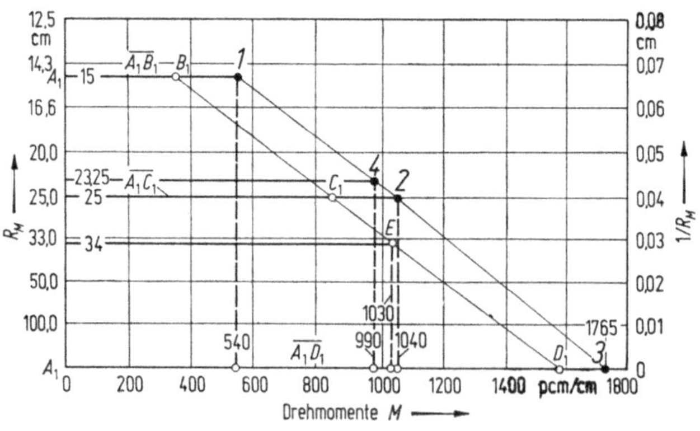

Abb. 1.33. Interpolationsmaßstab für die Ermittlung der Drehmomente M_M.

1.8.2.5 Sektor

Das Sektorwehr gehört zur Gruppe der hydraulisch betätigten Wehre, denen Bewegungsenergien zum Heben oder Senken in Form hydrostatischer oder hydrodynamischer Drücke zur Verfügung stehen. Sie sind vollhydraulisch, wenn ihnen zu keiner betriebsnotwendigen Lageveränderung Fremdenergie über Pumpen (Druckwasser) oder Kompressoren (Druckluft) zugeführt werden muß [*35*]. Der nach

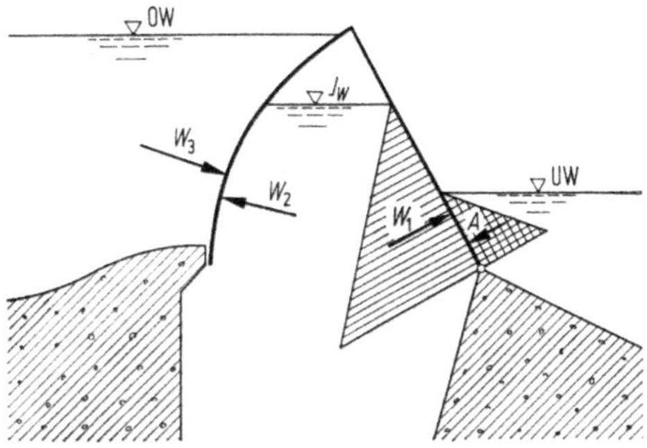

Abb. 1.34. Druckverteilung in Staustellung an einem Sektor mit freiem Kammerwasserspiegel.

unten offene Hohlkörper des Sektors schwimmt auf dem Kammerwasser, indem die Wasserdruckresultierende W_1 (Abb. 1.34) von innen auf den Abfallboden ein aufrichtendes Moment um die Drehachse ausübt. Die Wasserdrücke W_2 und W_3 auf die Stauwand bleiben, da ihre Resultierenden durch den Drehpunkt gehen, ohne Einfluß auf die auf- oder abwärtsgerichteten Kräfte, die am Sektor angreifen. Sobald der Verschluß überströmt wird, wird der Abfallboden belastet [*36*], es entsteht eine Wasserauflast mit abwärtsdrehender Wirkung. Die Größe dieser Kraft zu kennen ist für die Steuerung wichtig. Die genaue Bestimmung der Wasserauflast kann durch Modellversuche oder auch durch Konstruktion des Strom- und Potentialliniennetzes erfolgen.

1.8.2.6 Trommelschütz

Das Trommelschütz ist – einfach gesagt – ein Sektor mit oberwasserseitigem Drehlager (Abb. 1.35). Die Strömungsverhältnisse sind ähnlich denen bei einer Klappe, und sind deshalb auf diese auch übertragbar. Der Überfallbeiwert C wird beeinflußt durch die Überströmtiefe h, den Krümmungsradius R und den Abflußwinkel α. Dieser Winkel wird negativ, wenn die Endtangente unter der Horizontalen liegt.

Der Überfallbeiwert C entspricht dem Wert $\frac{2}{3}\mu\sqrt{2g}$ der Gl. (43). Als Abszisse in Abb. 1.36 eingetragen, liefert er mit dem Abflußwinkel als Ordinate und dem Verhältnis h/R als Parameter eine Kurvenschar [*37*]. Der günstigste Wert für die Verhältnisse h/R liegt bei einem Abflußwinkel von $\alpha = 28°$. Wird die Stellung des Verschlusses steiler (Trommelschütz, Klappe), so verschlechtert sich der Überfallbeiwert.

Die hydraulischen Belastungen können wie bei der Klappe ermittelt werden.

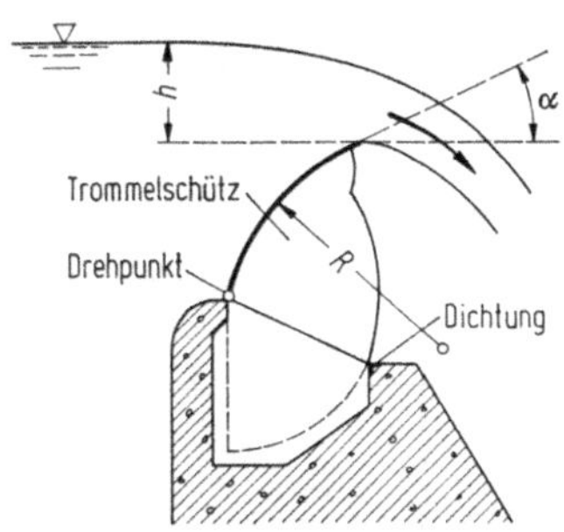

Abb. 1.35. Überströmung eines Trommelschützes (Drum gate).

1.8.2.7 Dachwehr

Dieser Verschluß, bestehend aus Ober- und Unterklappe, wird wie der Sektor voll überströmt (Abb. 1.37). Die Dachwehrströmung wird als eben behandelt, die bei einer konstanten Stellung stationär und wirbelfrei ist [*38, 39*]. Die Höhenlage der Energielinie H über einem Punkt der Sohle im Oberwasser ergibt sich zu

$$H = t_0 + v_0^2/2g\,.$$

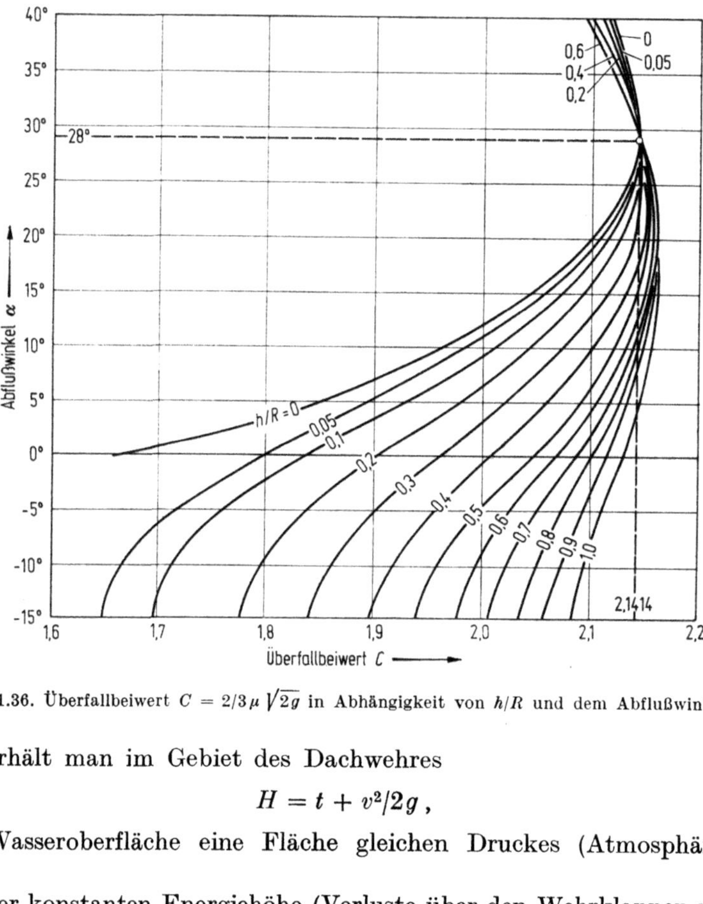

Abb. 1.36. Überfallbeiwert $C = 2/3\mu\sqrt{2g}$ in Abhängigkeit von h/R und dem Abflußwinkel α.

Ebenso erhält man im Gebiet des Dachwehres

$$H = t + v^2/2g\,,$$

da die Wasseroberfläche eine Fläche gleichen Druckes (Atmosphärendruck) darstellt.

Von der konstanten Energiehöhe (Verluste über den Wehrklappen nur durch Reibung verursacht und vernachlässigbar) ausgehend, ist für jeden Punkt der

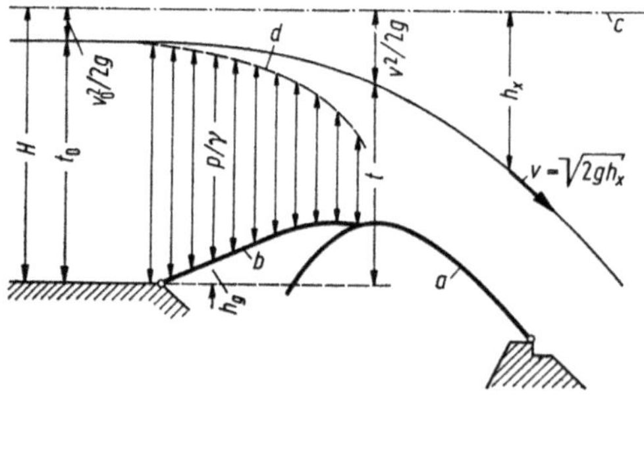

Abb. 1.37. Strömungsverhältnisse bei einer Dachwehrüberströmung.
a Unterklappe; *b* Oberklappe; *c* Energielinie; *d* dynamischer Druckverlauf.

Wehrüberströmung der Zusammenhang zwischen Druck und Geschwindigkeit durch das Bernoullische Gesetz [Gl. (20)] gegeben. Es bleibt also die Summe aus der Geschwindigkeitshöhe $v^2/2g$, der Druckhöhe p/γ und der geodätischen Höhe h_g über einer beliebigen Nullhöhe (im vorliegenden Fall von Höhe Oberwassersohle gerechnet) konstant. Bei einer zweidimensionalen Strömung mit gekrümmten Stromfäden darf man aber nicht in einem beliebigen Querschnitt von der mittleren Wassergeschwindigkeit ausgehen, weil der Druck an einem bestimmten Punkt dieses Querschnittes außer von der Höhenlage gegenüber der Bezugslinie noch von der Geschwindigkeit des betreffenden Wasserteilchens abhängig ist. Von besonderer Wichtigkeit ist der Verlauf des Druckes an der Sohle, d. h. die Kenntnis der Sohlendrucklinie.

Die Überströmung des Wehrrückens läßt erkennen, daß durch die ansteigende Oberklappe die Strömung beschleunigt wird. Diese Erhöhung der Geschwindigkeit muß zu einer Druckabnahme führen (Druckverlauf nur für Oberklappe eingezeichnet) und gleichzeitig ein Absinken des Oberwasserspiegels bewirken. Aufwärtsgekrümmte Stromfäden erfordern ein Druckgefälle in der Normalrichtung, das von unten nach oben gerichtet ist, während abwärtsgekrümmte Stromfäden ein Druckgefälle von oben nach unten voraussetzen.

Da die Dachwehrüberströmung die Voraussetzung einer zweidimensionalen Strömung erfüllt, der Kontinuitätsbedingung genügt und wirbelfrei verläuft, kann die Potentialtheorie zur Berechnung der Sohlengeschwindigkeit benützt werden [*16*, *32*, *33*, *38*]. Eine Einschränkung muß jedoch für ein Gebiet gemacht werden, dessen Druckverlauf besonders interessiert, nämlich das Gebiet der höheren Unterwasserspiegellagen. Hier ist die genaue theoretische Berechnung außerordentlich schwierig, da die notwendige Abgrenzung des überfallenden Strahles von der darüberliegenden Deckwalze nahezu unmöglich ist. Dabei zeigt sich, daß die Lösung des Überfallproblems, die von der Geschwindigkeitsverteilung im Strahl ausgeht, besonders bei der Klärung des Rückstaueinflusses auf große Schwierigkeiten stößt. In diesem Fall empfehlen sich Modellversuche.

1.8.2.8 Absenkschütz

Um die Wasserauflast weitgehend zu reduzieren [*40*], soll der Strahl sich nicht mehr aufstützen, sondern nach Überwindung der Krümmung an der Krone, deren Radius nicht zu klein gewählt werden darf (zu großer Unterdruck) auf dem steil geneigten Rücken abstützen (Abb. 1.38). Die dynamischen Wasserauflasten werden durch diese konstruktive Lösung stark gemindert, ein Vorteil, der sich besonders für die Antriebe auswirkt.

Die Kontur des frei fallenden Strahles ist bekannt (Tab. 3). Für jede Überfallhöhe verläuft sie anders. Auch der Abflußbeiwert wird beeinflußt. Bezeichnen wir mit $z_{\max}$ die größte Hebung der unteren Randstromlinie gegenüber der obersten Linie eines scharfkantigen Wehres, dann gilt als Abfluß

$$Q = \mu \frac{2}{3} \sqrt{2g} \left(1 + \frac{z_{\max}}{h}\right)^{3/2} B\, h^{3/2} = M B\, h^{3/2}. \tag{44}$$

Hierbei ist h gegenüber Abb. 1.26 um $z_{\max}$ verringert. Sinngemäß entspricht in Abb. 1.39 der Wert s dem Wert $w + z_{\max}$ in Abb. 1.26.

Wie sehr M durch das Verhältnis der Überfallhöhe zur Wassertiefe beeinflußt wird, zeigt Abb. 1.39. Hierbei wird aber Atmosphärendruck ($p/\gamma \cong 0$) unter dem Wasserband vorausgesetzt.

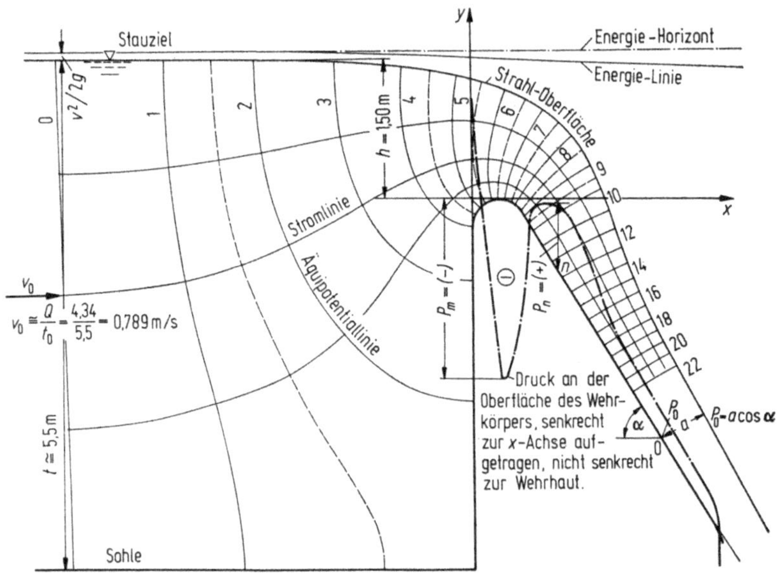

Abb. 1.38. Strömungsbild und Druckverlauf am Abfallrücken eines Absenkschützes.

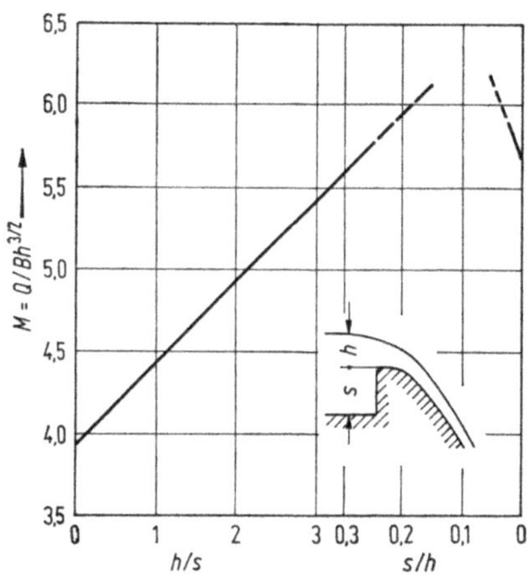

Abb. 1.39. Abhängigkeit des Wertes $M = \mu \frac{2}{3} \sqrt{2g} \frac{(1 + z_{max})^{3/2}}{h}$ von der Überfallhöhe h und der Wassertiefe s.

Würde nun eine Schützkontur für eine bestimmte Überfallhöhe dem Verlauf des Wasserbandes im freien Fall entsprechen, dann wäre die Belastung auf das Schütz in lotrechter Richtung Null.

Wird das Schütz gehoben, h also kleiner, dann stellt sich auf dem Überfallblech Auflast ein. Wird das Schütz weiter abgesenkt, beginnt ein Absinken unter Atmosphärendruck, Unterdruck wird wirksam. Bezeichnen wir mit h_d die Überfallhöhe, bei der die Kontur des Überfallbleches mit dem freien Fall sich deckt, dann kann aus Abb. 1.40 der Einfluß bei Veränderung der Überfallhöhe h die Unterdruckentwicklung und der Beiwert M entnommen werden [17].

Diese Überlegungen sind auch auf das Hakendoppelschütz anwendbar.

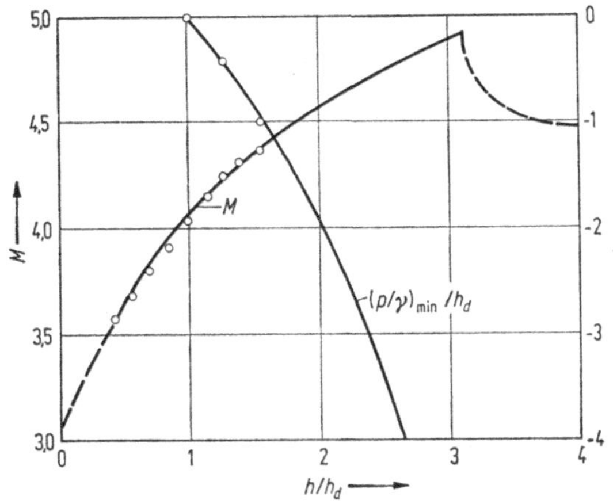

Abb. 1.40.
Abhängigkeit von M und $(P/\gamma)\,\mathrm{min}/h_d$ für verschiedene Überfallhöhen h.

1.8.3 Unterströmte Verschlüsse

Die Abflußmenge berechnet sich aus der Beziehung

$$Q = \mu\, a\, B \sqrt{2g\,(H_0 + h_v)} \tag{45}$$

mit a als Höhe des Schützhubes, B der Breite der Durchflußöffnung, H_0 der Höhendifferenz zwischen Ober- und Unterwasser sowie h als Geschwindigkeitshöhe $v_0^2/2g$ (Anströmung). Oft ist der Wert h_v so klein, daß er im Vergleich zu H_0 vernachlässigt werden kann (Abb. 1.41). Wir unterscheiden den vollkommenen und den unvollkommenen Abfluß. Beim vollkommenen Abfluß ist maßgebend für das Abfuhrvermögen die größte Strahleinschnürung. Die Strahleinschnürung, abhängig von der Schützausbildung und dem Verhältnis des Schützhubes zur

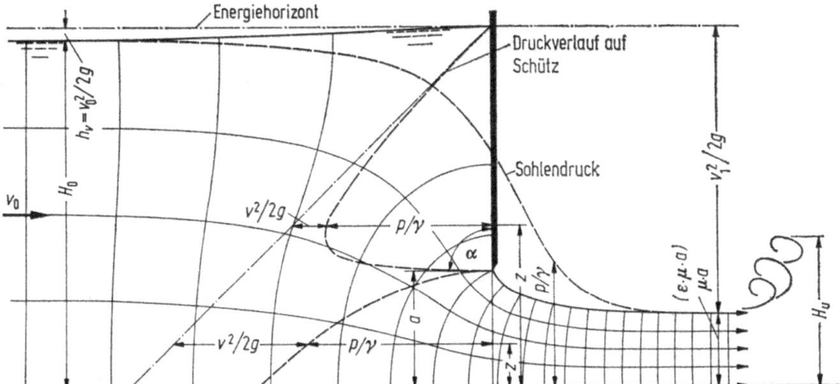

Abb. 1.41. Abflußbild unter einem Schütz.

Oberwassertiefe, kann aus dem Diagramm (Abb. 1.42) abgelesen werden, das die Abhängigkeit des Beiwertes vom Neigungswinkel des scharfkantigen Schützes oder bei breiterer Konstruktion die Abhängigkeit der Neigung der Schützunterfläche zum Oberwasser hin und vom Verhältnis der Schützöffnung zur Ober-

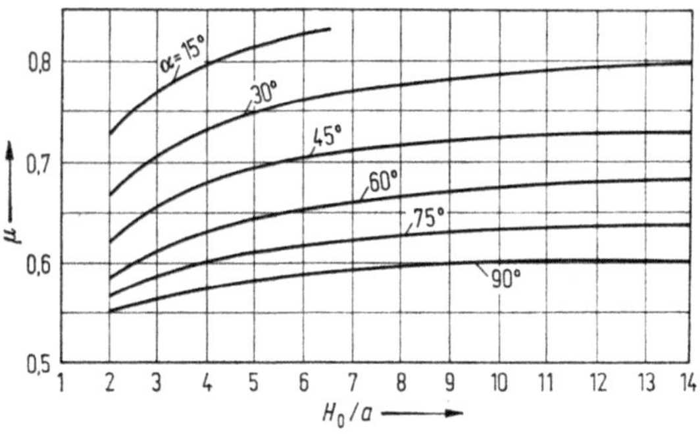

Abb. 1.42. Abflußbeiwert μ in Abhängigkeit der Schützneigung und des Hubes H_0/a.

wassertiefe H_0/a bringt [*41*]. Beim unvollkommenen Abfluß liegt das Unterwasser so hoch, daß eine Beeinflussung (Rückstau) des Oberwassers erfolgt. Sinngemäß der Gl. (45) wird beim unvollkommenen Abfluß

$$Q = \varepsilon \mu a B \sqrt{2 g H_0}\,. \tag{46}$$

Der Wert ε berücksichtigt den Rückstau vom Unterwasser und gibt praktisch die Reduzierung des wirksamen Druckes von H_0 an. Die sich ergebenden ε-Werte in Abhängigkeit der Verhältnisse H_0/a und H_u/a liefert das Diagramm in Abb. 1.43.

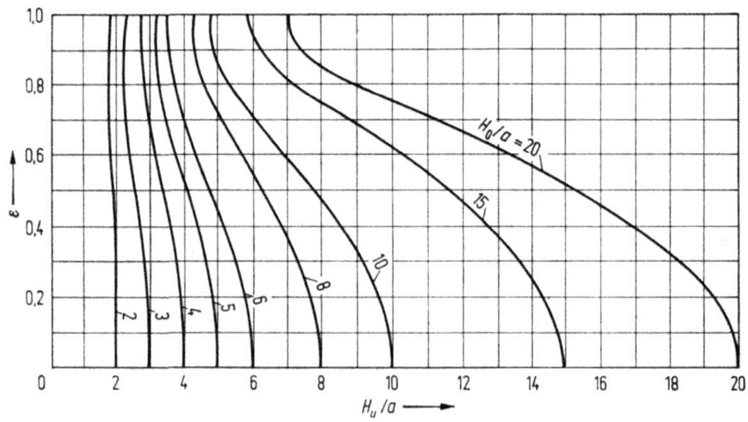

Abb. 1.43. Beiwert ε in Abhängigkeit der Verhältnisse H_0/a und H_u/a.

Bei gebogener Stauwand wird der Abflußbeiwert zusätzlich noch durch die Krümmung beeinflußt. Aus zahlreichen Versuchen [*1*, *42*, *43*] ergab sich das Diagramm in Abb. 1.44, aus dem der Abflußbeiwert in Abhängigkeit des Neigungswinkels der Endtangente der Stauwand und der Durchflußhöhe a abgelesen werden kann. $\alpha = 90°$ entspricht einem Schütz mit gerader, lotrechter

Stauwand. Der Neigungswinkel der Endtangente ist gleichbedeutend dem Anströmwinkel. Bis zum Verhältnis $a/H_0 \leqq 2/\pi \leqq 0{,}637$ nimmt der Abflußbeiwert ab (s. auch [*704, 705, 706*]).

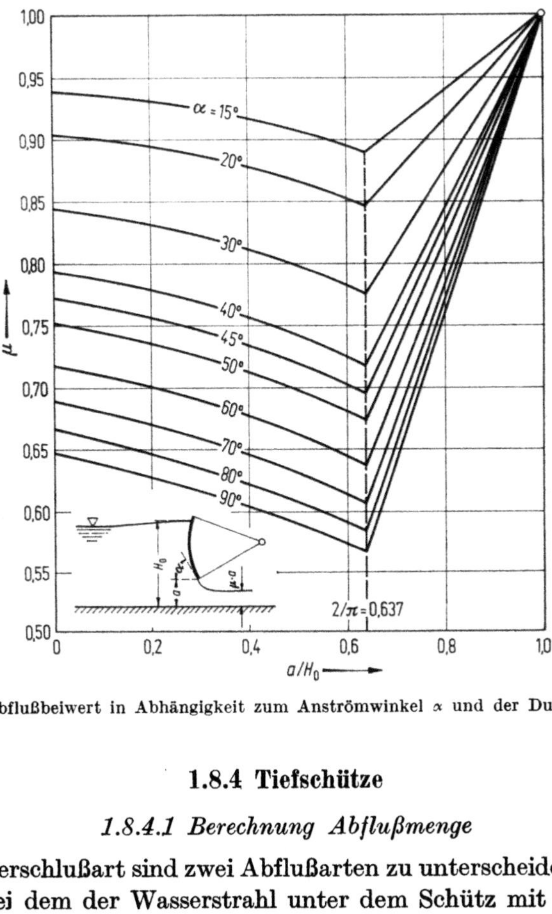

Abb. 1.44. Abflußbeiwert in Abhängigkeit zum Anströmwinkel α und der Durchflußhöhe *a*.

1.8.4 Tiefschütze

1.8.4.1 Berechnung Abflußmenge

Bei dieser Verschlußart sind zwei Abflußarten zu unterscheiden: Der rückstaufreie Abfluß, bei dem der Wasserstrahl unter dem Schütz mit freier Oberfläche austritt, und der rückgestaute Abfluß, der dem der Stollen unmittelbar hinter dem Schütz eingestaut ist [*44—46*].

Die Energie- und die Drucklinie für die häufig vorkommende Abflußart des rückgestauten Abflusses sind in Abb. 1.45 für ein Stollenschütz und ein Einlaufschütz dargestellt. Wird die Summe der Energieverluste vor dem Schütz in dem Ausdruck

$$h_e = \zeta_e \frac{v_e^2}{2g} = \zeta_e \frac{1}{2g}\left(\frac{Q}{F}\right)^2 \tag{47}$$

zusammengefaßt, so ergibt sich aus der Bernoullischen Energiegleichung für die unter dem Schütz abfließende Wassermenge

$$Q' = \Phi' F \sqrt{2g(H - h_e - h)}\,. \tag{48}$$

Hierbei stellt Φ' den Flächenbeiwert $\mu\, a\, B/F$ dar, drückt also das Verhältnis des unter dem Schütz freigegebenen eingeschnürten Abflußquerschnittes $\mu\, a\, B$

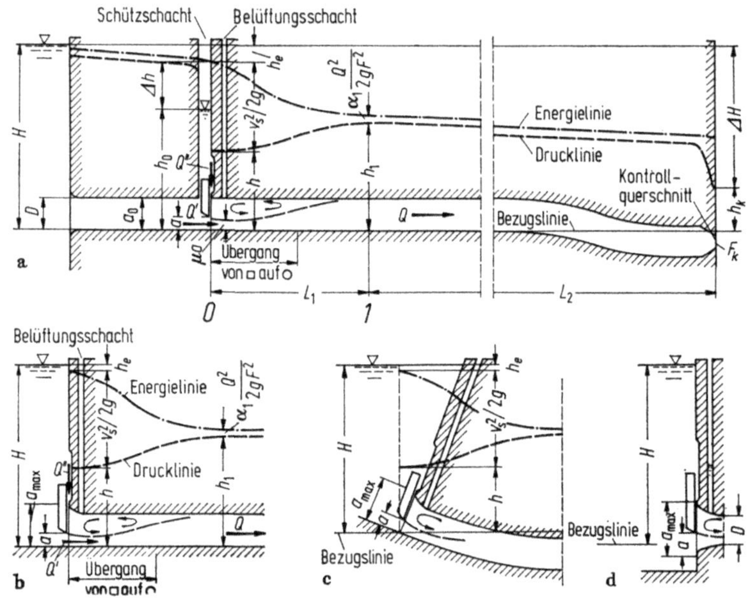

Abb. 1.45a–d. Abfluß und Einschnürung unter einem Tiefschütz bei Rückstau. a) Schütz im Stollen; b)–d) Schütz am Stolleneinlauf.

zur Querschnittsfläche F des Stollens aus. Der Einschnürungskoeffizient μ wird durch die Neigung der unterströmten Fläche und vom Öffnungsverhältnis $a/a_{\max}$ beeinflußt (Tab. 4).

Tabelle 4

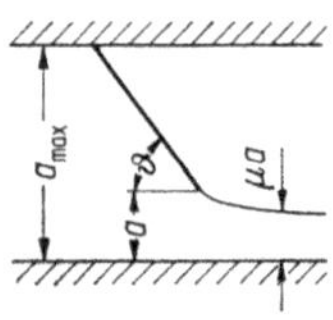

	ϑ	90°	67,5°	45°	22,5°
μ für $a/a_{\max} \to 0$	von MISES und	0,611	0,666	0,746	0,855
	WEISSBACH	0,632	0,684	0,753	0,882

$a/a_{\max}$		0,0	0,1	0,2	0,3	0,4	0,5	0,6	0,7	0,8	0,9	1,0
μ	$\vartheta = 90°$	0,611	0,612	0,616	0,622	0,631	0,644	0,662	0,687	0,722	0,781	1,000
	$\vartheta = 45°$	0,746	0,747	0,747	0,748	0,749	0,752	0,758	0,768	0,789	0,829	1,000

Ferner wurde der Einschnürungskoeffizient μ aus der Beziehung $\mu = Q'/(B\, a v_s)$ hergeleitet. Die Abhängigkeit des Einschnürungskoeffizienten von den Formkennwerten ϑ, e/d, r/d, $a_{\max}/d$ und a/d sind in Abb. 1.46 dargesellt [*46*]. Beim Anheben des Schützes um a läuft die Stirndichtung von den festen Teilen ab, so daß ein Spalt der Fläche f_2 freigegeben wird (Abb. 1.47). Die hierdurch abfließende Wassermenge Q'' wird

$$Q'' = \eta f_2 \sqrt{2g(H - h_e - h)}\,. \tag{49}$$

Der Verlustbeiwert η bei einem Schütz am Stolleneinlauf (Abb. 1.45b bis d) setzt sich zusammen aus

dem Rechenverlust $\zeta_e v_e^2/2g$ mit $\zeta \sim 0{,}05$,

dem Mischverlust $(v_e' - v')^2/2g$,

dem Reibungsverlust $v'^2 \, a/(k^2 R'^{4/3})$ (GAUKLER-STRICKLER)

zu

$$\eta = 1/\sqrt{1 + (f_2/F')^2 \left[1 + 4\zeta_e + 2g\, a/(k^2 R'^{4/3})\right]}\,. \tag{50}$$

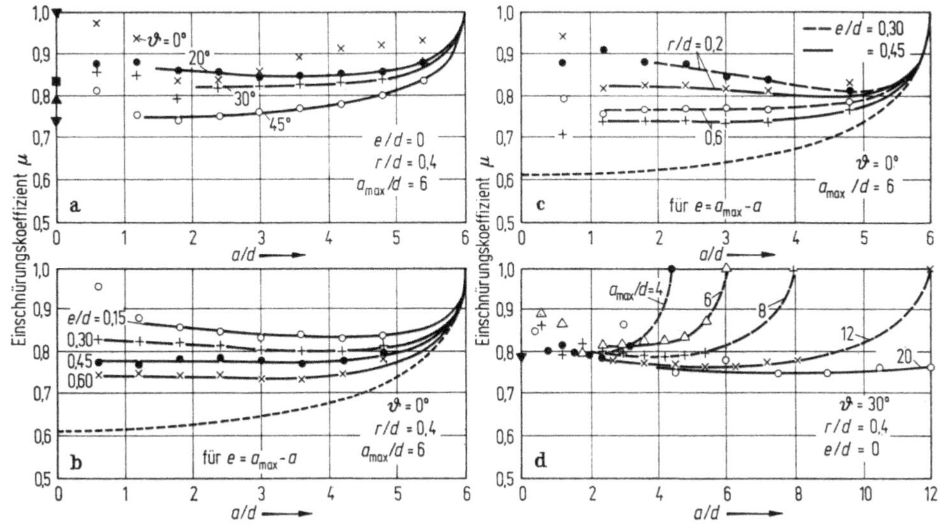

Abb. 1.46a–d. Abhängigkeit des Einschnürungskoeffizienten μ von den Formkennwerten a/d; ϑ; e/d; r/d; $a_{\max}/d$ für rückgestauten Abfluß (Erläuterung s. Abb. 1.53).

Für $f_2 \ll F'$ geht $\eta \to 1$, der Verlustbeiwert kann dann vernachlässigt werden. Bei einem Schütz im Stollen Abb. 1.45a) gilt

$$\eta = \frac{\eta_2}{\sqrt{1 + (\eta_2 f_2/\eta_1 f_1)^2}}\,, \tag{51}$$

wobei f_1 den engsten oberwasserseitigen Querschnitt zwischen Schütz und Wand des Schützschachtes, η_1 und η_2 die Beiwerte für die örtlichen oberwasser- bzw. unterwasserseitigen Verluste an den Spaltquerschnitten f_1 und f_2 bedeuten.

Die Gesamtabflußmenge Q errechnet sich somit aus Gln. (48) und (49) zu

$$Q = Q' + Q'' = \Phi F \sqrt{2g(H - h_e - h)}\,. \tag{52}$$

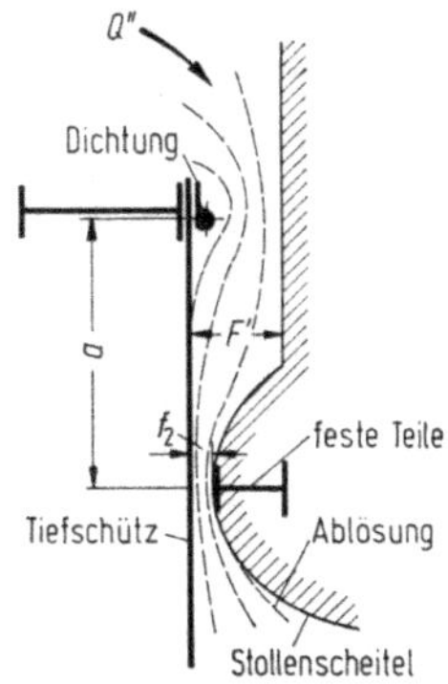

Abb. 1.47. Spalt zwischen Stauwand und festen Teilen.

Dabei wird für

$$(\mu a B + \eta f_2)/F = \Phi$$

gesetzt, also das Verhältnis aller vom Schütz freigegebenen Querschnittsflächen zur Querschnittsfläche des Stollens ausgedrückt. Die Geschwindigkeitshöhe des eingeschnürten Strahles unter dem Schütz ist

$$v_s^2/2g = H - h_e - h = C^2 \Delta H\,.$$

Wenn mit C der Abflußkoeffizient bezeichnet wird (C_0 Abflußkoeffizient bei Vollöffnung $a = a_{max}$), mit

$$C = \frac{1}{\sqrt{1 - \Phi^2(\alpha_1 - 2\beta_1/K + 1/C_0^2) - (2\Phi'/K) - [\Phi^2 - (1+\Phi)^2 U/(8K)]\,\lambda L_1/D}}\,. \tag{53}$$

Dabei sind als Einfluß der ungleichförmigen Geschwindigkeitsverteilung in der Energiegleichung:

$$\alpha_1 = \frac{1}{F}\int\limits_F \left(\frac{v_1}{V_1}\right)^3 dF$$

und für Abweichung von der mittleren Geschwindigkeit in der Impulsgleichung im Querschnitt *1* (Abb. 1.45a):

$$\beta_1 = \frac{1}{F}\int\limits_F \left(\frac{v_1}{V_1}\right)^2 dF$$

eingesetzt. Für den Abflußkoeffizienten bei Vollöffnung gilt:

$$C_0 = Q_{max}/(F\sqrt{2g\,\Delta H})\,. \tag{54}$$

C_0 ist im allgemeinen eine vorgegebene Kenngröße.

Die Abhängigkeit des Abflußkoeffizienten C vom Flächenbeiwert Φ' zeigt Abb. 1.48. Der Einfluß der empirischen Größen auf C bei rückgestautem Abfluß ist in Abb. 1.49 dargestellt.

Mit K als Hilfsgröße, ausgedrückt durch

$$K = 1 + \xi(a_{max} B/F - 1)/2$$

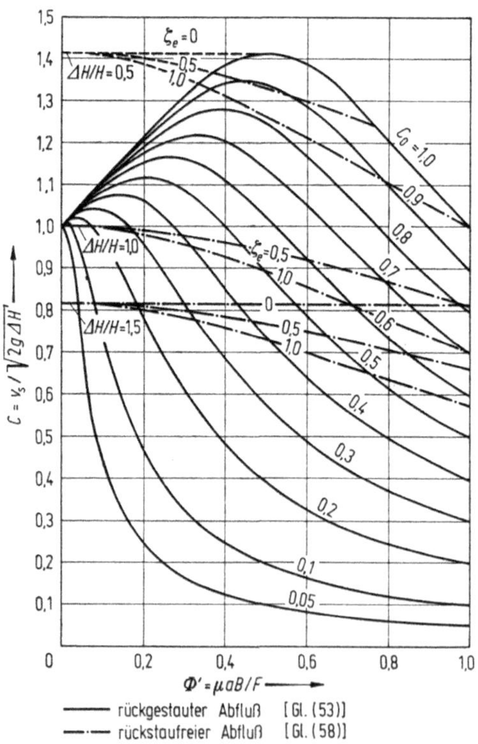

Abb. 1.48. Abhängigkeit des Abflußkoeffizienten C von der relativen Schützöffnung. Φ' für $U = 2$; $f_2 = \lambda = h^* = 0$ und $\alpha_1 = \beta_1 = K = 1$.

(ξ = Faktor zur Berichtigung der angenommenen statischen Druckverteilung: bei langer Übergangsstrecke $\xi = 1$, bei kurzer $\xi = 0$) und

$$U = (\pi D + B + 2a)$$

als Hilfsgröße für den mittleren benetzten Umfang und L_1 als Länge der Ablösungszone unterwasserseitig des Tiefschützes, lassen sich nachfolgende Abflußkennwerte formulieren:

$$Q/Q_{\max} = \Phi\, C/C_0\,, \tag{55}$$

$$Q'/Q_{\max} = \Phi'\, C/C_0\,, \tag{56}$$

$$Q''/Q_{\max} = (\Phi - \Phi')\, C/C_0 = (\eta\, f_2/F)\, C/C_0\,. \tag{57}$$

Da die Spaltwassermenge Q'' (Abfluß über das Schütz durch den Spalt f_2) im Verhältnis zur Hauptwassermenge Q' meistens gering ist, reicht es oft aus, nur die Gl. (56) zu benutzen.

Schießt der Wasserstrahl unter dem Schütz rückstaufrei in den Stollen, so sinkt durch Luftaufnahme im allgemeinen der Luftdruck in den Schütz unter Atmosphärendruck ab. Die Druckhöhe im Querschnitt des eingeschnürten Wasserstrahles ist dann

$$h^* = \mu\, a + \Delta p^*/\gamma\,,$$

wenn mit Δp^* die Differenz zwischen dem Luftdruck über dem eingeschnürten Strahl und dem Atmosphärendruck bezeichnet wird (im allgemeinen ein negativer Wert). Sinngemäß lautet dann der Abflußkoeffizient

$$C = \sqrt{\frac{H}{\Delta H}}\,\sqrt{\frac{1 - h^*/H}{1 + \Phi^2\,\zeta_e}}\,. \tag{58}$$

Die Abflußkennwerte werden damit

$$\frac{Q'}{Q_{\max}} = \Phi'\sqrt{\frac{H}{\Delta H}}\,\sqrt{\frac{1 - h^*/H}{1 + \Phi^2\,\zeta_e}}\Big/C_0, \tag{59}$$

$$\frac{Q''}{Q_{\max}} = \frac{\eta\, f_2/F}{C_0\sqrt{\Delta H/H}}\,\sqrt{\frac{1 - (z_2 + \Delta p^*/\gamma)/H}{1 + \Phi^2\,\zeta_e}}\,. \tag{60}$$

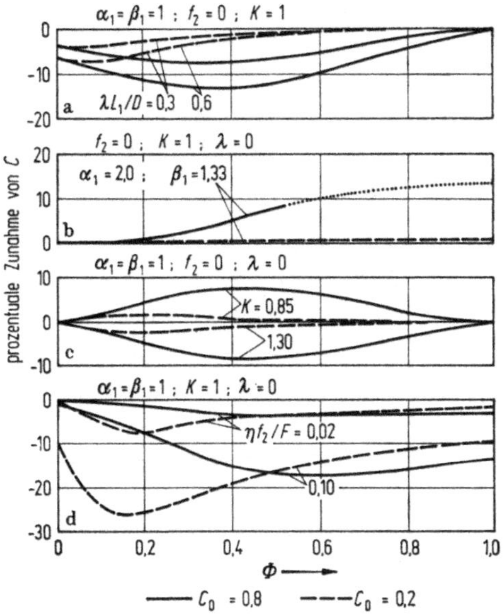

Abb. 1.49a–d. Einfluß der empirischen Größen $\lambda L_1/D$, α_1, β_1, K und $\eta\, f_2/F$ auf den Abflußkoeffizienten C bei rückgestautem Abfluß.

Dabei ist z_2 der vertikale Abstand zwischen der Bezugslinie und dem Kontrollquerschnitt des aus dem Schützschacht austretenden Strahles. Auch hier ist für die Praxis vor allem die Gl. (59) von Bedeutung.

Die Gln. (53) und (58) sind in Abb. 1.48 graphisch dargestellt [*46*]. Der Übergang von der einen zur anderen Abflußart ist durch den Schnittpunkt der beiden Kurven für rückstaufreien und rückgestauten Abfluß einer Anlage festgelegt. Hierbei ist bei einer Schützöffnung die Strömungsgeschwindigkeit des Strahles bei rückstaufreiem Abfluß stets größer. Für $\Delta H/H \ll 1{,}0$ und $C_0 \to 1{,}0$ ist freier Abfluß entweder nicht oder nur bei mittleren Schützöffnungen möglich. Im Normalfall $\Delta H/H > 1{,}0$ ist er auf einen Bereich kleiner Spaltweiten beschränkt, der um so enger begrenzt ist, je kleiner C_0 ist. Die Berechnung der Abflußmenge wird hauptsächlich durch die Berücksichtigung des Reibungswiderstandes und der ungleichmäßigen Geschwindigkeits- und Druckverteilung erschwert. Der Einfluß der entsprechenden Parameter $\lambda\, L_1/D$, d_1, β_1 und K auf die Abflußmenge bei starker Abweichung von den idealen Verhältnissen $\lambda = 0$ und $\alpha_1 = \beta_1 = K = 1{,}0$ ist aus der Abb. 1.49a bis d zu entnehmen. Der Einfluß nimmt mit wachsendem C_0 zu. Es ist zu beachten, daß α_1 und β_1 Funktionen von L_1 und Φ' sind. Für $\Phi' \to 1$ nähern sich α_1 und β_1 den Werten für gleichförmigen Abfluß ($\alpha_1 = \beta_1 = 1{,}0$).

1.8.4.2 Die wirkenden Kräfte

Unter Berücksichtigung, daß durch Wasser nur vernachlässigbare Schubkräfte übertragen werden, der Wasserdruck immer senkrecht auf eine Fläche wirkt und die Größe des spezifischen Wasserdruckes unabhängig von der Richtung ist, entspricht bei statischen Verhältnissen der Flüssigkeitsdruck auf die Flächeneinheit in der Wassertiefe zugleich dem Druck über dem Wasser und dem Gewicht der über der Fläche stehenden Wassersäule. Da es sich bei Tiefschützen im allgemeinen um gerade Flächen handelt, genügt diese Feststellung zur Ermittlung des wirksamen statischen Wasserdruckes, also des Druckes auf die Verschlußkonstruktion, wenn Wasser noch nicht fließt.

Wird dagegen der Druck in Geschwindigkeit umgesetzt, so verändern sich die statischen Verhältnisse. Dynamische Kräfte werden wirksam. Neben den horizontalen Kräften, die anfangs bei relativ kleinem Querschnitt fast den statischen entsprechen, sind von den dynamischen Kräften, die während des Abflusses auf das Schütz einwirken, für die Dimensionierung der Antriebe besonders die in lotrechter Richtung wichtig. Für die Ermittlung der weiteren noch zusätzlich am Schütz angreifenden Kräfte wird auf [*44–46*] verwiesen. Im allgemeinen ist die Strömung entlang der Unterseite eines Tiefschützes kontinuierlich beschleunigt. Folglich ist auch das Verhältnis

$$k_i = \frac{p_i/\gamma + z_i - h}{v_s^2/2g} = \frac{h_i - h}{v_s^2/2g} \tag{61}$$

von der Bezugsgeschwindigkeit v_s unabhängig und kann einer bestimmten Formgebung von Schütz und Stollen eindeutig zugeordnet werden. Da $h_i - h$ die Differenz der piezometrischen Höhen in einem Punkt (i) der Schützunterseite (Abb. 1.50) und im eingeschnürten Strahl bezeichnet, entspricht $k = 1{,}0$ dem Staudruck.

Nach [46] läßt sich der mittlere Druck auf der Schützunterseite, bezogen auf die Geschwindigkeitshöhe $v_s^2/2g$, aus einer Integration über die Schützbreite B und die Schützdicke d ableiten:

$$\varkappa_u = \frac{1}{B\,d} \int \int^{B} \frac{h_i - h}{v_s^2/2g}\, dB\, dx\,. \tag{62}$$

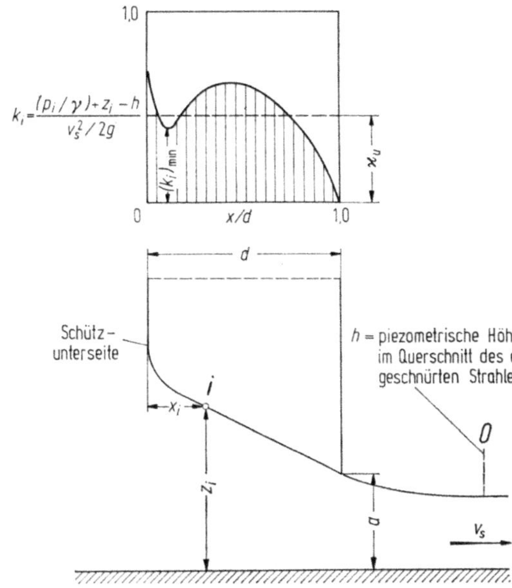

Abb. 1.50. Erläuterung der Koeffizienten k_i und $\varkappa_u$.

Der auf die gleiche Geschwindigkeitshöhe v bezogene mittlere Druck auf der Schützoberseite ergibt sich aus einem ähnlichen Doppelintegral

$$\varkappa_0 = \frac{1}{B\,d} \int^{d} \int^{B} \frac{h_0 - h}{v_s^2/2g}\, dB\, dx = \frac{1}{1 + (\eta_2 f_2/\eta_1 f_1)^2}\,. \tag{63}$$

Dabei bedeutet:

h_0 die piezometrische Höhe an der Schützoberseite (Abb. 1.45),

η_1, η_2 Verlustbeiwerte bei Ein- und Ausströmen aus der Schützkammer [s. Gl. (51)].

Die Gl. (63) ist in Abb. 1.51 für ein umströmtes Stollenschütz dargestellt. Für ein unterseitig gedichtetes Stollenschütz wird der Formkoeffizient $\varkappa_0$ vom Öffnungsverhältnis $a/a_{\max}$ des Schützes beeinflußt (Abb. 1.52). Je höher der Verschluß im Stollen gezogen wird, desto mehr nimmt der Wert ab. Bei einem Einlaufschütz wird $f_1 = \infty$ und damit $\varkappa_0 = 1{,}0$.

Der Hauptanteil der dynamischen Kraft in Bewegungsrichtung des Schützes ergibt sich aus der Differenz der am Schützoberteil und Schützunterteil wirkenden Druckkräfte zu

$$\downarrow P_1 = (\varkappa_0 - \varkappa_u)\, B\, d\, \varrho\, v_s^2/2\,. \tag{64}$$

Hinzu kommen die Kräfte, die auf seitlich hervorragende Teile des Schützes bzw. die Kopfdichtung wirken. Wenn kein Wasser über dem Schütz abläuft ($f_2 = 0$)

und die Fläche der horizontal projizierten Kopfdichtung mit F_D bezeichnet ist, so ergibt sich eine Druckkraft auf die Stirndichtung

$$\downarrow P_2 = \gamma F_D(h_0 - h) = \varkappa_0 F_D \varrho v_s^2/2 . \tag{65}$$

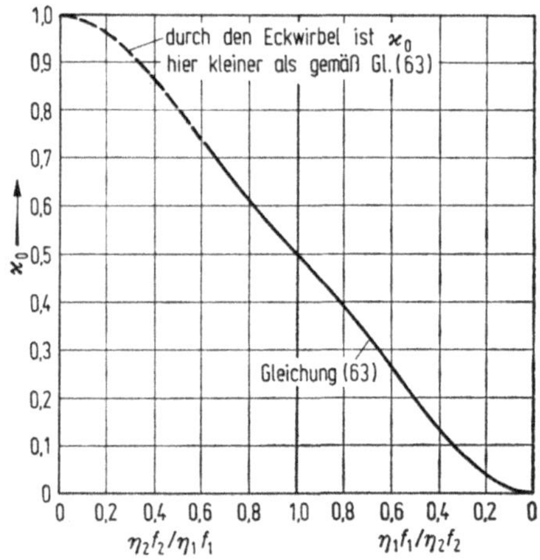

Abb. 1.51.
Abhängigkeit des Formkoeffizienten $\varkappa_0$ von den Abflußverhältnissen in der Schützkammer [Gl. (63)].

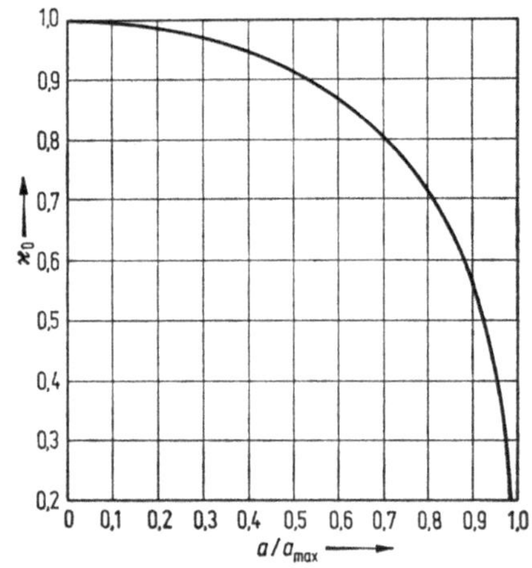

Abb. 1.52.
Abhängigkeit des Formkoeffizienten $\varkappa_0$ von der relativen Spaltweite a/a_{max} für ein unterwasserseitig gedichtetes Schütz im Stollen.

Wenn jedoch die der Kopfdichtung gegenüberliegende Wand zurückversetzt wird und $f_2 \neq 0$, so wird durch die Umströmung der Dichtung die Druckdifferenz zwischen Ober- und Unterseite und damit P_2 vermindert.

Der Einfluß der Schützform-Kennwerte (Abb. 1.53) auf den Formkoeffizienten $\varkappa_u$ und damit auf die hydrodynamischen Kräfte kann aus Abb. 1.54 entnommen werden. Die Abildungen gelten für 2-D-Abfluß. Wirken sich Nischen auf den Abfluß stärker aus (also 3-D-Abfluß), dann nimmt $\varkappa_0$ in der Regel ab und $\varkappa_u$ zu. Eine ähnliche Auswirkung für $\varkappa_0$ haben auch Wasserlöcher an der Schützunterseite. In beiden Fällen nehmen also die dynamischen Aufzugskräfte ab.

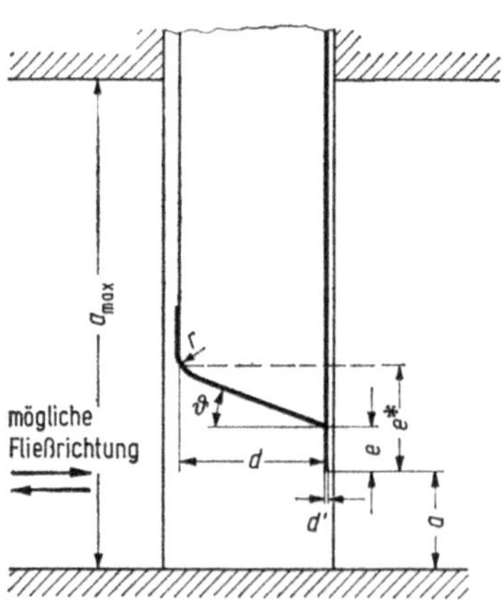

Abb. 1.53. Erläuterung für die untersuchten Formkennwerte (s. Abb. 1.54).

Die Größe der dynamischen Kraft in Bewegungsrichtung wird einmal durch die Formgebung der Schützunterseite, d. h. durch $\varkappa_u$, und andererseits durch die Bemessung der Spaltquerschnitte f_1 und f_2 zwischen Schütz und Schützschacht, also durch $\varkappa_0$, beeinflußt.

Von den vier Möglichkeiten der Dichtung und Stauwand (Abb. 1.55) ist die dargestellte Anordnung a) oder d) die gebräuchlichste. Für ein Einlaufschütz stellt a) die einzige Lösung dar. Die Gln. (64) und (65) wurden für diesen Normalfall aufgestellt. Sie bleiben jedoch auch für die in Abb. 1.55b dargestellte Anordnung gültig. In dem Fall allerdings muß für den rückstaufreien Abfluß der Auftrieb des Schützvolumens zu den Kräften P_1 und P_2 hinzugefügt werden. Bei oberwasserseitiger Stirndichtung entfällt Gl. (65), da $\varkappa_0 = 0$ ist, wenn die Sohlendichtung in gleicher Ebene der Stirndichtung liegt (Abb. 1.55c u. d). Oft aber wird die Stirndichtung auch vorgezogen, damit die Sohlendichtung an der Dichtungsfläche

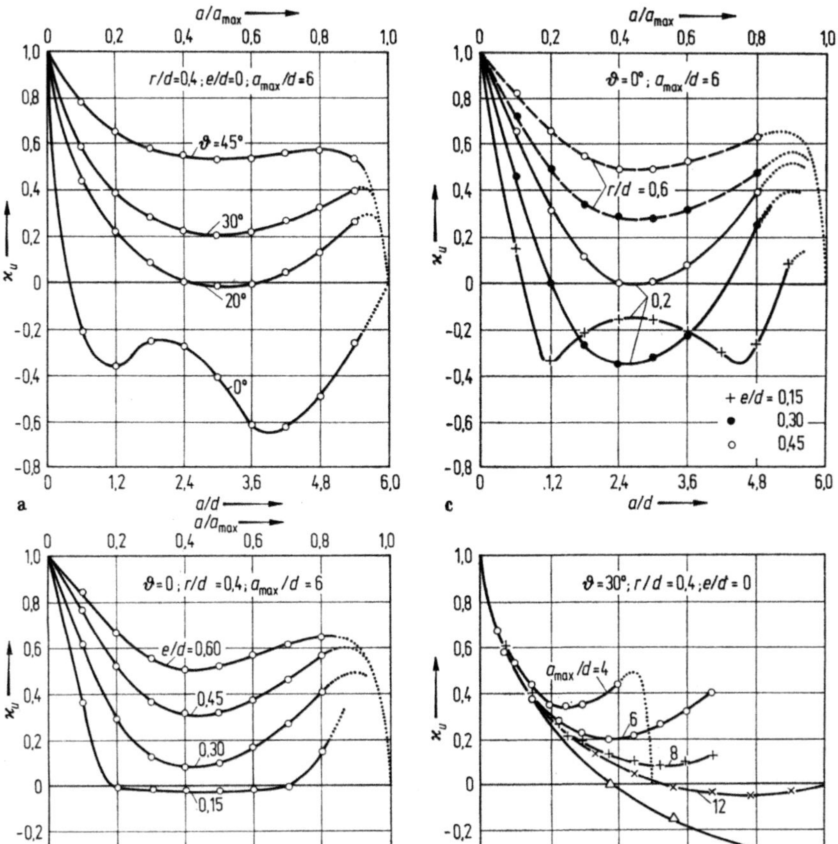

Abb. 1.54a–d. Abhängigkeit des Formkoeffizienten $\varkappa_u$ von der relativen Spaltweite. a) verschiedene ϑ; b) e/d; c) r/d; d) a_{max}/d.

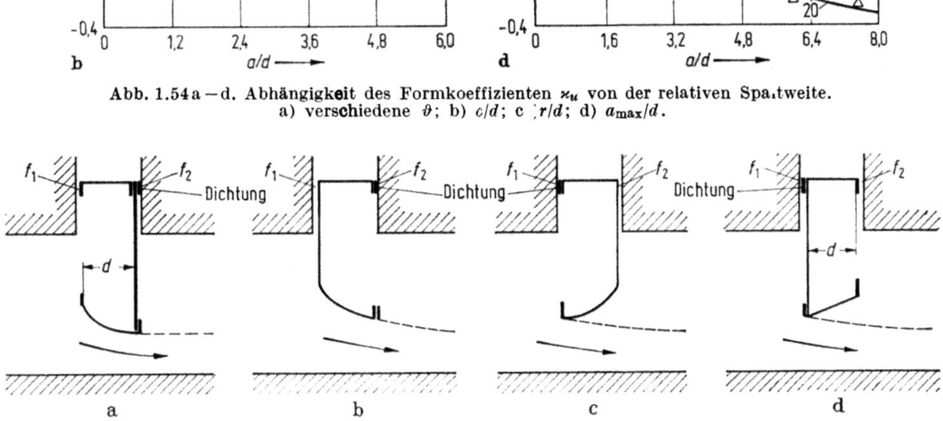

Abb. 1.55a–d. Schematische Darstellung der möglichen Anordnung von Dichtung und Stauwand. a) Stauwand und Dichtung UW; b) Stauwand OW, Dichtung UW; c) Stauwand UW, Dichtung OW; d) Stauwand und Dichtung OW.

der Stirn vorbeigleiten kann. Dann wirkt P_2 [Gl. (65)] nach oben, also den Antrieb entlastend. Ist die Konstruktion unterwasserseitig hoch genug über der Sohle (also auch hoch genug über der Schneide) angeordnet, ist $\varkappa_u$ ebenfalls 0.

Nach [*47*, *48*] läßt sich die Kontur des frei unter einer Schneide austretenden Strahles in Abhängigkeit des Schützhubes *a* errechnen.

Das Ergebnis in dimensionsloser Angabe bringt Tab. 5.

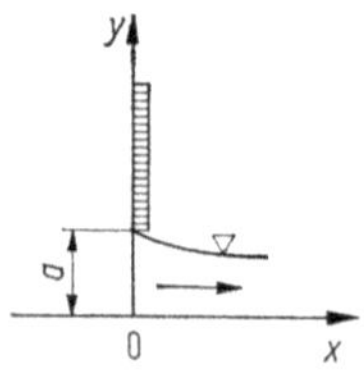

Tabelle 5

x/a	y/a	x/a	y/a
0	1,0	0,052	0,903
0,0004	0,996	0,071	0,883
0,0011	0,992	0,092	0,864
0,002	0,988	0,116	0,844
0,003	0,984	0,144	0,825
0,004	0,981	0,175	0,806
0,006	0,977	0,253	0,767
0,007	0,973	0,358	0,728
0,009	0,969	0,511	0,689
0,010	0,965	0,777	0,650
0,012	0,961	1,038	0,631
0,023	0,942	1,402	0,619
0,036	0,922	∞	0,611

Die Kenntnis der Kontur des frei austretenden Strahles gibt Hinweise, wie die Strömungsverhältnisse unter dem Schütz verbessert und Sogkräfte vermieden werden können.

Wird bei der Schützdicke *d* die Höhendifferenz des tiefsten Punktes *1* der oberstromigen Ebene *2*–*2'* mit *c* bezeichnet (Abb. 1.56a) und bildet die Verbindungslinie dieser beiden Punkte mit der Horizontalen den Winkel α_s, dann ist $\tan\alpha_s = c/d$. Das Wasserband des unter dem Endriegel *12* frei austretenden Strahles (Abb. 1.56b) habe in der Ebene *22'* bei freiem Durchlauf die Tiefe *t* (Punkt *3*). Der mittlere Neigungswinkel α_k der Kontur wird aus $\overline{13}$ und der Horizontalen gebildet.

Liegt nun in beliebiger Schützstellung die untere Kante *2* der unterwasserseitigen Schützebene tiefer als die Kontur des für diese Stellung sich ergebenden

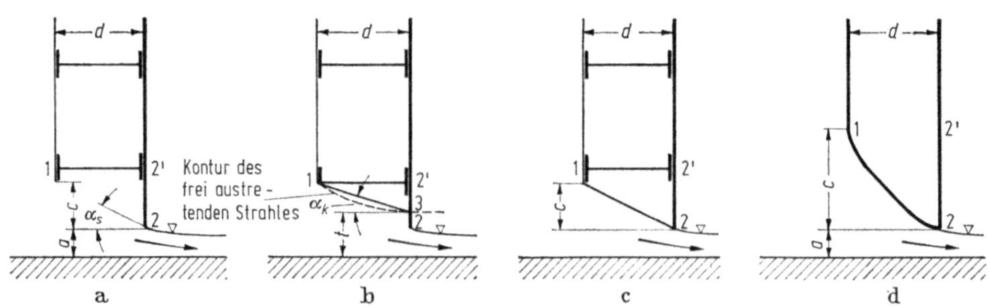

Abb. 1.56a–d.
Schützunterfläche. a) Neigung des Hauptträgers; b) Neigungswinkel des frei austretenden Strahles; c) Leitblech; d) abgerundetes Leitblech.

ideellen freien Strahles (Abb. 1.56c), so ist bestimmend für das Abflußbild der kleinere Durchflußspalt a. Von der unterwasserseitigen Ebene $22'$ nach Oberwasser zu findet somit eine volle Umsetzung der Druckhöhe in Geschwindigkeit nicht mehr statt, es bleibt eine Restdruckhöhe entsprechend der Geschwindigkeitshöhe über die ganze Schützdicke d wirksam.

Tritt der Fall ein, daß die Hubhöhe a des Schützes größer als die Wassertiefe des ideellen, mit einer Abflußmenge Q frei austretenden Strahles in der Ebene $22'$ wird (Abb. 1.57), dann ist eine $\Delta a = a - t$ größere durchströmte Spalthöhe als bei freiem Abfluß vorhanden. Die somit zusätzlich auf die Tiefe *1* abfließende Wassermenge von $\Delta Q = v \Delta a$ muß durch den Eintrittspalt a in der ober-

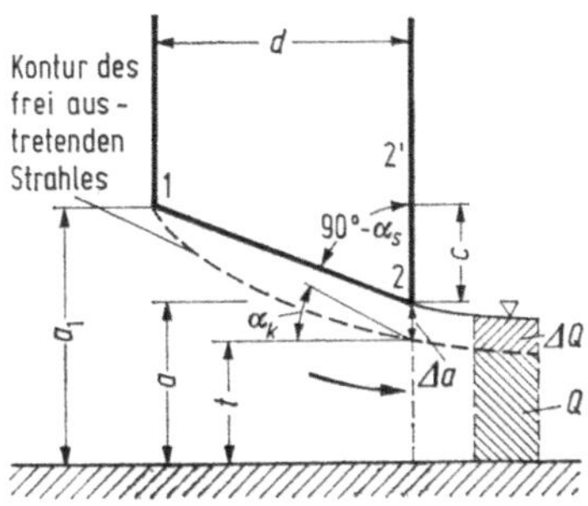

Abb. 1.57. Darstellung zur Deutung auftretenden Unterdruckes von einem bestimmten Winkel an.

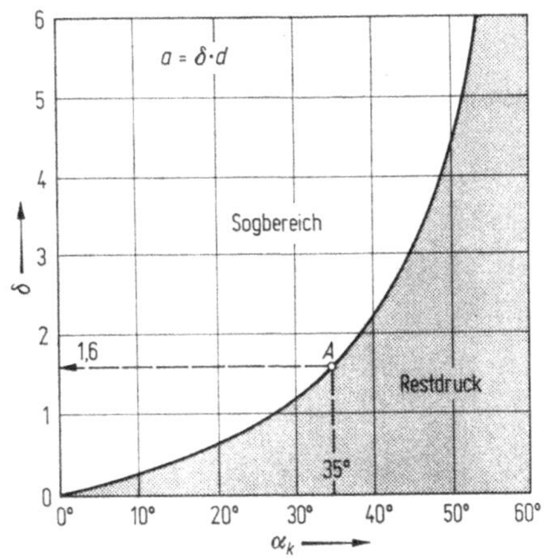

Abb. 1.58. Darstellung des Grenzwinkels für das Auftreten von Sogkräften in Abhängigkeit vom Schützhub.

stromigen Ebene gleichzeitig mit der Wassermenge Q des frei austretenden Strahles einströmen. Dies ist aber nur dann möglich, wenn auf dem Strömungsweg (Schützdicke d) eine größere Geschwindigkeit umgewandelter Druckhöhe sich einstellt. Eine Geschwindigkeitserhöhung über den Wert aus dem Toricellischen Theorem wird aber infolge Unterdruck erreicht. Dieses Absinken unter Atmosphärendruck nimmt mit größerer Abweichung von der Kontur des freien Strahles $\Delta a = a - t$ zu, bis die Strömung von Unterwasser her abreißt und sich vom Leitblech löst. Damit Sogkräfte nicht auftreten, muß somit $\alpha_k \leqq \alpha_s$ sein.

Bezogen auf die Konstruktionsbreite d des Schützes im Bereich des Durchflusses sind Neigungswinkel α_k als Kontur des frei austretenden Strahles berechnet und in Abhängigkeit des Schützhubes aufgetragen (Abb. 1.58). Dabei ist der Schützhub durch die Schützdicke d mit $a = \delta d$ ausgedrückt [*47*]. Handelt es sich beispielsweise um eine Konstruktion, bei der ein Leitblech unter einem Winkel $\alpha_s = 35°$ angeordnet ist oder bei der die Unterkante des Endriegels um den Wert c (Abb. 1.56) höher liegt mit $\tan\alpha_s = c/d = 0{,}7 \rightarrow \alpha_s = 35°$, dann treten nach einem Hub des Schützes von $a = 1{,}6d$ (Abb. 1.58) Sogkräfte auf, die mit weiterem Hub größer werden. Hierbei handelt es sich um eine erste Annäherung. Denn ob Sogkräfte auftreten, hängt auch noch von der Formgebung der Schützunterfläche ab.

Diese Überlegungen auf die Konstruktion übertragen, lassen eine Verminderung der lotrechten Belastung durch eine nach unten auskragende Stauwand erzielen [49]. Allerdings kann diese Lösung bei gegebener Schützdicke nicht beliebig angewendet werden, da die zusätzlichen Kosten für die auskragende Stauwand erheblich sind.

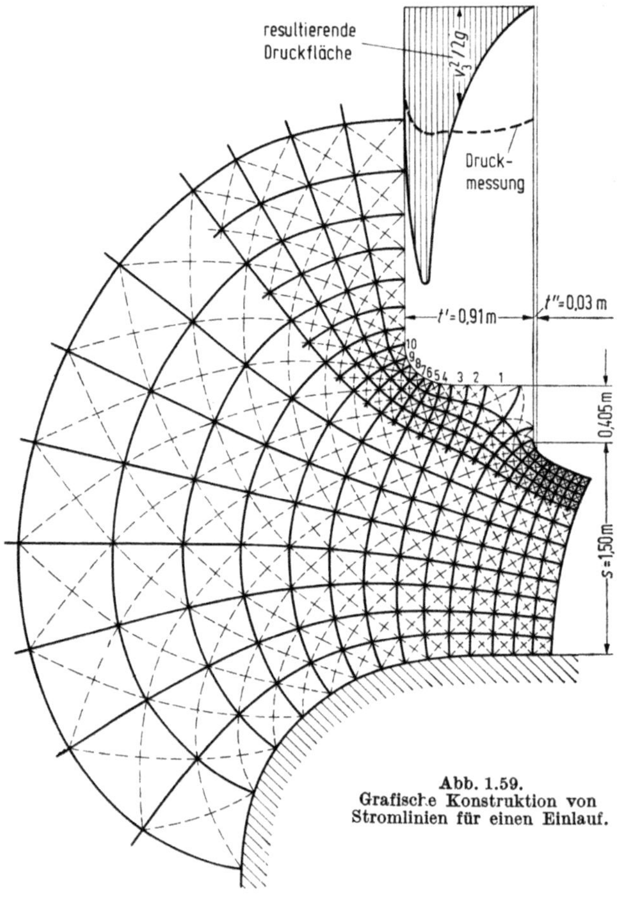

Abb. 1.59. Grafische Konstruktion von Stromlinien für einen Einlauf.

Da aber das Stromlinien- und Potentialnetz zwei Scharen sich rechtwinklig schneidender Kurven bilden, kann mit Hilfe eines Elektromodells (Strömungsfeld auf Neusilberblech) der Verlauf der Potentiallinien ermittelt werden (auch z. B. für Hakendoppelschütz, Klappe usw.). Mit Hilfe eines zeichnerischen Verfahrens, bei dem in vorgegebene Randbedingungen ein eindeutiges Rechteck oder Quadratnetz eingezeichnet werden kann, liefert die Lösung für die Strom- und Potentiallinien.

Man kann so vorgehen, daß man das Quadratnetz zunächst nach Augenmaß innerhalb der gegebenen Randlinien einträgt, dann korrigiert man die Zeichnung allmählich so, daß sich alle Linien unter rechtem Winkel schneiden. Einwandfrei und auch leichter festzustellen ist die Bedingung, daß beim Quadrat die Diagonale ebenfalls rechtwinklig zueinander stehen (Abb. 1.59). Zur Prüfung der Rechtwinkligkeit kann ein Spiegellineal oder ein Prismenderivator verwendet werden. Um an Zeichenarbeit zu sparen, ist es zweckmäßig, mit einem möglichst weitmaschigen Quadratnetz zu beginnen und erst, wenn dessen Abbildung einigermaßen korrigiert ist, weiter zu unterteilen. Schwierigkeiten bereiten allerdings die Ablösungszonen. Auch der Effekt der Ablösungszone auf die Druckverteilung kann in erster Näherung ermittelt werden [*44*].

In Modellversuchen sind verschiedene Schützformen untersucht worden [*51*]. Es kann bei vorgegebener oder frei gewählter Schützform innerhalb der bestimmten der Schützform zugehörigen Gruppe der mittlere vertikale Druck unter dem Schütz festgestellt werden (Abb. 1.60).

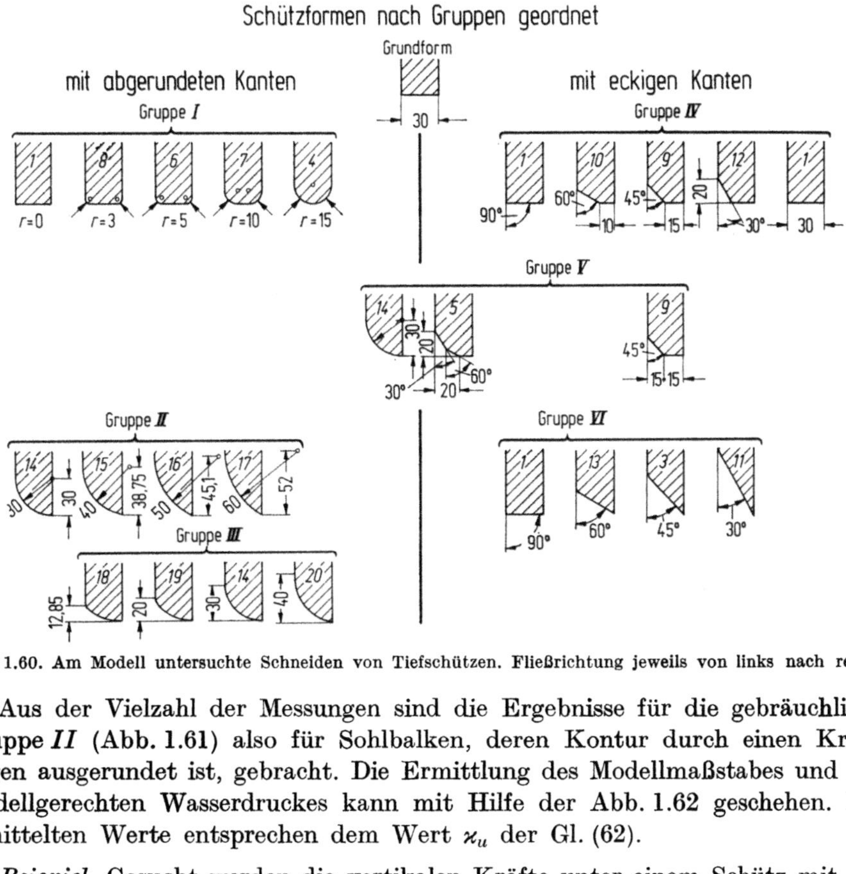

Abb. 1.60. Am Modell untersuchte Schneiden von Tiefschützen. Fließrichtung jeweils von links nach rechts

Aus der Vielzahl der Messungen sind die Ergebnisse für die gebräuchliche Gruppe *II* (Abb. 1.61) also für Sohlbalken, deren Kontur durch einen Kreisbogen ausgerundet ist, gebracht. Die Ermittlung des Modellmaßstabes und des modellgerechten Wasserdruckes kann mit Hilfe der Abb. 1.62 geschehen. Die ermittelten Werte entsprechen dem Wert $\varkappa_u$ der Gl. (62).

Beispiel. Gesucht werden die vertikalen Kräfte unter einem Schütz mit folgenden Abmessungen in der Natur:

Schütztiefe	$d_N =$	60 cm,
Abrundung	$R_N =$	90 cm,
Schützbreite	$B_N =$	300 cm,
Schützöffnung	$a_N =$	100 cm,
statischer Wasserdruck	$p_N =$	50 m Ws.

Die Schützform gehört zur Gruppe *II* (Abb. 1.60 u. 1.61).

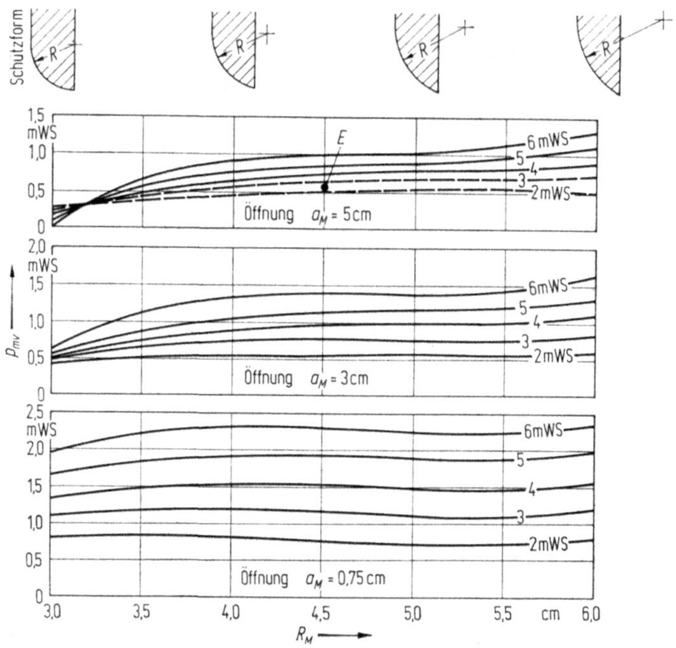

Abb. 1.61. Wirksamer Wasserdruck auf die Schützunterfläche bei verschiedener kreisförmiger Ausrundung (Gruppe II, Abb. 1.60).

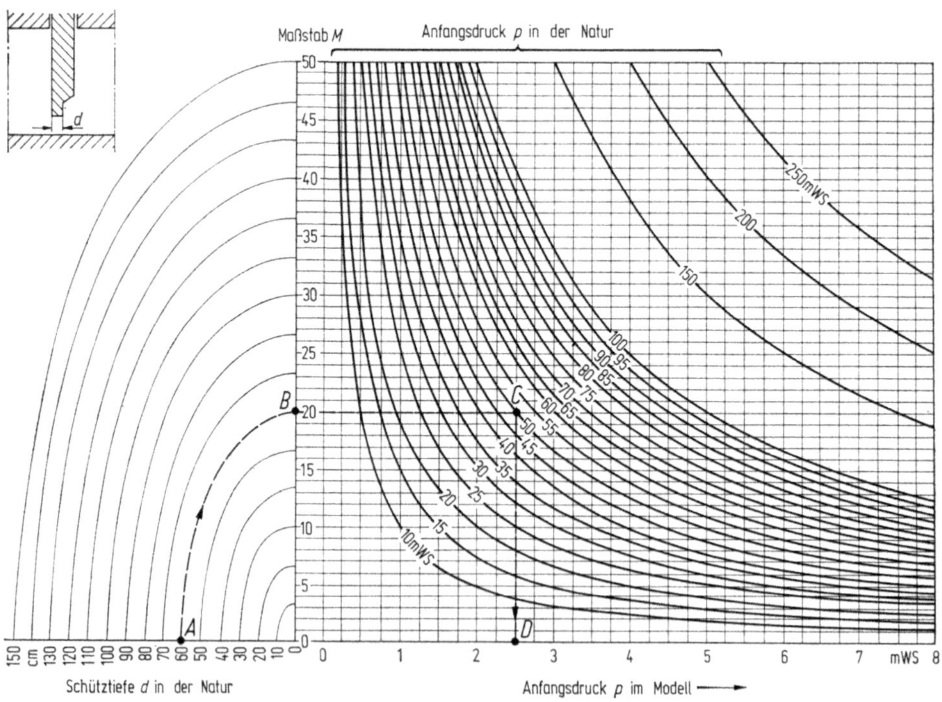

Abb. 1.62. Umrechnung von Naturdaten in Modellwerte bei Tiefschützen.

Lösungsweg: Man folgt auf der linken Seite der Darstellung Abb. 1.62 ausgehend von $d_N = 60$ cm (Punkt A) auf der Abszisse dem elliptischen Kurvenzug und gelangt auf der Ordinate zum Modellmaßstab (Punkt B). Hier wird $M = 20$. Von hier aus geht man weiter in horizontaler Richtung bis zum Schnittpunkt mit der Wasserdrucklinie $p_N = 50$ m WS (Punkt C). Lotrecht unter diesem Schnittpunkt liegt auf der Abszisse die im Modell für ähnliche Verhältnisse gültige Wasserdrucklinie, nämlich $p_M = 2{,}5$ m WS (Punkt D). Dividiert man die noch ausstehenden Maße durch den Modellmaßstab, so erhält man die Modellabmessungen wie folgt:

Schütztiefe	$d_M = 3$ cm,	da	60 : 20,
Abrundung	$R_M = 4{,}5$ cm,	da	90 : 20,
Schützbreite	$B_M = 15$ cm,	da	300 : 20,
Schützöffnung	$a_M = 5{,}0$ cm,	da	100 : 20,
statischer Wasserdruck	$p_M = 2{,}5$ m WS,	da	50 : 20.

Nun geht man in diesem Fall mit den Werten $p_M = 2{,}5$ m WS und $R_M = 4{,}5$ cm in die Kurvenzüge der Gruppe *II* (Abb. 1.61, $a_M = 5{,}0$ cm) erhält dort für p_{mv} den Wert $+0{,}60$ m WS/cm Schützbreite (Punkt E). Es ist dann die vertikale aufwärts gerichtete Kraft im Modell bei p_M = mittlerer vertikaler Wasserdruck und B_M = Schützbreite

$$p_M = p_{mv} B_M ,$$

$$p_M = 0{,}60 \cdot 15 = 9{,}0 \text{ mWS entsprechend } 0{,}9 \text{ kp}.$$

Damit wird die aufwärts gerichtete Kraft in der Natur

$$p_N = p_M M^2 = 0{,}9 \cdot 20^2 = 360 \text{ kp}.$$

Wenn die Dichtung des Schützes an der Unterwasserseite liegt, ist hierbei noch der Wasserdruck, der auf die Oberseite des Schützes wirkt, zu berücksichtigen [entsprechend $\varkappa_0$ aus Gl. (63)].

1.8.5 Kegelstrahlschieber

Die auf den Nennquerschnitt F_0 des Schiebers bezogene und von der am Schieber wirksamen Energielinie H abhängige Wassermenge errechnet sich zu:

$$Q = \mu F_0 \sqrt{2 g H}$$

mit F_0 = Querschnittsgröße des Tragrohres $= \pi D^2/4$.

Wichtig hierbei ist die Bestimmung des Abflußbeiwertes μ, der vom Neigungswinkel α des Kegels (Abb. 1.63) und vom Durchflußspalt s abhängt. Für den

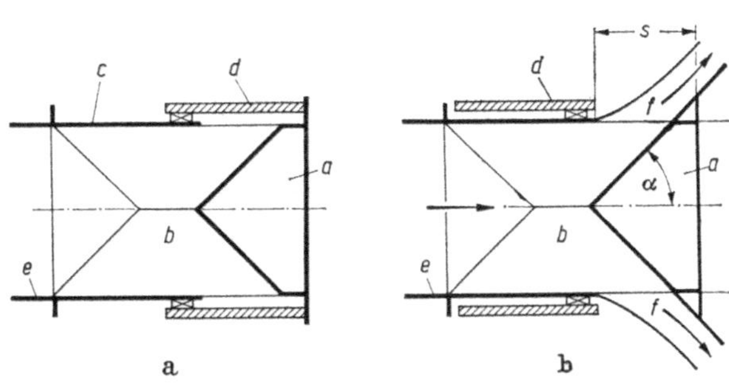

Abb. 1.63a u. b. Aufbau des Kegelstrahlschiebers.
a) Schieber in geschlossener Stellung;
b) Schieber in geöffneter Stellung.
a Abschlußkegel; *b* Schotte; *c* Schiebermantel; *d* Zylinderschütz; *e* Rohrende; *f* herausschießender, aufgespaltener Wasserstrahl; *s* Durchflußspalt zwischen Schiebermantel und Kegel; *α* Neigungswinkel des Kegels; *D* Rohrdurchmesser.

a b

gebräuchlichen Fall, daß der Kegel nicht wesentlich über das Rohr hinausragt, also $a \sim D$, ist der Abflußbeiwert in Abhängigkeit des Öffnungsgrades s/D mit dem Neigungswinkel α des Kegels als Parameter errechnet [52] und dargestellt (Abb. 1.64).

Der Einfluß des Kegelwinkels ist im Bereich kleiner Werte besonders ausgeprägt. Für die größte Abflußmenge kann man überschläglich setzen

$$Q_{\max} = 2{,}9\, D^2 \sqrt{H}\,.$$

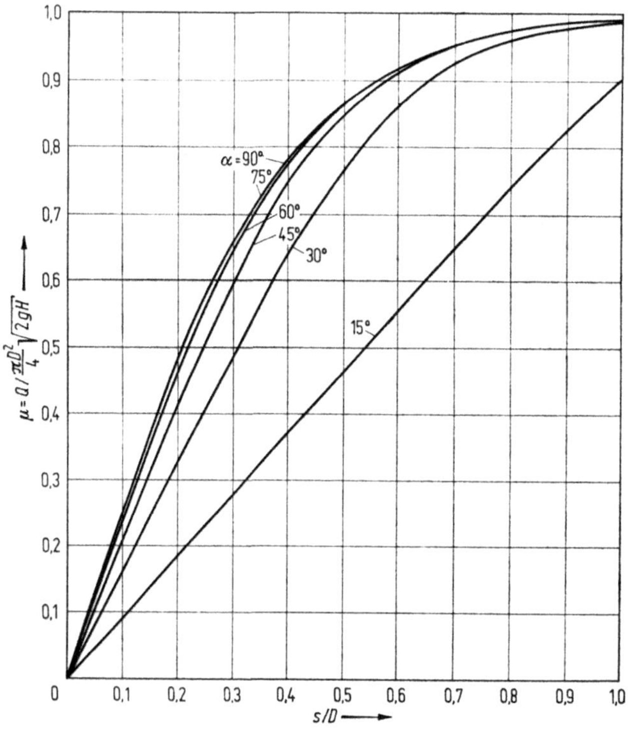

Abb. 1.64. Verlauf des Abflußbeiwertes μ in Abhängigkeit vom Öffnungsgrad s/D und vom Kegelwinkel α als Parameter.

1.8.6 Verluste

Für die Abflußmenge ist maßgebend, welche Druckhöhe wirksam ist, um wieviel sie bereits durch Verluste abgenommen hat.

Für den Rechenverlust (h_R) gilt

$$h_R = \beta \sin\alpha\, (d/a)^{3/4}\, v^2/2g\,. \tag{66}$$

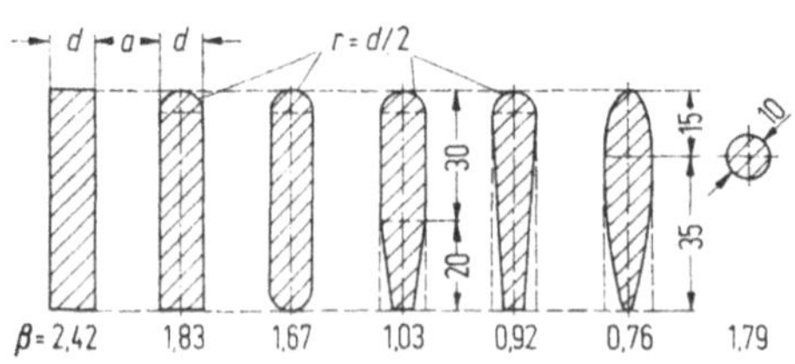

Abb. 1.65. Formwert β für Rechenstäbe.

Hierbei bedeuten

β den Formwert (Abb. 1.65) der Stäbe,
d die Stabdicke,
a den Stababstand,
α die Rechenneigung und
v die Fließgeschwindigkeit vor dem Rechen.

Angenähert ist der Rechenverlustbeiwert etwa $h_R = h_R/(v^2/2g) = 0{,}05$ bis 0,10 m. Die mittlere Geschwindigkeit v kann aus Stromlinienbildern mit Hilfe der Potentialtheorie bei bekannter Wassermenge gewonnen werden. Steht der Rechenkorb vom Einlauf weit weg (also v klein), dann sind die Einlaufverluste gegenüber der Gesamtdruckhöhe vernachlässigbar klein.

Der Einlaufverlust (h_e) in der Größe

$$h_e = \zeta_e v^2/2g \tag{67}$$

bedeutet, daß durch die Einschnürung ein nicht zurückgewinnbarer Fallhöhenverlust sich einstellt. Der Beiwert ist abhängig von der Form des Einlaufbauwerkes oder des Mundstückes. Näherungswerte zeigt Abb. 1.66. Für schräg angeströmte Rechen s. [*710*].

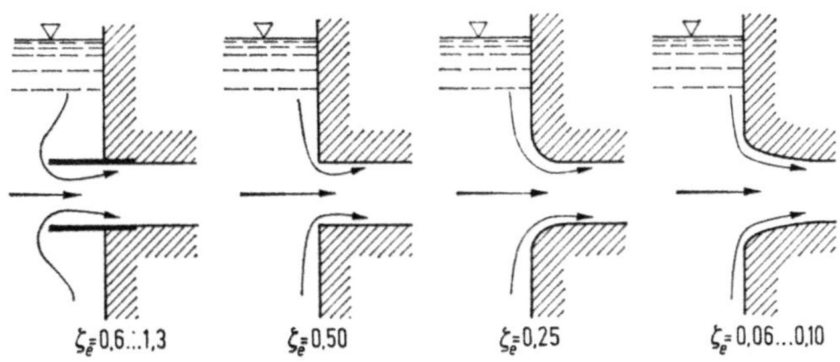

Abb. 1.66. Beiwerte für Einlaufverluste.

Der Reibungsverlust (h_r) im Stollen kann auch aus der Strickler-Formel

$$h_r = \frac{v^2\, l}{k^2\, R^{4/3}} \tag{68}$$

berechnet werden mit

R hydraulischer Radius = F (Querschnittsfläche)/P (benetzter Umfang),
l Länge der geraden Leitungsstücke und
k Rauhigkeitswert.

Es ist bei

Stollen, glatt betoniert	$k = 90$ bis 95,
Stollen, Sohle und Widerlager verkleidet, Gewölbe ohne Verkleidung	$k = 55$,
Stollen in Fels gesprengt	$k = 40$.

Der Verlust durch Richtungsänderung (h_k) hat nach WEISSBACH bei einem Krümmer die Größe

$$h_k = \zeta_k \frac{v^2}{2g} \quad \text{mit}$$
$$\zeta_k = [0{,}131 + 0{,}163\,(D/R)^{3,5}]\,\varphi/90\,. \tag{69}$$

Zur Bedeutung der Werte D, R und φ s. Abb. 1.67.

Bei zwei 90°-Krümmern ist der doppelte Wert aus Gl. (69), für Raumkrümmer das Dreifache für und Doppelkrümmer das Vierfache anzusetzen [*53*]. Aus Versuchen wurde für Kniestücke ermittelt (WEISSBACH)

$$\zeta_k = \sin^2(\delta/2) + 2\sin^4(\delta/2) \tag{70}$$

dabei ist δ die kleinere Winkelabweichung aus der Geraden. (Abb. 1.68)

Der Verlust aus Querschnittsänderung ($h_{f,\,f'}$) tritt bei plötzlicher Querschnittsveränderung auf. Bei einer plötzlichen Querschnittsverengung von Querschnitt F_1 auf F_2 entsteht eine Strahleinschnürung (Abb. 1.69). Hier tritt ein Verlust an Strömungsenergie auf. Die Verlusthöhe läßt sich nach WEISSBACH auf die Form bringen

$$h_f' = \zeta_f' v_2^2/2g = \eta(1 - F_2/F_1)^2 v^2/2g \tag{71}$$

mit η zwischen 0,4 und 0,5.

Bei einer allmählichen Verengung entstehen geringere Verluste, da in diesem Fall die Tendenz zur Ablösung sich verringert.

Sie ermittelt sich aus (Winkel)

$$h_f' = \zeta_f' v_2^2/2g = 0{,}04\, v_2^2/2g \tag{72}$$

für $\delta \leqq 20°$.

Bei einer plötzlichen Erweiterung gilt Gl. (33). Bei einer allmählichen Erweiterung nehmen die Verluste erheblich ab. Der Druck nimmt stetig zu, die Strömungsgeschwindigkeit verringert sich. Die Verlusthöhe errechnet sich zu (FLIEGNER)

$$h_f = \zeta_f v_2^2/2g = v_2^2/2g\,(F_2/F_1 - 1)^2 \sin\delta\,. \tag{73}$$

Somit wird für den Bereich zwischen $\delta = 8°$ und $\delta = 10°$

$$h_f \cong 0{,}15 v_2^2/2g\,(F_2/F_1 - 1)^2\,. \tag{74}$$

Bei einem Kreisquerschnitt kann an Stelle F_2/F_1 auch $(D_2/D_1)^2$ gesetzt werden.

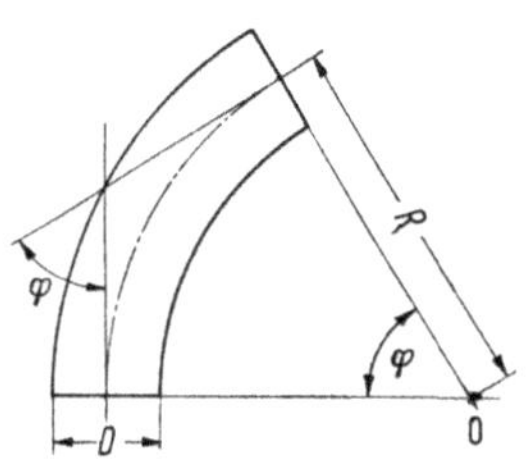

Abb. 1.67. Ablenkungswinkel φ bei einem Krümmer.

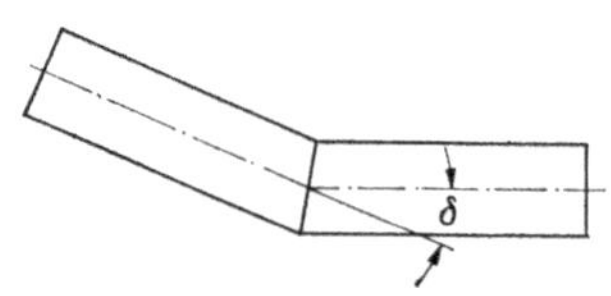

Abb. 1.68. Ablenkungswinkel ϑ bei einem Knie.

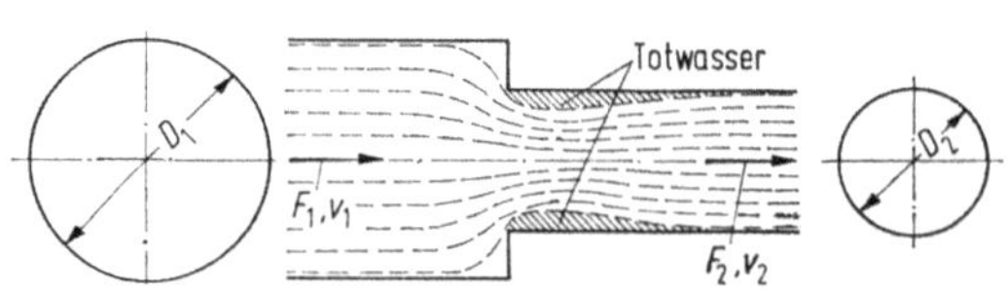

Abb. 1.69. Plötzliche Querschnittsverengung.

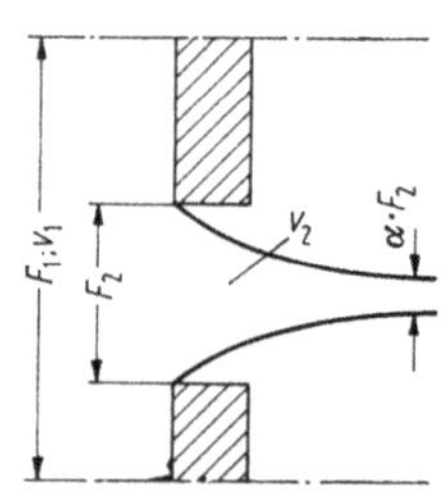

Abb. 1.70. Kreisblende als Einbau.

Verliert der Durchflußquerschnitt F_1 durch Einbauten an Fläche, so daß nur noch F_2 für die Strömung verbleibt, so stellt sich auch hier eine Kontraktion von Querschnitt F_2 auf αF_2 bei entsprechendem Druckverlust (h_b) ein. Handelt es sich um einen Kreisquerschnitt mit Kreisblende (Abb. 1.70), dann nimmt der Verlust die Größe an (WEISSBACH)

$$h_b = \zeta_b v_1^2/2g\,(F_1/\alpha F_2 - 1)^2 . \tag{75}$$

Die Kontraktionsziffer errechnet sich für den Bereich $F_2/F_1 = 0{,}05$ bis $0{,}55$ aus

$$\alpha = 0{,}598 + 0{,}395(F_2/F_2)^2 .$$

Für die verschiedenen Querschnittsverhältnisse ergeben sich die Werte [*41*] zu:

F_2/F_1	0,1	0,2	0,3	0,4	0,5	0,6	0,7	0,8	0,9	1,0
α	0,624	0,632	0,643	0,659	0,681	0,712	0,755	0,813	0,892	1,0
ζ_b	226	47,8	17,15	7,8	3,76	1,796	0,797	0,290	0,060	0

Für Berücksichtigung aller Verluste läßt sich oft eine Probierrechnung nicht umgehen. Es wird eine Geschwindigkeit geschätzt, die Teilverluste werden errechnet und in die Bernoulli-Gleichung eingesetzt. Bleibt noch ein Restdruck über, ist nochmals von vorn zu beginnen. Sind zwei Werte errechnet, kann durch graphische Interpolation der Endwert schneller gefunden werden.

1.8.7 Wellendruck

Während die Wirkungen aus Wellendruck bei binnenländischen Anlagen – wenn sie nicht an einem großen See liegen – eine untergeordnete Rolle spielen, können sie an der offenen See erheblich die Konstruktion beeinflussen. Bei horizontalem Boden und senkrechter Wand kann für stehende Wellen (nicht brechende) der maximale bzw. minimale Wellendruck in einfacher Näherung [*54*] ermittelt werden (Abb. 1.71):

$$p_s = \gamma\, H/\cosh 2\pi\, h/L , \tag{76}$$

$$p_0 = \gamma\,(H + S_h)\,(\gamma\, h + p_s)/H + S_h + h) \tag{77}$$

mit p_s als Wasserdruck an der Sohle, p_0 als Druck im Ruhewasserspiegel und H als Wellenhöhe der fortschreitenden Welle bei der Wassertiefe h. S_h ist die

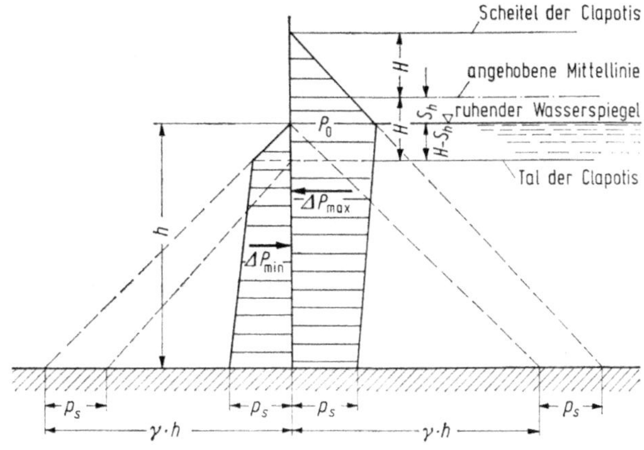

Abb. 1.71.
Ansatz des Wellendruckes.

Hebung der Mittellinie zwischen Wellenberg und Wellental nach der Gerstnerschen Wellentheorie:

$$S_h = (\pi H^2/L) \coth 2\pi h/L \tag{78}$$

für den Gesamtüberdruck $\Delta P_{\max}$ (über den statischen Wasserdruck bei Ruhewasserspiegel) bei Auftreten des Wellenberges an der Wand und für $\Delta P_{\min}$ beim Auftreten des Wellentales an der Wand kann geschrieben werden:

$$(\Delta P_{\max})/(\gamma h^2/2) = (h + S_h + H)(\gamma h + p_s)/(\gamma h^2) - 1\,, \tag{79}$$

$$(\Delta P_{\min})/(\gamma h^2/2) = (h + S_h - H)(\gamma h - p_s)/(\gamma h^2) - 1\,. \tag{80}$$

Die Gl. (79) ist graphisch in Abhängigkeit von h/L und dem Parameter H_I/L (bezogen auf die Steilheit der Ursprungswelle) in Abb. 1.72 ausgewertet [55]. Hiermit kann der maximale Wellendruck ermittelt werden. Ist beispielsweise die Wassertiefe $h = 10$ m, die Wellenlänge $L = 100$ m, die Wellenhöhe H_I der Ursprungswelle 4,0 m, dann werden $h/L = 0{,}1$ und $H_I/L = 0{,}04$. Damit wird $P_{\max}/\gamma h^2/2 = 1{,}0$.

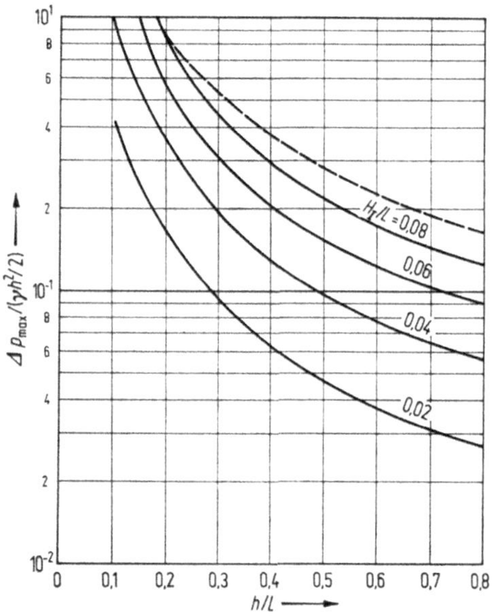

Abb. 1.72. Bezogene maximale Wellenkraft.

Das bedeutet, der Wellendruck erzeugt zusätzlich eine gleich große Belastung wie der rein statische Wasserdruck.

Dies Verfahren ist in der Regel ausreichend, so daß man auf die Theorie der 1. Approximation (Airy-Laplace) oder der 2. Approximation verzichten kann. Denn die Angaben über Wellenlänge und Höhe der Ursprungswelle sind oft nur Anhaltswerte.

Wenn auch in der Nähe der reflektierenden Wand die schwingende Druckwelle im wesentlichen durch Überlagerung zweier Druckwellenkomponenten entsteht, an denen die eine mit der Periode T der stehenden Welle und die andere mit der Periode $T/2$ schwingt [56, 57], so erfüllen für die Zwecke des Stahlwasserbaus in der Regel die nach Gln. (79) und (80) ermittelten Werte den gewünschten Zweck. Für den Fall der brandenden Welle (Wellenschlag) müssen durch Beobachtungen in der Natur oder durch Modellversuche (Windwellenkanal) Ort, Größe, zeitlicher Verlauf und Häufigkeit des Wellenschlages ermittelt werden. Sind diese Werte bekannt, kann nach [58] die Größe der Belastung auf den Verschlußkörper gerechnet werden [357a]. Bei Wellen mit Neigung zum Brechen mit hoher, kurzzeitiger Druckschlagbelastung s. [58 b u. 58 c].

2 Statik der Verschlußkörper[1]

2.1 Einleitung

Unter Verschlußkörper ist die Tragkonstruktion aus Stahl oder Leichtmetall[2] zu verstehen, welche die Durchflußöffnung, z. B. eines Wehres oder einer Schleuse, zeitweilig abschließt. Die in diesem Zustand vorhandenen Belastungen werden von der Tragkonstruktion auf Lagerstellen im Tiefbauteil (Beton) übertragen. Der Verschlußkörper hat demnach raumabschließende und tragende Funktion und stellt somit ein Flächentragwerk in Form einer ausgesteiften Platte oder Schale dar. Er ist meist punktförmig gelagert bzw. aufgehängt; seine Lageänderungen erfährt er durch Translations- und/oder Rotationsbewegungen, die von einem Antrieb erteilt werden. Alle der beweglichen oder festen Lagerung dienenden Konstruktionsteile (Rollen, Kufen, Knaggen, Gelenke usw.) sind in Kap. 17 untersucht; nachstehend werden nur die Belastungen dieser Konstruktionsteile behandelt. Charakteristisch für den Verschlußkörper ist, daß das Verhältnis der Eigengewichtslast zur ,,Verkehrslast" (Wasserdruck) verschwindend gering ist, und daß die Wasserdrucklast in voller Höhe vorhanden ist, während z. B. im Brückenbau die vollen Verkehrslasten praktisch nie auftreten. Deshalb ist eine möglichst ,,genaue" Erfassung der Lastgrößen besonders wichtig; die hydrostatischen bzw. hydrodynamischen Belastungen lassen sich rechnerisch oder durch Modellversuche (s. Kap. 1 und 21) ermitteln.

Die Belastung aus hydrostatischem Wasserdruck ist symmetrisch zur Mitte der Durchflußöffnung, infolgedessen ergibt sich für den VKö eine symmetrische Konstruktion und Lagerung (im Grund- und Aufriß).

Infolge der Symmetrie der Konstruktion ist auch verhältnismäßig einfach eine Optimierung im Sinne des Minimalgewichts möglich[3].

Der Gewichtsoptimierung des VKö stehen Kostengründe der Fertigung gegenüber. Dies um so mehr, je höher die Fertigungskosten gegenüber den Materialkosten liegen, so daß ein Kostenoptimum eine vom Gewichtsoptimum abweichende Konstruktion erfordert. Mit der neuerdings eingetretenen Kostenverschiebung zu Lasten höherer Fertigungskosten hat die nach dem 2. Weltkrieg eingetretene Entwicklung zu immer leichteren bzw. feingliedrigeren VKö ihren vorläufigen Abschluß gefunden. Nun stellt sich der Trend zu einfacheren Konstruktionen durch weitgehende Verwendung von Walzprofilen wieder ein bei möglichst geringem Umfang von Schweißarbeiten unter Inkaufnahme eines größeren Konstruktionsgewichtes.

Die Berechnung bzw. Bemessung des VKö erfolgt zur Zeit noch vorzugsweise auf Grund der Elastizitätstheorie mit gegenüber der Fließgrenze des Werkstoffs definierten zulässigen Spannungen. Verfahren, welche auf der Plastizitätstheorie

---

[1] Im Kap. 2 werden folgende Abkürzungen für häufig wiederkehrende Begriffe benützt: VKö = Verschlußkörper, HT = Hauptträger, QT = Querträger, EQT = Endquerträger, LR = Längsrippe, QR = Querrippe, m. B. = voll mittragende Platten- (Schalen-) Breite.

[2] neuerdings auch aus glasfaserverstärktem Kunststoff [*59*]. Holz als Werkstoff für VKö wird kaum mehr verwendet.

[3] Ansatzpunkte hierfür sind vorhanden [*60*].

beruhen, sind bisher nur in geringem Umfang angewendet worden[1], dürften aber in Zukunft eine erhöhte Bedeutung erlangen.

Falls es die Frage der Ermüdungsfestigkeit (Betriebs- bzw. Dauerfestigkeit) erlaubt, kann für gewisse statisch unbestimmte Konstruktionsteile des VKö eine Plastizierung (Überschreitung der Fließgrenze) zugelassen werden. Hierfür bietet sich insbesondere die hochgradig statisch unbestimmte Stauwand an; die Folge wäre eine beträchtliche Verringerung der Stauwanddicke. In der Regel können nämlich Verformungen (Durchbiegungen) der Stauwand, die ein Mehrfaches der Stauwanddicke betragen, ohne konstruktive und betriebliche Nachteile in Kauf genommen werden. Andererseits sind allzu dünnen Wandstärken Grenzen gesetzt durch die Gefahr verminderter Tragfähigkeit, die infolge Korrosionswirkungen (Abrostung) im Laufe der Betriebszeit entspricht. Die angestrebte Verringerung der Stauwanddicke kann dann nur indirekt durch entsprechend größere Abstände ihrer Aussteifungsrippen erreicht werden.

Die folgenden Ausführungen des Kap. 2 über die Statik der VKö setzen die Kenntnis der im Stahlbau üblichen Berechnungsmethoden (Spannungs- und Stabilitätsprobleme) voraus. Da in zunehmendem Maß elektronische Rechenautomaten und handliche Programme zur Verfügung stehen, können verfeinerte Berechnungsmethoden angewandt werden. Daneben wird man die gut durchschaubaren, einfacheren Methoden und Formeln benützen, die sich insbesondere für Vorberechnungen eignen.

Im Kap. 2 werden dem praktischen Statiker und Konstrukteur außer bekannten auch neue Methoden und Formeln mitgeteilt. Die für den Stahlwasserbau typischen Probleme werden ausführlich behandelt und durch eine Reihe von Zahlenbeispielen belegt; diese umfassen u. a. die wichtigsten VKö-Typen wie Trägerschütz, Kastenschütz, Segmentschütz, Stemmtor und Klappe. Dabei werden die üblichen Ersatzsysteme zur Berechnug des VKö als räumliches Tragwerk gezeigt.

2.2 Grundlagen

Zur eindeutigen Festlegung der Symmetrieachsen z. B. einer Wehr- oder Schleusenöffnung und des dazugehörigen VKö wird im folgenden ein räumliches, rechtwinkliges Achsenkreuz $I-II-III$ eingeführt (Abb. 2.1). Die III-Achse ist horizontal und parallel zur VKö-Achse (gemittelte Schwerachse des VKö-

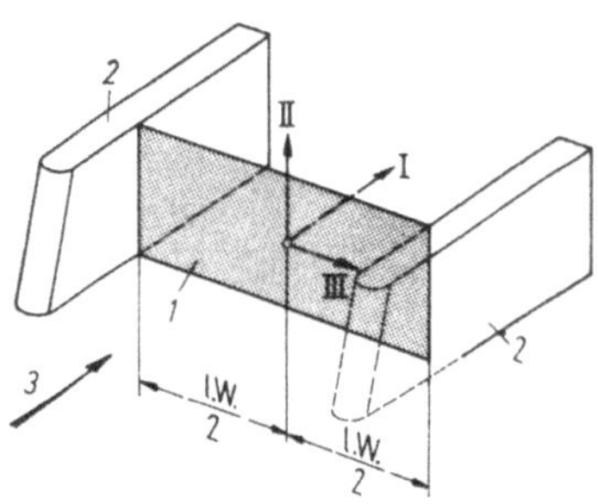

Abb. 2.1. Symmetrieachsen von Durchflußöffnung und Verschlußkörper, räumliches rechtwinkliges Achsenkreuz $I-II-III$ (isometrisch).

1 Verschlußkörper; *2* Pfeiler; *3* Hauptfließrichtung.

l. W. = lichte Weite; l. H. = lichte Höhe.

[1] Siehe [*61*]. Dort wird überdies der Versuch gemacht, die Bemessung mit Hilfe der Wahrscheinlichkeitsrechnung durchzuführen.

Querschnitts), die *II*-Achse ist vertikal, die *I*-Achse stimmt mit der Hauptfließrichtung überein. Eine ebene vertikale Stauwand des VKö liegt z. B. in der *II*–*III*-Ebene oder in einer dazu parallelen Ebene.

2.2.1 Belastungen

2.2.1.1 Symmetrische Belastungen

Hierunter fallen alle Belastungen, welche symmetrisch zur *I*–*II*-Ebene wirken. Geringfügige Abweichungen von der Symmetrie können vernachlässigt werden.

1. Hydrostatische Lasten. Diese Lasten (z. B. Wasserdruck) wirken als linear mit der Tiefe (*II*-Achse) zunehmende oder konstante Flächenlasten senkrecht zur Oberfläche des benetzten Teils der Konstruktion. Die Wichte von Wasser in Binnengewässern ist mit 1,0 Mp/m^3, die des Meerwassers maximal mit 1,04 Mp/m^3 anzusetzen.

2. Hydrodynamische Lasten bei symmetrischer Anströmung. Diese Lasten wirken ebenfalls als Flächenlasten. Über die Art (Druck bzw. Sog), Verteilung und Größe dieser Lasten s. Kap. 1.

3. Lasten aus Eigengewicht einschließlich gewichtserhöhter Einflüsse, Anstrich, Verschmutzung, anhaftendem Eis, Eis als Auflast, Bewuchs. Diese Lasten werden näherungsweise mit ihren Resultierenden als vertikal wirkende Streckenlasten angesetzt. Zum Eigengewicht gehört das Gewicht der Konstruktionsteile des VKö und der daran befestigten Maschinenteile, Armaturen usw. Für stählerne Teile wird eine Wichte von 7,85 Mp/m^3, für Teile aus Leichtmetall von 2,70 Mp/m^3 zugrunde gelegt; für Holzteile wird aus Vereinfachungsgründen mit einer Wichte von 1,0 Mp/m^3 gerechnet.

Das Gewicht von Anstrich, Verschmutzung (z. B. Schlamm- oder Schlickablagerungen), anhaftendem Wasser und Eis sowie Bewuchs (z. B. Seepocken) ist je nach den örtlichen Verhältnissen der Größe nach anzunehmen und wird zweckmäßigerweise als Zuschlag zum Eigengewicht in Form einer Oberflächenlast (Oberfläche = Anstrichsfläche) angesetzt.

Das auf die Oberfläche der Stahlkonstruktion bezogene Quadratmetergewicht des gesamten Anstrichfilms ist bei Kaltanstrichen (etwa 0,3 bis 0,5 mm Dicke) vernachlässigbar gering[1].

Sofern es sich bei anhaftendem Eis[2] nur um eine „rauhreifartige" Schicht von c [cm] Dicke handelt, beträgt das Quadratmetergewicht $g_{\text{Eis}} = 10\,c$ [kp/m^2], wobei c in cm einzusetzen ist; also z. B. bei $c = 0{,}5$ cm bereits 5 kp/m^2. Eis (Wichte ≈ 1 Mp/m^3), das sich z. B. im VKö absetzt, kann erhebliche Zusatzbelastungen zum Eigengewicht des VKö ergeben und ist gesondert zu erfassen. Häufig sind dabei etwaige Wasserablauflöcher zugefroren, so daß unter Umständen für die Antriebskraft beim zu hebenden VKö noch das Gewicht des „mitgenommenen" Wassers kommt.

4. Archimedischer Auftrieb. Teile, die unter Wasser liegen, werden durch den archimedischen Auftrieb — entsprechend der Wichte des Wassers — in positiver *II*-Richtung entlastet. Luftdicht geschweißte Schwimmkästen bewirken ebenfalls eine derartige Entlastung. Der archimedische Auftrieb wird mit seiner Resultierenden als vertikal wirkende Streckenlast angesetzt.

5. Temperatureinflüsse. Hier sind zwei Lastfälle zu unterscheiden:

a) für die wesentlichen Konstruktionsteile (z. B. Hauptträger, Arme von Segmentschützen)

über den Querschnitt gleichmäßig verteilte, gleich große Temperaturzu- oder -abnahme;

---

[1] Die DIN 19704 geben, sofern nicht ein geringeres Gewicht anzusetzen ist, eine Größenordnung für alle Anstriche von 3 kp/m^2 Oberfläche an. Dieses sehr reichliche Gewicht stammt aus der Zeit der bevorzugten Verwendung von sogenannten Heißanstrichen.

[2] Der in DIN 19704 angegebene Wert von 3 kp/m^2 Oberfläche (für anhaftendes Wasser und Eis, Bewuchs und Verschmutzung) ist im allgemeinen zu gering; er kann zusammen mit dem für Kaltanstriche viel zu reichlich gewählten Anstrichgewicht von 3 kp/m^2 ausreichend sein.

(b) für das Gesamttragwerk
Erwärmung der VKö-Rückseite gegenüber der benetzten Vorderseite (Stauwand) mit näherungsweise linearem Temperaturgefälle von Rückseite zur Vorderseite.

Je nach Aufstellungsort des VKö bzw. je nach den klimatischen Verhältnissen geht man als Basis für Temperaturschwankungen von einer mittleren Aufstellungstemperatur aus[1].

6. Eis als Druck bzw. als Stoß. Über die Größe und die Verteilung des auftretenden Eisdrucks liegen noch wenig exakte Beobachtungen vor. Der Eisdruck wird als Flächenlast oder mit seiner Resultierenden als Streckenlast von begrenzter Breite bzw. Länge angesetzt[2]. Weitere Angaben s. Kap. 13.2.

7. Wellendruck. Der Wellendruck wird im allgemeinen wie eine hydrostatische oder wie eine hydrodynamische Wasserlast, d. h. als Flächenlast, behandelt. Weitere Angaben siehe Abschn. 1.8.7.

8. Winddruck. Flächenlasten aus Winddruck spielen für den VKö eine untergeordnete Rolle, nicht jedoch für den Antrieb bei gegen Winddruck zu bewegenden Verschlußkörpern[2].

9. Symmetrische Antriebskräfte. Diese Kräfte greifen im allgemeinen als Punktlasten am VKö symmetrisch zur I—II-Ebene an, wobei die Kraftrichtung gleich bleiben oder mit der Bewegung des Verschlußkörpers wechseln kann. Weitere Angaben s. Kap. 14.

10. Schließdruck. Unter Schließdruck wird eine auf die Unterkante des VKö wirkende gleichförmige Streckenlast verstanden. Diese entsteht bei auf der Sohle aufsitzendem VKö durch das Eigengewicht (unter Abzug des Auftriebs), eine etwaige Wasserauflast und gegebenenfalls durch eine zusätzliche, vom Antrieb erzeugte Aufdrückkraft. Zu beachten ist die Wirkung der Reibung zwischen VKö und Sohlenarmierung; die Reibungskraft wirkt tangential zur Oberfläche der Sohlenarmierung.

2.2.1.2 Unsymmetrische Belastungen

Unsymmetrische Belastungen auf den VKö können größere Beanspruchungen als die symmetrischen ergeben.

1. Hydrodynamische Lasten bei unsymmetrischer Anströmung. Diese Lasten wirken als nicht konstante Flächenlast auf den VKö. Weitere Angaben s. Kap. 1.

2. Einseitige Antriebskräfte. Einseitige Antriebskräfte bei einseitigen, d. h. unsymmetrischen Widerständen z. B. aus Reibungskräften oder Klemmkräften (etwa infolge Vereisung), oder aus hydrodynamischen Lasten wirken als Punktlasten und sind insbesondere hinsichtlich ihrer tordierenden Wirkung auf den VKö zu verfolgen.

3. Unsymmetrischer „Schließdruck“. Befindet sich bei normalerweise auf der Sohle vollständig aufsitzendem VKö zwischen Sohle und Unterkante der Konstruktion ein fester Gegenstand (Tiefenschwimmer, Trosse usw.), so wirkt an Stelle des Schließdrucks gemäß Abschn. 2.2.1.1 eine äquivalente Punktlast auf die VKö-Unterkante. Diese ist für den lokalen unteren Bereich des Verschlußkörpers als Krafteinleitungsproblem zu verfolgen, wobei man aber meist ein örtliches Fließen der unmittelbar betroffenen Konstruktionsteile zuläßt.

4. Schiffsstoßkräfte. Die in Abschn. 6.7 behandelten Schiffsstoßkräfte werden, den örtlichen Verhältnissen der Schiffahrt entsprechend, im allgemeinen nur auf Schleusen-VKö oder auf besondere Stoßschutzvorrichtungen angesetzt, wobei eine örtliche Lastverteilung zugrunde gelegt werden muß. Die Schiffsstoßkraft kann die Dimensionierung eines VKö wesentlich beeinflussen. Sie erzeugt als unsymmetrisch wirkende Punktlast große Querkräfte, die bei manchen „querkraftempfindlichen“ Tragsystemen (z. B. Vierendelträger, Parabelträger) besonders zu beachten sind. In vielen Fällen kommt jedoch die Trägerrostwirkung des Haupttragsystems in günstiger Weise lastverteilend ins Spiel.

---

[1] Die für mitteleuropäische Verhältnisse zuständigen Temperaturdifferenzen und Aufstellungstemperaturen sind in DIN 19704 angegeben. Als Wärmedehnzahl ist für Stahl $\alpha = 0{,}000012$ 1/grd, für Leichtmetall $\alpha = 0{,}000022$ 1/grd zugrunde zu legen.

[2] Entsprechende Angaben enthalten die DIN 19704.

5. Schiffsreibungskräfte. Diese Kräfte können als Linien- oder Punktlasten auftreten, wenn durch Schiffe Reibungskräfte tangential auf den VKö (z. B. bei geöffneten Stemmtoren) übertragen werden. Ihre Größe hängt von den örtlichen Verhältnissen ab[1].

6. Änderung der Stützbedingungen. Eine außerplanmäßige, montagebedingte Lage bzw. Abweichung von der Ebene oder das Nachgeben (z. B. infolge ungleicher Setzungen der Pfeiler) der Lagerstellen des VKö erzeugt rückwirkend auf den VKö Einflüsse, die erhebliche Zusatzbeanspruchungen zur Folge haben können.

7. Verkehrslasten (Straßenverkehr). Verschlußkörper von Schleusen (z. B. Schiebetore) dienen unter Umständen in geschlossener Lage gleichzeitig als Teil einer Verkehrsverbindung (z. B. Straße) und sind dann zusätzlich nach den Regeln des Brückenbaus zu behandeln.

2.2.1.3 Schwingungen

Erhebliche Zusatzbeanspruchungen können durch Biege- und/oder Torsionsschwingungen von VKö hervorgerufen werden und werfen damit das Problem der Betriebs- bzw. Dauerfestigkeit der Bauteile und Verbindungsmittel auf. Im Resonanzfall können ungedämpfte Schwingungen das totale Versagen einzelner Teile oder der gesamten Konstruktion verursachen (vgl. Kap. 12).

2.2.2 Lastfälle

Je nach Häufigkeit der auftretenden Belastungen und je nach der Wahrscheinlichkeit ihres Zusammentreffens werden durch entsprechende Kombinationen der in Abschn. 2.2.1 beschriebenen Belastungen „Lastfälle" gebildet. Beispielsweise sind nach den DIN 19704[2] folgende Lastfälle zu unterscheiden:

1. Normaler Betriebsfall (abgekürzt NB). Als normaler Betriebsfall gelten

a) Belastung aus Eigengewicht;

b) hydrostatische Belastung, die sich aus den ungünstigsten Wasserstandsunterschieden im Bereich des höchsten Oberwassers und des niedrigsten Unterwassers unter Berücksichtigung häufiger vorkommender Einflüsse aus der Tidebewegung, Schwall, Sunk und Windstau ergeben können;

ferner werden im Bereich dieser Wasserstände als Belastung berücksichtigt

c) ungünstigste hydrodynamische Wirkungen;

d) ungünstigste Reibungskräfte;

e) Wasserwiderstände bei Bewegungsvorgängen;

f) Gewichtserhöhungen, welche durch mitgenommenes Wasser, Bewuchs, Verschmutzung oder anhaftendes Eis bedingt sind;

g) etwaige Belastungen aus Verkehr.

2. Besondere Betriebsfälle (abgekürzt BB). Als besondere Betriebsfälle gelten die seltener vorkommenden Belastungen, welche als gleichzeitig auftretend nur zu berücksichtigen sind, wenn ihr Zusammentreffen möglich und wahrscheinlich ist. Sie umfassen

a) hydrostatische und hydrodynamische Belastungen bei außergewöhnlichen Wasserständen, z. B. Eisversetzungen, Sunk und Schwall, bei plötzlichem Sperren der Durchflußquerschnitte (z. B. bei Netzzusammenbruch) und in Fällen, in denen aus Gründen der Sicherheit besondere Sturmflutwasserstände anzunehmen sind;

b) erhöhte Belastungen infolge Behinderung der Bewegungsvorgänge durch Festfrieren, Schäden an den Lagern und Laufrollen, Festklemmen von Fremdkörpern und ungleichmäßige Verteilung der Reibungskräfte;

---

[1] Für Stemmtore könnte eine in Höhe der Wasserlinie in Fahrtrichtung des 1350 t-Schiffes wirkende Horizontalkraft von 5 Mp den Verhältnissen an Binnenschleusen gerecht werden.

[2] Ausländische Stahlwasserbau-Vorschriften, die meist von Kraftwerksgesellschaften und beratenden Ingenieuren herausgegeben werden, unterscheiden häufig nur 2 Lastfälle (Normal- und Überlast), die für jedes Objekt speziell definiert werden.

c) Eis als Auflast, Druck und Stoß;

d) Schiffsreibungskräfte;

e) Änderungen der Stützbedingungen, z. B. ungleichmäßige Setzungen und Verformungen der Grundbauten;

f) unsymmetrische Belastung bei Tragwerken, die im allgemeinen nur für die Aufnahme einer symmetrischen Belastung geeignet sind;

g) Temperatureinflüsse und Winddruck.

3. Außergewöhnliche Lastfälle (*abgekürzt AL*). Als außergewöhnliche Lastfälle gelten z. B. die beim Transport, während des Baus, bei Instandsetzungen und in sonstigen Ausnahmefällen vorkommenden Belastungen. Dabei werden alle vorkommenden Belastungen, z. B. auch Wind, einseitiger Wasserdruck, Veränderungen des Auftriebs durch Leckwerden von Luftkammern und Schwimmern, Schiffsstöße beim Reißen der Trossen und Überfahren von Signalen usw., berücksichtigt, und zwar als gleichzeitig auftretend nur dann, wenn ihr Zusammentreffen möglich und wahrscheinlich ist.

2.2.3 Nachweise

Unter „Nachweisen" sind solche Berechnungen verstanden, die zeigen, daß die tragenden Bauteile und ihre wesentlichen Verbindungen „ausreichend" bemessen sind. Die statische Berechnung bzw. Festigkeitsberechnung des VKö soll folgende Nachweise enthalten:

1. Allgemeiner Spannungsnachweis auf Sicherheit gegen Erreichen der Fließgrenze (bleibende Verformungen und statische Brüche) bei vorwiegend ruhenden Belastungen.[1]

2. Betriebsfestigkeitsnachweis (*Dauerfestigkeitsnachweis*) auf Sicherheit gegen Bruch (Ermüdungsbruch) bei veränderlichen, häufig zwischen Grenzwerten wiederholten schwellenden (gleichgerichteten) oder wechselnden (entgegengesetzt gerichteten) Spannungen[1]. Dieser Nachweis ist nicht erforderlich bei kleinem Umfang und entsprechender Form des Spannungskollektivs.

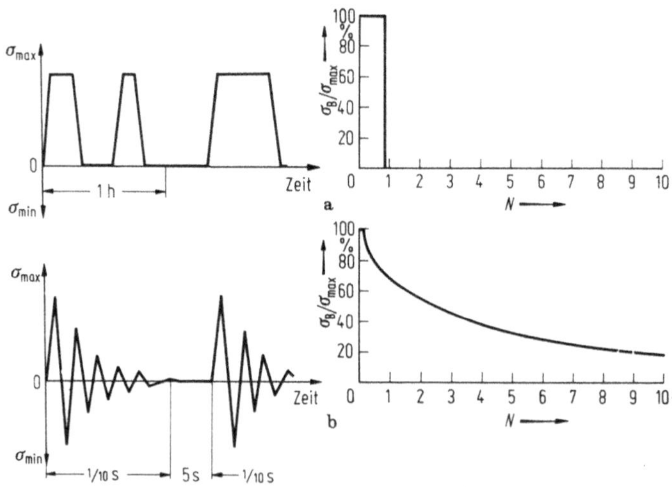

Abb. 2.2. Spannungsverlauf und Spannungskollektiv für ein Haupttragglied eines Schleusentors (*a*) und eines Küstensperrtores (*b*).

[1] Zulässige Spannungen s. Abschn. 2.2.4.

Beim Schleusentor in einer Binnenwasserstraße, das z. B. täglich 40mal durch vollen Wasserdruck be- und entlastet wird, beträgt zwar die Betriebsspannung σ_B 100% der rechnerischen Maximalspannung σ_{max}, es ergeben sich aber bei einer Lebensdauer von 60 Jahren nur etwa $N = 0{,}88 \cdot 10^6$ Spannungswechsel (Abb. 2.2a).

Bei einem Küstensperrtor dagegen, das z. B. häufig durch Wellenschläge (brechende Wellen verschiedener Intensität) beansprucht wird, können innerhalb einer Lebensdauer von 60 Jahren Größenordnungen von $N = 1$ bis $2 \cdot 10^6$ Spannungswechseln bei relativ hohen Betriebsspannungen σ_B auftreten (Abb. 2.2b). Hier kann die Dauerfestigkeit, die üblicherweise im Stahlbau mit $N = 2 \cdot 10^6$ Spannungswechseln definiert ist, in Betracht kommen.

Allgemein empfiehlt es sich, wenn auf eine Erfassung dynamischer Beanspruchungen über ein Spannungskollektiv verzichtet werden kann, bei der konstruktiven Durchbildung der Bauteile und Verbindungen den Grundsatz ,,statisch rechnen, dynamisch konstruieren" anzuwenden.

3. *Stabilitätsnachweis* auf Sicherheit gegen Instabilitäten. Die wichtige Frage nach dem Instabilwerden des Gesamttragsystems eines VKö läßt sich z. Z. nicht beantworten, da hierfür entsprechende Methoden noch nicht aufbereitet sind. Jedoch können die Stabilitätsgrenzen der einzelnen Bauglieder und Baugruppen angegeben werden; diese gelten dann stellvertretend als Kriterium für die Stabilität des Gesamttragsystems. Instabile Gleichgewichtszustände, welche die Gefahr des plötzlichen seitlichen Ausweichens von Bauteilen und Baugruppen bergen, kommen in Frage als Knicken von Druckstäben, Kippen von Biegeträgern, Beulen von Platten und Schalen sowie Durchschlagen von Schalen. Hierfür werden stabilitätstheoretische Sonderwerte für die Knick-, Kipp- oder Beullast an der Stabilitätsgrenze verwendet und diesen Werten Sicherheitszahlen[1] zugeordnet.

4. *Formänderungsnachweis* auf Sicherheit gegen zu große (gegebenenfalls federnde) Formänderungen.

Formänderungsnachweise (z. B. Durchbiegungen) sind bei Konstruktionen wichtig, deren Dichtungen, Bewegungsmöglichkeiten und Lagerbedingungen durch Formänderungen der Konstruktion ungünstig beeinflußt werden.

5. *Standsicherheits- und Auftriebssicherheitsnachweis* gegen Umkippen oder Abheben des Verschlußkörpers. Dies trifft z. B. für Konstruktionen zu, die durch senkrecht nach oben wirkenden Wasserdruck belastet werden oder mit Schwimmkästen ausgestattet sind[2].

---

[1] Nach den DIN 19704 betragen diese — im Zusammenhang mit DIN 4114 — im Normalen Betriebsfall (runde Klammerwerte gelten für den Besonderen Betriebsfall, eckige für den Außergewöhnlichen Lastfall):

Druck: $\nu_{Ki} \geqq 2{,}50$ (2,19),
$\nu_K \geqq 2{,}50$ bis 1,71 (2,19 bis 1,50),
$\nu_{Kr} \geqq 1{,}71$ (1,50),
Kippen: $\nu_K \geqq 1{,}71$ (1,50),
Beulen: $\nu_K \geqq 1{,}35$ (1,25) [1,10].

Mit der Einführung der Forschungsergebnisse der Stabilitätskommission 8 der Europäischen Konvention der Stahlbauverbände in die DIN 4114 können sich die Traglastwerte ändern.

[2] Nach den DIN 19704 ist für die Standsicherheit von frei stehenden Konstruktionen die erforderliche Sicherheit im Normalen Betriebsfall $\nu = 1{,}5$, im Besonderen Betriebsfall $\nu = 1{,}3$.

6. Schwimmstabilitätsnachweis auf Sicherheit gegen Kentern eines schwimmenden VKö.

Die Schwimmstabilität ist in Längs- und Querrichtung nach den Regeln des Schiffbaus nachzuweisen (s. Abschn. 1.3).

2.2.4 Werkstoffe und zulässige Spannungen

Für den VKö gelten sinngemäß die grundsätzlichen Überlegungen über die Sicherheit von Stahlkonstruktionen (insbesondere Schweißkonstruktionen) wie im übrigen Stahlbau [*62a, 62b*]. Den Lastfällen nach Abschn. 2.2.2 werden im Zusammenhang mit den Werkstoffen für Bauteile und Verbindungsmittel zulässige Spannungen bzw. einzuhaltende Sicherheiten zugeordnet.

1. Werkstoffe. Als Werkstoffe für Bauteile kommen die üblichen gut schweißbaren Baustähle in Frage. Für weit gespannte Tragwerke sind aus Gewichts- bzw. Kostengründen hochwertige Baustähle zweckmäßig. Nur für Dammbalken bzw. Notverschlüsse, deren Gewicht aus Transportgründen so leicht wie möglich gehalten werden muß, können Leichtmetalle wirtschaftlich sein. Die Werkstoffe für die Verbindungsmittel sind denen der Bauteile anzupassen.

2. Zulässige Spannungen. Die zulässigen Spannungen werden, sofern es sich um die Bemessung (Ermittlung der Querschnittabmessungen) der tragenden Bauteile und Verbindungsmittel auf der Grundlage der Elastizitätstheorie handelt, auf die Fließgrenze des Materials bezogen. Für die Bemessung von Verschlußkörpern auf Grund der Plastizitätstheorie sind z. Z. noch keine ausreichenden speziellen Methoden aufbereitet. Die Ausführungen des Kap. 2 befassen sich deshalb im allgemeinen nicht mit solchen Bemessungsfragen; einige Hinweise auf Traglastfragen der Stauwand sind jedoch aufgenommen.

Im Stahlwasserbau ist eine besondere Berücksichtigung von Korrosionswirkungen erforderlich. Nur bei Verwendung nichtrostender Materialien oder bei einer einwandfreien Konservierung der Stahlteile kann eine etwaige Schwächung der Querschnitte infolge Abrostung außer acht gelassen werden[1].

Zulässige Spannungen für den allgemeinen Spannungsnachweis

a) Bauteile. Tab. 6 enthält aufgerundete Werte der zulässigen Spannungen für St 37 und vergleichbare ausländische Baustähle (in Abhängigkeit von dem rechnerischen bzw. gemittelten Wert der Streckgrenze) nach DIN 19704 und den für allgemeine Stahlbauten gültigen französischen, englischen und amerikanischen Normen. Die zulässigen Spannungen werden bei ausländischen Objekten häufig für bestimmte Anwendungsfälle im Stahlwasserbau abgemindert (meist um etwa 10 bis 20%); für den Lastfall „Überlast" (vgl. Fußnote 2 auf S.55) sind Erhöhungen der zulässigen Spannungen bis um 33% gebräuchlich.

---

[1] Nach den DIN 19704 wird für ständig unter Wasser oder im Bereich der Wasserwechselzone „Luft—Wasser" liegende Konstruktionsteile folgendermaßen vorgegangen:

Es werden Mindestdicken von Blechen und Profilen vorgeschrieben — für die Stauwand $t \geqq 8$ mm, für Walz- und Schweißprofile t, $s \geqq 6$ mm (t = Flanschdicke, s = Stegdicke) —, die bei voller rechnerischer Ausnützung der zulässigen Spannungen nicht unterschritten werden dürfen und

es werden die zulässigen Spannungen um 10% für ständig unter Wasser liegende, nicht zugängliche Bauteile reduziert.

Die reziproken Werte der Tabelle ergeben die Sicherheit gegen Fließen. Man beachte, daß keine der Vorschriften das Erreichen der Fließgrenze zuläßt, auch nicht punktlokal.

Tabelle 6. *Verhältnis der zulässigen Spannungen zur Streckgrenze σ_F für St 37 und vergleichbare ausländische Baustähle*

	deutsche			französische	britische	US-amerikanische
Stahlbau-Norm	—			C.M. 56	B.S. 153	AISC
Stahlwasserbau-Norm	DIN 19704			—	—	—
Lastfall	N B	B B	A L			
Spannungsart: Zug					0,60	
Biegezug	0,67	*0,75*	*0,88*	0,67	0,65	0,60÷0,66
Druck	0,58	*0,67*	*0,77*	0,67	0,60	0,60
Biegedruck bei Stabilitätsfällen				*	*	*
Schub	0,38	*0,43*	*0,50*	0,43	0,43	0,40
ebene Vergleichsspannung						
$\sigma_v = \sqrt{\sigma_x^2 + \sigma_y^2 - \sigma_x \sigma_y + 3\tau^2}$	0,75	*0,80*	*0,90*		0,91	
σ_v in der Stauwand	0,85	*0,85*	*0,90*			
Stahl	St 37 (DIN 17100)			ADx	B.S. 15	ASTM A 7
mittl. Streckgrenze (kp/mm²)	24			24	24÷25	23

b) Verbindungsmittel. Die zulässigen Spannungen der Verbindungsmittel (Schweißnähte, Niete, Paßschrauben, HV-Schrauben usw.) sind denen der Bauteile zugeordnet.[1]

Zulässige Spannungen für den Betriebs- und Dauerfestigkeitsnachweis

Für Bauteile und Verbindungsmittel sind abgeminderte zulässige Spannungen anzusetzen.[2]

Diese werden üblicherweise für die Werkstoffe in Abhängigkeit von der Spannungsart (Normal-, Schubspannung) und dem Grenzspannungsverhältnis[3] $\varkappa$ in Form von „Linien" angegeben, welche der Lastspielzahl und dem Spannungskollektiv zugeordnet sind. Je größer Lastspielzahl und Kerbwirkung, desto kleiner werden die zulässigen Spannungen[4].

---

[1] Vgl. DIN 19704.

[2] Eine sinngemäße Anwendung vergleichbarer Stahlbauvorschriften, z. B. der DIN 15018 (Krane, Stahltragwerke), ist hier möglich.

[3] $\varkappa = \min_\tau^\sigma / \max_\tau^\sigma$, d. h. Verhältnis der dem Betrag nach kleinsten Grenzspannung zu der dem Betrag nach größten Grenzspannung unter Beachtung des Vorzeichens.

[4] Abb. 2.3 zeigt als Beispiel die Linien zul σ_{Zug} für den Vollstab und den geschweißten Kreuzstab (Doppelkehlnaht) aus St 37 für $N < 10^5$ und kleine Häufigkeit der größten Spannungen bzw. $N > 2 \cdot 10^6$ und große Häufigkeit der größten Spannungen, zusammengestellt aus den DIN 15018.

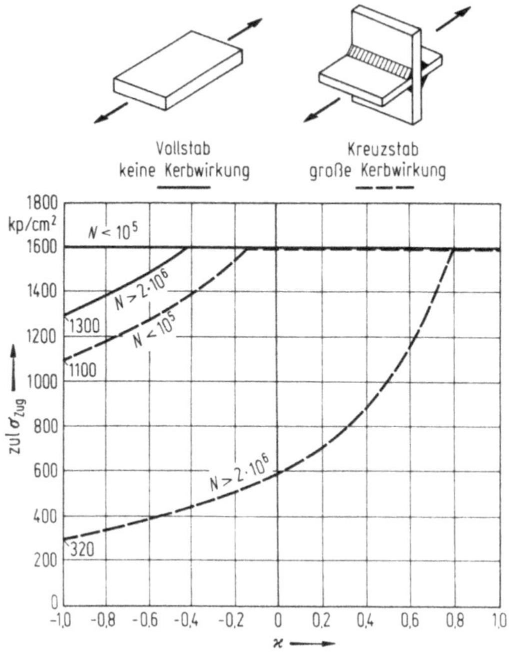

Abb. 2.3. Linien der zulässigen Zugspannung (St 37) für den Vollstab und geschweißten Kreuzstab in Abhängigkeit vom Grenzspannungsverhältnis $\varkappa$ und von der Lastspielzahl N (Kurvenparameter).

2.3 Systematik der Verschlußkörper in bezug auf ihre Berechnung

Die Vielzahl der Konstruktionsformen von Verschlußkörpern ist bedingt durch die verschiedenen örtlichen, wasserbaulichen und betrieblichen Verhältnisse und erfordert eine Ordnung, ohne die eine systematische Behandlung der „Statik der Verschlußkörper" nicht möglich ist. Hierfür werden die nachstehenden geometrischen und konstruktiven Faktoren benutzt.

1. Querschnittsform der Durchflußöffnung. Durch die eingangs beschriebenen Symmetrieeigenschaften des VKö ergeben sich für den Querschnitt der zu verschließenden Durchflußöffnung (*II*—*III*-Ebene) die in Abb. 2.4 dargestellten Formen. Am häufigsten kommt bei Wehrverschlüssen das liegende Rechteck vor, bei Tiefschützen und Schleusenstemmtoren tritt das stehende Rechteck in den Vordergrund[1], während die Kreisform einigen dem Armaturenbau verwandten Verschlußkörpern (z. B. Kegelstrahlschiebern und Drosselklappen) vorbehalten ist, die im Kap. 2 nicht behandelt werden.

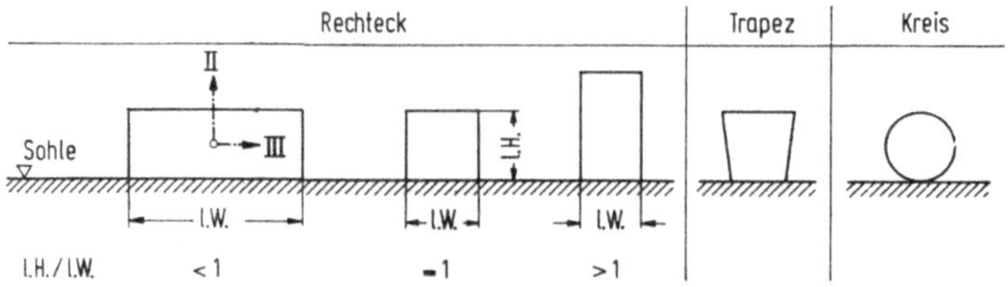

Abb. 2.4. Querschnittsformen von Durchflußöffnungen.
l. W. = lichte Weite; l. H. = lichte Höhe.

[1] Bei den heute kaum mehr angewandten Rollkeilschützen sind die ursprünglich vertikalen Seitenbegrenzungen des Rechtecks schrägverlaufend (Trapez).

Maßgebende Querschnittsabmessungen sind die lichte Weite (l. W.) und die Höhe (H) bzw. die lichte Höhe (l. H.).

2. Grundrißform und Lagerung des Verschlußkörpers. Für den VKö als Gesamttragwerk (Abb. 2.5) überwiegt im Grundriß der Typ des geraden Balkens auf zwei Stützen. Hierunter fallen z. B. die Roll- und Gleitschütze. Beim Segmentschütz ist das Haupttragsystem im Grundriß meist ein Zweigelenkrahmen. Die Klappen-, Sektor-, Trommel- und Dachwehre mit kontinuierlicher Lagerung bzw. Lagerung auf einzelnen Lagerstellen an der Sohle (Gelenken) sind im Grundriß – dem statischen Prinzip nach – Durchlaufträger oder Balken auf elastischer

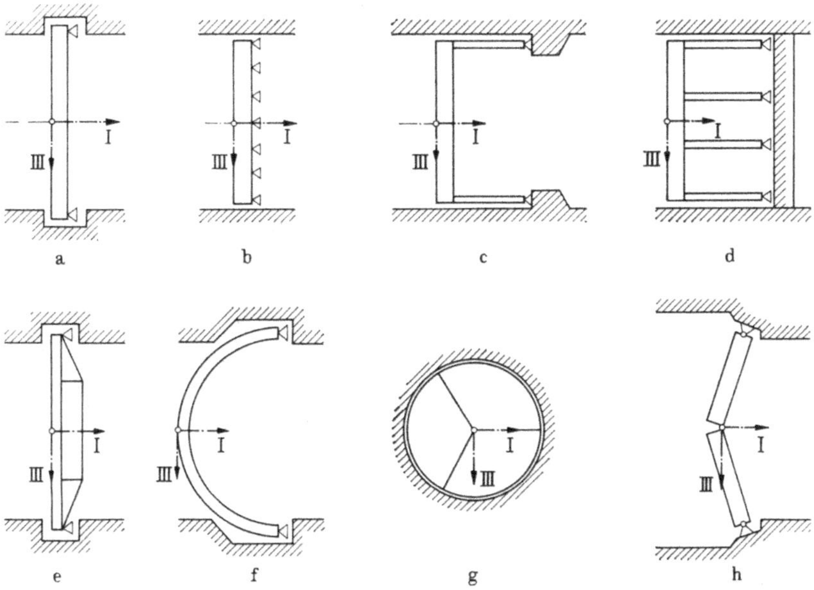

Abb. 2.5. Grundrißformen von Verschlußkörpern (Beispiele).
a) einfacher Träger; b) Durchlaufträger; c) Zweigelenkrahmen; d) Durchlaufrahmen; e) unterspannter Träger; f) gekrümmter Balken (Bogen); g) Ring (z. B. Zylinderschütz); h) Dreigelenkbogen.

Bettung. Einen in statischer Hinsicht wesentlichen Unterschied zu allen anderen Verschlußtypen weist der Dreigelenkbogen des Stemmtores auf. Das Zylinderschütz, im Grundriß kreisförmig, stellt ebenfalls ein Sonderproblem dar. Die übrigen VKö-Typen lassen sich den oben genannten Systemen zuordnen.

Über die Lager des VKö erfolgt die Lasteintragung aus Wasserdruck usw. in den Tiefbauteil (Beton). Nach Abb. 2.6 findet man neben der meist üblichen zweiseitigen Lagerung (punktförmig oder linienförmig) eine dreiseitige oder vierseitige (allseitige) Lagerung. Die meisten VKö-Typen geben in Schließlage (Staulage) keine Kräfte aus der Wasserdruckbelastung in die Antriebsorgane ab, ausgenommen hiervon sind z. B. die Klappen nach Abb. 2.7.

Zum Öffnen oder Schließen vollführt der VKö eine Translationsbewegung (über Rollen bzw. Kufen oder Gleitflächen) auf vertikalen oder schräg bzw. kurvenförmig verlaufenden Bahnen oder eine Rotationsbewegung (über Drehlager) um eine feststehende vertikale oder horizontale Drehachse. Eine Kombination aus Rotation und gleichzeitiger Translation ist ebenfalls möglich. Von der

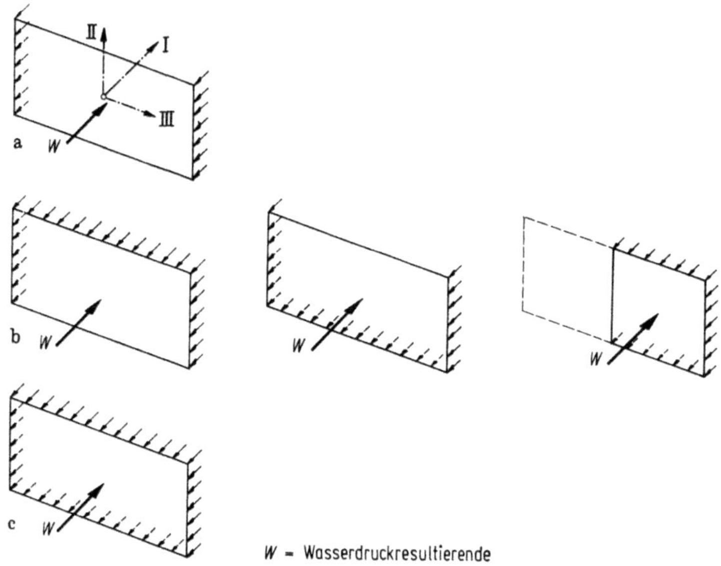

Abb. 2.6. Lagerung von Verschlußkörpern bei Wasserdruckbelastung ohne Kraftwirkung auf den Antrieb (isometrisch).
a) zweiseitig; b) dreiseitig; c) vierseitig.

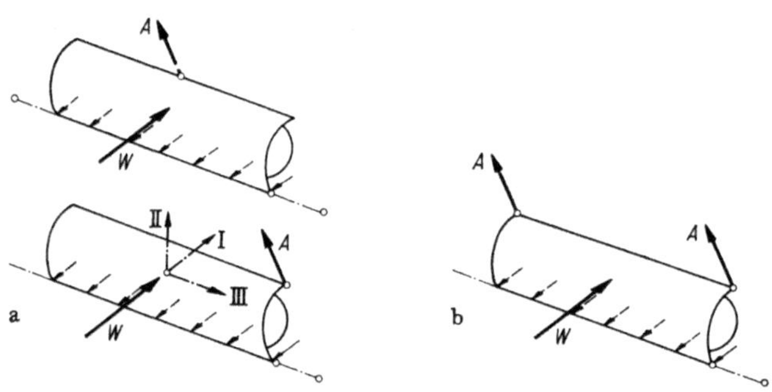

Abb. 2.7. Lagerung des Verschlußkörpers bei Wasserdruckbelastung mit Kraftwirkung auf den Antrieb (isometrisch).
a) zweiseitig; b) dreiseitig.
W Wasserdruckresultierende; A Antriebskraft.

Bewegungsform bzw. dem dazugehörigen Antrieb hängen die Einleitungsstellen der Antriebskräfte ab.

3. Dichtungslinien am Verschlußkörper. Von den Rändern des VKö, welche die Dichtungen tragen (s. Kap. 9), hängt die Begrenzung der Belastung aus Wasserdruck ab.

2.3.1 Verschlußkörper als Tragwerk

2.3.1.1 Gesamtquerschnittsform

Die Lastabtragung z. B. aus Wasserdruck bzw. aus den Antriebskräften eines Verschlußkörpers ist u. a. abhängig von der Lage der Auflagerstellen und des Antriebsangriffspunkts; sie erfolgt je nach seiner Gesamtquerschnittsform

($I-II$-Ebene, Abb. 2.1) über Biegung und/oder Torsion. Man unterscheidet deshalb Verschlußkörper mit

- offenem Querschnitt (torsionsweich)[1],
- geschlossenem Querschnitt (torsionssteif)[2].

In beiden Fällen stellt die Stauwand als raumabschließendes Element eine der Wände des Querschnitts dar. Insgesamt müssen mindestens drei Wände zur Bildung eines tragfähigen Querschnitts vorhanden sein. Außer der Stauwand können die übrigen Wände Vollwand- oder Fachwerk- (gegebenenfalls Vierendeel-) Scheiben sein.

In Abb. 2.8, sind einige typische Querschnitte von Verschlußkörpern skizziert. Vertreter des offenen Querschnitts ist z. B. das Trägerschütz, während z. B. das Kastenschütz einen geschlossenen Querschnitt aufweist. Bei der generellen Unterscheidung nach offenem bzw. geschlossenem Querschnitt kommt es nicht

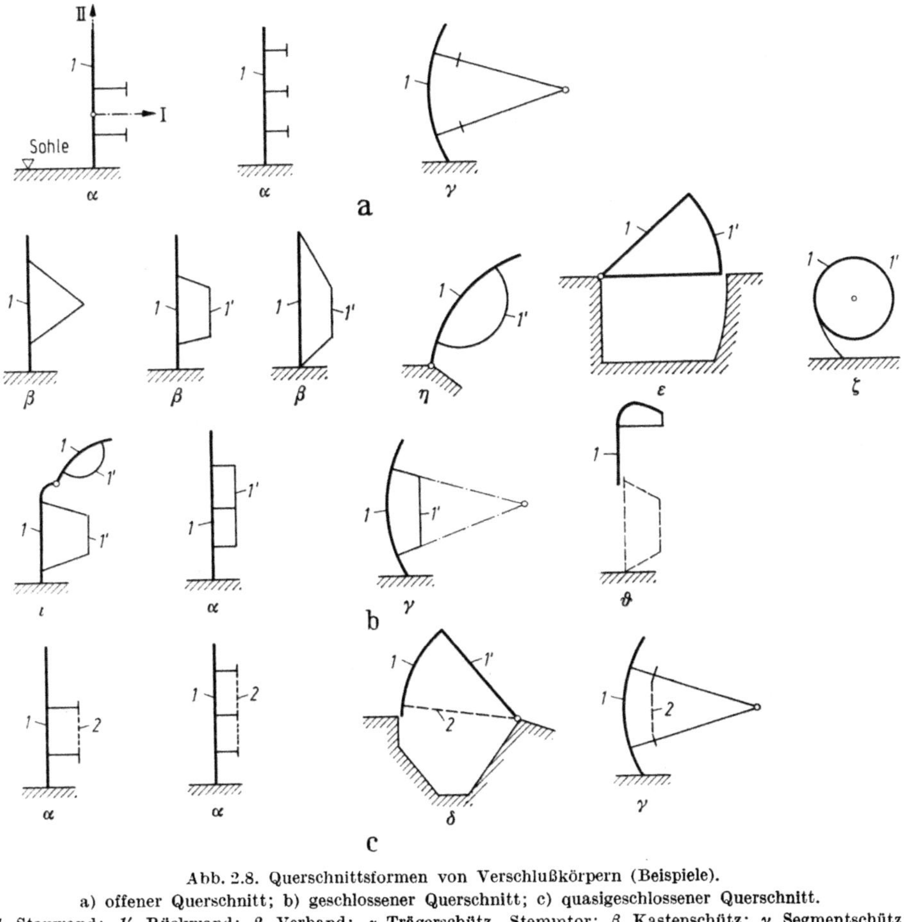

Abb. 2.8. Querschnittsformen von Verschlußkörpern (Beispiele).
a) offener Querschnitt; b) geschlossener Querschnitt; c) quasigeschlossener Querschnitt.
1 Stauwand; *1'* Rückwand; *2* Verband; α Trägerschütz, Stemmtor; β Kastenschütz; γ Segmentschütz; δ Sektorwehr; ε Trommelwehr; ζ Walzenwehr; η Klappe (Fischbauchklappe); ϑ Hakenschütz (Oberteil); ι Schütz mit Klappe.

[1] auch „torsionslos" genannt.

[2] auch „torsionselastisch" genannt.

darauf an, ob die den Querschnitt bildenden Wände (Scheiben) Vollwand- oder Fachwerkscheiben sind.

Da der offene Querschnitt (Abb. 2.8a) keine wesentlichen Torsionsmomente aufnehmen kann, erfolgt hierbei die Lastabtragung vorwiegend über Biegung. Er ist z. B. geeignet als Gleit- und Rollschütz sowie als zweiseitig angetriebenes Segmentschütz, dagegen nicht als einseitig angetriebener VKö.

Der geschlossene Querschnitt (Abb. 2.8b) ist für alle Verschlußkörpertypen geeignet, da er sowohl Biegemomente als auch große Torsionsmomente übertragen kann. Zwingend notwendig ist er bei den einseitig angetriebenen Verschlußkörpern, z. B. bei Klappen, Walzenwehren und Segmentschützen.

Schließlich ist noch schärfer zu unterscheiden: zwischen dem geschlossenen Querschnitt mit Wandstärken, deren Beitrag zur Torsionssteifigkeit von je gleicher Größenordnung sind, und dem „quasigeschlossenen" Querschnitt (Abb. 2.8c). Hierbei wird der ursprünglich offene Querschnitt mit einer zusätzlichen Fachwerk- oder Vierendeelwand („Verband") versehen, d. h. geschlossen. Die „Ersatzwandstärke"[1] dieser Zusatzwand ist gegenüber den übrigen Wandstärken wesentlich kleiner und ihr Beitrag zur Torsionssteifigkeit um ein Vielfaches geringer. Der quasi-geschlossene Querschnitt ist bezüglich einer etwaigen Erhöhung der Biegetragwirkung des VKö belanglos, ermöglicht aber die Aufnahme geringer Torsionsmomente aus Wasserdruck, Eigengewicht, Sogkräften an der Verschlußkörperunterkante u. dgl.

2.3.1.2 Strukturelemente

Strukturelemente des VKö sind

für raumabschließende und tragende Funktion:

die Stauwand[2];

für tragende Funktion:

horizontale Längsrippen[3] („Längsspante"), abgekürzt LR;

vertikale Querrippen[3] („Querspante"), abgekürzt QR;

vertikale Querträger bzw. Querrahmen („Querschotte"), abgekürzt QT;

horizontale Hauptträger („Riegel"), abgekürzt HT;

vertikale Endquerträger („Endschotte", „Wehrköpfe"), abgekürzt EQT;

diese Tragglieder sind meist unmittelbare Unterstützungselemente der Stauwand und bilden damit die sogenannten „Randträger" der Stauwand.

Die oben genannten Strukturelemente sind am Beispiel eines Trägerschützes (Abb. 2.9) schematisch skizziert. Abb. 2.10 zeigt verschiedene HT- und QT-Formen[4].

Üblicherweise wird auf eine Anordnung von Längsrippen *und* Querrippen im selben VKö – wie es Abb. 2.9 zeigt – verzichtet, da die QR keinen nennenswerten Beitrag zur Lastabtragung in der Haupttragrichtung (Richtung der HT) liefern. Auch im Stahlwasserbau herrscht die von Stahlbrücken- und Schiffbau

---

[1] Siehe Abschn. 2.9.

[2] und gegebenenfalls weitere Wände (z. B. beim Kastenschütz, Fischbauchklappe).

[3] Längs- und Querrippen werden häufig als „Sekundärsteifen" bezeichnet.

[4] Das Fachwerk ist in den letzten Jahren in den Hintergrund getreten.

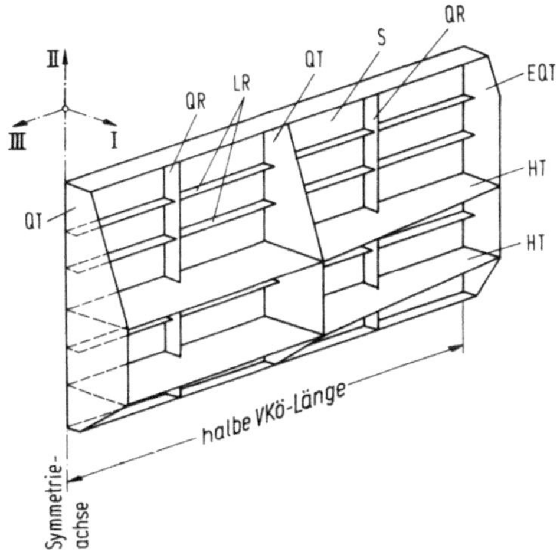

Abb. 2.9. Teilansicht (isometrisch) eines Trägerschützes mit seinen Strukturelementen (die Trägergurte sind weggelassen).
HT Hauptträger; QT Querträger; EQT Endquerträger; LR Längsrippe; QR Querrippe; S Stauwand.

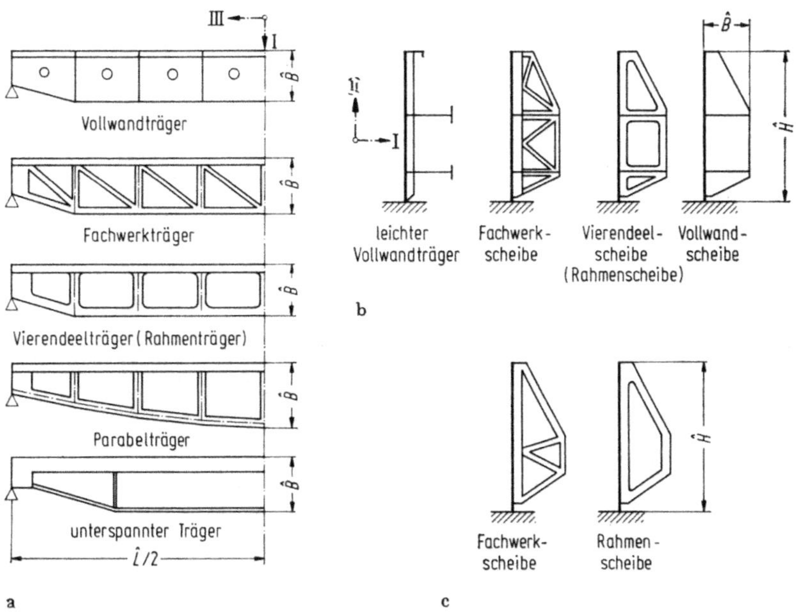

Abb. 2.10. Verschiedene Trägerformen beim Trägerschütz und beim Kastenschütz.
$\hat{L}$ Verschlußkörperlänge; $\hat{B}$ Verschlußkörperbreite (Bauhöhe); $\hat{H}$ Verschlußkörperhöhe.
a) Hauptträgerformen b) Querträgerformen beim Trägerschütz c) Querschottformen beim Kastenschütz.

her bekannte Längsorientierung (im Schiffbau „Längsspantenbauweise") vor. Abb. 2.11a zeigt diese Bauweise, welche die ältere und weniger wirtschaftliche Bauweise mit vertikalen Querrippen nach Abb. 2.11b verdrängt hat. Bei Tiefschützen, die zwar großen Wasserdruckbelastungen unterliegen, jedoch meist geringe Spannweiten (in *III*-Richtung) aufweisen, wird häufig auf LR und QR, oft auch auf QT verzichtet (Abb. 2.11c); die HT stehen dann dicht übereinander. Auch Fischbauchklappen, Sektor- und Trommelwehre werden manchmal ohne LR und QR ausgeführt; es ergibt sich dann ein System mit sehr eng gestellten Querträgern (Abb. 2.11d).

Als wesentliches Merkmal des modernen VKö bildet die Stauwand den wasserseitigen Gurt sämtlicher Randträger. Eine hauptsächlich montagebedingte Ausnahme ist die Konstruktionsform mit Anordnung von LR oder QR *vor* den

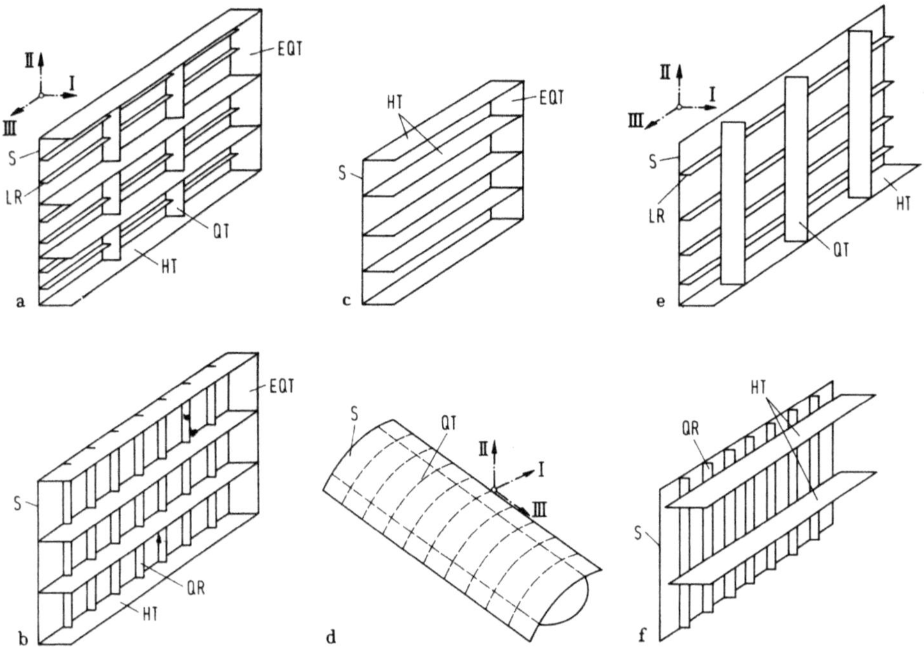

Abb. 2.11. Anordnung von Strukturelementen (isometrisch).
a) längsorientierte Bauweise (mit Längsrippen); b) querorientierte Bauweise (mit Querrippen); c) Bauweise ohne Längs- und Querrippen (eng gestellte Hauptträger); d) Bauweise ohne Längs- und Querrippen (eng gestellte Querträger); e) nichtschubsteife Verbindung von Stauwand und Querträgern; f) nichtschubsteife Verbindung von Stauwand und Hauptträgern.
S Stauwand; LR Längsrippe; QR Querrippe; QT Querträger; HT Hauptträger; EQT Endquerträger.

QT bzw. HT nach Abb. 2.11e u. f, wie sie häufig bei Segmentschützen nach amerikanischer Bauart anzutreffen sind. Nachteilig ist hierbei, daß die tragende Wirkung der Stauwand in der nicht ausgesteiften Richtung nicht aktiviert ist. Damit ergibt sich ein größeres Konstruktionsgewicht des VKö, das aber unter Umständen durch die niedrigeren Werkstatt- bzw. Montagekosten kompensiert wird.

2.3.2 Berechnungsmöglichkeiten

Die Berechnung (Bemessung) des VKö als Ganzes erfordert die Beachtung des räumlichen Problems unter Biegung und Torsion infolge der Belastung und Lagerung des VKö.

Als einfache *Ersatzsysteme* für das räumliche Tragwerk des VKö bieten sich 4 grundsätzliche Möglichkeiten an, für die es je nach der Relation der Hauptabmessungen gemäß Abb. 2.10 (Gesamtlänge $\hat{L}$, Gesamtquerschnittsbreite $\hat{B}$, Gesamtquerschnittshöhe $\hat{H}$) mehr oder minder „zutreffende" Berechnungsmethoden gibt:

1. als dünnwandiger *Stab*[1],
2. als dünnwandiges *Faltwerk*,
3. als *Trägerrost* mit anteiligen Stauwandgurtungen,
4. als *struktur-orthotropes Flächentragwerk*.

Stab und Faltwerk. Hier spielt bekanntlich die Frage der Verformbarkeit bzw. Erhaltung der Gesamtquerschnittsform („Querschnittstreue") des VKö unter Belastung eine wesentliche Rolle. In der gewöhnlichen Stabtheorie[2] wird eine vollständige Erhaltung des Gesamtquerschnitts vorausgesetzt; in der gewöhnlichen Faltwerkstheorie[2] wird nur die Formerhaltung der einzelnen, den Gesamtquerschnitt bildenden Scheiben vorausgesetzt, nicht dagegen die des Gesamtquerschnitts. Die Querschotte bzw. Querträger mit ihrer primären Aufgabe der Lastübertragung auf die (den) Hauptträger bewirken sekundär die mehr oder weniger gute Erhaltung der Gesamtquerschnittsform. Diese ist demnach von der Steifigkeit der QT und deren gegenseitigen Abständen abhängig.

Für die Funktion der meisten VKö ist eine möglichst gute Erhaltung der Gesamtquerschnittsform nicht erforderlich, ausgenommen z. B. bei Zwischendichtungen von zweiteiligen Verschlußkörpern.

In der Praxis tritt stets der verformbare Querschnitt[3] auf, da

– die Wandstärken des „Stabes" so gering sind, daß sie praktisch keine Querbiegesteifigkeit ergeben,
– die Abstände der QT im allgemeinen verhältnismäßig groß sind (der QT-Abstand liegt etwa zwischen $\hat{B}$ und $\hat{H}$ des Gesamtquerschnitts),
– die QT selbst in ihrer Ebene elastisch nachgiebig (verformbar) sind.

Somit liegen z. B. die wirklichen, über den Gesamtquerschnitt verteilten Längsspannungen zwischen denen, die sich bei Anwendung der gewöhnlichen Stabtheorie einerseits und der Faltwerkstheorie andererseits ergeben.

Die Längsspannungen des VKö als Stab setzen sich aus den Biegenormalspannungen und den Wölbnormalspannungen zusammen.

Die Wölbkrafttorsion spielt hierbei im allgemeinen keine dominierende Rolle, so daß die Wölbspannungen die Größenordnung der Biegenormalspannungen nicht erreichen. Dies gilt sowohl für offene als auch in besonderem Maße für geschlossene Gesamtquerschnitte. Die Gründe liegen darin, daß

– die Änderung der Torsionsmomente (in Stablängsrichtung gesehen) nicht sprungartig ist – mit Ausnahme bei Belastung durch eine Einzelkraft z. B. infolge Schiffsstoß,
– die Gesamtquerschnittsänderungen (in Stablängsrichtung gesehen) ebenfalls unbedeutend sind,
– die Lagerungsbedingungen an den Endschotten bzw. Endquerträgern meist keine nennenswerte Wölbbehinderung verursachen.

Trägerrost. Die Trägerrosttheorie eignet sich insbesondere für den offenen Gesamtquerschnitt. Dabei wird die Stauwand und gegebenenfalls eine Rückwand

---

[1] Hierzu gehört auch das räumliche Fachwerk.

[2] Unter gewöhnlicher Stabtheorie und unter gewöhnlicher Faltwerkstheorie seien hier die Theorien ohne Berücksichtigung der Schubverformungen verstanden.

[3] Der unverformbare Querschnitt stellt eine Idealisierung dar.

als Gurt der Rostträger im Rahmen der voll mittragenden Platten- bzw. Schalenbreite angesetzt.

Für Vorberechnungen wird meist eine totale Auflösung des Trägerrostes in einzelne, voneinander unabhängige Tragglieder in Tragebenen bzw. Zylinderflächen vorgenommen („aufgelöster Trägerrost") und auf die Erfassung der gegenseitigen Beeinflussung der Rostglieder vollständig verzichtet. Dies ist bei den im Stahlwasserbau vorliegenden gleichförmig verteilten Flächenbelastungen zulässig.

Struktur-orthotropes Flächentragwerk. Der Trägerrostauffassung des VKö haftet als Nachteil die Fiktion der „voll mittragenden Platten-/Schalen-Breite" der Stauwand an (ihr Verlauf ist längs der Träger variabel und ihre Größe kann bei nicht einfachem Biegemomentenverlauf nur roh abgeschätzt werden). Hieraus folgt eine Unsicherheit für den Ansatz der Querschnittskenngrößen (z. B. Biege- und Torsionsträgheitsmoment) der verschiedenen Rostglieder (Träger), die zudem verschiedene Nullinienhorizonte haben.

Dieser Nachteil wird beim VKö mit offenem Gesamtquerschnitt als struktur-orthotrope Platte/Kreiszylinderschale stark reduziert unter der Bedingung, daß die HT diskontinuierlich behandelt werden. Es sind dann nur noch genügend viele enggestellte Längsrippen und Querträger vorauszusetzen (Abb. 2.12). Stauwand, LR und QT bilden eine struktur-orthotrope Platte/Schale als Unter-

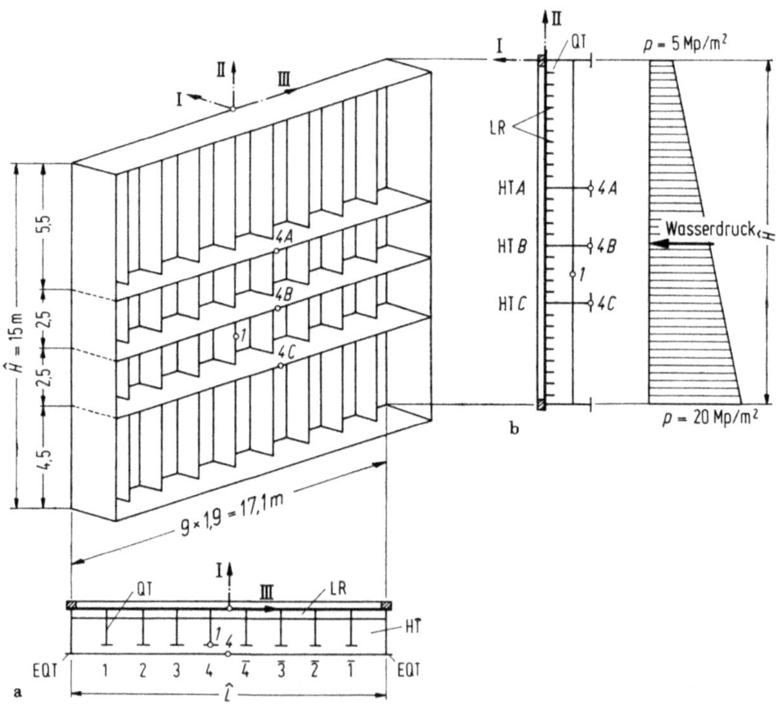

Abb. 2.12. Struktur-orthotropes Flächentragwerk mit sehr eng gestellten Längsrippen und eng gestellten Querträgern (Stauwand unterwasserseitig).

a) Ansicht (isometrisch); die LR und die Gurte der QT, EQT HT sind weggelassen; b) Querschnitt (Aufriß); c) Grundriß.

1, 4 Stellen ausgezeichneter Spannungen.

system, bei dem die Frage der „richtigen" voll mittragenden Breite für LR und QT nur noch einen untergeordneten Effekt hat. Das Gesamtsystem entsteht durch die Verbindung des Untersystems mit den HT, für welche die Fiktion der voll mittragenden Breite nicht benötigt wird. Ein derart berechnetes Flächentragwerk entspricht weitestgehend den wirklichen Verhältnissen.

Nach dem derzeitigen Stand der Praxis werden zur Berechnung (Bemessung) von VKö – von Ausnahmen abgesehen – die oben erwähnten vier Ersatzsysteme in folgendem Umfang angewandt:

1. *Stab* – sehr häufig beim geschlossenen Gesamtquerschnitt (Vollwand-Kastenschütz, Fischbauchklappe, Walzenwehr), nicht dagegen beim offenen Querschnitt (Trägerschütz);

2. *Faltwerk* – selten, weder beim geschlossenen noch beim offenen Gesamtquerschnitt;

3a. *Trägerrost* – in zunehmendem Maße für den offenen Gesamtquerschnitt;

3b. *aufgelöster Trägerrost* – in der Mehrzahl aller Anwendungsfälle, insbesondere für Projektberechnungen, beim offenen Gesamtquerschnitt;

4. *struktur-orthotropes Flächentragwerk* – vereinzelt für den offenen Gesamtquerschnitt.

Die Bedeutung dieser Ersatzsysteme wird sich in Zukunft ändern, wenn – in größerem Umfang als bisher – zur elektronischen Berechnung räumlicher Systeme universelle Programme und schnelle Rechenautomaten zur Verfügung stehen. Universelle Methoden sind z. B. die Stabwerkmethode (Framework Method) und die Elementenmethode (Finite Elements Method).

Im folgenden muß auf eine Darstellung der Stabtheorie, der Faltwerks-(Gelenkwerks-) Theorie und der Trägerrosttheorie bzw. der Theorie orthotroper Flächentragwerke verzichtet werden, ebenso auf die Untersuchung einer Abgrenzung der Anwendbarkeit dieser verschiedenen Berechnungsmöglichkeiten. An Hand von einigen Zahlenbeispielen werden jedoch die verschiedenen Theorien gegenübergestellt und diskutiert.

2.4 Stauwand und Stauwandaussteifungen

Die Stauwand bildet rechteckförmige, durch die Randträger begrenzte bzw. ausgesteifte Felder. Ein derartiges Feld wird im folgenden als „Stauwandfeld" bezeichnet. Es ist an seinen vier Rändern elastisch eingespannt (durchlaufend) und längs dieser Ränder (Auflagerlinien) durch die Randträger elastisch nachgiebig gestützt. Die biege- und torsionselastischen Randträger sind als Teile des gesamten Tragsystems an ihren Kreuzungspunkten ebenfalls elastisch gestützt.

Hinsichtlich der Stauwandform und der davon abhängigen Tragwirkung der Stauwand wird nach Abb. 2.13 unterschieden in

1. ebene Stauwand:

a) isotrope Platte, b) struktur-orthotrope Platte;

2. einfach gekrümmte Stauwand:

a) isotrope Kreiszylinderschale, b) struktur-orthotrope Kreiszylinderschale.

Die ebene Stauwand („Flachblech") kommt am häufigsten vor (z. B. bei Rollschützen). Die kreiszylindrisch gekrümmte Stauwand („Tonnenblech") mit

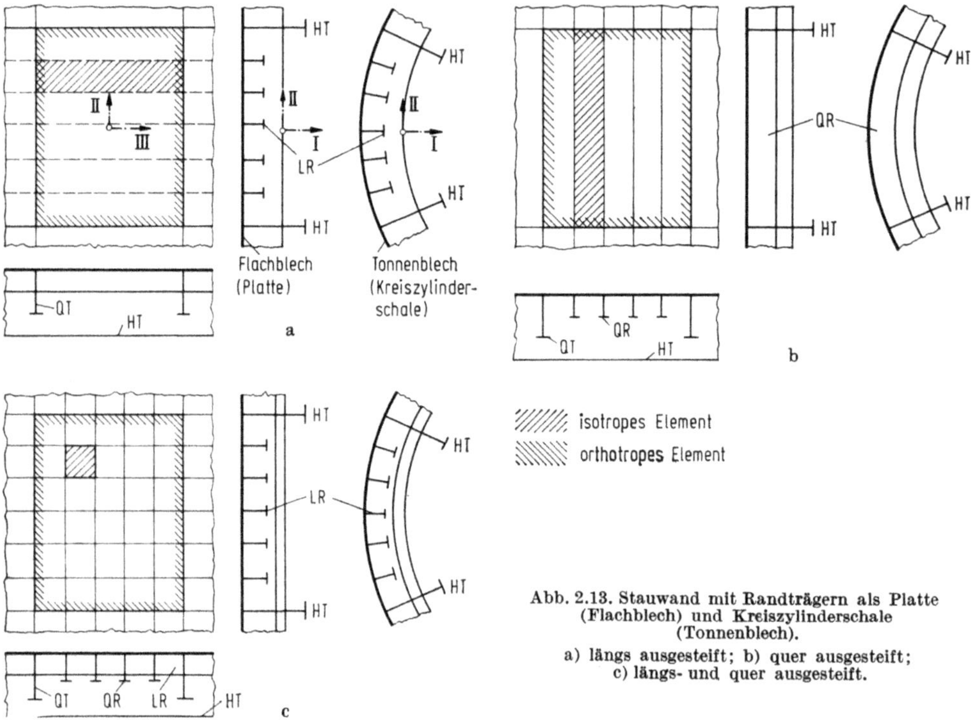

Abb. 2.13. Stauwand mit Randträgern als Platte (Flachblech) und Kreiszylinderschale (Tonnenblech).
a) längs ausgesteift; b) quer ausgesteift; c) längs- und quer ausgesteift.

horizontaler Erzeugender ergibt sich zwangsläufig für bestimmte VKö-Typen wie Segmentschütz, Fischbauchklappe, Walzenwehr, Sektorwehr und Trommelwehr. Die Kreiszylinderstauwand mit vertikaler Erzeugender ist den Zylinderschützen, dem sogenannten Sektorschleusentor und einer Stemmtorbauweise vorbehalten.

Die doppelt gekrümmte Stauwand z. B. nach Abb. 2.14 ist bekanntlich für die Aufnahme und Ableitung von Flächenlasten (Wasserdruck) auf Grund ihrer Membran- (Schalen-) Wirkung die gewichtsgünstigste und würde deshalb die ideale (theoretische) Form eines VKö darstellen[1]. Der Membranspannungszustand würde aber durch die konstruktiv bedingten Randglieder und Lagerungsorgane erheblich gestört[2], ebenso durch der Höhe nach wechselnde Wasserstände. Hinzu kommt, daß bei wechselnden Belastungsrichtungen des Wasserüberdrucks (in *I*-Richtung nach Abb. 2.1) eine ursprünglich z. B. für Membranzug ausgelegte isotrope

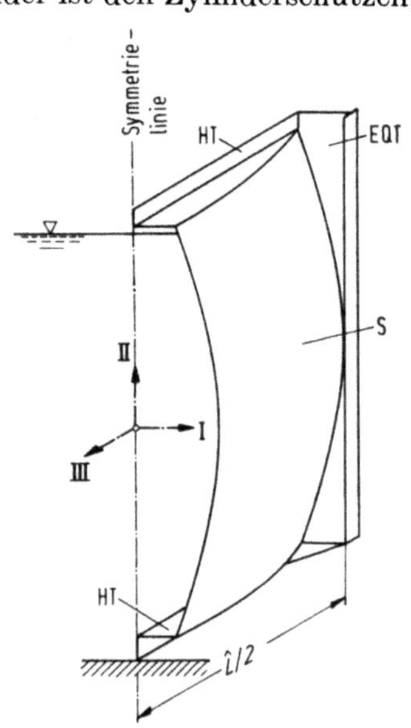

Abb. 2.14. Doppelt gekrümmte Stauwand (isometrisch).

[1] Einige grundsätzliche Überlegungen hierüber sind bei [*60*] angestellt.

[2] In [*63*] wird der Biegespannungszustand für das elliptische Paraboloid als VKö-Gesamtsystem unter hydrostatischer Belastung untersucht.

Schale stark beulgefährdet wird, so daß eine beträchtliche Erhöhung der Stauwanddicke oder die Anordnung von Aussteifungsrippen nötig würde. Damit dürfte (teure Herstellkosten der doppelt gekrümmten Stauwandbleche) der VKö trotz des niedrigeren Konstruktionsgewichts dem mit ebener oder einfach gekrümmter Stauwand wirtschaftlich unterlegen sein.

Doppelt gekrümmte Stauwand*felder* können dagegen z. B. als „Buckelbleche" ausgeführt werden. Diese haben als Elemente eines sonst „ebenen" VKö die statischen Vorteile der doppelt gekrümmten Schalen; ihre voll mittragende Breite (vgl. Abschn. 2.4.4.1.3 und 2.4.6.1.3) als Gurt der Randträger beträgt jedoch nur 40 bis 50% derjenigen von Flachblechen.

2.4.1 Belastungsarten

Als Belastungsarten sind hinsichtlich des hydrostatischen Wasserdrucks zu unterscheiden

1. konstante rechteckförmige Flächenlast (Abb. 2.15a);
2. antimetrische dreieckförmige Flächenlast (Abb. 2.15b, c).

Eine dreieck- oder trapezförmige Flächenlast ist durch Superposition aus 1. und 2. zu gewinnen.

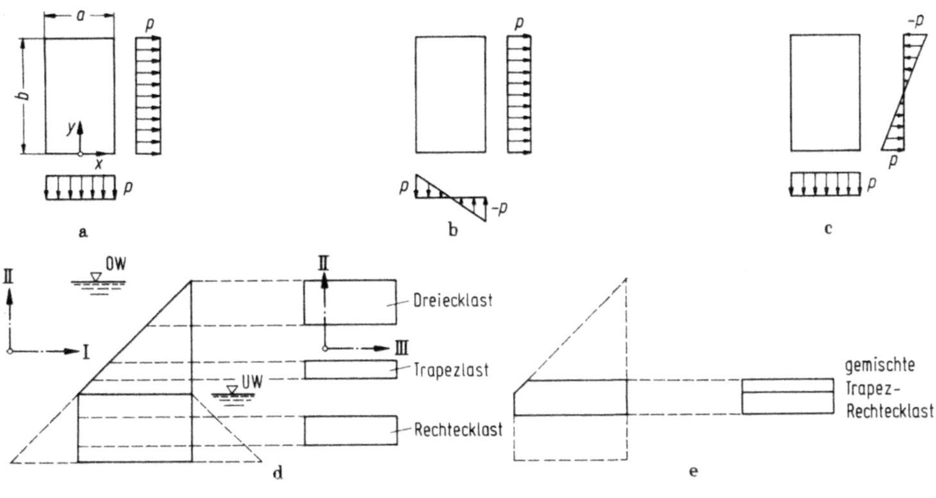

Abb. 2.15. Belastungsarten („Wasserdruckfiguren") bei hydrostatischem Wasserdruck.
a) Rechtecklast (gleichmäßige Vollbelastung); b) antimetrische Dreiecklast längs x; c) antimetrische Dreiecklast längs y; d) Beispiel einer Wasserdruckfigur; e) gemischte Trapez-Rechteck-Last.

Abb. 2.15d zeigt an einem Beispiel, in welchen Bereichen – abhängig von der Wasserstandshöhe im OW- und UW – eine dreieckförmige, trapezförmige und rechteckförmige Flächenlast auftreten kann.

Der Aufwand für die rechnerische Erfassung einer gemischt trapezförmigen-rechteckförmigen Flächenlast (Abb. 2.15e) z. B. durch Auswertung von Einflußfeldern ist nicht erforderlich; man setzt näherungsweise eine äquivalente Rechteck- oder Trapezlast an. Überhaupt darf die trapezförmige Flächenlast ohne wesentliche Einbuße an Genauigkeit durch eine rechteckförmige ersetzt werden. Eine Ausnahme hiervon kann das oberste Stauwandfeld bilden, wenn es mit dem Stauspiegel abschließt (Abb. 2.15d), bei dem sich eine Annäherung der Dreieckslast durch eine Rechtecklast mit relativ großem Fehler auswirken würde.

Handelt es sich um Flächenlasten aus hydrodynamischer Wasserdruckverteilung, so ist ebenfalls eine Näherung mit entsprechenden einfachen Flächenlasten (z. B. Trapez oder Rechteck) ausreichend, sonst müßten Einflußflächen zu Hilfe genommen werden.

2.4.2 Differentialgleichungen

Man unterscheidet bekanntlich je nach dem Verhältnis der maximalen Durchbiegung $w_{\max}$ der Platte/Schale zu ihrer Dicke t:

Fall I: Platten/Schalen mit großer Biegesteifigkeit bzw. kleiner Durchbiegung, wenn

$$w_{\max}/t \leqq \tfrac{1}{2}.$$

Fall II: Platten/Schalen mit kleiner Biegesteifigkeit bzw. großer Durchbiegung, wenn

$$w_{\max}/t > \tfrac{1}{2}$$

ist.[1]

Im Stahlwasserbau kommen vorzugsweise Platten und Schalen nach Fall I vor. Es bestehen aber keine Hinderungsgründe, nach Fall II große Stauwanddurchbiegungen $w_{\max}$ zuzulassen, weil es – von Dichtungsflächen abgesehen – auf eine möglichst wenig durchgebogene Form der belasteten Stauwand nicht ankommt.

1. Platte. – Die Fälle I und II werden für isotrope Platten durch die in Tab. 7 angegebenen Differentialgleichungen für die Durchbiegung $w(x, y)$ und die Spannungsfunktion $F(x, y)$ charakterisiert:

Fall I: Gl. (81a) ist die bekannte Plattengleichung nach der Theorie 1. Ordnung, wie sie im Bauwesen vorzugsweise angewandt wird (auch dann, wenn $w_{\max} > \frac{1}{2}$ ist).

Fall II: Gl. (81b) ist das nichtlineare Differentialgleichungssystem nach der Theorie II. Ordnung. Die Platte erhält von der Durchbiegung w abhängige Mittelflächenkräfte[2] (Normalkräfte n_x, n_y und Schubkräfte n_{xy}, n_{yx}). Gl. (81c) ist der linearisierte Spezialfall, bei dem die Platte außer ihrer Flächenlast p wesentliche, von der Durchbiegung w unabhängige „Scheibenlasten" (n_x, n_y, n_{xy}, n_{yx}) erhält. Er wird u. a. als Ansatz für die voll mittragende Plattenbreite nach der linearen Theorie benützt.

Für orthotrope Platten gelten analog die Gl. (82) der Tab. 7.

2. Kreiszylinderschale (Tonnenschale). – Für Kreiszylinderschalen gilt bezüglich des Verhältnisses $w_{\max}/t$ etwa dasselbe wie bei Platten. Da die Last-

---

[1] Diese Festlegungen weichen bei verschiedenen Autoren stark voneinander ab: [*64*] gibt für Fall I den Wert $\frac{1}{5}$ an, [*65*] ebenfalls den Wert $\frac{1}{2}$.

[2] Im folgenden wird hierfür der Ausdruck „Membrankräfte" benutzt. Diese sind jedoch nicht zu verwechseln mit den Mittelflächenkräften einer *reinen* Membran (dadurch definiert, daß z. B. in Gl. (81b) die Biegesteifigkeit K gleich Null gesetzt wird).

Tabelle 7. *Differentialgleichungen der Rechteckplatte und Kreiszylinderschale*

	Fall		isotrop	Gl.	orthotrop	Gl.
Rechteckplatte	*I*	linear	$K \cdot \Delta\Delta w = p$	(81a)	$\Delta\Delta_K w = p$	(82a)
	II	nichtlinear, gekoppelt	$K \cdot \Delta\Delta w = p + t(F^{\cdot\cdot} w'' - 2F'^{\cdot} w'^{\cdot} + F'' w^{\cdot\cdot})$ $\Delta\Delta F = E(w'^{\cdot 2} - w'' w^{\cdot\cdot})$	(81b)	$\Delta\Delta_K w = p + t(F^{\cdot\cdot} w'' - 2F'^{\cdot} w'^{\cdot} + F'' w^{\cdot\cdot})$ $\Delta\Delta_D F = \frac{1}{t}\left[D_x D_y - \mu^2 D^2\right](w'^{\cdot 2} - w'' w^{\cdot\cdot})$	(82b)
		linearisiert, entkoppelt	$K \cdot \Delta\Delta w = p + t(F^{\cdot\cdot} w'' - 2F'^{\cdot} w'^{\cdot} + F'' w^{\cdot\cdot})$ $\Delta\Delta F = 0$	(81c)	$\Delta\Delta_K w = p + t(F^{\cdot\cdot} w'' - 2F'^{\cdot} w'^{\cdot} + F'' w^{\cdot\cdot})$ $\Delta\Delta_D F = 0$	(82c)
Kreiszylinderschale	*I*	linear, gekoppelt	$K \cdot \Delta\Delta w = p + \frac{t}{r} F''$ $\Delta\Delta F = -\frac{E}{r} w''$	(83a)	$\Delta\Delta_K w = p + t\left[F^{\cdot\cdot} w'' - 2F'^{\cdot} w'^{\cdot} + F''\left(\frac{1}{r} + w^{\cdot\cdot}\right)\right]$ $\Delta\Delta_D F = -\frac{1}{rt}\left[D_x D_y - \mu^2 D^2\right] w''$	(84a)
	II	nichtlinear, gekoppelt	$K \cdot \Delta\Delta w$ $= p + t\left[F^{\cdot\cdot} w'' - 2F'^{\cdot} w'^{\cdot} + F''\left(\frac{1}{r} + w^{\cdot\cdot}\right)\right]$ $\Delta\Delta F = E\left[w'^{\cdot 2} - w''\left(\frac{1}{r} + w^{\cdot\cdot}\right)\right]$	(83b)	$\Delta\Delta_K w = p + t\left[F^{\cdot\cdot} w'' - 2F'^{\cdot} w'^{\cdot} + F''\left(\frac{1}{r} + w^{\cdot\cdot}\right)\right]$ $\Delta\Delta_D F$ $= \frac{1}{t}\left[D_x D_y - \mu^2 D^2\right]\left[w'^{\cdot 2} - w''\left(\frac{1}{r} + w^{\cdot\cdot}\right)\right]$	(84b)

$w(x, y)$ Durchbiegung
$p(x, y)$ Flächenlast (normal zur Mittelfläche)

$()' = \frac{\partial()}{\partial x}, \quad ()^{\cdot} = \frac{\partial()}{\partial y}$

$F(x, y)$ Airysche Spannungsfunktion;

$F'' = \frac{n_y}{t} = \sigma_y, \quad F^{\cdot\cdot} = \frac{n_x}{t} = \sigma_x,$

$F'^{\cdot} = -\frac{n_{xy}}{t} = -\frac{n_{yx}}{t} = -\tau_{xy} = -\tau_{yx}$

t Dicke (isotrop)
r Schalenradius
E Elastizitätsmodul, G = Schubmodul

$K = \frac{E t^3}{12(1 - \mu^2)}$ Biegesteifigkeit (isotrop)

$D = \frac{E t}{1 - \mu^2}$ Dehnsteifigkeit (isotrop)

$$\Delta\Delta = \frac{\partial^4()}{\partial x^4} + 2\frac{\partial^4()}{\partial x^2 \partial y^2} + \frac{\partial^4()}{\partial y^4};$$

$$\Delta\Delta_K = K_x \frac{\partial^4()}{\partial x^4} + 2H \frac{\partial^4()}{\partial x^2 \partial y^2} + K_y \frac{\partial^4()}{\partial y^4};$$

$$\Delta\Delta_D = D_x \frac{\partial^4()}{\partial x^4} + 2T \frac{\partial^4()}{\partial x^2 \partial y^2} + D_y \frac{\partial()}{\partial y^4}$$

K_x, K_y, H; D_x, D_y, T Gl. (122), (123)

abtragung vornehmlich durch Membrankräfte (Längskräfte) erfolgt, tritt bereits an Stelle der Plattengleichung (81a) ein gekoppeltes Differentialgleichungssystem (83a). Die Gleichungen für die Fälle I und II sind ebenfalls in Tab. 7 für die isotrope und orthotrope Schale aufgeführt.

2.4.3 Randbedingungen

In Abb. 2.16 sind die zwischen Stauwandfeld (Platte bzw. Schale) und Randträger wirkenden Randkräfte und -momente in Form der an der Stauwand angreifenden Reaktionen aus der Belastung p skizziert. Die Größe der Platten-/Schalen-Verschiebungen u, v, w und deren Ableitungen nach x und y ist abhängig von der Biege-, Torsions-, Dehn- und Schubsteifigkeit

$$E\,I_\zeta, \quad E\,I_\eta, \quad G\,I_D \quad \text{und} \quad E\,F$$

des betreffenden Randträgers bzw. des anschließenden Feldes. Abb. 2.17 zeigt die einzelnen Komponenten schematisch.

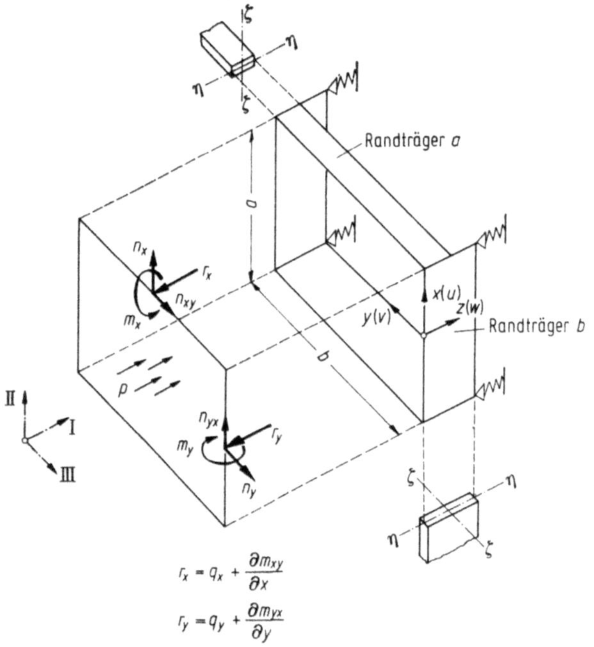

Abb. 2.16. Stauwandfeld und Randträger (isometrisch, auseinandergezogen gezeichnet) mit Randkräften und -momenten (Randträgerquerschnitt schematisch als Rechteck).

Es ist für jeden Rand eine Vielzahl von Kombinationen dieser Komponenten aus

$$\begin{aligned} \text{Steifigkeit} &= 0 \quad \text{(keine Stützung)},\\ 0 < \text{Steifigkeit} &< \infty \quad \text{(elastische Stützung)},\\ \text{Steifigkeit} &= \infty \quad \text{(starre Stützung)} \end{aligned}$$

möglich. Die Grenzfälle 0 und ∞, die tatsächlich nicht auftreten, sind rechnerisch leicht zu behandeln und werden deshalb zur Eingabelung der wirklichen, konstruktiv bedingten Verhältnisse benutzt.

Die für das Folgende wichtigsten Grenzfälle von Randbedingungen sind in Tab. 8 für die Ränder $x = \pm\, a/2$ (Randträger „a") skizziert und mit „Rand-

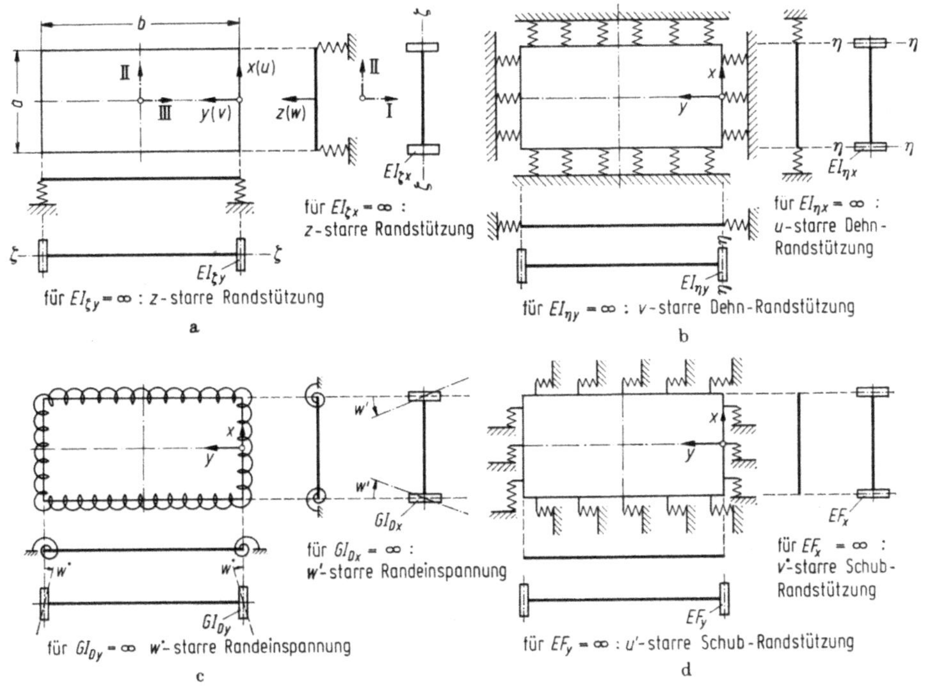

Abb. 2.17. Schematische Darstellung elastischer Stützungen (Randträgersteifigkeiten) der Rechteckplatte. a) biegeelastisch (in z-Richtung); b) dehnelastisch (in u-Richtung bzw. v-Richtung); c) drehelastisch (im w'-Drehsinn bzw. $w^{\cdot}$-Drehsinn); d) schubelastisch (in v-Richtung bzw. u-Richtung).

bedingungstyp" ***1***, ***1a*** und ***2*** bezeichnet. Analoges gilt für die Ränder $y = 0, b$ (Randträger „b").

Bei ***1*** wird die schubsteife Verbindung der Stauwand mit den Randträgern vernachlässigt (Abb. 2.18a) und erst in einem zweiten Rechnungsgang näherungs-

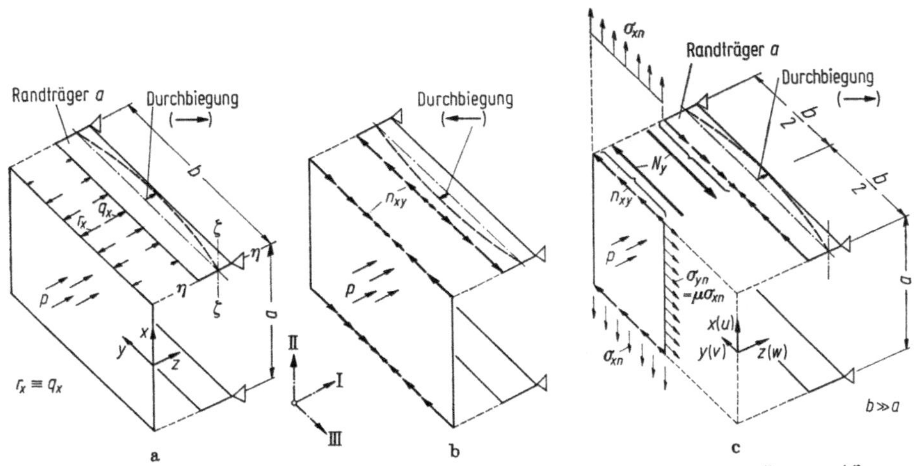

$$N_y = t\int_{x=0}^{a/2} \sigma_{yn}\,dx = \int_{y=0}^{b/2} n_{xy}\,dy$$

Abb. 2.18. Verbindung Platte-Randträger (isometrisch), auseinandergezogen gezeichnet. a) zug- und drucksteif; b) schubsteif; c) schubsteif bei vorhandenen Membranspannungen σ_{xn}, σ_{yn} ($b \gg a$).

Tabelle 8. *Randbedingungstypen 1, 1a und 2 an den Rändern* $x = \pm a/2$

Index R: Randträger; Index 1: anschließendes Stauwandfeld; $(\,)' = \partial(\,)/\partial x$

Randbedingungstyp Rand $x = \pm a/2$			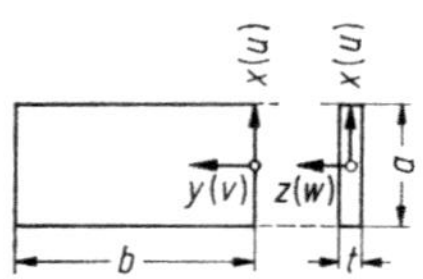	Einspann-bedingungen: frei drehbar	Einspann-bedingungen: unverdrehbar	Einspann-bedingungen: elastisch verdrehbar	Verbindung Platte-Randträger: zug- und druckfest	Verbindung Platte-Randträger: schubfest	u-starr (in x-Richtung unverschieblich)	Randkräfte, Randmoment: r_x n_x n_{xy} m_x	Verschiebungen am Rand $x = \pm a/2$, $I_\eta = 0$: z-starre Stützung $I_\zeta = \infty$	$I_\eta = 0$: z-elastische Stützung $0 < I_\zeta < \infty$	$I_\eta = \infty$: z-starre Stützung $I_\zeta = \infty$	$I_\eta = \infty$: z-elastische Stützung $0 < I_\zeta < \infty$
1	Einzelplatte	1	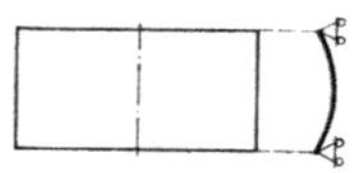	×			×			$\neq 0$ 0 0 0	$w = 0$	$w = w_R$		
	Einzelplatte	2	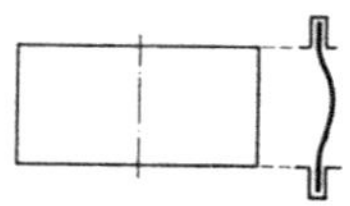		×		×			$\neq 0$ 0 0 $\neq 0$	$w = 0$, $w' = 0$	$w = w_R$, $w' = 0$		
	Durchlaufplatte	3	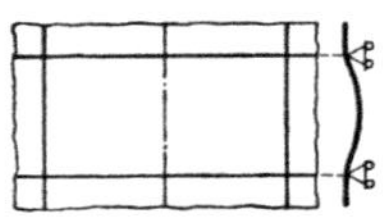			×	×				$w = 0$, $w' = w_1'$	$w = w_R$, $w' = w_1$		

1a	Einzelplatte	1	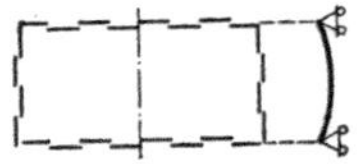	×	× ×	$\neq 0 \quad 0 \quad \neq 0 \quad 0$	$w = 0$ $v = 0$	$w = w_R$ $v = v_R$		
		2	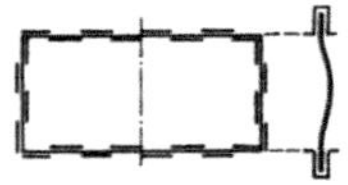	×	× ×	$\neq 0 \quad 0 \quad \neq 0 \quad \neq 0$	$w = 0$ $w' = 0$ $v = 0$	$w = w_R$ $w' = 0$ $v = v_R$		
	Durchlaufplatte	3	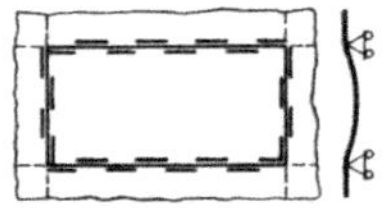	×	× ×		$w = 0$ $w' = w_1'$ $v = 0$	$w = w_R$ $w' = w_1'$ $v = v_R$		
2	Einzelplatte	1	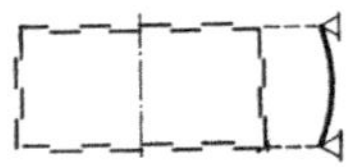	×	× × ×	$\neq 0 \quad \neq 0 \quad \neq 0 \quad 0$			$w = 0$ $u = 0$ $v = 0$	$w = w_R$ $u = 0$ $v = v_R$
		2	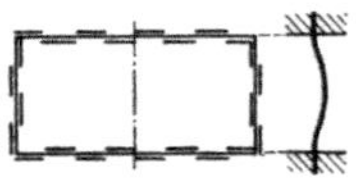	×	× × ×	$\neq 0 \quad \neq 0 \quad \neq 0 \quad \neq 0$			$w = 0$ $w' = 0$ $u = 0$ $v = 0$	$w = w_R$ $w' = 0$ $u = 0$ $v = v_R$
	Durchlaufplatte	3	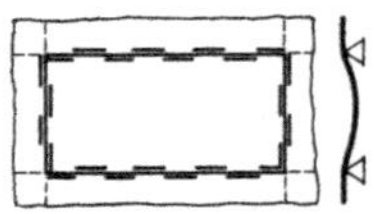	×	× × ×				$w = 0$ $w' = w_1'$ $u = 0$ $v = 0$	$w = w_R$ $w' = w_1'$ $u = 0$ $v = v_R$

weise über die „voll mitwirkende Breite“ erfaßt: Das bei ***1a*** vorausgesetzte schubsteife Zusammenwirken von Platte und Randträger bewirkt infolge der Randschubkräfte n_{xy} eine *Ent*lastung des Randträgers bei dessen Biegung (Abb. 2.18b); die Platte erhält dafür eine zusätzliche Scheiben*be*lastung als Gurt der Randträger.

Die bei *2* vorausgesetzte vollständige (oder teilweise) Behinderung der Verschiebung der Plattenränder in Plattenebene (in u- bzw. v-Richtung) ergibt eine vom Biegezustab her bekannte erhöhte Tragfähigkeit der Platte durch Aktivierung der Membrankräfte n_x, n_y (Abb. 2.18c).

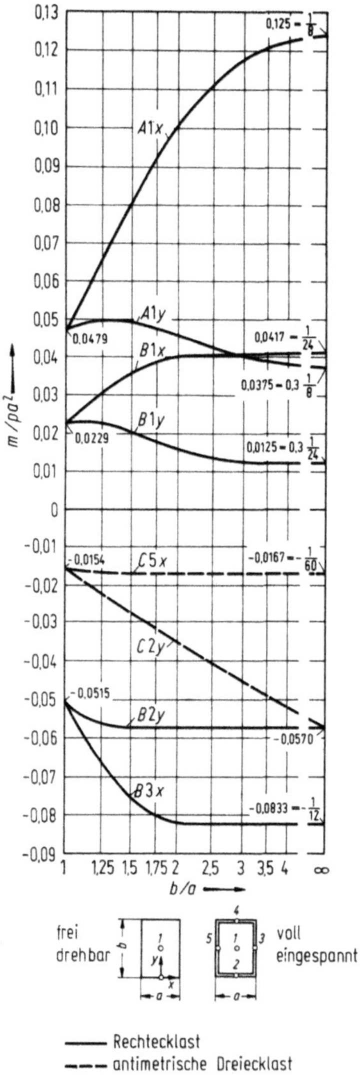

Abb. 2.19. Biegemomentenbeiwerte für 4-seitig frei drehbar und voll eingespannt gelagerte isotrope Rechteckplatten infolge Rechtecklast und antimetrischer Dreiecklast, Querdehnung $\mu = 0{,}3$.

2.4.4 Stauwandfeld als isotrope Platte

2.4.4.1 Fall I (Theorie I. Ordnung) für Platten mit kleiner Durchbiegung

*2.4.4.1.1 Randbedingungen **1**, z-starre Randstützung*, d. h. in z-Richtung am Rand $x = \pm a/2$; $y = 0, b$ völlig unnachgiebig (s. Tab. 8).

Einzelplatte[1]

Die Biegemomente, Drillmomente, Quer- bzw. Auflagerkräfte sowie die Durchbiegungen können in ausgezeichneten Plattenpunkten für eine große Anzahl von Lagerungsfällen der einschlägigen Literatur über Platten (z. B. [*66, 67*]) entnommen werden.

[1] Die Einzelplatte tritt als Konstruktionselement im Stahlwasserbau nicht auf, sie ist stets ein Teil der über die Randträger durchlaufenden Stauwand.

Für Rechtecklast p und antimetrische Dreieckslast $\pm p$ sowie für die wichtigsten Lagerungsfälle und Punkte der Platte sind in Abb. 2.19 und Tab. 9 und 10 die Biegemomente m_x, m_y[1] sowie die Durchbiegung w im Plattenmittelpunkt angegeben. Die Zahlenwerte berücksichtigen eine Querdehnung $\mu = 0{,}3$ für Stahl und Seitenverhältnisse b/a von ∞ bis 1,0. Mit dem Widerstandsmoment

$$W = \frac{t^2}{6}\,[\mathrm{cm}^3/\mathrm{cm}] \tag{85}$$

eines 1 cm breiten Streifens von der Dicke t erhält man die Biegerandspannung σ_x bzw. σ_y und hieraus die entsprechende Vergleichsspannung σ_v.

In Abb. 2.20 ist der Verlauf der Biegemomente m_x, m_y an den Rändern und in den Mittelachsen für Rechtecklast p und starre Einspannung aller 4 Ränder

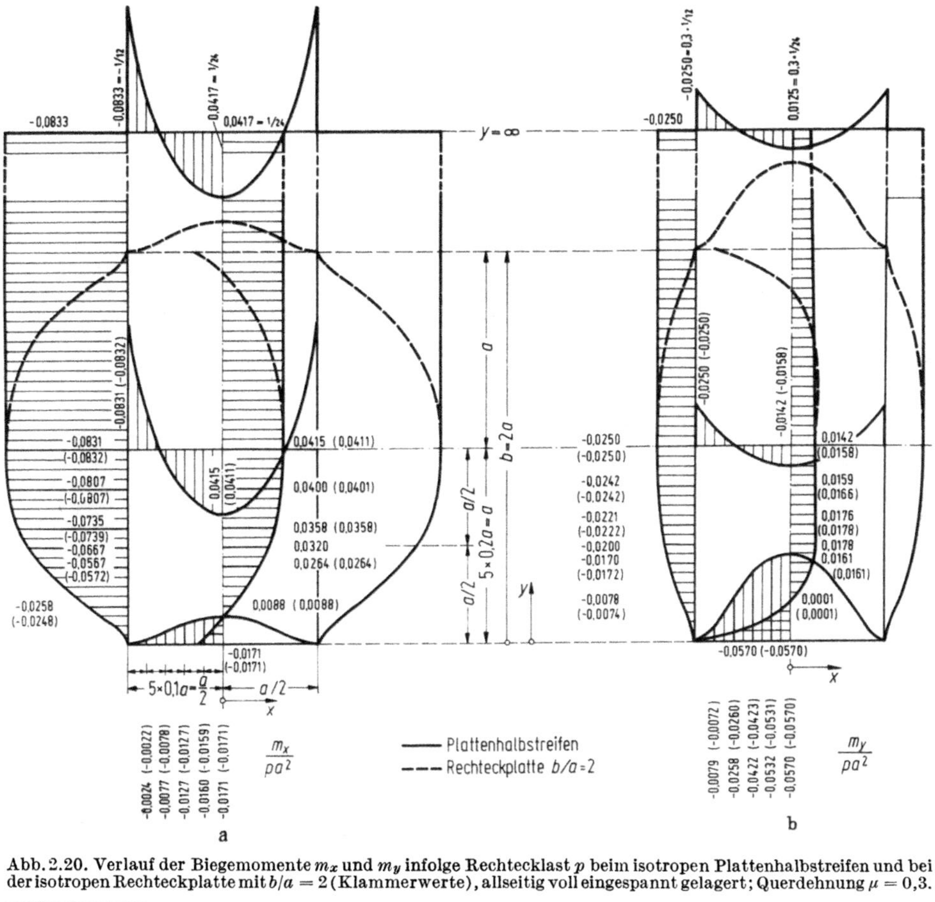

Abb. 2.20. Verlauf der Biegemomente m_x und m_y infolge Rechtecklast p beim isotropen Plattenhalbstreifen und bei der isotropen Rechteckplatte mit $b/a = 2$ (Klammerwerte), allseitig voll eingespannt gelagert; Querdehnung $\mu = 0{,}3$.

[1] In Tab. 9 und 10 sind auch entsprechend der Darstellungsweise der DIN 19704 die sogenannten k-Werte für die Ermittlung der Biegespannungen kursiv angegeben. Diese k-Werte (Spannungsbeiwerte) ergeben sich aus der Formel für das Plattenbiegemoment. Mit $m = \alpha\, p\, a^2$ und Gl. (85) wird

$$\sigma = \frac{m}{W} = \alpha \frac{6 p\, a^2}{s^2}\,\frac{100}{100} = \frac{k}{100}\,\frac{p\, a^2}{s^2}\,(600\alpha),$$

wobei α der Momentenbeiwert aus Tab. 9 und 10 ist.

Tabelle 9. *Biegemomentenbeiwerte für 4seitig frei drehbare und 4seitig (3seitig) voll eingespannte, isotrope Rechteckplatten infolge Rechtecklast p; Querdehnung* $\mu = 0{,}3$

—— = frei drehbar gelagert, ═══ = voll eingespannt gelagert.

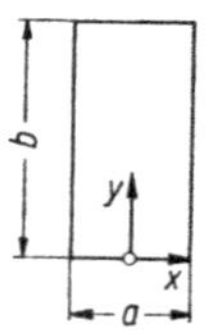

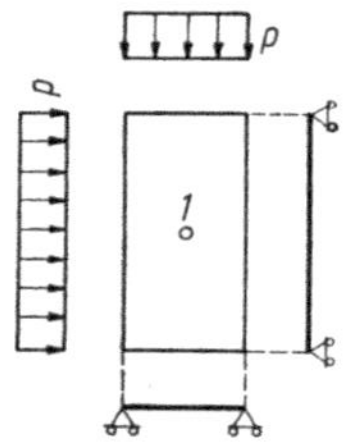

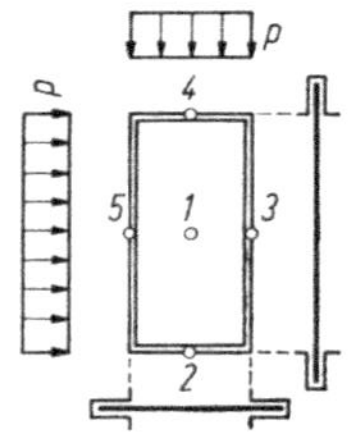

	Punkt *1* $x = 0;\ y = \frac{b}{2}$					Punkt *1* $x = 0,\ y = \frac{b}{2}$					Punkt *2 = 4* $x = 0,\ y = 0,\ b$		Punkt *3 = 5* $x = \pm\frac{a}{2};\ y = \frac{b}{2}$	
$\frac{b}{a}$	$\frac{m_x}{p\,a^2}$	k	$\frac{m_y}{p\,a^2}$	k	$\frac{w}{p\,a^4/K}$	$\frac{m_x}{p\,a^2}$	k	$\frac{m_y}{p\,a^2}$	k	$\frac{w}{p\,a^4/K}$	$\frac{m_y}{p\,a^2}$	k	$\frac{m_x}{p\,a^2}$	k
∞	0,1250	*75*	0,0375	*22,5*	0,01302	0,0417	*25*	0,0125	*7,50*	0,00261	−0,0570	*34,2*	−0,0833	*50*
3	0,1189	*71,3*	0,0406	*24,4*	0,01223	0,0417	*25*	0,0125	*7,50*	0,00260	−0,0571	*34,3*	−0,0833	*50*
2,5	0,1129	*67,7*	0,0430	*25,8*	0,01138	0,0416	*25*	0,0134	*8,04*	0,00259	−0,0572	*34,3*	−0,0833	*50*
2	0,1017	*61,0*	0,0464	*27,8*	0,01013	0,0411	*24,7*	0,0158	*9,48*	0,00253	−0,0572	*34,3*	−0,0832	*49,9*
1,75	0,0930	*55,8*	0,0481	*28,9*	0,00911	0,0399	*23,9*	0,0180	*10,8*	0,00242	−0,0572	*34,3*	−0,0806	*48,4*
1,5	0,0812	*48,7*	0,0498	*29,9*	0,00772	0,0368	*22,1*	0,0203	*12,2*	0,00220	−0,0572	*34,3*	−0,0759	*45,5*
1,25	0,0660	*39,6*	0,0502	*30,1*	0,00607	0,0313	*18,8*	0,0225	*13,5*	0,00182	−0,0565	*33,9*	−0,0671	*40,3*
1	0,0479	*28,7*	0,0479	*28,7*	0,00406	0,0229	*13,7*	0,0229	*13,7*	0,00127	−0,0515	*30,9*	−0,0515	*30,9*
											$m_x = 0{,}3\,m_y$		$m_y = 0{,}3\,m_x$	
Linie in Abb. 2.19	*A1x*		*A1y*			*B1x*		*B1y*			*B2y*		*B3x*	

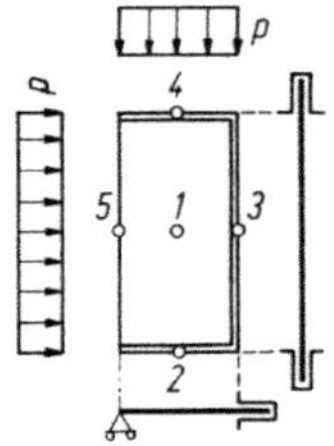

Punkt *1* $x=0;\ y=\frac{b}{2}$					Punkt *2 = 4* $x=0;\ y=0,b$		Punkt *3* $x=\frac{a}{2};\ y=\frac{b}{2}$	
$\frac{m_x}{p\,a^2}$	k	$\frac{m_y}{p\,a^2}$	k	$\frac{w}{p\,a^4/K}$	$\frac{m_y}{p\,a^2}$	k	$\frac{m_x}{p\,a^2}$	k
0,0625	*37,5*	0,0188	*11,3*	0,00521	—0,0786	*47,2*	—0,1250	*75*
0,0623	*37,4*	0,0200	*12,0*	0,00519	—0,0785	*47,1*	—0,1233	*74,0*
0,0610	*36,6*	0,0222	*13,3*	0,00502	—0,0784	*47,0*	—0,1220	*73,2*
0,0564	*33,8*	0,0259	*15,5*	0,00449	—0,0783	*47,0*	—0,1139	*68,3*
0,0514	*30,8*	0,0275	*16,5*	0,00404	—0,0775	*46,5*	—0,1053	*63,2*
0,0452	*27,1*	0,0301	*18,1*	0,00341	—0,0758	*45,5*	—0,0942	*56,5*
0,0357	*21,4*	0,0306	*18,4*	0,00257	—0,0709	*42,5*	—0,0787	*47,2*
0,0236	*14,2*	0,0277	*16,6*	0,00157	—0,0600	*36,0*	—0,0547	*32,8*
							Punkt *5*: $m_x = m_y = 0$	

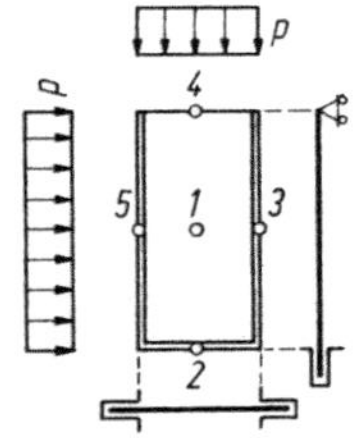

Punkt *1* $x=0;\ y=\frac{b}{2}$					Punkt *2* $x=0;\ y=0$		Punkt *3 = 5* $x=\pm\frac{a}{2};\ y=\frac{b}{2}$	
$\frac{m_x}{p\,a^2}$	k	$\frac{m_y}{p\,a^2}$	k	$\frac{w}{p\,a^4/K}$	$\frac{m_y}{p\,a^2}$	k	$\frac{m_x}{p\,a^2}$	k
0,0417	*25*	0,0125	*7,50*	0,00261	—0,0570	*34,2*	—0,0833	*50*
0,0417	*25*	0,0125	*7,56*	0,00260	—0,0570	*34,2*	—0,0833	*50*
0,0417	*25*	0,0133	*7,98*	0,00259	—0,0570	*34,2*	—0,0833	*50*
0,0416	*25*	0,0150	*9,00*	0,00258	—0,0570	*34,2*	—0,0833	*50*
0,0410	*24,6*	0,0168	*10,1*	0,00251	—0,0569	*34,1*	—0,0815	*48,9*
0,0387	*23,2*	0,0190	*11,4*	0,00233	—0,0569	*34,1*	—0,0788	*47,3*
0,0347	*20,8*	0,0215	*12,9*	0,00204	—0,0569	*34,1*	—0,0747	*44,8*
0,0277	*16,6*	0,0236	*14,2*	0,00157	—0,0547	*32,8*	—0,0600	*36,0*
					Punkt *4*: $m_y = m_x = 0$			

$K = \frac{Et^3}{10,92}$ (für $\mu = 0,3$)

Tabelle 10. *Biegemomentenbeiwerte für 4seitig (3seitig) voll eingespannte und 4seitig frei drehbare, isotrope Rechteckplatten infolge antimetrischer Dreiecklast* $\pm p$; *Querdehnung* $\mu = 0{,}3$

—— = frei drehbar gelagert ═══ = voll eingespannt gelagert

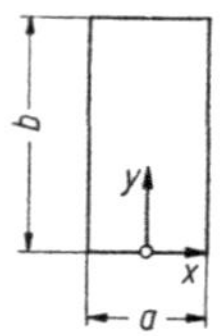	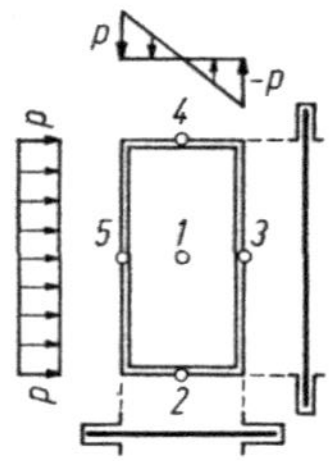		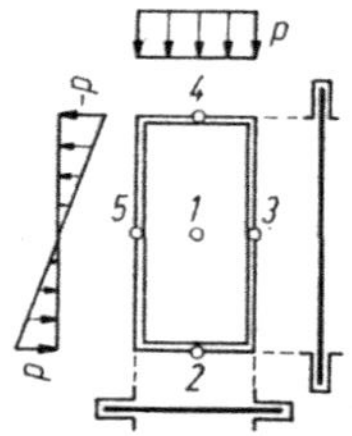		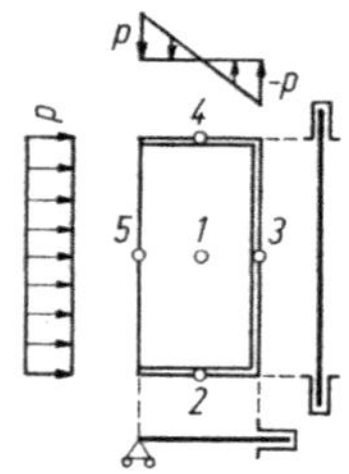									
	Punkt *5* = − *3* $x = \pm \frac{a}{2}$; $y = \frac{b}{2}$		Punkt *2* = − *4* $x = 0$; $y = 0, b$		Punkt *1* $x = 0$; $y = b/2$					Punkt *2* = *4* $x = 0$; $y = 0, b$		Punkt *3* $x = \frac{a}{2}$; $y = \frac{b}{2}$	
$\frac{b}{a}$	$\frac{m_x}{p\,a^2}$	k	$\frac{m_y}{p\,a^2}$	k	$\frac{m_x}{p\,a^2}$	k	$\frac{m_y}{p\,a^2}$	k	$\frac{w}{p\,a^4/K}$	$\frac{m_y}{p\,a^2}$	k	$\frac{m_x}{p\,a^2}$	k
∞	−0,0167	*10,0*	−0,0570	*34,2*	0,0041	*2,6*	0,0012	*0,72*	−0,00053	−0,0050	*3,0*	0,0083	*5,0*
3	−0,0167	*10,0*	−0,0450	*27,0*	0,0039	*2,3*	0,0018	*1,1*	−0,00050	−0,0051	*3,1*	0,0085	*5,1*
2,5	−0,0166	*9,96*	−0,0415	*24,9*	0,0037	*2,2*	0,0019	*1,1*	−0,00047	−0,0052	*3,1*	0,0087	*5,2*
2	−0,0165	*9,90*	−0,0349	*20,9*	0,0034	*2,0*	0,0021	*1,3*	−0,00045	−0,0052	*3,1*	0,0097	*5,8*
1,75	−0,0165	*9,90*	−0,0314	*18,8*	0,0028	*1,7*	0,0022	*1,3*	−0,00038	−0,0051	*3,1*	0,0105	*6,3*
1,5	−0,0165	*9,90*	−0,0271	*16,3*	0,0019	*1,1*	0,0023	*1,4*	−0,00029	−0,0050	*3,0*	0,0120	*7,2*
1,25	−0,0165	*9,90*	−0,0224	*13,4*	0,0012	*0,72*	0,0021	*1,3*	−0,00020	−0,0038	*2,3*	0,0134	*8,0*
1	−0,0154	*9,24*	−0,0154	*9,24*	0,0002	*0,12*	0,0015	*0,9*	−0,00011	−0,0030	*1,8*	0,0143	*8,6*
	Punkt *1, 2, 4*: $m_x = m_y = w = 0$		Punkt *1, 3, 5*: $m_x = m_y = w = 0$									Punkt *5*: $m_x = m_y = 0$	
Linie in Abb. 2.19	*C 5x*		*C 2y*										

Tabelle 10. (*Fortsetzung*)

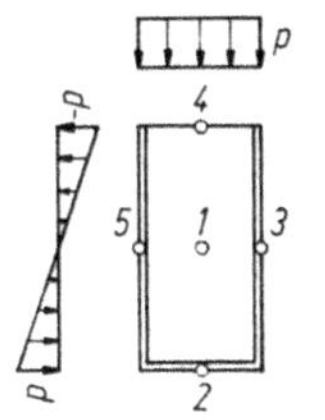

Punkt *1* $x = 0;\ y = \frac{b}{2}$					Punkt *2* $x = 0;\ y = 0$		Punkt *3 = 5* $x = \pm\frac{a}{2};\ y = \frac{b}{2}$	
$\frac{m_x}{p\,a^2}$	k	$\frac{m_y}{p\,a^2}$	k	$\frac{w}{p\,a^4/K}$	$\frac{m_y}{p\,a^2}$	k	$\frac{m_x}{p\,a^2}$	k
0	*0*	−0,0063	*3,8*	0	−0,0570	*34,2*	0	*0*
0	*0*	0	*0*	−0,00005	−0,0420	*25,2*	0,0003	*0,18*
−0,0001	*0,06*	0,0003	*0,18*	−0,00006	−0,0390	*23,4*	0,0004	*0,24*
−0,0002	*0,12*	0,0006	*0,36*	−0,00007	−0,0346	*20,8*	0,0007	*0,42*
−0,0005	*0,30*	0,0006	*0,36*	−0,00007	−0,0315	*18,9*	0,0011	*0,66*
−0,0009	*0,54*	0,0006	*0,36*	−0,00007	−0,0275	*16,5*	0,0016	*0,96*
−0,0013	*0,78*	0,0004	*0,24*	−0,00008	−0,0218	*13,1*	0,0024	*1,4*
−0,0015	*0,90*	−0,0002	*0,12*	−0,00011	−0,0143	*8,58*	0,0030	*1,8*
					Punkt *4*: $m_x = m_y = 0$			

am Beispiel des Plattenhalbstreifens ($b/a = \infty$) und der Rechteckplatte mit dem Seitenverhältnis $b/a = 2$ (Klammerwerte) dargestellt. Hieraus erhellt die bekannte Tatsache, daß sich die Biegemomente einer Rechteckplatte mit $b/a \geqq 2{,}5$ nur noch unwesentlich von denen des Plattenhalbstreifens unterscheiden. Im Stahlwasserbau treten bei Stauwandfeldern hauptsächlich Seitenverhältnisse $b/a > 2{,}5$ auf.

Abb. 2.21 zeigt das charakteristische Durchbiegungsverhältnis $w_{\max}/t$ in Abhängigkeit der „Plattenschlankheit" a/t für vierseitig frei drehbar bzw. starr eingespannte Lagerung bei einer maximalen Plattenbiegespannung $\sigma_x = 1{,}6$, 2,4 und 3,6 [Mp/cm²].

Es ist z. B. für $b/a = \infty$ bei Lagerung

$$\text{frei drehbar} \qquad \frac{w_{\max}}{t} = 0{,}189\left(\frac{a}{t}\right)^2 \frac{\sigma_x}{E}, \tag{86a}$$

$$\text{starr eingespannt} \qquad \frac{w_{\max}}{t} = 0{,}057\left(\frac{a}{t}\right)^2 \frac{\sigma_x}{E}. \tag{86b}$$

Bereits bei $\sigma_x = 1{,}6$ [Mp/cm²] und $a/t = 60$ kommt man für frei drehbare Lagerung an die zu Anfang des Abschn. 2.4.2 definierte „Gültigkeitsgrenze" der Theorie I. Ordnung, während diese für starre Einspannung bei $a/t = 100$ gerade noch nicht erreicht ist. Werte $a/t > 100$ kommen im Stahlwasserbau bisher selten vor.

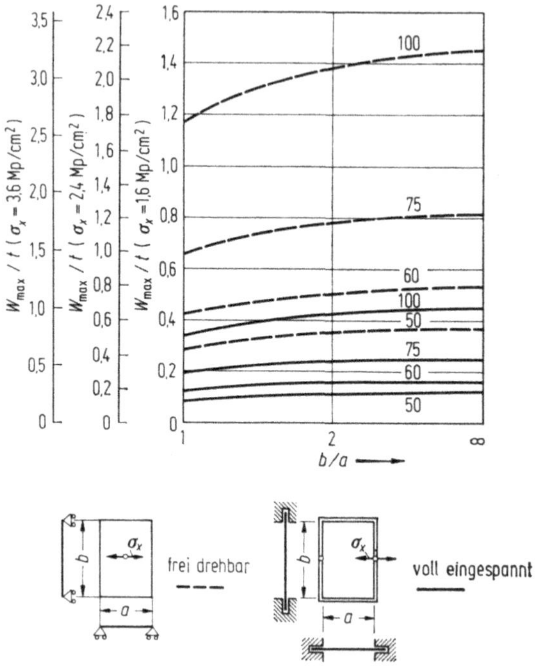

Abb. 2.21. Charakteristisches Durchbiegungsverhältnis w_{max}/t der isotropen Rechteckplatte in Abhängigkeit vom Seitenverhältnis b/a infolge Rechtecklast p; Kurvenparameter a/t (t = Plattendicke).

Beispiel 1: Gesucht ist für das mittlere Feld des in Abb. 2.22 dargestellten Ausschnitts einer Stauwand (Platte „2" mit dem Seitenverhältnis $b : a = 1{,}5$) das Biegemoment m_x in der Mitte des langen Randes sowie die Durchbiegung w in Plattenmitte infolge Belastung gemäß Abb. 2.22c. Es sei volle Einspannung aller 4 Ränder angenommen.

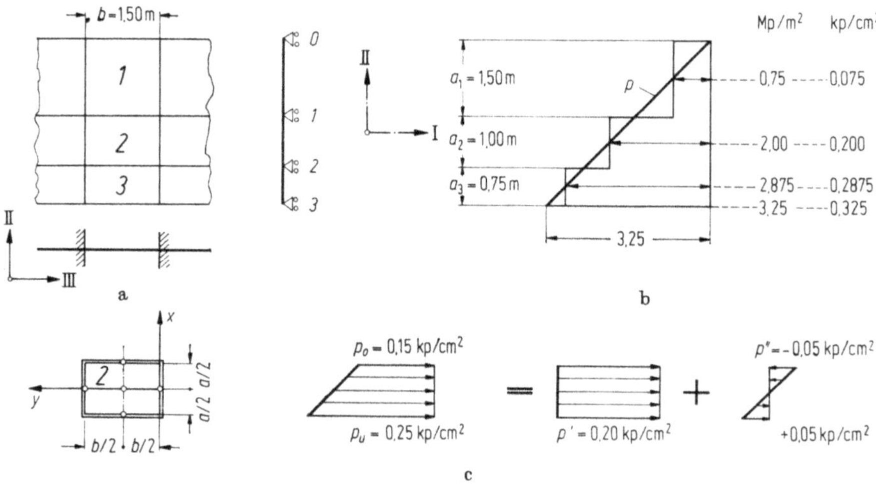

Abb. 2.22. Ausschnitt aus einer Stauwand (Beispiel 1).
a) Ansicht von OW; b) Wasserdruckfigur (dreieckförmig, ersetzt durch treppenförmige Rechteckbelastung); c) Stauwandfeld „2" als vierseitig voll eingespannte Rechteckplatte.

1. Trapezlast mit $p_0 = 0{,}15\,\text{kp/cm}^2$, $p_u = 0{,}25\,\text{kp/cm}^2$:

Rand $x = +a/2$:

aus Rechtecklast $p' = 0{,}20\,[\text{kp/cm}^2]$: $m_x = -0{,}0759 \cdot 0{,}20 \cdot 100^2 = -151{,}8\,[\text{kp}]$

aus antimetrischer Dreiecklast $p'' = 0{,}05\,[\text{kp/cm}^2]$: $m_x = 0{,}0165 \cdot 0{,}05 \cdot 100^2 = 8{,}3\,[\text{kp}]$

$m_x = \quad = -143{,}5\,[\text{kp}]$

Rand $x = -a/2$:

aus $p' = 0{,}020\,[\text{kp/cm}^2]$: $m_x = \quad = -151{,}8\,[\text{kp}]$

aus $p'' = 0{,}05\,[\text{kp/cm}^2]$: $m_x = -0{,}1065 \cdot 0{,}05 \cdot 100^2 = -\ 8{,}3\,[\text{kp}]$

$m_x = \quad = -160{,}1\,[\text{kp}]$

2. Äquivalente Rechtecklast mit $p' = \dfrac{p_0 + p_u}{2} = 0{,}20\,[\text{kp/cm}^2]$: $m_x = -151{,}8\,[\text{kp}]$.

Die Abweichungen zwischen 1. und 2. sind gering. Sie werden größer, wenn sich einerseits die Platte von der Rechteckform der Quadratform nähert und sich andererseits die Belastungsfigur (Trapez) dem Dreieck nähert. Die entsprechenden Abweichungen in % sind in Abb. 2.23 in Abhängigkeit von b/a und dem Verhältnis p_0/p_u graphisch aufgetragen. Für $b/a = 1{,}5$ und $p_0/p_u = 0{,}15/0{,}25 = 0{,}6$ erhält man die mit einem Kreis bezeichneten Prozentualabweichungen des Beispiels mit etwa 5% nach oben und unten.

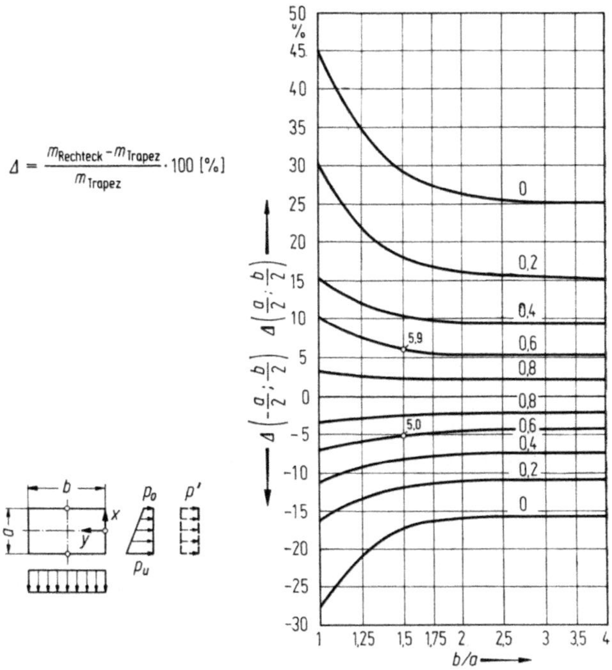

Abb. 2.23. Abweichungen im Biegemoment m_x $(x = \pm a/2;\ y = b/2)$ der isotropen Rechteckplatte zwischen Trapezlast p_0, p_u und äquivalenter Rechtecklast $p' = \dfrac{p_0 + p_u}{2}$ in Abhängigkeit vom Seitenverhältnis b/a, Kurvenparameter p_0/p_u.

Mit der Biegesteifigkeit der isotropen Platte

$$K = \frac{E\,t^3}{12(1-\mu^2)} \tag{87}$$

$$= 192{,}31 \cdot 10^3\, t^3 \text{ für } E = 2{,}1 \cdot 10^6\,[\text{kp/cm}^2],\ \mu = 0{,}3 \text{ und } t \text{ in [cm]}$$

wird bei einer $t = 0{,}8$ cm dicken Platte an Hand Tab. 9 für Rechtecklast $p = 0{,}2\,[\text{kp/cm}^2]$ die Durchbiegung in Plattenmitte

$$w_{\max} = \frac{0{,}00220 \cdot 0{,}20 \cdot 100^4}{98{,}46 \cdot 10^3} = 0{,}45 \text{ cm} \quad \text{bzw.} \quad \frac{w_{\max}}{t} = \frac{0{,}45}{0{,}8} = 0{,}56 \approx \frac{1}{2}.$$

Durchlaufplatte

Die Plattenfelder, welche die Stauwand bilden, laufen über den Randträgern durch. Eine Rippenanordnung nach Abb. 2.24a ($a \neq$ konstant, $b \neq$ konstant) ist selten; im allgemeinen besteht aus Gründen einfacher Entwurfs- und Werkstattarbeiten insofern eine Symmetrie, als eine der beiden Plattenstützlängen konstant ist (in Abb. 2.24b die Stützlänge b). Man kann dann die z. B. vom äußeren seitlichen Rand (Endschott) der Stauwand ausgehende Störung vernachlässigen und die einzelnen Platten (ausgenommen die äußerste) in *III*-Richtung als starr eingespannt behandeln. Bei Seitenverhältnissen $b/a \geqq 2{,}5$ erfaßt man die Durchlaufwirkung über die kurze Plattenspannweite hinweg (in *II*-Richtung) einfach für einen durchlaufenden Streifen von 1 cm Breite. Bei Seitenverhältnissen $b/a < 2{,}5$ sollte man von einem der nachstehend skizzierten Näherungsverfahren Gebrauch machen. Oft wird auch die Durchlaufwirkung in *II*-Richtung nach Abb. 2.24c aus Vereinfachungsgründen über einen 1 cm breiten durchlaufenden Streifen zu erfassen versucht, was aber zu falschen Ergebnissen führt.

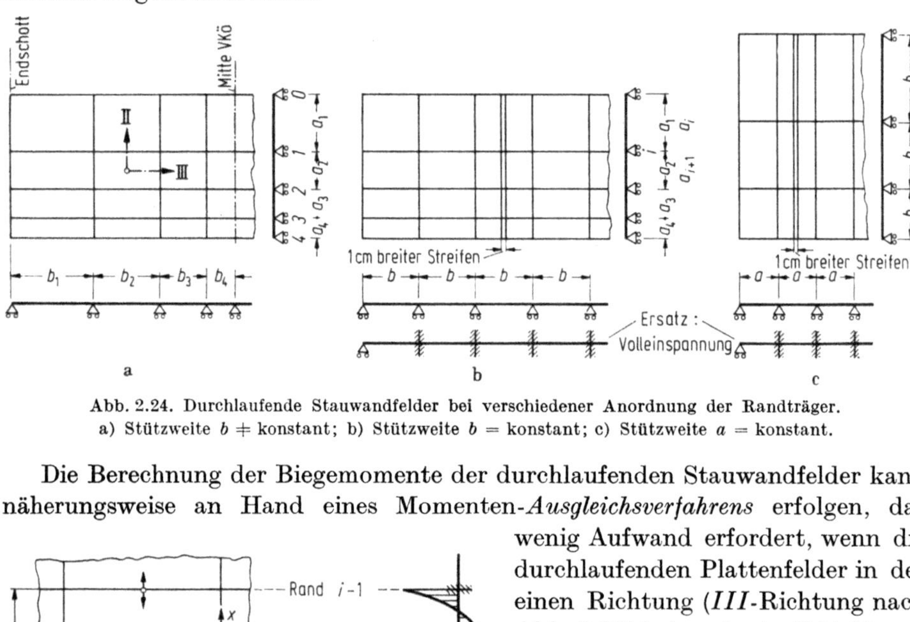

Abb. 2.24. Durchlaufende Stauwandfelder bei verschiedener Anordnung der Randträger.
a) Stützweite $b \neq$ konstant; b) Stützweite b = konstant; c) Stützweite a = konstant.

Die Berechnung der Biegemomente der durchlaufenden Stauwandfelder kann näherungsweise an Hand eines Momenten-*Ausgleichsverfahrens* erfolgen, das wenig Aufwand erfordert, wenn die durchlaufenden Plattenfelder in der einen Richtung (*III*-Richtung nach Abb. 2.24b) konstante Stützlängen haben.

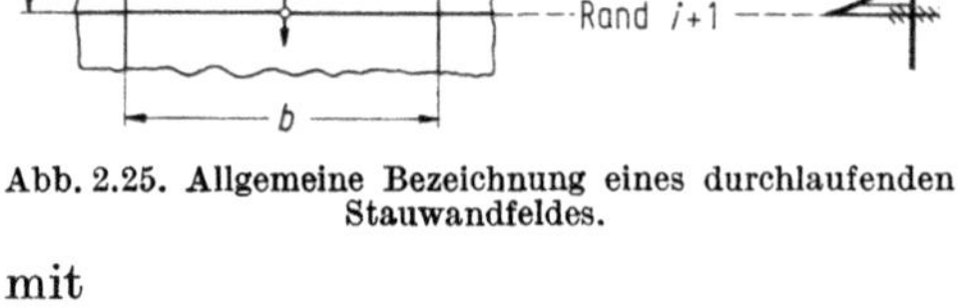

Abb. 2.25. Allgemeine Bezeichnung eines durchlaufenden Stauwandfeldes.

1. Näherungsstufe. – Das Biegemoment m_i in der Mitte des i-ten Randes nach Abb. 2.25 beträgt

$$m_i = v_{i,\,i+1}\, m_{i,\,i} + v_{i,\,i}\, m_{i,\,i+1} \tag{88}$$

(1. Index = Nummer des Randes, 2. Index = Nummer der Platte)

mit

$m_{i,\,i}$ bzw. $m_{i,\,i+1}$ Volleinspannmoment der am i-ten Rand zusammentreffenden Platten i bzw. $i+1$

und der Verteilerzahl

$$v_{i\,i} = \frac{\lambda_{i,i}}{\lambda_{i,i} + \lambda_{i,i+1}} \quad \text{bzw.} \quad v_{i,\,i+1} = \frac{\lambda_{i,i+1}}{\lambda_{i,i} + \lambda_{i,i+1}}. \tag{89}$$

Es ist $\lambda_{i,i}$, $\lambda_{i,i+1}$ die Steifheitszahl[1] des Randes i der Platte i bzw. $i+1$ der Tab. 11 für verschiedene Seitenverhältnisse b/a und Einspannungsverhältnisse zu entnehmen (s. auch Abb. 2.26).

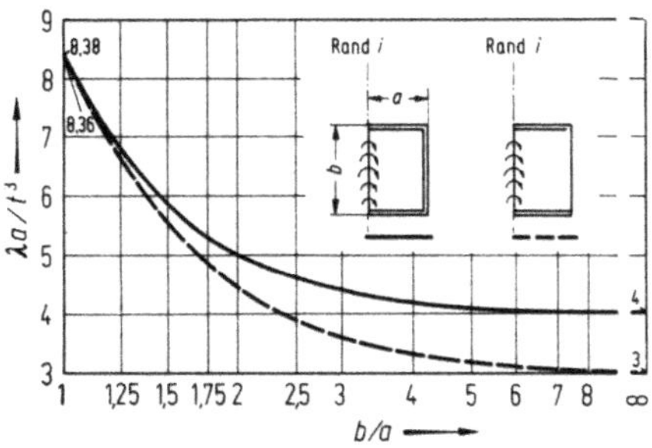

Tabelle 11. *Bezogene Steifheitszahlen λ der isotropen Rechteckplatte in Abhängigkeit vom Seitenverhältnis b/a; μ = 0,3*

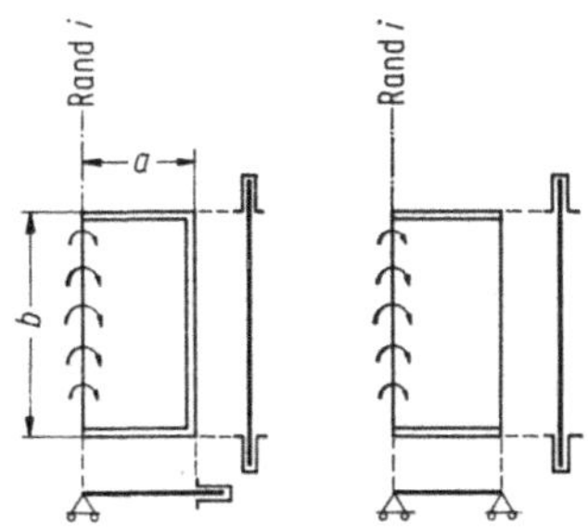

$\frac{b}{a}$	$\lambda \frac{a}{t^3}$	$\lambda \frac{a}{t^3}$
∞	4	3
8	4,05	3,07
5	4,13	3,19
4	4,22	3,32
3	4,39	3,60
2,5	4,60	3,89
2	5,00	4,45
1,75	5,32	4,88
1,5	5,82	5,53
1,25	6,81	6,69
1	8,38	8,36

Beispiel 2a: Für die durchlaufende Stauwand nach Abb. 2.22, welche aus Platten gleicher Dicke $t = 0{,}8$ cm bestehen soll, sind die Biegemomente m_x in der Mitte des langen Randes *2* zwischen Platte „*2*" und „*3*" gesucht.

Der betreffende Rand hat die Nummer $i = 2$. Die Volleinspannmomente sind nach Tab. 9 und 10

$$m_{22} = -160{,}1 \text{ [kp]} \quad \text{(vgl. Beispiel 1)}$$

und

$$m_{23} = (-0{,}1139 \cdot 0{,}2875 + 0{,}0097 \cdot 0{,}0375)\, 75^2 = -182{,}1 \text{ [kp]}.$$

Nach Tab. 11 ist

$$\lambda_{22} = 5{,}82 \cdot \frac{0{,}8^3}{100} = 2{,}98 \cdot 10^{-2}, \qquad \lambda_{23} = 4{,}45 \cdot \frac{0{,}8^3}{75} = 3{,}04 \cdot 10^{-2},$$

damit wird

$$v_{22} = \frac{2{,}98}{2{,}98 + 3{,}04} = 0{,}495, \qquad v_{23} = \frac{3{,}04}{2{,}98 + 3{,}04} = 0{,}505$$

und das gesuchte $m_2 = 0{,}505(-160{,}1) + 0{,}495(-182{,}1) = -171{,}0$ [kp].

[1] Ein am Rand i angreifendes sinusförmiges Randmoment m erzeugt in der Mitte des Randes i einen Biegeflächenneigungswinkel

$$w' = \frac{1}{\text{Tabellenwert}} \frac{a}{K} \quad [K \text{ nach Gl. (87)}].$$

2. Näherungsstufe. – Ausgangspunkt für eine verbesserte Näherung sind ebenfalls die Volleinspannmomente $m_{i,i}$ bzw. $m_{i,i+1}$ der am i-ten Rand zusammentreffenden Platten i bzw. $i+1$.

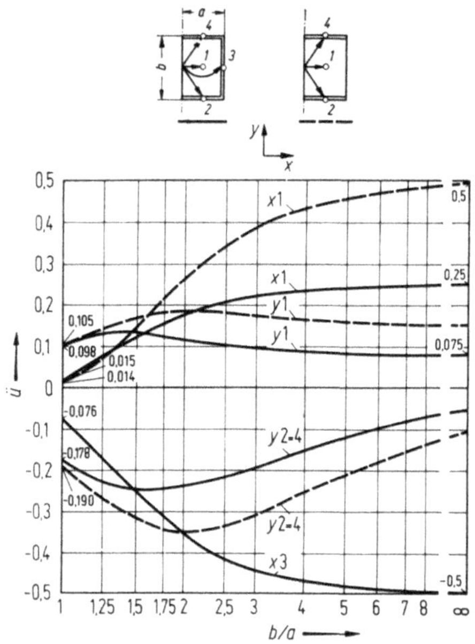

Abb. 2.27. Übertragungsfaktoren $\ddot{u}_x$, $\ddot{u}_y$ für die isotrope Rechteckplatte in Abhängigkeit vom Seitenverhältnis b/a; Querdehnung $\mu = 0{,}3$.

Tabelle 12. *Übertragungsfaktoren $\ddot{u}_x$, $\ddot{u}_y$ für die isotrope Rechteckplatte in Abhängigkeit vom Seitenverhältnis b/a; $\mu = 0{,}3$*

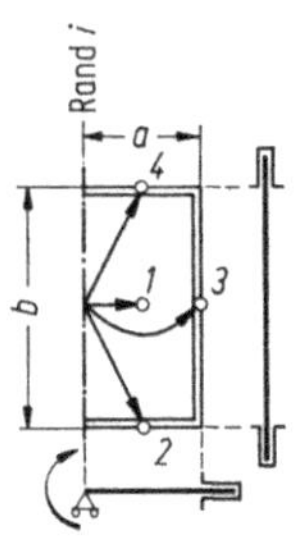

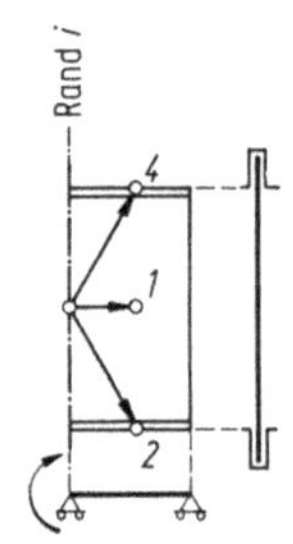

b/a	Punkt *1* $x=0$; $y=b/2$ $\ddot{u}_{x1}$	$\ddot{u}_{y1}$	Punkt *3* $x=a/2$; $y=b/2$ $\ddot{u}_{x3}$	Punkt *2* = *4* $x=0$; $y=0{,}b$ $\ddot{u}_{y2,4}$	Punkt *1* $x=0$; $y=b/2$ $\ddot{u}_{x1}$	$\ddot{u}_{y1}$	Punkt *2* = *4* $x=0$; $y=0{,}b$ $\ddot{u}_{y2,4}$
∞	0,250	0,075	−0,5	[−0,583 a/b]	0,5	0,150	[−1,166 a/b]
8	0,246	0,078	−0,492	−0,074	0,484	0,153	−0,141
5	0,240	0,083	−0,480	−0,122	0,460	0,159	−0,214
4	0,234	0,087	−0,470	−0,149	0,434	0,164	−0,256
3	0,224	0,096	−0,444	−0,189	0,390	0,174	−0,310
2,5	0,212	0,104	−0,418	−0,216	0,339	0,181	−0,335
2	0,178	0,116	−0,360	−0,241	0,261	0,185	−0,349
1,75	0,150	0,124	−0,317	−0,247	0,212	0,183	−0,344
1,5	0,123	0,134	−0,253	−0,248	0,150	0,165	−0,316
1,25	0,085	0,133	−0,170	−0,230	0,074	0,145	−0,269
1	0,014	0,098	−0,076	−0,178	0,015	0,105	−0,190

Mit den Übertragungsfaktoren $\ddot{u}$ für die Fortpflanzung eines am i-ten Rand angreifenden, sinusförmig verteilten Randmoments erhält man an Hand eines dem Croßschen Verfahren entsprechenden Ausgleichsverfahrens [*68*] die Biegemomente am Rand i und an den benachbarten Rändern sowie in Plattenmitte. Die Ausgleichsschritte erfolgen üblicherweise in der Reihenfolge, wo die Differenzen am größten sind.

Die Übertragungsfaktoren $\ddot{u}_x$, $\ddot{u}_y$ sind der Tab. 12 für verschiedene Seitenverhältnisse b/a und Einspannungsverhältnisse zu entnehmen (s. auch Abb. 2.27).

Beispiel 2b: Für die in Beispiel 2a behandelte Stauwand sind die Biegemomente m_x in der Mitte der langen Ränder, m_y in der Mitte der kurzen Ränder sowie die m_x und m_y in Plattenmitte gesucht. Die x-Richtung entspricht der II-Richtung nach Abb. 2.22a.

In Abb. 2.28a, b sind die nach Tab. 9 und 10 ermittelten Biegemomente der Einzelplatten (ohne Durchlaufwirkung) angegeben (etwa parabelförmiger Verlauf zwischen Rand und Plattenmitte).

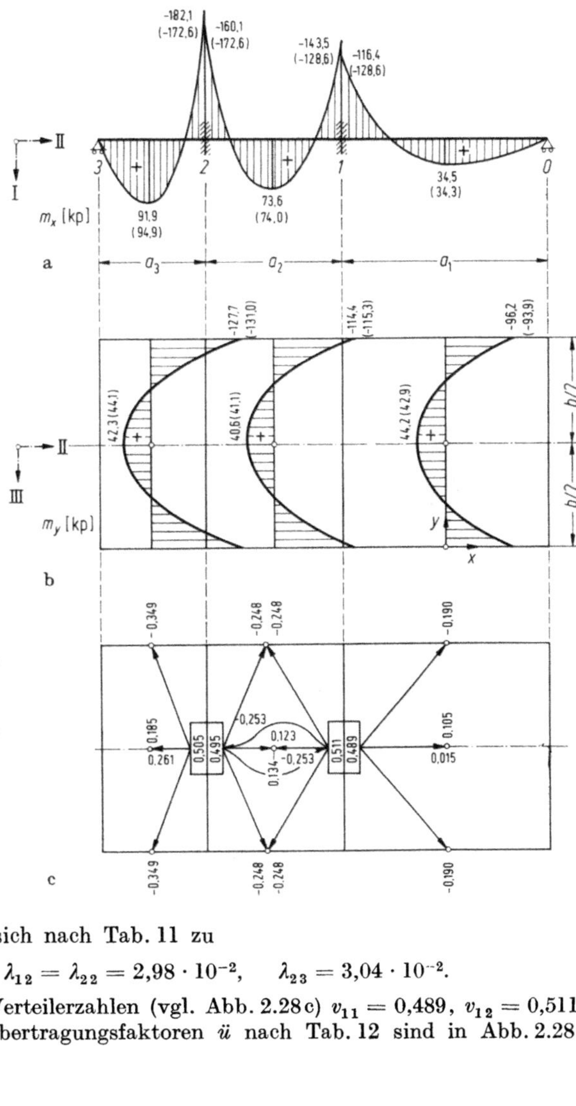

Abb. 2.28. Stauwand nach Abb. 2.22 (Beispiel 2b).
a) Volleinspannbiegemomente $m_{x\,(y=b/2)}$ der Einzelplatten; b) Biegemomente $m_{y\,(x=0)}$ der Einzelplatten; c) Verteilerzahlen v und Übertragungsfaktoren $\ddot{u}$.
Klammerwerte: Biegemomente der Durchlaufplatte.

Die Steifheitszahlen ergeben sich nach Tab. 11 zu

$$\lambda_{11} = 2{,}85 \cdot 10^{-2}, \qquad \lambda_{12} = \lambda_{22} = 2{,}98 \cdot 10^{-2}, \qquad \lambda_{23} = 3{,}04 \cdot 10^{-2}.$$

Daraus folgen nach Gl. (89) die Verteilerzahlen (vgl. Abb. 2.28c) $v_{11} = 0{,}489$, $v_{12} = 0{,}511$; $v_{22} = 0{,}495$, $v_{23} = 0{,}505$. Die Übertragungsfaktoren $\ddot{u}$ nach Tab. 12 sind in Abb. 2.28c eingetragen.

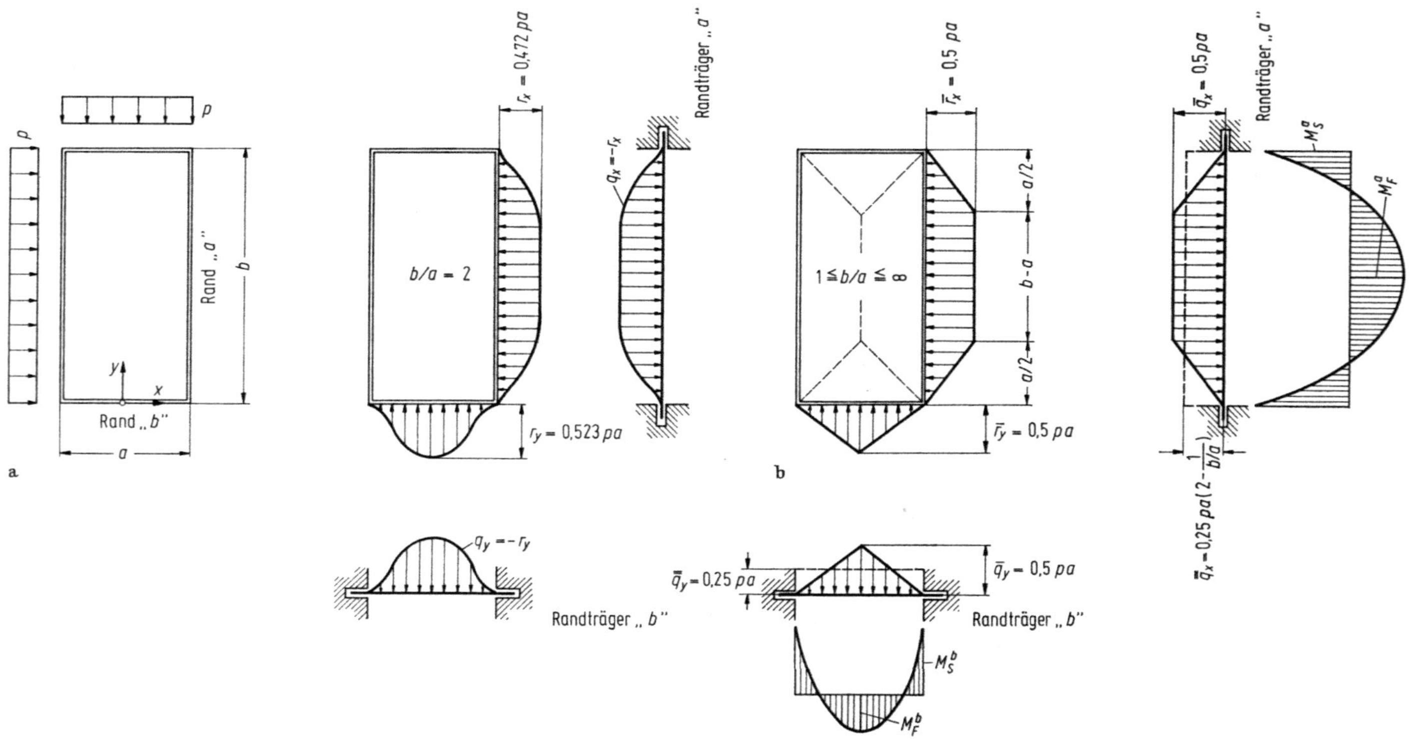

Abb. 2.29. Auflagerkräfte r_x, r_y der vierseitig voll eingespannten isotropen Rechteckplatte. Belastung q_x, q_y und Biegemomente der beidseits voll eingespannten Randträger „a" und „b".
a) genauer Verlauf; b) genäherter Verlauf.

Nach je 2 Ausgleichen am Rand *1* und *2* erhält man die in Abb. 2.28a, b in Klammern gesetzten gesuchten Biegemomente.

Der Vergleich mit den Ausgangswerten zeigt, daß keine großen Änderungen entstanden sind. Dies beruht auf zwei Gründen:

1. Bei Rechteckplatten klingen bekanntlich die von den Ausgleichsmomenten erzeugten Störungen schneller ab als etwa bei Stäben.

2. Im vorliegenden Beispiel sind schon die Differenzen der Volleinspannmomente an den Plattenrändern *1* und *2* klein (wegen der bereits in der Aufgabenstellung erfolgten „Anpassung" der Plattenstützweiten a an die nach unten zunehmende Wasserdruckbelastung).

Randträgerbelastungen

Die Auflagerkräfte r_x, r_y des Stauwandfeldes stellen für die Randträger Streckenlasten $q_x = r_x$, $q_y = r_y$ dar (Abb. 2.18a und 2.29). Eine Berücksichtigung des kurvenförmigen Verlaufs nach Abb. 2.29a ist nicht erforderlich. Für an allen 4 Rändern voll eingespannte Platten zeigt Abb. 2.29b die übliche Näherung $\bar{r}_x, \bar{r}_y$ entsprechend einer Lastaufteilung unter 45°-Linien an den Plattenecken;

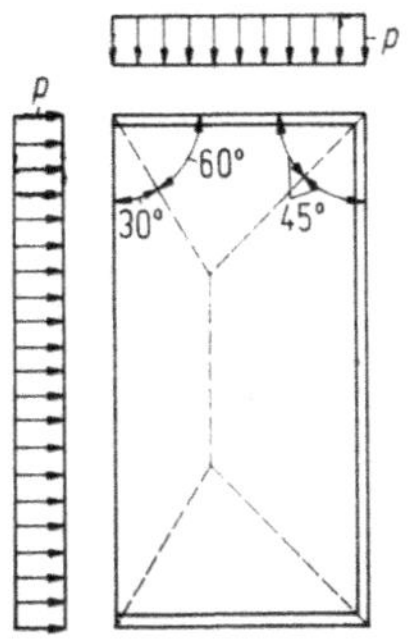

Abb. 2.30. Genäherter Verlauf der Auflagerkräfte $\bar{r}_x$, $\bar{r}_y$ der dreiseitig voll eingespannten und einseitig frei drehbar gelagerten, isotropen Rechteckplatte.

grenzt ein eingespannter und ein frei aufliegender Rand an einer Ecke zusammen, so ist bekanntlich nach Abb. 2.30 näherungsweise eine Lastaufteilung unter einer 60°- bzw. 30°-Linie anwendbar [*69*].

Im Fall der vierseitig voll eingespannten Platte unter Rechtecklast p werden die maximalen Ordinaten (Abb. 2.29b)

$$\bar{q}_x = \bar{q}_y = 0{,}5\,p\,a. \tag{90}$$

Die Randträger, z. B. Längs- (Quer-) Rippen, erhalten dadurch Biegemomente, welche für Volleinspannung der Randträger besonders einfach werden: Es ist im Randträger „b" von der Stützlänge a

$$\text{das Stützenmoment} \quad \bar{M}_S^b = -\frac{p\,a^3}{24}\,\frac{5}{8} = -0{,}02604\,p\,a^3, \tag{91a}$$

$$\text{das Feldmoment} \quad \bar{M}_F^b = \frac{p\,a^3}{48}\,\frac{3}{4} = 0{,}01563\,p\,a^3. \tag{91b}$$

Im Randträger „a" von der Stützlänge b wird, abhängig vom Seitenverhältnis b/a der Platte

$$\bar{M}_S^a = -\frac{p\,a\,b^2}{24}\left[1 - \frac{1}{2\,(b/a)^2}\left(1 - \frac{1}{4\,b/a}\right)\right] \tag{92a}$$

und

$$\bar{M}_F^a = \frac{p\,a\,b^2}{48}\left[1 - \frac{1}{4\,(b/a)^3}\right]. \tag{92b}$$

Diese Ausdrücke sind in Tab. 13 und Abb. 2.31 für einige Seitenverhältnisse b/a ausgewertet.

Tabelle 13. *Stützen- und Feldmoment im beidseits voll eingespannten Randträger „a" nach Abb. 2.29b*

$\frac{b}{a}$	$\frac{\bar{M}_S^a}{p\,a\,b^2}$	$\frac{\bar{M}_F^a}{p\,a\,b^2}$
∞	−0,04167	−0,02083
5	−0,04088	−0,02079
4	−0,04045	−0,02075
3	−0,03955	−0,02064
2,5	−0,03867	−0,02050
2	−0,03711	−0,02018
1,75	−0,03584	−0,01986
1,5	−0,03395	−0,01929
1,25	−0,03100	−0,01817
1	−0,02604	−0,01562

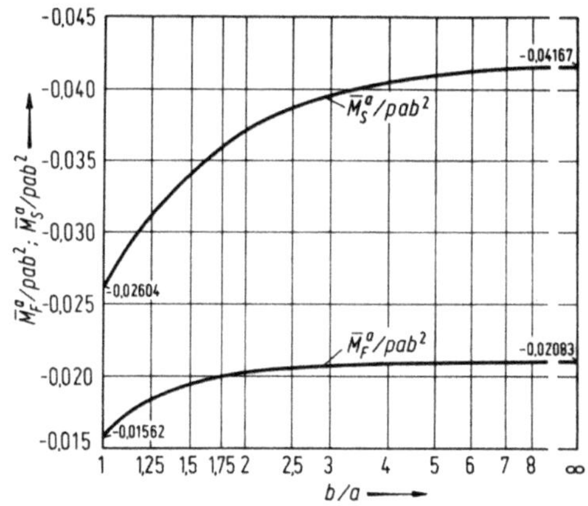

Abb. 2.31. Stützen- und Feldmoment im beidseits voll eingespannten Randträger „a" nach Abb. 2.29b in Abhängigkeit vom Seitenverhältnis b/a.

Ein weitergehender Ersatz der Streckenlasten $\bar{q}_x$, $\bar{q}_y$ etwa durch Gleichstreckenlasten $\bar{\bar{q}}_x$, $\bar{\bar{q}}_y$, wie in Abb. 2.29b punktiert eingetragen, ergibt zu geringe Stütz- und Feldmomente in den Randträgern. Die entsprechenden prozentualen Abweichungen gegenüber den Biegemomenten aus Trapez- bzw. Dreieckstreckenlast $\bar{q}_x$, $\bar{q}_y$ betragen z. B. für den Randträger „b" 20% beim Stützenmoment und 33% beim Feldmoment. Für den Randträger „a" sind die prozentualen Abweichungen Δ in Abhängigkeit vom Seitenverhältnis b/a in Abb. 2.32 aufgetragen.

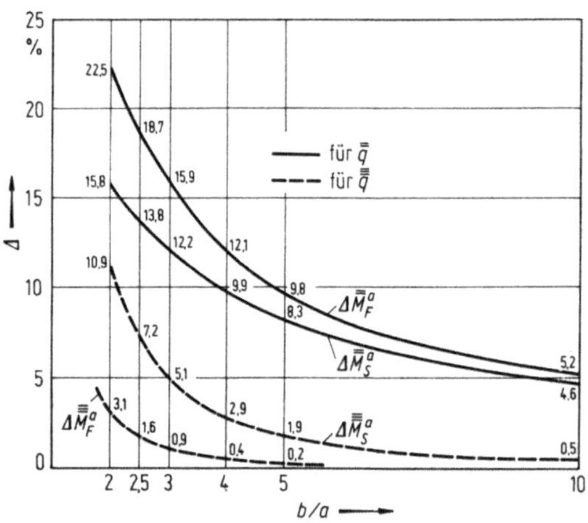

Abb. 2.32. Prozentuale Abweichungen Δ im Stützen- und Feldmoment des voll eingespannten Randträgers „a" zwischen Trapezlast $\bar{q}_x$ und $\bar{\bar{q}}_x$ bzw. $\bar{q}_x$ und $\bar{\bar{q}}_x$ nach Abb. 2.29b in Abhängigkeit vom Seitenverhältnis b/a der isotropen Rechteckplatte.

Häufig wird für „lange" Stauwandfelder mit $b/a \geqq 2{,}5$ die Rechteckbelastung p ganz den Randträgern „a" in Form einer Gleichstreckenlast $\bar{\bar{q}}_x = 0{,}5\,p\,a$ zugewiesen; die Randträger „b" erhalten dann rechnerisch keine Last. Für die Randträger „a" erhält man hierbei etwas zu große Stütz- und Feldmomente. Die prozentualen Abweichungen Δ sind in Abb. 2.32 gestrichelt eingetragen; sie betragen für $b/a \geqq 3$ weniger als 5% bzw. 1%, sind also vernachlässigbar.

Die Randträgerbelastungen von durchlaufenden Stauwandfeldern erhält man näherungsweise z. B. nach [*69*], ausgehend von den Plattenbiegemomenten in Plattenmitte und in den Mitten der Ränder. Für „lange“ Stauwandfelder ist die Berücksichtigung der Durchlaufwirkung (über die kurze Stützlänge „a“) besonders einfach, wenn von der oben erwähnten Vereinfachung $\bar{\bar{q}}_x = 0{,}5\, p\, a$, $\bar{\bar{q}}_y = 0$ Gebrauch gemacht wird.

Die Auflagerdrücke der Randträger ergeben bei jedem der oben genannten Ansätze für die Randträger-Streckenlasten q für ein Stauwandfeld die Summe $p\, a\, b$. Für das Gesamttragewerk des VKö sind die Lastverteilungsverhältnisse der einzelnen Stauwandfelder von untergeordneter Bedeutung.

Längs- (Quer-) Rippen

Die mit der Stauwand schubsteif verbundenen, in *III*-Richtung verlaufenden LR übernehmen (neben ihrer Funktion als Stauwand-Beulsteifen) die Lastübertragung aus der Stauwand auf die QT; für QR gilt Analoges. Als Rippenquerschnitt kommen die in Abb. 2.33 skizzierten Profile häufig vor. Die große Torsionssteifigkeit der Profile *f* und *g* ist statisch nicht erforderlich, da keine wesentliche Abtragung der Wasserdruckbelastung über Torsion stattfindet. Notwendig sind torsionssteife Profile z. B. an der Sohlendichtung zur Einleitung konzentrierter Einzellasten. Die geschlossenen Profile sind hinsichtlich der Konservierung günstig, sie müssen jedoch luftdicht verschweißt werden und bilden dabei Schwimmkörper (Auftrieb); außerdem ist zu beachten, daß sie aus lokaler Wasserdruckbelastung Querbiegespannungen erhalten.

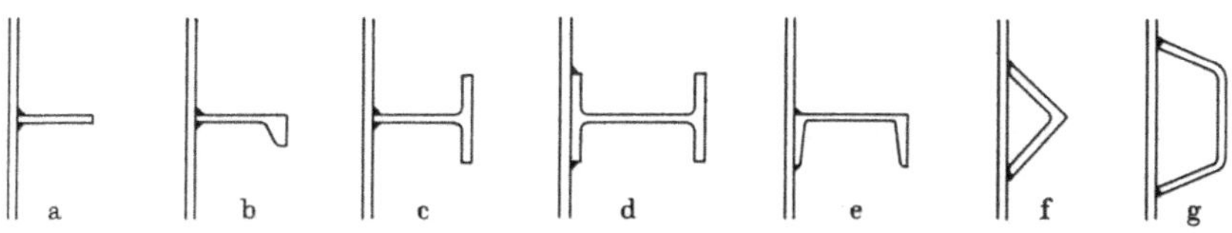

Abb. 2.33. Gebräuchliche Profile für Längs- (Quer-)Rippen.

Längsrippen haben oft, bedingt durch die QT-Abstände, konstante Stützweite in *III*-Richtung (Abb. 2.24b); es genügt dann näherungsweise die Betrachtung eines Feldes mit Volleinspannung. Dies gilt (bei starrer Stützung) dann, wenn das Endfeld gemäß Abb. 2.34 die Stützweite

$$l_E = \sqrt{\frac{2}{3}}\, l = 0{,}8165\, l$$

aufweist; l ist hierbei die Stützweite des Innenfeldes, welche mit der Plattenlänge a oder b identisch ist.

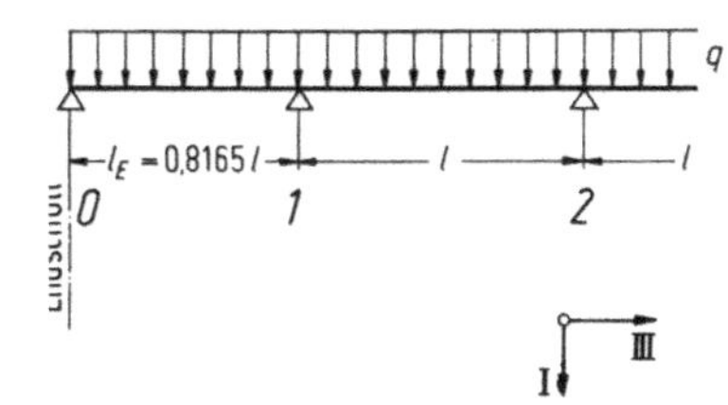

Abb. 2.34. Länge l_E des Endfelds einer durchlaufenden Rippe bei Volleinspannung am Auflager *1*.

2.4.4.1.2 Randbedingungen **1**, *z-elastische Randstützung*, d. h., in z-Richtung am Rand $x = \pm a/2$, $y = 0$ nachgiebig (*s. Tab. 8*). Die Berücksichtigung einer elastischen Nachgiebigkeit der Randträger ist nicht erforderlich, da das Verhältnis der Randträger-Biegesteifigkeit EI_ζ zur Plattensteifigkeit K im Stahlwasserbau so groß ist, daß der Effekt einer elastischen Stützung für die Platte praktisch nicht zu Tage tritt.

Beispielsweise wird für das in Abb. 2.45 dargestellte Stauwandfeld das Steifigkeitsverhältnis

$$\gamma = \frac{EI_\zeta}{b\,K} \tag{93}$$

mit

EI_ζ Randträger-Biegesteifigkeit einschließlich der voll mittragenden Plattenbreite nach Abschn. 2.4.4.1.3,

K Plattensteifigkeit nach Gl. (87),

$$\gamma = \frac{641}{300 \cdot 0{,}8^3/10{,}92} = 46,$$

also sehr groß (bei $\gamma = \infty$ ist wegen $I_\zeta = \infty$ die Randunterstützung starr). Erst bei einem kleineren Steifigkeitsverhältnis in einer Größenordnung von $\gamma = 2$ würde sich z. B. eine Verkleinerung der Plattenbiegemomente m_x über den Randträgern um etwa 10% einstellen. Hierfür müßte aber im vorliegenden Beispiel der Randträger 20mal weniger steif sein bzw. die Platte etwa 20mal steifer sein, d. h. etwa die 2,7fache Dicke haben.

Bei Außerachtlassung der elastisch nachgiebigen Stützung befindet man sich für die Berechnung der Stauwand des VKö auf der sicheren Seite, da für ihre Dimensionierung in der Regel das Biegemoment m_x ($x = \pm a/2$; $y = b/2$) maßgebend ist, und da durch die nachgiebige Stützung analog zum Durchlaufträger eine Abminderung dieser „Stützenmomente" entsteht. Dabei steigt zwar das „Feldmoment" m_x ($x = 0$; $y = b/2$) an, dieses wird aber für die Dimensionierung selten maßgebend.

Randbedingungen ***1a***, *z-elastische Randstützung* (*s. Tab. 8*). Die genaue Berücksichtigung einer elastischen Nachgiebigkeit der mit den Plattenrändern zug-, druck- und schubfest verbundenen Randträger ist möglich [*70, 71*]. Der Einfluß der schubsteifen Verbindung zwischen Randträger und Platte darf nicht vernachlässigt werden; er kann näherungsweise über die „voll mittragende Plattenbreite" gemäß Abschn. 2.4.4.1.3 erfaßt werden.

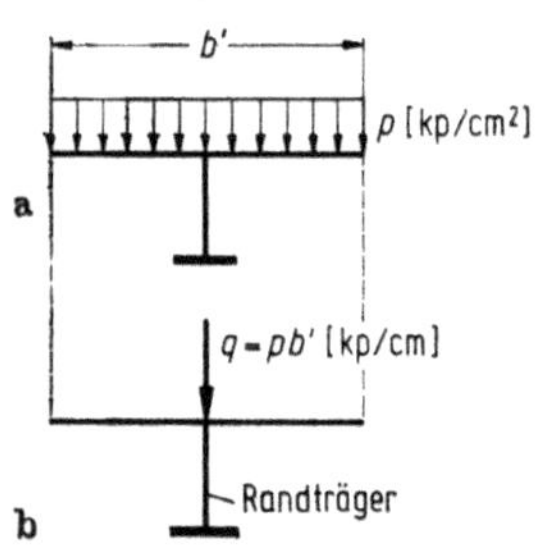

Abb. 2.35. Ersatz der Plattenbelastung p durch eine Streckenlast q, am Randträger angreifend.

2.4.4.1.3 Voll mittragende Plattenbreite (*I. Art*) *bei Biegung*. Für die Ermittlung des Trägheitsmoments I_ζ der Randträger (das bisher für die Plattenberechnung unendlich gesetzt wurde) und der Biegespannungen im Randträger wird das Zusammenwirken mit der Stauwandplatte näherungsweise über die „voll mittragende Plattenbreite" erfaßt. Dabei wird ein aus dem Trägerquerschnitt und einem Teilquerschnitt der Platte zusammengesetzter „Ersatz"-Querschnitt nach der technischen Balkenbiegelehre behandelt. Als Grundlage können die Differentialgleichungen (81c) dienen, bei denen (als Einschränkung) lediglich die Randträger belastet sind, die Platte selbst dagegen unbelastet ist (Abb. 2.35). Der Stauwand wird also nur eine Scheibenbelastung zugewiesen. Die Definition der voll mittragenden Plattenbreite (abgekürzt „m. B.") bei Biegung[1] erfolgt üblicherweise nach Abb. 2.36; der Ersatzträgerquerschnitt von der Breite $2\nu B$

[1] Über die voll mittragende Plattenbreite bei Normalkraftbeanspruchung siehe z. B. [*75*].

hat in der Gurtplatte die gleich große, gleichmäßig über die m. B. verteilt angenommene Biegespannung („Ersatz“-Spannung) wie die maximale Spannung $\sigma_{x\,\max}$ des aus Platte und Träger bestehenden Verbundquerschnitts. Der Verlauf von σ_x über die Breite $2B$ (Abb. 2.36d) folgt einer Funktion, deren Verlauf man näherungsweise parabelförmig annehmen kann mit

$$\varphi = \frac{\sigma_{\min}}{\sigma_{\max}} = 1{,}5\,\nu - 0{,}5. \tag{94}$$

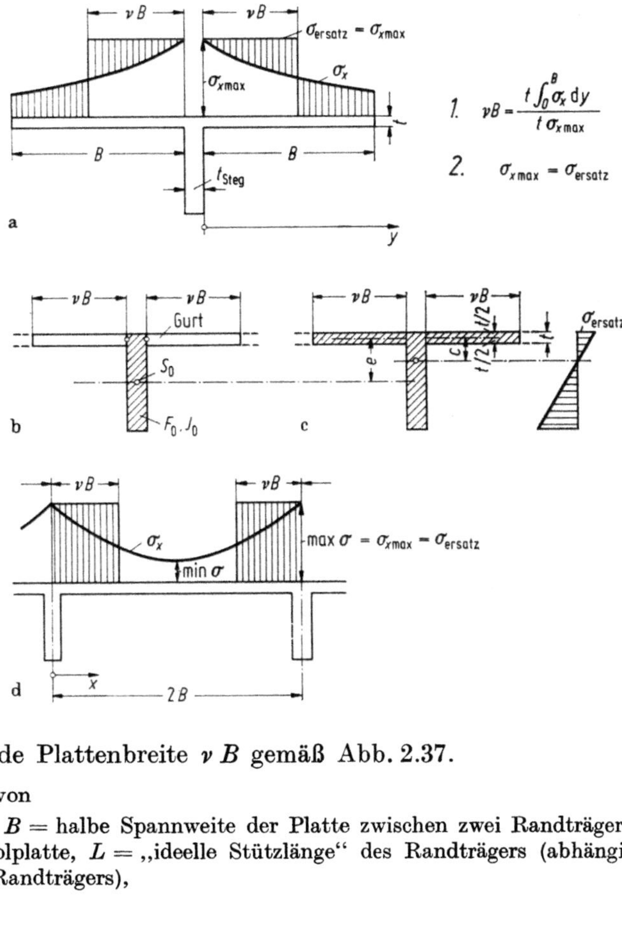

Abb. 2.36. Definition der m. B. a) tatsächlicher Spannungsverlauf σ_x und konstant angenommener Spannungsverlauf σ_{Ersatz}; b) Querschnittswerte des Randträgers (Gurt) bzw. des Stegs; c) Querschnittswerte des Ersatzträgers („Ersatzquerschnitt“); d) angenäherter Spannungsverlauf σ_x als Parabel 2. Ordnung.

Man mißt die mitwirkende Plattenbreite νB gemäß Abb. 2.37.

Die m. B. ist abhängig von

1. Seitenverhältnis L/B; B = halbe Spannweite der Platte zwischen zwei Randträgern oder Kraglänge einer Konsolplatte, L = „ideelle Stützlänge“ des Randträgers (abhängig vom Momentenverlauf des Randträgers),
2. Art der Stützung,
3. Art der Belastung,
4. Querschnittsabmessungen des Randträgers,
5. Querdehnzahl der Platte,
6. Art der seitlichen Festhaltung der Plattenränder.

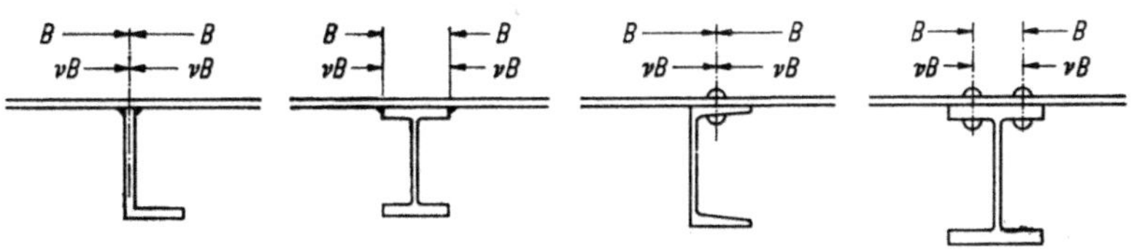

Abb. 2.37. Bezugsmaße für die m. B.

Zu 6: Hier sind 3 Grenzfälle zu unterscheiden (Abb. 2.38). Je stärker die seitliche Festhaltung ist, desto größer ist die m. B. Es wird z. B. für ein Verhältnis $L/B = 6$ unter Gleichstreckenlast beim Einfeldträger

$$\nu = 0{,}90 \text{ für den Typ a,}$$
$$\nu = 0{,}87 \text{ für den Typ b,}$$
$$\nu = 0{,}82 \text{ für den Typ c.}$$

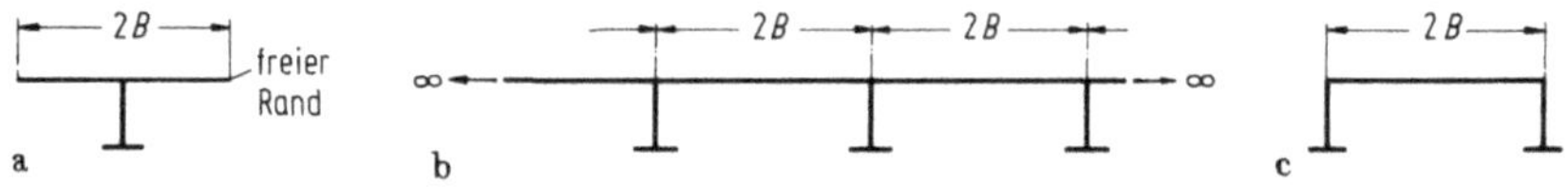

Abb. 2.38. Grenzfälle der seitlichen Festhaltung der Platte.
a) keine Festhaltung (freier Rand); b) starre Festhaltung (∞ ausgedehnte Platte); c) keine Festhaltung (nicht-freier Rand).

Zu 5: Mit zunehmender Querdehnzahl nimmt die m. B. ab (bei Stahl im Mittel um etwa 10% gegenüber Beton).

Zu 4: Die Querschnittsabmessungen des Randträgers haben nur bei Einzellasten einen merkbaren Einfluß auf die m. B.; seine Abmessungen werden z. B. bei [*72*] charakterisiert durch die sogenannte Stegzahl β_0 von der Größe

$$\beta_0 = \frac{I_0}{I^*} \frac{F_0}{2Bt} \tag{95}$$

mit

F_0, I_0 Fläche bzw. Trägheitsmoment des Trägerquerschnitts ohne Gurtplatte (Abb. 2.36b), bezogen auf die eigene Schwerachse,

I^* Trägheitsmoment des Trägerquerschnitts ohne Gurtplatte, bezogen auf Mitte Gurt,

t Plattendicke,

$2B$ Breite der Gurtplatte.

Mit wachsender Stegzahl nimmt die m. B. zu. Die Größenordnung von β_0 bewegt sich für die im Stahlwasserbau üblichen Querschnitte etwa zwischen 0,1 und 0,2. Zum Beispiel werden für den Hauptträger- und Längsrippenquerschnitt der Abb. 2.39 die Stegzahlen

$$\beta_0^{HT} = \frac{168900}{1041600} \cdot \frac{190}{145 \cdot 1{,}1} = 0{,}19, \quad \beta_0^{LR} = \frac{611}{3532} \cdot \frac{23{,}2}{35{,}2 \cdot 1{,}1} = 0{,}10.$$

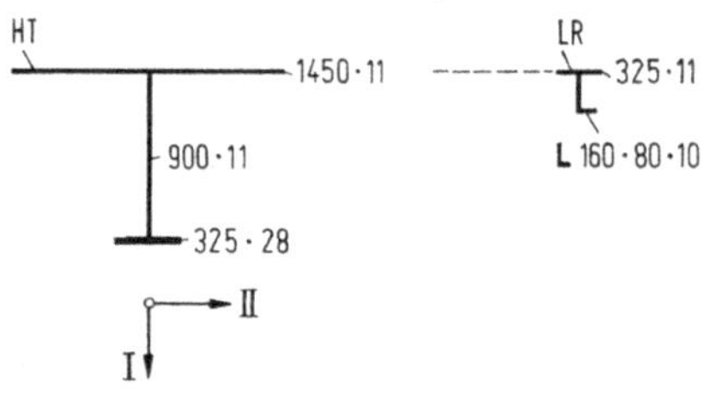

Abb. 2.39. Querschnitt eines HT und LR

Zu 3: Die Belastungsart (Einzellast, Streckenlast von der Länge c) ist in ihrer Auswirkung auf die m. B. in Abb. 2.40 am Beispiel eines Einfeldträgers (Typ b, Stegzahl $\beta_0 = 0{,}1$) gezeigt; weitere Werte s. [*72*]. Da sich die Belastungsart in der Biegemomentenlinie ausdrückt, wird für die nachstehenden Ausführungen die Form der Biegemomentenlinie benutzt.

Zu 1 und 2: Die Stützungsart (einfacher Balken, Durchlaufträger) ist in ihrer Auswirkung auf die m. B. in Abb. 2.41 am Beispiel des Durchlaufträgers mit Gleichstreckenlast dargestellt. Es ist bekanntlich im Rahmen einer guten Näherung möglich, beliebige Momentenbilder[1] mit wechselnden Vorzeichen einzelnen Trägern (einfachen Balken) mit jeweils gleichem Vorzeichen zuzuweisen („Ersatzträgerverfahren"). Hat der Einzelträger mit positivem Momentenbereich die Stützlänge L_1, der Einzelträger mit negativem Momentenbereich die Stützlänge L_2, so erhält man für das in Abb. 2.41 gewählte Beispiel die m. B. in Feldmitte

[1] Zur Ermittlung der Momentennullpunkte von statisch unbestimmten Systemen kann mit konstantem Querschnittsverlauf gerechnet werden.

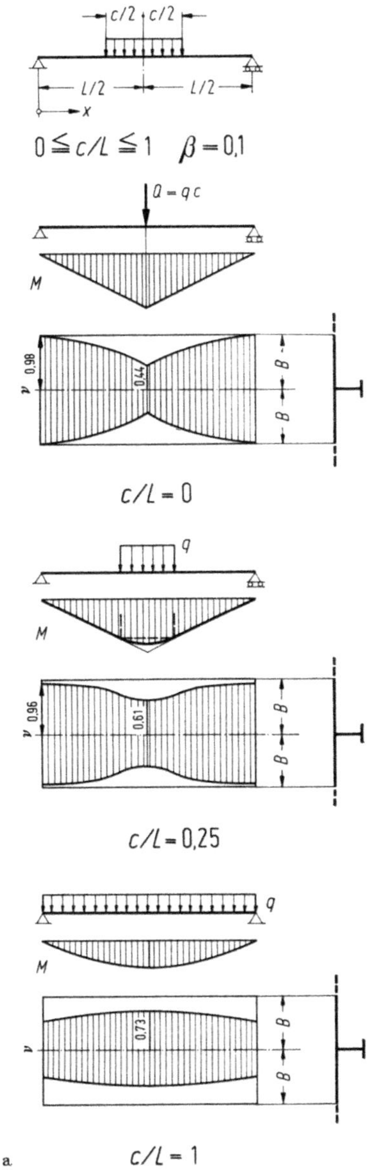

a

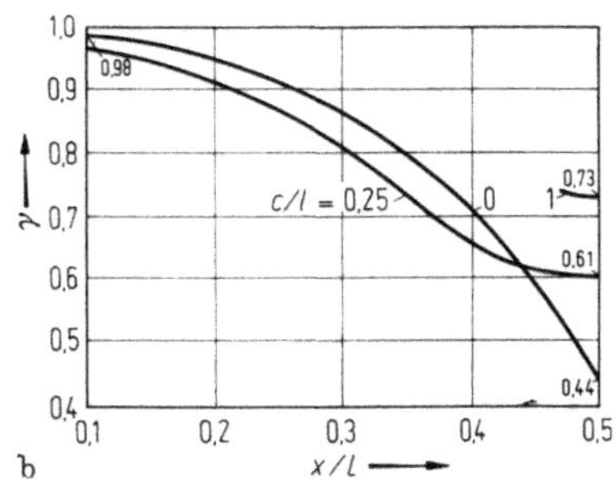

b

Abb. 2.40. Einfluß der Belastungsart auf die m. B. beim Einfeldträger (Stegzahl $\beta_0 = 0{,}1$). a) Einzellast und Streckenlast; b) Verlauf der m. B. (Beiwert ν) längs der Trägerlänge (Kurvenparameter c/L).

zu $\nu_1 = 0{,}566$. Über der Stütze (unter Zugrundelegung einer dreieckförmigen Momentenfläche[1] als Näherung für die Hohlparabel) ergibt sich $\nu_2 = 0{,}321$. Die genauen Werte sind $\nu_1 = 0{,}552$ und $\nu_2 = 0{,}310$ beim Durchlaufträger.

In Abb. 2.41 c wurde der kurvenförmige Verlauf der m. B. vereinfacht durch je konstanten Verlauf in den durch die Momentennullpunkte getrennten Bereichen; darüber hinaus kann man auch in grober Näherung auf die ganze Länge L eine konstante m. B. (nach Abb. 2.41 d) für das Trägheitsmoment des Ersatzträgers ansetzen.

[1] Das dreieckförmige Momentenbild entspricht (Abb. 2.41 b) einer Einzellast auf die Mitte eines einfachen Balkens von der Länge L_2.

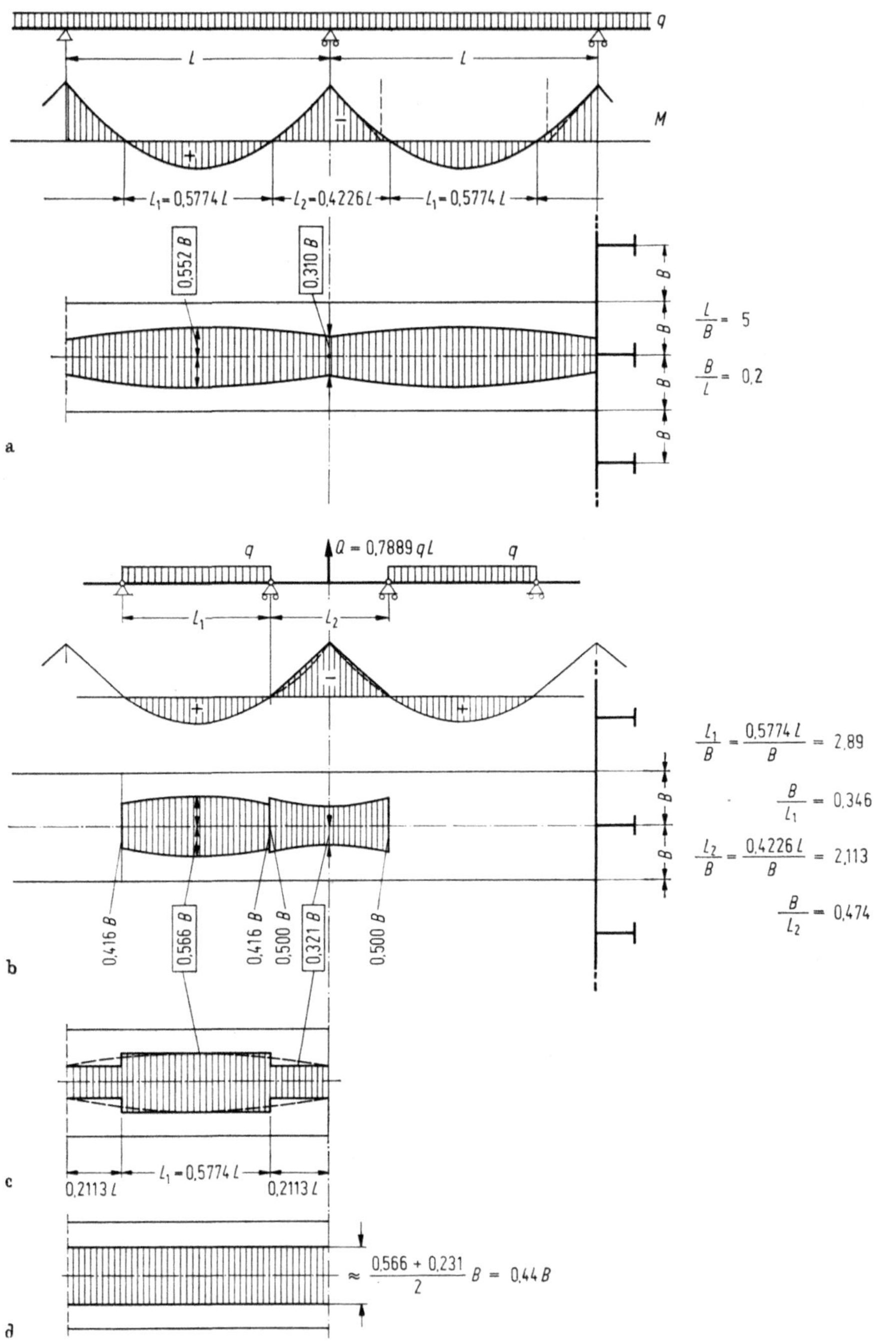

Abb. 2.41. Verlauf der m. B. (isotrope Platte): a) beim Durchlaufträger; b) beim Ersatzträger, definiert durch die Momentennullpunkte des Durchlaufträgers; c) vereinfacht (abschnittsweise konstant); d) stark vereinfacht (konstant).

Handelt es sich um eine unsymmetrische Momentenparabel des Ersatzträgers [*76*], so ist hierfür die symmetrische, dreieckförmige Momentenlinie als Näherung verwendbar. Liegt eine Momentenlinie infolge einer Einzellast vor, die nicht in Feldmitte steht, kann dieser Einfluß durch eine Korrektur berücksichtigt werden [*72*].

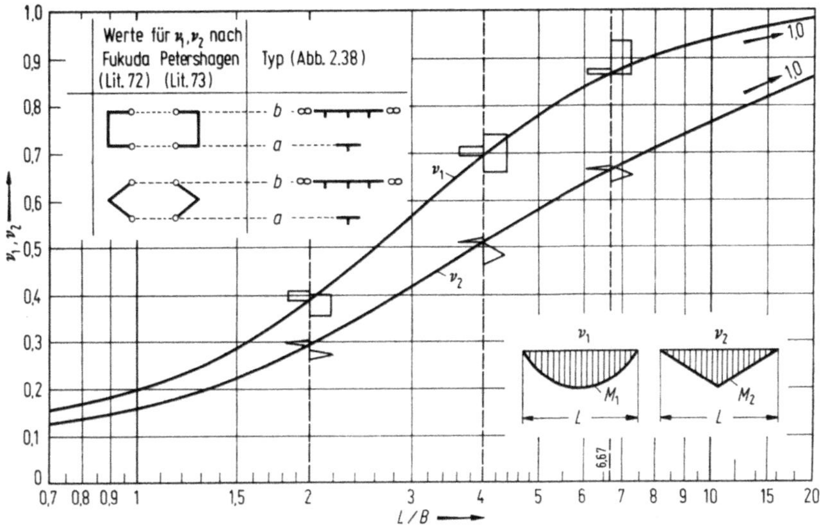

Abb. 2.42. Beiwerte ν_1, ν_2 für die m. B. in Abhängigkeit von L/B und vom Momentenverlauf (isotrope) Platte; Querdehnung $\mu = 0{,}3$.

In der einschlägigen Literatur stehen Tabellenwerte über die Größe der m. B. an ausgezeichneten Stellen des Trägers zur Verfügung [*72*–*76*] (dort weitere Literaturangaben).

In Abb. 2.42 und Tab. 14 sind in Abhängigkeit von L/B und von der Form der Biegemomentenlinie die Beiwerte ν der voll mitwirkenden Plattenbreite I. Art (d. h. nach der hier zugrunde gelegten linearen Theorie) aufgetragen[1].

Ein Streben nach möglichst „genauen" ν-Werten bzw. einer „genauen" m. B. ist angesichts der sonstigen groben Näherungen sinnlos. In der Praxis ist es manchmal erforderlich, z. B. für Spannungsnachweise eine möglichst große m. B. zur Verfügung zu haben. Dies ist bei flächenhafter Stützung (z. B. einer durchlaufenden Längsrippe auf den Flanschen eines Querträgers) der Fall, da die m. B. über der Stütze größer als bei punktförmiger Stützung wird. Abb. 2.43 zeigt die m. B. für einen Durchlaufträger mit Gleichstreckenlast (Stegzahl $\beta_0 = 0{,}1$) in Abhängigkeit der flächenhaften Stützungslänge d zur Spannweite L für die Stützenmitte (weitere Werte s. [*72*]).

Tabelle 14. *Beiwerte ν_1, ν_2 für die voll mitwirkende Plattenbreite (I. Art) bei Biegung (isotrope Platte);* $\mu = 0{,}3$

L/B	ν_1	ν_2
∞	1	1
20	0,984	0,861
10	0,938	0,753
6,67	0,867	0,660
5	0,783	0,580
4	0,697	0,512
3,33	0,616	0,453
2,86	0,545	0,404
2,5	0,484	0,363
2,22	0,433	0,324
2	0,391	0,295
1,67	0,325	0,250
1,43	0,276	0,215
1,25	0,242	0,190
1	0,195	0,155

[1] Sie entsprechen praktisch den vom Verfasser für die DIN 19704 aufgestellten Werten.

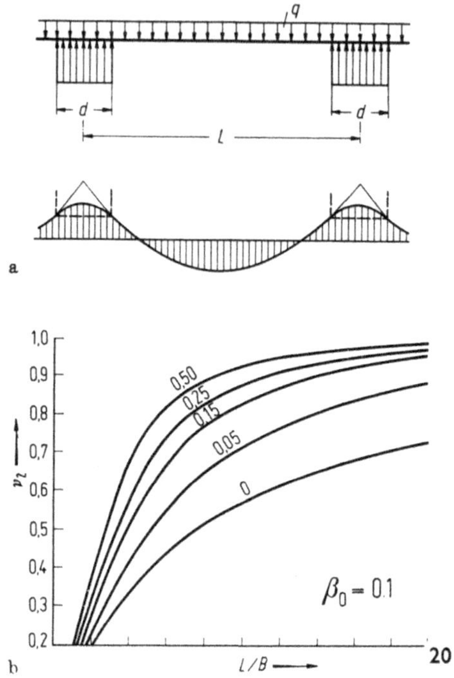

Abb. 2.43. Vergrößerung der m. B. bei flächenhafter Stützung (isotrope Platte); Stegzahl $\beta_0 = 0{,}1$; Querdehnung $\mu = 0{,}3$.
a) Belastung und Biegemomentenlinie; b) ν_2-Werte in Abhängigkeit von L/B (Kurvenparameter d/L).

Sind gemäß Abb. 2.44 die Trägerabstände nicht konstant, was beim Verschlußkörper häufig der Fall ist, so kann man für die Ermittlung der m. B. z. B. des Trägers *2* auf der linken Seite vom Wert B_{li}, auf der rechten Seite vom Wert B_{re} ausgehen.

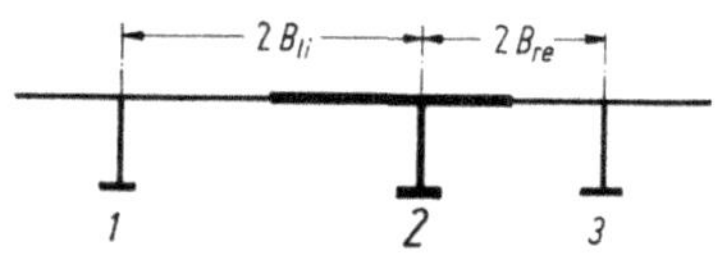

Abb. 2.44. Nicht-konstante Randträgerabstände (zur Ermittlung der m. B. des Randträgers „*2*").

Beispiel 3: Für das durch Längsrippen (= Randträger „a") und Querträger gestützte Stauwandfeld nach Abb. 2.45 ist der Verlauf der Normalspannungen σ_y und σ_x in der Platte längs $y = b/2$ gesucht (Rechteckbelastung $p = 0{,}3$ kp/cm²).

1. Randträger (Längsrippe).

Biegemoment in Feldmitte nach Abb. 2.45b. Voll mittragende Plattenbreite (Abb. 2.45c) mit $2B = a$:

$$L_1/B = 173/50 = 3{,}46 \to \nu_1 = 0{,}625; \quad 2\,\nu_1\,B = 2 \cdot 0{,}625 \cdot 50 = 62{,}5 \text{ [cm]}.$$

Querschnittswerte nach Abb. 2.45d.

Biegespannungen σ_{yR}

in Faser 0: $\sigma_{yR} = -1{,}125 \cdot 10^5 \cdot \dfrac{1{,}54}{641} = -270$ [kp/cm²],

in Faser 1: -340 [kp/cm²],

in Faser 3: 1379 [kp/cm²].

2. Plattenspannungen $\sigma_{y(y=b/2)}$ (Abb. 2.45e).

Membranspannungen (Faser *0*, *1*, *2*)

in Faser 0: $\sigma_{yn(x=\pm a/2)} = \sigma_{yR} = -270$ [kp/cm²].

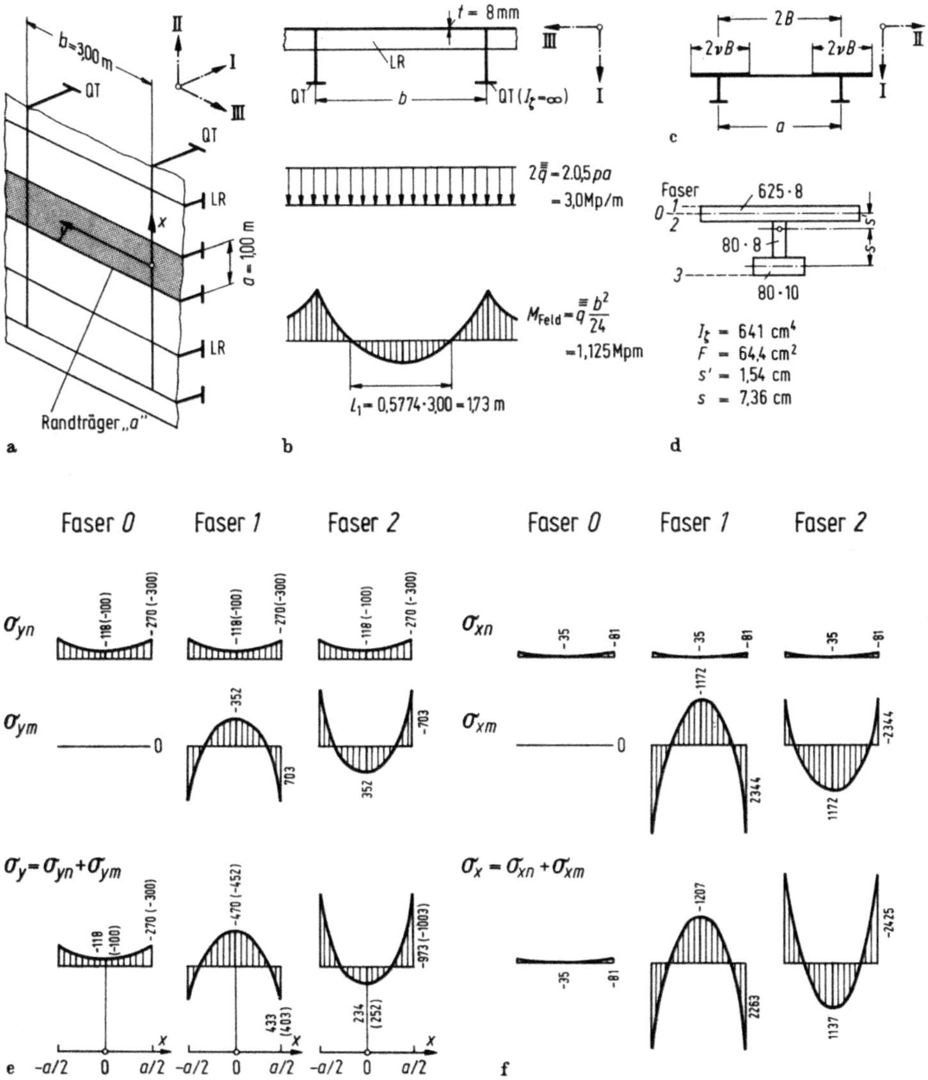

Abb. 2.45. Ausschnitt aus einer Stauwand (Beispiel 3).
a) Ansicht (isometrisch); b) Belastung und Momentenverlauf der Längsrippe (Randträger „a"); c) Querschnitt; d) Querschnittswerte der LR (Ersatzquerschnitt); e) Spannungen $\sigma_{y\,(y=b/2)}$ in kp/cm², Klammerwerte = Spannungen nach Theorie II. Ordnung (Beispiel 7); f) Spannungen $\sigma_{x\,(y=b/2)}$ in kp/cm².

Nach Abb. 2.45d wird mit Gl. (94)

$$\varphi = 1{,}5 \cdot 0{,}625 - 0{,}5 = 0{,}437 \quad \text{und} \quad \sigma_{yn(x=0)} = -0{,}437 \cdot 270 = -118 \ [\text{kp/cm}^2].$$

Biegespannungen (Tab. 9)

$$\text{in Faser } \frac{1}{2}: \quad \sigma_{ym(x=0)} = \mp 0{,}0125 \cdot \frac{0{,}3 \cdot 100^2}{0{,}8^2/6} = \mp 352 \ [\text{kp/cm}^2],$$

$$\sigma_{ym(x=\pm a/2)} = \pm 0{,}3 \cdot 0{,}0833 \cdot \frac{0{,}3 \cdot 100^2}{0{,}8^2/6} = \pm 0{,}3 \cdot 2344 = \pm 703 \ [\text{kp/cm}^2].$$

3. Plattenspannungen $\sigma_{x(y=b/2)}$ (Abb. 2.45f).

Biegespannungen

$$\text{in Faser } \frac{1}{2}: \quad \sigma_{xm(x=0)} = \mp 0{,}0417 \cdot \frac{0{,}3 \cdot 100^2}{0{,}8^2/6} = \mp 1172 \text{ [kp/cm}^2\text{]},$$

$$\sigma_{xm(x=\pm a/2)} = \quad = \pm 2344 \text{ [kp/cm}^2\text{]}.$$

Membranspannungen[1]

$$\sigma_{xn(x=0)} = 0{,}3\sigma_{yn(x=0)} = -0{,}3 \cdot 118 = -35 \text{ [kp/cm}^2\text{]},$$

$$\sigma_{xn(x=\pm a/2} = 0{,}3\sigma_{yn(x=\pm a/2)} = -0{,}3 \cdot 270 = -81 \text{ [kp/cm}^2\text{]}.$$

Die Querkraftschubspannungen[1] betragen in Faser 0 $\tau_Q = 0{,}5\, pa \cdot 1{,}5/t = 28{,}2$ [kp/cm²].

2.4.4.2 Fall II (Theorie II. Ordnung) für Platten mit großer Durchbiegung

*2.4.4.2.1 Randbedingungen **2**, z-starre Randstützung*[2]. Diese Randbedingungen erfassen im Gegensatz zu den Randbedingungen ***1*** und ***1a*** die Verschieblichkeit u der Ränder $x = \pm a/2$ bzw. v der Ränder $y = 0, b$ in der Plattenebene. Eine z. B. für den Rand $x = \pm a/2$ unverschiebliche Lagerung ($u = 0$)[3] ist konstruktiv nicht realisierbar, dagegen ist die elastisch verschiebliche Lagerung ($u \neq 0$)[4], z. B. in Form einer elastischen Bettung, praktisch stets gegeben. Vorhanden sind Membrankräfte n_x, n_y, $n_{xy} = n_{yx}$ in der Plattenmittelfläche, die von der Durchbiegung der Platte nach Gl. (81b) abhängig sind. Es werden nun die gesamten Normalspannungen

$$\sigma = \sigma_n + \sigma_m = \frac{n}{t} \pm m \frac{6}{t^2}. \tag{96}$$

Einzelplatte[5]

Die durch eine Querlast (Rechtecklast) p belastete Rechteckplatte ist für die Randbedingungen ***b***, ***c*** und ***d*** der Abb. 2.17 (je gleiche Randbedingungen an den Längs- und Querrändern; z-starre Lagerung an allen vier Rändern) bei [77] behandelt. Zur Berechnung mit dem Rechenautomaten wurden finite Elemente verwendet.

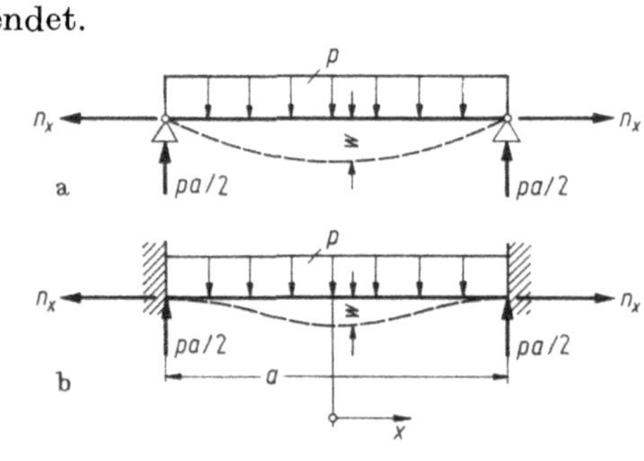

Abb. 2.46. Isotroper Plattenstreifen mit starrer seitlicher Festhaltung ($u = 0$ bzw. $EJ\eta = \infty$). a) frei drehbar gelagert; b) voll eingespannt gelagert.

Für den Plattenstreifen (Abb. 2.46) ist die Ermittlung der Biegemomente m_x und Membrankräfte n_x[6] sowie der Durchbiegung w_{max} verhältnismäßig einfach.

---

[1] Wegen ihrer Kleinheit sind diese Spannungen vernachlässigbar.
[2] Siehe Überschrift Abschn. 2.4.4.1.1 und Tab. 8.
[3] u-starre Festhaltung.
[4] u-elastische Festhaltung.
[5] Siehe Fußnote 1 auf S. 78.
[6] Hier sind Zugkräfte betrachtet. Für Druck siehe Abschn. 2.4.8.

Dreieck- und Trapezlasten können auch hier durch äquivalente Rechtecklasten ersetzt werden. Eine bekannte Näherungsmethode [*64*, *67*] benützt die Affinität der Durchbiegung w infolge Querbelastung und Membrankraft zur Durchbiegung w_0 der seitlich nicht festgehaltenen Platte infolge Querbelastung allein

$$w = \omega\, w_0\,. \tag{97}$$

Mit $E = 2{,}1 \cdot 10^6$ [kp/cm²] und $\mu = 0{,}3$ (Stahl) wird für p [kp/cm²] die auf die Plattendicke t [cm] bezogene maximale Durchbiegung nach Abb. 2.46

bei frei drehbarer Lagerung:

$$w_0/t = 5p\,(a/t)^4 \cdot 1{,}3542 \cdot 10^{-8}, \tag{98a}$$

bei Volleinspannung:

$$w_0/t = p\,(a/t)^4 \cdot 1{,}3542 \cdot 10^{-8}. \tag{98b}$$

Für die seitlich festgehaltene Platte wird

die Membranzugspannung

$$\sigma_{xn} = \frac{E\beta^2}{3(1-\mu^2)}\left(\frac{t}{a}\right)^2 = 0{,}7692 \cdot 10^6\,(t/a)^2\,\beta^2 \tag{99}$$

mit der Abkürzung

$$\beta^2 = \pi^2\,\alpha/4. \tag{100}$$

α ist zu ermitteln

bei frei drehbarer Lagerung aus

$$\delta\alpha\,(1+\alpha)^2 \quad = 3\,(w_0/t)^2, \tag{101a}$$

bei Volleinspannung aus

$$\delta\alpha\,(1+\alpha/4)^2 = 3\,(w_0/t)^2. \tag{101b}$$

Hierbei wird mit

$$\delta = 1 + \frac{12a}{\alpha\,\pi^2\,t^2}\,\Delta \tag{102}$$

eine (zueinander gekehrte) Verschiebung Δ beider Ränder erfaßt.

Die Biegespannung wird

bei frei drehbarer Lagerung: im Punkt $x = 0$

$$\sigma_{xm} = \mp\,\frac{3p}{4}\,(a/t)^2\,\gamma_0 \tag{103a}$$

mit

$$\gamma_0 = 2/\beta^2 \cdot (1 - 1/\cosh\beta),$$

bei Volleinspannung: im Punkt $x = \pm\,\dfrac{a}{2}$

$$\sigma_{xm} = \pm\,\frac{p}{2}\,(a/t)^2\,\gamma_1 \tag{103b}$$

mit

$$\gamma_1 = 3\,\frac{(\beta - \tanh\beta)}{\beta^2\tanh\beta}$$

im Punkt $x = 0$

$$\sigma_{xm} = \mp\,\frac{p}{4}\,(a/t)^2\,\gamma_2 \tag{103c}$$

mit

$$\gamma_2 = 6/\beta^2 \cdot (1 - \beta/\sinh\beta).$$

Die Spannungen σ_y betragen

$$\sigma_y = \mu\,\sigma_x. \qquad (104)$$

Das Verhältnis der maximalen Durchbiegung zur Plattendicke beträgt bei frei drehbarer Lagerung:

$$w_{\max}/t = \omega_0\, w_{0\max}/t \qquad (105\text{a})$$

mit

$$\omega_0 = 24/5\beta^4 \cdot (1/\cosh\beta + \beta^2/2 - 1),$$

bei Volleinspannung:

$$w_{\max}/t = \omega_1\, w_{0\,\max}/t \qquad (105\text{b})$$

mit

$$\omega_1 = 24/\beta^4 \cdot (\beta/\sinh\beta + \beta^2/2 - \beta/\tanh\beta).$$

Beispiel 4: Gesucht sind die Normal- und Biegespannungen σ_x für einen Plattenstreifen mit $p = 0{,}48$ kp/cm², $a = 80$ cm, $t = 0{,}8$ cm ($a/t = 100$), u-starre Festhaltung ($u = 0$ bzw. $\Delta = 0$).

Fall A: Frei drehbare Lagerung.

Es ist $w_0/t = 5 \cdot 0{,}48 \cdot 100^4 \cdot 1{,}354/10^8 = 3{,}250 \gg 1/2$;
frei verschieblich ($u \neq 0$): maximale Biegespannung $\sigma_{(x=0)} = \pm 3600$ [kp/cm²][1];
unverschieblich ($u = 0$): es wird mit $\delta = 1$

$1\alpha(1 + \alpha^2) = 3 \cdot 3{,}250^2 = 31{,}69 \rightarrow \alpha = 2{,}536$; $\beta^2 = \pi^2 \cdot 2{,}536/4 = 6{,}257 \rightarrow \beta = 2{,}501$;
Membranspannung $\sigma_n = 0{,}7692 \cdot 10^6 (1/100)^2 \cdot 6{,}257 = 481$ [kp/cm²],

$$\gamma_0 = \frac{2}{6{,}257}(1 - 1/6{,}138) = 0{,}2676,$$

Biegespannung $\sigma_m = \pm 3/4 \cdot 0{,}48 \cdot 100^2 \cdot 0{,}2676 = \pm 963$ [kp/cm²],

somit Gesamtspannung $\sigma_{(x=0)} = 481 \pm 963 = {+1444 \atop -\ 482}$ [kp/cm²], also nur 40% der Spannung bei freier Verschieblichkeit. Dieser Trageffekt ist vom Biegezugstab her wohlbekannt [*62a*].

Das Verhältnis der maximalen Durchbiegung zur Plattendicke beträgt mit

$$\omega_0 = \frac{24}{5 \cdot 2{,}501^4}\left(\frac{1}{6{,}138} + \frac{6{,}257}{2} - 1\right) = 0{,}282,$$

$$w/t = 0{,}282 \cdot 3{,}250 = 0{,}916.$$

Fall B: Volle Einspannung.

Es ist $w_0/t = 0{,}650 \approx \frac{1}{2}$;
frei verschieblich ($u \neq 0$): max. Biegespannung $\sigma_{(x=\pm a/2)} = \pm 2400$ [kp/cm²][1];
uuverschieblich ($u = 0$): analog ergibt sich mit $\delta = 1$ $\alpha = 0{,}8588$, $\beta^2 = 2{,}119$, $\beta = 1{,}456$, $\sigma_n = 163$ kp/cm²; $\gamma_1 = 0{,}8824$, $\gamma_2 = 0{,}7998$, $\sigma_{m(x=\pm a/2)} = \pm 2118$ [kp/cm²], $\sigma_{m\,(x=0)} = \pm 960$ [kp/cm²], somit Gesamtspannung

$\sigma_{(x=\pm a/2)} = 163 \pm 2118 = {+2281 \atop -1956}$ [kp/cm²], also lediglich 95% der Spannung bei freier Verschieblichkeit.

Gesamtspannung $\sigma_{(x=0)} = 163 \pm 960 = {+1123 \atop -\ 797}$ [kp/cm²][1].

Das Verhältnis der maximalen Durchbiegung zur Plattendicke beträgt mit $\omega_1 = 0{,}824$ $w/t = 0{,}824 \cdot 0{,}650 = 0{,}536 \approx \frac{1}{2}$[1].

Den charakteristischen Spannungsverlauf[1] [*78*] zeigt beispielsweise Abb. 2.47a bei Festhaltung des Parameters $p = 0{,}48$ kp/cm² und Abb. 2.47b bei Festhaltung des Parameters $a/t = 100$[2].

---

[1] Vgl. auch Abb. 2.21.

[2] Die kurz-gestrichelten Äste stellen die Ergebnisse der Theorie I. Ordnung mit freier Verschieblichkeit der Ränder $x = \pm a/2$ dar.

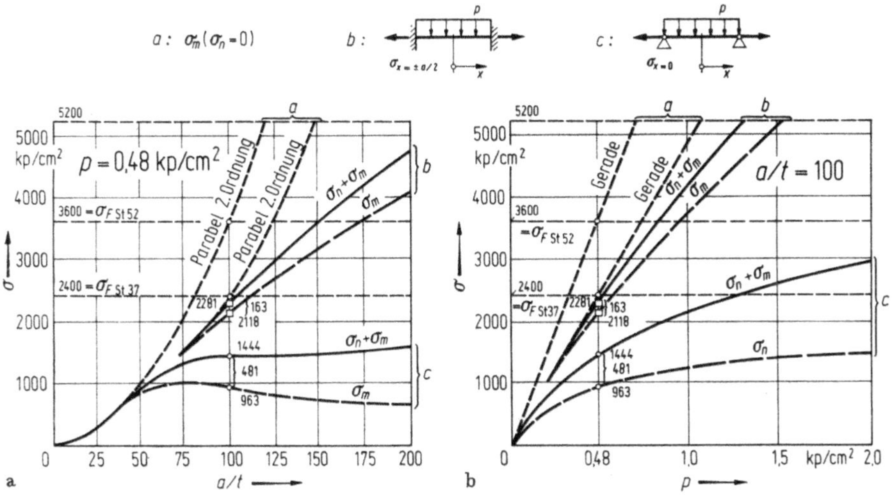

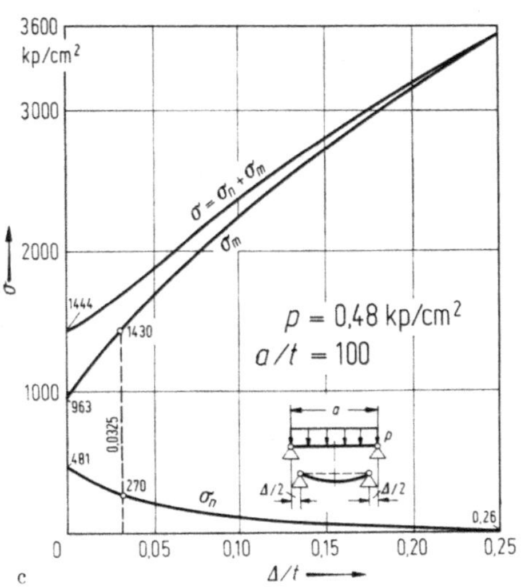

Abb. 2.47. Gesamtspannungen $\sigma = \sigma_n + \sigma_m$ (σ_n = Membranspannungsanteil) im isotropen Plattenstreifen bei starrer seitlicher Festhaltung (Beispiel 4).

a) für eine Belastung $p = 0{,}48\,\mathrm{kp/cm^2}$; b) für eine Plattenschlankheit $a/t = 100$; c) Spannungsverlauf in Abhängigkeit der gegenseitigen Verschiebung Δ der Ränder bzw. der bezogenen Verschiebung Δ/t.

Querdehnung $\mu = 0{,}3$.

Bei Laststeigerung oder Zunahme der Plattenschlankheit a/t geht der Biegespannungsanteil zugunsten des Membranspannungsanteils zurück (für $\sigma_m \to 0$ entsteht eine, praktisch beim Stauwandfeld nicht mögliche, reine Membranwirkung [*79*, S. 329]). Der Effekt der seitlichen Festhaltung ist bei frei drehbarer Lagerung viel stärker ausgeprägt als bei voller Einspannung.

Abb. 2.48 zeigt außer dem Einfluß der seitlichen Festhaltung ($EI_\eta = 0, \infty$ nach Abb. 2.17 b) auch den Einfluß der schubelastischen Verbindung von Platte und Randträger (oder Nachbarplatte) für die Grenzwerte $EF = 0$ und $EF = \infty$ nach Abb. 2.17 d für die quadratische, im übrigen frei drehbar gelagerte Platte. Aufgetragen ist dort die bezogene Durchbiegung $w_{\max}/t$ in Plattenmitte in Abhängigkeit der bezogenen Belastung (Rechtecklast)

$$\frac{12(1-\mu)^2}{E}\,(a/t)^4 p$$

In der Literatur [*64, 67, 80*] sind die Gesamtspannungen $\sigma = \sigma_n + \sigma_m$ für den Plattenstreifen und einige Seitenverhältnisse b/a von Rechteckplatten in Abhängigkeit der Belastung p und der Schlankheit a/t, jedoch mit $\Delta = 0$, kurvenförmig dargestellt. Diese Ergebnisse sind für die Anwendung bei Stauwandfeldern wenig geeignet, da sie eine völlig starre seitliche Festhaltung der Platte

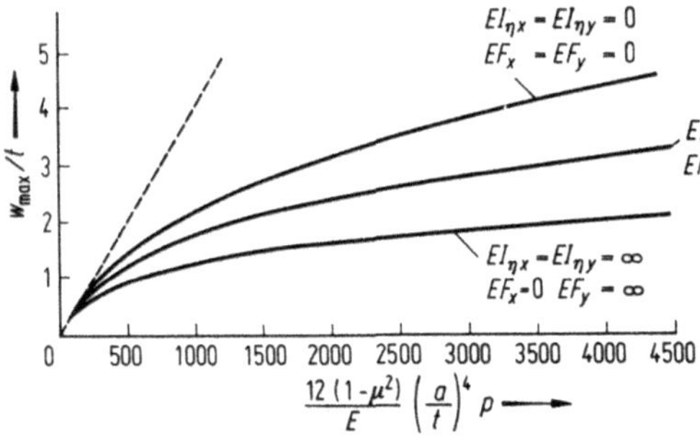

Abb. 2.48. Verlauf der bezogenen Durchbiegung in Plattenmitte w_{max}/t in Abhängigkeit der bezogenen Belastung $\frac{12(1-\mu^2)}{E}(a/t)^4 p$ der isotropen Quadratplatte für verschiedene Grenzwerte von Randbedingungen (Steifigkeiten der Randträger). .... = Theorie I. Ordnung; Querdehnung $\mu \approx 0{,}3$.

voraussetzen. Der günstige Membraneffekt geht zurück bzw. verliert an praktischer Bedeutung, da sich die Plattenränder gegenseitig um Δ nähern und die Steifigkeit der zur seitlichen Verankerung der Plattenränder erforderlichen anschließenden Bauglieder nicht beliebig erhöht werden kann. Der Faktor δ in Gl. (102) wird dann >1, was einer ideellen Verdickung der Platte bzw. Abnahme der Plattenschlankheit entspricht. Rücken die Ränder zunehmend näher zusammen, erreicht Δ einen Grenzwert Δ_0, bei dem die seitliche Festhaltung bzw. der Membranzug verschwindet. Für das Beispiel **4** ist dies (bei frei drehbarer Lagerung) schon bei $\Delta_0 = 0{,}2$ [cm] bzw. $\Delta_0/t = 0{,}26$ der Fall (Abb. 2.47c).

Abb. **2.49** [*78*] zeigt die Gesamtspannung $\sigma = \sigma_n + \sigma_m$ für einige Plattenschlankheiten a/t und Lastwerte p in Abhängigkeit der gegenseitigen (auf die Plattendicke t bezogenen) Verschiebung der Ränder Δ für frei drehbare Lagerung. Der Gültigkeitsbereich dieser Kurven ist einerseits begrenzt durch die bezogene Verschiebung Δ_0/t, bei welcher die seitliche Festhaltung verschwindet (Kurve

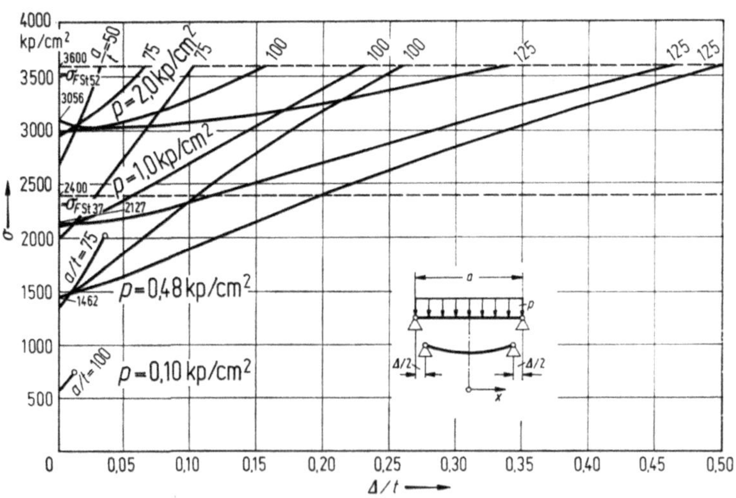

Abb. 2.49. Gesamtspannung $\sigma = \sigma_n + \sigma_m$ im isotropen Plattenstreifen in Abhängigkeit der bezogenen Verschiebung Δ/t. Querdehnung $\mu = 0{,}3$.

endet bei einem durch Kreis gekennzeichneten Punkt), andererseits durch das Erreichen der Fließgrenze des Stahls (hier St 37 bzw. St 52)[1].

Bei voller Einspannung und unter sonst gleichen Belastungen und Plattenschlankheiten liegen wegen des geringeren Membranspannungsanteils an der Gesamtspannung die Grenzwerte Δ_0/t niedriger als bei frei drehbarer Lagerung.

Bei u-elastischer Bettung mit

$$\sigma_n\, t \cdot 1 = c\,\Delta \tag{106}$$

mit c [kp/cm] = elastischer Bettungsfaktor
entsteht an Stelle von δ nach Gl. (102)

$$\delta_c = 1 + \frac{t\,E}{(1-\mu^2)\,c\,a} \tag{107a}$$

oder mit $E = 2{,}1 \cdot 10^6$ [kp/cm²] und $\mu = 0{,}3$

$$\delta_c = 1 + \frac{2{,}308 \cdot 10^6\, t}{c\,a} \tag{107b}$$

Beispiel 5: Das in Abb. 2.50 schraffierte Stauwandfeld „*1*" mit $b/a = 3$ (annähernd Plattenstreifen) sei durch Eisdruck mit $p = 0{,}48$ kp/cm² belastet und durch die oben und unten angrenzenden Träger (Scheiben) „*2*" gleicher Abmessungen elastisch gebettet. Die Scheiben „*2*" stützen sich als Durchlaufträger auf QT ab, deren Dehn- und Biegesteifigkeit unendlich angenommen sei. Die Lagerung des belasteten Stauwandfelds sei über den LR frei drehbar. Gesucht sind — als rohe Überschlagswerte — die maximalen Spannungen und die gegenseitige Verschiebung Δ der Ränder der Platte „*1*".

Infolge von Membrankräften $n_x = \sigma_x t = 1$ entstehen Durchbiegungen der Scheiben „*2*", deren Maximum mit $E = 2{,}1 \cdot 10^6$ [kp/cm²]

$$f_{\max} = \frac{b^4}{384 \cdot 2{,}1 \cdot 10^6\, I} = \frac{b^4}{806 \cdot 10^6\, I}$$

beträgt. $f_{\max}$ entspricht einer gemittelten Durchbiegung (= konstante Verschiebung des gesamten Randes) von annähernd

$f_{\text{mittel}} = 0{,}533 f_{\max} \approx 0{,}5 f_{\max}$ (Abb. 2.49d).

Es wird, da beide Ränder elastisch gehalten sind,

$$c = 1/2 f_{\text{mittel}} \approx 1/f_{\max}$$

und mit dem Trägheitsmoment einer Scheibe „*2*" ($I = t\,a^3/12$)

$$c = 8300 \text{ [kp/cm}^2\text{]}.$$

Aus Gl. (107b) wird nun

$$\delta_c = 1 + (b/a)^4 \cdot 0{,}0343$$

und schließlich mit $b/a = 3$

$$\delta_c = 3{,}78.$$

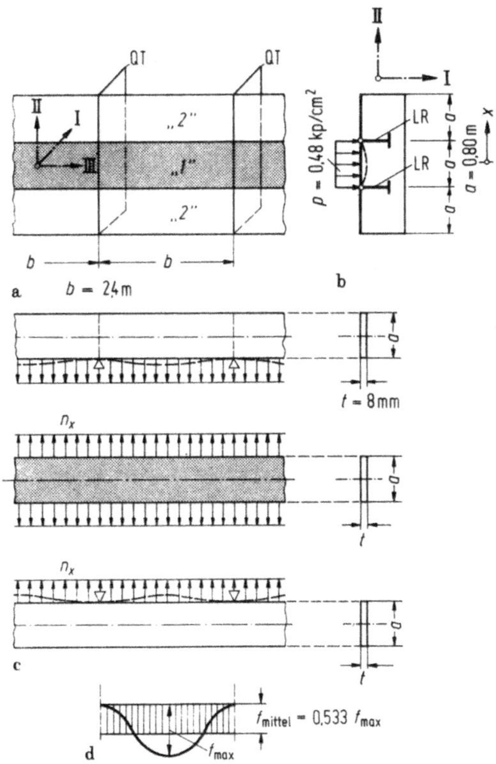

Abb. 2.50. Stauwandfeld mit Eisdruckbelastung des Felds *1* (Beispiel 5).
a) Ansicht (isometrisch); b) Querschnitt; c) auseinandergezogen gezeichnete Felder *1* und *2* bei Belastung durch Normalkräfte n_x; d) mittlere Durchbiegung der Felder 2.

---
[1] Plastischer Bereich s. nachstehend.

Gl. (101a) ergibt

$$3{,}78\alpha(1+\alpha)^2 = 31{,}7 \to \alpha = 1{,}425.$$

Hiermit erhält man die Membranzugspannung $\sigma_n = 270$ [kp/cm²] und die maximalen Biegespannung $\sigma_m = 1430$ [kp/cm²]. Die gegenseitige Verschiebung der Ränder beträgt nach Gl. (106)

$$\Delta = \frac{270 \cdot 0{,}8}{8300} = 0{,}026 \text{ cm} \triangleq 0{,}0325 t.$$

Durchlaufplatte

Zum Beispiel nach [67] läßt sich auch ein Durchlaufplattenfeld (Plattenstreifen) mit elastischen Einspannungen an den Rändern $x = \pm a/2$ und entsprechenden Verschiebungen Δ der einzelnen Plattenfelder berechnen.

Übergang zur Plastizierung

Für die an den Rändern voll eingespannten Platten (Plattenstreifen) nach Abb. 2.46b wird bei Laststeigerung weitaus früher die Fließgrenze des Materials erreicht als bei der frei drehbar gelagerten Platte (vgl. auch Abb. 2.47b). An den Einspannstellen entsteht eine Plastizierung mit der Tendenz zur frei drehbar gelagerten Platte. Nimmt man diese Plastizierung in Kauf, ergibt sich eine weitere Vergrößerung der Tragfähigkeit der Platte, deren obere Grenze durch die Vollplastizierung als plastische Membran geliefert wird. Wie die Stahlfahrbahn unter Radlasten im Brückenbau besitzt auch das Stauwandfeld unter Vollbelastung p eine enorme Tragfähigkeit. Für den Plattenstreifen mit seitlicher Festhaltung ist das Verhalten im plastischen Bereich theoretisch relativ leicht untersuchbar [81].

Beim Aufbringen der Plattenbelastung werden bis zur Vollplastizierung (als plastische Membran) drei Stadien durchlaufen:

I. Stadium (Abb. 2.51a). – Elastisches Verhalten, beschrieben durch die Gln. (97) bis (105). Bildung je eines plastischen Gelenks bei $x = \pm a/2$.

II. Stadium (Abb. 2.51b). – Elastoplastisches Verhalten. Bei $x = \pm a/2$ entsteht gemäß Abb. 2.52c eine plastische Dehnung Δ_{pl} und eine Verdrehung ϱ, welche eine Abminderung des Volleinspannmoments m_v mit der Tendenz zur frei drehbaren Lagerung zur Folge hat. Plastisches Gelenk in Feldmitte $(x = 0)$ (Abb. 2.51c).

III. Stadium. – Weiterer Abbau der Biegewirkung an Stellen $0 < x < \pm a/2$; Übergang zur plastischen Membran. Dieser Übergangspunkt wird als Traglast definiert.

Die rechnerischen Zusammenhänge sind, fußend auf der vereinfachten Plastizitätstheorie, bei [81] ausführlich dargestellt und durch Modellversuche bestätigt. Hiernach lassen sich bei gegebenem Parameter

$$\hat{F} = t\,a^2/4K \tag{108}$$

mit K nach Gl. (87) und

$$\sigma_{\text{pl}} = \sigma_{\text{Fließ}}/\sqrt{1 - \mu_{\text{pl}} + \mu_{\text{pl}}^2} \quad (\mu_{\text{pl}} = 0{,}5) \tag{109}$$

z. B. besonders einfach die Last-Durchbiegungs-Beziehungen am Übergang zur Bildung der plastischen Membran (Traglast) ermitteln. Man erhält sie mit nachstehenden Beziehungen, ausgehend von der „plastischen Belastung" p_{pl}, welche bei einem Plattenstreifen ohne seitliche Festhaltung die Lastresultierende $P_{\text{pl}} = p_{\text{pl}}\,a$ ergeben würde.

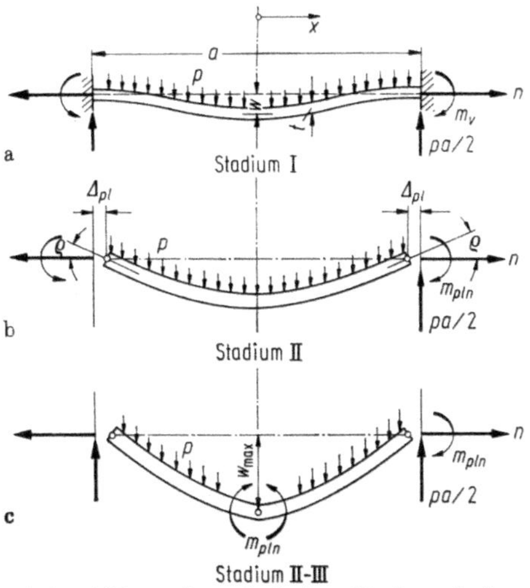

Abb. 2.51. Stadien bei der Bildung einer plastischen Membran (isotroper Plattenstreifen).

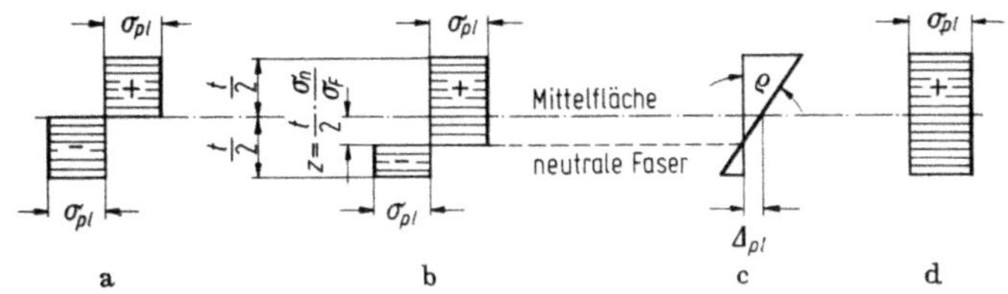

Abb. 2.52. Spannungen in der isotropen Platte (Dicke t) im plastischen Bereich.
a) Biegung ohne Membranwirkung; b) Biegung mit Membranwirkung; d) plastische Dehnung und Verdrehung; d) reiner Membranzug (plastische Membran).

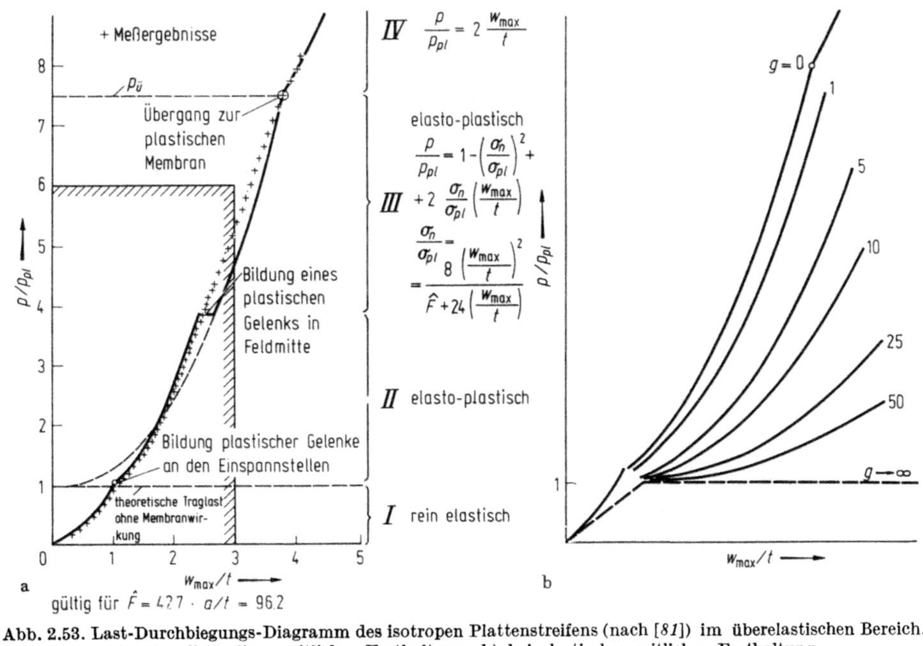

Abb. 2.53. Last-Durchbiegungs-Diagramm des isotropen Plattenstreifens (nach [81]) im überelastischen Bereich.
a) bei vollständiger seitlicher Festhaltung; b) bei elastischer seitlicher Festhaltung.
Querdehnung $\mu_{elastisch} = 0{,}3$, $\mu_{plastisch} = 0{,}5$.

Hierfür ist (vgl. Abb. 2.52a)

$$m_{\text{pl}} = t^2/4 \cdot \sigma_{\text{pl}} \tag{110}$$

und

$$p_{\text{pl}} = 8/a^2 \cdot 2\, m_{\text{pl}}, \tag{111}$$

wobei m_{pl} das plastische Moment des Rechteckquerschnitts eines aus der Platte geschnittenen Streifens vom Querschnitt $1t$ ist.

Im Stadium III gilt die Beziehung (vgl. Abb. 2.53)

$$\sigma_n/\sigma_{\text{pl}} = \frac{8\,(w_{\max}/t)^2}{\hat{F} + 24\,(w_{\max}/t}, \tag{112}$$

wobei σ_n = Membranspannung mit guter Näherung für den Übergangspunkt zur plastischen Membran, definiert durch $\sigma_n/\sigma_{\text{pl}} = 1$, wofür aus Gl. (112) die quadratische Gleichung

$$(w_{\max}/t)^2 - 3\,(w_{\max}/t) - \hat{F}/8 = 0 \tag{113}$$

entsteht.

Man erhält $w_{\max}/t$ nach Einsetzen von $\hat{F}$ aus Gl. (108).

Aus der ebenfalls für das Stadium III gültigen Beziehung

$$p/p_{\text{pl}} = 1 - (\sigma_n/\sigma_{\text{pl}})^2 + 2\,(\sigma_n/\sigma_{\text{pl}})\,(w_{\max}/t) \tag{114}$$

erhält man für $\sigma_n/\sigma_{\text{pl}} = 1$

$$p/p_{\text{pl}} = 2\, w_{\max}/t \tag{115}$$

mit $p \equiv p_{ü}$, d. h. die gesuchte Belastung $p_{ü}$, bei welcher der Übergang zur plastischen Membran erfolgt.

Stets liegt der Übergang zur plastischen Membran außerhalb des durch $p/p_{\text{pl}} = 6$ und $w_{\max}/t = 3$ bestimmten Bereichs (schraffiert in Abb. 2.53), da für den Grenzfall einer unendlich steifen Platte $\hat{F} \to 0$ und die Gl. (115) $\to p/p_{\text{pl}} = 2 w_{\max}/t > 6$ geht. Damit kann man sofort die auf der sicheren Seite liegende Traglast $p_{ü}$ des Plattenstreifens angeben.

Beispiel 6: Für den in Beispiel 4 behandelten, voll eingespannten Plattenstreifen mit absoluter seitlicher Festhaltung ist die Belastung $p_{ü}$ (= Traglast) gesucht, bei welcher der Übergang zur plastischen Membran erfolgt. Die Fließgrenze des Stahls liege bei 2400 kp/cm². Es wird mit Gln. (108) bis (115)

$$\sigma_{\text{pl}} = 1{,}156 \cdot 2400 = 2270\ [\text{kp/cm}^2],$$

$$\hat{F} = \frac{0{,}8 \cdot 80^2}{4 \cdot 2{,}1 \cdot 10^6 \cdot 0{,}8^3/10{,}92} \cdot 2270 = 36{,}0,$$

$$m_{\text{pl}} = \frac{0{,}8^2}{4} \cdot 2770 = 444\ [\text{kp}] \quad \text{und} \quad p_{\text{pl}} = \frac{8}{80^2} \cdot 2 \cdot 444 = 1{,}11\ [\text{kp/cm}^2].$$

$(w_{\max}/t)^2 - 3\,(w_{\max}/t) - 36{,}0/8 = 0$ liefert $w_{\max}/t = 4{,}1$ und $p/1{,}11 = 2 \cdot 4{,}1$, woraus die gesuchte Traglast $p_{ü} = 9{,}10$ [kp/cm²] folgt.

Dies ist das $9{,}10/0{,}48 \approx 19$fache der Belastung des Beispiels 4, welche im Stadium I eine maximale Spannung von 2281 kp/cm² ergeben hatte (vgl. Abb. 2.47).

Wenn die Platte (Plattenstreifen) seitlich nicht starr festgehalten ist, sondern sich die Ränder $x = \pm a/2$ unter der Belastung um eine Strecke Δ gegenseitig nähern, erhält man an Stelle der Gl. (112)

$$\sigma_n/\sigma_{\text{pl}} = \frac{8\,(w_{\max}/t)^2}{\hat{F}(1 + g) + 24\, w_{\max}/t}, \tag{116}$$

hierbei ist g das Verhältnis von Δ zur elastischen Verlängerung der Mittelfläche des Plattenstreifens in x-Richtung.

Für $0 \leqq g \leqq \infty$ entstehen Last-Durchbiegungsbeziehungen, wie in Abb. 2.53b skizziert ($g = \infty$ stellt den Grenzfall mit völlig unbehinderter seitlicher Verschiebung dar).

Aus den vorstehenden Überlegungen des Abschn. 2.4.4.2.1 ergibt sich zusammenfassend, daß die Stauwand im allgemeinen eine sehr große Tragfähigkeit bzw. Reserve gegen örtliche Überbelastungen z. B. durch Eisdruck besitzt (auch bei nicht völlig starrer seitlicher Festhaltung). Vorauszusetzen ist jedoch, daß keine Instabilitäten der Stauwand (die meist Druckglied des Gesamttragsystems des VKö ist) oder ihrer Randträger eintreten.

Selbstverständlich kann eine Belastung $p_ü$, die zur Vollplastizierung der Stauwand als Membran führt, für eine Bemessung der Stauwand nicht zugelassen werden. Zum Nachweis der Aufnahme extrem großer Belastungen (z. B. außergewöhnlich großer Eisdruck) kann jedoch der elasto-plastische Bereich des Stadiums III dienen.

2.4.4.2.2 Randbedingungen **2**, *z-elastische Randstützung (s. Tab. 8).* Gegenüber Abschnitt 2.4.4.2.1 mit starren Randträgern ($EI_\xi = \infty$) kann grundsätzlich auch die Nachgiebigkeit der Randträger in z-Richtung erfaßt werden.

Ein Näherungsverfahren ist in [*82, 83*] mitgeteilt; es gilt in der dortigen Darstellung nur für kleine Durchbiegungsverhältnisse w_{max}/t.

Für Plattenstreifen (bzw. Rechteckplatten mit $b/a > 3$) von großer Durchbiegung können die besonders interessierenden Spannungen in Feldmitte ($y = b/2$) für die Randbedingungen $x = \pm a/2$: $u = 0$, $\varepsilon_y = 0$; $y = 0, b$: $n_y = \sigma_y = 0$; $\varepsilon_x = 0$ ($v \neq 0$, ausgenommen in den Ecken) näherungsweise wie folgt ermittelt werden.

Nach Abb. 2.18c werden die Membranspannungen $\sigma_{yn} = \mu\, \sigma_{xn}$ des Plattenstreifens durch Schubkräfte n_{xy} mit der Resultierenden

$$N_y = t \int_0^{a/2} \sigma_{yn}\, dx = \int_0^{b/2} n_{xy}\, dy \tag{117}$$

auf den Randträger „a" übertragen. Die σ_{xn} entsprechen Gl. (99)[1].

N_y belastet den Randträger zusätzlich zu seinen Randlasten q_x[2], wirkt also umgekehrt wie die in Abb. 2.18b gezeichneten Schubkräfte. Demzufolge verringert sich auch die m. B. gegenüber der nach der Theorie I. Ordnung.

Der Randträger „a" erhält in seinem Obergurt außer den Spannungen σ_{yn} zufolge N_y Biegespannungen

$$\sigma_{yR} = -2N_y(1/F + s'^2/I_\zeta) \tag{118}$$

mit den Querschnittswerten F, I_ζ, s' gemäß Abb. 2.45d. Die Gesamtspannung im Obergurt des Randträgers beträgt dann

$$\sigma^{II}_{yn(x=\pm a/2)} = \sigma_{yn(x=\pm a/2)} + \sigma_{yR} \tag{119a}$$

Wenn wieder — wie in Abb. 2.36d — näherungsweise parabolische Spannungsverteilung in $y = b/2$ zugrunde gelegt wird, ist

$$\sigma^{II}_{yn(x=0)} = \sigma_{yn(x=0)} + \varphi\, \sigma_{yR} \tag{119b}$$

mit φ nach Gl. (94).

---

[1] Für Platten mit kleiner Durchbiegung (Theorie I. Ordnung) ist σ_{xn} der Literatur [*83*, Abb. 5] zu entnehmen. In der zitierten Abbildung befinden sich Druckfehler: l ist in den Formeln durch b zu ersetzen, und die Randbedingungen sind zu vertauschen.

[2] Diese sind in Abb. 2.18c nicht gezeichnet, vgl. Abb. 2.18a.

Die endgültigen Spannungen werden

$$\Sigma \sigma_{yn} = \sigma_{yn}^{I} + \sigma_{yn}^{II} \tag{120}$$

wobei σ_{yn}^{I} die Spannungen nach der Theorie I. Ordnung sind.

2.4.4.2.3 Voll mittragende Plattenbreite (II. Art) bei Biegung. Wird die Membranwirkung der Platte zugunsten einer gewichtsgünstigeren Bemessung derselben rechnerisch aktiviert, so ist die Verringerung der voll mittragenden Plattenbreite der Randträger zu beachten, die dann etwas Mehrgewicht ergeben. Diese Verringerung der m. B. (gegenüber der nach Abschn. 2.4.4.1.3 beschriebenen m. B. I. Art) ist um so größer, je größer die Membranspannungen bzw. die Plattenschlankheit a/t und die Plattenbelastung p ist.

Die verringerte m. B. soll als m. B. II. Art bezeichnet werden; sie berechnet sich für jeden Einzelfall in Abhängigkeit der Randträgerbiegesteifigkeit I_ζ. Es läßt sich ein unterer Grenzwert für die m. B. II. Art für die Annahme „starre seitliche Festhaltung" (z. B. $u = 0$ an den Rändern $x = \pm a/2$) angeben. Da in Wirklichkeit die Festhaltung nicht ganz starr ist, ist die wirkliche m. B. II. Art stets größer als der untere Grenzwert, und man befindet sich hinsichtlich der Randträgerbemessung auf der sicheren Seite.

Die m. B. II. Art wird für den Randträger (Längsrippe) „a" vgl. (Abb. 2.18) mit Gl. (94)

$$\nu_1^{II} = \frac{1}{3}\left(1 + 2\,\frac{\Sigma \sigma_{yn(x=0)}}{\Sigma \sigma_{yn(x=\pm a/2)}}\right). \tag{121}$$

Beispiel 7: Für das bereits in Beispiel 3 nach der Theorie I. Ordnung behandelte Stauwandfeld (Abb. 2.45) sind die Spannungen in Feldmitte ($y = b/2$, $x = 0$ und $x = \pm a/2$) der voll eingespannten Platte unter Berücksichtigung der Membranwirkung sowie die m. B. II. Art gesucht. Da $b/a = 3$, kann Plattenstreifen zugrunde gelegt werden.

1. Plattenspannungen $\sigma_{y(y=b/2)}$.

Mit $a/t = 125$ und $p = 0{,}3$ [kp/cm²] wird nach Abschn. 2.4.4.2.1

$$\sigma_{xn} = 187 \text{ [kp/cm}^2\text{]}, \qquad \sigma_{yn} = 0{,}3 \cdot 187 = 56{,}1 \text{ [kp/cm}^2\text{]}.$$

Nach Abschn. 2.4.4.2.2 wird

$$N_y = 0{,}8 \cdot \frac{100}{2} \cdot 56{,}1 = 2244 \text{ [kp]}, \quad \sigma_{yR} = -2 \cdot 2244(1/64{,}4 + 1{,}54^2/641) = -86{,}0 \text{ [kp/cm}^2\text{]}.$$

Gl. (119a) liefert

$\sigma_{yn(x=\pm a/2)}^{II} = 56{,}1 - 86{,}0 = -29{,}9$ [kp/cm²] und mit $\varphi = 0{,}437$ [nach Gl. (94), Beispiel 3]

$$\sigma_{yn(x=0)}^{II} = 56{,}1 + 0{,}437(-86{,}0) = 18{,}5 \text{ [kp/cm}^2\text{]}.$$

Für die Fasern *0*, *1*, *2* (Abb. 2.45d) wird nach Gl. (120) mit $\sigma_{yn}^{I} = \begin{matrix}-270\\-118\end{matrix}$ [kp/cm²] (Beispiel 3)

$$\Sigma \sigma_{yn(x=\pm a/2)} = -270 - 29{,}9 = -300 \text{ [kp/cm}^2\text{]},$$

$$\Sigma \sigma_{yn(x=0)} = -118 + 18{,}5 = -100 \text{ [kp/cm}^2\text{]}.$$

Diese Werte sind in Abb. 2.45e in Klammern eingetragen.

2. Voll mittragende Plattenbreite bei Biegung II. Art.

Es wird

$$\nu_1^{II} = \frac{1}{3}\left(1 + 2\,\frac{(-100)}{(-300)}\right) = 0{,}556,$$

also etwa 11% geringer als die m. B. 1. Art. Eine derart große Abminderung entsteht nur bei dünnen, weitgespannten Platten wie im vorliegenden Fall. Für das gleiche Besipiel wie oben, jedoch mit Plattendicke $t = 1{,}2$ cm ($a/t = 83{,}3$) ergäbe sich nur eine Abminderung der m. B. von etwa 3%.

3. Randträgerbiegespannungen $\sigma_{yR(y=b/2)}$.

Diese betragen mit $\nu_1^{II} = 0{,}556$ in Faser *1*: −375

0: −303 ≈ −300

3: −1384 [kp/cm²].

Sie sind in Faser *1* um 10%, in Faser *3* um 0,4% größer als die früheren Werte des Beispiels 3.

Die geringen Spannungsänderungen in Platte und Randträger zeigen, daß ein Ansatz der m. B. II. Art hier bzw. in ähnlichen Fällen nicht erforderlich ist (ν_1^{II} stellte zudem bereits schon die „sichere Seite" dar).

2.4.5 Stauwandfeld als orthotrope Platte

Ein z. B. durch Längsrippen versteiftes Stauwandfeld nach Abb. 2.13a („längsorientierte" Bauweise) kann auch als struktur-orthotrope Platte behandelt werden, die über den QT und HT durchläuft[1]. Dies ist um so sinnvoller, je enger die Rippenabstände sind. Die Rippenabstände betragen im Stahlwasserbau etwa 0,4 bis 1,0 m bei QT-Abständen von etwa 2 bis 4 m. Meist werden die Längsrippenabstände oder -querschnitte nach unten entsprechend der zunehmenden Wasserdruckbelastung nach einer nicht einfachen Gesetzmäßigkeit enger (vgl. z. B. Kap. 1), so daß hierfür eine spezielle Theorie der „orthotropen" Flächentragwerke erforderlich wird, wie sie z. B. bei [*84*] für Platten entwickelt wurde. Tabellenwerte für die Biegemomente an ausgezeichneten Stellen[2] (Plattenmitte und Mitte der Ränder) stehen zur Zeit nur für Platten mit konstantem Steifigkeitsverlauf, d. h. konstanter Rippenabstand und -querschnitt, zur Verfügung.

Die orthotrope Rechteckplatte wird durch eine Reihe von Parametern vollständig beschrieben, deren wichtigste folgende sind:[3]

a) modifiziertes Seitenverhältnis

$$\varepsilon = b/a \sqrt[4]{K_x/K_y} \tag{122a}$$

mit K_x, K_y = Biegesteifigkeit in x- und y-Richtung.

b) Torsionssteifigkeitsfaktor

$$\varkappa = H/\sqrt{K_x K_y} \tag{122b}$$

mit H = Ersatztorsionssteifigkeit.

Es ist $0 \leqq \varkappa \leqq 1$, für $\varkappa = 1$ erhält man die isotrope Platte.

Für eine durch offene Profile (Abb. 2.33) ausgesteifte Stauwand kann man die für Stahlfahrbahnen von Brücken zutreffenden Werte $\varkappa = 0{,}02$ bis $0{,}2$ ansetzen; eine genaue rechnerische Ermittlung ist kaum möglich.

c) Steifigkeitsparameter r

$$r = \sqrt[4]{D_x/D_y}/\sqrt[4]{K_x/K_y} \tag{122c}$$

mit D_x, D_y = Dehnsteifigkeit in x- und y-Richtung.

Nach [*77*] kann bei einer dimensionslosen Darstellung des Plattenproblems an Hand der Parameter die orthotrope Platte durch eine äquivalente Platte konstanter Dicke

$$t_{\ddot{a}q} = \sqrt{12}\sqrt[4]{K_x K_y/D_x D_y} \tag{122d}$$

ersetzt werden. Damit ist auch die Darstellungsweise der bezogenen Durchbiegung $w_{max}/t_{\ddot{a}q}$ in Plattenmitte möglich. Die Plattensteifigkeit der isotropen Platte ist

[1] Bezüglich der Auffassung des *gesamten* VKö als orthotrope Platte s. Abschn. 2.5.4.

[2] Werte für andere Stellen analog Abb. 2.20 sind noch nicht tabuliert und müssen im Einzelfall errechnet werden; näherungsweise kann für den Verlauf die isotrope Platte zu grunde gelegt werden.

[3] Weitere s. [*77*].

Tabelle 15. *Biegemomenten-Beiwerte für vierseitig frei drehbare und voll eingespannte orthotrope Rechteckplatten infolge Rechtecklast p:Querdehnung* $\mu = 0$

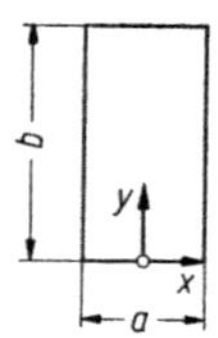

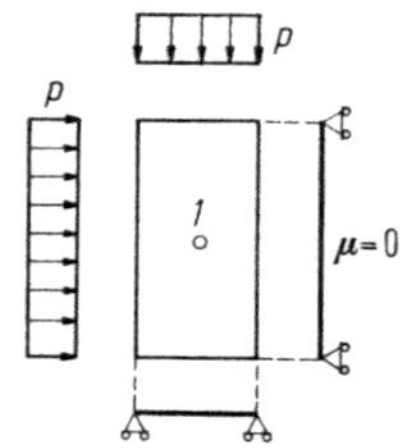

Punkt *1*

$x = 0;\ y = \frac{b}{2}$

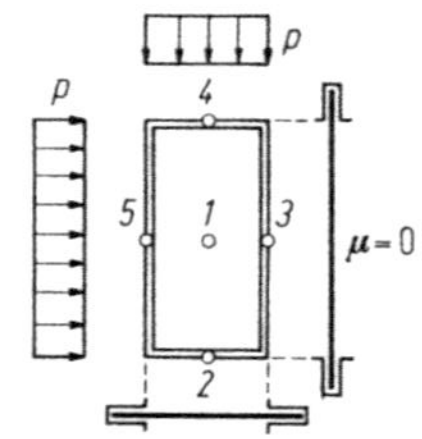

Punkt *1*

$x = 0;\ y = \frac{b}{2}$

ε \ $\varkappa$	$\frac{\bar{m}_x}{p\,a^2}$ 1 (isotrop)	0,8	0,4	0	$\frac{\bar{m}_y}{p\,b^2}$ 1 (isotrop)	0,8	0,4	0	$\frac{\bar{m}_x}{p\,a^2}$ 1 (isotrop)	0,8	0,4	0
2	0,0965	0,1035	0,1139	0,1416	0,0044	0,0045	0,0052	0,0055	0,0400	0,0410	0,0431	0,0454
1,25	0,0561	0,0624	0,0801	0,1106	0,0214	0,0238	0,0308	0,0430	0,0270	0,0285	0,0323	0,0372
1	0,0368	0,0405	0,0540	0,0772	0,0368	0,0405	0,0540	0,0772	0,0176	0,0180	0,0216	0,0254
0,8	0,0214	0,0238	0,0308	0,0430	0,0561	0,0624	0,0801	0,1106	0,0092	0,0098	0,0112	0,0132
0,5	0,0044	0,0045	0,0052	0,0055	0,0965	0,1035	0,1199	0,1416	0,00095	0,0012	0,0017	0,0024

Tabelle 15 (*Fortsetzung*)

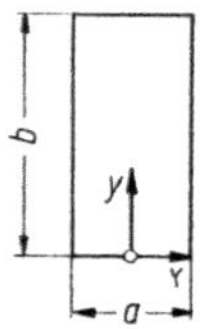

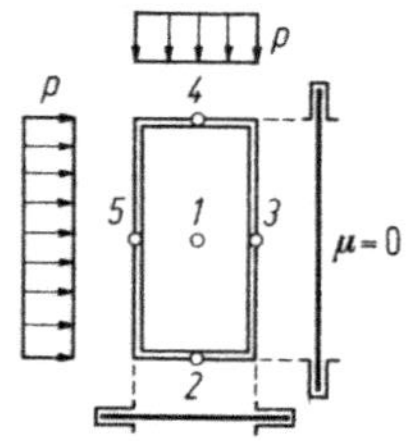

	Punkt *1*				Punkt *2 = 4*				Punkt *3 = 5*			
	$\frac{\overline{m}_y}{p\,b^2}$				$\frac{\overline{m}_y}{p\,b^2}$				$\frac{\overline{m}_x}{p\,a^2}$			
ε \ $\varkappa$	1 (isotrop)	0,8	0,4	0	1 (isotrop)	0,8	0,4	0	1 (isotrop)	0,8	0,4	0
2	0,00095	0,0012	0,0017	0,0024	–0,0143	–0,0192	–0,0216	–0,0257	–0,0832	–0,0836	–0,0863	–0,0891
1,25	0,0092	0,0098	0,0112	0,0132	–0,0361	–0,0370	–0,0365	–0,0376	–0,0671	–0,0685	–0,0719	–0,0757
1	0,0176	0,0180	0,0216	0,0254	–0,0515	–0,0531	–0,0551	–0,0573	–0,0515	–0,0531	–0,0551	–0,0573
0,8	0,0270	0,0285	0,0323	0,0372	–0,0671	–0,0685	–0,0719	–0,0757	–0,0361	–0,0370	–0,0365	–0,0376
0,5	0,0400	0,0410	0,0431	0,0454	–0,0832	–0,0836	–0,0863	–0,0891	–0,0143	–0,0192	–0,0216	–0,0257

Tabelle 16. *Biegemomenten-Beiwerte für vierseitig voll eingespannte, orthotrope Rechteckplatten infolge antimetrischer Dreiecklast* $\pm p$; *Querdehnung* $\mu = 0$ (nach [*78*])

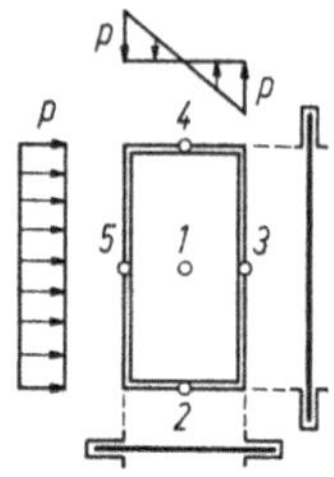

$\frac{\overline{m}_x}{pa^2}$ Punkt *5* = −*3*

ε \ ϰ	1 (isotrop)	0,8	0,4	0
2	−0,0165	−0,0169	−0,0175	−0,0193
1,25	−0,0165	−0,0166	−0,0173	−0,0179
1	−0,0154	−0,0157	−0,0159	−0,0180
0,8	−0,0139	−0,0137	−0,0150	−0,0160
0,5	−0,0087			

Punkt *1, 2, 4*: $m_x = m_y = 0$

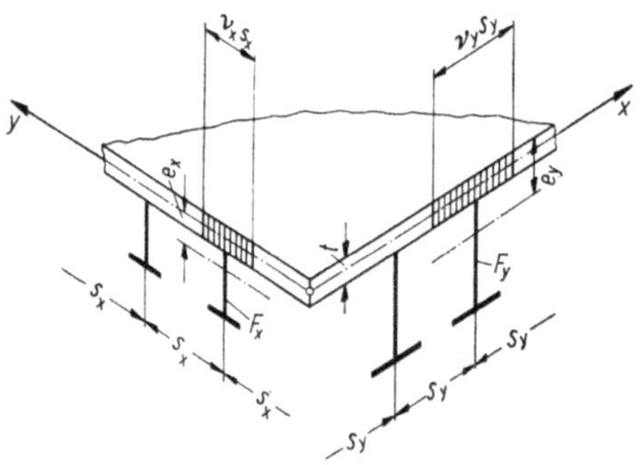

Abb. 2.54. Ausschnitt aus einer struktur-orthotropen Rechteckplatte (isometrisch).

dann zu ersetzen durch die Biegesteifigkeit K_x. Im Fall der Abb. 2.48 müßten die Ordinaten als $w_{max}/t_{äq}$, die Abszissen als $\frac{a^4}{K_x t_{äq}} p$ gelesen werden.

Steifigkeitswerte der orthotropen Platte

Diese sind der einschlägigen Literatur, z. B. [*85, 86, 87*], zu entnehmen.

An Stelle „genauer" Steifigkeitswerte für einseitig durch Rippen versteifte Platten[1] kann näherungsweise gesetzt werden (Abb. 2.54):

$$K_x = EI_x/s_x, \quad K_y = EI_y/s_y. \tag{123a}$$

Hierbei ist I_x, I_y das Trägheitsmoment der Rippe einschließlich der m. B. der Stauwand. Wenn diese z. B. nur in y-Richtung ausgesteift ist, gilt $K_x = K$ nach Gl. (87) bzw. ist $K = 0$ zu setzen [*85*].

[1] Hierfür ist in der Regel nach Gl. (122c) $r \neq 1$.

Bei offenen Rippen (Abb. 2.33a bis e) ist

$$H = \frac{E\,t^3}{12\,(1-\mu^2)} + \frac{G}{2}\,(I_{Dx}/s_x + I_{Dy}/s_y) \tag{123b}$$

mit J_D = St. Venant'sches Torsionsträgheitsmoment der Rippe nach Gl. (145). Bei geschlossenen Rippen (Abb. 2.33f und g) ist z. B. nach [*85*] vorzugehen.

Die Scheibensteifigkeitswerte sind (vgl. Tab. 7)

$$D_x = \frac{E\,t}{1-\mu^2} + \frac{E\,F_x}{s_x}, \quad D_y = \frac{E\,t}{1-\mu^2} + \frac{E\,F_y}{s_y}, \tag{123c}$$

$$T = \frac{1+\mu}{E\,t}\,[D_x\,D_y - \mu\,D^2] \tag{123d}$$

2.4.5.1 Fall I (Theorie I. Ordnung) für Platten mit kleiner Durchbiegung

2.4.5.1.1 Randbedingungen ***1****, z-starre Randstützung (s. Tab. 8).*

Einzelplatte[1]

Für Rechtecklast p und antimetrische Dreiecklast $\pm p$ sowie für die wichtigsten Lagerungsfälle und Punkte der Platte sind in Tab. 15 und 16 die Biegemomente $\bar{m}_x$ und $\bar{m}_y$ angegeben. Zu beachten ist, daß die Tabellenwerte für $\bar{m}_y$ mit $p\,b^2$ zu multiplizieren sind.

Die Werte $\bar{m}_x$, $\bar{m}_y$ der Tab. 15 und 16 gelten für Vernachlässigung der Querdehnung ($\mu = 0$). Zu ihrer Berücksichtigung ($\mu = 0{,}3$) ist zu setzen

$$m_x = \bar{m}_x + 0{,}3\,\sqrt{K_x/K_y}\,\bar{m}_y, \tag{124a}$$

$$m_y = \bar{m}_y + \frac{0{,}3}{\sqrt{K_x/K_y}}\,\bar{m}_x. \tag{124b}$$

Für $\varepsilon > 2$ können wie bei der isotropen Platte die Werte von $\varepsilon = 2$ als Näherung genommen werden, im übrigen sollte graphisch interpoliert werden. Eine genauere Interpolationsregel ist bei [*87*] angegeben.

Durchlaufplatte

Unter Benützung der einschlägigen Literatur kann die z. B. über die HT durchlaufende orthotrope Platte behandelt werden. Ein Iterationsverfahren analog dem in 2.4.4.1.1 für die isotrope Durchlaufplatte geschilderten Näherungsverfahren ist ebenfalls anwendbar.

2.4.5.1.2 Randbedingungen ***1****, z-elastische Randstützung (s. Tab. 8).* Hier gelten analoge Überlegungen wie in Abschn. 2.4.4.1.2, sofern es sich – wie üblich – um Randträger mit relativ großer Biegesteifigkeit EI_ζ handelt.

Randbedingungen ***1a****, z-elastische Randstützung (s. Tab. 8).* Hier gelten analoge Überlegungen wie in Abschn. 2.4.4.1.3. Der Einfluß der schubsteifen Verbindung zwischen Randträger und Platte kann näherungsweise über die voll mittragende Plattenbreite nach Abschn. 2.4.5.1.3 erfaßt werden.

2.4.5.1.3 Voll mittragende Plattenbreite (I. Art) bei Biegung. Zur Erfassung einer Randträger-Biegesteifigkeit $0 < EI_\zeta < \infty$ wird das Trägheitsmoment I_ζ des Randträgers über die m. B. ermittelt. Tab. 17 enthält Näherungswerte ν_1, ν_2

[1] Siehe Fußnote 1 auf S. 78.

für parabolischen und dreieckförmigen Momentenverlauf in Abhängigkeit des Seitenverhältnisses L/B und der „Orthotropie“

$$\alpha^* = \frac{F_y}{t\, s_y}$$

mit

F_y Querschnittsfläche der Längsrippe,
s_y Rippenabstand nach Abb. 2.54.

Tabelle 17. *Beiwerte ν_1, ν_2 für die voll mitwirkende Plattenbreite (I. Art) bei Biegung (orthotrope Platte); Querdehnung $\mu = 0.3$*

	L/B \ α^*	0,1	0,2	0,3	0,4	0,5	0,6	0,7
	2	0,35	0,34	0,32	0,31	0,30	0,29	0,28
	4	0,68	0,66	0,64	0,62	0,60	0,59	0,57
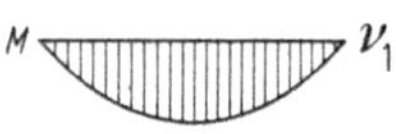	6	0,83	0,81	0,80	0,78	0,77	0,76	0,75
	8	0,90	0,89	0,88	0,87	0,86	0,87	0,84
	10	0,93	0,92	0,91	0,91	0,90	0,90	0,90
	∞	1	1	1	1	1	1	1
	2	0,25	0,24	0,23	0,22	0,22	0,21	0,20
	4	0,50	0,48	0,47	0,45	0,44	0,43	0,41
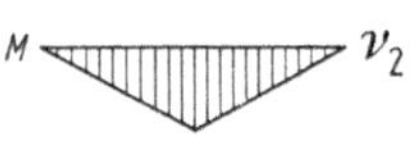	6	0,66	0,65	0,63	0,62	0,60	0,59	0,58
	8	0,77	0,76	0,74	0,73	0,72	0,70	0,69
	10	0,84	0,82	0,81	0,80	0,79	0,78	0,77
	∞	1	1	1	1	1	1	1

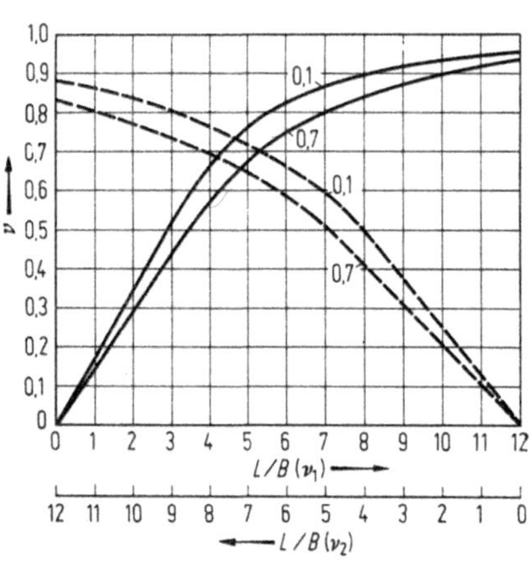

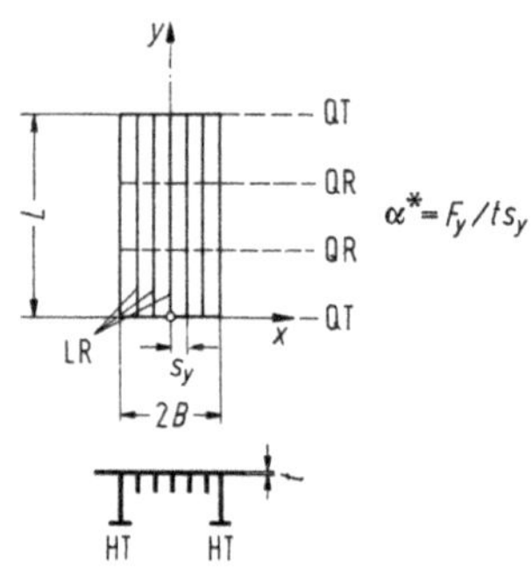

Abb. 2.55. Beiwerte ν_1, ν_2 für die voll mittragende Plattenbreite bei orthotropen Platten in Abhängigkeit von L/B. Kurvenparameter $\alpha^* = F_y/t\,s_y$; Querdehnung $\mu = 0{,}3$.

Gemäß [*83*] hat die Querschnittsfläche F_x der Querträger auf die m. B. einen geringen Einfluß. In Abb. 2.55 ist der Verlauf von ν_1, ν_2 aufgetragen[1]; die m. B. nimmt mit wachsendem α^* ab.

[1] ermittelt nach [*83*] für 3 Reihenglieder. Die ν_2-Werte liegen dabei vermutlich etwas zu hoch.

2.4.5.2 Fall II (Theorie II. Ordnung) für Platten mit großer Durchbiegung

2.4.5.2.1 Randbedingungen 2, z-starre Randstützung (s. Tab. 8). Hier gelten analoge Überlegungen wie in Abschn. 2.4.4.2.1 der isotropen Platte.

Die durch Rechtecklast p belastete Rechteckplatte ist für eine Kombination der Randbedingungen b, c und d der Abb. 2.17 (je gleiche Randbedingungen an den Längs- und Querrändern, z-starre Lagerung an allen vier Rändern) bei [*77*] ausführlich behandelt. Zur Berechnung mit dem Rechenautomaten wurden finite Elemente verwendet.

2.4.6 Stauwandfeld als isotrope Kreiszylinderschale[1]

Die nach einem Kreisbogen gekrümmte Stauwand hat eine größere Tragfähigkeit als eine ebene Stauwand, so daß sich zwecks Gewichtsersparnis eine entsprechende Berechnung lohnt[2]. Gekrümmte Stauwandfelder (Tonnenschalen) werden näherungsweise als ebene Platten berechnet, was einfacher ist.

Während kreiszylindrisch gekrümmte Stauwände bei den Segmentschützen, Sektorwehren, Trommelwehren, Fischbauchklappen und Sektortoren von Haus aus vorhanden sind (Abb. 2.56), kann man auch eine ursprünglich ebene Stauwand z. B. von Rollschützen in tonnenschalenförmige Stauwandfelder umbilden, wie in Abb. 2.57 skizziert (sogenannte „Schalenstauwand" nach [*89*]). Dabei wird nach Abb. 2.57a die Krümmung konkav gegen die Wasserdruckseite ausgebildet, um ein örtliches Beulen weitestgehend auszuschalten, das bei einer konvexen Lage der Stauwand (sogenannte „Wellstauwand" nach [*89*]) durch konstruktive Maßnahmen verhindert werden muß.

Da die Lastabtragung auch bei der biegesteifen Schale zum großen Teil durch Längs- bzw. Schubkräfte erfolgt, werden die Biegebeanspruchungen der Schale wesentlich geringer als bei einer entsprechenden Rechteckplatte. Umgekehrt ergibt sich für die Dimensionierung der Schale eine geringere Blechstärke bzw. ein größerer möglicher Abstand der Randträger. Damit sich eine Schalenwirkung einstellt, müssen bekanntlich mindestens an den gekrümmten Rändern Randträger vorhanden sein, welche die von der Schale abgegebenen Schubkräfte n_{xy} oder n_{yx} gemäß Abb. 2.16 aufnehmen.

Man unterscheidet (Abb. 2.56) je nach dem Verhältnis von $\hat{b}/a$ kurze, mittlere und lange Schalen[1]. Für kurze Schalen ist $\hat{b}/a > 1$, für lange Schalen $\hat{b}/a < \frac{1}{2}$; dazwischen liegen die mittleren Schalen mit den statischen Merkmalen der beiden Extremtypen. Bei den kurzen Schalen beeinflussen sich die von den Rändern $x = \pm a/2$ ausgehenden Störungen des Membranspannungszustands gegenseitig, während sie von den Rändern $y = 0, \hat{b}$ rasch abklingen; das Umgekehrte gilt für die langen Schalen.

Da die Berechnung der Teilschale (schraffiert in Abb. 2.56 und 2.57 dargestellt) gegenüber der Rechteckplatte komplizierter ist, muß für die vereinfachte

---

[1] Man beachte die gegenüber der Platte vertauschten Koordinaten x, y bzw. Längen a, b.

[2] In der Praxis wurde hiervon bisher wenig Gebrauch gemacht, obwohl schon im Jahre 1931 auf die Anwendbarkeit der Biegetheorie der Kreiszylinderschalen im Stahlwasserbau hingewiesen und eine einfache Theorie angegeben wurde [*88*].

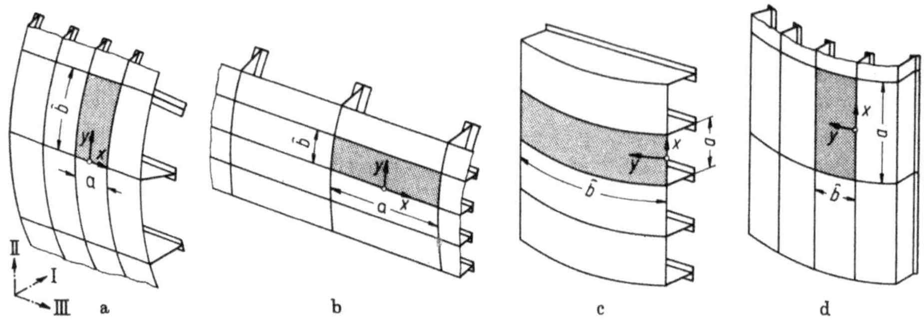

Abb. 2.56. Kreiszylindrische Stauwand (Tonnenschale) (isometrisch).
a) „kurze“ Schalen mit horizontaler Erzeugender; b) „lange“ Schalen mit horizontaler Erzeugender; c) „kurze“ Schalen mit vertikaler Erzeugender; d) „lange“ Schalen mit vertikaler Erzeugender.

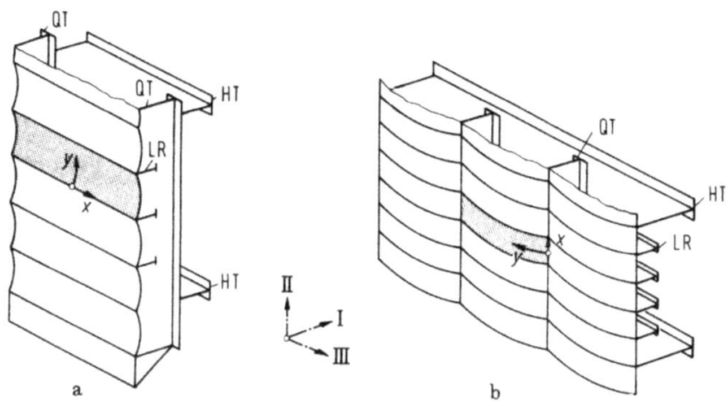

Abb. 2.57. Ursprünglich ebene Stauwand, umgebildet in Tonnenschalen:
a) mit horizontaler Erzeugender (sog. Schalenstauwand); b) mit vertikaler Erzeugender (sog. Wellstauwand).

Berechnung eine sinnvolle Einschränkung[1] hinsichtlich der Form der Stauwandfelder einschließlich der Erfassung der Randbedingungen erfolgen. Für genauere Berechnungen müssen Rechenautomaten eingesetzt werden. So wird z. B. für die in y-Richtung („Querrichtung“) durchlaufende Schale („Tonnenkette“) nach Abb. 2.56b eine Eingabelung hinsichtlich der Randbedingungen vorgenommen durch Beschränkung auf die nach Konstruktion und Belastung symmetrische Einzel- und Mitteltonne. Beide Tonnen sind von den Nachbartonnen losgelöst gedacht. Die Einzeltonne kann sich an den Rändern $y = 0, \hat{b}$ frei verformen, während die Mitteltonne durch die gleich ausgebildeten und belastet gedachten Nachbarschalen an den Rändern keine Verdrehung der Biegefläche und keine Verschiebung senkrecht zum Randträgersteg erleidet.

2.4.6.1 Fall I (Theorie I. Ordnung) für Schalen mit kleiner Durchbiegung

2.4.6.1.1 Randbedingungen ***1a*** *(Einzeltonne), z-starre Randstützung und starre Schub-Randstützung* (Abb. 2.17). Die zuständigen Randbedingungen sind der Tab. 18, die eine Erweiterung der Tab. 8 darstellt, zu entnehmen.

Typ 1 A

Für Rechteckbelastung p einer langen Schale mit $\hat{b}/a = \frac{1}{2}$ $(a/\hat{b} = 2)$, $r/a = 2$ und einer Schalenschlankheit $\hat{b}/t = 93{,}75$ ist in Abb. 2.58a der charakteristische

[1] Diese entspricht der bei kreiszylindrischen Schalendächern üblichen; s. auch [89].

Tabelle 18. *Randbedingungen an den Rändern $x = \pm a/2$; $y = 0, \hat{b}$ für kreiszylindrische Tonnenschalen (Einzeltonne und Mitteltonne)*

	Typ	Lagerung bei $x = \pm a/2$	Lagerung bei $y = 0, \hat{b}$	Rand $x = \pm a/2$						Rand $y = 0, \hat{b}$					
				w	w'	v	u	m_x	n_x	w	$w^{\bullet}$	v	u	m_y	n_y
Einzeltonne	1A	frei drehbar	frei drehbar	0		0[1]		0	0	0			0[1]	0	0
	1B	voll eingespannt und starr	frei drehbar	0	0	0	0			0			0	0	0
Mitteltonne	2A	frei drehbar	voll eingespannt	0		0		0	0	0	0	0	0		
	2B	voll eingespannt und starr	voll eingespannt	0	0	0	0			0	0	0	0		
				$w = 0 \to z$-starr		$v = 0 \to$ schubstarr				$w = 0 \to z$-starr			$u = 0 \to$ schubstarr		

[1] Dies bedeutet nach Abb. 2.17d mit $EF = \infty$ der Randträger schubstarre Randlagerung

Verlauf der Biegemomente m_x, m_y und Längskräfte n_x, n_y und $n_{xy} = n_{yx}$ aufgezeichnet. Tab. 19 enthält für weitere Parametergrößen entsprechende Werte, ebenso die Durchbiegung w in Schalenmitte und die maximale Verschiebung u des gekrümmten Randes in Schalenlängsrichtung (x-Richtung) sowie die Zugkraft $N_x = \int_0^{a/2} n_{xy}\, dx$ im Randträger (man vgl. Abb. 2.18c und beachte die vertauschten Koordinaten x, y bzw. Längen a, b). Die Werte wurden nach [*90*] ermittelt.

In Abb. 2.58b sind für drei verschiedene Schlankheiten $\hat{b}/t$ die Biegemomente m_x, m_y aufgetragen; Kurvenparameter ist das Verhältnis r/a von Schalenradius zur Stützlänge a. An Hand solcher Kurven können durch graphische Interpolation Zwischenwerte der Tab. 19 gewonnen werden.

Für eine kurze Schale mit $\hat{b}/a = 2$ $(a/\hat{b} = \frac{1}{2})$, $r/a = 5$ und einer Schlankheit $a/t = 100$ zeigt Abb. 2.58c den charakteristischen Verlauf der Biegemomente und Längskräfte[1]. Die großen Unterschiede zwischen dieser Schale und einer ersatzweise zugrunde gelegten Rechteckplatte gleicher Abmessungen[2] mit äquivalenten Lagerungsbedingungen (jedoch ohne starre Schubverbindung mit den Randträgern) sind im folgenden Beispiel gezeigt.

[1] Diese Schale wurde auch von [*91*] als Zahlenbeispiel gewählt.

[2] Der geringfügige Unterschied zwischen der Seitenlänge b der Rechteckplatte und der Bogenlänge $\hat{b} = r\,\varphi$ der Schale spielt bei dieser Betrachtung keine Rolle.

Tabelle 19. *Maximalwerte der Biegemomente m_x, m_y und Längskräfte n_x, n_y, $n_{xy} = n_{yx}$ sowie der Zugkraft N_x im Randträger, Durchbiegung w in Schalenmitte, maximale Verschiebung u in der Mitte der gekrümmten Ränder bei der langen isotropen Einzeltonne infolge Rechtecklast p; Querdehnung $\mu = 0{,}3$; $D = Et/0{,}91$; kursive Zahlen: keine Maximalwerte*

$a/\hat{b}$	r/a	$\hat{b}/t$	$m_x \cdot 10^3/pr^2$ $x=0$	$m_x \cdot 10^3/pr^2$ $y=\hat{b}/2$, $x=[0{,}2a]$ $\langle 0{,}3a\rangle$	$m_y \cdot 10^3/pr^2$ $y=\hat{b}/2$, $x=0$	n_x/pr $x=0$	n_x/pr $y=\hat{b}/2$, $x=[0{,}2a]$ $\langle 0{,}3a\rangle$	n_y/pr $x=0$	n_y/pr $y=\hat{b}/2$, $x=\langle 0{,}3a\rangle$ $(0{,}4a)$	n_{yx}/pr $y=0$, $x=a/2$	$w \cdot D/pr^3$ $y=\hat{b}/2$, $x=0$	$u \cdot 10^2 D/pr^2$ $y=\hat{b}/2$, $x=a/2$	$N_x \cdot 10^2/pr^2$ $y=0,\hat{b}$, $x=0$	$N_x \cdot 10^2/pr^2$ $x=[0{,}2a]$ $\langle 0{,}3a\rangle$
		46,9	2,28		6,14	−4,32		−*0,138*	(−0,793)	−2,20	66,9	−139	34,4	
	1,2	*62,5*	2,57		7,11	−2,13		*0,012*	(−0,576)	−1,32	34,3	− 73,5	16,9	
		93,8	2,65		7,45	−*1,21*	[−1,25]	*0,054*	(−0,421)	−0,877	20,3	− 44,6	*9,61*	
		46,9	0,419		1,20	−*0,752*	[−0,819]	*0,049*	(−0,320)	−0,617	13,0	− 11,7	*2,39*	
3,33	*3*	*62,5*	0,413		1,21	−*0,321*	⟨−0,389⟩	*0,038*	(−0,172)	−0,312	5,87	− 5,45	*1,02*	
		93,8	*0,408*	⟨0,419⟩	1,22	−*0,176*	⟨−0,228⟩	*0,027*	(−0,104)	−0,185	3,31	− 3,12	*0,561*	
		46,9	*0,161*	[0,161]	0,474	−*0,280*	⟨−0,345⟩	*0,034*	(−0,155)	−0,278	5,15	− 3,00	*0,558*	
	4,8	*62,5*	*0,158*	⟨0,160⟩	0,475	−*0,121*	⟨−0,161⟩	*0,019*	(−0,075)	−0,132	2,30	− 1,36	*0,240*	
		93,8	*0,157*	⟨0,169⟩	0,474	−*0,067*	⟨−0,092⟩	*0,012*	(−0,044)	−0,076	1,29	− 0,77	*0,133*	
		46,9	1,69		5,08	−*1,30*	⟨−1,56⟩	*0,090*	(−0,533)	−1,14	35,5	− 56,3	*8,27*	
	1,2	*62,5*	1,66		5,12	−*0,512*	⟨−0,818⟩	*0,076*	(−0,341)	−0,649	15,9	− 26,9	*3,26*	
		93,8	1,63		5,09	−*0,262*	⟨−0,500⟩	*0,057*	(−0,225)	−0,412	8,92	− 15,7	*1,67*	
		46,9	*0,255*	⟨0,259⟩	0,805	−*0,156*	⟨−0,332⟩	*0,035*	(−0,161)	−0,281	5,64	− 4,05	*0,398*	
4,17	*3*	*62,5*	*0,250*	⟨0,268⟩	0,800	−*0,064*	⟨−0,156⟩	*0,018*	(−0,079)	−0,134	2,49	− 1,84	*0,163*	⟨0,396⟩
		93,8	*0,248*	⟨0,272⟩	0,797	−*0,035*	⟨−0,893⟩	*0,011*	(−0,045)	−0,078	1,40	− 1,05	*0,088*	⟨0,227⟩
		46,9	*0,097*	⟨0,105⟩	0,312	−*0,056*	⟨−0,137⟩	*0,015*	(−0,070)	−0,119	2,18	− 1,01	*0,089*	⟨0,219⟩
	4,8	*62,5*	*0,097*	⟨0,107⟩	0,311	−*0,024*	⟨−0,062⟩	*0,007*	(−0,032)	−0,055	0,968	− 0,45	*0,038*	⟨0,099⟩
		93,8	*0,096*	⟨0,107⟩	0,310	−*0,013*	⟨−0,035⟩	*0,005*	(−0,018)	−0,031	0,544	− 0,26	*0,021*	⟨0,056⟩
		46,9	1,83		4,42	−4,59		−*0,387*	(−0,827)	−2,40	48,1	−110	36,5	
	1,5	*62,5*	2,33		5,76	−2,60		−*0,148*	(−0,576)	−1,48	27,7	− 64,4	20,7	
		93,8	2,54		6,41	−1,60		−*0,048*	(−0,409)	−0,982	17,3	− 40,8	12,7	
		46,9	0,416		1,07	−1,05		−*0,018*	(−0,306)	−0,684	11,5	− 10,9	3,34	
2,67	*3,75*	*62,5*	0,424		1,12	−0,482		−*0,009*	(−0,161)	−0,340	5,35	− 5,19	1,54	
		93,8	*0,425*	[0,427]	1,14	−0,273		−*0,011*	(−0,097)	−0,200	3,06	− 2,99	0,876	
		46,9	0,166		0,439	−0,424		*0,008*	(−0,145)	−0,302	4,71	− 2,86	0,846	
	6	*62,5*	*0,166*	[0,169]	0,446	−0,190		*0,008*	(−0,070)	−0,141	2,13	− 1,31	0,381	
		93,8	*0,165*	[0,170]	0,448	−*0,107*	[−0,109]	*0,006*	(−0,040)	−0,081	1,21	− 0,74	*0,213*	[0,216]

Tabelle 19 (*Fortsetzung*)

3,33	*1,5*	*46,9*	1,65		4,57	−1,96		*0,016*	(−0,555)	−1,24	31,7	— 54,6	12,4	
		62,5	1,69		4,82	*−0,867*	[−0,930]	*0,056*	(−0,346)	−0,686	14,9	— 26,6	*5,52*	[5,92]
		93,8	1,68		4,88	*−0,475*	⟨−0,544⟩	*0,053*	(−0,226)	−0,429	8,49	— 15,6	*3,02*	⟨3,47⟩
	3,75	*46,9*	0,264		0,778	*−0,295*	⟨−0,361⟩	*0,036*	(−0,161)	−0,290	5,41	— 4,02	*0,751*	⟨0,920⟩
		62,5	*0,259*	⟨0,272⟩	0,778	*−0,127*	⟨−0,169⟩	*0,021*	(−0,078)	−0,138	2,41	— 1,83	*0,323*	⟨0,430⟩
		93,8	*0,257*	⟨0,277⟩	0,777	*−0,070*	⟨−0,097⟩	*0,013*	(−0,045)	−0,079	1,35	— 1,04	*0,179*	⟨0,246⟩
	6	*46,9*	*0,101*	⟨0,107⟩	0,304	*−0,111*	⟨−0,149⟩	*0,018*	(−0,070)	−0,122	2,11	— 1,00	*0,177*	⟨0,237⟩
		62,5	*0,100*	⟨0,109⟩	0,303	*−0,049*	⟨−0,068⟩	*0,009*	(−0,032)	−0,056	0,940	— 0,45	*0,077*	⟨0,108⟩
		93,8	*0,100*	⟨0,110⟩	0,303	*−0,027*	⟨−0,038⟩	*0,005*	(−0,018)	−0,032	0,529	— 0,26	*0,043*	⟨0,061⟩
2	*2*	*46,9*	1,21		2,40	−3,85		*−0,703*	⟨−0,903⟩	−2,37	26,4	— 64,8	30,6	
		62,5	1,83		3,74	−2,58		*−0,432*	⟨−0,644⟩	−1,61	17,8	— 43,8	20,5	
		93,8	2,20		4,60	−1,77		*−0,273*	⟨−0,457⟩	−1,11	12,2	— 3,02	14,1	
	5	*46,9*	0,385		0,815	−1,24		*−0,189*	⟨−0,338⟩	−0,789	8,60	— 3,77	3,95	
		62,5	0,426		0,918	−0,618		*−0,087*	⟨−0,175⟩	−0,398	4,29	— 4,26	1,97	
		93,8	0,443		0,960	−0,363		*−0,048*	⟨−0,103⟩	−0,235	2,52	— 2,51	1,16	
	8	*46,9*	0,168		0,363	−0,549		*−0,078*	⟨−0,157⟩	−0,354	3,81	— 2,36	1,09	
		62,5	0,175		0,381	−0,256		*−0,034*	⟨−0,074⟩	−0,166	1,78	— 1,10	0,510	
		93,8	0,178		0,388	−0,147		*−0,019*	⟨−0,043⟩	−0,096	1,02	— 0,64	0,292	
2,5	*2*	*46,9*	1,45		3,47	−2,49		*−0,191*	(−0,549)	−1,44	23,8	— 45,4	15,8	
		62,5	1,64		4,03	−1,27		*−0,054*	(−0,326)	−0,790	12,3	— 23,8	8,06	
		93,8	1,70		4,26	−0,746		*−0,012*	(−0,209)	−0,487	7,31	— 14,3	4,75	
	5	*46,9*	0,273		0,694	−0,483		*−0,006*	(−0,147)	−0,326	4,76	— 3,74	1,23	
		62,5	*0,275*	[0,278]	0,711	−0,218		*0,002*	(−0,070)	−0,153	2,17	— 1,72	0,556	
		93,8	*0,275*	[0,282]	0,717	−0,124		*0,003*	(−0,040)	−0,088	1,23	— 0,98	0,315	
	8	*46,9*	*0,107*	[0,109]	0,278	−0,192		*0,001*	(−0,063)	−0,135	1,91	— 0,94	0,306	
		62,5	*0,108*	[0,111]	0,281	−0,086		*0,002*	(−0,029)	−0,061	0,856	— 0,43	0,137	
		93,8	*0,108*	[0,111]	0,281	−0,048		*0,001*	(−0,016)	−0,035	4,83	— 0,24	0,077	

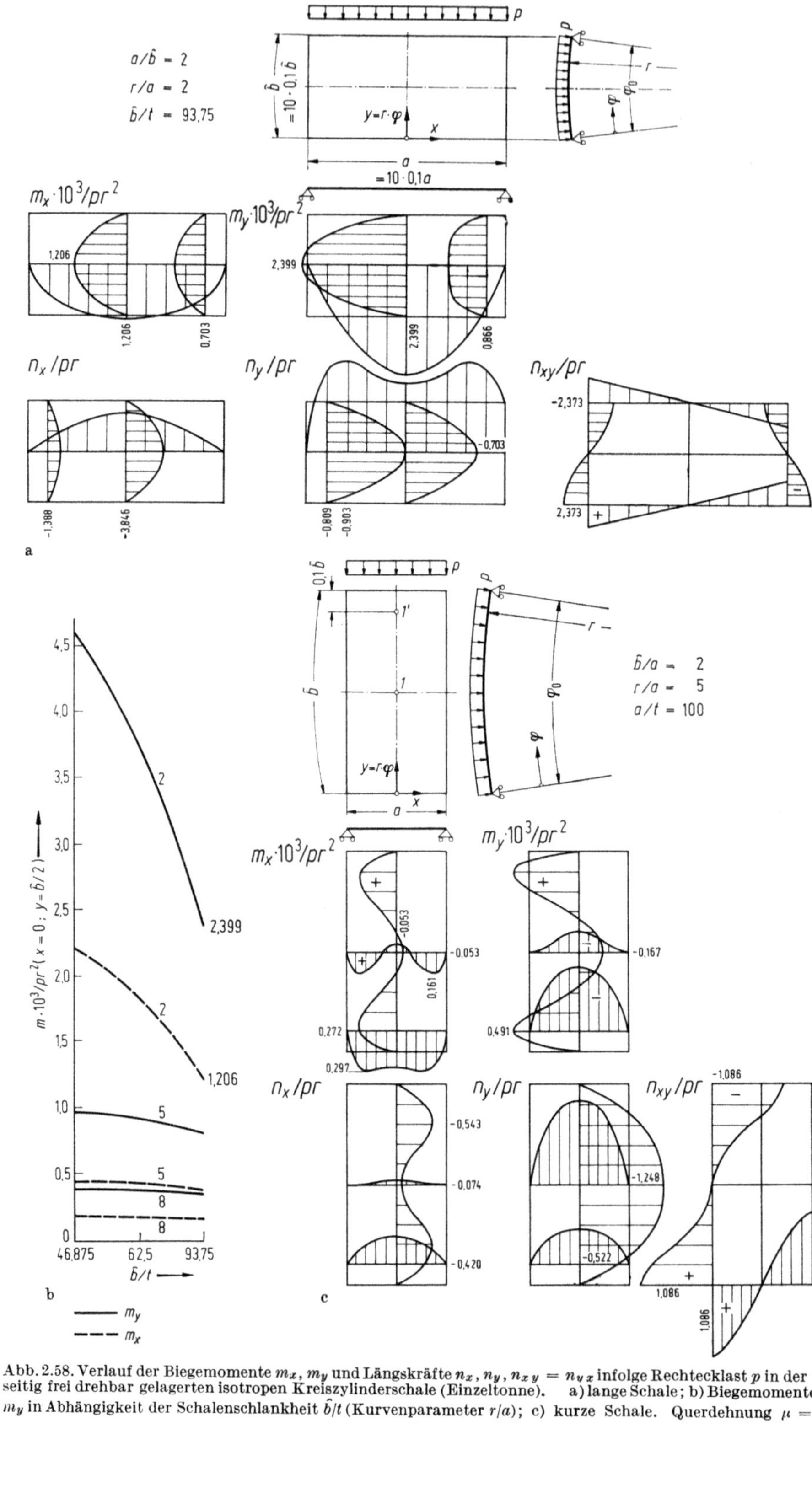

Abb. 2.58. Verlauf der Biegemomente m_x, m_y und Längskräfte n_x, n_y, $n_{xy} = n_{yx}$ infolge Rechtecklast p in der vierseitig frei drehbar gelagerten isotropen Kreiszylinderschale (Einzeltonne). a) lange Schale; b) Biegemomente m_x, m_y in Abhängigkeit der Schalenschlankheit $\hat{b}/t$ (Kurvenparameter r/a); c) kurze Schale. Querdehnung $\mu = 0{,}3$.

Beispiel 8: Für eine $t = 1$ cm dicke, vierseitig frei drehbar gelagerte Rechteckplatte bzw. Kreiszylinderschale sind unter Rechtecklast $p = 0{,}3\,\text{kp/cm}^2$ die maximalen Spannungen gesucht. Die Abmessungen betragen $a = 100$ cm, $\hat{b} \approx b = 200$ cm, $r = 500$ cm. Das Widerstandsmoment beträgt $W = 1 \cdot 1{,}0^2/6 = 0{,}167\,\text{cm}^3/\text{cm}$.

Platte, Punkt *1* (Abb. 2.58c):

An Hand Tab. 9 erhält man für $b/a = 2$

aus Biegung

$$\sigma_{xm} = \mp 0{,}1017 \cdot 0{,}3 \cdot 100^2/0{,}167 = \mp 1830\,[\text{kp/cm}^2],$$

$$\sigma_{ym} = \mp 0{,}464 \cdot 0{,}3 \cdot 100^2/0{,}167 = \mp 835\,[\text{kp/cm}^2].$$

Schale, Punkt 1' (Abb. 2.58c):

An Hand Abb. 2.58c erhält man

aus Biegung

$$\sigma_{xm} = \mp \frac{0{,}272}{10^3} \cdot 0{,}3 \cdot 500^2/0{,}167 = \mp 122\,[\text{kp/cm}^2],$$

$$\sigma_{ym} = \mp \frac{0{,}491}{10^3} \cdot 0{,}3 \cdot 500^2/0{,}167 = \mp 221\,[\text{kp/cm}^2],$$

aus Längskraft

$$\sigma_{xn} = -0{,}420 \cdot 0{,}3 \cdot 500/1{,}0 = -63\,[\text{kp/cm}^2],$$

$$\sigma_{yn} = -0{,}522 \cdot 0{,}3 \cdot 500/1{,}0 = -78\,[\text{kp/cm}^2].$$

Gesamtspannungen

$$\sigma_x = -122 - 63 = -185\,[\text{kp/cm}^2],$$

$$\sigma_y = -221 - 78 = -299\,[\text{kp/cm}^2],$$

also sehr viel geringer als bei der Platte. Die Membranspannungen σ_n[1] sind praktisch vernachlässigbar. Auch die maximale Schubspannung infolge n_{xy} beträgt nur

$$\tau = 1{,}086 \cdot 0{,}3 \cdot 500/1{,}0 = 163\,\text{kp/cm}^2.$$

Typ 1 B

Eine in x-Richtung (= Richtung der Erzeugenden) über die gekrümmten Ränder hinweg *durchlaufende* Schale (Typ 1 B in Tab. 18) erhält infolge dieser Durchlaufwirkung im Gegensatz zur Platte wegen der hauptsächlichen Lastabtragung auf Schub keine wesentliche Entlastung hinsichtlich n_y und n_{xy}. Eine Entlastung entsteht jedoch für n_x und die geraden Randträger, die ebenfalls durchlaufen. Als Näherung kann man von der Einzelschale des Typs 1 A ausgehen und z. B. im Fall symmetrischer Belastung und Form der Nachbarschalen die vorhandene Durchlaufwirkung[2] bzw. die an den gekrümmten Rändern $x = \pm a/2$ entstehenden Schalenkräfte und -momente (insbesondere die am meisten interessierenden m_x) nachträglich mit der Bedingung $w' = u = 0$ erfassen (z. B. [*91, 92*]).

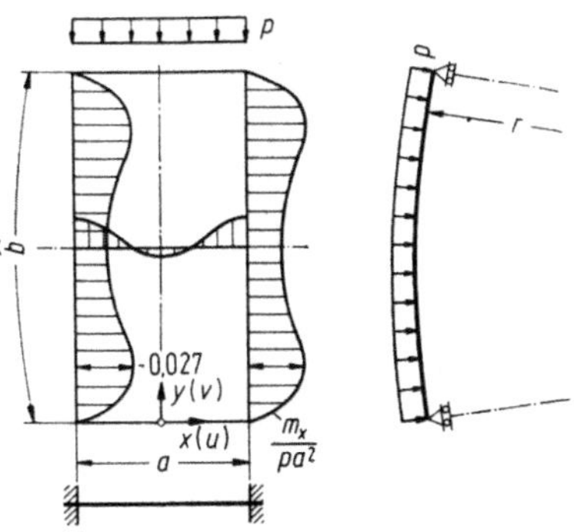

Abb. 2.59. Verlauf des Biegemoments m_x infolge Rechtecklast p in der bei $x = \pm a/2$ starr eingespannten (w'-starr und u-starr nach Abb. 2.17) und bei $y = 0, \hat{b}$ frei drehbar gelagerten, isotropen Kreiszylinderschale (Einzeltonne); Querdehnung $\mu = 0{,}3$.

Bei langen Schalen lassen sich auch in grober Näherung die n_x für die Stelle $x = 0$

[1] Die bekannte „Kesselformel" ergäbe hier die Längsspannungen $\sigma_{xn} = -p\,r/2\,t = -75\,[\text{kp/cm}^2]$ und $\sigma_{yn} = -p\,r/t = -150\,[\text{kp/cm}^2]$ und würde somit auf der sicheren Seite liegen. Dies ist aber nicht immer der Fall.

[2] Über unendlich viele Felder.

Tabelle 20. *Maximalwerte der Biegemomente m_x, m_y und Längskräfte n_x, n_y, $n_{xy} = n_{yx}$ sowie der Zugkraft N_x im Randträger, Durchbiegung w in Schalenmitte, maximale Verschiebung u in der Mitte der gekrümmten Ränder bei der langen isotropen Mitteltonne infolge Rechtecklast p; Querdehnung $\mu = 0{,}3$; $D = E\,t/0{,}91$; kursive Zahlen: keine Maximalwerte*

			$m_x \cdot 10^3/p\,r^2$			$m_y \cdot 10^3/p\,r^2$			$n_x/p\,r$		$n_y/p\,r$		$n_{yx}/p\,r$	$w\,D/p\,r^2$	$u \cdot 10^2 D/p\,r^2$	$N_x \cdot 10^2/p\,r^2$
$a/\hat{b}$	r/a	$\hat{b}/t$	$y = \hat{b}/2$, $x = 0$	$y = \hat{b}/2$, $x = (0{,}4a)$	$y = 0{,}\hat{b}$; $x = 0$ [0,2a] ⟨0,3a⟩ (0,4a)	$y = \hat{b}/2$, $x = 0$	$y = \hat{b}/2$, $x = [0{,}2a]$ ⟨0,3a⟩	$y = 0{,}\hat{b}$; $x = 0$ [0,2a] ⟨0,3a⟩ (0,4a)	$y = \hat{b}/2$, $x = 0$	$y = 0{,}\hat{b}$, $x = 0$	$y = \hat{b}/2$, $x = 0$	$y = \hat{b}/2$, $x = [0{,}2a]$ ⟨0,3a⟩ (0,4a)	$y = 0$, $x = a/2$	$y = \hat{b}/2$, $x = 0$	$y = \hat{b}/2$, $x = 0$	$y = 0{,}\hat{b}$, $x = 0$
3,33	1,2	46,9	*0,081*	(0,182)	*(−0,181)*	*0,258*		(−0,604)	*−0,254*	−0,271	*−0,901*	(−0,932)	−0,328	1,70	−2,05	3,24
		62,5	*0,159*	(0,368)	*(−0,335)*	*0,516*	*⟨0,525⟩*	(−1,12)	*−0,225*	−0,241	*−0,801*	⟨−0,816⟩	−0,268	1,51	−1,72	2,88
		93,8	*0,242*	(0,535)	*⟨−0,490⟩*	*0,794*	*⟨0,812⟩*	⟨−1,64⟩	*−0,195*	−0,209	*−0,694*	⟨−0,707⟩	−0,218	1,31	−1,43	2,50
	3	46,9	*0,051*	(0,107)	*⟨−0,105⟩*	*0,169*	*⟨0,173⟩*	⟨−0,349⟩	*−0,167*	−0,177	*−0,594*	⟨−0,602⟩	−0,177	1,12	−0,478	0,852
		62,5	*0,076*	*(0,143)*	⟨−0,154⟩	*0,253*	*[0,255]*	⟨−0,513⟩	*−0,110*	−0,118	*−0,394*	[−0,396]	−0,109	0,741	−0,303	0,564
		93,8	*0,092*	*(0,163)*	[−0,185]	*0,306*	*[0,308]*	[−0,617]	*−0,075*	−0,080	*−0,268*	[−0,269]	−0,072	0,504	−0,201	0,383
	4,8	46,9	*0,031*	*(0,058)*	⟨−0,630⟩	*0,104*	*[0,105]*	⟨−0,210⟩	*−0,102*	−0,108	*−0,364*	[−0,366]	−0,010	0,684	−0,174	0,325
		62,5	*0,039*	*(0,067)*	[−0,079]	*0,130*	*[0,131]*	[−0,262]	*−0,056*	−0,060	*−0,203*	[−0,203]	−0,053	0,381	−0,094	0,181
		93,8	*0,043*	*(0,072)*	[−0,086]	*0,143*	*[0,144]*	[−0,287]	*−0,035*	−0,037	*−0,125*	[−0,125]	−0,032	0,235	−0,057	0,112
4,17	1,2	46,9	*0,109*	*(0,195)*	(−0,226)	*0,352*	*⟨0,354⟩*	(−0,754)	*−0,230*	−0,237	*−0,789*	(−0,797)	−0,261	0,148	−1,53	2,33
		62,5	*0,192*	*(0,347)*	(−0,381)	*0,626*	*⟨0,635⟩*	(−1,27)	*−0,182*	−0,188	*−0,624*	⟨−0,631⟩	−0,189	1,17	−1,01	1,84
		93,8	*0,262*	*(0,459)*	⟨−0,525⟩	*0,862*	*⟨0,874⟩*	⟨−1,75⟩	*−0,141*	−0,146	*−σ,482*	⟨−0,487⟩	−0,139	0,909	−0,755	1,42
	3	46,9	*0,051*	*(0,086)*	⟨−0,102⟩	*0,167*	*⟨0,169⟩*	⟨−0,339⟩	*−0,109*	−0,112	*−0,375*	⟨−0,377⟩	−0,104	0,704	−0,230	0,441
		62,5	*0,064*	*(0,103)*	⟨−0,128⟩	*0,211*	*⟨0,212⟩*	⟨−0,425⟩	*−6,061*	−0,063	*−0,210*	[−0,211]	−0,056	0,395	−0,125	0,247
		93,8	*0,070*	*(0,111)*	⟨−0,140⟩	*0,232*	*[0,233]*	⟨−0,467⟩	*−0,038*	−0,039	*−0,130*	[−0,130]	−0,034	0,245	−0,077	0,153
	4,8	46,9	*0,026*	*(0,041)*	⟨−0,051⟩	*0,085*	*⟨0,085⟩*	⟨−0,170⟩	*−0,055*	−0,057	*−0,190*	[−0,190]	−0,050	0,356	−0,071	0,139
		62,5	*0,029*	*(0,045)*	[−0,057]	*0,094*	*⟨0,095⟩*	[−0,190]	*−0,027*	−0,028	*−0 094*	[−0,094]	−0,024	0,177	−0,035	0,069
		93,8	*0,030*	*(0,046)*	[−0,059]	*0,099*	*[0,099]*	[−0,198]	*−0,016*	−0,017	*−0,055*	[−0,055]	−0,014	0,104	−0,020	0,041
2,67	1,5	46,9	*0,080*	(0,242)	*(−0,188)*	*0,258*	*⟨0,260⟩*	(−0,628)	*−0,238*	−0,269	*−0 901*	⟨−0,926⟩	−0,327	1,70	−2,03	3,12
		62,5	*0,156*	(0,434)	*(−0,328)*	*0,516*	*⟨0,530⟩*	(−1,09)	*−0,212*	−0,240	*−0,801*	⟨−0,824⟩	−0,267	1,51	−1,70	2,77
		93,8	*0,237*	(0,595)	*⟨−0,499⟩*	*0,794*	*⟨0,811⟩*	⟨−1,66⟩	*−0,183*	−0,208	*−0,694*	⟨−0,704⟩	−0,218	1,31	−1,41	2,40
	3,75	46,9	*0,050*	(0,115)	*⟨−0,105⟩*	*0,170*	*[0,172]*	⟨−0,350⟩	*−0,156*	−0,177	*−0,595*	[−0,602]	−0,176	1,12	−0,471	0,817
		62,5	*0,075*	*(0,148)*	[−0,154]	*0,254*	*[0,256]*	[−0,514]	*−0,103*	−0,117	*−0,395*	[−0,396]	−0,109	0,745	−0,298	0,540
		93,8	*0,092*	*(0,165)*	[−0,185]	*0,307*	*[0,308]*	[−0,618]	*−0,070*	−0,080	−0,269		−0,072	0,507	−0,197	0,366
	6	46,9	*0,031*	*(0,059)*	[−0,063]	*0,104*	*[0,105]*	[−0,211]	*−0,095*	−0,108	−0,366		−0,100	0,688	−0,171	0,311
		62,5	*0,039*	*(0,068)*	[−0,079]	*0,131*		−0,262	*−0,053*	−0,060	−0,203		−0,053	0,383	−0,092	0,173
		93,8	*0,043*	*(0,071)*	−0,086	*0,144*		−0,287	*−0,033*	−0,037	−0,125		−0,032	0,236	−0,056	0,106

Tabelle 20 (*Fortsetzung*)

3,33	1,5	46,9	0,108	(0,250)	(−0,227)	0,352	⟨0,359⟩	(−0,757)	−0,222	−0,236	−0,789	⟨−0,804⟩	−0,261	1,48	−1,35	2,27
		62,5	0,190	(0,404)	⟨−0,387⟩	0,626	⟨0,640⟩	⟨−1,29⟩	−0,175	−0,187	−0,624	⟨−0,633⟩	−0,189	1,18	−1,01	1,79
		93,8	0,260	(0,512)	⟨−0,528⟩	0,862	⟨0,873⟩	⟨−1,76⟩	−0,135	−0,145	−0,482	[−0,485]	−0,139	0,910	−0,752	1,39
	3,75	46,9	0,050	(0,094)	⟨−0,102⟩	0,167	[0,169]	⟨−0,338⟩	−0,105	−0,112	−0,375	[−0,377]	−0,103	0,705	−0,229	0,429
		62,5	0,063	(0,110)	[−0,128]	0,211	[0,213]	[−0,425]	−0,059	−0,063	−0,210	[−0,211]	−0,056	0,396	−0,125	0,241
		93,8	0,070	(0,117)	[−0,140]	0,232	[0,234]	[−0,468]	−0,036	−0,039	−0,130	[−0,130]	−0,338	0,245	−0,076	0,149
	6	46,9	0,025	(0,044)	[−0,051]	0,085	[0,085]	[−0,170]	−0,053	−0,057	−0,190	[−0,190]	−0,050	0,357	−0,070	0,136
		62,5	0,028	(0,047)	[−0,057]	0,095	[0,095]	[−0,190]	−0,026	−0,028	−0,094		−0,024	0,177	−0,034	0,067
		93,8	0,030	(0,048)	[−0,060]	0,099	[0,099]	[−0,198]	−0,015	−0,017	−0,055		−0,014	0,104	−0,020	0,039
2	2	46,9	0,076	(0,297)	(−0,187)	0,258	⟨0,260⟩	(−0,624)	−0,213	−0,267	−0,900	⟨−0,944⟩	−0,324	1,71	−1,94	2,88
		62,5	0,148	(0,476)	⟨−0,338⟩	0,519	[0,529]	⟨−1,13⟩	−0,189	−0,238	−0,803	[−0,822]	−0,264	1,53	−1,62	2,56
		93,8	0,233	(0,617)	⟨−0,498⟩	0,804	[0,815]	⟨−1,66⟩	−0,165	−0,208	−0,700	[−0,708]	−0,215	1,33	−1,34	2,21
	5	46,9	0,051	(0,116)	[−0,105]	0,172	[0,173]	[−0,351]	−0,141	−0,176	−0,603		−0,173	1,14	−0,447	0,750
		62,5	0,081	(0,143)	−0,155	0,258		−0,517	−0,093	−0,116	−0,399		−0,107	0,755	−0,281	0,492
		93,8	0,100	(0,157)	−0,187	0,311		−0,623	−0,063	−0,787	−0,270		−0,070	0,511	−0,186	0,331
	8	46,9	0,033	(0,057)	−0,064	0,106		−0,212	−0,086	−0,107	−0,368		−0,098	0,696	−0,161	0,283
		62,5	0,043	(0,064)	−0,079	0,132		−0,265	−0,047	−0,059	−0,204		−0,052	0,385	−0,087	0,156
		93,8	0,048	(0,067)	−0,087	0,145		−0,290	−0,029	−0,036	−0,125		−0,032	0,237	−0,053	0,095
2,5	2	46,9	0,105	(0,300)	⟨−0,225⟩	0,352	⟨0,361⟩	⟨−0,752⟩	−0,203	−0,235	−0,789	⟨−0,810⟩	−0,259	1,49	−1,32	2,15
		62,5	0,185	(0,443)	⟨−0,390⟩	0,629	[0,639]	⟨−0,130⟩	−0,161	−0,186	−0,625	[−0,633]	−0,188	1,18	−0,987	1,70
		93,8	0,256	(0,539)	[−0,528]	0,867	[0,877]	[−1,76]	−0,124	−0,145	−0,484	[−0,487]	−0,138	0,917	−0,735	1,31
	5	46,9	0,045	(0,096)	[−0,102]	0,168	[0,169]	[−0,340]	−0,096	−0,111	−0,377		−0,103	0,711	−0,224	0,404
		62,5	0,064	(0,110)	(−0,128)	0,213		−0,426	−0,054	−0,062	−0,211		−0,055	0,399	−0,122	0,226
		93,8	0,071	(0,116)	(−0,141)	0,234		−0,469	−0,033	−0,039	−0,131		−0,036	0,247	−0,074	0,139
	8	46,9	0,026	(0,043)	(−0,051)	0,085		−0,171	−0,048	−0,056	−0,191		−0,049	0,360	−0,069	0,127
		62,5	0,029	(0,046)	(−0,057)	0,095		−0,191	−0,024	−0,028	−0,095		−0,024	0,179	−0,033	0,063
		93,8	0,030	(0,047)	(−0,060)	0,099		−0,199	−0,014	−0,016	−0,055		−0,014	0,105	−0,019	0,036

mit einem Drittel, für $x = \pm a/2$ mit zwei Dritteln der n_x der Einzelschale des Typs 1 A (entsprechend dem Biegemomentenverlauf des beidseits voll eingespannten Trägers auf 2 Stützen) ansetzen („Balkenmethode").

Für die kurze, bei $x = \pm a/2$ voll eingespannte, u-starr gelagerte Tonnenschale der Abb. 2.59 wird das maximale Biegemoment an den gekrümmten Rändern (= Einspannmoment) nach [91] $m_x = 0{,}027\, p\, a^2$, es beträgt nur etwa 30% des Einspannmoments der Platte mit $m_x = p\, a^2/12 = 0{,}0832\, p\, a^2$.

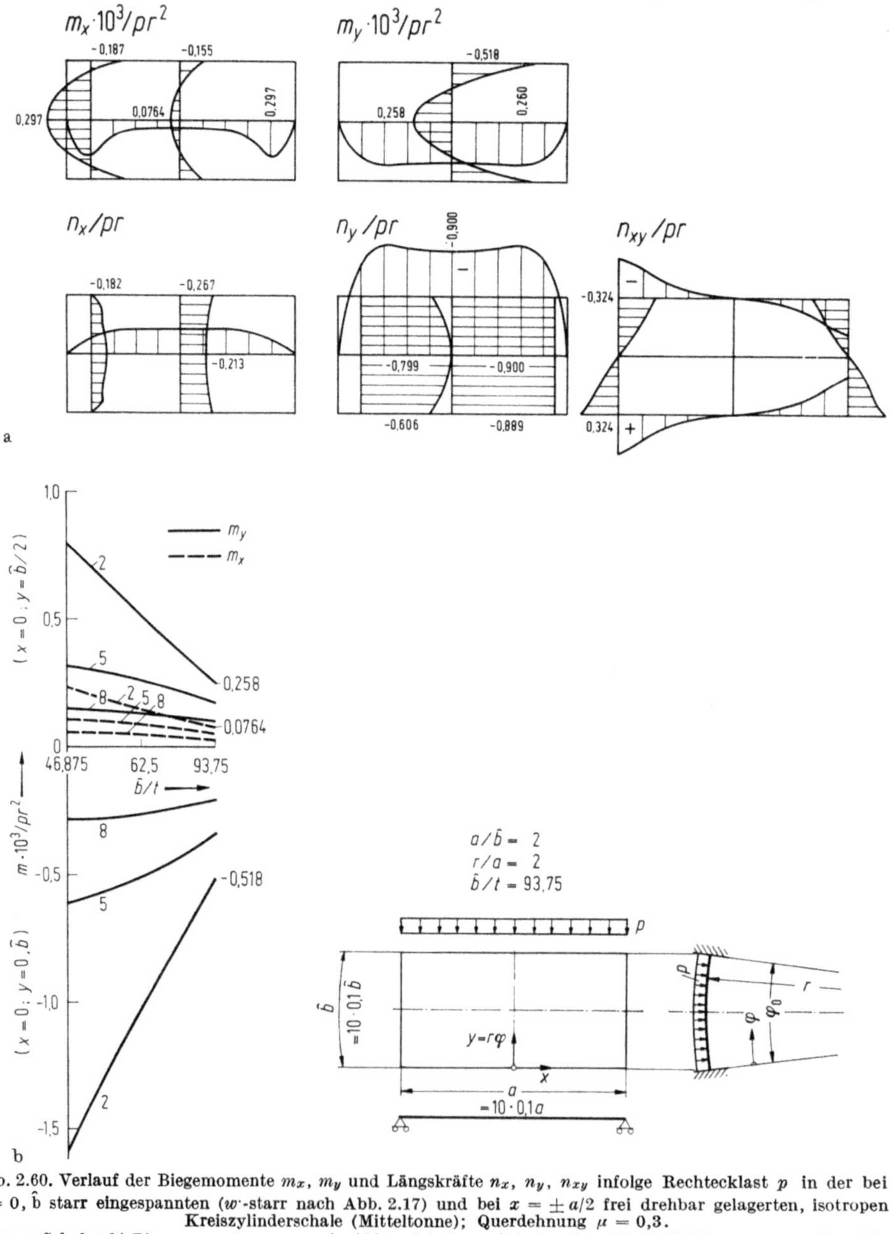

Abb. 2.60. Verlauf der Biegemomente m_x, m_y und Längskräfte n_x, n_y, n_{xy} infolge Rechtecklast p in der bei $y = 0, \hat{b}$ starr eingespannten (w'-starr nach Abb. 2.17) und bei $x = \pm a/2$ frei drehbar gelagerten, isotropen Kreiszylinderschale (Mitteltonne); Querdehnung $\mu = 0{,}3$.
a) lange Schale; b) Biegemomente m_x, m_y in Abhängigkeit der Schalenschlankheit b/t (Kurvenparameter r/a).

Zur groben Abschätzung des maximalen Biegemoments m_x an den gekrümmten Rändern wird oft das voll eingespannte Rohr unter konstantem Außendruck p herangezogen[1]; man liegt jedoch damit nicht immer auf der sicheren Seite.

Randbedingungen 2 (Mitteltonne), z-starre Randstützung und starre Schub-Randstützung (Abb. 2.17). Die zuständigen Randbedingungen sind der Tab. 18 zu entnehmen.

Typ 2 A

Für Rechteckbelastung p einer langen Schale mit $\hat{b}/a = \frac{1}{2}$ $(a/\hat{b} = 2)$, $r/a = 2$ und einer Schalenschlankheit $\hat{b}/t = 93{,}75$ ist in Abb. 2.60a (analog Abb. 2.58a) der charakteristische Verlauf der Biegemomente und Längskräfte aufgezeichnet. Tab. 20 enthält für weitere Parametergrößen entsprechende Werte, ebenso die Durchbiegung w in Schalenmitte und die maximale Verschiebung u des gekrümmten Randes in Schalenlängsrichtung sowie die Zugkraft N_x im Randträger. Diese Werte wurden nach [*90*] ermittelt.

In Abb. 2.60b sind für drei verschiedene Schlankheiten $\hat{b}/t$ die Biegemomente m_x, m_y aufgetragen; Kurvenparameter ist das Verhältnis r/a. An Hand solcher Kurven können durch Interpolation Zwischenwerte der Tab. 20 gewonnen werden.

Typ 2 B

Hierfür gelten analoge Überlegungen wie für die *Einzeltonne.*

2.4.6.1.2 Randbedingungen ***1a*** *und* ***2****; z-elastische Stützung der Ränder* $y = 0, \hat{b}$. Dieser Fall läßt sich mit den bekannten Grundlagen der Schalendächer verhältnismäßig einfach behandeln, wenn die Randbedingungen an den Querrändern $x = \pm a/2$ dieselben bleiben wie in Abschn. 2.4.6.1.1. An den geraden Rändern $y = 0, \hat{b}$ müssen die Verschiebungen und Verdrehungen von Schale und Randträger (Index R) übereinstimmen, also z. B.

bei der Einezltonne	$w = w_R$,	$v = v_R$,	$u = u_R$,	$w^\bullet = \varphi_R$;
bei der Mitteltonne	$w = w_R$,	$v = 0$,	$u = u_R$,	$w^\bullet = 0$.

Aus Platzgründen wird auf das umfangreiche Schrifttum über Schalendächer verwiesen. Für Berechnungen empfiehlt sich die Benutzung eines Rechenautomaten [*90*].

2.4.6.1.3. Voll mittragende Schalenbreite. Für die Ermittlung des Trägheitsmoments I_ζ der Randträger, das im Abschn. 2.4.6.1.1 für die Berechnung der Schale unendlich gesetzt wurde, kann das Zusammenwirken mit der Schale näherungsweise über die voll mittragende Schalenbreite erfaßt werden. Dabei wird ein aus dem Randträgerquerschnitt und einem Teilquerschnitt der Schale zusammengesetzter ,,Ersatz"-Querschnitt nach der technischen Balkenbiegelehre behandelt. Die Definition ist ähnlich der für Platten (vgl. Abschn. 2.4.4.1.3).

1. An den geraden Rändern: Bei den relativ großen Radien im Vergleich zu den Abmessungen a und $\hat{b}$ der Tonnenschalen im Stahlwasserbau kann hierfür näherungsweise mit den Formeln für die m. B. bei Platten gerechnet werden.

---

[1] Hierzu [*67*, S. 478ff.].

2. An den gekrümmten Rändern: Die voll mittragende Schalenbreite ist geringer als bei Platten. Die Breite des Ersatzträgerquerschnitts $\nu \cdot 2B$ wird um den Faktor Ω reduziert, so daß als voll mittragende Schalenbreite $\Omega\,\nu \cdot 2B$ (Abb. 2.61b) entsteht. Ω ist Abb. 2.61c[1] zu entnehmen.

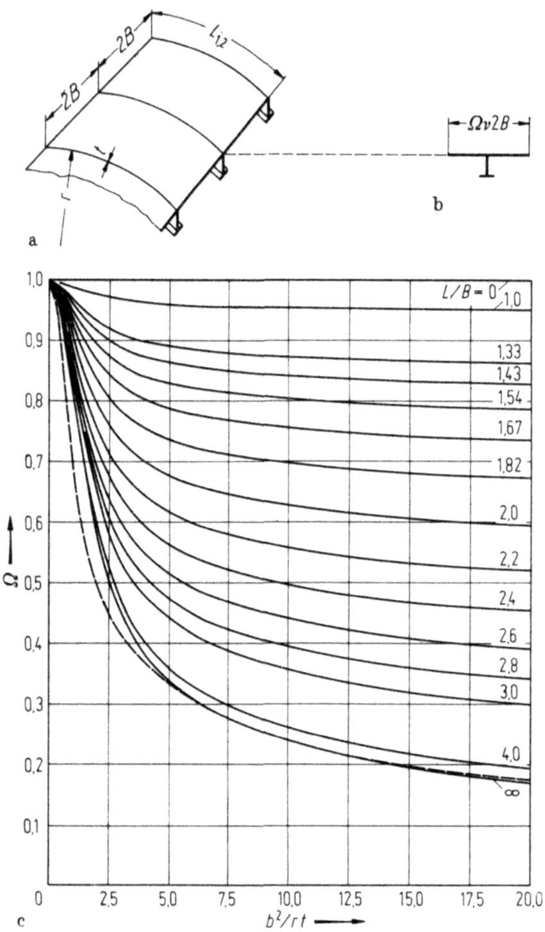

Abb. 2.61. m. B. der isotropen Kreiszylinderschale bei Biegung (gekrümmte Ränder).

a) maßgebende Abmessungen; b) Ersatzquerschnitt; c) Reduktionsfaktor Ω für ν der (ebenen) isotropen Platte nach Abb. 2.42 bzw. Tab. 14.

2.4.7 Stauwandfeld als orthotrope Kreiszylinderschale

Für die orthotrope Kreiszylinderschale gilt Analoges wie bei der orthotropen Platte. Auf eine Tabulierung von Zahlenwerten für m_y, m_x, n_y, n_x, n_{yx} usw. muß aus Platzgründen verzichtet werden; zweckmäßigerweise berechnet man jeden Einzelfall mit dem Rechenautomaten. Die Steifigkeitswerte können wie in Abschn. 2.4.5.1 angesetzt werden.

[1] Umdruck des Lehrstuhls für Schiffbau (Konstruktion und Statik) der TH Aachen. Auch hier wurde eine Belastung nach Abb. 2.35b zugrunde gesetzt.

2.4.7.1 Fall I (Theorie I. Ordnung) für Schalen mit kleiner Durchbiegung

2.4.7.1.1 Randbedingungen **1a** *und* **2**, *z-starre Randstützung.* Hierfür gilt das Analoge zu Abschn. 2.4.6.1.1 für die isotrope Schale.[1]

2.4.7.1.2 Randbedingungen **1a** *und* **2**, *z-elastische Randstützung.* Hierfür gilt ebenfalls das Analoge zu Abschn. 2.4.6.1.2 für die isotrope Schale.

2.4.8 Stabilität der Stauwand[2]

Die wasserdruckbelastete Stauwand nimmt hinsichtlich der Stabilitätsprobleme der übrigen Bauglieder des VKö eine Sonderstellung ein. Sie erhält neben der Flächenlast (Querlast) p aus Wasserdruck zusätzlich aus der Haupttragwirkung des VKö[3] Längskräfte (Randkräfte) n_0, welche meist Druckkräfte sind. Bei Zugkräften werden die Durchbiegungen bzw. Biegespannungen aus p abgebaut; dieser entlastende Effekt ist jedoch bei in der Stauwandebene nachgiebiger Lagerung verhältnismäßig gering (vgl. Abschn. 2.4.4.2). Bei Druckkräften dagegen wachsen Durchbiegungen und Biegespannungen in ungleich höherem Maß an.

Unter der gleichzeitigen Wirkung von Querlasten und Randdruckkräften erschöpft sich bei Steigerung von p und/oder n_0 das Tragvermögen des Stauwandfelds entweder durch örtliches Erreichen der ***Fließgrenze*** (Spannungsproblem) oder durch Erreichen der ***Beulgrenze*** (Stabilitätsproblem). Ob die eine oder andere Grenze maßgebend ist, hängt einerseits ab von der relativen Größe der Querlast p zur Randdruckkraft n_0, andererseits vom Seitenverhältnis a/b des Stauwandfelds und damit von der Form der Beulfläche, die sich unter der alleinigen Wirkung von n_0 einstellen würde (Abb. 2.62a).

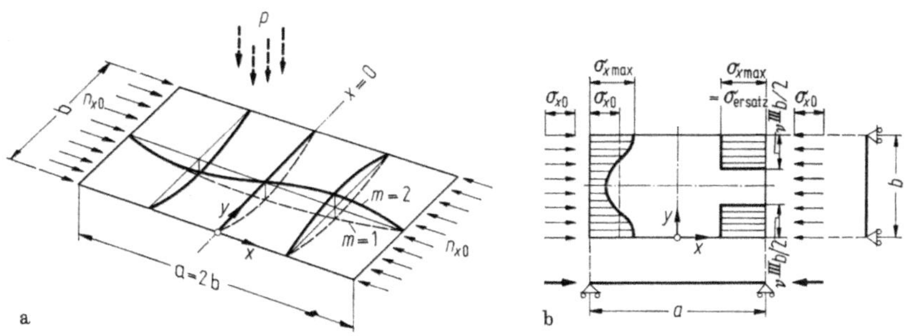

Abb. 2.62. Isotrope Rechteckplatte.
a) Beulfläche der Einzelplatte infolge Längsdruck n_{x0} allein sowie Biegefläche infolge Querlast p (Rechtecklast) allein (gestrichelt), Seitenverhältnis $a/b = 2$ (isometrisch); b) Genäherter Verlauf der Membranspannungen (linke Bildhälfte) und m. B. III. Art (rechte Bildhälfte).

Der Mechanismus, der sich mit Hilfe der Theorie II. Ordnung (vgl. Tab. 7) erfassen läßt, ist bei [*93a, 93b*] für Platten und Roste eingehend erläutert. Nach [*93a*] sind für praktische Rechnungen vereinfachend *zwei* Nachweise erforderlich:

---

[1] Eine Gegenüberstellung zur isotropen Schale ist in [*91*] an einem Beispiel vorgenommen.

[2] Man beachte die gegenüber Abschn. 2.4.1 bis 2.4.5 vertauschten Koordinaten x, y bzw. Längen a, b.

[3] Für die Quertragwirkung gilt Analoges. Da der Einfluß der HT überwiegt, kann man den Einfluß der QT unberücksichtigt lassen. Für die Hauptträgerspannungen darf hier näherungsweise konstanter Verlauf längs des Randes des Stauwandfelds angenommen werden.

1. $\sigma_v < \sigma_F$, d. h., es darf die Vergleichsspannung σ_v an keiner Stelle des Stauwandfelds die Fließgrenze erreichen. Es ist mit σ_{xn} = Längsspannung, σ_{xm}, σ_{ym} = Biegespannungen

$$\sigma_v = \sqrt{(\sigma_{xn} + \sigma_{xm})^2 + \sigma_{ym}^2 - (\sigma_{xn} + \sigma_{xm})\,\sigma_{ym}}. \tag{125}$$

2. $\sigma_0 < \sigma_K$, d. h., die Randdruckspannung σ_0 darf höchstens die Beulspannung σ_K des querbelastungs*freien* Stauwandfelds erreichen.

Für 1. und 2. sind die erforderlichen Sicherheiten[1] einzuhalten.

2.4.8.1 Konstante Randdruckkraft n_{x0} ohne Querlast p (Rechtecklast)

2.4.8.1.1 Rechteckplatte. Die bekannten Beulfaktoren k sind für 4seitig frei drehbar und voll eingespannte Lagerung der Platte in Abb. 2.63a aufgetragen[2] [unterkritischer Bereich, d. h., es ist die mittlere Spannung σ_{x0} am gedrückten Rand kleiner oder gleich der kritischen Spannung (Beulspannung) σ_{xK}].

Isotrope Platte

Die kritische Spannung beträgt

$$\sigma_{xK} = k\sigma_e, \tag{126a}$$

wobei zur Abkürzung

$$\sigma_e = \frac{\pi^2 E}{12(1-\mu^2)}\left(\frac{t}{b}\right)^2 \tag{126b}$$

gesetzt ist; mit $E = 2{,}1 \cdot 10^6$ kp/cm² und $\mu = 0{,}3$ wird $\sigma_e = 1{,}898 \cdot 10^6 (t/b)^2$.

Die kritische Last (Randdruckkraft) beträgt

$$n_{xK} = \sigma_{xK}\, t \tag{126c}$$

oder

$$n_{xK} = \frac{k\pi^2 K}{b^2} \tag{126d}$$

mit der Plattenbiegesteifigkeit K nach Gl. (87).

Die sich nach Überschreiten der kritischen Spannung (überkritischer Bereich, $\sigma_{x0} > \sigma_{xK}$) einstellende Durchbiegung w in Plattenmitte zeigt Abb. 2.63b (dick ausgezogene Linie) für ein Seitenverhältnis $a/b = 1$ bzw. für quadratische Beulen bei ganzzahligen Seitenverhältnissen a/b. Der Zusammenhang zwischen σ_{x0} und w wird näherungsweise wiedergegeben durch die Beziehung [*96*]

$$\frac{\sigma_{x0}}{\sigma_e} = c + \frac{2048(1-\mu^2)}{3\pi^4 c}\left(\frac{w}{t}\right)^2, \tag{127a}$$

wobei $c = \left(\frac{a}{b} + \frac{b}{a}\right)^2$. (127b)

Für je 1 Halbwelle in x- und y-Richtung wird im überkritischen Bereich die Membranspannung näherungsweise

$$\sigma_{xn} = -\frac{\pi^2 E}{8}\left(\frac{t}{a}\right)^2\left(\frac{w}{t}\right)^2 \cos\frac{2\pi y}{b} - \sigma_{x0}\,. \tag{128a}$$

Ihr Verlauf ist in der linken Bildhälfte der Abb. 2.62b mit dem Randwert

$$\sigma_{x\max} = -\frac{\pi^2 E}{8}\left(\frac{t}{a}\right)^2\left(\frac{w}{t}\right)^2 - \sigma_{x0} \tag{128b}$$

skizziert.

---

[1] Für a) s. Tab. 6, drittletzte Zeile; für b) s. Fußnote 1 auf S. 57.

[2] Für diese und andere Lagerungsarten siehe z. B. [*65, 94, 95a, 95b*]; für elastische Einspannung der Ränder $y = 0, b$ s. [*86*].

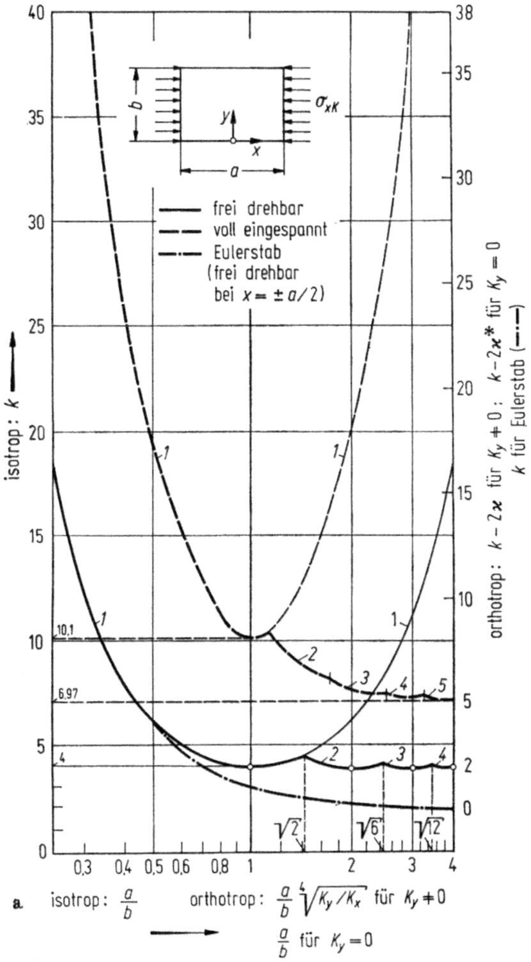

a

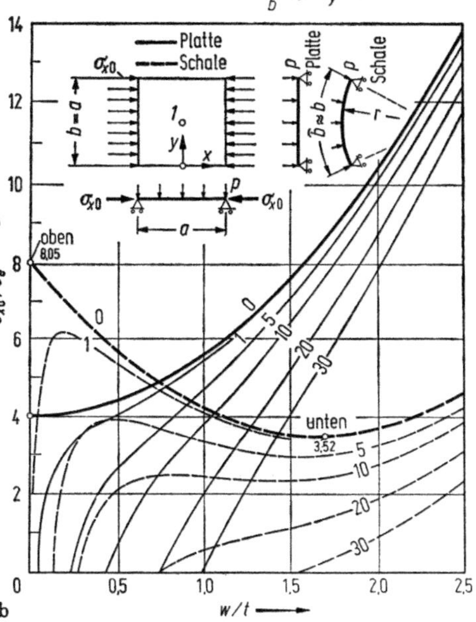

b

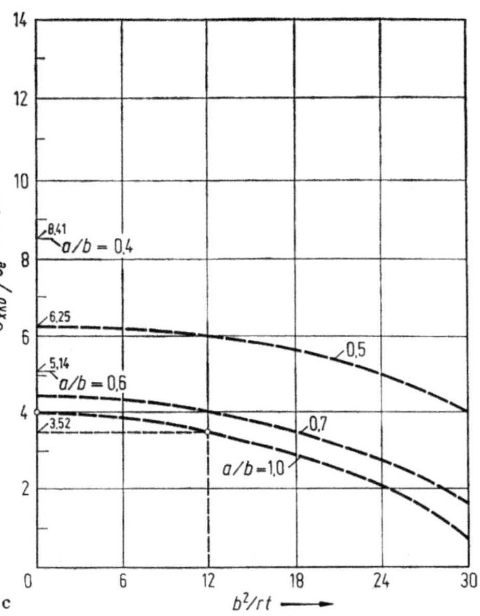

c

Abb. 2.63. Unterkritischer und überkritischer Bereich von Rechteckplatte und Kreiszylinderschale.

a) Beulfaktoren der 4seitig frei drehbar und 4seitig voll eingespannt gelagerten isotropen bzw. orthotropen Rechteckplatte (unterkritischer Bereich) in Abhängigkeit vom Seitenverhältnis a/b bzw. vom modifizierten Seitenverhältnis

$$a/b \cdot \sqrt[4]{K_y/K_x}\,.$$

Zahlen *1, 2, 3*, ... an den Kurvenästen = Halbwellenanzahl in Druckrichtung. $\varkappa$ = Torsionssteifigkeitsfaktor.

b) Bezogene mittlere Spannung σ_{x0}/σ_e am gedrückten Rand in Abhängigkeit von der bezogenen Durchbiegung w/t im Platten-/Schalen-Mittelpunkt ohne und mit gleichzeitig wirkender Querlast p (überkritischer Bereich); Seitenverhältnis $a/b = 1$ (quadratische Beulen). Kurvenparamete : bezogene Querlast $p \Big/ \frac{Et^4}{a^2 b^2}$.

c) Bezogene untere kritische Spannung (Durchschlagsspannung) σ_{xKD}/σ_e am gedrückten Rand der Kreiszylinderschale in Abhängigkeit vom Krümmungskennwert b^2/rt. Kurvenparameter: Seitenverhältnis a/b.

Voll mittragende Plattenbreite III. Art bei Druck.

Analog zu Abschn. 2.4.4.1.3 wird eine voll mittragende Plattenbreite (m. B.) III. Art von der Größe $\nu^{\mathrm{III}} b$ definiert (Abb. 2.62b, rechte Bildhälfte). Mit der kritischen Spannung $\sigma_{x K \text{ersatz}}$ eines unter der mittleren Randdruckspannung σ_{x0} stehenden Plattenstreifens von der Breite $\nu^{\mathrm{III}} b/2$ und der Länge a erhält man nach [64, 65, 80] für

$$a/b \geqq 1 \qquad \nu^{\mathrm{III}} = \frac{1}{2 - \sigma_{xK}/\sigma_{x0}} \tag{129a}$$

$$a/b \leqq 1 \qquad \nu^{\mathrm{III}} = \frac{1 + (a/b)^4}{3 + (a/b)^4 - 2\,\sigma_{xK}/\sigma_{x0}}\,. \tag{129b}$$

Die Tragfähigkeit der Platte ist endgültig erschöpft, wenn $\sigma_{x\max}$ die Fließgrenze σ_F erreicht. Der Laststeigerungsfaktor gegenüber der kritischen Last beträgt dann für

$$a/b \geqq 1 \qquad \eta = \frac{1}{2}\left(\frac{\sigma_F}{\sigma_{xK}} + 1\right) \tag{129c}$$

$$a/b \leqq 1 \qquad \eta = \frac{\frac{\sigma_F}{\sigma_{xK}}\left[1 + (a/b)^4\right] + 2}{3 + (a/b)^4} \tag{129d}$$

Die Gl. (129) gelten für $\sigma_{x\max}/\sigma_{xK} < 5$.

Im überkritischen Bereich wird in Plattenmitte die Membranspannung

$$\left.\begin{aligned} \sigma_{xn} &= \frac{\pi^2 E}{8}\left(\frac{t}{a}\right)^2\left(\frac{w}{t}\right)^2 - \sigma_{x0} \\ \sigma_{yn} &= \frac{\pi^2 E}{8}\left(\frac{t}{b}\right)^2\left(\frac{w}{t}\right)^2 \\ \text{Biegespannung}\qquad \sigma_{xm} &= \frac{\pi^2 E}{8}\left(\frac{t}{a}\right)^2 (1 + \mu\, a^2/b^2)\,\frac{w}{t} \\ \sigma_{ym} &= \frac{\pi^2 E}{8}\left(\frac{t}{b}\right)^2 (1 + \mu\, b^2/a^2)\,\frac{w}{t}\,. \end{aligned}\right\} \tag{128c-f}$$

Orthotrope Platte

Die kritische Last beträgt

$$n_{xK} = \frac{k\,\pi^2 \sqrt{K_x K_y}}{b^2} \tag{130a}$$

und die kritische Spannung

$$\sigma_{xK} = \frac{n_{xK}}{t + F_x/s_x}\,. \tag{130b}$$

2.4.8.1.2 Kreiszylinderschale. Die obere kritische Spannung σ_{xK} (unterkritischer Bereich), die stets höher als σ_{xK} der entsprechenden Rechteckplatte liegt, wird infolge baupraktischer Imperfektionen nicht erreicht. Auf der sicheren Seite liegt die untere kritische Spannung σ_{xKD} („Durchschlagsspannung"), welche sich im überkritischen Bereich einstellt. Nachstehend werden die Verhältnisse für die 4seitig frei drehbar gelagerte Schale angegeben.

Isotrope Schale

Den überkritischen Bereich ($\sigma_{x0} > \sigma_{xK}$) zeigt die dick gestrichelte Linie der Abb. 2.63b für eine Schale mit dem Krümmungskennwert $b^2/r\,t = 12$ und mit quadratischer Beulfläche ($a/b = 1$). Die untere kritische Spannung σ_{xKD} stellt sich hier bei einer Durchbiegung w in Schalenmitte ein, die etwa der 1,7fachen Schalendicke entspricht.

Der Zusammenhang nach der Theorie II. Ordnung zwischen σ_{x0} und w wird für die Rechteckschale näherungsweise [*96*] wiedergegeben durch die Beziehung

$$\frac{\sigma_{x0}}{\sigma_e} = c + \frac{12\,(1-\mu^2)}{\pi^4 c}\left(\frac{b}{rt}\right)^2 + \frac{2048\,(1-\mu^2)}{3\pi^4 c}\left(\frac{w}{t}\right)^2 - \frac{192\,(1-\mu^2)}{\pi^4 c}\left(\frac{b}{rt}\right)\frac{w}{t} \qquad (131)$$

mit c nach Gl. (127b). Hierin entsteht die obere kritische Spannung für $w = 0$.

Abb. 2.63c enthält die untere kritische Spannung σ_{xKD} für verschiedene Krümmungskennwerte und Seitenverhältnisse. Sie ist stets kleiner als σ_{xK} der entsprechenden Platte ($b^2/r\,t = 0$) und fällt für größere Krümmungen stark ab (die Krümmungskennwerte von Segmentschützen und Fischbauchklappen[1] liegen etwa zwischen 3 und 12; lediglich kleine Fischbauchklappen und Walzenwehre haben größere Krümmungskennwerte).

Orthotrope Schale

Für die in Druckrichtung mit Rippen ausgesteifte Rechteckschale sind z. B. bei [*97*] Beziehungen angegeben, die prinzipiell Gl. (131) entsprechen, jedoch wesentlich komplizierter sind.

2.4.8.2 Konstante Randdruckkraft n_{x0} mit Querlast p (Rechtecklast)

2.4.8.2.1 Rechteckplatte. Der Zusammenhang zwischen Randdruckspannung σ_{x0}, Querlast p und Durchbiegung w in Plattenmitte ist am Beispiel der 4seitig frei drehbar gelagerten isotropen Platte mit $a/b = 1$ in Abb. 2.63a (dünn ausgezogene Linien) dargestellt. Es gilt näherungsweise die Gl. (127), bei der auf der rechten Seite das Querlastglied

$$-\frac{192\,(1-\pi^2)}{\pi^6 E}\left(\frac{a^2 b^2}{t^4}\right)\frac{p}{w/t} \qquad (127\,c)$$

hinzukommt.

Isotrope Platte

Für die 4seitig frei drehbar gelagerte isotrope Platte sind in Abb. 2.64 die Biegemomente m_x, m_y in Abhängigkeit von a/b ähnlich [*98a*] aufgetragen. Die ausgezogenen Linien[2] beziehen sich auf den Plattenmittelpunkt (Punkt *1*); das maximale Biegemoment (gestrichelte Linien) entsteht jedoch für größere Seitenverhältnisse näher den gedrückten Rändern auf der Mittellinie $y = b/2$. Kurvenparameter ist die auf den Festwert $4\pi^2 K/b^2$ bezogene Randdruckkraft n_{x0}. Diese ist mit Rücksicht auf die erforderliche Beulsicherheit gemäß dem 2. Teil des Doppelnachweises (Abschn. 2.4.8, Einleitung) begrenzt[3].

Für kurze Platten mit $a/b < 1/2$ wird analog dem Stab

$$m_x = \frac{p\,K}{n_{x0}}\left[1\Big/\cos\left(\frac{a}{2}\sqrt{\frac{n_{x0}}{K}}\right) - 1\right], \quad m_y = \mu\, m_x\,. \qquad (132)$$

---

[1] Dort und bei Walzenwehren ist auch der Schubspannungseinfluß hinsichtlich der Stabilität zu beachten (s. auch [*115*]).

[2] Die punktierten Linien gelten für Rand*zug*kräfte n_{x0} und sind nur informationshalber mit eingetragen (vgl. Abschn. 2.4.4.2).

[3] Im Normalen Betriebsfall auf 1/1,35 ≈ 0,75, im Besonderen Betriebsfall auf 1/1,25 = 0,8, im Außergewöhnlichen Lastfall auf 1/1,1 ≈ 0,9 (vergl. Fußnote 1 auf S. 57).

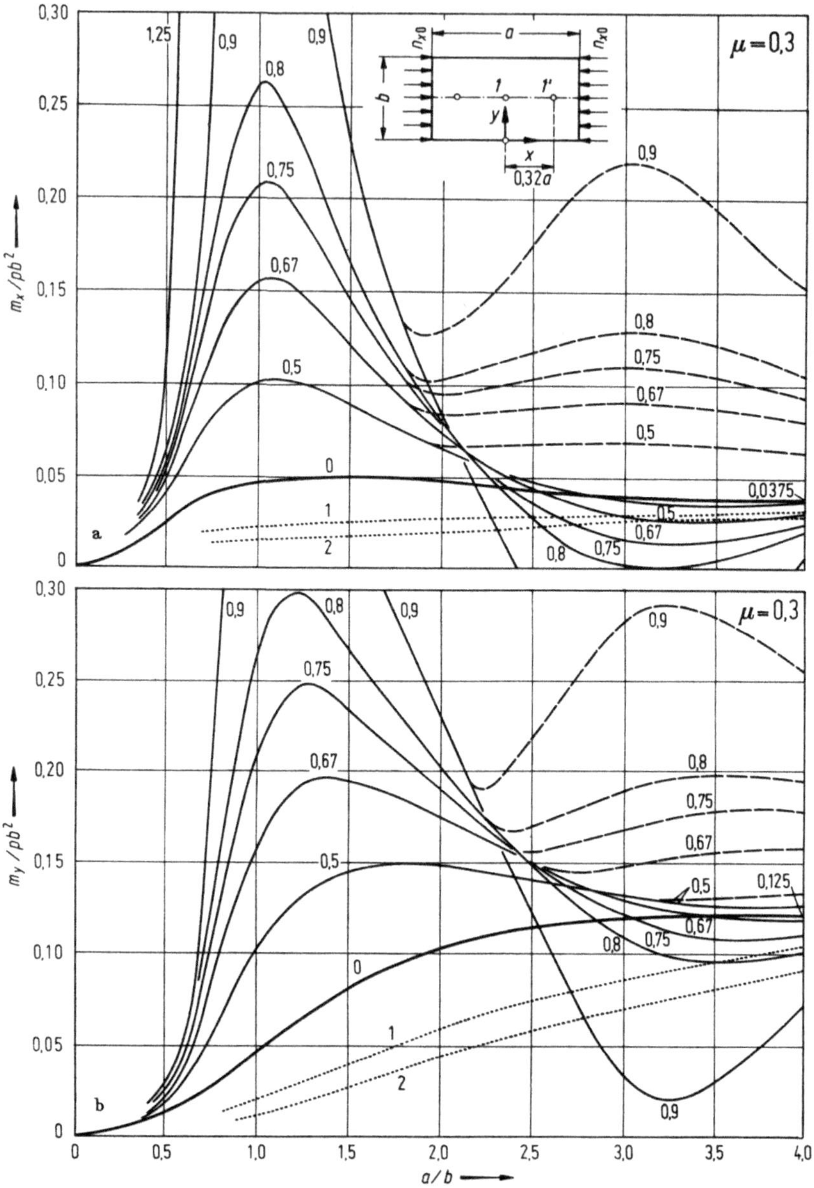

Abb. 2.64. Biegemomente m_x, m_y in Plattenmitte und Maximalwerte im Punkt 1' (bei $x \approx \pm\, 0{,}32a$, gestrichelt) der 4seitig frei drehbar gelagerten isotropen Rechteckplatte infolge Querlast p und gleichzeitig wirkendem Längsdruck n_{x0} in Abhängigkeit des Seitenverhältnisses a/b; Querdehnung $\mu = 0{,}3$. Kurvenparameter $n_{x0}\Big/\frac{4\pi^2 K}{b^2}$. Punktierte Linien: Längszug n_{x0} in Plattenmitte.

Tab. 21 enthält Angaben nach [*98b*] über die Biegemomente m_x, m_y an ausgezeichneten Stellen der 4seitig voll eingespannt gelagerten Rechteckplatte für eine auf den Festwert $4\pi^2K/b^2$ bezogene Randdruckkraft $n_{x0} = 5$.

Orthotrope Platte

Die Biegemomente $\overline{m}_x$, $\overline{m}_y$ in Plattenmitte der 4seitig frei drehbar gelagerten orthotropen Platte sind in Abb. 2.65 aufgetragen [*98c*]. Dabei ist ein Torsions-

Tabelle 21. *Biegemomentenbeiwerte für 4seitig voll eingespannte isotrope Rechteckplatten infolge Querlast p und gleichzeitig wirkendem Längsdruck* $n_{x0}\Big/\frac{4\pi^2}{b^2}K = 0{,}5$; *Querdehnung* $\mu = 0{,}3$

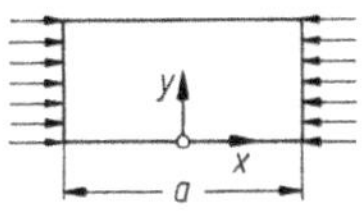

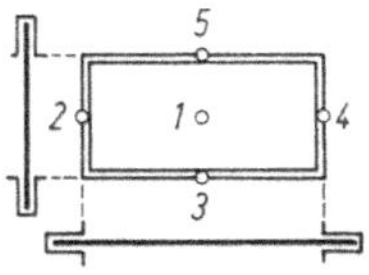

	Punkt *1*			Punkt *2* = *4*	Punkt *3* = *5*
	$x = 0;\ y = b/2$			$x = \pm\frac{a}{2};\ y = \frac{b}{2}$	$x = 0;\ y = 0, b$
a/b	$\frac{m_x}{pb^2}$	$\frac{m_y}{pb^2}$	$\frac{w}{pb^4/K}$	$\frac{m_x}{pb^2}$	$\frac{m_y}{pb^2}$
2,5	0,0174	0,0818	0,00486[1]	− 0,0945	− 0,1319[2]
2	0,0335	0,0956	0,00545	− 0,0905	− 0,1493
1,5	0,0596	0,1015	0,00538	− 0,0916	− 0,1500
1	0,0541		0,00262		
				$m_y = 0{,}3 m_x$	$m_x = 0{,}3 m_y$

[1] 0,0523 bei $x = 0{,}2a$ [2] − 0,1420 bei $x = 0{,}2a$

steifigkeitsfaktor $\varkappa = 0{,}5$ zugrunde gelegt.
Die Querdehnung ist nach Gl. (124) zu berücksichtigen[1].
Kurvenparameter ist die auf den Festwert $(4 - 2\varkappa)\cdot\pi^2\sqrt{K_x K_y}/b^2 = 3\pi^2\sqrt{K_x K_y}/b^2$ bezogene Randdruckkraft n_{x0}.

Beispiel 9: Das Tragvermögen eines 4seitig frei drehbar gelagerten Stauwandfelds aus St 37 (Normaler Betriebsfall) mit den Abmessungen $a = 2{,}25$ m, $b = 0{,}75$ m, $t = 1{,}1$ cm ist nachzuweisen für eine Querlast $p = 0{,}4$ kp/cm² und eine mittlere Randdruckspannung aus Haupttragwirkung von $\sigma_{x0} = 1150$ kp/cm².

Nachweis $\sigma_{x0} < \sigma_{xK}$:
Nach Gl. (126) wird mit $a/b = 3 \rightarrow k \approx 4$ (Abb. 2.63a)

$$\sigma_{xK} = 4 \cdot 1{,}898 \cdot 10^6\,(1{,}1/75)^2 = 1633\ [\text{kp/cm}^2].$$

Unter Zugrundelegung einer Mindestbeulsicherheit[2] $\nu_K = 1{,}35$ wird

$$1150 < 1/1{,}35 \cdot 1633 = 1210\ [\text{kp/cm}^2],\ \text{also ausreichend.}$$

Nachweis $\sigma_v < \sigma_F$:
Die bezogene Randdruckkraft bzw. Randdruckspannung wird

$$\sigma_{x0}\Big/\frac{4\pi^2 K}{b^2} = 1150/1633 = 0{,}704 \approx 0{,}7.$$

Aus Abb. 2.64 ist hierfür bei $a/b = 3$ zu entnehmen

$$\max m_x = 0{,}095 \cdot 0{,}4 \cdot 75^2 = 214\ [\text{kp}] \rightarrow \max \sigma_{xm} = 214/0{,}02017 = 1060\ [\text{kp/cm}^2],$$

$$\max m_y = 0{,}16 \cdot 0{,}4 \cdot 75^2 = 360\ [\text{kp}] \rightarrow \max \sigma_{ym} = 360/0{,}02017 = 1785\ [\text{kp/cm}^2].$$

Mit $\sigma_{xm} + \sigma_{xn} = 1060 + 1150 = 2210$ [kp/cm²] und $\sigma_{ym} = 1785$ [kp/cm²] wird

$$\max \sigma_v = 2030\ [\text{kp/cm}^2].$$

---

[1] Siehe Fußnote 2 auf S. 131.
[2] Vgl. Fußnote 3 auf S. 135.

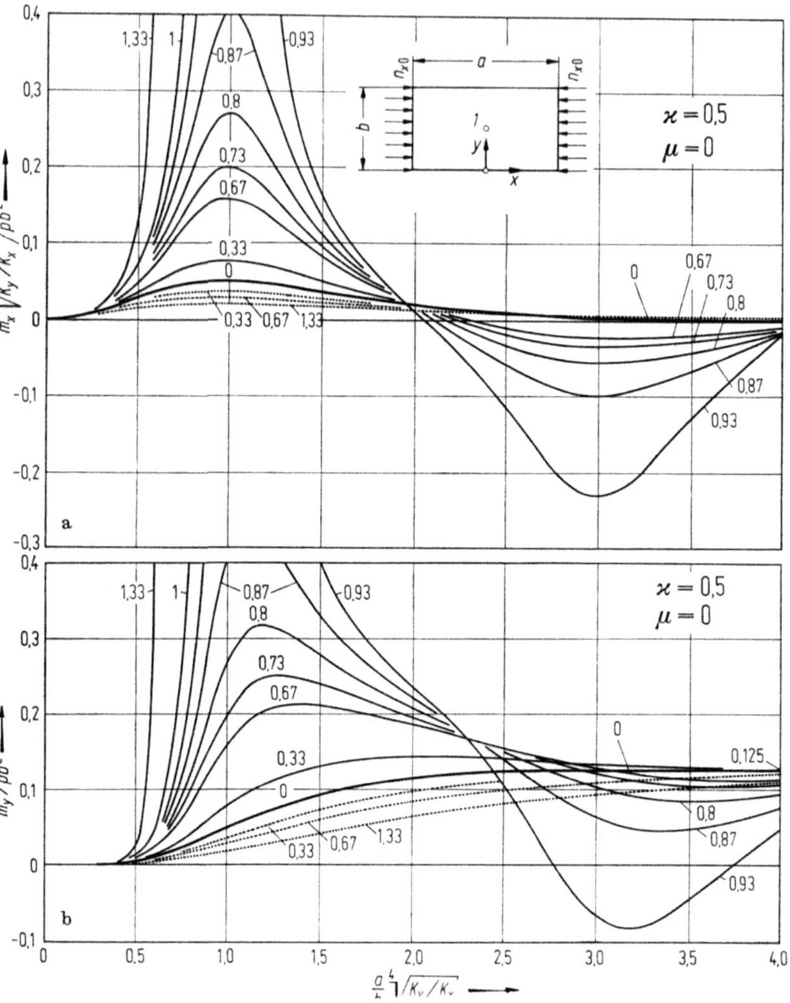

Abb. 2.65. Biegemomente $\overline{m}_x$, $\overline{m}_y$ in Plattenmitte der 4seitig frei drehbar gelagerten orthotropen Rechteckplatte infolge Querlast p und gleichzeitig wirkendem Längsdruck n_{x0} in Abhängigkeit des modifizierten Seitenverhältnisses; Querdehnung $\mu = 0$, Torsionssteifigkeitsfaktor $\varkappa = 0{,}5$.

Kurvenparameter $n_{x0} \Big/ \frac{3\pi^2}{b^2}\sqrt{K_x K_y}$. Punktierte Linien: Längszug n_{x0}.

Unter Zugrundelegung von Tab. 6, drittletzte Zeile (NB) wird

$$2030 < 0{,}85\,\sigma_F = 0{,}85 \cdot 2400 = 2040\ [\text{kp/cm}^2], \text{ also ausreichend.}^1$$

Diese maximale Spannung tritt etwa an der gleichen Stelle der Platte auf, wo die Biegefläche ihr Maximum hat ($x \approx \pm 0{,}3a$; $y = b/2$). Für den Plattenmittelpunkt ergäbe sich analog nur $\sigma_v = 1355$ [kp/cm²].

---

[1] DIN 19704, Dez. 1963, fordert in Ziffer 5.4.2 lediglich den Beulnachweis ohne Querlast mit $\sigma_{x0} \leqq \frac{1}{1{,}2\,\nu_K} \cdot \sigma_{xK}$; dies ergäbe im vorliegenden Fall $1150 > \frac{1}{1{,}2 \cdot 1{,}35} \cdot 1633 = 1008$ [kp/cm²], wäre also nicht ausreichend.

2.4.8.2.2 Kreiszylinderschale. Analog zur Platte ist der Zusammenhang zwischen σ_{x0}, p und w am Beispiel der 4seitig frei drehbar gelagerten isotropen Schale mit $a/b = 1$ in Abb. 2.63b (dünne gestrichelte Linien) skizziert. Es gilt näherungsweise Gl. (131), bei der auf der rechten Seite das Querlastglied 127c hinzuzufügen ist.

Für relativ geringe Querlasten p gibt es hierbei – im Gegensatz zur Platte – mehr oder weniger stark ausgeprägte, obere und untere kritische Spannungen, die bei Querlasten größer $\frac{10}{Et^4/b^4}$ zusammenfallen.

Für je 1 Halbwelle in x- und y-Richtung ergeben sich die Spannungen in Schalenmitte aus Gl. (128c–f) unter Hinzufügung des Gliedes

$$-\frac{Et}{r}\,\frac{1}{2 + a^2/b^2 + b^2/a^2}\,\frac{w}{t}$$

bei den Membranspannungen.

2.4.9 Spannungsüberlagerungen in Stauwand und Längs- (Quer-) Rippen

Bei der Ermittlung der maßgebenden Spannungen sind die einzelnen Teiltragwirkungen zu überlagern.

1. Stauwand.

Diese ist maximal an 4 Tragwirkungen beteiligt. Sie erhält Beanspruchungen aus

– örtlicher Platten- bzw. Schalenwirkung

und

– als Gurt der LR bzw. QR,
– als Gurt der QT,
– als Gurt der HT.

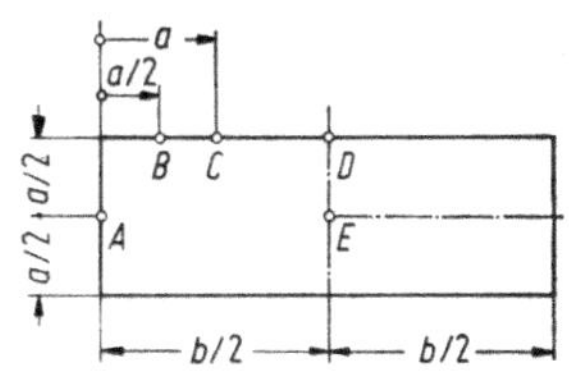

Abb. 2.66. Für Spannungsüberlagerungen in der Platte ausgesuchte Punkte.

Für einen Spannungsnachweis kommen ausgezeichnete Punkte des Stauwandfeldes in Frage, z. B. die in Abb. 2.66 eingetragenen Punkte A bis E. Hierbei ist die voll mitwirkende Breite zu beachten, deren Verlauf hierbei genügend genau gemäß Abb. 2.41c oder d zugrunde gelegt werden kann. Wenn schärfer gerechnet werden muß, kann der Verlauf der „tatsächlichen" Spannungsverteilung nach Abb. 2.36d berücksichtigt werden. Im allgemeinen begnügt man sich mit Nachweisen in den Punkten A und D, und legt den Verlauf der m. B. gemäß Abb. 2.41c zugrunde.

2. Längsrippen.

Die LR sind meist an 2 Tragwirkungen beteiligt: sie erhalten Beanspruchungen (Abb. 2.67)

– aus örtlicher Biegung,
– als Gurt des Hauptträgers im Bereich der dem HT zugeordneten m. B. der Stauwand[1].

Diese Spannungen sind linear zu addieren. Für die Dimensionierung maßgebend ist (z. B. im Falle eines VKö mit als Balken auf 2 Stützen gelagerten

[1] In Wirklichkeit entziehen sich – entsprechend dem vom HT abklingenden Verlauf der σ_x nach Abb. 2.36d – die LR der Spannungsaufnahme.

HT und oberwasserseitig liegender Stauwand) die Biegedruckspannung in der unterwasserseitigen Faser der LR, die sich zur Biegedruckspannung des Hauptträgers addiert. Ort dieser maximalen Beanspruchung ist der Bereich über der „Stütze" (= QT), s. Abb. 2.67b.

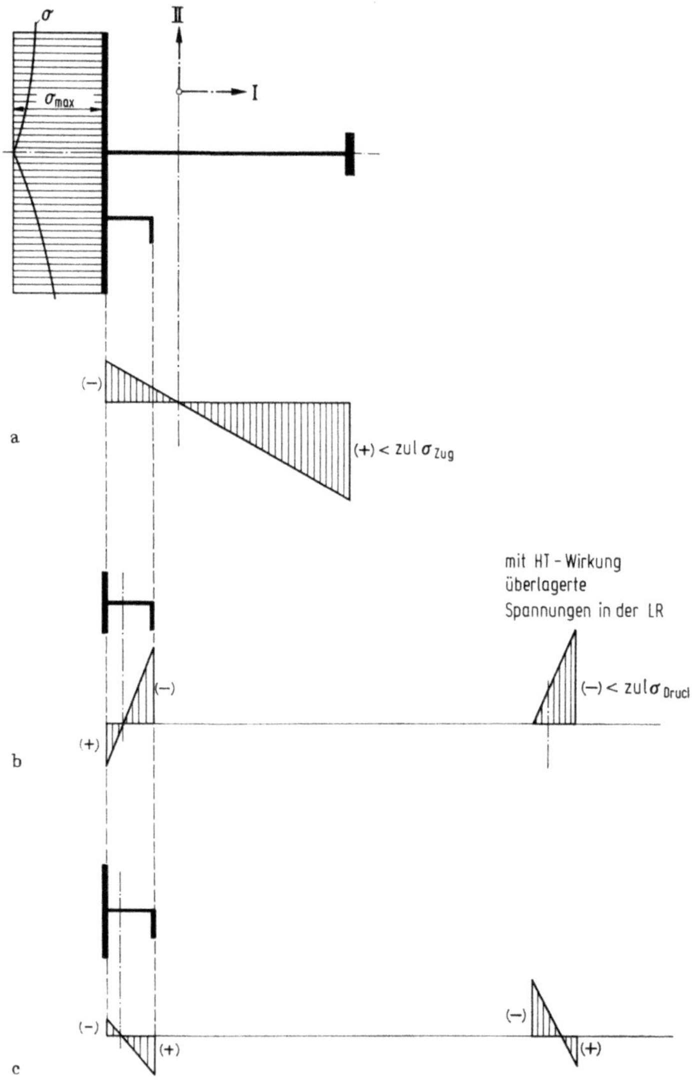

Abb. 2.67. Spannungsüberlagerung in der Längsrippe.
a) Spannungsdiagramm des HT; b) Spannungsdiagramm der LR über der Stütze (QT); c) Spannungsdiagramm der LR in Feldmitte (zwischen zwei QT).

Querrippen erhalten sinngemäße Beanspruchungen aus örtlicher Biegung und als Gurt des QT im Bereich der dem QT zugeordneten m. B. der Stauwand.

Bei Überlagerung von Spannungen in einer Richtung erfolgt vorzeichenrichtige Addition. Bei Überlagerung von Spannungen in zwei zueinander senkrechten Richtungen (I, II) wird die Vergleichsspannung gebildet, z. B.

$$\sigma_v = \sqrt{\sigma_I^2 + \sigma_{II}^2 - \sigma_I \sigma_{II} + 3\tau^2} \tag{133}$$

und zwar

a) an der Oberwasserseite,

b) an der Unterwasserseite

der Stauwand

In manchen Fällen sind auch die Schubspannungen aus Querkraft und/oder Torsion zu beachten. An den Stauwandaußenseiten sind die Querkraftschubspannungen aus Platten- (Schalen-) Wirkung gleich Null.

2.5 Verschlußkörper mit offenem Querschnitt und Vollwand-Hauptträgern

Gemäß den Ausführungen in Abschn. 2.3.2 kommen für die Berechnung des Verschlußkörpers mit offenem Querschnitt (Abb. 2.8a), der von Vollwandscheiben gebildet wird, folgende Methoden in Frage. Diese werden nachstehend an Beispielen demonstriert.

a) Berechnung des VKö als *Trägerrost.*

Im Folgenden wird auch die übliche Auflösung der Rostglieder in voneinander unabhängige Tragglieder bzw. Tragebenen („aufgelöster Trägerrost") vorgenommen, und die wichtigsten Ergebnisse werden mit denen des Trägerrostes verglichen (Biegespannungen in Stauwand, LR, QT, HT, EQT sowie Durchbiegungen infolge Wasserdruckbelastung).

b) Berechnung des VKö als *Stab.*

Für den gleichen VKö wie bei a) werden für den Gesamtquerschnitt des VKö Biegenormalspannungen und Wölbnormalspannungen sowie Querkraftschubspannungen und Torsionsschubspannungen und die Durchbiegungen ermittelt.

c) Berechnung des VKö als *Faltwerk.*

Für den gleichen VKö wie unter a) werden für den Gesamtquerschnitt die Normalspannungen ermittelt.

Bei a) werden zunächst sehr biegeweiche QT zugrunde gelegt, und zum Vergleich wird der mittlere QT sehr starr angesetzt (als lastverteilender QT im Sinne der Trägerrosttheorie).

Bei b) wird voraussetzungsgemäß vollständige Querschnittserhaltung zugrunde gelegt (unendlich viele starre Querschotte).

Bei c) wird zunächst keine Querschnittserhaltung (keine Querschotte) gefordert und zum Vergleich werden Querschotte berücksichtigt.

Bei b) und c) wird vorausgesetzt, daß die Wasserdruckbelastung gemäß dem bei a) ermittelten Kräftefluß über Stauwand LR, QT in die Hauptträgerstege übertragen wird.

Das Beispiel für a), b) und c) umfaßt ein Trägerschütz mit 3 Hauptträgern, seine Hauptabmessungen sind in Abb. 2.80 angegeben. Das Verhältnis Stützweite zu Querschnittsbreite (= Bauhöhe der Hauptträger) beträgt 10,9 : 0,9 ≈ 12 : 1, das Verhältnis Stützweite zur Querschnittshöhe (= Verschlußhöhe) 10,9 : 4,5 ≈ 2,5 : 1. Diese Verhältnisse berechtigen die Anwendung der Stabtheorie. Die gewählten Querträgerabstände von 2,45 bis 3,0 m liegen etwa im Mittel aus Breite $\hat{B}$ und Höhe $\hat{H}$ des Gesamtquerschnitts.

d) Berechnung des VKö als *strukturorthotropes Flächentragwerk.*
Hierzu wird auf Abschn. 2.5.4 verwiesen.

2.5.1 Verschlußkörper als Trägerrost

Der Trägerrosteffekt tritt beim VKö des Stahlwasserbaus mit seinen Flächenlasten (z. B. aus Wasserdruck) nur in geringem Umfang auf. Für Einzellasten, z. B. aus Schiffsstoß, findet dagegen eine erhebliche Lastverteilung statt. Auch für Wasserdruckbelastung des Stemmtors kann die genauere Berechnung nach der Trägerrosttheorie vorteilhaft sein (vgl. Abschn. 2.11).

Die Berechnung erfaßt üblicherweise nur das Zusammenwirken der HT und QT in einem torsionslosen oder torsionselastischen Trägerrost; es sind dann noch die Stauwand und deren Rippen statisch getrennte Tragglieder. Außer den HT und QT können auch die Stauwandrippen dem Trägersystem zugrunde gelegt werden (dies ändert die Ergebnisse nicht nennenswert); dann bildet nur noch die Stauwand ein vom Übrigen statisch getrenntes Tragglied.

Meist sind die QT-Abstände und/oder deren Steifigkeiten konstant. Die HT-Abstände sind gewöhnlich – mit Rücksicht auf die nach unten zunehmende Belastung – nicht konstant. Die Belastung der QT und HT erhält man aus den Auflagerlasten der statisch getrennt gedachten Rippen bzw. den unmittelbaren Auflagerlasten der Stauwandfelder. Die Belastung des Trägerrosts folgt aus den unmittelbaren Auflagerlasten der Stauwandfelder. Die in Abb. 2.29b dargestellten, gegenüber Abb. 2.29a vereinfachten Streckenlasten beeinflussen die Ergebnisse hinsichtlich des gesamten VKö nicht.

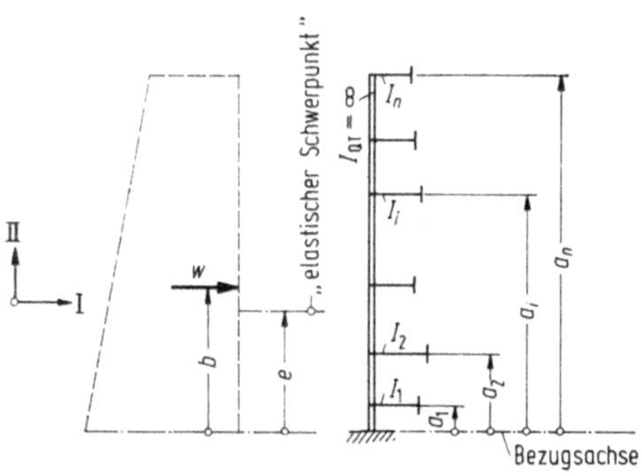

Abb. 2.68. Trägerrost mit ∞ starren Querträgern, Ermittlung der Belastung w_i des i^ten^ Hauptträgers aus der Wasserdruckfigur.

Eine „totale“ Rostwirkung entsteht bei unendlich starr (biegesteif) angenommenen Querträgern. Der Rost ist dann statisch bestimmt, die Querverteilungslinie für Lasten auf den QT ist eine Gerade.

Unter dieser Voraussetzung erhält der Hauptträger i eine Belastung

$$w_i = k_i\, w, \tag{134}$$

wobei w die gesamte auf den VKö wirkende Belastung aus der Wasserdruckfigur ist. Bei angenommenen Biegeträgheitsmomenten I_k der n Hauptträger und festgelegter Lage derselben wird nach Abb. 2.68

$$k_i = I_i \left[\frac{1}{\Sigma I_k} + \frac{(b-e)\,(a_i-e)}{\Sigma I_k\;(a_k-e)^2}\right] \tag{135a}$$

mit $e = \dfrac{\Sigma I_k\, a_k}{\Sigma I_k}$ (Abstand des „elastischen Schwerpunkts“ von der Bezugsachse). Die Summen sind von $k = 1$ bis $k = n$ zu nehmen.

Liegt die Bezugsachse in Höhe des „elastischen Schwerpunkts", so wird aus Gl. (135a)

$$k_i = I_i \left[\frac{1}{\Sigma I_k} + \frac{b\, a_i}{\Sigma I_k\, a_k^2} \right]. \tag{135b}$$

Bei Verzicht auf jegliche Rostwirkung erhält man den sogenannten „*aufgelösten Trägerrost*" als rigorose Vereinfachung. Diese besteht in der vollständigen statischen Trennung (= Auflösung) des räumlichen Zusammenwirkens der einzelnen Tragglieder wie Stauwand, LR oder QR, QT, HT und EQT (Abb. 2.69a) in einzelne voneinander unabhängige Tragsysteme (Ebenen bzw. Zylinderflächen). Die Lastabtragung erfolgt von der Stauwand über LR (QR), QT und HT, also „nacheinander in der Reihenfolge der zunehmenden Steifigkeit" dieser Tragglieder. Die Auflagerkräfte (Reaktionskräfte) eines Traggliеds stellen dabei die Belastungen (Aktionskräfte) des Tragglieds der nächst höheren Steifigkeit dar. In der gleichen Reihenfolge wird die Bemessung der Tragglieder vorgenommen. Damit ergibt sich hinsichtlich Belastung und Stützung der einzelnen Tragwerksteile die in Abb. 2.70 skizzierte Situation.

Bei ‚langen' Stauwandfeldern mit $b/a \geqq 2{,}5$, wo die Stauwand in schmale, nebeneinanderliegende Streifen z. B. von 1 cm Breite in *II*-Richtung aufgeschnitten gedacht werden kann (Abb. 2.69c), wird die LR-Belastung konstant (Abb. 2.71a) und die direkte Belastung der QT durch die Stauwand Null (Abb. 2.71b), d. h. rechnerisch findet keine Lastabtragung in *III*-Richtung zu den QT hin statt. Hinsichtlich der Stützung eines solchen „Stauwandstreifens" sollte nicht von Einfeldträgern in *II*-Richtung (d. h. Lastverteilung nach dem Hebelgesetz), sondern von einem Durchlaufträger auf starren Stützen ausgegangen werden (Abb. 2.69c).

Für die Berechnung der QT kann auch näherungsweise an Stelle der Belastung nach Abb. 2.70b, 2.71b eine Streckenlast

$$q_{QT} = p\, b_{QT} \tag{136}$$

von der Form der Wasserdruck-Belastungsfigur (Abb. 2.69c) angesetzt werden, wobei p = Wasserdruck [Kraft/Fläche] und b_{QT} = Belastungsbreite des QT ist. Letztere erhält man aus dem Auflagerdruck einer LR bzw. als Abstand der Nullpunkte der Querkraftlinie des LR am betrachteten QT (Auflager).

Für die Berechnung der HT kann auch näherungsweise an Stelle der Belastung nach Abb. 2.70c, 2.71c eine Gleichstreckenlast

$$q_{HT} = A_{QT}/c_{QT} \tag{137}$$

angesetzt werden, wobei A_{QT} = Auflagerdruck eines QT [Kraft] und c_{QT} = Belastungsbreite des HT ist.

Stützungsarten.

Von wesentlicher Bedeutung bei der Berechnung der einzelnen durchlaufenden Elemente ist die Frage der Stützungsart (in z-Richtung gemäß Abb. 2.16 bzw. 2.17): a) starr, b) starr mit Stützensenkungen, c) elastisch nachgiebig.

Im allgemeinen gilt für

1. Stauwandfeld. – Es genügt (vgl. Abschn. 2.4.4.1.2) starre Stützung als Berechnungsgrundlage. Dies gilt z. B. auch trotz der sehr großen Steifigkeitsunterschiede von LR und HT für das Stauwandfeld „*B*" in Abb. 2.69a.

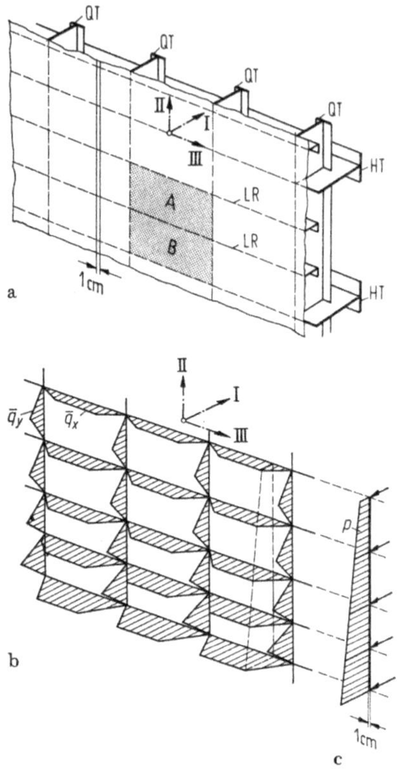

Abb. 2.69. Randträgerbelastungen (isometrisch).
a) Anordnung (längsorientierte Bauweise); b) Randträgerbelastungen nach Abb. 2.29b mit $\bar{q}_x$, $\bar{q}_y$; c) aus der Stauwand herausgeschnittener, z. B. 1 cm breiter, in *II*-Richtung durchlaufender Stauwandstreifen mit Wasserdruckfigur.

2. Längsrippen[1]. – Auch für die LR ist starre Stützung auf den QT zugrunde zu legen, da die QT im allgemeinen gleichartig ausgebildet werden. Zusätzlich kann der Einfluß der HT-Durchbiegungen berücksichtigt werden, da die Durchbiegungslinie der HT nach Abb. 2.72 dem LR-Strang aufgezwungen wird. Der Biegemomentenlinie der LR aus starrer Stützung ist die Biegemomentenlinie aus Stützensenkung der LR zu überlagern, wobei als Stützensenkungen die Durchbiegungen des HT bzw. der benachbarten HT an den LR-Auflagern (= QT) einzuführen sind. Die ursprünglich für die Dimensionierung der LR maßgebenden Stützenmomente werden hierbei abgebaut. Die Feldmomente vergrößern sich, werden aber im allgemeinen nicht maßgebend für die Dimensionierung.

Eine Berechnung der LR als Durchlaufträger auf elastisch nachgiebigen Auflagern (QT) ist aus Gründen der großen Steifigkeitsunterschiede gegenüber den QT nicht erforderlich.

3. Querträger. – Sind mehr als 2 HT vorhanden, sollten die QT als Träger auf elastisch nachgiebigen Auflagern (HT) dann berechnet werden, wenn sich die HT wesentlich ungleich durchbiegen, andernfalls kann starre Stützung vorausgesetzt werden.

4. Hauptträger. – Die HT der Verschlußkörper sind meist Balken auf zwei Stützen (= EQT)[2]. Eine Senkung der HT-Auflagerstellen beeinflußt den Spannungszustand der HT praktisch nicht.

---

[1] Für Querrippen gilt das Analoge.

[2] Ausnahme z. B. s. Abb. 2.5 b, d.

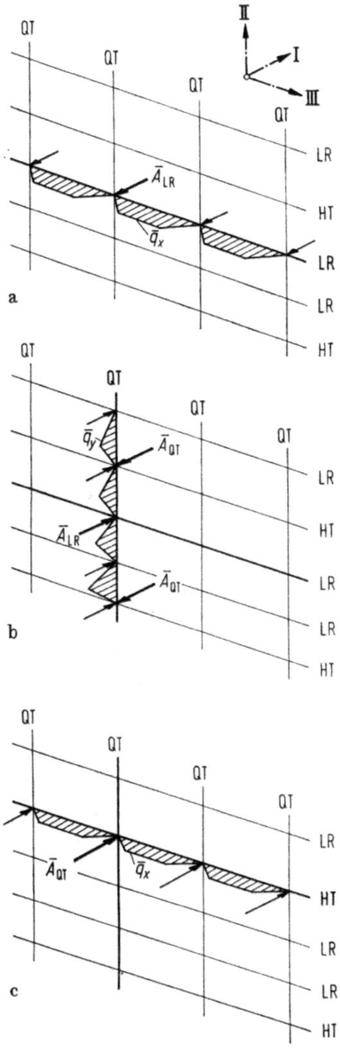

Abb. 2.70. Randträgerbelastungen mit q_x, q_y nach Abb. 2.29b und Randträgerstützungen (isometrisch).
a) Längsrippe (Stützen sind die QT);
b) Querträger (Stützen sind die HT);
c) Hauptträger (Stützen sind die EQT).

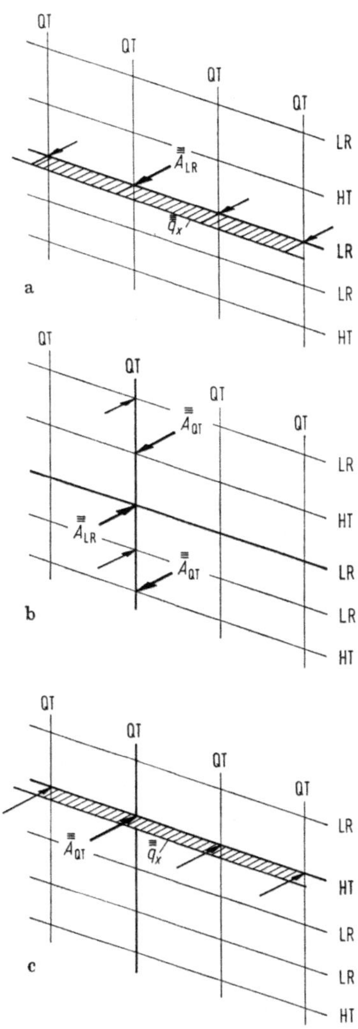

Abb. 2.71. Vereinfachte Randträgerbelastungen mit $\bar{\bar{q}}_x$ ($\bar{\bar{q}}_y = 0$) und Randträgerstützungen (isometrisch).
a) Längsrippe (Stützen sind die QT);
b) Querträger (Stützen sind die HT);
c) Hauptträger (Stützen sind die EQT).

Werden die Endquerträger torsionssteif ausgebildet, was selten vorkommt, erfolgt eine Koppelung der HT mit entsprechenden Kräfteumlagerungen in denselben [*99*].

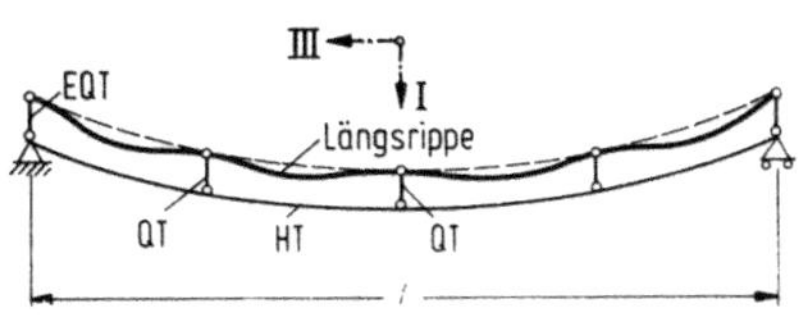

Abb. 2.72. Durchbiegungslinie von Längsrippe und Hauptträger infolge Wasserdruckbelastung.

2.5.1.1 Querträger

QT, welche zur Lastübertragung aus den LR und aus der angrenzenden Stauwand auf die HT dienen („normale QT"), können darüber hinaus als „lastverteilende" QT im Sinne einer Trägerrostwirkung zwecks möglichst gleichmäßiger Belastung der HT herangezogen werden.[1] In diesem Fall ist eine gegenüber den normalen QT erhöhte (Biege-) Steifigkeit für die lastverteilenden QT erforderlich. Ihre Anzahl kann analog zum Brückenbau auf 1 bis 3 beschränkt werden.

Die QT von VKö mit offenem Querschnitt werden gemäß Abb. 2.10b als Vollwandträger (Schweiß- oder Walzprofil), Fachwerkträger (insbesondere als lastverteilende QT) mit biegesteifen, oberwasserseitigen Gurten oder auch als Vierendeelträger bzw. als Rahmen, selten als volle Scheibe ausgeführt.

2.5.1.2 Hauptträger

Die HT übertragen ihre Lasten (Abb. 2.70c, 2.71c) auf die EQT (Endschotte).

Als Ausführungsart kommen Vollwandträger (Schweiß- oder Walzprofile), Fachwerkträger (polygon- oder parabelförmig) bzw. Vierendeelträger oder unterspannte Träger in Frage (Abb. 2.10a). Fachwerk- und Vierendeelträger haben eine betrieblich bedingte Berechtigung z. B. in Gewässern mit großer Sandführung (in tropischen Ländern) und Eisführung, da auf Vollwandhauptträgern die Gefahr größerer Ablagerungen und dadurch hervorgerufener erhöhter Hubkraft besteht. Parabelträger sind für große Spannweiten gewichtlich am günstigsten. Hierbei ist auf konzentrierte Einzellasten (z. B. Schiffsstoß) zu achten, da sie für die Aufnahme großer Querkräfte nicht geeignet sind. Der Zuggurt des Vierendeelträgers ist im allgemeinen nach der Stützlinie der Belastung geformt, so daß in der Gurtung keine primären Biegemomente auftreten und eine über den ganzen Gurt gleichbleibende Normalkraft vorhanden ist.

Am häufigsten werden Vollwandträger vorgesehen, insbesondere bei VKö mit kleinen und mittleren Stützweiten. Bei größeren Stützweiten wird hierbei das Trägheitsmoment dem Momentenverlauf angepaßt, entweder über die Bauhöhe der Schweißprofile oder durch Anordnung entsprechender Gurtlamellen.

2.5.1.2.1 Lagerung[2]. Zu unterscheiden sind hinsichtlich HT-Belastung und -Stützung auf den EQT (Endschotten) nach Abb. 2.73

l_w lichte Weite der Öffnung,

l_D Abstand bis Mitte Seitendichtung.

l_w ist vom Gesamtentwurf her gegeben. Hiernach kann unter Beachtung der konstruktiven Erfordernisse das Maß des Seitendichtungsabstands l_D festgelegt werden, welches zugleich die Belastungslänge des anzusetzenden Wasserdrucks ist.

Ferner bedeuten

l Abstand bis Mitte EQT

---

[1] Dies kann zur Aufnahme von Schiffsstoßkräften erwünscht sein. Unter Wasserdruckbelastung allein ergeben lastverteilende QT keine wesentliche Gewichtsersparnis der Gesamtkonstruktion.

[2] Die Lagerung von torsionssteifen Klappen (Fischbauchklappen, Sektor- und Trommelwehren) an der Sohle wird in Abschn. 2.12 behandelt.

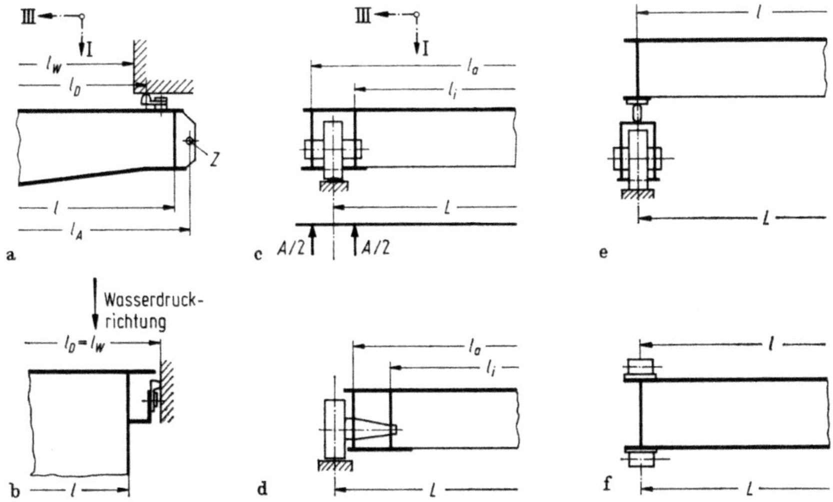

Abb. 2.73. Lagerung von Endquerträgern (Endschotten).
a) Seitendichtungsabstand (Belastungslänge) größer als lichte Weite; b) Seitendichtungsabstand (Belastungslänge) gleich lichter Weite; c) mittig gelagerte Rolle; d) fliegend gelagerte Rolle; e) Rollenwagen; f) Rollenband.
Z = Angriffspunkt des Huborgans.

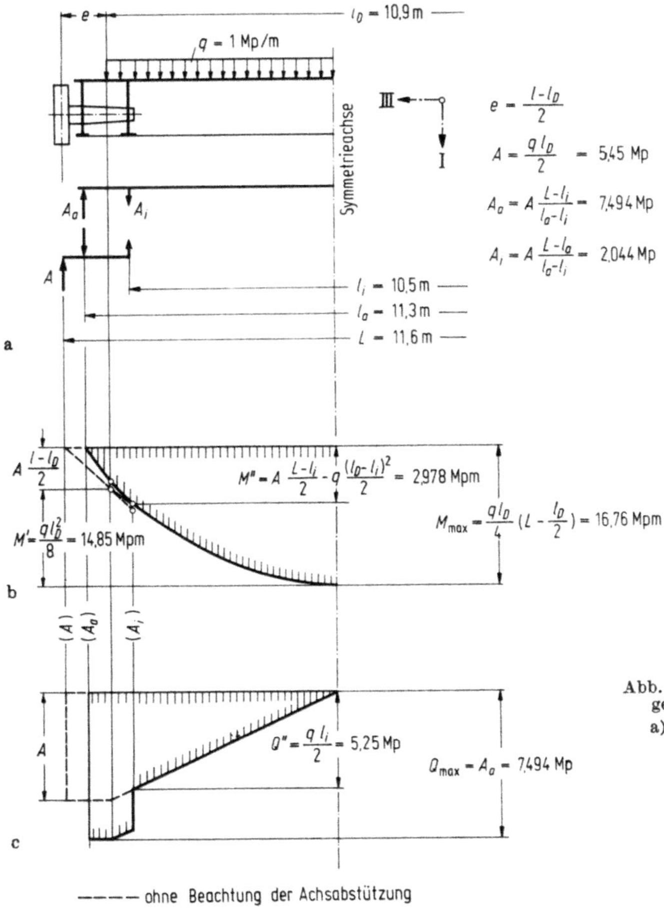

Abb. 2.74. Hauptträger mit fliegend gelagerten Rollen (Beispiel 10).
a) System; b) Biegemomente; c) Querkräfte.

bzw. bei geteiltem EQT (Abb. 2.73c)

l_a Abstand bis zum äußeren EQT,

l_i Abstand bis zum inneren EQT ($l_a > l_i$),

L Abstand bis Mitte Lauforgan = Stützweite des Verschlußkörpers für Wasserdruckbelastung,

L_A Abstand bis Angriffspunkt des Huborangs = Stützweite des Verschlußkörpers für Eigengewicht usw.

Im allgemeinen sind l_D, l und L voneinander verschieden.

Für Rollschütze ist bei Anordnung von Rollenwagen und -bändern sowie bei Stoney-Rollen $l = L$, bei fliegend gelagerten Rollen $L > l_a > l_i$, bei mittig gelagerten Rollen $l_a > L > l_i$.

Die HT-Biegemomenten- und -Querkraftlinie erfährt bei Lagerung auf je einem inneren und äußeren EQT die in Abb. 2.74 skizzierten Abweichungen in den Endbereichen. Man kann, ausgehend von der Belastungslänge l_D, das Biegemoment in Feldmitte zu

$$M' = q\,L_D^2/8 \qquad (138\,\mathrm{a})$$

und anschließend das aus der Exzentrizität der Lauforgane entstehende Zusatzbiegemoment ermitteln, wobei das maximale Biegemoment in Feldmitte

$$M_{\max} = \frac{q\,L_D}{4}\,(L - l_D/2) \qquad (138\,\mathrm{b})$$

wird. Für $L = l_D$ wird

$$M_{\max} = \frac{q\,L^2}{8}. \qquad (138\,\mathrm{c})$$

Beispiel 10: Für eine HT-Lagerung nach Abb. 2.73d mit $l_D = 10{,}90$ m, $l_a = 11{,}30$ m, $l_i = 10{,}5$ m, $L = 11{,}60$ m und einer Einheitsstreckenlast $q = 1$ [Mp/m] sind die Auflagerkräfte bzw. die zwischen HT und dem EQT wirkenden Kräfte sowie die HT-Biegemomente und -Querkräfte in Abb. 2.74 eingetragen.

2.5.1.3 Endquerträger

Die EQT erhalten Auflagerlasten aus den HT, den LR sowie aus den äußersten Stauwandfeldern und leiten sie als Träger — bei großer Bauhöhe als Scheiben — in die Lauf- oder Gleitorgane bzw. Drehorgane über. Die Kraftüberleitung erfolgt direkt beim Rollschütz und Gleitschütz oder indirekt über Stiele (Arme) beim Segmentschütz. Beim Gleitschütz, welches vorzugsweise für kleine Wasserdruckbelastungen verwendet wird, ist die Lagerung des EQT auf den Laufschienen linienförmig (flächenförmig); beim Rollschütz erfolgt die Lagerung des EQT als einfacher oder Durchlaufbalken mit oben und unten überkragenden Enden auf zwei oder mehr Lagern (Rollen). Im Falle größerer Wasserdruckbelastungen ist eine Stützung auf mehreren Lagern (Rollen) zur Vermeidung zu großer Rollendurchmesser bzw. Nischen zwingend notwendig. Eine solche statisch unbestimmte Stützung bedingt erhöhte Genauigkeiten der Rollenachseneinstellung und der Laufbahn. Bei 3 oder 4 Rollen pro EQT können zur Erzielung einer statisch bestimmten Lagerung zwei Rollen in einem Rollenwagen zusammengefaßt und diese wiederum „punktartig“ (vgl. Kap. 17.1.1) mit dem EQT verbunden werden.

Sehr große Wasserdruckbelastungen müssen über die EQT mit Hilfe von sogenannten Rollenketten (Abb. 2.77, 2.78) übertragen werden, da hier die Rollen einen kleinen Durchmesser erhalten und dicht nebeneinander liegen können.

2.5.1.3.1 Rollendrücke. Konstruktiv gesehen ist die Lage der Rollen, insbesondere in Verbindung mit Rollenwagen, nahezu beliebig. Bei fliegend angeordneten Rollen müssen die Achsen einen ausreichend großen Abstand von den HT-Stegen haben; bei Verlagerung von Rollen über feste Achsen nach Abb. 2.73c ist der erforderliche Abstand noch größer.

Die Lagerung des gesamten Verschlußkörpers ist stets (räumlich) statisch unbestimmt. Für die Ermittlung der Rollendrücke betrachtet man zur Vereinfachung je beide Schützenden (EQT) für sich getrennt.

Bei n Rollen pro Endquerträger ist neben einer wirtschaftlichen Dimensionierung des EQT eine derartige Plazierung der Laufrollen anzustreben, daß ein möglichst gleich großer Rollendruck R auf die einzelnen Rollen infolge Wasserdruckbelastung W des VKö fällt:

$$R = \frac{W}{n}. \tag{139}$$

Für $n = 2$ ist ein gleicher Rollendruck für einen bestimmten Lastfall bzw. für ein bestimmtes Wasserdruckdiagramm stets zu erreichen, da die beiden Laufrollen gemäß Abb. 2.75a symmetrisch zur Resultierenden des Wasserdrucks angeordnet werden können.

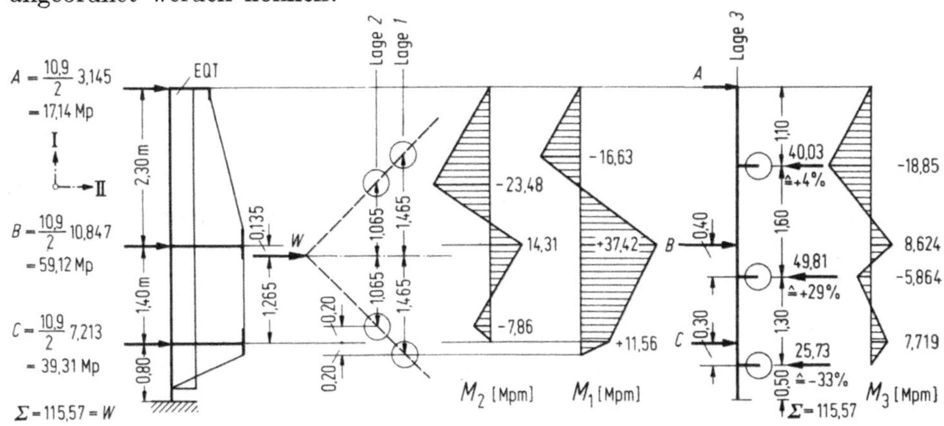

Abb. 2.75. Einfluß der Rollenanordnung auf Rollendrücke und Biegemomente im Endquerträger (Beispiel 11). a) Querschnitt durch den VKö am EQT; A, B, C = Auflagerdrücke der HT aus Beispiel 12b; b) zwei Rollen, in verschiedenen Lagen angeordnet; c) Biegemomente zu b); d) drei Rollen; e) Biegemomente zu d).

Bei $n > 2$ ist eine Rollenanordnung, die einen möglichst gleich großen Rollendruck ergeben soll, nur durch Probieren ermittelbar.

Üblicherweise wird der EQT als Durchlaufträger berechnet und hieraus die Rollendrücke (= Auflagerkräfte) ermittelt. Geringfügige Verschiebungen in der Rollenanordnung haben dabei einen um so größeren Einfluß auf die Rollendruckverteilung und die Biegemomente des EQT, je „härter" die Lagerung des EQT ist. Diese Lagerung umfaßt die (elastischen) Rollenachsen und die (elastische) Bettung der Laufschiene im Beton. Achsen von „fliegenden" Rollen nach Abb. 2.73d sind gegenüber Achsen nach Abb. 2.73c und 2.73e im allgemeinen

„weicher". Ist der EQT zunächst als Durchlaufträger (mit konstantem I) auf starren Stützen berechnet, läßt sich die Elastizität der Rollenachsen in bekannter Weise berücksichtigen. Für den häufigen Fall einer Lagerung des EQT auf 3 Rollen erhält man das Zusatzbiegemoment ΔM_1 über der mittleren Stütze an Hand Abb. 2.76 aus der Beziehung

$$\Delta M_1 \left\{ l_1 + l_2 + 3\alpha \left[\frac{1}{l_1^2} + \frac{(l_1 + l_2)^2}{l_1^2\, l_2^2} + \frac{1}{l_2^2} \right] \right\} = -3\alpha \left[\frac{A_0}{l_1} - A_1 \frac{(l_1 + l_2)}{l_1\, l_2} + \frac{A_2}{l_2} \right] \quad (140\,\mathrm{a})$$

hierbei ist

$$\alpha = I \,.\, f \quad (140\,\mathrm{b})$$

das Produkt aus dem Trägheitsmoment I des EQT und der Durchbiegung f der Achse[1] infolge einer Last $P = 1$ [dimensionslos], wobei der Elastizitätsmodul ebenfalls $= 1$ [Kraft/Fläche] gesetzt wird. A_0, A_1 und A_2 sind die Auflagerkräfte (= Rollendrücke) des Durchlaufträgers auf starren Stützen.

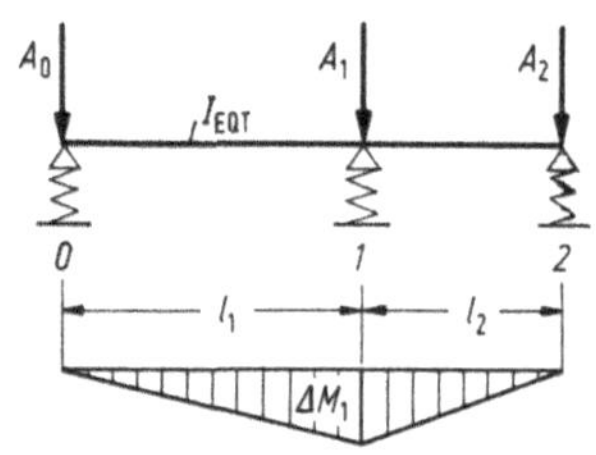

Abb. 2.76. Zusatzbiegemoment im Endquerträger bei elastischer Lagerung.

Beispiel 11: Für den in Abb. 2.75a dargestellten EQT und die eingetragenen HT-Auflagerlasten[2] sind für einen Rollendruck $R = W/2$ bzw. $W/3$ die Biegemomente zu bestimmen. Nimmt man dabei für fliegend angeordnete Rollen an, daß die Achsmitte höchstens bis auf 20 cm an das HT-Stegblech herangerückt werden kann, so ergeben sich für $R = W/2$ die in Teil b eingetragenenen, mit „Lage *1*" bzw. „Lage *2*" bezeichneten Laufrollenpositionen. Hieraus folgen die in Teil c gezeichneten Biegemomentenlinien; die „Lage *2*" ist hinsichtlich der Dimensionierung des EQT wesentlich günstiger.

Zur Erzielung eines Rollendrucks $R \approx W/3 = 115{,}57/3$ [Mp] sind verschiedene Lagen der Rollen versuchsweise anzunehmen. In Teil *d* ist die unterste Rolle 30 cm unterhalb des Hauptträgerstegs *C* angeordnet, um eine Lagerung nach Abb. 2.72c im Doppel-Endquerträger zu ermöglichen. Eine Berechnung des EQT als Durchlaufträger auf 3 starren Stützen (= Rollen) ergibt Auflagerdrücke (= Rollendrücke), die voneinander um etwa 30% abweichen (Teil *d*). Eine Verschiebung der beiden oberen Rollen bringt diesbezüglich keine wesentliche Verbesserung.

Beim VKö mit sehr vielen Einzelrollen oder mit Rollenbändern nach Abb. 2.77, 2.78. werden – bei einer bestimmten Stellung des VKö bzw. Wasserdruckbelastung – nicht alle Rollen gleichmäßig stark belastet; alle Rollen müssen jedoch für die maximale Rollendruckkraft dimensioniert werden. Gemäß Abb. 2.77 ist der Mindestabstand y der untersten tragenden Rolle von der Sohle durch den Radius der Rollenführung am EQT samt einem Sicherheitsabstand gegeben. Dies hat zur Folge, daß etwa der in Abb. 2.77a schraffierte Teil des Wasserdruckdiagramms als Kragarmbelastung auf den EQT wirkt

---

[1] Diese Durchbiegung ist in Gl. (140) für alle drei Achsen gleich vorausgesetzt.

[2] Diese wurden dem Schluß des Beispiels 12 entnommen.

(Teil *d*), wodurch sich für die unterste Rolle die größte Rollendruckkraft[1] einstellt (Teil *e*). Dieser für die Rollendruckverteilung ungünstige „Kragarmeffekt" entfällt nur bei Vkö, die nicht in Schließlage auf der Sohle aufsitzen (Abb. 2.78).

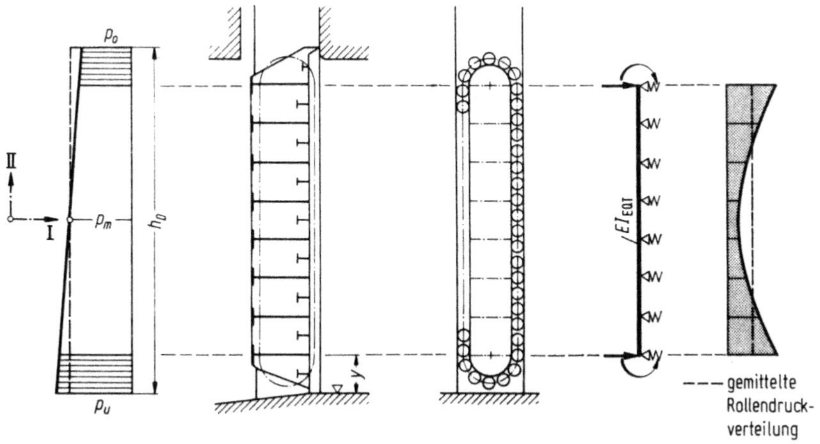

Abb. 2.77. Stark ungleichmäßige Rollendruckverteilung.
a) Wasserdruckfigur (Tiefschütz); b) Schnitt in VKö-Mitte; c) Ansicht des EQT samt Rollenband; d) Kragarmbelastung des EQT; e) Rollendruckverteilung.

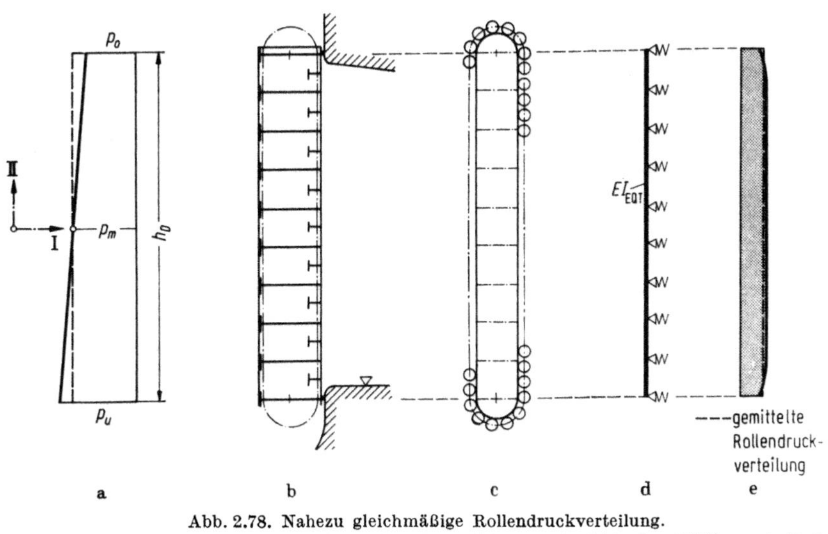

Abb. 2.78. Nahezu gleichmäßige Rollendruckverteilung.
a) Wasserdruckfigur (Tiefschütz); b) Schnitt in VKö-Mitte; c) Ansicht des EQT samt Rollenband; d) EQT ohne Kragarmbelastung; e) Rollendruckverteilung.

Zur Ermittlung der Rollendrücke bzw. der Biegemomente des EQT wird dieser als Durchlaufträger auf unendlich vielen, elastisch nachgiebigen Stützen berechnet (ersatzweise kontinuierliche Lagerung des EQT als Balken auf elastischer Bettung).

---

[1] Die stark ungleichmäßige Rollendruckverteilung kann man im günstigen Sinne beeinflussen durch eine in Abschn. 4.2.5.9 beschriebene konstruktive Maßnahme.

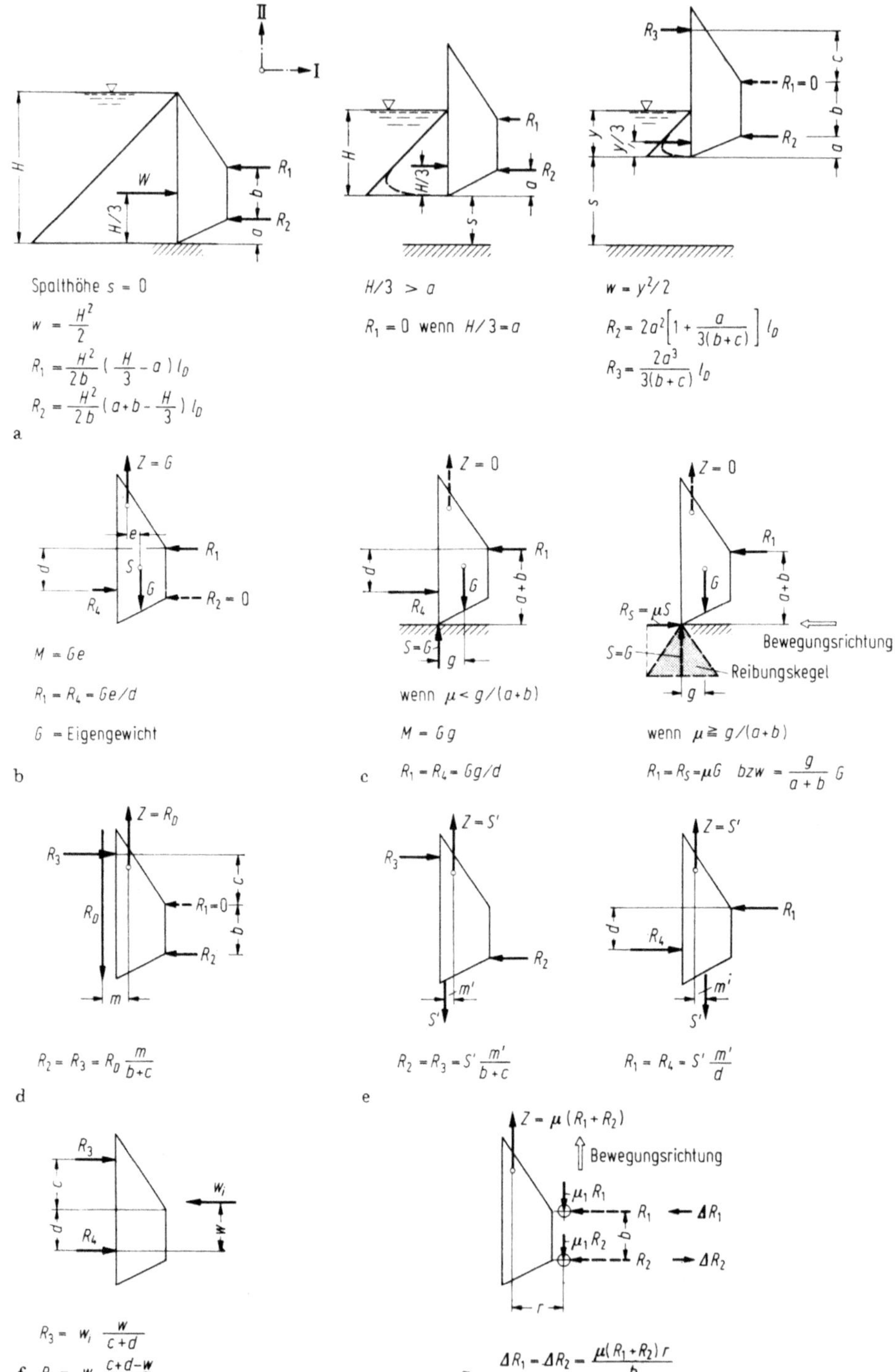

Abb. 2.79. Rollendrücke (zwei Laufrollen, zwei Gegenführungsrollen) infolge
a) Wasserdruckbelastung (VKö aufsitzend und angehoben); b) Eigengewicht (VKö angehoben); c) Sohlreibung, Reibungsbeiwert μ (VKö aufsitzend); d) Seitendichtungsreibung; e) Sog; f) Windbelastung von UW; g) Rollreibung.

Drücke auf Lauf- und Gegenführungsrollen entstehen außer infolge Wasserdruck auch aus Eigengewicht des VKö, Dichtungsreibung, Rollreibung, Sog, Auftrieb und Wind. In Abb. 2.79 sind für einen einfachen, häufig auftretenden Fall (Rollschütz mit je 2 Lauf- und Gegenführungsrollen je EQT) einige Formeln angegeben. Bezüglich der Rollendrücke beim Hakenschütz wird auf [*100*] verwiesen.

2.5.1.4 Beispielserie[1] *„Verschlußkörper mit offenem Querschnitt“*

Für den VKö eines Trägerschützes mittlerer Größe mit ebener Stauwand sind die Biegebeanspruchungen und die Durchbiegungen gesucht. Als Material sei St 37 mit $\sigma_{\text{Fließ}} = 2{,}4\ \text{Mp/cm}^2$ und den zulässigen Spannungen nach Tab. 6 vorgesehen; normaler Betriebsfall (NB). Auf eine möglichst volle Ausnützung der zulässigen Spannungen wird nachstehend kein Wert gelegt. Gegeben sind (Abb. 2.80) die Wasserdruckbelastungsfigur und die Stützweite $L = l_D$.

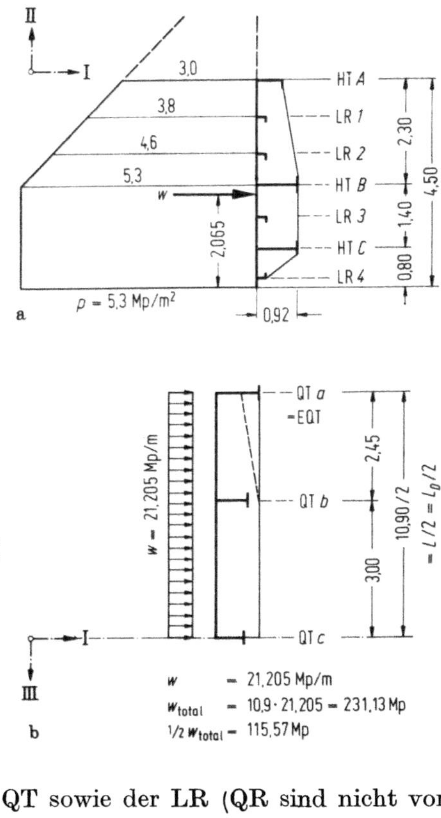

Abb. 2.80. Trägerschütz (Verschlußkörper mit offenem Querschnitt) (Beispiel 12). a) Querschnitt; b) Grundriß.

Gewählt wurden

Zahl und Lage der HT und QT sowie der LR (QR sind nicht vorgesehen);

Zahl und Anordnung der Laufrollen nach Abb. 2.75

– a) 2 Laufrollen, b) 3 Laufrollen – als mittig gelagerte Rollen mit äußerem und innerem EQT (der Berechnung wird hier aus Gründen der Übersichtlichkeit nur ein einstegiger EQT pro Seite zugrunde gelegt).

[1] Zu Abschn. 2.5.1.

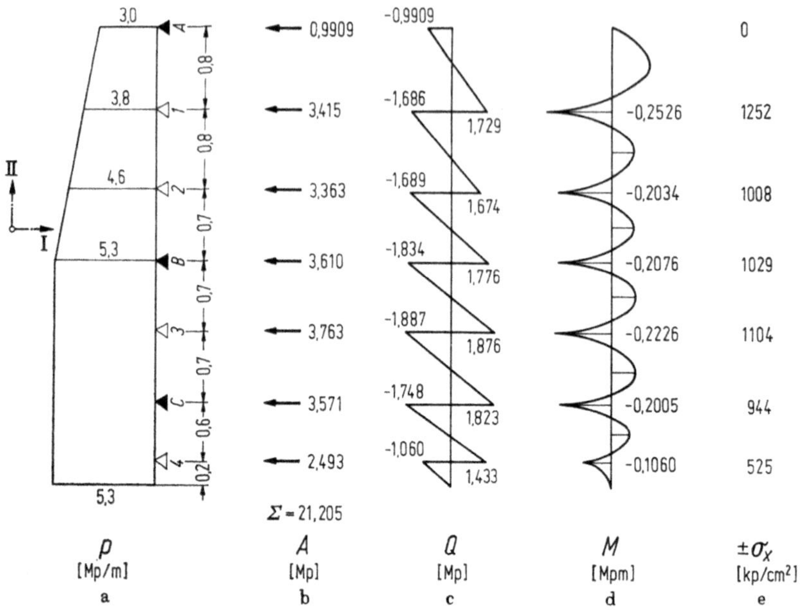

Abb. 2.81. Aufgelöster Trägerrost: Stauwand, in *II*-Richtung durchlaufend (1 m breiter Streifen in III-Richtung) (Beispiel 12a).
a) Belastung; b) Auflagerkräfte; c) Querkräfte; d) Biegemomente; e) maximale Plattenbiegespannungen.

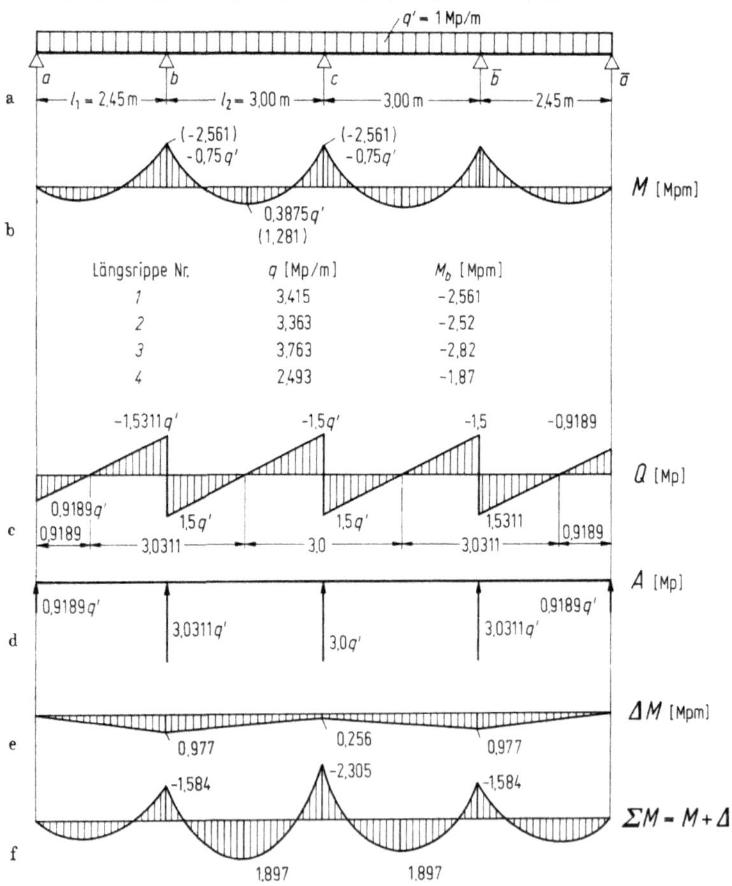

Abb. 2.82. Aufgelöster Trägerrost: Längsrippenstrang (Beispiel 12a, b).
a) Belastung als Gleichstreckenlast $q' = 1$ Mp/m; b) Biegemomente, Klammerwerte: Längsrippe *1* infolge $q = 3{,}415$ Mp/m; c) Querkräfte und Belastungsbreiten $b_{Q\,T}$ der Querträger; d) Auflagerkräfte; e) Zusatzbiegemomente infolge planmäßiger Stützensenkung (Beispiel 12b) in der Längsrippe *1*; f) endgültige Biegemomente (Beispiel 12b) in der Längsrippe *1*.

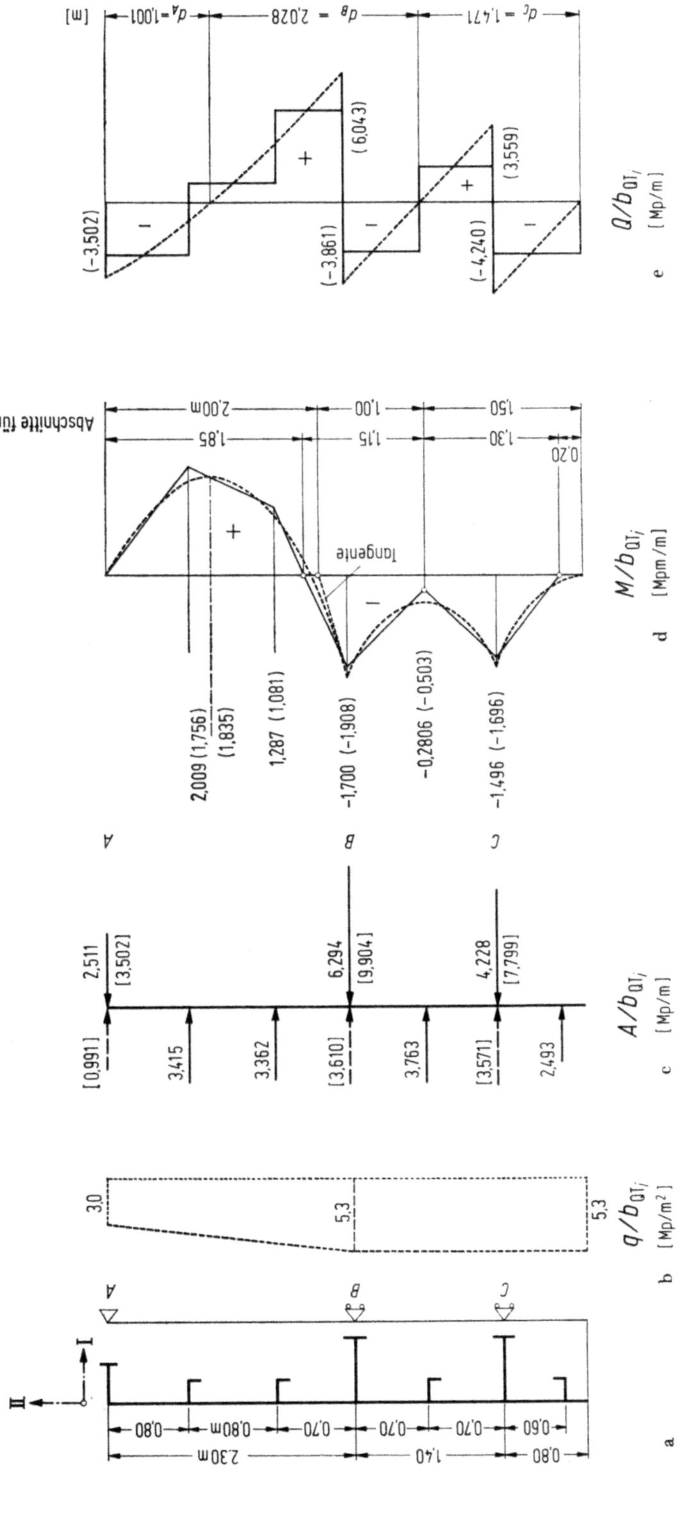

Abb. 2.83. Aufgelöster Trägerrost: Querträger (Beispiel 12a).

a) System; b) Wasserdruckfigur; b_{QTi} = Belastungsbreite des i^{ten} Querträgers; c) Belastungen aus Längsrippen-Auflagerkräften, eckige Klammerwerte: Belastungen unter Einschluß der direkten Hauptträgerbelastungen aus Stauwand-Auflagerkräften; d) Biegemomente, ... = infolge Belastung nach Teil b) (runde Klammerwerte); e) Querkräfte, ... = infolge Belastung nach Teil b) (runde Klammerwerte).

Beispiel 12a: Aufgelöster Trägerrost, starre Lagerung der Rostglieder.
Stauwand.

Die Dicke $t = 11$ mm der Stauwand wird so gewählt, daß ihre maximalen Biegespannungen etwa 70 bis 80% der zulässigen betragen, da der Rest für die Mitwirkung der Stauwand als Gurt der Randträger zur Verfügung stehen muß.

Schnittgrößen und Beanspruchungen: Nach Abb. 2.80 ergeben sich als Stauwandfelder Rechteckplatten mit $b/a > 2{,}5$. Die Stauwand wird deshalb vereinfachend in 1 cm breite, in *II*-Richtung verlaufende Streifen aufgeschnitten gedacht. Bei Stützung dieser Streifen als Durchlaufträger auf starren Stützen erhält man die in Abb. 2.81 dargestellten Biegemomente, Auflagerkräfte und Querkräfte. Die maßgebenden Plattenbiegespannungen (in der Mitte der langen Ränder) sind ebenfalls eingetragen (Abb. 2.80e).

Randträgerbelastungen: Die Streckenlasten der horizontalen Randträger (LR und HT) sind Abb. 2.81b zu entnehmen. Die Querträger erhalten rechnerisch keine Direktbelastungen aus der Stauwand (2.71b).

Tabelle 22a. *Voll mittragende Plattenbreite (m. B.) der Längsrippen (Beispiel 12a)*

im Feld: $L_I = 0{,}5774 \cdot 3{,}00 = 1{,}732$ [m] über der Stütze $L_{II} = 0{,}4226 \cdot 3{,}00 = 1{,}268$ [m]

LR	L/B	ν_1	m. B. [cm]		L/B	ν_2	m. B. [cm]	
1	1,732 : 0,40 = 4,33	0,73	0,73·40 = 29,2	58,4	1,268 : 0,40 = 3,17	0,44	0,44·40 = 17,6	35,2
	1,732 : 0,40 = 4,33	0,73	0,73·40 = 29,2		1,268 : 0,40 = 3,17	0,44	0,44·40 = 17,6	
2	1,732 : 0,40 = 4,33	0,73	0,73·40 = 29,2	56,5	1,268 : 0,40 = 3,17	0,44	0,44·40 = 17,6	34,8
	1,732 : 0,35 = 4,95	0,78	0,78·35 = 27,3		1,268 : 0,35 = 3,62	0,49	0,49·35 = 17,2	
3	1,732 : 0,35 = 4,95	0,78	0,78·35 = 27,3	54,6	1,268 : 0,35 = 3,62	0,49	0,49·35 = 17,2	34,4
	1,732 : 0,35 = 4,95	0,78	0,78·35 = 27,3		1,268 : 0,35 = 3,62	0,49	0,49·35 = 17,2	
4	1,732 : 0,30 = 5,77	0,84	0,84·30 = 25,2	43,6	1,268 : 0,30 = 4,23	0,55	0,55·30 = 16,5	30,1
	1,732 : 0,20 = 8,61	0,92	0,92·20 = 18,4		1,268 : 0,20 = 6,34	0,68	0,68·20 = 13,6	

Tabelle 22b. *Querschnitte und Biegespannungen der Längsrippen (Beispiel 12a)*

LR	Querschnitt Maße in mm		I_x cm⁴	F cm²	Biegespannung σ [Mp/cm²] in Faser *1*	*2*	*3* (Biegemomente siehe Abb. 2.82)
1	Stütze 352·11	160·80·10	2346	61,9	0,507	0,386	−1,363
2	Stütze 348·11	180·90·10	3207	64,0	0,439	0,352	−1,064
2	Feld 565·11	180·90·10	3661	88,4	−0,144	−0,106	+0,512
4	Stütze 301·11	180·90·10	3085	59,3	0,361	0,295	−0,795

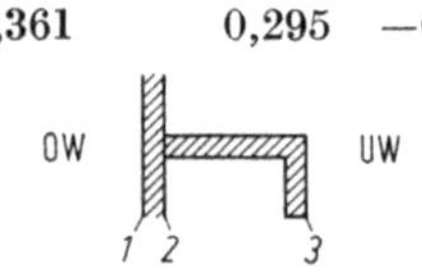

Längsrippen (LR).

Schnittgrößen: Die Biegemomente, Quer- und Auflagerkräfte werden — biegesteife Anschlüsse vorausgesetzt — für den LR-Strang als Durchlaufträger auf starren Stützen (= QT) mit konstantem Trägheitsmoment ermittelt (Abb. 2.82).

Voll mittragende Plattenbreite: Die m. B. ist mit den Längen L_1 und L_2 (Abb. 2.41) zur Vereinfachung genügend genau auf Grund eines gleichfeldrigen, unendlich langen Durchlaufträgers angesetzt, dem Diagramm Abb. 2.42 entnommen und in Tab. 22a ausgerechnet (s. hierzu auch Abb. 2.90).

Biegebeanspruchungen: Die Querschnitte der LR werden so gewählt, daß ihre maximalen Biegespannungen etwa 70 bis 80% der zulässigen betragen, da eine LR in der Nähe eines HT nach Abb. 2.67 zusätzlich Druckspannungen aus HT-Wirkung erhält.

Biegebeanspruchungen in den Fasern *1*: Stauwand Oberwasserseite, *2*: Stauwand Unterwasserseite, *3*: Längsrippe Unterwasserseite s. Tab. 22b. Faser *3* ist für die Dimensionierung der LR über der Stütze (= QT)[1] maßgebend (Abb. 2.67b).

Querträger (QT).

Belastungen und Schnittgrößen: Die Belastungen ergeben sich entweder

1. aus den Auflagerdrücken der Längsrippen nach Abb. 2.83c. Hier sind die Direktbelastungen der HT aus der Stauwand gestrichelt eingetragen (eckige Klammerwerte); diese gehen direkt in die Auflager (= HT)

oder

2. aus der Streckenlast q_{QT} nach Gl. 136 (Abb. 2.83b), wobei im Gegensatz zu 1. die Direktbelastungen der Hauptträger automatisch mitgenommen sind.

Am stärksten ist der Querträger „b" belastet (vgl. Abb. 2.82c und d). Die Biegemomente, Quer- und Auflagerkräfte werden als Durchlaufträger zunächst auf starren[2] Stützen (= HT) mit konstantem Trägheitsmoment ermittelt (Abb. 2.83d). Zum Beispiel erhält der Querträger „c" mit seiner Belastungsbreite $b_c = 3{,}0$ m ein Biegemoment über der Stütze B von $M_B = -1{,}700 \cdot 3{,}0 = -5{,}1$ [Mpm], im Feld AB ein solches von $M_{AB} = +2{,}009 \cdot 3{,}0 = 6{,}027$ [Mpm].

Während für 2. die maximalen Biegemomente nicht wesentlich von denen für 1. abweichen, scheinen wegen der Mitnahme der oben erwähnten Lasten aus HT-Direktbelastung hinsichtlich der Auflagerkräfte Unterschiede zu bestehen, die aber bei Berücksichtigung der eckig eingeklammerten Lasten (Abb. 2.83c) verschwinden.

Voll mittragende Plattenbreite: Die m. B. lassen sich bei der vorliegenden „komplizierten" Biegemomentenlinie des QT nur grob ermitteln. Die m. B. für den QT „c" mit 3,00 m Belastungsbreite sind Tab. 22c zu entnehmen (s. hierzu auch Abb. 2.90).

Tabelle 22c. *Voll mittragende Plattenbreite (m. B.) des Querträgers c (Beispiel 12a)*

Ort	L_2 [cm]	L_1/B	ν_2	L_1 [cm]	L_1/B	ν_1	m. B. [cm]
Stütze B	115	0,77	0,10				30
Stütze C	130	0,87	0,12				36
Feld AB				185	1,23	0,20	60

Biegebeanspruchungen des QT „c": Für die gewählten Querschnitte sind in Tab. 22d die Biegebeanspruchungen in den Fasern *1* bis *3* eingetragen.

Durchbiegungen des QT „c" s. Abb. 2.86. Bezugslinie ist hierbei die Sehne zwischen den HT-Durchbiegungen.

Hauptträger (HT).

Belastungen und Schnittkräfte: Die Belastungen ergeben sich entweder

1. aus den Auflagerdrücken der QT nach Abb. 2.83c (nicht eingeklammerte Werte) plus den direkten HT-Belastungen (nach Abb. 2.81b)

[1] Über den Stützen kann infolge der flächigen Auflagerung der LR auf den Flanschen der QT das Biegemoment abgemindert werden. Diese Abminderung ist hier nicht vorgenommen.

[2] In einem späteren Rechnungsgang wird die elastische Lagerung der QT auf den HT berücksichtigt (Beispiel 12b).

Tabelle 22d. *Querschnitt und Biegespannungen des Querträgers c (Beispiel 12a)*

	Querschnitt Maße in mm	F [cm²]	I [cm⁴]	W [cm³] Faser *1*	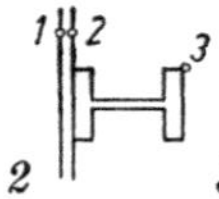 *2*	*3*	M [Mpcm]	$\sigma = M/W$ [Mp/cm²] Faser *1*	*2*	*3*	
Stütze *B*		72,1	6466	916	1085	358	510	0,557	0,470	−1,424	<1,6
Stütze *C*				1033	1243	362		0,434	0,361	−1,240	<1,6
Feld *AB*	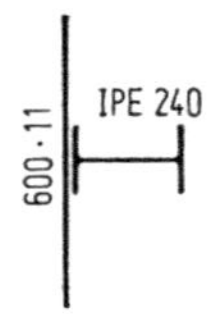	105,1	7425	1479	1894	370	602,7	−0,408	−0,318	1,629	≈1,6

oder als gute Näherung

2. aus Gleichstreckenlasten q_{HT} nach Gl. (137). Diese betragen unter Zugrundelegung der Auflagerdrücke der Abb. 2.83c (eckige Klammerwerte)

HT „B": $q_B =$ 9,904 [Mp/m] (Abb. 2.84b)
HT „A": $q_A =$ 3,502 [Mp/m]
HT „C": $q_C =$ 7,799 [Mp/m][1]

Gesamtbelastung: 21,205 [Mp/m]

Nach 1. wird

$M_{B\max} =$ 151,8 [Mp/m] (Abb. 2.84b)
$M_{A\max} =$ 53,89 [Mp/m]
$M_{C\max} =$ 119,0 [Mp/m]

324,7 [Mp/m]

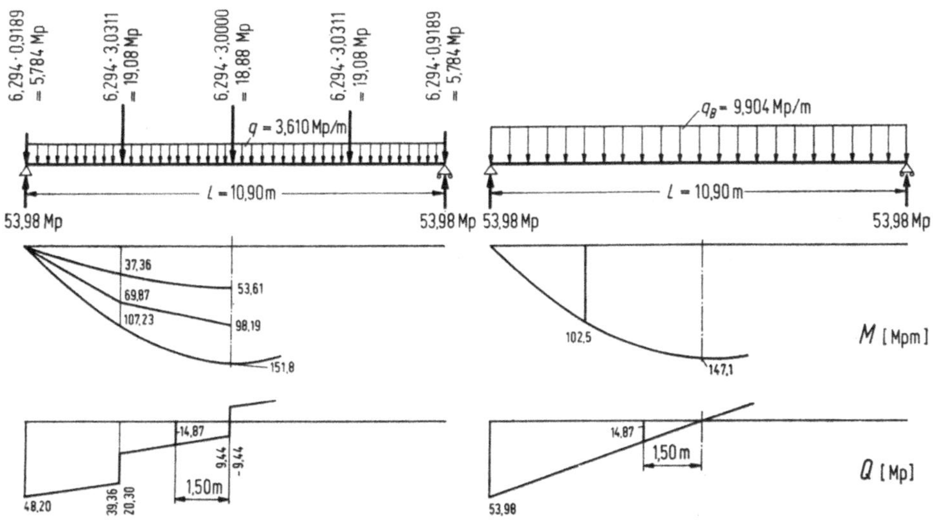

Abb. 2.84. Aufgelöster Trägerrost: Hauptträger *B* (Beispiel 12a). Belastungen und Biegemomente sowie Querkräfte.
a) direkte Hauptträgerbelastungen und Auflagerdrücke der Querträger; b) Gleichstreckenlasten nach Gl. (137).

Tabelle 22e. *Voll mittragende Plattenbreite (m. B.) der Hauptträger (Beispiel 12a)*

HT	L_1/B	ν_1	m. B. [cm]
A	$10{,}9\Big/\frac{2{,}30}{2} = 9{,}48$	0,93	$0{,}93 \cdot \frac{230}{2} = 107$
B	*A*: $10{,}9\Big/\frac{2{,}30}{2} = 9{,}48$	0,93	$0{,}93 \cdot \frac{230}{2} = 107$ } 175
	C: $10{,}9\Big/\frac{1{,}40}{2} = 15{,}6$	0,97	$0{,}97 \cdot \frac{140}{2} = 68$
C	*B*:		= 68 } 145
	Krag: 10,9/0,80 = 13,6	0,96	$0{,}96 \cdot 80 = 77$

[1] q_C erhält man z. B. auch aus der Wasserdruckfigur (Abb. 2.83b) mit der Belastungsbreite $d_C = 1{,}471$ m (Abb. 2.83e) zu $q_C = 5{,}3 \cdot 1{,}471 = 7{,}799$ [Mp/m]; q_B und q_A sinngemäß.

Tabelle 22f. *Querschnitte und Biegespannungen der Hauptträger* (*Beispiel 12a*)

	F [cm²]	I [cm⁴]	W [cm³] Faser *1*	*0*	*2*	*4*	*5*	*3*	M [Mpcm]	$\sigma = M/W$ [Mp/cm²] Faser *0*	*5*	*4*	*1*	*2*
HT *A*	263	$17{,}60 \cdot 10^4$	7871	8070	8278	33460	4385	4237	5389	−0,668	1,229	−0,161		
HT *B*	423	$66{,}89 \cdot 10^4$	19220	19540	19850	42630	11590	11320	15180	−0,777	1,310	−0,356	−0,790	−0,765
HT *C*	376	$58{,}33 \cdot 10^4$	16360	16620	16880	35240	10260	10010	11900	−0,716	1,160	−0,338		
											$<1{,}6$			

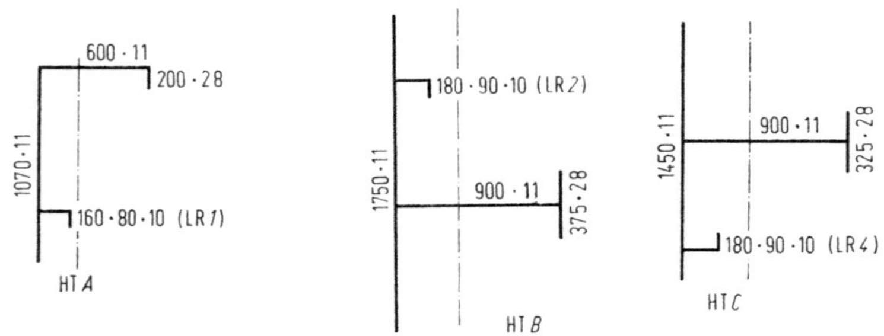

Querschnitte in Feldmitte (Maße in mm)

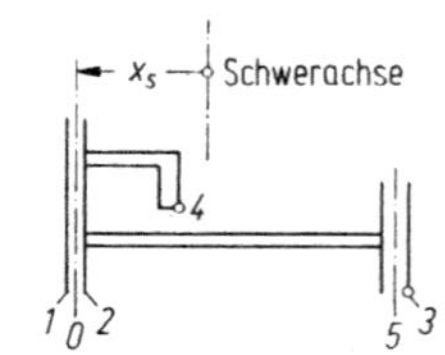

Nach 2. ist die Biegemomentenlinie mit $L = 10{,}9$ m eine Parabel mit dem Maximalwert

$$\begin{aligned} M_B &= 9{,}904 \cdot 10{,}9^2/8 = 147{,}1\ [\text{Mp/m}] \quad (\text{Abb. 2.84b}) \\ M_A &= 52{,}0\ [\text{Mp/m}] \\ M_C &= 115{,}8\ [\text{Mp/m}] \\ & \overline{314{,}9\ [\text{Mp/m}]} \end{aligned}$$

Auch die Querkräfte sind nach 1. und 2. entsprechend verschieden, während die Auflagerkräfte der — auf den EQT starr gestützten — HT übereinstimmen.

Voll mittragende Plattenbreite: Die m. B. ergeben sich nach Tab. 22e (s. hierzu auch Abb. 2.90).

Beanspruchungen: Für die gewählten Querschnitte sind in Tab. 22f die Biegebeanspruchungen in den Fasern *1* bis *5* eingetragen.

Durchbiegungen der HT s. Abb. 2.86.

Endquerträger (EQT).

Die Biegemomente und Auflagerkräfte der EQT wurden bereits in Beispiel 11 ermittelt.[1]

Der Querschnitt (Abb. 2.85) muß aus konstruktiven Gründen (Unterbringung der Rollen und HT-Steganschlüsse) gewählt, kann also nicht auf Spannung dimensioniert werden.

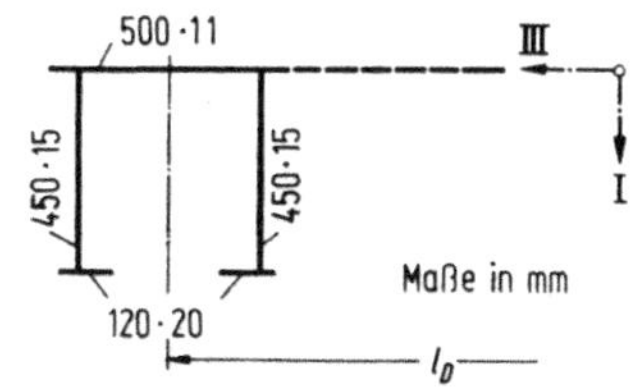

Abb. 2.85. Endquerträger (Beispiel 12), Querschnitt.

Beispiel 12b: Aufgelöster Trägerrost, elastische Lagerung der Rostglieder. Bei den in Beispiel 12a vorliegenden statisch unbestimmten Traggliedern wie Stauwandfeld, LR und QT entstehen infolge zusätzlicher (d. h. nachträglicher) Berücksichtigung der elastischen Lagerung Momentenumlagerungen bzw. Kräfteumlagerungen.

Stauwand.

Eine Berücksichtigung des Einflusses der elastischen Lagerung auf den Randträgern ist, wie früher ausgeführt, ohne nennenswerten Effekt.

Längsrippen (LR).

Den Durchbiegungen von HT und QT müssen sich die LR an ihren Auflagerpunkten (= QT) anpassen. Mit den bekannten Durchbiegungen der QT „*b*“ und „*c*“ und denen der HT „*A*“ und „*B*“ erhält man z. B. für die LR *1* die in Abb. 2.86 eingetragenen „plan-

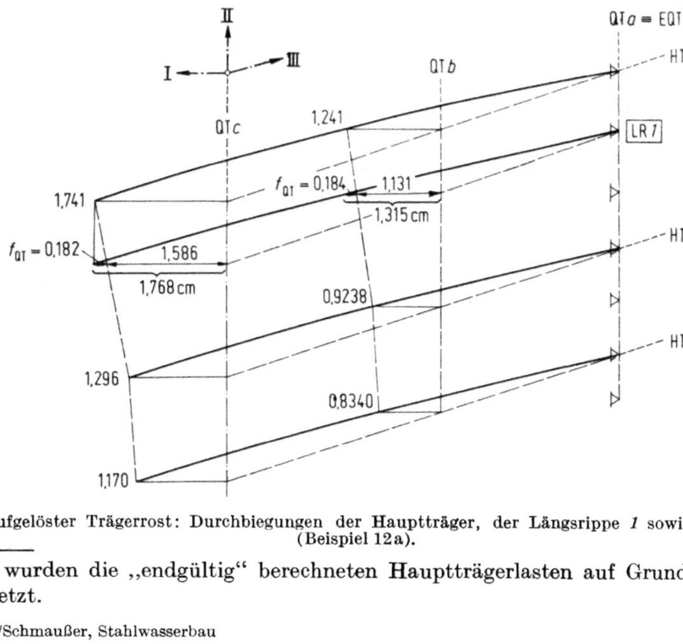

Abb. 2.86. Aufgelöster Trägerrost: Durchbiegungen der Hauptträger, der Längsrippe *1* sowie der Querträger (Beispiel 12a).

[1] Dort wurden die „endgültig“ berechneten Hauptträgerlasten auf Grund von Beispiel 12b eingesetzt.

mäßigen“ Stützensenkungen $y_c = 1{,}768$ cm, und $y_b = 1{,}315$ cm, wodurch die Biegemomente der LR zur positiven Seite hin umgelagert werden (Abb. 2.82e, f). Die LR könnte demnach schwächer als im Beispiel 12a dimensioniert werden.

Querträger (QT).

Die elastische Nachgiebigkeit der HT ergibt für die QT ein System als Durchlaufträger auf 3 elastisch nachgiebigen Stützen (= HT). Die Berücksichtigung sämtlicher QT ist nur als Trägerrost möglich; man erhält jedoch bekanntlich auf Grund der affinen Biegemomentenlinien und der gleichen Biegesteifigkeiten der QT „b“ und „c“ genügend genaue Ergebnisse, wenn man im System nur den (mittleren) QT „c“ ansetzt und sein (hier konstantes) Trägheitsmoment zur Berücksichtigung der beiden benachbarten QT auf das $\approx$ 1,1-fache vergrößert. Er wird im folgenden Vergleichsquerträger (QT*) genannt.

Wir setzen also anstatt des Trägheitsmoments in Tab. 22d

$$I_{QT}{}^* = 1{,}1 \cdot \frac{0{,}6466}{10^4} = 0{,}7113 \cdot 10^{-4}\ [\mathrm{m}^4] \quad \text{bzw.} \quad EI_{QT}{}^* = 1{,}494 \cdot 10^3\ [\mathrm{Mpm}^2].$$

Die Berechnung muß, da die HT durch die Stauwand direkt belastet sind (vgl. Abb. 2.83c eckig eingeklammerte Lasten) in 2 Schritten erfolgen, die zu superponieren sind:

1. Schritt (Abb. 2.87a): QT „c“ erleidet „planmäßige“ Stützensenkungen aus HT-Durchbiegungen infolge $q_A = 0{,}9909$ [Mp/m], $q_B = 3{,}610$ [Mp/m], $q_C = 3{,}571$ [Mp/m] (vgl. Abb. 2.81b).

Die HT-Durchbiegungen (in Feldmitte) werden mit $y = \frac{5}{384}\,\frac{q\,L^4}{E\,I_{HT}}$

$$y_A = 0{,}4928\ [\mathrm{cm}], \quad y_B = 0{,}4724\ [\mathrm{cm}], \quad y_C = 0{,}5358\ [\mathrm{cm}].$$

Zum Beispiel aus der Dreimomentengleichung

$$2\,M_B(l_1 + l_2) = -6\,EI_{QT}{}^* \left(\frac{y_C - y_B}{l_1} + \frac{y_A - y_B}{l_2}\right)$$

entsteht für den Querträger

$${}^1M_B = -0{,}656\ [\mathrm{Mpm}].$$

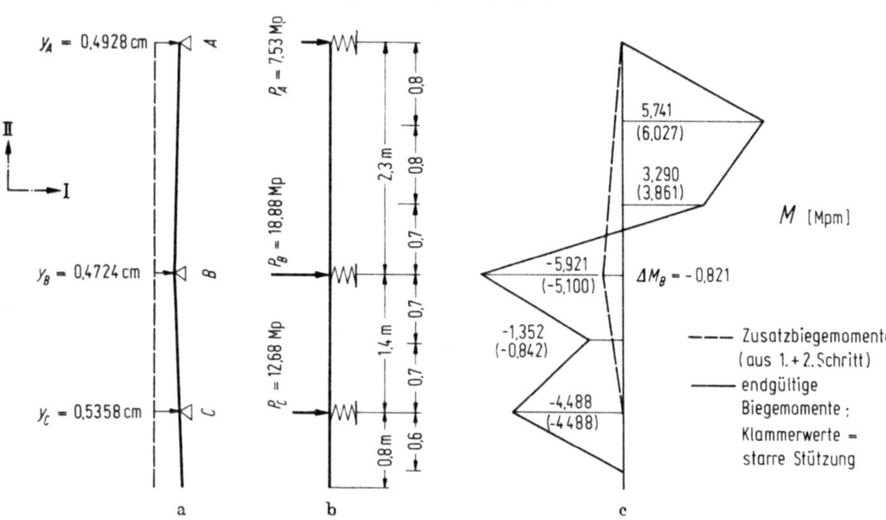

Abb. 2.87. Aufgelöster Trägerrost: Vergleichsquerträger QT* ≡ Querträger „c“ (Beispiel 12b). a) Durchbiegungen der Hauptträger infolge HT-Direktbelastung (1. Schritt); b) Belastungen des QT* als Träger auf elastischer Stützung (2. Schritt); c) Biegemomente.

2. Schritt (Abb. 2.87b): QT „c“ (Belastungsbreite 3,00 m) erhält eine Belastung gemäß Abb. 2.83c (ohne die eckig eingeklammerten Lasten) als Durchlaufträger auf elastisch nachgiebigen Stützen (= HT).

Zum Beispiel aus der Fünfmomentengleichung entsteht

$$^2M_B = -0{,}165\ [\mathrm{Mpm}].$$

Das Zusatzbiegemoment über der Stütze B beträgt nun insgesamt

$$\Delta M_B = -0{,}656 - 0{,}165 = -0{,}821\ [\mathrm{Mpm}],$$

gestrichelt eingetragen in Abb. 2.87c. Überlagerung mit Abb. 2.83d unter Beachtung der QT-Belastungsbreite ergibt die endgültigen Biegemomente des Querträgers „c“ (Abb. 2.87c). Das maßgebende Biegemoment $M_B = -5{,}921$ [Mpm] ist um 16% größer als nach Beispiel 12a[1], und die Biegespannungen werden in der Faser über der Stütze B

$$\sigma_3 = 1{,}654\,[\mathrm{Mp/cm^2}] > 1{,}6 \quad \text{anstatt früher } 1{,}424 \text{ (Tab. 22d)},$$

im Feld AB

$$\sigma_3 = 1{,}552\,[\mathrm{Mp/cm^2}] < 1{,}6 \text{ anstatt früher } 1{,}629 \text{ (Tab. 22d)}.$$

Der QT ist z. B. durch eine Lamelle ▭ 105.11 auf dem Untergurt zu verstärken, womit endgültig $I = 9881\ [\mathrm{cm^4}]$, $W_3 = 570\ [\mathrm{cm^3}]$, $\sigma_3 = 592{,}1/570 = 1{,}039\ [\mathrm{Mp/cm^2}] < 1{,}6$ wird. Würde man mit diesem größeren Trägheitsmoment die Berechnung der QT-Zusatzmomente wiederholen, wobei der Einfluß der elastischen Nachgiebigkeit der HT größer wird, erhielte man

$$\Delta M_B = -0{,}656 - 0{,}200 = -0{,}856\ [\mathrm{Mpm}].$$

Ein derartiger Iterationsschritt ist aber nicht erforderlich.

Infolge der „endgültigen“ QT-Biegemomente (Abb. 2.87c) ändern sich die HT-Belastungen und die maximalen Biegespannungen:

$$\begin{aligned}
&\quad\ \overbrace{\text{starre Stützung der QT}}\quad \overbrace{\text{Einfluß der elastischen Nachgiebigkeit der HT}}\\
q_A &= 3{,}502 - 0{,}821/2{,}3 &&= 3{,}145\ [\mathrm{Mp/m}] \mathrel{\hat=} -10\%,\\
q_B &= 9{,}904 + 0{,}821\left(\frac{1}{1{,}4} + \frac{1}{2{,}3}\right) &&= 10{,}847\ [\mathrm{Mp/m}] \mathrel{\hat=} +9{,}5\%,\\
q_C &= 7{,}799 - 0{,}821/1{,}4 &&= 7{,}213\ [\mathrm{Mp/m}] \mathrel{\hat=} -7{,}5\%.
\end{aligned}$$

Erwähnt sei, daß man nach Gl. (134), (135) für unendlich starre QT

$$q_A = 4{,}237,\ q_B = 11{,}24 \text{ und } q_C = 5{,}732\ [\mathrm{Mp/m}]$$

erhalten würde.

Beispiel 12c: Trägerrost. Die Berechnung als torsionsloser Trägerrost wird an Hand der nach Beispiel 12b errechneten Biegesteifigkeiten (Trägheitsmomente) durchgeführt. Dabei sind folgende Faktoren variiert (vgl. Abb. 2.88)

1. Lagerung der EQT
1.1 auf 3 Rollen,
1.2 auf 2 Rollen,
2. Bestandteile des Trägerrostes,
2.1 HT, QT, EQT (Abb. 2.88a),
2.2 HT, QT, EQT und LR (Abb. 288b),
3. Biegesteifigkeit des mittleren QT „c“,
3.1 wie Normalquerträger QT „b“,
3.2 als lastverteilender Querträger (Abb. 2.88c),
4. Trägheitsmomentenverlauf der HT,
4.1 konstant,
4.2 Stegblechhöhe variabel (Abb. 2.88d).

Im übrigen ist jeweils konstant verlaufendes Trägheitsmoment der Rostglieder vorausgesetzt.

---

[1] Sein genauer Wert (Trägerrost) beträgt $-5{,}939$.

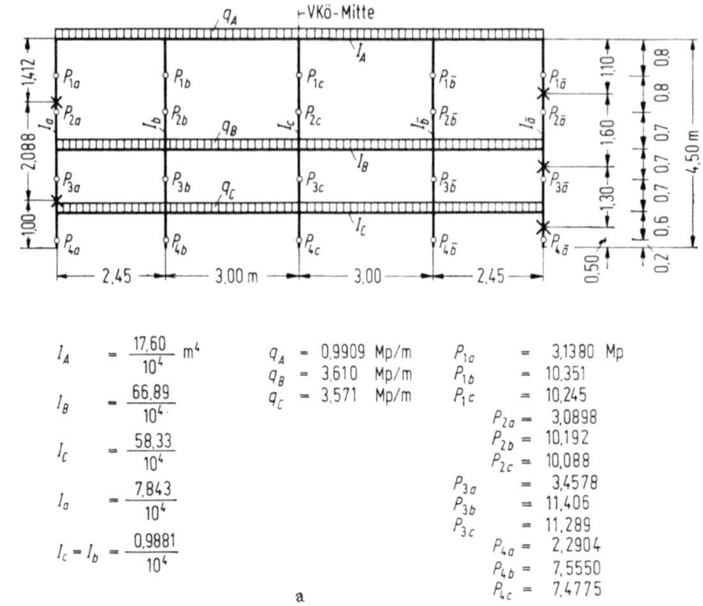

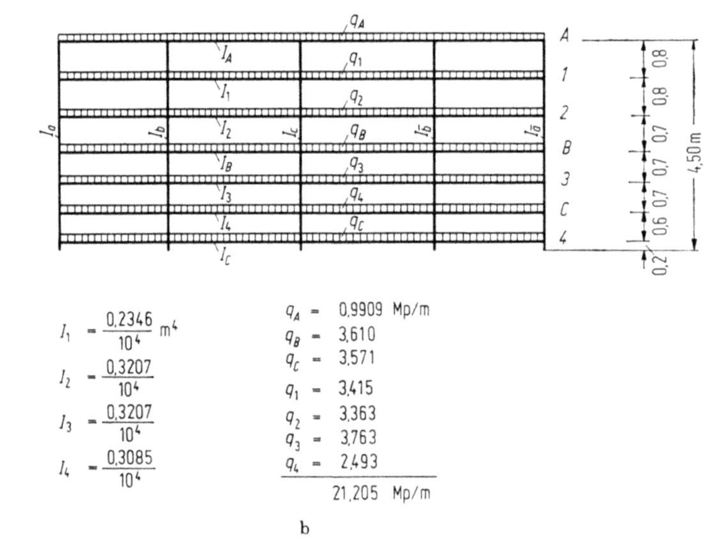

Abb. 2.88. Torsionsloser Trägerrost (Beispiel 12c). a) Bestandteile: HT, QT, EQT (Faktor 2.1); Stützung: linke Bildhälfte — auf 2 Rollen (Faktor 1.2), rechte Bildhälfte — auf 3 Rollen (Faktor 1.1) Belastung: Einzellasten P (= Auflagerdrücke der Längsrippen als Durchlaufträger auf starren Stützen), Gleichstreckenlasten q aus HT-Direktbelastung b) Bestandteile: HT, LR, QT, EQT (Faktor 2.2); Belastung: Gleichstreckenlasten q (vgl. Abb. 2.81b) c) Querträger „c" als lastverteilender QT, Trägheitsmomentenverlauf (Faktor 3.2) d) Trägheitsmomentenverlauf der Hauptträger (Faktor 4.2).

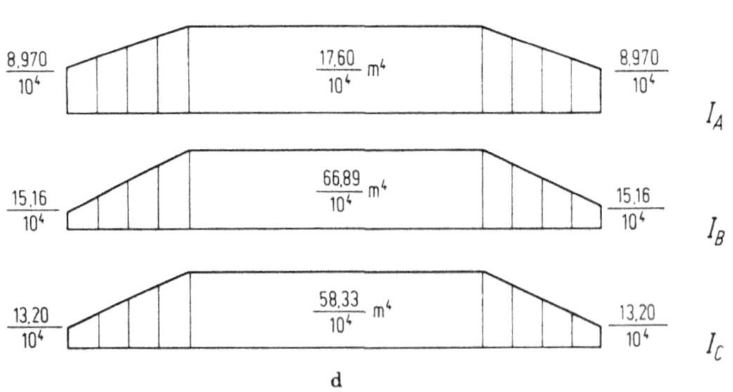

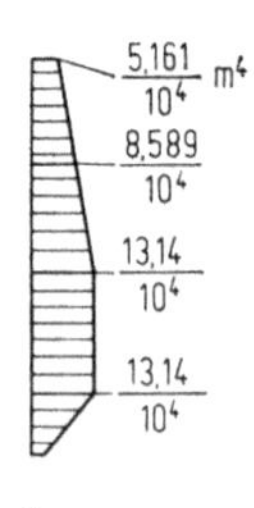

Eine Mitteilung der Ergebnisse aller obengenannten Variationen muß aus Platzgründen unterbleiben. Es ergab sich — wie bei der hier vorliegenden Flächenbelastung des VKö zu erwarten —, daß die Faktoren 2, 3 und 4 nur einen geringen Einfluß auf die Biegemomente, Querkräfte und Durchbiegungen der QT und HT haben. Die Hinzunahme der Längsrippen als Rostglieder bringt nur eine geringfügige Umlagerung dieser Werte mit sich. Der Faktor 1 wirkt sich zwar auf die EQT aus, ist jedoch für die übrigen Rostglieder ebenso wie der Einfluß einer weichen oder steifen EQT-Ausbildung belanglos.

Faktor 2 bestätigt, daß bei dem großen Steifigkeitsunterschied von LR zu HT von etwa 1 : 200 auf die Einbeziehung der LR als Glieder des Trägerrostes grundsätzlich verzichtet werden kann.

Aus Faktor 3 folgt, daß die Anordnung von lastverteilenden QT keine gewichtssparenden Kräfteumlagerungen ergibt.

Faktor 4 ist von untergeordneter Bedeutung für die QT und LR.

In Abb. 2.89a sind die charakteristischen Verläufe der Biegemomente in LR und QT eingezeichnet. Die beim QT „c" angeschriebenen Zahlenwerte bedeuten

in der 1. Zeile:	Aufgelöster Trägerrost	ohne (Beispiel 12a)	Berücksichtigung der elastischen Lagerung der LR und QT
in der 2. Zeile:	Aufgelöster Trägerrost	mit (Beispiel 12b)	
in der 3. Zeile:	Torsionsloser Trägerrost	mit den Voraussetzungen 1.1, 2.1, 3.1, 4.1	
in der 4. Zeile:	Torsionsloser Trägerrost	mit den Voraussetzungen 1.1, 2.1, 3.2, 4.1	
in der 5. Zeile:	Torsionsloser Trägerrost	mit den Voraussetzungen 1.1, 2.2, 3.1, 4.1.	

Die an den übrigen Rostgliedern angeschriebenen Zahlenwerte entsprechen Zeile 5.

Besonders interessant ist die Gegenüberstellung der statischen Verhältnisse, die sich nach Zeile 2 und 5 ergeben: die Übereinstimmung ist erwartungsgemäß sehr gut. Die HT-Biegemomente zeigt Abb. 2.89b, die Durchbiegungen zeigt Teil c.

Die am Beispiel (12a, 12b, 12c) eines Verschlußkörpers mit 3 Hauptträgern gewonnenen Erkenntnisse dürfen auf den Verschlußkörper mit offenem Querschnitt unter Wasserdruckbelastung generell übertragen werden. Zusammenfassend kann gesagt werden, daß

1. die auf der Basis des *aufgelösten* Trägerrosts errechneten Schnittgrößen als Überschlagsrechnung (z. B. für Projektzwecke) völlig ausreichen und daß

2. die zusätzliche nachträgliche Berücksichtigung der elastischen Lagerung der LR und QT für eine Ausführungsberechnung als „endgültig" angesehen werden können, da hierbei eine sehr gute Übereinstimmung mit dem Trägerrost besteht.

Beispiel 12d: Spannungsüberlagerungen. Nach Abschn. 2.4.9 ergeben sich im Beispiel 12c für die Längsrippen bzw. einige ausgezeichnete Punkte der Stauwand folgende überlagerten Spannungen bzw. Vergleichsspannungen (die Einzelspannungen sind den Tab. 22 und der Abb. 2.81e zu entnehmen).

1. Längsrippen.

LR 1. Über der Stütze (= QT „c"): $\sigma_x = -1{,}363 - 0{,}161 = -1{,}524$ [Mp/cm²] $< 1{,}6$.
LR 2. Über der Stütze (= QT „c"): $= -1{,}064 - 0{,}356 = -1{,}420$ [Mp/cm²] $< 1{,}6$.

2. Stauwand (Außen- und Innenseite).

Es wird die Vergleichsspannung für die Punkte D und C (vgl. Abb. 2.90) ermittelt. Punkt D liegt in Feldmitte der Längsrippe *2* bzw. 1,5 m außerhalb HT-Mitte (im Abstand 0,3624 L vom Auflager; das HT-Biegemoment ist dort $M_{(0,3624\,L)} = 0{,}9243\,M_{\max}$).

Die Plattenschubspannung ist Null, ebenso — für die Unterwasserseite des Stauwandbleches — die Querkraftschubspannung aus Längsrippenwirkung (wegen der bei Punkt D verschwindenden LR-Querkraft). Dagegen ist eine Querkraftschubspannung aus Hauptträgerwirkung vorhanden; die Querkraft im HT „B" beträgt dort (Abb. 2.84) $Q = 14{,}87$ [Mp]. Mit den Querschnittswerten $S = 193 \cdot 34{,}25 = 6610$ [cm³], $t = 1{,}1$ [cm], $I = 66{,}89 \cdot 10^4$ [cm⁴] wird

$$\tau_{HT} = \frac{14{,}87 \cdot 6610}{66{,}89 \cdot 10^4 \cdot 1{,}1} = 0{,}133\ [\text{Mp/cm}^2] < 0{,}9.$$

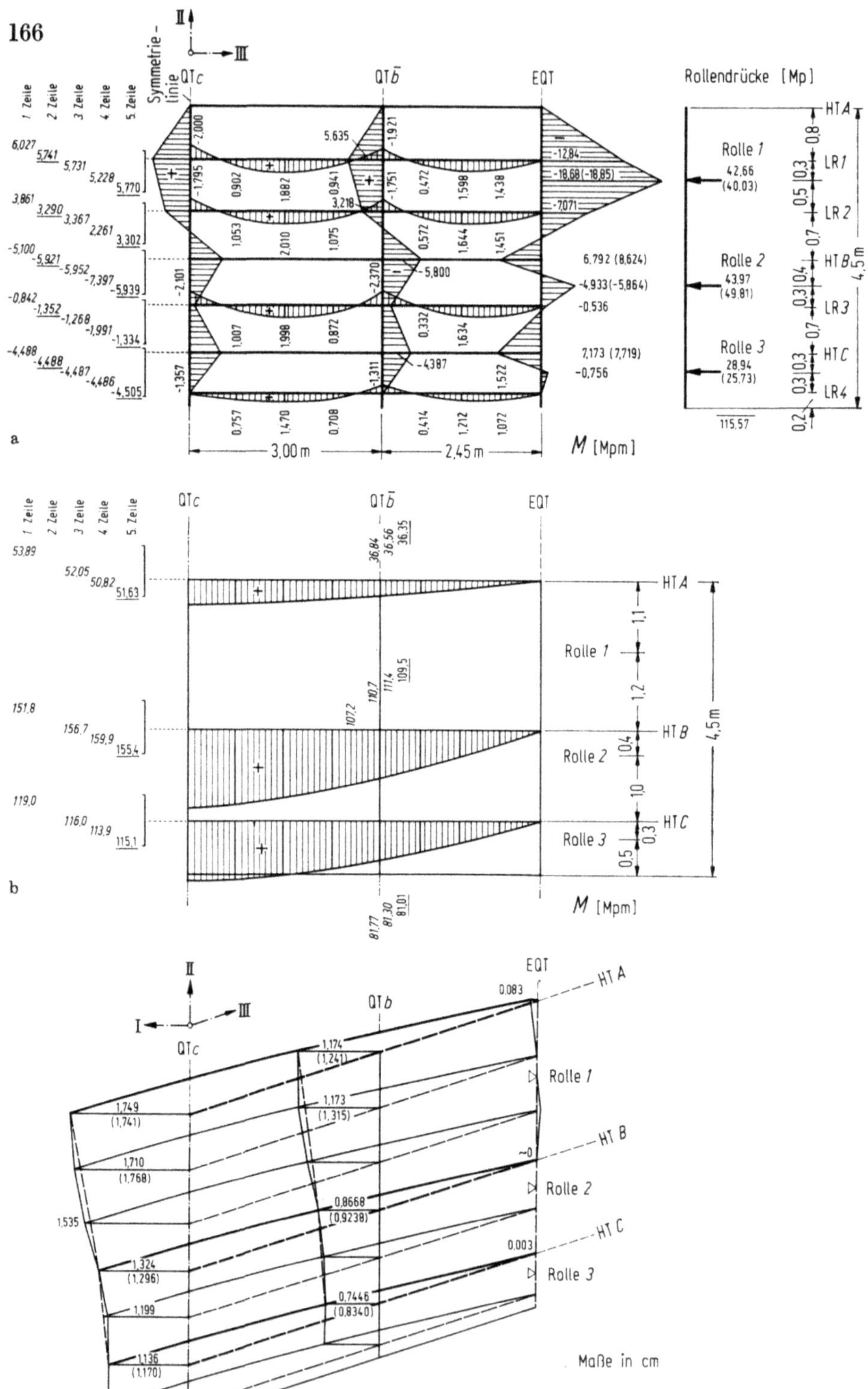

Abb. 2.89. Torsionsloser Trägerrost (Beispiel 12c, hierfür gelten die Werte der 5. Zeile). a) Biegemomente in LR, QT und EQT sowie Rollendrücke, Klammerwerte: vgl. Abb. 2.75d, e; b) Biegemomente in den HT; c) Durchbiegungen, Klammerwerte: vgl. Abb. 2.86.

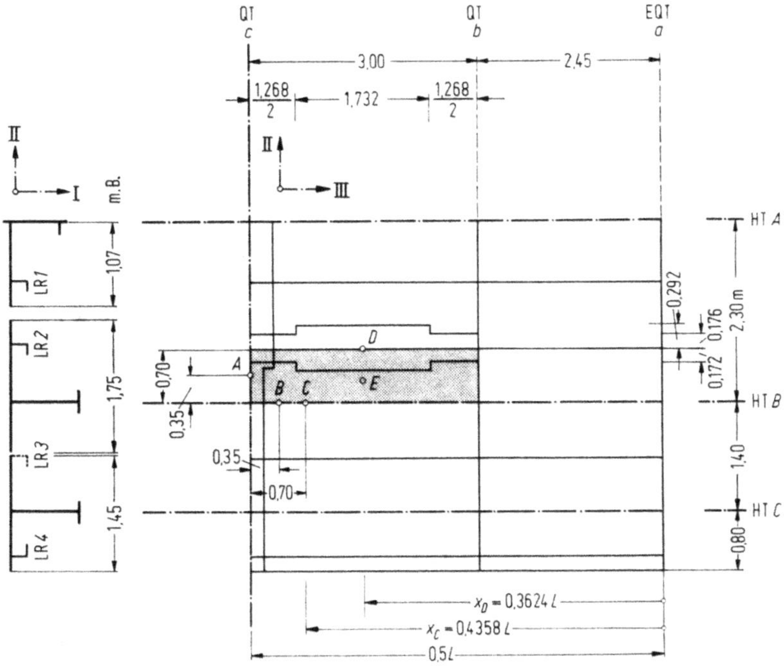

Abb. 2.90. Ausgesuchte Punkte für Spannungsüberlagerungen (Beispiel 12).

Wenn für den HT-Spannungsanteil nach Abb. 2.67a σ_{max} eingesetzt wird (sichere Seite), wird in der oberwasserseitigen Faser

$$
\begin{aligned}
\sigma_{III(HTB)} &= -0{,}9243 \cdot 0{,}790 = -0{,}730\ [\text{Mp/cm}^2]\\
\sigma_{III(LR2)} &= -0{,}144\\
\sigma_{III(\text{Platte})} &= 0{,}3 \cdot 1{,}008 = 0{,}302\\
\hline
\sigma_{III} &= -0{,}572\\
\sigma_{II\,(\text{Platte})} &= 1{,}008
\end{aligned}
$$

$$\sigma_V = \sqrt{(-0{,}572)^2 + 1{,}008^2 - (-0{,}572)\,1{,}008} = 1{,}386\ [\text{Mp/cm}^2] < 0{,}85\sigma_{\text{Fließ}} = 0{,}85 \cdot 2{,}4$$

Punkt C liegt auf dem HT „B“ bzw. 0,7 m außerhalb der HT-Mitte (im Abstand $0{,}4358\,L$ vom Auflager; das HT-Biegemoment beträgt dort $M_{(0{,}4358\,L)} = 0{,}9835\,M_{max}$). Unterwasserseitige Faser:

$$
\begin{aligned}
\sigma_{III(HTB)} &= -0{,}9835 \cdot 0{,}765 = -0{,}752\ [\text{Mp/cm}^2]\\
\sigma_{III(\text{Platte})} &= -0{,}3 \cdot 1{,}029 = -0{,}309\\
\hline
\sigma_{III} &= -1{,}061\\
\sigma_{II(\text{Platte})} &= -1{,}029
\end{aligned}
$$

$$\sigma_V = \sqrt{(-1{,}061)^2 + (-1{,}029)^2 - (-1{,}061)\,(-1{,}029)} = 1{,}81\ [\text{Mp/cm}^2] < 0{,}85 \cdot 2{,}4$$

Da die HT-Querkraft nahezu Null ist, wurde τ bei der Vergleichsspannung vernachlässigt.

2.5.2 Verschlußkörper als Stab

Unter den in Abschn. 2.3.2 beschriebenen Voraussetzungen werden die Normalspannungen in Längsrichtung (*III*-Richtung nach Abb. 2.1) und die Schubspannungen nach der gewöhnlichen Stabtheorie ermittelt; sie setzen sich aus den Biegenormalspannungen und den Wölbnormalspannungen zusammen. Die durch die örtliche Lastabtragung bedingten Schnittkräfte und Beanspruchungen müssen in der Stauwand samt ihren Aussteifungen (LR, QR) sowie in den Querträgern gesondert ermittelt werden.

Für die Berechnung des VKö als Stab ist nur die Größe und die Lage der resultierenden Belastung (Wasserdruck, Eigengewicht usw.) von Bedeutung. Gemäß Abb. 2.91 lassen sich solche Belastungen stets derart ansetzen, daß *torsionsfreie Biegung* und *biegefreie Torsion* entsteht und beide Anteile für sich getrennt behandelt und anschließend superponiert werden können. Die Belastungsresultierende ist demnach in den Schubmittelpunkt M des Gesamtquerschnitts unter Beachtung des (äußeren) Torsionsmoments M_D zu verlegen (Abb. 2.91 a). In Abb. 2.91 b ist ihre Zerlegung in die Hauptachsen angedeutet.

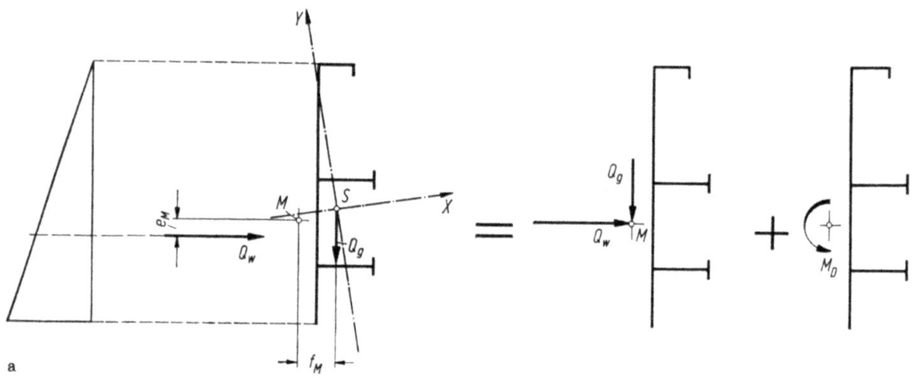

a

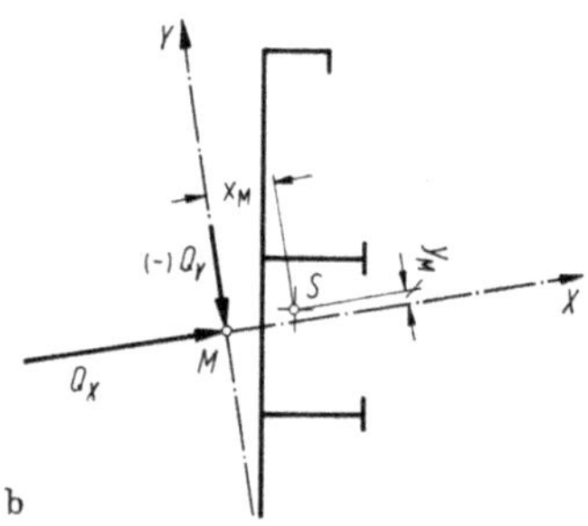

b

Abb. 2.91. Verschlußkörper mit offenem Querschnitt. a) Wasserdruck- und Eigengewichtsresultierende, Zerlegung für torsionsfreie Biegung und biegefreie Torsion; b) Zerlegung in die Hauptachsen X, Y; c) Definition positiver Querkräfte; d) Definition der sektoriellen Koordinate s.

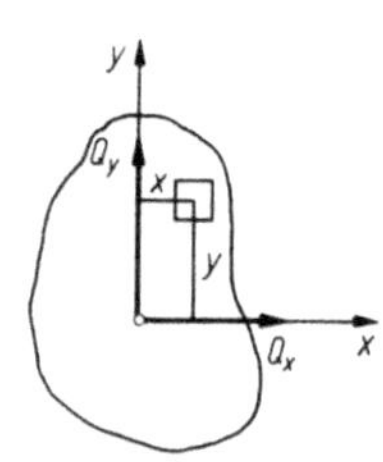

c

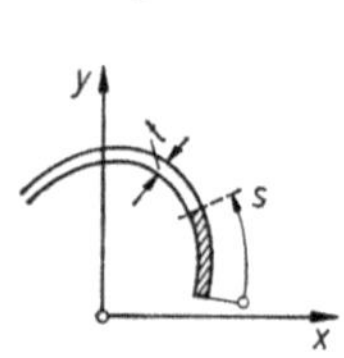

d

2.5.2.1 *Torsionsfreie Biegung*

Eine konstante Streckenlast [Mp/m] aus Wasserdruck und Eigengewicht liefert beim zweiseitig gelagerten VKö mit konstantem Gesamtquerschnitt die maximalen Biegespannungen σ in Feldmitte bzw. die maximalen Querkraftschubspannungen τ an den Enden.

Es ist nach Abb. 2.91c für die Schwerachsen mit

I_{yy} Trägheitsmoment bezüglich x-Achse (oft auch mit I_x bezeichnet),

I_{xx} Trägheitsmoment bezüglich y-Achse (oft auch mit I_y bezeichnet),

I_{xy} Zentrifugalmoment bezüglich des x—y-Achsensystems,

M_x Biegemoment in x-Ebene (um y-Achse) infolge Q_x (Querkraft nach Abb. 2.91c in x-Richtung),

M_y Biegemoment in y-Ebene (um x-Achse) infolge Q_y (Querkraft in y-Richtung).

Zum Beispiel betragen die Biegespannungen an einer Stelle x, y des unsymmetrischen Querschnitts

$$\sigma = M_x \frac{I_{yy}\,x - I_{xy}\,y}{I'} + M_y \frac{I_{xx}\,y - I_{xy}\,x}{I'} \tag{141a}$$

$$\text{mit } I' = I_{xx}\,I_{yy} - I_{xy}^2$$

bzw. für die Hauptachsen X, Y mit $I_{XY} = 0$ an der Stelle X, Y

$$\sigma = M_x \frac{X}{I_{XX}} + M_y \frac{Y}{I_{YY}}. \tag{141b}$$

Analoges gilt für die Querkraftschubspannungen $\tau_{Q\,x}$ und $\tau_{Q\,y}$. Mit t = Blechdicke des dünnwandigen Querschnitts wird

$$\tau_Q = -\frac{1}{t}\left(Q_x \frac{I_{yy}\,S_x - I_{xy}\,S_y}{I'} + Q_y \frac{I_{xx}\,S_y - I_{xy}\,S_x}{I'}\right) \tag{142a}$$

bzw. für die Hauptachsen

$$\tau_Q = -\frac{1}{t}\left(Q_X \frac{S_X}{I_{XX}} + Q_Y \frac{S_Y}{I_{YY}}\right), \tag{142b}$$

wobei S_x bzw. S_X statisches Moment des abgeschnittenen Teils (Bogenkoordinate s nach Abb. 2.91d) bezüglich der x-Achse bzw. X-Achse, S_y bzw. S_Y bezüglich der y-Achse bzw. Y-Achse ist.[1]

2.5.2.2 *Biegefreie Torsion*

Als Drehachse stellt sich beim zweiseitig gelagerten VKö die Achse durch den Schubmittelpunkt des Gesamtquerschnitts ein.

VKö mit Gelenklagerung z. B. an der Sohle ist die Gelenkachse die Drehachse (= erzwungene Drehachse), s. Abschn. 2.12.

Die Querschnittsverteilung der Wölbnormalspannungen $\tilde{\sigma}$ ist derjenigen der Einheitsverwölbung $\varphi_{\overline{M}}$ proportional. Es ist

$$\tilde{\sigma} = \frac{M_\omega}{C_M}\,\varphi_{\overline{M}} \tag{143}$$

---

[1] Die Gln. (141) gelten auch für den geschlossenen Querschnitt.

mit

M_ω Bimoment [Mpcm²],

C_M Wölbwiderstand, auf Schubmittelpunkt bezogen [cm⁶],

$\varphi_{\overline{M}}$ Einheitsverwölbung, auf Schubmittelpunkt bezogen [cm²].

Die Torsionsschubspannungen setzen sich zusammen aus (z. B. [*101, 102*])

a) Torsionsschubspannungen infolge Zwängungsdrillung D_2 („Wölbschubspannungen")

$$\tilde{\tau} = \frac{D_2}{t\,C_M} \int \varphi_{\overline{M}}\, t\, \mathrm{d}s \tag{144a}$$

b) Torsionsschubspannungen aus St. Venantscher Drillung D_1

$$\tau_D = \frac{D_1}{I_D}\, t \tag{144b}$$

mit dem St. Venantschen Torsionsträgheitsmoment

$$I_D \approx \tfrac{1}{3} \sum t_i^3\, l_i \qquad [\mathrm{cm}^4] \tag{145}$$

beim offenen Querschnitt[1], der durch eine Reihe schmaler Rechtecke angenähert wird (t_i = Dicke, l_i = Länge des i^{ten} Rechtecks).

Es ist $D_1 + D_2 = D$ das innere (Schnitt-) Torsionsmoment, welches dem angreifenden äußeren Torsionsmoment M_D das Gleichgewicht hält.

Der St. Venantsche Drillungsanteil D_1 bzw. das Torsionsträgheitsmoment I_D ist beim offenen Querschnitt sehr klein, weshalb er gegenüber dem Zwängungsdrillungsanteil D_2 vernachlässigbar ist. Die Torsionsschubspannungen τ_D sind demnach ebenfalls vernachlässigbar.

Der Verlauf von $\tilde{\sigma}$, τ_D und $\tilde{\tau}$ längs der Stabachse ist proportional dem Verlauf von M_ω, D_1 und D_2 und hängt von den Lagerungsbedingungen hinsichtlich der Wölbbehinderung und dem Abklingwert

$$\lambda = \sqrt{\frac{G\,I_D}{E\,C_M}} \tag{146}$$

ab. Hierbei ist

E Elastizitätsmodul,

G Gleitmodul.

Die wichtigsten Lagerungsbedingungen hinsichtlich Torsion sind für zweiseitig gelagerte und an der Sohle gelenkig gelagerte Verschlußkörper nach Abb. 2.92 in Tab. 23 aufgeführt mit den Grenzfällen frei zugelassener Verwölbung und vollständiger Wölbbehinderung an den Stabenden bzw. in Stabmitte.

Zum Beispiel ist die beim VKö übliche Konstruktion der Endquerträger (Endschotte) senkrecht zu ihrer Ebene so weich, daß dort keine wesentliche Wölbbehinderung vorliegt. Man kann daher eine freie Verwölbung des Stabquerschnitts an seinen beiden Enden zugrunde legen.

An Torsionsbelastung ist zu unterscheiden

– Gleichstrecken-Torsionsmoment m_D [Mpm/m], z. B. aus Wasserdruck, Eigengewicht und

– Einzeltorsionsmoment M_D [Mpm], z. B. aus Schiffsstoß. Wegen weiterer Lastfälle s. [*102, 103*].

---

[1] Beim geschlossenen Querschnitt s. Gl. (150).

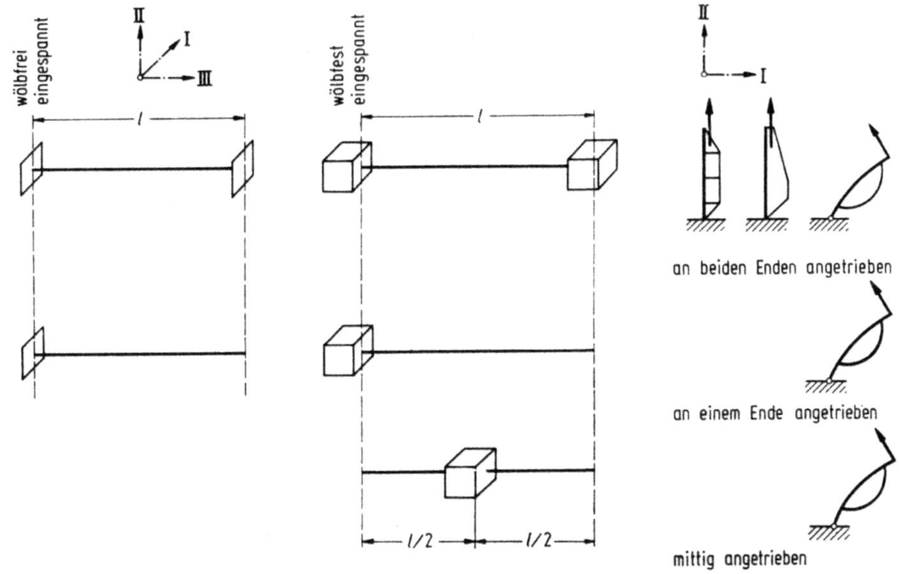

a

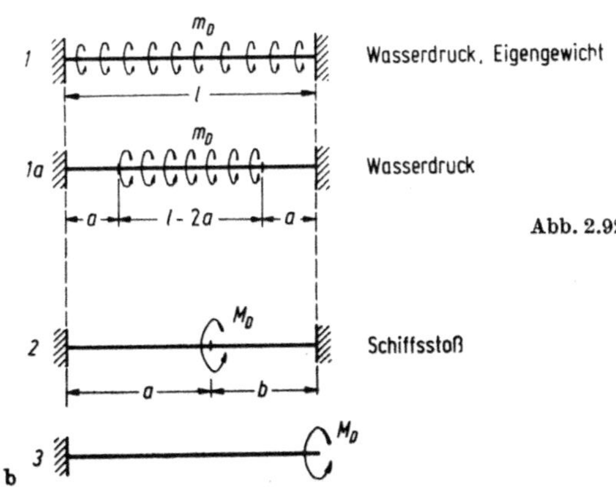

b

Abb. 2.92. Lagerungsbedingungen (*a*) und Lastfälle (*b*) hinsichtlich Torsion.

Der Tab. 23 sind die wichtigsten Torsionswerte an ausgezeichneten Punkten zu entnehmen.

Beispiel 13: Für den bereits in Beispiel 12 als aufgelösten Trägerrost bzw. als Trägerrost behandelten VKö mit offenem Querschnitt (Trägerschütz) gemäß Abb. 2.80 sind die Spannungen im Gesamtquerschnitt nach der gewöhnlichen Stabtheorie unter Wasserdruckbelastung gesucht. Abb. 2.93a zeigt den Gesamtquerschnitt, bei dem nach Abb. 2.93b alle Bleche und Profile durch entsprechende Rechtecke ersetzt sind. Die resultierende Wasserdruckbelastung (Gleichstreckenlast) beträgt $q = 21{,}205$ [Mp/m], das Gleichstrecken-Torsionsmoment beträgt

$$m_D = 21{,}205 \cdot 0{,}182 = 3{,}859 \text{ [Mp m/m]}.$$

a) Torsionsfreie Biegung. Für die Biegespannungen in Feldmitte ist $M_{\max} = 21{,}205 \cdot 10{,}9^2/8 = 314{,}9$ [Mpm] maßgebend. Zerlegung in die Hauptachsenrichtung[1] ergibt $M_{X\max} = 314{,}7$ [Mpm], $M_{Y\max} = -12{,}78$ [Mpm]. Die Querkräfte am Trägerende betragen $Q_{\max} = q\,l/2 = 21{,}205 \cdot 10{,}9/2 = 115{,}6$ [Mp] bzw. $Q_{X\max} = 115{,}5$ [Mp], $Q_{Y\max} = -4{,}69$ [Mp].

[1] Die Hauptachsen X, Y sind nur wenig gegenüber den Horizontal-Vertikal-Achsen x, y verdreht, so daß die Y-Anteile entsprechend gering sind.

Tabelle 23. *Bimoment, Verdrillung, St. Venantsches und Wölbtorsionsmoment an ausgezeichneten*

Belastung	Bimoment M_w	Verdrillung φ
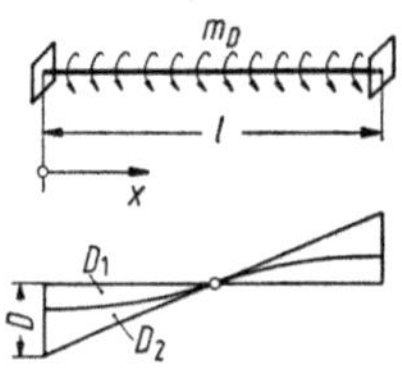	$x = l/2$: $\frac{m_D}{\lambda^2}\left(1-\frac{1}{\cosh\frac{\lambda l}{2}}\right)$	$x = l/2$: $\frac{m_D l^2}{8GI_D}\left(1-\frac{\left(\frac{4}{\lambda l}\right)^2}{1+\coth^2\frac{\lambda l}{4}}\right)$
für große λ ($D_1 \gg D_2$):		$\frac{m_D l^2}{8GI_D}$
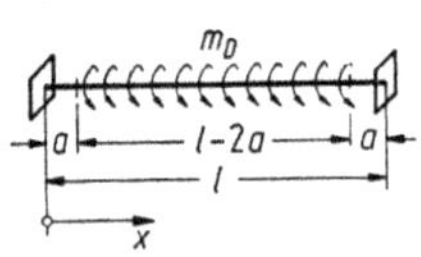	$\frac{m_D}{\lambda^2}\left(1-\frac{\cosh\lambda a}{\cosh\frac{\lambda l}{2}}\right)$	
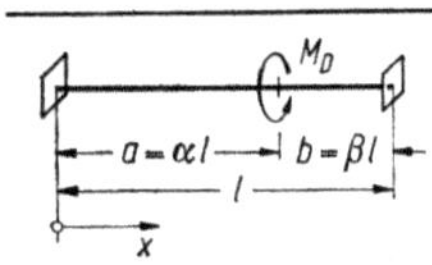	$x = \alpha l$: $M_D l\,\frac{\sinh\lambda l\beta\sinh\lambda l\alpha}{\lambda l\sinh\lambda l}$	$x = \alpha l$: $\frac{M_D l}{GI_D}\left(\alpha\beta-\frac{\sinh\lambda l\alpha\sinh\lambda l\beta}{\lambda l\sinh\lambda l}\right)$
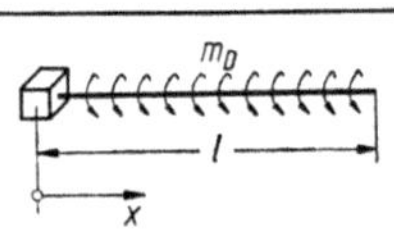	$x = l/2$: $\frac{m_D}{\lambda^2}\left(1-\frac{1}{\cosh\frac{\lambda l}{2}}\right)$	$x = l$: $\frac{m_D l^2}{2GI_D}$
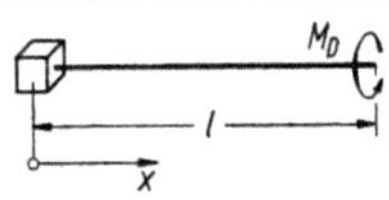	$0 \leqq x \leqq l$ —	$x = l$: $\frac{M_D l}{GI_D}$
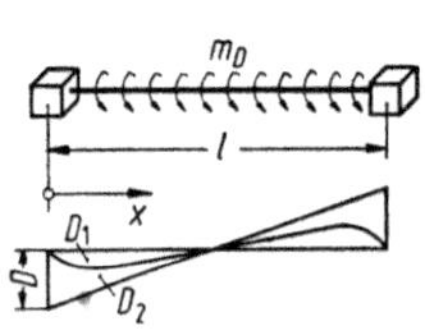	$x = l/2$: $\frac{m_D}{\lambda^2}\left(1-\frac{\frac{\lambda l}{2}}{\sinh\frac{\lambda l}{2}}\right)$	$x = l/2$: $\frac{m_D l^2}{8GI_D}\left(1-\frac{4}{\lambda l}\tanh\frac{\lambda l}{4}\right)$
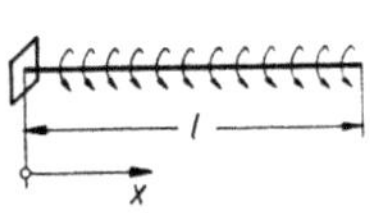	$x = 0$: $\frac{m_D}{\lambda^2}\left(1-\frac{1+\lambda l\sinh\lambda l}{\cosh\lambda l}\right)$	$x = l$: $\frac{m_D l^2}{2GI_D}\left[1+\frac{2}{\lambda^2 l^2}\left(1-\frac{1+\lambda l\sinh\lambda l}{\cosh\lambda l}\right)\right]$
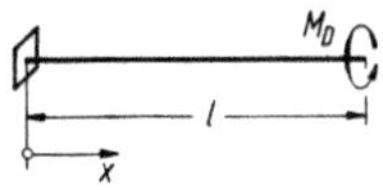	$x = 0$: $\frac{M_D}{\lambda}(-\tanh\lambda l)$	$x = l$: $\frac{M_D l}{GI_D}\left(1-\frac{\tanh\lambda l}{\lambda l}\right)$

Stellen des Stabs infolge verschiedener Torsionsmomentenbelastungen

St. Venantsches Torsionsmoment D_1	Wölbtorsionsmoment D_2	$D = D_1 + D_2$
$x = 0$:	$x = 0$:	$x = 0$:
$m_D \frac{l}{2}\left(1 - \frac{2}{\lambda l}\tanh\frac{\lambda l}{2}\right)$	$m_D \frac{l}{2}\left(\frac{2}{\lambda l}\tanh\frac{\lambda l}{2}\right)$	$m_D \frac{l}{2}$
$m_D \frac{l}{2}$	0	$m_D \frac{l}{2}$
$m_D\left[\left(\frac{l}{2} - a\right) - \frac{\cosh\lambda(l-a) - \cosh\lambda a}{\lambda \sinh\lambda l}\right]$	$m_D \frac{\cosh\lambda(l-a) - \cosh\lambda a}{\lambda\sinh\lambda l}$	$m_D\left(\frac{l}{2} - a\right)$
$x = \alpha l$: $M_D\left(\beta - \frac{\sinh\lambda l\beta\cosh\lambda l\alpha}{\sinh\lambda l}\right)$ $x = 0$: $M_D\left(\beta - \frac{\sinh\lambda l\beta}{\sinh\lambda l}\right)$ $x = l$: $M_D\left(-\alpha + \frac{\sinh\lambda l\alpha}{\sinh\lambda l}\right)$	$x = \alpha l$: $M_D \frac{\sinh\lambda l\beta\cosh\lambda l\alpha}{\sinh\lambda l}$ $x = 0$: $M_D \frac{\sin\lambda l\beta}{\sinh\lambda l}$ $x = l$: $-M_D \frac{\sinh\lambda l\alpha}{\sinh\lambda l}$	$x = \alpha l$: M_D $x = 0$: βM_D $x = l$: $-\alpha M_D$
$x = l$: $m_D l \frac{1}{\lambda l}\tanh\frac{\lambda l}{2}$ $x = 0$: $m_D l\left(1 - \frac{1}{\lambda l}\tanh\frac{\lambda l}{2}\right)$	$x = l$: $-m_D l \frac{1}{\lambda l}\tanh\frac{\lambda l}{2}$ $x = 0$: $m_D l \frac{1}{\lambda l}\tanh\frac{\lambda l}{2}$	$x = l$: 0 $x = 0$: $m_D l$
$0 \leqq x \leqq l$: M_D	$0 \leqq x \leqq l$: —	$0 \leqq x \leqq l$: M_D
$x = 0$: 0	$x = 0$: $m_D \frac{l}{2}$	$x = 0$: $m_D \frac{l}{2}$
$x = l$: $\frac{m_D}{\lambda}\left(\frac{\sinh\lambda l - \lambda l}{\cosh\lambda l}\right)$ $x = 0$: 0	$x = l$: $-\frac{m_D}{\lambda}\left(\frac{\sinh\lambda l + \lambda l}{\cosh\lambda l}\right)$ $x = 0$: $m_D l$	$x = l$: 0 $x = 0$: $m_D l$
$x = 0$: 0 $x = l$: $M_D\left(1 - \frac{1}{\cosh\lambda l}\right)$	$x = 0$: M_D $x = l$: $M_D \frac{1}{\cosh\lambda l}$	$0 \leqq x \leqq l$: M_D

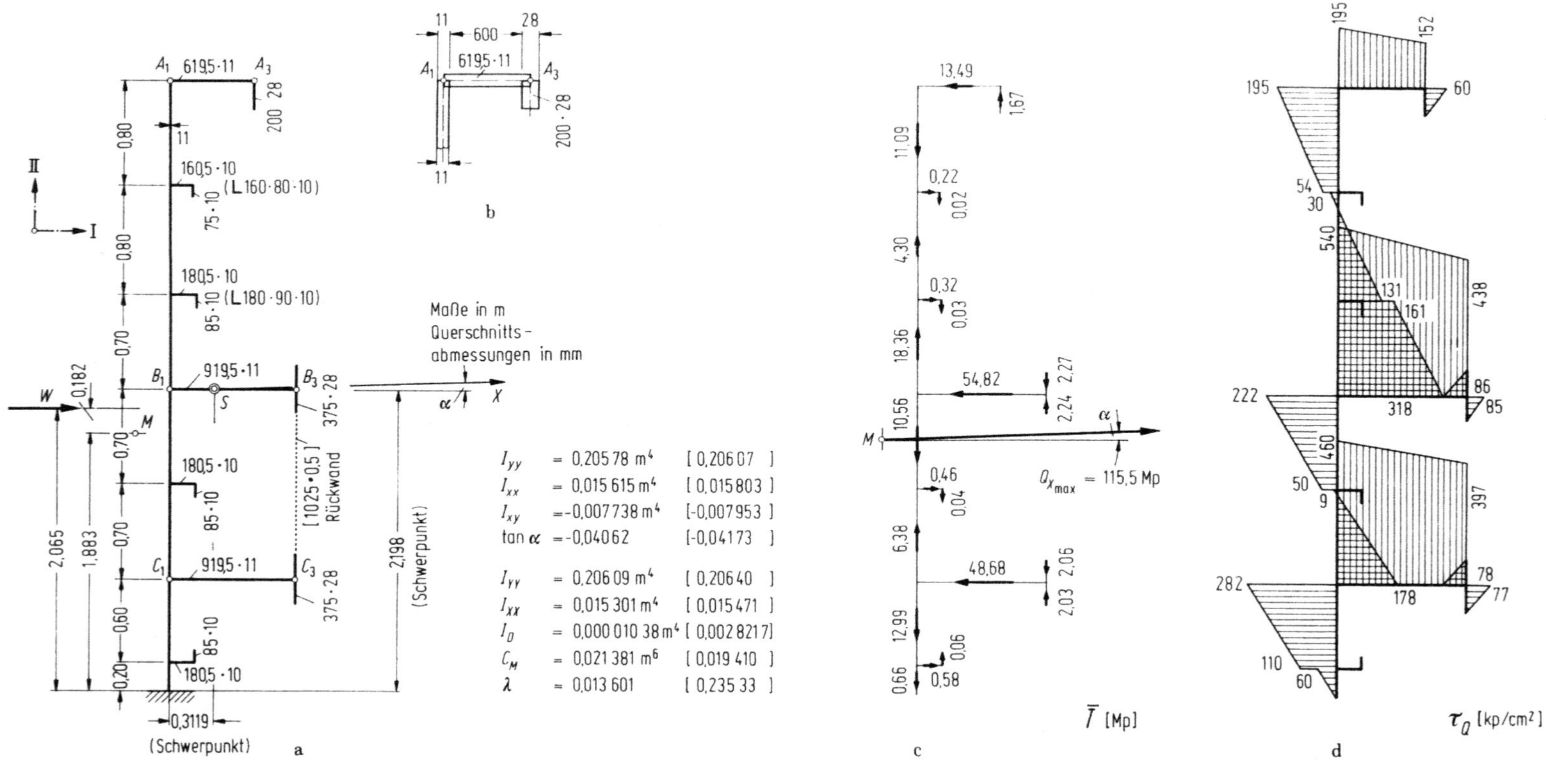

Abb. 2.93. a) Stabquerschnitt (Beispiel 13), eckige Klammerwerte: für durch Rückwand geschlossenen Querschnitt (Rückwand punktiert eingetragen); Maße sind auf die Mittellinien der Bleche bezogen; b) Ersatz der Querschnittsteile durch Rechtecke; c) Schubkräfte $\bar{T}$ in den Blechen infolge $Q_{X\,max}$ = 115,5 Mp; d) Querkraft-Schubspannungen τ_Q infolge $Q_{X\,max}$ = 115,5 Mp.

Für die Punkte A_1, A_3, B_1, B_3, C_1, C_3 (Abb. 2.93a) in den Gurten der früher mit „Hauptträger" bezeichneten Gesamtquerschnittsteile ergeben sich nach Gl. (141) die Biegenormalspannungen der Tab. 24 (Spalte 1). Der Querschnittsverlauf der Querkraftschubspannungen infolge Q_X ist in Abb. 2.93d dargestellt[1]; Abb. 2.93c zeigt die Schubkräfte T. Auf eine Darstellung der Schubspannungen infolge Q_Y, die sehr klein sind, wird verzichtet.

b) Biegefreie Torsion. Mit dem Abklingwert $\lambda = 0{,}01360$ nach Gl. (146) und unter der Annahme frei zugelassener Verwölbung des Stabes an beiden Enden nach Abb. 2.92 erhält man aus Tab. 23, Zeile 1 für die Feldmitte das Bimoment

$$M_\omega = \frac{3{,}859}{0{,}01360^2}\left(1 - \frac{1}{\cosh 0{,}01360 \cdot 10{,}9/2}\right) = 57{,}15\ [\text{Mpm}^2]$$

und mit dem Wölbwiderstand $C_M = 0{,}02138\ [\text{m}^6]$ die in Tab. 24, Spalte 3, eingetragenen Wölbnormalspannungen $\tilde{\sigma} = \frac{57{,}15}{0{,}02138}\,\varphi_{\overline{M}}\ [\text{Mp/m}^2]$, an Hand der Einheitsverwölbungswerte $\varphi_{\overline{M}}$ nach Spalte 2.

Tabelle 24. *Biege- und Wölbnormalspannungen in ausgezeichneten Punkten des Querschnitts der Abb. 2.93a (Beispiel 13.)*

Punkt		(1) Biege-normalspannung σ_b [Mp/cm²]	(2) Einheits-verwölbung $\varphi_{\overline{M}}$ [m²]	(3) Wölb-normalspannung $\tilde{\sigma}$ [Mp/cm²]	(4) Endgültige Normalspannung $\sigma = \sigma_b + \tilde{\sigma}$ [Mp/cm²]
A_1	OW-Seite	−0,463	−0,6734	−0,180	−0,643
B_1	OW-Seite	−0,461	−0,0368	−0,010	−0,651
C_1	OW-Seite	−0,747	0,3507	0,094	−0,653
A_3	UW-Seite	0,810	0,9477	0,253	1,063
B_3	UW-Seite	1,249	0,2544	0,068	1,317
C_3	UW-Seite	1,141	−0,6454	−0,173	0,968
Bemerkungen		$M = 314{,}9$ Mpm		$M_\omega = 57{,}15$ Mpm²	

Spalte 4 gibt die Summe der Spannungen aus torsionsfreier Biegung und den Wölbnormalspannungen wieder (s. auch Abb. 2.95b, Klammerwerte). Letztere betragen z. B. im Punkt A_1 40% der Biegenormalspannung.

Ein Vergleich der Gesamtspannungen mit denen der Trägerrosttheorie wird in Abschn. 2.5.3.1 angestellt.

Die Drillungsanteile D_1 und D_2 erhält man an Hand Tab. 23, Zeile 1 zu

$$D_2 = 3{,}589 \cdot 10{,}9/2\left(\frac{2}{0{,}01360 \cdot 10{,}9} \cdot \tanh\frac{0{,}01360 \cdot 10{,}9}{2}\right) = 20{,}99\ [\text{Mpm}],$$

$$D_1 = 3{,}589 \cdot 10{,}9/2\left(1 - \frac{2}{0{,}01360 \cdot 10{,}9} \cdot \tanh\frac{0{,}01360 \cdot 10{,}9}{2}\right) = 0{,}036\ [\text{Mpm}]$$

$$D = D_1 + D_2 = 21{,}03\ [\text{Mpm}].$$

Auf die Darstellung der Querschnittsverteilung der $\tilde{\tau}$-Spannungen wird aus Platzgründen verzichtet; die τ_d-Spannungen sind wegen des sehr kleinen D_1 verschwindend klein.

[1] Vereinfacht geradlinig anstatt parabolisch. Die Schubspannungen in den Längsrippen sind weggelassen.

c) Durchbiegung. In der Stabmitte wird die maximale Durchbiegung in Richtung der Hauptachse X

$$f_X = \frac{5}{48} \frac{M_X l^2}{E I_{XX}} = 1{,}19 \cdot 10^{-2} \text{ [m]}.$$

Beim Vergleich dieser Durchbiegung mit den auf Grund der Trägerrosttheorie ermittelten Werten (Abb. 2.89c) ist zu beachten, daß das Hauptträgheitsmoment $I_{XX} = 0{,}0156$ [m⁴] etwas größer ist als die Summe der Trägheitsmomente der Hauptträger des Trägerrostes (einschließlich mitwirkender Breite) mit $\sum I = 0{,}0143$ [m⁴].

2.5.3 Verschlußkörper als Faltwerk

Unter den in Abschn. 2.3.2 beschriebenen Voraussetzungen werden die Normalspannungen in Längsrichtung (*III*-Richtung nach Abb. 2.1) nach der Faltwerkstheorie ermittelt. Auch hier müssen – wie beim Stab – die durch die örtliche Lastabtragung bedingten Schnittkräfte und Beanspruchungen in der Stauwand samt ihren Aussteifungen (LR, QR) sowie in den Querträgern gesondert berechnet werden. An Stelle der Ermittlung von Größe und Lage der resultierenden Belastung aus Wasserdruck, Eigengewicht usw. beim Stab ist beim Faltwerk die Belastung in der Querrichtung auf die Hauptträger-„Scheiben" zu verteilen. Da der Faltwerksquerschnitt durch Querschotte (Querträger) ausgesteift ist, kann diese Lastverteilung z. B. derart vorgenommen werden, daß die Auflagerlasten der QT als Belastung auf die HT-Scheiben (vgl. Abb. 2.71) angesetzt wird. Wegen der geringen Querbiegesteifigkeit der Faltwerksscheiben kann die Gelenkwerkstheorie (anstatt der Biegetheorie [*104*] des Faltwerks) angewandt werden, die sehr einfach zu handhaben ist.

Beispiel 14: Für den in Beispiel 12 als aufgelösten Trägerrost bzw. als Trägerrost und in Beispiel 13 als Stab behandelten VKö mit offenem Querschnitt (Trägerschütz) gemäß Abb. 2.80 sind die Normalspannungen als Faltwerk unter Wasserdruckbelastung gesucht. Querschotte werden dabei zunächst nicht berücksichtigt. Der zugrunde gelegte Querschnitt (Abb. 2.94) enthält 4 Scheiben (Stauwand mit „Verschmierung" der Längsrippen und die 3 Hauptträgerscheiben). Die maximalen Normalspannungen σ sind in Abb. 2.95c dargestellt. Ein Vergleich dieser Spannungen mit denen der Trägerrosttheorie und der Stabtheorie wird im folgenden Abschnitt vorgenommen.

2.5.3.1 Vergleich „Trägerrost – Stab – Faltwerk"

Die bekannten Zusammenhänge zwischen Trägerrost, Stab und Faltwerk beim Tragwerk mit offenem Gesamtquerschnitt finden – wie zu erwarten – auch an Hand der Beispiele 12 bis 14 für den VKö des Stahlwasserbaus ihre Bestätigung.

Abb. 2.95 zeigt die maximalen Normalspannungen in den am meisten interessierenden Punkten (in Verschlußkörpermitte).

Abb. 2.95a enthält die Trägerrostergebnisse auf Grund der HT-Biegemomente, wie sie sich „exakt", z. B. auf Grund Abb. 2.89b, 5. Zeile, ergeben haben.

Abb. 2.95b zeigt die Stabergebnisse. Diese sind der Spalte 4 der Tab. 24 entnommen und in Klammern gesetzt. Außerdem wurden die Stabspannungen – zwecks gleicher Ausgangsbasis zum Vergleich mit dem Faltwerk – auf Grund der Querschnittswerte der Abb. 2.94 mit verschmierten LR eingetragen (die Unterschiede sind geringfügig).

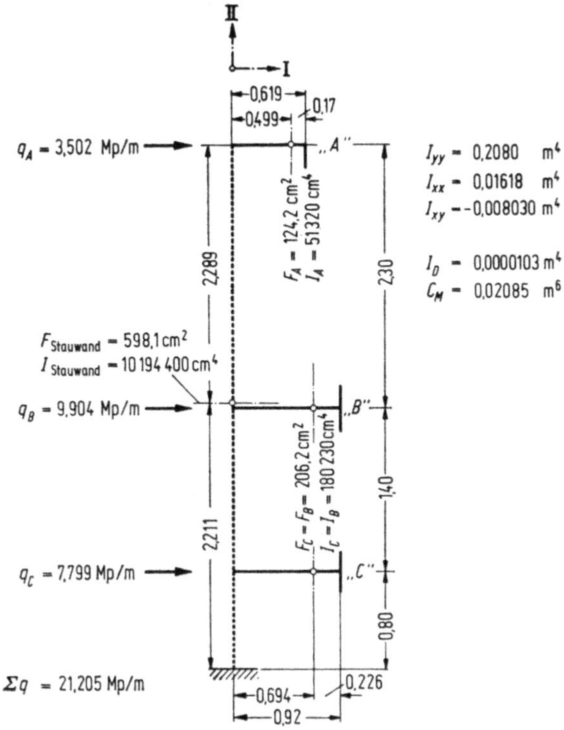

Abb. 2.94. Faltwerkquerschnitt (Beispiel 14), Längsrippenquerschnitte auf Stauwand „verschmiert".

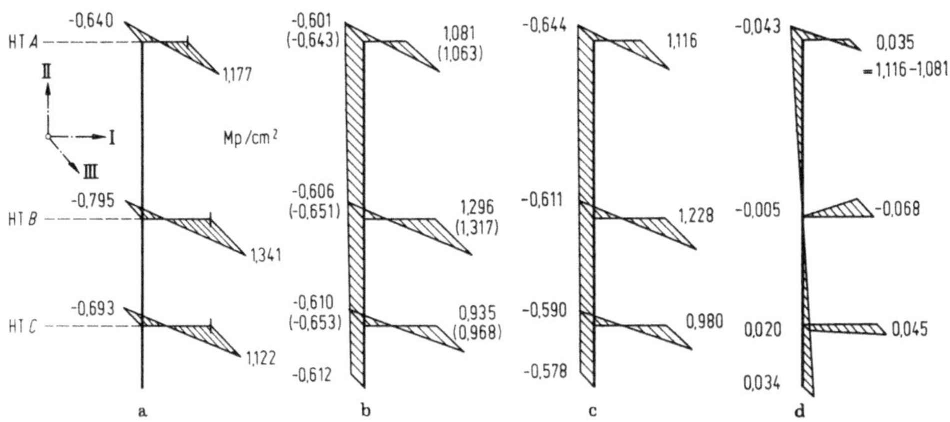

Abb. 2.95. Vergleich der maximalen Normalspannungen in den Fasern *0* und *5* gemäß Skizze in Tab. 22f (isometrisch).
a) Trägerrost (Beispiel 12c), Biegemomente gemäß Zeile 5 der Abb. 2.89b; b) Stab (Beispiel 13), Klammerwerte: Querschnitt der Abb. 2.93a; nicht eingeklammerte Werte: Querschnitt der Abb. 2.94; c) Faltwerk (Beispiel 14), Querschnitt der Abb. 2.94; d) Differenz „Faltwerk-Stab" (Eigenspannungszustand).

Abb. 2.95c enthält die Faltwerksergebnisse wieder für den VKö-Gesamtquerschnitt nach Abb. 2.94, während in Abb. 2.95d die Differenzspannungen „Faltwerk – Stab", die einem Eigenspannungszustand entsprechen [*102*], eingetragen sind.

Die Übereinstimmung der Zahlenwerte innerhalb der drei Theorien ist verblüffend gut.

Daß der Einfluß von Querschotten auf die Spannungsverteilung beim Faltwerk des Beispiels 14 geringfügig ist, erhellt aus den geringen Unterschieden zwischen den Ergebnissen nach der Stab- und Faltwerkstheorie (Abb. 2.95d) (anders kann die Situation beim geschlossenen Querschnitt sein, vgl. Abschn. 2.7.2.1).

2.5.4 Verschlußkörper als struktur-orthotropes Flächentragwerk

Die struktur-orthotrope Platte/Kreiszylinderschale entspricht gemäß den Ausführungen in Abschn. 2.3.2 weitestgehend den wirklichen Verhältnissen, wenn unter Voraussetzung genügend eng gestellter LR und QT eine diskontinuierliche Erfassung der HT erfolgt. Ein diesbezügliches Berechnungsverfahren für den VKö mit offenem Gesamtquerschnitt wurde in [*60*, *105*, *106*] entwickelt. Ausgangspunkt bildet z. B. für einen 2seitig gelagerten VKö eine in Richtung der Endquerträger unendlich lange orthotrope Platte/Schale, bestehend aus Stauwand, LR und QT nach Abb. 2.96. Am oberen und unteren Rand des VKö

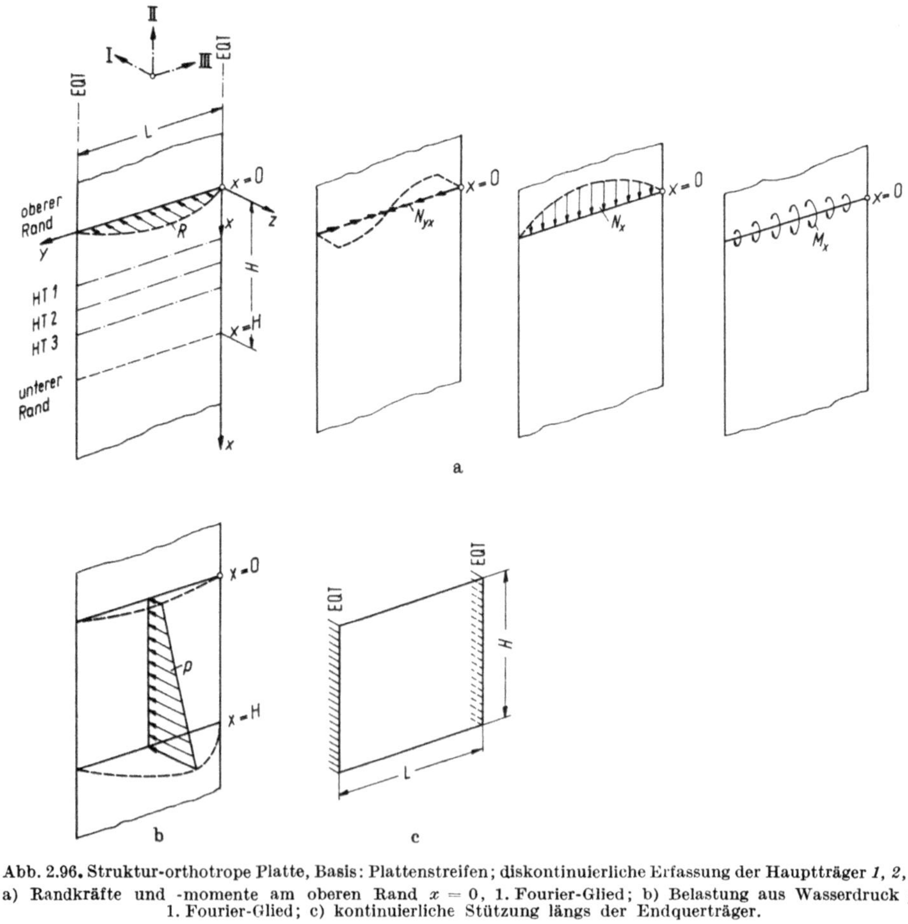

Abb. 2.96. Struktur-orthotrope Platte, Basis: Plattenstreifen; diskontinuierliche Erfassung der Hauptträger *1*, *2*, *3*. a) Randkräfte und -momente am oberen Rand $x = 0$, 1. Fourier-Glied; b) Belastung aus Wasserdruck p, 1. Fourier-Glied; c) kontinuierliche Stützung längs der Endquerträger.

sowie an den Berührungslinien zwischen den HT-Stegen und der Platte/Schale werden die dort wirksamen 4 Schnittgrößen (vgl. Abb. 2.16) derart angebracht, daß die Rand- bzw. Übergangsbedingungen erfüllt werden. Dies führt, wenn die äußere Last und die statisch unbestimmten Gruppen der 4 Schnittgrößen z. B. in einer Richtung in eine Fourier-Reihe entwickelt werden, auf ein n-gliedriges lineares Gleichungssystem mit n Unbekannten für jedes Reihenglied. Die Konvergenz ist im allgemeinen gut, so daß 1 bis 3 Glieder im Ansatz genügen. Das Verfahren ist mathematisch wegen der diskontinuierlichen Erfassung jedes einzelnen Hauptträgers nicht einfach[1], insbesondere bei orthotropen Schalen. Es vereinfacht sich etwas bei orthotropen Platten.

In [*105*] ist das Verfahren für Platten ausführlich beschrieben und der in Abb. 2.12 dargestellte, 4seitig frei drehbar und 4seitig z-starr gelagerte VKö mit auf der UW-Seite liegender Stauwand vollständig durchgerechnet. Tab. 25, Spalte 8, enthält für die in Abb. 2.12 bezeichneten Punkte $4A$, $4B$, $4C$ und 1 die besonders interessierenden Biegespannungen.

Zu *Vergleichszwecken* wird im folgenden derselbe VKö als torsionsloser Trägerrost, bestehend aus QT und HT, nach Abschn. 2.5.1 nachgerechnet.

Als Belastung wird der Wasserdruck auf die 8 Querträger und die beiden EQT als trapezförmige Streckenlast gemäß Gl. (136) angesetzt. Die Belastungsbreite $b_{QT} = 1{,}9$ m entspricht dem QT-Abstand. Sämtliche LR sind in konstantem Abstand $a = 0{,}5$ m angeordnet und haben einen Rechteckquerschnitt $30 \cdot 1{,}2$ cm².

Die voll mittragende (orthotrope) Plattenbreite der HT ergibt sich nach Tab. 17 bzw. Abb. 2.55 mit

$$\alpha^* = \frac{30 \cdot 1{,}2}{1{,}2 \cdot 50} = 0{,}6$$

z. B. für HT „A“ mit $L/B_{li} = 17{,}1/1{,}25 = 13{,}7 \rightarrow \nu_1 B_{li} = 0{,}93 \cdot 1{,}25 = 1{,}16$ m

und $L/B_{re} = 17{,}1/2{,}75 = 6{,}2 \rightarrow \nu_1 B_{re} = 0{,}76 \cdot 2{,}75 = 2{,}09$ m

zu .... 3,25 m.

Für HT „B“ und HT „C“ erhält man analog eine m. B. von 1,15 bzw. 3,05 m.

Für die voll mittragende (isotrope) Plattenbreite der QT werden 2 Fälle zugrunde gelegt:

Fall 1: m. B. = 0,75 m als Näherungswert, gewonnen an Hand Abb. 2.42 mit $\nu = 0{,}40$.

Fall 2: m. B. = QT-Abstand = 1,90 m (entspricht $\nu = 1{,}0$).

Die Querschnittskennwerte der HT und QT sind in Tab. 25 eingetragen. Der Trägheitsmomentenverlauf der HT und QT wird jeweils konstant auf die ganze Trägerlänge angenommen. Die Trägerostberechnung liefert u. a. die maximalen Biegemomente der HT in VKö-Mitte sowie das Biegemoment des QT *4* im Feld zwischen HT „B“ und HT „C“ (Tab. 25, Spalte 4 und 5), an Hand deren sich die Biegespannungen in den Gurten ergeben (Spalte 6 und 7).

Der Vergleich mit den exakten Werten (Spalte 8)[2] nach [*105*] bestätigt eindrucksvoll die in Abschn. 2.3.2 herausgestellte Fragwürdigkeit des „richtigen“ Ansatzes der m. B. bei einer Trägerrostauffassung des VKö: Die Variation der angesetzten QT-Biegesteifigkeit im Fall 1 und 2 im Rahmen von 10% führt zu

[1] Aus Platzgründen muß selbst auf eine gekürzte Darstellung verzichtet werden.

[2] Auf die ausgezeichnete Übereinstimmung im Fall 2 sei hingewiesen. Hieraus kann man schließen, daß beim VKö mit relativ vielen, eng gestellten Querträgern die m. B. praktisch dem QT-Abstand entspricht.

Tabelle 25. *Gegenüberstellung der maximalen Biegespannungen der struktur-orthotropen Platte nach [105] (kursive Zahlen) gemäß Abb. 2.12 und einer Gegenrechnung als torsionsloser Trägerrost*

		Maße in cm	(1) F [cm²]	(2) I [cm⁴]	(3) W [cm³] Faser *3*[1]	(4) Biegemoment M [Mp cm] Fall *1*	(5) Fall *2*	(6) Biegespannung $\sigma = M/W$ [Mp/cm²] im Punkt *4* der Abb. 2.12 Fall *1*	(7) Fall *2*	(8) nach [*105*]	(9) Abweichung [%] Fall *1*	Fall *2*
	HT *A* (Punkt *4A*)	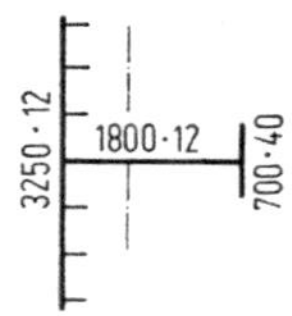	1078	$678{,}3 \cdot 10^4$	57570	109780	93760	–1,907	–1,629	*–1,625*	17,3	0,2
	HT *B* (Punkt *4B*)	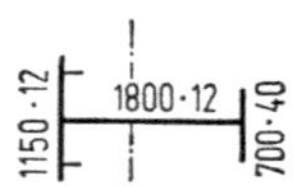	706	$440{,}9 \cdot 10^4$	39090	80420	68180	–2,057	–1,744	*–1,772*	16,1	1,6
	HT *C* (Punkt *4*C)	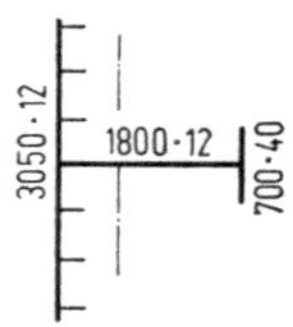	1102	$667{,}2 \cdot 10^4$	57780	101370	85300	–1,754	–1,476	*–1,570*	11,7	6,0
Fall *2*	QT (Punkt *1*)	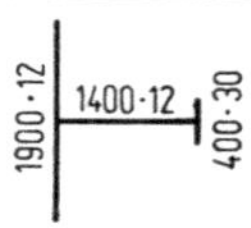	516	$191{,}5 \cdot 10^4$	21860		–38920		–1,780	*–1,761*		1,1
Fall *1*	QT (Punkt *1*)	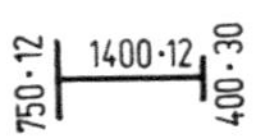	378	$132{,}3 \cdot 10^4$	19720	–31630		–1,604			8,9	

[1] Vgl. Skizze in Tab. 22f

unterschiedlichen Ergebnissen der Trägerrostberechnung in einer Größenordnung von 15%.

Das programmierte Berechnungsverfahren [*60*, *105*] erlaubt eine *Art* Optimierung bezüglich dem geringsten Konstruktionsgewicht (ohne Berücksichtigung von Stabilitätsfragen) an Hand verschiedener Durchgänge im Rechenautomaten. Dem Verfahren sind konstante Abstände und Querschnitte der LR und QT sowie je konstant verlaufende Querschnitte der HT zugrunde gelegt, ferner eine kontinuierliche (nicht punktförmige) starre Lagerung auf den EQT. Für eine *echte* Optimierung müßten nichtkonstante QT-Querschnitte und -abstände (vgl. Abb. 2.24a) sowie HT mit variablem Querschnitt und eine stückweise verschiedene Stauwanddicke eingeführt werden können, so daß die zulässigen Spannungen im Sinne einer Art „Platte/Schale gleicher Festigkeit" in möglichst vielen Querschnittsteilen sämtlicher Tragglieder des VKö erreicht werden.

2.6 Verschlußkörper mit offenem Querschnitt und Fachwerk-Hauptträgern

Der VKö mit Hauptträgern in aufgelöster Bauweise nach Abb. 2.10a wird analog dem VKö mit Vollwand-Hauptträgern behandelt. Dabei können die aufgelösten HT in äquivalente (ideelle) Vollwandträger umgerechnet und entsprechende Querschnittswerte in die Berechnung des Abschn. 2.5 eingesetzt werden.

2.7 Verschlußkörper mit geschlossenem Querschnitt und Vollwand-Haupttragwerk

Einige geschlossene Querschnitte von VKö mit Vollwandscheiben zeigt Abb. 2.8b. Es handelt sich —streng genommen— fast ausnahmslos um gemischt geschlossen-offene Profile, da offene Längsrippen und/oder auskragende Profile z. B. nach Abb. 2.97e, g vorhanden sind. Querschnitte mit geschlossenen Längsrippen nach Abb. 2.97f sind seltener.

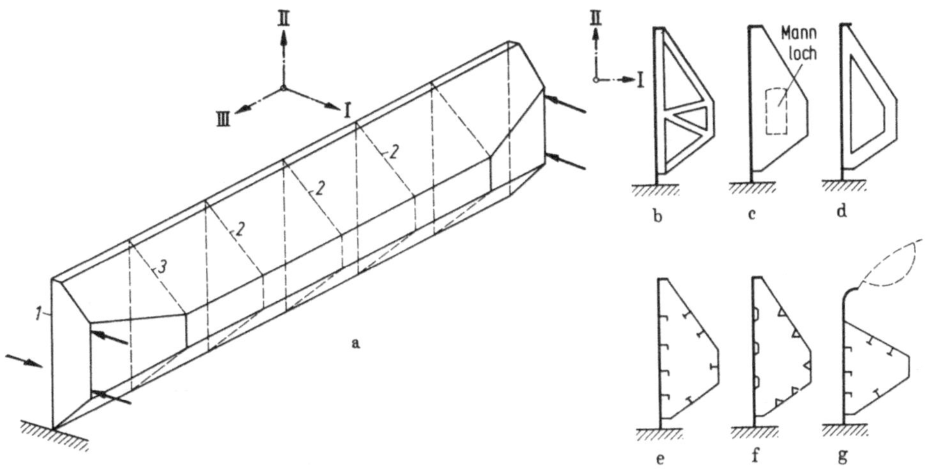

Abb. 2.97. Kastenschütz (Verschlußkörper mit geschlossenem Querschnitt).
a) Ansicht von UW (isometrisch); *1* Endschott; *2* Normalquerschott; *3* Querschott (übernimmt Umlenkkräfte aus abgeknickter Rückwand); b) Fachwerkquerschott; c) Vollwandquerschott; d) Rahmenquerschott; e) Querschnitt mit offenen LR-Profilen; f) Querschnitt mit geschlossenen LR-Profilen; g) gemischt geschlossen-offener Querschnitt, Beispiel: Schütz mit Klappe.

In der Praxis ist die Berechnung nach der Stabtheorie üblich. Vorausgesetzt wird gemäß Abschn. 2.3.2 eine vollständige Querschnittserhaltung unter Belastung, was bei den im Stahlwasserbau vorherrschenden Querschottabständen und -steifigkeiten vollauf berechtigt ist (relativ enge Abstände, große Steifigkeit in Querschottebene). Der Querschottabstand liegt im allgemeinen etwa im Mittel aus Breite und Höhe des Gesamtquerschnitts.

Als Querschotte kommen drei, sich durch ihre Steifigkeit unterscheidende Strukturen in Frage (Abb. 2.97):

1. Fachwerk (relativ starr),
2. Scheibe, gegebenenfalls mit Mannloch (sehr starr),
3. Rahmen (relativ weich).

Eine vollwandige Ausführung nach 2. wird vorzugsweise für Endschotte bzw. für Schotte, in deren Ebene Hubkräfte eingeleitet werden, vorgesehen, da dort große Kräfte zu übertragen sind.

Die im folgenden dargestellte Berechnung beschränkt sich auf den Nachweis der Spannungen im Gesamtquerschnitt und in den Querschotten. Die Berechnung von Stauwand, LR (QR) und EQT erfolgt nach den in Abschn. 2.4 für die Stauwand und in Abschn. 2.5 für den offenen VKö angegebenen Methoden.

Zu Vergleichszwecken wird in Abschn. 2.7.2 der VKö als geschlossenes Faltwerk (Gelenkwerk) berechnet, wobei zunächst voraussetzungsgemäß keinerlei Querschnittserhaltung gefordert wird, d. h. hier seien keine Querschotte vorhanden. Ergänzend wird der Einfluß von Querschotten betrachtet, der beim Faltwerk wesentlich ist.

2.7.1 Verschlußkörper als Stab

Die Lastabtragung erfolgt von der Stauwand über LR (QR) auf die QT (Querschotte) und von dort in die den Gesamtquerschnitt bildenden Wände des VKö. Hinsichtlich Belastung und Stützung der Stauwand samt ihren Aussteifungsrippen sowie der QT gelten unverändert die Abb. 2.69b bis 2.71.

2.7.1.1 Hauptträger

Der ,,Hauptträger" ist eine ,,Röhre" (= Stab) mit geschlossenem dünnwandigem Hohlquerschnitt z. B. nach Abb. 2.97e, bestehend aus Stauwand und den übrigen Wänden (z. B. Rückwand, gegebenenfalls Überfallwand; hintere und untere Rückwand). Teile dieses Gesamtquerschnitts sind auch die LR, wenn sie – wie es fast ausnahmslos der Fall ist – mit den Wänden schubsteif verbunden sind. Bezüglich der Auflagerung (Stützung) bei einem solchen Kastenschütz gelten uneingeschränkt die Ausführungen in Abschn. 2.5.1.2.1. Bei 2seitig gelagerten VKö kann zur besseren Unterbringung der Laufarmaturen und zur Erreichung kurzer Nischenlängen der Querschnitt gegen die Enden ,,eingezogen" werden (Abb. 2.97a). Die Lagerung von torsionssteifen Klappen (Fischbauchklappen, Sektor- und Trommelwehren) an der Sohle wird in Abschn. 2.12 behandelt.

Für die Berechnung des VKö als Stab ist die Größe und Lage der resultierenden Belastung (Wasserdruck, Eigengewicht usw.) zu ermitteln und derart anzusetzen (Abb. 2.98), daß 1. *torsionsfreie Biegung* und 2. *biegefreie Torsion* entsteht. Beide Anteile können dann für sich getrennt behandelt und anschließend superponiert werden. Die Belastungsresultierende ist demnach in den Schubmittelpunkt M des Gesamtquerschnitts unter Beachtung des äußeren Torsionsmoments M_D zu verlegen (Abb. 2.98a). In Abb. 2.98b ist die Zerlegung der Belastungsresultierenden aus Wasserdruck Q_W in die Hauptachsen gezeigt.

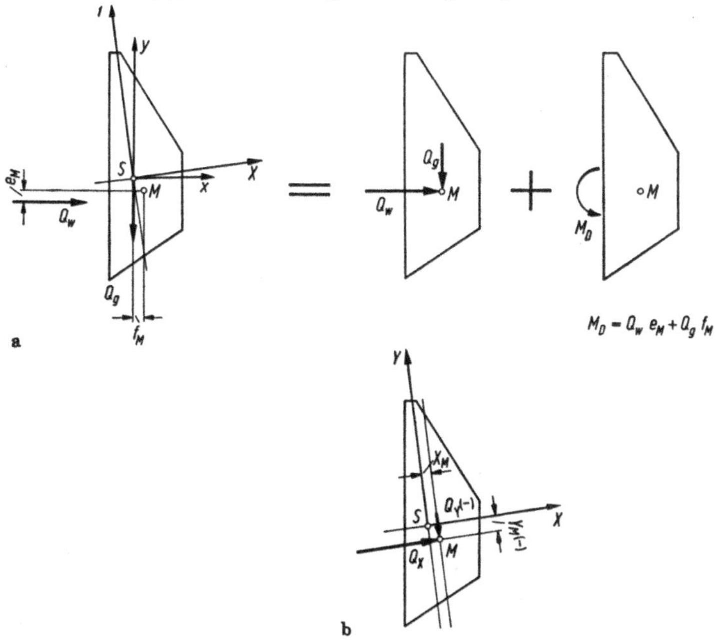

Abb. 2.98. Verschlußkörper mit geschlossenem Querschnitt.
a) Wasserdruck- und Eigengewichtsresultierende, Zerlegung in torsionsfreie Biegung und biegefreie Torsion; b) Zerlegung in die Hauptachsen X, Y.

Außer nach der Stabtheorie können die Normal- und Schubspannungen beim Stab mit geschlossenem Querschnitt (Kastenträger) auch z. B. nach der „Methode der Kantenkräfte“ auf Grund des Kraftgrößen- oder des Deformationsverfahrens [*107*] ermittelt werden. Hierbei werden starre Querschotte mit endlichem Abstand berücksichtigt. Man benötigt keine Querschnittskenngrößen (wie Trägheitshauptachsen usw.), dafür führt man statisch überzählige Längskraftgruppen ein (Abb. 2.99). Die Längsrippenquerschnitte werden auf die Wandbleche „verschmiert“. Aus Platzgründen muß auf die Darstellung der Berechnungsmethode, die sich insbesondere auch für gedrungene Kastenträger mit den

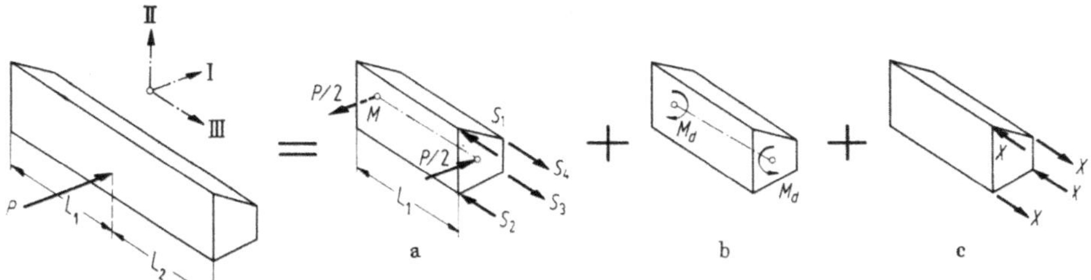

Abb. 2.99. Aufnahme einer Belastung P (z. B. Schiffsstoßkraft) durch:
a) torsionsfreie Biegung; b) biegefreie Torsion; c) Wölbkraftgruppe.

Hauptabmessungen $\hat{L} \sim \hat{B}, \hat{H}$ (vgl. Abb. 2.10) eignet, verzichtet werden. Ein durchgerechnetes Beispiel eines VKö mit trapezförmigem Gesamtquerschnitt findet sich bei [*107*].

Nachstehend wird die Berechnung nach der gewöhnlichen Stabtheorie skizziert.

2.7.1.1.1 Torsionsfreie Biegung. Es wird auf Abschn. 2.5.2.1 verwiesen, welcher hinsichtlich der Biegespannungen uneingeschränkt gilt.

Bei den Querkraftschubspannungen ist nun zu beachten, daß der Querschnitt geschlossen ist (1zelliger Hohlquerschnitt)[1].

Sie können bestimmt werden zu

$$\tau_Q = \tau_{Q_0} + \tau_{Q_1}, \tag{147a}$$

1. über die Schwerachsen x, y (Q_x bzw. Q_y in x- bzw. y-Richtung orientiert) mit

$$\tau_{Q_0} = -\left[Q_x \frac{1}{t} \frac{I_{yy} S_x - I_{xy} S_y}{I'} + Q_y \frac{I_{xx} S_y - I_{xy} S_x}{I'}\right], \tag{147b}$$

2. über die Hauptachsen X, Y (Q_X bzw. Q_Y in X- bzw. Y-Richtung orientiert) mit

$$\tau_{Q_0} = -\left[Q_X \frac{1}{t}\left[\frac{S_X}{I_{XX}} + Q_Y \frac{S_Y}{I_{YY}}\right]\right]; \tag{147c}$$

in beiden Fällen ist

$$\tau_{Q_1} = \frac{\oint \tau_{Q_0}\, t\, ds}{\oint t\, ds}. \tag{148}$$

Der *Schubfluß* beträgt

$$T = \tau t \quad \text{mit} \quad t = \text{Blechdicke}. \tag{149a}$$

Durch Integration über eine Strecke s entsteht die *Schubkraft*

$$\bar{T} = \int_0^s T\, ds = \int_0^s \tau\, t\, ds. \tag{149b}$$

2.7.1.1.2 Biegefreie Torsion. Im Gegensatz zum offenen Querschnitt ist das St. Venantsche Torsionsträgheitsmoment beim geschlossenen Querschnitt sehr groß. Es beträgt

$$I_D = \frac{4\mathring{F}^2}{\oint \frac{ds}{t}} + \tfrac{1}{3}\sum t_i^3\, l_i \tag{150}$$

mit $\mathring{F}$ = vom Querschnitt eingeschlossene Fläche, wobei der 2. Anteil [vgl. Gl. (145)] verschwindend klein ist, und deshalb vernachlässigt wird.

Damit ist aber der Abklingwert λ nach Gl. (146) verhältnismäßig groß. Hierfür zeigen die Formeln in Tab. 23, daß für eine Torsionsmomentenbelastung m_D

---

[1] Bezüglich mehrzelliger Hohlquerschnitte s. z. B. [*79*, *102*].

aus Wasserdruck und Eigengewicht das Bimoment M_ω bzw. die Wölbnormalspannungen $\tilde{\sigma}$ und der Wölbkrafttorsionsanteil D_2 sehr klein werden[1].

Deshalb genügt es, nur den St. Venantschen Torsionsanteil D_1 zu berücksichtigen. Die dazugehörigen Torsionsschubspannungen im geschlossenen Teil betragen [2. Term in Gl. (150) vernachlässigt]

$$\tau_d = \frac{D_1}{2t\dot{F}} \quad \text{(Bredtsche Formel)} \tag{151a}$$

bzw. der Schubfluß

$$T_d = \tau_d\, t = \frac{D_1}{2\dot{F}}. \tag{151b}$$

Ein geschlossener Gesamtquerschnitt eines VKö ist meist nach Abb. 2.97 e bis g mit weiteren „kleinen" Nebenquerschnitten versehen („gemischt geschlossen-offener Querschnitt"). Für die praktische Berechnung wird bei der Ermittlung von I_D und τ_d vereinfachend wie folgt vorgegangen:[2]

1. Geschlossener Querschnitt mit offenen Längsrippen und/oder auskragenden Profilen (Abb. 2.97e und g): Offene Längsrippen und auskragende Profile werden vernachlässigt. Die Schubspannungen in diesen offenen Querschnittsteilen sind in der gleichen Größenordnung klein gegenüber den Schubspannungen in den geschlossenen Wänden, wie ihr Querschnitt klein ist gegenüber dem Bredtschen Gesamtquerschnitt, verschwinden also. In den offenen Querschnittsteilen gilt für die St. Venantschen Schubspannungen die Gl. (144b).

2. Geschlossener Querschnitt mit geschlossenen Längsrippen (Abb. 2.97f): Die geschlossenen Längsrippen werden durch ideelle Wandverstärkungen nach Abb. 2.100 (s. [*102*]) ersetzt. Die Schubflüsse werden dann annähernd

$$T' = T\frac{1}{1+\dfrac{s'\,t''}{s''\,t'}} \quad \text{und} \quad T'' = T\cdot\frac{1}{1+\dfrac{s''\,t'}{s'\,t''}}.$$

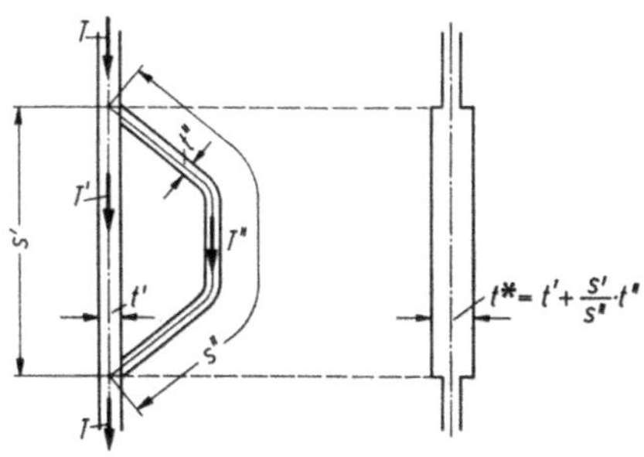

Abb. 2.100. Wandverzweigung (z. B. geschlossene Längsrippe an Stauwand).

[1] In den Formeln der Wölbkrafttorsion sind die Verformungen aus den $\tilde{\tau}$-Spannungen vernachlässigt. Die Formeln gelten streng genommen nur näherungsweise für geschlossene Querschnitte.

Bei konzentriert angreifendem Torsionsmoment M_D (z. B. aus Schiffsstoß) klingen wegen des großen λ-Werts die $\tilde{\sigma}$-Spannungen rasch ab. Die dabei entstehenden $\tilde{\tau}$-Spannungen werden aber groß, was zeigt, daß die durch sie entstehenden Verformungen bei der Herleitung berücksichtigt werden müßten; s. hierzu [*108a, b*].

[2] Diese Vereinfachungen können auch bei der Ermittlung des Schubmittelpunktes getroffen werden.

Beispiel 15: Für ein Kastenschütz von der Stützlänge $L = L_D = 23{,}0$ m mit Querschnittabständen 2,5 m — 3 mal 3,0 m — 2,5 m sind die Spannungen im Gesamtquerschnitt nach Abb. 2.101 unter dreieckförmiger Wasserdruckbelastung gesucht. Der VKö soll sich hier im Gegensatz zu Abb. 2.97a nach den Enden hin nicht verjüngen.

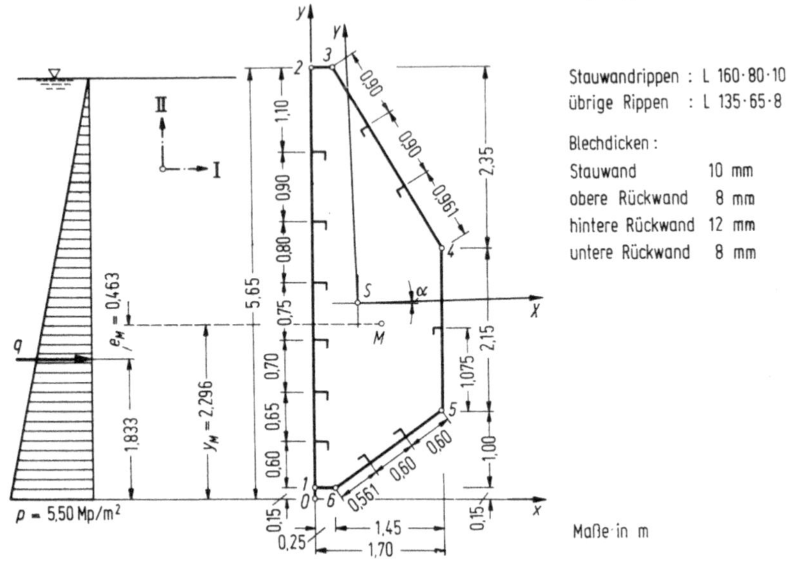

Abb. 2.101. Stabquerschnitt (Beispiel 15), Maße sind auf die Mittellinien der Bleche bezogen.

Die Lage des Schwerpunkts und Schubmittelpunkts sowie die interessierenden Querschnittswerte sind in Tab. 26a aufgenommen.[1] Aus Vergleichsgründen wurden hierbei der Fall 1 (mit vollständigem Querschnitt nach Abb. 2.101) dem Fall 2 (mit Querschnitt ohne LR[2] und ohne auskragende Sohlschneide) gegenübergestellt. Die beiden Fälle werden nachstehend mit hochgestellten Indizes 1 und 2 gekennzeichnet. Falls die Querschnittswerte (Fall 1) nicht mit dem Automaten berechnet werden, genügt es, für Fall 1 nur Schwerpunkt und Trägheitsmomente zu ermitteln und Fall 2 zur Berechnung des Schubmittelpunkts und des St. Venantschen Torsionsträgheitsmoment I_D zugrunde zu legen. Ebenso ermittelt man dann die Schubspannungen aus Querkraftbiegung und St. Venantscher Torsion nach Fall 2.

Die resultierende Wasserdruckbelastung beträgt (Abb. 2.101): $q = 5{,}5^2/2 = 15{,}125$ [Mp/m].

a) Torsionsfreie Biegung. Es ist in Feldmitte $M_{\max} = 15{,}125 \cdot \dfrac{23^2}{8} = 1000$ [Mpm] bzw. am Ende $Q_{\max} = 15{,}125 \cdot \dfrac{23{,}0}{2} = 173{,}9$ [Mp]. Zerlegung in die Hauptachsenrichtung liefert (für Fall 1 bzw. Fall 2) die Maximalwerte

$$M_X^1 = 999{,}8 \text{ [Mpm]}, \quad Q_X^1 = 173{,}9 \text{ [Mp]}; \quad Q_X^2 = 173{,}4 \text{ [Mp]}, \quad q_X^2 = 15{,}07 \text{ [Mp/m]};$$
$$M_Y^1 = -24{,}91, \quad Q_Y^1 = -4{,}432; \quad Q_Y^2 = -14{,}21, \quad q_Y^2 = -1{,}235.$$

Mit Gl. (141) ergeben sich die in Tab. 26b und in Abb. 2.108 in Klammern eingetragenen Biegespannungen σ^1 sowie die in Abb. 2.102 eingetragenen Querkraftschubspannungen τ_Q (letztere sind für die Einheitslasten $Q_X = 1$ [Mp] bzw. $Q_Y = 1$ [Mp] angegeben). Abb. 2.102 enthält auch die Schubkräfte $\bar{T}_Q$ nach Gl. (149b).

[1] Auf die Wiedergabe der Ermittlung dieser Größe muß aus Platzgründen verzichtet werden.

[2] Man könnte auch hier die Querschnittsfläche der LR auf die Wandbleche umlegen („verschmieren“).

Tabelle 26a. *Querschnittswerte (Beispiel 15 und 16)*

			Fall *1*	Fall *2* (ohne LR und Sohlschneide)
Querschnitt			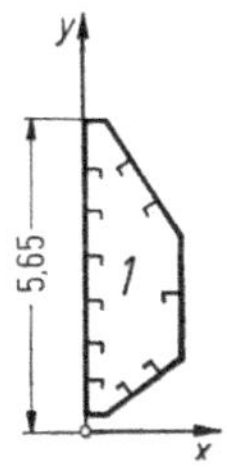	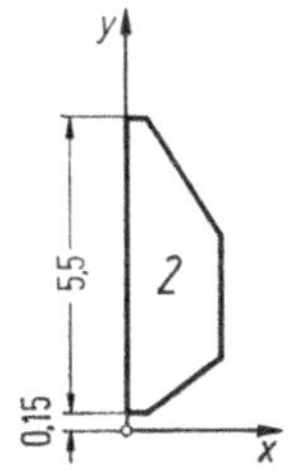
Schwerpunkt	x_s	m	0,583	0,658
	y_s	m	2,563	2,632 + 0,15 = 2,782
Trägheitsmoment	I_{yy}	m^4	0,42899	0,326368
	I_{xx}	m^4	0,072155	0,062958
	I_{xy}	m^4	−0,008896	−0,021734
	$\tan\alpha$		0,024914	0,081956
	$\sin\alpha$		0,024906	0,081682
	$\cos\alpha$		0,99969	0,996658
	I_X	m^4	0,429215	0,328150
	I_Y	m^4	0,071934	0,061177
	C_M	m^6	0,006094	0,001943
	I_D	m^4	0,141209	0,141208
	λ		2,9711	5,2613
	$2\dot{F}$	m^2	13,8425	13,8425
Schubmittelpunkt	x_M	m	0,909	0,942
	y_M	m	2,296	2,256

Tabelle 26b. *Biegenormalspannungen* [Mp/cm²] *in ausgezeichneten Punkten des Querschnitts (Fall 1) (Beispiel 15)*

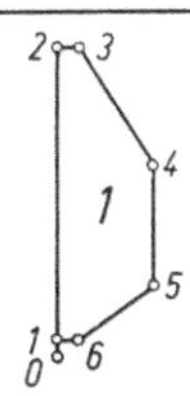

Punkt	σ_X^1	σ_Y^1	$\sigma_{\text{gesamt}}^1 = \sigma_X^1 + \sigma_Y^1$
0	−0,8986	0,0148	−0,884
1	−0,8934	0,0139	−0,880
2	−0,7030	−0,0180	−0,721
3	−0,3556	−0,0180	−0,374
4	1,5777	−0,0041	1,574
5	1,5033	0,0084	1,512
6	−0,5460	0,0140	−0,532

b) Biegefreie Torsion. Die Wasserdruckresultierende $q = 15{,}125$ [Mp/m] erzeugt bezüglich des Schubmittelpunktes ein Gleichstrecken-Trosionsmoment $m_D = q\, e_M$ [Mpm/m]. Tab. 26c enthält die hieraus entstehenden Maximalwerte für das Bimoment und die Drillungsanteile D_1 und D_2 (nach Tab. 23 mit den Querschnittswerten der Tab. 26a ermittelt).

Die maximalen Wölbnormalspannungen sind verschwindend gering; sie betragen nach Gl. (143) an Hand der Einheitsverwölbungen $\varphi_{\overline{M}}$ z. B. in der oberen rechten Ecke des Querschnitts (Punkt *3* der Abb. 2.101) nur

$$\tilde{\sigma}^1 = -\frac{0{,}7933 \cdot 0{,}2357}{0{,}006094} = 30{,}9\ [\mathrm{Mp/m^2}] \mathrel{\hat{=}} 3{,}1\ [\mathrm{kp/cm^2}]$$

bzw.

$$\tilde{\sigma}^2 = -\frac{0{,}2311 \cdot 0{,}2845}{0{,}001943} = 33{,}8\ [\mathrm{Mp/m^2}] \mathrel{\hat{=}} 3{,}4\ [\mathrm{kp/cm^2}].$$

Ebenfalls sind die Wölbschubspannungen verschwindend gering, während die St. Venantschen Torsionsschubspannungen τ_d hier maßgebend sind. Es ist z. B. infolge

$$D^2_{1\,\max} = -72{,}36\ [\mathrm{Mpm}]$$

1. Im geschlossenen Teil mit $2\dot{F} = 13{,}84$ [m²] bei $t = 0{,}8$ cm Blechdicke nach Gl. (151a)

$$\tau_d = \frac{72{,}36}{0{,}008 \cdot 13{,}48} = 653\ [\mathrm{Mp/m^2}] \mathrel{\hat{=}} 65\ [\mathrm{kp/cm^2}].$$

Tabelle 26c. *Torsionsmomentenanteile D_1 und D_2 und Bimoment M_ω (Beispiel 15)*

Querschnitt	Dimension	Fall *1*	Fall *2*
e_M (Abb. 2.101)	m	0,463	0,423
$m_D = q\, e_M$	Mpm/m	−7,003	−6,398
λ (Tab. 26a)		2,971	5,261
$\max M_\omega \approx \dfrac{m_D}{\lambda^2}$	Mpm²	0,7933	0,2311
$\max D_1$	Mpm	78,18	72,36
$\max D_2$	Mpm	2,35	1,22
$\max(D_1 + D_2) = m_D \cdot \dfrac{l}{2}$	Mpm	80,53	73,58

Die τ_d infolge $D_1 = 1$ [Mpm] sind in Abb. 2.103 aufgetragen; sie sind längs einer Wand konstant wie auch der Schubfluß T_d nach Gl. (151b). Integration des Schubflusses über die Wandlänge s liefert die Schubflußresultierende (Schubkraft)

$$\bar{T}_d = \int_0^s T_d\, ds = T_d\, s = \frac{D_1\, s}{2\dot{F}}. \tag{152}$$

Die Schubkräfte $\bar{T}_d$ infolge $D_1 = 1$ [Mpm] sind ebenfalls in Abb. 2.103 eingetragen. Es ist z. B. für die Stauwand $\bar{T}_d = \dfrac{1 \cdot 5{,}5}{13{,}84} = 0{,}3973$ [Mp].

2. Im offenen Teil mit $I_D = 0{,}1412$ [m⁴] nach Gl. (144b) wird

$$\tau_d^2 = \frac{72{,}36 \cdot 0{,}008}{0{,}1412} = 4{,}1\ [\mathrm{Mp/m^2}] \approx 0.$$

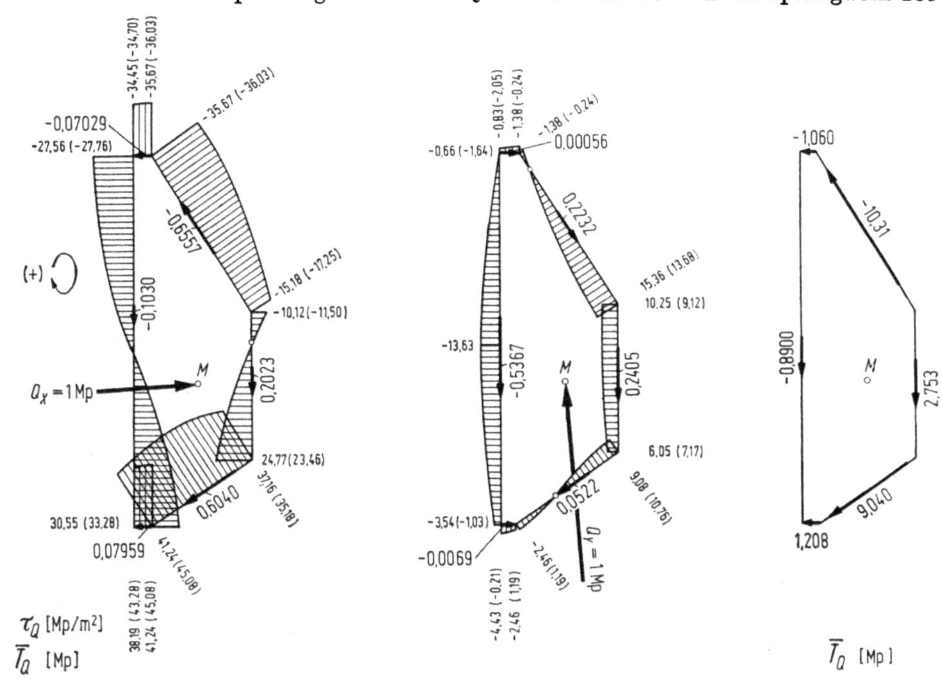

a b c

Abb. 2.102. Querschnitt Fall *2* (Beispiel (15); Klammerwerte gelten für Fall *1*.
a) Querkraftschubspannungen τ_Q (kleine Ziffern) und Schubkräfte $\overline{T}_Q$ (große Ziffern), infolge $Q_X = 1$ Mp. b) ... infolge $Q_Y = 1$ Mp. c) Addition der Schubkräfte aus a) und b) für $Q_X = q_X \cdot 1{,}0 = 15{,}07$ Mp plus $Q_Y = q_Y \cdot 1{,}0 = -1{,}235$ Mp; Multiplikator für Querschott: $\mu_{QTb} = 3{,}00$, Multiplikator für Endschott: $\mu_{EQT} = 23{,}0/2$.

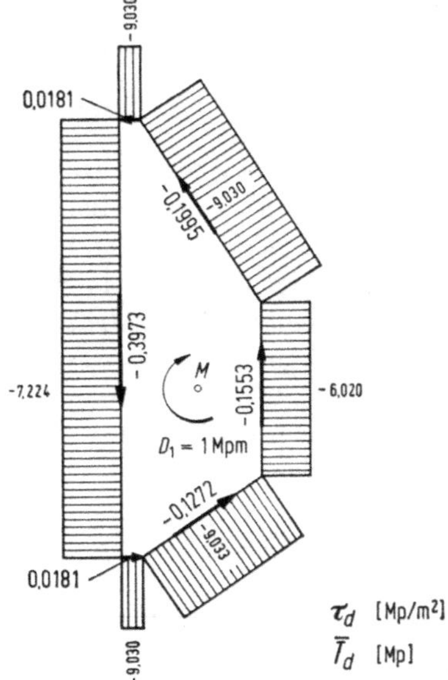

Abb. 2.103. Querschnitt Fall *2* (Beispiel 15); Torsionsschubspannungen τ_d (kleine Ziffern) und Schubkräfte $\overline{T}_d$ (große Ziffern) infolge St.-Venant'-schem Torsionsmoment $D_1 = 1$ Mpm; Multiplikator für
$D_1^2 = -6{,}398$ Mpm: $\mu = -6{,}398$,
$D_1^2 = -72{,}36$ Mpm: $\mu = -72{,}36$.

Superposition: Die Torsionsschubspannungen sind mit den Querkraftschubspannungen zu überlagern. Für das VKö-Ende (am Endschott) wird z. B. die Schubspannung im Punkt *3* der Abb. 2.101 aus Querkraft (Abb. 2.102):

$$\tau_Q^2 = -35{,}67 \cdot 173{,}4 - 1{,}38(-14{,}21) = -6166 \text{ [Mp/m}^2\text{]}$$

aus Torsion (Abb. 2.103):

$\tau_d^2 = -9{,}03(-72{,}36) \quad = \quad 653$

zusammen $\tau^2 \quad = (-)5513$ [Mp/m²] $= 551$ [kp/cm²].

2.7.1.2 Querschotte

Querschotte dienen zur

a) Erhaltung der Querschnittsform des VKö als Stab,

b) Einleitung der von Stauwand und LR übertragenen Kräfte, z. B. aus Wasserdruckbelastung in die Wände der VKö,

c) Aufnahme von Umlenkkräften bei VKö mit „eingezogenen Enden" nach Abb. 2.97a an der Knickstelle.

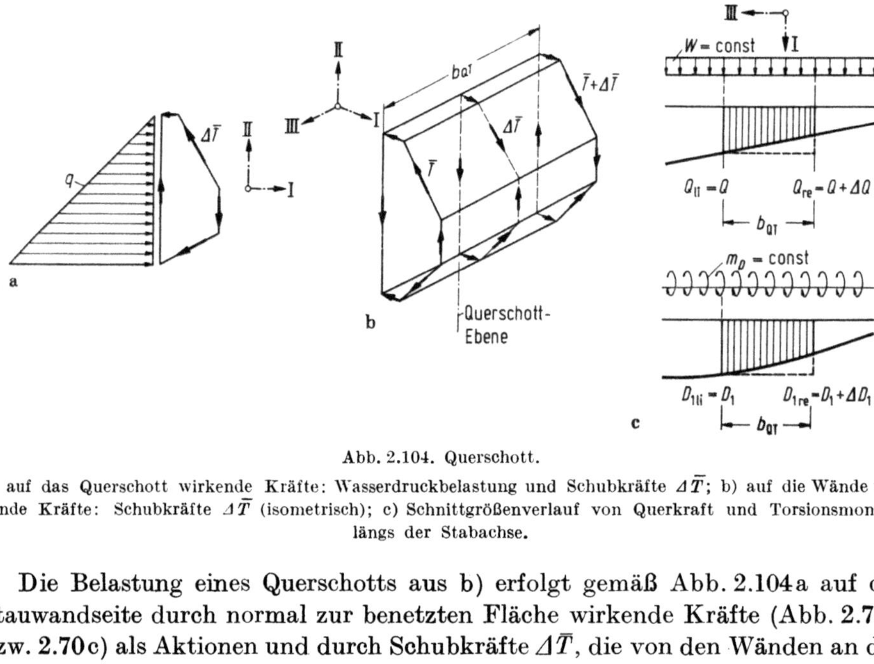

Abb. 2.104. Querschott.

a) auf das Querschott wirkende Kräfte: Wasserdruckbelastung und Schubkräfte $\Delta\bar{T}$; b) auf die Wände wirkende Kräfte: Schubkräfte $\Delta\bar{T}$ (isometrisch); c) Schnittgrößenverlauf von Querkraft und Torsionsmoment längs der Stabachse.

Die Belastung eines Querschotts aus b) erfolgt gemäß Abb. 2.104a auf der Stauwandseite durch normal zur benetzten Fläche wirkende Kräfte (Abb. 2.70b bzw. 2.70c) als Aktionen und durch Schubkräfte $\Delta\bar{T}$, die von den Wänden an das Querschott abgegeben wurden, als Reaktionen. Diese Schubkräfte sind für die Wände Aktionen gemäß Abb. 2.104b. Für gleichförmige Streckenlast q des VKö, z. B. aus Wasserdruck und Eigengewicht, verläuft nach Abb. 2.104c die Querkraft und das Torsionsmoment linear (der Drillungsanteil D_1 annähernd linear) über die Belastungsbreite b_{QT} des Querschotts. Diese ist aus $\Delta Q = q\, b_{QT}$ bzw. aus $\Delta D = m_D\, b_{QT}$ zu bestimmen; sie entspricht bei äquidistant angeordneten Querschotten dem Querschottabstand.

Es wird die Schubkraft

$$\Delta\bar{T} = \bar{T}\, b_{QT}. \tag{153}$$

Beispiel 16: Für den in Beispiel 15 behandelten VKö ist die Belastung eines Querschotts im Mittelbereich des VKö (Querschottabstand 3,0 m) infolge Wasserdruckbelastung $q_X^2 = 15{,}07$ [Mp/m], $q_Y^2 = -1{,}235$ [Mp/m] gesucht (Fall 2, d. h. ohne LR und auskragende Sohlschneide).

Torsionsanteil: Im vorliegenden Fall ist der Verlauf von D_1 über die gesamte Stablänge (= VKö-Länge) wegen des großen λ-Wertes nahezu linear (vgl. Tab. 23), so daß die Belastungsbreite $b_{QT} \approx 3{,}0$ m zutrifft.

Mit der Torsionsmomentenbelastung $m_D = 6{,}398$ [Mp/m] (vgl. Tab. 26c) ergibt sich für 1 m Stablänge ein Drillungsanteil

$$D_1 \approx m_D \cdot 1{,}0 = -6{,}398 \text{ [Mpm]}.$$

Die auf das Querschott wirkenden Schubkräfte $\Delta \bar{T}_d$ erhält man aus Abb. 2.103 durch Multiplikation mit $\mu = -6{,}398$ und $\mu_{bQT} = 3{,}0$. Die Ergebnisse sind in Tab. 26d, Spalte 1, eingetragen.

Tabelle 26d. *Schubkräfte* $\Delta \bar{T}$ [Mp] *in Querschott und Endschott (Beispiel 16, 17 und 19)*

	Querschott			Endschott		
(+)	(1) $\Delta \bar{T}_d$	(2) $\Delta \bar{T}_Q$	(3) = (1) + (2) $\Delta \bar{T}$	(4) $\Delta \bar{T}_d$	(5) $\Delta \bar{T}_Q$	(6) = (4) + (5) $\Delta \bar{T}$
Wand *1–2*	7,626	– 2,670	– 4,96	31,06	– 10,24	20,82
2–3	0,347	– 3,181	– 2,83	1,42	– 12,19	–10,77
3–4	3,829	–30,93	–27,11	15,60	–118,58	–102,98
4–5	2,981	8,256	11,24	12,14	31,66	43,80
5–6	2,442	27,12	29,56	9,94	103,96	113,90
6–1	0,347	3,625	3,97	1,42	13,90	15,32
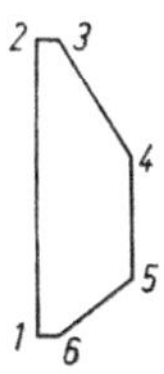	aus Abb. 2.103	aus Abb. 2.102c	siehe Abb. 2.105a	aus Abb. 2.103	aus Abb. 2.102c	

Querkraftanteil: Die Belastungsbreite beträgt $b_{QT} = 3{,}0$ m (= Querschottabstand). Mit der Wasserdruckbelastung $q_X = 15{,}07$ [Mp/m], $q_Y = -1{,}235$ [Mp/m] ergibt sich für 1 m Stablänge (= VKö-Länge) eine Querkraft

$$Q_X = q_X \cdot 1{,}0 = 15{,}07 \text{ [Mp]},$$
$$Q_Y = q_Y \cdot 1{,}0 = -1{,}235 \text{ [Mp]}.$$

Die auf das Querschott wirkenden Schubkräfte $\Delta \bar{T}_Q$ erhält man durch Multiplikation mit $\mu_X = 15{,}07$ der $\bar{T}_Q$ in Abb. 2.102a bzw. mit $\mu_Y = -1{,}235$ der $\bar{T}_Q$ in Abb. 2.102b, anschließender Überlagerung (Abb. 2.102c) und Multiplikation der $\bar{T}_Q$ nach Abb. 2.102c mit $\mu_{bQT} = 3{,}0$. Die Ergebnisse sind in Tab. 26d, Spalte 2, eingetragen.

Abb. 2.105a zeigt die Belastung und die aus Querkraft- und Torsionseinfluß superponierten Schubkräfte $\Delta \bar{T}$ für das Querschott (Spalte 3 der Tab. 26d). Der Einfachheit halber wurde die Belastung an Hand der Wasserdruckbelastungsfigur (Abb. 2.105a) angesetzt; ihre Resultierende beträgt $W = \frac{5{,}5^2}{2} \cdot 3{,}00 = 45{,}375$ [Mp].

Tab. 26d, Spalte 2, und Abb. 2.102a zeigen, daß die maßgebende Querkraftkomponente Q_X (nahezu in Richtung der Wasserdruckresultierenden wirkend) häuptsächlich durch die Schubkräfte in den schrägen Rückwänden aufgenommen wird. Dies benutzt man für rohe Überschlagsrechnungen von VKö mit Trapezquerschnitt. Den beiden Wänden mit den Neigungen α_{oben} und α_{unten} (vgl. Abb. 2.107) weist man die horizontale Querkraft Q_X zu, so daß

$$\bar{T}_{\text{oben}} \approx Q_X \frac{\sin \alpha_u}{\sin(\alpha_0 + \alpha_u)} \tag{154}$$

$$\bar{T}_{\text{unten}} \approx Q_X \frac{\sin \alpha_0}{\sin(\alpha_0 + \alpha_u)}$$

wird. Im obigen Beispiel erhielte man mit $\alpha_0 = 54^\circ\,7'$, $\alpha_u = 30^\circ\,28'$

$$\bar{T}_{\text{oben}} = 45{,}375 \cdot \frac{0{,}5070}{0{,}9955} = 23{,}1\ [\text{Mp}],$$

$$\bar{T}_{\text{unten}} = 45{,}375 \cdot \frac{0{,}8102}{0{,}9955} = 36{,}9\ [\text{Mp}],$$

also gegenüber 30,93 bzw. 27,12 Mp ein sehr grobes Ergebnis.

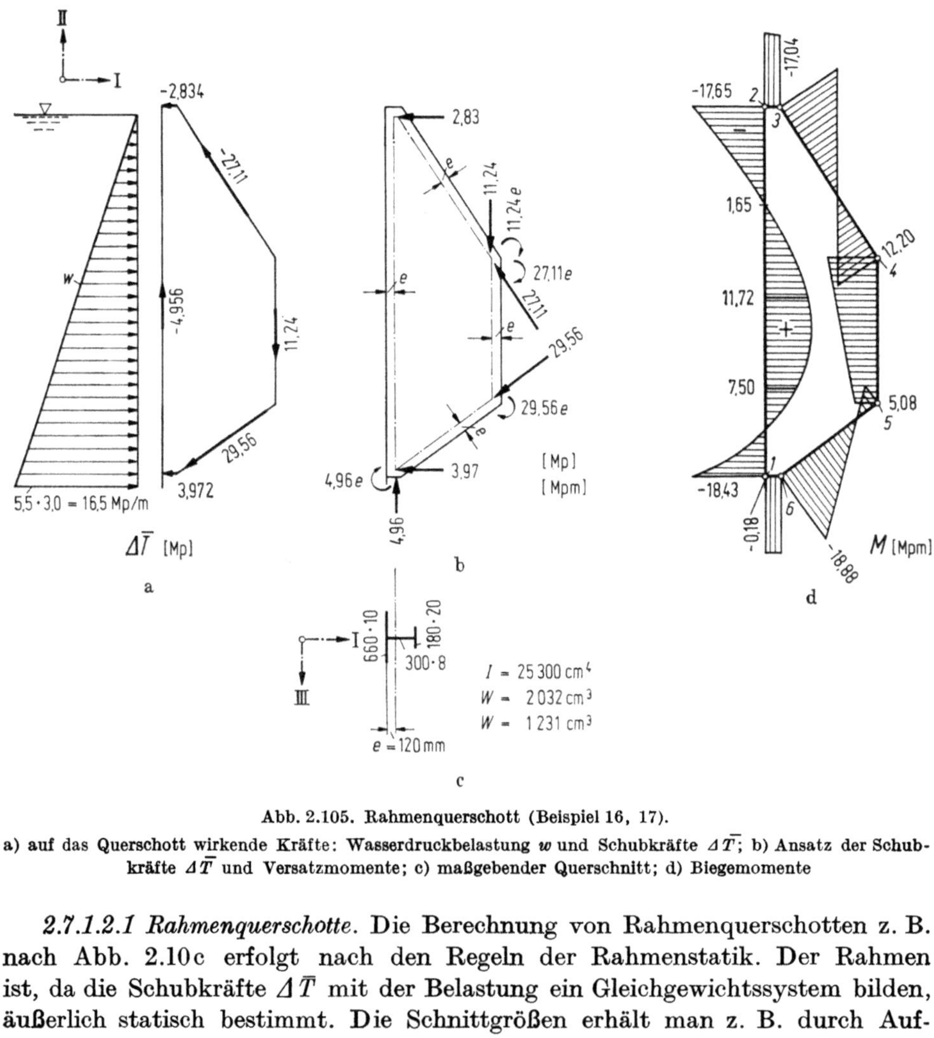

Abb. 2.105. Rahmenquerschott (Beispiel 16, 17).
a) auf das Querschott wirkende Kräfte: Wasserdruckbelastung w und Schubkräfte $\Delta\bar{T}$; b) Ansatz der Schubkräfte $\Delta\bar{T}$ und Versatzmomente; c) maßgebender Querschnitt; d) Biegemomente

2.7.1.2.1 Rahmenquerschotte. Die Berechnung von Rahmenquerschotten z. B. nach Abb. 2.10c erfolgt nach den Regeln der Rahmenstatik. Der Rahmen ist, da die Schubkräfte $\Delta\bar{T}$ mit der Belastung ein Gleichgewichtssystem bilden, äußerlich statisch bestimmt. Die Schnittgrößen erhält man z. B. durch Aufschneiden des Rahmens an einer beliebigen Stelle und Anbringen der statisch Überzähligen.

Beispiel 17: Für den im Beispiel 16 behandelten VKö sind die Schnittgrößen im Rahmenquerschott gesucht.

Zur Vereinfachung wird folgende Näherung benützt: Als Systemlinien des Rahmens werden an Stelle seiner Querschnittsschwerlinien (Abb. 2.105b, c) die Wandmittellinien beibehalten, was einer Vernachlässigung der Versatzmomente aus dem Schubfluß bzw. den Schubkräften $\Delta\bar{T}$ bezüglich der Rahmenschwerachse gleichkommt.[1]

Die Rahmenbiegemomente sind, nach der vorgenannten Näherung errechnet, in Abb. 2.105d dargestellt. Die maximalen Biegespannungen betragen z. B. etwa in Feldmitte des Stauwand-Rahmenstabs „*1—2*"

$$\text{innen} \quad \sigma = 1172/1231 = 0{,}952 \ [\mathrm{Mp/cm^2}],$$

$$\text{außen} \quad \sigma = 1172/2032 = 0{,}577 \ [\mathrm{Mp/cm^2}].$$

Interesse verdient eine Untersuchung über die Rahmenverformung: Die gegenseitige Verschiebung der Punkte „*2—5*" beträgt nur etwa 0,77 mm, was hier die Annahme einer vollständigen Erhaltung des VKö-Querschnitts als Stab voll rechtfertigt.

2.7.1.2.2 Fachwerkquerschotte. Die Berechnung von Fachwerkquerschotten z. B. nach Abb. 2.10c erfolgt als Fachwerk mit Nebenspannungen. Im übrigen gelten sinngemäß die Ausführungen von Abschn. 2.7.1.2.1.

Beispiel 18: An Stelle des Rahmens (Beispiel 17) sind nun die Stabkräfte im Fachwerkquerschott nach Abb. 2.106 gesucht, in welchem vereinfachend die Systempunkte *1* und *6* bzw. *2* und *3* durch die Punkte *1a* und *2a* ersetzt sind. Zur Reduzierung der Biegemomente aus Wasserdruckbelastung im Stauwandstab „*1a—2a*" werden zwei Diagonalen eingezogen. Als weitere Vereinfachung wird als Systemlinie die Wandmittellinie des VKö beibehalten und die Schubkräfte $\Delta\bar{T}$ werden als Druckkräfte an den Stabenden angesetzt. Der Stab „*1a—2a*" wird als biegesteifer Stab (Durchlaufträger) in den Punkten *1a*, *7* und *2a* gelagert angenommen, seine Auflagerkräfte werden als Knotenlasten eingeführt.[2]

Die in der oberen und unteren Horizontalwand wirkenden Schubkräfte werden in die Stabrichtungen *1a—2a* und *2a—4* bzw. *1a—5* zerlegt und den dortigen Schubkräften zugeschlagen. Die z. B. mit Hilfe eines Cremona-Plans ermittelbaren Stabkräfte sind in Abb. 2.106 eingetragen. Die Klammerwerte geben die Stabkräfte an, wenn die Schubkräfte

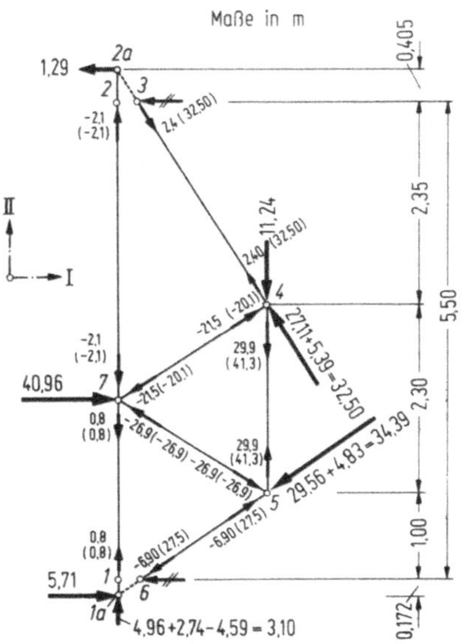

Abb. 2.106. Fachwerkquerschott (Beispiel 18); dicke Pfeile: auf das Querschott wirkende Kräfte (Knotenpunktslasten); dünne Pfeile: auf die Knotenpunkte wirkende Stabkräfte; Klammerwerte: Stabkräfte, wenn Knotenpunktslasten als Zugkräfte an den Stabenden angesetzt werden.

[1] Als verbesserte Näherung könnte gemäß Abb. 2.105b an Stelle einer veränderlichen Versatzmomentenbelastung längs der Rahmenstablänge jeweils $\Delta\bar{T}$ und das zugehörige Versatzmoment $M_v = \Delta\bar{T}\, e$ z. B. jeweils am Stabende als äußere Belastung angesetzt werden.

[2] Man könnte auch alle Stäbe biegesteif annehmen und für die unverschieblich ansetzbaren Rahmen die Querkräfte und hieraus Knotenlasten für das Fachwerk errechnen.

als Zugkräfte, d. h. in Stabrichtung bis an das Stabende verschoben, angesetzt werden. Die tatsächlichen Stabkräfte liegen demnach zwischen beiden Extremwerten (man kann auch jeweils die Hälfte der Schubkräfte an den beiden Stabenden ansetzen).

Man erhält z. B. die Spannungen im Punkt *7* des Stauwandstabs aus dem Stützenmoment $M_7 = 4{,}569$ [Mpm] des Durchlauftägers „*1a—7—2a*" und der Stabkraft $S_{7\text{-}2a} = -2{,}1$ [Mp].

2.7.1.3 Endschotte

Die Endschotte nehmen sämtliche auf den VKö wirkenden Belastungen auf und geben sie z. B. beim Rollschütz an die Rollen unmittelbar oder mittelbar über Laufwagen o. ä., beim Segmentschütz an die Arme ab.

Das Endschott erhält seine Belastung aus den Schubkräften $\Delta\bar{T}$ des VKö.

Beispiel 19: Der in Beispiel 15 bis 18 behandelte VKö gibt an das Endschott Schubkräfte ab:

a) infolge torsionsfreier Biegung des VKö die — entsprechend der halben Belastungslänge mit $\mu_{EQT} = -23{,}0/2$ multiplizierten — Schubkräfte der Abb. 2.102c;

b) infolge biegefreier Torsion des VKö — entsprechend dem Maximalwert des St. Venantschen Drillungsanteils die mit $\mu_{EQT} = -78{,}18$ multiplizierten — Schubkräfte nach Abb. 2.103.

Die resultierenden Schubkräfte (Aktionen) sind in Tab. 26d, Spalte 6, eingetragen. Die Summe ihrer Horizontalkomponenten ergibt die Wasserdruckbelastung auf eine VKö-Hälfte $W = 15{,}125 \cdot 23/2 = 173{,}94$ [Mp]. Die Summe der Vertikalkomponenten ergibt Null.

Meist ist die Bauhöhe $\hat{B}$ des Endschotts beim VKö mit geschlossenem Querschnitt relativ groß im Verhältnis zur VKö-Höhe $\hat{H}$, so daß eine Bemessung des Endschotts als Träger auf n Stützen (z. B. gemäß Abschn. 2.5.1.3) nach der technischen Balkenbiegelehre nicht in Frage kommen kann. Das Endschott wirkt hier als Scheibe, die im allgemeinen eine Öffnung (Einstiegsöffnung) besitzt und sich wegen ihrer vom Rechteck abweichenden Form nur mit großem Aufwand[1] berechnen läßt. Für die Krafteinleitung aus den Auflagern sind konstruktive Maßnahmen (Steifen) erforderlich, die nach den Regeln für Krafteinleitungen in Scheiben anzuordnen und zu dimensionieren sind. Auf ausführlichere Angaben hierfür muß aus Platzgründen verzichtet werden.

2.7.2 Verschlußkörper als Faltwerk

Unter den in Abschn. 2.3.2 beschriebenen Voraussetzungen werden die Normalspannungen in Längsrichtung (*III*-Richtung nach Abb. 2.1) nach der Faltwerkstheorie ermittelt. Sie erfaßt nicht die örtliche Lastabtragung in Stauwand, LR (QR) sowie in den Querschotten. Im übrigen gelten die grundsätzlichen Ausführungen des Abschn. 2.5.3 für den VKö mit offenem Querschnitt auch hier.

Beispiel 20: Der im Beispiel 15 behandelte VKö (Kastenschütz) wurde als geschlossene Faltwerk (Gelenkwerk) gemäß Abb. 2.107 mit 4 Scheiben als Näherung für das ursprünglich aus 6 Scheiben bestehende System durchgerechnet (die Kanten sind nun zur Unterscheidung gegenüber Abb. 2.101 mit *1b*, *2b*, *4* und *5* bezeichnet). Die LR-Querschnitte wurden auf die Stauwand (*1b—2b*) verschmiert. Die Wasserdruckbelastung gemäß Abb. 2.101 kann näherungsweise nach dem Hebelgesetz auf die Kanten *1b* und *2b* aufgeteilt werden (Abb. 2.107).

[1] z. B. ähnlich [109].

Es ergeben sich die in Abb. 2.108b eingetragenen Normalspannungen in VKö-Mitte, deren Größtwert in Kante *5* mit $\sigma = 2{,}971$ Mp/cm² weit über dem Zulässigen (z. B. 1,6 Mp/cm²) liegt; das Faltwerk muß zwecks Abbau dieser Spannung Querschotte erhalten (s. folgender Abschnitt).

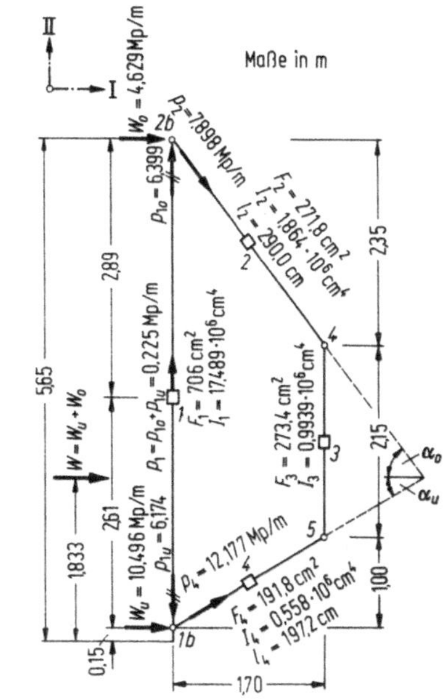

Abb. 2.107. Faltwerkquerschnitt (Beispiel 20); Scheibenbelastungen p_1, p_2, p_4 infolge Wasserdruckbelastung (w_0, w_u).

2.7.2.1 Vergleich „Faltwerk – Stab"

Abb. 2.108 zeigt die Normalspannungen des in den Beispielen 15 als Stab und 20 als Faltwerk behandelten Kastenschützes in VKö-Mitte infolge Wasserdruckbelastung.

Abb. 2.108a gilt für die Stabtheorieergebnisse (nur Biegenormalspannungen; die Wölbnormalspannungen sind wegen ihrer Kleinheit vernachlässigt). Um die gleiche Basis bezüglich der Querschnittskennwerte zum Faltwerk zu haben, wurden die Stabspannungen bei verschmierten LR für den Gesamtquerschnitt der Abb. 2.107 neu ermittelt (sie weichen von den in Klammer gesetzten Ergebnissen des Beispiels 15 geringfügig ab).

Abb. 2.108b zeigt die Normalspannungen des Faltwerks ohne Querschotte.

In Abb. 2.108c sind die Differenzspannungen „Faltwerk – Stab", die einem Eigenspannungszustand entsprechen [*102*], eingetragen.

Die zwischen Abb. 2.108a und 2.108b bestehenden beträchtlichen Unterschiede (Abb. 2.108c) sind darin begründet, daß (vgl. Abschn. 2.3.2) die Stabtheorie mit voller Querschnittserhaltung (entsprechend unendlich vielen starren Querschotten) rechnet, während die Faltwerksspannungen ohne Querschotte ermittelt wurden. Ordnet man starre Querschotte mit gegenseitigem endlichen Abstand an, reduzieren sich die Faltwerksspannungen rapide. Abb. 2.109 zeigt diesen Einfluß bei 1 bzw. 3 Querschotten auf die Normalspannung im Punkt *5*, die sich mit zunehmender Querschottzahl dem Wert nach der Stabtheorie nähert: Bereits ein Querschott hat eine beachtliche Wirkung. An Stellen des Stabes,

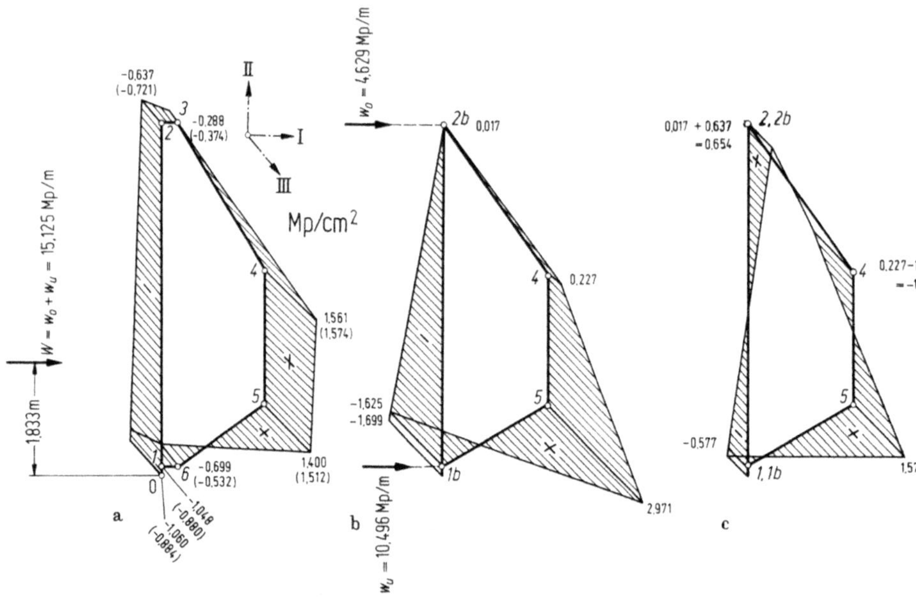

Abb. 2.108. Vergleich der maximalen Normalspannungen (isometrisch).
a) Stab (Beispiel 15), nicht eingeklammerte Werte: Querschnitt gemäß Abb. 2.107, Klammerwerte: Querschnitt gemäß Abb. 2.101 bzw. Tab. 26a, Fall *1*; b) Faltwerk ohne Querschotte (Beispiel 20), Querschnitt gemäß Abb. 2.107; c) Differenz „Faltwerk-Stab" (Eigenspannungszustand).

wo Querschotte angeordnet sind, entspricht die Normalspannung der aus der Stabtheorie gewonnenen.

Wesentlich komplizierter werden die Verhältnisse bei elastischen Querschotten. Hierzu wird auf das einschlägige Spezialschrifttum, z. B. [*110*], verwiesen.

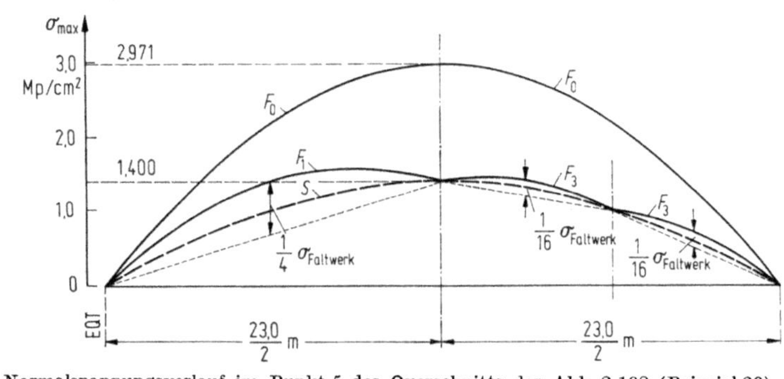

Abb. 2.109. Normalspannungsverlauf im Punkt *5* des Querschnitts der Abb. 2.108 (Beispiel 20), gültig für F_0 = Faltwerk ohne Querschotte, F_1 = Faltwerk mit 1 Querschott (linke Bildhälfte), F_3 = Faltwerk mit 3 Querschotten (rechte Bildhälfte); S = Stab.

2.8 Verschlußkörper mit geschlossenem Querschnitt und Fachwerkhauptträgern

Der VKö mit zwei Fachwerkhauptträgern tritt in Form des sogenannten Drei-Gurt-Schützes oder Vier-Gurt-Schützes auf (Abb. 2.8b, Form β_1 und β_2). Meist sind die Querschotte ebenfalls Fachwerke. Die Berechnung erfordert die Berücksichtigung des räumlichen Fachwerkproblems.

Bezüglich der Lastabtragung aus Wasserdruck über Stauwand und Längssteifen unterscheidet sich der vorliegende VKö nicht von dem mit Vollwandhauptträgern. Somit erhalten die Hauptträger Lasten nach Abb. 2.70c oder 2.71c. Die Streckenlasten können in Einzellasten an den Stellen der QT bzw. Querschotte, die mit den Knotenpunkten des oberwasserseitigen HT-Gurts zusammenfallen, umgewandelt bzw. dort eingeleitet werden. Es ergibt sich dann eine Belastung des Gesamttragsystems nach Abb. 2.110. Bei konstanten Querträgerabständen sind die Knotenlasten W_0 bzw. W_u konstant; sie können in einen symmetrischen Anteil W_1 und einen antimetrischen Anteil W_2 zerlegt werden. In gleicher Weise wird auch der Lastfall Eigengewicht sowie die Wirkung einer exzentrisch angreifenden Einzellast (z. B. im VKö-Mitte infolge Schiffsstoß) behandelt.

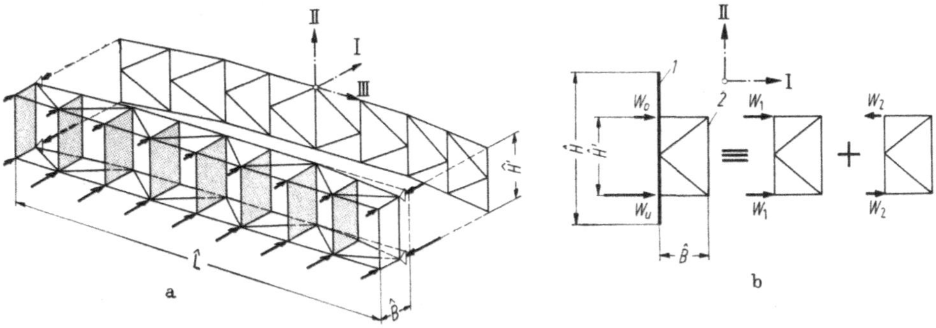

Abb. 2.110. Verschlußkörper als räumliches Fachwerk (Hauptträger, Querschotte, Rückwand). a) Ansicht ohne Stauwand mit getrennt gezeichneter Rückwand (isometrisch); b) symmetrische und antimetrische Knotenpunktslasten infolge Wasserdruck.

Für die Ermittlung der Stabkräfte usw. wird man sich zweckmäßigerweise eines Rechenautomaten an Hand von Standardprogrammen bedienen.

Bei Berechnungen von Hand kann der torsionsfreie Biegeanteil infolge der Knotenlasten W_1 nach den Regeln der ebenen Fachwerkstatik erfolgen. Die Behandlung des biegefreien Torsionsanteils (antimetrische Belastung) kann z. B. auf Grund der räumlichen Fachwerktheorie (Flechtwerk) nach der Methode der Kantenkräfte (Kraftgrößenverfahren) über eine Zerlegung der Torsionsröhre in Rechteck- und Keilstumpfzellen erfolgen [*111*]. Elastische Querschotte (Querverbände) können dabei berücksichtigt werden. Aus Platzgründen muß auf die Darstellung dieser Methode verzichtet werden. Ein vollständig durchgerechnetes Beispiel für Wasserdruckbelastung und ungleichmäßige Erwärmung des oberen unterwasserseitigen Gurts eines Vier-Gurt-Schützes findet sich bei [*111*].

2.9 Verschlußkörper mit quasi-geschlossenem Gesamtquerschnitt[1]

Die als Fachwerk oder Rahmen ausgebildete, als ,,rückwärtiger Verband" bezeichnete Rückwand wird in die Torsionsberechnung mit einer fiktiven Wandstärke eingeführt, die denselben Schubwiderstand hat wie der Verband. In bekannter Weise erhält man hierfür die z. B. in [*102*] angegebenen Werte für die fiktive Wandstärke t^*.

[1] Definition s. Abschn. 2.3.1.1.

Abb. 2.111 enthält t^* sowie die Größe der Stabkräfte als Funktion des Schubflusses T im „quasi-geschlossenem Querschnitt". In den Formeln kann der Gurtquerschnitt F_0 bzw. F_u, der Teil des Hauptträgers ist, zur Erfassung der Mitwirkung der Hauptträgerscheibe zu

$$F^* = F_u^o + \tfrac{1}{4} F_S \tag{155}$$

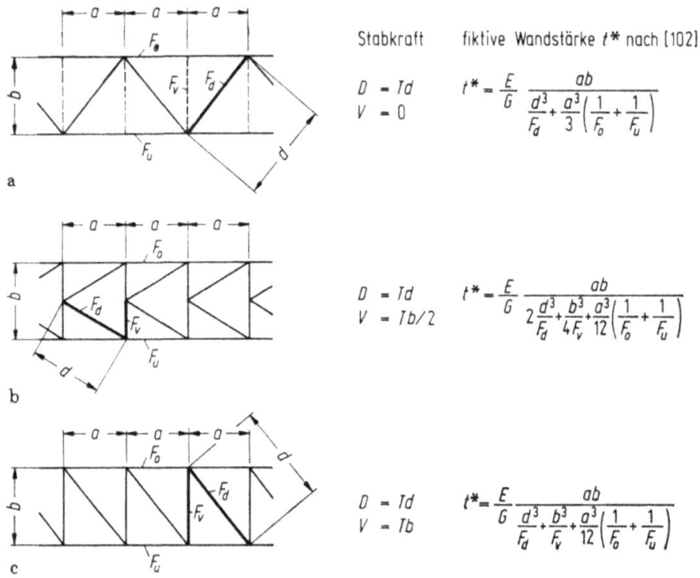

Abb. 2.111. Fiktive Wandstärke t^* verschiedener Fachwerksysteme.

angesetzt werden, wobei F_S = Querschnittsfläche des Hauptträgersteges ist.

Selbstverständlich kann auch näherungsweise der VKö mit geschlossenem Querschnitt und Fachwerkhauptträgern nach Abschn. 2.8 über fiktive Wandstärken behandelt werden.

Beispiel 21: Der in Beispiel 13 für Wasserdruckbelastung durchgerechnete offene Verschlußkörper (Abb. 2.80) wird nun zur Aufnahme geringer Torsionsmomente (z. B. aus Eigengewicht) mit einem leichten, rückwärtigen Fachwerkverband zwischen den Hauptträgern B und C versehen (Abb. 2.112). Die Länge der beiden Endfelder mit je 2,45 m wird näherungsweise wie die der beiden Mittelfelder mit 3,00 m angesetzt; die Querschnitte der Fachwerkstäbe seien ebenfalls in allen Feldern gleich. Gesucht ist die fiktive Wandstärke t^*.

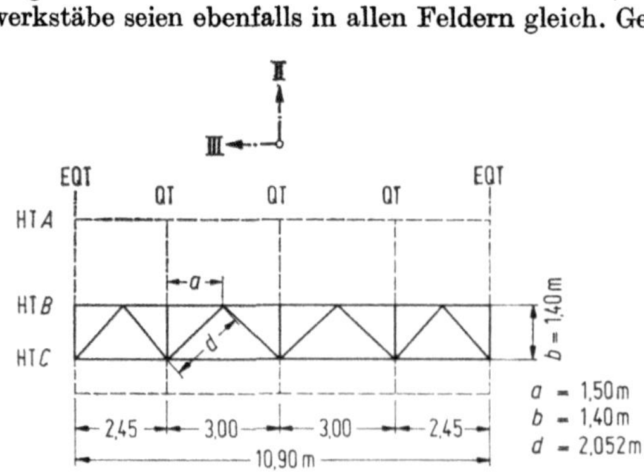

Abb. 2.112. Verschlußkörper mit quasi-geschlossenem Querschnitt: „rückwärtiger Verband" (Beispiel 21).

Die Gurtquerschnitte der Hauptträger B und C betragen nach Tab. 22f $F_G = 37{,}5 \cdot 2{,}8 = 105$ [cm²], $F_{Steg} = 90 \cdot 1{,}1 = 99$ [cm²], so daß $F^* = 105 + \frac{1}{4} \cdot 99 = 130$ [cm²] wird.

Als Diagonalen seien $L\,55 \cdot 8$ mit $F = 8{,}25$ [cm²] vorgesehen. Mit Abb. 2.111 wird die fiktive Wandstärke

$$t^* = \frac{2{,}1}{0{,}81} \cdot \frac{150 \cdot 140}{\frac{205{,}2^3}{8{,}25} + \frac{150^3}{3}\left(\frac{1}{130} + \frac{1}{130}\right)} = 0{,}051 \approx 0{,}05 \text{ cm},$$

also außerordentlich „dünn". Die Lage des Schubmittelpunkts ändert sich dadurch kaum, man vergleiche die eckigen Klammerwerte in Abb. 2.93 für die Querschnittskennwerte des quasi-geschlossenen Querschnitts. Die Ermittlung der Stabkräfte des Verbands erfolgt an Hand Abb. 2.111 und der Gl. (151b) für den Schubfluß T_d.

2.10 Segmentschütz

Der VKö des Segmentschützes unterscheidet sich vom Träger- oder Kastenschütz mit Rollen- oder Gleitlagerung durch seine Drehlagerung über Stützarme. Auch hier kommen als Querschnittstypen der offene, geschlossene und quasigeschlossene Querschnitt in Frage, und es gelten die Ausführungen der Abschn. 2.5 bis 2.9. Die Stauwand ist in der Regel kreiszylindrisch gekrümmt (Abb. 2.113a, b), meist fallen Krümmungsmittelpunkt und Drehpunkt (Drehachse) zusammen. Wegen exzentrischer Anordnung dieser beiden Punkte vgl. Abschn. 4.1.5.

Nur in Ausnahmefällen ist die Stauwandbegrenzung im Gesamtquerschnitt des VKö polygonförmig aus ebenen Blechen ausgebildet (Abb. 2.113c); sie hat den Nachteil, daß die Resultierende aus Wasserdruckbelastung im allgemeinen nicht durch den Drehpunkt geht und von einer Änderung des Wasserstands in starkem Maße abhängig ist.

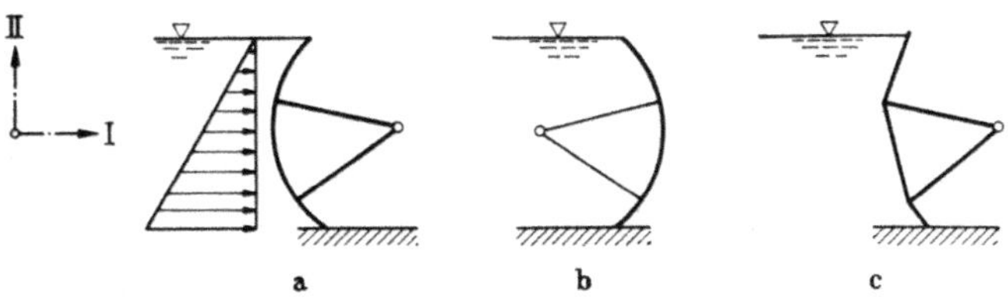

Abb. 2.113. Segmentschütz (schematisch). a) Drucksegment, kreiszylindrische Stauwand; b) Zugsegment, kreiszylindrische Stauwand; c) polygonförmige Stauwand.

Nachstehend wird das Segmentschütz mit kreiszylindrisch gekrümmter Stauwand als Druck- oder Zugsegment (Teile a, b) behandelt.

Die Berechnung von Stauwand und Längsrippen erfolgt nach Abschn. 2.4. Gekrümmte trägerförmige Bauglieder, wie z. B. Querrippen und Querträger, sind nicht ohne weiteres ersatzweise als gestreckte Träger zu berechnen (Abschnitt 2.10.1). Die Berechnung der Hauptträger dagegen bietet keine Besonderheiten gegenüber Früherem.

2.10.1 Gekrümmte Querrippen und Querträger

Der Radius r des Segmentschützes bzw. die Länge der Arme ist meist mit Rücksicht auf die erforderliche Hubhöhe relativ groß. Querträger und Querrippen werden deshalb näherungsweise als gerade Träger berechnet.

Zur Berücksichtigung der Krümmung können außer der üblichen graphischen Ermittlung der Biegemomente, Quer- und Normalkräfte für dreieck- und rechteckförmige Wasserdruckbelastung die Formeln der Tab. 27 benützt werden [78],

Tabelle 27. *Schnittkräfte, Auflagerkräfte und Biegemomente des kreisförmig gekrümmten Trägers auf 2 Stützen unter trapezförmiger Wasserdruckbelastung (Superposition aus Dreieck und Rechteck)*

				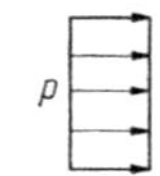
	Wasserdruck	$p_{(\varphi)}$	$r[\cos\varphi_0 - \cos(\varphi_0 + \varphi)]$	p_0
	Wasserdruckresultierende	W	$W = \sqrt{W_x^2 + W_y^2}$; W_x, W_y nach Gl. 10, 11 und Abb. 1.6	$p_0\, r\, \Phi$
	Lage der Resultierenden	ω	$\tan\omega = W_y/W_x$	$\Phi/2 - 90° + \varphi_0$
	Auflagerkraft	A	$W \dfrac{\sin(\beta - \omega)}{\sin(\alpha + \beta)}$	wie nebenstehend
		B	$W \dfrac{\sin(\alpha + \omega)}{\sin(\alpha + \beta)}$	
Bereich *1*	Querkraft	Q_φ	$\dfrac{r^2}{2}[\cos\alpha \sin\varphi - \varphi\cos(\alpha + \varphi)]$	$p_0\, r \sin\varphi$
	Normalkraft	N_φ	$-r^2\{\cos\alpha(1 - \cos\varphi) + \frac{1}{2}[\sin\alpha \sin\varphi - \varphi\sin(\alpha + \varphi)]\}$	$-p_0\, r(1 - \cos\varphi)$
	Biegemoment	M_φ	$N_\varphi\, r$	$N_\varphi\, r$
Bereich *2*	Querkraft	Q_φ	$-A\cos(\varphi - \delta) + \dfrac{r^2}{2}[\cos\alpha \sin\varphi - \varphi\cos(\alpha + \varphi)]$	$-A\cos(\varphi - \delta) + p_0\, r \sin\varphi$
	Normalkraft	N_φ	$A\sin(\varphi - \delta) - r^2\{\cos\alpha(1 - \cos\varphi) + \frac{1}{2})[\sin\alpha\sin\varphi - \varphi\sin(\alpha + \varphi)]\}$	$A\sin(\varphi - \delta) - p_0\, r(1 - \cos\varphi)$
	Biegemoment	M_φ	$N_\varphi\, r$	$N_\varphi\, r$
Bereich *3*	analog Bereich *1* von unten her		Dreieck Δ = Rechteck minus Dreieck ∇	

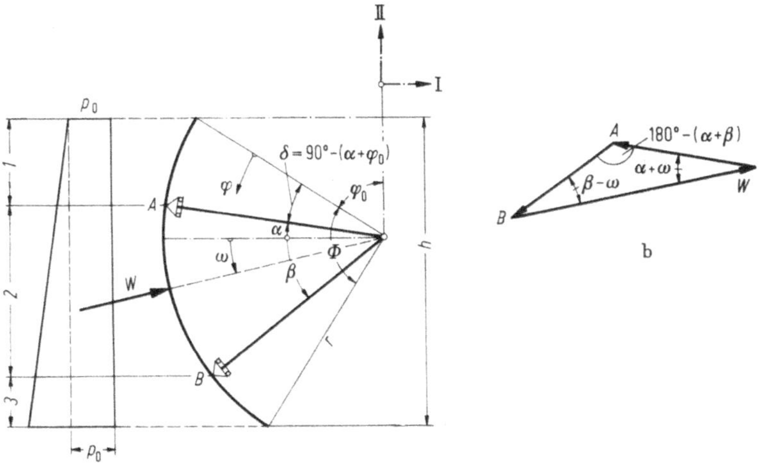

Abb. 2.114. Kreisförmig gekrümmter Träger auf 2 Stützen.
a) Bezeichnungen; b) Krafteck aus Wasserdruckresultierender und den Auflagerkräften.

welche auf ein Segmentschütz mit 2 Armen abgestimmt sind (Abb. 2.114). Eine trapezförmige Wasserdruckbelastung kann durch Superposition berücksichtigt werden.

2.10.2 Lage der Stützarme im Grundriß, Lagerung der Hauptträger

Bezüglich der Lagerung des VKö über die Endquerträger (Endschotte) und Segmentstützarme, nachstehend ,,Arme" genannt, sind zwei Fälle zu unterscheiden, die sich durch die Lage der Arme im Grundriß auszeichnen (Abb. 2.115):

Fall 1a: *Zwei gerade Arme*, meist in unmittelbarer Nähe der Pfeilerwandungen, d. h. am Hauptträgerende angeordnet.

Fall 1b: *Mehrere gerade Arme*, vorzugsweise bei großen und hochbelasteten Segment-VKö (z. B. als Tiefschütze) vorgesehen.

Fall 2: *Zwei schräge Arme*, hauptsächlich zur Verminderung der Biegemomente der Hauptträger infolge Wasserdruckbelastung vorgesehen. Die Hauptträger haben je 2 Kragarme und erhalten im Bereich zwischen den Armen zusätzliche Normalkräfte.

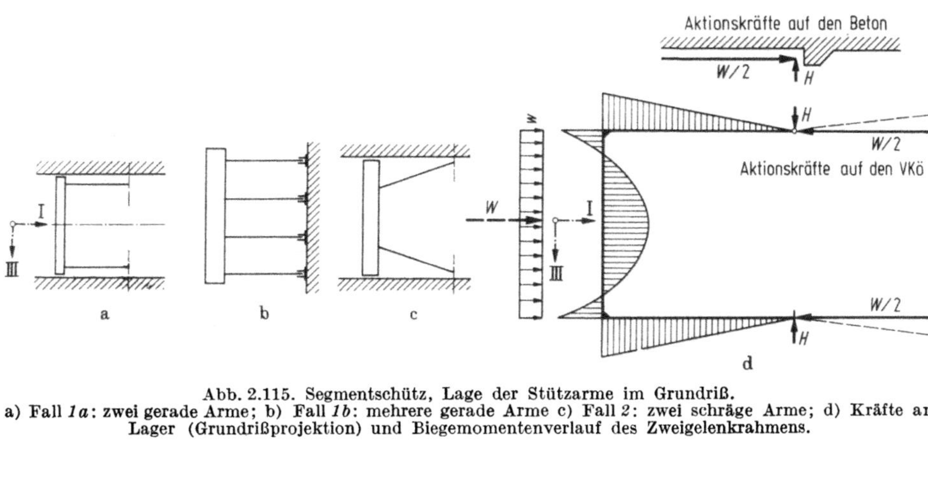

Abb. 2.115. Segmentschütz, Lage der Stützarme im Grundriß.
a) Fall *1a*: zwei gerade Arme; b) Fall *1b*: mehrere gerade Arme c) Fall *2*: zwei schräge Arme; d) Kräfte am Lager (Grundrißprojektion) und Biegemomentenverlauf des Zweigelenkrahmens.

Tab. 28 zeigt den Unterschied zwischen Krag- und Feldmoment sowie Neigungswinkel der Biegelinie zwischen Fall 1a und 2 bei Wasserdruckbelastung. Für schräge Arme sind hierbei zwei Grenzlagen der Arme berücksichtigt: In Spalte 3 ist das Kragmoment M_{St} gleich dem Feldmoment M_F, in Spalte 4 ist der Neigungswinkel der Biegelinie über den Stützen (EQT bzw. Endschotten) gleich Null. Vorausgesetzt ist bei den Werten der Tab. 28 eine praktisch gelenkige Verbindung zwischen Hauptträger und Armen.

Tabelle 28. *Biegemomente, Durchbiegungen und Neigungen der Biegelinie für den Hauptträger eines Segmentschützes infolge Gleichstreckenlast p*

(1)	(2)	(3)	(4)
	gerade Stützarme	schräge Stützarme	
	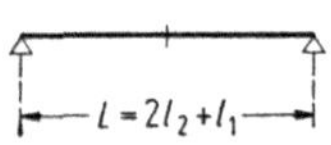	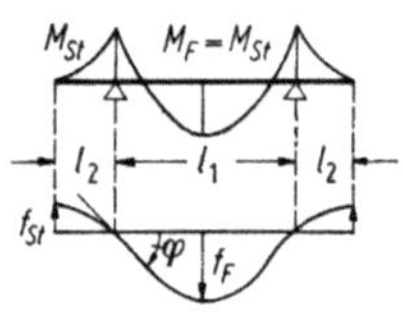	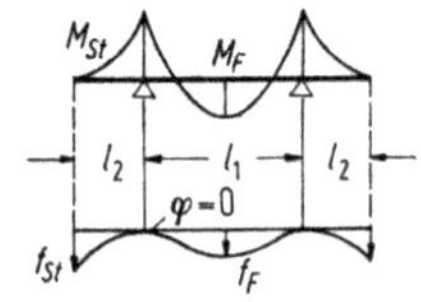
l_1/L	1	$\frac{\sqrt{2}}{1+\sqrt{2}} \approx 0{,}586$	$\frac{\sqrt{6}}{2+\sqrt{6}} \approx 0{,}551$
l_2/L	0	$\frac{1}{2(1+\sqrt{2})} \approx 0{,}207$	$\frac{1}{2+\sqrt{6}} \approx 0{,}225$
l_2/l_1	0	$1/\sqrt{8}$	$1/\sqrt{6}$
$M_F\Big/\frac{p\,L^2}{8}$	1	$\frac{1}{3+2\sqrt{2}} \approx \frac{1}{5{,}83}$	$\frac{1}{5+2\sqrt{6}} \approx \frac{1}{9{,}90}$
$M_{St}\Big/\frac{p\,L^2}{8}$	0	$\frac{-1}{3+2\sqrt{2}} \approx -\frac{1}{5{,}83}$	$-\frac{2}{5+2\sqrt{6}} \approx -\frac{1}{4{,}95}$
M_{St}/M_F	0	$\boxed{-1}$	-2
$f_F\Big/\frac{5}{384}\frac{p\,L^4}{EI}$	1	$\frac{8}{5(17+12\sqrt{2})} \approx \frac{1}{21{,}2}$	$\frac{9}{5(49-20\sqrt{6}} \approx \frac{1}{54{,}4}$
$f_{St}\Big/\frac{5}{384}\frac{p\,L^4}{EI}$	0	$-\frac{4\sqrt{2}-3}{5(17+12\sqrt{2})} \approx -\frac{1}{63{,}9}$	$\frac{12}{5(49+20\sqrt{6})} \approx \frac{1}{40{,}8}$
f_{St}/f_F	0	$\frac{4\sqrt{2}-3}{8} \approx -\frac{1}{3}$	$+4/3$
$\varphi_{St}\Big/\frac{p\,L^3}{24EI}$	1	$\frac{1}{10+7\sqrt{2}} \approx \frac{1}{19{,}9}$	$\boxed{0}$

Bei biegesteifer Verbindung von HT und Armen (im Grundriß gesehen) entsteht ein räumliches Rahmenwerk. Näherungsweise kann die Berechnung bei Zerlegung in einzelne, je voneinander getrennte Scheiben als Zweigelenkrahmen nach Abb. 2.115d im Fall 1a und 2 bzw. als Durchlaufrahmen im Fall 1b erfolgen.

2.10.3 Lagerkräfte

Die Kräfte, welche der VKö über seine Stützarme auf die Drehlager bzw. den Pfeiler absetzt, ergeben sich für alle symmetrischen Belastungen, wie z. B. Wasserdruck, in einfacher Weise (die Resultierende geht im allgemeinen durch den Drehpunkt), so daß hier auf nähere Ausführungen verzichtet wird. Besondere Beachtung ist jedoch unsymmetrischen Zuständen zu widmen, die z. B. durch einseitige Aufhängung des VKö entstehen (Abschn. 2.10.3.2).

2.10.3.1 Symmetrische Aufhängung

Die zur Ermittlung der Lagerkräfte erforderliche Resultierende aus Wasserdruckbelastung erhält man nach Größe und Lage gemäß Abschn. 1.1 (vgl. auch Tab. 27).

Für zweiseitig angreifendes Hubmittel (Antrieb) ergeben sich die Lagerkräfte aus *Eigengewicht* des VKö im angehobenen Zustand wie folgt. In Abb. 2.116 ist

- S Schwerpunkt,
- M Schubmittelpunkt,
- A Angriffspunkt des Hubmittels,
- ζ Neigungswinkel der angreifenden Hubkraft F gegenüber der Horizontalen,
- G Eigengewicht (als Einzellast) des Verschlußkörpers.

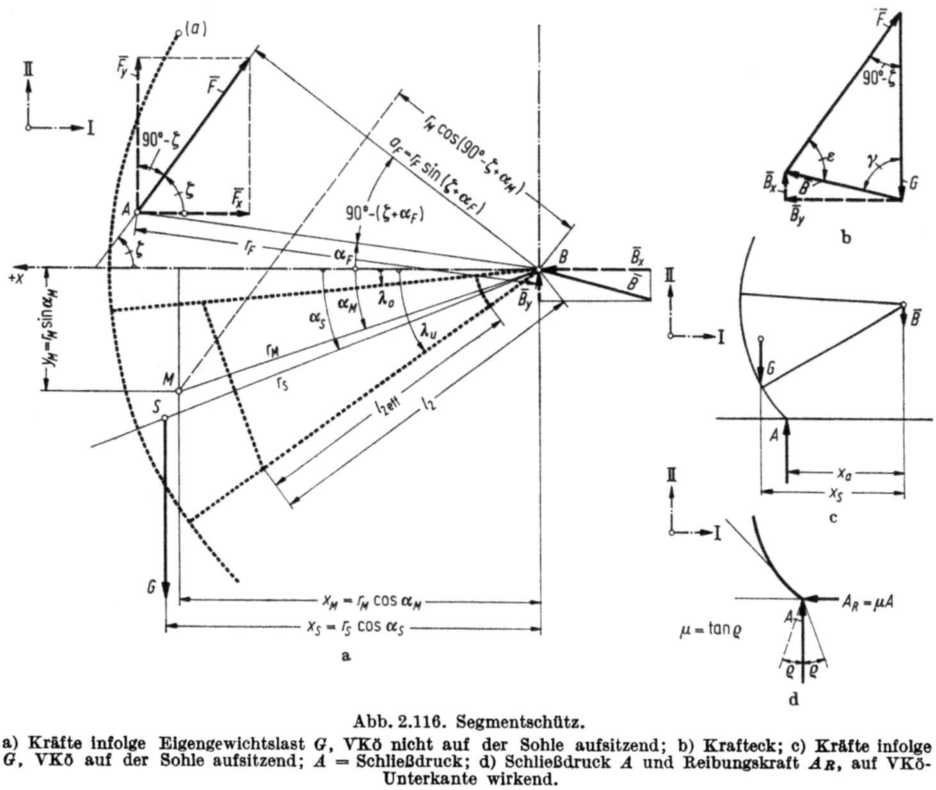

Abb. 2.116. Segmentschütz.
a) Kräfte infolge Eigengewichtslast G, VKö nicht auf der Sohle aufsitzend; b) Krafteck; c) Kräfte infolge G, VKö auf der Sohle aufsitzend; A = Schließdruck; d) Schließdruck A und Reibungskraft A_R, auf VKö-Unterkante wirkend.

Man führt im Punkt B ein rechtwinkliges Koordinatensystem x, y, z ein, wobei die x-Achse in der Horizontalen liegt.

Bei nicht auf der Sohle aufsitzendem VKö erhält man unter Vernachlässigung aller Reibungen die Gesamthubkraft $\bar{F}$ (für beide Seiten zusammen) zu

$$\bar{F} = G\, x_S/a_F \tag{156a}$$

mit den Hebelarmen $x_S = r_S \cos\alpha_S$, $a_F = r_F \sin(\zeta + \alpha_F)$.

Es ist

$$\bar{F}_y = \bar{F}\sin\zeta, \qquad \bar{F}_x = \bar{F}\cos\zeta. \tag{156b}$$

Die Gesamtlagerkraft $\bar{B}$ (linkes plus rechtes Lager) wird gemäß Abb. 2.116b mit den Hilfswerten

$$\tan\frac{\varepsilon - \gamma}{2} = \frac{G - \bar{F}}{G + \bar{F}}\operatorname{cotg}\frac{90^\circ - \zeta}{2}$$

und

$$\frac{\varepsilon + \gamma}{2} = 90^\circ - \frac{(90^\circ - \zeta)}{2} = 45^\circ + \frac{\zeta}{2}$$

und nachdem hieraus $\varepsilon + \gamma$ und $\varepsilon - \gamma$ bzw. ε berechnet wurden,

$$\bar{B} = G\frac{\cos\zeta}{\sin\varepsilon}. \tag{157}$$

Für $\zeta = 90^\circ$ (vertikale Wirkungslinie der Hubkraft $\bar{F} \equiv \bar{F}_y$) wird

$$\begin{aligned} \bar{B}\uparrow &= G - \bar{F} \quad \text{bei} \quad a_F > a_S, \\ \bar{B}\downarrow &= \bar{F} - G \quad \text{bei} \quad a_F < a_S. \end{aligned} \tag{158}$$

Die auf die Pfeiler wirkenden Lagerkräfte (Aktionen) sind entgegengesetzt orientiert.

Bei auf der Sohle aufsitzendem VKö ist für dessen Eigengewicht nach Abb. 2.116c der Schließdruck

$$A = G\, x_S/x_A, \tag{159}$$

horizontale Sohle vorausgesetzt. Bei schräger Sohle ist die Wirkungslinie von A normal zur Sohlfläche anzusetzen. Sie kann unter Berücksichtigung der Reibung (Coulombscher Reibungsfaktor μ) nach Abb. 2.116d eine Neigungsänderung infolge der Reibungskomponente A_R erfahren, die auch eine Änderung der Lagerkraft $\bar{B}$ hervorruft.

2.10.3.2 Unsymmetrische (einseitige) Aufhängung

Für Eigengewichtslast ergibt sich mit Abb. 2.117a für die vom linken (Hubmittelseite) bzw. rechten Lager auf den VKö ausgeübten Lagerkräfte[1]:

$$\begin{aligned} B''_y\uparrow &= \frac{F_y}{2}\left(\frac{l_F}{l} - 1\right) + \frac{G}{2}, \\ B'_y\downarrow &= \frac{F_y}{2}\left(\frac{l_F}{l} + 1\right) - \frac{G}{2} \end{aligned} \tag{160}$$

mit l = Stützweite des VKö zwischen den Armen, $l_F/2$ = Abstand des Angriffspunkts des Hubmittels von VKö-Mitte. Vorausgesetzt wird $l_F > l$.

---

[1] Das auf der Hubmittelseite liegende Lager wird mit Strich ($'$), das auf der anderen mit Doppelstrich ($''$) bezeichnet.

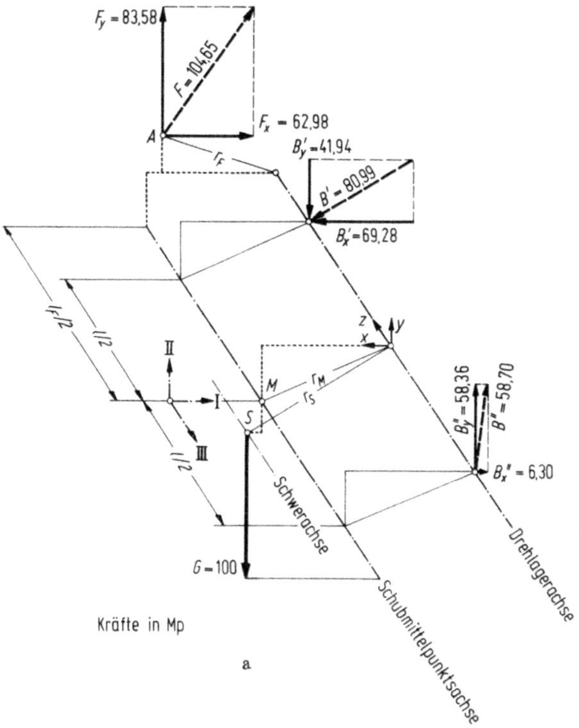

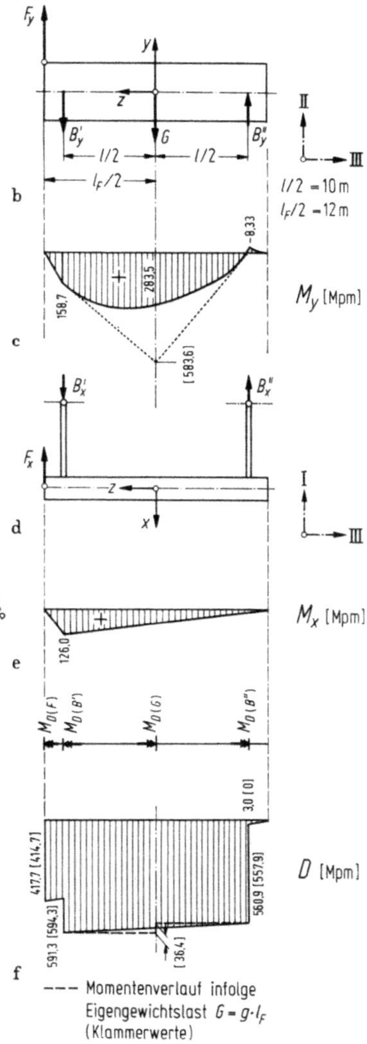

Abb. 2.117. Segmentschütz bei einseitiger Aufhängung unter Eigengewichtslast G.
a) Kräfte (die Aktionskräfte auf die Lager sind entgegengesetzt orientiert); b) Komponenten in y-z-Ebene ($II-III$-Ebene); c) Biegemomente M_y infolge Streckenlast $g = G/l_F$; d) Komponenten in x-z-Ebene ($I-III$-Ebene); e) Biegemomente M_x infolge Streckenlast g; f) Torsionsmomente D infolge Streckenlast g.

Es ist $B_y' + B_y'' = \bar{B}_y$.

Spezialfall

1) Für $l_F = l$ ist $B_y'' \uparrow = G/2, \quad B_y' \downarrow = F_y - G/2.$ (161a)

2) Für $l_F = l, \quad a_F = a_S$ und $\zeta = 90°$ ist $B_y'' \uparrow = B_y' \downarrow = G/2.$ (161b)

Aus Abb. 2.117d (Grundriß) folgt

$$B_x'' \rightarrow = \frac{F_x}{2}\left(\frac{l_F}{l} - 1\right),$$

$$B_x' \leftarrow = \frac{F_x}{2}\left(\frac{l_F}{l} + 1\right). \quad (162)$$

Spezialfall

1) Für $l_F = l$ ist $B_x'' \rightarrow = 0, \quad B_x' \leftarrow = F_x.$ (163a)

2) Für $l_F = l, \quad \zeta = 90°$ ist $B_x'' = B_x' = 0.$ (163b)

Beispiel 22a: Gesucht sind für einseitige Aufhängung die Hubkraft und die Lagerkräfte eines Segment-VKö mit nachstehenden Werten (vgl. Abb. 2.116):

$G = 100$ Mp, $l_F = 24$ m, $l = 20$ m, $r_M = 10{,}5$ m, $r_F = 11{,}3$ m, $r_S = 11{,}1$ m;

$\alpha_M = 19°$, $\sin\alpha_M = 0{,}3256$, $\cos\alpha_M = 0{,}1455$; $\alpha_F = 7{,}5°$, $\sin\alpha_F = 0{,}1305$, $\cos\alpha_F = 0{,}9914$;

$\alpha_M + \alpha_F = 26{,}5°$; $\alpha_S = 22°$, $\cos\alpha_S = 0{,}9272$; $\zeta = 53°$, $\sin\zeta = 0{,}7986$, $\cos\zeta = 0{,}6018$;

$$90 - \zeta/2 = 63{,}5°;\ \zeta + \alpha_F = 60{,}5°,\ \sin\alpha_F = 0{,}8704.$$

$x_S = 11{,}1 \cdot 0{,}9272 = 10{,}29$ m, $x_M = 10{,}5 \cdot 0{,}9455 = 9{,}928$ m, $y_M = 10{,}5 \cdot 0{,}3256 = 3{,}418$ m,

$$a_F = 11{,}3 \cdot 0{,}8704 = 9{,}835 \text{ m}.$$

Hubkraft $\overline{F}$ nach Gl. (156a):

$$\overline{F} = 100 \cdot \frac{10{,}29}{9{,}835} = 104{,}7 \text{ [Mp]}, \quad \overline{F}_Y = 104{,}7 \cdot 0{,}7986 = 83{,}58 \text{ [Mp]},$$
$$\overline{F}_X = 104{,}7 \cdot 0{,}6018 = 62{,}98 \text{ [Mp]}.$$

Die Gesamtlagerkraft $\bar{B}$ (beide Seiten zusammen) wird mit

$$\tan\frac{\varepsilon - \gamma}{2} = \frac{100 - 104{,}7}{100 + 104{,}7} \cdot \operatorname{cotg}\left(\frac{90° - 53°}{2}\right) = -0{,}06791 \rightarrow \frac{\varepsilon - \gamma}{2} = -3°\,53',$$

$$\frac{\varepsilon + \gamma}{2} = 45° + \frac{53°}{2} = 71°\,30', \quad \varepsilon = 67°\,37', \quad \sin\varepsilon = 0{,}9247,$$

$$\bar{B} = 100 \cdot \frac{0{,}6018}{0{,}9247} = 65{,}08 \text{ [Mp]}.$$

Die Lagerkraftkomponenten werden mit Gl. (160), (162)

$$B_y''\uparrow = \frac{83{,}58}{2}\left(\frac{24}{20} - 1\right) + \frac{100}{2} = 58{,}36 \text{ [Mp]}, \quad B_y'\downarrow = \frac{83{,}58}{2}\left(\frac{24}{20} + 1\right) - \frac{100}{2} = 41{,}94 \text{ [Mp]},$$

$$B_x'' \rightarrow = \frac{62{,}98}{2}\left(\frac{24}{20} - 1\right) = 6{,}30 \text{ [Mp]},$$

$$B_x' \leftarrow = \frac{62{,}98}{2}\left(\frac{24}{20} + 1\right) = 69{,}28 \text{ [Mp]}$$

und

$$B'' = \sqrt{58{,}36^2 + 6{,}30^2} = 58{,}70 \text{ [Mp]}, \qquad B' = \sqrt{41{,}94^2 + 69{,}28^2} = 80{,}99 \text{ [Mp]}.$$

2.10.4 Stützarme

Die wichtigsten Strukturen von Stützarmen sind in Abb. 2.118 skizziert. Üblicherweise werden zur direkten Kraftüberleitung aus den n Hauptträgern

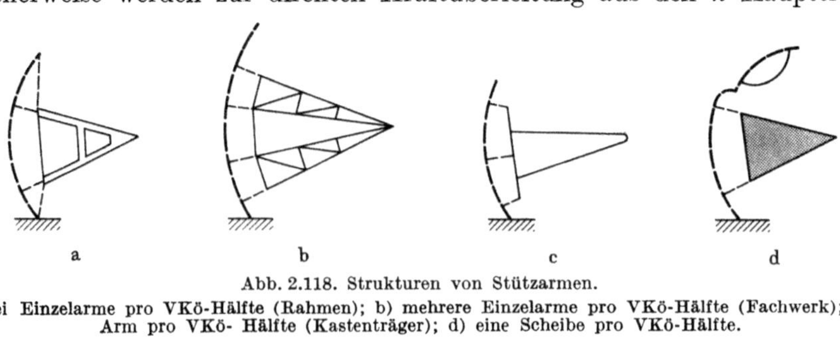

Abb. 2.118. Strukturen von Stützarmen.
a) zwei Einzelarme pro VKö-Hälfte (Rahmen); b) mehrere Einzelarme pro VKö-Hälfte (Fachwerk); c) ein Arm pro VKö- Hälfte (Kastenträger); d) eine Scheibe pro VKö-Hälfte.

n Einzelarme angeordnet (Abb. 2.118a, b). Werden weniger Einzelarme als Hauptträger vorgesehen (Abb. 2.118c), so sind kräftige Endschotte unumgänglich. Die Einzelarme können auch insbesondere aus hydraulischen Gründen zu einer Armscheibe, die ein- oder zweiwandig ausgebildet wird, nach Abb. 2.118d zusammengefaßt werden.

Als Querschnittsform kommen ⌶-Profile und Kastenprofile in Frage, die zur Verringerung der Knicklänge in der Vertikalebene durch Spangen bzw. Fachwerkverbände ausgesteift sind. Ausführliche Stabilitätsuntersuchungen sind bei [*112*] durchgeführt.

Bei eingetauchten, geschlossenen (luftdicht geschweißten) Kastenprofilen sind die örtlichen Biegespannungen zu beachten.

Infolge Wasserdruckbelastung des als Druck- (Zug-) Segment ausgebildeten VKö erhalten die Einzelarme vorwiegend Druck- (Zug-) Kräfte. Nach Abb. 2.115d entstehen in den Armen quer zur Armebene Biegemomente und Lagerkräfte mit Komponenten in *III*-Richtung bei biegesteifer Verbindung „Arm—Haupttragwerk", desgleichen infolge gleichmäßiger Temperatur Zu- bzw. Abnahme der Hauptträger (Verlängerung bzw. Verkürzung) und ungleichmäßiger Temperaturverteilung über die Bauhöhe der HT.

Die Normalkräfte in den Stützarmen erhält man unter Zuhilfenahme der nach Abschn. 2.10.3 ermittelten Lagerkräfte.

Eigengewicht des VKö im angehobenen Zustand. Ein einseitiger Antrieb erzeugt eine Verdrehung ψ bzw. φ des VKö (vgl. Abb. 2.119), welche Zug- und Druckkräfte sowie Torsionsmomente in den Einzelarmen zur Folge hat (Abschn. 2.10.5).

Reibung im Drehlager. Die hierdurch entstehenden Biegemomente in Armebene sind im allgemeinen vernachlässigbar.

2.10.5 Biegemomente im Haupttragwerk bei unsymmetrischer Aufhängung

Für die Ermittlung der Biegemomente des Haupttragwerks nach der Stab-Theorie wird das Eigengewicht des Verschlußkörpers als Gleichstreckenlast mit

$$g_y = G/l_F \tag{164}$$

eingeführt (es ist hierbei $g_x = 0$).

Beispiel 22b: In Fortsetzung des Beispiels 22a werden aus $g = 100/24 = 4{,}167$ [Mp/m] mit den bekannten Kräften F_y, B_y' und B_y'' (Abb. 2.117a) die Biegemomente M_x und M_y ermittelt; s. Abb. 2.117c, e. Die M_y sind im allgemeinen nicht die auf die Hauptachsen des Querschnitts bezogenen Hauptbiegemomente. Für die resultierende Eigengewichtskraft G sind die M_y in Abb. 2.117c punktiert eingetragen.

2.10.6 Torsionsmomente im Haupttragwerk bei unsymmetrischer Aufhängung

Die auf die Achse durch den Schubmittelpunkt des VKö-Querschnitts bezogenen äußeren Torsionsmomente M_D ergeben sich nach Tab. 29 an Hand Abb. 2.116. Die Hebelarme sind abhängig von der gegenseitigen Lage der Punkte S, M und A und deshalb mit Vorzeichen zu behaften. Liegt der Angriffspunkt A des Hubmittels unterhalb der x-Achse, ist z. B. α_F negativ einzusetzen.

Eine Aufteilung der Schnitt-Torsionsmomente D in die St. Venantsche Drillung D_1 und die Zwängungsdrillung D_2 entsprechend Abschn. 2.5.2.2 ist möglich.

Tabelle 29. *Kräfte und Hebelarme für die Ermittlung der Torsionsmomente des Segmentschützes*

Kraft	Hebelarm
F	$a_F - r_M \cos(90° - \zeta + \alpha_M)$
$B'_y\, B''_y$	x_M
$B'_x\, B''_x$	y_M
G bzw. $g = G/l_F$	$x_S - x_M$

Beispiel 22c: In Fortsetzung des Beispiels 22b werden aus $G = g\, l_F = 4{,}167 \cdot 24 = 100$ [Mp] die Torsionsschnittmomente D an Hand der bekannten äußeren Torsionsmomente M_D ermittelt (Abb. 2.117f):

Es ist M_D

infolge F $= 104{,}7[9{,}835 - 10{,}5\cos(90° - 53° + 19°)] = 414{,}7$ [Mpm],

infolge B' $= -41{,}94 \cdot 9{,}928 + 69{,}28 \cdot 3{,}418 = -179{,}6$ [Mpm],

infolge B'' $= 58{,}36 \cdot 9{,}928 - 6{,}298 \cdot 3{,}418 = 557{,}9$ [Mpm]

infolge G $= 100(10{,}29 - 9{,}93) = 36{,}4$ [Mpm].

Bei Berücksichtigung des gleichförmig verteilten Torsionsmoments aus Eigengewicht erhält man den in Abb. 2.117f ausgezogenen Verlauf von D, von dem die Näherung mit G nur geringfügig abweicht.

2.10.6.1 *Schiefstellung des Verschlußkörpers*

Bei einseitigem Antrieb stellt sich infolge des Eigengewichts (bei auf der Sohle nicht aufsitzendem VKö) sowie infolge Auftretens etwaiger Klemmkräfte an den Seiten des VKö die Oberkante des VKö schief (Abb. 2.119). Die Schiefstellung entsteht aus einer elastischen Verdrehung des VKö hauptsächlich infolge von Torsionsmomenten sowie von elastischen Längenänderungen der Stützarme. Das angetriebene (hochgezogene) Ende des VKö, welches mit Punkt a' bezeichnet sei, legt dabei nach Abb. 2.119a, b einen Weg

$$\Delta h = \varphi\, r_a = \psi\, l \tag{165a}$$

zurück, wobei

φ Gesamtverdrehungswinkel,
r_a Radius „Bezugspunkt-Drehachse“,
ψ Neigungswinkel der VKö-Achse,
l Länge des VKö zwischen den Stützarmen.

Da es sich um kleine Wege handelt, kann der Bogen Δh gleich der Sehne gesetzt werden.

Zu beachten ist für die Seitendichtung des VKö, daß dessen seitliche Auslenkung oben

$$\Delta l = \psi\, h = \Delta h \cdot h/l \tag{165b}$$

beträgt. In Teil c ist der untere Eckpunkt auf der nicht angetriebenen Seite festgehalten, während in Abb. 2.119a der Mittelpunkt des VKö festgehalten gezeichnet ist; es erscheinen demnach dort die Verschiebungsmaße $\Delta h/2$ und

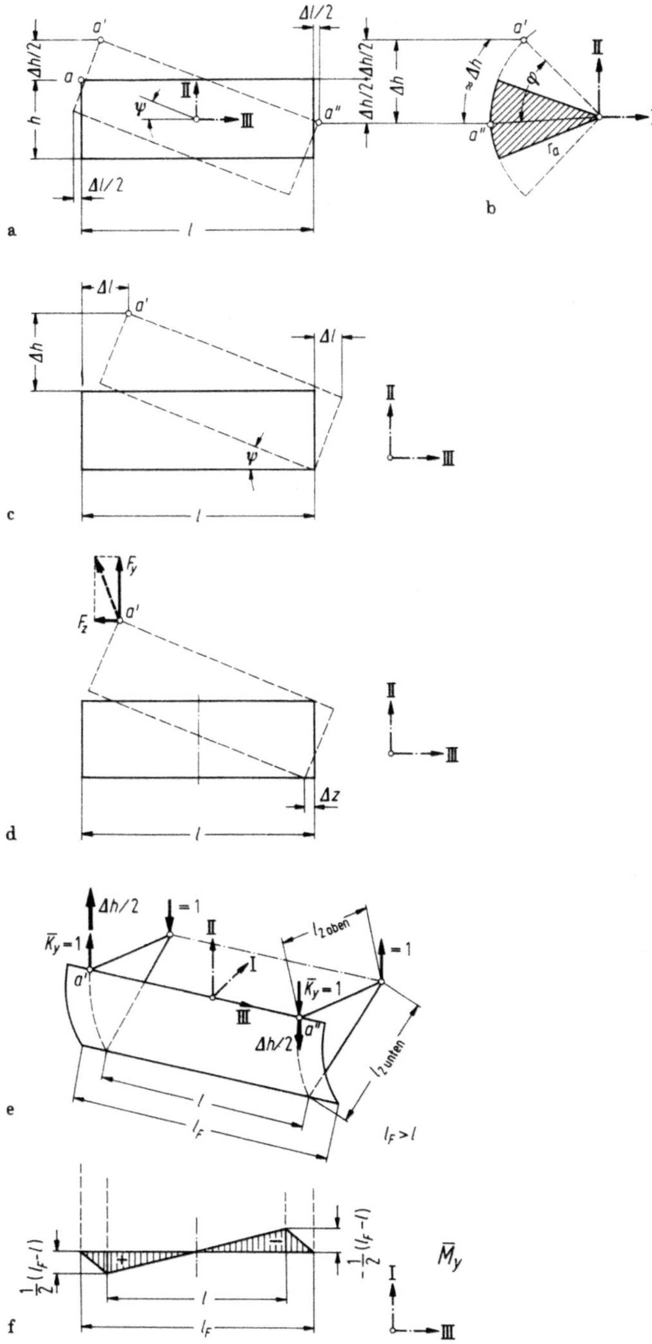

Abb. 2.119. Schiefstellung (Verdrehung) des Segmentschützes:

a) in der $II-III$-Ebene, Mittelpunkt festgehalten gezeichnet; b) in der $I-II$-Ebene; c) wie a), jedoch untere Ecke der nicht angetriebenen Seite festgehalten gezeichnet; d) wie c) mit anschließender Verschiebung Δz; e) vertikale Verschiebung $2\Delta h/2$ und virtuelles Kräftepaar $\bar{K}_y = 1$ (isometrisch) f) Biegemomente $\bar{M}_y$ infolge $\bar{K}_y = 1$.

$\Delta l/2$. Für genauere Untersuchungen ist infolge der Schrägstellung des Hubmittels (Teil d) eine Verschiebung Δz des ganzen VKö in horizontaler Richtung infolge der Querbiegung der Stützarme zu beachten.

Wenn die Lagerkräfte B' und B'' sowie die Torsionsmomente D bekannt sind, kann die Schiefstellung des VKö bestimmt werden. Die gegenseitige *vertikale* Verschiebung Δh der Eckpunkte a' und a'' nach Abb. 2.119e beträgt mit guter Näherung

$$\Delta h = \int \frac{D\bar{D}\,ds}{GI_D^*} + \int \frac{M_y \bar{M}_y\,ds}{EI_{yy}} + \int \frac{N\bar{N}\,ds}{EF}. \tag{166}$$

Das erste Integral liefert den größten Beitrag und erstreckt sich über die Länge l_F mit D = Torsionsmoment im Verschlußkörper infolge der äußeren Belastung. I_D^* ist das St. Venantsche Torsionsträgheitsmoment des VKö samt Stützarmen und setzt sich aus zwei Teilen zusammen. Es ist

$$I_D^* = I_{D1} + I_{D2}, \tag{167}$$

wobei I_{D1} = Torsionsträgheitsmoment des VKö-Gesamtquerschnitts, I_{D2} = Torsionsträgheitsmoment der Arme.

Das dritte Integral erstreckt sich über die Längen l_2 der Stützarme mit N = Normalkraft im Stützarm[1, 2].

$\bar{D}$, $\bar{M}_y$, $\bar{N}$ entstehen infolge virtueller Belastung $\bar{K} = 1$ in vertikaler Richtung. Es ist E = Elastizitätsmodul, G = Schubmodul, F = Querschnittsfläche eines Einzelstützarms.

Das zweite Integral erstreckt sich über die Länge l_F mit M_y nach Abb. 2.117c und liefert, wenn $\bar{K}_y = 1$ in Stützarmebene angesetzt wird, keinen Beitrag, da die Biegemomente $\bar{M}_y$ im VKö zu Null werden. Wird $\bar{K}_y = 1$ in der Entfernung l_F angesetzt, entstehen Biegemomente $\bar{M}_y$ nach Abb. 2.119f und damit ein Beitrag zur Verschiebung, der jedoch vernachlässigbar klein ist.

Aus der Schiefstellung Δh des VKö folgt für den Schubfluß T im Kastenquerschnitt eines Einzelstützarms aus Gl. (165a)

$$T = \frac{\Delta h}{l l_2} \frac{GI_{D2}}{2\mathring{F}_2} \tag{168}$$

mit

l_2 (theoretische) Armlänge,
$\mathring{F}_2$ Querschnitt der umschlossenen Armfläche.

Beispiel 22d: In Fortsetzung der Beispiele 22a bis 22c ist die Schiefstellung bei einseitigem Antrieb infolge Eigengewicht gesucht. Sie soll in der gegenseitigen Verschiebung der senkrecht über dem Schubmittelpunkt liegenden Punkte „a" ausgedrückt werden. „a" liegt in der Ebene des Stützarms (Abb. 2.119e). Die Einzelarme sind — vgl. Abb. 2.116a — mit $\lambda_0 = 5°$ und $\lambda_u = 35°$ gegen die x-Achse geneigt; sie haben je gleichen Querschnitt und je gleiche Längen $l_2 = 8{,}0$ m.

---

[1] Das dritte Integral liefert bei Drucksegmenten einen Beitrag in der Größenordnung von etwa 15% vom ersten, bei Zugsegmenten ist dieser Beitrag größer, da die Stützarmquerschnitte relativ klein sind.

[2] Bei schräg gestellten Armen nach Abb. 2.115c auch über die Länge l.

Es sollen zwei Fälle hinsichtlich der Stützarmquerschnitte untersucht werden:

Fall a) I-Querschnitt mit $I_{D2} \approx 0$, Querschnittsfläche pro Einzelstützarm $F = 0{,}04$ m².

Fall b) Hohlkastenquerschnitt mit gleicher Querschnittsfläche wie Fall a) und $I_{D2} = 0{,}00135$ m⁴ pro Einzelstützarm ($\dot{F}_2 = 0{,}179$ m²).

Die Stabkräfte in den Einzelarmen werden an Hand der Lagerkräfte (Abb. 2.117a) ermittelt und sind in Abb. 2.120a eingetragen. Die virtuellen Stabkräfte infolge der Gruppenlast $\bar{K}_y = 1$ erhält man an Hand der virtuellen Lagerkräfte $\bar{B}'_y = -\bar{B}''_y = 1$; sie sind in Abb. 2.120a in Klammern gesetzt.

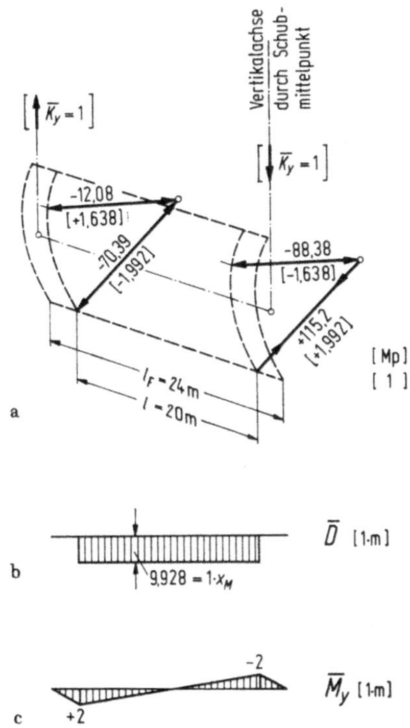

Abb. 2.120. Segmentschütze bei Eigengewichtsbelastung und einseitiger Aufhängung (Beispiel 22d).
a) Kräfte in den Stützarmen, Klammerwerte: infolge $\bar{K}_y = 1$;
b) Torsionsmomente infolge $\bar{K}_y = 1$;
c) Biegemomente $\bar{M}$ infolge $\bar{K}_y = 1$.

Die Torsionsschnittmomente D infolge Eigengewicht werden Abb. 2.117f entnommen, die virtuellen $\bar{D}$-Torsionsmomente infolge $\bar{K} = 1$ sind in Abb. 2.120b, die Biegemomente $\bar{M}_y$ infolge $\bar{K} = 1$ in Teil c angegeben.

Der in Abb. 2.116 punktiert skizzierte VKö mit geschlossenem Gesamtquerschnitt weise ein St. Venantsches Torsionsträgheitsmoment $I_{D1} = 0{,}201$ [m⁴] auf.

Nach Gl. (167) wird im

Fall a)

$$I_D^* \approx I_{D1}, \quad \text{da} \quad I_{D2} \approx 0;$$

$$GI_D^* = 0{,}81 \cdot 10^7 \cdot 0{,}201 = 1{,}628 \cdot 10^6 \text{ [Mpm}^2\text{]};$$

Fall b)

$$\text{mit} \quad I_{D2} = 4 \cdot 0{,}00135 = 0{,}0054 \text{ [m}^4\text{]},$$

$$I_D^* = 0{,}2010 + 0{,}0054 = 0{,}2064 \text{ [m}^4\text{]},$$

$$GI_D^* = 0{,}81 \cdot 10^7 \cdot 0{,}2064 = 1{,}672 \cdot 10^6 \text{ [Mpm}^2\text{]}.$$

Mit $EF = 2{,}1 \cdot 10^7 \cdot 0{,}04 = 0{,}84 \cdot 10^6$ [Mpm²] und $\bar{D} = 1 x_M = 9{,}928$ [m] ergibt Gl. (166) bei Vernachlässigung des zweiten Integrals für Fall a)

$$\Delta h = \tfrac{1}{2}(591{,}3 + 560{,}9) \cdot 9{,}928 \cdot 20/1{,}628 \cdot 10^6 +$$
$$+ [1{,}638(-12{,}08 + 88{,}38) + 1{,}922(70{,}39 + 115{,}2)] \cdot 8{,}0/0{,}84 \cdot 10^6$$
$$= 0{,}0702 + 0{,}0046 = 0{,}0748\,[\mathrm{m}] \mathrel{\hat{=}} 7{,}5\ [\mathrm{cm}];$$

für Fall b)

$$\Delta h = 0{,}0684 + 0{,}0046 = 0{,}073\,[\mathrm{m}].$$

Die Dehnsteifigkeit der Stützarme liefert hier einen Verformungsanteil von etwa 6%.[1] Bei der vorliegenden Stützarmausbildung übt der Kastenquerschnitt einen vernachlässigbaren Einfluß auf die Verformung aus (bei Vernachlässigung des Drillwiderstands I_{D2} der Stützarme befindet man sich hinsichtlich der Verformung auf der sicheren Seite, nicht dagegen hinsichtlich der Torsionsschubspannungen im Stützarmquerschnitt). Der Neigungswinkel ψ in Abb. 2.119a beträgt nach Gl. (165a) im Fall a)

$$\psi = 0{,}0748/20 = 3{,}74 \cdot 10^{-3}.$$

Daraus wird mit $x_M = 9{,}928$ [m] der Verdrehungswinkel[2] φ in Abb. 2.119b

$$\varphi = 0{,}0748/9{,}928 = 7{,}53 \cdot 10^{-3}.$$

Die seitliche Verschiebung des Punkts „a“, welcher $h_0 = 9{,}7$ m höher liegen soll als der Schubmittelpunkt, beträgt

$$\Delta l/2 = \frac{\Delta h}{2} \cdot \frac{h_0}{l}, \tag{169}$$

$$\text{also} \quad \frac{\Delta l}{2} = \frac{7{,}48}{2} \cdot \frac{9{,}7}{20} = 1{,}82\ [\mathrm{cm}].$$

Im Fall b) wird der Schubfluß im Kastenquerschnitt eines Einzelstützarms nach Gl. (168) mit $l_2 = 9{,}4$ m

$$T = \frac{0{,}0748}{20 \cdot 9{,}4} \cdot \frac{0{,}81 \cdot 10^7 \cdot 0{,}00135}{2 \cdot 0{,}179} = 12{,}2\ [\mathrm{Mp/m}].$$

Die maximale Schubspannung im Gesamtquerschnitt des VKö ist im allgemeinen gering.

2.11 Stemmtor

Das wesentliche statische Merkmal des Stemmtores gegenüber anderen Verschlußkörpertypen ist seine Ausbildung und Lagerung im Grundriß als Dreigelenkbogen.

Je nach der Lage (vertikal bzw. horizontal) der Hauptträger („Riegel“) und deren Auflagerung unterscheidet man zwischen Ständertor und Riegeltor (Abb. 2.121). Das Ständertor ist nur für kleine Abmessungen geeignet, es wird heutzutage nicht mehr gebaut und findet nachstehend keine Berücksichtigung.

---

[1] In anderen Fällen kann der Anteil wesentlich größer werden.

[2] Den aus der Torsion des VKö ohne Berücksichtigung der Verformung der Arme entstehenden anteiligen Verdrehungswinkel φ_1 erhält man auch über das gemittelte Torsionsmoment

$$D_{\text{mittel}} = \frac{591{,}3 + 560{,}9}{2} = 576{,}1\ [\mathrm{Mpm}] \quad \text{zu} \quad \varphi_1 = \frac{Dl}{GI_D^*} = \frac{576{,}1 \cdot 20}{1{,}628 \cdot 10^6} = 7{,}707 \cdot 10^{-3}.$$

Das Riegeltor läßt sich nach der Grundrißform der Hauptträger in zwei Typen einteilen:

Typ 1: Ebenes bzw. polygonförmiges Stemmtor

Die Stauwand samt etwaigen horizontalen Längsrippen verläuft entweder auf ihrem ganzen Bereich parallel zur Drempellinie („strenge rechteckige Grundrißausbildung", Abb. 2.121c) oder sie verläuft nur im mittleren Teil des Stemmtorflügels parallel zur Sohlenanschlaglinie (Drempellinie) und in den äußeren Bereichen entsprechend einer trapezförmigen Hauptträgerform (Abb. 2.121d).

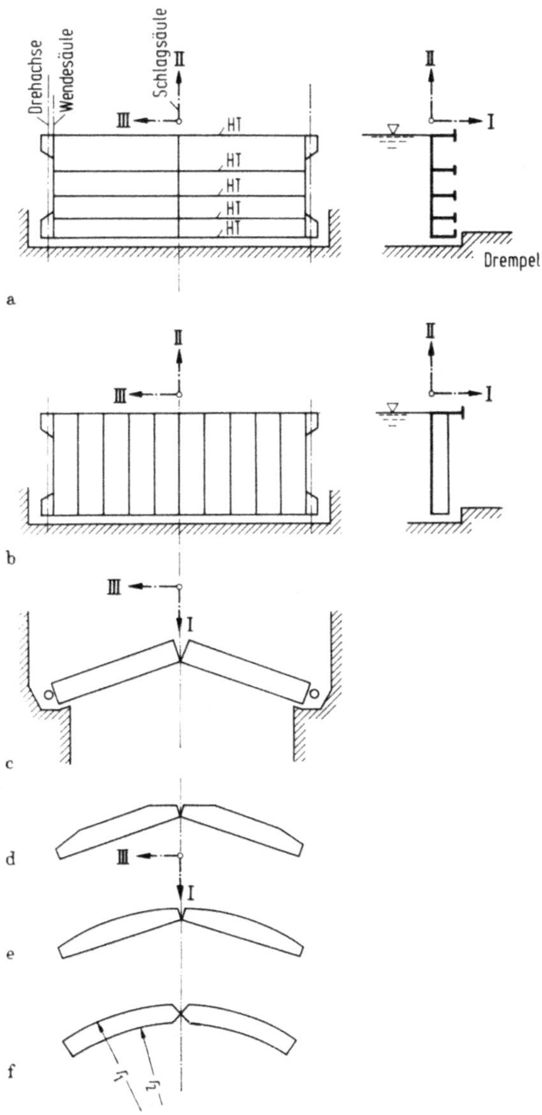

Abb. 2.121. Stemmtor, schematisch.
a) Riegeltor (horizontale HT), Ansicht und Querschnitt; b) Ständertor, Ansicht und Querschnitt; c) Grundrißform: „streng" rechteckig; d) Grundrißform: eingezogene Riegel (= Hauptträger); e) Grundrißform: kreiszylindrische Stauwand, gerader Drempel; f) Grundrißform: kreiszylindrische Stauwand, kreisförmiger Drempel.

Typ 2: Kreiszylindrisches Stemmtor

Die Stauwand samt etwaigen horizontalen Längsrippen bildet einen Kreisbogen, während die Hauptträger auf der Unterwasserseite entweder geradlinig entsprechend einem dreieckförmigen Sohlenanschlag (Drempel) nach Abb. 2.121e oder ebenfalls kreisförmig begrenzt (Abb. 2.121f) sind. Nachstehend wird die Statik des Stemmtores nach Typ 1 behandelt, da dieser am häufigsten angewandt wird.

Bei der Berechnung ist unterschieden in das Stemmtor

a) bei Stemmwirkung (Dreigelenkbogenwirkung) in Schließlage und

b) ohne Stemmwirkung (keine Dreigelenkbogenwirkung) in nicht geschlossener Lage.

Bei b) wird jeder Torflügel nur an zwei Punkten (Hals- und Spurlager) gehalten, die bei der Stemmwirkung außer Aktion treten.

Meist werden die VKö von Stemmtoren als offene bzw. quasi-geschlossene Querschnitte ausgebildet; durch Anordnung einer Rückwand entsteht ein echter geschlossener Querschnitt des VKö.

2.11.1 Dreigelenkbogenwirkung der Hauptträger

Die charakteristischen Verhältnisse des Torflügels mit rechteckförmiger Grundrißausbildung sind in Abb. 2.122[1] erläutert. Es wird der allgemeine Fall behandelt, daß die Stemmlinie (Verbindungslinie der Gelenke) nicht mit der Schwerlinie des Hauptträgers übereinstimmt, und daß die Neigungswinkel dieser beiden Linien voneinander verschieden sind ($\alpha \neq \beta$). Praktisch weichen α und β nur geringfügig voneinander ab, so daß meist $\alpha = \beta$ gesetzt werden kann.

Die Gelenkpunkte A bzw. C und B sind konstruktiv so ausgebildet, daß dort unter der für das Stemmtor maßgebenden Wasserdruckbelastung die Berührungsebenen möglichst rechtwinklig zur betreffenden Gelenkkraft liegen; an der Schlagsäule liegt bei Wasserdruckbelastung diese Ebene in der Schleusenlängsachse. Punkt B ist der Berührungspunkt der Schlagsäulenknaggen beider Torflügel. Bei hölzernen Schlagsäulen kann er je nach Bearbeitung und Abnützung des Schlagsäulenholzes innerhalb des Rechteckquerschnitts-Kerns der Holzdruckfläche schwanken.

Manchmal wird an den Stemmknaggen (Punkt A bzw. C) nach Abb. 2.123[1] die Berührebene (= Mauerplattenebene) um etwa 2 bis 3° zur Schleusenachse verschwenkt. Setzt man die Reibung zwischen Stemmknagge und Mauerplatte gleich Null, was dem Betriebszustand des „Einstemmens" des Tores bei steigendem Wasserstand entspricht, kann von der Mauerplatte nur eine Komponente $\bar{K}_A$ der Kämpferkraft K_A aufgebracht werden. Man benötigt als Ergänzung zur Kämpferkraft K_A an der Wendesäule eine Komponente $\bar{\bar{K}}_A$, welche gleichzeitig den Anpreßdruck derWendesäulendichtung ergibt. Bei der üblichen Grundrißneigung der Gelenklinie AB bzw. des Drempels von etwa 10 bis 22° bewirkt die Verschwenkung der Berührebene einen theoretischen Wendesäulen-Anpreßdruck der Dichtung an der Wendesäule in der Größenordnung von 5% der gesamten Wasserdruckbelastung.

Die Stemmknaggenachse legt man häufig parallel zur Kraftrichtung von $\bar{K}_A$ und verschiebt sie so, daß im Punkt a_2 die Komponenten $\bar{\bar{K}}_A$ und K_A zusammentreffen, so daß die durch K_A definierte Kämpferdrucklinie erhalten bleibt. Tatsächlich wird jedoch beim Einstemmen des Tores am Punkt A die Reibung wirksam (in der Größenordnung $\mu \approx 0{,}1$).

[1] Neigungen und Tordicke sind hier der Deutlichkeit halber übertrieben gezeichnet.

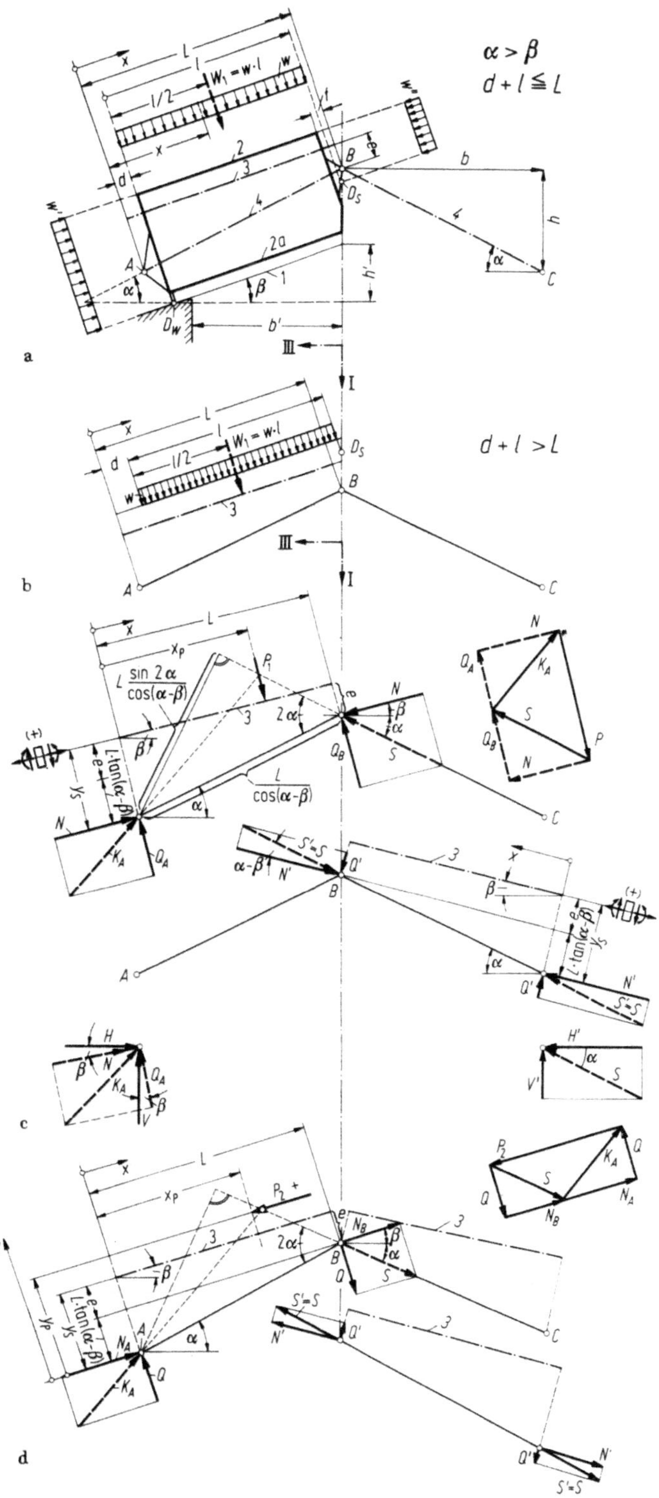

Abb. 2.122. Rechteckförmiger Stemmtorflügel, schematisch.
a) Wasserdruckbelastung, Fall $d + l \leqq L$; *1* Drempelachse; *2* Stauwand; *2a* Rückwand, falls vorhanden; *3* Schwerlinie Hauptträger; *4* Stemmlinie; β Drempelneigung, $\tan\beta = h'/b'$; α Neigung der Stemmlinie, $\tan\alpha = h/b$; $\alpha > \beta$. *A*, *C* Stemmknaggenpunkte, *B* Schlagsäulenpunkt (Mittelgelenk); D_W Dichtungspunkt an der Wendesälue; D_S Dichtungspunkt an der Schlagsäule;
b) Wasserdruckbelastung, Fall $d + l > L$;
c) Einzellast (z. B. Komponente aus Schiffsstoßkraft) P_1;
d) Einzellast (z. B. Komponente aus Schiffsstoßkraft) P_2.

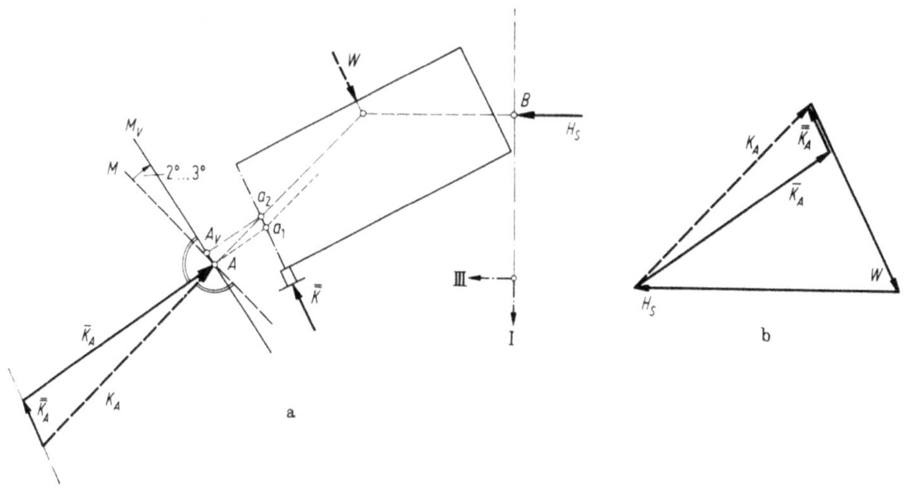

Abb. 2.123. Stemmtorflügel, schematisch; verschwenkte Mauerplattenebene (für Wasserdruckbelastung), übertrieben gezeichnet.
a) Grundriß; M nicht versetzte Mauerplattenebene; M_v versetzte Mauerplattenebene; A_v Berührpunkt „Stemmknagge-Mauerplatte" bei versetzter Stemmknagge; b) Krafteck.

2.11.1.1 *Belastungen, Lagerkräfte und Schnittgrößen*

Als Belastungen kommen in Frage

1. Wasserdruckbelastung z. B. als Gleichstreckenlast w (Abb. 2.122a, b) oder als Einzellasten P_1 aus den Querträgern (Abb. 2.122c) plus Gleichstreckenlasten. Die auf Schlag- und Wendesäule wirkenden Wasserdrucklasten w' heben sich großenteils gegenseitig auf; ihr Einfluß ist meist vernachlässigbar.

2. Schiffsstoßkraft P mit ihren Komponenten P_1 und P_2 nach Abb. 2.122c und 2.122d.

Die Lagerkraft K (Kämpferkraft) sowie die Scheitelkraft wird in Komponenten senkrecht und parallel zur Schwerlinie des Hauptträgers bzw. senkrecht und parallel zur Schleusenlängsrichtung (Komponenten H, V) zerlegt. Für Wasserdruckbelastung (Gleichstreckenlast w) verläuft die Kämpferdrucklinie parabelförmig. Die Schnittgrößen (Biegemoment, Querkraft, Normalkraft) werden auf die Schwerlinie des Hauptträgers bezogen.

Bei einseitiger Belastung des Stemmtors (z. B. infolge Schiffsstoßkraft P) wird nachstehend zwischen dem belasteten Torflügel AB und dem unbelasteten Torflügel BC unterschieden; die auf den letzteren bezogenen Kräfte erhalten zur Unterscheidung einen Strich (′).

Bei Belastungen senkrecht zur Schwerachse (Wasserdruck, Einzellast P_1) lassen sich die Lagerkräfte und Schnittgrößen eines Torflügels stets aus zwei Fällen superponieren, wovon der eine dem System eines einfach gelagerten Balkens von der Stützweite L entspricht („Grundsystem"). Es entstehen hierbei für den einfachen Balken einerseits Biegemomente M^0 und Auflagerkräfte Q_A^0, Q_B^0; andererseits Biegemomente M^* und Auflagerkräfte Q_A^*, Q_B^* (Abb. 2.124). Es ist z. B.

$$Q_A = Q_A^0 + Q_A^* \tag{170}$$

und das Biegemoment an der Stelle x

$$M_{(x)} = M^0_{(x)} + M^*_{(x)}, \tag{171a}$$

wobei

$$M^*_{(x)} = M_{(x=0)} \frac{L-x}{L} + M_{(x=L)} \frac{x}{L}, \tag{171b}$$

so daß allgemein für die untenstehenden Lastfälle gilt:

$$M_{(x)} = M^0_{(x)} + M_{(x=0)} \frac{L-x}{L} + M_{(x=L)} \frac{x}{L}. \tag{171c}$$

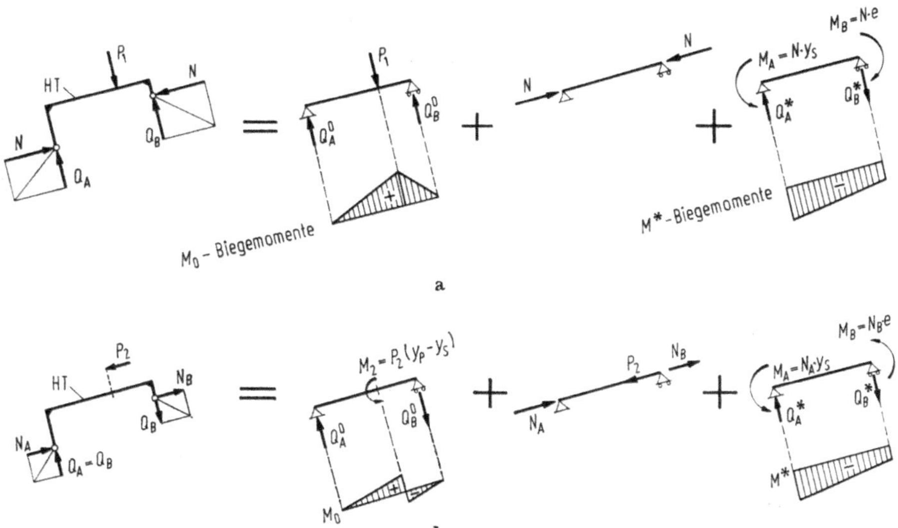

Abb. 2.124. Stemmtorflügel als aufgelöster Trägerrost, Hauptträger als einfacher Balken. a) Zerlegung des Lastfalls P_1; b) Zerlegung des Lastfalls P_2.

Lastfall 1. P_1 auf Torflügel AB (Abb. 2.122c)

Grundsystem

Torflügel AB:

$$Q^0_B = P_1 \frac{x_p}{L}, \qquad Q^0_A = P_1 \frac{L-x_p}{L}. \tag{172a}$$

$$\left.\begin{aligned} &\text{Bereich } 0 \leqq x \leqq x_p: & M^0 &= Q^0_A\, x \\ &\text{Bereich } x_p \leqq x \leqq L: & M^0 &= Q^0_B (L-x), \\ & & M^0_{\max} &= Q^0_A\, x_p. \end{aligned}\right\} \tag{172b}$$

Torflügel BC:

$$Q^0_B = Q^0_A = M^0 = 0.$$

Dreigelenksystem

Torflügel AB:

$\alpha \neq \beta$	$\alpha = \beta$	
$Q_B = Q_B^0 \dfrac{\cos(\alpha-\beta)}{\sin 2\alpha} \sin(\alpha+\beta)$	Q_B^0	
$Q_A = P_1 - Q_B^0 \dfrac{\cos(\alpha-\beta)}{\sin 2\alpha} \sin(\alpha+\beta)$	$P_1 - Q_B^0 = Q_A^0$	(173)
$N = Q_B^0 \dfrac{\cos(\alpha-\beta)}{\sin 2\alpha} \cos(\alpha+\beta)$	$Q_B^0 \cot 2\alpha$	
$= Q_B \cot(\alpha+\beta)$	$Q_B \cot 2\alpha$	

$$H = N\cos\beta - Q_A \sin\beta$$
$$V = N\sin\beta + Q_A\cos\beta \qquad (174)$$
$$K_A = \sqrt{N^2+Q_A^2} = \sqrt{H^2+V^2}$$

$\alpha \neq \beta$	$\alpha = \beta$	
$M_{(x=0)} = -\lvert Q_B^0\rvert \dfrac{\cos(\alpha-\beta)}{\sin 2\alpha} \cos(\alpha+\beta) = -N y_s$	$-\lvert Q_B^0\rvert \cot 2\alpha\, y_s = -N y_s$	
$M_{(x=x_p)} = -\lvert Q_B^0\rvert \dfrac{\cos(\alpha-\beta)}{\sin 2\alpha} [e\cos(\alpha+\beta) - (L-x_p)\sin(\alpha+\beta)]$	$-\lvert Q_B^0\rvert [\cot 2\alpha\, e - (L-x_p)]$	(175)
$M_{(x=L)} = -\lvert Q_B^0\rvert \dfrac{\cos(\alpha-\beta)}{\sin 2\alpha} \cos(\alpha+\beta)\, e = -Ne$	$-\lvert Q_B^0\rvert \cot 2\alpha\, e = -Ne$	

Torflügel BC:

$\alpha \neq \beta$	$\alpha = \beta$	
$Q' = Q_B^0 \dfrac{\cos(\alpha-\beta)}{\sin 2\alpha} \sin(\alpha-\beta)$	0	
$N' = Q_B^0 \dfrac{\cos^2(\alpha-\beta)}{\sin 2\alpha} = Q_B \dfrac{\cos(\alpha-\beta)}{\sin(\alpha+\beta)}$	$Q_B^0 \dfrac{1}{\sin 2\alpha}$	(176)
$S' = Q_B^0 \dfrac{\cos(\alpha-\beta)}{\sin 2\alpha}$	$-Q_B^0 \dfrac{1}{\sin 2\alpha}$	

$$H' = S\cos\alpha$$
$$V' = S\sin\alpha$$
$$K_C' = S$$

$\alpha \neq \beta$	$\alpha = \beta$	
$M_{(x=0)} = -\lvert Q_B^0\rvert \dfrac{\cos(\alpha-\beta)}{\sin 2\alpha} [e\cos(\alpha-\beta) + L\sin(\alpha-\beta)]$	$-\lvert Q_B^0\rvert \dfrac{e}{\sin 2\alpha}$	(177)
$M_{(x=L)} = -\lvert Q_B^0\rvert \dfrac{\cos^2(\alpha-\beta)\, e}{\sin 2\alpha}$	$-\lvert Q_B^0\rvert \dfrac{e}{\sin 2\alpha}$	

Lastfall 2. Wasserdruck $W_1 = w\,l$ auf *beide* Torflügel (Abb. 2.122a, b). Die folgenden Ausdrücke ergeben sich aus denen des Lastfalls 1, wenn $P_1 = W_1 = w\,l$ und $x_P = d + l/2$ gesetzt wird.

Grundsystem

Torflügel AB:

$$Q_B^0 = w\,l\,\frac{(d+l/2)}{L}, \qquad Q_A^0 = w\,l\left[1 - \frac{(d+l/2)}{L}\right] \qquad (178\text{a})$$

Bereich	wenn $l + d \leqq L$	Bereich	wenn $l + d > L$
$0 \leqq x \leqq d$	$M^0 = Q_A^0\, x$	$0 \leqq x \leqq d$	$M^0 = Q_A^0\, x$
$d \leqq x \leqq d + l$	$M^0 = Q_A^0\, x - \frac{w}{2}(x-d)^2$	$d \leqq x \leqq L$	$M^0 = Q_A^0\, x - \frac{w}{2}(x-d)^2$
$d + l \leqq x \leqq L$	$M^0 = Q_B^0(L - x)$	$L \leqq x \leqq d + l$	$M^0 = \frac{w}{2}(d + l - x)^2$

$$M^0_{\max} = Q_A^0\left(d + \frac{Q_A^0}{2w}\right) \quad \text{an der Stelle} \quad \bar{x} = \frac{Q_A^0}{w} + d \qquad (178\,\text{b})$$

Dreigelenksystem

$\alpha \neq \beta$	$\alpha = \beta$	$\alpha = \beta,\ d = 0,\ l = L$	
$Q_B = Q_B^0 \frac{\cos(\alpha - \beta)}{\sin\alpha}\sin\beta$	Q_B^0	$\frac{w\,L}{2}$	(179)
$Q_A = w\,l - Q_B^0 \frac{\cos(\alpha - \beta)}{\sin\alpha}\sin\beta$	$w\,l - Q_B^0 = Q_A^0$	$\frac{w\,L}{2}$	
$N = Q_B^0 \frac{\cos(\alpha - \beta)}{\sin\alpha}\cos\beta = \underline{Q_B \cot\beta}$	$Q_B^0\cot\alpha = Q_B\cot\alpha$	$\frac{w\,L}{2}\cot\alpha$	
$H = Q_B^0 \frac{\cos(\alpha - \beta)}{\sin\alpha} - w\,l\sin\beta$	$Q_B^0 \frac{1}{\sin\alpha} - w\,l\sin\alpha$	$wL\left(\frac{1}{2\sin\alpha} - \sin\alpha\right)$	(180)
$V = w\,l\cos\beta$	$w\,l\cos\alpha$	$w\,L\cos\alpha$	
$K_A = \sqrt{H^2 + V^2} = \sqrt{N^2 + Q_A^2}$	$w\,l\frac{1}{2\sin\alpha}$	$w\,L\frac{1}{2\sin\alpha}$	
$M_{(x=0)} = -\lvert Q_B^0\rvert \frac{\cos(\alpha - \beta)}{\sin\alpha}\cos\beta\, y_s = -N\, y_s$	$-\lvert Q_B^0\rvert \cot\alpha\, y_s$		(181)
$M_{(x=d)} = -\lvert Q_B^0\rvert \frac{\cos(\alpha - \beta)}{\sin\alpha} \cdot [y_s\cos\beta + d\sin\beta] + w\,l\,d$	$-\lvert Q_B^0\rvert (y_s\cot\alpha + d) + w\,l\,d$		
wenn $l + d \leqq L$ $M_{(x=L)} = -\lvert Q_B^0\rvert \frac{\cos(\alpha - \beta)}{\sin\alpha}\cos\beta\, e = -N\, e$	$-\lvert Q_B^0\rvert \cot\alpha\, e$		
wenn $l + d > L$ $M_{(x=L)} = -\lvert Q_B^0\rvert \frac{\cos(\alpha - \beta)}{\sin\alpha}\cos\beta\, e - \frac{w}{2}(d + l - L)^2$	$-\lvert Q_B^0\rvert \cot\alpha\, e - \frac{w}{2}(d + l - L)^2$		

Das maximale Feldmoment (Bereich $d \leqq x \leqq l + d$) tritt an der Stelle $\bar{x} = Q_A/w + d$ auf.

Für eine günstige Dimensionierung des Stemmtorflügels ist das Maß e (= Abstand der Schwerachse von der Stemmachse) so zu wählen, daß

$$\lvert M_{(x=0)}\rvert = \lvert M_{\max\,\text{Feld}}\rvert$$

ist.

Anhaltswerte sind

für $\alpha = \beta$ und $L = l$:

$$e_{\text{opt}} = \frac{L}{8 \cot\alpha}, \tag{182a}$$

für $\alpha = \beta$ und $L = l - d$:

$$e_{\text{opt}} \approx \frac{L + d}{8 \cot\alpha}. \tag{182b}$$

Lastfall 3. P_2 auf Torflügel AB (Abb. 2.122d).

Grundsystem

Torflügel AB:

$$Q_A^0 = Q_B^0 = \frac{P_2}{L}(y_p - y_s), \qquad P_2 \frac{y_p}{L} = -\left(Q_B^0 + P_2 \frac{y_s}{L}\right), \tag{183a}$$

$$\begin{aligned} &\text{Bereich } 0 \leqq x \leqq x_p: && M^0 = Q_A^0\, x,\\ &\text{Bereich } x_p \leqq x \leqq L: && M^0 = -Q_B^0 (L - x). \end{aligned} \tag{183b}$$

Torflügel BC:

$$Q_A^0 = Q_B^0 = M^0 = 0.$$

Dreigelenksystem

Torflügel AB:

	$\alpha \neq \beta$	$\alpha = \beta$	
$Q_A = Q_B =$	$Q_B^0 \frac{\cos(\alpha - \beta)}{\sin 2\alpha} \sin(\alpha + \beta) - P_2 \frac{y_s}{L}$	$Q_B^0 - P_2 \frac{y_s}{L}$	(184)
$N_B =$	$Q_B^0 \frac{\cos(\alpha - \beta)}{\sin 2\alpha} \cos(\alpha + \beta) - P_2 \frac{y_s}{L}$	$Q_B^0 \cot 2\alpha - P_2 \frac{y_s}{L}$	
$N_A =$	$P_2 - \left(Q_B^0 + P_2 \frac{y_s}{L}\right) \frac{\cos(\alpha - \beta)}{\sin 2\alpha} \cos(\alpha + \beta)$	$P_2 - \left(Q_B^0 + P_2 \frac{y_s}{L}\right) \cot 2\alpha$	

$$\begin{aligned} H &= N_A \cos\beta - Q_A \sin\beta\\ V &= N_A \sin\beta + Q_A \cos\beta\\ K_A &= \sqrt{N^2 + Q_A^2} = \sqrt{H^2 + V^2} \end{aligned} \tag{185}$$

	$\alpha \neq \beta$	$\alpha = \beta$	
$M_{(x=0)} =$	$-\left\lvert Q_B^0 + P_2 \frac{y_s}{L} \right\rvert \cdot \frac{\cos(\alpha - \beta)}{\sin 2\alpha} [-y_s \cos(\alpha + \beta)] - P_2 y_s$	$-\left\lvert Q_B^0 + P_2 \frac{y_s}{L} \right\rvert (-y_s \cot 2\alpha) - P_2 y_s$	(186)
$M_{(x=L)} =$	$\left\lvert Q_B^0 + P_2 \frac{y_s}{L} \right\rvert \frac{\cos(\alpha - \beta)}{\sin 2\alpha} \cos(\alpha + \beta)\, e$	$\left\lvert Q_B^0 + P_2 \frac{y_s}{L} \right\rvert \cot 2\alpha\, e$	

2.11.1.2 Verformungen

Neben den Durchbiegungen der HT interessiert vor allem die Verschiebung des Schlagsäulen-Gelenkpunkts B. Diese entspricht einer Stützensenkung infolge der elastischen Zusammendrückung des HT durch die Normalkraft N bzw. N' und infolge etwaiger Montageungenauigkeiten bei der Fixierung der Stemmknaggen und Mauerplatten sowie durch etwaige Abnützung derselben (im Sinne einer Verkürzung oder Verlängerung des Abstands der Punkte A und B).

Abb. 2.125. Verschiebung v des Schlagsäulengelenks B infolge Verkürzung $\Delta L_{BA} \neq \Delta L_{BC}$ der beiden Stemmtorflügel (Hauptträger).

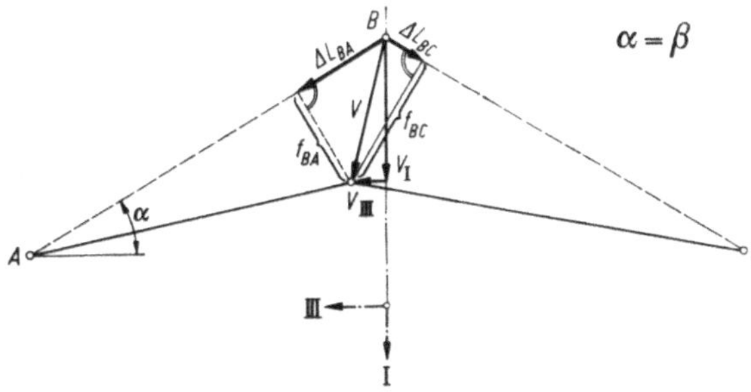

Mit den Bezeichnungen der Abb. 2.125 erhält man, wenn man zur Vereinfachung $\alpha = \beta$ setzt, mit den Verkürzungen ΔL_{BA} und ΔL_{BC} der beiden Torflügel die „Stützensenkungen"

$$f_{BA} = \frac{\Delta L_{BA}}{\tan\alpha} - \frac{\Delta L_{BA} - \Delta L_{BC}}{\sin 2\alpha} \quad \text{und} \quad f_{BC} = \frac{\Delta L_{BC}}{\tan\alpha} + \frac{\Delta L_{BA} - \Delta L_{BC}}{\sin 2\alpha}, \tag{187}$$

sowie die gesuchte Verschiebung v mit ihrer Komponente

in Schleusenlängsrichtung

$$v_I = \frac{1}{2\sin\alpha}(\Delta L_{BA} + \Delta L_{BC}), \tag{188a}$$

in Schleusenquerrichtung

$$v_{III} = \frac{1}{2\cos\alpha}(\Delta L_{BA} + \Delta L_{BC}). \tag{188b}$$

Die Zusammendrückung ΔL_{BA} erhält man nach dem Hookeschen Gesetz zu

$$\Delta L_{BA} = N \sum \frac{l_r}{E_r F_r}, \tag{189}$$

wobei N die Normalkraft im Flügel AB ist und $\sum \ldots$ die Anteile der Bauteile (Stemmknaggen, HT, Schlagsäulenknaggen oder -holz) mit ihren Längen, Querschnittsflächen und E-Moduli bedeuten. Für ΔL_{BC} gilt Analoges.

Bei stählernen Schlagsäulenknaggen ist

$$\sum \frac{l_r}{E_r F_r} = \frac{1}{E_{\text{Stahl}}}\left(\frac{l_{HT}}{F_{HT}} + \frac{l_{KW}}{F_{KW}} + \frac{l_{KS}}{F_{KS}}\right) \tag{190a}$$

bei hölzernen Schlagsäulen ist

$$\sum \frac{l_r}{E_r F_r} = \frac{1}{E_{\text{Holz}}}\left(\frac{l_{HT}}{F_{HT}} + \frac{l_{KW}}{F_{KW}}\right) + \frac{1}{E_{\text{Holz}}}\frac{l_{KS}}{F_{\text{Holz}}}. \tag{190b}$$

Die Indizes bedeuten:

HT Hauptträger,
KW Knagge an Wendesäule,
KS Knagge an Schlagsäule.

Im Lastfall 1 (vgl. Abschn. 2.11.1.1) ist für $\alpha = \beta$[1]

$$\frac{L_{BC}}{L_{BA}} \sim \frac{N'}{N} = \frac{1}{\cos 2\alpha}, \tag{191}$$

damit wird

$$f_{BA} = \Delta L_{BA}\left[\frac{1}{\tan\alpha} + \frac{1}{\sin 2\alpha}\left(\frac{1}{2\cos\alpha} - 1\right)\right]. \tag{192}$$

[1] Dies gilt auch genügend genau für $\alpha \approx \beta$.

Im Lastfall 2 ist wegen der Symmetrie

$$f_{BA} = \frac{\Delta L_{BA}}{\tan\alpha} = \frac{\Delta L_{BC}}{\tan\alpha}; \tag{193a}$$

hier wird außerdem

$$v_{III} = 0, \quad v_I = \frac{\Delta L_{BA}}{\sin\alpha} = \frac{f_{BA}}{\cos\alpha}. \tag{193b}$$

Verschieden große Verschiebungen v_I bzw. Stützensenkungen f_{BA} und f_{BC} der einzelnen HT eines Stemmtors sind für den I- oder U-förmigen Querschnitt der Schlagsäule als Durchlaufträger auf n Stützen gleichbedeutend mit einer elastisch nachgiebigen Lagerung auf diesen n Stützen. Hierdurch entstehen Zusatzbiegemomente in der Schlagsäule, die zu beachten sind.

2.11.1.3 Stemmtor als aufgelöster Trägerrost

Die übliche Berechnung der Hauptträger des VKö (Torflügels) trennt nach Abb. 2.126 die einzelnen HT durch gedachte horizontale Schnitte voneinander (aufgelöster Trägerrost, vgl. Abschn. 2.5.1). Die in Wirklichkeit vorhandene gegenseitige Beeinflussung der HT über die vertikalen Querträger und der Einfluß ungleicher Verschiebungen v_I der einzelnen HT (vgl. Abschn. 2.11.1.2) auf die HT-Biegemomente wird dabei vernachlässigt. Falls die QT-Stränge nicht biegesteif an die HT angeschlossen werden, entspricht diese Berechnungsannahme weitgehend den wirklichen Verhältnissen. Die Stauwandaussteifung erfolgt zweckmäßigerweise durch horizontale Längsrippen.

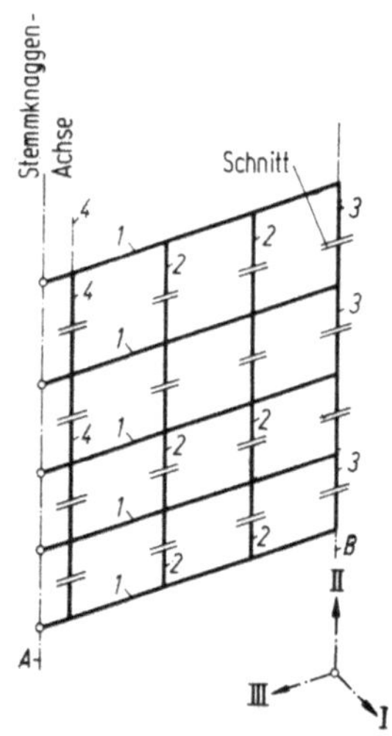

Abb 2.126. Stemmtorflügel als aufgelöster Trägerrost (isometrisch). *1* Hauptträger; *2* Querträger; *3* Schlagsäule; *4* Wendesäule.

Beispiel 23a: Berechnung eines Stemmtors nach Abb. 2.127 unter Wasserdruckbelastung als aufgelöster Trägerrost.

Es sei $\frac{d + l/2}{L} = 0{,}5257$; $\alpha = 22°\,34'$, $\tan\alpha = 0{,}4156$, $\cos\alpha = 0{,}9235$; $\beta = 21°\,31'$, $\cot\beta = 2{,}5351$;

$$\cot(\alpha+\beta) = 1{,}0324, \quad \frac{\cos(\alpha-\beta)}{\sin\alpha} = 2{,}605, \quad \frac{\cos(\alpha-\beta)}{\sin\alpha}\sin\beta = 0{,}9555,$$

$$\frac{\cos(\alpha-\beta)}{\sin\alpha}\cos\beta = 2{,}423.$$

Da der Einfluß der QT auf die Lasteinleitung in die HT (Einzellasten) vernachlässigt wird, erfolgt kein Ansatz von Einzellasten z. B. nach Abb. 2.70c bzw. 2.71c. Diese Vernachlässigung beeinflußt die interessierenden Ergebnisse nicht. Dafür erhalten die HT Gleichstreckenlasten w (vgl. Abb. 2.127d).

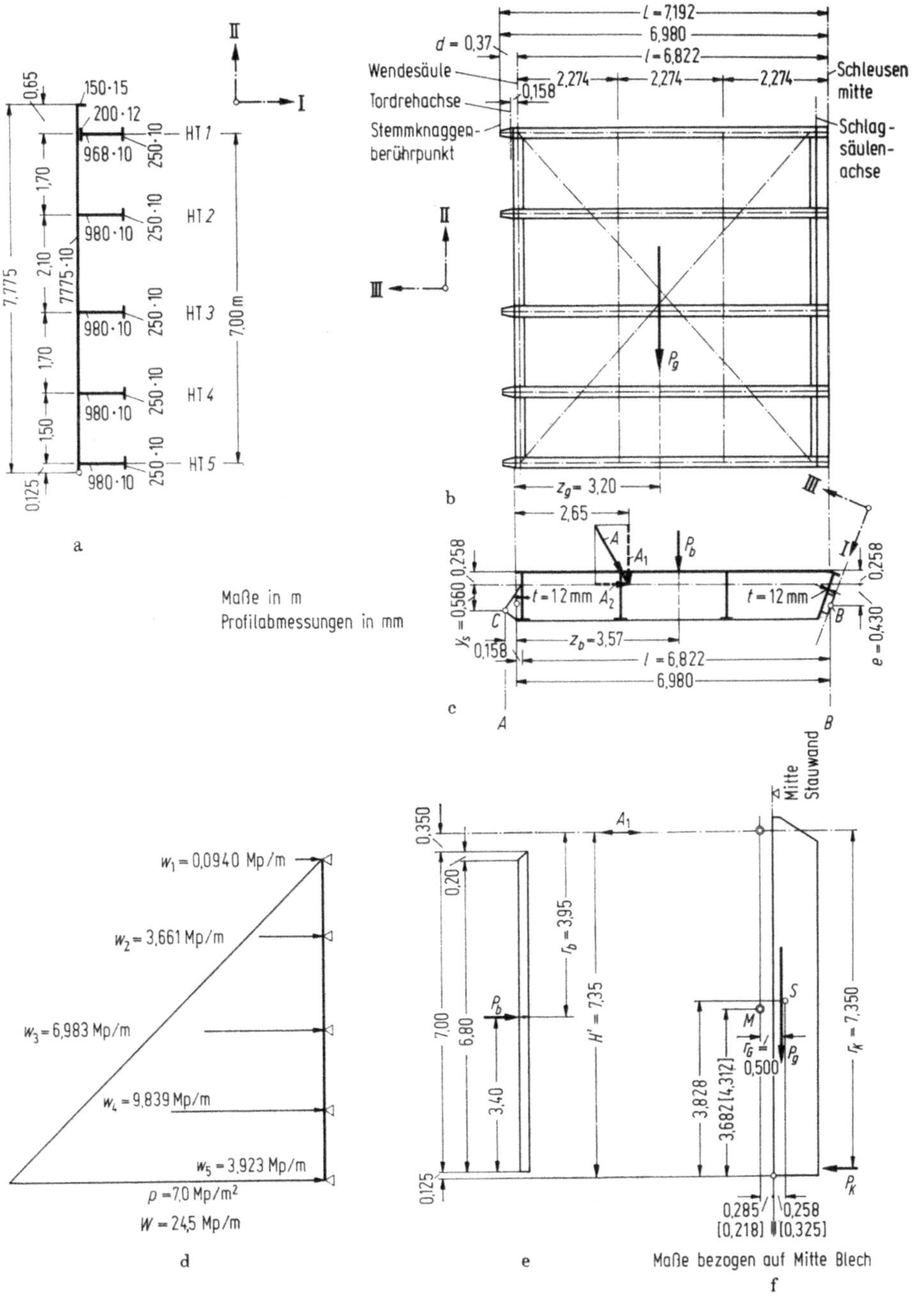

Abb. 2.127. Stemmtorflügel (Beispiel 23).
a) Querschnitt; b) Ansicht von UW; c) Grundriß; d) Lastfall „Wasserdruck"; e) Lastfall „Bewegungsstau"; f) Lastfall „Klemmkraft an der Sohle"; Klammerwerte der Maße: gültig für teilweise geschlossenen Querschnitt (zwischen HT 1 und HT 2).

Gesucht sind

1. Lagerkräfte und Biegemomente der Hauptträger;
2. Verschiebungen v_I der Hauptträger-Enden, welche gleichzeitig Punkte der Schlagsäule bzw. des Schlagsäulenträgers bilden;
3. Biegespannungen in der Schlagsäule infolge der verschieden großen Verschiebungen nach 2.

1. Lagerkräfte und Biegemomente der HT

Man erhält z. B. für den HT 4 (Abb. 2.127a, d) $w_4 = 9{,}839$ [Mp/m] bzw. $W_4 = wl = 9{,}839 \cdot 6{,}822 = 67{,}12$ [Mp].

Gl. (178) liefert
$$Q_B^0 = 67{,}12 \cdot 0{,}5257 = 35{,}28 \text{ [Mp]},$$
$$Q_A^0 = 67{,}12(1 - 0{,}5257) = \frac{31{,}84 \text{ [Mp]}}{67{,}12 \text{ [Mp]}},$$
$$M_{\max}^0 = 31{,}84\left(0{,}37 + \frac{31{,}84}{2 \cdot 9{,}839}\right) = 60{,}30 \text{ [Mp/m]}$$

an der Stelle $\bar{x} = \dfrac{31{,}84}{9{,}839} + 0{,}37 = 3{,}606$ m.

Gln. (179) bis (181) liefern
$$\begin{aligned}
Q_B &= 35{,}28 \cdot 0{,}9555 = 33{,}72 \text{ [Mp]},\\
Q_A &= 67{,}12 - 33{,}71 = 33{,}41 \text{ [Mp]},\\
N &= 35{,}28 \cdot 2{,}423 = 85{,}48 \text{ [Mp]},\\
H_A &= 35{,}28 \cdot 2{,}605 - 67{,}12 \cdot 0{,}3668 = 67{,}28 \text{ [Mp]},\\
V_A &= 67{,}12 \cdot 0{,}9303 = 62{,}44 \text{ [Mp]},\\
K &= \sqrt{67{,}28^2 + 62{,}44^2} = 91{,}79 \text{ [Mp]},\\
M_{(x=0)} &= -35{,}28 \cdot 2{,}423 \cdot 0{,}56 = -47{,}87 \text{ [Mpm]},\\
M_{(x=L)} &= -35{,}28 \cdot 2{,}423 \cdot 0{,}43 = -36{,}76 \text{ [Mpm]}
\end{aligned}$$

sowie $M_{\max}$ bei $\bar{\bar{x}} = \dfrac{33{,}41}{9{,}839} + 0{,}37 = 3{,}766$ m und

$$M_{(\bar{\bar{x}})}^0 = Q_A^0 \cdot \bar{\bar{x}} - \frac{w}{2}(\bar{\bar{x}} - d)^2 = 31{,}84 \cdot 3{,}766 - \frac{9{,}839}{2}(3{,}766 - 0{,}37)^2 = 63{,}17 \text{ [Mpm]},$$

so daß nach Gl. (171c)

$$M_{\max} = 63{,}17 - 47{,}87 \cdot \frac{7{,}192 - 3{,}766}{7{,}192} - 36{,}76 \cdot \frac{3{,}766}{7{,}192} = 21{,}11 \text{ [Mpm]}$$

wird.

Lagerkräfte und Biegemomentenverlauf sind für den HT 4 in Abb. 2.132a aufgetragen. Das Feldmoment ist kleiner als das Moment an der Wendesäule.

Die Faustformel (182b) für das optimale Maß e ergibt hier $e_{\text{opt}} = \dfrac{7{,}192 + 0{,}37}{8 \cdot 2{,}406} = 0{,}39$ m gegenüber dem vorhandenen $e_{\text{mittel}} = \dfrac{0{,}43 + 0{,}56}{2} = 0{,}49$ m.

Die Biegemomente für die übrigen HT erhält man mit w_1 bis w_5 nach Abb. 2.127d durch proportionale Umrechnung zum HT 4 mit $w_4 = 9{,}839$ [Mp/m] (eckige Klammerwerte der Abb. 2.132b). Die Lagerkräfte sind in Abb. 2.132d in eckigen Klammern eingetragen.

2. Verschiebungen v_I der Hauptträger an der Schlagsäule

Die gesamte zusammendrückbare Länge des Torflügels beträgt nach Abb. 2.127c $l = 7{,}192$ m. Tab. 30 enthält die für HT, Stemmknaggen und Schlagsäulenknaggen maßgebenden Teillängen l_r und Querschnittsflächen F_r sowie die hiermit errechneten „Stützensenkungen“ f_{BA} und die Verschiebungen v_I (in Schleusenlängsrichtung)[1].

[1] Bei Stemmtoren mit Schlagsäulenhölzern, die neuerdings seltener gebaut werden, führt der geringe E-Modul des nassen Holzes (≈ 5 Mp/cm²) zu etwa doppelt so großen Verschiebungen als bei stählernen Schlagsäulenknaggen.

		Schlag-säule	HT *1*	HT *2*	HT *3*	HT *4*	HT *5*	Wende-säule	
	F_r [cm²]	90	270			250	200	110	
	l_r [cm]	20	666,2					37	
Gl. (190a)	$\sum \frac{l_r}{E_r F_r}$ [cm/Mp]		$1{,}423 \cdot 10^{-3}$			$1{,}517 \cdot 10^{-3}$	$1{,}832 \cdot 10^{-3}$		$E_{\text{Stahl}} = 2{,}1 \cdot 10^3 \frac{\text{Mp}}{\text{cm}^2}$
Abb. 2.132 (eckige Klammerwerte)	Normalkraft N [Mp]		0,817	31,82	60,67	85,49	34,08		
Gl. (189)	$\Delta L_{BA} = N \sum \frac{l_r}{E_r F_r}$ [cm]		0,00116	0,04528	0,08633	0,1297	0,06243		
Gl. (193a)	$f_{BA} = \frac{\Delta l_{BA}}{0{,}4156}$ [cm]		0,00279	0,1089	0,2078	0,3120	0,1502		
Gl. (193b)	$v_I = \frac{f_{BA}}{0{,}9235}$ [cm]					0,34			
siehe auch Gl. (206)	f_{BA} infolge $Q_B = 1$ Mp[1] [cm]		$8{,}680 \cdot 10^{-3}$			$9{,}253 \cdot 10^{-3}$	$11{,}17 \cdot 10^{-3}$		Abb. 2.128d

[1] oder infolge $N = Q_B \operatorname{cotg} \beta = 1.2{,}5351$ [Mp] nach Gl. 179

3. Biegespannungen in der Schlagsäule infolge elastischer Zusammendrückung der Hauptträger

Die Biegemomente im Schlagsäulenträger erhält man für den aufgelösten Trägerrost aus einer Durchlaufträgerberechnung (elastisch senkbare Stützen) nach Abb. 2.128. Mit $E = 2{,}1 \cdot 10^3$ [Mp/cm²], $I = 241000$ [cm⁴], $W = 4822$ [cm³] für den Schlagsäulenträger ergeben sich die Biegemomente über den Stützen (= HT) gemäß Abb. 2.128c zu $M_{max} = M_4 = 9{,}98$ [Mpm]. Die dazugehörige Biegespannung beträgt $\sigma = \pm 998/4822 = \pm 0{,}207$ [Mp/cm²]. Zusatzbiegebeanspruchungen in der Schlagsäule werden durch Werkstatt- und/oder Montageungenauigkeiten hervorgerufen. Ist z. B. die Gesamtlänge des Hauptträgers eines Torflügels 3 mm zu lang, würde sich im vorliegenden Beispiel nach Gl. (187)

$$f_{BA} = 0{,}3/0{,}4156 - 0{,}3/0{,}7086 = 0{,}299 \text{ [cm]}$$

ergeben. Mit diesem Wert wäre analog Abb. 2.128 die Durchlaufträgerberechnung auf elastisch senkbaren Stützen für den Schlagsäulenträger auszuführen.

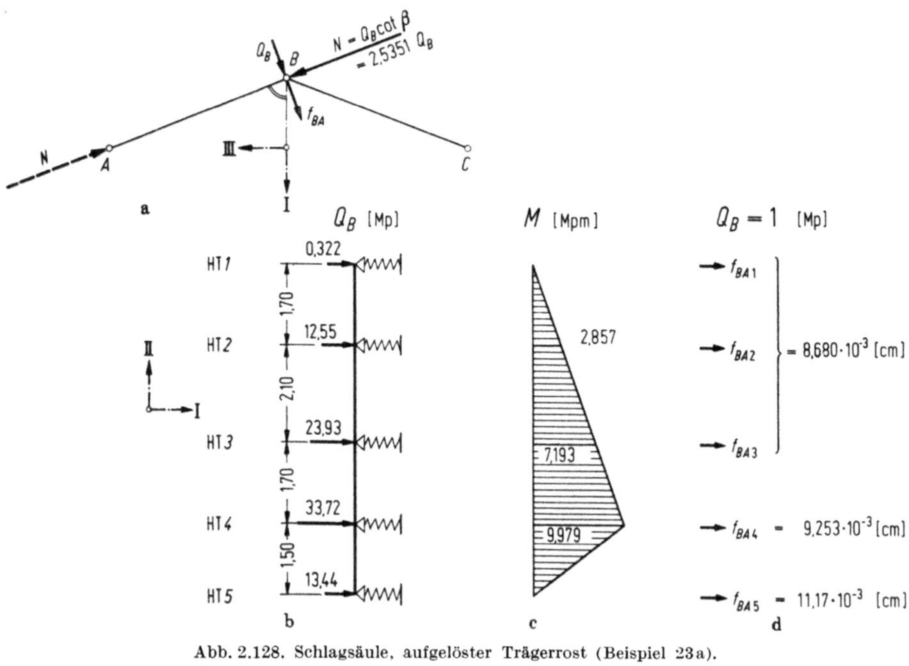

Abb. 2.128. Schlagsäule, aufgelöster Trägerrost (Beispiel 23a).
a) Verschiebung f_{ba} des Torflügels BA infolge $N = Q_B \cot\beta$; b) Schlagsäule als Durchlaufträger auf elastischer Stützung (Q_B-Werte s. eckige Klammerwerte in Abb. 2.132d); c) Biegemomente in der Schlagsäule; d) Verschiebungen f_{BA} infolge $Q_B = 1$ Mp gemäß Abb. 2.125 und Tab. 30.

2.11.1.4 Stemmtor als Trägerrost

Der Stemmtorflügel stellt einen Trägerrost mit n Hauptträgern und $2n$ Stützungen (in den Punkten A und B) dar, wobei die Stützkräfte infolge der Dreigelenkbogenwirkung nicht rechtwinklig zur Rostebene wirken.

Die Berechnung kann leicht mit Hilfe eines Standard-Trägerrostprogramms unter Zugrundelegung des nur senkrecht zur Rostebene gestützten Trägerrostes als Grundsystem erfolgen. Dieses wird analog dem Balken nach Abb. 2.124 zunächst durch die gegebene Belastung und anschließend durch Zusatzgrößen ( )* belastet, die aus der Dreigelenkbogenwirkung resultieren. In Abb. 2.129 sind im Schrägbild des Torflügels AB der Einfachheit halber nur 3 Hauptträger skizziert. Die HT werden mit $1, 2 \ldots i \ldots n$ bezeichnet.

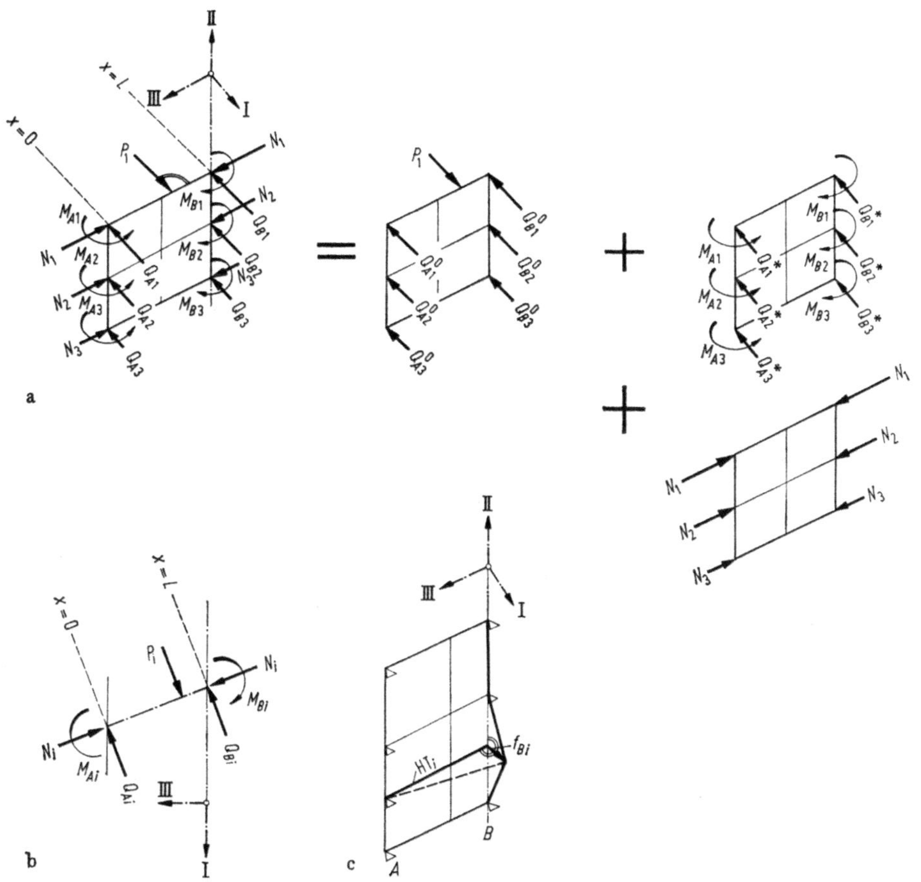

Abb. 2.129. Stemmtorflügel als Trägerrost, Beispiel mit 3 Hauptträgern.
a) Zerlegung des Lastfalls P_1 (isometrisch); b) i^{ter} Hauptträger mit Einzellast P_i; c) Verschiebung („Stützensenkung") f_{Bi} des i^{ten} Hauptträgers (isometrisch).

Es sind im Trägerrost

$$Q_{Bi} = Q^0_{Bi} + Q^*_{Bi}. \tag{194}$$

Q^*_{Bi} entsteht infolge der an den Auflagern wirkenden äußeren Biegemomente (Exzentrizitätsmomente) M_{Bi} und M_{Ai}. M_{Bi} ist identisch $M_{(x=L)}$, M_{Ai} ist identisch $M_{(x=0)}$ im betrachtenden Hauptträger i (vgl. Abschn. 2.11.1.1).

Setzt man auf den Trägerrost n Einheitslastfälle $M_{Bi} = 1$ und n Einheitslastfälle $M_{Ai} = 1$ an, wird

$$\left.\begin{aligned} Q^*_{Bi} = {} & M_{B1}\left[\frac{Q^*_{Bi}}{M_{B1}=1}\right]^1 + M_{B2}\left[\frac{Q^*_{Bi}}{M_{B2}=1}\right] + \cdots \\ & \cdots + M_{Bi}\left[\frac{Q^*_{Bi}}{M_{Bi}=1}\right] + \cdots + M_{Bn}\left[\frac{Q^*_{Bi}}{M_{Bn}=1}\right] + \\ & + M_{A1}\left[\frac{Q^*_{Bi}}{M_{A}=1}\right] + M_{A2}\left[\frac{Q^*_{Bi}}{M_{A2}=1}\right] + \cdots \\ & \cdots + M_{Ai}\left[\frac{Q^*_{Bi}}{M_{Ai}=1}\right] + \cdots + M_{An}\left[\frac{Q^*_{Bi}}{M_{An}=1}\right]. \end{aligned}\right\} \tag{195}$$

[1] Lies: Q^*_{Bi} infolge $M_{B1} = 1$ usw.

Zwischen M_{Ai} und M_{Bi} einerseits und Q_{Bi} andererseits besteht durch die Art der Belastung und die Geometrie des Dreigelenkbogens ein funktionaler Zusammenhang.

Nach Abschn. 2.11.1.1 ist im *Lastfall 1* gemäß Gl. (173) mit

$$N_i = Q_{Bi} \cot(\alpha + \beta), \tag{196}$$

$$M_{Bi} = N_i e = {}^1\mu_B Q_{Bi} \quad \text{bzw.} \quad M_{Ai} = N_i y_s = {}^1\mu_A Q_{Bi}, \tag{197a}$$

wobei zur Abkürzung

$${}^1\mu_B = \cot(\alpha + \beta) e \quad \text{bzw.} \quad {}^1\mu_A = \cot(\alpha + \beta) y_s \tag{197b}$$

gesetzt ist.

Im *Lastfall 2* ist analog nach Gl. (179) mit

$$N_i = Q_{Bi} \cot\beta \tag{198}$$

$$M_{Bi} = {}^2\mu_B Q_{Bi} \quad \text{bzw.} \quad M_{Ai} = {}^2\mu_A Q_{Bi} \tag{199a}$$

mit

$${}^2\mu_B = \cot\beta\, e \quad \text{bzw.} \quad {}^2\mu_A = \cot\beta\, y_s. \tag{199b}$$

Mit diesen Ausdrücken wird

$$\left.\begin{aligned} Q^*_{Bi} = \mu_B \Big\{ & Q_{B1}\begin{bmatrix} Q^*_{Bi} \\ M_{B1} = 1 \end{bmatrix} + Q_{B2}\begin{bmatrix} Q^*_{Bi} \\ M_{B2} = 1 \end{bmatrix} + \cdots \\ & \cdots + Q_{Bi}\begin{bmatrix} Q^*_{Bi} \\ M_{Bi} = 1 \end{bmatrix} + \cdots + Q_{Bn}\begin{bmatrix} Q^*_{Bi} \\ M_{Bn} = 1 \end{bmatrix}\Big\} + \\ + \mu_A \Big\{ & Q_{B1}\begin{bmatrix} Q^*_{Bi} \\ M_{A1} = 1 \end{bmatrix} + Q_{B2}\begin{bmatrix} Q^*_{Bi} \\ M_{A2} = 1 \end{bmatrix} + \cdots \\ & \cdots + Q_{Bi}\begin{bmatrix} Q^*_{Bi} \\ M_{Ai} = 1 \end{bmatrix} + \cdots + Q_{Bn}\begin{bmatrix} Q^*_{Bi} \\ M_{Bn} = 1 \end{bmatrix}\Big\} \end{aligned}\right\} \tag{200a}$$

oder

$$\left.\begin{aligned} Q^*_{Bi} = & Q_{B1}\begin{bmatrix} Q^*_{Bi} \\ M_{B1} = \mu_B \cdot 1 \end{bmatrix} + Q_{B2}\begin{bmatrix} Q^*_{Bi} \\ M_{B2} = \mu_B \cdot 1 \end{bmatrix} + \cdots \\ & \cdots + Q_{Bi}\begin{bmatrix} Q^*_{Bi} \\ M_{Bi} = \mu_B \cdot 1 \end{bmatrix} + \cdots + Q_{Bn}\begin{bmatrix} Q^*_{Bi} \\ M_{Bn} = \mu_B \cdot 1 \end{bmatrix} + \\ & + Q_{B1}\begin{bmatrix} Q^*_{Bi} \\ M_{A1} = \mu_A \cdot 1 \end{bmatrix} + Q_{B2}\begin{bmatrix} Q^*_{Bi} \\ M_{A2} = \mu_A \cdot 1 \end{bmatrix} + \cdots \\ & \cdots + Q_{Bi}\begin{bmatrix} Q^*_{Bi} \\ M_{Ai} = \mu_A \cdot 1 \end{bmatrix} + \cdots + Q_{Bn}\begin{bmatrix} Q^*_{Bi} \\ M_{An} = \mu_A \cdot 1 \end{bmatrix}. \end{aligned}\right\} \tag{200b}$$

Führt man zur Abkürzung Lastfälle

$$\mathfrak{M}_i \equiv (M_{Bi} = \mu_B \cdot 1) + (M_{Ai} = \mu_A \cdot 1) \tag{201}$$

ein, entsteht

$$\begin{aligned} Q^*_{Bi} = Q_{B1}\begin{bmatrix} Q^*_{Bi} \\ \mathfrak{M}_1 \end{bmatrix} + Q_{B2}\begin{bmatrix} Q^*_{Bi} \\ \mathfrak{M}_2 \end{bmatrix} + \cdots + Q_{Bi}\begin{bmatrix} Q^*_{Bi} \\ \mathfrak{M}_i \end{bmatrix} + \cdots \\ \cdots + Q_{Bn}\begin{bmatrix} Q^*_{Bi} \\ \mathfrak{M}_n \end{bmatrix}. \end{aligned} \tag{202}$$

Man erhält nun für die n Unbekannten Q_{Bi} ein n-gliedriges Gleichungssystem, wovon die i^{te} Zeile $Q_{Bi} = Q_{Bi}^0 + Q_{Bi}^*$ lautet.

Umgestellt nach den Unbekannten Q_{Bi} entsteht die Matrix

$$\begin{array}{l|ccccc|c|}
 & j=1 & j=2 & j=i & j=n & \text{Last-} & \\
 & Q_{B1} & Q_{B2} & Q_{Bi} & Q_{Bn} & \text{glied} & \\
\hline
i=1 & \left(-1+\left[\begin{matrix}Q_{B1}^* \\ \mathfrak{M}_1\end{matrix}\right]\right) & \left[\begin{matrix}Q_{B1}^* \\ \mathfrak{M}_2\end{matrix}\right] & \left[\begin{matrix}Q_{B1}^* \\ \mathfrak{M}_i\end{matrix}\right] & \left[\begin{matrix}Q_{B1}^* \\ \mathfrak{M}_n\end{matrix}\right] & Q_{B1}^0 & =0 \\
i=2 & \left[\begin{matrix}Q_{B2}^* \\ \mathfrak{M}_1\end{matrix}\right] & \left(-1+\left[\begin{matrix}Q_{B2}^* \\ \mathfrak{M}_2\end{matrix}\right]\right) & \left[\begin{matrix}Q_{B2}^* \\ \mathfrak{M}_i\end{matrix}\right] & \left[\begin{matrix}Q_{B2}^* \\ \mathfrak{M}_n\end{matrix}\right] & Q_{B2}^0 & =0 \\
i=i & \left[\begin{matrix}Q_{Bi}^* \\ \mathfrak{M}_1\end{matrix}\right] & \left[\begin{matrix}Q_{Bi}^* \\ \mathfrak{M}_2\end{matrix}\right] & \left(-1+\left[\begin{matrix}Q_{Bi}^* \\ \mathfrak{M}_i\end{matrix}\right]\right) & \left[\begin{matrix}Q_{Bi}^* \\ \mathfrak{M}_n\end{matrix}\right] & Q_{Bi}^0 & =0 \\
i=n & \left[\begin{matrix}Q_{Bn}^* \\ \mathfrak{M}_1\end{matrix}\right] & \left[\begin{matrix}Q_{Bn}^* \\ \mathfrak{M}_2\end{matrix}\right] & \left[\begin{matrix}Q_{Bn}^* \\ \mathfrak{M}_i\end{matrix}\right] & \left(-1+\left[\begin{matrix}Q_{Bn}^* \\ \mathfrak{M}_n\end{matrix}\right]\right) & Q_{Bn}^0 & =0
\end{array} \qquad (203)$$

Allgemein lautet der Koeffizient in der Zeile i und der Spalte j

$$\text{für } i=j\colon \quad -1+\left[\begin{matrix}Q_{Bi}^* \\ \mathfrak{M}_i\end{matrix}\right], \qquad \text{für } i \neq j\colon \quad \left[\begin{matrix}Q_{Bi}^* \\ \mathfrak{M}_j\end{matrix}\right]. \qquad (204)$$

Es sind demnach für den Trägerrost mit n Hauptträgern außer dem Grundlastfall (Wasserdruck bzw. Schiffsstoß) n Lastfälle $\mathfrak{M}_i$ anzusetzen und die n Ausdrücke Q_{Bi}^* zu ermitteln. Aus Gl. (203) erhält man die Q_{Bi} und anschließend durch Superposition aus den Lastfällen

$$\text{„Grundlast"} + \sum_{i=1}^{i=n} Q_{Bi} \cdot \mathfrak{M}_i \qquad (205)$$

sämtliche gesuchten Größen.

Will man die elastische Nachgiebigkeit der Hauptträger infolge der Normalkräfte N_i berücksichtigen (vgl. Abschn. 2.11.1.2), so benötigt man weitere n Lastfälle für je eine Verschiebung (Stützensenkung) f_{Bi} (Abb. 2.129c) an der Schlagsäulenauflagerung der Hauptträger senkrecht zur Trägerrostebene. f_{Bi} entspricht den Werten f_{BA} und f_{BC} (vgl. Abb. 2.125) und ist proportional Q_{Bi}, und da $N_i \sim B_i$, ergibt sich nach Abschn. 2.11.1.2

$$f_{Bi} = v_i Q_{Bi}, \qquad (206)$$

wobei

$$\text{im Lastfall 1:} \quad {}^1v_i = \cot(\alpha+\beta) \sum \frac{l_r}{E_r F_r}\left[\frac{1}{\tan\alpha} + \frac{1}{\sin 2\alpha}\left(\frac{1}{\cos 2\alpha} - 1\right)\right], \qquad (207\,a)$$

$$\text{im Lastfall 2:} \quad {}^2v_i = \frac{\cot\beta}{\tan\alpha} \sum \frac{l_r}{E_r F_r} \qquad (207\,b)$$

ist.

Führt man Lastfälle $v_i = 1$ $(i = 1, \ldots, n)$, die zur Abkürzung mit

$$\mathfrak{v}_i \equiv v_i = 1 \qquad (208)$$

bezeichnet seien, lauten die Koeffizienten der Matrix Gl. (203)

$$\text{für } i=j\colon \quad -1+\left[\begin{matrix}Q_{Bi}^* \\ \mathfrak{M}_i\end{matrix}\right] + \left[\begin{matrix}Q_{Bi}^* \\ \mathfrak{v}_i\end{matrix}\right], \quad \text{für } i \neq j\colon \quad \left[\begin{matrix}Q_{Bi}^* \\ \mathfrak{M}_j\end{matrix}\right] + \left[\begin{matrix}Q_{Bi}^* \\ \mathfrak{v}_j\end{matrix}\right]. \qquad (209)$$

Sämtliche gesuchten Größen erhält man schließlich aus der Superposition der Lastfälle

$$„\text{Grundlast}“ + \sum_{i=1}^{i=n} Q_{Bi}\,(\mathfrak{M}_i + \mathfrak{v}_i). \tag{210}$$

Beispiel 23b: Das in Beispiel 23a behandelte Stemmtor wird nachstehend als Trägerros für den Lastfall 2 (Wasserdruck) berechnet. Gesucht sind die Lagerkräfte, Quer- und Normal kräfte, die Biegemomente in den Haupt- und Querträgern sowie in Schlag- und Wendesäule Die Wasserdruckbelastungen w_1 bis w_5 der HT sind die gleichen wie im Beispiel 23a.

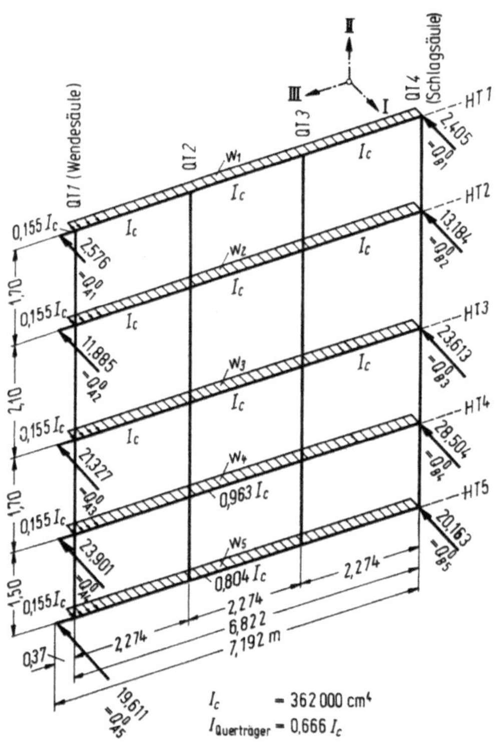

Abb. 2.130. Stemmtor als Trägerrost (Beispiel 23b) unter Wasserdruckbelastung (Gleichstreckenlasten w_1 bis w_5) (isometrisch) Trägheitsmomente der Rostglieder und Auflagerkräfte Q^0_{Ai}, Q^0_{Bi} im Grundsystem.

In Abb. 2.130 sind die zugrunde gelegten Trägheitsmomente der Rostglieder des Torflügels AB angegeben.

Es wird mit Gl. (199b) ${}^2\mu_B = 2{,}535 \cdot 0{,}43 = 1{,}090$, ${}^2\mu_A = 2{,}535 \cdot 0{,}56 = 1{,}420$.

Fall 1: Ohne Berücksichtigung der elastischen Zusammendrückung der HT

Mit $n = 5$ Hauptträgern ergeben sich $n + 1 = 6$ Lastfälle

$$„\text{Grundlast}“ + \sum_{i=1}^{i=5} \mathfrak{M}_i.$$

Diese sind samt den Ergebnissen der sechs hier nicht näher ausgeführten Trägerrostberechnungen in Abb. 2.131 und 2.132 angegeben. Für die weitere Rechnung interessieren die Auflagerkräfte Q_{Bi} an den Lagerstellen B.

Die fünfgliedrige Matrix lautet

Q_{B1}	Q_{B2}	Q_{B3}	Q_{B4}	Q_{B5}	Q^0_{Bi}	$=0$
$-1+0{,}12877$	$-0{,}21420$	$-0{,}04009$	$0{,}02868$	$0{,}06411$	$2{,}4047$	$=0$
$-0{,}21421$	$-1+0{,}33704$	$-0{,}14261$	$-0{,}05077$	$0{,}02870$	$13{,}184$	$=0$
$-0{,}04011$	$-0{,}14261$	$-1+0{,}34951$	$-0{,}15827$	$-0{,}07394$	$23{,}613$	$=0$
$0{,}02767$	$-0{,}04895$	$-0{,}15240$	$-1+0{,}33737$	$-0{,}24287$	$28{,}504$	$=0$
$0{,}05205$	$0{,}02289$	$-0{,}06024$	$-0{,}20283$	$-1+0{,}17817$	$20{,}163$	$=0$
					$87{,}87$	

und liefert die endgültigen, an der Lagerstelle B (Schlagsäule) wirkenden Kräfte [in Mp]: $Q_{B\,1} = 0{,}664$, $Q_{B\,2} = 12{,}78$, $Q_{B\,3} = 24{,}18$, $Q_{B\,4} = 30{,}83$, $Q_{B\,5} = 15{,}54$, deren Summe $\Sigma\, Q_{Bi} = 83{,}99$ [Mp] für den ganzen Trägerrostflügel AB **beträgt** (in Übereinstimmung mit dem aufgelösten Trägerrost, bei dem

$$\Sigma\, Q_B = \Sigma\, Q^0_B \frac{\cos(\alpha - \beta)\sin\beta}{\sin\alpha} = 87{,}87 \cdot 0{,}9555 = 83{,}96 \text{ [Mp]}$$

ist).

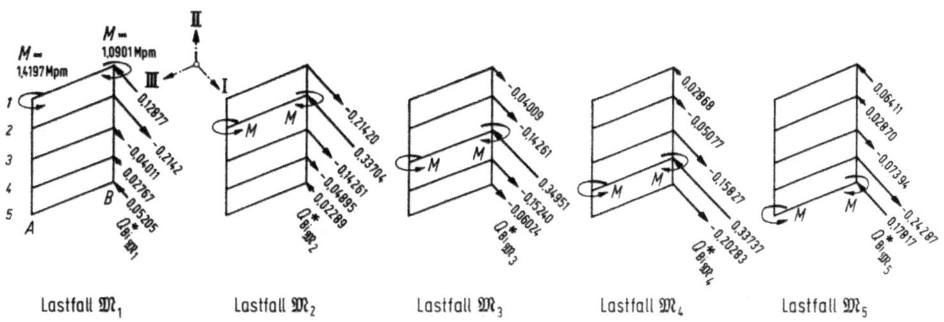

Abb. 2.131. Trägerrostberechnung (Beispiel 23b), Lastfälle $\mathfrak{M}_1$ bis $\mathfrak{M}$ (isometrisch).

Eine Superposition aus

$$„\text{Grundlast}" + 0{,}664\, \mathfrak{M}_1 + 12{,}78\, \mathfrak{M}_2 + 24{,}18\, \mathfrak{M}_3 + 30{,}83\, \mathfrak{M}_4 + 15{,}54\, \mathfrak{M}_5$$

ergibt die endgültigen Biegemomente, Auflager-, Quer- und Normalkräfte der Abb. 2.132. Beim Vergleich mit dem aufgelösten Trägerrost (eckige Klammerwerte) stellt man Abweichungen in den Biegemomenten z. B. im HT 4 von etwa 35%, im HT 1 (oberster Riegel) von 1000% fest.

Fall 2: Mit Berücksichtigung der elastischen Zusammendrückung der HT

Für Stützensenkungen $f_i = 1$ cm sind einer Trägerrostberechnung die Auflagerkräfte Q^*_{Bi} zu entnehmen.

Mit Gl. (207b) und den Werten von Zeile 8 der Tab. 30 wird [in cm/Mp]

$$v_1 = v_2 = v_3 = 8{,}680 \cdot 10^{-3}, \quad v_4 = 9{,}253 \cdot 10^{-3}, \quad v_5 = 11{,}17 \cdot 10^{-3}.$$

Zum Beispiel ergibt sich der Lastfall $\mathfrak{v}_1$ aus $\left[Q^*_{Bi_{f=1\,\text{cm}}}\right] \cdot v_1$, also zu $\left[Q^*_{Bi_{f=1\,\text{cm}}}\right] \cdot 8{,}680 \cdot 10^{-3}$, analog die Lastfälle $\mathfrak{v}_2$ bis $\mathfrak{v}_5$. Die Auflösung der entsprechenden Matrix mit den Koeffizienten nach Gl. (209) liefert die endgültigen, an der Lagerstelle B (Schlagsäule) wirkenden Kräfte [in Mp]:

$$Q_{B1} = 3{,}22, \quad Q_{B2} = 12{,}55, \quad Q_{B3} = 21{,}87, \quad Q_{B4} = 24{,}61, \quad Q_{B5} = 21{,}74,$$

deren Summe wieder 83,99 [Mp] beträgt. Eine Superposition nach Gl. (210) ergibt die endgültigen Biegemomente, Auflager- und Normalkräfte (Abb. 2.132).

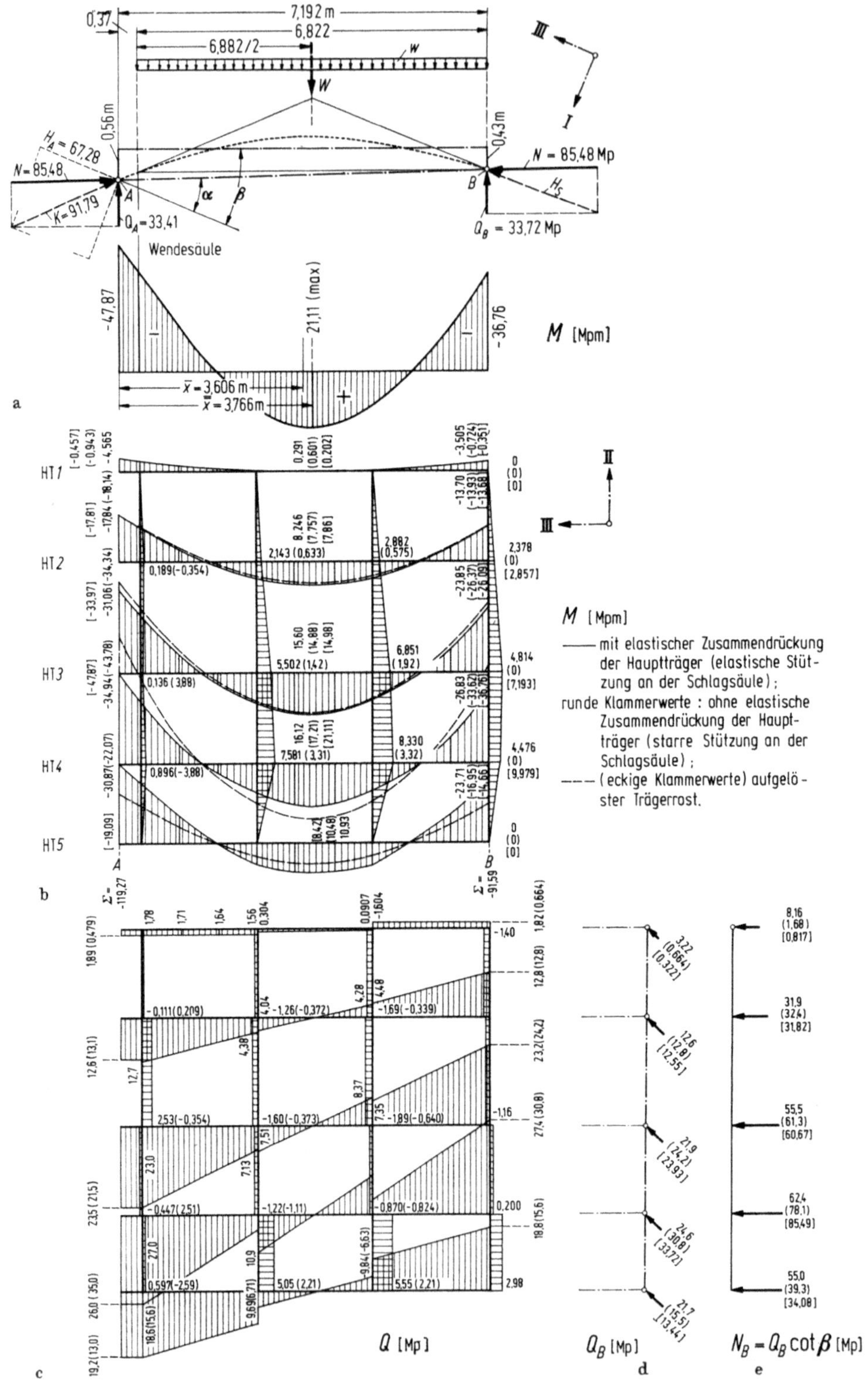

Abb. 2.132. Ergebnisse der Trägerrostberechnung (Beispiel 23b) und Vergleich mit den Ergebnissen als aufgelöster Trägerrost (Beispiel 23a).
a) aufgelöster Trägerrost, Hauptträger 4: Biegemomente; b) Trägerrost: Biegemomente; c) Querkräfte; d) Lagerkräfte Q_B (isometrisch); e) Normalkräfte $N_B = Q_B \cot\beta$.

An Hand der Ergebnisse der Beispiele 23a und 23b erkennt man die beträchtlichen Unterschiede zwischen einer Stemmtorberechnung ohne und mit Berücksichtigung der elastischen Zusammendrückung der HT. Interessant ist auch der Vergleich der Schlagsäulen-Biegemomente im aufgelösten Trägerrost nach Abb. 2.128c (die Werte wurden nach Abb. 2.132b übertragen) und im Trägerrost mit elastischer Zusammendrückung der HT, sie sind im letzteren Fall nur etwa halb so groß.

Das Stemmtor reagiert zwar – wie gezeigt – empfindlich auf Längenänderungen der HT, stellt aber als Trägerrost ein hochgradig statisch unbestimmtes Gebilde dar, welches „mühelos" Kräfteumlagerungen vornimmt und damit eine große Tragsicherheit aufweist.

2.11.2 Torsion des Stemmtorflügels

Beim Öffnen und Schließen des Stemmtors entfällt die Dreigelenkbogenwirkung, die Torflügel werden dabei hauptsächlich auf Torsion belastet.

Da aus betrieblichen Gründen nur kleine Verformungen zulässig sind, muß der Torkörper eine große Torsionssteifigkeit besitzen. Diese ist bei Stemmtoren mit entsprechend großen geschlossenen Kastenquerschnitten vorhanden, wobei es mit Rücksicht auf die durch Hals- und Spurlager führende, vertikale Tordrehachse auf die Lage des Kastens im Torflügel nicht ankommt (Abb. 2.133a, b). Stemmtore mit ganz geschlossener Rückwand sind demzufolge außerordentlich torsionssteif.

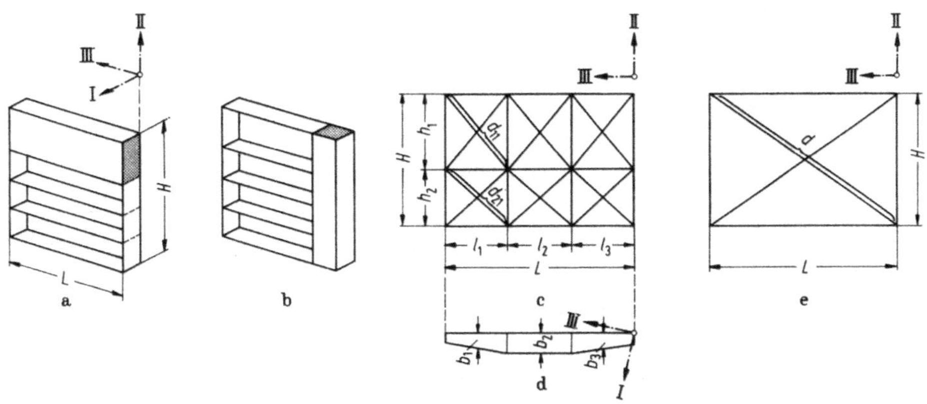

Abb. 2.133. Torsionssteifer Stemmtorflügel, konstruktive Lösungen (schematisch).
a) geschlossener horizontaler Kasten (isometrisch); b) geschlossener vertikaler Kasten (isometrisch); c) Fachwerkverband; d) gemittelte Abmessungen bei eingezogenem Hauptträger; e) zwei gekreuzte Diagonalen.

Im folgenden wird auf die Wiedergabe der Berechnungsschritte für einen Torflügel mit geschlossenem Querschnitt nach Abb. 2.133a, b verzichtet, da sie keine besonderen Überlegungen erfordern[1]. Dagegen wird die Berechnung des offenen, durch Diagonalen versteiften Torkörpers (quasi-geschlossener Querschnitt) gezeigt.

[1] Beispiel 23c behandelt einen mit Diagonalen versteiften Stemmtorflügel; zum Vergleich ist derselbe Torflügel mit geschlossenem Querschnitt nach Abb. 2.133a gegenübergestellt.

Am häufigsten kommen Stemmtore in offener Bauart (offener Gesamtquerschnitt) zur Ausführung, die von Haus aus eine völlig unzureichende Torsionssteifigkeit besitzen und deshalb auf der offenen (meist UW-Seite) z. B. mit einem Fachwerkverband versehen sind. Es entsteht dadurch ein quasi-geschlossener Querschnitt. Abb. 2.133c zeigt einen derartigen Verband. Die versteifende Wirkung dieses Verbandes ist aber nicht größer als die Wirkung von nur zwei gekreuzten Diagonalen nach Abb. 2.133e, falls die Querschnittsfläche der steigenden (fallenden) Diagonalen dem Gesamtquerschnitt aller steigenden (fallenden) Diagonalen nach Abb. 2.133c entspricht. Aus diesem Grund wird — da sie wirtschaftlicher ist — die Anordnung *e* vorgezogen, es sei denn, die zu schließende Wand verläuft im Grundriß polygonförmig oder kurvenförmig z. B. gemäß Abb. 2.133d. Hierfür gelten die nachstehenden Berechnungsformeln ebenfalls. Unter Einwirkung einer tordierenden Last P verformt sich der Torflügel (Abb. 2.134), charakterisiert durch die horizontale Verschiebung f des Schlagsäulen-Endpunkts in Höhe des obersten Hauptträgers, senkrecht zur Torebene gemessen.

f ist positiv in Richtung OW orientiert, gleichgültig welcher der beiden Torflügel betrachtet wird.

Zur Berechnung der Verschiebung f, die proportional der Torsionssteifigkeit des VKö ist, der Beanspruchungen im Torkörper und — falls vorhanden — der Stabkräfte in den Diagonalen wird der Torflügel (= Verschlußkörper) nach der Stabtheorie behandelt.

An tordierenden Lasten kommen neben dem Eigengewicht P_g des Torflügels, welches lotrecht wirkt, die nachstehenden, horizontal wirkenden Lasten in Frage:

1. Widerstandskraft P_b infolge Bewegungsstau (die Reibungskraft in Hals- und Spurlager kann hier durch einen entsprechenden Zuschlag über das Hebelarmverhältnis einbezogen werden),
2. Windlast P_w,
3. Klemmkraft P_k zwischen unterstem Hauptträger und Drempelanschlag.

Als Reaktion wirkt ein vom Torantrieb (z. B. Schubstange, Kolbenstange) aufgebrachtes Torsionsmoment. Der Torantrieb greift meist in Höhe des obersten HT an.

Als Bezugssystem für die tordierenden Kräfte wird in der Vertikalebene zweckmäßigerweise die senkrecht über dem Schubmittelpunkt M des Gesamtquerschnitts und in Höhe der horizontalen Wirkungsebene des Antriebsmittels liegende Horizontalachse eingeführt (Abb. 2.135a). Auf sie werden die Hebelarme r bezogen. In der Horizontalebene wird die durch Hals- und Spurlager gehende, vertikale Tordrehachse gewählt. Auf sie werden die Hebelarme z bezogen (Abb. 2.135b). Übrige Bezeichnungen s. Abb. 2.135.

Nach [*113*] wird der Begriff „positive Diagonale" und „negative Diagonale" folgendermaßen definiert: Beim Aufbringen einer positiven Verschiebung f (vgl. Abb. 2.134a) wird die Stablänge einer positiven Diagonale vergrößert, die Stablänge einer negativen Diagonalen verkürzt.

Analog wird das „Torsionsprodukt" $\Sigma P r z$ als positiv bezeichnet, wenn die Last P eine positive Verschiebung f zur Folge hat. Aus einer Betrachtung der Verschiebung des oberen Eckpunkts *1* bzw. des unteren Eckpunkts *3* (gemessen

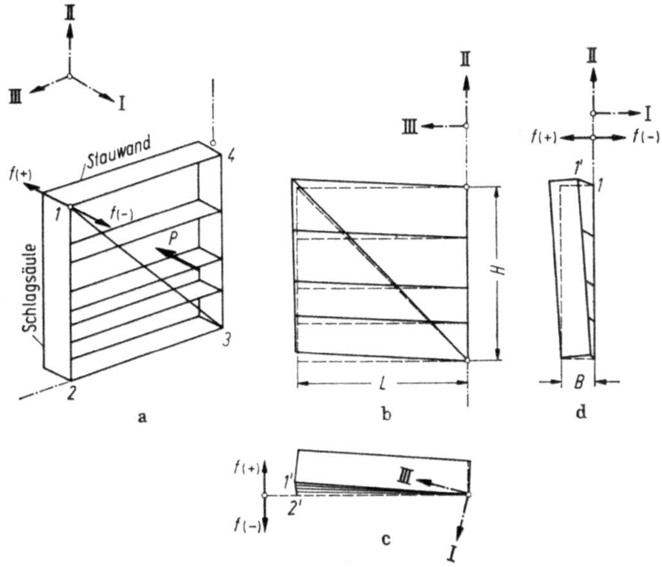

Abb. 2.134. Stemmtorflügel, Verformung infolge tordierender Last *P*.
a) Ansicht (isometrisch); b) Ansicht; c) Grundriß; d) Aufriß (Querschnitt). *f* = Verschiebung des oberen Schlagsäulenpunk

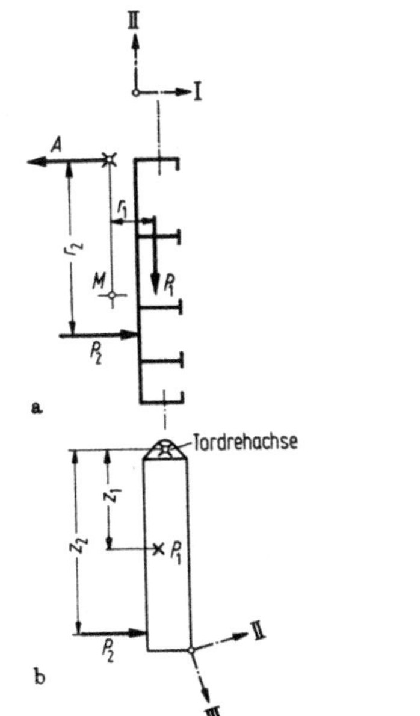

Abb. 2.135. Stemmtorflügel, tordierende Lasten und Hebelarme.
a) Aufriß; b) Grundriß; c) Lastfälle: *1* Eigengewicht; *2* Eigengewicht + Öffnen gegen Bewegungsstau; *3* Eigengewicht + Schließen gegen Bewegungsstau; *4* Eigengewicht + Schließen gegen Klemmkraft.

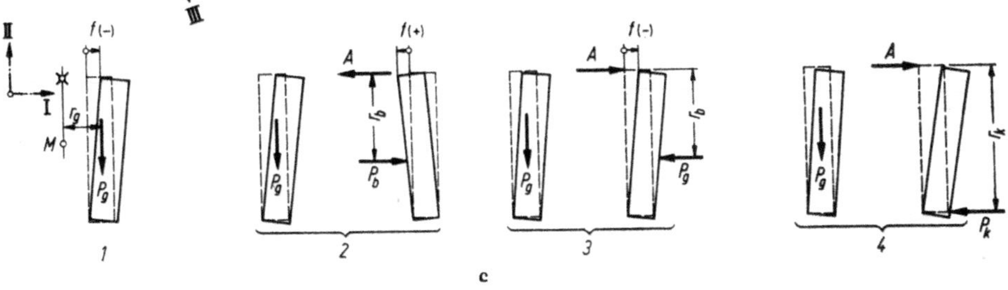

in Diagonalenrichtung) erhält man die Stabkraft S in den Diagonalen als Funktion der Abmessungen und des Torsionsproduktes $\Sigma P r z$ [*113, 114*].

In den nachstehenden Näherungsformeln ist der Wölbwiderstand des Torquerschnitts vernachlässigt. Eine Berücksichtigung der St. Venantschen Torsionssteifigkeit I_D des offenen Torquerschnitts ist möglich, hat aber bekanntlich einen untergeordneten Einfluß auf die nachstehenden Ergebnisse, die somit auf der sicheren Seite liegen.

Im folgenden wird zwischen druckschlaffen, d. h. ausknickenden und drucksteifen Diagonalen unterschieden. Wirksam sind nur drucksteife, auf Druck beanspruchte und auf Zug beanspruchte Diagonalen. Durch Vorspannung von druckschlaffen Diagonalen läßt sich derselbe Effekt wie bei drucksteifen Diagonalen erzielen.

2.11.2.1 Druckschlaffe Diagonalen

Sind insgesamt $2n$ Diagonalen vorhanden (n positive und n negative), so wird die Summe der Stabkräfte in den

$$\begin{matrix}\text{positiven}\\ \text{negativen}\end{matrix}\ \text{Diagonalen}\ \sum S = \pm \frac{\Sigma P r z}{R_0 H L}, \tag{211a}$$

hierbei ist

$$R_0 = \frac{1}{n} \sum^{n} \frac{2 l h b}{H L d}. \tag{211b}$$

Die Verschiebung des obersten Hauptträgers wird gegenüber dem untersten

$$f = \pm \sum P r z \,/\, \sum^{n} Q, \tag{212a}$$

hierbei ist

$$\sum^{n} Q = \sum^{n} \frac{4 (l b h)^2 E F}{H L d^3}. \tag{212b}$$

Die Summen sind für alle $\begin{matrix}\text{positiven}\\ \text{negativen}\end{matrix}$ Diagonalen zu bilden.
Es ist

E = Elastizitätsmodul,
F = Querschnittsfläche einer Diagonalen,

übrige Bezeichnungen siehe Abb. 2.133.

In dem Ausdruck für f ist der von Stauwand-, Schlagsäulen- und Wendesäulenblech gelieferte Verformungsbeitrag nicht enthalten. Man kann ihn durch einen Korrekturfaktor $\varkappa$ erfassen, so daß $f_{\text{korrigiert}} = \varkappa f$ ist:

$$\varkappa = 1 + \frac{L/t_1 + B/t_2 + B/t_3}{L/t^*}, \tag{213}$$

wobei

t_1 = Blechstärke Stauwand
t_2 = Blechstärke Schlagsäule
t_3 = Blechstärke Wendesäule
t^* = äquivalente Blechstärke der Vergitterung durch die Diagonalen
ist (Abb. 2.111).

Sonderfall: Zwei gekreuzte, druckschlaffe Diagonalen

Zur Abkürzung bezeichnet man mit $\dot{F}$ eine Grundrißfläche, die von Stauwand, Schlag- und Wendesäule und von der durch die Schwerachsen der Diagonalen definierten Vertikalebene gebildet wird. Für rechteckförmigen Grundriß des Torflügels ist z. B. $\dot{F} = BL$ mit $b = B$, $h = H$, $l = L$.

Die Stabkraft in der $\begin{matrix}\text{positiven}\\\text{negativen}\end{matrix}$ Diagonale wird

$$S = \pm \frac{\Sigma P r z d}{H 2 \dot{F}}, \tag{214}$$

die Verschiebung des obersten Hauptträgers beträgt

$$f = \pm \frac{\Sigma P r z L d^3}{H 4 \dot{F}^2 E F}. \tag{215}$$

2.11.2.2 Drucksteife Diagonalen

Sind insgesamt $2n$ Diagonalen vorhanden (n positive und n negative), so wird die Summe der Stabkräfte in den

$$\begin{matrix}\text{positiven}\\\text{negativen}\end{matrix} \text{ Diagonalen } \sum S = \pm \frac{\Sigma P r z}{R_0 H L} \tag{216a}$$

mit

$$R_0 = \frac{1}{2n} \sum^{2n} \frac{2 l h b}{H L d}. \tag{216b}$$

Es wird

$$f = \pm \frac{\Sigma P r z}{\sum^{2n} Q} \tag{217a}$$

mit

$$\sum^{2n} Q = \sum^{2n} \frac{4 (l h b)^2 E F}{H L d^3} \tag{217b}$$

Die Summen sind für alle $\begin{matrix}\text{positiven}\\\text{negativen}\end{matrix}$ Diagonalen zu bilden.

Sonderfall: 2 gekreuzte, drucksteife Diagonalen

Es ist mit $b = B$, $h = H$, $l = L$ die Stabkraft in der

$$\begin{matrix}\text{positiven}\\\text{negativen}\end{matrix} \text{ Diagonale } S = \pm \frac{\Sigma P r z d}{H \cdot 4 \dot{F}}. \tag{218a}$$

Bei verschiedenen Querschnittsflächen F_1, F_2 der beiden Diagonalen wird

$$S_1 = \pm \frac{\Sigma P r z d}{H \cdot 2 \dot{F}} \frac{F_1}{F_1 + F_2}; \quad S_2 = \pm \frac{\Sigma P r z d}{H \cdot 2 \dot{F}} \frac{F_2}{F_1 + F_2}. \tag{218b, c}$$

Die Verschiebung f beträgt

$$f = \pm \frac{\Sigma P r z L d^3}{H \cdot 8 \dot{F}^2 E F} \tag{219a}$$

bzw. bei F_1, F_2

$$f = \pm \frac{P r z L d^3}{H \cdot 4 \dot{F}^2 E (F_1 + F_2)}. \tag{219b}$$

2.11.2.3 Vorgespannte Diagonalen

a) Vertikale Torflügellage infolge Eigengewicht

Infolge der tordierenden Wirkung der Eigengewichtslast P_g erleidet der Torflügel mit oberwasserseitiger Stauwand unter Berücksichtigung der Lage des Schubmittelpunkts eine negative, d. h. nach UW gerichtete, Verschiebung f_g. Soll diese vermieden werden, kann durch Montagemaßnahmen, die einer Vorspannung der Diagonalen gleichkommen, eine lotrechte Lage des Torflügels erreicht werden [*113*]. Bezeichnet man mit f_0 die Verschiebung des Torflügels, bei der die Diagonalen spannungslos sind, so gilt für die Verschiebung f, wenn mit P_p alle übrigen tordierenden Lasten (ausgenommen P_g) bezeichnet werden,

$$f = \frac{\Sigma\, P\, r\, z + (\Sigma\, P_g r\, z + \Sigma\, Q\, f_0}{\Sigma\, Q}. \tag{220a}$$

In lotrechter Lage unter bloßer Eigengewichtslast P_g muß

$$f_g = f_0 = \frac{\Sigma\, P_g\, r\, z}{\Sigma\, Q} = 0 \tag{220b}$$

sein, woraus folgt, daß der Klammerausdruck im Zähler verschwindet. Die Verschiebung infolge der übrigen Lasten P_p beträgt dann

$$f = \pm \frac{\Sigma\, P_p\, r\, z}{\Sigma\, Q}. \tag{221}$$

b) Vorspannung druckschlaffer Diagonalen

Erteilt man dem Torflügel

1. eine negative „Vorspannverschiebung“ f_{01} (für die positiven Diagonalen), die gleich oder geringfügig größer ist als die zu erwartende maximale negative Verschiebung $(-)f_1$ aus Gl. (220a) und daraufhin

2. eine positive „Vorspannverschiebung“ f_{02} (für die negativen Diagonalen), die gleich oder geringfügig größer ist als die zu erwartende maximale positive Verschiebung $(+)f_2$ aus Gl. (220a), und korrigiert man die Werte f_{01} und f_{02} derart, daß die Gl. (220b) erfüllt ist, wird keine der beiden Diagonalen schlaff.

2.11.2.4 Beanspruchungen des Torkörpers

Der Torkörper wird von der Stauwand und der durch die Diagonalen gebildeten „Rückwand“, von Schlag- und Wendesäule sowie von dem obersten und untersten Hauptträger (Riegel) umschlossen.

Diese Elemente erhalten aus der Torsion des Torkörpers Schubbeanspruchungen. Man erhält die Torsionsschubspannungen in Stauwand, Schlag- und Wendesäule über den Schubfluß $T = \tau\, t$ mit t als Wandstärke an Hand der Beziehungen der Abb. 2.111 als Funktion der Stabkraft in der (den) Diagonalen. Zum Beispiel ist für zwei gekreuzte drucksteife Diagonalen

$$T = 2\, S/d, \tag{222a}$$

für zwei gekreuzte druckschlaffe Diagonalen

$$T = S/d. \tag{222b}$$

Die Wendesäule erhält als lotrechter Biegeträger auf zwei Stützen (Hals- und Spurlager) Biegemomente, wie in Abb. 2.136 z. B. für eine horizontale, den Torkörper tordierende Last P_b (als Resultierende der Lasten aus Bewegungsstau) skizziert ist. Diese Lasten werden als Querkräfte über die HT in die Wendesäule eingetragen.

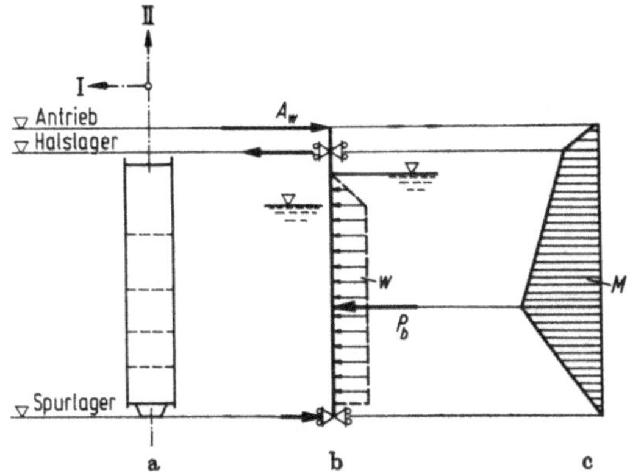

Abb. 2.136. Wendesäule des Stemmtorflügels, als Träger auf 2 Stützen (Hals- und Spurlager). a) Ansicht; b) System und Belastung (Bewegungsstau); c) Biegemomentenlinie infolge P_b (Resultierende aus w).

Beispiel 23c: Das im Beispiel 23a, b für Wasserdruckbelastung berechnete Stemmtor wird nachstehend für Torsionslasten beim Öffnen und Schließen behandelt. Dabei werden zunächst Diagonalen verwendet und die Ergebnisse solchen mit horizontalem Torsionskasten (Abb. 2.133a) gegenübergestellt.

An Lasten seien vorhanden (Abb. 2.135c):

Eigengewicht des Torkörpers	$P_g = 20$ Mp,
Bewegungsstau	$P_b = 9{,}41$ Mp,
Klemmkraft am Drempel	$P_k = 13$ Mp.

P_k wurde ermittelt aus der bekannten Antriebskraft A, deren Komponente $A_1 = 13$ Mp beträgt (vgl. Abb. 2.127c) und die durch Sicherheitseinrichtungen diesen Wert nicht überschreiten soll.

Es sind 4 Lastfälle zu berücksichtigen:

1. Eigengewicht,
2. Öffnen mit Bewegungsstau,
3. Schließen mit Bewegungsstau,
4. Schließen gegen Klemmkraft.

Die Hebelarme r und z in Abb. 2.135c sind der Abb. 2.127 zu entnehmen. Dort ist auch der Schubmittelpunkt M des Torquerschnitts eingetragen. Die „Torsionsprodukte" $\sum P r z$ sind in Tab. 31 errechnet; Bezugsachsen sind die vertikale Tordrehachse und die horizontale, lotrecht über dem Schubmittelpunkt in Höhe des Antriebsmittels liegende Achse.

1. Torkörper, versteift durch zwei gekreuzte drucksteife Diagonalen mit gleichen Querschnitt
Die maßgebenden Abmessungen sind (Abb. 2.127, 2.133e)

$$L = 6{,}82\text{ m}, \quad H = 7{,}00\text{ m}, \quad H' = 7{,}35\text{ m}, \quad B \approx 1{,}0\text{ m}, \quad d = 9{,}77\text{ m}.$$

Damit wird $\dot{F} = LB = 1{,}0 \cdot 6{,}82 = 6{,}82$ [m²] und

$$\frac{d}{4\dot{F}\,H} = \frac{9{,}77}{4 \cdot 6{,}82 \cdot 7{,}00} = 0{,}05116 \text{ [1/m}^2\text{]}.$$

Tabelle 31. „*Torsionsprodukt*" *im Lastfall 1 bis 4 (Beispiel 23c)*

Last		[Mp]	Hebelarm r [m]	z [m]	Torsionsprodukt $P\,r\,z$ [Mpm²]
Eigengewicht	P_g	20	0,50	3,20	− 32,0
Bewegungsstau	P_b	9,41	3,95	3,57	±132,7
Klemmkraft	P_K	13	7,35	2,65	−253,2
Antriebskraft	A_1	13	0	2,65	

Lastfall	Torsionsprodukt $\Sigma\, P\,r\,z$ [Mpm²]
1	−32,0 = − 32,0
2	−32,0 + 132,7 = 100,7 (max +)
3	−32,0 − 132,7 = −164,7
4	−32,0 − 253,3 = −285,3 (max −)

Man erhält mit dem entsprechenden Torsionsprodukt der Tab. 31 und Gl. (218a) für

Lastfall 1

die Stabkraft in der positiven Diagonale (von Wendesäule unten bis Schlagsäule oben)

$$S^+ = -32{,}0 \cdot 0{,}05116 = -1{,}637 \text{ [Mp]},$$

in der negativen Diagonale $S^- = 1{,}637$ [Mp];

für Lastfall 2: $S^+ = 100{,}7 \cdot 0{,}05116 = 5{,}152$ [Mp], $S^- = -5{,}152$ [Mp];

für Lastfall 4: $S^+ = 285{,}3 \cdot 0{,}5116 = -14{,}60$ [Mp], $S^- = 14{,}60$ [Mp].

Als Querschnitt der Diagonalen wird mit Rücksicht auf die maximale Druckkraft von 14,6 Mp in der positiven Diagonale ein U 180 mit $F = 28$ cm² gewählt. Dieses Profil ist genügend knicksicher bei einer Knicklänge von etwa 2,5 m, gemessen von Hauptträger zu Hauptträger.

Die Verschiebung des obersten Hauptträgers wird mit $E = 2{,}1 \cdot 10^7$ [Mp/m²] und

$$\frac{L\,d^3}{8\,F^2\,H\,E\,F} = \frac{6{,}82 \cdot 9{,}77^3}{8 \cdot 6{,}82^2 \cdot 7{,}00 \cdot 2{,}1 \cdot 10^7 \cdot 28 \cdot 10^{-4}} = 4{,}153 \cdot 10^{-5} \text{ [m/Mp]}$$

nach Gl. (219 a)

für Lastfall 1: $f = -32{,}0 \cdot 4{,}153 \cdot 10^{-5} = -1{,}329 \cdot 10^{-3}$ [m],

Lastfall 2: $f = 100{,}7 \cdot 4{,}153 \cdot 10^{-5} = 4{,}182 \cdot 10^{-3}$ [m],

Lastfall 4: $f = -285{,}3 \cdot 4{,}153 \cdot 10^{-5} = -11{,}85 \cdot 10^{-3}$ [m].

Gemäß Gl. (213) können die f-Werte korrigiert werden. Mit

$$t^* = \frac{5{,}2 \cdot 7{,}00 \cdot 6{,}82 \cdot 28}{9{,}77^3 \cdot 10^4} = 0{,}745 \cdot 10^{-3} \text{ [m]},$$

$t_1 = 0{,}01$ [m], $t_2 = 0{,}012$ [m] und $t_3 = 0{,}012$ [m] wird der Korrekturfaktor $\varkappa = 1{,}093$; er weicht also nur geringfügig von dem Wert 1 ab, so daß sich seine Berücksichtigung nicht lohnt.

2. Torkörper mit Torsionskasten. Vorgesehen wird (an Stelle der Diagonalen) die Schliessung des Querschnitts zwischen HT 1 und HT 2 durch eine $t = 1$ cm dicke Rückwand. Der Schubmittelpunkt verschiebt sich geringfügig beim teilweise geschlossenen (quasigeschlossenen) Gesamtquerschnitt in Richtung zum geschlossenen Kasten (Klammerwerte in Abb. 2.127f). Das Torsionsprodukt $\Sigma\, P\,r\,z$ aus Eigengewicht wird in der früher ermittelten Höhe beibehalten, d. h., es wird die alte Lage des Schubmittelpunkts zugrunde gelegt.

Die horizontalen Lasten P_b und K_b werden über Biegung der HT in Schlag- und Wendesäule eingetragen und von dort als Torsionsmomente in den Kasten weitergeleitet. Mit dem St. Venantschen Torsionsträgheitsmoment des Kastens

$$I_D = \frac{4(1{,}7 \cdot 0{,}99)^2}{\frac{1}{0{,}01}(2 \cdot 1{,}70 + 2 \cdot 0{,}99)} = 0{,}02099 \ [\mathrm{m}^4]$$

und dem Torsionsmoment

$$D = \frac{\Sigma P r z}{L}$$

wird die Verdrillung des Kastens

$$\varphi = \frac{M_D L}{G I_D} \tag{223a}$$

und die Verschiebung des obersten Hauptträgers gegenüber dem untersten

$$f = \varphi H = \Sigma P r z \frac{H}{G I_D}. \tag{223b}$$

Es ergibt sich mit

$$H/GI_D = 7{,}00 \Big/ \frac{2{,}1}{2{,}6} \cdot 10^7 \cdot 0{,}02099 = 4{,}129 \cdot 10^{-5} \ [1/\mathrm{Mpm}]$$

die Verschiebung $f = \Sigma P r z \cdot 4{,}129 \cdot 10^{-5}$, also fast gleich groß ($4{,}153 \cdot 10^{-5}$) wie bei dem durch Diagonalen versteiften Torflügel.

Der Gewichtsaufwand beträgt jedoch hier für die Rückwand (ohne Beulsteifen usw.) $G = 6{,}82(1{,}70 - 0{,}25)\,78{,}5 = 776$ [kp] Stahlgewicht, während für die beiden Diagonalen $G = 2 \cdot 9{,}77 \cdot 22 = 430$ [kp] Stahlgewicht erforderlich war. Die Torversteifung durch Diagonalen ist demnach gewichtlich wesentlich günstiger.

2.12 Klappe, Trommelwehr, Sektorwehr

Die torsionselastische Klappe (z. B. Fischbauchklappe) sowie das Trommel- und Sektorwehr (vgl. Abb. 2.7 und 2.8) sind im Gegensatz zu den übrigen VKö-Typen an der Sohle längs einer horizontalen Achse (parallel zu Achse *III* nach Abb. 2.1) gelenkig bzw. drehbar gelagert (in Einzellagern oder einem durchgehenden Scharnierlager). Unter „Sohle" ist entweder die Wehrsohle (Beton) oder die Unterkonstruktion (Stahl) z. B. beim Schütz mit Aufsatzklappe (Abb. 2.8b, Typ ι) zu verstehen. Bei der Klappe stellt der Angriffspunkt des Hubmittels einen weiteren Lagerpunkt auch zur Aufnahme der Wasserdruckbelastung dar (Abb. 2.137a).

Da die Lagerachse exzentrisch zur Schubmittelpunktachse des VKö-Gesamtquerschnitts liegt, entstehen im VKö Torsionsmomente aus den Lagerkräften. Die Torsionsmomente sind bei einseitigem Antrieb des VKö größer als bei zweiseitigem Antrieb (vgl. Tab. 23). Zur Aufnahme der Torsionsmomente wird der VKö zweckmäßigerweise als geschlossener Hohlkastenquerschnitt mit großer Torsionssteifigkeit ausgebildet (z. B. Fischbauchklappe)[1]. Nachstehend wird die Berechnung der torsionselastischen Klappe nach der Stabtheorie skizziert, da sie die am häufigsten angewandte Berechnungsmethode ist. Eine Berechnung nach der Faltwerkstheorie kommt ebenfalls in Frage (Abschn. 2.12.2).

[1] Das Trommelwehr hat aus hydraulischen Gründen (Dichtung) einen geschlossenen Querschnitt, das Sektorwehr einen quasi-geschlossenen Querschnitt.

2.12.1 Verschlußkörper der Klappe als Stab

Der VKö besitzt einen geschlossenen Gesamtquerschnitt und ist generell nach den Ausführungen in Abschn. 2.7 zu behandeln. Sein Querschnitt ist sehr häufig symmetrisch zur X-Achse gemäß Abb. 2.137a ausgebildet, Schwerpunkt und Schubmittelpunkt liegen dann auf der Symmetrieachse. Dadurch wird die Berechnung vereinfacht.

2.12.1.1 Belastungen

In Frage kommen als Belastung — neben Eisdruck usw. —

1. Eigengewicht G des VKö,
2. Wasserdruckbelastung W (in Staustellung hydrostatisch, bei abgesenkter Klappe hydrodynamisch).

Die Resultierende Q aus 1. und 2. wird zweckmäßigerweise nach Abb. 2.138b, c zerlegt in eine Komponente Q_L durch das Lager und eine durch den Schubmittelpunkt gehende Komponente Q_M in X-Richtung (senkrecht zur Klappensehne $Y-Y$).

Grundsätzliche Untersuchungen [*115*] haben gezeigt, daß die Berechnung der Lagerkräfte einfacher wird, wenn deren Y-Komponenten statisch bestimmt angenommen bzw. die Lager als in Y-Richtung frei verschieblich aufgefaßt werden. Hierdurch wird die Zahl der Unbekannten auf die Hälfte reduziert. Diese Annahme ist durch das stets vorhandene Lagerspiel berechtigt; der entstehende Fehler ist sehr gering. Man zerlegt deshalb nach Abb. 2.138d die Resultierende Q in senkrecht aufeinander stehende Komponenten Q_X und Q_Y und verfolgt lediglich die X-Komponente.

2.12.1.2 Lagerkräfte

Erzwungene Drehachse des VKö als Stab mit geschlossenem Querschnitt ist die Gelenkachse. Die freie Verformbarkeit, welche die Bredt'sche Formel [Gl. (151a)] in Form einer Verdrehung um die Schubmittelpunktsachse voraussetzt, ist je nach Steifigkeit des VKö und des die Sohle bildenden Bauteils behindert, so daß hierdurch die Größe der Lagerkräfte beeinflußt wird. Das statische Zusammenwirken von Klappe und Unterbau ist deshalb zu beachten. Bei am Beton angelenkten Klappen (Grundklappen) kann meist die Sohle als starr angenommen werden, bei Aufsatzklappen muß die elastische Nachgiebigkeit des unteren Schützkörpers in die Rechnung einbezogen werden. Als Grundsystem wird zweckmäßigerweise [*116*] ein über $n-2$ Lagern quer zur Klappenachse aufgeschnittener Körper eingeführt, der aus einzelnen, zwischen den Lagern bzw. Querschotten frei aufliegenden, jedoch miteinander torsionssteif verbundenen Balken von der Länge Δz (= Lagerabstand) besteht. In den Schnittstellen werden nur die Biegemomente und Querkräfte frei, nicht dagegen die Torsionsmomente. Als statisch Überzählige X_i werden demzufolge in den Schnitten Biegemomente bzw. gleichwertige Kräftegruppen verwendet.

Die Elastizitätsgleichungen nach dem Kraftgrößenverfahren haben bei *starrer* Lagerung auf der Sohle und *starren* Querschotten eine Form, die der 3-Momentengleichung des Durchlaufträgers auf starren Stützen entspricht:

$$X_{i-1}\,\delta_{i,i-1} + X_i\,\delta_{ii} + X_{i+1}\,\delta_{i,i+1} + \delta_{i0} = 0. \tag{224a}$$

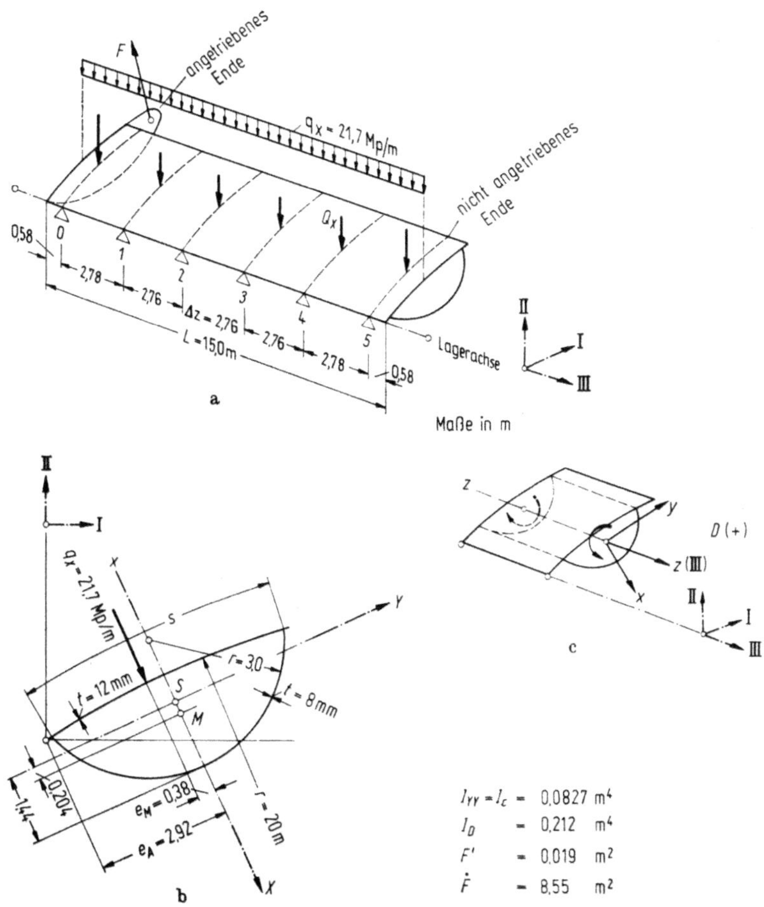

Abb. 2.137. Klappe (Fischbauchklappe), schematisch.
a) Ansicht der einseitig angetriebenen Klappe (isometrisch); b) Querschnitt und Belastung; c) Vorzeichendefinition für Torsionsmomente *D*.

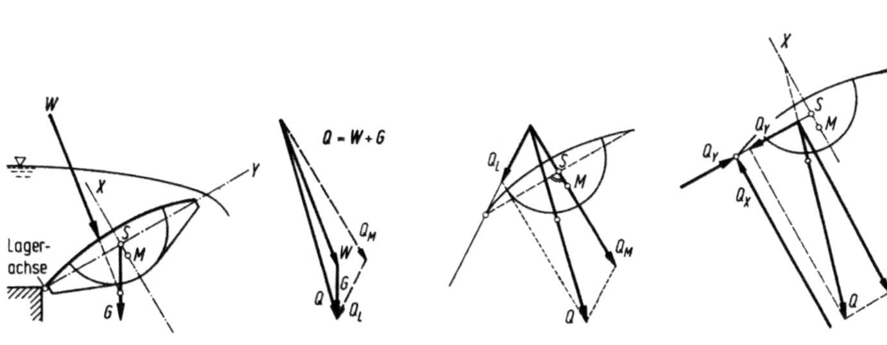

Abb. 2.138. Klappe, Belastung aus Wasserdruck *W* und Eigengewicht *G*.
a) Querschnitt; b) Krafteck; c) Zerlegung der Resultierenden in Q_X und Q_L; d) Zerlegung der Resultierenden in Q_X und Q_Y.

Hierbei ist δ der Neigungswinkel der Biegelinie am Auflager. Er beträgt[1]

$$\delta_{ik} = \int \frac{D_i D_k \, ds}{GI_D} + \int \frac{M_i M_k \, ds}{EI_{yy}} + \int \frac{Q_i Q_k \, ds}{G F'} . \tag{225}$$

Bei *elastischer* Lagerung auf der Sohle und/oder *elastischen* Querschotten entsprechen die Elastizitätsgleichungen der 5-Momentengleichung des Durchlaufträgers auf elastisch senkbaren Stützen:

$$X_{i-1}\delta_{i,\,i-1} + X_i\delta_{i\,i} + X_{i+1}\delta_{i,\,i+1} + \delta_{i0} = EI_{yy}\,\varkappa\left(\frac{A_i - A_{i-1}}{l_i} + \frac{A_i - A_{i+1}}{l_{i+1}}\right), \tag{224 b}$$

dabei ist A_i = Lagerkraft im Lager i und $\varkappa$ ein konstanter Faktor zur Erfassung der elastischen Nachgiebigkeit der Sohle und der Querrahmen [*116*].

Endgültige Schnittgrößen.

Sind die $n - 2$ statisch unbestimmten Lagerkraftkomponenten ermittelt, ergeben sich in bekannter Weise die endgültigen Schnittgrößen und Verschiebungen. Zum Beispiel werden die Lagerkräfte

$$A = A_0 + X_1 A_1 + X_2 A_2 + \cdots + X_i A_i + \cdots + X_n A_n . \tag{226}$$

Beispiel 24: Für die einseitig angetriebene Fischbauchklappe nach Abb. 2.137 von 15 m Länge[2] sind in der gezeichneten Klappenstellung die Lagerkräfte und Querkräfte, Biegemomente in X-Richtung sowie die Torsionsmomente gesucht. Es seien starre Querschotte sowie eine starre Sohle vorhanden [$\varkappa = 0$ in Gl. (224b), so daß Gl. (224a) zutrifft]. Lagerabstände s. Abb. 2.137a. Die Belastungskomponente aus Wasserauflast und anteiligem Eigengewicht nach Abb. 2.138 betrage als Gleichstreckenlast $q_X = 21{,}7$ [Mp/m].

Abb. 2.139a zeigt das Grundsystem mit 5 Einzelbalken. Die elementar ermittelbaren M_0-Biegemomente, A_0-Auflagerkräfte und die Q_0-Querkräfte sind in Abb. 2.139b—d aufgetragen.

Mit der für die Torsionsmomente gültigen Vorzeichendefinition nach Abb. 2.137c ergeben sich aus der Belastung $q_X = 21{,}7$ [Mp/m] mit dem Hebelarm $e_M = 0{,}38$ [m] und den A_0-Lagerkräften mit dem Hebelarm $e_A = 2{,}92$ [m] die auf den Schubmittelpunkt bezogenen Schnitt-Torsionsmomente D_0 nach Abb. 2.137e.

Das maximale Torsionsmoment tritt am angetriebenen Ende auf und beträgt nach Tab. 23 $D_{0\max} = m_D\, L = q_X(e_A - e_M)\, L$, hier $D_0 = 21{,}7\,(2{,}92 - 0{,}38)\, 15 = 827$ [Mpm].

In Abb. 2.140 sind die statisch unbestimmten X_i angegeben.

Die Verschiebung δ_{ik} erhält man durch Anwendung der bekannten Integralformeln $\int K\bar{K}\, ds$ mit den Steifigkeitsfaktoren (vgl. Abb. 2.137a)

$$\frac{EI_{YY}}{GI_D} = 2{,}6 \cdot \frac{0{,}0827}{0{,}212} = 1{,}014 \quad \text{für den Torsionsmomentenanteil}$$

und

$$\frac{EI_{YY}}{G F'} = 2{,}6 \cdot \frac{0{,}0827}{0{,}019} = 11{,}32 \quad \text{für den Querkraftanteil.}$$

Abb. 2.139b—e enthält die M_0, Q_0, D_0 im Grundsystem (Abb. 2.139a).

---

[1] Die Stauwand bildet gemäß Abb. 2.137 Felder von der Länge Δz und der Breite s. Beim „stehenden" Rechteck mit $s > b$ erfolgt die Lastabtragung der Stauwand fast ausschließlich auf die Querschotte als deren Randträger; in diesem Fall erhält das Grundsystem nur Einzellasten Q_X in Querschott- bzw. Lagerebene, so daß $M_0 = Q_0 \approx 0$ werden und zu den Verschiebungen δ_{i0} des „Stabes" einen zu vernachlässigenden Beitrag liefern (siehe auch [*100*, Seite 675]).

[2] Abmessungen und Belastungen sind [*116*] entnommen, dort sind jedoch 21 Lager vorhanden.

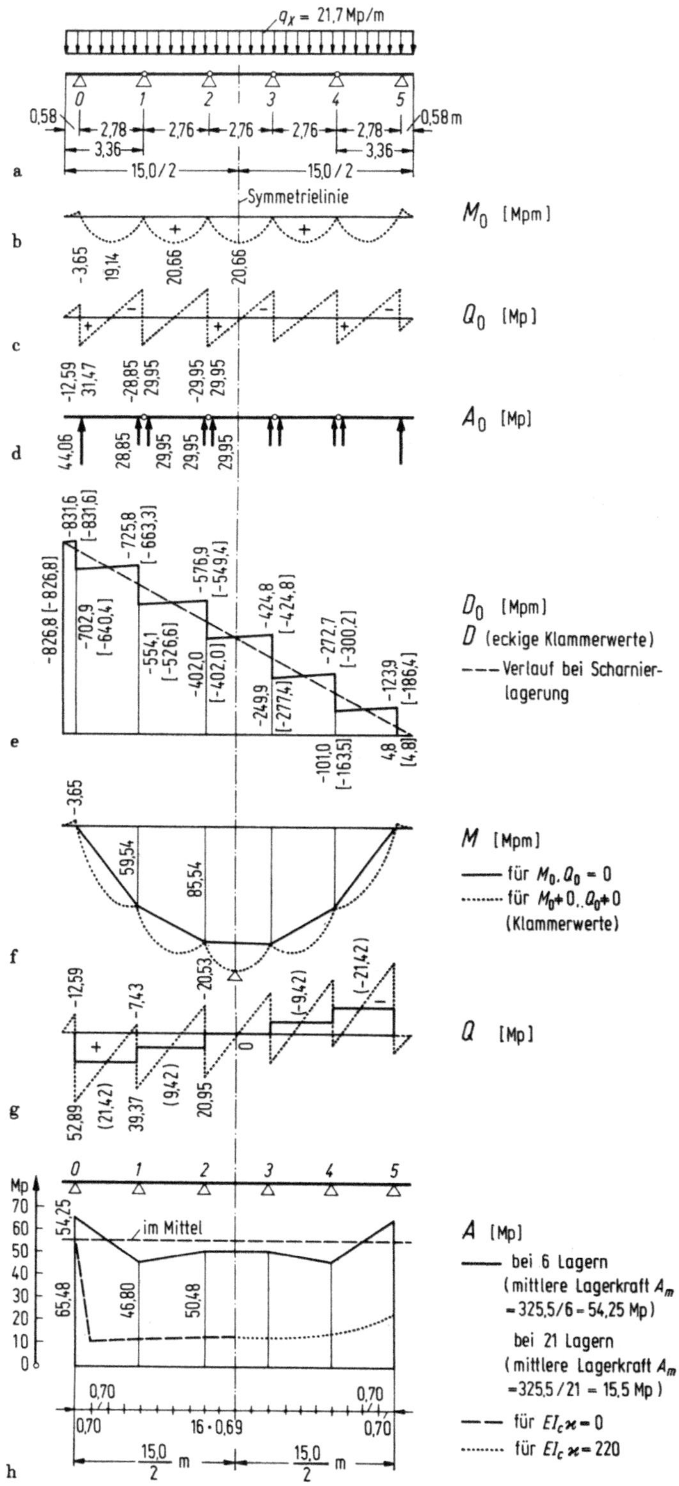

Abb. 2.139. Fischbauchklappe (Beispiel 24).

a) Belastung und Grundsystem (einfache Balken); b) M_0-Biegemomente; c) Q_0-Querkräfte; d) A_0-Auflagerkräfte; e) Torsionsschnittmomente D_0 und Torsionsschnittmomente D (eckige Klammerwerte); f) Biegemomente M; g) Querkräfte Q; h) Lagerkräfte A.

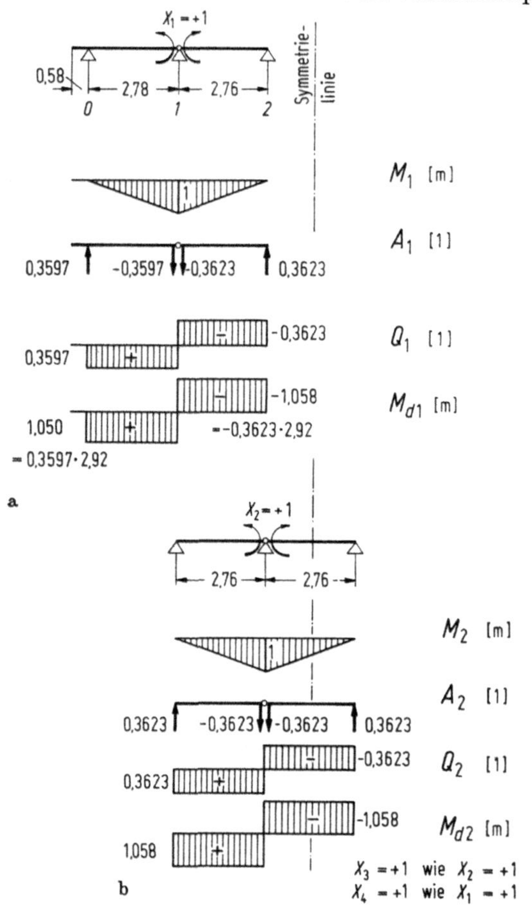

Abb. 2.140. Statisch Unbestimmte X_i ($i = 1, 2, 3, 4$) im Grundsystem (Beispiel 24).

Das Schnitt-Torsionsmoment D_0 [Mpm] ist z. B. im

Schnitt 5_{rechts}:	$12{,}59 \cdot 0{,}38$	$= 4{,}8$
5_{links}:	$4{,}8 - 44{,}06 \cdot 2{,}92$	$= -123{,}9$
4_{rechts}:	$-123{,}9 - 60{,}33 \cdot 0{,}38$	$= -101{,}0$
4_{links}:	$-101{,}0 - (29{,}95 + 28{,}85) \cdot 2{,}92$	$= -272{,}7$
3_{rechts}:	$-272{,}7 + 59{,}89 \cdot 0{,}38$	$= -249{,}9$
.		
.		
.		
0_{rechts}:	$-725{,}8 + 60{,}33 \cdot 0{,}38$	$= -702{,}9$
0_{links}:	$-702{,}9 - 44{,}06 \cdot 2{,}92$	$= -826{,}8 = \text{max.}$

Es wird

$$\delta_{10} \text{ infolge } D_0\text{: } 1{,}014\left[\tfrac{1}{2} \cdot 1{,}050(-702{,}9 - 725{,}8)\, 2{,}78 + \tfrac{1}{2}(-1{,}058)\,(-554{,}1 - 576{,}9)\, 2{,}76\right] = -440{,}1$$

$$\text{infolge } M_0^1\text{: } \tfrac{1}{6} \cdot 1\,(-3{,}65)\, 2{,}78 + \tfrac{1}{3} \cdot 1\,(20{,}96 \cdot 2{,}78 + 20{,}66 \cdot 2{,}76) = 36{,}7$$

$$\text{infolge } Q_0^1\text{: } 11{,}32\left[\tfrac{1}{2} \cdot 0{,}3579\,(31{,}47 - 28{,}85)\, 2{,}78\right] = 14{,}7$$

$$\delta_{10} = -388{,}6$$

analog wird

δ_{20} infolge D_0: $-450,3$

infolge M_0[1]: $38,0$

infolge Q_0[1]: 0

$\delta_{20} = -412,3.$

Ferner wird z. B.

δ_{11} infolge D_1: $1,014(1,050^2 \cdot 2,78 + 1,058^2 \cdot 2,76) = 6,241$

infolge M_1: $\frac{1}{3} \cdot 1^2 \cdot 2,78 + \frac{1}{3} \cdot 1^2 \cdot 2,76 = 1,847$

infolge Q_1: $11,32(0,3597^2 \cdot 2,78 + 0,3623^2 \cdot 2,76) = 8,173$

$\delta_{11} = 16,261.$

Wegen der Symmetrie bezüglich der Lageranordnungen ist $\delta_{10} = \delta_{40}$, $\delta_{20} = \delta_{30}$; $\delta_{11} = \delta_{44}$, $\delta_{22} = \delta_{33}$; $\delta_{12} = \delta_{21} = \delta_{23} = \delta_{32} = \delta_{34} = \delta_{43} = 0$ und $\delta_{13} = \delta_{31}$, $\delta_{14} = \delta_{41}$, $\delta_{24} = \delta_{42} = 0$.

Das System der Elastizitätsgleichungen lautet demnach

	X_1	X_2	X_3	X_4		
(1)	16,261	−6,774	0	0	−388,6	= 0
(2)	−6,774	16,308	−6,774	0	−412,3	= 0
(3)	0	−6,774	16,308	−6,774	−412,3	= 0
(4)	0	0	−6,774	16,261	−388,6	= 0

und ergibt

$$X_1 = X_4 = 59,54, \quad X_2 = X_3 = 85,54.$$

Als Lagerkräfte erhält man nach Gl. (226)

$$A_0 = 44,06 + 59,54 \cdot 0,3597 = 65,48 \text{ [Mp]} = A_5$$

$$A_1 = 46,80 \text{ [Mp]} = A_4,$$

$$A_2 = 50,48 \text{ [Mp]} = A_3;$$

für alle 6 Lager $A = 325,5$ [Mp],

was dem Wert $A = q_x L = 21,7 \cdot 15 = 325,5$ [Mp] entspricht.

Die „mittlere Lagerkraft" beträgt $A_{\text{mittel}} = 325,5 : 6 = 54,25$ [Mp]. Die Lagerkräfte sind in Abb. 2.139h aufgetragen.

Analog ergeben sich die endgültigen Biegemomente, Querkräfte und Torsionsmomente. Abb. 2.139f zeigt die Biegemomente, Abb. 2.139g die Querkräfte. Der Verlauf der Torsionsmomente D ist ähnlich dem der D_0-Torsionsmomente im Grundsystem; sie sind in Abb. 2.139e in eckigen Klammern angegeben. Es ist $D_{0\max} = D_{\max}$.

Die maximale Schubspannung aus Torsion tritt am angetriebenen Klappenende auf. Sie beträgt mit Gl. (151a)

$$\tau_d = \frac{826,8}{2 \cdot 0,008 \cdot 8,55} = 6050 \text{ [Mp/m}^2\text{]} \mathrel{\hat{=}} 605 \text{ [kp/cm}^2\text{]}.$$

Hinzu kommt die Querkraftschubspannung, deren Maximum in Höhe der Querschnitts-Nullinie liegt (Abb. 2.137a) mit

$$\tau_Q = \frac{Q\,S}{I_{YY}\,t} = \frac{52,89 \cdot 0,04586}{0,0827 \cdot 0,008} = 3890 \text{ [Mp/m}^2\text{]} \mathrel{\hat{=}} 389 \text{ [kp/cm}^2\text{]}.$$

[1] Siehe Fußnote 1 auf S. 244. Die Beiträge sind von Haus aus klein.

Die Gesamtverdrehung des VKö wird nach **Tab. 23** näherungsweise

$$\varphi = \frac{(21{,}7 \cdot 2{,}54)\,15^2}{2 \cdot \dfrac{2{,}1}{2{,}6} \cdot 10^7 \cdot 0{,}212} = 3{,}61 \cdot 10^{-3},$$

d. h., das Klappenende erfährt eine Verschiebung parallel zur X-Richtung von $v_X = 3{,}61 \cdot 10^{-3} \cdot 5{,}84 = 0{,}021$ [m].

2.12.1.3 Abgestufte Wandstärke

Häufig wird zur besseren Materialausnützung bezüglich der Schubspannungen die Wandstärke von Stau- und Rückwand abgestuft (Abb. 2.141). In der Berechnung nach den vorhergehenden Abschnitten ändern sich dadurch lediglich die Querschnittswerte. Im allgemeinen braucht man die sprungartige Änderung der Schubmittelpunktsachse nicht zu berücksichtigen.

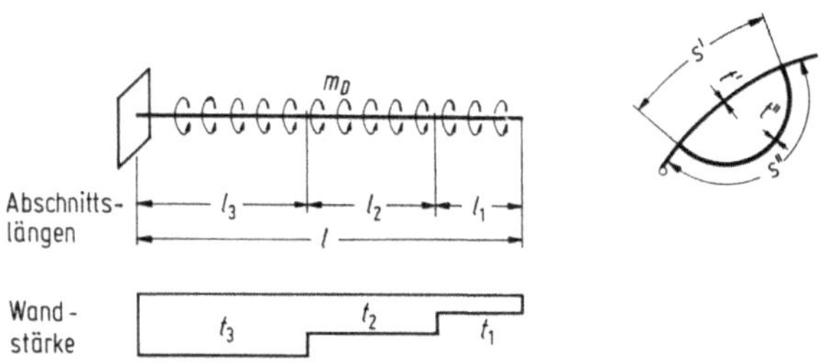

Abb. 2.141. Zur Verdrehung der einseitig angetriebenen Klappe bei abgestufter Wandstärke (3 Bereiche).

Die Gesamtverdrehung des VKö einer einseitig angetriebenen Fischbauchklappe ergibt sich z. B. für eine 3fache Abstufung zu

$$\varphi = \frac{m_D}{4G\,\dot{F}^2}\left\{\frac{l_1^2}{2}\left(\frac{s_1'}{t_1'} + \frac{s_1''}{t_1''}\right) + \left(\frac{l_2^2}{2} + l_1\,l_2\right)\left(\frac{s_2'}{t_2'} + \frac{s_2''}{t_2''}\right) + \right.$$

$$\left. + \left(\frac{l_3^2}{2} + [l_1 + l_2]\,l_3\right)\left(\frac{s_3'}{t_3'} + \frac{s_3''}{t_3''}\right)\right\}. \qquad (227)$$

2.12.1.4 Einfluß von Anzahl der Lager und elastischer Nachgiebigkeit der Sohle

Zum Vergleich mit den im Beispiel 24 ermittelten Lagerkräften sind in Abb. 2.139h die Lagerkräfte für dieselbe Fischbauchklappe unter derselben Belastung, jedoch mit 21 Lagern (anstatt 6) nach [*116*] angegeben. Die gestrichelte Linie (aus Symmetriegründen nur für eine Klappenhälfte gezeichnet) entspricht mit $\varkappa = 0$ nach Gl. (224) starren Querschotten bzw. einer starren Sohle. Die beiden Außenlager weisen eine beachtlich höhere Belastung (Spitzenbelastung) als die inneren Lager auf. Diese ist um so größer, je enger die Lagerabstände sind bzw. je größer die Anzahl der Lager ist.

Die Spitzenbelastung der Außenlager wird erheblich abgebaut, wenn die elastische Nachgiebigkeit der Querschotte und der Sohle in Betracht gezogen wird (vgl. die punktierte, für $\varkappa = 220$ gültige Linie in Abb. 2.139h). Bezüglich der rechnerischen Erfassung elastischer Querschotte und/oder elastischer Sohlennachgiebigkeit sowie bezüglich des Lastfalls ,,ungleichmäßige Erwärmung von Stau- und Rückwand" wird auf die Originalliteratur [*116*, *117*] verwiesen. [*117*] behandelt die stetige Lagerung an der Sohle (Scharniere), erfaßt jedoch nicht die Verformungen aus den Querkräften, die nicht grundsätzlich vernachlässigbar sind.

2.12.2 Verschlußkörper der Klappe als Faltwerk

Eine Untersuchung der torsionselastischen Klappe als Faltwerk wurde für starre Querschotte, jedoch unter Einbeziehung der Gleitverzerrung bei [*118*] angestellt. Dort wird gezeigt, daß die Gleitverzerrung, welche in der Regel bei offenen Querschnitten untergeordnete Bedeutung hat, beim Faltwerk mit geschlossenem Gesamtquerschnitt nicht immer vernachlässigt werden kann.

2.13 Hakenschütz

Der VKö des *Unterschützes* (Abb. 2.142a) entspricht dem 2seitig gelagerten VKö mit offenem oder geschlossenem Gesamtquerschnitt. Er erhält außer seiner eigenen Belastung (z. B. infolge Wasserdruck) über die Stiele des Oberschützes Einzellasten C_i, deren Summe

$$C = \sum_{i=1}^{i=n} C_i \tag{228a}$$

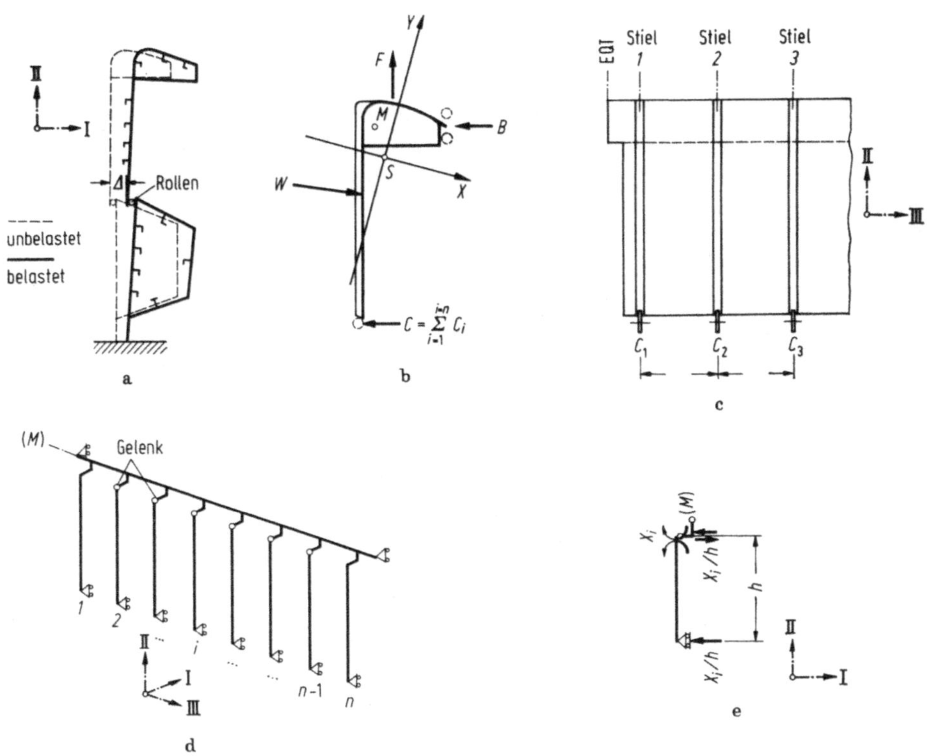

Abb. 2.142. Hakenschütz, schematisch.
a) Querschnitt in VKö-Mitte; b) Querschnitt des Oberteils (die Längsrippen sind weggelassen); c) Ansicht des Oberteils; d) Grundsystem des Oberteils (isometrisch); e) statisch Unbestimmte im Grundsystem.

aus dem Oberschütz (statisch bestimmt) ermittelbar ist. Die Belastung aus dem Oberschütz kann näherungsweise als Gleichstreckenlast

$$c = C/l_D \tag{228b}$$

mit l_D = Belastungslänge des Wasserdrucks

angesetzt werden. Dies entspricht einer völligen statischen Trennung von Unter- und Oberschütz.

Der VKö des *Oberschützes* wird meist gemäß Abb. 2.142b als Kastenquerschnitt ausgeführt. Die Horizontalkomponente der Wasserdruckbelastung (einschließlich Wasserauflast bei Überströmung) wird durch die Rollen C der Stiele und die Rollen B der EQT übertragen, die Vertikalkomponente geht an den EQT in das Hubmittel F des Antriebs. Der Kastenträger des Oberschützes kann nach der Stabtheorie (biege- und torsionselastischer Stab) berechnet werden; er ist bei n Stielen[1] $(n - 2)$-fach statisch unbestimmt gelagert und an den EQT praktisch wölbfrei gestützt. Als statisch Unbestimmte können die am Anschluß der Stiele an den Kastenträger vorhandenen Momente bzw. Kräftepaare X_i nach Abb. 2.142e gewählt werden; das Grundsystem (Abb. 2.142d) enthält $n - 2$ Gelenke. Wegen der Symmetrie bezüglich der VKö-Mitte (Ebene $I-II$) verringert sich die Zahl der Unbekannten auf die Hälfte.

Wegen der bereits für die Berechnung des Unterschützes angewandten Vereinfachung (statische Trennung der beiden Schützteile) wird die Berechnung des Oberschützes einfach, wenn entweder eine starre Stützung der Rollen C_i oder planmäßige Stützensenkungen Δ entsprechend der horizontalen Durchbiegungslinie des Unterschützes [infolge Wasserdruckbelastung usw. und Belastung c nach Gl. (228b)] in Höhe der Rollen C zugrunde gelegt wird. Diese Annahme stellt eine sehr gute Näherung dar [*119*]). Der Gang der Berechnung ist im einzelnen in [*120*] beschrieben, so daß hier auf weitere Ausführungen verzichtet werden kann.

[1] Die Steifigkeit der Stauwand wird vernachlässigt; für die Ermittlung der Trägheitsmomente der Stielquerschnitte wird sie lediglich in Form der m. B. berücksichtigt.

B. Verschlüsse. Konstruktive Lösungen

3 Allgemeine Grundsätze

Als Verschlüsse (Schütze) werden die beweglichen Bauteile bezeichnet, deren Lage so verändert werden kann, daß sie Abflußquerschnitte versperren, teilweise oder ganz freigeben. Mit ihrer Hilfe wird der Wasserstand im Oberwasser auf einer gewünschten Höhe gehalten oder der Abfluß geregelt. Ferner können Geschiebe, Treibzeug und Eis, die sich im Oberwasser ansammeln, in das Unterwasser abgelassen werden. In Staustellung trennt der Verschluß das Oberwasser vom Unterwasser. Der Verschluß überträgt die durch den Wasserdruck erzeugten Lasten auf Pfeiler, Wehrboden oder sonstige Auflager.

Die zur Bewegung der Verschlüsse notwendigen Antriebe können ortsfest oder lageveränderlich sein. Die Bewegung der Verschlüsse oder einzelner Verschlußteile ist der Bauart entsprechend eine gleitende, rollende oder drehende. Dabei werden die Verschlüsse seitlich auf Schienen, Rollen oder Zahnstangen geführt, bewegen sich in besonderen Nischen oder schwenken um einen Drehpunkt.

Übersicht I gibt einen Anhalt der Abhängigkeit der Verschlußarten untereinander. Im Laufe der Zeit haben sich aus den verschiedenen, an die Verschlüsse zu stellenden Anforderungen gewisse Konstruktionsformen oder Typen entwickelt. Übersicht II ist ein Versuch, die Verschlüsse gruppenweise zusammenzustellen [*121–123*].

Als Grundforderung [*124*] an alle Schütze gilt, daß sie in der Abschlußlage gut dichten. Zudem muß der Verschluß in jeder Lage den auf ihn einwirkenden Wasserdruck aufnehmen und ohne Schwingungen in seiner Position verharren können. In der Regel wird verlangt:

a) Einhaltung des vorgeschriebenen Staues bei jeder Wasserführung;
b) Betriebssicherheit durch einfache und zuverlässige Bedienung;
c) geringe Unterhaltskosten;
d) unauffälliges Einfügen in die Landschaft.

Wehre werden in Europa im allgemeinen in engen, oftmals dicht besiedelten und erschlossenen Flußtälern errichtet. Die abfließende Wassermenge verändert sich zwar schnell, erreicht aber keine ausgesprochen extremen Schwankungen. Aus diesem Grunde haben die europäischen Wehre eine verhältnismäßig geringe Durchflußfläche. Allerdings verlangt die schnelle Änderung der Wasserführung eine genaue Regelung, eine große Betriebssicherheit und Anpassungsfähigkeit.

In Gebieten, die weniger dicht bevölkert sind, bei denen aber infolge des Klimas das Verhältnis des Mittelwassers zum Hochwasser weit ungünstiger liegt,

Übersicht I

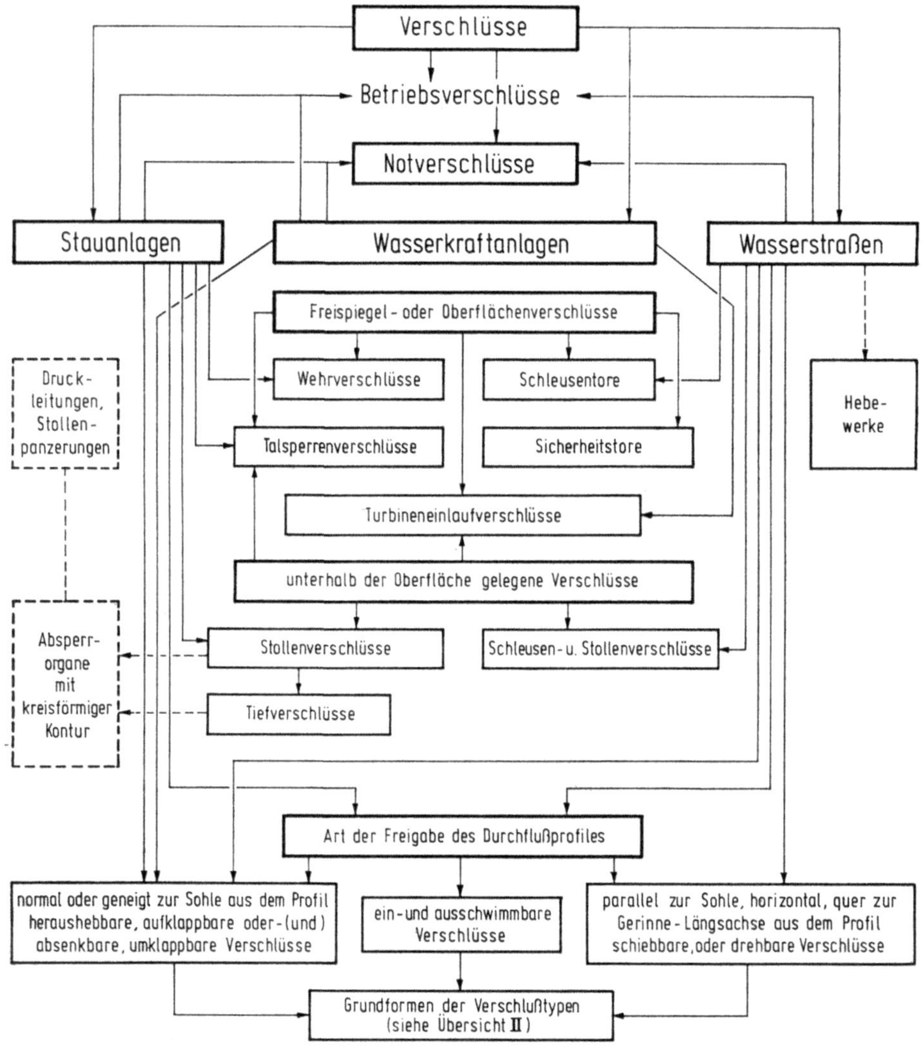

Abb. 3.1.

Erläuterungen und Fußnoten zu Abb. 3.2:

W Freispiegel-(Stau-)Verschluß, bewegliches Wehr.
S Freispiegel-(Schleusen-)Verschluß, Schleusentor.
SU Stollen-(Stau-)Verschluß oder Umlauf-(Schleusen-)Verschluß.
NF Notverschluß für Freispiegelwasserlauf.
NS Notverschluß für Stollen.

1 Segment mit o.w Drehlager.
2 Überholt durch 4.1, jedoch als Bock für 1.5 oder für Lehnenträger von 4.5.
3 Heute kaum mehr angewendet.
4 Kann in gewissem Sinne als aus 4.1 hervorgegangen angesehen werden.
5 Bei Senkbewegung oft mit sich abhebender Dichtung.
6 In der Regel nur für Hub.
7 In Staustellung hängt der Verschluß am Hubwerk oder an einer Verriegelung.
8 Die andere Abstützung erfolgt durch den Antrieb, durch die Differenz der Wasserdrücke, durch (umklappbare) Böcke 3.6, 4.1, oder durch Lehnenträger 4.5.
9 In Schließ-Stellung zwecks Dichtung an den Wehrboden durch Hubwerk angepreßt. Die Reaktionen werden durch die Gelenke, das Hubwerk und die Sohle aufgenommen.

Übersicht II

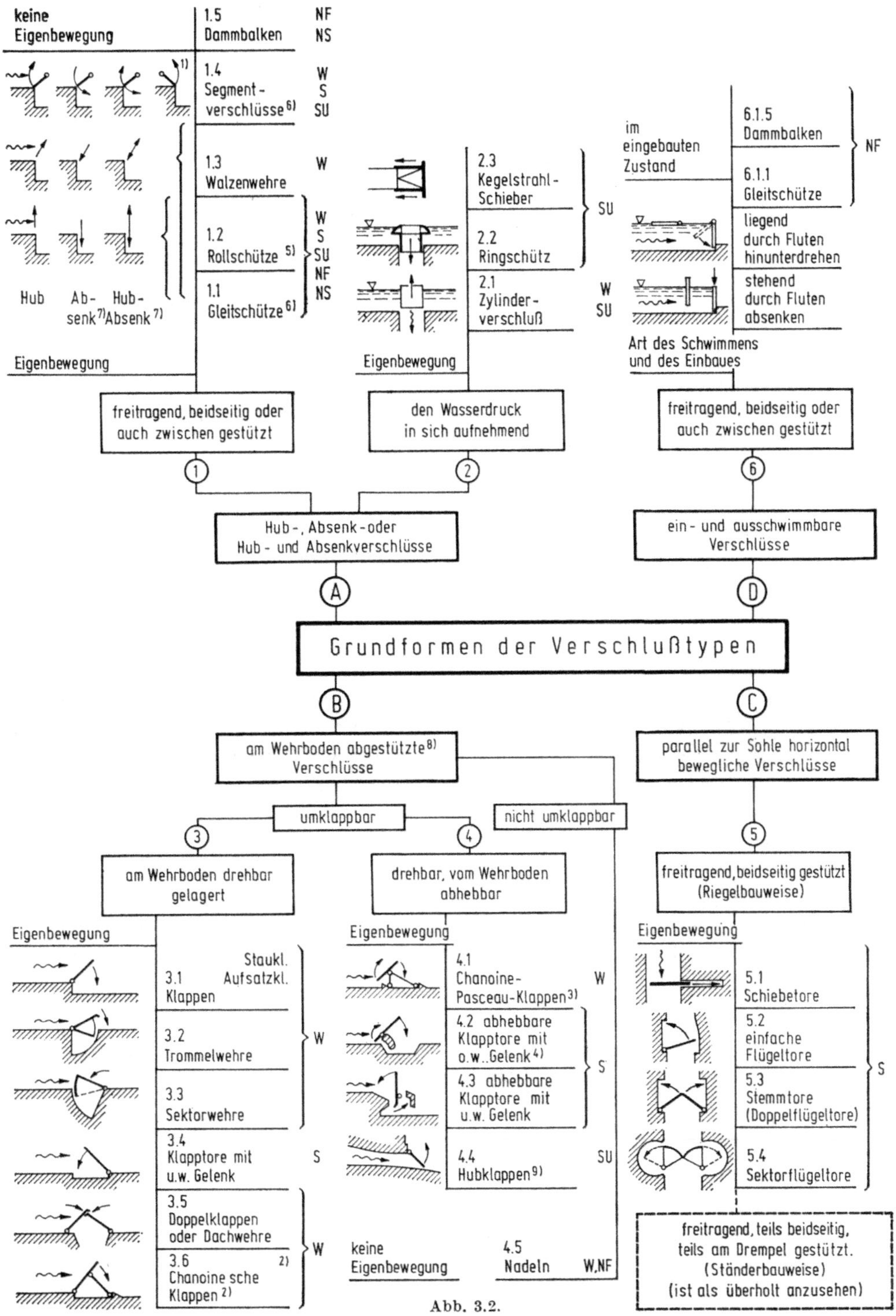

Abb. 3.2.

ferner auch die absolute Hochwassermenge in Europa bekannte Größen erheblich überschreitet, benötigt man eine größere Durchflußfläche mit sehr viel mehr Öffnungen. Solche Wehranlagen stehen im allgemeinen in Tälern, die oberwasserseitig bei Hochwasser ohne Schaden der Anlieger höher eingestaut werden dürfen. Wir finden hierbei nur einzelne Antriebe für mehrere Verschlüsse [*126*, *128*].

Führt ein Flußlauf viel Geschiebe, Sand oder feinen Kies, so ist es nicht ratsam, eine absenkbare Konstruktion zu wählen. Durchbiegungen des Schützkörpers, hervorgerufen durch den Wasserdruck und ungleichmäßige Ausdehnung infolge Temperaturdifferenzen auf OW- bzw. UW-Seite bewirken meist Undichtigkeiten an der Wehrsohle. Der mit Sand oder Kies gemischte Wasserstrahl kann sehr bald Schäden an Dichtung und Sohlenarmierung hervorrufen [*127*].

Bei Unterströmung bildet die untere Begrenzung des austretenden Strahles im allgemeinen die als völlig starr anzusehende Schwelle, auf der der Verschluß in Staustellung aufsitzt. Die obere Begrenzung bestimmt dagegen die Unterkante der Verschlußkonstruktion. Je nach vorhandener Druckhöhe ergeben sich in der Durchflußöffnung zwischen Schwelle und Verschluß örtlich größere Strömungsgeschwindigkeiten. Die Verschlußunterkante ist deshalb so auszubilden, daß sie wenig umströmte Fläche bietet und ein gutes Ablösen des Strahles erzwingt. Hieraus läßt sich ableiten, die Stauwand möglichst nach Oberwasser zu legen mit der Tragkonstruktion nach Unterwasser [*128*]. Die unterströmte Schneide sollte schmal sein. Dann finden die Unterdrücke wenig Angriffsfläche und können sich somit nur geringfügig auswirken. Allerdings ist auf eine ausreichend hohe Lage der unterwasserseitigen Tragkonstruktion zu achten, damit genügend Abstand zwischen Strahloberfläche und Konstruktion bleibt. Wählt man an Stelle einer Schneide einen Dichtungsbalken, so muß besonders auf seine strömungstechnisch günstige Form geachtet werden. Außer der Verschlußform beeinflußt auch die Sohlfläche des Wehrunterbaues den Abfluß. Bei Rückstau durch das Unterwasser kann sich durch einen strömungstechnisch falsch ausgebildeten Sohlenabsturz oder auch durch unbeabsichtigte, relativ geringfügige Sohlenabbrüche ein Ablösen des Schußstrahles einstellen. Es entstehen instabile Abflußvorgänge mit pulsierendem Schußstrahl. Dieser erzeugt — bei entsprechender Angriffsfläche der Konstruktion — infolge Sogwirkung — abwärts gerichtete hydrodynamische Zusatzkräfte [*129*]. Als geeignete Abhilfemaßnahmen gegen diese Störung bieten sich an:

Höherlegen des untersten Trägers des Schützes;
Anordnung der Trägerflansche nach oben;
Anordnung von Löchern im Trägersteg;
Ausführung einer geraden und glatten Sohle, damit der Strahl sich nicht aufbäumen kann [*130*].

Muß die Stauwand nach Unterwasser gelegt werden, so ragt die Tragkonstruktion des Verschlusses nach Oberwasser. Sie wird somit umströmt. Da der größte Unterdruck sich bei der größten Beschleunigung des Wasserteilchens innerhalb der Stromröhre einstellt, wäre es günstig, wenn die Tragkonstruktion außerhalb des Einflußbereiches der großen Beschleunigungsstrecken liegt. Das heißt, sie sollte von der Sohldichtung, soweit es konstruktiv und statisch zulässig ist, weggerückt werden. Dieser Lösung sind aber enge Grenzen gesetzt, so daß eine die Strömung anschneidende Konstruktion sich oft nicht vermeiden läßt. In dem Fall wählt man zweckmäßigerweise eine dem Strömungsbild verwandte Form der Verkleidung oder ein aufgelöstes Tragwerk mit Ausgleichsmöglichkeiten für örtliche Unterdrücke [*131*].

Zur Bauart der Hauptträger läßt sich ganz allgemein sagen, daß ein tief liegender Vollwandträger als unterster Träger nicht gut geeignet ist, weil bei Unterströmung leicht ein Unterdruck bzw. Sog sich ausbilden kann. Solche Träger müssen deshalb auf jeden Fall große Löcher erhalten, schon allein deswegen, damit sie beim Anheben nicht eine zu große Wasserlast mitnehmen. Sonst aber sind sie wegen ihrer Einfachheit und leichteren Unterhaltung sehr geeignet, wenngleich zwangsläufig dabei auch ein größeres Gewicht in Kauf genommen werden muß. Betriebliche Vorteile bietet die Kastenbauform, wie glatte Oberfläche gegen das Unterwasser, gewisser Frostschutz für die Stauwand usw.

Die aufgelöste torsionsweiche Bauweise hat den Vorteil, daß sich ungleichmäßige Setzungen der Pfeiler, Ungenauigkeiten der Laufbahn und geringe Verschiebungen der Tragkörperlage auf die Beanspruchung des Tragwerkes und auf die Belastung der Laufrollen und Windwerke nicht so stark auswirken. Wegen der gleichmäßig verteilten Last wird sehr häufig der Fachwerkträger ohne Diagonalen (Seilpolygonträger) oder der Vierendeelträger mit parabelförmigem Gurt benutzt. Es verringert sich die Anzahl der Einzelstäbe gegenüber der Fachwerkausbildung beträchtlich. Auch die leichtere Unterhaltung des Anstriches und das bessere Aussehen der großflächigen Trägerkonstruktion sind oft maßgebend für diese Wahl, ebenso die Verringerung der Gefahr, daß sich Treibzeug und Fremdkörper im Tragwerk festsetzen.

Die Lagerung des Verschlußkörpers als statisch unbestimmtes System setzt voraus, daß die Auflagerpunkte in einer Ebene liegen. Die Montagearbeiten müssen daher insbesondere bei torsionssteifen Systemen besonders gewissenhaft ausgeführt werden. Überall dort, wo Pfeilerschiefstellungen zu befürchten sind, ist eine torsionssteife Ausbildung der Tragwerke unzweckmäßig.

Im Gegensatz zur Wehranlage ist die *Talsperre* eine feste Stauanlage, die nicht nur den Flußbereich, sondern den ganzen Talquerschnitt, und zwar meist erheblich über dem höchsten Hochwasserstand, abschließt. Im Staubecken wird der Zufluß über eine mehr oder weniger lange Zeitdauer gespeichert. In Zweifelsfällen ist eine Stauanlage als Talsperre anzusprechen, wenn die Speicherung Hauptzweck ist. Die bei Wehren üblichen Verschlüsse lassen sich zum größten Teil auch als Überlaufschütze an Talsperren verwenden. Zusätzlich werden bei dieser Bauform sogenannte Tiefschütze eingesetzt.

Für *Wasserkraftanlagen* kommt man bei Niederdrucklaufwerken im allgemeinen mit Dammbalken aus, die im ruhenden oder nur schwach fließenden Wasser eingesetzt werden. Die Francis-Turbinen der Mitteldruckanlagen, aber auch die Kaplan-Turbinen größerer Fallhöhen, müssen jedoch durch schnellschlußfähige Notschütze gesichert werden, die auch gegen die Strömung schließen können [*132*].

Bei *Wasserstraßen* wird die lichte Weite des Verschlusses in der Regel der nutzbaren Breite der Schleuse, des Docks oder des Kanals angepaßt.

Die hydrostatische Belastung und die Konstruktionshöhe der Schleusenobertore sind unabhängig vom Schleusengefälle. Sie richten sich nach den Oberwasserständen und der Höhenlage des Drempels. Für das Untertor ist jedoch das größte überhaupt mögliche Schleusengefälle maßgebend.

Bei hochliegendem Drempel gelangt das Füllwasser bei Füllung nur durch das Obertor im freien Fall in die Vorkammer. Während des ersten Teiles der Füllung, bei der der Kammerwasserspiegel noch unter der Oberkante des hochliegenden Drempels liegt, ist zur Beschleunigung der Füllwassermenge nur die Druckhöhe zwischen Drempeloberkante und Oberwasserspiegel wirksam. Bei tiefliegendem Drempel hat das Obertor den Wasserdruck der gesamten Hubhöhe aufzunehmen. Diese Lösung führt im Extrem zur Kammer ohne Drempel [*133*]. In welchem Fall ein hoch- oder tiefliegender Drempel anzuwenden ist, läßt sich allgemein nicht festlegen.

Bei Torumläufen hat das Tor nur die Aufgabe, als Verschluß der Kammer zu dienen. Die Umläufe werden als Kanäle im Massivteil des Hauptes um das Tor geführt und münden unter oder hinter dem Drempel unmittelbar an der Sohle wieder aus.

Die hierfür gebräuchlichen Verschlüsse entsprechen denen in Längskanälen. Sie sind möglichst als Art Tiefschütze unter dem Unterwasserstand einzubauen, damit während des Füllvorganges Luft nicht mitgerissen werden kann [*134*]. Torumläufe sind sowohl bei hochliegendem als auch bei tiefliegendem Drempel möglich. Ferner kann durch Seitenkanäle oder Grundläufe gefüllt werden [*135,136*].

Bei der kombinierten Füllung wird die Kammer nicht nur durch die Kanäle, sondern gleichzeitig auch durch das Obertor gefüllt. Da die Füllung in möglichst kurzer Zeit beendet sein soll, muß der Füllquerschnitt des Obertores spätestens mit Ende der Füllung ganz freigegeben sein. Freigabe und Bewegungsgeschwindigkeit der Schütze im Grundlauf und der des Obertores sind derart aufeinander abzustimmen, daß durch gegenläufige Schwingungserscheinungen des Wasserspiegels in der Kammer die Schiffe in ruhiger Lage gehoben werden [*137*].

Die Hubgeschwindigkeit der Füllschütze oder die zeitliche Freigabe des Füllquerschnittes beeinflußt sowohl die Füllzeit der Schleuse als auch die Größe der Schiffskräfte. Die Füllzeit T_F verändert sich bei Wahl einer anderen Hubzeit t_1 der Füllschütze oder Freigabezeit des Querschnittes nur um die halbe Hubzeitdifferenz $\Delta t/2$, wenn $t_1 \leqq T_F$ ist [*138*]. Zur graphischen Ermittlung der Füllzeiten in Abhängigkeit des Querschnittes und der Hubhöhe s. [*139a, 139b*]. Gelegentlich werden Schleusen auch zur Hochwasserentlastung mit herangezogen [*313*].

4 Verschlüsse für Stauanlagen

4.1 Wehre

4.1.1 Gleitschütz

Hierbei handelt es sich um die einfachste Form eines Verschlusses. Bei solch einer Konstruktion kleiner Abmessungen besteht die Möglichkeit, den waagerechten Wasserdruck über Gleitbahnen auf die Pfeiler zu übertragen. Dementsprechend ist dann beim Bewegen des Schützes gleitende Reibung zu überwinden. Die Gleitbahn in der Pfeilernische ist gleichzeitig Dichtungsebene, wobei der Wasserdruck auf das gesamte Schütz als Dichtungsdruck wirkt. In geschlossener Stellung sitzt der Verschluß auf der Wehrsohle auf [*140*].

4.1.2 Rollschütz

Laufrollen sind in den Endschotten gelagert. Der Abstand zueinander ist dem unterschiedlichen Wasserdruck angepaßt, damit jede Rolle möglichst die gleiche Last auf die Laufschiene in der Nische überträgt. Bei fest mit dem Schütz verbundenen Rollen gemäß (Abb. 4.1) sind dann klare statische Verhältnisse vorhanden, solange auf jeder Seite nur 2 Rollen liegen. Mehrere Rollen kann man in einem besonderen Rollenträger nach der Bauart der Abb. 4.4 jeweils unter einem Hauptträger anordnen. Dann ist wenigstens die Schützlagerung in sich statisch bestimmt. Unbestimmtheiten können dann noch aus ungleicher Seitenlage der Rollen, Toleranzen im Durchmesser und Unebenheiten der Laufbahn entstehen.

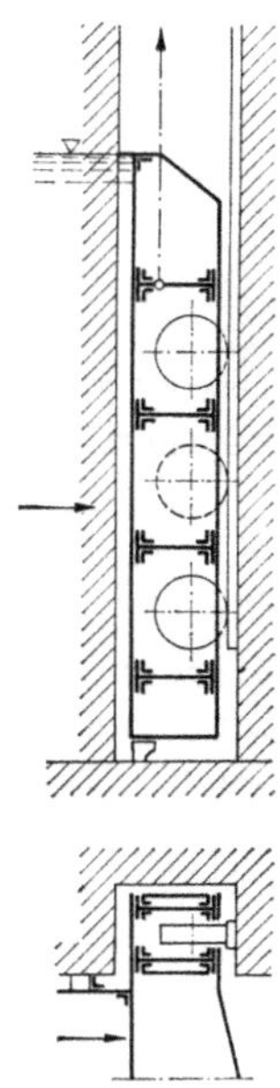

Abb. 4.1. Rollschütz mit festen Rollen.

Auch durch Trennung der Stauwand (s. Abb. 4.48) ist bei einer größeren Zahl von Rollen eine statisch günstigere Aufteilung zu erreichen. Diese Aufteilung hat für die Montage zusätzlich noch den großen Vorteil, das Schütz bei entsprechender Wahl als ganzes Teil fertig zur Baustelle zu bringen. Hierdurch erleichtert sich die Baustellenarbeit, und die Maßhaltigkeit kann in der Werkstatt voll erreicht werden [*141*, *142*]. Die wasserdichte Verbindung der beiden Schütztafeln schafft ein horizontal zwischen den Tafeln liegendes Dichtungselement.

Es lassen sich natürlich auch beide Tafeln trennen, jeder Verschlußteil wird für sich bewegt. Wir haben dann das Doppelschütz. Ober- und Unterschütz werden unmittelbar aufeinandergesetzt und benutzen eine gemeinsame Laufbahn. Bei einer Drei- oder noch höheren Teilung und nicht zu großer Höhe nähern sich die Schützteile immer mehr der Dammbalkenform.

Da die Nischen möglichst klein gehalten sein sollen, werden größere Verschlüsse nach den Enden hin beigezogen. Die hieraus resultierende konstruktive Erschwerung und der wirtschaftliche Nachteil werden durch die Vereinfachung im Tiefbau und gegebenenfalls durch hydraulische Vorteile wieder aufgefangen.

Bei großen Schützen bleiben in der Regel die Rollenträger vollständig vom Verschlußkörper getrennt, so daß hier sogenannte Rollenwagen entstehen. Zwischen diesen und dem Schütz werden Kippplatten und -stelzen eingebaut, um eine zwangsfreie Verdrehung (= Neigung der Biegelinie) der Hauptträger zu erreichen. Durch Mitnehmer bleiben die Rollenwagen jedoch fest mit dem Schütz verbunden (s. Abb. 17.2).

Je mehr Rollen, desto geringer wird der Lastanteil und damit der Rollendurchmesser. Durch Kombination einer oder mehrfacher Schützteilungen mit entsprechender Rollenanordnung läßt sich in den meisten Fällen eine statisch klare Lagerung finden. Bei einer Vielzahl von Rollen an einer Schütztafel finden wir zwar Rollen kleinsten Durchmessers, aber dafür eine vielfach statisch unbestimmte Lagerung [*143*].

Zur Konstruktion von Rollschützen läßt sich folgendes allgemein feststellen [*144*]. In der Regel versucht man beim *Trägerschütz* mit zwei Hauptträgern auszukommen. Man erhält dann 4 Gurte und spricht vom Viergurtschütz (Abb. 4.2).

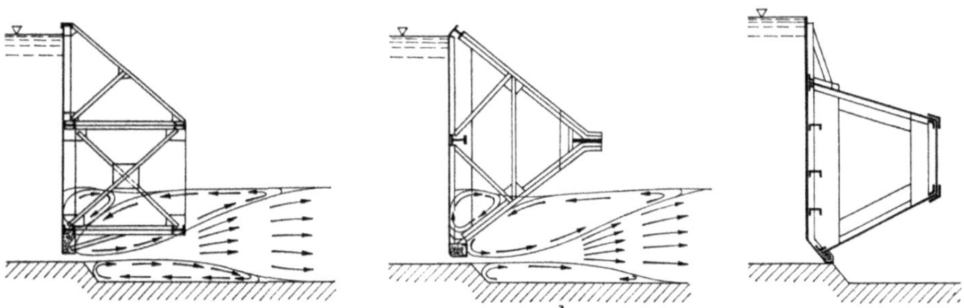

a b c

Abb. 4.2a–c. Verschiedene Rollschütze.
a) Viergurt; b) Dreigurt; c) Kasten.

Diesem sind entwicklungsgeschichtlich das Dreigurtschütz und später das Kastenschütz gefolgt.

Beim Dreigurtschütz werden die beiden Hauptträger gegeneinander geneigt, so daß die beiden Untergurte zusammenfallen. Für die Einführung des Dreigurtschützes im Wehrbau waren mehrere Gründe maßgebend. Durch die Zusammenlegung der 2 Untergurte sollte eine Gewichtsersparnis eintreten. Die Erfahrungen haben aber gezeigt, daß die bei dieser Konstruktion unvermeidlich schiefen Anschlüsse den an sich schon nicht sehr großen Materialvorteil durch ein Mehr an Werkarbeit aufwiegen.

Die Dreigurtanordnung besitzt eine große Torsionssteifigkeit, die beim Viergurtschütz nur durch die Anordnung eines entsprechend starken hinteren Vertikalverbandes erreicht werden kann. Die große Torsionssteifigkeit ist beim Dreigurtschütz aber auch notwendig wegen der exzentrisch angreifenden Wasserdruckresultierenden.

Beim Viergurtschütz können die beiden Hauptträger in ihrer Höhenlage so angeordnet werden, daß Torsion nicht auftritt. Wesentlicher ist, daß beim Dreigurtschütz der Untergurt fast immer für die Unterhaltung zugänglich ist, weil er über dem Unterwasserspiegel liegt, und daß er bei Unterströmung dem schießenden Strahl mit Sicherheit entzogen ist. Als weiterer Vorzug läßt sich eine Aufsatzklappe für die umgelegte Stellung besser unterbringen als bei anderen Schützsystemen

Für das Dreigurtschütz (mit Klappe s. Abb. 4.5) wurde schon vorgeschlagen, für die Gurte Rohre zu verwenden und auch die Diagonalen aus Rohrprofilen herzustellen [*145*]. Statisch eine zwar günstige Lösung, in der Verarbeitung (besonders die Ausbildung der Knoten) schwierig.

Das *Kastenschütz* mit trapezförmigem Querschnitt hat ähnliche Vorteile wie das Dreigurtschütz. Es ist sehr torsionssteif und robust. Ferner kann sich grobes Treibzeug im Schütz nicht ablagern. Allerdings legt sich je nach Eintauchtiefe und Schwebstoffgehalt im Kasten Fremdmaterial ab, für dessen Entfernung konstruktiv Vorsorge zu treffen ist. Das Kastenschütz ist jedoch meist schwerer und in der Ausführung teurer.

Beim Kastenschütz wird als Tragsystem ein eckiger, trapezförmiger oder auch abgerundeter Querschnitt (mit Klappe s. Abb. 4.6) gewählt. Als geschlossener Querschnitt eignet das Schütz sich auch gut als Absenkverschluß (Abb. 4.3). Dann sitzt es nicht auf der Wehrschwelle auf, sondern es wird hinter dieser auch abwärts verfahren. Die Sohlendichtung muß aber eine solche Bewegung zulassen. Normalerweise ist der Absenkweg begrenzt, weil sonst eine sehr tiefe Wehrgrube erforderlich wäre. Auch ist in der Regel nur eine Feinregulierung oder das Ablassen von Eisschollen und Treibzeug beabsichtigt. Allerdings wird eine geringere Absenkmöglichkeit als etwa 1,0 m in den meisten Fällen diesen Zweck nicht erfüllen.

Soll mehr Wasser abgeführt werden oder ist der Durchfluß für ein Hochwasser freizugeben, so wird auch das Absenkschütz aus der Öffnung herausgehoben wie ein normales Schütz. Der Absenkverschluß muß an der überströmten Oberkante, die etwaigen Stößen ausgesetzt wird, robust und widerstandsfähig sein.

Auch empfiehlt es sich, am Ende des Überfallrückens Stahlaufreißer anzusetzen, um Schwingungen vorzubeugen. Es läßt sich zwar der rückseitige, an das Ende des Überfallrückens anschließende gebogene Zuggurt durch eine gerade, parallel zur Stauwand verlaufende Kastenseite ersetzen. In diesem Fall sollte man den Überfallrücken um ein bestimmtes Maß (z. B. 10 cm) noch nach UW weiterziehen. Es findet dann der abzuleitende Strahl eine eindeutige Ablösung. Löcher in der unterwasserseitigen unteren Schrägen dürfen nicht vergessen werden, damit Belüftung von den Pfeilern her möglich ist und beim Absenken Wasser in den Kasten dringen kann.

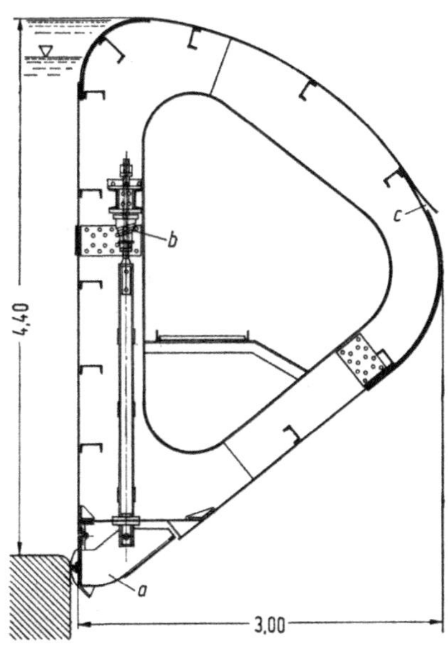

Abb. 4.3. Absenkschütz (Noell). *a* Dichtungsbalken; *b* Feder; *c* Strahlaufreißer.

4.1.3 Rollschütz mit Klappe

Werden Überströmungen bis zu 25% der Stauhöhe gewünscht, um Eis und Treibzeug abzuführen, dann lassen sich die im Abschn. 4.1.2 angegebenen Verschlüsse, wenn sie zusätzlich eine Regulierklappe erhalten, verwenden.

Bei Gesamthöhen bis zu etwa 10,0 m sowie Lichtweiten bis zu 18,0 m und einem Wasserdruck bis zu 600 Mp ist diese Bauart noch günstig. Bei diesen und kleineren Abmessungen wird ein Schütz mit Klappe sowohl wirtschaftlich als auch betrieblich dem Haken-Doppelschütz (s. Abschn. 4.1.4) gleichwertig oder überlegen. Die Klappenhöhe sollte allerdings möglichst 3,0 m, besser noch 2,5 m, nicht überschreiten [*146*].

Für die Bemessung der Aufsatzklappen bei Rollschützen und für die des Antriebes ist eine genaue Kenntnis der auf die Klappe wirkenden Kräfte erforderlich. Die Lagerung von Aufsatzklappen kann mittels Scharnieren, durch Segmentschalen oder Bolzen erfolgen. In den Lagern der Aufsatzklappen an beweglichen Wehrkörpern treten gegenüber denjenigen an einer fest an der Wehrsohle angelenkten Klappe Zusatzkräfte auf, da die Klappenkonstruktion der Durch-

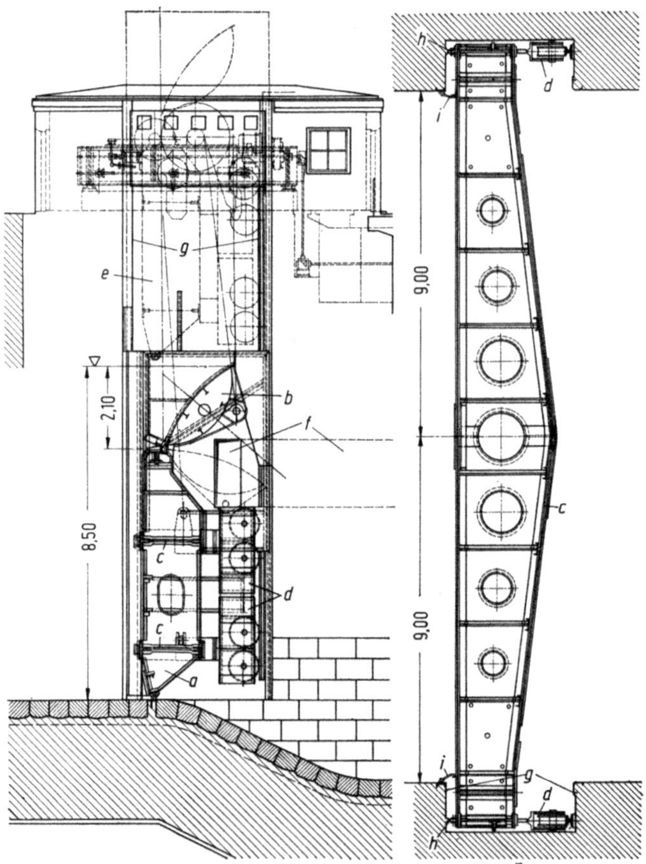

a b

Abb. 4.4a u. b. Viergurtschütz mit Klappe (MAN).
a) Querschnitt; b) Draufsicht auf einen Hauptträger.
a Rollschütz; *b* Klappe; *c* Hauptträger; *d* Rollenwagen; *e* Schütz in gehobener Stellung; *f* Belüftung; *g* Schutzwinkel; *h* Gegenführung; *i* Dichtung.

biegung des Verschlusses (z. B. Rollschütz) infolge von Wasserdruck und Eigengewicht folgen muß.

Die Erfahrungen und theoretische Untersuchungen haben gezeigt, daß insbesondere auch bei der segmentartigen Klappenlagerung durch Wahl einer Überhöhung – je nach Lichtweite und Stauhöhe 0,75 bis 0,85 der Durchbiegung des Verschlusses in Höhe der Lager – die Zusatzpressungen in den Lagerschalen aus der Deformation des Rollschützes klein gehalten werden können.

Ein Viergurtschütz mit Klappe für 8,50 m Stau und einer Lichtweite von 18,0 m zeigt Abb. 4.4. Die beiden Hauptträger in Trapezform sind nach der Mitte zu verstärkt, um an Bauhöhe zu sparen. Die Vollwandträger weisen große Wasserlöcher auf, damit Wasser und möglichst auch Schwebstoffe und Geschwemmsel ungehindert abfließen können. Die Klappe mit durchgehendem Scharnierlager wird seitlich vom Pfeiler her bei überströmendem Wasser belüftet. Zwei Rollenwagen je Seite leiten den Wasserdruck in der Nische auf die Laufschienen.

Das Dreigurtschütz mit Aufsatzklappe (Abb. 4.5) schließt eine 30,0 m breite Öffnung. Die Stauhöhe beträgt 5,6 m einschließlich 0,3 m Freibord. Das Dreigurtschütz besteht aus der Stauwand als Obergurt, mit den dahinterliegenden 2 Hauptträgern, deren Zuggurte zu einem einzigen Gurt vereinigt sind. Die Stau-

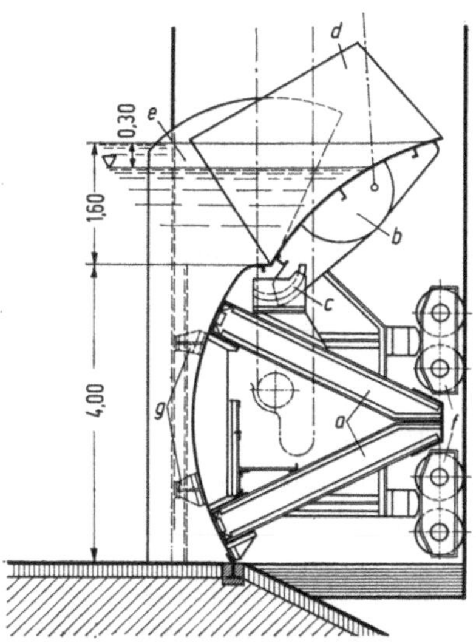

Abb. 4.5. Dreigurtschütz mit Klappe, gewölbte Stauwand (RU).

a Schütz; *b* Klappe; *c* Segmentdrehlager; *d* Seitenschild Klappe; *e* Seitenschild Rollschütz; *f* Rollenwagen; *g* Gegenführung.

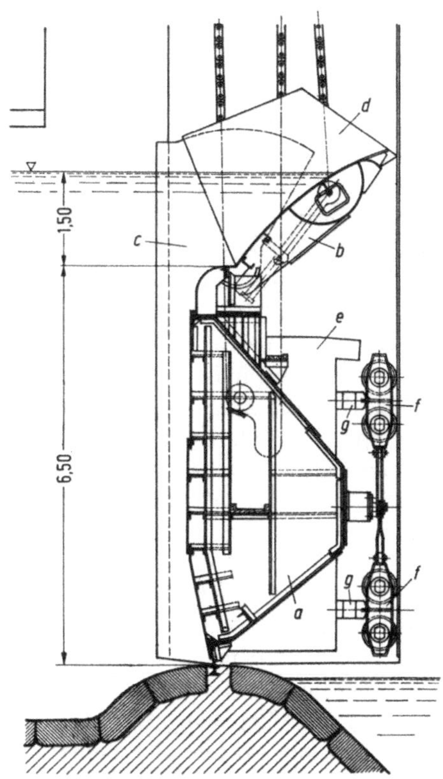

Abb. 4.6. Kastenschütz mit Klappe (RU).

a Schütz; *b* Klappe; *c* Schützseitenschild; *d* Klappenseitenschild; *e* Endschott; *f* Laufwagen; *g* Kippstelze.

wand, durch Querträger ausgesteift, ist zwischen den Gurten der beiden Hauptträger kreisförmig gebogen. Dadurch wird ein größtmöglicher Abstand zwischen Zug- und Druckgurten erreicht. Ferner ist ein rechtwinkliger Anschluß der Stauwand möglich, und der Drehpunkt der Klappe kann so weit nach Unterwasser gelegt werden, daß bei nur 1,60 m Klappenstauhöhe der Zuggurt vom Wasserband nicht getroffen wird.

Bei einem Kastenschütz (Abb. 4.6) für eine Lichtweite von 18,5 m ist der Schützkörper vollwandig ausgeführt und besitzt Trapezquerschnitt. Die Wasseraustrittslöcher auf der Unterwasserseite sind mit Sieben versehen. Die Stauwand ist horizontal durch U-Profile ausgesteift und im unteren Bereich abgeknickt, um die Vertikallast zu vermindern. Im Innern führt durch vertikale Querschotte ein Laufsteg. Die Klappe weist die übliche Fischbauchform auf und ist so bemessen, daß sie auch Stöße von Eisschollen und herantreibenden Baumstämmen aufnehmen kann [*147*, *148*]. Als Lager arbeiten Segmentdrehlager mit durchgehender Banddichtung, die einmal an die Stauwand des Schützkörpers und andererseits an die Stauwand der Klappe angeschlossen sind.

4.1.4 Hakendoppelschütz

Es besteht aus dem Ober- und dem Unterschütz, es ist also ein zweiteiliger Verschluß. Das Oberschütz bildet die Form eines Hakens mit möglicher Überströmung. Das Unterschütz ist in der Regel ein Rollschütz mit gerader Stauwand.

Bei einem Hakendoppelschütz (Abb. 4.7) mit geringerer Absenkbarkeit (20%) und kleinerer Spannweite (12,0 m) kann für das Unterschütz eine verhältnismäßig einfache Konstruktion gewählt werden. Die fünf Hauptträger sind getrennte I P Bv 600 (DIR), deren Flansche durch ein 20 mm starkes, rd. 90 cm breites Blech auf die erforderliche Konstruktionsbreite auseinandergeschoben wurden [*149*]. Ober- und Unterschütz haben einen getrennten Antrieb, der den jeweiligen Verschlußteil oben faßt. In dem Fall muß der Antrieb verhältnismäßig hoch über dem Wehrboden stehen. Zweckmäßiger ist es, mit einem tief angreifenden Hubmittel (Abb. 4.8) die Schütztafeln unten zu fassen, um sie an den Antrieben vorbeizuziehen. Dann kann der Antrieb verhältnismäßig tief liegen. Hohe Pfeiler werden dadurch gespart [*150*]. Die Windwerkshäuser ragen jetzt nur einige Meter über das Stauziel hinaus. Ober- und Untertafel werden manchmal durch ein gemeinsames Windwerk gehoben und gesenkt.

Die Größe der Absenkbarkeit ist von Wichtigkeit. Denn das untere Schütz muß um so weniger oft gezogen werden, je größer die über das abgesenkte Oberschütz abfließende Wassermenge sein kann. Eine möglichst seltene Bewegung des Unterschützes ist allein schon wegen der Erhaltung einer guten Dichtung erwünscht. Aber mehr als 35% Absenkbarkeit sind in der Regel nicht nötig. Denn soll das Oberschütz als Leerschuß wirken, wäre eine weit größere erforderlich. Allerdings verlangt die Aufrechterhaltung des Schiffahrtsbetriebes und auch eine mögliche Vereisung des Stauraumes die dauernde Bereitschaft der Wehrverschlüsse zur Abfuhr der aufgebrochenen Eismassen. Hierfür wird eine möglichst große Absenkbarkeit (Abb. 4.10, 42%) gefordert. Auch bei einem Kraftwerk muß bei Turbinenausfall (Netzzusammenbruch) etwa innerhalb 1 min die Schluckwassermenge der Turbinen über die Wehranlage abgeführt werden, um

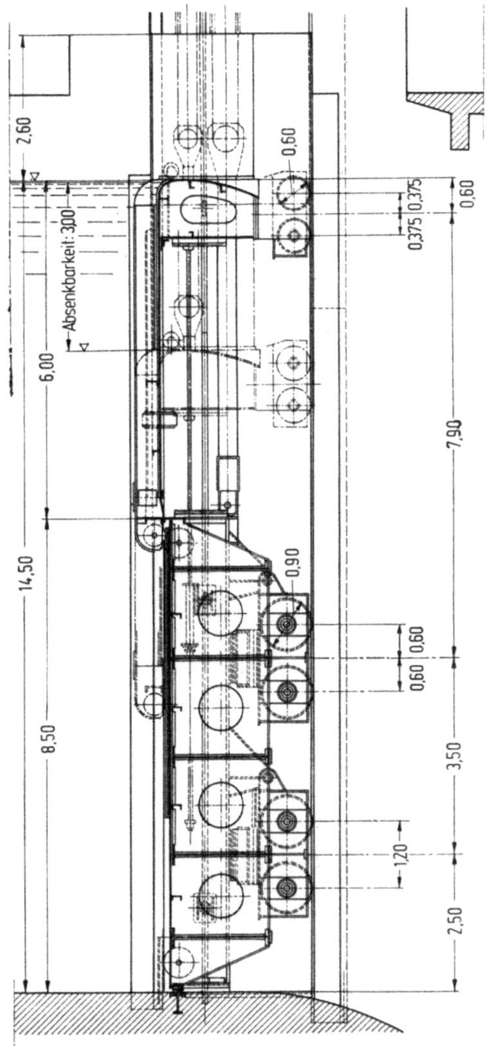

Abb. 4.7. Hakendoppelschütz, Oberschütz 20% absenkbar (Calzoni).

Schwall- und Sunkerscheinungen mit ihren Gefahren für die Schiffahrt zu vermeiden. Zur Erfüllung dieser Forderungen gilt das Hakendoppelschütz bisher als modernste und betriebssicherste Verschlußart.

Die Dichtungsschleifflächen der Horizontaldichtung, also die Rückseite der Oberschützstauhaut, wird oft aus Blechen hergestellt, die mit einer Schicht (z. B. 2 mm) aus austenitischem Chrom-Nickel-Stahl als Korrosionsschutz plattiert sind [*151*].

Um eine möglichst glatte Fläche (wegen der Dichtung) zu erzielen, sollte die Stauwand nur durch horizontal durchlaufende, pfettenartige Rippen versteift werden. Diese geben ihrerseits die Kräfte auf die hakenförmigen Querträger ab, die mit der Stauwand nicht direkt verbunden sind. Die Rippen sind, wie im Schiffsbau üblich, mit Aussparungen versehen, so daß trotz Beschränkung der Schweißverbindung auf ein Minimum (mit Rücksicht auf die Verformungen) eine einwandfreie Konservierung möglich ist.

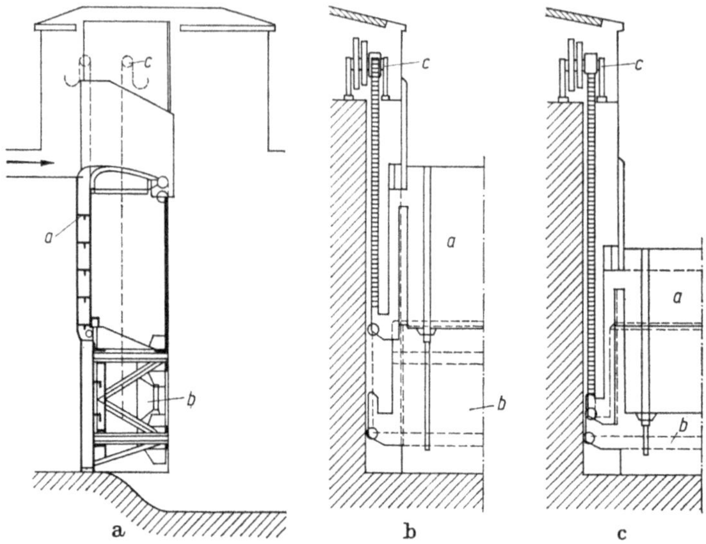

Abb. 4.8a–c. Hakendoppelschütz mit tief angreifendem Antrieb (RU).
a) Seitenansicht; b) Ansicht mit Schützen in Staustellung; c) Ansicht mit abgesenktem Ob
a Oberschütz; *b* Unterschütz; *c* Antriebswindwerk.

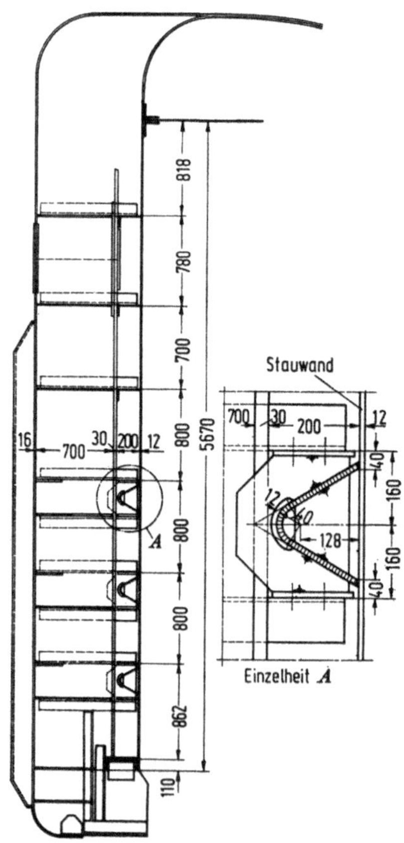

Abb. 4.9. Eisschutz der Vertikalspanten und Stauwandaussteifungen des Oberschützes eines Hakendoppelschützes (RU).

Bei großem Eisstau und Hochwasser, bei dem auch das Unterschütz angehoben ist, wird die Konstruktion zusätzlich stark durch Eisstoß belastet. Deshalb muß gegen solche Schäden Vorsorge getroffen werden (Abb. 4.9). Dachförmige Abdeckungen auf den Querträgern verhindern ein Ausbeulen der Flansche. Auch die Stauwandrippen sind dreieckförmig. Damit ist ein Abreißen erschwert.

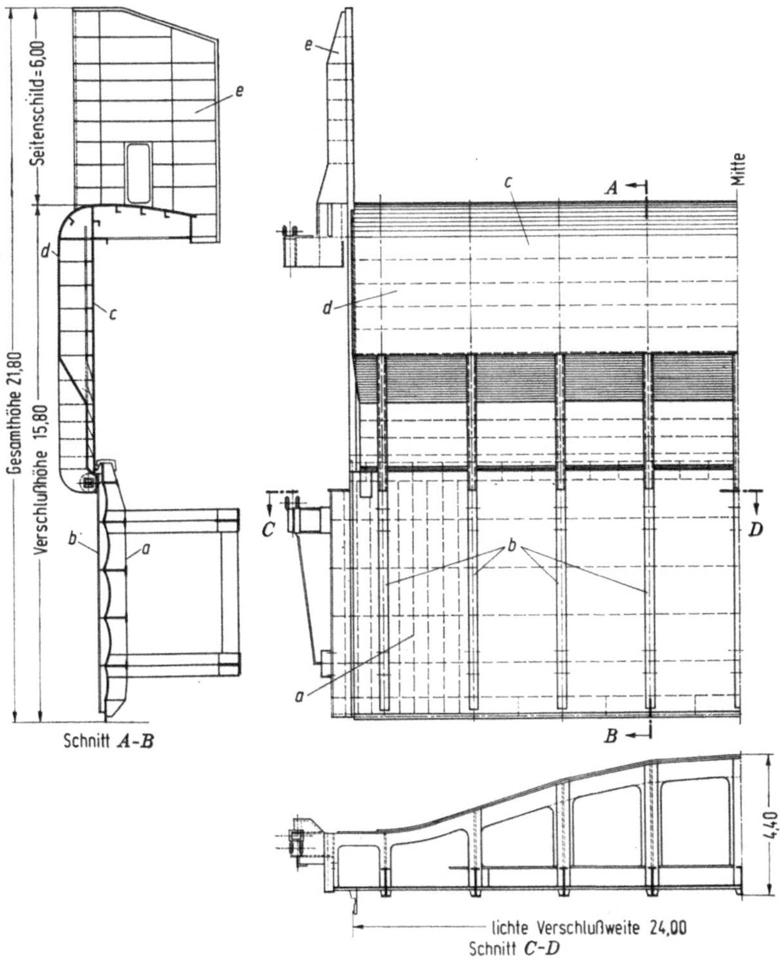

Abb. 4.10. Hakendoppelschütz (Vöest). L. W. = 24 m, Absenkbarkeit 6,60 m (42%). *a* Unterschütz; *b* Laufschienen für Oberschütz; *c* Oberschütz; *d* Eiswand; *e* Seitenschild.

Zusätzlich werden sie durch lotrechte Eisschollenabweiser zu einem Rost verbunden. Auch können die oberwasserseitig vorspringenden Konstruktionsteile des Oberschützes durch eine sogenannte Eiswand (Blechwand) gegen Eisstoß geschützt werden (Abb. 4.10). Mit dem weiteren Vorteil, hierdurch eine Versteifung des Oberschützes zu erreichen, ist allerdings der Nachteil verbunden, daß bei Unterströmung des komplett ineinandergefahrenen Schützpaketes noch zusätzliche Strömungskräfte auf das Oberschütz einwirken. Durch konstruktive Änderungen, wie z. B. die Verengung des Hohlkastens im unteren Bereich mit

Ausbildung einer geschlossenen Schwimmkammer im Oberschütz, werden diese Nachteile verringert [*152*].

Bei großer Systembreite nimmt man es manchmal in Kauf, daß die im Grundriß parabolisch geformten Haupttragkonstruktionen des Unterschützes von der gleichbleibenden Breite der Überfallhaube im Mittelteil nicht voll überdeckt sind. Jedoch darf dieser Überstand nur so gering sein, daß Eisschollen keinesfalls das Unterschütz treffen können [*153*].

Durch die Anordnung von Gegen- und Seitenführungsrollen wird das Oberschütz zwängungsfrei geführt und stützt sich mit den in der Ebene seines Hauptträgers gelegenen Hauptlaufrollen gegen die Nische ab. Seine Lage in bezug auf das Unterschütz ist bestimmt durch die in regelmäßigen Abständen über die ganze Länge des Verschlusses angeordneten Laufrollen, die auf den Querträgern des Unterschützes angeordneten Schienen aufsitzen und gegen Abheben gesichert sind [*154*, *155*, *156*]. Beim Unterschütz ging man im Zuge der weiteren Entwicklung daran, neben der ebenen Stauhaut, die mit dem Haupttragsystem zu einem gemeinsamen, tragenden Staukörper verbunden ist, als klassisches Tragsystem für die Gleichlast auf den Bogen zurückzugreifen (Abb. 4.10). Wird solch ein Verschluß unterströmt, dann nähern sich hoch genug von der Schneide die dort herrschenden dynamischen Drücke denen des statischen Wasserdruckes. Die Strömung wird durch die Schalenform nicht mehr beeinflußt. Je näher der Schneide, desto mehr überwiegt eine abwärts gerichtete Resultierende, die in Verbindung mit dem Druckabfall an den Graten und an der Schneide sowie den unterschiedlichen Stichen der Schalen größere abwärts wirkende Kräfte erzeugen. Um diesen hydrodynamischen Erscheinungen auszuweichen, erscheint es sinnvoll, den unteren Bereich gerade auszubilden unter Verzicht auf statische Vorteile.

4.1.5 Segmentschütz

Die Stauwand des Segmentes liegt meistens so – in der Regel als Kreisabschnitt um den Drehpunkt, jedoch auch als gerade oder geneigte Wand –, daß der Wasserdruck durch den Punkt geht, auf den sich das Segment mit seitlichen Armen stützt und um den es sich bei der Bewegung dreht. Liegt der Drehpunkt tiefer als der Krümmungsmittelpunkt oder als die Wirkungslinie der Resultierenden aus Wasserdruck, entsteht ein öffnendes (entlastendes) Drehmoment. Liegt der Drehpunkt höher, wird das schließende (belastende) Drehmoment größer. Der Vorteil der Segmentschütze, durch schräge Stützarme die Biegemomente der Hauptträger günstig zu beeinflussen, wird bei Segmenten mit Aufsatzklappe durch den Umstand erschwert, daß das überströmende Wasser auf die Arme fällt und so im Winter unangenehme Vereisungen bewirkt. Dies läßt sich allerdings dann vermeiden, wenn der Strahl im Überfall so weit eingeschnürt wird, daß die Arme nicht mehr getroffen werden.

An die Stelle von Laufrollen beim Rollschütz treten für das Segment zwei Drehlager. Diese müssen den ganzen Wasserdruck aufnehmen und auf den Pfeiler übertragen. Damit wird der gesamte Druck an einen Punkt im Pfeiler konzentriert.

Durch die Anordnung der Lager auf Konsolen bietet das Segment die baulich und vor allem strömungstechnisch ideale Möglichkeit, die Nischen zu eliminieren und schmale, glatte Pfeiler zu erhalten, also den Querschnitt kaum zu verbauen.

Für den Wasserdurchgang und für die Eisabführung ist damit ein sehr günstiges Bauwerk geschaffen. Es sei darauf hingewiesen, daß gerade in den nordischen Ländern viele Segmentwehre gebaut wurden [*146*].

Wir unterscheiden hinsichtlich der Lage des Drehpunktes zwei Systeme:

a) Drehpunkt unterwasserseitig, so daß die Stützarme auf Druck belastet werden (Drucksegment),

b) oberwasserseitig liegender Drehpunkt. In diesem Fall haben die Stützarme Zugkräfte aufzunehmen (Zugsegment).

4.1.5.1 Einteiliges Segmentschütz

Bei kleineren Segmenten und auch bei einseitigem Antrieb finden wir den Fischbauchquerschnitt. Man erhält damit einen geschlossenen, robusten, torsionssteifen Blechkörper, der zwar etwas schwerer ist, für Unterhaltung und Betrieb aber augenfällige Vorteile hat. Bei größerer Staufläche herrscht die aufgelöste Konstruktion vor. Man hat sich bemüht, möglichst einfache Segmentkonstruktionen zu entwickeln. Dies wurde in erster Linie erreicht durch die Anordnung nur vertikaler Rippen zur direkten Unterstützung der Stauwand und durch Wahl solcher Abmessungen, daß einfache Walzprofile für alle Stäbe ausreichen. Um

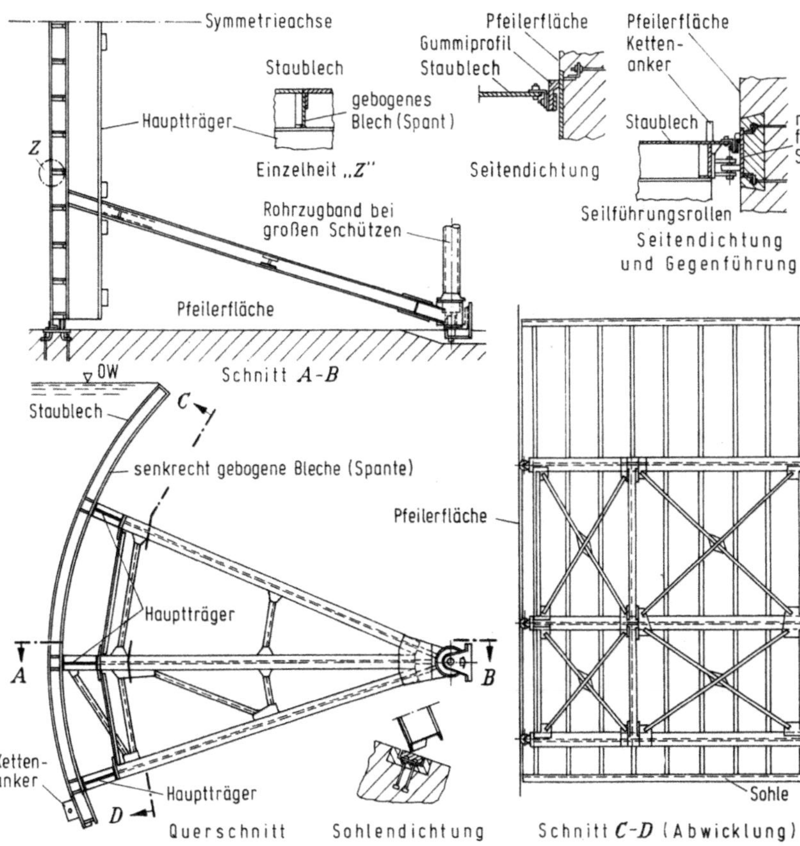

Abb. 4.11. Musterentwurf eines Segmentes (US Corps).

das Gewicht so leicht wie möglich zu halten, wird die schräge Stützung (Abb. 4.11) oder eine sprengwerkartige Ausbildung des Haupttragwerkes verwendet [*157*].

Überströmte Segmentverschlüsse werden mit Überfallrücken und einer Verkleidung der seitlichen Arme ausgerüstet. Reichen zwei oder drei Stützarme je Seite nicht aus, so kann man auch vier Arme, die zusätzlich noch durch Streben zur Verkürzung der Knicklänge verbunden sind, wählen. Die Schubkräfte aus den schrägen Armen können durch einen Zugstab (z. B. Rohr) von den Pfeilern ferngehalten werden.

In Europa wurde mehr der Weg der statischen Einfachheit beibehalten. Selbst bei Schützen großer Abmessungen versucht man mit zwei Stützarmen je Seite auszukommen [*158*, *159*]. Die Stauwand kann durch horizontal angeordnete ungleichschenklige Winkel oder Träger ausgesteift werden (Abb. 4.12). Mit dem von oben nach unten zunehmenden Wasserdruck wird der gegenseitige Abstand der Aussteifung geringer. Diese Längsrippen stützen sich auf die Querträger ab,

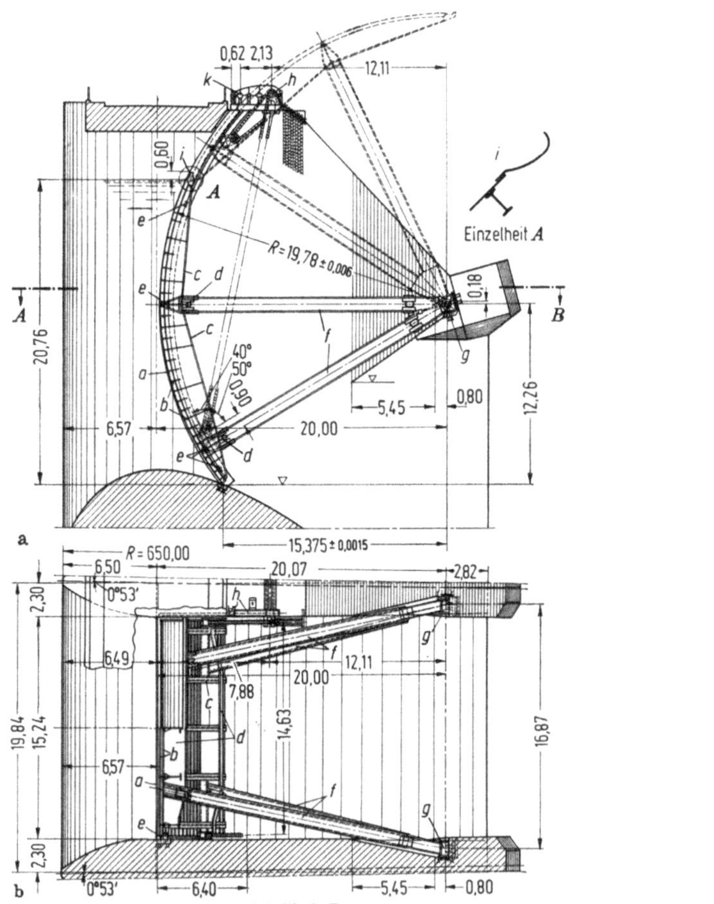

Abb. 4.12a u. b. Segment für größte Stauhöhen (Krupp).
a) Querschnitt; b) Draufsicht.
a Stauwand; *b* Längsrippen; *c* Querträger; *d* Hauptträger; *e* Seitenführung; *f* Stützarme; *g* Lager; *h* Antrieb; *i* Schutz gegen Wellenschlag; *k* Gleichlaufwelle.

die ihrerseits die Kräfte an die beiden Hauptträger und damit an die vier Stützarme weiterleiten. Die Stützarme sind geschweißte Hohlkästen oft mit quadratischem Querschnitt. Die oberen Arme erhalten, wenn Überströmung auftreten kann, einen dachförmigen Strahlzerteiler, der die Wucht des bei Überstau überfallenden Wasserbandes wesentlich reduziert. Die Stützarme vereinigen sich am Drehlager in einem schweren V-Stück [*160*]. Mit dem V-Stück ist die Stahlgußnabe verschweißt oder verschraubt. Bei mehr als zwei Stützarmen und großem Wasserdruck wird der Anschluß am Lager schwieriger.

Wird die Stauwand lotrecht über die ganze Höhe durch gleiche Profilstähle in konstantem Abstand ausgesteift, so erhöht sich zwar das Verschlußgewicht. Diese Lösung hat aber den Vorteil, daß die gebogene Stauwand in ihrer Krümmung auf dem Transport maßhaltig bleibt, eine Frage, die dann von großer Bedeutung ist, wenn die Baustelle weit entfernt (z. B. Übersee) liegt.

Soll ein einteiliges Segment völlig überströmt werden, z. B. bei Flößerei auf dem Strom, so kann für die Querschnittsform des Segmentes der Flügel eines Flugzeugs als Vorbild dienen [*131*, *161*].

4.1.5.2 Einteiliges Segmentschütz mit Klappe

Neuere Konstruktionen zeigen eine Absenkbarkeit der Überfallklappe von 30 bis 35% der gesamten Verschlußhöhe. Der hinter der Segmentstauwand liegende, hier als Kastenträger ausgebildete biege- und torsionssteife Tragkörper übernimmt alle auf den Wehrverschluß einwirkenden Kräfte aus Wasserdruck und Eigengewicht und leitet sie über die an ihn anschließenden Segmentarme in die beiden Pfeiler (Abb. 4.13). Der trapezförmige Tragkörper ist eine geschlossene Vollwandkonstruktion mit Querschotten. Die dem Oberwasser zugekehrte Wand des Tragkörpers ist gleichzeitig Stauwand des Segmentes und nach oben bis zum Klappengelenk und nach unten bis zur Sohlendichtung verlängert. Über und unter den Querschotten ist die Stauwand außerhalb des Tragkörpers mit Konsolen gegen letzteren abgestützt und zur sicheren Aufnahme des Wasserdrucks auf ihre ganze Höhe mit Längsrippen ausgesteift. Für den Ablauf von etwa eingetretenem Wasser in den Tragkörper ist Sorge getragen. Die Segmentarme liegen nach Unterwasser, sind also in aufgelöster Form als Druckarme ausgebildet und verlaufen parallel zueinander, d. h. rechtwinklig zum Tragkörper. Sie sind stumpf an den Tragkörper angeschraubt. Hiermit wird erreicht, daß bei rechnerisch nicht genau erfaßbaren Verdrehungen des Tragkörpers durch einseitiges Unterlegen mit dünnen Blechen am Anschluß Korrekturen in der Höhenlage des Tragkörpers durchführbar sind [*162*, *163*].

Für die Klappe können Scharnierlager angewendet werden, solange der Verschluß an den Enden aufgehängt ist und über die Öffnungsbreite konzentrierte Einzellasten nicht einzuleiten sind. Mit nur einem Antrieb in der Mitte ergibt sich jedoch eine beträchtliche Einzelkraft, die das entsprechende Lager weit überbeanspruchen würde. Da aber nicht nur die Deformation quer zum Überfallblech, sondern auch in Richtung dieses Bleches zu berücksichtigen ist, zeigt es sich, daß wegen der Durchbiegung des Segmenthauptträgers große Zwängungskräfte in die umgelegte Klappe einzuleiten sind, die größere Lager erforderlich machen. Durch Anwendung von nur zwei Drehlagern (z. B. kugelige Bronzebüchsen) kann dagegen die Klappe statisch bestimmt gelagert werden, so daß Zwängungsspannungen nicht mehr eintreten [*164*, *166*].

Die günstige Wirkung, durch Verlegung des Drehpunktes aus der Wirkungslinie der Wasserdruckresultierenden ein aufrichtendes Moment zu erzeugen, wird bei hohen Unterwasserständen illusorisch, denn von der Unterwasserseite tritt ein entgegengesetztes Drehmoment auf. Um diese ungünstige Wirkung zu reduzieren, kann man verschiedene Teile des Schützes, wie Stützarme, sekundäre Längsträger und Schützschneide, als luftdicht verschweißte Hohlkörper ausbilden, so daß sie im Unterwasser einen Auftrieb erfahren.

Große, in Europa gebaute Segmente mit Klappe haben eine Klappenhöhe von 3,50 m. Bei 15,0 m lichter Weite dürfte diese Klappenhöhe wohl die Grenze einer wirtschaftlich noch vertretbaren Lösung darstellen [*165*]. Ohne Klappe hätten zwei Stützarme je Seite ausgereicht. Da aber an der Oberkante des Segmentes die Lagerkräfte aus der Klappe einzuleiten sind, ist eine dreiarmige

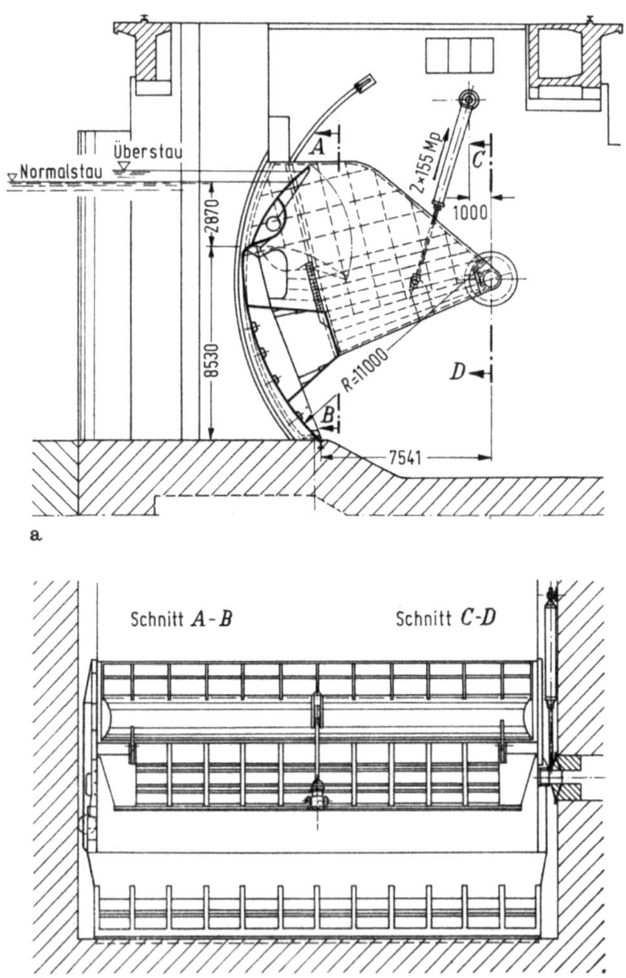

Abb. 4.13a u. b. Segment mit Klappe (Arb. Gem. 1).
a) Querschnitt; b) Ansicht in UW.

Lösung zweckmäßiger. Die Hauptträger von Arm zu Arm sind parabelförmig. Die Stützarme verlaufen parallel zum Pfeiler, das Seitenschild der Klappe ist vorgezogen, damit vom überfallenden Strahl die Antriebskette und die Arme nicht getroffen werden.

In den vergangenen Jahren wurden auch Klappensegmentverschlüsse gebaut, bei denen das Drehgelenk auf der Oberwasserseite angeordnet ist. Die Segmentarme werden auf Zug beansprucht. Die Konstruktion zur Einleitung der Auflagerkräfte des Drehgelenkes stützt sich in diesem Fall direkt im Wehrpfeiler ab. Die im Oberwasser liegenden Zugarme werden schmal und bänderartig ausgebildet und am Pfeiler liegend sowie in geeigneter Höhenlage angeordnet, so daß die Strömung hierdurch kaum beeinflußt wird (Abb. 4.14). Durch die nach Unterwasser geneigte Verschlußlage trifft der Überfallstrahl der Aufsatzklappe ungehindert und hydraulisch günstig im tieferen Tosbeckenbereich auf. Bei Unterströmung des Verschlusses zwingt die nach Unterwasser drehende Schützschneide des Zugsegmentes den Abflußstrahl zum Anliegen an die geneigte Wehrschwelle [*167*].

Die in genügender Wassertiefe liegenden Arme sind auf diese Weise im Winter auch gegen Vereisung weitgehend geschützt. Ein Vorteil, der bei Segmenten mit auf der Unterwasserseite liegenden Stützarmen beim Regulieren der Klappe nicht ohne weiteres gegeben ist. Die Drehlager, wasserdicht, liegen unmittelbar in der Segmentarmebene. Der Antrieb kann am langen Hebelarm an der Luftseite angreifen, wodurch die bei Segmenten immer schwierige Frage der Ketten im Oberwasser oder der ungünstigen Antriebsanordnung bei Ketten an der Luftseite gut gelöst ist. Der Vorteil dieser Konstruktion bei Wehrverschlüssen mit verhältnismäßig kleinen Drehgelenkbelastungen wird jedoch zum Nachteil im Großwehrbau, wo Auflagerkräfte zwischen 1000 und 2000 Mp auftreten können. Die konzentrierte Belastung des Wehrpfeilers an einer Stelle erfordert umfangreiche zusätzliche Pfeilerbewehrungen, um Zugrißbildungen im Beton zu vermeiden und das Mitwirken auch des flußaufwärts vom Drehgelenk gelegenen Wehrpfeilers zu bewirken. Die gleichmäßige Auflagerkrafteinleitung, wie sie beim Segment mit Druckarmen erfolgt, ist bei solch einer Konstruktion erschwert.

4.1.5.3 Mehrteiliges Segmentschütz

Beim zweiteiligen Segment stützt sich das untere Schütz auf zwei Drehlager mit gemeinsamer Achse, während das obere, das vor dem unteren abgesenkt werden kann, sich einerseits auf die Drehlager, andererseits mittels Rollen auf das untere Schütz abstützt (Abb. 4.15). Das untere Schütz ist als normales Segmentschütz ausgebildet. Das obere dagegen besitzt Vertikalspanten in Hakenform, die die Blechhaut und das Überfallblech unmittelbar tragen, sich oben auf den einzigen Hauptträger abstützen, während es unten Rollen besitzt, die durch einen Kastenträger verbunden sind.

Dieser Schützentyp vereinigt einige Vorteile des Segmentes mit denjenigen des Hakendoppelschützes [*168*–*170*]. Allerdings wird durch die notwendige Nische (hier 1,10 m) die sonst beim Segment mögliche glatte Pfeilerfläche gestört. Auch ist die Dichtung der beiden Segmentteile zueinander erschwert.

Es gibt auch eine Lösung für ein zweiteiliges Segment mit Klappe [*171*], die ähnlich dem zweiteiligen Segment ist (s. auch [*707*]).

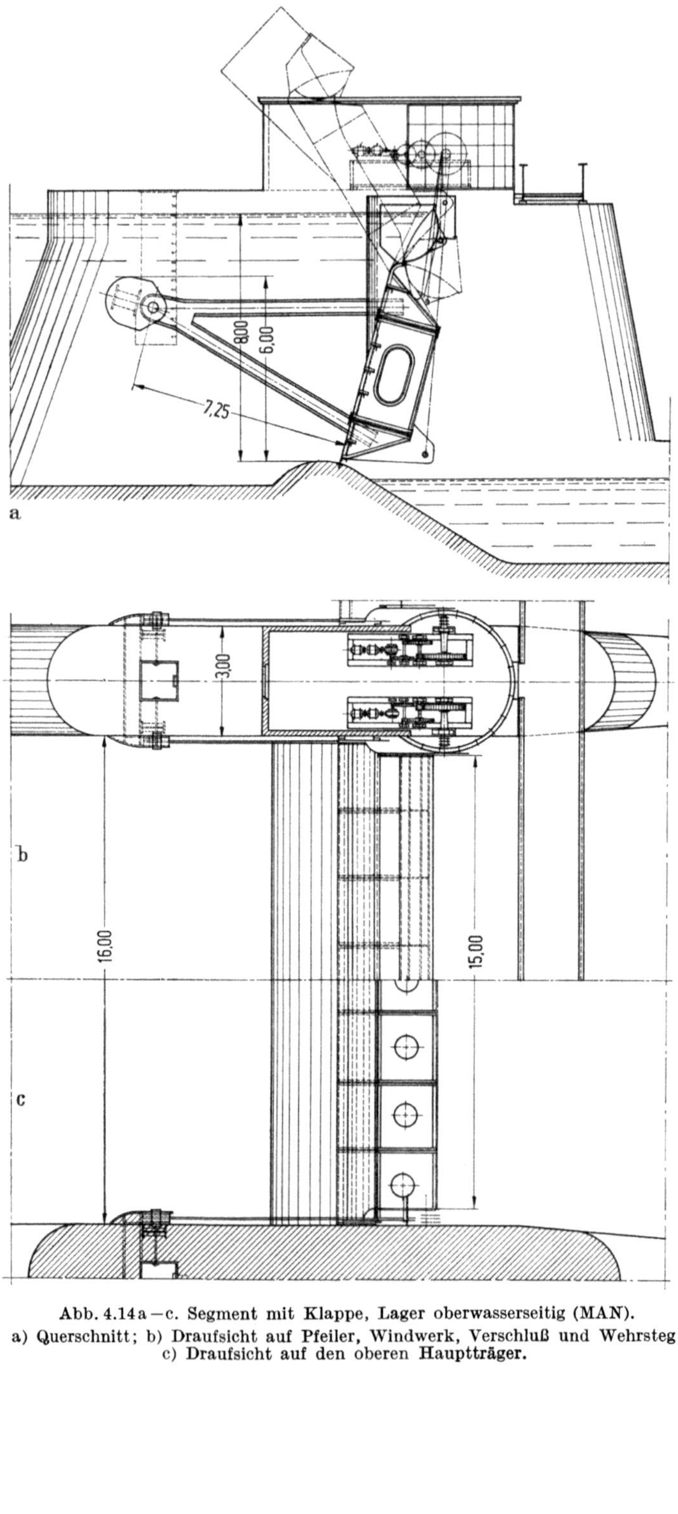

Abb. 4.14a–c. Segment mit Klappe, Lager oberwasserseitig (MAN).
a) Querschnitt; b) Draufsicht auf Pfeiler, Windwerk, Verschluß und Wehrsteg; c) Draufsicht auf den oberen Hauptträger.

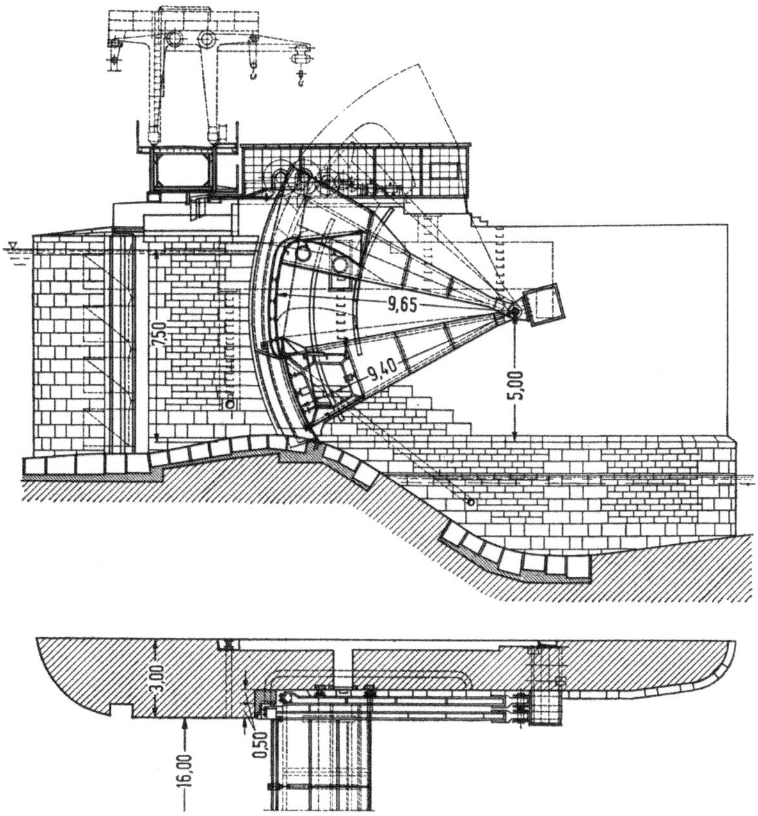

Abb. 4.15. Zweiteiliges Segment (Hydroprojekt).

4.1.5.4 Segmentschutz mit Schwimmern und/oder Gegengewichten

Bei Segmenten mit Schwimmern und Gegengewichten (Abb. 4.16) greifen in der Regel die Schwimmer zwischen Stauwand und Drehpunkt und die Gegengewichte unterwasserseitig der Drehachse an. Etwa in der Mitte der Stützarme sind nach oben gerichtete Laschen angebracht mit daran befestigten kreisrunden Schwimmerträgern. Die Aufhängekonstruktion ist nach oben über den Aufhängezapfen hinaus verlängert. Am oberen Ende haben wir eine Lenkerstange, die senkrecht über den Drehzapfen des Schützes gelagert ist. Dadurch ergibt sich eine Parallelführung, durch die ein Umkippen der Schwimmer vermieden wird. Zur seitlichen Führung der Schwimmer dienen Eichenholzleisten, die an den Wänden der Schwimmerkammer im Wehrpfeiler angebracht sind [*172*]. Bei Segmenten nur mit Gegengewichten befinden sich diese auf der der Stauwand entgegengesetzten Seite des Drehlagers. Bei Segmenten nur mit Schwimmern können diese sowohl vor oder auch hinter dem Drehlager angeordnet sein.

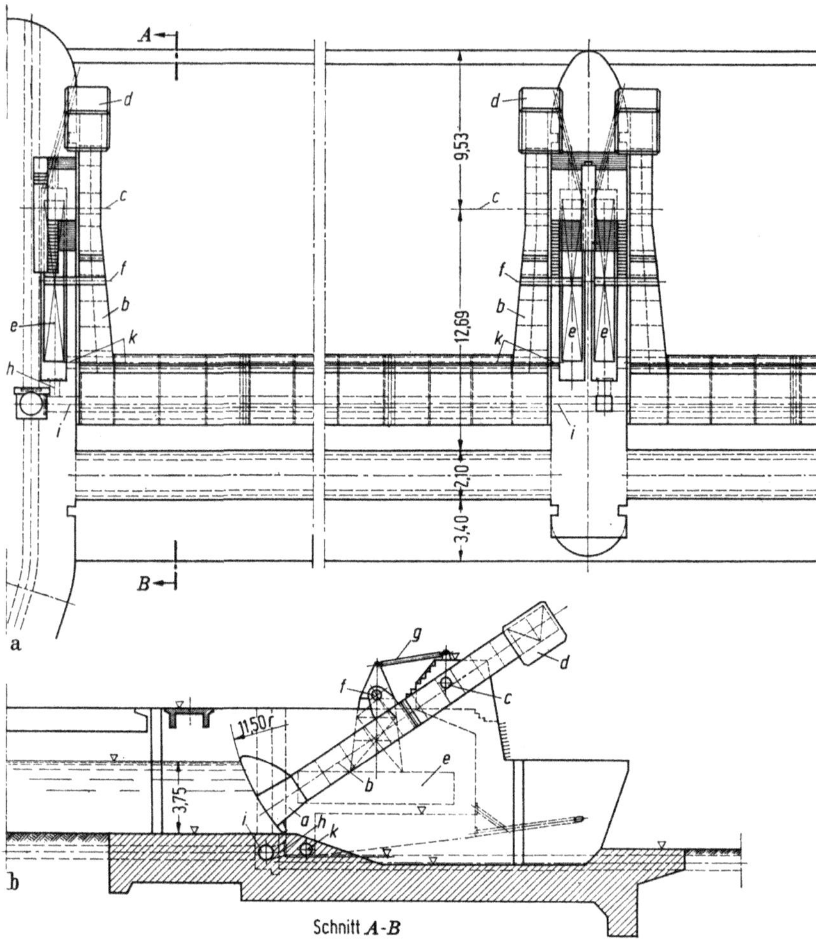

Abb. 4.16a u. b. Segment mit Schwimmern und Gegengewichten (Buss).
a) Querschnitt; b) Grundriß.
a Kastenförmiges Segment; *b* Stützarme; *c* Drehpunkt; *d* Gegengewicht; *e* Schwimmer; *f* Schwimmerträger; *g* Parallelführung; *h* Zulauf in Schwimmerschacht; *i* Versorgungsleitung zur zweiten Öffnung; *k* Ausgleichsrohr zum Schacht im anderen Pfeiler.

4.1.5.5 *Lagerträger*

Am Drehpunkt des Segmentes ist die konzentrierte Last aus Wasserdruck über ein Lager auf den Lagerträger und von dort in den Beton weiterzuleiten. Hierbei unterscheiden wir im allgemeinen folgende Hauptarten der Kraftübernahme:

a) Das Lager des Schützes stützt sich auf eine Betonkonsole ab.

b) Der eigentliche Lagerzapfen ist im Pfeilerbeton eingespannt und von Bewehrung umgeben.

c) Ein Lagerträger wird an Bewehrungen oder an einer einbetonierten Konstruktion angehängt.

d) Der Lagerstützträger wird durch vorgespannte Zugstangen oder Spannkabel an die Pfeiler angeschlossen.

Im Fall (a) wird das Drehlager des Segmentverschlusses direkt auf Betonkonsolen aufgesetzt. (Abb. 4.17). Den Lagerfuß richtet man, bevor er vergossen wird, mit Justierschrauben aus. Die Druckplatte wird hinterfüttert. Stehen die Stützarme schräg, so wird der Seitenschub über eine Platte direkt in den Beton weitergeleitet.

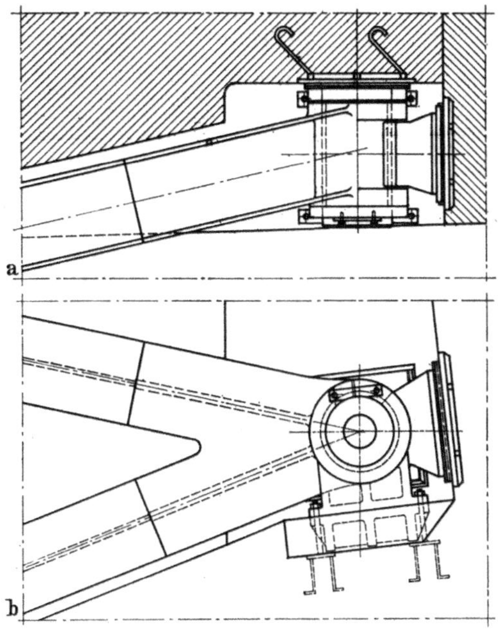

Abb. 4.17a u. b. Segmentlager auf Betonkonsole (US Bureau). a) Draufsicht; b) Ansicht.

Soll das Lager trotz großer Lastabgabe direkt auf den Beton abgesetzt werden, dann müssen eine entsprechend große Lagerplatte und Bewehrung vorhanden sein, die auf Grund ihrer Konstruktion eine gleichmäßige Verteilung auf die Betonfläche sicherstellen [*173*].

Bei der zweiten Art (b) sind die Drehzapfen an einem Stahlgußschild angegossen, wodurch ein komplexer Spannungszustand entsteht. Das Stahlgußschild überträgt seine Kraft auf eine Auflagertraverse, die den ganzen Pfeiler durchdringt. Die Auflagertraverse wirkt statisch als Balken auf elastischer Bettung. Die größten Betonpressungen treten am Rande des Pfeilers auf. Um hier ein Absprengen der äußersten, nicht mehr durch Armierungen gesicherten Betonschicht zu vermeiden, ist zwischen Flansch und Beton eine elastische Masse eingelegt, so daß die eigentlichen Pressungen erst einige Zentimeter hinter der Betonflucht sich einstellen können [*164*]. Diese Lösung erfordert eine genaue Montage, denn während des Betoniervorganges darf das Lager sich nicht verschieben.

Bei der dritten Art (c) haben wir einen geschweißten Querträger, der an Rundeisen, die im Beton vergossen sind, angeschraubt wird. Ungenauigkeiten des Trägers können durch Futter zwischen Lager und Träger ausgeglichen werden. Bei größeren Kräften wird eine fertige Stahlkonstruktion mit Lagerträger in den Pfeiler eingebracht (Abb. 4.18). Sie steht auf einer Hilfskonstruktion und wird mit Justierschrauben der Höhe und Seite nach auf die Endlage eingerichtet. Im Pfeilerinneren liegt als Abschluß des Längsträgerpaares noch eine entsprechend große Druckplatte. Soll der Wehrboden mit zur Kraftaufnahme herangezogen werden, dann kann man die Längsankerträger schräg bis in die Sohle führen. Der Lagerträger wird zusätzlich noch lotrecht, aber drehbar, abgestützt. Die gesamte Hilfskonstruktion erlaubt es, den Lagerträger samt Längsanker und Stützträger vor dem Verguß genau und unverschieblich auszurichten.

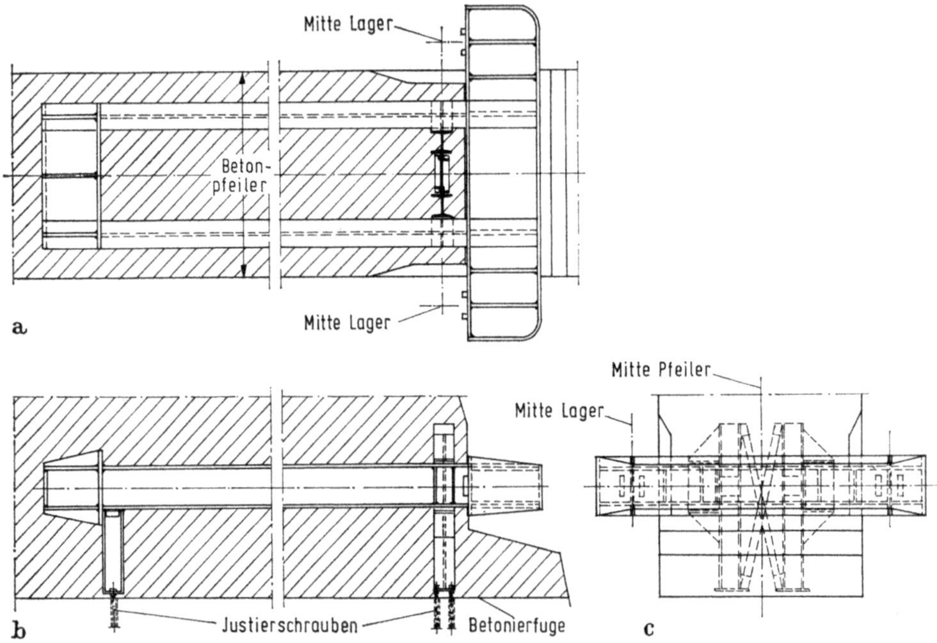

Abb. 4.18a—c. Verankerung eines Lagerträgers im Mittelpfeiler für Segmentschütze (US Corps). a) Draufsicht; b) Seitenansicht; c) Blick von Unterwasser gegen den Pfeiler.

Bei Segmenten mit schrägen Armen bringt nur ein Längsankerträger neben stahlbaulicher Ersparnis auch den Vorteil, daß die Kräfte direkt in Pfeilermitte eingeleitet werden [*174*]. Der Lagerträger kann entfallen, da der Lagerzapfen in den Längsankerträger direkt eingeführt wird. Bei besonderen Betriebsbedingungen (z. B. ein Verschluß ist ganz gehoben) ist die Lagerträgerbelastung effektiv nur die Hälfte. Abb. 4.19c bringt einen Vergleich der Abmessungen für beide Lösungen.

Bei der vierten Art (d) wird der Querträger mit Vorspannkabeln im Beton verankert [*175*]. Wählt man stählerne Abstützböcke (Abb. 4.20), so werden die Auflagerkräfte mit vorgespannten Kabeln in die Wehrpfeiler eingeleitet. Die in der Längsrichtung des Pfeilers durch die Vorspannkabel aufzunehmenden Verankerungskräfte sind auch bei unsymmetrischer Belastung gleich groß wie die Auflagerkräfte im Drehgelenk. Kantenpressungen im Beton infolge Verformung der stählernen Querhäupter werden vermieden. Diese Konstruktion gestattet es, auch große konzentrierte Auflagerkräfte im Drehgelenk gleichmäßig in den gesamten Wehrpfeiler einzuleiten. Durch die Verwendung von Vorspannkabeln

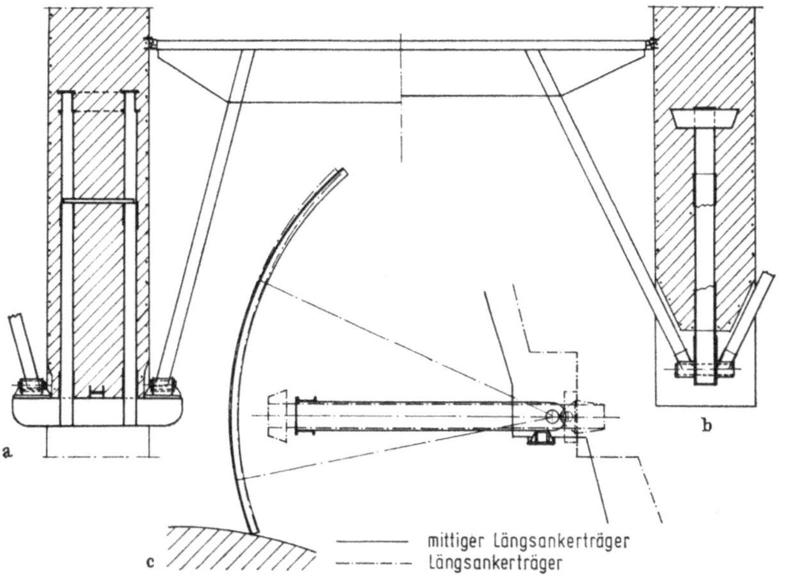

Abb. 4.19a–c. Vergleich einer Lagerträgerverankerung eines Segmentes. a) Zwei Längsankerträger, Draufsicht; b) ein Längsankerträger, Draufsicht; c) Seitenansicht, Vergleich beider Lösungen.

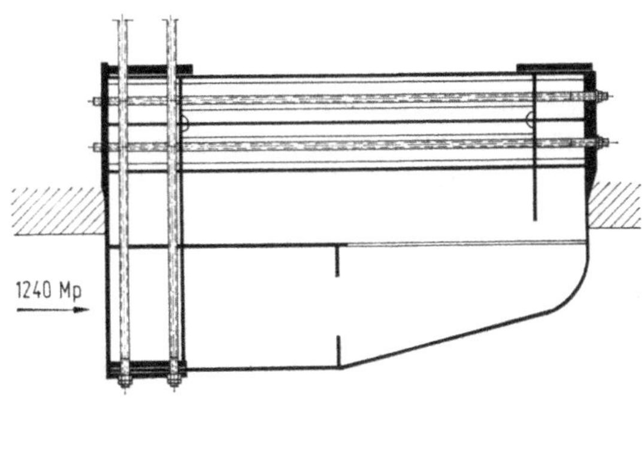

Abb. 4.20. Lagerkonsole (Abstützbock) für ein Segmentlager (Vöest).

wird der Wehrpfeiler vorwiegend nur auf Druck beansprucht und die Rißbildung im Beton vermieden [*176*].

Eine gute Lösung (Abb. 4.21) wird dadurch erreicht, wenn die Zugankerstränge *c* und *d* die Traverse *b* so fassen, daß deren Verbindungsebene das Zentrum *e* des Drehlagers *a* schneidet. In dem Fall ergibt sich eine wesentlich günstigere Beanspruchung, auch wenn die beiderseits eines Pfeilers befindlichen Segmente in verschiedenen Stellungen sich befinden. Es kann am Zugankerquerschnitt eingespart werden [*177*]. Werden aus hydraulischen Gründen schmale Pfeiler gewünscht, die beispielsweise am Kopf 5,50 m und am Ende nur noch 1,60 m breit sind (Abb. 4.22), so kann man durch Spannkabel den Pfeiler in sich und zusätzlich noch im Wehrboden verankern.

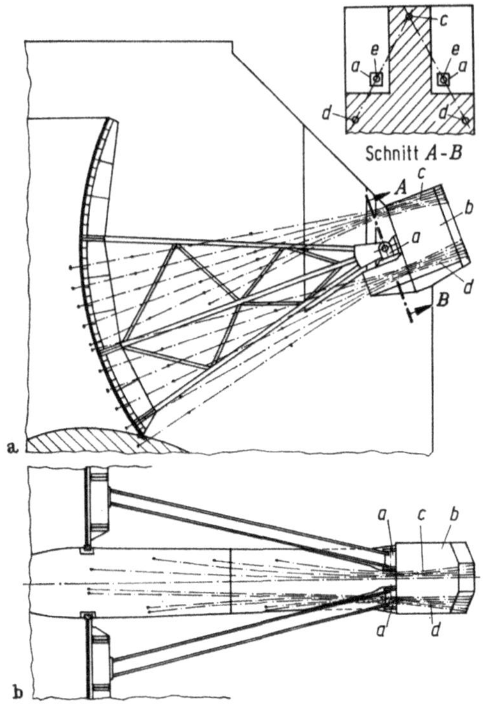

Abb. 4.21a u. b. Armierter Wehrpfeiler zur Auflagerung von Segmentdrehlagern (Krupp).
a) Ansicht; b) Draufsicht.
a Drehlager; *b* Traverse; *c* u. *d* Zugankerstränge; *e* Zentrum Drehlager.

4.1.6 Sektor

Der auf der Wehrschwelle drehbar gelagerte Verschlußkörper besteht aus der kreisförmigen Stauwand, dem daran an der oberen Kante angeschlossenen und bis zu den Drehlagern reichenden ebenen oder auch dem Überfallstrahl angepaßten Abfallboden und den diese beiden Teile tragenden Rahmen und Verstrebungen im Innern des Staukörpers (Abb. 4.23). Dieser als Sektor bezeichnete Verschlußkörper bewegt sich um das Lager als Mittelpunkt der Stauwandkrümmung aus der Staustellung nach unten in die Sektorkammer im Wehrfundament bis zur bündigen Lage des Abfallbodens mit der Oberkante der Wehrschwelle [*178*]. Während der Wasserdruck auf die Stauwand auch bei der Bewegung durch die Rahmen und Verstrebungen unmittelbar in die Drehlager als Druck übertragen wird, muß der Abfallboden das Gewicht und die hydrodynamischen Belastungen aus dem Überfall als Biegeträger aufnehmen, so daß der Sektor mit einem entsprechenden Drehmoment belastet wird [*100*].

Da mit ungleichmäßigen Reibungen und Widerständen durch Eis bei den Bewegungen zu rechnen ist, muß der Sektor ausreichend verdrehungssteif gemacht werden [*179*]. Wird der Sektor zur Eisabführung herangezogen, so ist für Schutz des verhältnismäßig dünnen Abfallrückens zu sorgen. Dies kann dadurch geschehen, daß durch Gleithölzer ein Aufschlagen der Eisschollen auf den Abfallrücken verhindert wird. Insbesondere sind in dem Fall auch Sicherungen der Dichtung am Drehgelenk des Sektors gegen Beschädigung durch Eis vorzusehen [*180*]. Um den hydraulischen Antrieb sicher beherrschen zu können, muß der Sektor an seinem gesamten Umfange sorgfältig gedichtet werden.

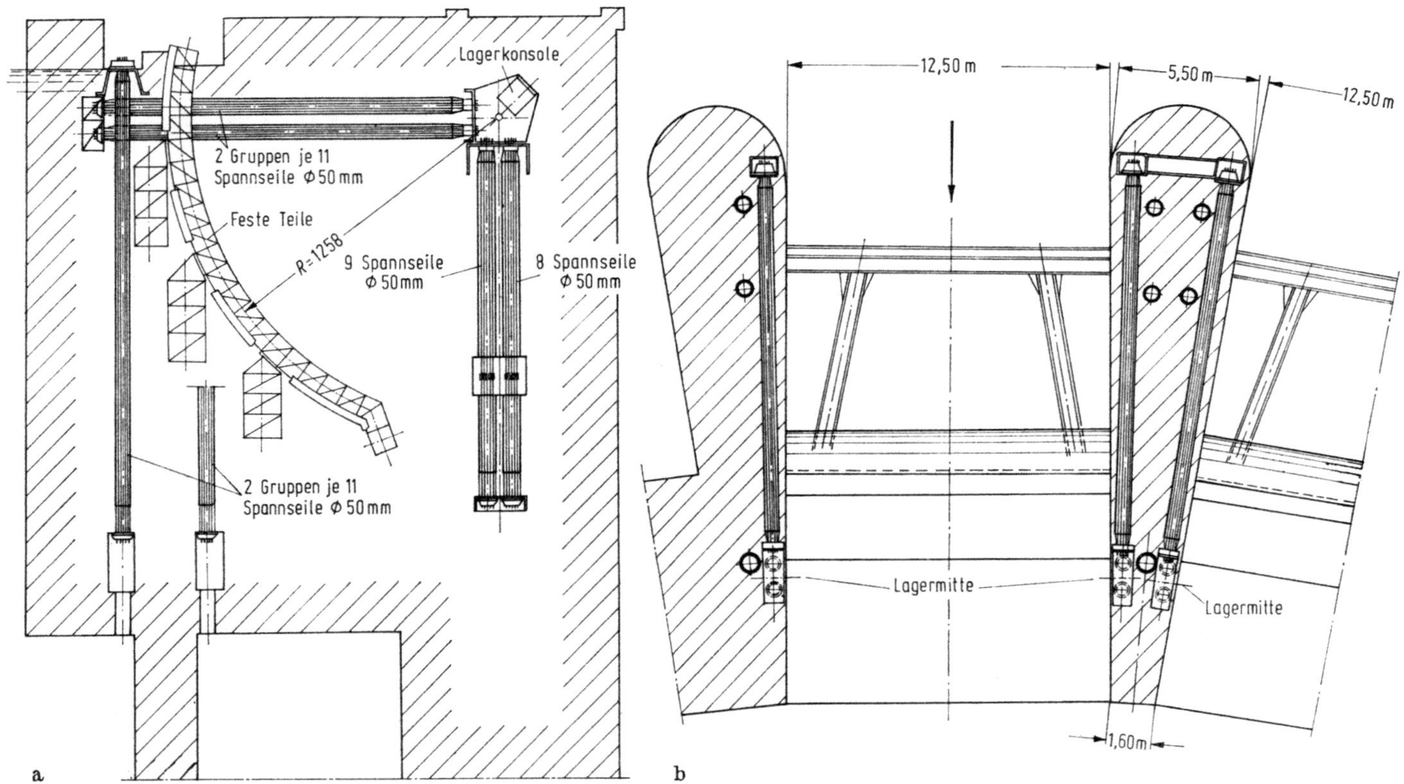

Abb. 4.22a u. b. Vorspannung des ganzen Wehrpfeilers für die Lagerkonsole (Bouchayer).
a) Seitenansicht eines Mittelpfeilers; b) Draufsicht auf Rand- und Mittelpfeiler.

Ein Typ für tiefliegendes Unterwasser ist der Sektor mit Schwimmer (Abb. 4.23). Der sogenannte Gleichgewichtswasserspiegel in der Sektorkammer liegt für die obersten Stellungen des Sektors relativ weit unter der Sektorspitze. Durch geeignete Anordnung eines Schwimmers wird erreicht, daß für alle Stellungen der Sektor stabil ist, d. h. daß zum Senken das Wasservolumen verkleinert und zum Heben vergrößert werden muß. Ferner kann durch Anordnung eines Überlaufes der Gleichgewichtswasserspiegel auf ein bestimmtes Maß begrenzt und damit auch die Rückhaltekräfte für den Sektor erheblich reduziert werden. Bekannt ist auch der Sektor mit Ballastkasten [*181*].

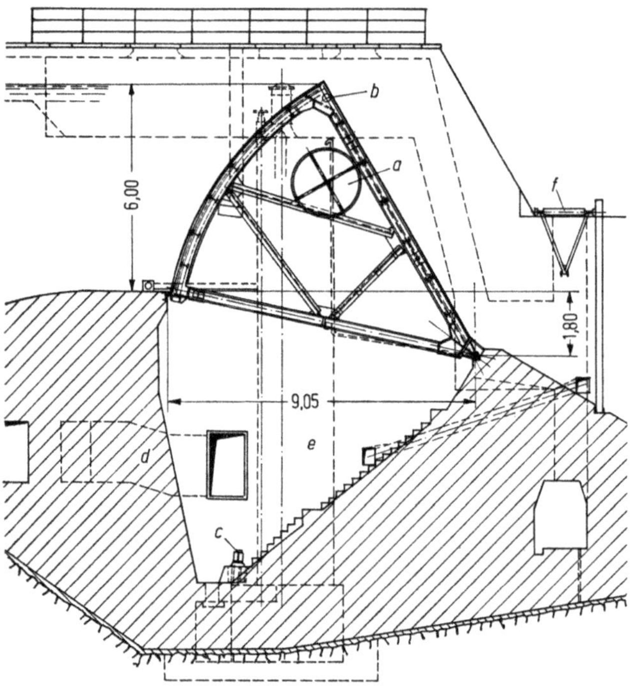

Abb. 4.23. Sektor mit Schwimmer (Buss).
a Schwimmer; *b* Sektorverriegelung; *c* Anschlag; *d* Steuerkanal; *e* Pumpenschacht; *f* Einstieg.

Bei Sektortypen, welche stets ganz mit Wasser gefüllt sind, muß das Wasser in der Sektorkammer vom natürlichen Gleichgewichtswasserspiegel durch künstlich erzeugten Unterdruck bis zur Sektorspitze gehoben werden [*182*].

Für die Konstruktion der Sektorverschlüsse kann folgendes System gewählt werden (Abb. 4.24):

Stauwand und Abfallboden werden durch Querrippen ausgesteift, die sich auf Längsrippen abstützen. Diese übertragen die Belastung auf Querrahmen, die in der Drehachse gelagert sind. Für die Aufnahme von Torsionsbeanspruchungen liegt in der unteren Radialebene ein Fachwerkverband zwischen den einzelnen Querrahmen, der für eine einseitige, an der Stauwand angreifende Klemmkraft (z. B. 10 Mp) bemessen ist [*183*]. Sollte aus besonderen Gründen eine Nietkonstruktion gewählt werden, dann muß wegen der absolut notwendigen Dichtigkeit jedoch die Nietteilung sehr eng sein. Außerdem ist man bei der Stauwand wegen der darauf gleitenden Dichtung gezwungen, Senkniete zu verwenden. Aus diesen Gründen kann dann die Blechdicke der Stauwände kaum kleiner als 12 mm gewählt werden, eine Dicke, die für die Tragfähigkeit nicht benötigt wird.

Bei einer geschweißten Konstruktion ist es günstig, die einzelnen Stauwand- und Abfallbodentafeln auf dem oberen Gurt der Rahmen zu stoßen. Das Kon-

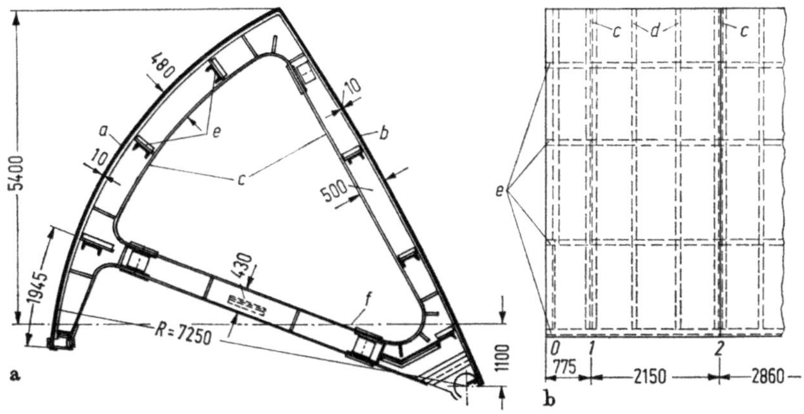

Abb. 4.24a u. b. Prinzipielle Anordnung der Tragkonstruktion eines Sektors (RU).
a) Querschnitt; b) Ansicht von OW.
a Stauwand; *b* Abfallboden; *c* Querrahmen; *d* Querrippen; *e* Längsrippen; *f* Oberkante Wehrrücken.

struktionsgewicht kann man zwar noch weiter vermindern, wenn die Rahmenstege unmittelbar an Stauwand und Abfallboden angeschweißt werden. Aber in einem solchen Fall ist eine exakte Vormontage im Werk und die Endmontage auf der Baustelle erheblich erschwert.

Als Auflagerung für die Querrippen von Stauwand und Abfallboden dienen meistens horizontale Riegel aus [-Profilen mit Anschluß an die Stegbleche der Rahmen.

Die Seitenschilde können freitragend oder im Beton verlegt ausgeführt werden. Sie bestehen oft aus einem remanitplattierten Blech, dessen Fläche etwas größer ist als die Querschnittsfläche des Verschlußkörpers, so daß die Seitendichtung des Abfallbodens auf dem ganzen Senkweg ungehindert darauf gleiten kann. Ist die Konstruktion des Schildes freitragend, so wird sie durch horizontale Träger ausgesteift. Mit Rücksicht auf Temperaturdehnungen ist die Lagerung auf dem Beton verschieblich. Die untere Kante der Seitenschilde kann dann direkt im Beton eingebunden werden, während die beiden anderen Kanten mit Gummiwinkeln gegen die im Beton verlegten Kantenschutzwinkel abgedichtet sind. Nach Oberwasser hin springen die Seitenschilde so weit gegen die Pfeilerwand zurück, daß die Seitendichtung, gegen die Strömung geschützt, daran befestigt wird. Die Horizontalstöße der Seitenschilde verbindet man zweckmäßigerweise durch korrosionsbeständige Senkschrauben miteinander, um ein einwandfreies Gleiten der Abfallboden-Seitendichtung zu garantieren. Die Betriebsorgane des Sektors werden in der Regel im Pfeiler untergebracht [*184*], in dem ein entsprechender Raum ausgespart ist.

4.1.7 Trommelschütz

Das Trommelschütz ist eine Mischung aus Sektor und Klappe. Es hat im Gegensatz zum Sektor sein Drehlager oberwasserseitig. Damit sind die Kräfte aus Wasserdruck als Zug im Beton aufzunehmen (Abb. 4.25). Ferner ist der Schützkörper unten geschlossen. Er „schwimmt" auf dem Wasser in der Schützkammer. Ist die Kammer voll mit Wasser gefüllt, schlägt das Schütz in Stau-

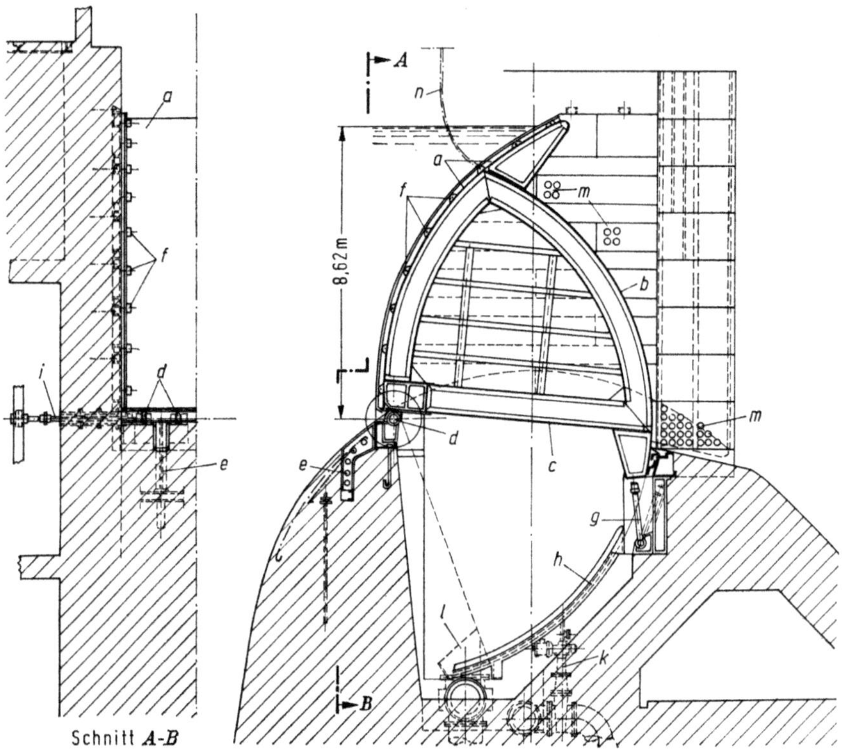

Abb. 4.25. Trommelschütz (Gibb).
a Stauwand; *b* gewölbte unterwasserseitige Schützwand; *c* gerade Bodenwand; *d* oberwasserseitiges Drehlager; *e* Lagerverankerung; *f* Dichtung mit Spannfedern; *g* Verriegelung; *h* Seitenführung; *i* Welle zum Stellungsanzeiger; *k* Notpumpe; *l* Steuerschieber; *m* Belüftung; *n* Heizkabel.

stellung gegen einen Anschlag mit Dichtung. In dieser Lage kann der Wehrkörper auch verriegelt werden. Das Tragsystem besteht aus zwei gebogenen und einem geraden Rahmenstiel. Die oberwasserseitige Stauwand ist in seiner Wölbung der Strahlführung und der Wehrkrone bei voll abgesenktem Schütz angepaßt. Sie kragt über den Tragkörper aus, damit der überfallende Strahl sich ausreichend belüftet. Hierzu führen Rohre seitlich aus dem Pfeiler Luft zu. Vor allem in umgelegter Lage versorgt ein ganzes Bündel den Raum unter der auskragenden Stauwand. Da der Verschluß in der Kammer auf dem Wasser „schwimmt", ist dieser Typ, wenn eine Fremdkraft bei der Bewegung nicht einwirken soll, nur bei tiefer liegendem Unterwasser möglich, da sonst eine Entleerung der Kammer nicht möglich ist. Konstruktiv gelten die gleichen Grundsätze wie für den Sektor.

4.1.8 Dachwehr

Bisher sind Dachwehre für Stauhöhen zwischen 0,8 und 7 m gebaut worden. Der Aufbau des Dachwehres gestattet es, große Wehrbreiten mit nur einem Verschluß auszurüsten. Allerdings mit Rücksicht auf Unterbau und Betrieb empfiehlt sich eine Unterteilung in zwei oder mehrere Öffnungen. Die Kräfte zum Aufrichten des Dachwehres greifen über seine ganze Breite gleichmäßig an. Eine Steifigkeit der Klappe wäre deshalb nicht erforderlich [*185*]. Das Schwimmerrohr und die Blechverkleidung der Wehrkuppe verleihen aber eine in allen Betriebsbedingungen genügende Steifigkeit, so daß auch einseitige Reibungskräfte an den Seitendichtungen nicht zu einer schädlichen Verwindung des Wehrkörpers

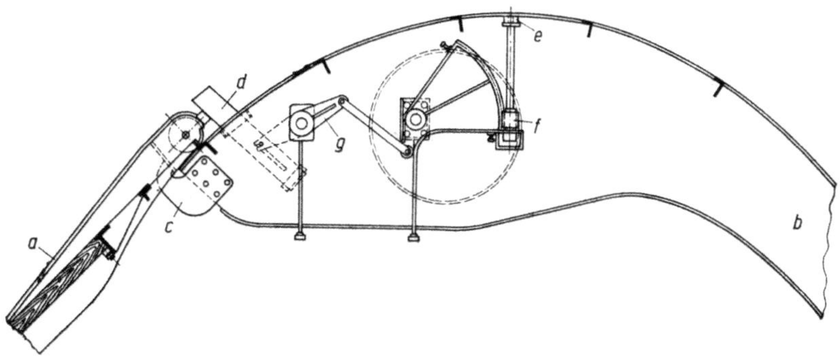

Abb. 4.26. Verriegelung des Dachwehres (Voith).
a Oberklappe; *b* Unterklappe; *c* Hubbegrenzung; *d* Riegel; *e* Spindel mit Vierkant für Steckschlüssel; *f* Schneckentrieb; *g* Doppelhebel.

führen können. Das Dachwehr kann in aufgerichteter Stellung unter Stau mit Hilfe eines Steckschlüssels vom Steuerpfeiler aus verriegelt werden. Die Riegel stützen sich bei Entleerung des Dachraumes auf die Binder der Oberklappe und verhindern ein völliges Senken des Wehres (Abb. 4.26). Damit ist es möglich, den Dachraum unter vollem einseitigem Stau durch die Einsteigluke an der Unterklappe zum Zweck von Kontrollen, Unterhaltungs- und Reparaturarbeiten zu betreten.

Die Eisabführung beim Dachwehr ist günstig. Durch willkürliche Betätigung kann das Wehr so weit gesenkt werden, wie zur Eisabführung nötig ist. Infolge der schrägen Stellung der Oberklappe und der stark gerundeten Wehrkuppe klettern die Eisschollen gleichsam über das Wehr. Da das Dachwehr ein Senkwehr ist, werden Überschuß- und Hochwasser stets durch Überlauf abgeführt [*186*].

4.1.9 Walze

Mit diesem System war es erstmalig möglich, große Lichtweiten zu überbrücken, und abzuschließen. Die übliche Standardausführung, die durch Ansetzen eines Stauschildes in Schnabelkonstruktion gegenüber dem reinen Kreisquerschnitt eine in hydraulischer Hinsicht günstigere Form erhielt, hat sich gegenüber der ursprünglichen Bauart kaum geändert. Die eigentliche Tragkonstruktion blieb der Zylinder, der durch eine um das angetriebene Ende geschlungene Kette auf einer geneigten, mit Zähnen versehenen Bahn aufwärts gerollt wird (Abb. 4.27). Der geschlossene, mit entsprechenden Aussteifungen

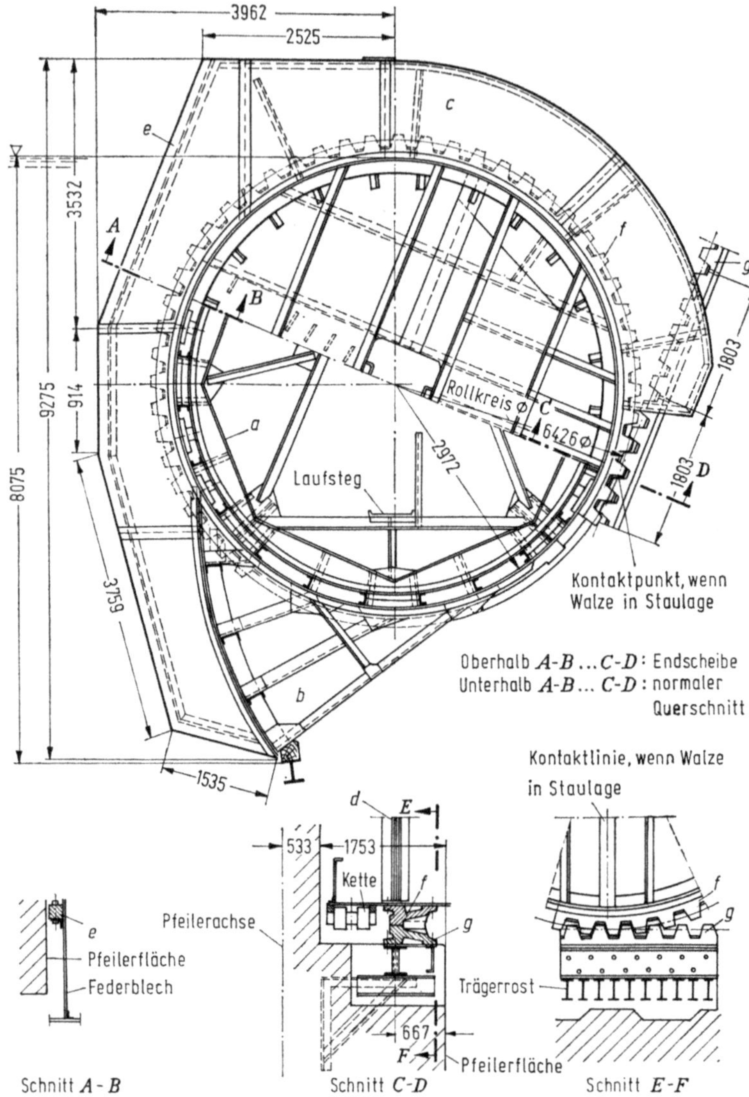

Abb. 4.27. Querschnitt und konstruktive Einzelheiten einer Walze (US Corps). *a* Walze; *b* Schnabel; *c* Seitenschild; *d* Endscheibe; *e* Seitendichtung; *f* Zahnkranz; *g* Zahnstange.

versehene Rohrkörper übernimmt die Biegung aus dem horizontalen Wasserdruck und ohne weiteres auch die beim einseitigen Antrieb auftretende Torsion.

Das Verhältnis zwischen Tragzylinderdurchmesser und Verschlußhöhe soll etwa 3 : 4 betragen. Ferner ist von Bedeutung, daß die Rollbahn unten nahezu lotrecht beginnt. Durch diese Maßnahme wird ohne Zuhilfenahme des Windwerkes ein ungewolltes Aufwärtsrollen der Walze bei starkem Wasserdruck vermieden. Durch steilere Anordnung der Rollbahn erreicht man, daß die Resultierende aus Eigengewicht, Wasserdruck und Auftrieb unterhalb des Auflagerpunktes der Walze liegt und die Walze sich somit von selbst an die Wehrsohle preßt.

Kleinere Änderungen an dieser, an sich bewährten Bauart wurden insofern vorgenommen, als man auf Grund von Erfahrungen die Endscheiben des Walzenkörpers radial versteift und in geschweißter Ausführung erstellt. Neben einer besseren Einleitung der Kettenzugkräfte in die Endscheibe hat diese Ausführung den Vorteil einer gewissen Materialersparnis und der leichteren werkstattmäßigen Bearbeitung.

Die normale Walze, d. h. die auf der Wehrsohle fest aufsitzende Walze, muß für Fein- oder Grobregelung des Wasserstandes, für die Abführung von Eisschollen, Geschiebe und sonstigen Vorlagerungen angehoben werden. Die Abführung des Wassers unter der Walze hindurch erschwert allerdings die Feinregelung. Auch die Eisabfuhr ist nur mit großem Wasserverlust möglich. Es ist deshalb oftmals erwünscht, das Wasser nicht unter der Walze, sondern darüber abzuführen. Diese Forderung erfüllt die Versenkwalze. Auch eine Walze mit umlegbarer Klappe leistet den gleichen Dienst. Die Aufsatzklappe kann in verschiedener Weise dem Walzenquerschnitt angepaßt sein. Sie wird entweder als einfacher Ausschnitt des Walzenmantels ausgeführt oder auf den runden Tragzylinder aufgesetzt, wobei dem fischbauchförmigen Querschnitt der Vorzug zu geben ist [*187*].

4.1.10 Klappe

Die Klappe ist wegen ihrer statischen Eigenschaften vorzüglich geeignet zum Abschluß von Öffnungen mit verhältnismäßig großer Lichtweite bei kleiner und mittlerer Höhe. Auch größere Höhen bis zu 6,5 m wurden bereits ausgeführt. Es besteht auch die Möglichkeit, zwei aneinander stoßende, einseitig angetriebene Klappen über eine große Lichtweite ohne Zwischenpfeiler zu spannen. Das Klappenwehr hat in hydraulischer Hinsicht und in der Gestaltung des Tiefbaues Vorzüge, die seine Anwendung oft sehr wünschenswert machen [*188*].

Zu bevorzugen ist eine möglichst hohe Lage des Drehpunktes bzw. der festen Wehrschwelle, so daß sich die Anordnung einer flachen Grube erübrigt und beim Umlegen der Klappe Ablagerung von Geschiebe unter der Klappe wie in der Sohlenvertiefung vermieden wird. Bei flachen Wehrgruben verwendete Spülvorrichtungen haben nur zum Teil das erhoffte Ergebnis gebracht.

Als einfachste Form finden wir die Klappe als gerade Platte, ausgesteift durch horizontale und vertikale Spanten. Ist die Klappe nicht zu breit (hier 6,20 m) so läßt sich auch mit nur einem Antrieb in Mitte der Klappe auskommen (Abb. 4.28). Zwei Pendelrollenlager und der unter der Klappe angeordnete Antrieb übertragen die Wasserlasten in den Boden. Zur Herstellung des 3 cm dicken Glattstriches im Bereich der seitlichen Dichtungsfläche wurden im Abstand von 1 m lotrechte Putzleisten verwendet, deren Lage mittels einbetonierter Stellschrauben genau reguliert werden konnte. Dabei hat man die Klappe gehoben und gesenkt. Nach Erhärten des Glattstriches wurden die von Holzlatten umgebenen Putzleisten entfernt und die Fugen ausgegossen. Der Servomotor durchdringt den Boden unter dem Schütz. Der Zylinder ist nahe seinem oberen Ende im Boden gelenkig gelagert und ragt in die darunterliegende Steuerkammer. Eine reifenförmige, mit Cordeinlagen verstärkte Gummiplatte ist mit Schrauben am Zylinder und am Lagerstuhl befestigt und dichtet die Kammer gegen rückstauendes Wasser ab. Die Kolbenstange ist hartverchromt und wird durch Eisabstreifer geschützt [*189*].

Bei größerer Lichtweite läßt sich eine ähnliche Lösung, dann allerdings mit mehreren Antrieben, finden. Bei höherem Stau und größerer lichter Weite und vor allem bei einseitigem Antrieb muß ein verdrehungssteifer Querschnitt gewählt werden. Hierfür bietet sich ein Rohr als Bauglied an. Denn ein Rohr ist gleichzeitig auch als Drehachse geeignet. Es wurde deshalb das Drehgelenk der Klappe als Torsionsrohr ausgeführt und die eigentliche Stauwand mit Konsolen nach oben angeschlossen. Natürlich ist ein solches Rohr nicht so einfach zu lagern

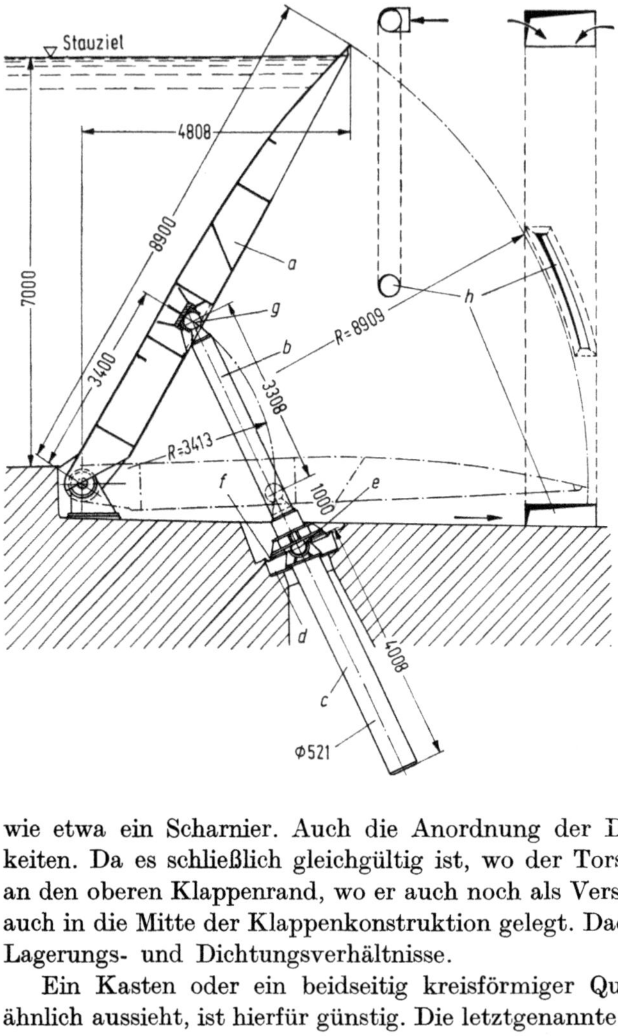

Abb. 4.28. Schnitt durch eine Stauklappe, mittiger ölhydraulischer Antrieb (Wartmann).
a Staukörper; *b* Pressenkolben; *c* Pressenzylinder; *d* Lagerpfanne zu *c*; *e* Drehlager; *f* Dichtungsreifen; *g* Kugeldrehlager; *h* Belüftung.

wie etwa ein Scharnier. Auch die Anordnung der Dichtung macht Schwierigkeiten. Da es schließlich gleichgültig ist, wo der Torsionskörper liegt, wurde er an den oberen Klappenrand, wo er auch noch als Versteifungsträger wirkte, oder auch in die Mitte der Klappenkonstruktion gelegt. Dadurch schafft man einfache Lagerungs- und Dichtungsverhältnisse.

Ein Kasten oder ein beidseitig kreisförmiger Querschnitt, der fischbauchähnlich aussieht, ist hierfür günstig. Die letztgenannte Form (Querschnitt) finden wir bei der sogenannten ‚Fischbauchklappe' (Abb. 4.29). Durch das Zusammenwirken von Staublech und Bauchblech ist der gesamte Klappenkörper verdrehungsfest ausgebildet. Dadurch bietet sich auch die Möglichkeit eines einseitigen Antriebes.

Querschotte teilen die Stauflächen in gleiche Abschnitte auf. An jedem Endschott und zur Mitte zu an nur jedem zweiten sitzt ein Bolzenlager. Bei großen Kräften ist in der Formgebung darauf zu achten, daß scharfe Ecken im

Lagerfuß vermieden werden. Damit umgeht man unkontrollierbare Kerbspannungen, die in ihrer Auswirkung unangenehme Folgen haben können. Die Klappe wird durch 4 ölhydraulische Servomotoren von der Unterwasserseite her betätigt, wobei die Antriebe jeweils an den Querschotten über den Zwischenlagern angreifen (die beiden Außenlager bleiben ohne Antrieb). Bei den vorhergehenden Antriebslagen wird allerdings ein niedrigeres UW vorausgesetzt als der tiefste Punkt der Antriebsanordnung. Somit lassen sich diese Lösungen nur bei höherer Wehrschwelle oder auch bei Überläufen anwenden.

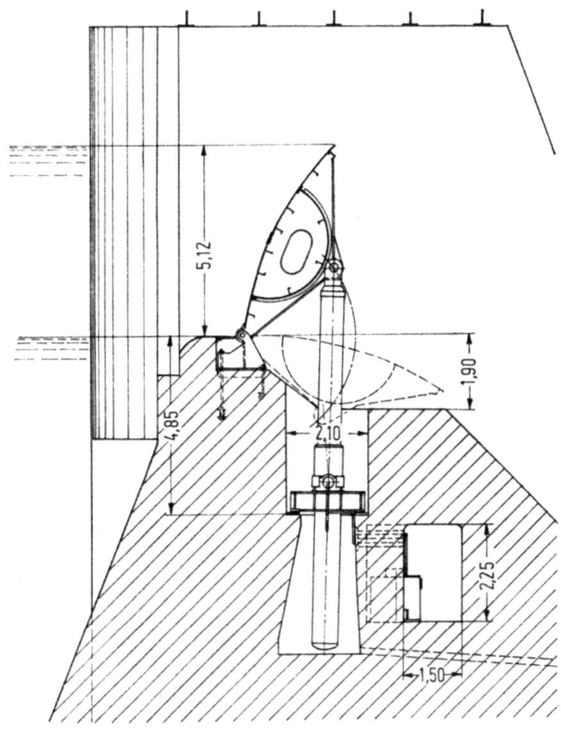

Abb. 4.29. Stauklappe großer Lichtweite (30,5 m) bei 5,12 m Stau (RU).

Als Schweißkonstruktion benötigt die Fischbauchklappe weder auf der Stau- noch auf der Rückwand die üblichen Längsrippen. Die Bleche werden nur in der Querrichtung ausgesteift. Diese Querrippen bilden feingliedrige Rahmen, an denen die Lager sitzen, die die Klappe am Fundament festhalten. Die Querrahmen haben zweierlei Aufgaben, nämlich die Formhaltung des Querschnittes und die Einleitung der Lagerkraft in den Fischbauchquerschnitt (Abb. 4.30). Steife Vollscheiben im Fischbauchquerschnitt sind nur an den Enden und in der Mitte der Wehröffnung vorhanden, und zwar dort, wo die Klappe geteilt wird. Die beiden Klappenhälften sind miteinander durch Mitnehmerbolzen verbunden, so daß an diesem Übergang wohl Torsionsmomente, jedoch Biegemomente nicht übertragen werden können. Die Teilung der Klappe in Feldmitte wurde gewählt, um für Temperaturdehnungen eine Ausgleichsfuge zu schaffen. Zugleich ist an dieser Stelle ein Spannungsausgleich für Verformungen aus Biegung gewährleistet. Die Möglichkeit, ein Torsionsmoment zu übertragen, muß dagegen erhalten bleiben, um Differenzmomente zwischen den beiderseitigen Antrieben von einer Seite auf die andere übertragen zu können. Gleichzeitig bietet sich der Mittelstoß als Sollbruchstelle an. Der obere der Mitnehmerbolzen ist daher als Scherbolzen ausgebildet. Im idealen Fall gleicher Antriebskräfte und -wege und bei gleichen Reibungswiderständen an den beiden Enden der Klappe bleibt die Scherverbindung in der Mitte der Öffnung ohne Beanspruchung. Erst wenn der Gleichlauf aus antriebstechnischen Gründen oder wegen unterschiedlicher Reibungseinflüsse oder völliger Blockierung gestört ist, tritt zwischen beiden Seiten eine Drehmomentendifferenz auf, die den Scherbolzen beansprucht. Damit dieses Moment nicht unbegrenzt anwächst, ist der Scherbolzen nur für eine bestimmte Bruchlast bemessen. So ist gewährleistet, daß der Klappenkörper nicht über-

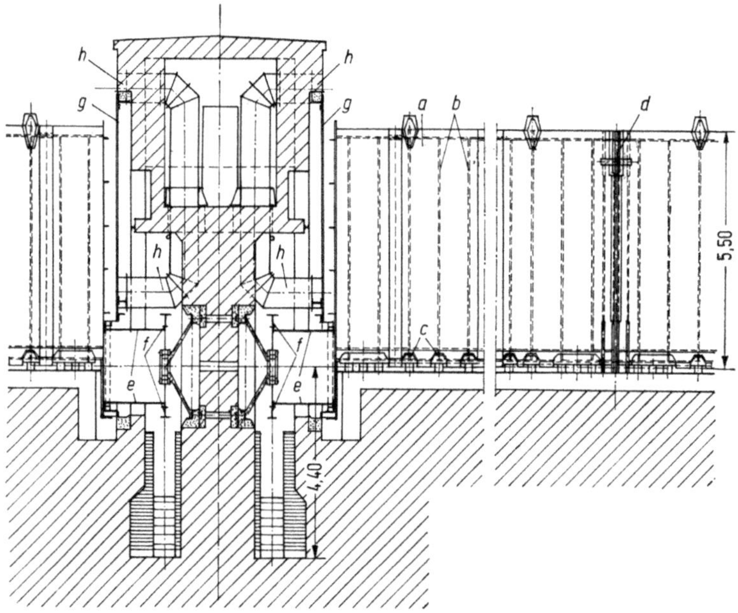

Abb. 4.30. Längsschnitt durch eine Klappe mit einseitigem ölhydraulischem Antrieb (RMD, MAN). *a* Klappe; *b* Quersteifen; *c* Scharnierlager; *d* Mitnehmerbolzen; *e* Antriebsrohr; *f* Antriebshebel; *g* Seitenschild; *h* Belüftungsrohre.

beansprucht wird [*190*]. Um jedoch bei einseitig auftretenden Widerständen das zusätzliche Torsionsmoment gar nicht erst bis zum Bruch des Scherbolzens anwachsen zu lassen, ist eine Schiefstellungsüberwachung eingebaut, die anspricht, sobald das zusätzliche Torsionsmoment um 20% überschritten ist. In diesem Zustand beträgt die Schiefstellung des Klappenrandes 1,4 cm. Die Schiefstellungsüberwachung unterbricht dann sofort jede weitere Bewegung der Klappe.

Die Übertragung der am Verschluß angreifenden Kräfte in den Antrieb erfolgt über ein in der Drehachse der Klappe angeflanschtes und in das Pfeilerinnere eingeführtes Torsionsrohr (Abb. 4.30). Diese Bauweise ergibt wesentliche Vorteile hinsichtlich der raumsparenden Unterbringung und Ausführung der Antriebe. Mit ihr kann gleichzeitig auch die Forderung niedrigster Pfeileraufbauten und nischenloser glatter Pfeilerwände erfüllt werden.

Das Rohr, sehr steif, darf nicht als federndes Element zwischen Klappe und Antrieb wirken und die Tendenz des Verschlusses zu Schwingungen begünstigen.

Es durchdringt eine kreisförmige Öffnung des außen mit einer Remanit-Plattierung versehenen freitragenden Pfeilerseitenschildes, wird hier stopfbuchsenartig abgedichtet und im hochgehenden Mauerwerk des Pfeilers über ein besonderes Pendelrollenlager drehbar gelagert. An seinem Ende ist es mit einem schwenkbaren Antriebshebel verbunden. Um die Belüftung des Überfallstrahles zu erreichen, sind besondere Luftzuführungsrohre (Dmr. 700 mm) eingebaut. Ferner wurden am oberen Klappenrand kräftige Strahlzerteiler in genügender Anzahl vorgesehen. Eine besondere Vorrichtung gestattet, die Klappe in ihrer Staulage zu verriegeln. Ferner sorgt ein unter dem Antriebshebel sitzender Anschlag dafür, daß die Klappe nicht über ihre normale Endlage hinaus abgesenkt werden kann.

Soll die Klappe vom Antriebsrohr, wie beim Stoß der beiden Klappenhälften, getrennt sein, dann läßt sich dies auf ähnliche Weise erreichen. Das Antriebsrohr ist in der Klappe (Drehachse) und im Pfeiler gelagert. Den Antriebshebel verbindet ein Antriebsbolzen mit dem Klappenendschott und übernimmt das

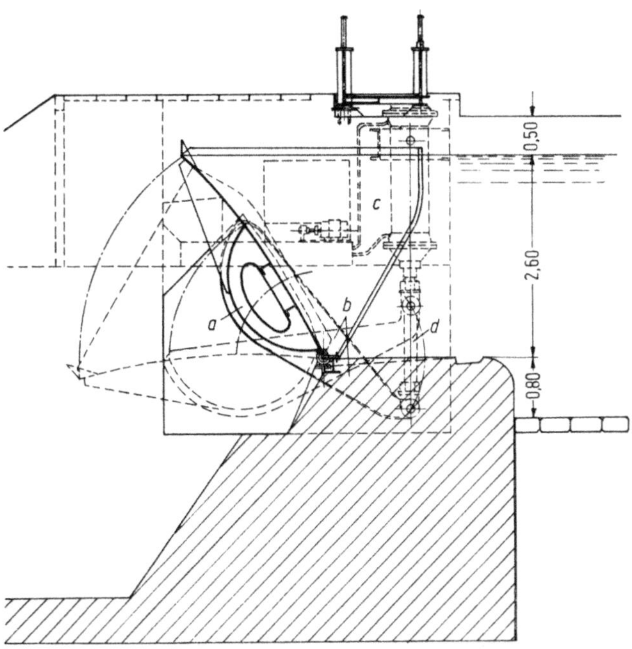

Abb. 4.31. Klappe in den Pfeiler geführt, ölhydraulischer Antrieb (Noell). *a* Klappe; *b* Antriebshebel; *c* Seitenschild; *d* Druckstange des Servomotors.

Drehmoment für den Antrieb. Durch diese Trennung wirken sich Ungenauigkeiten in der Montage nicht aus. Die Antriebsseite mit Antriebshebel ist für sich statisch bestimmt gelagert. Die Klappe wird durch die Drehlager in ihrer Stellung fixiert. Sind kleinere Abweichungen beider Teile bei der Drehbewegung vorhanden, so gleicht diese der Mitnehmerbolzen aus [*191*].

Bei den Lösungen mit Antriebsrohr wird das Drehmoment der ganzen Klappe auf das Rohr konzentriert und dann wieder über den Antriebshebel nach außen zum Antrieb geleitet [*192*]. Um diesen Umweg zu sparen, kann die Klappe in vollem Querschnitt in den Pfeiler hineingeführt werden. Das Endschott wird über die Drehachse zur anderen Seite hin verlängert und liefert damit den Antriebshebel (Abb. 4.31). Diese Lösung setzt allerdings voraus, daß das UW niedriger als der Angriffspunkt der Kolbenstange und das HHUW niedriger als der Servomotor liegt. Das große Seitenschild verhindert ein Eindringen des Wassers aus dem Stauraum in den Antriebsraum. Allerdings ist bei dieser Anwendung des Antriebes die Kolbenstange stets auf Druck beansprucht und muß deshalb stärker (Knickgefahr) dimensioniert werden als bei reiner Zuglast (s. auch [*708*]).

4.1.11 Faltschütz (zweiteilige Klappe)

Als weitere Entwicklung für Schütze kleinerer Abmessungen ist das Faltschütz zu nennen, das hydraulisch wie eine Klappe überströmt und wie ein Segmentschütz unterströmt wird (Abb. 4.32). Es besteht aus zwei scharnierartig verbundenen Klappen *a* und *b* mit einem Huborgan. Die untere Klappe *b* schwenkt um zwei Führungsrollen *e*. Die obere Klappe *a* wird durch zwei Arme geführt. Die beiden Bilder zeigen Verschluß- und Spülstellung. Sind

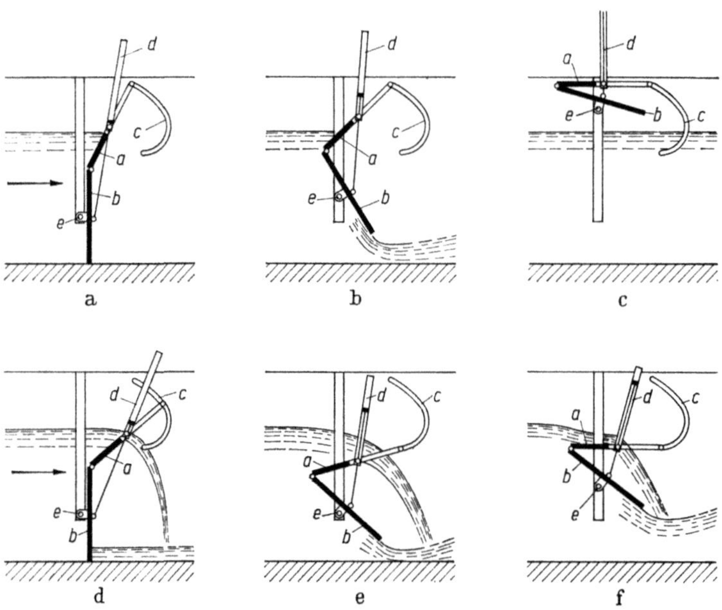

Abb. 4.32a–f. Arbeitsweise des Faltschützes.
a) Staustellung; b) zum Spülen geöffnete Unterklappe und festgestellte Oberklappe; c) ganz gehobene Unterklappe; d) abgesenkte Oberklappe und festgestellte Unterklappe; e) gesenkte Oberklappe und Unterklappe, die gerade geöffnet wird; f) abgesenkte Oberklappe und gehobene Unterklappe.
a Oberklappe; *b* Unterklappe; *c* Führungsschiene; *d* ölhydraulische Presse; *e* Führungsrollen.

die Arme in der oberen Stellung, so kann man auch die untere Klappe ganz aus dem Wasser herausheben (Abb. 4.32c). Stehen die Führungsrollen *e* fest, so wird die obere Klappe *a* überströmt (Abb. 4.32d). Je nach der Form der Führungsschienen *c* sind beliebige Stellungen des Schützes bei gleichzeitigem Über- und Unterströmen möglich (Abb. 4.32e u. f). Dieses Schützsystem eignet sich dort, wo nicht zuviel grobes Geschiebe erwartet werden muß, wie z. B. für Einläufe als Regulierschütz oder am Überfall. Für die Bewegung zum Über- und Unterströmen ist nur ein Huborgan erforderlich. Gegenüber einem Segment oder Klappe kann der Verschluß wahlweise nur unter- oder überströmt oder auch beides kombiniert werden. Da der Weg des Huborgans gegenüber dem Schützweg stark reduziert werden kann, bietet sich die Anwendung von öl-hydraulischen Antrieben an. Es sind deshalb Windwerksaufbauten nicht erforderlich. Das geöffnete Schütz fügt sich unauffällig zwischen die Pfeiler ein. Sofern das Schütz in einer Kaverne oder in einem Gebäude untergebracht ist, führt der geringere Platzbedarf zu baulichen Einsparungen.

4.1.12 Mehrklappenverschluß

Ist die Klappe so ausgebildet, daß sie in ihrem Längsprofil der Strömung angepaßt ist, dürfte sie bei entsprechender Stellung in Richtung der Stromlinien den Ablauf nicht stören [*193*]. Lediglich die Verbauung bringt eine Verringerung des wirksamen Querschnittes. Werden nun mehrere solcher Klappen in einem Abstand derart übereinander angeordnet, daß sie in ihrer Stellung senkrecht zur Fließrichtung sich gegenseitig berühren, dann kann eine Drehbewegung den Durchfluß sperren. Die Berührungsflächen sind gleichzeitig Dichtungsebenen. Solch ein mehrteiliger Verschluß kann teilweise oder ganz schließen. Da der Drehpunkt in Klappenmitte liegt, treten für den Antrieb nur hydraulische Kräfte auf, die infolge unterschiedlicher Druckverhältnisse bei Fließbewegung sich auf der Ober- und Unterfläche der Klappe einstellen.

4.1.13 Gegendruckstauklappe

Die in Abb. 4.33 dargestellte Gegendruckstauklappe kann mit verhältnismäßig geringen Antriebskräften betrieben werden. Die Verminderung der Antriebskräfte wird dadurch erreicht, daß der auf einen Gegendruckschenkel

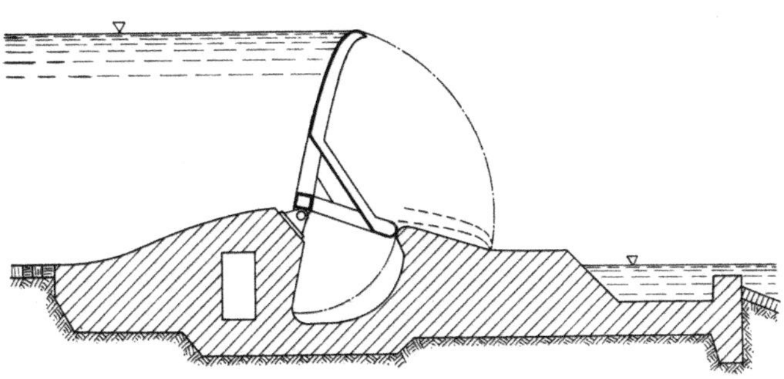

Abb. 4.33. Gegendruckstauklappe.

wirkende Staudruck ein negatives Drehmoment erzeugt. Dieses hebt das positive Drehmoment des Stauschenkels so weit auf, daß von dem Antrieb nur die beim Drehen der Klappe auftretenden Differenzdrehmomente aufzunehmen sind. Es handelt sich demnach um eine mechanisch betriebene und hydraulisch entlastete Konstruktion. Die Unterströmung ist dadurch möglich, daß die Stauwand abgeknickt bis zu einer Dichtung am äußeren Rande des Gegendruckschenkels geführt wird und sich beim Legen der Klappe zwischen dieser Dichtung und der Wandung der darunterliegenden Klappengrube ein Spalt öffnet. Dieser gibt den Abfluß durch die im unteren Teil offene Stauwand vom Ober- zum Unterwasser frei. Die Gegendruckstauklappe eignet sich als Wehrverschluß für große Lichtweiten. Sie kann auch ohne Zwischenpfeiler in mehreren Teilen aneinandergereiht werden [*194*, *195*].

4.1.14 Vergleich einiger Schütztypen

Es ist immer daran zu denken, daß von vielen Lösungen für einen bestimmten Fall in der Regel nur ein Schütztyp oder ein Schützsystem als wirtschaftlichste und zweckmäßigste Lösung angesprochen werden kann. Dieses System muß jeweils neu gesucht werden. Deshalb können die nachfolgenden Hinweise nur allgemein gültig sein. Sie sind den besonderen Verhältnissen anzupassen und entsprechend abzuwandeln.

4.1.14.1 Fachwerk- und Vollwandkonstruktion

Die Herstellungskosten von Fachwerkkonstruktionen sind meistens wegen des geringeren Gewichtes trotz der lohnintensiveren Fertigung niedriger als die der Vollwandkonstruktionen. Die vollständig geschlossene Bauweise bietet jedoch im Hinblick auf die an Wehrverschlüsse gestellten Anforderungen technische Vorteile, welche ihr – auf lange Sicht gesehen – gegenüber der offenen Bauweise oft auch wirtschaftlich den Vorzug geben. Als solche Vorteile seien genannt:

a) Das torsionssteife Tragwerk erzwingt die Parallelführung des Schützes und ermöglicht dadurch die Anwendung des ölhydraulischen Antriebes.

b) Belastungen infolge von Einzelkräften verteilen sich unter Minderung des örtlichen Einflusses räumlich auf das ganze Tragwerk. Dadurch ist die, wenn auch dünnwandige, so doch äußerst robuste Konstruktion gegen nicht erfaßbare lokale Belastungen durch Fremdkörper oder Eis fast unempfindlich.

c) Die vollständig geschlossene Konstruktion hat im Vergleich zu allen anderen die kleinste Oberfläche, wodurch die Angriffs- und Beschädigungsmöglichkeiten des hochwertigen Rostschutzes herabgesetzt werden.

d) Die Unterhalts- und Wartungskosten sind bei größtmöglicher Betriebssicherheit minimal.

4.1.14.2 Hakendoppelschütz, Rollschütz mit Klappe und Segment mit Klappe

Für das Schütz (Rollschütz und Segment) mit Klappe ergeben sich gegenüber einem Hakendoppelschütz folgende Unterschiede:

a) Die erforderlichen Hubkräfte für das Segment mit Klappe sind geringer als die für das Hakendoppelschütz oder Rollschütz mit Klappe. Denn das Gewicht des Segmentes ist geringer, die rollende Reibung entfällt und durch richtige Wahl der exzentrischen Lagerung des Segmentdrehpunktes kann die Hubkraft vermindert werden.

Bei Rollschützen ist die maximale Wasserauflast auf die Klappe in der Regel größer als auf die Überfallhaube des Hakendoppelschützes (Abb. 4.34). Da sie aber bei einer Zwischenstellung der Klappe auftritt, hat sie bei gemeinsamen Windwerk für Schütze und Klappe keine Bedeutung für dessen Bemessung [*197*].

b) Die Dichtung zwischen Klappe und Schütz bewegt sich nicht wie beim Hakendoppelschütz entlang einer über die ganze Verschlußweite vorzusehenden Dichtungsschleiffläche, sondern ist fest mit der Klappe bzw. dem Schütz verbunden. Dadurch wird eine ausgezeichnete Dichtheit erreicht.

c) Während beim Schütz mit Klappe alle Schleifflächen der Dichtungen, an denen eine Eisbildung möglich ist, beheizt werden können, ist beim Hakendoppelschütz eine Beheizung der Schleifflächen der Horizontaldichtung sehr aufwendig. Auch ist beim Hakendoppelschütz eine Vereisung der am Unterschütz befind-

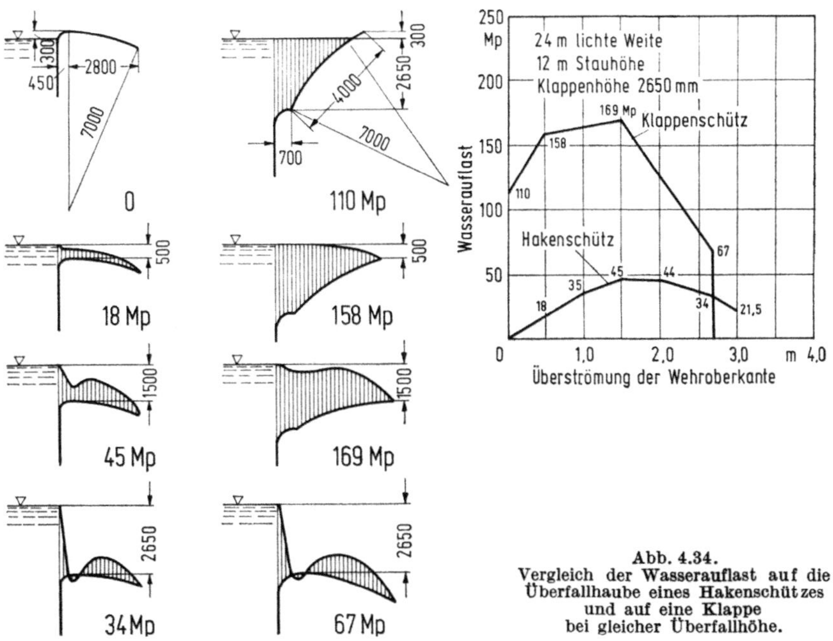

Abb. 4.34. Vergleich der Wasserauflast auf die Überfallhaube eines Hakenschützes und auf eine Klappe bei gleicher Überfallhöhe.

lichen Laufschienen für die Spantlaufrollen des Oberschützes möglich. Starke Eisbildungen am Hakendoppelschütz können deshalb die Beweglichkeit des ganzen Verschlusses in Frage stellen.

d) Die glatten gewölbten Stauwände des Segmentes (Druck) mit Klappe bieten dem anströmenden Eis praktisch keinen Widerstand. Ohne Anordnung von zusätzlichen Konstruktionen ist volle Funktionssicherheit gegeben.

e) Die tiefen Wehrnischen für das Hakendoppelschütz und Rollschütz mit Klappe können beim Segment mit Klappe vollkommen entfallen. Es ergeben sich hierdurch günstigere hydraulische Verhältnisse und Vorteile bei der Bemessung der Wehrpfeiler.

f) Für den Fall, daß in einer Öffnung der Notverschluß eingesetzt und der Raum zwischen Dammbalken und Wehr trockengelegt ist, während in den Nebenöffnungen der Stau durch ein Schütz gehalten wird, ergibt sich beim Segment mit Zugarmen infolge des verhältnismäßig großen Abstandes der Dammbalken von der Stauwand ein größerer Seitenwasserdruck auf den Pfeiler als beim Rollschütz.

g) Es besteht kaum Zweifel, daß das Hakendoppelschütz bei Überströmung weniger schwingungsempfindlich ist als die Aufsatzklappe beim Roll- oder Segmentschütz. Das hat seinen Grund darin, daß die Stauklappe als erheblich weichere Konstruktion eine geringere Schwingungsfrequenz aufweist als das Oberschütz der Doppelschützkonstruktion.

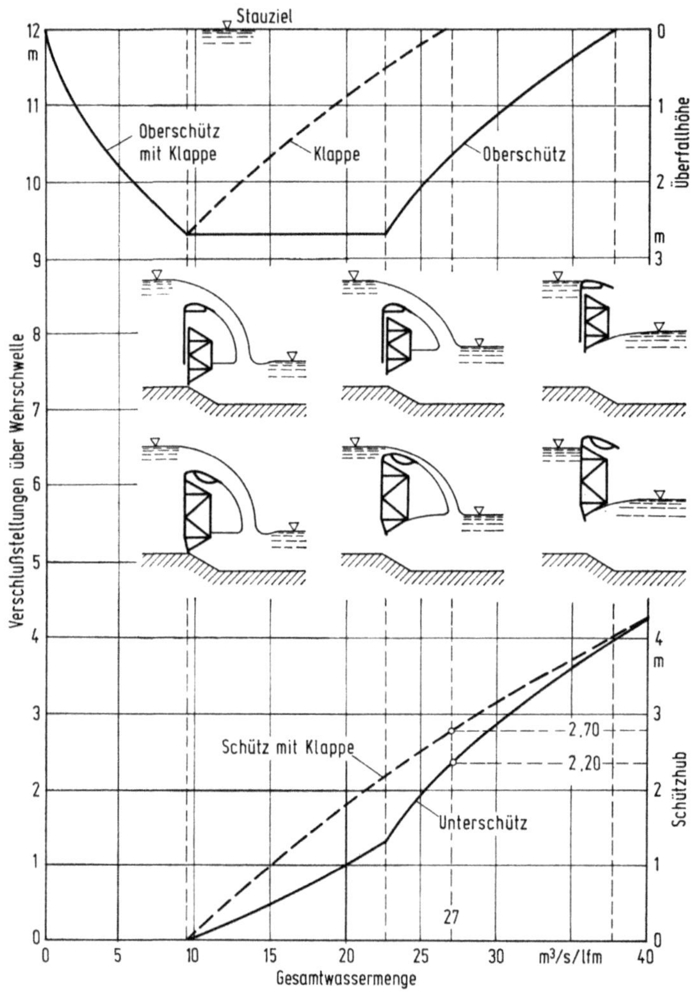

Abb. 4.35. Verschlußstellungen in Abhängigkeit von der Wassermenge bei einem Doppel- und einem Schütz mit Klappe von 12,0 + 0,3 m Verschlußhöhe.

h) Werden beim Segment fest in den Wehrpfeiler einbetonierte Klappendichtungs-Schleifflächen aus Stahl verwendet, steht die volle Wehrbreite für die Wasserabfuhr über die Klappen zur Verfügung. Dann allerdings gerade Stützarme mit Strahlaufreißern.

i) Durch Anordnung einer geeigneten Vorspannkonstruktion oder Bewehrung können auch große Kräfte im Drehgelenk des Segmentes in den Wehrpfeiler eingeleitet werden. Allerdings ist die Übertragung der Kräfte beim Roll- und Hakendoppelschütz in der Nische einfacher.

j) Die Bauhöhe der Klappe ist begrenzt und damit wird die Absenkbarkeit geringer als die von Hakendoppelschützen. Doch dürfte das erreichbare Maß meistens den Anforderungen im Betrieb genügen.

k) Die Seitendichtung am glatten Pfeiler muß beim Segment genau lotrecht verlaufen. Das Segment hat winkeltreu zu sein, sonst gibt es bei Bewegung Klemmungen. Auch dürfen sich später größere Schiefstellungen nicht einstellen. Demgegenüber kann die Seitendichtung beim Rollschütz in die Wehrnischen hineingelegt werden. Die Dichtung gleitet dann gegen eine Schleifleiste, die an den rechtwinklig zu den Pfeilerwänden liegenden Nischenwandungen befestigt ist. Dadurch ist sie dem Einfluß von kleinen Pfeilerbewegungen und Ungenauigkeiten der Montage völlig entzogen.

l) Beim Schütz mit Klappe kann eine geringere Wassermenge über den Verschluß abgeführt werden als durch das tiefer absenkbare Oberschütz (Abb .4.35). Damit eignet sich das Hakendoppelschütz besser zur Eis- und Geschwemmselabfuhr. Auch braucht das Unterschütz bei gleicher Wassermenge erst später angehoben zu werden als das Schütz mit Klappe [*196*]. Die Verschlüsse sind einander in diesem Punkt nur dann gleichwertig, wenn die Absenkhöhe der Klappe gleich der Absenkhöhe des Oberschützes ist. Dies ist aber infolge der Klappenhöhe nur bis zu Verschlußhöhen von etwa 8 m wirtschaftlich.

m) Die Kosten für ein Schütz mit Klappe können bis zu 10% unter denen das Hakendoppelschützes liegen. Dann haben aber Schütz und Klappe nur ein gemeinsames Windwerk. Ihre Bewegungen zueinander sind nicht variabel.

4.1.14.3 Sektor- und Trommelschütz

Das Trommelschütz wird teurer, da es noch zusätzlich einen Boden zur Kammer hin benötigt. Wegen der unterwasserseitigen Längsdichtung, an der die Gleitbewegung stattfindet, ist es empfindlicher gegen Eisbildung. Zusätzlich sind beim Trommelschütz die Lagerkräfte auf Zug in den Beton einzuleiten (also schwieriger als die Druckkräfte beim Sektor). Nachteil beider Typen gegenüber einer Klappe ist der aufwendigere Tiefbau durch die notwendige Kammer.

4.1.14.4 Kosten und Gewichte

Für einige Verschlußtypen bringen die Tab. 32 und 33 einen Vergleich der Gewichte und Kosten [*100, 197, 198*].

Tabelle 32

System	Konstruktion[1]	Gewicht %	Preis %
Rollschütz	Fachwerk	100	100
Rollschütz	Vollwand	105	104
Rollschütz mit Klappe	Fachwerk	115,2	123,6
Rollschütz mit Klappe	Vollwand	122	126,5
Walze	—	120	129
Absenkwalze	—	137	149
Versenkschütz	Vollwand	119	117,3
Segment mit Klappe	Fachwerk	120,8	127,8
Sektor	automatische Rohrschützsteuerung	97	72,5

[1] Bei gleichen Abmessungen: 30,0 m l. W.; 6,0 m l. H.

Tabelle 33

Kraftwerk	Baujahr	Verschlußart	l. W.	l. H.	Wind-werksart	Verschluß kg/m²
Inn-Stufen						
Braunau	1951	Hakendoppelschütz	23,00	13,80	Kette	700
Schärding	1959	Hakendoppelschütz	23,00	13,80	Kette	535
Passau-Ingling	1964	Hakendoppelschütz	23,00	14,00	Kette	550
Enns-Stufen						
Rosenau	1951	Hakendoppelschütz	16,00	13,50	Kette	860
Hieflau	1954	Segmentschütz mit Klappe	12,00	9,50	Kette	420
Altenmarkt	1959	Segmentschütz mit Klappe	12,00	11,00	Kette	375
Losenstein	1961	Hakendoppelschütz	13,50	16,20	Kette	530
Pantaleon	1963	Segmentschütz mit Klappe	14,00	11,20	hydr. Antrieb	475
Krippau	1965	Segmentschütz mit Klappe	12,00	11,20	Kette	360
Garsten	1965	Segmentschütz mit Klappe	14,00	12,80	hydr. Antrieb	420

Überschlägliche Gewichtsermittlung s. [*100*].

Wählt man für eine Öffnung ein Hakendoppelschütz oder ein Schütz mit Klappe, so kann gegenüber einem einfachen Rollschütz mit einer Erhöhung des Gewichtes zwischen 15 und 20% gerechnet werden. Ein Sektor wird etwa das gleiche Gewicht benötigen, ein Segment dagegen bis zu 20% unter dem Gewicht liegen. Wählt man zusätzlich zum Segment noch eine Klappe, so reicht gegenüber einem Rollschütz ein um etwa 10% höher liegendes Gewicht aus.

Für Projektzwecke läßt sich angenähert das Gewicht für einen Verschluß nach Gl. (299) berechnen, wenn von einer ausgeführten Anlage gleichen Typs das Konstruktionsgewicht bekannt ist. Es gilt

$$G = g\left(\frac{L^2}{l^2} + \frac{L}{l}\right)\frac{1}{2}\sqrt{\frac{H\,W}{h\,w}}\sqrt{\frac{\sigma_g}{\sigma_G}}\,. \tag{229}$$

Hierin bedeuten

- G Gewicht,
- L Stützweite,
- H Stauhöhe,
- W Wasserdruck je lfd. m Schütz,
- σ_G Zugspannung der gesuchten, alle anderen Bezeichnungen die der bekannten Anlage.

Beim Umrechnen von großer Stütze auf kleine Weiten ist ein Zuschlag bis 5% ratsam, bei umgekehrtem Weg ein Abzug bis zu 5%. Weitere Angaben über Verschlüsse für Wehre s. [*199* bis *206* u. *709*].

4.2 Talsperren

Da sich einige Wehrverschlüsse auch bei Talsperren speziell als Überlaufverschlüsse verwenden lassen, werden nachfolgend nur solche Verschlüsse behandelt, die nicht im Wehrbau üblich sind.

4.2.1 Absenkschütz

Die Konstruktion ist weitgehend der oberen Tafel des Hakendoppelschützes entlehnt. Die Überfallhaube als Versteifungsträger ist beiderseits in der Nische auf Rollen gelagert (Abb. 4.36). Sie bildet im abgesenkten Zustand die Fortsetzung der Kontur der Überlaufkrone nach OW. Die Stauwand an den Querträgern mit Rollen bleibt auf der Luftseite glatt für die Horizontaldichtung, die an den festen Teilen im Beton verlegt ist. Seitlich vom Pfeiler her wird die Überfallhaube belüftet und Sickerwasser läuft durch einen Abfluß nach UW ab.

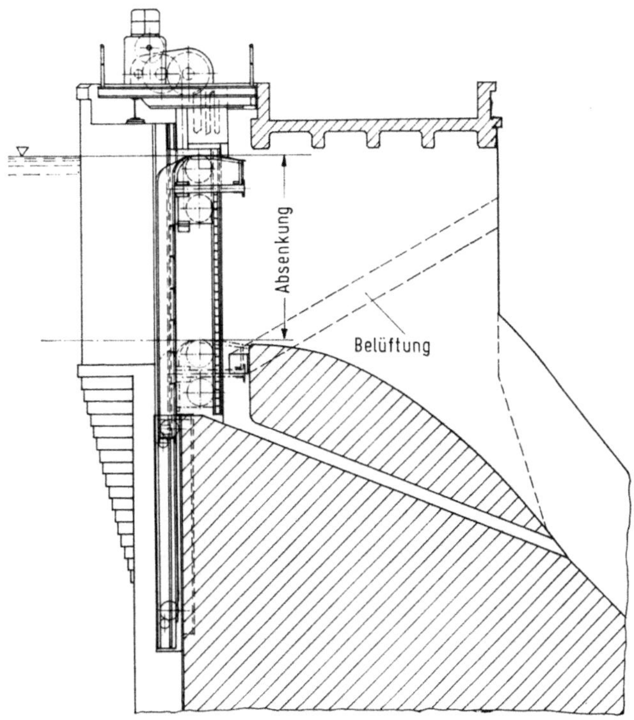

Abb. 4.36. Absenkschütz für Hochwasserentlastung (Ransomes).

4.2.2 Ringschütz

Soll das Hochwasser über einen ringförmigen Überlauf in einen Fallschacht abfließen (Abb. 4.37), so kann der Stau durch ein Ringschütz schnell gesenkt werden. Denn schließlich entspricht ein Ringschütz mit 20,60 m Durchmesser in seiner hydraulischen Wirksamkeit einem geraden Überlauf von fast 67,0 m Länge. Das Ringschütz als Kastenquerschnitt ist durch Schotte und Streben ausgesteift. Soll es hydraulisch, also durch Wasserdruck gehoben oder gesenkt werden, fließt durch Steuerschieber Wasser in die Schützkammer. Das Schütz schwimmt dann auf dieser Wasserfüllung. Allerdings muß ein Gleichlauf eine Schiefstellung des Verschlusses verhindern. Bei entsprechend starker Ausbildung des Gleichlaufes kann das Schütz auch ohne hydraulische Kraft gehoben werden. Eine Dichtung schleift an beiden gewölbten Flächen der Seitenwände des Schützes. An jedem Querschott ist unten ein Anschlag, der das Schütz in seiner Bewegung nach oben begrenzt. Wird der Verschluß voll überströmt, dann sitzt er an der Sohle auf Betonkonsolen auf, die die Kräfte aus Eigengewicht und Wasserauflast übernehmen.

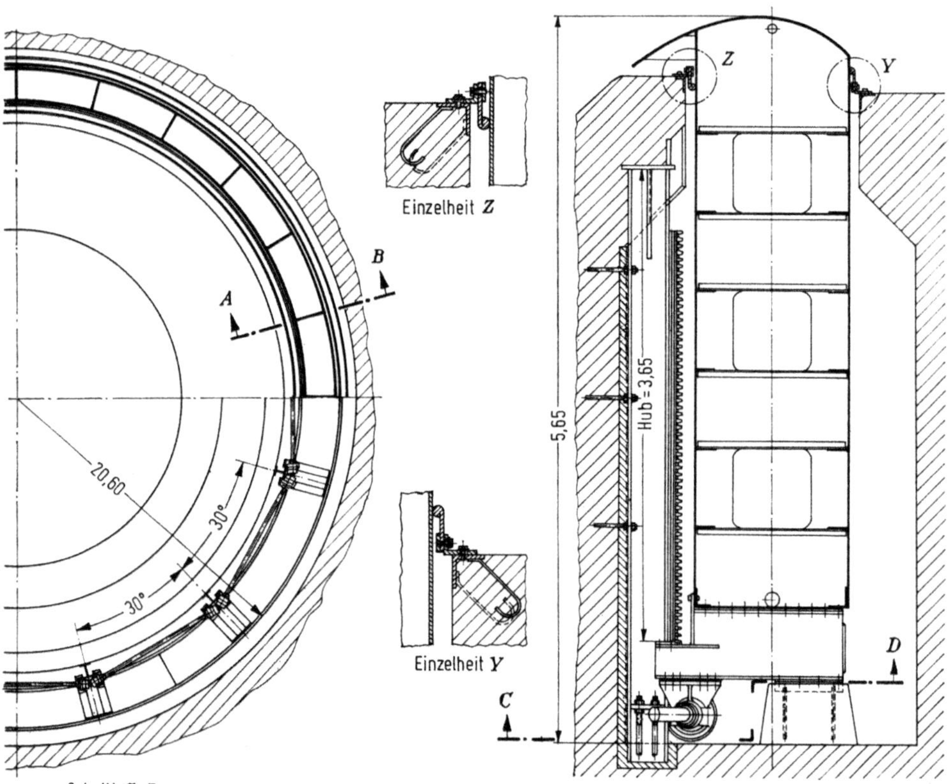

Abb. 4.37. Ringschütz, Dmr. 20,60 m. Grundriß und Schnitt (US Bureau).

4.2.3 Zylinderschütz

Bei günstigen topographischen Verhältnissen kann ein Zylinderschütz sowohl als Hochwasserentlastung als auch als Einlaufverschluß für Turbinenleitungen dienen. Die wesentlichen Vorteile sind:

a) Von der Staumauer völlig unabhängiges Einlaufbauwerk (Betonturm). Ein plötzlicher Wechsel im Mauerquerschnitt wird auf diese Weise vermieden.

b) Geringes Schützgewicht bei größter Leistung.

c) Geringe Eintrittsgeschwindigkeit des Wassers.

d) Möglichkeit ästhetischer Gestaltung des Überwasserbauwerkes [*207*].

Das Zylinderschütz ist durch Ringstreben ausgesteift und sitzt auf der Einlaufsohle auf einer Ringdichtung auf (Abb. 4.38). Der Abflußturm steht frei im Stauraum, wird somit an allen Seiten gleichmäßig angeströmt. Dies ist wichtig wegen der gleichmäßigen Belastung des Schützes. Jeder zweite der Turmpfeiler nimmt die Führungsschienen auf. Das Schütz ist damit in der Horizontalen statisch bestimmt gelagert. In der Lotrechten allerdings sitzen unten in Nähe der Schneide je Führungsebene zwei Rollen, auf halber Höhe und oben eine weitere

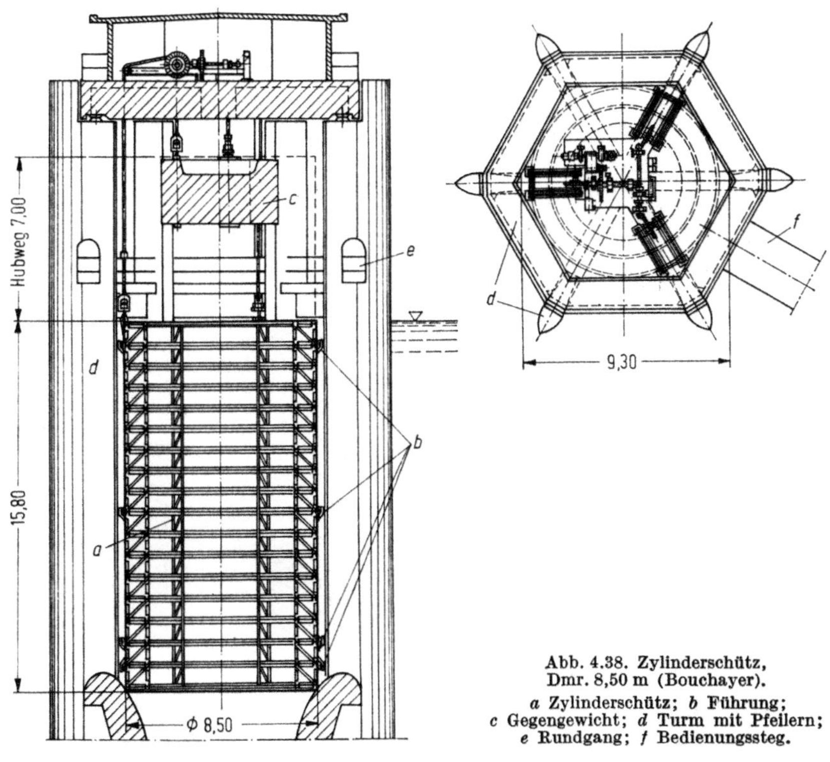

Abb. 4.38. Zylinderschütz, Dmr. 8,50 m (Bouchayer). *a* Zylinderschütz; *b* Führung; *c* Gegengewicht; *d* Turm mit Pfeilern; *e* Rundgang; *f* Bedienungssteg.

Rolle. Um in der Lotrechten eine Zwängung zu vermeiden, empfiehlt es sich, die übereinanderliegenden Rollen einer Ebene gefedert zu lagern.

Das Schütz kann um 7,0 m angehoben werden und gibt damit eine Durchflußfläche von 185 m², also den 6fachen Querschnitt des Fallschachtes frei. Wenn das Schütz jederzeit, also auch bei Stromausfall, geöffnet werden soll, wird dies durch ein schweres Gegengewicht erreicht.

4.2.4 Staubalkenwehr

Der Grundgedanke beim Staubalkenwehr ist, nur den wirklich notwendigen Durchflußquerschnitt beweglich auszubilden und den Rest durch eine, wenn es geht, strömungsgerechte Betonkonstruktion zu ersetzen (etwa 35 bis 40%

der Staufläche). Im unteren Teil der Staufläche sind deshalb mit Rücksicht auf die Geschiebeführung und weil im unteren Teil die Leistungsfähigkeit einer Öffnung am größten ist, bewegliche Verschlüsse untergebracht. Andererseits muß aber auch eine Reguliermöglichkeit in Stauhöhe gegeben sein und Eis, Schwemmzeug usw. abgeführt werden können. Aus dieser Überlegung entstand der horizontale, feste Staubalken, der sowohl über- als auch unterströmt wird (Abb. 4.39).

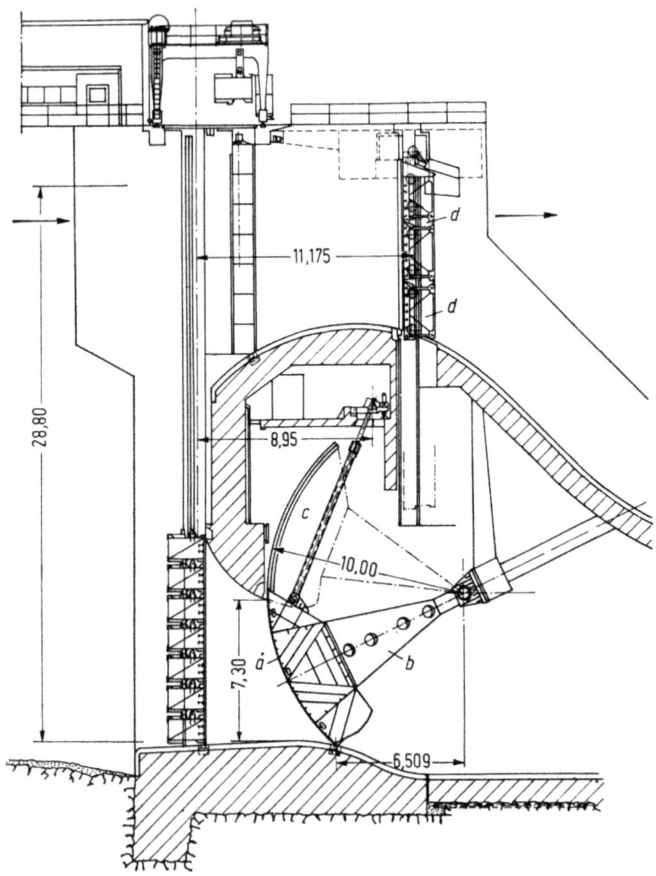

Abb. 4.39. Staubalkenwehr (Bouchayer).
a Segmentschütz als Grundablaß; *b* vollwandige Stützarme; *c* Antriebsspindel; *d* Überlaufschütz.

An der Sohle sperren Segmente *a* den Querschnitt. Wegen des hohen Wasserdruckes sind sie als Kastenträger ausgebildet. Die vollwandigen Arme *b* leiten den Wasserdruck von fast 2000 Mp in die Lagerträger. Den Antrieb übertragen zwei Spindeln *c*, die sich während des Hubes in den Schützkasten hineindrehen. Im Überlauf sind absenkbare Rollschütze eingebaut. Soll Hochwasser abgeführt werden, fährt das Oberschütz *d* im Schutz der Betonschürze abwärts und gibt den notwendigen Querschnitt frei.

Der massive Teil einer solchen Sperre muß entsprechend wuchtig ausfallen. Der Staubalken ist beiderseits abgerundet, um einen günstigen Abflußbeiwert zu erreichen. Die oberwasserseitige, bis zur Sohle reichende Nische nimmt die Dammbalken des Grundablasses auf. Die Nischen für die Dammbalken der oberen Öffnung sind etwas nach UW versetzt, damit beide Dammbalkengruppen aneinander vorbeigezogen werden können [*208*]. Auch finden wir Lösungen nur mit Rollschützen. Dabei wird das obere Schütz in den Staubalken herabgelassen, das untere in den Schutz des Balkens gezogen. Sollen Rollschütze und nur eine Nische mit Laufschienen zur Anwendung kommen, so läßt sich dies erreichen, wenn der obere Verschluß herausgeschoben und der untere hinter den Staubalken gefahren wird. Verwendet man für oben ein Rollschütz mit Klappe, so läßt sich Treibzeug und Eis abführen, ohne das Rollschütz zu bewegen. Wird Wert darauf gelegt, den Hochwasserabfluß durch möglichst wenige Pfeiler einzuengen und eine gute Abfuhr von Eis und Geschwemmsel zu ermöglichen, dann bilden mehrere Überfallklappen nebeneinander direkt auf dem Staubalken eine gute Lösung [*209*].

4.2.5 Tiefschütze

Tiefschütze, also Schütze tief unter dem Wasserspiegel, sind äußerst wichtige Konstruktionsteile einer Stau- oder Wasserkraftanlage. Von ihrer einwandfreien Arbeitsweise hängt oftmals sehr viel, in Katastrophenfällen manchmal alles ab.

Im allgemeinen sind die zu sperrenden Querschnitte nicht groß. Der statische Wasserdruck kann daher durch eine entsprechend bemessene Konstruktion verhältnismäßig einfach beherrscht werden. Die Reibungswiderstände und die dynamischen Kräfte spielen bei so großen Wassertiefen eine weit wichtigere Rolle als das Schützgewicht.

4.2.5.1 Oberwasserseitige Dichtungsebene und oberwasserseitige Stauwand

Als Vorteile lassen sich aufzählen:

a) Einwandfreie hydraulische Abflußverhältnisse mit eindeutiger Strahlablösung an der Unterkante der Stauwand. Damit sind Wechseldrücke auf die Unterfläche der Schützkonstruktion ausgeschaltet und die Gefahr einer Schwingung nicht mehr vorhanden. Solch eine Lösung bietet die größte Sicherheit gegen hydrodynamische Belastungen.

b) Eindeutige Bestimmung der durch den Antrieb aufzunehmenden Senkkraft, die im wesentlichen durch das Eigengewicht der Konstruktion und durch die Reibungskräfte entsteht. Damit ist eine Überlastung des Antriebes und des Hubgestänges durch nicht erfaßbare hydraulische Nebenkräfte ausgeschaltet.

c) Die Senkkraft ist unabhängig von der unter dem Schütz durchströmenden Wassermenge. Somit tritt auch im Katastrophenfall eine höhere Belastung des Antriebes nicht auf, so daß in diesem besonders wichtigen Fall einer Katastrophe nur Lasten wie bei einem normalen Betriebsfall frei werden.

d) Da die oberwasserseitige Stauwand der Strömung eine glatte Fläche bietet und die Tragkonstruktion nach Unterwasser liegt, können Tiefenschwimmer sich nicht verfangen. Hierdurch ist beim Heraufziehen ein Verklemmen des Schützes ausgeschaltet.

e) Zusätzliche Belüftungsrohre sind nicht erforderlich, da der Schützschacht mit großem Querschnitt diese Belüftung übernehmen kann. Ferner erfolgt die Belüftung so nah am Schütz wie irgend möglich, so daß aus diesen beiden Gründen ein störender Unterdruck sich hinter dem Schütz kaum ausbildet.

f) In Staustellung ist eine Kontrolle des Tragsystems des Schützes, bei gleichzeitiger Wartung, möglich. Auch die Laufarmaturen, Schienen und das gesamte Hubgestänge mit den Gelenken können im Trockenen kontrolliert und gewartet werden. Der Einstieg ist durch den Schützschacht möglich, er braucht nicht durch den Druckstollen zu erfolgen.

g) Da die Dichtung oberwasserseitig während der Senkbewegung stets in Eingriff ist, wird eine Querströmung in die Nische mit ihren schädlichen Einwirkungen auf die Rollen ausgeschaltet und damit die Betriebssicherheit erhöht.

h) Die Anschlußnähte der Stauwand an die Tragkonstruktion werden nur auf Druck beansprucht, so daß selbst bei einer schadhaften Schweißstelle ein Abreißen der Stauwand von der Tragkonstruktion ausscheidet. Dies ergibt eine zusätzliche Erhöhung der Sicherheit bei Schweißkonstruktionen.

Als Nachteil läßt sich sagen:

Die Tragkonstruktion steht nach Unterwasser. Zusatzbelastungen aus einer sich hinter dem Schütz ausbildenden Deckwalze können auftreten, wenn sie auf die Konstruktion schlägt.

4.2.5.2 Unterwasserseitige Dichtungsebene mit ober- oder unterwasserseitiger Stauwand

Als Nachteile bei ober- oder unterwasserseitiger Stauwand lassen sich aufzählen:

a) Die Unterkante des unterströmten Schützes kann in seiner Formgebung im günstigsten Fall nur der Stromlinie *einer* Schützstellung angepaßt sein. In allen anderen Schützstellungen weicht die theoretische Randstromlinie von der Kontur der Schützkonstruktion ab, so daß sich zwangsläufig eine wechselnde Druckverteilung auf die Schützunterfläche einstellen muß. Damit ist die Gefahr einer möglichen Schwingung bei einer unsachgemäßen Ausbildung der Schützunterfläche gegeben.

b) Es wird eine zusätzliche Belüftung notwendig, die bei einer im Katastrophenfall abfließenden Wassermenge große Luftmengen und damit selbst bei hohen Luftgeschwindigkeiten einen großen zusätzlichen Belüftungsquerschnitt erfordert.

c) Die Laufarmaturen liegen voll im Wasser und werden durch Querströmungen zusätzlich belastet.

d) Eine Revision und Unterhaltung in Schließstellung ist weder für die Armaturen noch für die Konstruktion oder für das Hubgestänge möglich. Für diesen Fall läßt sich ein Ausbau nicht umgehen.

Als weitere Nachteile kommen bei *oberwasserseitiger* Stauwand hinzu:

e) Die Endschotte werden zusätzlich durch seitlichen Wasserdruck auf Biegung beansprucht.

f) Die Abdichtung der Stöße an den Endschotten bringt die Gefahr von Undichtigkeiten mit sich.

g) Der Auftrieb des gesamten Schützvolumens muß, wenn die Konstruktion nicht schwer genug ist, durch eine schräge Dichtung ausgeglichen werden. Hierdurch besteht aber während des Senkvorganges zwischen der Dichtung am Schütz und der Dichtungsebene an den festen Teilen ein Spalt, der sich proportional der Senkbewegung des Schützes verringert. Dieser schmale Spalt wird durch das Wasser mit hoher Geschwindigkeit infolge des hohen Druckes durchströmt, so daß auch hier in bestimmten Stellungen Schwingungen sich einstellen können.

Bei *unterwasserseitiger* Stauwand treten anstatt e) bis g) folgende weitere Nachteile auf:

h) Bei Schweißschäden zwischen der Tragkonstruktion und der Stauwand wäre ein Abreißen von der Tragkonstruktion denkbar.

i) Tiefschwimmer können sich in einer Tragkonstruktion verfangen und ein Herausziehen des Schützes infolge Verklemmung der Konstruktion verhindern.

4.2.5.3 Reduzierung der Wasserauflast

Liegt die Dichtungsebene und damit in der Regel auch die Stauwand oberwasserseitig, dann ist der Schützschacht trocken, eine Wasserauflast auf die Hauptträger entfällt. Anders dagegen die Verhältnisse bei unterwasserseitiger Dichtung. In Staustellung ist der Schacht mit Wasser gefüllt. Wird das Schütz angehoben und gibt es einen Durchflußquerschnitt frei, dann ermäßigt sich die Druckhöhe auf die Unterfläche des Schützes um den Betrag der Geschwindigkeitshöhe. Der statische Druck auf die Schützoberfläche infolge des Wassers im Schacht bleibt dagegen fast unverändert (s. Abschn. 1.8.4.2).

Durch Wahl der Verhältnisse von Zufluß in den Schacht und Abfluß aus dem Schacht ist es möglich, die Höhe der das Schütz von oben belastenden Wassersäule zu verringern (Abb. 4.40).

Der Spalt zwischen Schützvorderkante und oberwasserseitiger Fläche des Schachtes möge für die Bezugsbreite die Fläche f_1, der Abflußspalt nach Unterwasser die Fläche f_2 aufweisen. Wenn mit h_1 die am Schütz vom Oberwasser her am Spalt f_1 als Druck noch wirksame und mit h_2 die im Schacht noch vorhandene Wassersäule definiert sind, gilt unter Gleichsetzung der Zufluß- und der Abflußmengen die Beziehung

$$f_2 = f_1 \frac{\mu_1 \sqrt{h_1 - h_2}}{\mu_2 \sqrt{h_2}} \to f_2 = f_1 \frac{\sqrt{h_1 - h_2}}{\sqrt{h_2}}. \qquad (230)$$

Hierin bedeuten μ_1 und μ_2 Konstante, die von der Form der Durchflußöffnungen abhängen und zur Vereinfachung der Rechnung dann einander gleich angenommen werden können, wenn die Strömungsverhältnisse beider Querschnitte nicht zu sehr voneinander abweichen.

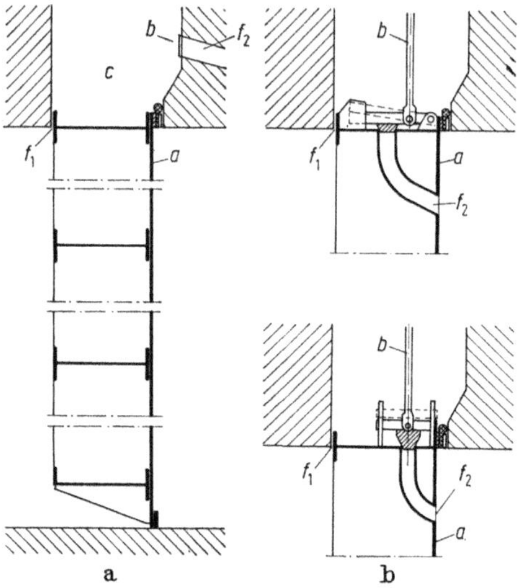

Abb. 4.40a u. b. Tiefschütz mit unterwasserseitiger Stauwand, eingerichtet für Reduzierung der Auflast.
a) Querschnitt; b) verschiedene Lösungen.
a Schütz (Stauwand); *b* Schieber oder Gestänge; *c* Schacht; f_1 Zuflußquerschnitt in den Schacht; f_2 Abflußquerschnitt aus dem Schacht.

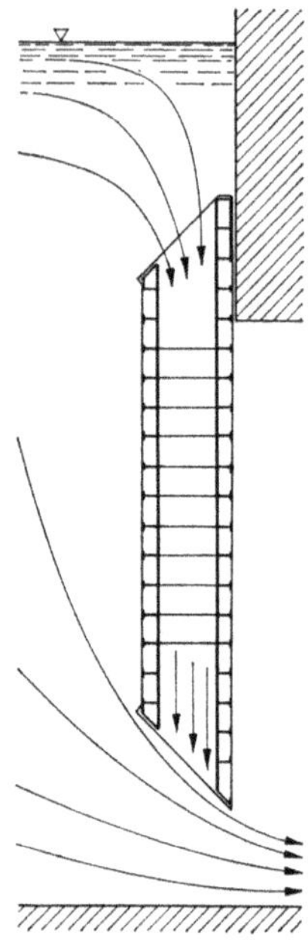

Abb. 4.41. Schütz mit lotrechtem Kasten als Tragkonstruktion (unterspannter Träger), Druckausgleich durch den Schacht.

Beispielsweise reicht bei einem Oberwasserspalt von 1,0 cm ein Spalt nach Unterwasser von nur 9,95 cm aus, um den Wasserdruck auf $^1/_{100}$ zu ermäßigen.

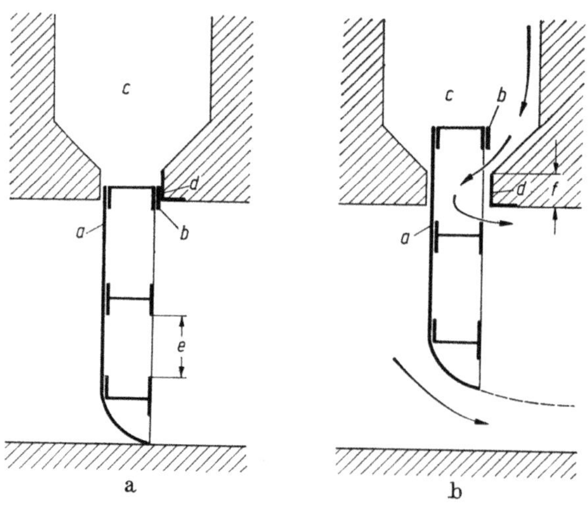

Abb. 4.42a u. b. Tiefschütz mit unterwasserseitiger Dichtung.
a) Schütz in Staustellung, Schützschacht mit Wasser gefüllt;
b) Schütz angehoben, Schützschacht läuft leer.
a Stauwand; *b* Dichtung; *c* Schützschacht; *d* Dichtungsfläche am Beton; *e* Abstand zweier Riegel; *f* Betonfläche (oder feste Teile).

Bei einem Wasserdruck von 100 Mp/m² auf das Schütz würde dann in der Schützkammer der Wasserdruck auf 1 Mp/m² reduziert und damit fast völlig aufgehoben werden [*47*]. Auch ein lotrechter Kastenquerschnitt (Abb. 4.41) bietet einen Druckausgleich, wenn er oben und unten offen ist. Wird der Verschluß gezogen und sinkt der Druck im Bereich zwischen den beiden senkrecht zur Strömung stehenden Wänden ab, fließt von oben Wasser nach. Versuche an der ausgeführten Konstruktion (unterspannter Träger) wiesen eine Verringerung der abwärts gerichteten Kräfte um rd. 50% nach [*210*].

Oft wird bei Entwürfen eine vergrößerte Schützkammer vorgesehen, damit z. B. der Verschluß in gehobener Stellung besichtigt und gewartet werden kann (Abb. 4.42). Wird nun der Verschluß angehoben, gleitet die Dichtung *b* von der Dichtungsfläche *d* des Betonteiles ab (Abb. 4.42b). Der Schützschacht, vorher mit Wasser gefüllt, läuft jetzt durch den Spalt zwischen Betonteil und Schützkonstruktion ab. Dabei schlägt das Wasserband auf die Konstruktion, wird umgelenkt und erzeugt dabei hydrodynamische Zusatzkräfte, die rechnerisch nicht zu erfassen sind. Bei solchen Lösungen empfehlen sich weitere Untersuchungen zur Klärung dieser hydrodynamischen Zusammenhänge. Oder es muß der Abstand *e* der Träger (einschließlich der Verkleidungen) kleiner als die Höhe *f* der Betonfläche (oder der festen Teile) sein.

4.2.5.4 Schützunterseite

Da das Schütz aus statischen Gründen eine bestimmte Konstruktionshöhe *d* erfordert, wird zur Reduzierung oder Vermeidung von Sogkräften und störenden starken Walzen vorgeschlagen, die untere Schützform möglichst der Kontur des frei austretenden Strahles (Tab. 5, S. 40) anzupassen. Nun verändert sich allerdings die Oberfläche des Wasserbandes in Abhängigkeit des Schützhubes. Man kann nun die untere Schützbegrenzung als bewegliches Leitblech ausbilden, das entsprechend der Schützstellung in Abhängigkeit des Ausflußspaltes sich einstellt [*47*].

4.2.5.5 Erhöhung des Schließdruckes

Bei hohem Wasserdruck ist es oft nicht einfach, bei oberwasserseitiger Dichtung das Schütz auf Grund seines Eigengewichtes zu schließen, da gegen Ende der Absenkbewegung die Wasserauflast als schließende Kraft fehlt. Zusätzlicher ständiger Ballast ist zwar ein Weg, aber mit dem Nachteil, daß dieser Ballast bei der Hubbewegung auch wieder zu heben ist und damit den Antrieb belastet. Mit Hilfe des Wasserballastes läßt sich eine Erleichterung schaffen (Abb. 4.43). In Lauerstellung *1* steht das Schütz im Schacht. Unterkante schließt mit Schachtende ab. Der Wasserstand im Schacht entspricht dem um die Geschwindigkeitshöhe $v^2/2g$ reduzierten Stauspiegel. Rollreibung und Dichtungsreibung sind Null, die Senkkraft Z ist bei diesem Beispiel rd. 115 Mp. Der Verschluß wird abgelassen, er fährt in die Strömung. Dichtungsreibung und Rollreibung nehmen zu, das Eigengewicht wächst scheinbar, denn der Schachtwasserspiegel sinkt weiter ab und Konstruktionsteile tauchen auf. Der obere Teil des Schützes ist mit Wasser gefüllt, wirkt als Ballast nach unten. Der Verschluß senkt sich bis in Staustellung ab mit einem Schließdruck von 14,6 Mp. Das Wasser fließt aus dem Wasserkasten langsam ab, der Ballast von anfangs 30 Mp wird dann zu Null. Das Schütz behält aber seinen Schließdruck. Soll das Schütz gehoben werden, ist kein Wasserballast mehr zu bewegen. Diese Lösung läßt sich mit Zu- und Abflußöffnung bei oberwasserseitiger Dichtung einfach verwirklichen. Bei unterwasserseitiger Dichtung muß ein besonderes Verschlußorgan den Zufluß von OW stoppen, damit der Abfluß mit Minderung des Ballastes nach UW möglich ist.

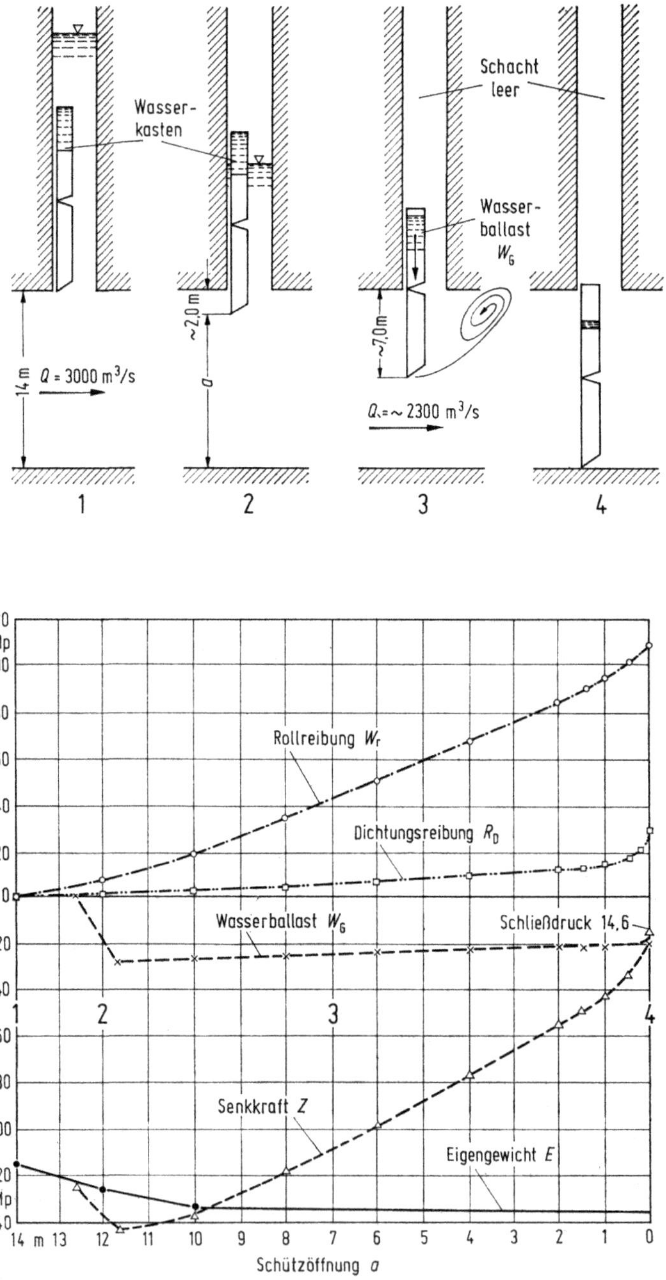

Abb. 4.43. Erhöhung des Schließdruckes durch Wasserballast.

4.2.5.6 Gleitschütz

Bei Entleerungschützen für Staubecken, sogenannten Grundablaßschützen, handelt es sich oftmals um Gleitschütze von rechteckigem Querschnitt. Um die Reibungskräfte zu verringern, werden sie auch manchmal auf schmierbaren Gleitschienen bewegt. Solche Schütze arbeiten bei jeder Öffnung vollständig vibrationsfrei. Sie werden meistens mittels Öldruck-Servomotoren bewegt, wodurch – ganz unabhängig von der Durchflußmenge – ein stoßfreies und sanftes Gleiten der Tafeln erreicht wird [*211, 212*]. Die Gleitschienen, oft aus Bronze, bilden auch gleichzeitig die Dichtung. Wie sehr die Hubkräfte die Gesamtanlage bestimmen, zeigen die Abmessungen des Servomotors (Abb. 4.44). Bei größeren Verschlüssen müssen der Schützschacht, der das gezogene Schütz aufnimmt, und auch die Anschlußstücke zur Panzerung stark ausgesteift sein. Der Haubendeckel erfährt die stärkste Beanspruchung, da er einmal gegen Ende der Senkbewegung des Schützes den fast vollen Oberwasserdruck und zusätzlich noch die Reibungskraft aus dem Schütz aufnehmen muß. Das Schütz, manchmal nach Oberwasser gewölbt und an den Enden beigezogen, benötigt dann nur noch eine schmale Nische. Es ist durch Quer- und Längsrippen in fast quadratischem Muster ausgesteift. Auf eine hydraulische Form der Schützunterkante wird dann Wert gelegt, wenn es in Zwischenstellungen regulieren soll. Eine breite Aufsatzfläche läßt sich allerdings besser bearbeiten. Solch eine Lösung ist aber nur dann vertretbar, wenn der Verschluß entweder in Stau- oder in gehobener Stellung steht und alle Zwischenstellungen durchfährt.

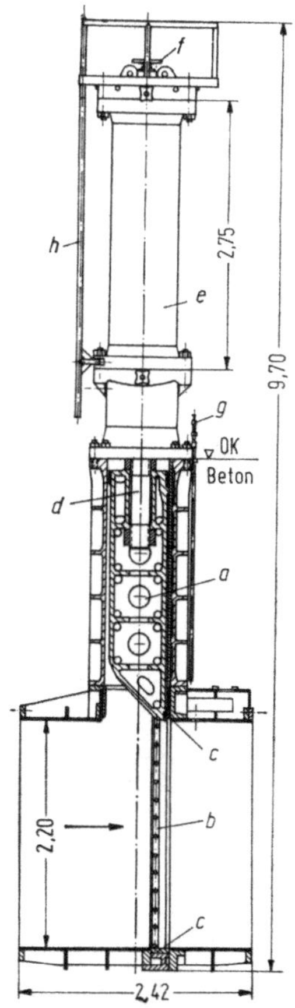

Abb. 4.44. Gleitschütz für Regulierzwecke (US Bureau). *a* Schütz; *b* Gegenführungsleiste; *c* Dichtung; *d* Kolbenstange mit Gewinde; *e* Servomotor; *f* Verriegelung in oberer Stellung; *g* Hochdruckschmierung; *h* Leiter.

Die Kolbenstange führt in den Schützkörper und ist durch ein Gewinde starr mit der Konstruktion verbunden. Die Einzelteile des Gehäuses sind verschraubt. Allerdings besteht an den Fugen und Schrauben die Gefahr der Undichtigkeit. Deshalb empfiehlt es sich, hier zusätzlich noch ein Dichtungsmittel zu verwenden. Der Verschluß, 2,20 m auf 2,20 m, verlangt trotz der doch verhältnismäßig kleinen Abmessungen eine Bauhöhe der Gesamtkonstruktion von 9,70 m, also fast das 4,5fache des zu sperrenden Querschnittes. Seitlich führen Rohre an die Gleitebene, um zur Schmierung eine Hochdruckpresse anzuschließen. In oberer Stellung wird mit dem Handrad ein Bolzen in die Kolbenstange gedreht. Der Antrieb mit Verschluß ist dann verriegelt. Ein seitlich des Servomotors befindlicher Stellungsanzeiger läßt die jeweilige Lage des Schützes erkennen. Werden die Verschlüsse größer und steigt der Wasserdruck, so werden oft zwei Servomotoren eingebaut.

Manchmal empfiehlt es sich, bei Gleitschützen, um eine völlige Dichtigkeit in Staustellung sicher zu erreichen, eine Schlackenschleuse einzubauen [*213*].

Vor jeder lotrechten Dichtungsebene mündet von oben ein Rohr in den Schacht. Es endet in der Schieberkammer. Dort sind zwischen einem geraden Rohrstück zwei Schieber eingebaut. Erst wird der obere Schieber geöffnet und in das Rohr feine Schlacke oder ein anderes Granulat eingeführt. Danach schließt man den oberen Schieber, und der untere wird geöffnet. Das feine Gemisch sinkt vor dem Schütz im Wasser ab und verstopft noch die restlichen Sickerlöcher. Der Querschnitt des Rohres darf nicht zu klein (minimal 200 mm) gewählt werden, um Versetzungen zu vermeiden.

Tiefschütz nach Abb. 6.17 s. [*714*].

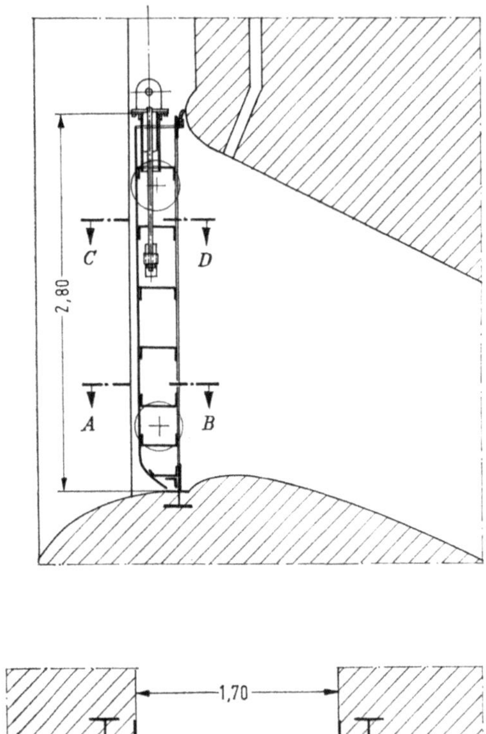

Abb. 4.45. Tiefschütz an einem Einlauf (RU).

4.2.5.7 Rollschütz

Das Rollschütz ist die gegebene Bauart zum Absperren größerer Querschnitte. Durch die Rollen wird die Reibung zwischen Schütztafel und Lagerung stark herabgesetzt. Bei kleineren Lasten werden Rollen mit Spurkranz verwendet, um eine Seitenführung zu sparen. Auch wird in dem Fall die fliegende Anordnung der Rollen bevorzugt. Rollen ohne Spurkranz meistens dann, wenn eine größere Zahl notwendig wird. Denn sobald das Schütz unter Last etwas schief läuft, scheren die Spurkränze ab. Bei Rollen ohne Spurkranz sorgt eine zusätzliche Seitenführung für eine Zentrierung des nicht belasteten Schützes.

Bei einem Verschluß an einem Einlauf, bei dem also eine Gegenführung nicht ausgeführt werden kann, erfüllt eine seitliche Schiene, die durch zwei Winkeleisen des Schützes beidseitig gefaßt ist, den gleichen Zweck (Abb. 4.45). Der Wasserdruck von 30 m WS ist nicht so groß, daß er eine schwere Konstruktion verlangt. Es ist bei dieser Spannweite mit handelsüblichen Walzprofilen auszukommen. Auch das Doppelschott ist aus gleichem Profil gefertigt. Wird die Stauwand auch in die Dich-

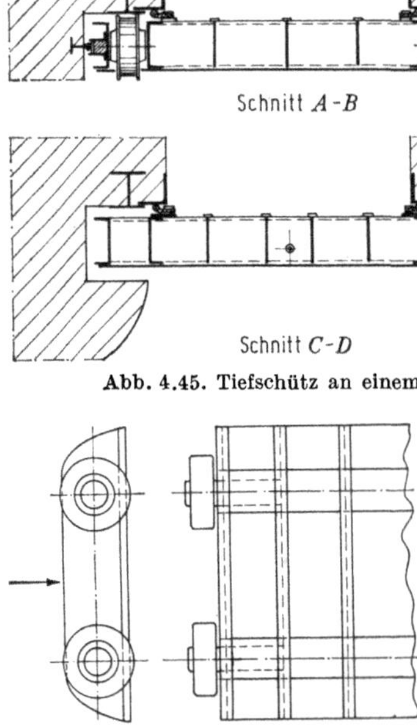

Abb. 4.46. Tiefschütz mit Rohren als Hauptträger (RU).

tungsebene gelegt, dann wäre die Konstruktion nach Oberwasser hin offen, es könnten Fremdkörper sich versetzen. Mit einer durchbrochenen Verkleidung (damit Wasser eindringen kann) läßt sich die Konstruktion nach OW schließen.

Während für einen rechteckigen Querschnitt auch ein rechteckiger Verschluß die einzig richtige Form ist, gibt es bei Abschluß eines Druckrohres noch weitere Möglichkeiten. Sieht man von Klappen und Schiebern ab, dann zeigt eine halbrunde Schützform einen Lösungsweg [*214*].

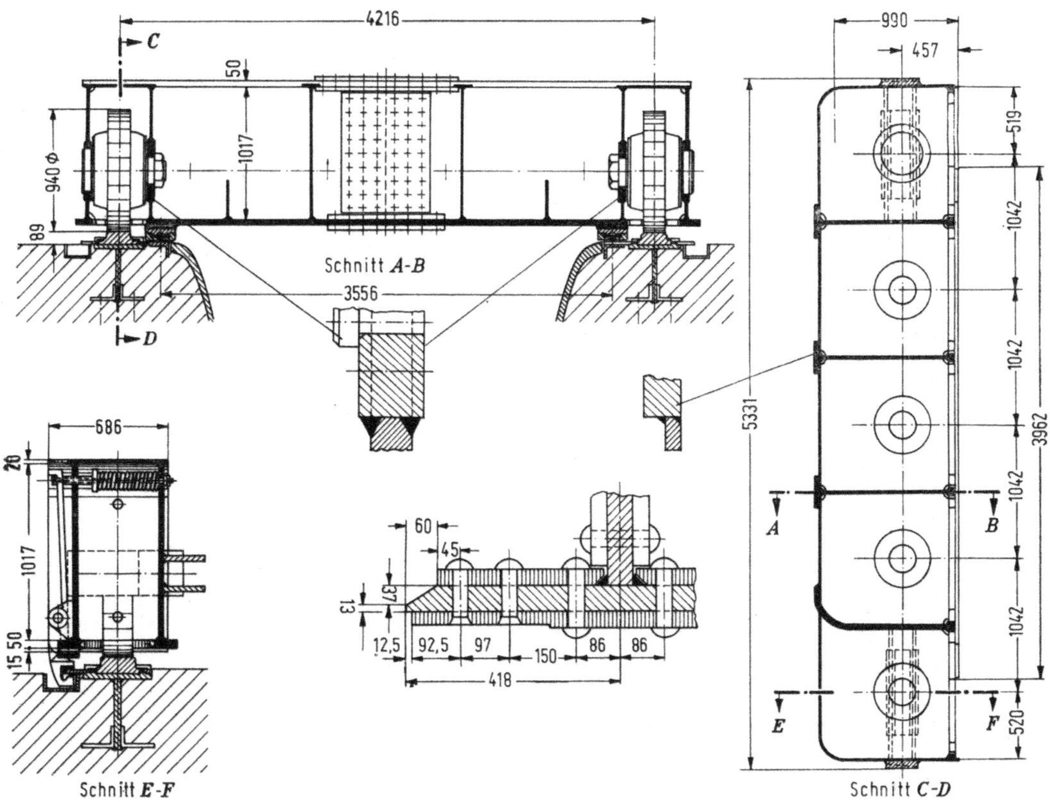

Abb. 4.47. Tiefschütz für einen Einlauf (MAN/RU). Verschiedene Schnitte.

An Stelle des Kastens erfüllt ein Rohr beide Forderungen, die eines Hauptträgers bei gleichzeitig strömungstechnisch günstiger Formgebung (Abb. 4.46). Sind die Reibungskräfte groß, so daß der Verschluß nicht durch Eigengewicht in die Staustellung fährt, dann kann das Rohr aus dem Vollen hergestellt oder mit Ballast gefüllt werden.

Bei größerer Spannweite und höherem Wasserdruck (Abb. 4.47) wird es schwierig, die unterste Rolle noch in Höhe der Stauwand unterzubringen, wenn sie gleichen Lastenteil wie die anderen Rollen erhalten soll. Werden die Doppelschotte nach oben und unten über die Stauwand hinausgeführt, so läßt sich noch zusätzlich an Länge gewinnen. Solche Lösungen lassen sich in der Regel aber nur für Einlaufschütze verwirklichen.

Eine Konsole an jedem Außenschott stoppt das Schütz bei der Senkbewegung in der Endstellung ab. Sollte dieser Anschlag ausfallen, dann sitzt das Schütz 20 mm tiefer an der Sohle mit einer Leiste auf einem Träger auf. Die Längs- und Querführung schafft ein federnder Hebel am oberen und unteren Kragteil des äußeren Seitenschottes. Dieser greift um ein im Beton eingelassenes Blech und führt damit das Schütz im entlastenden Zustand einwandfrei auf seiner Rollbahn. Ein Dichtungsrahmen läuft um das ganze Schütz. Damit ist das Problem der Dichtung vereinfacht.

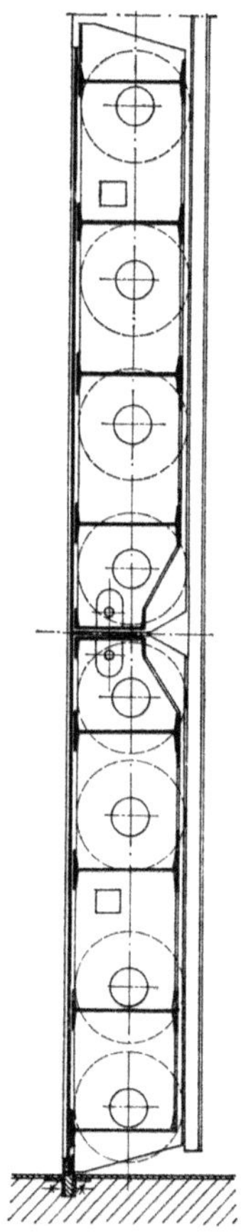

Abb. 4.48. Zweigeteiltes Rollschütz (RU).

Bei oberwasserseitiger Dichtung liegen die Tragkonstruktion und auch die Rollen bei Staustellung im Trockenen. Eine Zweiteilung erleichtert Montage, Transport und verbessert die Lagerung (Abb. 4.48).

Es gibt auch Lösungen, bei denen auf Hauptträger verzichtet wird und statt dessen die Tragkonstruktion im wesentlichen aus Breitflanschträgern besteht, die aufeinandergelegt miteinander wasserdicht (als Kästen) verschweißt sind. An den beiden Seiten werden die Träger durch doppelte Endschotte verbunden, in denen die Achsen der Laufrollen gelagert werden. Um eine einwandfreie Unterbringung der Rollen zu ermöglichen, geht nur jeder zweite oder dritte Träger bis zum äußeren Endschott durch, während an die inneren Endschotte sämtliche Träger angeschlossen werden. Solch eine einfache Konstruktion erfordert allerdings erheblich an Material.

Bei günstigem Gelände wird auch oft ein auf schräger Bahn ablaufender Verschlußkörper gewählt. Die zu verschließende Fläche ist dann ein Minimum, wenn die Achse des Stollens durch die Rollbahn des Schützes senkrecht geschnitten wird. Verläuft z. B. die Stollenachse horizontal und wird der Verschluß unter 45° vor den Einlauf geführt, dann ist bei gleicher Breite die Verschlußhöhe um über 40% größer. Es besteht die Möglichkeit, den Verschluß aus der schrägen Laufbahn mit zwei Rollen je Seite in die lotrechte Verschlußstellung zu drehen. Muß der Verschluß infolge des Wasserdruckes mehr als zwei Rollen je Seite haben, ist diese Drehbewegung möglich, wenn der Verschluß auf dem Umlenkbogen auf vier Laufrollen, die das Eigengewicht übernehmen, sich abstützt. Erst in der Lotrechten erhalten alle Rollen wieder mit der Bahn Berührung.

Ist die Rollbahn dagegen sehr flach geneigt und soll der Verschluß in solch einer Schräglage schließen, dann wird es schwieriger, ausreichenden Schließdruck zu erreichen [*215*].

Der größte auftretende Wasserdruck mit rd. 70 Mp/m² belastet in Staustellung den Verschluß mit etwa 1700 Mp. Diesen großen Wasserdruck auf die Stauwand leiten Hauptträger in die Endschotte und von dort über Rollen in die in Beton eingelassenen Schienen.

Damit die Rollendrücke und auch die örtlichen Betonpressungen nicht zu groß werden, wurden je Schütz insgesamt 16 Rollen eingebaut (Abb. 4.49). Damit erhält jede Rolle 110 Mp Teillast des Gesamtdruckes. Trotz des großen Eigengewichtes des Verschlusses reicht es aber infolge der schräg verlegten Bahn nicht aus, das Schütz bei strömendem Wasser in seine Staustellung zu fahren. Deshalb Wahl einer Schrägdichtung (s. Abschn. 9.3.9, Abb. 9.29 und Abb. 4.53).

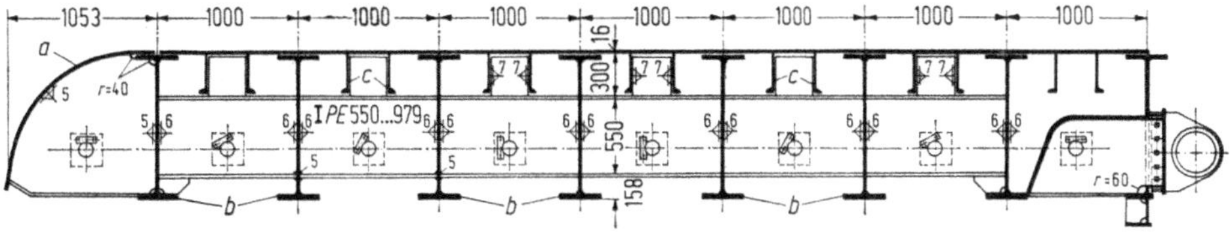

Abb. 4.49. Längsschnitt durch ein Schrägschütz (RU). *a* Stauwand; *b* Hauptträger; *c* Längsrippen.

Die Stauwand des Verschlusses ist auf 7 Hauptträger gelagert und dazwischen jeweils noch durch 2 Längsrippen ausgesteift. Die Hauptträger aus I PB 1000 münden seitlich in das 41 mm starke Endschott. Sie sind untereinander in Längsrichtung durch einen Träger I-PE 550 angeschlossen (Abb. 4.50). Durch diese kreuzweise Verbindung des Tragsystems wird eine Art Trägerrostwirkung erzielt. Die fliegenden Achsen der Rollen führen durch das Endschott und enden im Querträger.

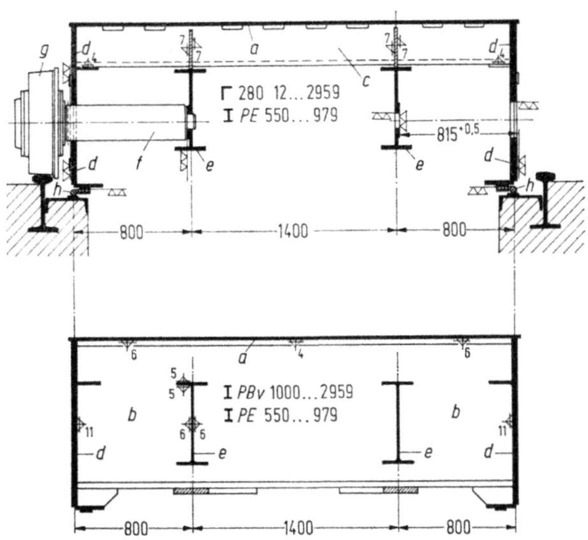

Abb. 4.50. Querschnitte durch das Schrägschütz nach Abb. 4.49 (RU). *a* Stauwand; *b* Hauptträger; *c* Längsrippen; *d* Endschott; *e* Querträger; *f* Achse; *g* Rolle; *h* Dichtung.

Die Stauwand ist unterbrochen an die Längsrippen angeschweißt, um sie möglichst eben zu halten. Die Rollen mit einem Durchmesser von 700 mm und einseitigem Spurkranz verlaufen leicht ballig. Denn der hohe Wasserdruck ergibt eine Drehung der Schütz-Durchbiegungslinie an deren Enden.

Die Achsen sind nach Einbau justierbar. Damit können sie nachträglich noch verstellt werden, so daß kleinere Ungenauigkeiten ausgeglichen werden. Durch die vollkommen geschweißte Konstruktion verringert sich das Eigengewicht des Schützes erheblich. Dies beeinflußt naturgemäß auch den Antrieb, der eine geringere Leistung aufzubringen hat.

Neben der ästhetisch einwandfreien Form ist gegenüber einer Nietkonstruktion ein weiterer bemerkenswerter Vorteil erreicht. Die Schweißkonstruktion bietet, da weitgehend Kanten und Ecken vermieden werden können, hydraulisch eine ideale Oberfläche. Ablösungen an Nietköpfen, wie sie bei den hohen Strömungsgeschwindigkeiten sich ausbilden würden, treten nicht auf. Die damit verbundenen unangenehmen Begleiterscheinungen, wie Kavitation in Bereichen des Unterdruckes, Korrosion und Schwingungen entfachende Wirbelstraßen sind ausgeschaltet.

4.2.5.8 Stoney-Schütz

Beim Stoney-Schütz wird zwischen dem Endschott des Schützes und der Laufschiene in der Pfeilernische ein Trägerpaar eingehängt, in dem zahlreiche Rollen von kleinem Durchmesser (etwa 150 bis 200 mm) drehbar gelagert sind. Diese Rollen laufen nun jede einerseits auf dem Endschott des Schützes und andererseits auf der Laufschiene. Das gesamte Gebilde – Träger und Rollen – heißt Stoney-Leiter. Am oberen Ende der Stoney-Leiter befindet sich eine Seilrolle, durch die das sie tragende Seil läuft. Bei Rollbewegung legt die Leiter nur den halben Weg zurück wie das Schütz (Abb. 4.50). Bei großen Schützen wird zwischen Stoney-Leiter und Endschott noch eine durchgehende Kippplatte oder Kippwelle vorgesehen, die dem Hauptträger Formänderungen ermöglicht, ohne Nebenspannungen im Träger und auf den Laufrollen hervorzurufen. Diese Schützart finden wir auch bei Wehrverschlüssen, nur soll sie in diesem Kapitel behandelt werden, da die Vielzahl an Rollen sich gut für große Lastübertragungen eignen.

Allerdings hat das Stoney-Schütz den Nachteil, daß seine Leitern in Zwischenstellungen und in hochgezogener Lage nicht mehr durch den Staudruck festgehalten werden, sondern Spiel haben. Sie geraten von den starken Wirbeln in der Nische bei starkem Durchfluß in Bewegung, ja sogar in Vibration. Durch derartige Erscheinungen kann eine ungleichmäßige Abnutzung herbeigeführt werden. Das ist aber gerade beim Stoney-Schütz aus statischen Gründen sehr unerwünscht, weil sie zu gefährlicher Überlastung einzelner Teile führen kann. Was ist also dagegen zu tun? Für einen Wasserdruck von 6500 Mp (Abb. 4.51) benötigt das dreiteilige Tiefschütz mit oberwasserseitiger Dichtung und Stauwand je Seite 33 tragende Rollen. Damit übernimmt jede Rolle bei gleichmäßiger Lastverteilung rd. 100 Mp Anteil. In Staustellung bleiben jeweils 8 Rollen, also 16 insgesamt, unbelastet. Erst bei Beginn des Hubes übernehmen sie und sind bei voller Freigabe unter der Mitte des Schützes. Allerdings hängen dann 16 Rollen je Seite frei und unbelastet in der Nische. Nachläufer folgen aus den Schächten unterhalb der beiden Nischen der Hubbewegung des Schützes. Damit ist die Nische in jeder Stellung voll ausgefüllt, lediglich ein kleiner Spalt zwischen Nachläufern und Nischenarmierung läßt einen Wasseraustausch zu. So ist die Stoney-Leiter nicht der direkten Strömung mit ihren Gefahren ausgesetzt. Die Schächte sind in Höhe der Sohle abgedeckt, Fremdkörper können in sie nicht eindringen. Trotzdem sollte für Ablagerungen am Schachtboden ein Leerraum vorgesehen sein. Von Zeit zu Zeit wird dieser durch ein Abflußrohr gespült.

Bei einer Schützkonstruktion mit gewölbtem unterwasserseitigem Zugband (Abb. 4.52) für einen Wasserdruck von insgesamt 3000 Mp verteilen 41 Stoney-

Rollen je Seite, Dmr. 160 mm, die Last auf die Laufschienen in der Nische. Eine Kippplatte zwischen Endschott und Rollen nivelliert Ungleichheiten. Zwei Kufen auf jeder Seite übernehmen oberwasserseitig die Längs- und Querführung. Unten schließt den Querschnitt ein unter 10° geneigtes Blech. Es ist durch drei Schotte ausgesteift. Die Stauwand, durch abschnittweise angeschweißte hori-

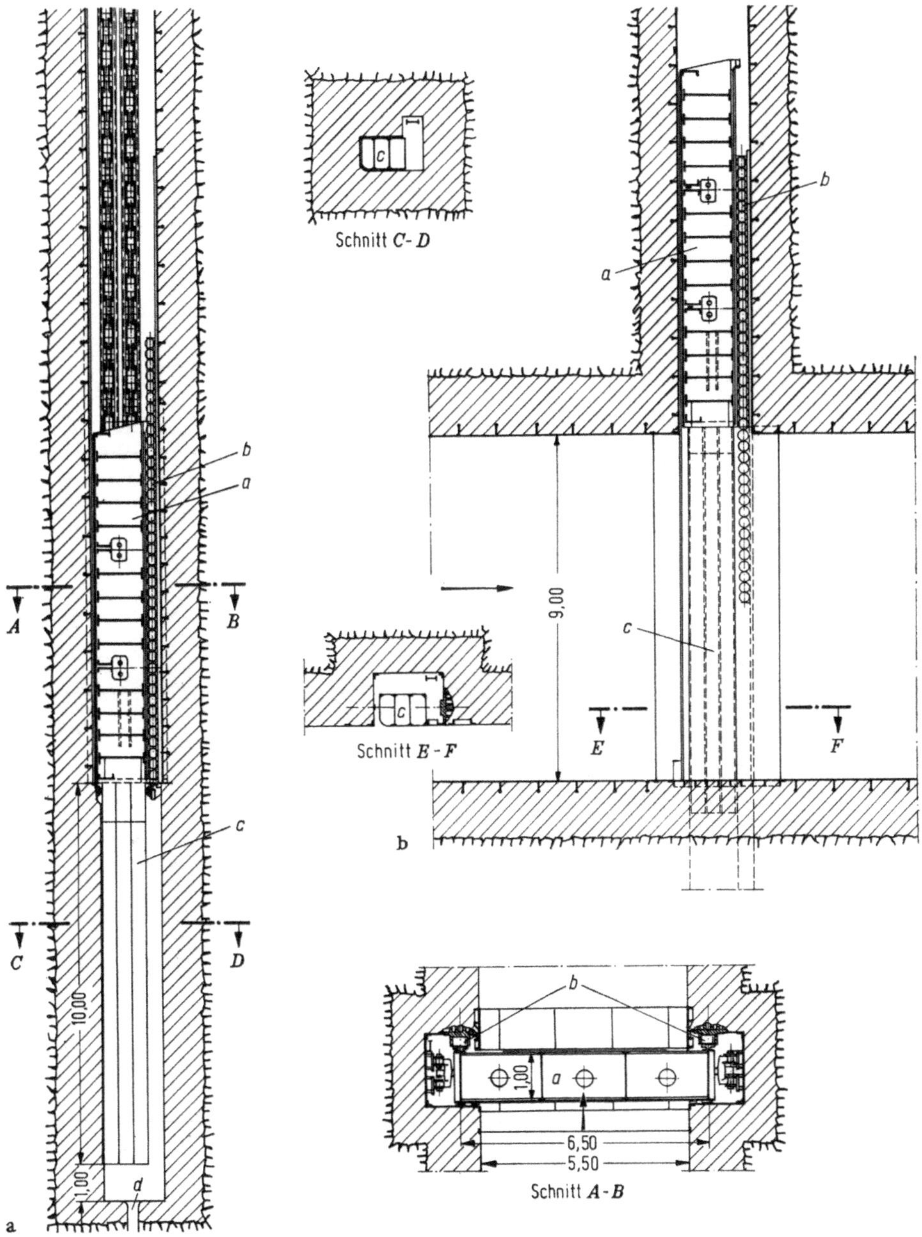

Abb. 4.51a u. b. Stoney-Schütz, 5,5 × 9,0 m für 110 m WS (RU).
a) Querschnitt, Schütz in Staustellung; b) Querschnitt, Schütz gehoben.
a Schütz; *b* Stoney-Rollen mit Wagen; *c* Nachläufer; *d* Abflußrohr für Spülung.

zontale Winkel verstärkt, ist an fünf Punkten an das gewölbte Zugband angeschlossen. Lediglich den oberen Abschluß bildet ein Schott mit großen Löchern. Somit ist es möglich, nach Einbau des Schützes die ganze Konstruktion mit Rüttelbeton zu füllen. Damit wird einmal das nötige Eigengewicht für die Senkbewegung erreicht und die gesamte Stahlkonstruktion zu einem monolitischen Block vergossen (s. auch Abb. 9.29).

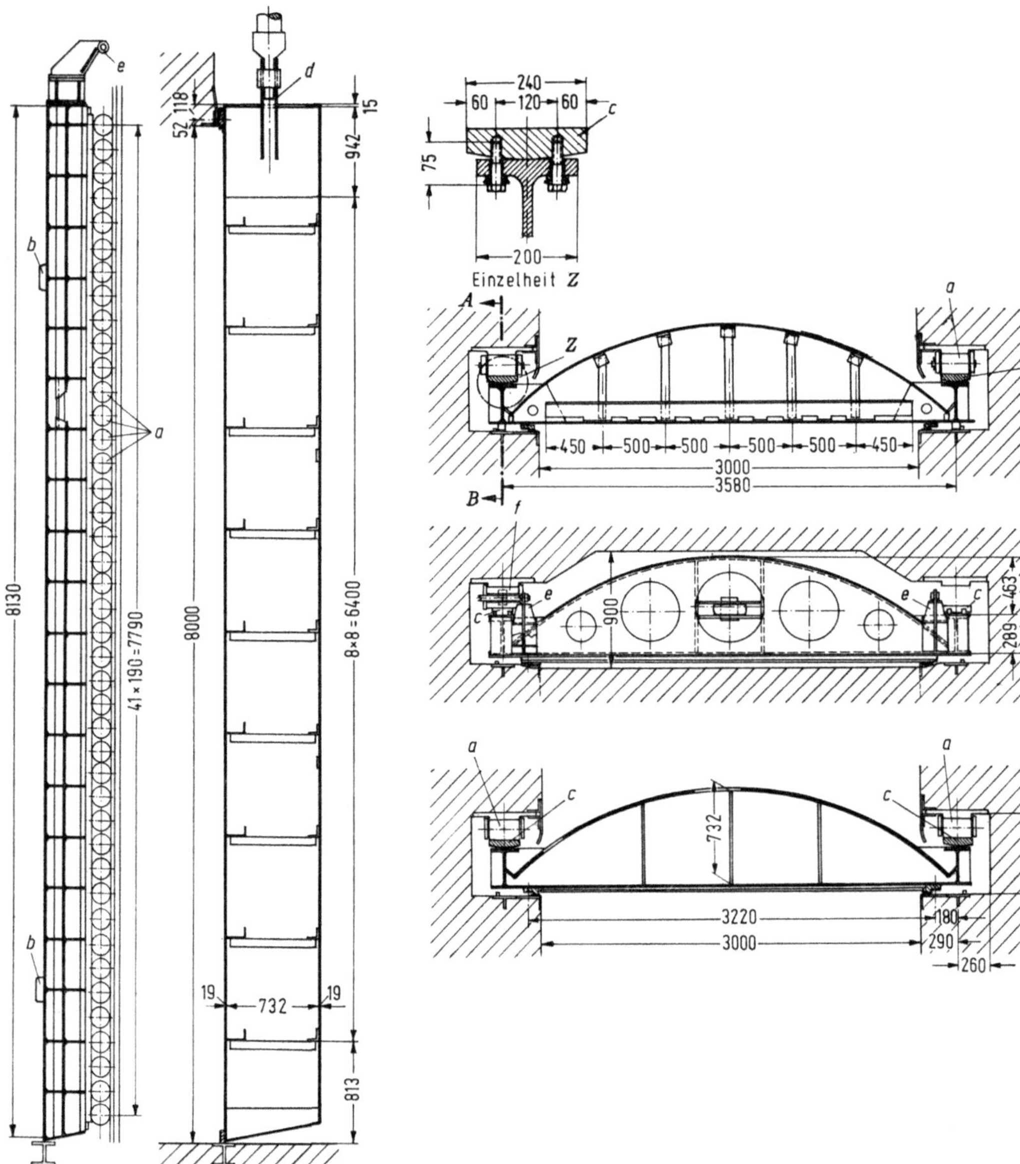

Abb. 4.52. Stoney-Schütz mit gebogenem Zugglied und Betonfüllung für 120 m WS (RU).
a Stoney-Rollen; *b* Führungskufen; *c* Kippplatte; *d* Schützaufhängung; *e* Aufhängung Stoney-Leiter am Schütz; *f* Aufhängungskonstruktion Stoney-Leiter.

4.2.5.9 Raupenschütz

Aus dem Stoney-Schütz ist das Raupenschütz entwickelt worden, das den Vorteil der Lastverteilung auf zahlreiche kleine Rollen aufweist und den Nachteil der nachhängenden Stoney-Leiter vermeidet. Die Stoney-Leitern sind bei diesem Schütztyp als endloses Rollenband um die beiden Endschotte gelegt. Allerdings wird bei diesem Schütztyp fast die doppelte Zahl an Rollen benötigt (Abb. 4.53).

An der Unterkante des Schützes sind wasserabwärts zwei regulierbare Sitze (Abstützungen) angeordnet, damit das Schütz in der Endstellung eine ganz bestimmte Lage hat. Diese Vorrichtung ist nötig, da das Schütz eine sogenannte Schrägdichtung besitzt. Wird der Träger des Raupenzuges an den Randträger des Schützes angeschraubt, so kann er getrennt vom Schütz bearbeitet und mit der Raupenkette jederzeit am Schütz an- oder abmontiert werden. An dem einen Ende hat der Raupenträger ein kreisförmiges Endstück, das mittels Schrauben in seiner Lage reguliert werden kann und so erlaubt, die Kette zu spannen. Der Raupenzug ist an der Oberwasserseite durch eine Haube geschützt, unterwasserseitig sind seitliche Wangenbleche angeordnet, um die Rollen zu sichern [*216*].

Die Schwierigkeit beim Raupenschütz in einem Stollen liegt vor allem darin begründet, daß im allgemeinen das Endschott lotrecht bis auf Sohlenhöhe geführt werden muß, damit die untersten Rollen nicht zu hoch belastet werden. Dies wird entweder durch eine Vertiefung über die ganze Sohlenbreite durch tiefer liegende Aufsatzkonsolen (Abb. 4.53) oder aber bei glatter Sohle durch eine Vertiefung der Nischen erreicht.

Es wird damit ein Raum geschaffen, in den der gewölbte Endschotteil mit Rollen hinfährt, wenn der Verschluß in Staustellung geht. Um Verschmutzungen

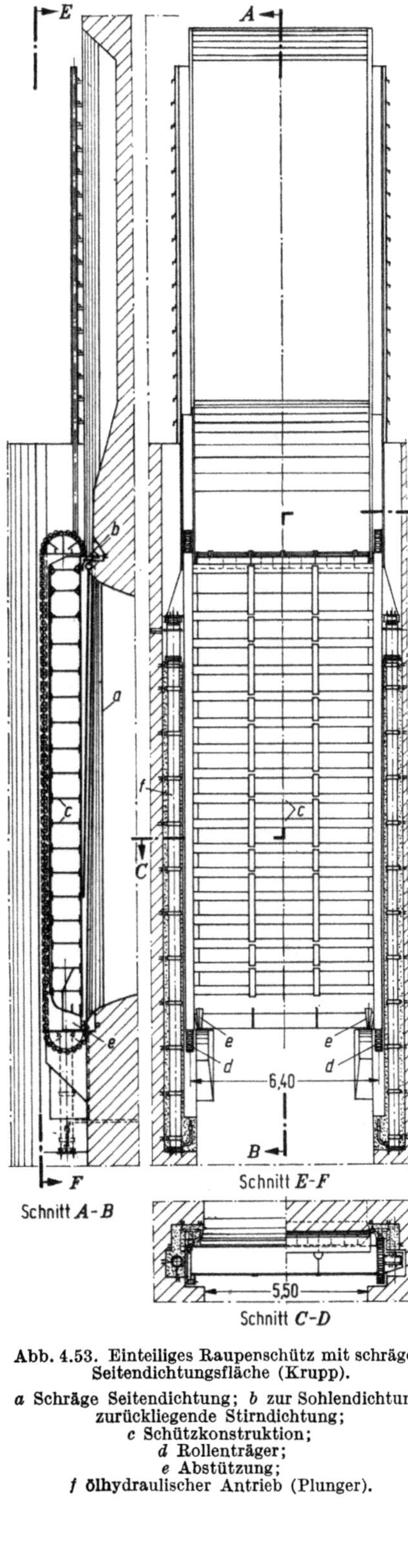

Abb. 4.53. Einteiliges Raupenschütz mit schräger Seitendichtungsfläche (Krupp).

a Schräge Seitendichtung; *b* zur Sohlendichtung zurückliegende Stirndichtung; *c* Schützkonstruktion; *d* Rollenträger; *e* Abstützung; *f* ölhydraulischer Antrieb (Plunger).

vorzubeugen, kann mit Hilfe einer Leitung gespült werden. Wird aber auf eine Sohlenvertiefung verzichtet, so trägt die untere Rolle erst nach Ende des Endschottkreisbogens (Abb. 4.54). Sie würde aus der Kraglast des unteren Stauwandteiles (hier rd. 65 cm) zusätzlich belastet. Bei hohem Wasserdruck (hier 126 Mp/m²) treten dabei große Lasten (hier je Seite 0,65 × 126 × 3,62 = 296 Mp) auf. Ferner

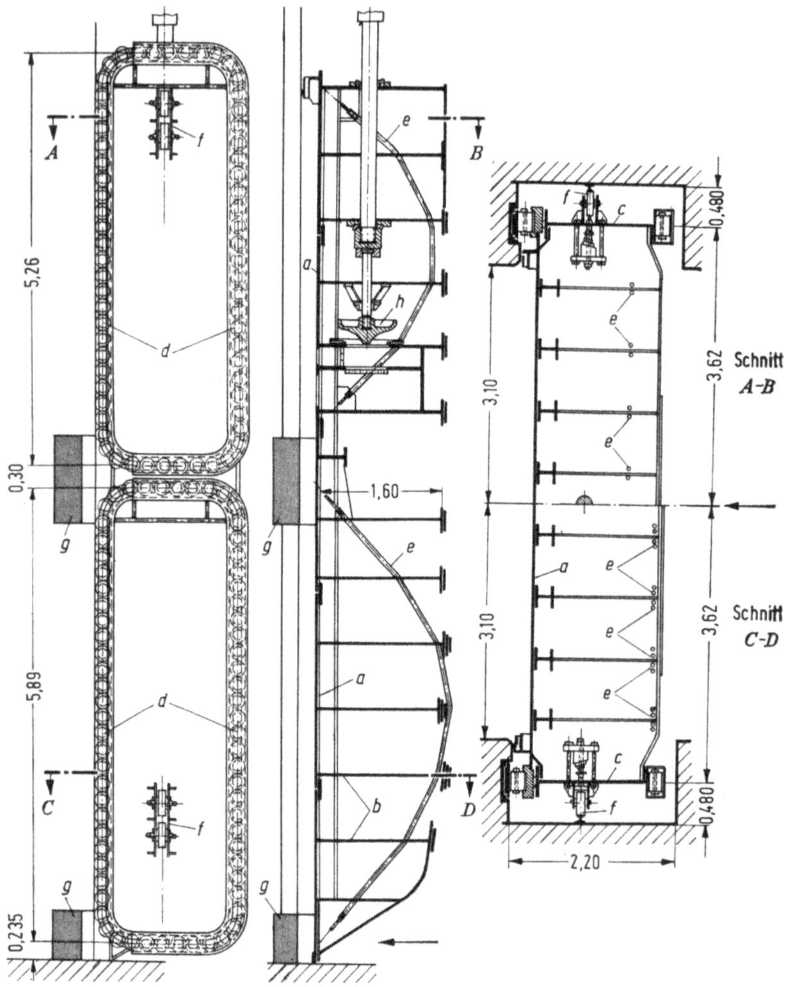

Abb. 4.54. Zweiteiliges Raupenschütz mit Zuggliedern (Dingler).
a Stauwand; *b* Hauptträger; *c* Endschott; *d* Rollen; *e* Zugglieder; *f* Seitenführung; *g* Kragflächen ohne Rollenlagerung; — *h* Fülleinrichtung.

müssen die Querschotte, die wegen der Strömung zur Schneide hin sich verjüngen, die Kraglast übernehmen und in die Hauptträger einleiten. Ist die Öffnung so hoch oder der Wasserdruck so stark, daß mit Rücksicht auf die Länge des Rollenkastens zwei Schützhälften gewählt werden müssen, tritt dieses Problem an der Stoßstelle beider Teile erneut auf. Mit Hilfe von parabelförmig geführten Zuggliedern kann eine gleichmäßige Verteilung der Kraglast über sämtliche Hauptträger erreicht werden [*217*]. Jeweils im oberen und unteren Ende der auskragenden Stauwand münden diese Zugglieder ein und geben bei Belastung annähernd gleich große Kräfte an ihre Zwischenlager auf den Hauptträgern ab, so daß unter vollem Wasserdruck alle Hauptträger fast gleichmäßig belastet sind.

Da brauchbare Lösungen auch durch die Nischen (Kavitation) erschwert werden, drängt sich die Frage auf, was zu erreichen ist, wenn man mit der Nische aus dem Bereich der Strömungsumlenkung herausgeht. Durch Zug- (Abb. 4.55)

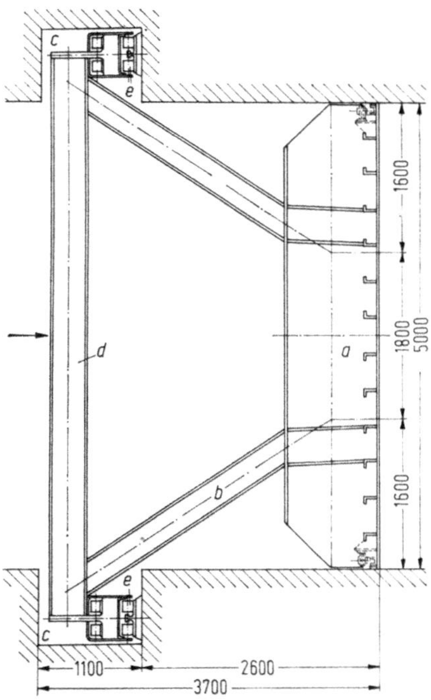

Abb. 4.55. Raupenschütz mit nach Oberwasser versetzter Nische (Neyrpic).
a Stauwandkonstruktion; *b* Zugarme; *c* Nische; *d* Verbindungsträger der beiden Laufrollengruppen; *e* Rollen.

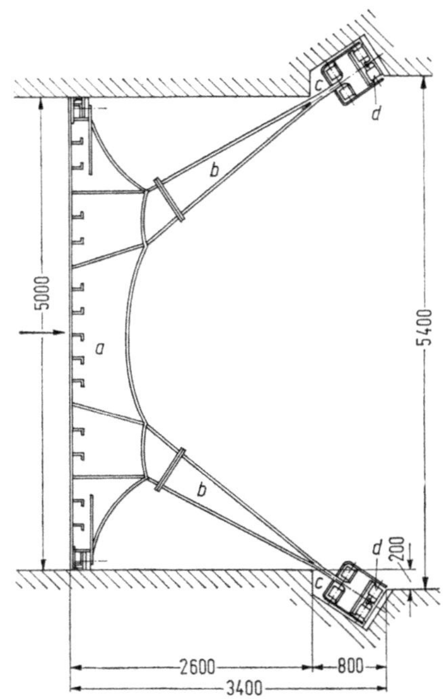

Abb. 4.56. Raupenschütz mit nach Unterwasser versetzter Nische (Neyrpic).
a Stauwandkonstruktion; *b* Druckarme; *c* schräge Nische; *d* Rollen.

oder durch Druckarme (Abb. 4.56) wird der Wasserdruck gleichmäßig über eine Tragkonstruktion auf die Rollen verteilt. Durch eine Schrägstellung der Laufrollen bei unterwasserseitiger Nische wird zusätzlich die Einleitung der großen Kräfte aus Wasserdruck in den Tiefbau erleichtert [*218*, *219*].

4.2.5.10 Strahlschütz

Das Strahlschütz verdankt seinen Namen seiner Wirkungsweise, da bei Vollöffnung der Strahl, durch eine Düse sauber gebündelt, die seitlichen Nischen überspringt (Abb. 4.57). Die großen Geschwindigkeiten zwingen ferner dazu, Unstetigkeiten im Durchflußquerschnitt weitgehend zu vermeiden. Also ist eine möglichst glatte Konstruktion zu wählen. Gleichzeitig wird damit die Gefahr von Schwingungen stark verringert. Ferner soll der Verschluß einfach und betriebssicher arbeiten.

Das rechteckige Rollschütz mit oberwasserseitiger Stauwand für einen Wasserdruck von 110 Mp/m² läuft auf insgesamt zehn Rollen von 400 mm Dmr. Die remanitplattierte Stauwand gleitet an der Dichtung des Düsenringes vorbei. Der oberwasserseitige Einlaß des Gehäuses ist kreisrund. Die Stauwand von 38 mm Grunddicke ist senkrecht durch Querrippen von 25 mm Dicke und waagerecht durch Hauptträger ausgesteift. Die Hauptträger binden seitlich in die beiden Endschotte ein. Zwischen zweien liegt jeweils eine Rolle. Infolge der engen und

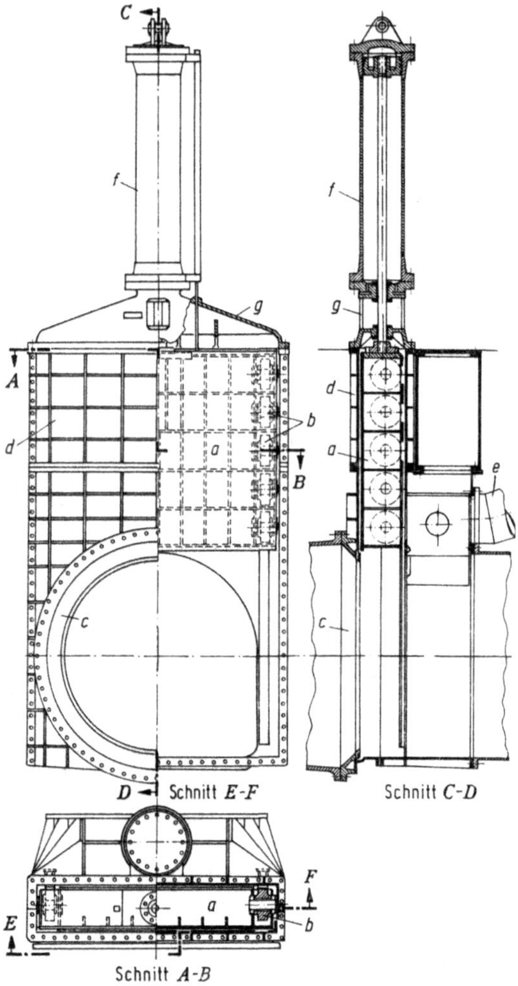

Abb. 4.57. Strahlschütz, Übersicht mit Gehäuse und Antrieb (RU). *a* Schütz; *b* Rollen; *c* Düsenring; *d* Gehäuse; *e* Belüftung; *f* hydraulischer Antrieb; *g* Haubendeckel.

kreuzweisen Aussteifungen ergab sich für dieses Schütz eine Schweißnahtlänge von 220 m. Trotz der großen Blechdicke waren je Tonne Konstruktion 1620 cm³ Volumen zu verschweißen.

Das Gehäuse, bestehend aus dem ober-, dem unterwasserseitigen Teil und dem Deckel, nimmt das Schütz auf. Seitlich in den Nischen liegen die Laufschienen, oben stützt sich der hydraulische Antrieb ab. Das Gehäuse ist ebenfalls wie das Schütz kreuzweise ausgesteift. Die drei Teile sind zusammengeschraubt. Eine Gummirundschnur dichtet jeden Schraubstoß [*220*].

4.2.5.11 Ringschütz

Soll ein kreisförmiger Querschnitt verschlossen werden, so ist dies zwar mit einem Rollschütz möglich. Es lassen sich aber die beiderseits des Kreisquerschnittes nicht durchströmten Ecken nicht vermeiden. Da diese toten Winkel zu Ablagerungen und bei großen Geschwindigkeiten auch zu Kavitation neigen, stellt solch ein einfacher Verschluß nicht eine günstige Lösung dar. Für derartige Querschnitte ist das Ringschütz entwickelt [*221*]. Wir finden das Ringschütz gleitend oder rollend gelagert. Für großen Druck sind auch Ausführungen mit Stoney-Rollen bekannt [*222*].

Die hydraulischen Strömungsverhältnisse sind nicht ganz einfach. Wir haben beim Öffnen oder Schließen nicht wie sonst einen sich verändernden rechteckigen Querschnitt. Hier handelt es sich um zwei sich ineinanderschiebende Kreise, die den Abflußquerschnitt bilden (Abb. 4.58). Einmal ist es die kreisförmige Öffnung des Druckrohres und zum anderen der Ring unterhalb des Schützes, der bei Freigabe des Querschnittes mit dem Schütz zusammen aus der Ringkammer gezogen wird. Bei voller Öffnung entspricht er genau dem Querschnitt des Druckrohres. Hydraulisch erfüllt solch ein Verschluß vor allem in geöffneter Stellung alle Forderungen. In Zwischenstellungen ist er für Dauerbetrieb ungeeignet. Denn wird der Verschluß aus geöffneter Stellung abgesenkt, gibt der Ring unterhalb der Öffnungsmitte nicht nur seitlich, sondern auch an der Sohle eine Nische frei, die proportional der Absenkung tiefer wird.

Der Aufbau des Schützes ist recht aufwendig. Wenn wir beispielsweise ein gleitendes Ringschütz (Abb. 4.59) betrachten, dann fällt sofort die große Bauhöhe solch eines Typs auf. Für einen Querschnitt von 2,39 m Dmr. mißt die Konstruktion bis zur Oberkante des Antriebes immerhin 12,0 m. Sie benötigt also den 5fachen Wert der Durchflußhöhe. Im Aufbau ist der Verschluß ähnlich dem eines Gleitschützes. Nur ist an die Unterfläche des Schützkörpers noch der Ring angeschraubt, der die Nische in geöffneter Stellung völlig abdeckt. Es kann dann auf eine Ringkammer aus Stahl verzichtet werden, wenn solch ein Raum, in den der Ring abgesenkt wird, gleich im Tiefbau mit ausgespart wird.

4.2.5.12 Segmentschütz

Als Grundablaß bei nicht zu großer Stauhöhe haben sich torsionssteife, einseitig angetriebene Segmente bewährt. In gehobener Stellung bildet die unterwasserseitige Verkleidung eine Begrenzung für den Durchfluß. Die Stützarme sind ummantelt. Das Drehlager und auch die Arme werden allerdings bei Durchfluß umströmt. Deshalb entzieht man bei höheren Fließgeschwindigkeiten die Drehlager und die Arme dem Einfluß der Strömung [*223*]. Zusätzlich verliert die Frage der Kavitation an Bedeutung, da es gelingt, ohne Nischen auszukommen. Oberhalb des Schützes befindet sich die Kammer, in die das Segment hineingedreht wird. In diesem Raum wird dann auch die Belüftungsleitung geführt. Um die Hubkräfte zu vermindern, kann man die Dichtung durch Drehen der Lager abheben.

Bei großen Segmenten als Tiefschütze (Abb. 4.60) wäre es vor allem wegen der hohen Wasserlast erwünscht, die Stützarme möglichst kurz zu halten. Da

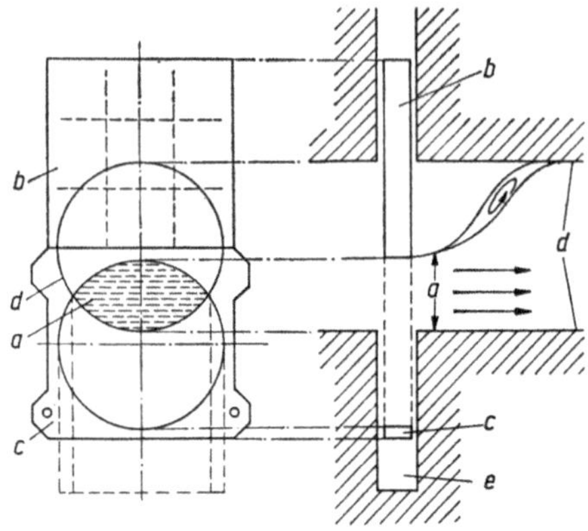

Abb. 4.58. Schematische Darstellung der Abflußbedingungen eines Ringschützes.
a Durchflußquerschnitt; *b* rechteckiges Schütz; *c* Ring zum Abdecken der Nische; *d* Druckrohr; *e* Ringkammer

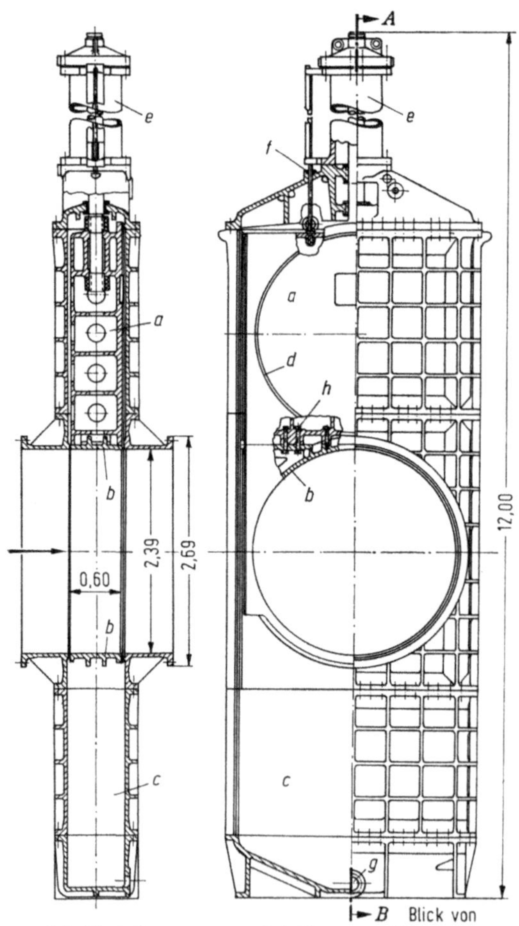

Abb. 4.59. Ringschütz, Dmr. 2,39 m für rd. 50 m WS (US Bureau).
a Schütz; *b* Ring zum Abdecken der Nische; *c* Ringkammer; *d* Ringdichtung des Schützes; *e* Servomotor. *f* Stellungsanzeiger; *g* Entwässerung der Ringkammer; *h* Verschraubung Schütz mit Ring.

aber die Lager wasserfrei liegen sollen, läßt es sich in den meisten Fällen nicht umgehen, eine verhältnismäßig schwache Wölbung zu wählen (hier $R = 18{,}90$ m). Würde der Radius verkleinert und bliebe der Drehpunkt auf gleicher Höhe (wegen des Durchflusses), so würde die Staufläche sich dann aber bei z. B. $R = 14{,}0$ m infolge stärkerer Wölbung um rd. 15% vergrößern. Der damit ver-

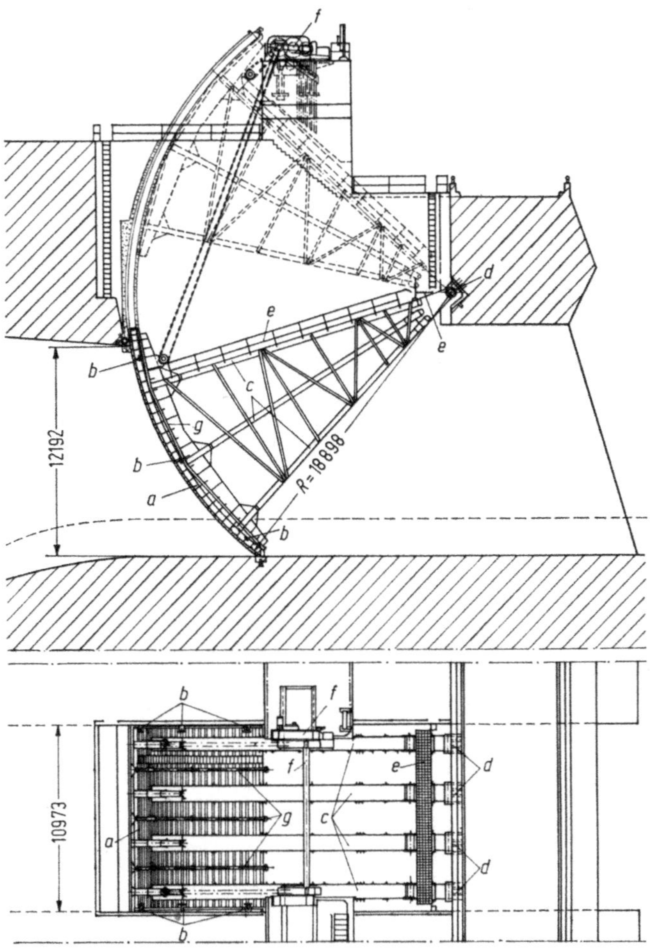

Abb. 4.60. Segment für 41 Mp/m² Wasserdruck (Krupp).
a Segment; *b* Seitenführung; *c* Stützarme; *d* Lager; *e* Bedienungsstege; *f* Antrieb mit mechanischem Gleichlauf *g* Spritzwasserableitung.

bundene erhöhte Stahlverbrauch in der Stauwand wiegt den Mehraufwand bei längeren Armen infolge größerer Knicklänge nicht auf. Auch wird durch den flacheren Aufsatzwinkel an der Sohle die Dichtung erschwert. Infolge des großen Wasserdruckes wird die Last von der Stauwand in vier Stützarmebenen jeweils an drei Punkten der Querträger abgenommen. Wir haben damit eine 12fache Kraftübernahme. Da die Dichtung bei Schützhub an der Stirn abläuft, schießt durch den frei werdenden Spalt nach oben Wasser. Die Stauwand des Schützes ist deshalb um rd. 80 cm über die Dichtung hinaus verlängert, so daß sich zwischen Stauwand und Beton ein Wasserpolster bildet. Dieses verhindert dann eine Versprühung. Drei Rohre als Spritzwasserableitung führen auf der Schützluftseite zum UW.

4.2.5.13 Zylinderschütz

In einem 70 m hohen Einlaufturm verschließt an dessen Sohle ein Zylinderschütz (Abb. 4.61) den Einlauf. Der Schützkörper besteht aus zehn einzelnen Segmenten, die verschraubt werden. Die Konstruktion ist vollkommen geschweißt. Jedes Segment mit der gebogenen Stauwand ist durch horizontale Rippen in

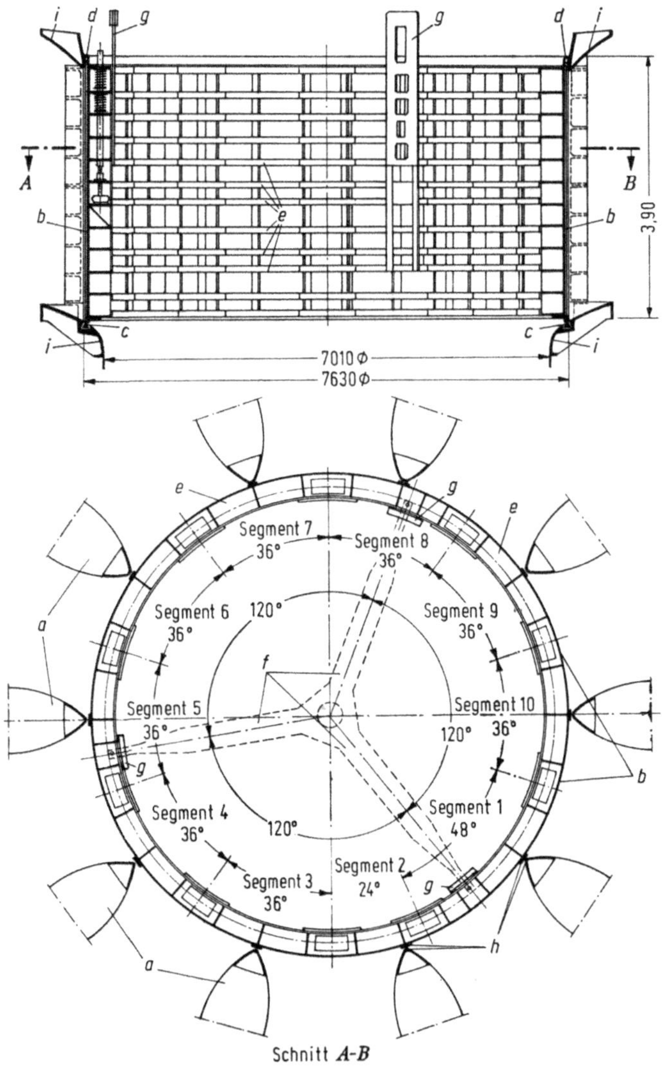

Abb. 4.61. Zylinderschütz, Dmr. 7,50 m (Krupp, State Rivers).

a **Betonpfeiler mit Armierung;** ***b*** **Stauwand des Zylinderschützes;** ***c*** **Aufsatzdichtung;** ***d*** **obere Ringdichtung;** ***e*** **innere Ringaussteifungen;** ***f*** **Sternträger;** ***g*** **Aufhängung für den Sternträger;** ***h*** **Führungsschienen aus Bronze am Schütz und an den Pfeilern;** ***i*** **feste Teile.**

kurzen Abständen ausgesteift. Diese wiederum sind durch vertikale Querschotte abgestützt. Das Schütz weist im Innern keinerlei weitere Versteifnngskonstruktionen auf, so daß beim Schließen des Einlaufes die Wassermassen ohne wesentliche Erhöhung der Antriebskraft aus dem Turminnern in die Rohrleitung abfließen können. Der Querschnitt ist so kräftig bemessen, daß eine 6,35fache Sicherheit gegen Einknicken besteht. Bei der Berechnung dieser Sicherheit wurde zu dem statischen Wasserdruck noch ein Zuschlag aus dynamischer Last von 25% gemacht. Bei der unteren Dichtung sitzt ein Bronzering des Schützes auf einem Gummiwulst, der an der Einlaufarmierung auswechselbar befestigt ist, auf.

Die obere Ringdichtung als Aufsatzdichtung kann durch Keile mit Schrauben nachgestellt werden. Das Schütz wird durch 10 Bronzeleisten (für jeden Pfeiler eine) mit 3 mm Spiel geführt. Außerdem sichern fünf gefederte Führungsrollen am oberen Rand des Zylinders einen leichten Gang. Zum Nachstellen des oberen Dichtungsringes und der gefederten Gegenführungsrollen dient im Innern des Zylinders ein Laufsteg mit Gitterrostabdeckung. Es wurde eine Gitterrostabdeckung gewählt, um den Widerstand des aus dem Turm abfließenden Wassers auf ein Minimum zu reduzieren.

Das Schütz hängt zentrisch an nur einer Kette. Der erste Entwurf, es durch drei Seile zu bewegen, wurde fallengelassen. Denn erstens wird dadurch zusätzlich eine Störung durch ungleiche Längungen geschaffen und zweitens ist das Schütz, selbst wenn nur ein Seil ausfällt, auch nicht betriebsbereit. Die Sicherheit ist somit bei dreistängiger Aufhängung gegenüber nur einem Hubmittel nicht erhöht. Bei Wahl des Standortes für den Turm ist zu berücksichtigen, daß eine von allen Seiten gleichmäßige Zuströmung nicht gestört wird [*224*], da sonst Druckunterschiede am Schütz sich einstellen.

4.2.5.14 Kegelstrahlschieber (Howell-Bunger valve)

Von den vielen Schieberarten sei nur der Kegelstrahlschieber herausgegriffen, der als Regulierschieber oder auch als Grundablaß bevorzugt wird.

In geschlossener Stellung (Abb. 4.62) übernimmt der Kegel den gesamten in Richtung der Achse wirkenden statischen Wasserdruck, den die Schotte an die Mantelfläche überleiten. Von dieser Mantelfläche werden durch den Anschlußflansch der Druckrohrleitung die Zugkräfte in den Stollen eingeleitet.

In geschlossener Stellung schließt der Schieber völlig dicht. Wird das Zylinderschütz gezogen, so schießt das Wasser ins Freie, es setzt je nach Querschnittsfreigabe potentielle in kinetische Energie um. Den Parallelabfluß stört der Abschlußkegel. Er spaltet den Wasserstrahl auf. Der dabei auftretende dynamische Strömungsdruck kann noch größere Kräfte als der hydrostatische Druck auslösen.

Da der Verschluß auch unter hohem Wasserdruck dicht schließen soll, muß eine konstruktive Lösung angestrebt werden, bei der trotz geringster nachträglicher Bearbeitung eine einwandfreie Dichtung jeglichen Wasseraustritt verhindert und das Zylinderschütz in allen Stellungen stets gut geführt ist. Der Abschlußkegel zur Aufnahme des vollen Wasserdruckes ist gegen Beulen durch Rippen, die mittig an einem Rundstahl zusammenlaufen, ausgesteift und durch

Kehlnähte an die Schotte angeschlossen. Der Kegel mit seinen Versteifungsschotten stützt sich auf einen Ring ab [*225*, *226*].

Am fertigen Schieber erfolgt dann meistens eine Belastungsprobe unter einem höheren Wasserdruck als der spätere Betriebsdruck, um die Festigkeit der Konstruktion und ihre absolute Dichtheit zu überprüfen.

Der Zylinder wird üblicherweise seitlich durch Servomotore oder Spindeln angetrieben, wobei der Gleichlauf wichtig ist, um ein Verkanten des Zylinders auszuschalten.

Die Schieber werden entweder in Tosräumen eingebaut, in denen die kinetische Energie umgewandelt wird. Solch ein Raum besteht meistens aus einem

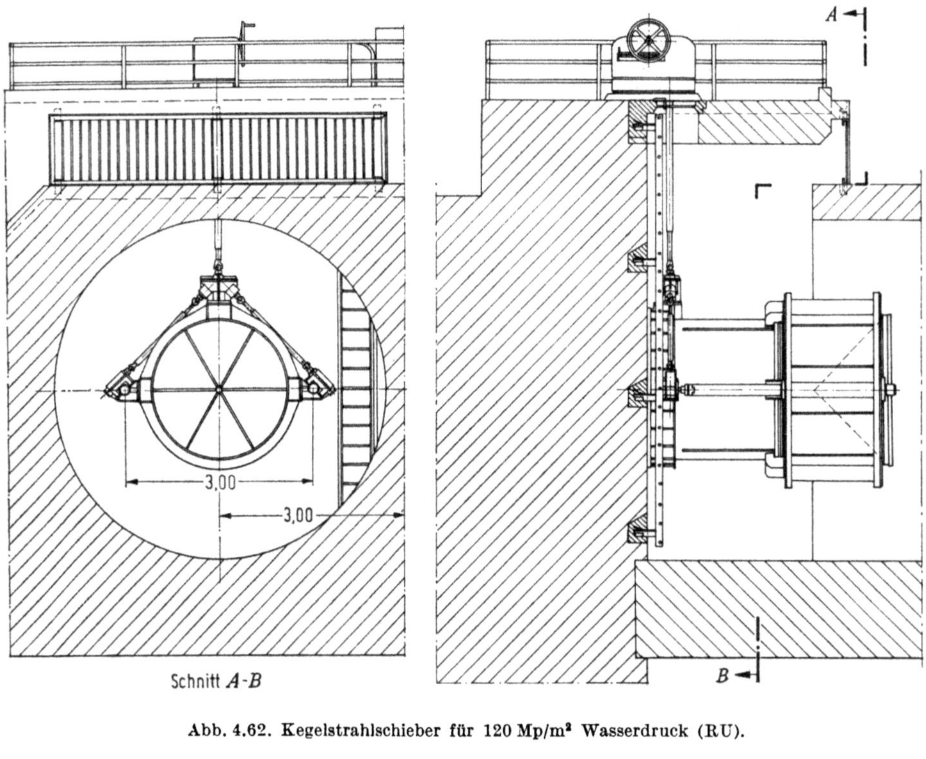

Abb. 4.62. Kegelstrahlschieber für 120 Mp/m² Wasserdruck (RU).

kreisförmigen, sich erweiternden, oft gepanzerten Kegelstumpf, in dem das Wasser verwirbelt wird. Allerdings werden große Belüftungskanäle benötigt. Oder aber man läßt das Wasser in die freie Atmosphäre austreten. Dabei wird der Wasserstrahl zerstäubt und auf eine große Fläche verteilt. Da das Raumgewicht des Wasser-Luft-Gemisches viel kleiner als das des reinen Wassers ist, ferner der Wasserstrahl auf eine große Fläche weit stromabwärts der Sperre in das Flußbett zurückfällt, entstehen nur kleine und für das Bauwerk ungefährliche Auskolkungen. Ein Tosbett oder sonstige aufwendige Energievernichter bleiben damit erspart.

Weitere Angaben über Verschlüsse für Stauanlagen finden sich in [*227*–*239*].

5 Verschlüsse für Wasserkraftanlagen

Allgemeine Angaben über den Betrieb sind in [*240–242*] enthalten.

5.1 Einlauf

5.1.1 Sperrung des Durchflusses

Werden einteilige Verschlüsse gewählt, dann unterscheidet sich die Konstruktion kaum von den bereits in Abschn. 4.2.5.7 behandelten Roll-, in Ausnahmefällen auch Segmentschützen. Allerdings wird bei kleineren Anlagen versucht ohne zusätzliche Aufbauten auszukommen. Hierzu greift das Antriebsgestänge am unteren Ende des Schützes an. Der Servozylinder ragt durch Aussparungen in den Hauptträgern der Schütztafel hindurch (Abb. 5.1). Durch

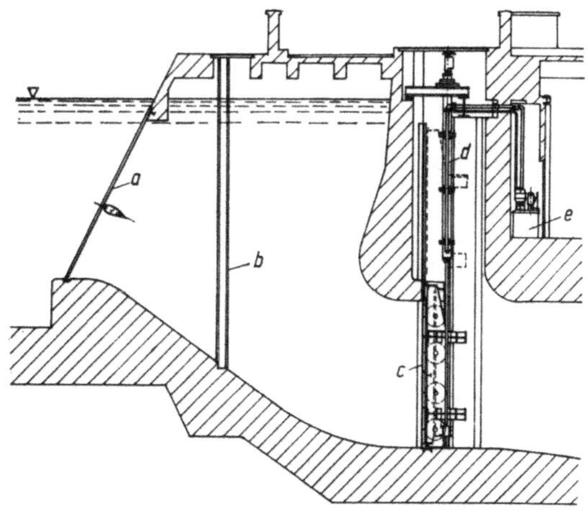

Abb. 5.1. Rollschütz mit hängendem Servomotorzylinder. Gedrängte Bauart; über dem Rechenpodium keine Aufbauten (Voith).
a Rechen; *b* Dammtafelnische; *c* Rollschütz; *d* hydraulischer Antrieb; *e* Druckölerzeugungsanlage.

diese gedrängte Bauart befinden sich über dem Rechenpodium keine Aufbauten mehr [*243*].

Sollen mehrere Turbineneinläufe nur durch *einen* Verschluß bedient werden, kann dieser mit einem Portalkran seitlich über den jeweiligen Einlauf verfahre und abgesenkt werden. Wenn der Einlauf durch Leitwände aufgeteilt ist, müssen für eine Öffnung mehrere Tafeln nebeneinander hängen und gleichzeitig abgesenkt werden.

Während die Breite der Aufbauten nicht beeinflußbar ist, läßt sich der Höhe nach etwas tun. Wird das Schütz in bewegliche, miteinander verbundene Einzelglieder zerlegt, wobei jedes Glied je Seite eine, höchstens aber zwei Rollen haben darf, dann kann an Höhe eingespart werden. Der Verschluß besitzt zwischen seinen Einzelgliedern eine Horizontaldichtung, die Seitendichtung läuft ganz durch. Er hat infolge seiner Beweglichkeit noch den Vorteil, daß er, bevor er in Staustellung läuft, noch umgelenkt werden kann und damit den kleinstmöglichen Querschnitt sperrt. Dabei wird je nach Neigung eine hydraulische Auflast als Schließkraft wirksam.

Mit Hilfe eines Portalkranes läßt sich auch ein mehrteiliger Verschluß in Form von Dammbalken einsetzen. Da die Einsetzzeit länger dauert, kann er eigentlich nur als Notverschluß gelten. Der letzte der Balken wird oft im Gegensatz zu den unteren auf Rollen eingefahren, damit bei noch vorhandenem Durchfluß dieser Verschlußteil infolge seines Eigengewichtes in die Endlage durchfährt und nicht durch dynamische Belastungen hängenbleibt. Soll bei voller Strömung eingesetzt werden, müssen in der Regel die unteren Dammbalken ebenfalls mit Rollen versehen werden.

5.1.2 Freigabe des Abflusses

Am Krafthaus selbst kommen als Verschluß ein mit Drucköl gesteuertes Schütz, eine Drehklappe oder ein Rollschütz in Betracht.

Über jedem Turbineneinlauf liegen mehrere Klappen (Abb. 5.2), die sich bei Ausfall der Turbine in dem Sinn öffnen wie die Leitschaufeln der Turbine schließen. Damit kann das Triebwasser ohne große Umlenkung direkt ins UW abfließen. Kanäle leiten über die Turbine seitlich des Generators das Wasser ab. Der Servomotor, gesteuert von der Turbine, öffnet. Dabei führt die Kolbenstange eine Drehbewegung aus. Eine verschiebliche Blende mit Dichtung trennt den Kanal vom Antriebsraum [*244*]. Auch kann eine Drehklappe in der Spirale zur Schnellentlastung beitragen. Allerdings wird es in diesem Fall schwieriger, den gesamten Turbinendurchsatz durch solch einen zwangsläufig engen Querschnitt abzuleiten [*245*].

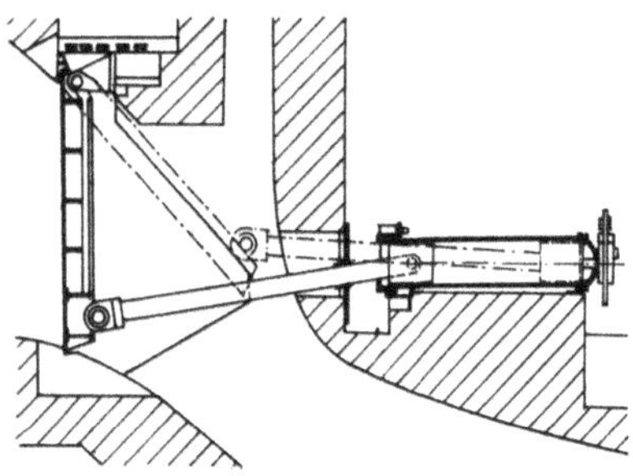

Abb. 5.2
Klappe zur Entlastung bei Turbinenausfall.

Sollen größere Wassermengen abgeführt werden, dann kann die Spirale in fast gleichem Querschnitt nach UW weitergeführt und durch ein Hakendoppelschütz abgeschlossen werden (Abb. 5.3). Die Nutzfläche von 120 m² (9,50 × 12,50 m) kann die Ausbauwassermenge der Turbine von 500 m³/s auch noch bei einer

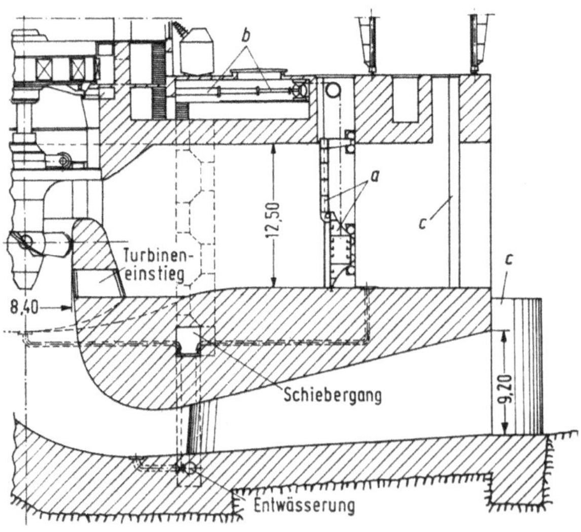

Abb. 5.3. Krafthausquerschnitt mit Spiralauslaß.
a Hakendoppelschütz als Spiralauslaß; *b* Antrieb; *c* Dammbalkennischen.

Spiegeldifferenz von 0,50 m abführen. Damit bietet sich dieser Spiralauslaß nicht nur als Leerschuß mit geringerer Querschnittsfreigabe bei Turbinenausfall, sondern auch als Hochwasserentlastung bei Vollöffnung an. Berechnet für ein Donaukraftwerk bisheriger Bauart könnte bei Verwendung des Spiralauslasses eine Wehröffnung eingespart und die Gesamtbaulänge um rd. 9% verringert werden [*246*].

5.2 Saugschlauch

Die UW-Fallschützen (Schnellschlußschützen) im Turbinensaugschlauch haben gegenüber denen vor dem Turbineneinlauf den Vorteil, daß sie mit wesentlich geringerer Höhe ausgeführt werden können und dadurch leicht werden. Auch die Antriebswindwerke werden nicht nur wegen des niedrigeren Schützgewichtes einfacher, sondern vor allem auch wegen des viel kürzeren Schließweges [*247*]. In ihrer Konstruktion entsprechen sie den üblichen Rollschützen.

Ist dagegen für das Saugrohr nur ein Abschluß in stehendem Wasser vorgesehen, dann erfüllt ein Gleitschütz diese Aufgabe. Es kann einteilig, zweiteilig oder auch aus einzelnen Dammbalken bestehen, die nacheinander eingesetzt werden [*248–250*]. Die Dichtung liegt nach OW, also zur Turbine hin, da der Saugschlauch ja gegen UW abgesperrt werden soll (im Gegensatz zum Einlauf-Schnellschluß, der gegen OW sperrt).

Soll der Saugschlauch im Betrieb glatten Querschnitt behalten, dann können Blenden eingesetzt werden, die die Nischen abdecken (Abb. 5.4). Die Nischenblenden als zweistielige Rahmen schließen mit dem Riegel den Schützschacht. Stiele und Riegel bestehen aus Kastenträgern. Die Stiele der Nischenblende werden in den Dammbalkennischen mit Kufen geführt. Der Riegel stützt sich im Schützschacht ab, so daß die Stiele nicht auf Knicken beansprucht werden. Mit Rücksicht auf die durch das strömende Wasser ausgeübten Kräfte werden die Nischenblenden reichlich bemessen. Der Druckunterschied des strömenden Wassers zum stehenden Unterwasser an der Nischenverkleidung kann angenähert gleich der Geschwindigkeitshöhe $v^2/2g$ angenommen werden. Es empfiehlt sich aber noch ein Stoßzuschlag in gleicher Höhe für den Fall des schnellen Turbinenabschlusses.

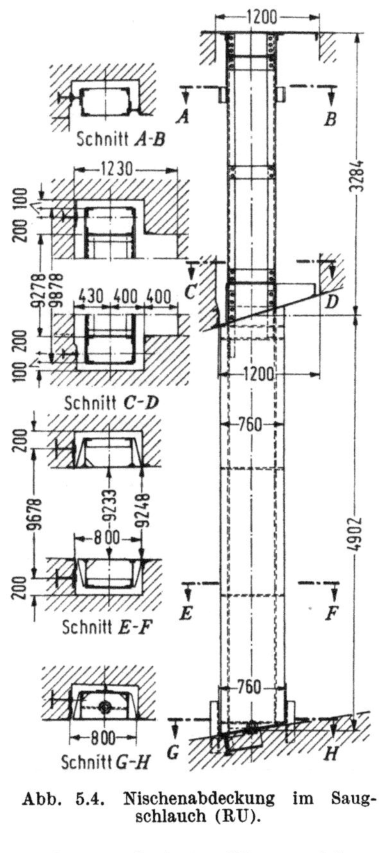

Abb. 5.4. Nischenabdeckung im Saugschlauch (RU).

Da erfahrungsgemäß mit Schlammablagerungen innerhalb des Blendenrahmens zu rechnen ist, empfiehlt es sich, mit einer zusätzlichen Schlammbelastung zu rechnen. Außerdem ist für die dadurch möglichen Reibungswiderstände beim Herausziehen der Blenden je Pfosten eine zusätzliche Kraft als Zuschlag vorzusehen.

5.3 Einlaufturm und Tunnel

Abb. 5.5 zeigt den oberen Teil eines Einlaufturmes mit dem Turbineneinlaufverschluß und dem oberwasserseitig davon angeordneten Notverschluß. Bei normalem Turbinenbetrieb befinden sich die Einlaufverschlüsse in Lauerstellung

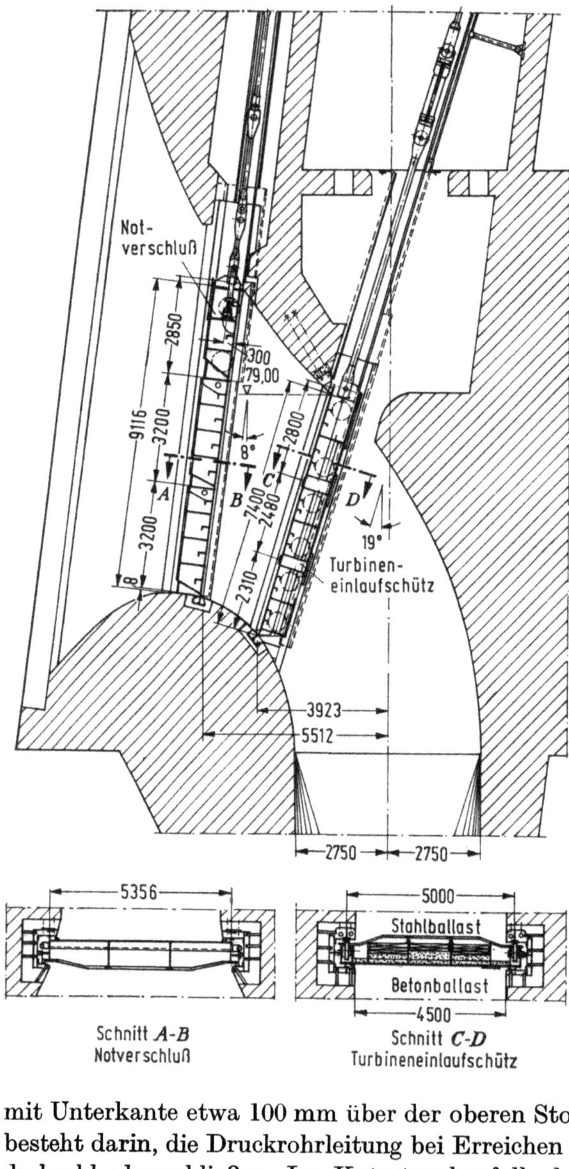

Abb. 5.5. Einzelheiten des Turbineneinlaufes (RU).

mit Unterkante etwa 100 mm über der oberen Stollenkontur. Ihre Hauptaufgabe besteht darin, die Druckrohrleitung bei Erreichen der höchstmöglichen Turbinendrehzahl abzuschließen. Im Katastrophenfall, der bei einem Bruch der Rohrleitung zwischen Damm und Krafthaus eintreten könnte, sollen durch Schnellschluß des betreffenden Einlaufs weitere Zerstörungen im Krafthaus und ein Leerlaufen des Stauraumes verhindert werden. Das Schließvermögen des Schützes bei oberwasserseitig liegender Stauwand muß allein durch sein Eigengewicht sichergestellt werden. Erschwerend hierbei wirkte sich noch aus, daß eine während des Betriebes blockierte Laufrolle anzunehmen ist (Erhöhung durch Gleitreibung).

Da letztlich die hydraulischen Auflasten eine Funktion des Wasserstandes im Turm bei gegebener Schützabsenkgeschwindigkeit darstellen, ist die Erfassung der Wasserspiegelveränderung im Turm von besonderem Interesse [*251*].

Ein wesentliches Merkmal des Schützes ist seine Dreiteilung, wobei jedes der drei kompletten Einzelelemente vier Laufrollen besitzt. Die Verbindung der drei Schützteile erfolgt durch zwei Schraubstöße mit eingelegter Gummidichtung, d. h. nahezu einspannungsfrei und ohne Querkraftübertragung. Diese Ausführungsart ergibt sich in erster Linie aus der Forderung, daß sowohl die Tragfähigkeit des Schützes als auch die der Laufrollen dann noch gewährleistet sein muß, wenn eine der Laufrollen wegen Bruches, Beschädigung oder dergleichen ausfällt.

Ein unterteiltes Schütz verhält sich bei einer derartigen Beanspruchung weit günstiger, da nur eines der Schützelemente betroffen wird. Dazu muß jedoch die Verbindung der einzelnen Schützteile miteinander so ausgebildet werden, daß eine gegenseitige Beeinflussung durch Querkräfte so gut wie ausgeschlossen ist. In unmittelbarer Nähe einer jeden Rolle ist ferner eine Kufe angebracht, deren Abstand von der Laufschiene so gering wie möglich gehalten wird (etwa 1 mm), so daß sich das entsprechende Schützteil bei Versagen einer Laufrolle auf die unmittelbar benachbarte Kufe abstützen kann. Der Lastanteil der Kufe ist dann etwa gleich dem der ausgefallenen Rolle.

Zum Abschluß großer Umleitungstunnel beim Bau einer Wasserkraftanlage ist als Verschluß ein nach der Kreisform gebogenes Schütz vorgesehen (maximaler

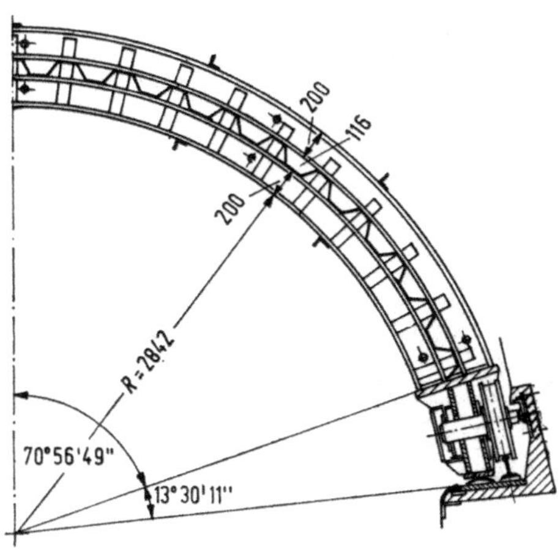

Abb. 5.6. Horizontalschnitt durch das Tunnelschütz.

Wasserdruck 101,5 Mp/m²). Wie Abb. 5.6 zeigt, besteht das Schütz aus einer wellenförmig gebogenen Stahlplatte, die zwischen geschweißten und gegeneinander versteiften Gurtträgern eingespannt ist. Um die Reibung beim Herunterlassen bzw. beim Probebetrieb auf ein Minimum herabzusetzen, tritt die Seitendichtung erst beim Überschreiten eines gewissen Wasserdruckes in Tätigkeit. An der Stahlplatte, die als Auflager für die Schiene dient, ist in der ganzen Länge eine dünne, nach außen gewölbte Platte (Feder) einseitig angeschweißt. Die

Achse der Rolle ist durch eine Platte (Dehnplatte) an der wasserseitigen Seite mit dem durchgehenden Fahrgestell verbunden. Die Abmessungen dieser Dehnplatte sind so festgelegt, daß unter einer bestimmten Achslast die Platte an ihrer schwächsten Stelle eine Dehnung erfährt, die ausreicht, das Fahrgestell fest gegen die Feder zu drücken [*252*].

5.4 Weitere Ausrüstungen

5.4.1 Rechen

Die Lichtweiten der Rechen werden entweder nach Erfahrungen oder nach den besonderen Bedingungen bemessen (normal 10 bis 25, unter Umständen jedoch bis 200 mm und mehr). Die Rechenstäbe bestehen aus Flacheisen, die mit Rundeisen verbunden oder auf ein Rohr aufgezogen sind, wobei Distanzrohre die gewünschte Lichtweite zwischen den Stäben sicherstellen. Auf Wunsch werden, besonders für größere Rechen, Sonderprofile mit Stromlinienform verwendet, die dem durchfließenden Wasser weniger Widerstand bieten und daher bei größeren Wassergeschwindigkeiten besonders geeignet sind (s. Abb 1.65). Die Stäbe werden so stark ausgeführt, daß sie Belastungen durch Wasserdruck bei stark verlegtem (z. B. bis zu 70%) Rechen aufnehmen können. Auch sind manchmal Punktlasten mit zu berücksichtigen (Tiefschwimmer). Je nach der Wassertiefe werden die Stäbe noch durch einen oder mehrere Querträger unterstützt [*253*]. Die gesamte Rechenbreite wird aus mehreren Feldern zusammengesetzt. Zum Reinigen kleiner Rechen wird eine Putzharke benutzt. Für größere Rechen empfiehlt sich

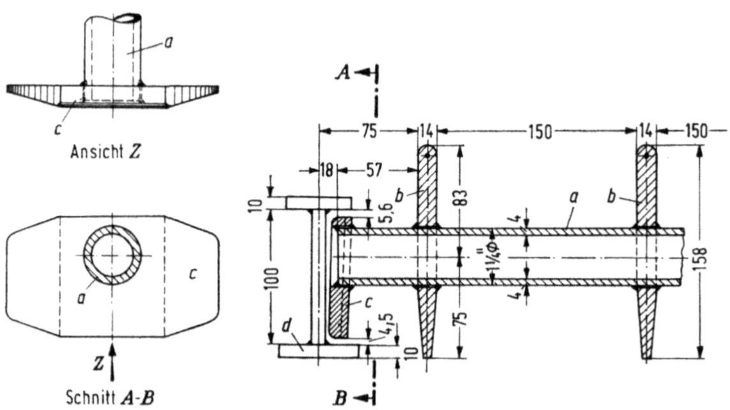

Abb. 5.7. Rechenstab mit Rohr und Führungskufe (RU).
a Rohr; *b* Rechenstab; *c* Kufe; *d* Führungsträger im Beton.

jedoch ein ortsfester oder ein fahrbarer Rechenreiniger, der für Rechen mit großer Wassertiefe die einzig wirksame Reinigungsmöglichkeit bietet.

Die Tafel wird seitlich durch Kufen, die allseitig abgerundet sind, geführt (Abb. 5.7). Der Führungsträger ist auf dem Trennpfeiler oder der Leitwand des Turbineneinlaufes verlegt. Bei breiten Einläufen muß der Rechenträger verhältnismäßig große Belastungen auffangen, vor allem bei Versetzungen. Solch ein großer Träger sollte der Strömung angepaßt werden.

Im Stollen, bei dem es schwierig ist eine Reinigungsmaschine zu betätigen, finden wir unmittelbar oberwasserseitig des Einlaufschützes Rechen mit Stäben aus stromlinienförmigen, sackförmig gebogenen Profilen. Der Rechen wird mit einer Winde hochgezogen und gereinigt. Manchmal werden sogar zwei hintereinander angeordnet, damit stets einer, wenn der andere gezogen ist, den Zufluß von Fremdkörpern zur Turbine verhindert [*254*].

5.4.2 Rechenreinigungsmaschinen

Der ortsfeste Rechenreiniger kommt vorwiegend für Rechenabmessungen bis zu 12 m Breite und 5 m Stablänge in Betracht, sofern der Fluß nicht sehr grobes und sperriges Schwemmzeug führt. In diesem Falle wird man vor dem zu putzenden Feinrechen einen Grobrechen anordnen. Bei bedienungslosen Anlagen wird der ortsfeste Reiniger wegen seines selbsttätigen Arbeitens auch für größere Rechenbreiten verwendet, bei denen sonst schon fahrbare Reiniger wirtschaftlich wären. Die ortsfesten Reiniger haben eine oder mehrere ununterbrochen auf und ab laufende Putzharken, die über die ganze Rechenbreite reichen und selbsttätig so gesteuert werden, daß sie, im Aufwärtsgang auf dem Rechen liegend, das an diesem haftende Schwemmzeug nach oben befördern und dort abwerfen. Im Abwärtsgang sind sie vom Rechen abgehoben. Die Rechenharken werden möglichst breit, bis zu etwa 6 m, ausgeführt. Die Gestellhöhe des Rechenreinigers ist von dem Weg der Putzharke (Unterkante Rechen bis Abwurfstelle über dem

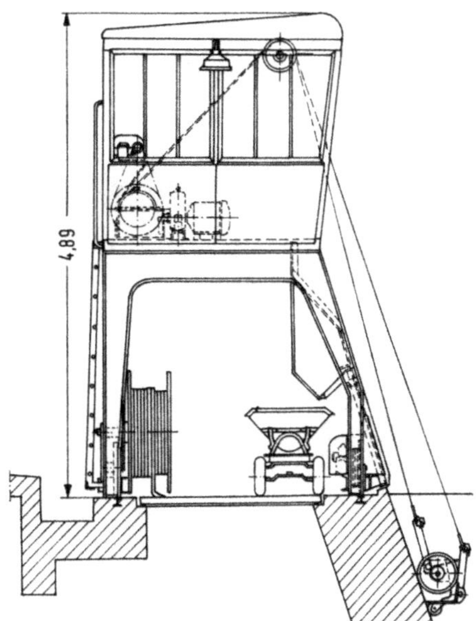

Abb. 5.8
Fahrbare Rechenreinigungsmaschine (Voith).

Bedienungsboden) abhängig. Bei einem größeren Harkenweg als etwa 5 m wird deshalb das Gestell sehr hoch und der ortsfeste Reiniger meist unwirtschaftlich [*255*].

Bei breiter Rechenfront ist ein fahrbarer Reiniger, der einen zusätzlichen Antrieb für die Fahrbewegung hat, wirtschaftlicher (Abb. 5.8). Der an Seilen aufgehängte Putzwagen, ein einfacher, massiver Körper mit zwei Laufrollen und einem gezahnten Harkenblech, bildet einen trogartigen Behälter. Da sich vor dem Rechen mitunter dicke Schwemmzeugmatratzen ansammeln, welche von Putzwagen durchstoßen werden müssen, wird eine höhere Senkgeschwindigkeit als die Hubgeschwindigkeit gewählt. Durch die mehrfach erhöhte Massenenergie wird das Durchstoßen der Schwemmzeugmatratze erleichtert. Beim Abwärtsgang ist der Putzwagen ausgeschwenkt nnd läuft dabei normalerweise über das Schwemmzeug weg. An der Rechenschwelle wird die Putzharke dann eingeschwenkt, und beim Aufwärtsgang wird das auf dem Rechen liegende Schwemmzeug gesammelt. Die Schwerpunktlage der Putzharke ist so gewählt, daß die Harkenspitzen kräftig gegen den Rechen gedrückt werden. In der höchsten Stellung des Putzwagens wird die Harke ausgeschwenkt, wodurch das geförderte Schwemmzeug in einen unter der Maschine stehenden Muldenkipper oder in eine Spülrinne abgeworfen wird [*256*, *257*]. Bei größeren Maschinen läßt sich noch eine zusätzliche, seitlich verfahrbare Hebeeinrichtung unterbringen, mit der Dammbalken für den Einlauf eingesetzt werden können.

5.4.3 Krane

Beim Notverschlußkran müssen die für einen Turbineneinlauf notwendigen Schütze absenkbereit am Antrieb hängen. Lediglich die Einsatzstelle, also der zu sperrende Einlauf, wird durch seitliches Verfahren des Kranes erreicht. Die Einlaufschützen hängen innerhalb des Portalvierecks, jedes hat einen eigenen Antrieb mit Doppelseiltrommel (Abb. 5.9). Müssen die Verschlüsse außen am

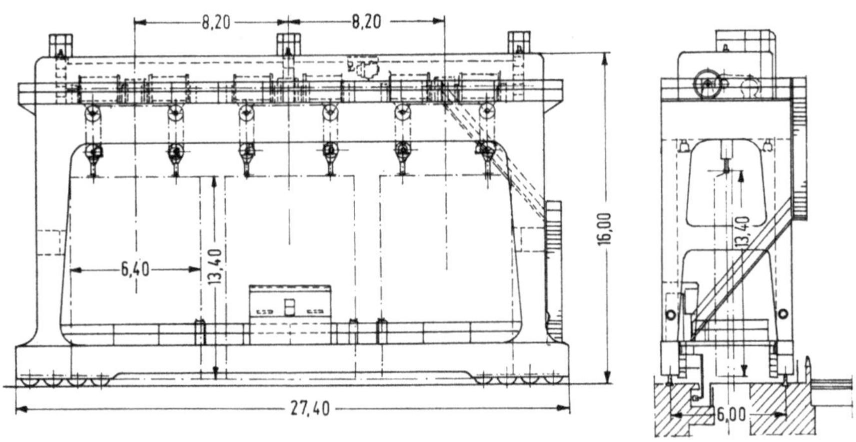

Abb. 5.9. Portalkran mit drei Turbineneinlaufverschlüssen (Harza).

Bauwerk abgelassen werden, dann ist der Hubantrieb beweglich als „Katze“. Die Verschlüsse sind vom Lagerplatz, der auf dem Bauwerk oder seitlich an Land liegt, aufzunehmen und danach erst nach Oberwasser in die Ebene der Führungs- und Rollbahn zu verfahren (Abb. 5.10). Kragt die Fahrbahn für die Katze weit aus, und handelt es sich um schwere, auch hydrodynamisch stark

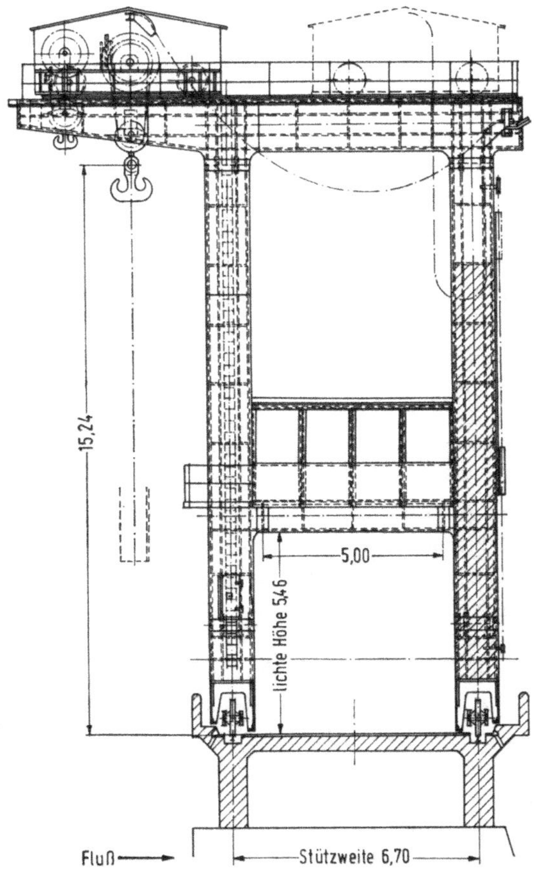

Abb. 5.10
Ein 100-Mp-Portalkran für Notverschlüsse (MAN, RU).

belastete Schütze, dann ist gegebenenfalls in den landseitigen Stielen Ballast unterzubringen oder durch Verriegelung einer Kippbewegung vorzubeugen.

Weitere Hinweise für Kap. 5 sind in der Literatur [*258–282*] enthalten.

6 Verschlüsse für Wasserstraßen

6.1 Tore für Kammerschleusen

6.1.1 Drehbewegung um eine lotrechte Achse

6.1.1.1 Stemmtor

Die Lagerung von Stemmtoren außerhalb der Stemmlage (Dreigelenkbogenwirkung) erfolgt unten in einem Spurlager und oben durch ein Halslager. Naturgemäß ist das Stemmtor sehr empfindlich gegen ungleichmäßige Setzungen des Bauwerks, da dann eine Dichtung in der Mitte nur schwer erreicht wird und Zusatzspannungen in die Torflügel und Lager kommen. Bis zu einem gewissen Grade können solche Verschiebungen durch nachstellbare Lager ausgeglichen werden.

In Gebieten mit schlechtem Baugrund, vor allem bei Bergsenkungen, sind Stemmtore nicht zu empfehlen [*283*].

Das Stemmtor befindet sich dauernd im Wasser und muß daher zur Reparatur und Überholung entweder herausgehoben oder im Schutze eines besonderen Notverschlusses erst zugänglich gemacht werden. Es kommt noch hinzu, daß sich die Kammer um die zum Öffnen der Tore notwendigen Nischen verlängert.

In betrieblicher Hinsicht sind als Nachteile die Anordnung von zwei getrennten Antrieben, die mögliche Behinderung der Toröffnung durch Treibzeug und Treibeis, die wegen des restlichen Wasserdrucks erforderliche, fast vollständige Ausspiegelung der Wasserstände vor dem Beginn der Toröffnung und die verhältnismäßig langsame, zeitaufwändige Bewegung der Torflügel infolge des großen Wasserwiderstandes zu nennen. Deshalb sollten die Nischen durch ihre Größe und Formgebung das zu verdrängende Wasser schnell austreten lassen. Da bei Stemmtoren der Drempelanschlag meistens unterwasserseitig des Tores liegt, steht das Tor bei Staustellung unter Auftrieb, der bei großen Toren sogar das Eigengewicht übertreffen kann. Dieser Auftrieb wird vermindert, wenn entweder die Drempeldichtung im untersten Torteil etwas nach Oberwasser vorgezogen, oder wenn die Stauwand nach Unterwasser übergeht und damit der Auftrieb verringert wird. Ist nur geringer Auftrieb vorhanden, so kann durch Schwimmkästen am Torgewicht ausgeglichen werden. Allerdings muß der Schwimmkasten bei jedem Wasserstand noch voll eingetaucht sein [*179*].

Infolge der geringen Bauhöhe der Stemmtore für mittlere Hubhöhen wird für das Tor in der Regel die rechteckige Grundrißform gewählt. Die Anordnung der Füllorgane erfolgt mit Rücksicht auf eine bessere Anpressung der Dichtungen oft auf der Oberwasserseite. Als Verschlüsse kommen Roll- und Segmentschütze in Frage.

Erstere haben den Vorteil, daß sie im Reparaturfall über Wasser hochgezogen und ersetzt werden können. Das Gestänge, um es gegen Schiffstoß zu schützen,

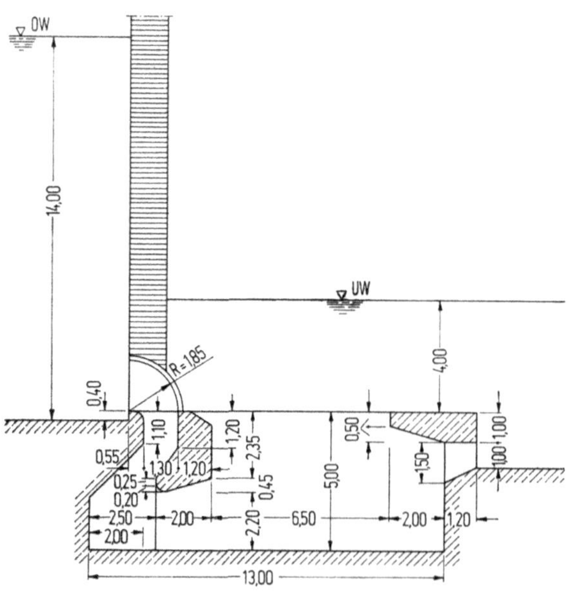

Abb. 6.1. Stemmtor mit Rollschützen und Strahlführungsschild für Oberhaupt mit tiefliegendem Drempel (Krupp).

kann in das Tor verlegt werden. Die Verwendung von Segmentschützen gestattet es, das Tor und die Segmente über einen gemeinsamen Antrieb zu bewegen. Allerdings ist ein Ausbau dieser Schütze samt Dichtungen nur unter Einsatz eines Tauchers oder nach Trockenlegung der Kammer möglich. Soll die Umlenkung des Füllstrahles bereits im Tor und nicht durch die Prallwand erfolgen, so kann dies durch ein Strahlführungsschild, angehängt an das Stemmtor, geschehen (Abb. 6.1). Hierdurch wird an Torhöhe gespart. Es ist aber darauf zu achten, daß derartige Strahlleitwände tief in das Tragwerk des Verschlußkörpers einbinden. Wichtig ist es ferner die Größe der Umlenkkraft zu kennen, die von den Leit- oder Führungsschildern aufgenommen werden muß. Denn aus ihr läßt sich erst der Wert des noch zulässigen Auftriebes ermitteln, der mit Rücksicht auf den erforderlichen Mindestwert des Gewichtsüberschusses des Verschlußkörpers noch zugelassen werden kann. Bei entsprechender Anordnung des Füllquerschnittes kann das Stemmtor auch ohne weiteres tiefbauliches Beiwerk eine Füllung steuern. Der Füllquerschnitt liegt etwa in Mitte des UW und verbreitert sich nach UW im Verhältnis 1 : 4. Kammerwasserseitig spaltet ein lotrechter Rost den Füllstrahl auf und verteilt ihn weiter auf den ganzen Kammerquerschnitt [*284*]. Zusätzlich erreicht er eine Parallelisierung der Strömung.

Auch bei einer Kammerbreite von 24,0 m und einer Torhöhe (einschließlich Steg) von 23,40 m ist eine völlig geschweißte Konstruktion ausführbar (Abb. 6.2).

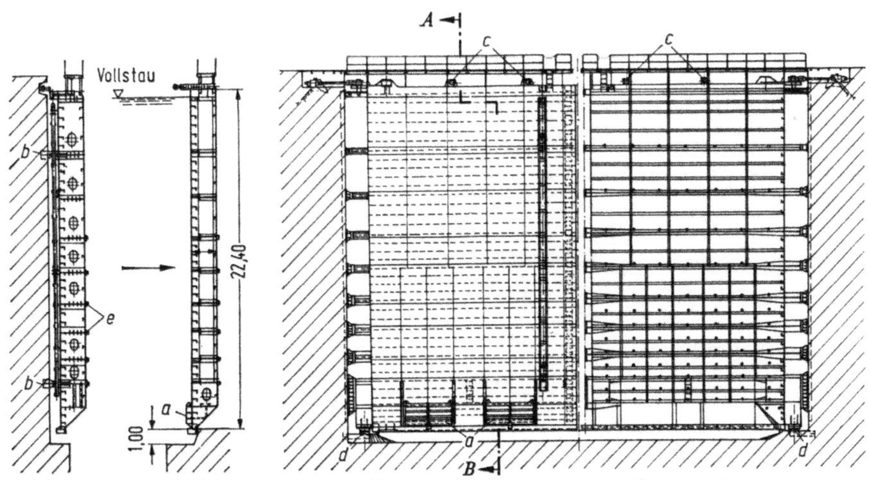

Abb. 6.2. Stemmtor für Unterhaupt mit Entleerungsschützen in voll geschweißter Konstruktion (Waagner). *a* Entleerungsschütz; *b* Verriegelung; *c* Stoßschutz; *d* Spurlager; *e* Scheuerleisten.

Dies ist um so bemerkenswerter, als die in der Werkstatt mit engen Toleranzen bearbeiteten Stemm- und Dichtungsleisten an Schlag- und Wendesäule erst auf der Baustelle mit der übrigen Konstruktion verschweißt werden können. Wenn die Konstruktion in sich torsionssteif ist, kann auf rückwärtige Diagonalen verzichtet werden.

Das Stemmtor ist aber nur in geschlossener Stellung — in der Stemmlage — tragfähig. In jeder anderen Stellung darf das Tor weder durch größere Strömungen noch durch statischen Wasserdruck belastet werden. Es eignet sich daher nicht zur Regulierung der Strömung und zur Hochwasser- oder Eisabfuhr. Im letzteren Fall müssen seine Torflügel sogar in geöffneter Stellung in der Nische kräftig verriegelt werden, um ein Schwingen und Herausreißen in die Strömung zu verhindern [*285, 286*]. Je Flügel bringen zwei Schütze einen Gesamtquerschnitt von rd. 10 m², ein Wert der auch bei einer 12,0 m breiten Kammerschleuse in beiden Flügeln zusammen die Regel ist.

Um das Stemmtor gegen Setzungen und Temperatureinflüsse unempfindlicher zu machen, wird vorgeschlagen, einen Torflügel mit zwei Drehachsen auszustatten [*287*]. Eine Lösung, die aber nur für kleinere Abmessungen zweckmäßig ist. Mit Stemmtoren lassen sich Schleusen großer Hubhöhen und Breiten schließen (Tab. 34 u. [*288–290, 709, 711*]).

Tabelle 34

Name	Jahr	Hubhöhe m	Torhöhe m	Kammerbreite m
Neue Wilson (TVA)	1959	30,50	36,00	23,50
Saint Pierre (Rhône)	1966	29,00	30,50	12,10
Mac Nary (Columbia)	1950	28,00	32,40	26,10
Châteauneuf (Rhône)	1966	21,80	23,30	12,10
Aschach (Donau)	1961/63	17,85	23,40	24,00
Eisenhower (St. Lawrence)	1959	15,85	26,00	24,30

6.1.1.2 Sektor

Sektorflügeltore (Abb. 6.3) bestehen aus zwei im Grundriß sektorförmigen Flügeln, die um lotrechte Achsen drehbar am Rande von Nischen in den Kammerwänden gelagert sind. Ihre Mantelflächen berühren sich in der Schließstellung

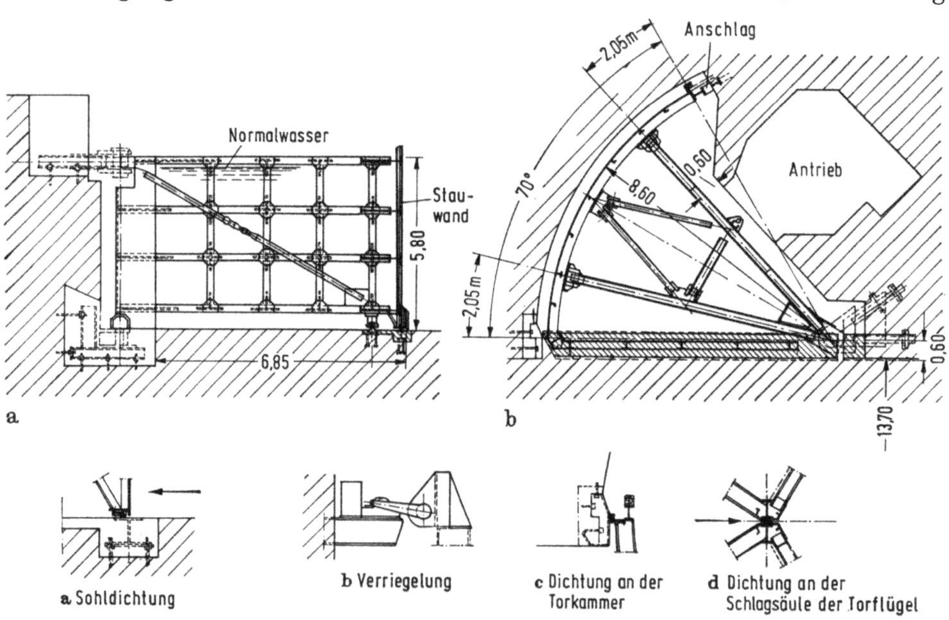

Abb. 6.3a u. b. Sektor als Schleusentor (Shawinigan). a) Blick in die Stützarme und Verband; b) Draufsicht.

in der Schleusenmitte und schlagen in den Nischen an. Damit bilden die beiden Mantelflächen eine geschlossene Stauwand. Zum Öffnen der Kammer werden die Sektorflügel so weit in die Nischen gedreht, daß sie außerhalb der Durchfahrt liegen.

Der Sektorwinkel beträgt in der Regel etwa 70°. Die gewölbte Stauwand ist ausgesteift ähnlich wie bei einem Sektor oder auch einem Segmentschütz. Die Stützarme geben die Last an die Wendesäule ab, die im Spurlager und im Halslager gehalten wird. Eine Rolle in Nähe der Schlagsäule fängt zur Entlastung der Lager einen Teil des Eigengewichtes ab. Steht das Tor in der Nische, kann es verriegelt werden. Auch für große Kammerbreiten und tief liegendem Drempel ist der Sektor ein brauchbarer Verschluß. Sektorflügeltore benötigen keine höheren Aufbauten. Zum Füllen und Leeren der Schleusenkammern erhält der Sektor am Anschlag eine vorspringende Dichtungsnase, die sich bei der Öffnungsbewegung (wenn also der Sektor in die Nische gedreht wird) von der Dichtungsleiste im Beton abhebt und einen Füllspalt freigibt. Zusätzlich öffnet eine beidseits dreieckige Verzahnung an der Schlagsäule jedes Flügels einen weiteren Füllquerschnitt.

Das Tor ist widerstandsfähig gegen Schiffstöße und Eisdruck und gestattet für Unterhaltungsarbeiten das Docken in den Nischen. Diesen günstigen Eigenschaften steht gegenüber, daß Treibzeug und Treibeis das Hineindrehen der Flügel in die Nischen behindern können. Auch die große Tiefe der Nischen ist ungünstig.

Der Anwendungsbereich entspricht etwa dem der Stemmtore, erweitert diesen jedoch um die Fälle, in denen die Wasserstände kehren [*291*, *292*].

Für das Sektorfächertor, das je Flügel aus zwei Teilsektoren besteht, die sich bei Öffnung ineinander schieben (ähnlich Abb. 4.15), kann die Nische verkleinert werden. Allerdings wird die Dichtung am Tor verlängert und erschwert.

6.1.2 Drehbewegung um eine waagerechte Achse

6.1.2.1 Klapptor

Der Vorteil der einfachen Klapptore liegt darin, daß bei der Bewegung die Reibungswiderstände in den Drehlagern gering sind, der Wasserdruck am unteren Rande durch mehrere Lager unmittelbar in das Fundament übertragen werden kann, nur einfache Dichtungen erforderlich sind und höhere Aufbauten auf der Schleusenplattform nicht benötigt werden.

Auf den Vorteil der mehrfachen Lagerung wird in der Regel wegen Verklemmung von Fremdkörpern verzichtet und eine nachgiebige Lagerung an den beiden Enden bevorzugt. Das Tor klappt im allgemeinen nach Oberwasser hin um (es wird an nutzbarer Kammerlänge gewonnen) und ist in geöffnetem Zustand der Sicht entzogen. Die zu schleusenden Schiffe fahren also über das Tor hinweg. Diese Drehbewegung nach dem Oberwasser ist insofern nachteilig, als bei Winterbetrieb, sobald das Tor geöffnet werden soll, vorher die Wasserfläche vor dem Tor im Oberwasser freigeeist werden muß.

Wird der Drehpunkt höher gelegt, so kann der untere Torschenkel einen Füllspalt freigeben (Abb. 6.4). Ein Torsionsrohr führt in das Haupt hinein und ist dort mit dem Antrieb verbunden. Zweckmäßig werden die Lager mittels kardanischer Aufhängung als Drehkipplager ausgebildet, um einerseits der Durchbiegung des Tores zu folgen und andererseits bei Einklemmung von Fremdkörpern nachzugeben. Große Kantenpressungen in der Lagernabe müssen, wie bei allen Drehtoren, unbedingt vermieden werden. Das Tor sollte in Staulage verriegelt und im Schutz des Notverschlusses möglichst nach oben ausgehängt werden können [*294*].

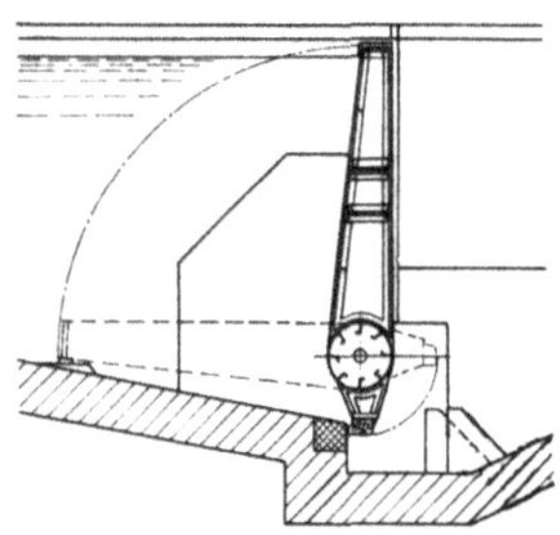

Abb. 6.4. Klapptor, nach OW drehend (Hydroprojekt).

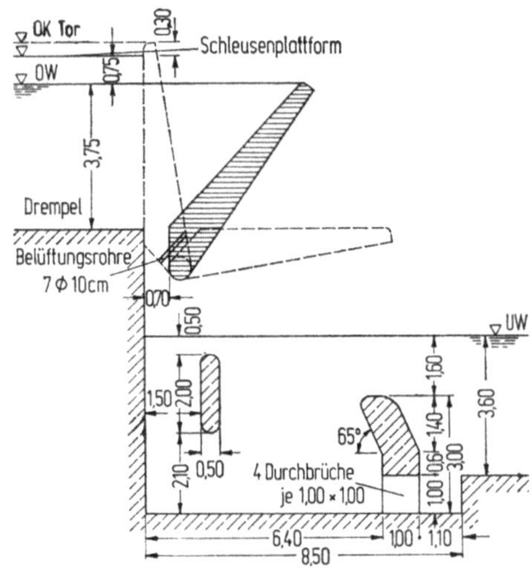

Abb. 6.5. Klapptor, nach UW drehend.

Durch Überströmung ist es möglich, Restfallhöhen, deren Ausspiegelung meistens sehr zeitraubend ist, beim Füllen der Schleuse schneller auszugleichen und so den Füllvorgang abzukürzen.

Um den Schwierigkeiten bei Eis aus dem Wege zu gehen, sind Klapptore entwickelt worden, die nach UW drehen (Ab. 6.5). In Staustellung wird die Stauwand dichtend an den Drempel gepreßt. Allerdings ist wegen des tiefliegenden Drehpunktes der volle Wasserdruck als Drehmoment aufzunehmen.

Der Füllstrahl wird durch das Obertor in jeder Füllstellung an die lotrechte Drempelwand gepreßt. Zur weiteren Führung ist eine Querwand vorgesehen. Belüftungsrohre, über die Torbreite verteilt, bewirken eine eindeutige Ablösung des Strahles in Zwischenstellungen des Tores. Wird der torsionssteife Verschlußkörper in Höhe des Angriffs des resultierenden Wasserdruckes in Drehlagern abgestützt, so reduziert sich die Antriebskraft erheblich. Maßgebend ist dann meist der Fall des Eigengewichtsmomentes. Der untere, kurze Torteil dichtet auf der Sohle und gibt beim Klappen des Tores nach Unterwasser einen breiten Füllschlitz frei [*293*].

Eine Weiterentwicklung stellt das in Abb. 6.6 und 6.7 gezeigte Klapptor dar, das auch als Untertor Verwendung finden kann. In Staustellung wird das Tor unten beiderseits durch Laschen im Drehlager gehalten. Im oberen Drittel stützt es sich über eine Konsole auf zwei Rollen ab. Zur Entleerung der Kammer wird das Tor angehoben, gibt dabei einen Durchflußspalt an der Sohle frei. Ist der Kammerwasserspiegel auf UW abgesunken, hebt der Servomotor das Tor weiter an, es gleitet mit den Kufen über die Rollen. Danach läßt der Servomotor wieder ab, das Tor dreht sich in seine Endlage zur Freigabe der Durchfahrt. Vor Beginn der Füllung läuft der gleiche Vorgang umgekehrt.

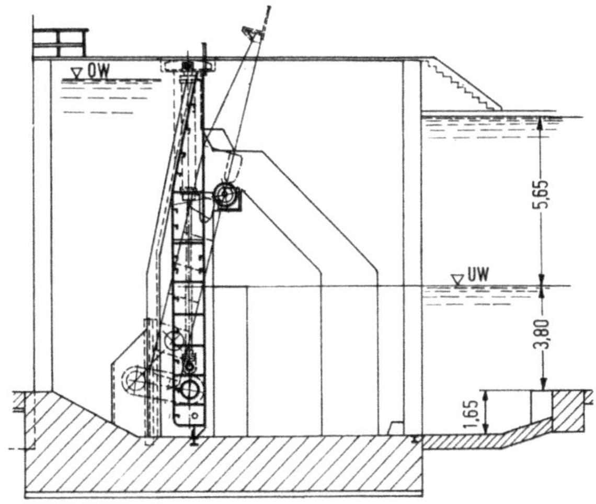

Abb. 6.6. Klapptor als Untertor in Staustellung (Dingler).

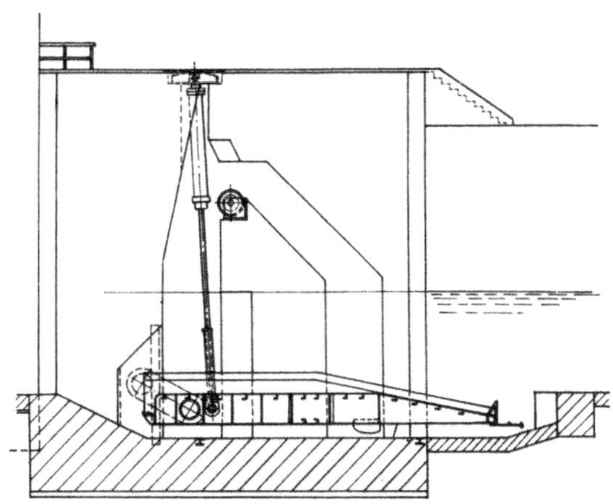

Abb. 6.7. Klapptor als Untertor, umgelegt (Dingler).

6.1.2.2 Drehtor

Der Torkörper ist (Abb. 6.8) von oben bis unterhalb der Drehachse fast gleichmäßig dick und endet in einem schräg nach unten gerichteten Schnabel, dessen Spitze ähnlich der Unterkante des Hakenklapptores gegen die Drempelnase dichtet. Das Tor wird zur Füllung langsam gedreht. Die Lagerung des Tores erfolgt über zwei Zapfen, die den gesamten auf den Verschluß wirkenden Wasserdruck aufnehmen können. Im übrigen sind sie so angeordnet, daß auch beim niedrigsten Wasserstand immer noch ein ausreichendes Drehmoment infolge Wasserdruck verbleibt. Das Tor wird dadurch immer gegen seine untere Dichtung gedrückt [*295*].

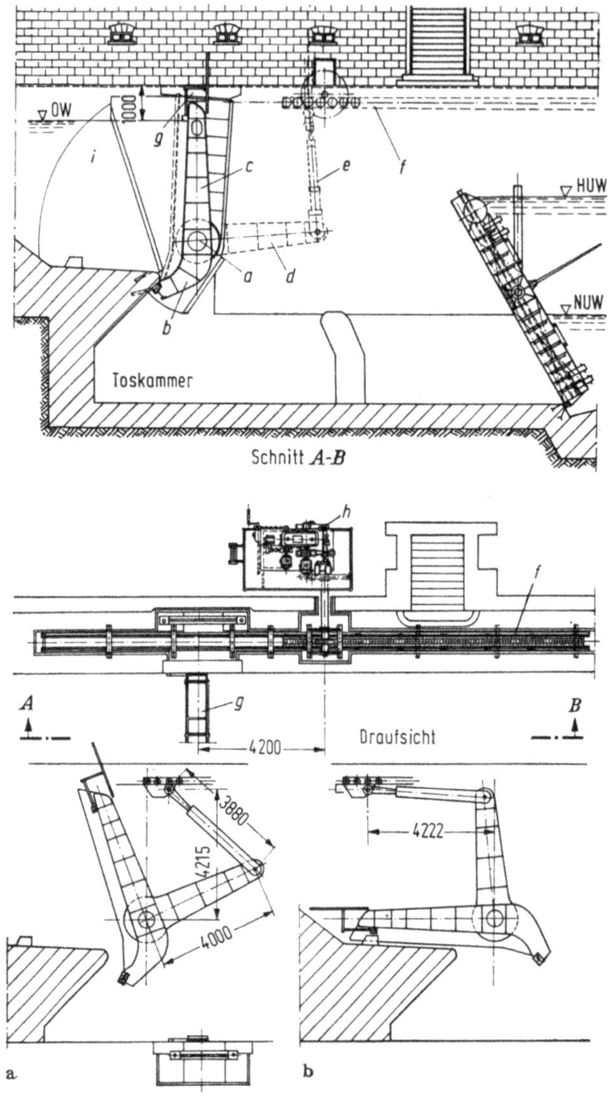

Abb. 6.8a u. b. Drehtor (GHH). a) Tor in Füllstellung; b) Tor umgelegt. *a* Hauptträger, *b* Unterteil; *c* Oberteil; *d* Torkurbel; *e* Kurbelstange; *f* Triebstock; *g* Steg; *h* Antrieb; *i* Gleitblech (Antrieb s. Abb. 18.16.)

6.1.2.3 Hakentor

Es hat die Form eines ungleichschenkligen Winkels (Abb. 6.9). Sein in Höhe der Drehachse liegender Teil ist als Biegungs- und Verdrehungskörper ausgebildet. Das Tor besitzt eine allseitig geschlossene, mit entsprechenden Mannlöchern und Wasserablauflöchern versehene, gegen das Oberwasser hohl nach einem Kreisbogen gekrümmte Blechhaut. Über dem Zwischenlängsträger ist die Blechhaut nach der Unterwasserseite angeordnet. Der Wasserdruck wird in der Schließstellung an vier Punkten auf das Mauerwerk übertragen: Oben beiderseits gegen die Nischenwand über Lager und unten durch den Biegungs- und Verdrehungskörper über die beiden Drehgelenke. Die Schenkel des Hakens stehen in einem solchen Verhältnis zueinander, daß die Resultierende aus den vertikalen und horizontalen Wasserdrücken zusammen mit dem Eigengewicht in Nähe des Drehpunktes verläuft.

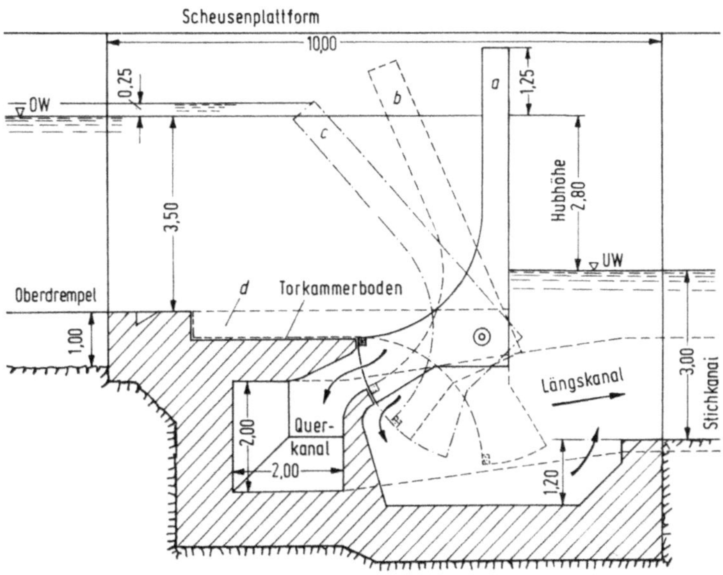

Abb. 6.9. Hakentor zur gleichzeitigen Füllung von Schleusen durch Längskanäle mit Stichkanälen und durch das Tor (MAN).
a Tor in Staustellung; *b* Einlauf nach dem Querkanal zu den Längskanälen unter dem Torkammerboden; *c* Füllung durch das Tor; *d* Tor umgelegt.

Das Hakentor kann auch zur kombinierten Füllung, also durch Längskanäle oder Grundläufe bei gleichzeitigem Durchfluß durch das Tor, verwendet werden. Hierzu wird das Hakentor zum Füllen der Kammer aus der Staustellung *a* in die Lage *b* gedreht, wodurch es einen Querkanal im Torkammerboden freigibt, der zu den Längskanälen führt. Bei weiterer Drehung nach *c* wird zusätzlich der Füllspalt zum Tor in der ganzen Breite der Kammer freigegeben.

6.1.2.4 Segmenttor und Sektor

Diese Torform wird aus architektonischen Gründen gewählt, um hohe Aufbauten am Haupt zu vermeiden und damit ein möglichst ruhiges Gesamtbild der Anlage zu erhalten. Das Tor hat eine kreiszylinderförmig gewölbte Stauwand, die durch Querschotte ausgesteift ist (Abb. 6.10). Da beim Drehen rollende und gleitende Reibung (bis auf Dichtung) ausgeschaltet ist, ergeben sich aus Wasserdruck nur geringe Antriebskräfte. Um dieselben aus Eigengewicht zu verringern, wählt man Gegengewichte oder bildet die untere Torhälfte als Schwimmkasten aus. Solch ein Schwimmkasten ermöglicht wegen seiner Torsionssteifigkeit einseitigen Torantrieb und verhindert unzulässige Verformungen. An den beiden Torseiten sind rahmenförmig ausgebildete Arme angeordnet, mit denen das Tor an der angetriebenen und an der nicht angetriebenen Welle gehalten ist. Beim Öffnen wird es nach unten in eine Wanne gedreht, so daß die Schiffe darüber hinwegfahren. Die Oberkante liegt dann mit der Sohle bündig.

Um zu vermeiden, daß in das abgesenkte Tor Tiefenschwimmer oder mitgeschleppte Kabel hineinfallen und sich dort festsetzen, ist auf seiner Rückseite ein engmaschiges Wellengitter angebracht, das Fremdkörper abweist. Der Laufsteg auf dem Tor wird durch 2 Geländer gesichert. Das Geländer ist klappbar,

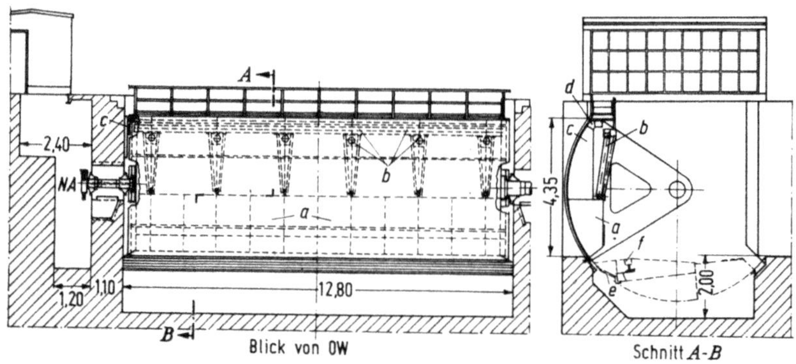

Abb. 6.10. Segmenttor (Arb. Gem. 2).
a Schwimmkästen; *b* Stoßbalken; *c* Kulisse für Geländerdrehung; *d* Welle zur Drehung; *e* umgelegtes Geländer; *f* eingezogener Stoßbalken; *NA* nichtangetriebenes Ende.

um das Tor an der Sohlenschwelle vorbeifahren zu können. Die Bewegung wird durch eine Kulissenführung an der Kammerwand bewirkt [*296*]. Wird der untere Teil der Stauwand muschelförmig gewölbt, kann das Tor bei geringer Hubhöhe zur Füllung mit herangezogen werden. Bei großen Hubhöhen muß eine entsprechend wirksame Energieumwandlung (dabei Verlängerung des Oberhauptes oder Vertiefung der Sohle) vorgesehen werden.

An den russischen Wasserstraßen finden wir als Torverschluß das in seiner Form vom Wehrbau her bekannte Segment (s. Abschn. 4.1.5.1) bis zu Kammerbreiten von 30 m (Wolga-Moskau-Kanal) bei einem Radius von 10,0 m [*297* bis *299*]. Auch in Amerika wird diese Torart angewendet [*300*].

Laboruntersuchungen wiesen nach, daß ein Sektor (s. Abb. 4.23) die Füllung der Kammer durch Grundläufe mit Stichkanälen zufriedenstellend steuert [*309*].

6.1.3 Hub-, Senk- oder Hub-Senk-Bewegung

Das in der Lotrechten zu bewegende Tor benötigt nur ein kurzes Haupt. Es kann jederzeit leicht ohne Notverschluß kontrolliert und gewartet werden. Als weiterer Vorteil läßt sich angeben, daß beim Ausfahren alle Dichtungen und Anschläge frei werden und so jeglichem Treibzeug, auch Eis, ohne Gefahr der Einklemmung freier Abfluß gewährt ist. Bei Auslegung der Torkonstruktion auf vollen einseitigen Wasserdruck läßt sich das Tor ohne weiteres zur Hochwasserentlastung heranziehen [*301, 711*].

Während die Tore mit einer Hubbewegung sowohl im Ober- als auch im Unterhaupt eingesetzt werden können, sind Tore, bei denen noch eine Senkbewegung erfolgt, nur als Obertore verwendbar.

6.1.3.1 Hubtor

Das Hubtor liegt in Verschlußstellung in den Nischen des Hauptes, während es beim Hochfahren in einer Führungskonstruktion eines Hubportales läuft. Die senkrechten Führungsschienen sind beim Oberhaupt oberhalb der Bedienungsplattform zum Durchziehen von Trossen unterbrochen. Das Überfahren dieser Lücke erfordert eine Führung des Tores. Soll das Tor zur Füllung der Kammer mit herangezogen werden, können diese Aufgabe Füllschütze im Tor übernehmen. Will man auf Füllschütze verzichten, aber eine Füllung durch das Obertor beibehalten, kann auch das ganze Tor angehoben und damit ein Füllspalt freigegeben werden. Liegt die Prallwand auf gleicher Höhe wie der Drempel, übernimmt das Tor mit einem Leitblech (ähnlich Abb. 6.1) die Umlenkung des Füllstrahles. Das Tor ist aus dem Wasser so weit herauszuheben, wie das Lichtraumprofil es erfordert. Es muß also in diesem Fall noch zusätzlich um die Höhe des Leitbleches angehoben werden.

Auch als Untertor ist das Hubtor infolge seiner statisch einfachen Konstruktion in der Lage, bei größerer Hubhöhe über die volle Höhe den Kammerquerschnitt zu sperren (Abb. 6.11). Das Tor kann, da Gegengewichte das Eigengewicht fast voll ausgleichen, auch bei vollem Druck gehoben werden. Der Antrieb

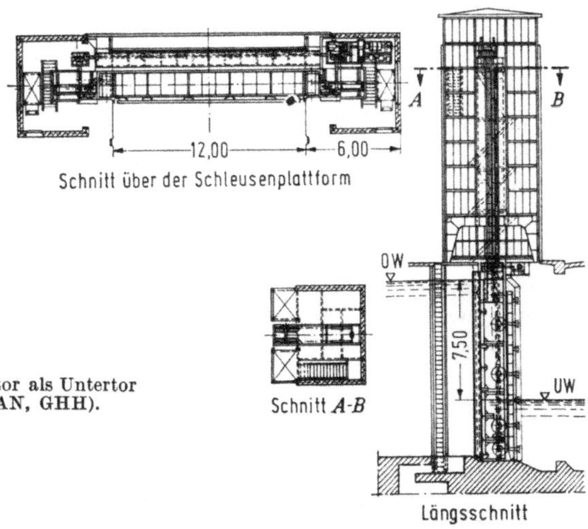

Abb. 6.11. Hubtor als Untertor (Klönne, MAN, GHH).

bewegt das Tor mit einer Gelenkzahnstange, die Gegengewichte (zwei Gruppen) hängen an Seilen. Ein Notschütz im Tor kann notfalls den Kammerwasserspiegel senken. Da aus architektonischen Gründen die Türme frei stehen und nicht durch einen Steg verbunden sein sollten, überspannt der mechanische Gleichlauf in Schleusenplattform unterwasserseitig des Tores die Kammerbreite. Gleichzeitig ist dies eine Gehverbindung von einer zur anderen Seite. Die Torführung seitlich und längs in den Türmen sichern kleine Führungsrollen am Tor.

Bei den oftmals üblichen Formen des Hubportals läßt man sich in der konstruktiven Gestaltung von der bekannten Industrieform des Bockkranes oder eines massiven Hubturmes lenken. Geht man dagegen von der Funktion des Hubtores aus, so sind hieraus auch moderne Bauformen ableitbar [*302*].

Wenn das Tor durch den Antrieb ähnlich wie beim Wehr (Abb. 4.8) tief an Konsolen gefaßt wird, können Hubtürme ganz entfallen [*303*]. Wichtig bei Hubtoren ist es, zu verhindern, daß Tropfwasser auf fahrende Schiffe fallen kann. Tropfwasserrinnen unter dem Tor im Prinzip einer Regenrinne können das Wasser sammeln und seitlich an der Kammerwand ableiten.

Um die statisch günstige Schalenwirkung auszunutzen, kann das Hubtor auch halbkreisförmig ausgeführt werden. Der Öffnungswinkel beträgt rd. 190°, wodurch eine kleine Kraftkomponente senkrecht zur Kammerwand hervorgerufen wird [*304*].

Legt man beim Hubtor Stauwand und Dichtung unterwasserseitig, dann kann das Tor durch federnde Laufrollen geführt werden. Sobald der Wasserdruck von der Oberwasserseite her überwiegt (z. B. 30 cm Spiegeldifferenz), legt das Tor sich mit balligen Druckleisten gegen die Druckschiene in der Nische. Die Laufrollen brauchen deshalb nur für den Teilwasserdruck bemessen zu werden. Die Dichtung ist bei der Torbewegung nicht im Eingriff.

Berechnung eines Hubturmes s. [*302a*].

6.1.3.2 Hub-Dreh-Tor

Um die hohen Aufbauten und die störende Ansichtsfläche eines Hubtores in seiner Höchstlage auszuschalten, wird das Tor auf seinem Weg von der Schließlage bis zu Höchstlage um eine horizontale Achse gedreht, so daß es in der Höchstlage horizontal oder nahezu horizontal liegt und sowohl eine geringe Ansichtsfläche, als auch – für das Schleusenpersonal – eine möglichst gute Sicht in die Schleuse bzw. den Vorhafen sich ergibt.

Die Bewegung und Drehung des Torkörpers wird dadurch bewirkt, daß das Tor mittels Rollen bzw. Rollenwagen auf getrennten, aus geraden und gebogenen Teilen zusammengesetzten Schienen geführt wird.

Das Tragsystem ist auf unteren, fliegend angeordneten Rollen und mittels Kugelgelenken auf zwei etwas oberhalb des Schwerpunktes der Wasserlast

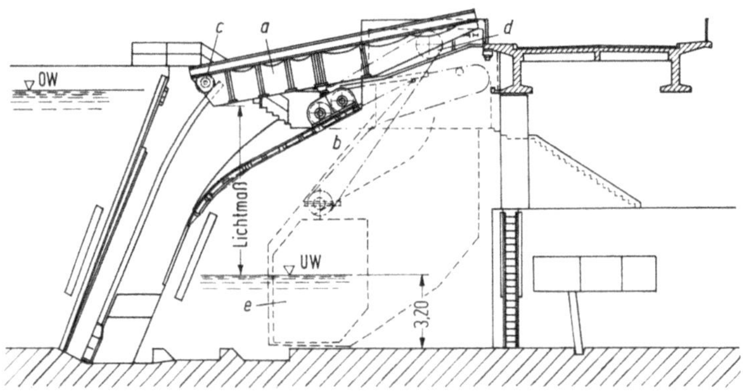

Abb. 6.12. Hubdrehtor, geöffnet (ME).
a Drehtor; *b* Rollenwagen; *c* Rolle für die Drehbewegung; *d* Seilumlenkung; *e* Gegengewicht.

angeordneten Rollenwagen gelagert (Abb. 6.12). Um den Antrieb zu entlasten, wird auf jeder Torseite ein Gegengewicht angeordnet, welches mit 2 Seilen an einer besonderen, seitlich neben dem Kugelgelenk des Rollenwagens am Tor befestigten Konsole angreift. Der Ausgleich der Seilkräfte einer Torseite erfolgt durch einen Waagebalken. Die Seillängen können am Tor durch Schraubenspindeln ausgeglichen werden, die in dem Waagebalken gelenkig gelagert sind. Da sich die Zugkräfte des Tores je nach Lage verändern, werden die Gegengewichte in Schächten unter dem Antriebshäuschen auf gekrümmten Laufbahnen gegenläufig zum Tor geführt. Auf diese Weise wird ihre Wirkung den veränderlichen Torkräften weitgehend angepaßt. Da der Platz für die Bewegung der Gegengewichte beschränkt ist, mußten letztere mit einer losen Rolle versehen und daher verhältnismäßig schwer ausgebildet werden. Der Weg der Gegengewichte beträgt die Hälfte des Torweges [*305*].

Das vorher erwähnte Tor legt den Hubweg in einer schiefen Ebene zurück. Dabei dreht sich die Stauwand nach oben. Diese Bewegung erfordert eine horizontale Wegstrecke und damit eine entsprechende Hauptlänge. Wird dagegen der Hub des Tores in der Lotrechten beibehalten und die Drehung erst in der oberen Hälfte des Hubweges eingeleitet, dann kann das Haupt die bei Hubtoren gebräuchlichen Abmessungen beibehalten [*306*]. Die Drehung der Stauwand erfolgt dabei nach Oberwasser bzw. nach unten und hat den besonderen Vorteil, daß im Winter keinerlei Eisschollen, welche sich in Staulage vom Unterwasser her in den Hauptträgern beim Anheben absetzen können, auf das unter dem

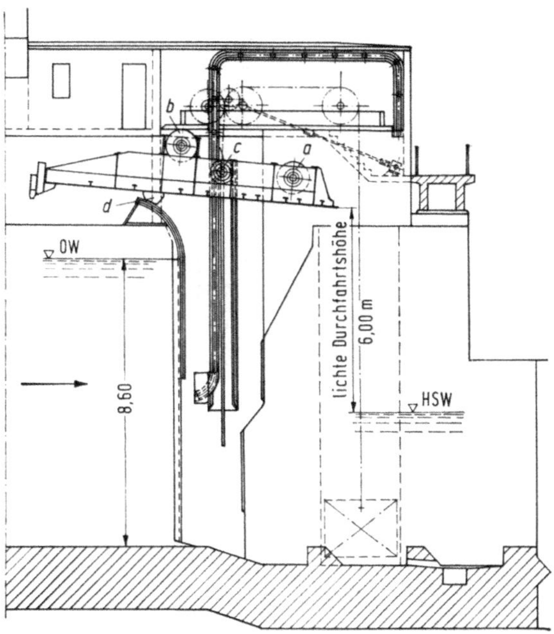

Abb. 6.13. Hubdrehtor in gehobener Stellung (Dingler). *a* untere Laufrolle; *b* obere Laufrolle; *c* Führungsrolle; *d* Gegenführungsrolle.

Tor durchfahrende Schiff herabfallen (Abb. 6.13). Die kombinierte Hub- und Drehbewegung des Tores kommt folgendermaßen zustande:

Liegt die Schwerachse des Tores oberwasserseitig von der Drehachse, dann besteht für das unbelastete Tor die Tendenz, mit dem oberen Teil der Stauwand nach Oberwasser zu kippen. Diesem Drehmoment wirken die Rollenkräfte der Führungsrollen *c* und *d* als Kräftepaar entgegen. Gibt man nun der lotrechten Schiene für die Rolle *d* in ihrem oberen Teil eine kurvenförmige nach Oberwasser abgebogene Form, so wird das Tor lediglich infolge der Eigengewichtswirkung nach einer anfänglich lotrechten Hubbewegung (Translation) im oberen Teil der Hubbewegung gleichzeitig eine Drehung (Rotation) um die Drehachse ausführen. Da die Führungsrolle c, d. h. die Schwenkachse, während des gesamten Bewegungsvorganges auf einer lotrechten Bahn abläuft, ist eine Horizontalkomponente der Torbewegung nicht vorhanden, man erhält damit die schon erwähnte kurze Entwicklungslänge des Hauptes. Muß das Hubtor über Schleusenplattform herausgehoben werden, so kann die Drehbewegung auch im Bereich der Hubtürme erfolgen [*307*].

6.1.3.3 Senktor

Wenn die Dichtung auf einem am unteren Rande des Tores vorspringenden Schenkel angeordnet, oder aber die Stauwand unmittelbar über der Dichtungsleiste muschelförmig eingezogen wird, entsteht der Füllspalt nicht durch Heben, sondern durch Senken des Tores, wobei der Schnabel, bzw. die Muschel den Strahl abwärts führt. Zu beachten ist, daß das Tor entsprechend der zum Füllen erforderlichen Senkung höher sein muß und der Schnabel eine Wasserauflast sowie in der Füllstellung hydrodynamische Beanspruchungen erfährt. Das Senktor wird zum Füllen zunächst langsam und nach vollendeter Ausspielung schneller in einen zugleich die Torkammer bildenden Drempel versenkt, wobei

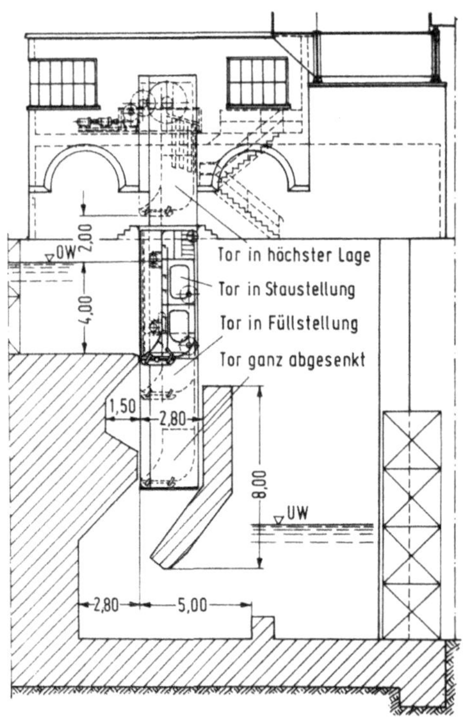

Abb. 6.14
L-förmiges Senktor (Krupp)

die mitgerissene Luft sofort spannungslos entweichen kann. Die Füllmuschel hat allerdings infolge des großen Umlenkungswinkels einen ungünstigen Abflußbeiwert, so daß für eine kurze Füllzeit ein großer Querschnitt freigegeben werden muß. Zusätzlich besteht die Gefahr von Sekundärwirbeln in der Muschel, die möglicherweise Schwingungen anfachen. Auch kann bei dieser Form sich eher ein Fremdkörper verklemmen und ein Absenken des Tores verhindern.

Deshalb wurde ein Senktor in L-Form entwickelt, bei dem die L-förmig nach vorn gezogene Stauwand den Füllstrahl in die unterhalb des Drempels angeordnete Torkammer leitet (Abb. 6.14). Nach Ausspiegelung wird das Tor völlig abgesenkt, so daß seine Oberkante etwa in Drempelhöhe liegt. Bei Hochwasser oder Reparaturarbeiten kann das Tor mit seiner Unterkante etwa 1 m über die Schleusenplattform herausgehoben werden. Zur Entlastung der Windwerke ist ein Schwimmkasten angeordnet.

Wird die Kammer durch Längskanäle gefüllt, dann braucht das Senktor einen Füllquerschnitt nicht freizugeben. Lediglich gegen Ende des Füllvorganges dient eine Haube der Verkürzung der Schleusungszeit durch Überlauf vor endgültigem Spiegelausgleich. Auch gibt es Lösungen für ein zweiteiliges Senktor, bei dem je nach Wasserstand nur ein oder beide Teile abgesenkt werden [*308*].

6.1.3.4 Hub-Senk-Tor

Das einteilige Hub-Senk-Tor erfordert kein großes Hubportal, wirkt bei der Kammerfüllung mit und kann den Einfahrquerschnitt schnell freigeben. Kein Tropfwasser, trotzdem Wartung im Trockenen. Zum Füllen wird der Verschluß mit langsamer Geschwindigkeit angehoben und nach Ausgleich der Wasserspiegel mit großer Geschwindigkeit in die Torkammer versenkt, so daß die zu schleusenden

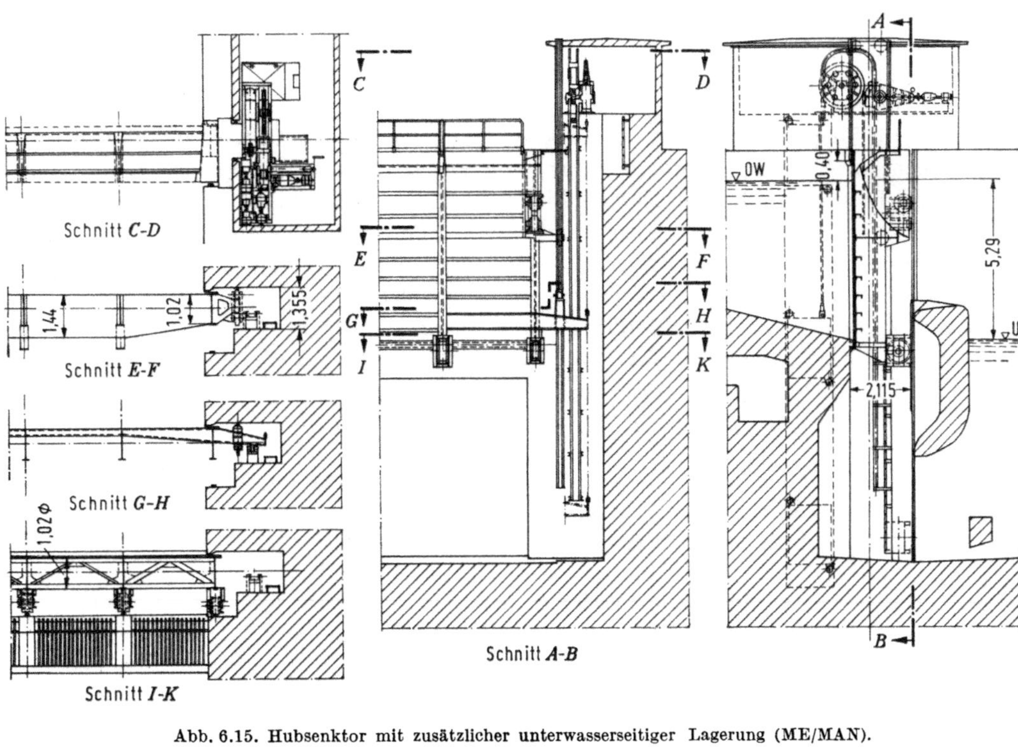

Abb. 6.15. Hubsenktor mit zusätzlicher unterwasserseitiger Lagerung (ME/MAN).

Schiffe über den abgesenkten Verschluß aus- und einfahren. Mit derartigen Toren ausgestattete Schleusen können zur Hochwasserentlastung herangezogen werden, wenn entweder das Tor in hohen Aufbauten über den Wasserspiegel hochgefahren wird oder bei niedrigen Aufbauten das Tor auch bei der Hochwasserabfuhr versenkt bleibt [*313*].

Den Vorteilen des Hub-Senk-Tores steht der Nachteil gegenüber, daß die Dichtung am Drempel, infolge Durchbiegung des Tores als Schleifdichtung ausgebildet werden müßte. Um der Durchbiegung des Tores zu begegnen, wird der Wasserdruck auf die obere Torhälfte durch einen geschweißten Vollwandträger in die seitlichen Randträger und von dort über Rollwagen auf die Laufschienen übertragen (Abb. 6.15). Der Wasserdruck auf die untere Hälfte des Tores wird durch zwei seitliche und drei mittlere Stützrollen aufgenommen, die auf Schienen laufen, welche in den Tornischen bzw. an der Oberwasserseite der Prallwand verlegt sind. Es wird dadurch erreicht, daß die Durchbiegung des unteren Torrandes und damit der Dichtungskante praktisch gleich Null wird. Außerdem wird die Torkonstruktion entlastet und damit leichter [*309*].

Da bei der Absenkung des Tores im Katastrophenfall, d. h. bei vollem Stau und geöffnetem Untertor, auch negative Reaktionen am unteren Torrand auftreten können, ist dieser durch Fachwerkstreben versteift und dadurch in der Lage, diese negativen Kräfte in die seitlichen Randträger zu übertragen, wo sie von den Gegenführungsrollen aufgenommen werden.

Die Toroberkante ist als scharfkantiger Überfall ausgebildet, um den Überfallstrahl über den oberen Hauptriegel hinwegzuleiten und die zusätzliche Wasserauflast zu ermäßigen. Um zu verhindern, daß Eis oder Geschwemmsel auf den obersten Hauptriegel fällt, kann zwischen Überfallkante und unterwasserseitigem Gurt des Hauptriegels eine schräge, gerade oder gekrümmte Lochblechverkleidung eingebaut werden.

Um die Dichtung während der Senkbewegung des Tores ganz frei am Drempel vorbeizuführen, ist ein kippbares Hub-Senk-Tor entwickelt worden. Der Vorteil besteht vor allem in der einfachen Sohlendichtung [*144*]. Will man auf zusätzliche Rollen oder Kippvorrichtungen verzichten, kann das Hub-Senk-Tor wie ein Versenkschütz (s. Abschn. 4.1.2) ausgebildet werden [*310*, *311*]. Bei solch einer Konstruktion wird grundsätzlich auf ein Abheben der Dichtung beim Durchfahren des Drempels verzichtet und dabei allerdings die Sohlendichtung so robust ausgebildet, daß damit am Drempel vorbeigefahren werden kann.

6.1.3.5 Zweiteilige Hub- und Hub-Senk-Tore

Die Forderungen nach schnellerer Schleusung bei größeren Fallhöhen sowie Hochwasserentlastung und Eisabfuhr erfüllt das zweiteilige Hubtor. Zweiteilig deshalb, damit bei vollem Wasserdruck nur die untere Konstruktion zur Freigabe des Durchflußspaltes angehoben werden muß und bei Spiegelgleichheit zwischen Haltung und Kammerwasser erst die Bewegung des oberen Teiles einsetzt. Der Verschlußkörper besteht aus einem vollwandigen Unterschütz und einem hakenförmigen Oberschütz (ähnlich Abb. 4.10). Da die Dichtung zwischen den beiden Torteilen nur für die Dauer der Fließbewegung in Eingriff sein muß, braucht nur über die Länge des Hubes zur Freigabe des Durchflußquerschnitts ein Schleifblech für die Dichtung angebracht zu sein. Nach Wasserspiegelgleichheit hebt das Unterschütz das Oberschütz aus der Durchfahrt.

Die gleichen Forderungen erfüllt auch das zweiteilige Hub-Senk-Tor. Das Untertor wird langsam angehoben. Ein gekrümmtes Strahlleitblech lenkt den Füllstrahl auf ganzer Kammerbreite um (ähnlich Abb. 6.1). Der bei großen Druckhöhen auf dieses Blech wirkende Auftrieb ist sehr beachtlich. Während des Fließvorganges bewirkt er eine willkommene Minderung des Unterschützgewichtes. Bei besonderen Umständen wirkt dieser jedoch nachteilig, da möglicherweise das Eigengewicht des Unterschützes nicht mehr ausreicht, um das Tor zu schließen. Es müssen deshalb besondere Vorkehrungen getroffen werden, um außergewöhnliche Betriebszustände (z. B. Havarie in der Kammer) durch Unterbrechung des Fließvorganges durch Absenken des Untertores mit Sicherheit zu beherrschen [*309*]. Nach Ausspiegelung kehrt das Untertor in die normale Schließstellung zurück. Gleichzeitig wird das Obertor so weit abgesenkt, daß die Schiffe darüber hinwegfahren können. Bei Hochwasser wird das ganze Schützpaket in zusammengefahrenem Zustand über die Schleusenplattform angehoben. Eine glatte Außenhaut des Oberschützes ist erwünscht, um zu verhindern, daß beim Überfahren herabhängende Trossen an der Konstruktion hängen bleiben. Gleichzeitig deckt es das Unterschütz ab [*312*].

Beim Unterschütz ist die Anordnung von Schwimmkästen nicht sinnvoll, wenn die Konstruktion bei tiefstem Unterwasserstand nicht in das Unterwasser eintaucht. Außerdem müssen die Motoren sowieso für das gesamte Eigengewicht des Schützpaketes ausgelegt werden, um im Hochwasserfall (dann zwar „Besonderer Betriebsfall") dieses ganz herausfahren zu können. Die Hubkräfte für das Unterschütz lassen sich aber für den normalen Betrieb dadurch verringern, daß der Abstand zwischen den Stauwänden der beiden Schütze vergrößert wird und damit ein erheblicher Auftrieb auf die Längsdichtung entsteht, der die Hubketten des Unterschützes entlastet [*314*].

6.1.4 Waagerechte Bewegung

Schiebetore werden zur Einfahrt senkrecht zur Kammerachse nach einer Seite hin in eine Torkammer horizontal verschoben. Um die unter Wasser liegenden beweglichen Teile möglichst einzuschränken und zugleich die Stabilität zu verbessern, wird gern die sogenannte Schubkarrenführung gebraucht. Bei dieser wird das Tor am vorderen Ende auf einen unter Wasser laufenden Unterwagen abgesetzt, jedoch am oberen hinteren Ende mittels einer rückwärts vorspringenden Konsole an einem Oberwagen aufgehängt, der auf Schienen an den Rändern der Torkammer läuft. Da sich das Tor einerseits beim Ein- und Ausfahren an beiden Seiten mit Spielraum zu den Dichtungsanschlägen bewegen, andererseits aber beim Wechsel der Wasserdruckrichtung um diesen Spielraum sich auf den beiden Führungswagen verschieben muß, wird entweder eine freie mittige Lagerung zwischen seitlichen Federn und eine beiderseitige Verschiebungsmöglichkeit durch den Wasserdruck durch Einschaltung einer quer beweglichen Rollenlagerung oder einfacher durch eine schwach muldenförmige Lagerfläche erreicht.

Das Tor kann auch oben an zwei Wagen aufgehängt werden (Abb. 6.16) mit dem Vorteil, daß die für die Bewegung des Tores notwendigen Armaturen wasserfrei liegen. Die Aufhängung im Parallelogramm läßt eine zwängungsfreie Bewegung des Tores bei Wasserdruck bis zum Anschlag zu. Der Antrieb der Tore wird oft ortsfest hinter der Torkammer so aufgestellt, daß entweder mit umgelenkten Stahlseilen oder Gelenkketten oder aber mit drucksteifen Gelenkzahnstangen, die am Oberwagen angreifen, die Verschiebung des Tores in beiden Richtungen möglich ist. Steht der Antrieb auf dem Tor (Abb. 6.16), dienen die Fahrschienen gleichzeitig als Teilersatz für Zahnstangen.

Schiebetore müssen so steif ausgebildet werden, daß sie bereits vor der vollen Ausspiegelung der Wasserstände geöffnet und während der Verschiebung Wellengang und Winddruck ohne Behinderung der Bewegung sicher auf die Führungen

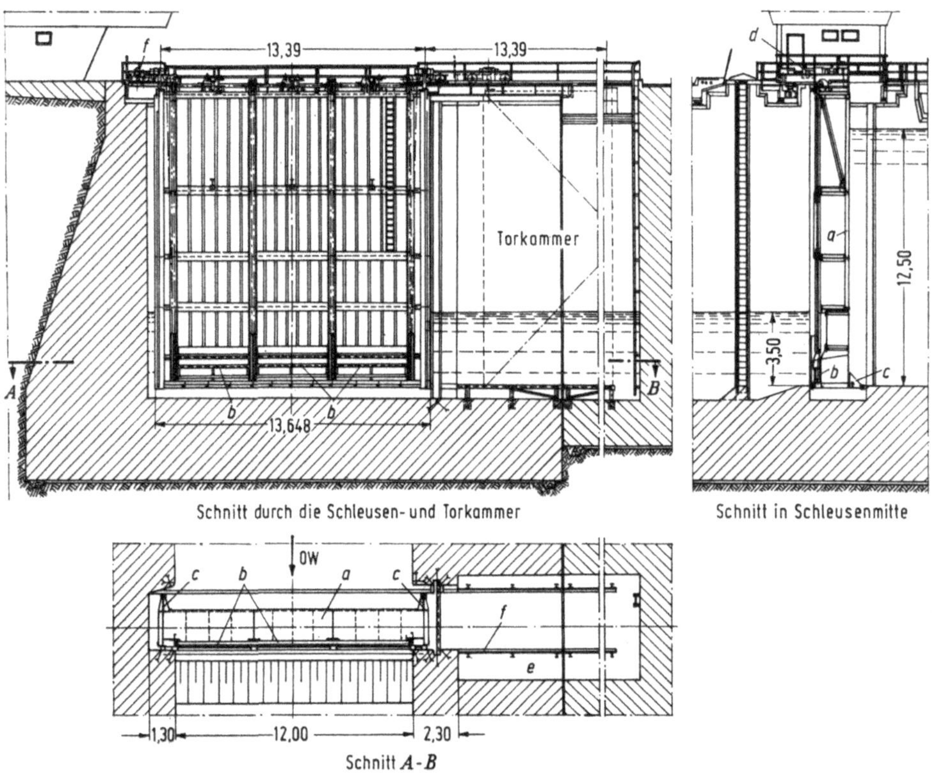

Abb. 6.16 Schiebetor (Krupp, nach einem grundsätzlichen Entwurf der Bundes-Wasserstraßen-Verwaltung). *a* Schiebetor; *b* Füllschütze; *c* Toranschlag; *d* Torantrieb; *e* Torkammer; *f* Fahrschienen.

übertragen werden können. Die Füllung und Entleerung der Schleusenkammer erfolgt bei Schiebetoren in der Regel durch mehrere größere Öffnungen mit besonderen Verschlüssen innerhalb der Tore [*179*]. Um bei schwierigen Gründungsverhältnissen tiefliegende Torkammern zu vermeiden, kann ein Teil der kinetischen Energie des einströmenden Füllwassers durch Verbreiterung bereits innerhalb des Tores umgewandelt werden [*134*]. Liegt der Boden im Füllquerschnitt fast waagerecht, sollten Strahlstörer angeordnet werden, da das Tor sonst bei kleiner Spaltöffnung zu Schwingungen neigt.

6.2 Verschlüsse für Tore, Seitenkanäle, Grundläufe und Sparbecken

Soll durch das Tor gefüllt oder entleert werden, dann können in der Konstruktion Schütze (Gleit-, Roll-, Segment-) den Querschnitt freigeben. Es empfiehlt sich aber, diese im Inneren nach dem UW unterzubringen, damit sie gegen Vereisung und Schiffsstoß geschützter liegen. Auch ist es ratsam, für Tor und Füll-(Entleerungs-) Schütz getrennte Antriebe vorzusehen.

Seitenkanäle oder Grundläufe mit Stichkanälen sind meistens nur bei großen Hubhöhen sinnvoll. Wir finden deshalb hier zahlreiche auch als Tiefschütze verwendete Typen wieder. Grundsätzlich ist festzustellen, daß für Verschlüsse von Kanälen und Sparbecken die Schwingungsgefahr an sich schon stark reduziert ist. Die Schütze werden schnell bewegt. Sie durchfahren also einen etwaigen kritischen Bereich sehr kurz. Außerdem werden diese Verschlüsse nicht (das sollte die Regel sein) in Zwischenstellungen betrieben.
Die durch den Schleusenbetrieb bedingte Häufigkeit der Bewegungen verlangt eine einfache Konstruktion mit möglichst geringem Verschleiß bei Dichtung und Lagerung. Auch die Antriebe sind, mit Rücksicht auf den Dauerbetrieb, reichlich zu bemessen. Zur Erhöhung der Betriebssicherheit sollen die Schütze schnell auszuwechseln sein. Auch dies spricht für eine einfache, vom Tiefbau möglichst unabhängige Schützkonstruktion.

Bei den Schützen für Sparbecken ist zusätzlich noch zu berücksichtigen, daß sie in zwei Richtungen — also bei Füllung und bei Leerung des Sparbeckens — unterströmt werden. Dazu ist eine kehrende Dichtung notwendig.

Im Zusammenhang mit vorstehenden Überlegungen kann entschieden werden, ob der Verschluß als Gleitschütz oder als Rollschütz ausgebildet wird. Ersteres erfordert nicht die Wartung wie ein Rollschütz. Auch die Nischenfrage ist leichter zu lösen. In der Regel aber wird der Antrieb stärker. Auch die Wahl von Druck- und Zuggestängen oder die Verwendung von Seilzügen hängt davon ab. Erst wenn eine Hubkraftberechnung in jeder Betriebslage am Verschluß noch eine ausreichende, abwärts gerichtete Kraft nachweist, können Zuggestänge oder Seilzüge eingesetzt werden. Zusätzlich ist dann noch die Frage der einwandfreien Führung des Schützes gegen seitliches Verlaufen und der dabei auftretenden Reibungen zu prüfen. Auch die Dichtungsart — ob Gummi oder Stahl auf Stahl — hängt in erster Linie davon ab, ob das Schütz durch sein Eigengewicht oder durch Antriebsdruck in die Abschlußlage gefahren wird.

In den nachfolgenden Abschnitten werden deshalb nur Verschlüsse behandelt, die als Sonderlösung speziell für Schleusen gelten können. Die als Tiefschütze (s. Abschn. 4.2.5) verwendeten Verschlüsse sind im allgemeinen mit kleineren Abwandlungen für die Schleuse einsetzbar. Auch sollen Drosselklappen, die bei kleinerem Querschnitt als Verschluß arbeiten, nicht besprochen werden [*316*].

6.2.1 Gleitschütz

Handelt es sich beispielsweise um Sparbeckenverschlüsse, die nach 2 Seiten kehren und dichten müssen, bieten Gleitschütze Vorteile, da Armaturen, wie Laufrollen usw., die bei ständigem Betrieb im Laufe der Zeit gewissen Verschleißerscheinungen unterliegen, nicht erforderlich sind. Dieser Vorschlag (Abb. 6.17) besteht nur aus einer ebenen Platte als Stauwand ohne jegliche Aussteifungen. Der auf die Stauwand wirkende Wasserdruck wird über Druckstücke auf die Nischenarmierungen ins Mauerwerk übertragen. Die strömungstechnischen Voraussetzungen sind deshalb in jeder Beziehung einwandfrei. Es liegt ein großer Vorzug solch eines Gleitschützes in den außerordentlich kleinen Abmessungen der Nische. Sie betragen in der Länge (Strömungsrichtung) 0,20 m und benötigen in der Tiefe nur 0,15 m. Bei einem Rollschütz unter gleichen Betriebsbedingungen lägen diese Werte bei 0,65 bis 0,75 bzw. 0,45 bis 0,50 m.

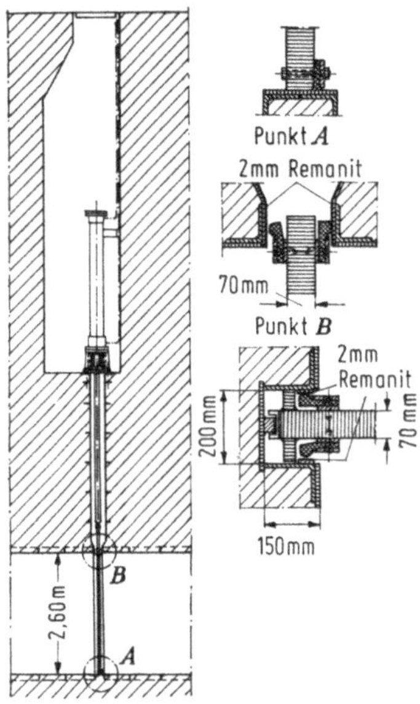

Abb. 6.17. Stahlplatte als kehrender Sparbeckenverschluß (RU).

Allerdings als Nachteil die größere Hubkraft, die bei diesem Verschluß 32 Mp ausmacht, bei einem Rollschütz je nach Konstruktion aber nur zwischen 8 und 14 Mp liegt.

Für die Sohlenschwelle sind Stahlarmierungen entsprechend der erforderlichen Nischenbreite vorgesehen. Die Führungen werden aus starken Flachstählen hergestellt und ungefähr bis zur Maschinenplattform hochgeführt.

Mit Rücksicht auf die Durchflußgeschwindigkeiten sind sämtliche Nischen mit Blechen verkleidet. Die oberhalb der Öffnungen liegenden Schützschächte werden durch wasserdichte Deckel verschlossen. Die Abdichtung der Deckel erfolgt durch Flachgummistreifen. Alle Schleifflächen im Bereich der Seiten- und Stirndichtungen werden mit rostfrei plattiertem Material versehen. Die Anwendung solch einer Konstruktion als Tiefschütz s. [*714*].

Will man die starke Platte als Stauwand und Konstruktion verlassen und lieber eine aufgelöste Bauweise, die leichter ist, wählen, trotzdem aber die Symmetrie bei beidseitiger Strömung gewahrt wissen, dann kann diese Forderung durch mittige Lage der Stauwand erfüllt werden. Die Hauptträger sind im Bereich der Nischen eingekerbt, damit die Nischenbreite für die Strömung verringert ist. Gleiche Überlegungen lassen sich auch für ein Rollschütz realisieren.

6.2.2 Rollschütz

Der unbestreitbare Vorteil des Rollschützes ist die geringere Hub- und Senkkraft. In seinem Aufbau entspricht es dem Rollschütz des Abschn. 4.2.5.7.

Wir finden dann noch das Rollkeilschütz (Keildichtung) [*318*], für das jedoch der Übergang zum zweiseitigen Kehren ein weiterer Schritt bedeutet. Vor allem ist zu bemerken, daß die Dichtung in Schließlage festgekeilt ist, so daß bei Lastwechsel erhebliche Kräfte an ihr auftreten. Die Feststellung, es trete beim Rollkeilschütz an der Dichtung Reibung und damit auch Verschleiß nicht auf, trifft bei einem kehrenden Verschluß nur zum Teil zu. Denn zwar ist es für den Hubweg zutreffend, nicht aber für die reibungsbehaftete Verschiebung der festsitzenden Dichtung bei Lastwechsel. Dabei ist ein Verschleiß der Dichtungsleisten zu befürchten.

6.2.3 Segmentschütz

Werden Segmente in Füllkanäle eingebaut, dann handelt es sich meistens um Zugsegmente, damit beim Füllvorgang Luft nicht mitgerissen wird. Die Zugarme sind stromlinienförmig verkleidet, oberwasserseitig verbessert ein Leitblech an der Schneide die Unterströmung. Diese Verkleidung kann auch

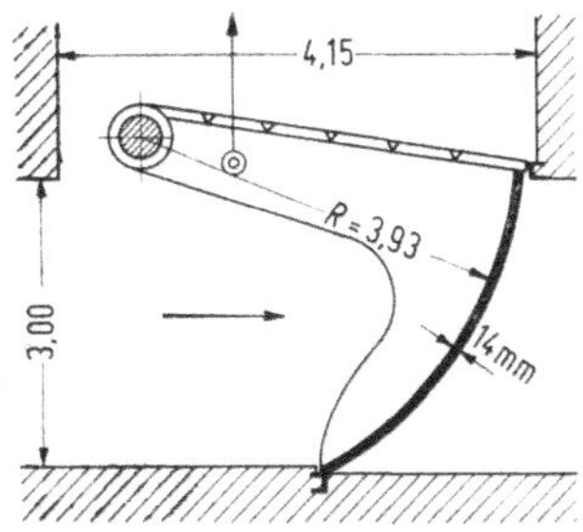

Abb. 6.18. Segmentsschütz mit auskragender Stauwand.

über die ganze Höhe der oberwasserseitigen Tragkonstruktion laufen [*315*]. Sollen die Arme nicht in der Strömung liegen, kann man den Verschlußkörper am oberen Rand fassen (Abb. 6.18) und die Tragkonstruktion auskragend in den Längskanal führen [*316*].

6.2.4 Sternverschluß

Soll durch einen gemeinsamen Kanal von Oberwasser die rechte oder linke Kammer einer Doppelschleuse gefüllt werden und soll ebenfalls durch nur einen Kanal die rechte oder linke Kammer in das Unterwasser entleert werden, dann erfüllt der Sternverschluß (Abb. 6.19) diese Forderung [*317*]. In Form von 4 unmittelbar benachbarten, diagonal angeordneten Rollschützen zeichnet er sich durch kleinsten Platzbedarf in der Grundrißentwicklung aus.

Soll von OW die rechte Kammer gefüllt werden, ist Verschluß *1* geöffnet. Wird sie nach UW entleert, ist Verschluß *2* gezogen. Wird in der linken Kammer bergwärts geschleust, steht Verschluß *4* offen, und im Fall einer Talfahrt fließt Wasser aus der Kammer unter Verschluß *3* in das UW ab.

6.2.5 Gitterschütz

Die Eigenart dieses Verschlusses besteht darin, daß beim Hub gleichmäßig über die Schützfläche verteilte Öffnungen freigegeben werden, so daß der dahinterliegende Kanalquerschnitt schon vom Beginn der Öffnung an gleichmäßig angeströmt wird. Zum Unterschied vom wenig robusten Jalousieschütz wird hier die Anordnung von Maschinenbauteilen in der Strömung vermieden. Nachteile bei der Abdichtung der Öffnungen werden durch die hydraulischen Vorteile aufgewogen [*319*].

Das Gitterschütz weist vier horizontale Schlitzebenen auf. Jede Ebene ist durch sechs Querschotte in fünf rechteckige Durchflußöffnungen aufgeteilt

(Abb. 6.20). Die Schlitzebenen werden durch Kreissegmente, die miteinander verbunden sind, verschlossen. Die Kreissegmente bringen einen dreifachen Vorteil. Einmal ist ihre Form hydraulisch günstig, ferner entlasten sie den Antrieb bei Öffnung der Querschnitte infolge ihres Auftriebes und drittens sind sie statisch als Schale gewichtsgünstiger als eine Platte. Die Kreissegmente gleiten auf dem Rahmen der Durchflußöffnungen und haben als Gleit- und Dichtungsmaterial Messingleisten. Die Dichtungsleisten am Gitterschütz, ebenfalls aus

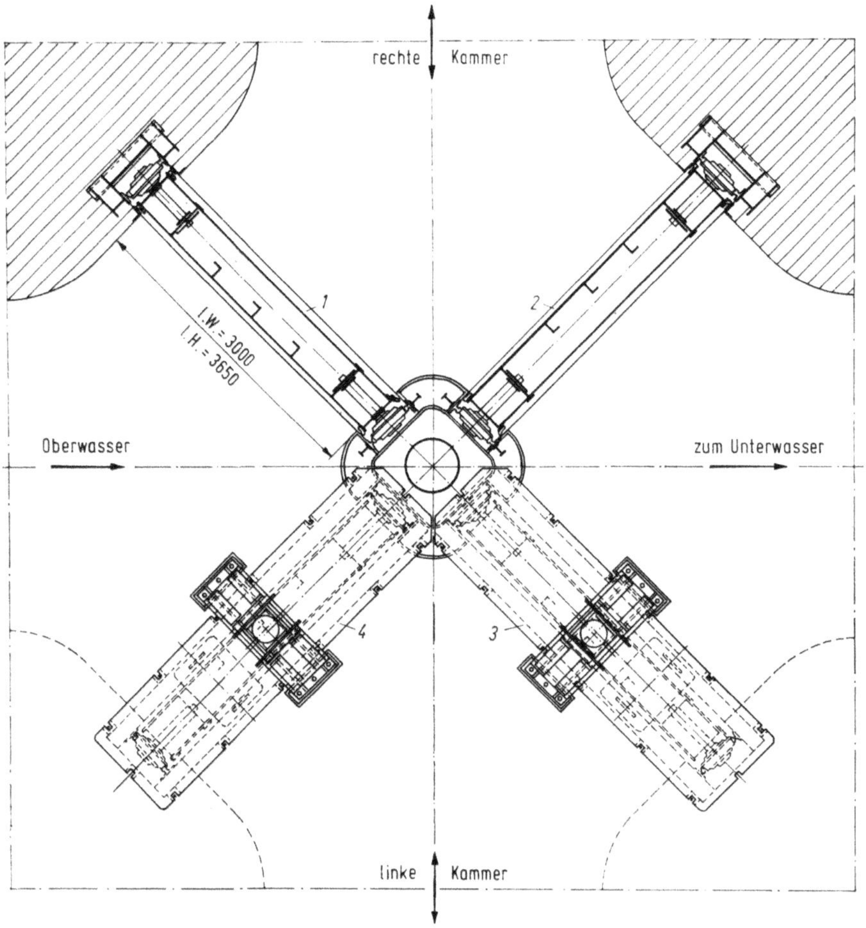

Abb. 6.19. Sternverschluß (Dingler), Füll- und Entleerungsschütze, obere Bildhälfte Schnitt durch die Schütze, untere Hälfte Draufsicht auf Dichtdeckel und Antriebszylinder.

Messing, sind maschinell plan bearbeitet. Damit ist ausreichende Dichtheit erreicht. Der Antrieb bewegt zuerst über einen Doppelhebel die Kreissegmente, bis die vier Schlitzebenen (also insgesamt 20 Durchflußöffnungen) freigegeben sind. Dann schlägt die Hubstange in Schützmitte an und die Bewegung des ganzen Rollschützes setzt ein.

Weitere Angaben für Abschn. 6.1 u. 6.2 sind in [*320–337*] enthalten.

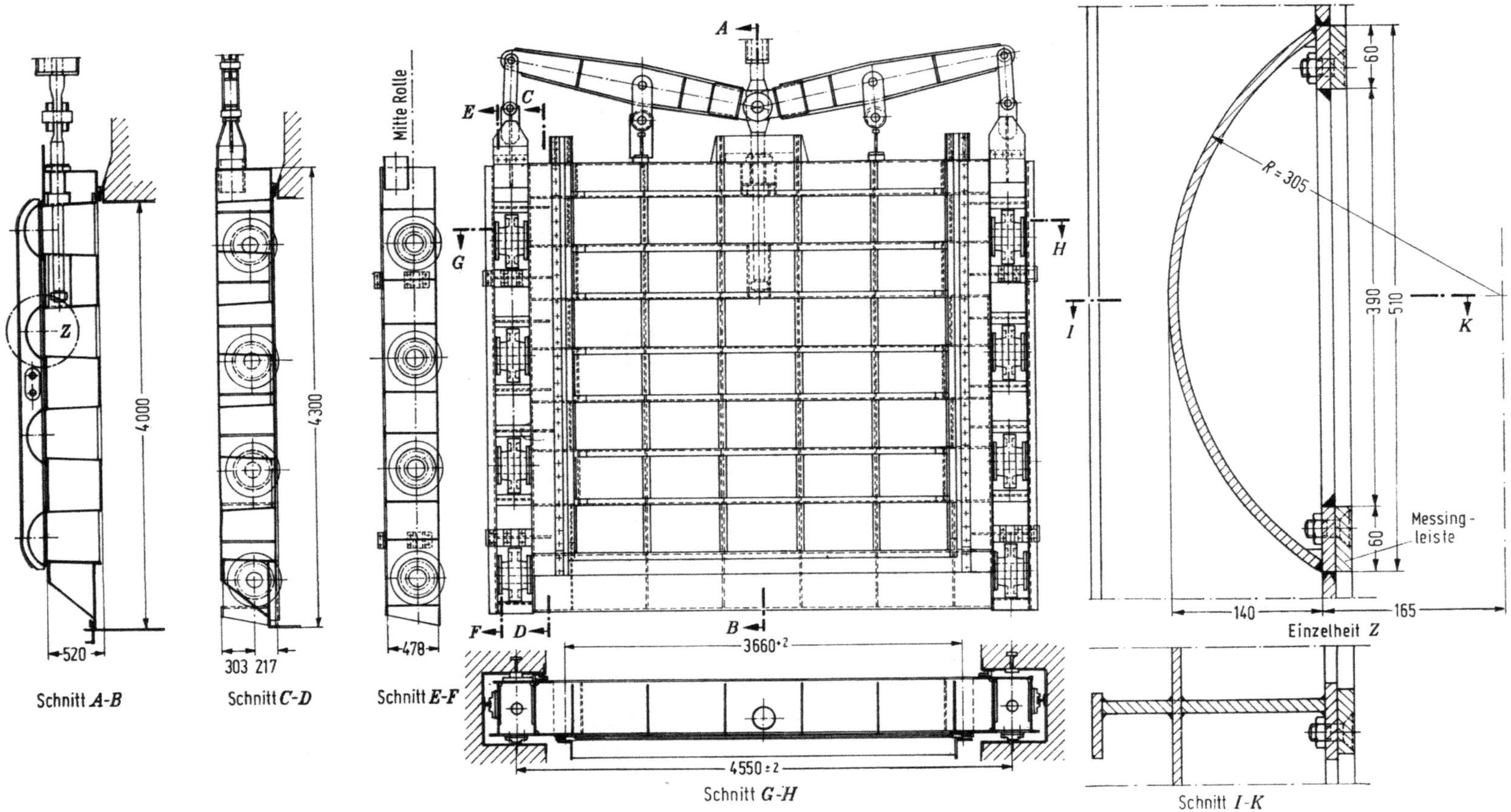

Abb. 6.20. Gitterschütz (RU).

6.3 Tore für Binnenwasserstraßen (Sperrtore)

Neben den im Wehrbau bekannten Verschlußarten sind auch besondere, nur als Sperrtore arbeitende Konstruktionen entwickelt worden. Handelt es sich um einen einteiligen Verschluß, der auch in gehobener Stellung bei Schifffahrtsbetrieb nicht zu hoch (störend) in die Landschaft ragen soll, bietet sich ein umlegbares Hubtor verkürzter Bauart an (sinngemäß Abb. 6.12 u. 6.13).

Bei größeren Stauhöhen und Weiten wird gern ein zweiteiliges System gewählt. Es ist oft nach Art der Hakendoppelschütze (sinngemäß Abb. 4.10) ausgeführt. Allerdings kann die obere Schütztafel nicht abgesenkt werden. Sie wird für die Freigabe der Schiffahrtsöffnung zusammen mit dem Unterschütz angehoben. Zur Verminderung der Antriebsleistung ist das Gewicht beider Schützteile durch Gegengewichte ausgeglichen. Es kann das Oberschütz auch gelenkig an das Unterschütz angeschlossen werden (Abb. 6.21). Hierbei stützt das Oberschütz sich nicht über Rollen auf das Unterschütz ab, sondern es ist mit ihm durch Gelenke verbunden. Bei der Hubbewegung dreht das Oberschütz sich in eine horizontale Lage (s. auch Abb. 6.26).

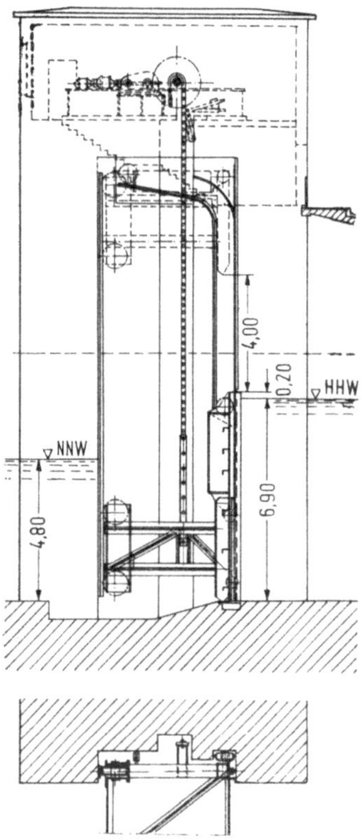

Abb. 6.21. Zweiteiliges Hochwassersperrtor, Ober- und Untertafel gelenkig verbunden (MAN).

Für größere lichte Weiten und zusätzlich hohem Lichtraumprofil wurde ein halbkreisförmiges Segmentschütz, das „Visierschütz" entwickelt (Abb. 6.22). Die Spannweite von Drehpunkt zu Drehpunkt ist 51 m, so daß eine Lichtraumhöhe bei 60° Drehung von 14,90 m vorhanden ist. Im Bereich der Schwerlinie kragen Konsolen seitlich bis zur viertelkreisförmigen Hubbahn aus. Die Antriebsseile werden an drei Punkten der Hubbahn durch Rollen umgelenkt. Um Nebenspannungen auszuschließen und um im Reparaturfall einzelne Bogenhälften austauschen zu können, sind die Schütze als Dreigelenkbogen ausgebildet. Das Scheitelscharnier überträgt 800 Mp Zugkraft und die bei gehobenem Zustand eventuell vorhandenen Querkräfte durch Verzahnung. Das Heben der Visiere dauert $2^1/_2$ Stunden, wobei je Seite nur 10 PS erforderlich sind. Die hydraulischen Eigenschaften des Visierschützes sind günstig. Da des Wasser stets senkrecht zur Krümmung unter dem angehobenen Schütz abströmt, bildet sich weder ein Stromkeil noch ein Wirbel aus. Dadurch sind Strömungsschutzwerke und Uferbefestigungen weitgehend entbehrlich. Da ferner das Schütz mit 200 Mp Eigengewicht um 100 Mp leichter ist als eine übliche gerade Konstruktion, überdies Pfeiler und Widerlager nicht schwerer, sondern sogar noch kürzer als bei einem geraden Segmentwehr, stellt das Visierschütz eine wirtschaftliche Lösung [*338*–*340*] dar.

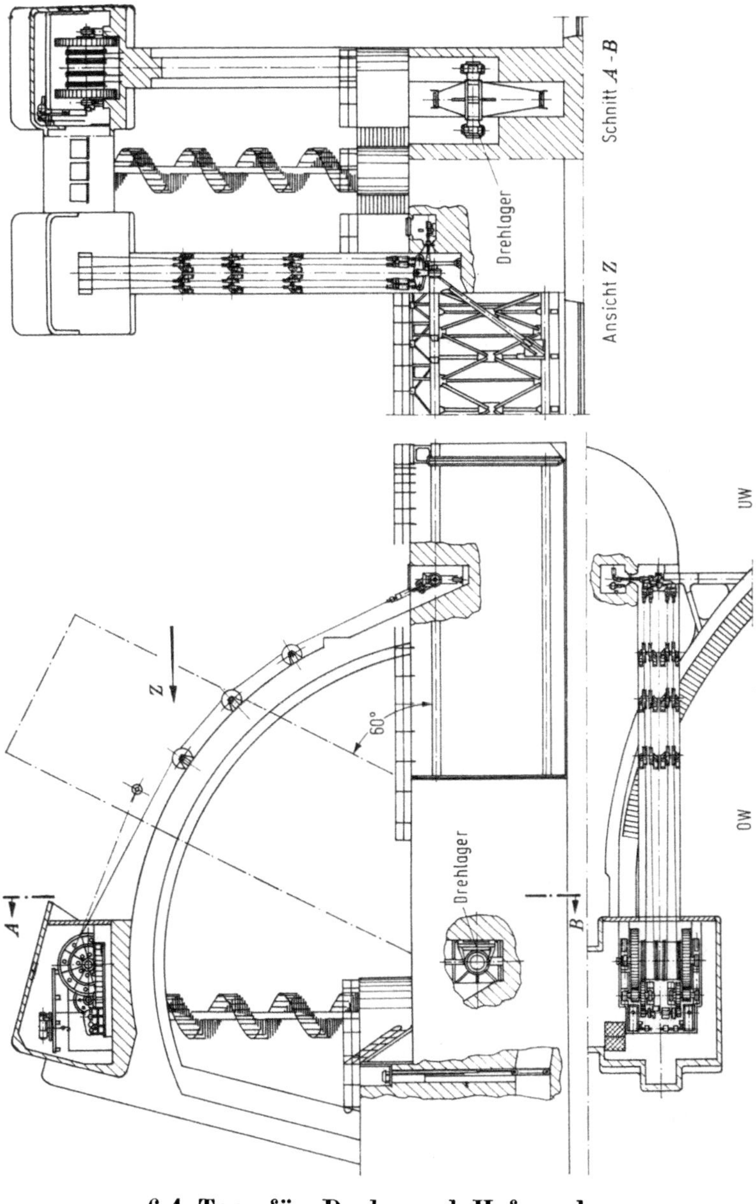

Abb. 6.22. Visierschütz mit Hubturm und Antrieb (RIJ).

6.4 Tore für Docks und Hafenanlagen

6.4.1 Schwimmtor

Schwimmtore werden meistens nur für Trockendocks verwendet, weil der große Zeitaufwand für das Ein- und Ausschwimmen nur im Hinblick auf die lange Staustellung tragbar ist. Als Verschluß für Trockendocks sind Schwimmtore andererseits aber besonders gut geeignet, weil jede praktisch vorkommende Lichtweite der Dockeinfahrt konstruktiv damit beherrscht werden kann und auch großes Eigengewicht eines Tores den Bewegungsvorgang nicht in Frage stellt. Abgesehen von der unerläßlichen Sicherheit der Schwimmfähigkeit in lotrechter Stellung, sind sie im schwimmenden Zustand von strömungstechnischen Bedingungen unabhängig, weil sie nur sehr langsam bewegt und dabei von Schleppern geführt werden. Die bisher größte Lichtweite ist 75,0 m bei einer Torhöhe von 10,0 m [*341*].

Als statisches System wird unterschieden zwischen Auflagerung

a) nur an den beiden Endschotten,

b) an den beiden Endschotten und am unteren Hauptträger,

c) an den beiden Endschotten und mit biegeweichen Vertikalträgern am Drempel.

Bei Auflagerung des Tores nur an den beiden Endschotten (a) wird die Wasserdruckbelastung auf das Tor von den Hauptträgern über die Torendschotte nur

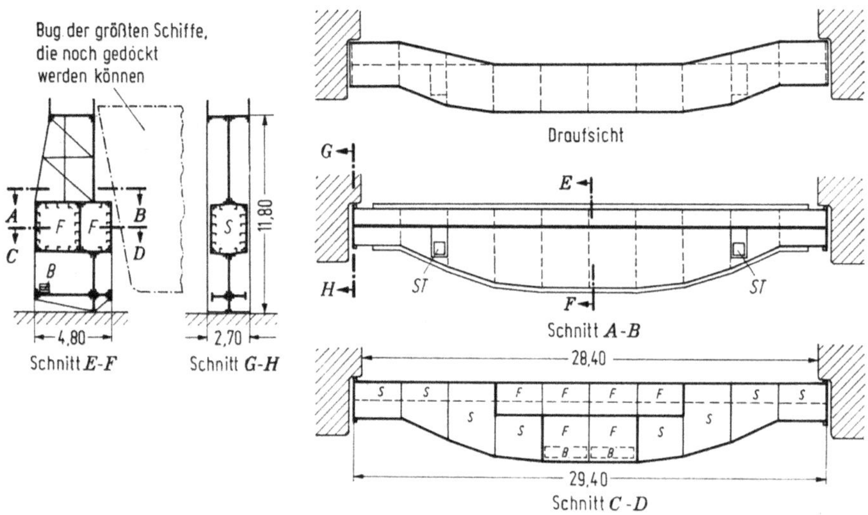

Abb. 6.23. Unsymmetrisches Schwimmtor für ein Trockendock (RU).
S Schwimmkasten; *F* Flutkasten; *B* Ballast; *St* Stabilisierungsschächte.

in die seitlichen Maueranschläge übertragen. Der torsionssteife obere Hauptträger, dessen Hohlprofilgröße und Höhenlage über Torunterkante in erster Linie nach schwimmtechnischen Gesichtspunkten gewählt wird, ist mit dem unteren Hauptträger durch die in Abständen angeordneten Vertikalträger gekoppelt. Das Tor kann sich in der Wirkungsrichtung des Wasserdruckes frei verformen [*342*].

Die Höhenlage der Schwimmkästen ist günstig, weil dafür in der Regel der Hafenwasserstand maßgebend ist, also die Abhängigkeit von einem tiefsten Unterwasserstand entfällt.

Liegt die Stauwand in der Mitte des Tores, dann kragen die Schwimmkästen nach beiden Seiten aus, da das Metazentrum über dem Schwerpunkt des Gesamtsystems liegt. Ist das Tor unsymmetrisch, wird an nutzbarer Länge im Trockendock gewonnen (Abb. 6.23). Auch läuft es schräg nach oben zu, dem Bug des größten einzudockenden Schiffes angepaßt. Allerdings kann diese Torform nicht beidseitig verwendet werden.

Bei Auflagerung des Tores an den beiden Endschotten und am unteren Hauptträger (b) handelt es sich um ein System ähnlich dem einer dreiseitig, frei drehbar gelagerten Platte. Die Ermittlung der statisch unbestimmten Lagerkräfte führt zu der Erkenntnis, daß neben der für die rein zahlenmäßige Rechnung erforderlichen Genauigkeit auf Grund der Empfindlichkeit des Systems, insbesondere ‚äußere‘ Einflüsse von ausschlaggebender Bedeutung sein können. Je nach Größenordnung des Tores können bereits geringfügige Ungenauigkeiten in der Torlagerebene wesentliche Umgruppierungen der Lagerkräfte, insbesondere im Bereich des unteren Hauptträgers zur Folge haben.

Für das Tragsystem ist charakteristisch das Auftreten von negativen Einzelkräften im Bereich der unteren Torecken. Es handelt sich hier, wie bei derartig gelagerten Platten, um Auswirkungen der Drillmomente. Für ihre Aufnahme und Dichtung der Ecken ist besondere Sorge zu tragen.

Bei Auflagerung des Tores an den beiden Endschotten und mit biegeweichen Vertikalträgern am Drempel schließen die zwischen unterem Hauptträger und Schwimmkasten angeordneten Vertikalträger biegeweich an den Schwimmkastenboden an. Solch ein fast gelenkiger Anschluß schafft ein System, das hinreichend genau als insgesamt statisch bestimmt gelten kann. Dieses Konstruktionsprinzip [*343*] erfordert natürlich gegenüber den vorher aufgezeigten Bauarten verschiedene zusätzliche Maßnahmen, da die unter dem Schwimmkasten liegende Mittelwand nicht zur Übertragung vertikaler Lasten (Toreigengewicht, Brückenverkehrslast usw.) geeignet ist. Es werden dafür besondere Stützen sowie Bauglieder zur Aufnahme in der Stützebene wirkende Horizontalkräfte notwendig [*342*].

6.4.2 Schiebetor

Das Schiebetor für eine Hafeneinfahrt oder ein Trockendock unterscheidet sich nicht wesentlich von dem für eine Kammerschleuse (s. Abschn. 6.1.4). Folgende Forderungen sollten erfüllt werden:

a) Die Durchflußtunnel sollen hoch liegen, um beim Füllen nicht die über der Vorhafensohle schwebenden dichten Schlickwolken anzusaugen.

b) Die Wasseroberfläche soll möglichst ruhig bleiben (geringe Schiffskräfte und Trossenzüge).

c) Die Kolkbildung in der unbefestigten Vorhafensohle ist in Grenzen zu halten.

d) Wenn möglich, soll eine Spülwirkung auf die Sohle erzielt werden, um die Schlickablagerungen gering zu halten.

Ist ein Tor nicht schwimmfähig, so können Luftzellen im Bereich des Unterwagens das Torgewicht und damit die Abnutzung der Laufrollen, Schienen und der Lager verringern. Außerdem sollten am unterwagenseitigen Torende Schwimmschächte mit Ventilen angeordnet werden, die unten offen sind. Falls im Betrieb der Unterwagen blockiert, kann das Tor in beliebiger Stellung (ausgenommen in Staustellung) durch Ausblasen der Schwimmschächte einseitig so weit aufgeschwommen werden, daß es sich vom Unterwagen abhebt und in die Torkammer gezogen werden kann [*344*].

Ein Schiebetor läßt sich auch schwimmfähig bauen. Dann spielt die Frage der Schwimmstabilität eine ausschlaggebende Rolle. Wichtig sind vor allem die

Stabilitätsverhältnisse beim Aufschwimmen bzw. Absenken des Tores. Fehlen zusätzliche Auftriebsreserven, so schlägt die stabile Schwimmlage mit dem Eintauchen des Schwimmkastens schlagartig in einen Schwebezustand um. Dadurch sinkt das Tor bei geringem Übergewicht einseitig ab. Dagegen sind Stabilisierungsschächte in den vier Torecken gut geeignet. Sie liefern über den gesamten

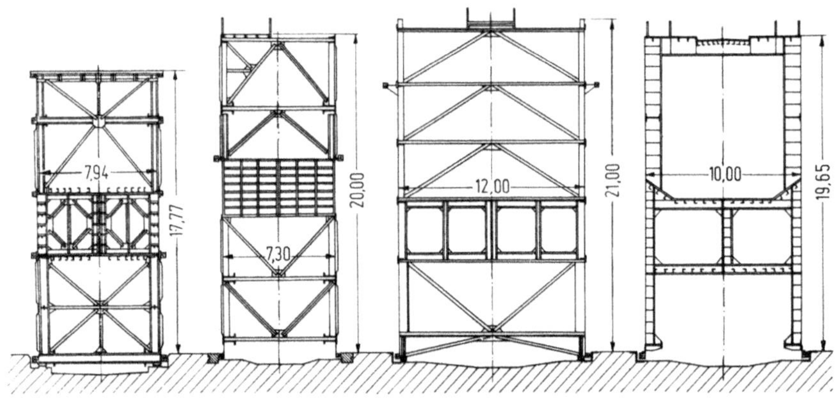

Abb. 6.24 a—d. Querschnitte verschiedener Schiebetore.
a) Holtenau; b) Ymuiden; c) Wilhelmshaven alte 4. Einfahrt; d) Wilhelmshaven neue 4. Einfahrt.

Hub- und Senkweg noch so viel Auftriebsvolumen, daß eine ausreichende Längsstabilität in jedem Absenkzustand vorhanden ist. Ferner erreichen seitlich hochgezogene Schwimmkastendecken, daß die Stabilitätsminderung bei Überflutung des Schwimmkastens nicht sprunghaft, sondern ausgeglichen vor sich geht [*345*].

In Abb. 6.24 sind Querschnitte einiger Ausführungen gegenübergestellt, deren konstruktiver Aufbau durch die horizontalen Fachwerkriegel und die meist in geringerem Abstand liegenden Fachwerkquerscheiben gekennzeichnet ist. Bei der neuesten Gestaltung ist der Fahrwiderstand sowie der Schlickfang auf den Konstruktionsgliedern durch Fortfall der durchgehenden Horizontalriegel zwischen Schwimmkastendecke und Fahrbahn sowie durch Wahl einer Rahmenkonstruktion für den oberen Teil der Querverbände erheblich reduziert. Außerdem ist auch die Möglichkeit für den Ansatz von Eisbildung in den Torinnenräumen und die damit verbundene Gefahr von Betriebsstörungen wesentlich herabgesetzt.

Für den Zu- und Ablauf des Schleusungswassers können als Verschlüsse Jalousieklappen zur Anwendung kommen, die gruppenweise in Stauwandebene angeordnet sind und in geöffneter Stellung den Wasserstrahl auf den Vorboden umlenken (Abb. 6.25 a).

Auch sind beiderseits fischbauchförmige Drehsegmente denkbar. Diese können so gesteuert werden, daß bei Drehung des Segmentes nach oben der Füllstrahl in Richtung auf die Kammersohle gelenkt wird.

Die Öffnung der Segmente nach unten bewirkt dagegen eine Umlenkung des ausströmenden Schleusenwassers nach oben, so daß die Energieumwandlung in einer weit ausholenden Walze an der Wasseroberfläche ohne größere Kolkwirkung vor sich geht. (Abb. 6.25 b).

Es kann aber auch der Durchflußtunnel zu einer Toskammer mit eingebauten Störkörpern ausgebildet und beiderseits in Stauwandebene durch ein waagerecht geteiltes Schütz abgeschlossen werden, dessen Tafeln sich beim Öffnen des Verschlusses gleichmäßig auseinander bewegen. Bei Freigabe des Durchlaßquerschnittes trifft der Strahl infolge der symmetrischen Anordnung stets auf die

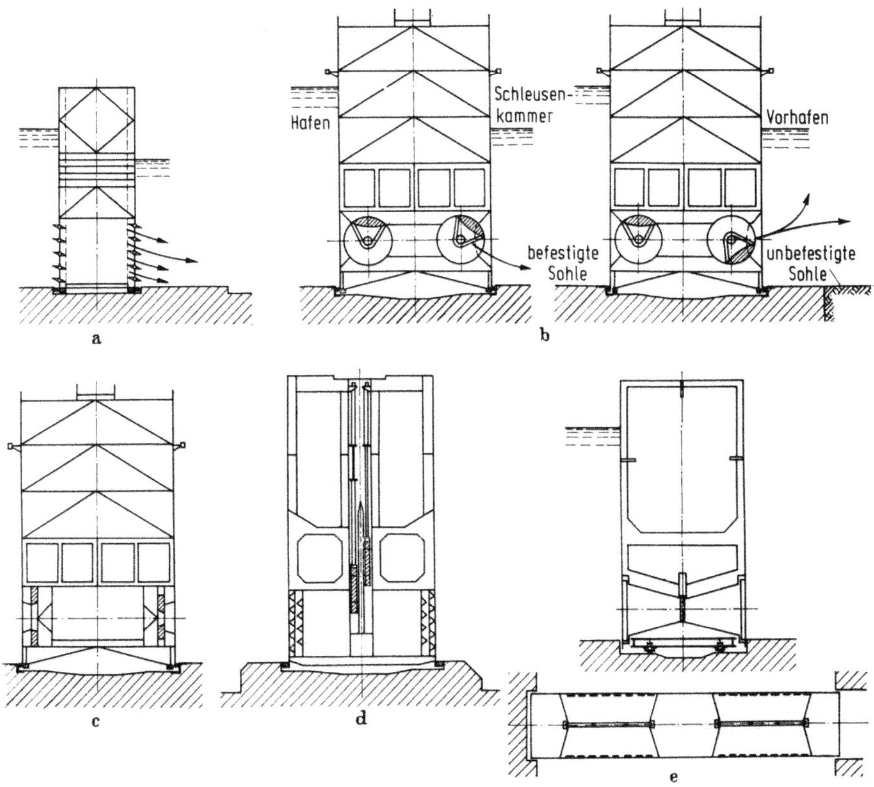

Abb. 6.25a–e. Tordurchlässe an Schiebetoren.
a) Jalousieklappen; b) Segmentverschlüsse (MAN); c) waagerecht geteiltes Schütz mit Störkörpern (RU); d) mittiger Doppelverschluß mit Störkörpern (Krupp/Dingler); e) mittiger, kehrender Verschluß mit allseitig sich verbreiterndem Durchfluß (RU).

Spitze des oberwasserseitigen Störwinkels, wo er zunächst zerteilt wird und anschließend durch den offenen Schenkel des unterwasserseitigen Winkels eine vollständige Durchwirbelung erfährt. Dadurch verliert der Durchflußstrahl in einer ersten Gefällstufe innerhalb des Tores bereits einen großen Teil seiner Energie, so daß die Druckhöhe stark vermindert wird und übermäßige Auskolkungen vermieden werden (Abb. 6.25c).

Bei einer anderen Lösung (Abb. 6.25d) wird der Durchflußtunnel selbst in der Ebene der Stauwände durch zwei Reihen gegeneinander versetzt angeordneter Störwinkel begrenzt, die eine starke Verwirbelung und eine gleichmäßige Verteilung des durchströmenden Wassers bewirken. Die hier gewählte mittige Anordnung der in beiden Strömungsrichtungen dichtenden Schütze hat gegenüber außen liegenden Verschlüssen den Vorteil, daß mit Bedienung eines Schützes die volle Wirksamkeit der Energieumwandlung in beiden Strömungsrichtungen erreicht wird und das zweite Schütz in geöffneter Stellung eine Sicherheitsreserve darstellt [*345*].

Ein einzelner, kehrender Verschluß in der Mitte des Schiebetores (Abb. 6.25e) verbindet die Vorteile einer einfachen Konstruktion bei hydraulisch günstiger Energieumwandlung des strömenden Wassers (da der Durchflußquerschnitt sich allseitig verbreitert) mit günstiger Unterbringung der Schwimmkästen.

6.5 Sperrtore und Sieltore

Sperrtore in Tideflüssen müssen bei Ebbe für den Abfluß des Binnenwassers geöffnet und bei Flut oder Sturmflut zur Verhütung des Einströmens von Meerwasser geschlossen werden.

Auch können Sperrtore dafür benützt werden, in dem Fluß einen bestimmten tiefsten Wasserstand zu halten, also zeitweilig den Fluß zu stauen und damit die Funktion eines Stauwehres zu übernehmen [*346*–*348*]. Da in der Regel auf dem Tidefluß eine örtliche Schiffahrt vorhanden ist oder mit deren Aufkommen gerechnet werden muß, mindestens aber Arbeitsschiffe und Schwimmbagger verkehren, muß eine Öffnung des Sperrwerkes für die Durchfahrt des größten Fahrzeuges eingerichtet werden. Verschiedene Torarten sind in Abb. 6.26 zusammengestellt.

Bei kleineren Abmessungen kann ein Klapptor unter Berücksichtigung der betrieblichen, architektonischen und kostenmäßigen Gesichtspunkte günstig abschneiden. In geöffneter Stellung, also im Normalzustand, liegen alle beweglichen Teile in der Höhe der Brücke unterhalb und oberhalb der Sperrstelle. Eine Beschädigung durch Schiffahrt scheidet damit aus. Die einfache Lagerung solch eines Tores läßt ein Verkanten oder Verklemmen während des Schließvorganges kaum wahrscheinlich sein. Selbst beim Auftreten eines mechanischen Defektes werden Eigengewicht und auflaufendes Wasser das Tor in die Verschlußstellung drücken. Andererseits wird sich das Tor unter innerem Druck notfalls selbsttätig wieder öffnen [*349*–*351*].

Bei einteiligen Hubtoren kann eine entsprechende Erhöhung des Hubgerüstes für die Schiffahrtsöffnung erforderlich werden. Sie wird jedoch vermieden oder erheblich beschränkt, wenn das fragliche Hubtor unterteilt ist und sich die beiden Torteile gehoben übereinanderschieben. Wenn es sich um einen größeren Tidehub handelt oder auch mit sehr hohen Wasserständen bei Sturmfluten gerechnet werden muß, wird die Unterteilung immer zweckmäßig sein, zumal dann auch die Möglichkeit besteht, die Tore so zu unterteilen, daß das Untertor für das gewöhnliche Hochwasser bemessen und zum Kehren der Wasserstände eingerichtet wird, während das Obertor nur bei höheren Wasserständen zum Einsatz kommt und nur für einseitigen Wasserdruck bemessen werden muß [*352*–*356*].

Auch Segmente eignen sich als Sperrtore. Diese Schützart kann große Stauweiten überspannen, wenn der Verschluß mehrfach gelagert wird (Abb. 6.27). Die Stützarme haben ihre Lager im Spannbetonbrückenträger (*357a*). Es sind zwei Verschlüsse je Öffnung gewählt worden, damit im Falle der Reparatur, der Überholung oder bei Ausfall eines Verschlusses ein Schütz noch einsatzbereit ist. Schwierig ist die zusätzliche Belastung der Schütze bei Sturmflut durch

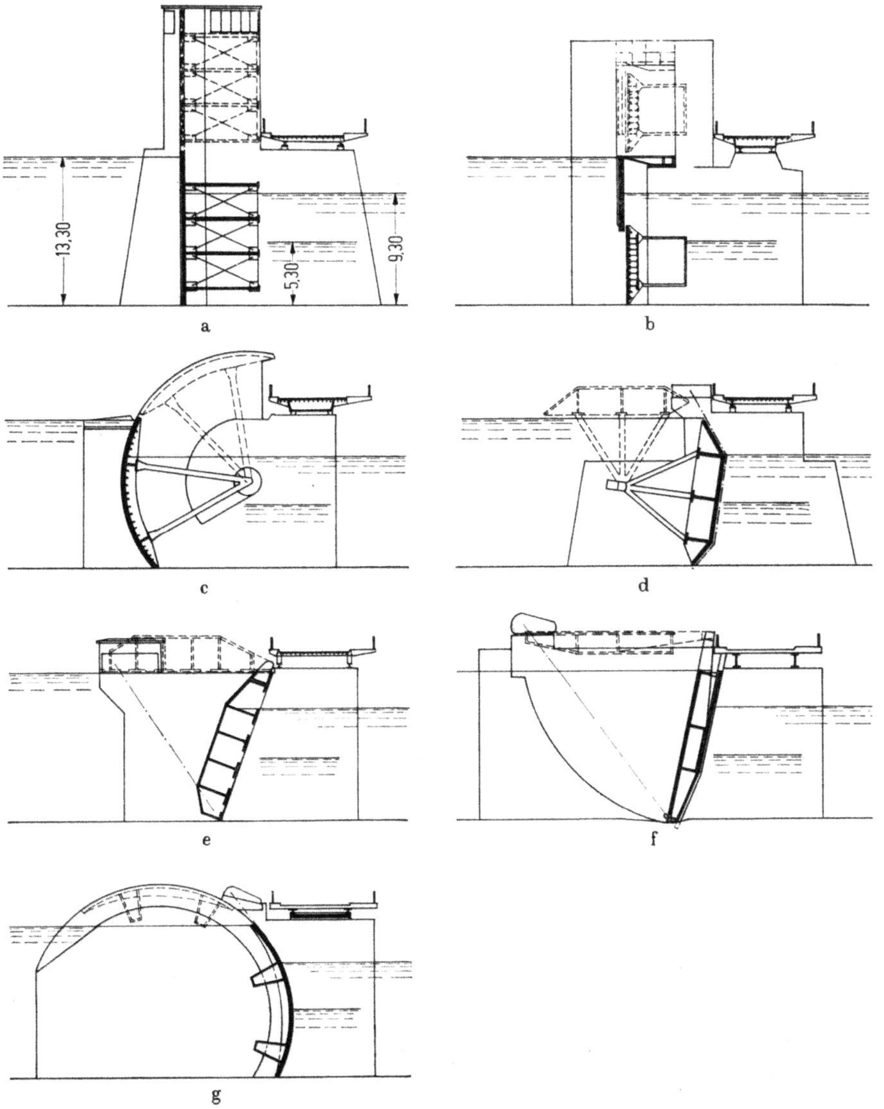

Abb. 6.26a–g. Zusammenstellung **der als Sperrtore möglichen Systeme.**
a) Einteiliges Hubtor; b) zweiteiliges Hubtor; c) Segment (Druckarme); d) Segment (Zugarme); e) Klapptor (Auflagerung am Pfeiler); f) Klapptor (Auflagerung an der Straßenbrücke und Sohle); g) gebogenes Rolltor.

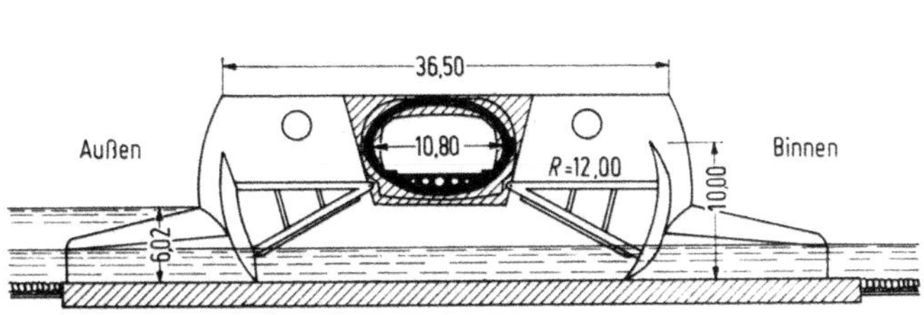

Abb. 6.27. Segmentschütze als Sturmflutsperrtor (Krupp, RU).

Wellenschlag, Wind und Eis zu erfassen. Versuche sind oft der einzige Weg einen Anhalt über die Zusatzkräfte zu erhalten. Der Antrieb muß ebenfalls für diese Zusatzkräfte ausgelegt werden [*357*–*362*].

Bei kleineren Abmessungen bieten sich auch Stemmtore als sicherer Verschluß eines Sperrwerkes an. Für solch ein Bauwerk wählt man dann als charakteristische Anordnung zwei hintereinander gelegene Stemmtorpaare. Diese Anordnung wird aus Sicherheitsgründen gewählt, um bei etwaigem Bruch des äußeren Verschlusses den inneren in Reserve zu haben. Die Bedingungen, unter denen die Stemmtore eines Sturmflutsperrwerkes zu arbeiten haben, sind außergewöhnlich. Die Tore müssen mit steil ansteigender Flut noch geschlossen werden können. Dies entspricht einem Schließen der Tore oft bei einem Überstau von einem halben Meter und mehr. Außerdem müssen die Tore gegen einen oberwasserseitigen Überstau von 0,3 m gehalten werden, um ein Durchspülen des stark verschlickten Flußbettes vornehmen zu können.

Auch als Sieltore bringen Stemmtore günstige Lösungen. Beim Fallen des Außenwassers, sobald dieses den Binnenwasserstand erreicht hat, öffnen sie sich. Werden die Stemmtore mit der Dückerschen Steuerklappe versehen, dann schließen sie bei Flut automatisch durch hydrodynamischen Druck auf die Steuerklappe. Nischen zur Aufnahme des Tores sind nicht üblich.

Ein Rollschütz kann jederzeit die Funktion des Stemmtores übernehmen. Auch Klappen finden vereinzelt Anwendung. Ihre Konstruktion ist weitgehend durch ein Gegengewicht ausgeglichen. Nimmt der Binnenwasserdruck zu, klappt der Verschluß auf und schließt, wenn die Ebbe kentert.

6.6 Kahnschleusentore

Hydraulisch betrachtet unterscheidet sich die Kleinschleuse, auch Kahnschleuse genannt, von der Großschiffahrtsschleuse zwar hinsichtlich der Größe der Grundfläche, nicht aber hinsichtlich des Gefälles und insbesondere nicht hinsichtlich des Verhältnisses der Größe des Schiffsgefäßes zur Größe der Kammer. Allein schon aus der Tatsache, daß die Kleinschleusen zur Selbstbedienung eingerichtet werden müssen und daß es sich bei den Benützern in der Hauptsache um Laien handelt, denen die Bedienung der Schleusen meist fremd ist, ergibt sich die Notwendigkeit leicht verständlicher Betriebsanweisungen sowie einfacher und gefahrlos handzuhabender, robuster Betriebseinrichtungen. Eine Grundforderung, die sich aus dem Schleusenvorgang ergibt, ist, daß die Verschlußorgane stets nacheinander bedient werden müssen. Beim Handantrieb ist von der Einmannbedienung auszugehen.

Als Torverschluß können sowohl am Ober- als auch am Unterhaupt senkrecht anschlagende Drehtore gewählt werden. Sie werden nur bei ausgespiegeltem Wasserstand bewegt. Diese Art verhindert zwangsläufig, daß willkürlich aufgemacht und nicht mehr geschlossen werden kann. Besondere Vorkehrungen wie selbstsperrende Getriebe, Bremsen, Rutschkupplungen und sonstige Sicherheitsvorkehrungen sind daher entbehrlich. Weitere Hinweise s. [*363*]. Auch andere Systeme wie Hubtore, Klappen und Segmente finden Anwendung.

6.7 Schutzvorrichtungen gegen Schiffsstoß

Die mit wachsendem Verkehr häufiger werdenden Beschädigungen von Schleusentoren durch Auffahren von Schiffen verlangen technische Möglichkeiten, diese Beschädigungen weitgehend zu verhindern bzw. zu vermindern. Es konnte festgestellt werden, daß sich die größere Zahl von Schiffstößen bei der Talfahrt durch Leerschiffe, d. h. bei einer Einfahrt in eine gefüllte Kammer vom OW her am Untertor ereignen.

Die Größe der von der Schutzvorrichtung aufzunehmenden und zu „vernichtenden" Energie ist in den (DIN 19704) angegeben.

Die Bremsarbeit kann entweder durch das Tor selbst oder durch eine besondere Schutzvorrichtung verrichtet werden, die unabhängig vom Tor diese Arbeit leistet oder aber am Tor befestigt ist und damit auch Kräfte auf das Tor abgibt. In allen Fällen kommt es darauf an, einen entsprechenden Bremsweg zu schaffen. Denn je länger der Weg, desto kleiner die Kraft. Dem in Bewegung (v) befindlichen Schiff wohnt die Kraft inne

$$m v = \int P\,dt\,.$$

Stößt das Schiff gegen das Tor, so ist die aufzunehmende Kraft eine Funktion des Bremsweges, also (mit x als Bremsweg)

$$P = C\,x\,.$$

Erfolgt die Deformation nach dem Hookeschen Gesetz, so ist $C = \text{const.}$

Es wird

$$m\,v = m\frac{dx}{dt}\int C\,x\,dt\,,$$

$$m\frac{d^2x}{dt^2} = -C\,x$$

($-$, da es sich um eine Verzögerung handelt)

$$m(v^2 - v_0^2) = A\,(x_0^2 - x^2)\,.$$

Soll das Schiff nach der Weglänge s abgebremst sein, ist

$$x_0 = 0\,,\qquad x = s\,,\qquad v_0 = v\,,\qquad v = 0\,,$$

somit

$$m\,v^2 = C\,s^2\,.$$

Wird C in dieser Gleichung aus der Gleichung $P = C\,x$ für $x = s$ eingesetzt, so gilt für den senkrechten Stoß im Bereich des Hookeschen Gesetzes

$$P_s = \frac{m\,v^2}{s}\,. \tag{231}$$

Aus Gl. (231) läßt sich die Stoßkraft P_s des Schiffes in Abhängigkeit von der Länge des Bremsweges s (Zusammendrückung von Federn, Gummipuffern, Durchbiegung des Tores, Verschiebung hydraulischer Kolben usw.) berechnen.

Die Gleichung zeigt aber auch, daß bei unendlich kleinem Bremsweg die Stoßkraft unendlich groß wird. Sobald man also die Stoßschutzeinrichtung vom Tor trennt und sie für sich als selbständigen Konstruktionsteil behandelt, wird die Lösung vereinfacht. Allerdings kann dabei unter Umständen in der Kammer an nutzbarer Länge verloren werden.

Mit Hilfe einer schrankenartigen Übergabeeinrichtung wird ein an der Stoßzone stark ummanteltes Drahtseil mit einem Ende auf der gegenüberliegenden Schleusenseite eingehängt und verriegelt. Das zweite Ende des Seiles ist über ein Sicherheitsglied mit einem unter der Schleusenplattform angeordneten Hydraulikzylinder verbunden und zieht dessen Kolbenstange beim Anfahren durch ein Schiff aus. Das auf der Kolbenstangenseite des Zylinders verdrängte Hydrauliköl öffnet zwei an den Seiten des Zylinders verstellbare Überdruckventile. Der hierbei zu überwindende gleichförmige Widerstand wirkt auf das Schiff als Bremskraft, die am Anfang (Berührung des Seiles) gleich 0 ist und mit Durchlaufen des Bremsweges anwächst. Beim Schleusen von Schiffen mit voller Ausnutzung der Kammerlänge kann nach Einfahrt des Schiffes das Fangseil entfernt (ausgehängt) und durch Nachrücken des Schiffes der Bremsweg der Stoßschutzeinrichtung noch belegt werden.

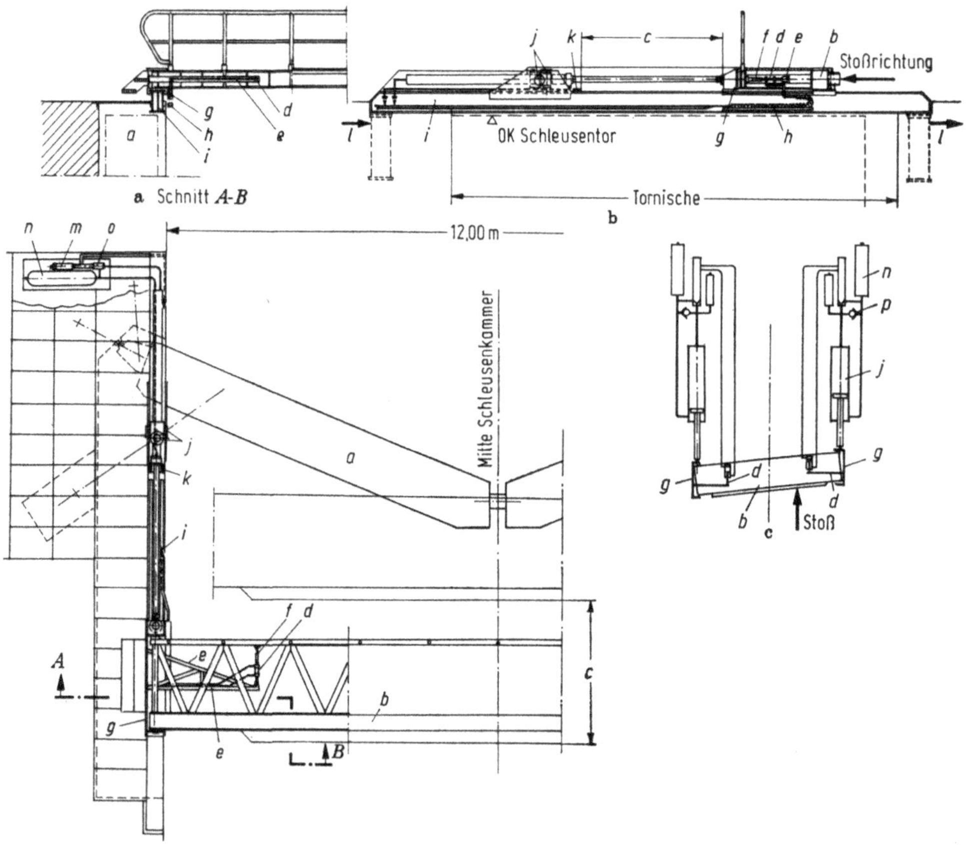

Abb. 6.28. Beweglicher, ölhydraulisch gefederter Stoßbalken (MAN).
a) Draufsicht und Schnitt; b) Schnitt durch den Balken mit Blick zur rechten Kammerseite; c) hydropneumatisches System mit Steuerung der Parallelführung.
a Stemmtor; *b* Stoßbalkenträger mit Holz; *c* Bremsweg (2,50 m); *d* Steuerzylinder; *e* mit dem Führungsschlitten fest verbundene Konsole; *f* Spannschloß; *g* Führungsschlitten; *h* Schleppkettenvorrichtung; *i* Führungsträger; *j* kardanisch gelagerter Bremszylinder; *k* Endlage; *l* Widerlager oder Zuganker; *m* hydropneumatischer Speicher; *n* hydropneumatischer Reservespeicher; *o* gesteuertes Überdruckventil; *p* Rückschlagventil.

Als weitere Lösung gilt der fachwerkartige Stoßbalkenträger, der zugleich als Laufsteg über die Kammer dient. Er ist beiderseits in taschenförmigen Führungsschlitten nach allen Richtungen beweglich gelagert (Abb. 6.28). Die Führungsschlitten umfassen mit Winkelschienen die in der Kammerflucht über die Tornische liegenden und im Beton verankerten Führungsträger. Auf den Führungsträgern sind Bremszylinder kardanisch gelagert, deren Kolbenstangen an den Führungsschlitten des Stoßbalkenträgers angreifen.

Der Schiffsstoß wird durch eine hydropneumatische Anlage aufgefangen. Diese besteht aus dem auf jeder Seite vorhandenen Bremszylinder, dem steuerbaren und federbelasteten Überdruckventil, den hydropneumatischen Speichern und dem Steuerzylinder.

Um die Nachteile eines bei einem ausmittigen Stoß nicht parallel geführten Balkens auszuschalten, wird die Parallelführung durch besondere Steuerzylinder, die das Überdruckventil beeinflussen, erzwungen.

Die andere Art den Schiffsstoß aufzufangen ist, den Stoßbalken mit der Torkonstruktion zu verbinden und damit die Stoßkraft über den Balken an das Tor abzugeben. Bei einem Drehsegmenttor (Abb. 6.10) ist zum Schutz gegen das Auffahren einzelner Schiffe ein gefederter Stoßbalken am Tor angeordnet. Dieser Stoßbalken bildet einen über 5 Felder durchlaufenden Balken, der an den Lagerpunkten mittels drehbar angeordneter Schwingen auf dem Deck des Schwimmkastens gelagert ist. Jede Schwinge ist mit einer Kegelstumpffeder kurz unterhalb des eigentlichen Stoßbalkens gegen die Querschotte des Tores abgestützt. Mit Hilfe dieser Federn wird die Bewegungsenergie bzw. die Stoßkraft des auffahrenden Schiffes vernichtet. Zusätzlich dreht sich der Stoßbalken noch in das Tor hinein, wenn es in die untere Lage fährt, damit die Fahrwassertiefe nicht eingeengt ist und auch Trossen nicht hängenbleiben [*364*]. Weitere Angaben über Stoßschutzeinrichtungen s. [*365*–*374*].

6.8 Schwimmpoller

Der betriebliche Vorteil der Schwimmpoller liegt darin, daß während des Schleusungsvorganges der Schiffszug an ein- und demselben Verheftungsmittel angehängt bleiben kann, da dieses, als Schwimmkörper ausgebildet, das Fallen und Steigen des Kammerwasserspiegels mitmacht. Ein weiterer Vorteil ist auch, daß es der Schiffahrt genügt, nur alle 30 m ein schwimmendes Verheftungsmittel bereitgestellt zu bekommen, während bei starren Verheftungsmitteln ein Abstand von 15 m gefordert wird.

Der Schwimmpoller selbst besteht im wesentlichen aus einem zylinderförmigen Schwimmkörper (Höhe rd. 3,5 m, Dmr. rd. 1,0 m). An diesen Schwimmkörper ist ein Stahlgußpoller in üblicher Form angeordnet (Abb. 6.29). Die Führung des Schwimmpollers in seiner Nische und die Ableitung der aufgenommenen Trossenkräfte in den Beton erfolgt durch Rollen auf U-förmige Stahlprofile mit Laufflächen. Die Rollen sind so angeordnet, daß je 4 derselben die Führung des Pollers in Richtung senkrecht und parallel zur Achse gewährleisten. Dies erlaubt eine eindeutige Lastübertragung in den Tiefbau im Stillstand und während der Pollerbewegung. Außerdem wird dadurch eine Selbstsperrung sicher sowie eine Verklemmung durch Treibzeug möglichst verhindert. Stahlkonstruktion und Nische sind so aufeinander abgestimmt, daß ein Konstruktionsteil des Pollers über die Schleusenmauerflucht nicht herausragt. Die Nase des eigentlichen Pollers liegt annähernd 1,5 m über dem jeweiligen Wasserspiegel. Die in der Schleusenmauerflucht gelegene Öffnung der Nische, in welcher der eigentliche Poller liegt, ist so groß, daß ein Einlegen der Trossen an den Poller leicht möglich ist.

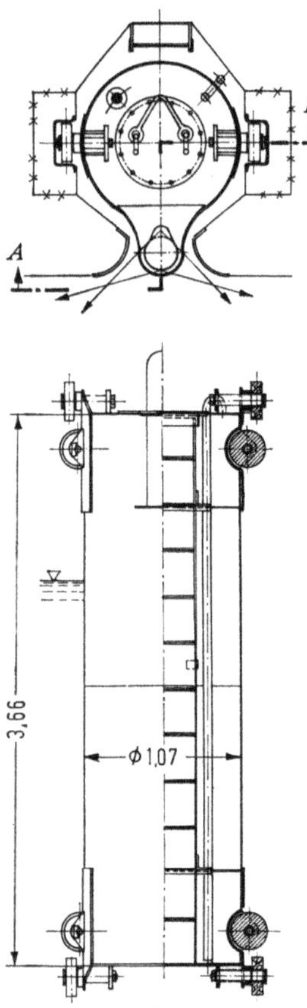

Abb. 6.29
Schwimmpoller (ÖDKW).

Die Stahlkonstruktion des Schwimmkörpers ist außen glatt, um ein Verspreizen von Treibzeug möglichst zu verhindern. Zwischen der balligen Laufrolle und Laufschiene ist ein entsprechendes Spiel vorzusehen, um die Bewegungswiderstände gering zu halten. Der Höhenabstand der Rollen muß groß genug sein, um ein Ecken des Schwimmpollers zu vermeiden. Für entsprechende Schmiermöglichkeiten der Rollen mit dazugehörigen Leitungen ist zu sorgen. Das Innere des Schwimmkastens muß für Kontrollzwecke begehbar sein. Leckwasser kann durch ein Rohr mit Preßluft herausgedrückt werden.

Ein Eindringen von Schwemmzeug in die Nische verhindern im Wasserspiegelbereich Dichtungsschürzen, die den Abstand zwischen Schwimmkörper und Nischenwand bei der Öffnung verkleinern.

Es läßt sich der Pollerträger auch vom Schwimmer trennen, so daß der Trossenzug vom Poller direkt auf die Rollen und Schienen übertragen wird, ohne daß der Schwimmer zusätzlich belastet wird.

Bewegliche Nischenpoller mit Gegengewichtsausgleich haben beiderseitig an endlosen Seilen zwei Gegengewichte. Ihre Auf- und Abwärtsbewegung erfolgt durch das zu schleusende Schiff selbst: es entfällt hier also der Schwimmer.

Weitere Angaben über Stahlwasserbau an Wasserstraßen sind in [*375*–*396*] zu finden.

6.9 Schiffshebewerke

Hebewerke werden dort gebaut, wo eine ausreichende Hubhöhe vorhanden ist, wo ferner der Wasserverbrauch bei Kammerfüllungen eingespart werden soll und auf eine schnelle Schleusung Wert gelegt wird.

Der Betrieb eines Hebewerkes muß einfach und robust sein. Sehr wichtig und meistens auch die Konstruktion des Hebewerkes bestimmend ist die einwandfreie Aufnahme der Katastrophenlasten in jeder Betriebsstellung.

Wir unterscheiden die Trocken- und die Naßförderung. Bei der Trockenförderung wird das Schiff aus dem Wasser herausgehoben und im Trockenen weiterbefördert. Diese Art ist bei Binnenwasserstraßen infolge der starken Mischung verschiedener Schiffstypen nicht üblich. Hier wird die Naßförderung bevorzugt. Sie beläßt das Schiff im Wasser. Es wird während des Hub- oder Senkvorganges schwimmend bewegt und ist damit zusätzlichen Belastungen nicht unterworfen.

Bei der geneigten Ebene wird das Schiff während der Schleusung auf Rollbahnen entweder in seiner Fahrtrichtung (Längsförderung) oder quer zu seiner Fahrtrichtung (Querförderung) weiterbewegt. Welche der beiden Arten zu bevorzugen ist, kann nur von Fall zu Fall nach genauer Prüfung entschieden werden. Bei der lotrechten Bewegung des Troges finden wir vor allem Schwimmer- oder Gegengewichtshebewerke.

Zwei Typen sollen eingehender behandelt werden, und zwar

a) Längsförderung mit Gewichtsausgleich,

b) Zweischwimmerhebewerk.

6.9.1 Längsförderung mit Gewichtsausgleich (Ronquières [Belgien])

Für das Hebewerk mit einem Hub von 66,85 m und zwei Trögen (Bahn I und II), einer Nutzlänge von 90 m bei 12 m lichter Breite und einer normalen Wassertiefe im Trog von 3,0 m wurde eine Bahnneigung von 5% gewählt. Damit hat die Bahn vom Ober- zum Unterhaupt eine Länge von 1425 m. Sie besitzt zwei Spuren, jede hat vier Schienen für den Trog, vier Schienen für die Gegengewichte und zwei seitliche für die Führung. Da der Trogwasserstand zwischen 3,0 m und 3,70 m schwanken kann, variiert das auszugleichende Gesamtgewicht von 4500 Mp bis zu 5200 Mp. Die Gegengewichte sind deshalb für 4600 Mp ausgelegt [*397*–*403*]. Die Trogtore haben keinen eigenen Antrieb [*404*]. Sie werden mit den Haltungstoren gleichzeitig angehoben (Abb. 6.30).

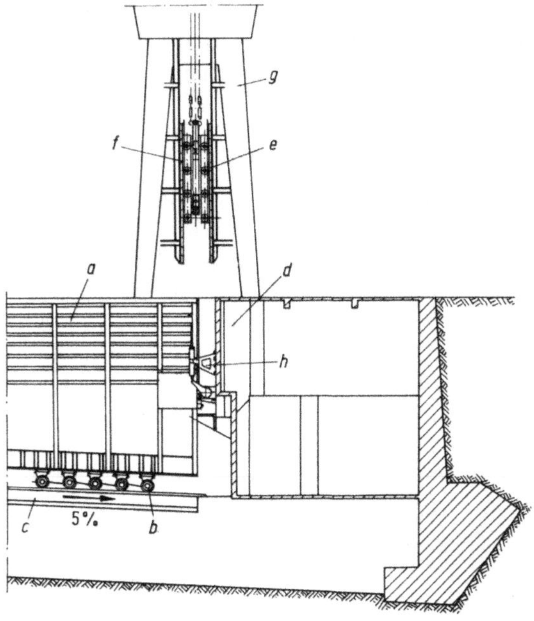

Abb. 6.30. Geneigte Ebene, unterer Haltungsabschluß. Trog in Endstellung.
a Trog; *b* Laufrollen; *c* Trogbahn; *d* Unterhaupt; *e* unteres Haltungstor; *f* Trogtor; *g* Hubportal; *h* Verriegelung.

Das Hubportal in der oberen Haltung trägt gleichzeitig das Sicherheitstor, damit die obere Haltung bei Versagen eines der Tore (Haltung oder Trog) nicht leerlaufen kann. Dieser Verschluß muß auch bei strömendem Wasser abgesenkt werden können. Wird das untere Haltungstor zerstört, dann läuft die Wanne voll. Es fällt für diesen Katastrophenfall die Wasserfüllung des Troges und rd. $^1/_7$ des Trogeigengewichtes als abwärts gerichtete Kraft weg. Diese Differenzkraft zu den Gegengewichten muß der Antrieb aufnehmen. Sinngemäß gilt das gleiche für die Gegengewichte, wenn sie an der unteren und der Trog an der oberen Haltung stehen oder wenn der Trog leerläuft. Die Differenzkraft kann entweder durch Bremsen oder durch eine entsprechend starke Verriegelung aufgenommen werden. Das gleiche gilt auch für die Horizontalkraft, die bei Füllung des Spaltes zwischen Trog und Haltung auftritt.

Der Trog mit seinen 30 Querrahmen (Abb. 6.31) wird zwischen diesen jeweils durch 8 Laufrollen (je 2 auf 4 Bahnen) abgestützt. Insgesamt sind es 236, jede für eine maximale Last von 22 Mp bemessen. Hierdurch wird eine durchgehende Lagerung erreicht, da der Trog in seiner Längsrichtung weich ist. Zusätzlich ist jede Achse durch Federn, wie beim Eisenbahnwagen üblich, abgefangen (Abb. 6.32).

Innen halten 24 horizontale Laufrollen, jede für eine maximale Kraft von 30 Mp, den Trog in seiner Spur.

Die Gegengewichte, für jeden Trog zwei Gruppen, laufen unter dem Trog auf vier Bahnen. Die Gesamtlänge einer Gruppe beträgt bei 48 Achsen 79 m. Auch hier sind die Gegengewichte auf den Achsen federnd gelagert. Jede Gruppe wird oben und unten außen durch 12 Rollen seitlich geführt. Die Mittelführung zueinander übernehmen zwei Rollengruppen zu je 4 Rollen, beweglich im Balancier gelagert. Ferner sind die beiden Gruppen am unteren Ende miteinander beweglich verbunden und in Längsrichtung (Rollenrichtung) verkeilt. Die Aufhängung der Zugseile, sowohl horizontal als auch vertikal beweglich, wird im Zugbolzen zusammengeführt [*405–407*]. Von jedem Trog führen 8 Seile, Dmr. 55 mm, zu den beiden Gegengewichtsgruppen. Die Gesamtkabellänge für beide Tröge beläuft sich auf 24 km.

Um unterschiedliche Dehnungen der Seile aufnehmen zu können, sind die Kabel über ölhydraulische Pressen am Trog befestigt (Abb. 6.31). Die Zylinder der Pressen sind untereinander verbunden. Damit wird auf jedes Seil, unabhängig von der Längung, die gleiche Kraft übertragen.

Unter der Trogbrücke und dem Oberhaupt befinden sich die beiden Hauptantriebe (Abb. 6.33). Jeder besitzt sechs Motore zu je 125 kW in Leonard-Schaltung. Die Seile laufen über die 5,5 m großen Triebseilscheiben. Weitere Seilscheiben (ebenfalls Dmr. 5,5 m) lenken sie in die Ebene des Troges oder in die der Gegengewichte um.

Würde mit einer Beschleunigung von 10 mm/s^2 angefahren, so zeigten Modellversuche, daß bei einem 1350-t-Kahn Trossenkräfte von 2,5 bis 3,0 Mp zu erwarten sind. Wird dagegen nur langsam die Beschleunigung von 0 auf 10 mm/s^2 innerhalb von 32 s gesteigert, dann stellt sich im Trog eine Wasserspiegelschwankung an den Toren von maximal 5,0 cm ein. Hierdurch entstehen Trossenkräfte nur bis zu $^1/_{1000}$ des Eigengewichtes des Schiffes. In Anbetracht dieser erheblichen Verminderung der Trossenkräfte entschloß man sich, die Beschleunigung nur

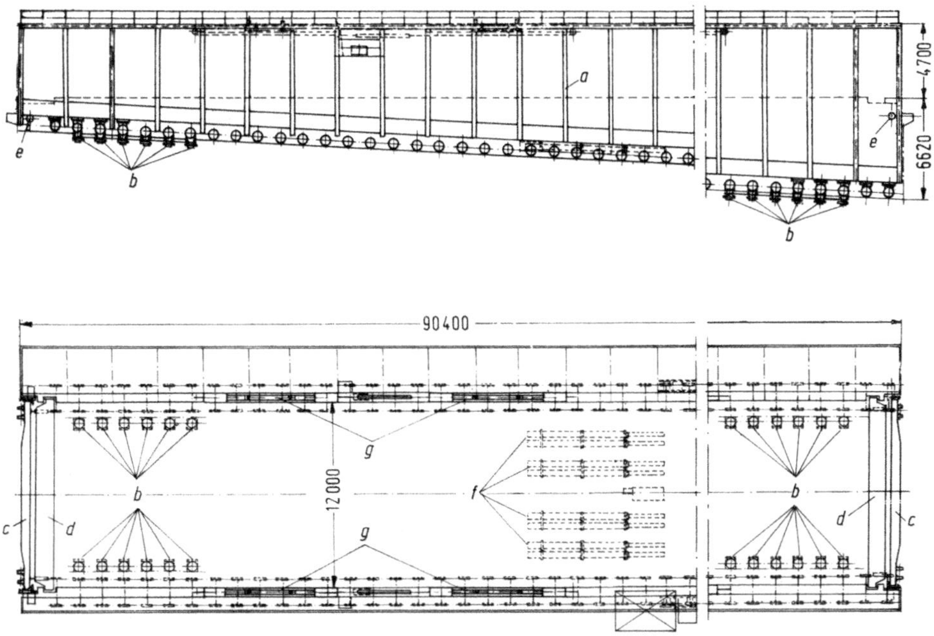

Abb. 6.31. Trog (Ministere).
a Querrahmen; *b* Seitenführung; *c* Trogtor; *d* Stoßbalken; *e* Verriegelungsbolzen; *f* hydraulische Seilaufhängung; *g* bewegliche Poller.

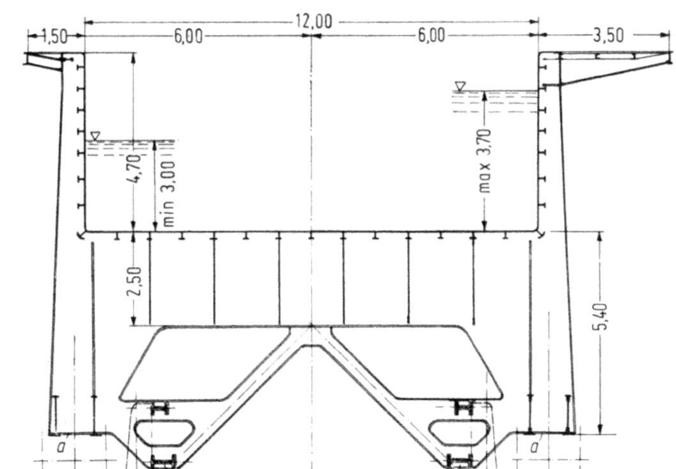

Abb. 6.32. Trogquerschnitt mit Querrahmen (Ministere).
a Querrahmen mit Laufradlagerung; *b* Konsole für Seitenführung; *c* Schienen.

langsam zu vergrößern, zumal dadurch die Fahrzeit kaum verlängert wird. Nach 152 s Beschleunigung ist die Endfahrgeschwindigkeit $v = 1{,}20$ m/s erreicht.

Die Gesamtfahrzeit von Haupt zu Haupt umfaßt rd. 21 min = 1260 s. Würde das Schiff auf dem freien Kanal die Fahrstrecke des Hebewerkes mit einer

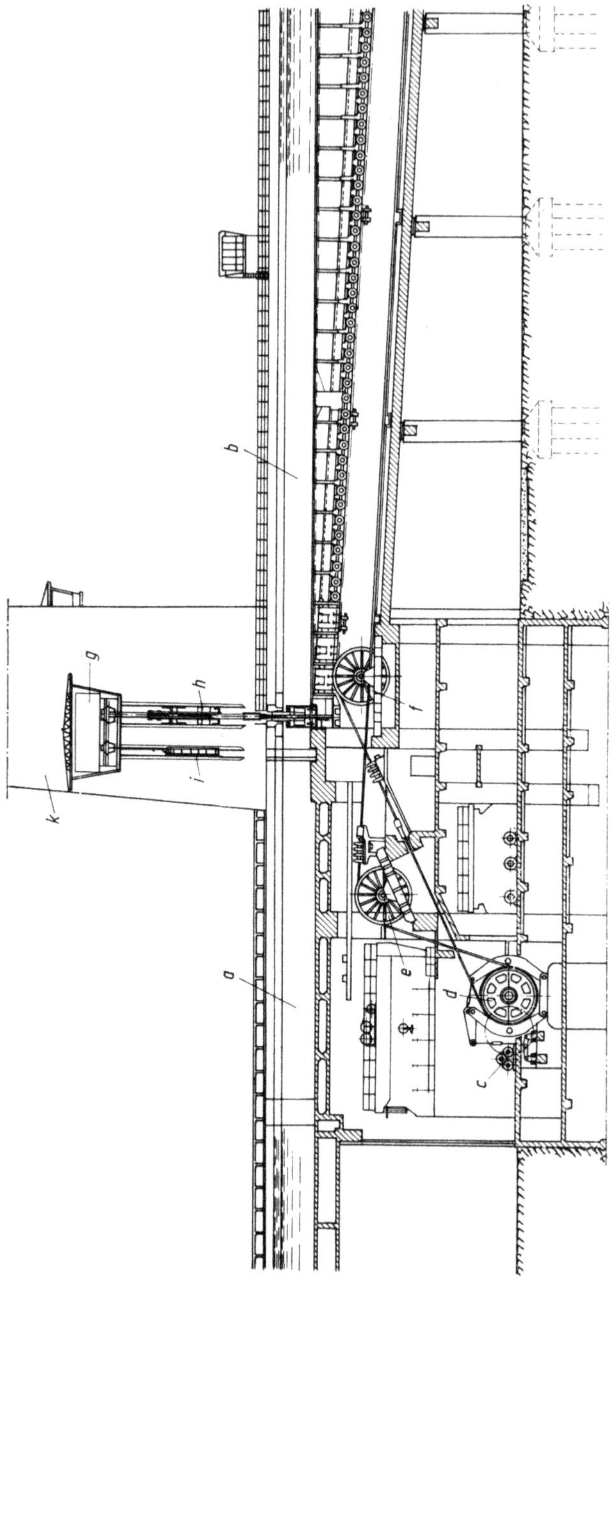

Abb. 6.33. Antrieb für Längsförderung.

a Kanalbrücke, oberer Vorhafen; *b* Trog mit Laufrollen; *c* Antriebsmotoren; *d* Antriebsseilscheiben; *e* Umlenkseilscheiben für die Gegengewichtsseile; *f* Umlenkseilscheibe für die Trogseile; *g* Hubportal; *h* Haltungs- und Trogtor; *i* Sicherheitstor; *k* Beobachtungsturm, 125 m hoch.

Geschwindigkeit von 10 km/h weiterfahren, so dauerte dies 500 s. Für den reinen lotrechten Hub verbleiben damit 760 s. Dieser Zeit entspricht eine mittlere Steiggeschwindigkeit von 0,9 m/s.

Im Katastrophenfall bei Eingriff der mechanischen Bremsen ließen Messungen am Bauwerk einer bei Bremszeit von rd. 50 s (also von $v = 1{,}20$ m/s auf $v = 0$) Wasserspiegelschwankungen im nicht belegten Trog bis zu 210 mm erkennen. Trossenkräfte steigen für einen 1350-t-Kahn bis auf 4,8 Mp an.

6.9.2 Zweischwimmerhebewerk (Henrichenburg)

Für den Europakahn nimmt der Trog eine Länge – ohne Dichtungsspalt – von 93 m an. Die lichte Weite zwischen den Scheuerleisten ist 12 m. Die Troghöhe 3,9 m. Für den normalen Betrieb wurde die Wassertiefe auf 3 m festgelegt bei einer zulässigen Wasserspiegelschwankung von ± 0,1 m.

Der Trog ist auf den zwei Schwimmern statisch bestimmt gelagert. Der Abstand der Stützpunkte wurde so gewählt, daß die Tangentenverdrehung der Biegelinie an den Auflagerpunkten und damit in den Führungen annähernd Null ist (Abb. 6.34). Der Abstand der Stützpunkte beträgt 53 m. Die beiden

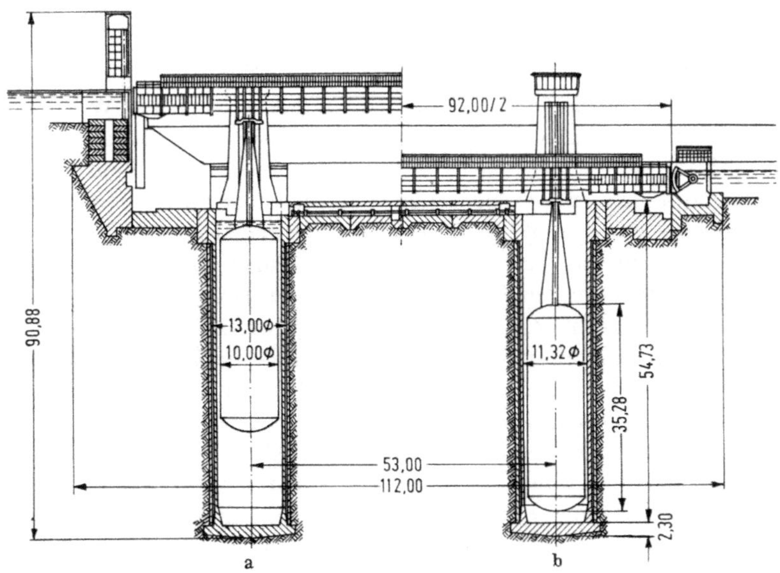

Abb. 6.34. Zweischwimmerhebewerk, Ansicht (Arb.-Gem. 2). a) Trog gehoben; b) Trog abgesenkt.

Kragenden haben somit eine Länge von je 20 m. Die allseitig frei drehbaren Lagerpunkte sind in der Troglängsachse im Hauptquerträger angebracht. Die Horizontalbelastung quer zur Trogachse aus Wind und Schwimmerschiefstellung werden vom Hauptquerträger über Führungsrollen an die Führungsgerüste abgegeben. Die parallel zur Trogachse wirkenden Horizontalkräfte aus Dichtungs- und Spaltwasserdruck werden nur in die oberwasserseitigen Führungsgerüste eingeleitet. An den unterwasserseitigen Führungsgerüsten fehlt die Längsführung, um Zwängungen aus Temperatureinflüssen auszuschließen. Die vertikalen Differenzkräfte aus Wasserspiegelschwankungen, Reibung und Beschleunigung werden über die Spindelmutterlagerung in den Hauptquerträgerenden an die Spindelmuttern in die in den Führungsgerüsten aufgehängten Spindeln übertragen.

Die Spindelmutterlagerung übernimmt in den Katastrophenfällen die volle Schwimmerauftriebskraft oder das Gewicht der Gesamtkonstruktion einschließlich Wasserfüllung [*408–412*]. Der Bemessung wurden verschiedene Belastungsfälle zugrunde gelegt [*413*].

In den beiden Hauptquerträgern des Troges (Abb. 6.35) werden die gesamten vertikalen Lasten aus Eigengewicht und Nutzlast (Wasserfüllung) aufgenommen

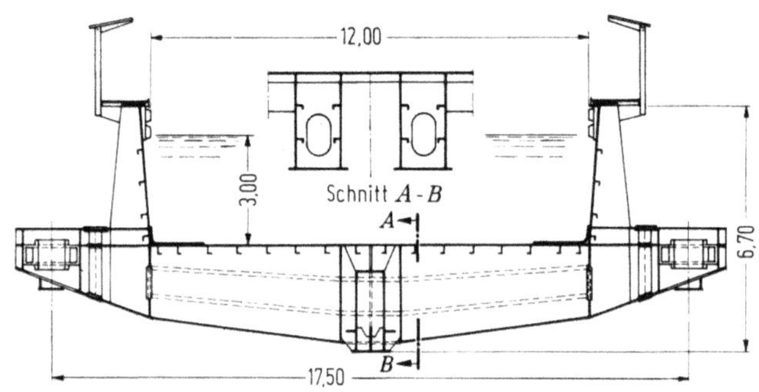

Abb. 6.35. Zweischwimmerhebewerk (Arb.-Gem. 2). Querschnitt des Troges im Bereich eines Hauptträgers.

und im normalen Betriebsfall an die Schwimmer abgegeben. Wenn im Katastrophenfall ein Schwimmer leckschlägt und damit der Auftrieb entfällt, wird die Last der Hauptquerträger über die Spindelmuttern in die Spindeln weitergeleitet.

Die Hauptquerträger werden aus zwei Hohlkastenprofilen gebildet. In Trogachse ist zwischen den beiden Kastenträgern die Auflagerkonstruktion angeordnet, mit der sie sich auf das Traggerüst der Schwimmer abstützt. Diese Auflagerkonstruktion besteht aus einem Rohr mit starker Wandung. Es ist an seinem unteren Ende mit einer plangedrehten Platte abgeschlossen, an die das Stahlgußlager (Punktkipplager) angeschraubt ist. Hier werden die Auflagerkräfte, d. h. die Auftriebskräfte des Schwimmers, in das Rohr und über vier Querschotte in die Stege des Hauptquerträgers eingeleitet. Die Belastung liegt bei 2200 Mp. Die Einleitung dieser großen Kraft warf bezüglich der mittragenden Schweißnahtlänge erhebliche Probleme auf [*414*]. An den beiden Enden befinden sich die Lagergehäuse für die Spindelmuttern. Diese Teile sind in Stahlguß ausgeführt und mit der Schweißkonstruktion des Hauptquerträgers verschraubt.

In den Trogenden sind die als Segmenttore ausgebildeten Trogverschlüsse gelagert (s. Abschn. 6.1.2.4 und Abb. 6.10). Ferner befinden sich im Bereich der Trogenden zur Aufnahme der Antriebe für die Trogtore und der Treidelwinden an den Außenseiten der Trogwandungen Stahlkonstruktionen mit abnehmbarer Blechverkleidung. Über diesen Antriebshäusern liegen die Steuerstände.

Am Übergang vom Trogboden zur Seitenwand sind Bleche aufgeschweißt, die den Boden von beiden Seiten her auf 1,5 m Breite und die Seitenwände auf 0,5 m Höhe gegen schleifende Trossen und sonstigen Verschleiß schützen. Für die Trogfahrt haben wir einen Spalt von 100 mm Breite zwischen den Haltungen und den Trogenden. Beim Anschluß des Troges an die Haltungen wird der Spalt durch eine bewegliche Dichtungskonstruktion überbrückt. Die eigentliche Dichtung besteht aus einem Gummirahmen mit U-förmigem Querschnitt. Der eine Schenkel des Dichtungsgummis ist am äußeren Rand des Endquerrahmens befestigt. Der andere Schenkel ist auf einen beweglichen Stahlrahmen geschraubt. Die Enden des Gummiprofils sind verstärkt (Abb. 6.36). Jeder Dichtungsrahmen ist in Aufhängungen gelagert, die jeweils aus zwei parallelen drehbaren Hängestangen bestehen. Er wird durch ölhydraulische Zylinder bewegt [*415*].

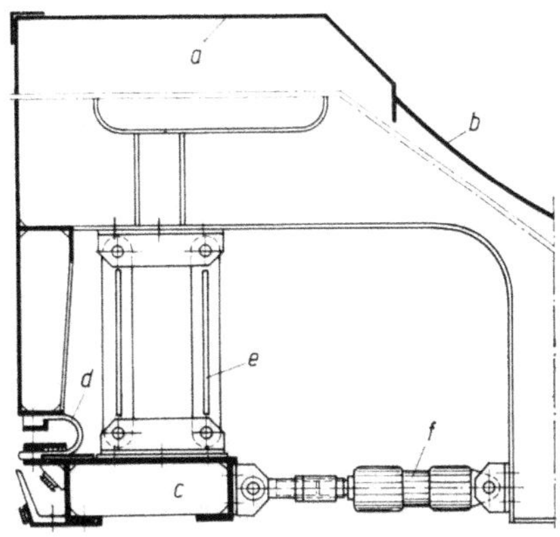

Abb. 6.36. Zweischwimmerhebewerk (Arb.-Gem. 2). Oberwasserseitiger Trogabschluß. Dichtungsrahmen (teilweise zurückgefahren).
a **Trogboden;** ***b*** **Trogwanne;** ***c*** **Dichtungsrahmen;** ***d*** **Gummiband zur Dichtung;** ***e*** **Hängestangen;** ***f*** **Antrieb.**

Während der Bewegung muß der Trog horizontal geführt werden. Dazu sind Führungsrollen für Längs- und Querrichtung am Troghauptquerträger befestigt (Abb. 6.37). Die Längsführung des Troges wird von den gefederten Laufrollen übernommen, die sich an einem der 2 Troghauptquerträger an beiden Enden dieses Trägers in Längsrichtung gegenüberliegen.

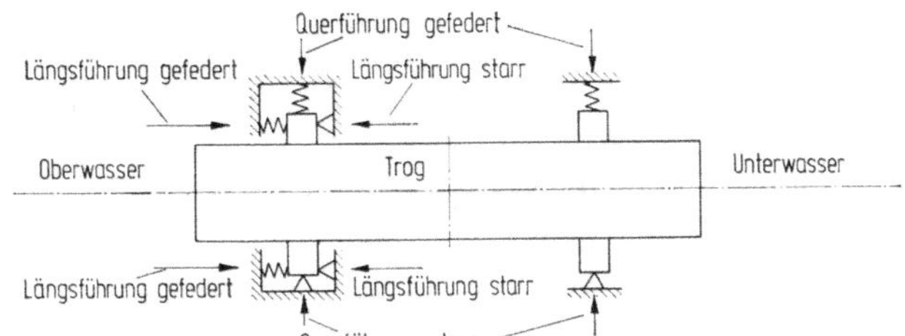

Abb. 6.37. Zweischwimmerhebewerk (Arb.-Gem. 2). Trogführung.

Durch diese Anordnung der Laufrollen bei nur zwei gegenüberliegenden Führungsgerüsten wird dem Trog die Möglichkeit gegeben, sich infolge von Temperaturschwankungen frei auszudehnen. Die Federung der Laufrollen ist in beiden Längsrichtungen auf 5 mm begrenzt. Damit wird eine sehr genaue Troglage erreicht. Diese ist notwendig, da sonst die durch die Trogquerträgerenden laufenden Spindeln zu sehr beansprucht würden.

In Querrichtung wird der Trog an je zwei längsstehenden Führungsgerüsten mit vier fest am Trog gelagerten und gegenüberliegend mit vier gefederten Laufrollen geführt. Auch hier ist die Federung auf 5 mm begrenzt. Somit ist der Trog horizontal elastisch geführt [*416*].

Die Schwimmer gleichen durch ihren Auftrieb die Auflagerlast des Troges aus. Außerdem erhalten die Schwimmerwandungen örtliche Wasserlasten, deren

Größe von der jeweiligen Schwimmerstellung im Schacht abhängt [*417*]. Durch Anwendung des Taucherglockenprinzips lassen sich die im Katastrophenfall auftretenden Kräfte allerdings erheblich verringern [*418*].

Die Auflagerlast des Troges und die Horizontalkraft aus einer möglichen Schwimmerschiefstellung wird von dem etwa 16 m hohen Stützgerüst auf den Schwimmerkopf geleitet (Abb. 6.34). Das auf die Schwimmerkuppel aufgeschweißte Stützgerüst paßt sich mit seinem Querschnitt, der aus einem zentral angeordneten Rohr und drei Scheiben besteht, dem Aussteifungsstern an. In der Ebene der drei Scheiben sind die Konsolen für die Führungsrollen des Schwimmers befestigt. Das zentrisch angeordnete Rohr stützt sich auf die einzelnen Flügel des Aussteifungssternes gleichmäßig ab, während die einzelnen Scheiben (Steg mit Aussteifungen und Gurt) die Flügel exzentrisch belasten.

Die Führung der zwei Schwimmer erfolgt in zwei verschiedenen Ebenen. In der oberen Ebene bringt das Kipplager (unter dem Trog) eine allseitige Führung, während die zweite Führungsebene am oberen Ende der Schwimmer liegt [*419*]. Diese Führung erfolgt durch drei um je 120° versetzte Rollen an jedem Schwimmer. Um ein gleichmäßiges Anliegen der drei Rollen zu ermöglichen, sind die in der Troglängsachse liegenden Rollen gefedert und die zwei um 120° versetzten Rollen starr an den Schwimmern befestigt.

Die Rollen laufen auf Führungsschienen, die an den Schachtwänden verankert und hintergossen sind. Um beim Absenken der Schwimmer oder bei der Schrägstellung des Troges ein Drehen der Schwimmer zu verhindern, sind seitlich an den Gehäusen der starren Rollen zwei Führungsrollen angebracht, die an dem seitlichen Schienenkopf laufen.

Das Schiffshebewerk besitzt 4 Führungsgerüste, in denen das gesamte Trog-Schwimmer-System in horizontaler Lage geführt wird. In den Führungsgerüsten sind die Antriebsspindeln mit den Hauptantrieben untergebracht (Abb. 6.38). Die seitlich über den Trog herausragenden Hauptquerträger leiten die Horizontalbelastungen des Troges, wie Windbelastung, Spaltwasserdrücke, Dichtungsdrücke, sowie die Kräfte aus der Schwimmerschiefstellung über Führungsrollen in die Führungsgerüste (Abb. 6.35 u. 6.37).

Die von dem System her wirkenden Vertikalkräfte, wie Kräfte aus Wasserspiegeldifferenzen, Reibungs- und Beschleunigungskräfte, sowie sämtliche in den einzelnen Katastrophenfällen, wie Trogleerlauf oder Schwimmervollauf auftretenden Vertikalkräfte, werden ebenfalls über die Spindeln und deren Lager in die Führungsgerüste überführt. Die Lagerung der Spindeln ist so vorgenommen, daß durch sie nur Zugkräfte geleitet werden. Das bedeutet, daß sämtliche abwärts gerichteten Kräfte durch die oberen Spindellager in den oberen Querriegel des Führungsgerüstes und sämtliche aufwärts gerichteten Kräfte über die unteren Spindellager in die unteren Querriegel eingeleitet werden.

Die Führungsgerüste sind als doppelte trapezförmige Kastenkonstruktion ausgebildet, deren Kästen durch eine ausgesteifte Blechwand verbunden sind. Querriegel begrenzen diese trapezförmigen Kästen oben und unten. In ihnen sind die Spindellager untergebracht. Der obere Querriegel mit den Hauptantriebsmotoren, Bremsen und Getrieben sowie mit der oberen Haltestelle des Aufzuges wird durch eine verglaste Stahlkonstruktion abgedeckt. Der untere Querriegel ist mit dem Fundament durch Gelenklager verbunden. Die Gelenklager ruhen auf schweren Verankerungsträgern, die in dem Primärbeton der Trogwanne einbetoniert sind. Etwa in halber Höhe des Führungsgerüstes ist ein Lager zur Aufnahme der horizontalen Kräfte in Querrichtung angeordnet.

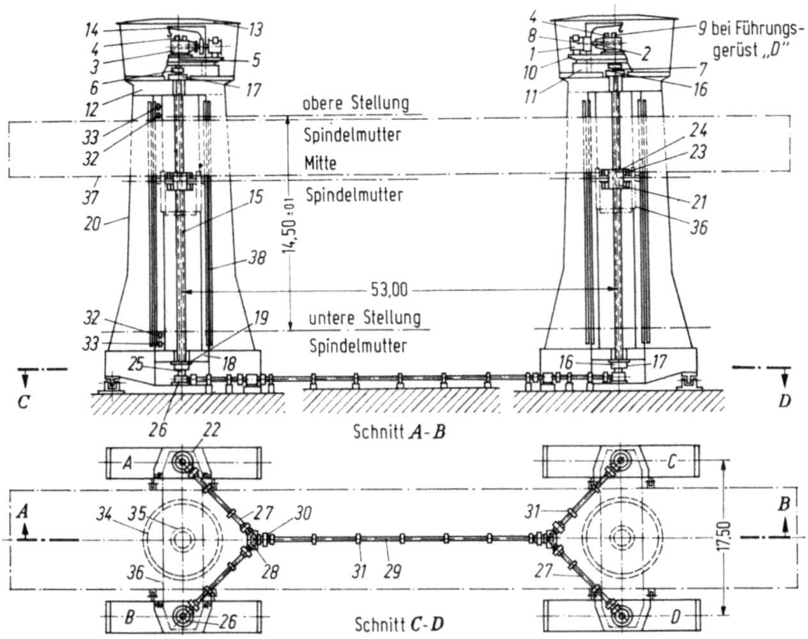

Abb. 6.38. Zweischwimmerhebewerk (Arb.-Gem. 2). Hauptantrieb und Führungsgerüste.
1 Gleichstrom-Motoren 110 kW; *2* Bolzen-Bremsscheiben-Kupplung; *3* Kegelstirnradgetriebe i = 11:1; *4* Ölpumpen für Getriebe; *5* Antriebswellen aus den Getrieben; *6* Obere Bogenzahnkupplungen; *7* Obere Spindelenden; *8* Doppelbackenbremse, 2stufig (als Betriebs- und Haltebremse); *9* Höhenstandsgeber; *10* Maschinenrahmen; *11* Stahlpodeste auf den Führungsgerüsten; *12* Oberer Querriegel; *13* Antriebshäuser; *14* Schwenkkrane für 1,5 Mp Last; *15* Spindel; *16* Obere- und untere Axial-Rollenlager; *17* Obere- und untere Lagergehäuse; *18* Untere Querriegel; *19* Gummidruckringe zu den unteren Lagerungen; *20* Führungsgerüste A; B; C; D; *21* Spindelmuttern; *22* Trog, Hauptquerträgerenden; *23* Gummipuffer; *24* Flansche zur Auflage der Gummipuffer; *25* Untere Bogenzahnkupplungen; *26* Winkelgetriebe; *27* Horizontalwellen 190 ⌀ (Gleichlaufwellen); *28* Trio-Getriebe; *29* Verbindungswelle; *30* Bogenzahnkupplungen (horizontal); *31* Deckellager mit Pendelrollenlagern; *32* Sicherheits-Vorendschalter; *33* Sicherheits-Endschalter; *34* Schwimmer; *35* Tragkörper (Stütze zwischen Schwimmer und Trog); *36* Trog, Hauptquerträger; *37* Trog.

Der Hauptantrieb (Abb. 6.38) dient zum Trogfahren und setzt sich aus folgenden Maschinengruppen zusammen:

den vier Antrieben auf den Führungsgerüsten;
den vier Spindeln mit ihren Lagerungen in den Führungsgerüsten;
den vier Spindelmuttern mit Auflagern in den Troghauptquerträgern;
dem Gleichlaufwellensystem in der Trogwanne;
den Sicherheitsendschaltern an zwei Führungsgerüsten.

Alle vier Antriebe sind gleich ausgeführt. Jeder Antrieb wird von einem Gleichsstrommotor angetrieben. Dieser hat 110 kW bei 300 V und $n = 750$ U/min. Über eine elektrische Reglung werden die Antriebe so gesteuert, daß bei einer Trogfahrgeschwindigkeit von 0,15 m/s diese beim Anfahren in 15 s (auch für Verzögerung) erreicht wird. Damit ist ein weiches Anfahren und Bremsen des Troges gegeben. Die Fahrzeit über einen Troghub von 14,5 m dauert etwa 2 min.

Über die Spindeln und Spindelmuttern wird die Bewegung des Troges im Hub- oder Senksinne vorgenommen. Die Spindeln werden angetrieben von den vier in den Führungsgerüsten untergebrachten Hauptantrieben. Sie sind untereinander in der Höhe der Trogsohle durch Gleichlaufwellen miteinander verbunden, über die ein gewisser Kräfteausgleich stattfinden kann und die bei Ausfall eines Hauptantriebes die entsprechende Spindel mitlaufen lassen. In diesem Falle geben alle anderen 3 Motoren $^1/_3$ ihres Drehmomentes an die nichtangetriebene Welle ab.

Da das gesamte System stets im Gleichgewicht ist, brauchen die Spindeln zur Bewegung nur die Reibungskräfte und ähnliche außergewöhnliche Kräfte zu übernehmen. Jedoch in den Katastrophenfällen treten recht erhebliche Kräfte auf, allerdings mit der Einschränkung, daß in diesen Fällen eine Bewegung nicht möglich ist.

Weitere Hinweise bei der Projektierung von Hebewerken sowohl für Typ, tiefbauliche Ausbildung und architektonische Gestaltung bringen [*420*–*424*]. Wegen wirtschaftlicher und zweckmäßiger Hubgeschwindigkeiten sei auf [*425* bis *427*] verwiesen. Allerdings berücksichtigen diese Untersuchungen Wasserspiegelschwankungen im Trog, wie sie sich bei einer geneigten Ebene einstellen, nicht. Weitere Anregungen bringen ferner [*428*–*435*].

6.10 Schiffsaufschleppen

Bei einer Queraufschleppe wird das Schiff quer zu seiner Längsachse auf einer geneigten Ebene hochgezogen oder abgelassen. Hierzu werden die Wagen (Zahl von Länge des Schiffes abhängig) so tief unter Wasser abgelassen, daß das Schiff über die Wagen quer verholt werden kann. Schiff und Wagen zieht man dann vorsichtig so lange landwärts, bis das Schiff auf allen Wagen auf den Holzstapeln gleichmäßig aufsitzt. Dann werden die Wagen hinauf bis auf den Stapelplatz bewegt. Um das Schiff abzusetzen, klappt man die Hellingwagen. Es ist auch möglich, die Schiffe in Längsrichtung hinaufzuziehen und ebenso vom Stapel zu lassen [*436*].

Die Wagen einer Queraufschleppe sind so ausgebildet und mit einer Vorrichtung ausgerüstet, daß ein Absetzen des Schiffes auf Stapel oder Querverhol-

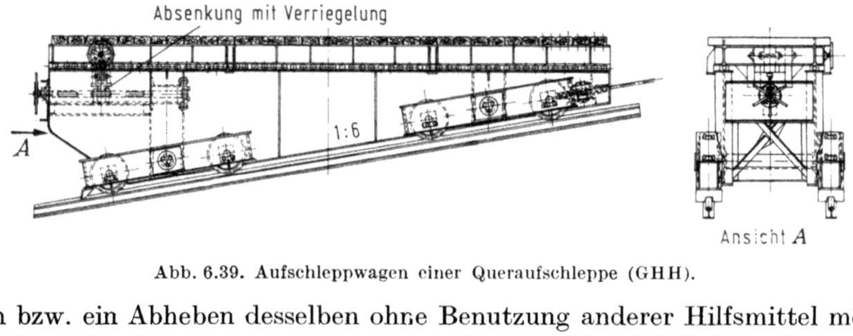

Abb. 6.39. Aufschleppwagen einer Queraufschleppe (GHH).

wagen bzw. ein Abheben desselben ohne Benutzung anderer Hilfsmittel möglich ist (Abb. 6.39). Zur Vornahme von Arbeiten an der Schiffshaut kann jeder einzelne Wagen unter Benutzung der Hub-Senk-Vorrichtung entfernt und nach Beendigung der Instandsetzung so weit wieder unter das Schiff gezogen werden, bis die vorherige Wagenbelastung erreicht ist. Hierbei wird die für jede Winde vorhandene Belastungsanzeigevorrichtung beobachtet. Die jeweilige Wagenbelastung wird auch laufend während des Aufschleppvorganges für jeden Wagen durch die Vorrichtung angezeigt. Belastungsänderungen, die an einem Wagen z. B. durch Setzungen des Baugrundes während des Aufschleppvorganges auftreten, können durch Ab- und Zuschalten der betreffenden Winde während des Laufes ausgeglichen werden.

Technisch und konstruktiv treten dann Schwierigkeiten auf, wenn die Aufschleppe aus der schiefen Ebene auf eine waagerechte Fahrbahn überführt werden soll. Dies kann geschehen, daß entweder in der Neigung jeweils ein Paar schiefe Ebenen seitlich der Aufschleppe treppenförmig gestaffelt angeordnet ist [*437*] oder daß in der Neigung die Bahnen auf gleicher Höhe verlaufen und in der Waagerechten eine treppenförmige Staffelung der Fahrbahnen vorhanden ist. An Stelle des ortsfesten Windwerkes kann auch ein Zugwagen die Aufschleppe bewegen.

Setzt man zwei oder mehr Zugmaschinen ein, so verbindet man sie untereinander durch einen brückenartigen Träger zu einem zusammenhängenden Antriebsaggregat. Bei der Entscheidung, ob eine Quer- oder Längsaufschleppe zweckmäßiger ist, spielen neben den terrestrischen Bedingungen, Strömungsverhältnissen und Zufahrtsmöglichkeiten auch technische und betriebliche Überlegungen eine Rolle. Der Hauptnachteil der Queraufschleppe besteht darin, daß entweder der Aufschleppwagen für die Querbeanspruchung unverhältnismäßig schwer ausgebildet werden muß oder aber, daß — wenn einzelne nicht miteinander verbundene Aufschleppwagen angeordnet werden — das Schiff selbst durch das ungleiche Anziehen oder Fahren der Wagen in unerwünschter Weise beansprucht wird. Die Anordnung mehrerer Aufschleppwagen hat außerdem den Nachteil, daß die Wagen verschieden belastet werden und infolgedessen beim Aufziehen verschieden großen Widerstand leisten. Die Ausführung mehrerer Unterwagen ist besonders dann bedenklich, wenn die Bodenverhältnisse verschieden große Senkungen der Laufbahn erwarten lassen.

Bei der Längsaufschleppe wird die Konstruktion bei der Bewegung in ihrer Längsrichtung, und damit völlig unbedeutend, belastet. Da die Laufbahn durchgehend auf gleichem Fundament verlegt ist, sind ungleiche Setzungen kaum zu erwarten. Die Konstruktion entspricht sinngemäß einem Schiffshebewerk (Längsförderung, Abschn. 6.9.1) [*438*].

Der kürzeste Weg, ein Schiff aus dem Wasser zu heben, ist zweifellos der Weg in der Lotrechten, also in der Art eines Hebewerkes (s. Abschn. 6.9.2). Der Antrieb kann ähnlich wie beim Hebewerk oder aber auch durch zahlreiche einzelne Motoren erfolgen. Da das Schiff aber bei sich hebender Plattform entsprechend der Hubgeschwindigkeit aus dem Wasser auftaucht und gleichzeitig an Auftriebsvolumen verliert, ist es sinnvoll, Ausgleichsmöglichkeiten zu schaffen, mit deren Hilfe dieser Auftriebsverlust ausgeglichen werden kann. Dazu ist der pneumatische Gewichtsausgleich mit pneumatischem Antrieb in der Lage. Die Aufschleppe (Hebewerk) besteht dann im wesentlichen aus zwei Elementen:

a) der Plattform, auf die das Schiff abgesetzt wird;
b) dem pneumatischen Hub- und Ausgleichsbehälter.

Durch Fluten und Lenzen dieses Behälters können die Plattform und die auf ihr abgesetzten Schiffe im Hub- und im Senksinne bewegt werden (Abb. 6.40).

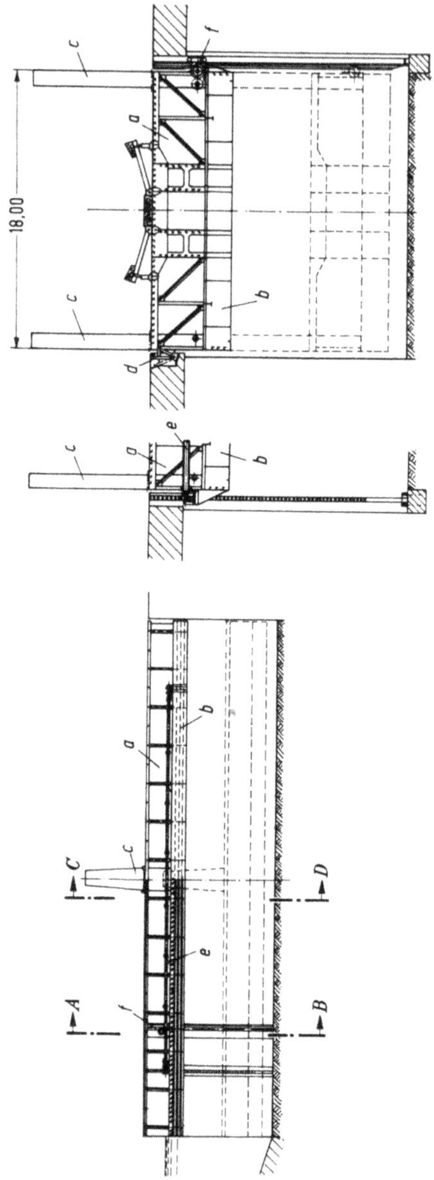

Abb. 6.40. Lotrechte Schiffsaufschleppe (Hebewerk) (RU/Klönne).
a Plattform; *b* pneumatischer Hub- und Ausgleichsbehälter; *c* Ausgleichsbehälter; *d* Verriegelung; *e* Gleichlauf; *f* Gleichlauf mit Führung.

In jedem Augenblick des Bewegungsvorganges herrscht Gleichgewicht, so daß nur Antriebskräfte notwendig sind, die jeweils das Gesamtsystem aus seiner Gleichgewichtslage heraus in eine neue Gleichgewichtslage befördern. Hebt sich die Plattform, so nimmt der von außen her auf die im Hubbehälter befindliche Luft wirkende Wasserdruck ab. Damit dehnt sich die Luft aus, der Behälter erfährt größeren Auftrieb. Dies wird aber durch die beiden aus dem Wasser auftauchenden Ausgleichbehälter wieder ausgeglichen.

Zur Vermeidung unkontrollierbarer Bewegungen, wie sie durch das exzentrische Aufsetzen der zu hebenden und zu senkenden Schiffe möglich sein können, wirkt über die gesamte Plattform ein mechanischer Gleichlauf.

7 Notverschlüsse

Notverschlüsse werden nur in besonderen Fällen eingesetzt, wie beispielsweise bei Trockenlegung der Verschlüsse zur Inspektion, Ausbesserung oder Reparatur, zur Besichtigung des Tosbeckens, Besichtigung der Einlaufspirale oder des Saugschlauches bei Krafthäusern, Sperrung der Durchflußöffnung beim Versagen des Hauptverschlusses usw. Wir unterscheiden einteilige und mehrteilige Notverschlüsse, einschwimmbare und Notverschlüsse aus einzelnen, zusammenzusetzenden Bauelementen.

7.1 Einteilige Notverschlüsse

Ist die Öffnung nicht zu groß, so daß man mit einer Tafel zur Sperrung des Durchflusses auskommt, so ist die einteilige Lösung einer mehrteiligen wegen Verringerung der Undichtigkeit vorzuziehen. Man wird Gleitdammtafeln dann wählen, wenn sie im stehenden Wasser abgesenkt und gehoben werden können.

In der Regel ist dabei für ein Füllorgan zu sorgen.

Wenn auch bei Gleitdammbalken die Gleitfläche meistens gleichzeitig Dichtungsebene ist, so sollten bei größeren Flächen doch besser Gummidichtungen eingebaut werden. Infolge der Durchbiegung wird eine reine Dichtung Stahl auf Stahl (besonders an der Sohle bei geneigter Saugschlauchebene) erschwert.

Die Endschotte oder auch Querträger ragen über die Stauwand hinaus und geben damit die Möglichkeit zur Verriegelung und zum Einklinken der Haken des Zangenbalkens. An der Sohle fädelt in der Nische oftmals ein konischer Bolzen den Dammbalken in seine richtige Lage. Auch oben an der letzten Längsrippe (oder Hauptträger) verwendet man gerne konische Bolzen, um den Zangenbalken in die richtige Verriegelungslage zu führen. Im übrigen entspricht die Konstruktion der Art, wie in Abschn. 4.1.1 besprochen.

Muß allerdings auch bei strömendem Wasser der Notverschluß eingebracht werden, so sind üblicherweise Rollen vorzusehen, um die Reibung zu reduzieren und ein Absinken des Verschlusses infolge Eigengewicht in die Staustellung zu garantieren. Es gelten für die Konstruktion dichtungsmäßig und in der Bedienung für die Rolldammtafel sinngemäß die gleichen Voraussetzungen wie bei der Gleitdammtafel. Als Vorbild können Entwürfe in Abschn. 4.1.2 und 4.2.5.7 gelten.

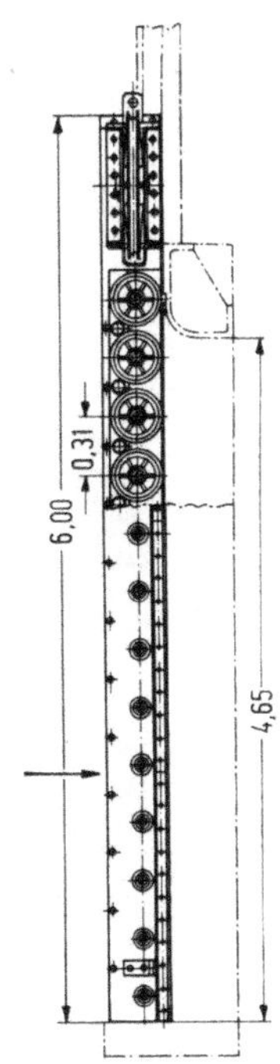

Abb. 7.1. Notverschluß aus Rohren (Glenfield).

Bei einer Rollentafel überspannen Rohre die Durchflußöffnung in ihrer ganzen Breite und liegen in der Nische beidseitig auf. Sie haben voneinander einen geringen Abstand, der durch ein weiteres kleines Rohr bei Wasserdruck geschlossen wird. Die Konstruktion (Abb. 7.1) ist verhältnismäßig einfach. Sie hat allerdings den Nachteil, daß bei größeren Spannweiten infolge der Durchbiegung der Einzelrohre die Undichtigkeit zwischen den einzelnen Elementen und auch zwischen den Rohren und der Nischenauflagerung sich vergrößert. Für kleinere Spannweiten und nicht zu großen Wasserdruck ist diese Lösung brauchbar [*439*]. Allerdings ist der Materialaufwand hoch.

7.2 Mehrteilige Notverschlüsse

7.2.1 Stautafeln mit Stützböcken

Ein Notverschluß dieser Art [*440*] setzt sich zusammen aus

a) der Stauwand, die je nach Größe des abzuschließenden Querschnittes in eine gewisse Zahl Einzeltafeln unterteilt ist;

b) aus den Stützböcken, deren Zahl abhängig ist von der getroffenen Anordnung der Stauwandunterteilung;

c) aus den in der Sohle der abzuschließenden Öffnung eingelassenen Verankerungsteilen zu den Stützböcken.

Abb. 7.2. Stützböcke eines mehrteiligen Notverschlusses (RMD).

Die Einzeltafeln, die zusammengesetzt die ganze Stauwand bilden, lehnen sich gegen die Stützböcke an. Die auf die Stauwand wirkenden Kräfte werden von Längsriegeln aus Profileisen aufgenommen und auf die Stützböcke übertragen (Abb. 7.2). Um die Stautafeln möglichst leicht zu gestalten, können diese beiderseits über die Auflagerpunkte an den Stützböcken so weit überkragen, daß die bei Belastung auftretenden Biegemomente der Längsriegel über den Stützpunkten gleich denjenigen in Feldmitte sind. Jede Stautafel ist mit Führungsdübeln versehen und wird durch diese an den Pfosteneisen der zugehörigen Stützböcke sicher geführt.

Ein Stützbock besteht aus dem Pfosten, der die Stützlehne für die Stauwand bildet und aus der auf Druck belasteten unterwasserseitigen Strebe, die mit dem Pfosten gelenkig verbunden ist. Am unteren Ende greift der Pfosten mit einem hakenartig auslaufenden Stück in die in der Sohle einbetonierten Verankerung. Die Strebe stützt sich unterwasserseitig auf einem in der Sohle einbetonierten Widerlager ab. Oben können die Stützbockpfosten durch Bohlen miteinander verbunden werden, so daß hierdurch ein Laufsteg über die ganze Verschlußbreite entsteht. Die Verankerungen eines Stützbockes umfassen einmal das Widerlager für die Strebe und oberwasserseitig den Anker des Pfostenhakens für die in Pfostenrichtung wirkende Zugbelastung.

Ferner empfiehlt es sich, auf der Sohle eine durchgehende Auflagerschiene für die untere Stauplatte einzubetonieren, damit diese eine einwandfreie, durchgehende Auflagerung vorfindet. Auf besondere Dichtungselemente wie Noten-, Winkel- oder Flachgummi, kann verzichtet werden. Besonders undichte Stellen dichtet man mit Schlacke oder ähnlichem, schnell eine Öffnung verstopfenden Material.

Wird die Strebe des Pfostens oberwasserseitig angeordnet, dann erhält sie nur Zugbelastung. Die Strebe wird in den nach unten konisch zulaufenden Verankerungstopf eingefädelt. Sie hakt mit ihrer Öse unter das Rundeisen des Topfes. Danach steckt man den Pfosten in einen Topf, in den er sich abstützt. Mit einer Vielzahl von Feldern können so große Weiten bewältigt werden.

7.2.2 Stautafeln mit Einsteckpfosten

Ist der Stau nicht zu hoch, so kann an Stelle des Stützbockes auch ein Einsteckpfosten gewählt werden. Dieser wird in Aussparungen des Tosbeckens eingesetzt. In die Einsteckpfosten wird die Stautafel eingefädelt und lagert sich auf die Einsteckpfosten auf. Gleitkufen oben, in der Mitte und unten am Innenflansch des Pfostens erleichtern diese Arbeit. Gegen Umläufigkeit am Einsteckpfosten kann in Höhe des Wehrbodens eine Gummidichtung am Pfosten vorgesehen werden. Um den Randpfosten zu sparen, sieht man im Pfeiler eine Auflagernische für die Stautafel vor. Die Einstecktöpfe im Beton sowie die Einsteckpfosten werden entsprechend des aufzunehmenden Wasserdruckes dort örtlich verstärkt, wo die größte Auflagerreaktion erfolgt. Es empfiehlt sich, diese Verstärkung nicht rechteckig, sondern abgeschrägt auszuführen und den Einsteckpfosten bis zum Anliegen der Dichtung satt in den Topf einzupassen.

7.2.3 Nadelverschluß

Ein Nadelverschluß besteht aus der Nadellehne, den einzelnen Nadeln und der Schwellennische als zweite Auflagerung für die Nadel.

Die Nadellehne überspannt die ganze Öffnung und liegt beiderseits in den Wehrnischen oder sonstigen dafür vorgesehenen Gegenlagern auf. Da eine solche Nadellehne die lichte Weite der ganzen Öffnung haben muß, ist sie oftmals eine verhältnismäßig schwere Konstruktion. Die in Abb. 7.3 dargestellte Lehne ist als Sprengwerk ausgeführt. Ein Zwischenstück von 0,7 m, angepaßt mit hochzugfesten Schrauben, kann die Spannweite für eine zweite Anlage erweitern.

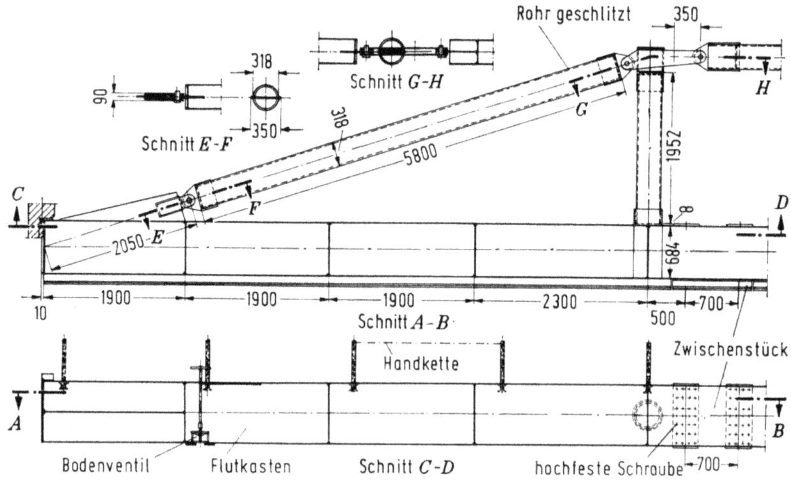

Abb. 7.3. Nadellehne für zwei Stützweiten (RU).

Um ein Hubgerät zu sparen, kann sie schwimmbar ausgeführt und dann verhältnismäßig einfach in die Öffnung eingebracht werden. Ein Zugband verringert das Gewicht der Kastenkonstruktion. Dieses Zugband, aus Rohren gefertigt, muß so angeordnet werden, daß es durch seinen Eigenauftrieb eine Schiefstellung des Kastens der Lehne beim Einschwimmen verhindert.

Die Nadeln können aus Spundwandbohlen, Stahlbauprofilen und auch aus Stahlrohren gefertigt sein. Sie lagern sich auf der Sohle in einer entsprechend gepanzerten Nische auf und liegen oben gegen die Lehne. Ist mit einem Rückschwall zu rechnen, so empfiehlt es sich, jede Nadel mit einem Bügel an der Lehne zu befestigen. Da das Einsetzen der Nadeln aus Stahl meistens von Hand nicht möglich ist, kann man zur Erleichterung bei Verwendung von Rohren diese schwimmfähig machen. Sie werden bei der Nadellehne geflutet und an ihr als Drehpunkt geschwenkt. Sollen die Nadeln wieder ausgebaut werden, so kann dies durch Einblasen von Preßluft vereinfacht werden. Bei Verwendung von Profilen ist man auch dazu übergegangen, Leichtmetall für die Nadeln zu verwenden. Sie haben den Vorteil, von Hand ohne zusätzliche Geräte eingesetzt werden zu können.

Vor allem aber wird bei Verwendung von Leichtmetall (z. B. Aluminium) das Einsetzen eines solchen Notverschlusses zeitlich erheblich verkürzt [*441*].

7.2.4 Gleit- und Rolldammtafeln

Die einfachste Lösung besteht darin, Träger in der Nische abzulassen und diese übereinanderzulegen. Auch hierfür sind von der Aluminiumindustrie Profile entwickelt worden, die den Vorteil des geringen Gewichtes mit dem großer

Steifigkeit verbinden und dabei auch noch Nuten für eine Gummidichtung aufweisen [*441*].

Es lassen sich auch mehrere Profile zu einer Einheit zusammenfassen, dabei werden I-Träger an den Flanschen zusammengeschweißt. Gleitkufen sichern in den Nischen die Führung. Solch eine Konstruktion ist dann zu befürworten, wenn der Materialpreis verhältnismäßig niedrig, der Lohnanteil dagegen hoch liegt. Bei größerer Spannweite ist eine gegliederte Konstruktion vorteilhaft. Liegt die Stauwand in der Mitte, wird an Bauhöhe nach Unterwasser gespart. Es kann die Stauwand näher an den Hauptverschluß heran. Arbeitsraum ist dann noch vorhanden. Die Nischen liegen näher zum Hauptverschluß, die Pfeiler können kürzer werden. Wenn zusätzlich auch die Bauhöhe mehrerer Elemente gleich ist, sind die Reihenfolge und die Lage beim Einsetzen ohne Bedeutung. Bei großen Stauhöhen ist es manchmal wirtschaftlich, einzelne Dammtafeln dem veränderlichen Wasserdruck anzupassen. Dies setzt allerdings voraus, daß die Dammtafeln gekennzeichnet sind und durch besondere Lagerung ein Vertauschen ausgeschaltet ist.

Soll beispielsweise ein Dammbalkensatz aus 5 Elementen eine Turbineneinlauföffnung abschließen, so muß der Notverschluß nicht nur im ruhenden Wasser, sondern auch bei einer Teildurchflußmenge (hier 30 m^3/s) eingesetzt werden. Da beim Einsetzen der drei unteren Balken noch genügend Durchfluß-

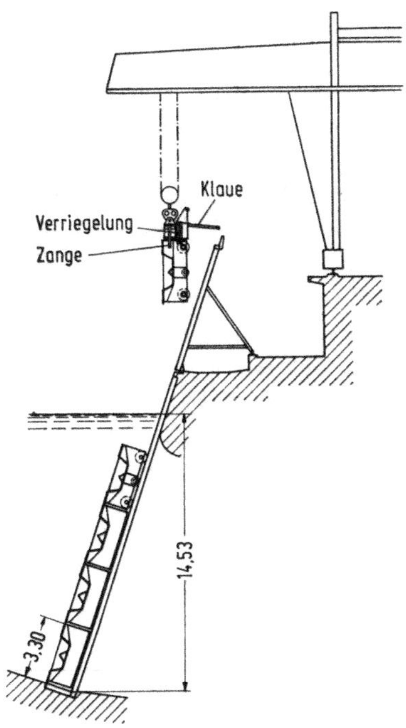

Abb. 7.4. Notverschluß aus Gleit- und Rolldammtafeln.
a) Querschnitt; b) Ansicht; c) Grundriß.

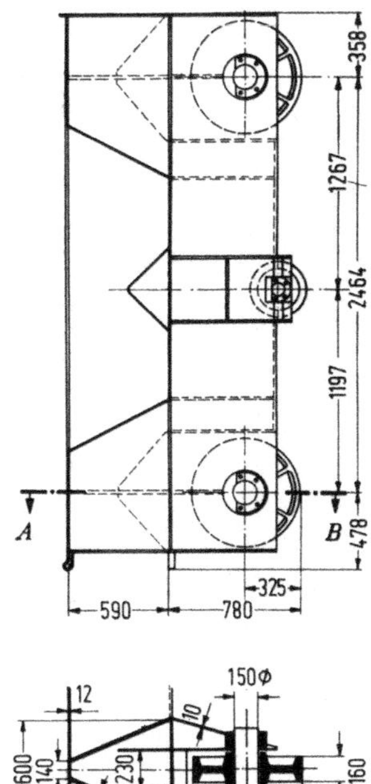

Abb. 7.5. Rolldammtafel für Notverschluß nach Abb. 7.4.

querschnitt offenbleibt [*442*], sind sie als Gleitdammbalken ausgeführt (Abb. 7.4.) Die zwei oberen Balken müssen dagegen auf Rollen gelagert werden, um die Reibung zu reduzieren [*443*]. Ein Dammbalkenelement weist hutförmigen Querschnitt auf (Abb. 7.5). Die den „Hut" füllende Wassermenge ergibt eine erwünschte zusätzliche Wasserauflast. Diese Hutform hat sich zudem als wirtschaftlich erwiesen, da das abgewinkelte Blech zugleich die Stauwand und den Hauptträgerquerschnitt bildet. Die großen Querschnittsabmessungen machen allerdings eine mittlere Horizontalsteife nötig. Wenn diese mit dreieckförmigem Kastenquerschnitt ausgebildet wird, trägt sie wesentlich zur Torsionssteifigkeit des Querschnittes bei. Um für die Revision des unter 3 : 1 geneigten Einlaufrechens Platz zu belassen, erhalten die Dammbalken Auflagerstelzen, welche die Gleitkufen bzw. Laufrollen aufnehmen. Sie bilden kontinuierliche Balken über drei Öffnungen unterschiedlicher Stützweite. Die zwei mittleren Auflager werden durch die verhältnismäßig schlanken Zwischenleitpfeiler des Turbineneinlaufs gebildet. Diese sind nicht in der Lage, die verhältnismäßig großen horizontalen Reibungskräfte aufzunehmen, die infolge Schiefstellung der starr an die Dammbalken angeschlossenen Stelzen auftreten. Die Auflagerung der Gleitbalken erfolgt daher über eine Leiste aus Teflon-Bronze, die auf einer quer vrschiebelichen Hilfsleiste befestigt ist und auf der die verchromte Auflagerfläche der Stelze gleitet (Abb. 7.6).

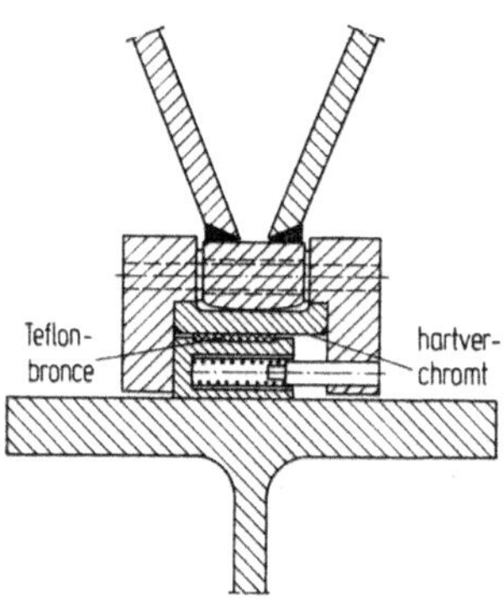

Abb. 7.6. Gleitkufe mit Teflon-Bronze für eine Dammtafel.

Die beiden oberen Rolldammtafeln der Abb. 7.4, in gleicher „Hutform" wie die Gleitdammbalken, haben in der Mitte zusätzlich noch eine kleine, weitere Rolle (an Stelle der Kufe der Gleitdammtafel).

Welche hydrodynamischen Belastungen treten bei solchen Dammbalken nun auf? In den nachfolgenden Ergebnissen aus Modellversuchen [*444*] sind die vertikalen Kräfte dann als positiv bezeichnet, wenn sie nach unten wirken. Die negativen vertikalen Kräfte sind Auftriebskräfte. Unterwasserseitig der Dammbalken ist ein Verschluß in verschiedenen Stellungen (Schützhub 1 bis 9 m und mehr).

Für einen Fachwerkdammbalken mit oberwasserseitiger Stauwand (Abb. 7.7) sind im Diagramm die auf den Dammbalken wirkenden Kräfte in Abhängigkeit der Dammbalkenstellung (Unterkante) und des Schützhubes als Parameter aufgetragen. Bei einem Schützhub von 1 m treten nur Auftriebskräfte auf. Die Kräfte werden aber bei wachsendem Schützhub schnell positiv.

Bei Betrachtung der Abb. 7.7 fällt auf, daß bei Schützhüben über 4 bis 5 m im Kraftverlauf zwei deutlich ausgeprägte Maxima auftreten. Das rührt daher, daß der Dammbalken auf seinem Absenkweg zwei verschiedenen Strömungsvorgängen ausgesetzt ist. Im oberen Teil des Weges kann der Strahl bei großem Schützhub frei über den Dammbalken bzw. durch die Dammbalkenkonstruktion fallen. Der Unterschied der Wasserstände vor und hinter dem Dammbalken hängt vom Schützhub und von der Dammbalkenstellung ab. Der Dammbalken erhält hier also eine Auflast, die in einer bestimmten Höhenlage ein Maximum aufweist. Erst wenn der Dammbalken tiefer abgesenkt wird, kommt er in den Bereich der eigentlichen Strömung, wo das zweite Kräftemaximum auftritt.

Beim Vollwandträger mit oberwasserseitiger Stauwand lassen sich von vornherein größere positive und auch negative vertikale Kräfte als beim Fachwerk-

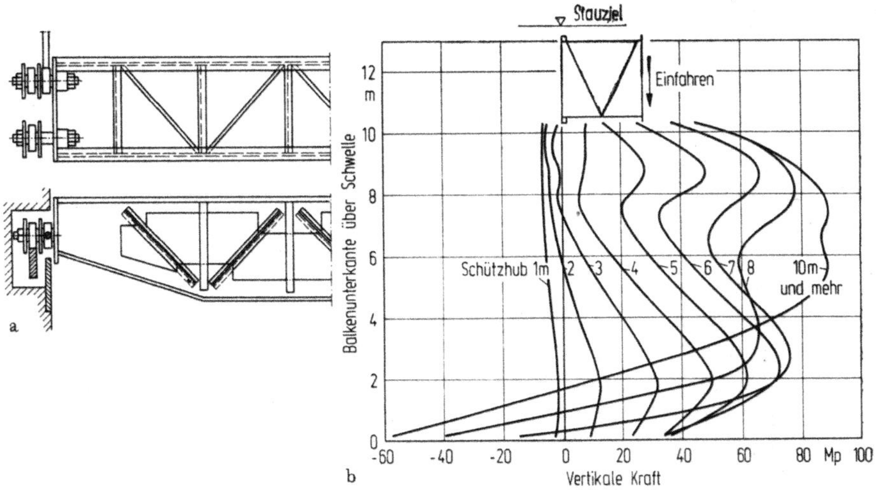

Abb. 7.7. Fachwerk-Dammbalken.
a) Dammbalken; b) vertikale Kräfte auf den ersten Dammbalken.

träger erwarten, da die Strömung durch ihn stärker gestört wird. Bei Dammbalken in Fachwerkkonstruktionen, aber mit Stauwand unterwasserseitig, ist in der Regel der Kräfteverlauf etwas günstiger [*445*, *446*]. Wählt man einen halbkreisförmigen Dammbalken, so kann er aus einzelnen normalen Segmenten bestehen. Für die Dreigurtform sind die hydraulischen Belastungen günstiger als bei einem gebogenen Profilträger. Allerdings neigt der gebogene Dammbalken mehr zu Schwingungen [*447*].

7.3 Hubmittel

Zum Einsetzen oder Herausheben der Notverschlüsse wird im allgemeinen als Verbindungsglied zwischen Tafel und Antrieb ein Zangenbalken benutzt. Ein oder zwei Haken werden durch ein Gegengewicht (oder mehrere) in aufgerichteter Stellung gehalten (Abb. 7.8). Der Zangenbalken wird nun durch den Antrieb gesenkt, die oder der Haken stößt gegen den Bolzen und wird dabei

Abb. 7.8. Zangenbalken.

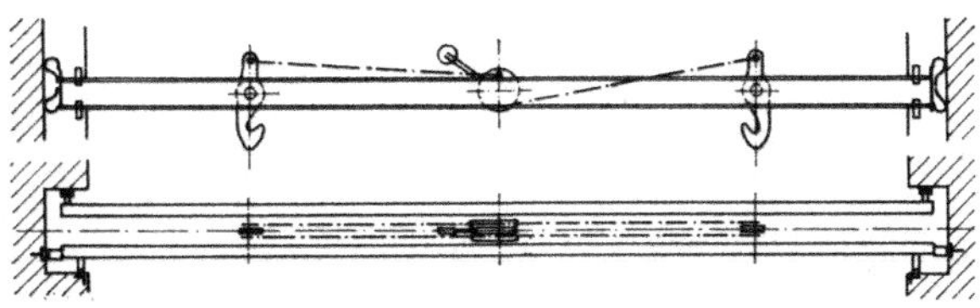

ausgelenkt. Der Zangenbalken muß auch gegebenenfalls die Strömung durchfahren. Dabei kann unter Beachtung hydraulischer Gesetze die Hubkraft beträchtlich beeinflußt werden [*448*].

Da der Zangenbalken weiter abgelassen wird, kann der Haken durch das Gegengewicht in seine alte Lage zurückpendeln und faßt dabei den Bolzen. Damit ist die Verbindung zwischen Zangenbalken und Dammbalken hergestellt, der Hub kann beginnen. Je nach Größe und Spannweite kann der Zangenbalken ein Fachwerk oder ein leichter Träger sein.

Das Einsetzen der Dammtafeln erfolgt mit besonderen Geräten oder fahrbaren Kranen. Besteht die Gefahr, daß der Hauptverschluß eher Beschädigungen ausgesetzt ist (z. B. Schleusen), so ist es oftmals sinnvoll, ein festes Gerät zum Einsetzen der Dammbalken vorzusehen. Es kann ein einfacher Schwenkmast (Derrik) mit Ausleger diese Arbeit übernehmen. Die Dammbalken liegen seitlich gestapelt. Einer ist bereits angehängt, so daß bei Beschädigung des Schleusentores ohne Verzögerung mit dem Einsetzen begonnen werden kann.

Dieselbe Arbeit verrichtet auch ein Portalkran. Ist die Ausladung zu kurz, kann man sich mit Böcken, die die Laufbahn verlängern, helfen (Abb. 7.4).

Wird die Rechenreinigungsmaschine gleich entsprechend dimensioniert, so kann sie in geschickter Kombination diese Arbeit mit übernehmen. Verzichtet man aus architektonischen Gründen auf eine Windwerksbrücke, kann das Einsetzen der Notverschlüsse im Oberwasser beispielsweise durch einen oder mehrere Schwimmkrane erfolgen.

7.4 Einschwimmbarer Notverschluß

Ein Notverschluß, beispielsweise zum Abschluß eines Turbineneinlaufes, als Schwimmkörper hat die Form eines Pontons, der in waagerechter Lage vor die abzuschließende Öffnung schwimmt. Dann wird er durch Riegel in den die Öffnung begrenzenden Wänden drehbar gelagert und durch Fluten in die Schließ-

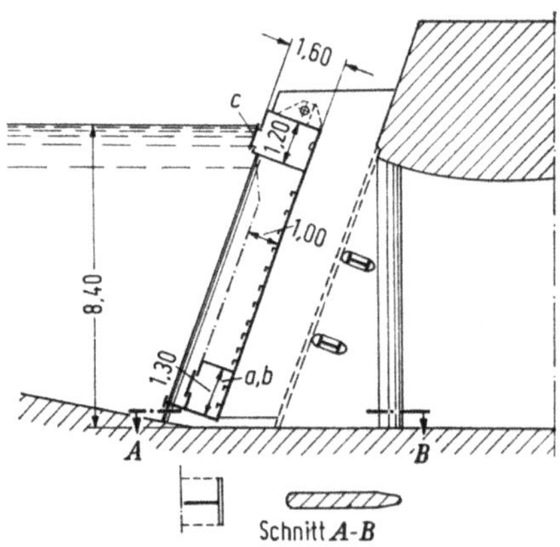

Abb. 7.9. Schwimm- und drehbarer Notverschluß (GHH).
a Schwimmtank; *b* Trimmtank; *c* Luftleitung.

lage bzw. durch Lenzen mittels Preßluft wieder in die waagerechte Lage gebracht (Abb. 7.9).

Oft schwimmt infolge seiner unsymmetrischen Form der Notverschluß schräg im Wasser. Er wird dann an der Sperrstelle in seine endgültige Lage durch Fluten verschiedener Zellen in Staustellung gedreht.

Ein absenkbarer, also ein in der Lotrechten sich bewegender Notverschluß kann in seiner Konstruktion ähnlich der eines Schwimmtores sein (s. Abschn. 6.4.1).

Der Verschluß ist in mehrere Zellen aufgeteilt, die einzeln geflutet und gelenzt werden können. Schwimmt der Verschluß flach im Wasser, wird er durch Entlüften der Zellen aufgerichtet. Durch weiteres Fluten der Zellen sinkt der Verschluß ab und setzt sich auf den Boden in Staustellung. Soll er wieder ausgeschwommen werden, lenzt man langsam die Zellen.

Handelt es sich um einen mehrteiligen Notverschluß, wobei auch von der durchgehenden Kastenform abgewichen werden kann, so erreicht man bei entsprechender Ausbildung der Stauwand und des Parabelträgers mit Schwimmkästen trotz nicht symmetrischer Form eine stabile, lotrechte Schwimmlage. Die einzelnen Tafeln werden in die Öffnung eingeschwommen, sinken ab, wenn sie geflutet werden. Die nachfolgende stützt sich dann auf die Stauwand der nächsttieferen und auf zwei Konsolen am Parabelträger auf.

8 Nischen, Schienen und feste Teile

8.1 Allgemeine hydraulische und statische Überlegungen für die Nische

Die Lagerung eines Schützes erfolgt im allgemeinen in einer Nische, die aus hydraulischen und statischen Gründen möglichst klein gehalten werden sollte. Aus hydraulischen, um die Strömung nicht abzulenken, eine Verschmutzung,

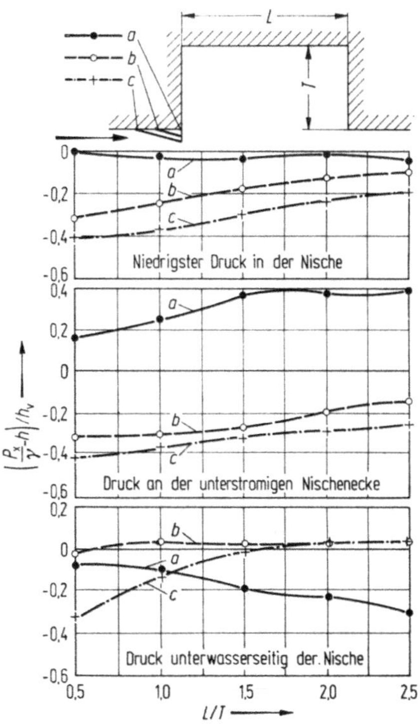

Abb. 8.1. Druckverhältnisse in und unterwasserseitig der Nische bei verschiedenen Strahlabweisern und in Abhängigkeit der Nischenabmessungen.
a Glatte Wand; *b* u. *c* Formen der Strahlabweiser; *L* Nischenlänge; *T* Nischentiefe; *P* örtlicher Druck; *h* Unterwasser (Gegendruck); h_v Geschwindigkeitshöhe.

Kavitation oder Schwingungsgefahr zu vermeiden. Aus statischen, weil die Nische eine Schwächung des Tiefbauquerschnittes darstellt. Dies zwingt oftmals dazu, den Verschluß nach den Enden hin beizuziehen. Die hieraus resultierenden konstruktiven Nachteile und preislichen Erhöhungen schlagen in der Regel im Vergleich zu den tiefbaulichen Ersparnissen nicht durch. Die beste Lösung wäre es, ganz ohne Nischen auszukommen. Dieser Fall ist z. B. beim Segment- und Sektorverschluß (s. Abschn. 4.1.5, 4.1.6 und 4.1.7) zu verwirklichen.

Bei Gleit- und Rollschützen dagegen ist in der Regel ohne Nischen nicht auszukommen. Die Strömungsverhältnisse am Durchflußquerschnitt werden dann

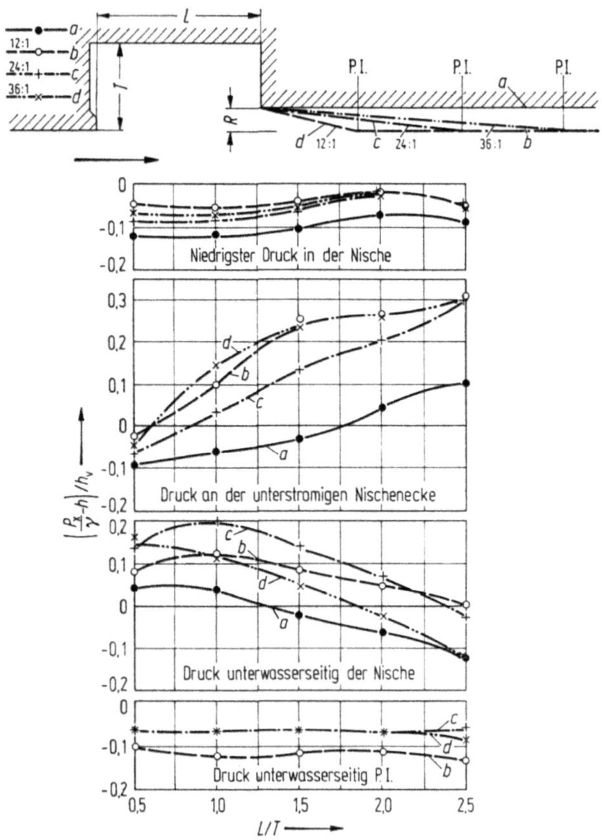

L/T	0,5	1,0	1,5	2,0	2,5
R	0,15L	0,075L	0,05L	0,037L	0,03L

Abb. 8.2. Druckverhältnisse in und unterwasserseitig der Nische in Abhängigkeit von der Nischenabmessung und der Neigung der unterwasserseitigen Anschlußwand.
a Glatte Wand; *b*–*d* geneigte Wand; *L* Nischenlänge; *T* Nischentiefe; *P* örtlicher Druck; *h* Unterwasser (Gegendruck); h_v Geschwindigkeitshöhe.

allerdings gestört. Bei größeren Nischen und entsprechender Strömungsgeschwindigkeit können in der Nische selbst und unterhalb davon negative Drücke auftreten. Der Schritt bis zur Kavitation ist dann nicht mehr weit. Deshalb ist versucht worden, durch Veränderungen an der Nischenform die Druckverhältnisse in und an der Pfeilerwand nach der Nische zu beeinflussen [*449*]. Durch Strahlabweiser an der oberwasserseitigen Nischenkante hoffte man, den Strahl so zu leiten, daß er die Nische überspringt und dadurch zu große Unterdrücke nicht hervorruft (Abb. 8.1). Es zeigt sich aber eine glatte, durchgehende Pfeilerwand den Abweisern überlegen, denn bei ihr sinkt der Druck am wenigsten ab.

Durch Rückversetzen der unterwasserseitigen Pfeilerwand aus der Flucht der oberwasserseitigen läßt sich eine Druckbeeinflussung im Bereich der Nische erzielen. Wohl liegen die Werte bei glatter, um R zurückgesetzter unterwasserseitiger Pfeilerwand am nächsten bei Null (Abb. 8.2, Form a). Der Rücksprung R kann aber nicht beliebig groß gewählt werden, da noch genügend Fläche für die Aufnahme der Lagerkräfte vorhanden sein muß. Es kann auch die unterwasserseitige Kante abgerundet oder in elliptischer Kurve geführt werden. Untersuchungen zeigen, daß bei schmaler Nische (also L klein) die Strömungsverhältnisse am wenigstens gestört werden.

Der hydraulische Verlust, der durch die Nische als unstete Querschnittserweiterung sich einstellt, ist gegeben durch [*450*]

$$h_{\text{Verlust}} = K \frac{v^2}{2g} \tag{232}$$

mit

$$K = \left[\left(\frac{2\,T/L\;L/B}{1 + 2\,T/L\;L/B}\right)^2 + \left(\frac{0{,}74\,T/L\;L/B}{1 + 1{,}26\,T/L\;L/B}\right)^2\right], \tag{233}$$

mit Gültigkeit im Bereich $T/B \ll 1$ oder $T/L\;L/B \ll 1$ (Abb. 8.3).

Gleitschütze haben deshalb gegenüber Rollschützen hydraulisch große Vorteile. Konstruktive Vorschläge versuchen diesen Nachteil für Rollschütze auszugleichen. Da gibt es die sogenannten Nachläufer (s. Abb. 4.51). Eine weitere gute Lösung ohne zusätzliche, bewegliche Konstruktionen zeigt Abb. 8.4. Einmal wird dies durch parallel zur Strömung verlaufende Teilverkleidungen erreicht, die die Breite der Nische verringern. Eine Zuflußleitung in der Nische führt entweder von Ober- oder von Unterwasser aus Bereichen höheren Druckes oder größerer Geschwindigkeit Wasser zu und wirkt damit einem Sinken des Druckes in der Nische entgegen. Je nach Größe der Druckdifferenz strömt mehr oder weniger zum Ausgleich zu. Durch einen Schieber läßt sich die Zuflußmenge

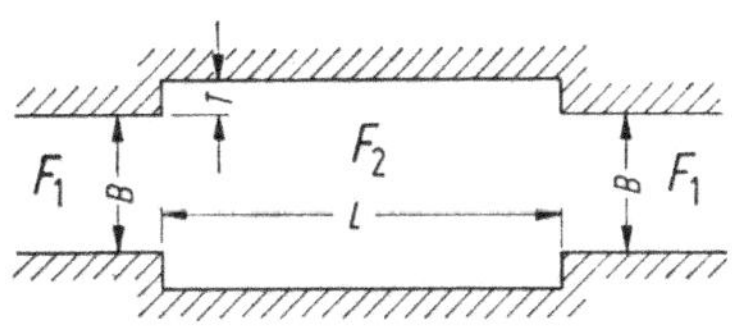

Abb. 8.3. Maßbezeichnung für die Nische.

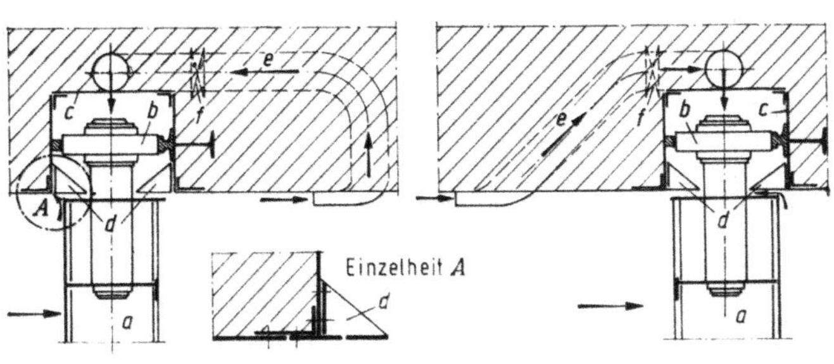

Abb. 8.4. Rollschütz mit eingeengter Nische und Druckausgleich (RU).
a) Oberwasserseitig Stauwand und Dichtung; b) unterwasserseitig Stauwand und Dichtung.
a Stahlkonstruktion; *b* Laufrolle mit Achse; *c* Nische; *d* Teilverkleidung der Nische; *e* Leitung zum Druckausgleich in der Nische; *f* Schieber.

regulieren. Das jetzt entstehende Wasserpolster schließt als quasi Nischenverkleidung den Spalt [*451*, *452*].

Die Länge und Tiefe einer Nische werden im wesentlichen durch die Größe der in den tiefbaulichen Teil der Anlage einzuleitenden Wasserdruckkräfte bestimmt. Denn diese beeinflussen die Höhe und Breite der Stahlkonstruktion in der Nische, die Lage und Stärke des Antriebes und nicht zuletzt die Lage der Lauf- oder Gleitschiene unter Berücksichtigung der Scherfläche im Beton.

8.2 Nischenformen

Bei einem Gleitschütz richtet sich die Länge der Nische nur nach der Höhe des Endschottes (Abb. 8.5). Ist das Schütz nur eine Platte, so ist die Nische sehr schmal wie eine Nute, in der es gleitet (s. Abb. 6.17). Die Nische kann flach gehalten werden, da über die ganze Nischenhöhe das Gleitschütz die Auflagerkraft gleichmäßig an die Schiene abgibt. Da die Breite der Gleitfläche ein größeres Spiel zuläßt, ist die Seiten- und Gegenführung eines solchen Schützes einfach. Ein Winkel mit Remanitkufen führt das Schütz am Eckwinkel der Nische.

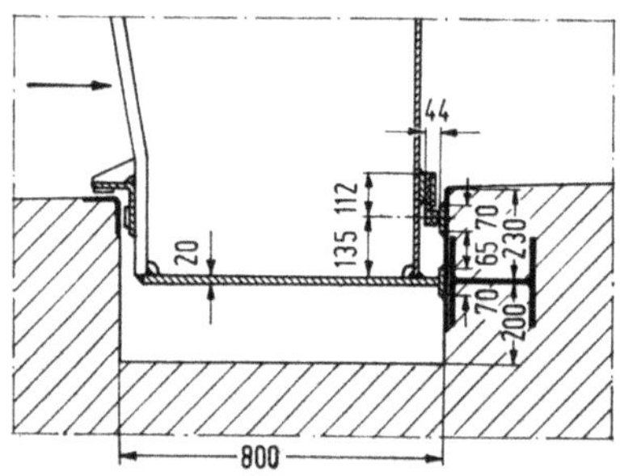

Abb. 8.5. Nische für ein Gleitschütz (RU).

Bei einem einfachen Rollschütz mit verhältnismäßig geringen Radlasten unterscheidet sich die zugehörige Nische gegenüber einem Gleitschütz nur unwesentlich. Das VerhältnisBreite zur Tiefe ist ähnlich. Nur wird jetzt an Stelle der flachen Gleitschiene eine stärkere Rollschiene, die bearbeitet sein muß, einzubauen sein. Auch auf eine gute Seitenführung ist zu achten.

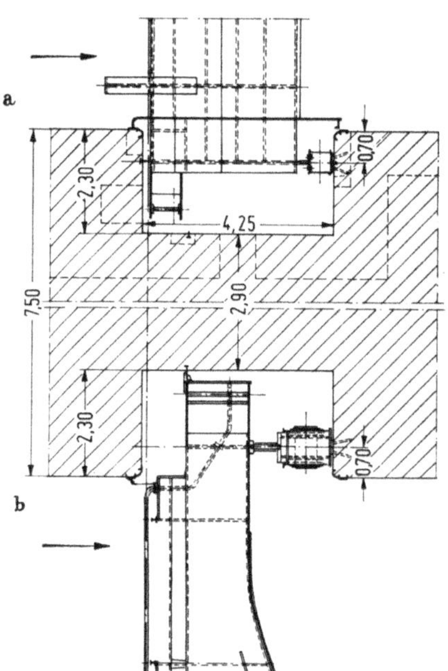

Abb. 8.6. Nische für ein Hakendoppelschütz (Waagner).
a) Oberschütz; b) Unterschütz.

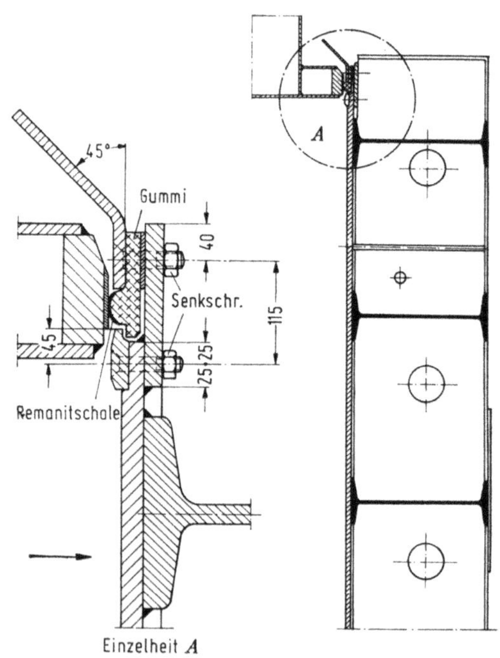

Abb. 8.7. Horizontale Fortsetzung der Nische bei höherem Wasserstand als Konstruktionsoberkante (RU).

Werden die Lasten größer, wächst der Rollendurchmesser. Die Konstruktion wird, vor allem wenn für die Rollenlagerung ein Doppelschott gewählt wird, länger. Damit wird die Nische tiefer. Verlängernd wirkt hierbei noch die seitliche Führungsrolle infolge ihrer größeren Bauhöhe. Bei größeren Wehrverschlüssen überwiegt infolge der Rollenwagen die Länge der Nische bei weitem gegenüber der Tiefe (Abb. 8.6). Die Tiefe wird vor allem durch das Hubmittel noch vergrößert, das entsprechenden Platz im Anschluß an das Endschott beansprucht. Neben der Laufschiene für die Rollenwagen finden wir in solch einer Nische noch die Seitenführungsschiene und oberwasserseitig die Schiene für die Gegenführung. Allerdings werden bei großen Verschlüssen die Pfeiler durch die Nischen erheblich geschwächt. Bei einem Hakendoppelschütz (Abb. 8.6) bleiben weniger als 40% (hier 2,90 m) stehen.

Bei Verschlüssen in Stollen und Einläufen, also bei Konstruktionen, bei denen der Wasserspiegel höher als die Oberkante des Verschlusses liegt, muß die Nische oben horizontal weitergeführt werden. Lagerkräfte braucht sie nicht aufzunehmen, als Dichtungsebene aber muß sie wirksam sein. Die horizontale Nischenfortsetzung besteht in der Regel aus einem schweren Träger oder einer Bramme, maßgerecht bearbeitet für die Dichtung (Abb. 8.7).

8.3 Laufschienen

Die Laufarmaturen von Rollschützen sowie ihre Schienen und Unterlagen werden durch unvermeidbare Nebeneinflüsse exzentrisch belastet. Allgemein läßt sich feststellen, daß sich bei fest eingebauten Laufrollen schwerere Rollen und Schienen, bei in Rollenwagen gelagerten Laufrollen zusätzliche Wagen und Kippstelzen ergeben [*453*]. Bei Gleitschützen mit Schienenlagerung treten diese Probleme in den Hintergrund. Es kann aber infolge der Durchbiegung des Schützes eine einseitige Abnutzung der Gleitschiene eintreten.

8.3.1 Schienenarten

Neben den handelsüblichen Kranschienen gibt es die verschiedensten Lösungen für zusammengesetzte Querschnitte. Hierbei muß eine einwandfreie Verbundwirkung der Schiene mit der Tragkonstruktion gewährleistet sein. Ist die Schiene auswechselbar, sollte man sie aus Sicherheitsgründen im allgemeinen beim tragenden Querschnitt nicht mitrechnen. Während bei mittig angreifenden Kräften der Verlauf und die Belastung zu übersehen sind, können ein außermittig wirkender Raddruck und eine quer zur Schiene wirkende Kraft zu großen Betonpressungen, Klaffen der Betonfuge, u. U. sogar zum Kippen der Schiene, aber auch zu Überbeanspruchungen in der Schiene selbst führen. Bei den Seitenkräften in festeingebauten Laufrollen wird sehr genau zu überlegen sein, ob man die Schiene auf einfache Weise, z. B. nach Abb. 8.8a, auf ihre Unterlage auflegen kann. Es wird fast immer notwendig sein, bei Schützen mit festeingebauten Rollen die Schienen sehr breit auszubilden oder auf Zug zu verankern oder einzubetonieren oder durch sonstige konstruktive Maßnahmen die vorgenannten Gefahren zu vermeiden. Aus der Vielzahl solcher Maßnahmen zur Verringerung der Beanspruchung sind einige in Abb. 8.8b bis g gezeigt. Am besten sind Schienen mit vollem oder zumindest gedrungenem Querschnitt, auch wenn sie schwerer sind als solche mit dünnwandigen Profilen.

Bei der Berechnung, vor allem für dünnwandige Profile, liegt eine besondere Schwierigkeit darin, daß – von einigen Ausnahmen abgesehen – die Laufrolle unter Last bewegt und damit eine konzentrierte Last an ständig wechselnder Stelle in die Schiene eingeleitet wird. Queraussteifungen solcher dünnwandigen Schienen vermeiden zwar, wenn sie eng genug gesetzt werden, ein Abbiegen des Schienenkopfes und -fußes, nicht aber örtliche Verformungen und örtliche Störungen im Spannungsverlauf. Grundsätzlich wird es bei großen Seitenkräften und Exzentrizitätsmomenten notwendig sein, Steifen anzuordnen, wenn die resultierende Kraft nicht durch den Schienensteg verläuft.

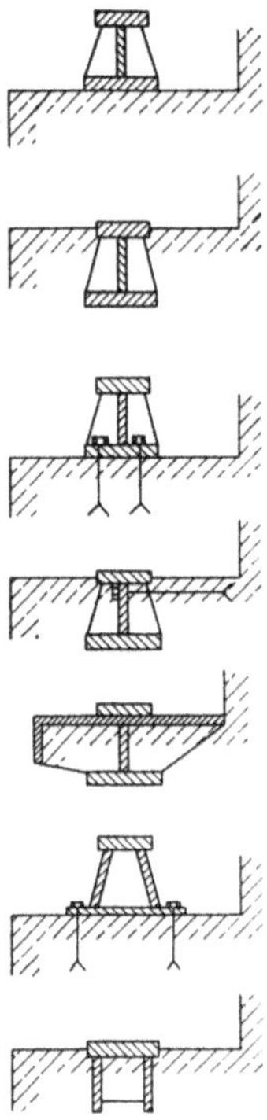

Abb. 8.8. Verschiedene Arten von Schienen mit dünnwandigem Querschnitt und ihre Lagerung.
a) Schiene auf Unterlage aufgelegt; b) Einbetonierung der Schiene bis zum Schienenkopf; c) Zugverankerung der Schiene; d) Horizontale Verankerung der Schiene möglichst nahe am Schienenkopf; e) Vergrößerung des Widerstandsmomentes der Schiene in Querrichtung; f) torsionssteife Ausbildung der Schiene; g) Schiene mit hochliegendem Schubmittelpunkt.

Näherungsweise wird man bei eng genug gesetzten Querstreifen annehmen können, daß sich eine solche Schiene mit dünnen Wänden hinsichtlich der Betonpressungen ähnlich verhält wie die volle Schiene. Hinsichtlich der Beanspruchung in der Schiene selbst wird – wenn man von der erwähnten örtlichen Störung im Spannungsverlauf absieht – wesentlich sein, ob sie einen Querschnitt mit großer oder kleiner Drillsteifigkeit aufweist. Eine dünnwandige Schiene mit geschlossenem Querschnitt wird sich dabei ähnlich verhalten wie eine volle Schiene, während eine dünnwandige mit offenem Querschnitt auf Verdrehung stark beansprucht wird (da solche Schienen nicht wölbfrei sind, ist eine Untersuchung auf Wölbkrafttorsion angezeigt).

8.3.2 Spannungen in der Schiene

Nach [*453*] errechnet sich die Spannung für eine Schiene mit vollem oder dünnwandigem, geschlossenem oder dünnwandigem, offenem wölbfreiem Querschnitt:

a) Biegung um die x-Achse

$$\sigma_x = 0{,}5\,\frac{P}{W_x}\sqrt[3]{\frac{E}{E_u}\,\frac{J_x}{b_u}}\,; \tag{234}$$

b) Biegung um die y-Achse

$$\sigma_y = 0{,}5 \frac{P_w}{W_y} \sqrt[3]{\frac{E}{E_u} \frac{J_y}{h}}; \tag{235}$$

c) Torsion

$$\tau_D = \frac{M}{2 W_D}. \tag{236}$$

Es bedeuten

b_u Fußbreite der Schiene;
h Schienenhöhe;
E_u $E/10$ bis $E/15$;
P Rollenbelastung senkrecht zur Schiene;
P_w waagerechte Kraft in Schienenkopfebene;
M Torsionsmoment, bezogen auf den Schubmittelpunkt oder näherungsweise auf den Schwerpunkt;
W_D Widerstandsmoment gegen Drehung.

Bei einer Schiene mit dünnwandigem, offenem, nicht wölbfreiem Querschnitt liegt wegen der kontinuierlichen Abtragung der Exzentrizitätsmomente längs der Schiene Zwängungsdrilling (Wölbkrafttorsion) vor. Es entstehen folgende Normalspannungen:

a) aus Biegung um die x-Achse:

$$\sigma_x = 0{,}5 \frac{P}{W_x} \sqrt[3]{\frac{E}{E_u} \frac{J_y}{b_u}}; \tag{237}$$

b) aus Biegung um die y-Achse:

$$\sigma_y = 0{,}5 \frac{P}{W_y} \sqrt[3]{\frac{E}{E_u} \frac{J_y}{h}}; \tag{238}$$

c) aus Wölbkrafttorsion:

$$\tilde{\sigma} = \frac{M_w}{C_M} \varphi_{\overline{M}}; \tag{239}$$

mit

M_w Bimoment;
C_M Wölbwiderstand;
$\varphi_{\overline{M}}$ Einheitsverwölbung.

Für die praktische Rechnung können die Schubspannungen τ_D und $\tilde{\tau}_D$ vernachlässigt werden.

Die Wölbnormalspannungen $\tilde{\sigma}$ in der Lastangriffsebene können näherungsweise ermittelt werden, indem man sich die elastisch gebettete Schiene als Träger auf zwei Stützen im Abstand L zwängungsfrei gelagert und in Trägermitte durch das Exzentrizitätsmoment M – bezogen auf den Schubmittelpunkt – belastet denkt. Folgende Faktoren können durch eine seitliche Verschiebung eine Außermittigkeit der Laufrolle auf der Schiene hervorrufen:

a) Spreizung bei Schützdurchbiegung aus Wasserdruck. Unter der Annahme $I = \text{const}$, $q = \text{const}$ und unter Vernachlässigung der Verformung infolge der waagerechten Auflagerkräfte und der Exzentrizitätsmomente entsteht:

$$\Delta l_1 = \frac{q\, l_s^3}{24 E I} k = \frac{16}{5} \frac{y_{\max}}{l_s} k;$$

dabei sind

y_{max} waagerechte Durchbiegung in Schützmitte;
l_s Stützweite;
k Abstand Schützschwerachse bis Achse der Rolle.

b) Spreizung durch ungleichmäßige Temperatur:

$$\Delta l_2 = \frac{\alpha \, \Delta t \, l_s}{h_s} k$$

mit

h_s Hauptträgerhöhe.

c) Schützlängenänderung durch gleichmäßige Temperatur:

$$\Delta l_3 = \alpha t \frac{l_s}{2} .$$

d) Verschiebung durch Verdrehung der Schützkippplatte:

$$\Delta l_4 = r \hat{\varphi} ,$$

dabei ist

$2r$ Höhe der Kippstelze.

e) Herstellungsgenauigkeit des Schützes:

$$\Delta l_5 .$$

f) Ungenauigkeit beim Verlegen der Schienen:

$$\Delta l_6 .$$

g) Seitliche Verschiebung des Schützes nach einer Seite entsprechend dem maximalen Spiel zwischen Seitenführungsrollen und zugehörigen Führungsschienen

$$\Delta l_7$$

sowie durch Verdrehung (Neigungswinkel der Biegelinie am Auflager).

h) durch Belastung aus Wasserdruck

$$\varphi_1 = \frac{q \, l_s^3}{24 E I} .$$

i) durch ungleichmäßige Temperatur:

$$\varphi_2 = \frac{\alpha \, \Delta t \, l_s}{h_s} .$$

j) durch Herstellungsgenauigkeit des Schützes (Verkanten der Achse, Schützkippplatte usw.):

$$\varphi_3 .$$

k) durch Ungenauigkeit beim Verlegen der Schienen (Verkanten der Schienen):

$$\varphi_4 .$$

Liegt der Schienenflansch seitlich am Beton an, was beim Schienenkopf zutrifft, wenn die Schiene einbetoniert ist, dann läßt sich die Lastverteilungslänge L beim seitlichen Ausweichen der Schienenflansche nach der Formel von FRICKE wie folgt abschätzen:

$$\sigma = \frac{0{,}5 P}{W} \sqrt[3]{\frac{E I}{E_u b}} ; \qquad \sigma = \frac{M}{W} = \frac{P L}{W} .$$

Damit wird z. B. für den Schienenkopf:

$$L \cong 2 \sqrt[3]{\frac{E}{E_u} \frac{I_0}{t_0}} \cong 1{,}86 b_0 \cong 2 b_0 ;$$

t_0 Kopfdicke der Schiene; b_0 Kopfbreite der Schiene.

Liegt die Schiene auf der Unterlage auf, so wird die Lastverteilungslänge größer sein wegen der Abtragung des Torsionsmomentes vom Schienenkopf über die volle Steghöhe in den Fuß und den Beton. Ein brauchbarer Wert für L dürfte der Abstand der Schienenaussteifung sein, weil durch diese das seitliche Ausweichen der Flansche verhindert wird.

Auch muß bei dünnwandigen Schienen nachgeprüft werden, ob am Übergang zwischen Kopf und Steg in Richtung von P nicht unzulässig hohe Druckspannungen (Lastverteilung etwa unter 45°) und in Schienenlängsrichtung nicht zu hohe Schubspannungen auftreten. Verdickter Steg, hoher Schienenkopf, Material höherer Festigkeit sind dabei geeignete Mittel gegen Überbeanspruchungen.

Beim Bettungszifferverfahren wird die Durchbiegung proportional der Sohlpressung gesetzt (Proportionalitätsfaktor ist die sogenannte Bettungsziffer). Die Bettungsziffer ist nach der Theorie des elastisch-isotropen Halbraums keine Konstante, sondern eine Abhängige der Sohlpressungen des ganzen Balkens und der Form und Größe der Belastungsfläche. Ableitung des Verfahrens mit Rechenbeispielen s. [*454*].

8.3.3 Schienenkopfbreite

Die Pressung zwischen Laufrad und Schiene wird mit der Formel von HERTZ ermittelt:

$$\sigma_H = 0{,}418 \sqrt{\frac{P E}{r b'}} . \qquad (240)$$

Die Abkürzungen bedeuten:

P Radlast (Mp);
E Elastizitätsmodul für Stahl;
r Radius des Laufrades (cm);
b' Schienenkopfbreite (cm).

Zur Ermittlung der erforderlichen Schienenkopfbreite wird diese Gleichung nach b' aufgelöst.

$$b' = \frac{367{,}5}{\xi^2 \sigma_B^2} \frac{P}{r} . \qquad (241)$$

Dabei ist $\sigma_{H\,\text{zul}} = \xi \sigma_B$ (Mp/cm²) die zulässige Pressung nach HERTZ in Abhängigkeit von einem festgelegten Beiwert ξ und der Bruchgrenze σ_B des minderwertigen der beiden Werkstoffe. Die rechte Seite der Gl. (241) läßt sich in zwei Teile zerlegen: der eine ist ein Verhältniswert (P/r), der andere $\varepsilon = 367{,}5/(\xi^2 \sigma_B^2)$ eine vom Belastungsfall und dem Material abhängige Größe: $b' = \varepsilon (P/r)$. Zur Vereinfachung des Rechnens werden die ε-Werte für die drei wichtigsten Stahlsorten in Tab. 35 angegeben. Ihr entsprechen die Geradenscharen der Abb. 8.9 u. 8.10, mit deren Hilfe man sich sehr rasch eine Übersicht verschaffen kann, wie die Schienenkopfbreite durch Änderung der Werkstoffqualität bzw. des Laufradhalbmessers beeinflußt werden kann [*454*, *455*].

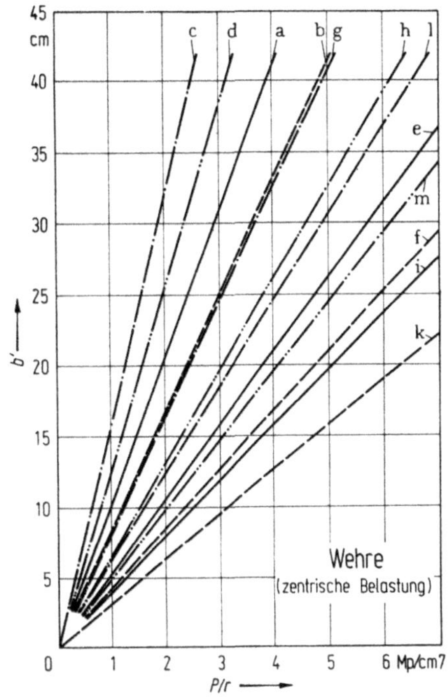

Abb. 8.9. Abhängigkeit der Schienenkopfbreite vom Verhältnis der Radlast P zum Laufradradius r bei Wehren (dazu Tab. 35).

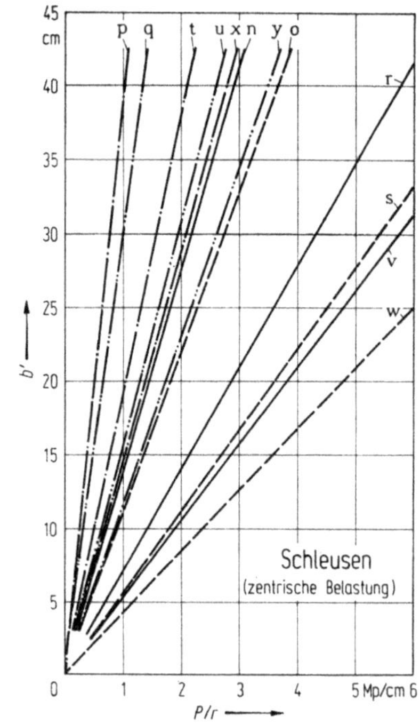

Abb. 8.10. Abhängigkeit der Schienenkopfbreite vom Verhältnis der Radlast P zum Laufraddurchmesser r bei Schleusen (dazu Tab. 35).

Tabelle 35. *ε-Werte für zentrische Belastung*

	Betriebsfall	Wehre			Schleusen		
		St 37	St 52	St 60	St 37	St 52	St 60
Vorübergehend unter Wasser oder ständig über Wasser liegende Laufrollen	N B	a 10,468	e 5,309	i 3,988	n 13,696	r 6,934	v 5,208
	B B	b 8,359	f 4,232	k 3,179	o 10,918	s 5,528	w 4,152
Ständig unter Wasser liegende und gleichzeitig starker Wasserströmung ausgesetzte Laufrollen	N B	c 16,358	g 8,282	l 6,221	p 38,044	t 19,261	x 14,467
	B B	d 13,040	h 6,602	m 4,959	q 30,328	u 15,356	y 11,533

8.4 Pressungen in der Schienenunterlage

Nach DIN 19704 sind Laufschienen, die in ganzer Länge auf dem Beton gelagert werden, als Träger auf elastischer Bettung zu bemessen, wobei die Anwendung der vereinfachten Formel von ANDRÉE-FRICKE zugelassen wird. Diese besagt, daß eine Schiene bei stetiger Unterstützung ohne Berücksichtigung der Elastizität wie folgt näherungsweise berechnet werden kann [*456*]:

$$\sigma_{\text{vorh}} = \frac{9\,P^2}{64\,W_x\,b_0\,p} \leqq \sigma_{\text{zul}}\,. \tag{242}$$

Daraus wird der Raddruck

$$P = \sqrt{\frac{\sigma_{zul}\, 64\, W_x\, b_0\, p}{9}}\,. \tag{243}$$

mit

σ als Stahlspannung;
p Pressung in der Betonfuge;
W_x Widerstandsmoment des Querschnittes;
b_0 Fußbreite des Querschnittes.

Muß die Laufschiene statt auf Stahlplatten (Abb. 8.11 a) auf einem besonderen Versteifungsträger gelagert werden, so kann der rechnerische Nachweis so geführt werden, als ob der Träger nur mit dem unteren Flansch auf dem in Abb. 8.11 b

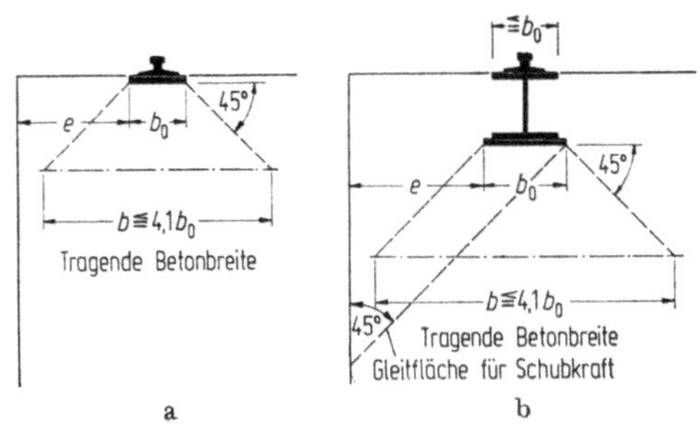

Abb. 8.11. Schienenauflagerung.
a) Auf Beton;
b) auf Träger im Beton.

dargestellten tragenden Beton frei auflagern würde. Besondere Beachtung ist dabei der starken Kräftekonzentration im Steg des Trägers an der Stelle der Einleitung des Raddruckes zu widmen. Ferner ist ein Hochbiegen der Stahlplatten oder der Trägerflansche wirksam zu unterbinden. Es ist nachzuweisen, daß die Betonpressung unter der Übertragungsfläche den Wert

$$\sigma_1 = \sigma \sqrt[3]{\frac{b}{b_0}}$$

nicht überschreitet. Hierin bedeuten:

σ zugelassene Betonpressung in kp/cm²;
b_0 Breite in cm der Übertragungsfläche;
b Lastverteilungsbreite in cm im Beton.

Die Lastverteilungsfläche muß in ganzer Breite im Beton liegen.

Der Mindestabstand e des äußeren Randes der Übertragungsfläche von der Betonkante ist außerdem abhängig von der Unterbringung der Bewehrung. Er soll in der Regel 15 cm nicht unterschreiten. Die Lastverteilungsbreite b darf höchstens mit $4{,}1\, b_0$ angenommen werden.

Der Elastizitätsmodul E_b des Betons ist beim Ermitteln der größten Biegespannung der Laufschiene unter der Radlast und der dabei auftretenden Betonpressung unter der Übertragungsfläche mit $E_b = 140\,000$ kp/cm² anzunehmen (DIN 1045).

Die Anwendung der zugelassenen Werte für σ_1 setzt voraus, daß der Beton unter den Übertragungsflächen entsprechend bewehrt ist. Bei Laufschienen, die auf einzelnen Stahlplatten gelagert werden, sind an Stelle der Werte b und b_0 die Werte F und F_0 einzuführen. Dabei bedeuten:

F_0 Übertragungsfläche in cm² einer Stahlplatte;
F Lastverteilungsfläche in cm² unter einer Stahlplatte.

Sollen noch Momente aus Verdrehung und Verschiebung berücksichtigt werden, dann wird die Pressung in der Schienenunterlage nach [453] unter der Voraussetzung, daß die resultierende Kraft innerhalb der Kernfläche liegt, weiterhin bei offenen, dünnwandigen Schienen, daß sie ausreichend durch Quersteifen ausgesteift sind:

$$p_x = 0{,}28\,\frac{P}{b_u}\sqrt[3]{\frac{E_b}{E}\,\frac{b_u}{I_x}}\left\{1 \pm \frac{6\,M_3}{b_u\,P}\right\}. \tag{244}$$

Für Beton ist

$$E_b \cong \frac{E}{10}\,.$$

M_3 ist dabei auf die Berührungsfläche Schiene—Beton bezogen und ergibt sich aus

$$\pm P\,\Delta l \pm \mu\,x \pm r_b\,\widehat{\varphi}\,.$$

Darin sind:

Δl algebraische Summe aller seitlichen Verschiebungen des Rollenmittelpunktes einschließlich der aus Verdrehung ($\Delta l\,\widehat{\varphi}$);
$\widehat{\varphi}$ algebraische Summe der Verdrehungswinkel;
r_b Balligkeitsradius;
μ Beiwert der Reibung;
x Abstand senkrecht zur Lauffläche.

8.5 Feste Teile und Panzerung

Zu den „festen Teilen" zählen im allgemeinen die Dichtungsanschläge, die Gleit-, Lauf- und Führungsschienen, die damit verbundenen Konstruktionsteile, das Befestigungsmaterial, der Kantenschutz, Nischenpanzerungen und sonstige, für den jeweiligen Fall erforderliche Hilfskonstruktionen (s. Abschn. 20.2.2).

Manchmal werden die festen Teile nicht in Aussparungen verlegt, sondern gleich primär einbetoniert. Damit aber eine genaue Lage und einwandfreie Maßhaltigkeit der Stahlteile während des Betoniervorganges gewahrt bleibt, muß ein kräftiges Hilfsgerüst, das dem Betondruck nicht nachgibt, die festen Teile in ihrer Sollage unverrückbar festhalten. In der Regel ist dann für das notwendige Hilfsgerüst ein Mehrfaches an Gewicht gegenüber dem der festen Teile erforderlich.

Es empfiehlt sich, die Steiggeschwindigkeit beim Betonierungsvorgang mäßig zu halten, damit der Betondruck auf das Hilfsgerüst nicht zu groß wird. Die festen Teile werden während des Betonierens, insbesondere beim Einrütteln und Verpressen, durch den Betondruck erheblich beansprucht. Werden sie in vorbereitete Aussparungen einbetoniert, so ist, falls nichts anderes vorgeschrieben wird, der auf sie wirkende Betondruck mit 2 Mp/m², beim unmittelbaren Einbetonieren mit 3,5 Mp/m² anzunehmen.

Geschieht das Abstützen nicht von außen her, so müssen die hierfür vorgesehenen Anker ausreichend tief an festen Punkten innerhalb des Betons angeordnet werden.

In der Regel aber werden die festen Teile in Aussparungen verlegt. Es ist dann ein genaues Ausrichten aller Teile leichter, da der Hauptblock in Beton bereits gegossen ist. Durchbiegungen und ein Verziehen tritt nur selten auf und auch nur dann, wenn die Verankerungseisen einen zu großen Abstand oder die festen Teile einen zu schwachen Querschnitt aufweisen. Bei notwendigen Querschotten ist darauf zu achten, daß genügend große Aussparungen den Beton während des Gusses hindurchlassen und Nester unterhalb vermeiden helfen. Man kann die Anker später mit den festen Teilen vergießen, also mit dem Sekundärbeton verbinden oder aber auch die Ankereisen bereits mit dem Primärbeton vergießen und erst später die festen Teile anhängen. Allerdings ist es nicht einfach, die Ankereisen der Höhe und Seite nach während des Vergusses so zu arretieren, daß ihre Lage nachher auch mit den Bohrungen in den festen Teilen zusammenfällt. Um ein Anpassen zu erleichtern und sich zusätzliche Bohrarbeit zu ersparen, ist es oft lohnend, die Rundeisen weit genug aus dem Primärbeton herausragen zu lassen (also die Aussparung für den Sekundärbeton groß genug zu wählen) ,um sie notfalls in die richtige Lage zu biegen (s. auch Abb. 20.2. bis 20.4.).

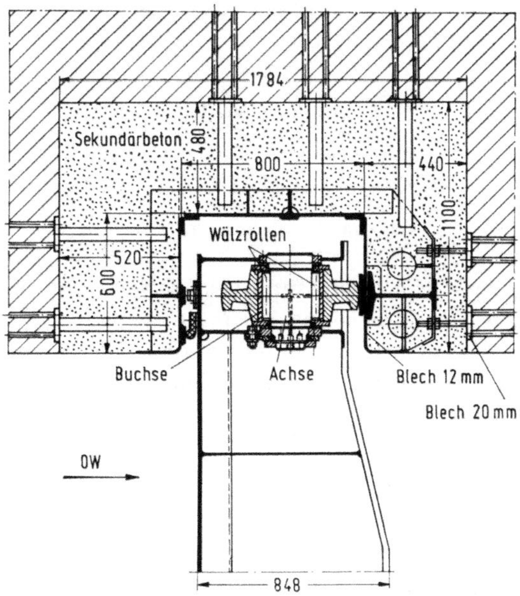

Abb. 8.12. Nischenpanzerung aus Blechen für ein Rollschütz (RU).

Bei größeren Fließgeschwindigkeiten (insbesondere bei Tiefschützen) oder bei Anlagen, bei denen die Nischen besonders gesichert werden sollen, wählt man eine durchgehende Stahlpanzerung. Kleine Nischen, z.B. bei Gleitschützen, können schon durch ein Walzprofil geschützt werden.

Bei größeren Abmessungen (Abb. 8.12) wird die Panzerung aus einzelnen Platten, auf der Rückseite mit einer Anzahl Flachstahlrippen ausgesteift, zusammengesetzt. Die Nischenpanzerung und ihre Verankerung ist dann im allgemeinen für den hydrostatischen Wasserdruck infolge Sickerwasser und für einen Injizierdruck zu untersuchen.

Oft wird bei Tiefschützen die Nischenpanzerung als geschlossener Kasten mit ober- und unterwasserseitigem Anschlußstück entworfen. Solche Stücke sind sehr steif, in der Werkstatt dem Schütz bereits angepaßt und damit für eine maßgerechte Montage ideal. Alle Teile werden bereits im Primärbeton vergossen (Abb. 8.13).

Für einen ungestörten, maßgerechten Einbau der festen Teile sind die Aussparungszeichnungen von größter Wichtigkeit. Als Grundsatz kann gelten, lieber

Abb. 8.13. Panzerung für Tiefschütze im Werk vormontiert (Zschokke).

etwas mehr Spielraum für die Stahlteile vorsehen, um nachträglich mühsame Stemmarbeiten zu vermeiden (s. Abschn. 20.2.2).

Die Aussparungszeichnungen sind sehr wichtig, denn nach ihnen muß die Schalung angefertigt und aufgestellt werden. Die Zeichnung sollte genaue Maße und Angaben enthalten, aus denen Zahl und Abmessung der Einzelaussparungen hervorgeht.

C. Besondere Probleme

9 Dichtung

9.1 Allgemeines

Die Dichtung soll in der Staustellung und auch, je nach Zweck des Verschlusses, in Zwischenstellungen den Durchfluß zwischen dem beweglichen Staukörper und dem festen Bauteil verhindern. Dies ist notwendig, um die Lebensdauer der Dichtung zu verlängern, um die Schwingungsgefahr zu verringern, um Korrosion auf der Unterwasserseite und um auch Vereisung im Winter auszuschalten.

Je nach der Materialart unterscheiden wir im allgemeinen vier Arten: Holzdichtungen, Metalldichtungen, Kunststoffdichtungen, Gummidichtungen.

Holzdichtungen kommen nur noch bei kleinen Verschlüssen oder manchmal auch bei Stemmtoren zur Anwendung. Metalldichtungen sind meist Gleitdichtungen, bei denen die Gleitfläche zusätzlich auch als Dichtung wirkt. Ausführungsbeispiele für diese beiden Arten sollen hier nicht gebracht werden.

Es ist vor allem die Gummidichtung, die am meisten verwendet wird. Infolge ihrer großen Elastizität und hohen Zähigkeit kann sie auch verhältnismäßig einfach eingebaut werden (sinngemäß auch Kunststoffdichtungen). Für einige Verschlußtypen ist der Verlauf der Dichtungslinien (Ränder) in Abb. 9.1 dargestellt.

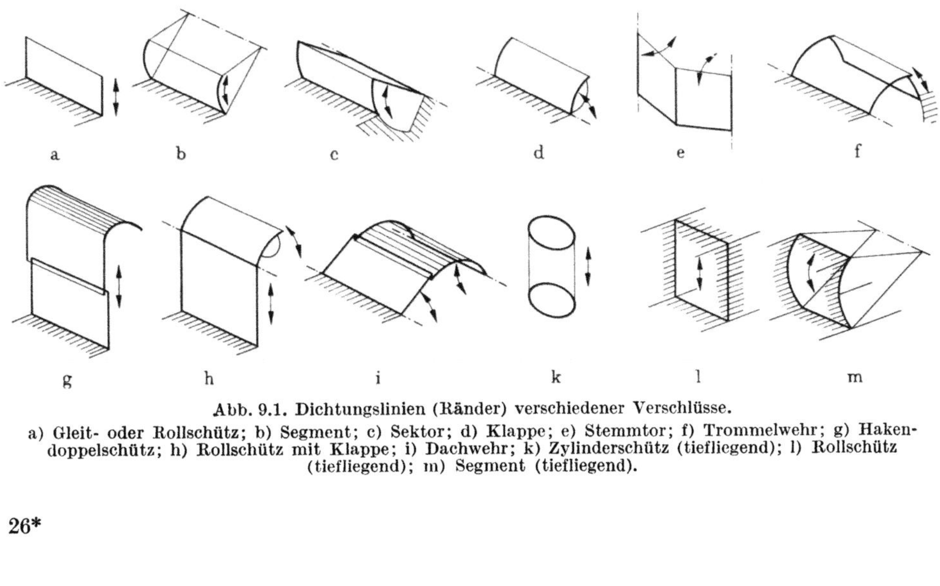

Abb. 9.1. Dichtungslinien (Ränder) verschiedener Verschlüsse.
a) Gleit- oder Rollschütz; b) Segment; c) Sektor; d) Klappe; e) Stemmtor; f) Trommelwehr; g) Hakendoppelschütz; h) Rollschütz mit Klappe; i) Dachwehr; k) Zylinderschütz (tiefliegend); l) Rollschütz (tiefliegend); m) Segment (tiefliegend).

Aus der Praxis heraus sind an eine Dichtung folgende Forderungen zu stellen:

Einfachheit in der konstruktiven Durchbildung;
möglichst Zugänglichkeit zum Dichtungsquerschnitt zu Kontrollzwecken;
niedriger Reibungskoeffizient;
maximale Bewegungsmöglichkeit des Systems;
Nachstellbarkeit und möglichst wenig Ecken;
geringe Unterhaltungskosten;
leichter Ein- oder Umbau.

Die Dichtungskonstruktionen müssen so beschaffen sein, daß die zu übertragenden Kräfte einwandfrei aufgenommen und abgeleitet werden können. Dabei ist auf die Stoßwirkung von Treibzeug, Eis und zusätzliche Reibungskräfte zu achten [*457*].

Teile, die erfahrungsgemäß häufiger ausgewechselt werden müssen, sollten aus einzelnen Stücken bestehen und sich möglichst am Verschlußkörper befinden, so daß sie beim Herausheben des Schützes zugänglich werden.

Bei den strömungstechnischen Anforderungen wäre besonders herauszustellen:

Undichtigkeiten führen leicht zu Schwingungen; sie können durch einen ständig wirkenden Anpreßdruck vermieden werden.

Werden Dichtungen während der Hub- und Senkbewegung umströmt, so ist der Strahl einwandfrei zu führen.

Dichtungen sollen nicht Teile enthalten, die unter dem Einfluß wechselnden Strömungsdruckes in Schwingungen geraten können.

Seitendichtungsschilde von überströmten Wehren sind strömungstechnisch günstig auszubilden.

Sohlenaufsatzdichtungen sollten scharfkantig sein, damit der Strahl sich vollständig ablöst.

Eine Gummidichtung erfüllt viele dieser aufgestellten Forderungen. Die Wahl der Härte des zu verwendenden Gummis (Naturkautschuk) wird vom Wasserdruck, vom gewählten Profil und von den voraussichtlichen Wegen, auf denen die Dichtung noch wirksam sein muß und vom zu erwartenden Betrieb beeinflußt. Im allgemeinen reicht eine Härte zwischen 45 bis 70° Shore aus.

Unter der Härte nach Shore wird der Widerstand gegen das Eindringen eines Kegels verstanden, der durch die Zusammendrückung einer Feder gemessen wird [*458*].

Neben der Härte wird die Zugfestigkeit und Bruchdehnung bestimmt [*459*]. Im allgemeinen reicht eine Zugfestigkeit von 230 bis 250 kp/cm² und eine Bruchdehnung von 450 bis 600% aus.

Auch ist das elastische Verhalten bei schlagartiger Beanspruchung von Wichtigkeit [*460*]. Weitere Untersuchungen, wie Widerstand gegen reibende Abnutzung [*461*], Weiterreißwiderstand [*462*] und künstliche Alterung [*463*], geben Aufschluß über das Material. Das Raumgewicht soll $\gamma = 1{,}1$ bis $1{,}2\ \mathrm{Mp/m^3}$ betragen, die Wasseraufnahme innerhalb zweier Tage bei 70 °C nicht mehr als 5% des Gewichtes sein. Dichtungen mit einem Wasserverlust unter 0,05 l/s/lfm dürfen als dicht angesehen werden, da die noch freien Poren nach kurzer Zeit durch Schwebstoffe sich schließen.

9.2 Profiltypen

Aus zahlreichen Versuchen und Erfahrungen in der Praxis hat sich anfangs ein Standardprofil herausgebildet, das sogenannte „Notenprofil" [*464*]. Die in dieser Hinsicht ausgebildeten Dichtungen sind vorbildlich einfach und daher als betriebssicher anzusprechen. Sie haben sich in Deutschland vornehmlich für Seitendichtungen eingeführt.

Das gleiche Profil wird auch ohne Hohlraum, also mit vollem Wulstquerschnitt eingebaut. Im allgemeinen empfiehlt es sich, die Ecken von Dichtungen

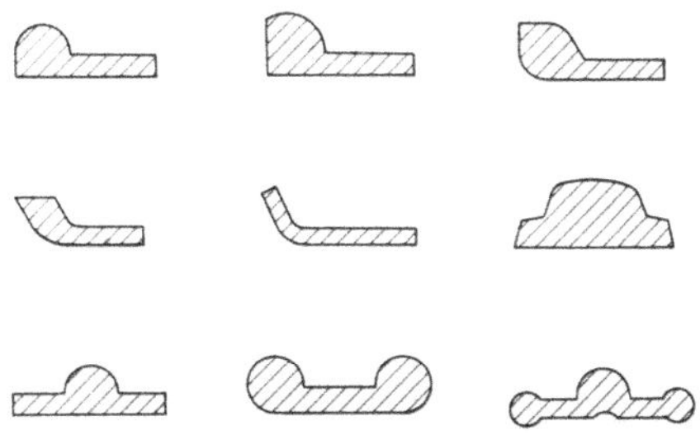

Abb. 9.2. Verschiedene Typen von Gummiprofilen für Dichtungen.

mit möglichst großem Halbmesser zu runden. Ist dies unmöglich, können vulkanisierte Eckstücke zweckmäßig sein. Aus dem Notenprofil haben sich dann im Laufe der Zeit zahlreiche weitere Formen (Abb. 9.2) entsprechend den jeweiligen besonderen Anforderungen entwickelt.

9.3 Dichtungen für verschiedene Verschlußarten

9.3.1 Sohlendichtung, anwendbar für fast alle Verschlußarten

Wird der Verschluß unterströmt, so bildet man oftmals für eine einwandfreie Ablösung der Randstromlinie die Sohlendichtung als Schneide aus. Als Feindichtung liegt vor der Schneide ein Flachgummi, das an die Stauwandkonstruktion mit Hilfe von Klemmleisten und Schrauben angepreßt wird (Abb. 9.3). In

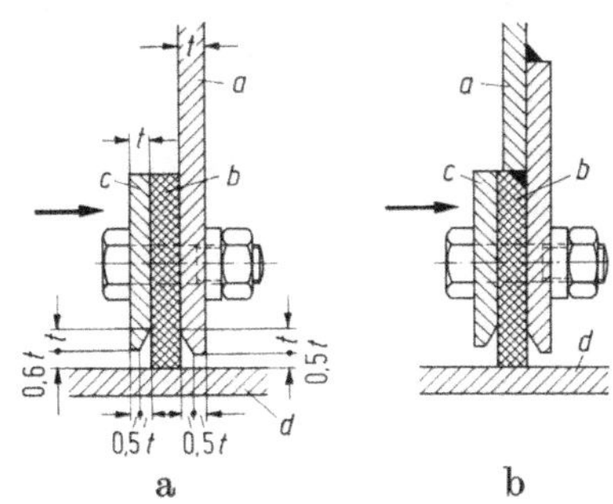

Abb. 9.3. Sohlendichtung (RU). a) Flachgummi vor der Stauwand; b) Flachgummi in der Ebene der Stauwand. *a* Stauwand; *b* Flachgummi; *c* Klemmleiste; *d* Aufsatzfläche an der Sohle.

Staustellung wird das Flachgummi durch das Eigengewicht des Verschlusses oder durch Antriebsdruck zusammengepreßt. Die Schrägen der Stahlbleche lassen eine Verformung so lange zu, bis das unterstromige Blech (Schneide) aufsitzt und die noch wirkende Restlast aus Eigengewicht aufnimmt.

Bei Typ a ist das Flachgummi vor die Stauwand gelegt. Die Lösung hat den Vorteil, daß die Stauwand bis zur Sohle als Schneide durchgeht, bringt aber als

Nachteil infolge der nach Oberwasser stehenden Fläche bei Unterströmung eine größere hydraulische Auflast. Bei Typ b liegt das Flachgummi in Stauwandebene, die oberstromige Auflastfläche ist damit verringert. Allerdings ist zusätzlich eine Schneide an die Stauwand anzubringen.

Als Schließdruck reicht je nach Stauhöhe (5 bis 150 m) ein Wert zwischen 500 kp/lfm Dichtungslänge und 2000 kp/lfm aus. Bei einem Druck von 1000 kp/lfm wird z. B. ein 15 mm starkes Flachgummi bei einer Shore-Härte von 40° um 5,2 mm und bei einer von 65° um 2,9 mm zusammengedrückt (Abb. 9.4).

Soll die Dichtung nicht am Schütz, sondern an der Sohle (feste Teile) befestigt werden, wählt man hierfür einen rechteckigen oder trapezförmigen Gummibalken, auf dem die Stauwand aufsitzt (s. a. Abb. 4.61).

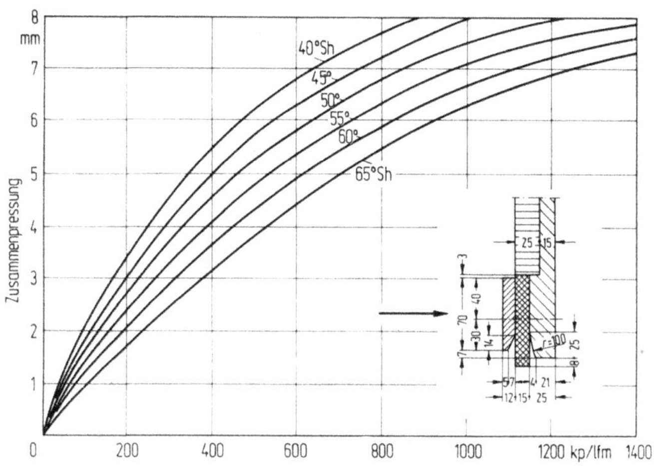

Abb. 9.4. Zusammenpressung eines eingespannten Flachgummis bei verschiedenen Shore-Härten und verschiedenem Schließdruck (RU).

9.3.2 Gleit- und Rollschütz

Manchmal finden wir beim Gleitschütz zusätzlich zur Gleitschiene, die eine Dichtung ersetzen kann, vor allem bei zweiteiligen Verschlüssen noch eine Gummidichtung (s. Abb. 6.17). Die seitlichen Dichtungsebenen legt man möglichst nah beieinander, damit der Übergang der Längsdichtung zwischen Ober- und Unterschütz vereinfacht ist.

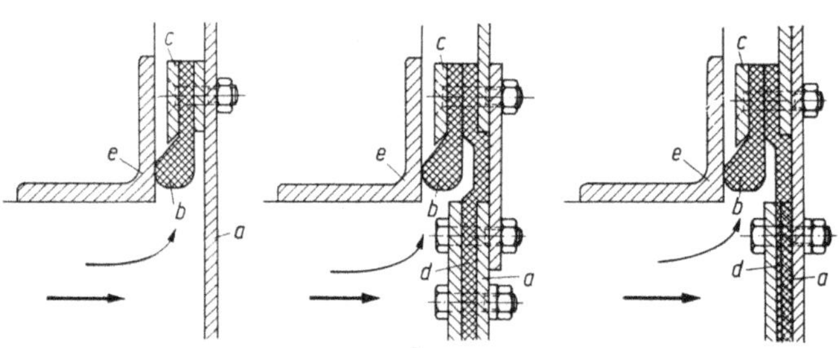

Abb. 9.5. Notenprofil Seitendichtung (RU).
a) Schnitt durch die Nische; b) Schnitt im Bereich der Sohlendichtung (Sohlendichtung vor der Stauwand); c) Schnitt im Bereich der Sohlendichtung (Sohlendichtung in Stauwandebene).
a Stauwand; *b* Notenprofil; *c* Klemmleiste; *d* Flachgummi als Sohlendichtung; *e* Gegendichtungsfläche.

Beim Rollschütz entspricht die Sohlendichtung der Abb. 9.3. Als Seitendichtung kann ein Notenprofil (Abb. 9.5) oder ein Winkelprofil (Abb. 9.6) arbeiten. Besondere Aufmerksamkeit ist dem Übergang von Sohle in die Seiten-

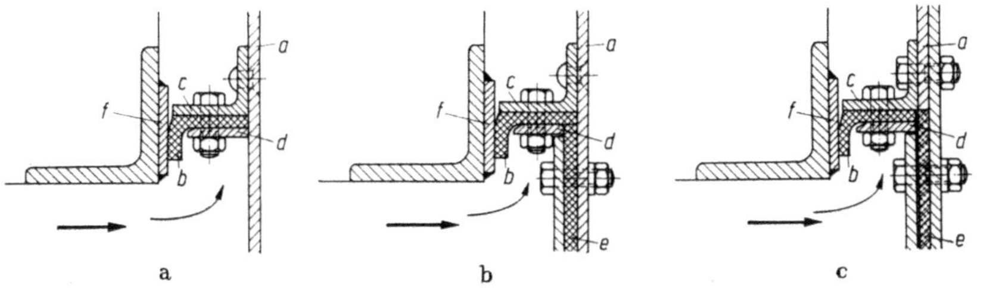

Abb. 9.6. Winkelprofil als Seitendichtung (RU).
a) Schnitt oberhalb der Sohlendichtung; b) Schnitt im Bereich der Sohlendichtung (Sohlendichtung vor der Stauwand); c) Schnitt im Bereich der Sohlendichtung (Sohlendichtung in Stauwandebene).
a Stauwand; *b* Winkelprofil; *c* Klemmwinkel; *d* Klemmleiste; *e* Flachgummi als Sohlendichtung; *f* Gegendichtungsfläche.

dichtung zu widmen (Abb. 9.5b u. c, 9.6b u. c). Während bei Abb. 9.5b und 9.6b der Übergang von einer Sohlendichtung vor der Stauwand (Abb. 9.3a) zur Seitendichtung dargestellt ist, bringen Abb. 9.5c und 9.6c den Übergang aus der Stauwandebene (Abb. 9.3b).

9.3.3 Hakendoppelschütz

Bei einem Hakendoppelschütz sind sowohl die Seitendichtungen als auch die Längsdichtung vom Unter- zum Oberschütz am Unterschütz befestigt (Abb.9.7). Die Längsdichtung gleitet an der vollkommen glatten, luftseitigen Stauwand des Oberschützes. Damit der Winkelgummi der Längsdichtung nur den örtlichen Wasserdruck aufzunehmen hat, übernehmen Distanzrollen den Hauptdruck vom

Abb. 9.7. Einzelheiten der Dichtungen am Hakendoppelschütz (RU).
a Stauwand-Unterschütz; *b* Stauwand-Oberschütz; *c* Seitenschild-Unterschütz; *d* Seitenschild-Oberschütz; *e* Dichtungsgummitasche zwischen den Seitenschilden; *f* Seitendichtung am Unterschütz; *g* Seitendichtung am Oberschütz; *h* Längsdichtung zwischen Unter- und Oberschütz; *i* Distanzrollen; *k* Gelenk; *l* Gelenkdichtung; *m* Gummizwischenlage zur Erhöhung der Beweglichkeit der Seitenschilde.

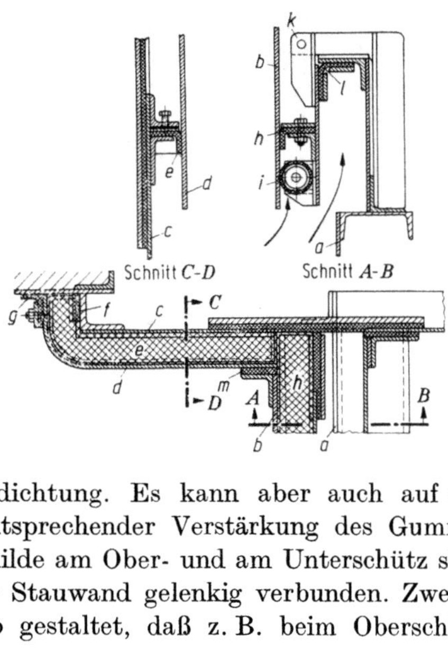

gelenkig gelagerten Träger der Längsdichtung. Es kann aber auch auf die Distanzrollen verzichtet werden bei entsprechender Verstärkung des Gummiprofils der Längsdichtung. Die Seitenschilde am Ober- und am Unterschütz sind durch eine Gummizwischenlage mit der Stauwand gelenkig verbunden. Zweckmäßigerweise wird der Eckgrundriß so gestaltet, daß z. B. beim Oberschütz

Stauwand und Seitenschild abgerundet ineinander übergehen, während beim Unterschütz der Übergang konstruktiv einfach auch mit scharfem Eck erfolgen kann. Auch kommt der „Dichtungskamin" (s. Abb. 9.22) zur Anwendung.

9.3.4 Segmentschütz

Die Seitendichtung als Winkelprofil (Abb. 9.8a) hat infolge ihrer leichten Schrägstellung des kurzen Schenkels eine schwache Vorspannung. Sie dichtet somit schon bei nur geringem Wasserdruck. Auch andere Profile, wie z. B. ein Notenprofil, bringt den gewünschten Erfolg [*465*]. Oft ist der Dichtungsträger

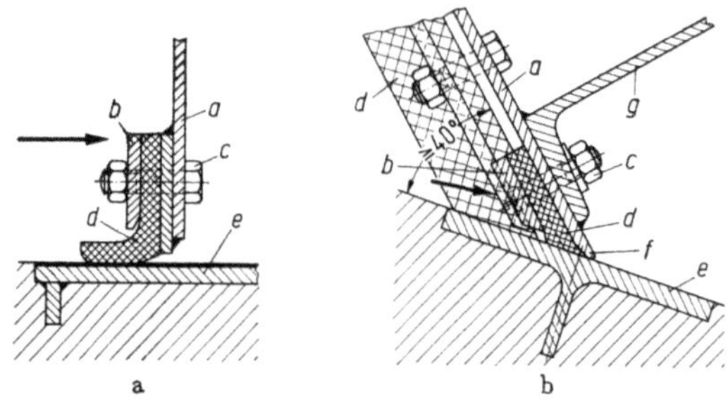

Abb. 9.8. Dichtung an einem Segmentschütz (RU).
a) Seitendichtung; b) Sohlendichtung.
a Stauwand; *b* Klemmleiste; *c* Befestigungsschraube; *d* Winkel bzw. Flachgummi; *e* Gegendichtungsfläche; *f* Schneide; *g* Schützkonstruktion.

mit der Stauwand verschraubt und kann je nach Lage der Gleitfläche verstellt werden. Die Sohlendichtung als Flachgummi sitzt zweckmäßigerweise auf einer glatten Stahlfläche (Abb. 9.8b) (hier ein halbierter T-Träger) auf. Das Hauptgewicht der Stahlkonstruktion wird dabei durch die Schneide übertragen. Einen flacheren Winkel als 40° zwischen Endtangente der Stauwand und Aufsatzfläche wird nicht empfohlen, da dann eine ausreichende Dichtigkeit nur schwer erzielt werden kann. Wichtig der Übergang von der Sohlen- zur Seitendichtung. Das Profil ist mit seinem kurzen Schenkel im gleichen Winkel abgeschrägt wie der zwischen Stauwand und Aufsatzfläche.

Bei einem Segmentschütz mit gerader Stauwand würde die Seitendichtung nicht nur auf Gleitung, sondern zusätzlich auch auf Schub belastet. Um diesen erhöhten Verschleiß sowie der vergrößerten Gefahr von Verklemmungen

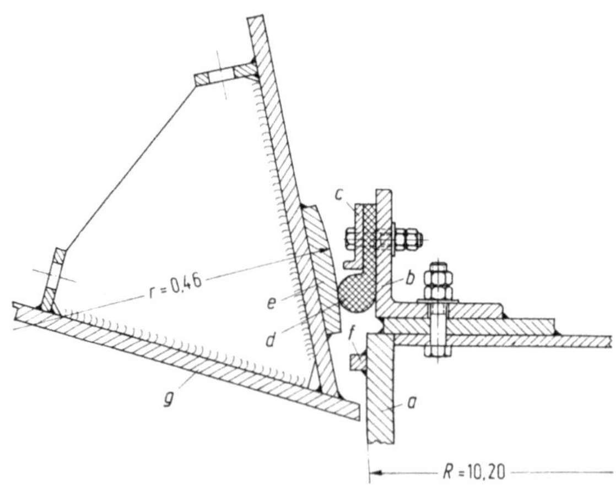

Abb. 9.9. Stirndichtung an einem Segmentschütz (International).
a Stauwand; *b* Dichtungsträger; *c* Klemmleiste; *d* Notenprofil; *e* gewölbte Dichtungsfläche an den festen Teilen; *f* Anschlag am Segment; *g* feste Teile.

vorzubeugen, wählt man gern eine Seitendichtung im Verlauf des Drehkreises. Die Sohlendichtung sitzt im Bereich der Stauwand senkrecht auf der Schwelle auf. Sie wird dann durch die Endscheibe der Schützkonstruktion geführt und danach in die Neigung der Endtangente des Drehkreises geschwenkt. Ein Gummiklotz geringer Shore-Härte (z. B. 30°) dichtet den Ausschnitt der Endscheibe und ferner den dreieckigen Spalt zwischen Flachgummi der Sohlendichtung und gebogenem Träger der Seitendichtung. Besondere Aufmerksamkeit verdient noch der Stoß zwischen Flachgummi und Seitenwinkel. Etwas Vorspannung hilft über kleine Ungenauigkeiten.

Soll das Segment auch an der Stirn dichten (also bei nicht freiem Wasserspiegel), dann erfüllt diesen Zweck sowohl ein Winkel- als auch ein Notenprofil (Abb. 9.9). Dieses Profil läuft kurz vor der Staustellung auf eine gewölbte Dichtungsfläche auf und erhält dabei seine Vorspannung (z. B. 3 bis 4 mm). Der Übergang von der Stirn- zur Seitendichtung ist wie bei den Rollschützen, nur kommt für die Dichtigkeit an der Ecke, die infolge der beiden sich stoßenden Profile steifer ist, erschwerend hinzu, daß die Seitendichtung auf der gewölbten Stauwand eine noch höhere Steifigkeit in die Ecke einleitet.

9.3.5 Klappe

Die Längsdichtung für Klappen erfordert meistens eine besondere Konstruktion. Je nach Ausbildung der Lager (Scharnier-, Segment- oder Bolzenlager) können hier verschiedenartige Ausführungen erforderlich werden (Abb. 9.10). Die für Klappen vielfach verwendete Gummibanddichtung, die durch die besondere Ausbildung der Segmentdrehlager bei der Bewegung der Klappe lediglich eine Faltbewegung ausführen muß, hat sich gut bewährt.

Während beim Segmentdrehlager die Banddichtung in der Drehachse durchläuft, muß sie beim Bolzendrehlager an jeder Lagerstelle unterbrochen und in ein Winkel- oder Notenprofil, das die Lagerkappe abdichtet, übergeführt werden. Für eine durchgehende Banddichtung unterwasserseitig eines Scharnierlagers besteht die Gefahr, daß bei umgelegter Klappe und Hochwasser der Raum zwischen Lager und Dichtung sich vollsetzt und damit beim Aufrichten der Klappe das Gummiband möglicherweise reißt. Wird die Dichtung nach Oberwasser gelegt, so muß sie um jedes Scharnier herumgeführt werden; es entsteht jeweils ein Sprung. Es wird deshalb manchmal auch oberwasserseitig die Stauwand in eine Wölbung eingeleitet. Solch eine Drehachsendichtung besteht aus einem an der Schwelle befestigten Notenprofilgummi (Abb. 9.11), die gegen eine zylindrische, aus rostfreiem Stahl hergestellte Gleitfläche angepreßt wird. Der Gummi ist gegen Fremdkörper durch ein Gleitblech geschützt.

Die Seitendichtung der Klappe kann auch ein Gummibalken, der durch Federn an das Seitenschild gepreßt wird, herstellen (Abb. 9.12). Der Gummibalken wird durch zwei Stahlschienen geführt. Auf seiner Rückseite verläuft ein Flachstab, an den in bestimmten Abständen der Bolzen mit Feder für die Vorspannung angreift. Den Übergang von der Längs- zur Seitendichtung stellt ein Flachgummi her. Es ist an die Längsdichtung durch Klemmleisten mit Schrauben angepreßt und bindet seitlich in den Dichtungsbalken in eine Nute ein.

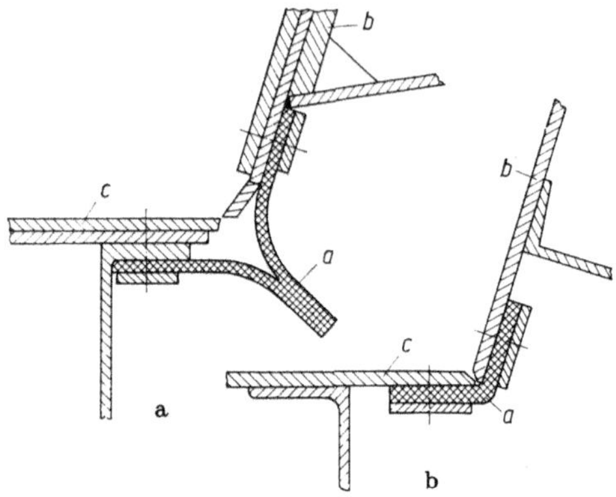

Abb. 9.10. Längsdichtung von Klappen (RMD). a) Für Scharnierlager, b) für Segmentdrehlager. *a* Längsdichtung; *b* Klappe; *c* feste Teile.

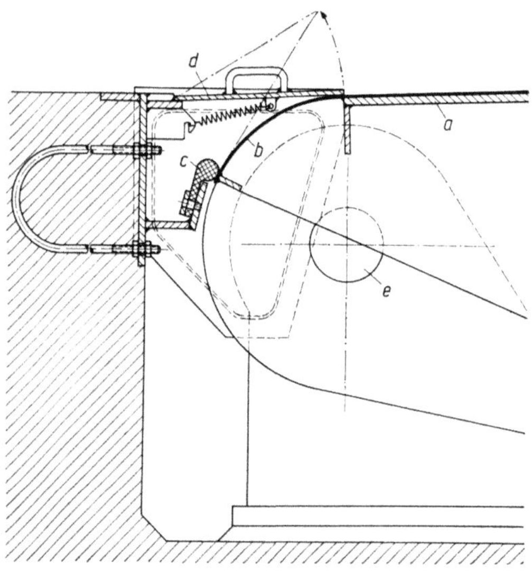

Abb. 9.11. Längsdichtung vor dem Lager einer Klappe. *a* Stauwand; *b* Dichtungsgleitfläche (rostfreier Stahl); *c* Notenprofil; *d* abnehmbarer Schutzdeckel; *e* Klappenlager.

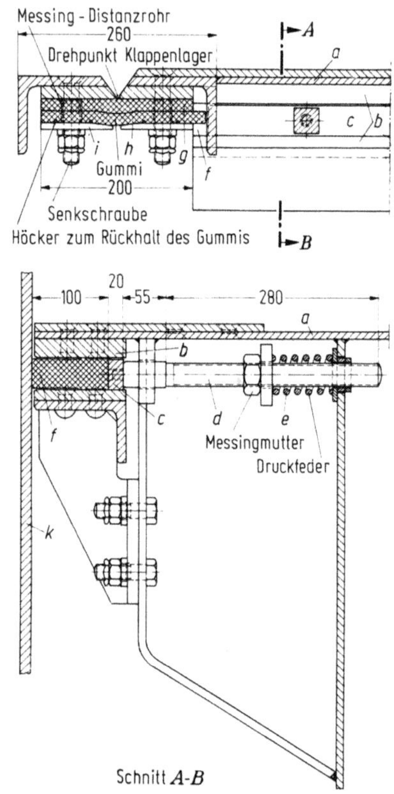

Abb. 9.12. Längs- und Seitendichtung einer Klappe (Krupp). *a* Stauwand; *b* Stahlschienen zur Führung des Gummibalkens; *c* Flachstab; *d* Bolzen; *e* Druckfeder; *f* Gummibalken der Seitendichtung; *g* Längsdichtung der Klappe; *h* Übergangsstück von der Längs- zur Seitendichtung; *i* Klemmleisten für Übergangsstück; *k* Seitenschild.

Wählt man einen Winkel als Seitendichtung, dann erweist sich ein Abweiser gegen Fremdkörper als zweckmäßig (Abb. 9.13). Infolge der Drehbewegung neigt ein Winkel eher dazu, Fremdkörper einzuklemmen und dabei sich umzustülpen.

9.3.6 Absenkschütz

Die Sohlendichtung des Verschlusses liegt gegen die Dichtungsfläche im Beton (Abb. 9.14) an. Der Dichtungsträger wird beweglich durch ein Gestänge mit Pufferfedern gehalten. Die Dichtung zwischen Träger und Dichtungsfläche an der Wehrschwelle bewirkt der durch die Pufferfedern über das Gestänge angepreßte Wulstgummi. Den Spalt zwischen Dichtungsträger und Stauwand des

Schützes schließt ein Flachgummi. Bei Ausbildung des Dichtungsträgers ist es wichtig, ihn so weich zu halten, daß er der Durchbiegung des Schützen nur teilweise folgt und möglichst gradlinig zur Dichtungsfläche der Schwelle verbleibt.

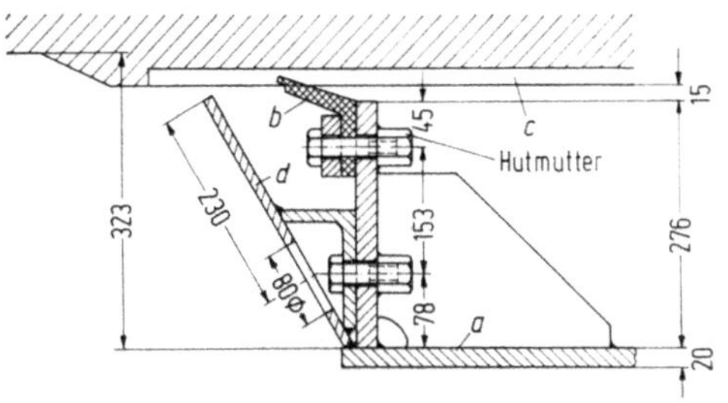

Abb. 9.13. Seitendichtung einer Klappe (MAN).
a Klappe; *b* Seitendichtung Klappe; *c* Gegendichtungsfläche am Wehrpfeiler; *d* Abweiser.

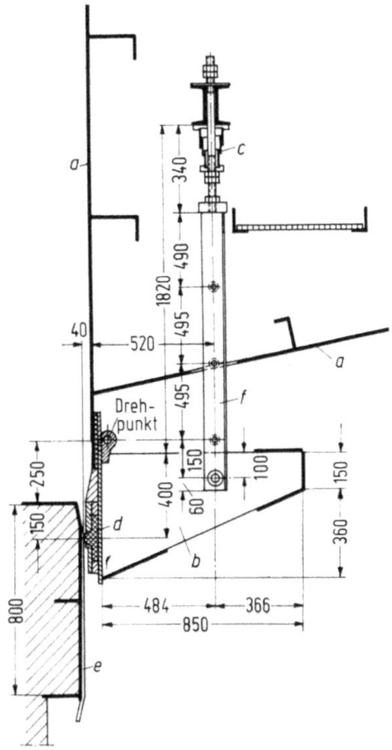

Abb. 9.14. Dichtung eines Senkschützes in Staustellung (Klönne).
a Schütz; *b* Dichtungsträger; *c* Pufferfeder; *d* Wulstgummi; *e* Dichtungsfläche; *f* Gestänge.

Eine Korrektur der Anpreßvorrichtung empfiehlt sich bei dieser Dichtungsanordnung mit Rücksicht auf die im Sommer und Winter unterschiedliche Durchbiegung des Verschlußkörpers. Für das an senkrechter Bahn dichtende Absenkschütz wird mit Vorliebe die einfache und hierfür vollkommen ausreichende Profilgummidichtung verwendet. Während bei Abb. 9.14 das Wulstgummi durch eine Feder, also durch eine Fremdkraft, angepreßt wird, erzeugt bei tiefer liegendem Drehpunkt den Anpreßdruck das Wasser selbst [*466*].

Soll beim Bewegen des Verschlußkörpers durch die Dichtung eine nicht zu große Reibung auftreten, so helfen hierbei mechanische Vorrichtungen, z. B. Hebelkonstruktionen mit Gestänge oder Keilkonstruktionen, die ein Zurückdrehen des Dichtungsträgers gegen den Wasserdruck ermöglichen und damit die Hauptdichtung etwas abheben. Diese Vorrichtung zum Abheben der Dichtung kann mit der Antriebsvorrichtung des Verschlußkörpers so gekuppelt werden, daß die Hauptdichtung bereits vor Beginn der Bewegung des Verschlußkörpers von der Dichtungsfläche abgehoben ist. Allerdings ist bei dem beweglichen Dichtungsträger konstruktiv dafür Sorge zu tragen, daß sich zwischen Träger und Torkonstruktion Fremdkörper nicht einklemmen können. Denn sonst geht die Beweglichkeit verloren, und es kann zu Blockierungen des Schützes führen.

9.3.7 Sektor

Als Seitendichtung im Bereich der gewölbten Stauwand und des Abfallbodens werden meistens Winkelprofile verwendet.

Die Brustdichtung als Winkelprofil ist am oberen Ende des Dichtungsträgers befestigt. Gummierte Distanzrollen (s. Abb. 9.7) übernehmen einen Teilwasserdruck.

Bei Verschlüssen, die auch im Schutz eines Notverschlusses hydraulisch bewegt oder die bei ermäßigtem Stau in Verriegelungsstellung gebracht werden sollen, muß die Brustdichtung in beiden Richtungen wirksam sein. Ein doppeltes Winkelprofil (Abb. 9.15) erfüllt diesen Zweck. Führt ein Fluß verstärkt Geschiebe und Sand, so empfiehlt sich solch eine Lösung nicht [467]. In dem Fall scheint ein Entwurf nach Abb. 9.16 ratsamer. Eine Liniendichtung (nicht flächenhaft) größerer Shore-Härte (70°) erspart bei geeigneter Vorspannung ein zweites Winkelgummi. Geschiebe zwischen Stauwand und Winkel kann bei dieser Lösung in die Sektorgrube fallen.

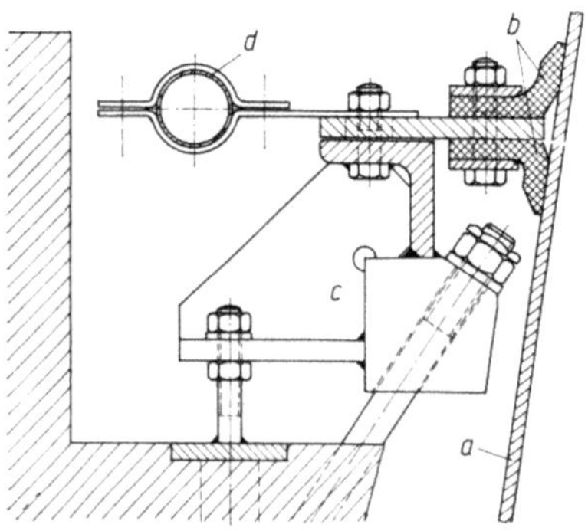

Abb. 9.15. Brustdichtung eines Sektors (RU). *a* Stauwand; *b* Doppelwinkelgummi; *c* feste Teile mit Justierschrauben; *d* Eistauleitung.

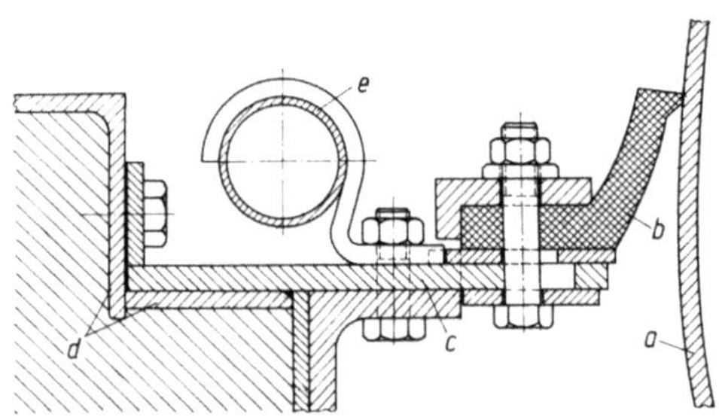

Abb. 9.16. Brustdichtung eines Sektors (MAN). *a* Stauwand; *b* Winkelprofil (Shore-Härte 70°); *c* Dichtungsträger; *d* feste Teile in der Wehrschwelle; *e* Eistauleitung.

Ein konstruktiv besonders hervorstechender Punkt ist die Dichtung der Drehachse des Sektors. Wenn am Lager ungleiche Setzungen der Wehrschwelle nicht zu befürchten sind, kann man ohne zusätzliche Dichtung auskommen. An der unterwasserseitigen Kante des Sektors ist längs dieser eine Kranschiene mit einer Welle aufgeschraubt. Die Welle ist entsprechend der Kopfbreite abgehobelt und ruht drehbar in einem in der Wehrschwelle verankerten festen Drehlager mit Kunstharzlagerschale. Eine Abdichtung ist nicht notwendig, da der Wasserdruck den Sektor und somit auch das daran befestigte Rundeisen fest und ohne Spiel gegen die Kunstharzschale preßt [468]. Der Übergang dieser Drehlagerdichtung zum Winkelprofil der Seitendichtung am Abfallboden erfolgt durch einen Gummikeil.

Besteht die Wehrschwelle aus einzelnen Blöcken und ist mit ungleichen Setzungen zu rechnen, so empfehlen sich einzelne Lager. Bei Einzellagern (Abb. 9.17, 9.18) übernimmt ein Flachgummi die Verbindung zwischen Sektor und den im Beton vergossenen festen Teilen. In beiden Fällen verdient besondere Aufmerksamkeit der Schutz des Raumes zwischen Sektor und festen Teilen, damit hier sich nicht Fremdkörper verklemmen können.

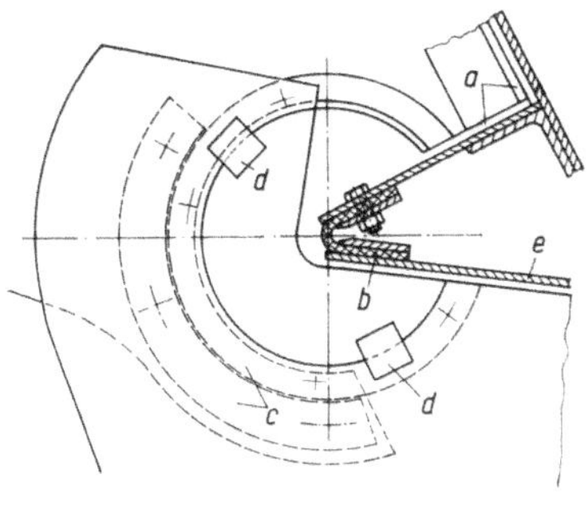

Abb. 9.17. Längsdichtung im Lagerdrehpunkt eines Sektors (RU).
a Sektor; *b* Flachgummi als Längsdichtung; *c* Drehlager; *d* Scherbolzen; *e* feste Teile in der Wehrschwelle.

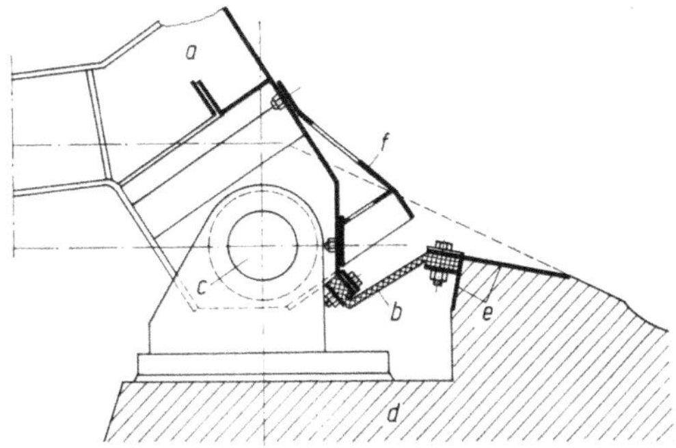

Abb. 9.18. Längsdichtung außerhalb des Lagerdrehpunktes (MAN).
a Sektor; *b* Dichtungsgummi; *c* Drehlager; *d* Wehrschwelle; *e* feste Teile in der Wehrschwelle; *f* Eisabweiser.

Beim Trommelschütz muß gegen Innendruck bei der unterwasserseitigen, gewölbten Schützwand gedichtet werden (Abb. 9.19). Ein Notenprofil mit starker Vorspannung, geschützt durch einen Winkel, dichtet während der Schützbewegungen. In der Endstellung liegt ein Flachgummi an der Konstruktion fest an.

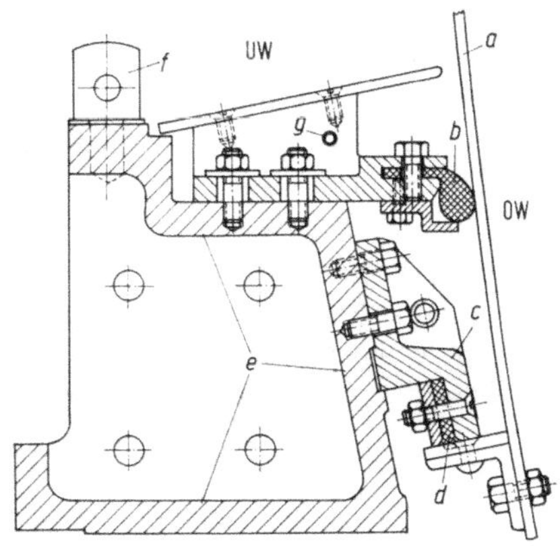

Abb. 9.19. Längsdichtung eines Trommelwehres (Glenfield).
a Gebogene Schützwand; *b* Hauptdichtung; *c* Anschlag (Stau); *d* Flachgummi; *e* Dichtungsträger; *f* Anschlag (umgelegt); *g* Heizkabel.

9.3.8 Schleusentore

Für den robusten Betrieb, wie wir ihn bei Schleusen vorfinden, ist es empfehlenswert, weitgehend von Anschlagdichtungen Gebrauch zu machen. Soweit wie möglich sollte dem Gummi dabei nur die Aufgabe der zusätzlichen Abdichtung von Unebenheiten zufallen, während die Druckübertragung, Führung und eigentliche Abdichtung Stahlleisten bewirken.

Bei Stemmtoren großer Höhe scheidet die Verwendung von Holz wegen des großen Stemmdruckes an den Schlagsäulen aus. Hierfür werden Stahlknaggen bevorzugt, vor denen zur Abdichtung der Schlagsäulen eine Gummidichtung liegt. Auch am Drempel und an der Wendesäule werden Gummidichtungen bzw. Stahlleisten unter Beigabe zusätzlicher Gummifeindichtungen verwendet.

Bei einem Segmenttor mit lotrechter Achse (Abb. 9.20) berühren sich in Staustellung die beiden Notenprofile, angepreßt durch die mit Wasser gefüllten

Druckkammern. Federstahl begrenzt den Weg der Notenprofile [*469*]. Das einteilige Hubsenktor, nach Bauart des Absenkschützes, bereitet mit seiner Sohlendichtung einige Erschwernisse, da die Dichtung ein elastisches Bauelement darstellt, beim Absenken (entlastetes Tor) mit verhältnismäßig großer Geschwindigkeit an dem oberwasserseitig gelegenen Drempel vorbeigleiten muß und so einem

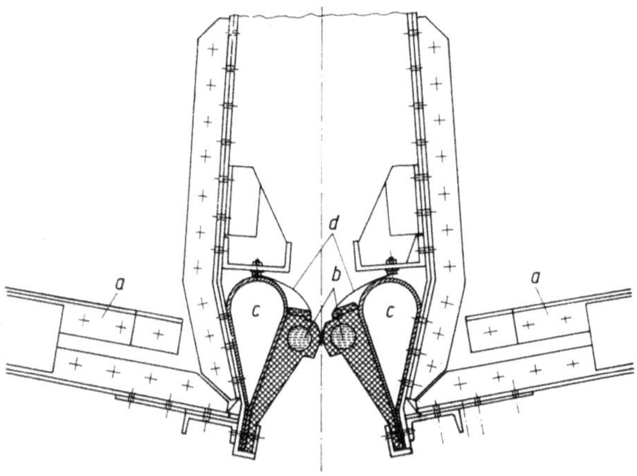

Abb. 9.20. Dichtung an einem Segmenttorflügelpaar mit lotrechter Achse.
a Sektorflügel; *b* Gumminotenprofil; *c* Druckkammern; *d* Wegbegrenzung.

verstärkten Verschleiß unterliegt. Mit Rücksicht auf den häufigen Kraftwechsel erscheint es vorteilhaft, zunächst das Auffahren von Stahl auf Stahl zu bewirken und erst nachträglich das Aufgleiten des Gummis erfolgen zu lassen. Es haben sich Arten wie beim Absenkschütz (s. Abb. 9.14) bewährt [*470*].

Beim Senktor hat man im Hinblick auf die unter Stau zu erwartende Durchbiegung des Schützkörpers im unteren Bereich des Verschlusses einen Dichtungsträger angeordnet, der mit dem Schützkörper durch ein parallelogrammartiges Gestänge verbunden ist (Abb. 9.21). Der Dichtungsdruck wird durch örtlich nachstellbare Federn erzeugt, die den gesamten Dichtungsträger nach Oberstrom

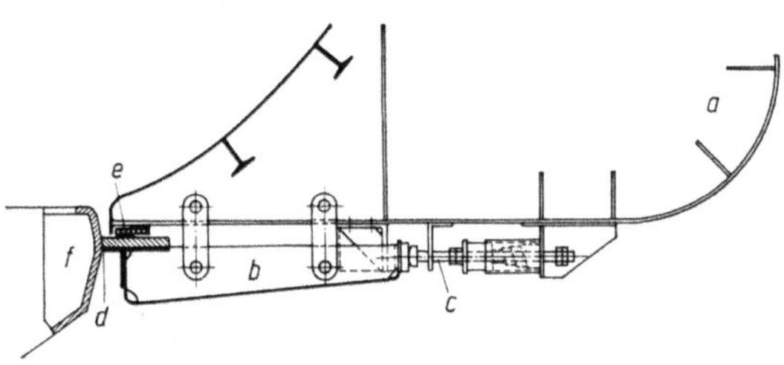

Abb. 9.21. Sohlendichtung eines Senktores (Krupp).
a Senktor; *b* Dichtungsträger; *c* Druckgestänge mit Feder; *d* Feindichtung (Gummi); *e* Notenprofil; *f* Drempel.

drücken. Der Dichtungsträger ist frei von den Verformungen des Schützkörpers und gewährleistet somit das satte Aufsitzen der Stahlschneide über die gesamte Verschlußbreite. Die Dichtung zwischen Dichtungsträger und Schützkörper erfolgt wiederum in einfacher Weise durch ein Notenprofil.

Das Segmenttor erleichtert den Einbau der Dichtungen. Die Seitendichtung der Endscheiben kann durch Notenprofile oder durch Stahlleisten bewirkt werden, die auf Gummi elastisch gelagert und durch Wasserdruck und Feder angepreßt sind. Auch die Klappendichtung nach Abb. 9.12 findet Anwendung.

Als Sohlendichtung kann man Druckspindeln mit anpreßbarer Stahlschneide verwenden.

Handelt es sich um zweiteilige Tore, so bringt die Verwendung eines „Dichtungskamins" eine konstruktiv einfache Lösung (Abb. 9.22). Die schwer zu dichtenden Ecken und Verschneidungen werden dabei vermieden. Das Untertor ist

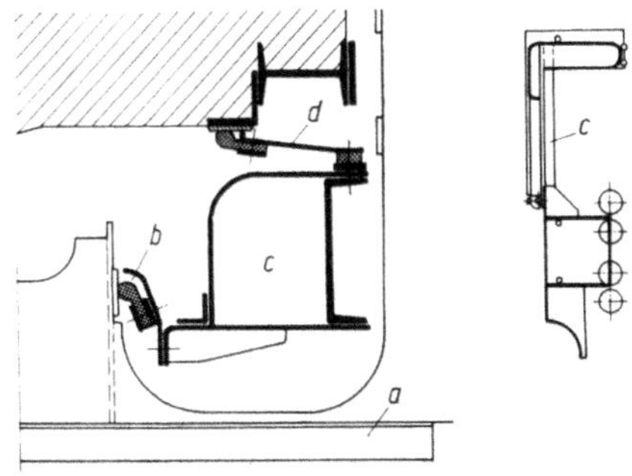

Abb. 9.22. Dichtung zwischen Ober- und Untertor (Krupp). *a* Obertor; *b* Zwischendichtung (Obertor – Untertor); *c* Dichtungskamin; *d* Seitendichtung (Untertor – Nische).

im Nischenbereich nach oben hin durch kaminartige vertikale Kastenträger verlängert, so daß es auf volle Stauhöhe gegen die Nischen dichten kann. Das Obertor wiederum dichtet lediglich gegen das Untertor. Dies erfolgt zwischen der unterstromigen Seite der Obertorstauwand und den an der Oberkante des Untertores angeordneten Dichtungselementen, die an den beiden Kaminen nach oben auslaufen. So entsteht ein breiter U-förmiger Rahmen. Auf Grund dieser konstruktiven Ausbildung ist das Obertor dichtungsmäßig gewissermaßen ein Verschlußkörper mit Untertor.

9.3.9 Tiefschütze

Da der Wasserdruck viel größer als bei normalen Wehrverschlüssen oder Schleusentoren ist, wird im allgemeinen ein robustes, steifes Profil besonders für die Seiten- und Stirndichtung zu verwenden sein. Das sogenannte Notenprofil oder ähnliche Arten dichtet zwar nur Spalte um etwa rd. 10 bis 15 mm zwischen bewegtem Schütz und Gegendichtungsleisten. Dies reicht aber meistens aus, da Tiefschütze eine geringere Spannweite haben, die Toleranzen damit niedriger liegen.

Infolge des großen Wasserdruckes treten große Reibungskräfte zwischen Gummidichtung und Dichtungsfläche auf. Man ist deshalb bemüht, diese Kräfte zu reduzieren. Hierfür bieten sich zwei Wege an. Entweder den Reibungsbeiwert durch Wahl der aufeinander schleifenden Materialien zu senken oder eine Dichtung einzubauen, die sich vor der Bewegung abhebt. Wird auf das Notenprofil eine Stahlleiste einvulkanisiert (möglichst nichtrostend), dann gleitet Remanit auf Stahl ($\mu \cong 0{,}25$). Durch Überzug des Notenprofils mit einem Kunststoff [*471*] (z. B. Teflon) sinkt der Reibungsbeiwert bis unter 0,10 ab (also nur noch $^1/_8$ des Wertes von Gummi auf Stahl).

Eine sich abhebende Dichtung entsteht dann, wenn der gesamte Schützkörper mit Beginn der Hubbewegung sich von der Dichtungsebene wegbewegt (z. B. exzentrische Lagerung bei Segmentschützen) oder wenn die Dichtung selbst, die in der Staustellung sich an die Gegendichtungsleiste anpreßt, vor der Hubbewegung sich entlastet und während der Bewegung nicht mehr schleift.

9.3.9.1 Schleifende Dichtung

Ein Notenprofil parallel zur Stauwand (Abb. 9.23) wird an der Seite durch die Klemmleiste daran gehindert, umzuklappen und durch das Wasser in den Spalt zwischen Schütz und festen Teilen hereingedrückt zu werden. An der Stirndichtung hat das Profil zusätzlich eine Auskragung als Anschlag für die Gegenhalterung am Schütz. Ein Gummizwischenstück an der Sohle stellt den Übergang zur Seitendichtung her. Die Ausnehmung, damit Wasser auch hinter das Notenprofil gelangen kann, darf nicht vergessen werden. Das Profil trägt eine einvulkanisierte Remanit-Schale zur Verringerung der Reibung. Allerdings wird hierdurch die Dichtung empfindlich. Denn sie muß vorsichtig in geraden Stücken zur Baustelle transportiert werden. Bei der Montage darf die Schale nicht beschädigt oder deformiert werden (Hammerschlag usw.), da eine Senke eine undichte Stelle gibt und nicht mehr beseitigt werden kann. Auch das Vulkanisieren ist nicht einfach. Besser wird es sein zur Verminderung der Reibung eine Kunststoffschale (z. B. Teflon) zu verwenden. Auch eine Kunststoffbeschichtung oder ein Kunststoffgranulat auf der Reibungsfläche ist möglich.

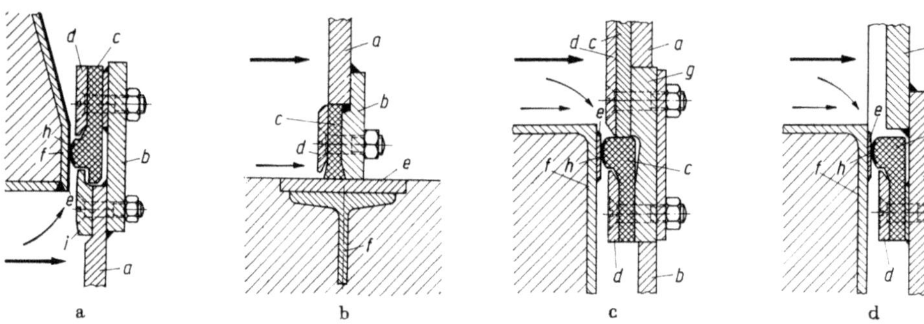

Abb. 9.23. Dichtung für großen Wasserdruck (RU).
a) Stirndichtung; b) Sohlendichtung; c) Übergang von der Sohlen- zur Seitendichtung; d) Seitendichtung.
a Stauwand; *b* Auflagerung des Gummis; *c* Dichtungsgummi; *d* Klemmleiste; *e* Gegendichtungsfläche an den festen Teilen; *f* feste Teile; *g* Gummizwischendtück; *h* Remanit-Schale; *i* Gegenhalterung.

9.3.9.2 Sich abhebende Dichtung

Abhebbare Dichtungen werden im allgemeinen nur für Verschlüsse verwendet, die nicht in Zwischenstellungen stehenbleiben, sondern die entweder in Staustellung stehen oder ganz gezogen sind.

Es handelt sich bei dieser Art vorwiegend um Feindichtungen, die durch Druckwasser oder auch Druckluft an die Gegendichtungsfläche angepreßt werden [*472*]. Das Schema einer solchen Dichtung bringt Abb. 9.24. Von der Speiseleitung ***a***, die zum Oberwasser durch den Schieber ***b*** und nach dem Unterwasser durch den Schieber ***c*** geschaltet wird, führen Abzweigleitungen (***f*** und ***g***) nach dem Druckraum unter dem Dichtungsgummi. An den beiden untersten Punkten des Druckraumes hinter dem Dichtungsgummi schließen Schieber Rohrstutzen (***h*** und ***i***) ab. Steht der Verschluß in Staustellung, so ist der Schieber ***b*** geöffnet, in der Speiseleitung ***a*** und damit auch hinter dem Dichtungsgummi herrscht Oberwasserdruck. Die Dichtung bleibt angepreßt. Soll das Schütz gehoben werden, schließt vor Beginn der Hubbewegung der Antrieb den Schieber ***b*** und öffnet Schieber *c*. Damit sinkt der Druck hinter dem Dichtungsgummi sofort ab, Wasser fließt aus, das Profil ist nicht mehr an die Gegendichtungsfläche angepreßt. Enthält das Wasser verstärkt Schwebstoffe, so können die Leitungen auch gespült werden.

Als Beispiel ein Profil, das seitlich nicht festgeklemmt ist, sondern mit den Endköpfen in einer durchgehenden Aussparung liegt (Abb. 9.25). Dadurch ist das Profil beweglicher, es hat nicht eine Einspannung wie bei Klemmleisten zu überwinden. Geringer ist die zusätzliche Arbeit für den Stahlbau bei einer Lösung nach Abb. 9.26. Eine Art Notenprofil mit innen größerem Hohlraum ist mit einer Klemmleiste an der Stauwand befestigt. Eine Gegenhalterung sorgt für Formtreue des Profils. Vor allem unter Innendruck bei gleichseitigem Druck von außen verhindert diese Halterung eine flache Verformung ohne Sperrung des Spaltes.

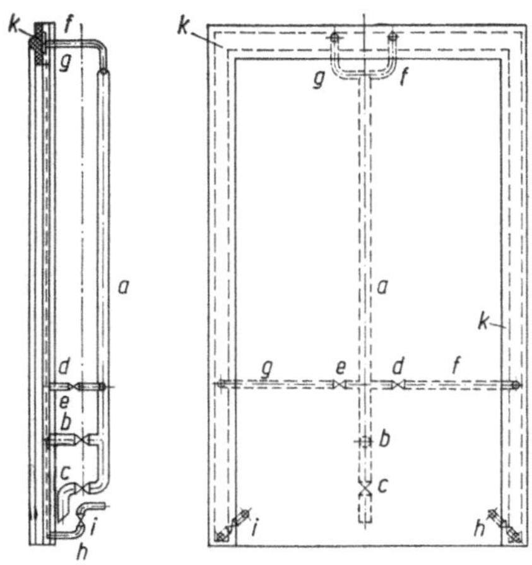

Abb. 9.24. Schema einer sich abhebenden Dichtung (RU).
a Speiseleitung, *b*—*e* Schieber; *h* u. *i* Rohrabzweigungen; *k* Dichtungsgummi.

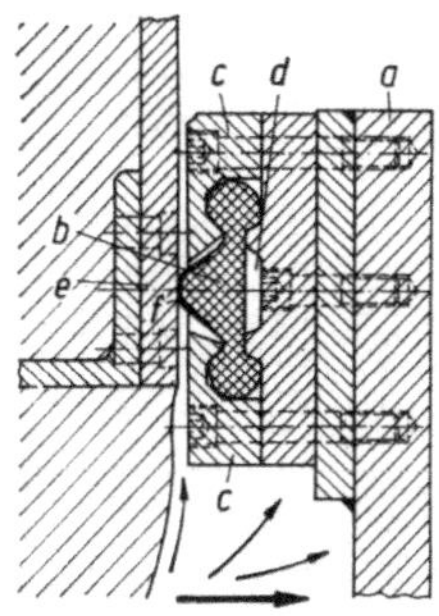

Abb. 9.25. Abhebbare Gummidichtung, Seite (RU).
a Stauwand; *b* Wulstprofil; *c* Gegenhalterung; *d* Raum für Druckwasser; *e* Gegendichtungsfläche an den festen Teilen; *f* Schale aus Werkstoff geringen Reibungsbeiwertes.

Während die vorherigen Dichtungen, wenn sie einmal eingebaut sind, nur unter Schwierigkeiten nachgestellt werden können, bietet eine Lösung nach Abb. 9.27 den Vorteil, verhältnismäßig einfach in den erforderlichen Abstand von der Anschlagfläche der Dichtung gebracht und gegebenenfalls bei Ver-

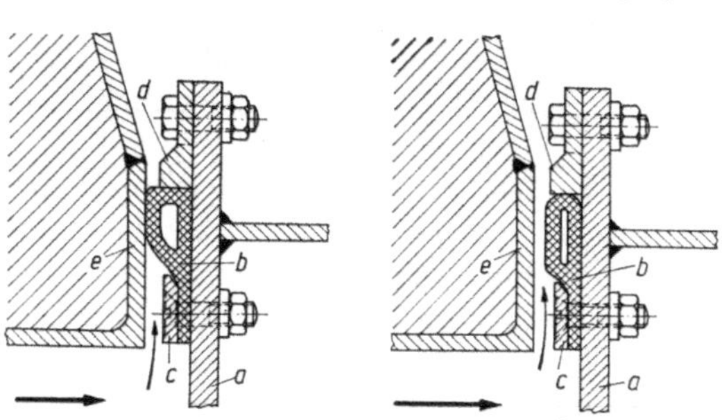

a b

Abb. 9.26. Abhebbare Gummidichtung, Stirndichtung (RU).
a) Unter Druck; b) ohne Druck.
a Stauwand; *b* Profil mit größerem Hohlraum; *c* Klemmleiste; *d* Gegenhalterung; *e* Gegendichtungsfläche an den festen Teilen.

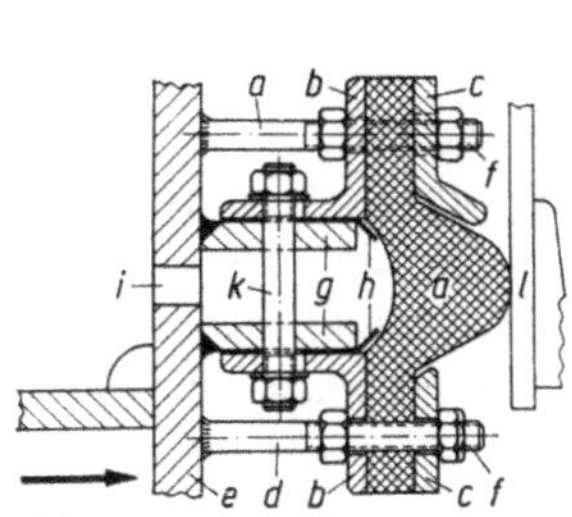

Abb. 9.27. Abhebbare, justierbare Dichtung (Krupp).
a Gummiwulst; *b* Haltewinkel; *c* Klemmleiste; *d* Stehbolzen; *e* Stauwand; *f* Schraubenbolzen; *g* Leisten; *h* Dichtungsmaterial; *i* Bohrung; *k* Kammer für Druckwasser; *l* Gegendichtungsfläche an den festen Teilen.

schleiß der Dichtung oder der Führung des Schützes nachgestellt zu werden. Auch bringt sie für das Schütz Vereinfachungen in der Werkstattbearbeitung, bei der Montage auf der Baustelle und beim Einbau der festen Teile. Der Gummiwulst wird durch zwei Halteleisten in Winkelform und durch zwei Klemmleisten festgehalten.

Abhebbare Dichtungen am Verschluß haben den Nachteil, daß all die notwendigen Leitungen und Schieber zum Schütz führen und deshalb durch die Schützbewegung nicht unterbrochen werden dürfen. Ein anderer Vorschlag (Abb. 9.28) sieht deshalb die Dichtung an den festen Teilen und nicht am Schütz vor. Sind beim innen hohlen Gummibalken die Seiten gerade, ist die Dichtungsfläche des Balkens vorgeschoben, sind sie gekrümmt, liegt sie weiter zurück. Ein im Hohlraum eingebauter Rahmen begrenzt die Zusammendrückbarkeit. Außen führen zwei Flacheisen die Bewegung und dichten dabei gleichzeitig den Druckraum für den Zufluß durch Leitung *e* ab. Soll die Dichtung anliegen, so wird beispielsweise durch die Leitung *d* Luft in den Hohlraum gepreßt. Die Seiten werden gerade. Der Balken schiebt sich mit seiner Vorderfläche vor bis an die Stauwand und wird angepreßt. Damit ist die Dichtung hergestellt. Mögliche Druckverluste können automatisch über einen Kompressor ausgeglichen werden. Soll der Verschluß gezogen und die Dichtung vorher abgehoben werden, wird durch die Leitung *e* ein weiteres Medium mit höherem Druck hineingepreßt. Da die Luft im Hohlraum kompressibel ist, lassen sich die Seitenwände einbeulen, die Vorderfläche hebt sich ab. Wesentlich dabei ist, daß die Dichtung nicht völlig entspannt und schlaff ist, sondern unter Druck sich bewegt, und damit auch eine Abdichtung der Seitenflächen des Balkens zu den Flacheisen erhalten bleibt.

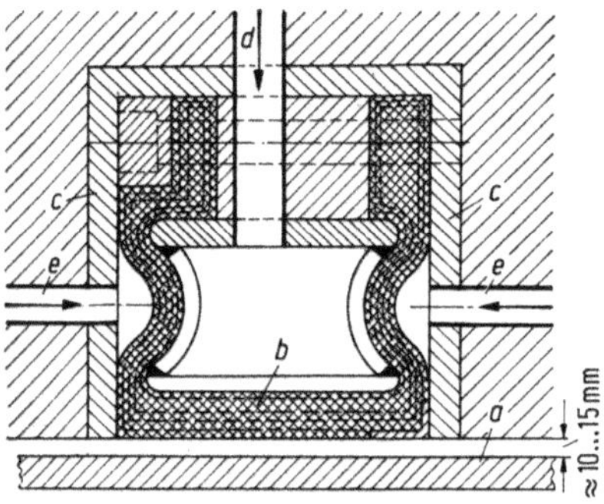

Abb. 9.28. Dichtung in den festen Teilen, die sich vom Schütz abhebt (US Corps).
a Schütz; *b* aufblasbarer Gummibalken; *c* Führungsflächen; *d* Zuleitung eines Mediums (z. B. Luft); *e* Zuleitung eines zweiten Mediums (z. B. Wasser).

Bei einer Schrägdichtung (Abb. 9.29) bleibt über den ganzen Senkweg die Dichtung außer Eingriff. Erst in der Endstellung fährt das Schütz wie ein Keil in die Dichtlage (s. Abb. 4.53). Die seitlichen Dichtungsträger sind abnehmbar. Sie haben eine entsprechend der Neigung der Dichtungsebene veränderliche Steghöhe.

Im unteren Teil des Dichtungsträgers geht das Profil aus Stegblech mit Gurtplatten in ein Vierkantprofil über. Zwischen rostfreie Dichtungsschiene und Dichtungsträger wird eine Gummileiste eingelegt. Die Gummieinlage hat eine solche Härte, daß der größte Teil der Wasserlast auf das Schütz durch die Stoney-Rollen übertragen wird. Nur einen kleinen Teil, der für die Dichtheit notwendig ist, übernimmt die Gummieinlage. Die untere Horizontaldichtung liegt an einer Schwelle an [*216*]. Eine Aufsatzdichtung mit Schneide läßt sich bei einer Schrägdichtung wegen der dafür erforderlichen großen Maßgenauigkeit nur bei kleinen Schützen — und auch dann nur bei zusätzlicher Bearbeitung — verwirklichen.

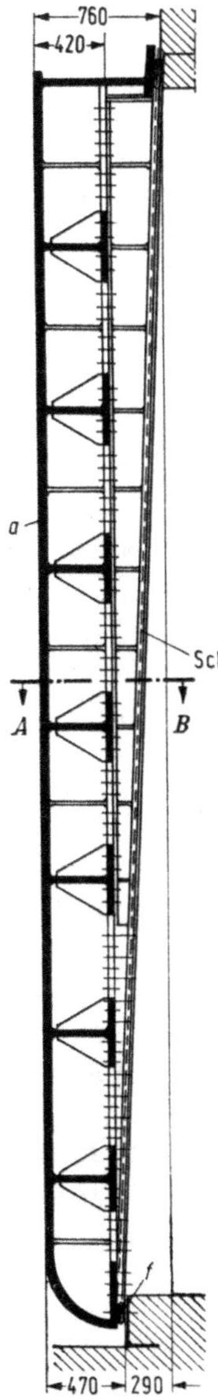

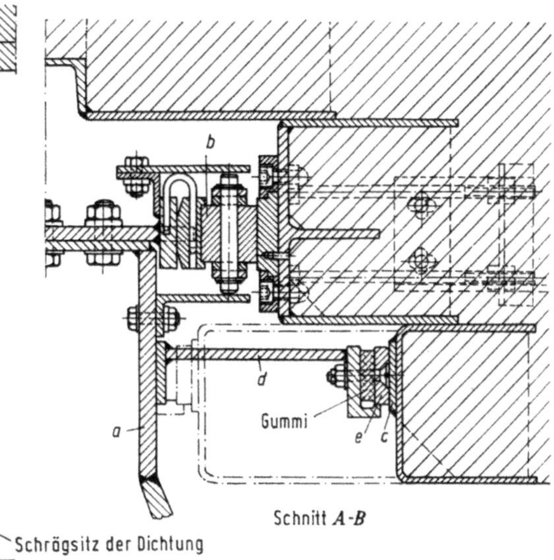

Abb. 9.29. Sich abhebende Schrägdichtung (Buss).
a Schützkonstruktion; *b* Stoney-Rolle;
c Gegendichtungsfläche an den festen Teilen;
d seitlicher Dichtungsträger;
e auf Gummi gelagerte Dichtungsschiene;
f Schwelle für die Sohlendichtung.

9.3.10 Nach zwei Richtungen wirksame (kehrende) Dichtungen

Anlagen mit wechselseitigem Stauspiegel (z. B. Gezeiten, Sperrtore, Sparbecken usw.) benötigen Verschlüsse mit kehrender Dichtung. Dies ist eine Dichtung, die nach üblichen Begriffen sowohl gegen Ober- als auch gegen Unterwasser arbeiten kann. Für ein Gleitschütz (Sparbecken) sehen wir eine solche Dichtung in Abb. 6.17. Eine beidseitige Dichtungsanordnung kann gegenüber der einseitigen vorteilhafter sein, weil sich eine geringere Stützweite des Verschlusses und kleinere Abmessungen der Nischentiefe ergeben. Die Dichtung ist in der

Lage, die Bewegungen und Spiele infolge Lastwechsel und Durchbiegung zu überbrücken. Sie hat jedoch zwei Ebenen und benötigt deshalb an der Sohle einen Übergang.

An einem Rollschütz als Sparbeckenverschluß liegt die kehrende Dichtung in einer Dichtungsebene (Abb. 9.30). Ein Doppelwulstprofil läßt je nach Richtung des Wasserüberdruckes den oberen oder den unteren Wulst an der Gegendichtungsebene anliegen. Damit die Wege des Gummiwulstes unter Wasserdruck

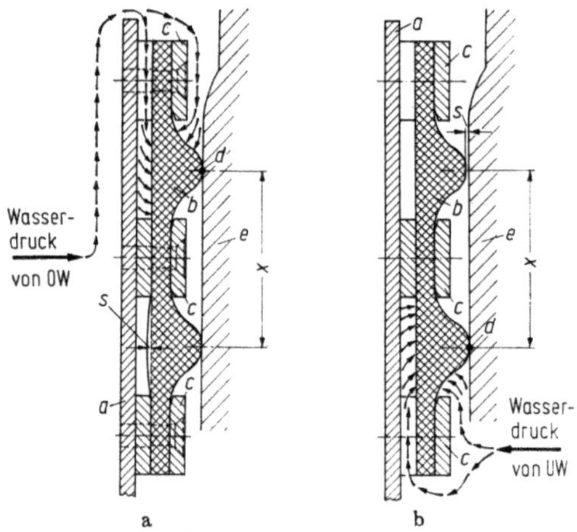

Abb. 9.30. Kehrende Dichtung an einem Rollschütz (Dingler).
a) Wasserdruck von OW;
b) Wasserdruck von UW.
a Stauwand; *b* Doppelwulstprofil; *c* Klemmleisten; *d* Dichtungslinie; *e* Gegendichtungsebene.

nicht zu groß werden, kann ein Wulst in Staustellung bis zum Spiel *s* der Hauptlaufrolle zwischen den Hauptlaufschienen zurückgedrückt sein (Abb. 9.30a). Man zieht hierfür dann zweckmäßigerweise den höheren Wasserüberdruck (hier von OW her) heran. Diese vorliegende Lösung benötigt nur eine Dichtungsebene, setzt aber eine genaue Verlegung der beiden Hauptlaufschienen voraus und erfordert um das Maß x tiefere Nischen.

Bei einem Docktor (Abb. 9.31) setzt sich das Gewicht der Konstruktion auf die Schneide der Stauwand ab. Hierbei wird an der Sohlendichtung eine Vorspannung hervorgerufen. Auch in der Seitennische liegt das Endschott bei

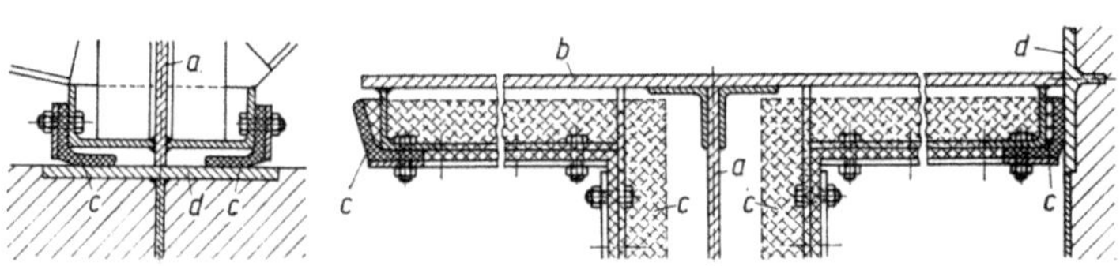

Abb. 9.31. Beidseitige Dichtung an einem Docktor (RU).
a) Sohlendichtung; b) Übergang von der Sohlen- zur Seitendichtung.
a Stauwand; *b* Endschott; *c* Winkelprofil aus Gummi; *d* Gegendichtungsflächen und Anschlag der Konstruktion.

Wasserdruck bündig am Anschlag auf. Dann ist auch hier das Winkelprofil vorgespannt. Die Dichtungen müssen so ausgebildet sein, daß sie bereits bei einem geringen Anpreßdruck infolge der langsamen Entleerung durch Pumpen wirksam werden.

9.4 Herstellung und Befestigung

Im allgemeinen wird Formfertigung vorgezogen, da das physikalische Niveau einer geformten Dichtung höher liegt als wenn das Profil gespritzt ist. Damit ist auch die Lebensdauer höher und vor allem bleibt langjährig die volle Funktionsfähigkeit des Materials erhalten. Die Verbindung der Ecken bei Rahmendichtungen erfolgt zweckmäßigerweise in besonderen Eckformen. Um Doppelvulkanisation zu vermeiden, werden die Rahmenenden nicht vorgeheizt. Bei Baustellenvulkanisation werden meistens elektrisch beheizte Formen eingesetzt. Manchmal wird auch geklebt. Die Befestigung der Dichtung sollte im allgemeinen mit rostsicheren Schrauben oder wenigstens rostsicheren Muttern geschehen.

Bei der Befestigung und Lagerung von Metalldichtungen ist darauf zu achten, daß an Gelenkstellen irgendwelche Metallegierungen vermieden werden. Teilweise haben sich hier starke Korrosionen gezeigt, die vermutlich durch chemische Beimengungen im Wasser und lokale Elementenbildungen stark gefördert wurden. Die Verwendung unlegierten Materials ist daher zu bevorzugen. Um die Stauwand für die Schrauben wegen möglicher Undichtigkeit nicht anbohren zu müssen, kann das Bolzenschweißen verwendet werden. Hierunter wird das stumpfe, mit einer Handpistole durchgeführte Aufschweißen von Bolzen, Stiften oder Schrauben verschiedener Form und Größe verstanden [*473*].

9.5 Gegendichtungsflächen, Toleranzen und Vorspannung

Auf den Dichtflächen schleift die Dichtung. Es sei erwähnt, daß die Verwendungvon nicht rostendem, plattiertem Blech sich bei bisherigen Ausführungen gut bewährt hat. Dies gilt auch für größere Flächen, wie z. B. den Bereich des Seitenschildes, wo die Übergangsdichtung gleitet, wie auch am Hakendoppelschütz für den Schleifbereich der Stauwand des Oberschützes.

Wenn Teile von Schleifdichtungen während der Bewegung des Verschlusses von ihrer Dichtfläche ablaufen, sind die Übergänge in diese flach zu verziehen. Gegebenenfalls ist die Bewegung der Dichtung durch eine Rückhaltung zu begrenzen.

Seitliche Dichtungsschilder sollen wegen Vereisungs- und Verschmutzungsgefahr die Nischen in genügender Breite und Höhe überdecken.

Eine möglichst ebene und genügend breite Unterlage, Anschlag- oder Schleiffläche, auf der die Dichtung anliegt oder gleitet ist die Hauptvoraussetzung für eine gute Dichtheit. Kurzwellige Unebenheiten sind unbedingt zu vermeiden. Dies ist bereits bei der Werkstattfertigung zu beachten. Die Dichtfläche muß im Beton so vergossen sein, daß sie nicht umläufig wird. Lotrechte Dichtungsflächen können einfacher und genauer als schräge oder gebogene eingebaut werden.

Die Wahl des Dichtungsprofils wird dadurch stark beeinflußt, wie groß die zu erwartenden Wege sind, die das Profil überbrücken muß. Für diese Bewegung der Dichtung sind vor allem die gleichen Erscheinungen maßgebend, die eine Außermittigkeit der Laufrolle hervorrufen (s. Abschn. 8.3.2).

Aus der Summe der Abweichungen, die je nach Güte der Werkstatt und der Montagegruppe bei jedem Hersteller anders sein kann, errechnet sich das Gesamtspiel der Dichtung. Die günstigste Lösung ist es, mit Rücksicht auf die unterschiedlichen Maßhaltigkeiten des Tiefbaues und des Stahlwasserbaues und wegen zu erwartender Setzungen, alle Dichtungen so zu konstruieren, daß sie nachträglich angepaßt werden können.

Eine Vorspannung empfiehlt sich bei der Anordnung von Seitendichtungen, die weniger als 10 m unter Wasser liegen. Die Vorspannung sollte so groß sein, daß die Kante der Dichtungslinie am Schütz um 2,5 bis 5 mm zurück- bzw. zusammengedrückt wird.

9.6 Berechnung der Dichtungsreibung

Die Dichtungsreibung berechnet sich nach der Beziehung

$$R_D = \mu \, L_d \, D \ \text{[Mp]}. \tag{245}$$

Hierin bedeuten

μ Reibungsbeiwert;
L_d Länge der schleifenden Dichtung [m];
D Dichtungsdruck [Mp/m].

Die Dichtungsreibung wirkt der Bewegung entgegen. Also bei Schützhub belastet sie zusätzlich das Antriebssystem, bei Absenkbewegung entlastet sie.

Für den Reibungsbeiwert μ gelten für folgende Materialpaarungen die Werte

Teflon auf Stahl	0,05 bis 0,1	Gummi auf Stahl	
Stahl auf Bronze (ungeschmiert)	0,20	Shore-Härte 85°	0,70
Remanit auf Stahl	0,25	Shore-Härte 70°	0,80
Stahl auf Stahl (ungeschmiert)	0,30	Shore-Härte 55°	0,90

Die Länge der schleifenden Dichtung (L_d) soll all die Dichtungsstrecken erfassen, die während der Hub- oder Senkbewegung auf der Gegendichtungsfläche schleifen.

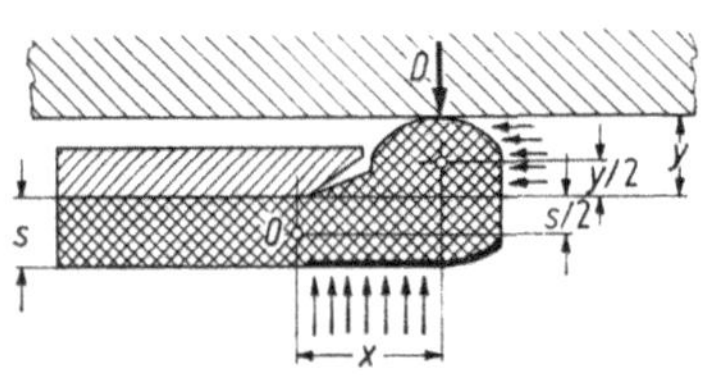

Abb. 9.32. Dichtungsdruck an einem Notenprofil.
O = angenommener Drehpunkt des Profils.

Der Dichtungsdruck D auf einen Meter Dichtungslänge errechnet sich vereinfacht und unter der Annahme, daß das Gummiprofil um den Punkt 0 (Abb. 9.32) sich dreht und ein Wasserdruck von W [Mp/m²] wirksam ist.

$$D = \frac{W\,(x^2 + y^2 + y\,s)}{2x} \ \text{[Mp/m]}. \tag{246}$$

10 Belüftung

Das Problem der Belüftung tritt bei überströmten, unterströmten und gleichzeitig über- und unterströmten Verschlüssen auf. Die benötigte Luftmenge muß bekannt sein, um den Belüftungsquerschnitt ausreichend bemessen zu können. Fehlende oder unzureichende Belüftung kann insbesondere bei Tiefschützen zu Pulsationen des Abflusses und damit zu Schützschwingungen und zu Schwingungen des Gesamtbauwerkes führen. Möglicherweise entstehen Kavitationsschäden und/oder es treten sehr störende Geräusche auf. Eine zu starke Belüftung erhöht unter Umständen im Winter die Vereisungsgefahr [*474*].

10.1 Einfluß der Belüftung

Bei nicht belüfteten Stollen fließt infolge des hinter dem Schütz wirksamen Unterdruckes eine größere Wassermenge ab. Diese Zunahme wird prozentual zum Gesamtabfluß um so kleiner, desto größer die Druckhöhe ist ($H \gg 10{,}33$ m WS). Im Gegensatz zu den nicht erfaßbaren dynamischen Zusatzbelastungen bei fehlender Belüftung lassen sich die nachfolgenden Kräfte berechnen.

Die Sogkraft am Strahlleitblech ist direkt proportional zur Geschwindigkeitshöhe des unter dem Schütz austretenden Strahles. Die Zunahme der Geschwindigkeitshöhe gegenüber freiem Ausfluß kann jedoch nicht größer werden als der volle Unterdruck, d. h.

$$v_s^2/2g\,(1 + \Delta Q/Q_L)^2 = v_s^2/2g + 10{,}33\,\mathrm{m}$$

oder

$$(1 + \Delta Q/Q_L)^2 = (1 + 10{,}33[v_s^2/2g]) \tag{247}$$

mit Q_L, v_s für Belüftung und ΔQ = Mehrleistung ($Q_L = Q + \Delta Q$) bei Belüftung.

Die Sogkraft am Strahlleitblech bei belüftetem Abfluß wäre demnach mit dem Faktor $(1 + \Delta Q/Q_L)^2$ zu multiplizieren, um die maximal mögliche Kraft bei nicht belüftetem Abfluß zu erhalten. Die Sogkraftverminderung durch Belüftung ist bei größeren Stauhöhen ($H > 50$ m) relativ gering. Die Bedeutung der Belüftung liegt deshalb bei großen Druckhöhen mehr in der Minderung von Kavitationsschäden und Schützschwingungen infolge instabiler Abflußvorgänge [*475*, *476*].

Der horizontale Druck kann im ungünstigsten Fall hinter dem Schütz bis auf $-10{,}33$ m WS abfallen. Das Schütz erhält damit eine zusätzliche Belastung von 10,33 Mp/m² Fläche. Zusätzlich können aber noch Schwellbeanspruchungen auftreten. Wie Versuche [*477*, *478*] zeigten, traten bei geringer Hubhöhe starke Horizontalschwingungen auf.

Durch Belüftung wird zwar eine ausgedehnte Druckabsenkung im Stollen verhindert, wobei jedoch örtlich eng begrenzte Druckabsenkungen im Abfluß, die durch Umströmung von Kanten entstehen, möglich bleiben.

10.2 Luftbedarf bei überströmten Verschlüssen

Bei freiem Überfall (Abb. 10.1) wird der Belüftungskoeffizient

$$\beta = \frac{A}{1 - A} \tag{248}$$

mit

$$A = \frac{Q_L}{Q_L - Q}\,.$$

A als Funktion von Z/h_c für verschiedene Froudesche Zahlen

$$\mathrm{Fr} = \frac{v^2}{g\,h_c}$$

zeigen die Kurven in Abb. 10.2.

Für den Belüftungsquerschnitt gilt [*479*] nach Gl. (255) und der Abflußgleichung:

$$S_L = \frac{0{,}5\beta\,\mu\,B\,h}{28\,m_L}\sqrt{\frac{h}{p_u}}\,. \tag{249}$$

m_L (Verlustbeiwert des Schachtes) liegt in der Regel, da das Belüftungsrohr nur kurz ist, zwischen 0,9 und 1,0.

0,5β, da nur die Unterseite des überfallenden Strahles zu belüften ist. Der Wert β errechnet sich aus Gl. (248), dabei muß A aus der Abb. 10.2 in Abhängigkeit von Z/h_c entnommen werden. Für h_c kann $0{,}6h$ gesetzt werden und als erste Näherung reicht Fr = 3.

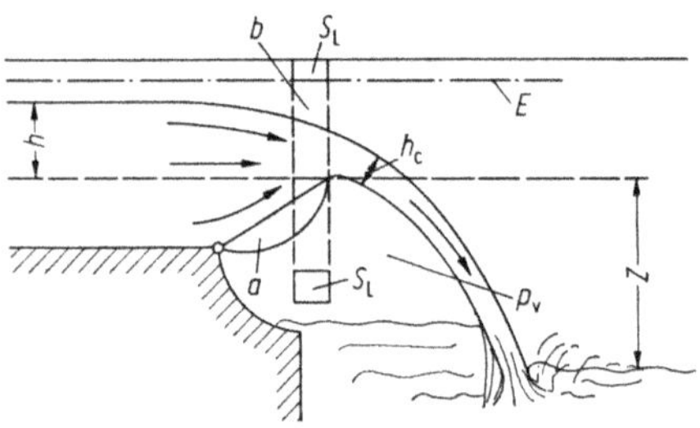

Abb. 10.1. Freier Überfall.
a) Klappe; b) Belüftungsschacht.

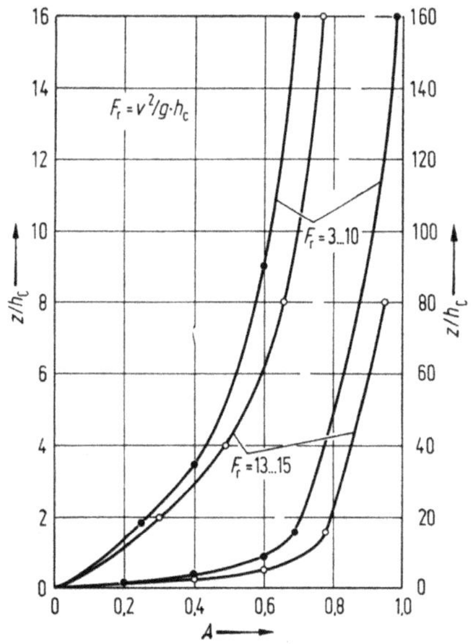

Abb. 10.2. Abhängigkeit für A vom Verhältnis Z/h_c bei verschiedenen Froudeschen Zahlen ($1 \leqq Z/h_c \geqq 16$).

Bei einem Wehr sollte der Unterdruck p_u unter dem überfallenden Strahl bei etwa 0,01 bis 0,02 m WS liegen. Bei einem Beiwert $m_L = 0{,}95$ ergeben sich als Luftgeschwindigkeiten:

p_u (Unterdruck m WS)	0,01	0,02	0,05	0,10
v_L (m/s)	12,0	16,5	26,5	37

Beispiel: Die Klappe möge $B = 4{,}0$ m breit sein, die Überfallhöhe $h = 0{,}85$ m, die Höhe von Kante Überfall bis zum Unterwasser (Abb. 10.1) sei $Z = 1{,}80$ m.

Angenähert ist

$$h_c = 0{,}6h = 0{,}51\ \text{m},$$

$$\frac{Z}{h_c} = \frac{1{,}8}{0{,}51} = 3{,}50\ \text{m}.$$

Für Fr = 3,0 zeigt Abb. 10.2

$$A = 0{,}4\,.$$

In Gl. (248) eingesetzt:

$$\beta = \frac{0{,}4}{1 - 0{,}4} = 0{,}67\,.$$

Nehmen wir als Abflußbeiwert $\mu = 0{,}44$ und soll der Unterdruck unter der Klappe nicht größer als $p_u = 0{,}01$ m WS ($v_L \triangleq 12{,}0$ m/s), dann errechnet sich der Belüftungsquerschnitt [Gl. (249)] zu:

$$S_L = \frac{0{,}5 \cdot 0{,}67 \cdot 0{,}44 \cdot 4{,}0 \cdot 0{,}85}{28 \cdot 0{,}95} \sqrt{\frac{0{,}85}{0{,}01}} = 0{,}18\ \mathrm{m}^2.$$

Bei seitlicher Zufuhr der Luft, somit je Seite $0{,}09\ \mathrm{m}^2$, wäre also ein Querschnitt von $0{,}3 \times 0{,}3$ m ausreichend.

Der Abfluß wird:

$$Q = 0{,}44 \cdot 4{,}0 \cdot 4{,}43 \cdot 0{,}85 \cdot \sqrt{0{,}85} = 6{,}12\ \mathrm{m}^3/\mathrm{s}.$$

Der Luftbedarf bei diesem Abfluß nimmt den Wert an von

$$Q_L = \frac{\beta}{2} Q = 0{,}335 \cdot 6{,}12 = 2{,}10\ \mathrm{m}^3/\mathrm{s}.$$

Damit wird die Luftgeschwindigkeit im Schacht

$$v_L = \frac{Q_L}{S_L} = \frac{2{,}10}{0{,}18} = 13{,}1\ \mathrm{m/s}.$$

10.3 Luftbedarf bei unterströmten Verschlüssen

Bei größeren Strömungsgeschwindigkeiten beginnt an der Wasseroberfläche ein heftiger Impulsaustausch mit der Luft. Es bildet sich ein Wasser-Luft-Gemisch mit zum Teil sehr großen Luftblasen.

10.3.1 Vereinfachte Ermittlung

Der Luftbedarf ist

$$Q_L = \beta\, Q \quad [\mathrm{m}^3/\mathrm{s}]. \tag{250}$$

Da es sich um einen Abfluß mit freier Oberfläche handelt, bei dem die Teilchen an der Oberfläche unter der Bedingung gleichen Druckes stehen — somit also die Trägheits- und die Schwerekräfte überwiegen — liegt der Gedanke nahe, durch Verwendung der Froudeschen Zahl

$$\mathrm{Fr} = \frac{v^2}{g\, h_c}. \tag{251}$$

v Geschwindigkeit des Schußstrahles an der stärksten Einschnürung,
h_c Tiefe des Schußstrahles an der stärksten Einschnürung,

den Luftbedarf zu bestimmen. Aus Modellversuchen [*480*] wurde die Verhältniszahl β als Funktion der Froudeschen Zahl ermittelt. Die hieraus sich ergebenden Werte stellen aber die untere Grenze dar, Meßergebnisse aus der Natur lassen die obere Grenze als wahrscheinlich gelten [*481*, *482*]:

$$\beta = 0{,}04\,(\mathrm{Fr} - 1)^{0{,}85}. \tag{252}$$

Verschiedene Kurven und Meßpunkte bringt die graphische Darstellung in logarithmischem Maßstab (Abb. 10.3). Für die erste grobe Ermittlung des Luftbedarfes reicht sie aus [*483*]. Zuerst wird der Wert (Fr − 1) ermittelt. Er möge z. B. 10 sein. Daraus ergibt sich für das Verhältnis β von Luft zu Wasser (Q_L/Q) ein Wert zwischen 0,16 und 0,29 als untere und obere Grenze. Somit liegt der Luftbedarf Q_L zwischen 0,16 und 0,29 Q. Messungen in der Natur [*701*] zeigten

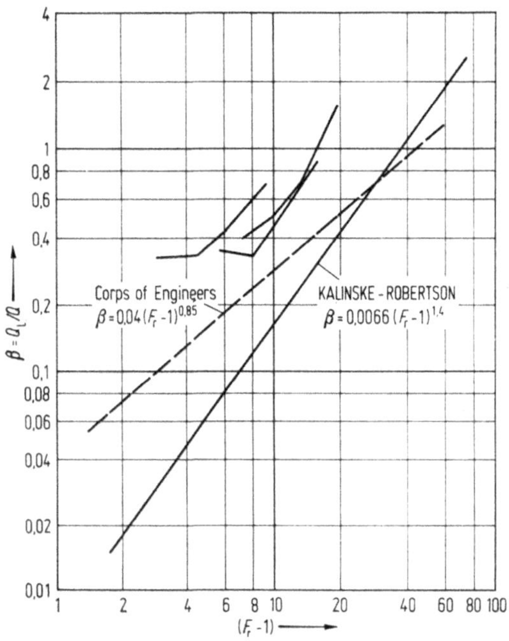

Abb. 10.3. Abhängigkeit der Verhältniszahl $\beta = Q_L/Q$ von der Froudeschen Zahl Fr.

Werte mit Beginn der Öffnung eines Tiefschützes ($H = 145$ m, $v = 54$ m/s) um $\beta = 3{,}5$ (also Q klein, h_c klein), die parabolisch bis auf 0,7 bei voller Freigabe des Querschnittes (Q groß, h_c groß) abnahmen.

10.3.2 Berücksichtigung der Stollenform

Wird die Stollenform (Abb. 10.4), die ja den Abfluß beeinflußt, mit berücksichtigt, dann nimmt der Koeffizient die Form an [*479*]:

$$\alpha = K(\sqrt{Fr} - 1) = K\left(\sqrt{\frac{2H}{h_c}} - 1\right). \tag{253}$$

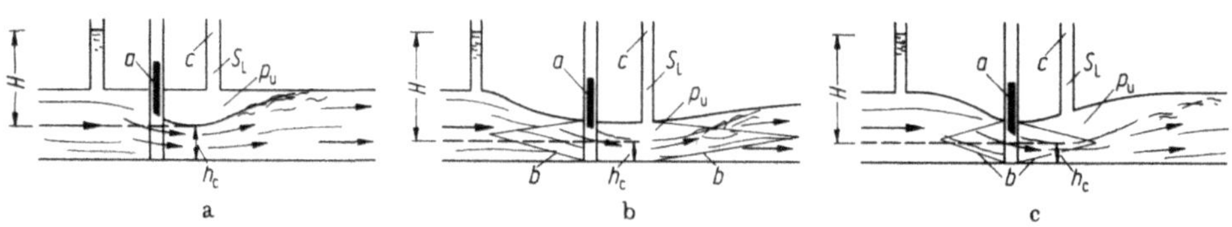

Abb. 10.4. Schütz im Stollen.
a) Durchgehender kreisförmiger Querschnitt; b) langsamer Übergang vom Kreis zum Rechteck und umgekehrt; c) schneller Übergang vom Kreis zum Rechteck und umgekehrt.
a Schütz; *b* Übergangslinie; *c* Belüftungsschacht.

Dabei ist K ein Formkoeffizient, für den Tab. 36 Werte bringt.

Tabelle 36

Abflußbedingung	K
Kreisförmiger Stollen (Abb. 10.4a)	0,025–0,04
Übergang Kreis–Rechteck, unterwasserseitig langsamer Übergang. Winkel nicht größer als 10° (Abb. 10.4b)	0,04 –0,06
Schneller Übergang vom Rechteck zum Kreis (Abb. 10.4c)	0,08 –0,12

Für den Belüftungsquerschnitt bei einem Stollen gilt:

$$Q_L = m_L S_L \sqrt{2g\, p_{uL}}\,. \tag{254}$$

Dabei ist m_L als Mittelwert $\approx 0{,}7$. Er setzt sich zusammen aus:

$$m_L = \frac{1}{\sqrt{\sum \zeta + \lambda (L/D)}}\,.$$

$\sum \zeta$ Summe aller Einzelverluste durch Eintritt, Krümmer usw.,
λ Reibungszahl,
L u. D Länge und Durchmesser der Luftleitung, wenn nicht kreisförmig, wird $D = 4R$ (hydraulischer Radius $R = F/U$).

Soll der Luftdruck p_{uL} in m Wassersäule p_u ausgedrückt werden, geht Gl. (254) bei $\gamma_L = 1{,}28$ kp/m³ über in

$$Q_L = 28\, m_L S_L \sqrt{2g\, p_u}\,. \tag{255}$$

Setzen wir für den Abflußquerschnitt nach Kontraktion

$$\mu B a = B_c h_c\,, \tag{256}$$

dann ist der Abfluß

$$Q = B_c h_c \sqrt{2g H}\,. \tag{257}$$

Aus Gln. (255 u. 257) wird

$$\alpha = \frac{Q_L}{Q} = \frac{28 m_L S_L}{B_c h_c} \sqrt{\frac{p_u}{H}}\,, \tag{258}$$

und gleichgesetzt Gl. (253) wird der Belüftungsquerschnitt

$$S_L = \frac{K}{28}\, \frac{B_c h_c}{m_L} \sqrt{\frac{H}{p_u}} \left(\sqrt{\frac{2H}{h_c}} - 1\right). \tag{259}$$

Je nach Bauwerksform und Abflußbedingungen in den Tiefablässen können ein oder mehrere verschiedene Abflußzustände gleichzeitig oder auch nacheinander bei der Bewegung des Schützes auftreten. Mit diesen Abflußzuständen sind jeweils andere Formen der Luftaufnahme verbunden. Der Belüftungsvorgang, der dann abläuft, kann deshalb aus der Luftaufnahme folgender Abflußzustände zusammengesetzt sein [*475*]:

Schaumströmung,
Wechselsprung,
voll-laufender Stollen unterhalb des Wechselsprunges,
Freispiegelabfluß,
versprühter Ausflußstrahl.

Wer sich mit diesen Unterteilungen der Luftaufnahme eingehender befassen möchte, sei auf [*484–488*] verwiesen.

10.3.3 Belüftungsquerschnitt

In der Literatur werden für einen noch zulässigen Unterdruck hinter dem Schütz im Stollen Werte genannt, die zwischen 1,5 und 0,3 m WS liegen. Aus Gl. (255) ergibt sich für die Geschwindigkeit

$$v_L = 28 m_L \sqrt{2 g p_u}\,. \tag{260}$$

Für $m_L = 0{,}7$ liefert Gl. (260) bei entsprechenden Unterdrücken die Luftgeschwindigkeiten:

p_u (Unterdruck m WS)	0,3	1,0	1,5	2,0
v_L (m/s)	50	85	100	120

10.3.3.1 Vereinfachte Ermittlung

Läßt man z. B. Luftgeschwindigkeiten von $v_L = 50$ m/s zu, dann errechnet sich der erforderliche Belüftungsquerschnitt für nicht zu lange Leitungen mit nur geringen Umlenkungen, bei denen infolge Reibung usw. die Geschwindigkeit nur um rd. 10% absinkt, zu:

$$S_L = \frac{Q_L}{v_L} \geqq 0{,}022\, Q_L\,. \tag{261}$$

Bezogen auf den Durchfluß Q bei einem Verhältnis $\beta = Q_L/Q$ zwischen 0,25 und 0,4 gilt als erster Anhalt ohne Errechnung der benötigten Luftmenge für den Belüftungsquerschnitt:

$$S_L = \frac{\beta Q}{v_L} \begin{matrix} > 0{,}0055 Q \\ < 0{,}0088 Q \end{matrix}\,. \tag{262}$$

Ohne die Durchflußmenge Q zu berechnen, kann der notwendige Belüftungsquerschnitt bei bekannter Druckhöhe am Schütz und seinem Querschnitt aus Abb. 10.5 abgeschätzt werden. Ist z. B. die wirksame Druckhöhe am Schütz

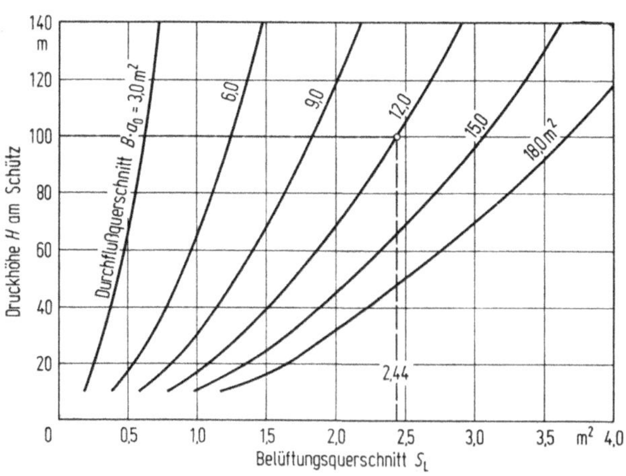

Abb. 10.5. Abhängigkeit des Belüftungsquerschnittes S_L von der wirksamen Druckhöhe H am Schütz und dem Durchflußquerschnit $B\,a_0$.

$H = 100$ m, der Schützquerschnitt $B\,a_0 = 12{,}0$ m², dann wird ein Belüftungsquerschnitt von $S_L = 2{,}44$ m² erforderlich. Zwischenwerte von Schützquerschnitten können interpoliert werden. Bei der Berechnung der Kurven wurden ein

Verhältnis von Schützbreite zur Durchflußhöhe $B : a_0 = 0{,}5$, ein mittlerer Einschnürungsbeiwert $\mu = 0{,}66$, ein Belüftungsquerschnitt von $S_L = 0{,}007 Q$ und eine Luftgeschwindigkeit v_L von 50 m/s angenommen.

10.3.3.2 Genauere Berechnung

Der Verschluß möge die Abmessungen von $B = 3{,}0$ und $a_0 = 2{,}80$ m (Höhe) haben und in einem Stollen von 3,5 m Dmr. sein (Abb. 10.4c). Die Luftleitung sei $L = 75{,}0$ m lang.

Der größte Luftbedarf wird sich erfahrungsgemäß bei etwa 75 bis 85% des Schützhubes einstellen.

Somit ergibt sich als Mittelwert

$$a_{0,8} = 0{,}8 \cdot 2{,}8 = 2{,}24 \text{ m}.$$

Die vertikale Einschnürung möge 0,65 sein.

Somit wird Gl. (256)

$$h_c = 0{,}65 \cdot 2{,}24 = 1{,}45 \text{ m}.$$

Die seitliche Einschnürung 0,9 also

$$B_c = 0{,}9 \cdot 3{,}0 = 2{,}70 \text{ m}.$$

Die wirksame Druckhöhe am Schütz ist $H = 53$ m. Aus Gl. (253) wird

$$\sqrt{Fr} = \sqrt{\frac{2H}{h_c}} = \sqrt{\frac{106}{1{,}45}} = 8{,}55 .$$

Damit liefert Gl. (253), denn $K = 0{,}1$ (Tab. 36) angenommen,

$$\alpha = 0{,}10 \cdot 7{,}55 = 0{,}755 .$$

Der Beiwert m_L läßt sich nur schrittweise ermitteln.

a) *Erste Annäherung:*

$$D = 1{,}0 \text{ m, damit } \frac{L}{D} = 75$$

mit

$$\lambda = 0{,}02 \text{ wird } \lambda \frac{L}{D} = 1{,}5 .$$

Die Einzelverluste mögen sein:

Eintritt	$\zeta_e = 0{,}5$
Krümmer und Austritt	$\zeta = 1{,}0$
	$\sum = 1{,}5$

Diese Werte eingesetzt, liefern für

$$m_L = \frac{1}{\sum \zeta + \lambda (L/D)} = \frac{1}{\sqrt{3}} = 0{,}58 .$$

Lassen wir einen Unterdruck $p_u = 1{,}0$ m WS zu, so wird aus Gln. (253 und 259)

$$S_L = \frac{\alpha}{28} \frac{B_c h_c}{m_L} \sqrt{\frac{H}{p_u}} = \frac{0{,}775 \cdot 2{,}7 \cdot 1{,}45 \sqrt{53}}{28 \cdot 0{,}58} = 1{,}33 \text{ m}^2,$$

somit $D = 1{,}30$ m.

b) *Zweite Annäherung:*

$$D = 1{,}20\,\text{m}; \quad \frac{L}{D} = \frac{75}{1{,}2} = 62{,}5\,,$$

$$\lambda \frac{L}{D} = 1{,}25\,,$$

$$\sum \zeta + \lambda \frac{L}{D} = 1{,}5 + 1{,}25 = 2{,}75\,.$$

Damit errechnet sich für $m_L = 0{,}605$ und $S_L = 1{,}26\,\text{m}^2$; daraus $D = 1{,}27$ m; gewählt $D = 1{,}25$ m; $S_L = 1{,}23\,\text{m}^2$.

Die benötigte Luftmenge wird nach Gl. (255)

$$Q_L = 28 \cdot 0{,}605 \cdot 1{,}23 \cdot 4{,}43 = 94\,\text{m}^3/\text{s}$$

und die Luftgeschwindigkeit

$$v_S = \frac{Q_L}{S_L} = \frac{94}{1{,}23} = 75\,\text{m/s}.$$

Aus einigen weiteren Berechnungsverfahren sei das Verfahren mit Hilfe der Bernoulli-Gleichung bei gleichzeitiger Verwendung des Stützkraftsatzes erwähnt [*489*]. Es würde aber zu weit führen, das Rechenschema hier zu bringen. Es liefert ähnliche Werte wie die beschriebenen Methoden.

Weitere Literatur über Belüftung s. [*490–508*].

11 Kavitation

11.1 Entstehung

Unter Kavitation wird die Hohlraumbildung in einer Flüssigkeit unter dem Einfluß eines Unterdruckes verstanden [*509*]. Das ist die Primärerscheinung und sie sollte eindeutig mit dem Wort „Kavitation“ assoziiert werden. Wir sprechen dabei von einer kavitierenden Strömung.

Kavitationsschäden treten auf an Einlauftrompeten, Stollen, Rohrleitungen, Überfallrücken, Tosbecken, Wehrschützen, vor allem aber an Tiefschützen und Hochdruckverschlüssen überhaupt.

Drei Phasen eines Kavitationsvorganges unterscheiden wir:

a) Die Entstehung der Kavitationsblasen am Anfang der Zone des kritischen Druckes. Das ist die eigentliche Kavitation.

b) Die mehr oder minder kurze Strecke der Wanderung der Blasen durch das Gebiet des kritischen Druckes.

c) Der schlagartige Zusammensturz der Blasen in der Gegend des wieder ansteigenden Druckes.

Die letzte ist die Phase, in der die Kavitationsschäden eintreten.

Aus dieser Überlegung ist zu folgern, daß wir im Stahlwasserbau überall dort mit dem Auftreten von Kavitation rechnen müssen, wo im Zusammenhang mit hohen Geschwindigkeiten minimale Drücke auftreten. Dabei darf man nicht nur an den mittleren Druck denken, wie wir ihn nach der Hydraulik bei der Bemessung in Rechnung stellen. Denn schon kleinste lokale Druckminderungen, meist im Zusammenhang mit Ablösungserscheinungen, können Anlaß zu Minimaldrücken und damit zur Kavitation geben [*10*]. Die Druckspitzen bei der Implosion einer solchen Kavitationsblase (Phase c) finden sich in unmittelbarer Umgebung der zusammenstürzenden Blase, etwa in einer Entfernung von 1,5 des jeweiligen Momentradius. Nach außen hin, d. h. von der Blase weg, klingen sie ziemlich rasch ab. Folglich kann eine Kavitationserosion nur auftreten, wenn die Kavitation an den festen Strömungsbegrenzungen auftritt. Die Größenordnung der Druckspitzen liegt je nach den Eingangsgrößen der Rechnung (Gasinhalt der Blase, Blasengröße, Größe des Druckes, der die Implosion veranlaßt) zwischen 20 bis einigen 10000 kp/cm². Zu diesen mechanischen Wirkungen kommen noch solche thermodynamischer Art. Einige Forscher ziehen zur Erklärung der Kavitationserosion auch elektrochemische Effekte mit heran.

11.2 Schäden

Der Praktiker fürchtet am meisten die Kavitationserosion. Das sind tiefe Einfressungen von schwammiger Struktur im Werkstoff. Diese Zerstörungen werden den beim Zusammensturz der Kavitationsblasen im Gebiet des wieder ansteigenden Druckes auftretenden, punktförmig wirkenden Druckspitzen zugeschrieben, also der dritten Phase des Vorganges. Die Kavitation in Wandnähe tritt meist im Zusammenhang mit hydrodynamisch bedingten Ablösungen auf. Wenn in den Ablösungsräumen der Druck bis auf den kritischen Druck absinkt, entsteht dort Kavitation. Hier sind Schäden größten Ausmaßes zu erwarten, weil der Zusammensturz der Blasen in unmittelbarer Nähe der Wände erfolgt.

11.3 Verhütung

Am einfachsten wäre es, Betriebszustände, bei denen Kavitationsgefahr besteht, überhaupt zu vermeiden oder nur kurzzeitig zuzulassen. Das wird aber sehr oft aus wirtschaftlichen oder betrieblichen Gründen nicht möglich sein.

Wie Untersuchungen zeigen, drückt die Randstromlinie in die Nische, um anschließend beschleunigt (bei Druckabfall) zu werden. Wenn also durch Druckerhöhung in der Nische eine durchgehende quasi-Nischenflucht von OW nach UW geschaffen wird, verläuft die Randstromlinie gerade weiter, die Beschleunigungsstrecke fällt weg (Abb. 11.1, s. auch Abb. 4.51, 8.4).

Eine andere Möglichkeit besteht darin, ein kavitationsfestes Material zu entwickeln, das an den gefährdeten Stellen eingebaut werden kann. Auch wird zur Zeit versucht, durch geeigneten Anstrich das Material gegen Kavitationsschäden zu schützen.

Der dritte, auf der Formgebung, also auf konstruktiven Maßnahmen, beruhende Weg besteht darin, durch entsprechende Gestaltung der Wandflächen die Strömung so zu beeinflussen (Abb. 11.2), daß Kavitation nicht mehr auftritt oder nur in vermindertem Umfang. Beim Beispiel Wehrnische erreicht man das durch die Abrundung der unterwasserseitigen Nischenkante. In ernsteren Fällen ist dazu der normalerweise übliche Kreisbogen nicht mehr ausreichend, sondern man kommt aus hydrodynamischen Überlegungen zu einer Parabel oder einer elliptischen Form (s. auch Abb. 4.47).

Eine vierte Möglichkeit, die unerwünschten Kavitationserosionen zu vermeiden, könnte darin bestehen, daß man wiederum durch geeignete konstruktive Entwicklungen auf eine sogenannte Superkavitation ausweicht. Der Zusammensturz der Blasen fände dann nicht in der Nähe von Bauteilen statt, sondern mitten

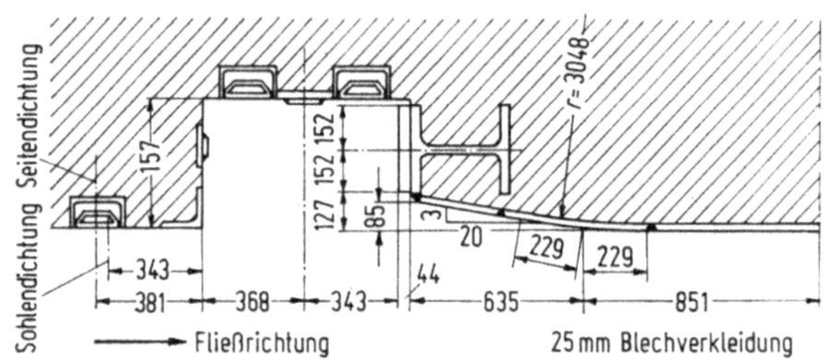

Abb. 11.2. **Ausbildung von Nischen in einem Wehrpfeiler zur Abwendung von Ablösungen und Kavitationsschäden.**

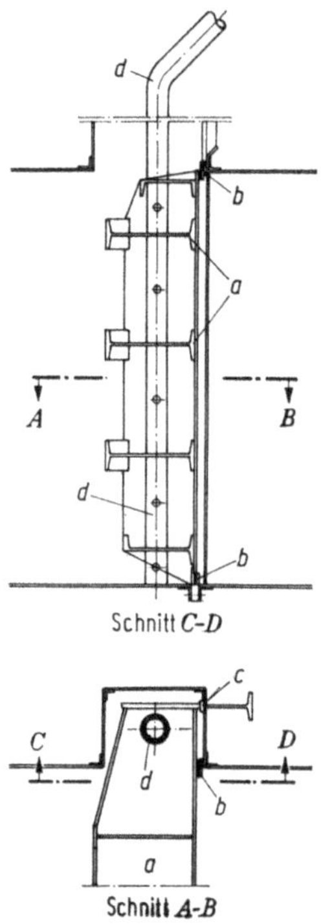

Abb. 11.1. Nische mit Anlage zur Erhöhung des Druckes (RU). *a* Schütz; *b* unterwasserseitige Dichtung; *c* Gleitkufe; *d* Rohr mit Düsen zur Druckerhöhung in der Nische.

im Strömungsfeld und könnte aus diesem Grunde nicht schaden (Verlagerung der Nische, s. Abb. 4.55, 4.56).

Versuchsergebnisse beweisen, daß die Schäden mit zunehmendem Luftgehalt beträchtlich geringer werden. In zahlreichen Fällen, bei denen von Natur aus ein Luftzutritt nicht möglich ist, hat man Luft in die Kavitationszone eingeblasen. Das dadurch geschaffene Polster dämpft die Schläge, die vom Implosionsvorgang der Blasen herrühren.

Bei glatten polierten Metalloberflächen kann die Kavitationserosion mit dem Kathodenschutz erheblich eingedämmt werden. Die elektrochemischen Effekte scheinen aber nicht mehr wirksam zu sein, wenn die Oberfläche schon rauh oder korrodiert ist. Die Ursache der verminderten Anfressung sind Wasserstoffbläschen, die sich auf den Flächen bilden und die die Wirkung des Blasenkollaps mildern [*510*].

Eine letzte Folgeerscheinung der Kavitation sei noch angesprochen. Es ist durchaus möglich, daß im Zusammenhang mit periodischen Vorgängen innerhalb von Kavitationszonen Pulsationen im Strömungssystem auftreten und an gefährdeten Bauteilen, wie etwa einem Tiefschütz bei Teilöffnung, unerwünschte Schwingungen anfachen (s. Kap. 12).

Es wurden verschiedene Versuche unternommen, nm vorauszuberechnen, ob, wann, und in welchem Umfang an einem Schütz uud seinen Nischen Kavitatioserosionen sich einstellen [*511–516*]. Aber allen Rechenansätzen liegen mehrere Annahmen zugrunde, so daß von deren Richtigkeit auch das Ergebnis weitgehend beeinflußt wird. Während unter dem Schütz infolge zweidimensionaler Abflußbedingungen die Verhältnisse noch überschaubar sind und durch entsprechende Formgebung der Schützenunterfläche noch weitgehend beeinflußt werden können, sind die Bedingungen der Kavitation für die Nischen weit schwieriger zu erfassen. Hier wechselt die zweidimensionale in eine dreidimensionale Strömung. Dabei versagen die Rechenansätze ganz, da für das Abflußverhalten die Störfunktionen den Verlauf der Stromlinien bestimmen. Es bleibt also der weiteren Forschung vorbehalten, dem Konstrukteur für den Entwurf kavitationsfreier Stahlwasserbauten noch brauchbare Unterlagen und Berechnungsregeln zu entwickeln.

Weitere Angaben über Kavitation s. [*517–535* u. *702*].

12 Schwingungen

Es gibt eine Anzahl mathematischer Untersuchungen der Schwingungsvorgänge. Für den praktischen Wasserbauer tragen diese Untersuchungen aber wenig dazu bei, ihm bei der Entwicklung neuer schwingungsfreier Wehrverschlüsse zu helfen. Wer sich eingehender über mathematische Ableitungen von Schwingungen informieren möchte, dem sei [*536*] empfohlen. Ihre hydraulische Deutung s. [*537*].

Man kann nicht sagen, daß die Gefahr von Schwingungen an Verschlüssen gebannt sei und durch Erfahrung und bauliche Maßnahmen solche Erscheinungen nicht mehr auftreten. Die Ursache für die zunehmende Schwingungsgefahr ist bedingt durch die höheren Drücke, größeren Spannweiten und die damit vergrößerten Energien, die zu elastischen Verformungen und damit zu einer Steuerung der instationären Kräfte führen können. Die nachfolgenden Kapitel sollen deshalb im wesentlichen die Maßnahmen behandeln, die bei einzelnen Verschlußtypen Schwingungen beseitigen oder erst gar nicht entstehen lassen [*538*]. Auch sollen nicht unerwähnt bleiben Schwingungen, die durch Antriebe oder Antriebselemente ausgelöst werden können. Weitere Angaben über Schwingungen bringen [*562–582 u. 715*].

12.1 Walze

Um zu verhindern, daß der Strahl bei Unterströmung wechselweise am Zylinder anliegt und sich ablöst, wird an dem unteren Teil des Tragzylinders ein Stauschild angesetzt. Das Verhältnis zwischen Tragzylinderdurchmesser zur Stauhöhe beträgt etwa 3 : 4 (s. Abb. 4.27). Als Abhilfemaßnahme für ältere Konstruktionen hat sich ausgezeichnet eine Reibungsbremse bewährt, die auf der nicht angetrieben Seite der Walze in der Nische angebracht ist.

Wird eine Walze stark überströmt, und wird ein Herausfahren bei einer solchen Überströmung notwendig, so reicht das übliche Stauschild, welches sich am unteren Teil der Walze befindet, im allgemeinen nicht aus, um die Strömung vom runden Walzenkörper fernzuhalten. Zur Vermeidung der wechselnden

Druckverteilungen an der Walze dient ein zweites Stauschild, welches so angesetzt ist, daß es bei normaler Über- oder Unterströmung nicht störend wirkt (beim Herausdrehen der Walze verursacht es eine klare Ablösung am Verschluß [*538*]).

12.2 Rollschütz

12.2.1 Unterströmt

Auf der Suche nach den Schwingungsursachen unterströmter Verschlüsse fand man, daß vor allem den beim Anheben des Verschlusses auftretenden Strömungsverhältnissen eine entscheidende Bedeutung zukommt. Die obere Begrenzung des austretenden Strahles wird durch die Unterkante der Verschlußkonstruktion gebildet. Der Verschluß läßt je nach seiner Bauart Bewegungen zu und kann durch Kräfte entsprechender Größe bewegt werden. Wenn also diese Kräfte periodisch auftreten, besteht die Gefahr von Schwingungen [*46*]. Die genannten Kräfte stellen sich ein, wenn ein Unterdruck vorhanden und die Fläche, auf der dieser Unterdruck wirkt, groß genug ist, um eine ausreichende Kraft zu erzeugen.

Die Verschlußunterkante ist mithin so auszubilden, daß sie wenig umströmte Fläche bietet und ein gutes Ablösen des Strahles erzwingt. Hieraus läßt sich ableiten, die Stauwand möglichst nach Oberwasser und die Tragkonstruktion nach Unterwasser zu legen. Die unterströmte Schneide ist schmal zu halten. Allerdings ist eine ausreichend hohe Lage der unterwasserseitigen Tragkonstruktion vorzusehen, damit genügend Abstand zwischen Strahloberfläche und Konstruktion bleibt. Wählt man an Stelle einer Schneide einen Dichtungsbalken, so muß besonders auf eine strömungstechnisch günstige Form geachtet werden.

Eine gute Wirkung läßt sich erzielen, wenn auf dem unterwasserseitigen Teil der Sohle Störkörper angebracht werden. Diese Störkörper bewirken hier eine Teilung des in seiner ganzen Breite mit gleichgerichteten Kräften auf den Balken einwirkenden Strahles. Die Wirkung nimmt allerdings mit zunehmender Spaltweite ab. Sie ist also nur wirksam bei Schwingungen mit kleiner Spaltweite [*539*]. Außer der Verschlußform beeinflußt auch die Sohlfläche des Wehrunterbaues den Abfluß. Bei Rückstau durch das Unterwasser kann sich durch einen strömungstechnisch falsch ausgebildeten Sohlenabsturz (zu steil, Neigung $>30°$) oder auch durch unbeabsichtigte, relativ geringfügige Sohlenabbrüche ein Ablösen des Schußstrahles einstellen. Es entstehen instabile Abflußvorgänge mit pulsierendem Schußstrahl. Dieser erzeugt — bei entsprechender Angriffsfläche der Konstruktion — infolge Sogwirkung abwärts gerichtete hydrodynamische Zusatzkräfte und tritt auch als Erreger von Schwingungen auf.

Muß die Stauwand nach Unterwasser gelegt werden, so ragt die Tragkonstruktion des Verschlusses in das Oberwasser und wird somit umströmt. Da sich der größte Unterdruck bei der größten Beschleunigung des Wasserteilchens innerhalb der Stromröhre einstellt, wäre es günstig, wenn die Tragkonstruktion außerhalb des Einflußbereiches der großen Beschleunigungsstrecken liegt. Sie sollte also — soweit es konstruktiv und statisch zulässig ist — von der Sohldichtung weggerückt werden. Dieser Lösung sind aber nur enge Grenzen gesetzt, so daß sich eine die Strömung anschneidende Konstruktion meistens nicht vermeiden läßt. In diesem Fall wählt man zweckmäßigerweise eine dem Strömungsbild angepaßte Form der Verkleidung oder ein aufgelöstes Tragwerk mit Ausgleichsmöglichkeiten für örtliche Unterdrücke (s. Abb. **4.41**).

12.2.2 Überströmt

Bildet man den Überfallrücken entsprechend der Parabel des frei fallenden Strahles bei höchster Überströmung aus, so vermeidet man jede Ablösungs- und Schwingungsgefahr. Allerdings nimmt man damit bei mittlerer Überströmung hohe Wasserauflasten in Kauf (größere Hubkräfte). Um zu geringen Hubkräften am Windwerk und einer entsprechend wirtschaftlichen Ausführung der Huborgane zu gelangen, muß man einen gewissen Unterdruck zulassen. Aus zur Zeit vorliegenden Erfahrungen scheint ein Unterdruck von 2 m WS nicht kritisch zu sein, besonders wenn der Überfallrücken etwa 3 m breit und so geformt ist, daß am Ende noch ein geringer Überdruck vorhanden ist, der eine Sicherung gegen das Durchschlagen des Atmosphärendrucks nach der Unterdruckzone hin gibt.

Wird der Überfallrücken so gestaltet, daß eine Strömungsablösung nicht eintritt, so können trotzdem bei Überströmungshöhen von 0,2 bis 0,7 m Schwingungen auftreten. Der Überfallstrahl bildet in diesem Fall zusammen mit dem Luftraum und dem elastischen Wehr ein gekoppeltes Schwingungssystem (Abschn. 12.3). Doppelschütze und Senkschütze von großer Spannweite haben zur Mitte hin eine nach Unterwasser sich vergrößernde Konstruktionstiefe. Dadurch wird das Überfallblech ebenfalls breiter. An den Enden wird die Tragkonstruktion schmäler, und entsprechend kann das Überfallblech kürzer gehalten werden. Der Überfallstrahl über ein solches Blech mit verändertem Querschnitt ist nicht mehr einheitlich und damit nicht mehr so schwingungsanfällig wie bei Klappen. In vielen Fällen genügt bereits dieser Unterschied im Ablösungspunkt, um eine Schwingung zu unterbinden. Bei Konstruktionen, die einen annähernd gleich breiten Überfallrücken haben oder die hinsichtlich des Unterwassers und durch das elastische Verhalten zu Schwingungen neigen, sind die im Abschn. 12.3 genannten Strahlstörer vorzusehen. Da der Strahl am Ende des Überfalles bereits erhebliche Geschwindigkeit hat, genügt ein Abwinkeln des Strahlstörers um etwa 30 bis 40° gegenüber der Tangente, um die gewünschte Schwingungsbeseitigung zu erreichen [*538*].

12.2.3 Gleichzeitig unter- und überströmt

Am einfachsten liegen die Verhältnisse bei einem Abfluß mit gewelltem Überfallstrahl. Beim freien Abfluß aber tritt ein luftgefüllter Raum mit dem schwingungsfähigen Strömungssystem in Wechselwirkung, sobald sich unmittelbar hinter dem Wehr ein freier Wasserspiegel ausbildet.

Im Normalfall des rückgestauten Abflusses mit getauchtem Überfallstrahl wird die Schwingung schließlich noch durch die Vorgänge in der Deckwalze beeinflußt. Außerdem ist in jedem Fall eine starke Abhängigkeit von der Form des Wehrverschlusses und der Sohle vorhanden.

Eine stationäre Wehrschwingung und damit ihr eindeutiges, gesetzmäßiges Verhalten wird hauptsächlich durch drei der genannten Einflüsse verhindert:

a) Das Luftpolster unter dem Überfallstrahl wirkt durch die unregelmäßigen Bewegungen des Innenwasserspiegels und durch die vom Überfallstrahl stoßweise mitgerissene Luft störend auf die Wehrschwingung ein. Ist jedoch — etwa bei großen Überfallhöhen — die Schwingungserregung stark genug, so werden die Wasserspiegelschwankungen und die Luftaufnahme in der Erregerfrequenz gesteuert.

b) Die normalerweise störende Einwirkung der Deckwalze kann ebenfalls gesteuert werden. Mit beginnendem Rückstau ist durch eine Rückkopplung sogar eine Verstärkung der Schwingungserregung möglich. Bei hohem Unterwasserstand oder kleinen Überfallhöhen dagegen — besonders mit Belüftung — sind die Bewegungen der Deckwalze aperiodisch und langsamer als die der Wehrschwingung, so daß letztere häufig außer Tritt kommt.

c) Als einzige, ausnahmslos störende Beeinflussung erweist sich der Wehrkörper selbst, wenn dieser zu nah an den Grundstrahl oder an den Überfallstrahl grenzt. Die periodische Wirbelablösung kann sich hier nicht mehr frei entfalten. Wird der Wehrkörper vom Überfallstrahl berührt, so pendelt der Strahl mit erhöhter Frequenz und verminderter Amplitude nur noch unterhalb der Berührungsstelle. Die Idealform des überströmten Wehrkörpers mit der Schwingungsfachung „Null“ besteht in einer Nachbildung der Ablösungszone [*540*].

Grundsätzlich ist festzustellen, daß die Schwingungserregung um so geringer wird, je weiter die Stelle der Strahlvereinigung von den Belastungsflächen des Wehres abrückt, weil sich dort die Impuls- und Druckschwankungen aus den periodischen Wirbelablösungen am stärksten auswirken. Hieraus ergibt sich die Forderung, die Schützunterseite oder die Sohle unterhalb des Wehrverschlusses steil zu neigen. Mit einem größeren Sohlengefälle kann außerdem das den Strahl umgebende Wasserpolster vergrößert werden, wodurch bei gleicher Differenz zwischen Ober- und Unterwasser die Zone der Strahlrandauflösung durch Verwireblung verstärkt wird und Masse sowie Dämpfung des Systems zunehmen.

Abweichend von dieser allgemeinen Regel wird einerseits die Schwingungstendenz bei zu stark geneigter Sohle (etwa ab 30°) dadurch erhöht, daß sich der Grundstrahl vom Boden ablöst. Andererseits stellt sich bei einer bestimmten Schütz- oder Sohlenneigung ein Maximum der Schwingungsanfachung ein, das bei weiterer Einengung des Raumes zwischen Grundstrahl und Schützunterseite rasch abgebaut wird. Diese Tatsache ist auf eine Störung der periodischen Wirbelbildung zurückzuführen und wurde bereits als schwingungsvermindernde Maßnahme nutzbar gemacht. Den größten Einfluß haben Störkörper an der Sohle in Form von Staubalken oder horizontalen Leitplatten. Sie erweisen sich um so wirksamer, je näher sie der Stelle der Strahlvereinigung liegen.

Grundsätzlich hat sich ergeben, daß Störkörper allein nicht ausreichen, die Schwingungsfachung auszuschalten oder auf ein gefahrloses Maß zu vermindern. Gleichzeitig muß eine günstige Formgebung der Überfallhaube angestrebt werden. Für ausreichende Belüftung des Raumes unter dem Überfallblech muß gesorgt sein. Hierbei kann eine seitliche Störleiste, die den Überfallstrahl auf ganzer Höhe umlenkt, oder ein gewölbtes Seitenschild die Wirkung verstärken [*541, 542*]. Über das Schwingungsverhalten zweier verschieden hoher Balken s. [*543*].

12.3 Klappe

Bei überströmten Klappen reißt das überfallende Wasserband Luft mit. Unter dem Strahl bildet sich ein Unterdruck, der, wenn Belüftungsöffnungen an den Wehrenden nicht vorgesehen sind, ein Pendeln des Strahles verursacht. Besonders bei dünnem Strahl bricht infolge des äußeren Überdrucks die Luft durch den dünnen Strahl am unteren Ende durch, schafft einen Luftdruckausgleich und verursacht damit eine Strahlschwingung [*544–548*]. Bei Belüftung des Raumes unter dem überfallenden Wasserband (s. Abschn. 10.2) muß darauf geachtet werden, daß in der Luftleitung die Verluste durch scharfe Umlenkungen, scharfkantige Einläufe und große Rauhigkeit nicht zu sehr anwachsen. Besonders bei Klappen von mehr als 5,0 m Länge je Belüftungsseite und bei Frequenzen von 2 bis 40 Hz kann der unter der Klappe sich periodisch ändernde Luftdruck von der Seite her oft nicht schnell genug ganz ausgeglichen werden. Bei dieser Schwingungsart bilden das überfallende Wasserband, der Luftraum unter dem Wehr und der elastische Verschluß ein gekoppeltes Schwingungssystem. Ist das überfallende Wasserband obendrein durch eine kleine Störung ausgewellt (z. B. durch Druckstoß beim Aufprall in das Unterwasser oder durch Oberflächenspannung), so wird das zwischen Verschluß und Wasser befindliche Luftpolster durch das herabstürzende gewellte Band periodisch verändert. Zusätzlich vergrößert auch der gewellte Strahl sein Volumen. Diese periodischen Veränderungen wirken als Druckimpulse auf den Verschluß, der seinerseits wiederum die Wellung verstärkt. Gleichzeitig entstehen Rückwirkungen auf das gewellte Band.

Gegen diese Art von Schwingungen haben sich Strahlstörer in Form eines Zahnrandes, eines wulstartigen Körpers oder eines Flach- bzw. Winkeleisens auf dem Verschlußrand bewährt. Die Strahlstörer, im Abstand etwa je 2,0 m, reißen bei kleinen Überströmungshöhen den Strahl auf und erzeugen einen Druckausgleich im Luftpolster und am Wasserband. Mögliche Schwingungen bleiben damit weitgehend gedämpft. Bei größeren Überströmungshöhen allerdings sind die Strahlzerstörer nicht in der Lage, das Wasserband aufzureißen (der Überfallstrahl bleibt geschlossen). Für diesen Betriebsfall ist es wichtig, die Störkörper so auf den Verschlußrand zu setzen, daß sie den zumindest gestörten Teil des Wasserbandes in seiner Schwingungsphase um 180° verstimmen. Die Störung wirkt dann der normalen Wellung entgegen.

Die Schwingungsgefahr einer nicht belüfteten Klappe wird durch das Verhältnis von Fallhöhe Z zur Überströmtiefe $h_c (Z/h_c)$ und durch die Froudesche Zahl $\mathrm{Fr} = v/\sqrt{g\,h_c}$ bestimmt (Abb. 12.1). Der Einfluß der Unterwassertiefe d (Verhältnis d/h_c) ist ziemlich gering [*549*].

Bei hohem Unterwasser und stark oder ganz umgelegter Klappe kann ein Druckwechsel an der Klappenoberfläche sich einstellen. Dieser kann so groß oder auch größer sein als das Eigengewicht. In solch einem Fall, wenn der Antrieb nicht drucksteif ist, können sich ebenfalls Schwingungen einstellen, die von der Frequenz der Ablösung gesteuert werden. Dann hilft eine Verriegelung.

Bei Klappen mit Gewichtsausgleich durch Schwimmer oder Tauchgewichte wären zusätzlich Schwingungen dann denkbar, wenn durch Wellen Wasserspiegelschwankungen im Schacht hervorgerufen werden. Durch Dämpfungsglieder am Einlauf (Ventile, Klappen) kann hiergegen Abhilfe geschaffen werden.

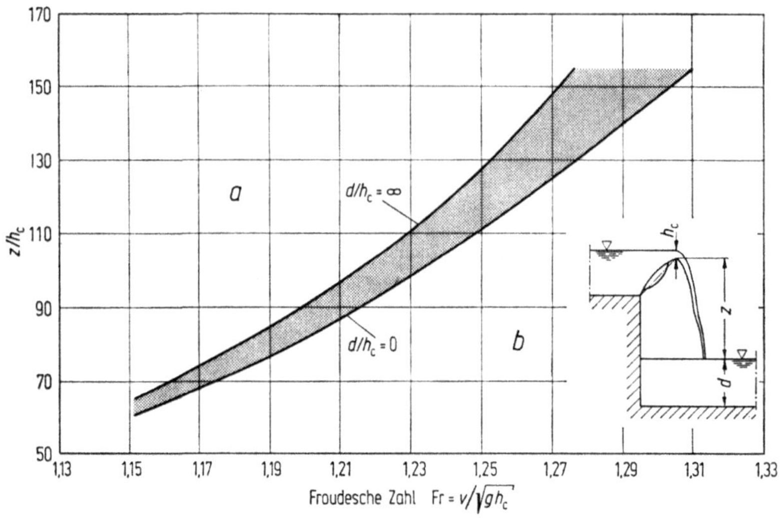

Abb. 12.1. Froudesche Zahl in Abhängigkeit von Z/h_c.
a Bereich schwingenden Wasserbandes; *b* Bereich nicht schwingenden Wasserbandes.

12.4 Sektor, Trommelwehr

Da die Kammer mit Wasser gefüllt ist, hat das System eine solch große Massenträgheit, daß auch bei wechselnden Unterdrücken eine Anfachung zu Schwingungen nicht zu befürchten ist.

12.5 Tiefschütz

Es ist bekannt, daß Tiefschütze unter bestimmten Betriebsbedingungen Anlaß zu starken Schwingungen geben. Die Anfachung wird stark von der Froudeschen Zahl der Strömung und den geometrischen Randbedingungen beeinflußt. Es zeigt sich, daß sowohl die Strouhal-Zahl als auch die Druckschwingungsamplituden mit steigender Rückstauhöhe zunehmen. Eine Verbreiterung der Schütznischen vergrößert dagegen nur den Druckanteil [*550*].

12.5.1 Einlauf

Liegt das Schütz in Nähe des Einlaufes, so muß der Einlauf strömungstechnisch gut ausgebildet sein. Wirbel dürfen nicht entstehen, da sie schwingungsanfachend auf das Schütz wirken können. Somit dürfen scharfe Ecken nicht auftreten (Abb. 12.2). Ausrundung nach der Kontur des frei austretenden Strahles bis zur elliptischen Form nach

$$\frac{x^2}{(0{,}52)\,D^2} + \frac{y^2}{(0{,}20)\,D^2} = 1 \tag{263}$$

mit D als Stollendurchmesser oder

$$\frac{x^2}{D^2} + \frac{y^2}{(0{,}25)\,D^2} = 1 \tag{264}$$

bei rechteckigem Querschnitt sind als Einlauftrompetenform verwendbar.

Bei der Einlaufform a) deckt das mit einer Sohlenschleifdichtung ausgestattete Einlaufschütz die Stollenmündung vollständig ab (Abb. 12.2). Je nach Breite und Anordnung der Schleifdichtung kann bei kleinen Spaltweiten Schwingungsgefahr bestehen. Um ein Verschließen des Belüftungsquerschnittes durch den bei kleinen Spaltweiten nach oben gerichteten Strahl zu vermeiden, muß man

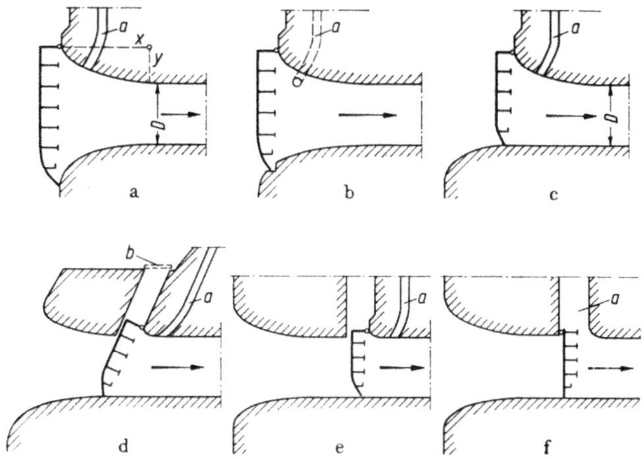

Abb. 12.2. Formen des Einlaufs. a) bis d) verschiedene Einlaufformen für das Schütz.
a Belüftungsschacht; *b* abnehmbarer Dichtdeckel; *D* Höhe des Stollens; *x* u. *y* axiale bzw. radiale Koordinate.

das Belüftungsrohr so nahe wie möglich an das Schütz heranführen.

Als Nachteil der Einlaufform b) ist der bei kleinen Spaltweiten senkrecht nach oben versprühte Strahl mit sehr hoher Luftaufnahme anzusehen. Die Belüftung muß daher seitlich angeordnet werden.

Die Einlaufform c) ist in schwingungs-, strömungs- sowie belüftungstechnischer Hinsicht für Einlaufschütze am günstigsten zu beurteilen.

Bei der Einlaufform d) können insbesondere bei ganz gezogenem Schütz Schwingungen infolge starker Durchströmung des Schützschachtes auftreten und außerdem hohe Wasserauflasten erzeugt werden. Es ist daher über dem Schützschacht ein abnehmbarer Dichtdeckel anzuordnen, der jedoch nicht restlos zu dichten braucht.

Die Einlaufformen e) und f) für Stollenschütze unterscheiden sich im wesentlichen in der Verschluß- und Dichtungsanordnung und damit in der Durchströmungsrichtung der Schütznischen sowie weiterhin in der Belüftungsanordnung. Hinsichtlich des Schwingungsverhaltens der Schütze sind beide Einlaufformen etwa gleich günstig einzustufen, obwohl Stollenschütze im allgemeinen schwingungsempfindlicher als Einlaufschütze sind [*551*].

Will man Schwingungen vermeiden, sollte man Form c), e) oder f) wählen.

12.5.2 Schützkonstruktion

12.5.2.1 Allgemeines

Eine wichtige Erscheinung beim Strömungsvorgang unter einem Tiefschütz ist die Ablösung. Hierbei sind im allgemeinen drei Fälle zu unterscheiden:

a) Die Grenzschicht legt sich nach einem Wirbel wieder an,

b) die Grenzschicht berührt gerade noch die Schützunterkante,

c) die Grenzschicht bleibt abgelöst.

Infolge der Instabilität der Grenzschicht kann nun ein periodischer Wechsel zwischen anliegender und abgelöster Strömung entstehen, der manchmal zu periodischen Druckänderungen unter dem Schütz und damit zu Schwingungen führt. Die schwingungsanfachenden Kräfte werden vielfach durch Rückkoppelung über andere mitschwingende Massen noch wesentlich verstärkt. Weitere Schwingungen können durch Druckwellen im Zulaufstollen auftreten.

Wird der Schütz teilweise gezogen, so kann an der durch die Schützunterkante verursachten Einschnürung ein Unterdruck entstehen. Mündet die Luftzuleitung aus konstruktiven Gründen zu weit (mehr als 2,0 m) hinter der Schütze in den Stollen oder überläßt man die Belüftung dem anschließenden Freispiegelstollen, so entsteht infolge des Unterdrucks am Schütz eine pulsierende Rückströmung. Die beobachteten Druckwechsel (Schwingungen) erreichen eine Größe bis zu ± 5 m WS, d. h. $\pm 0{,}5$ kp/cm². Bei großen Schützen werden die dadurch erzeugten Kräfte nicht nur für die Schütze, sondern auch für den Damm gefährlich [*552*].

Wenn Kavitation auftritt, ist das gleichbedeutend mit Unterdruck. Wechselt der Unterdruck periodisch und fällt dieser Wechsel mit der Eigenfrequenz (oder einem Mehrfachen) des Schützes zusammen, dann besteht Schwingungsgefahr.

12.5.2.2 Schützform

Bei der Beurteilung des Schwingungsverhaltens verschiedener Schützformen (Abb. 12.3) ist es zweckmäßig, nach der Anordnung von Stauwand und Dichtung zu unterscheiden.

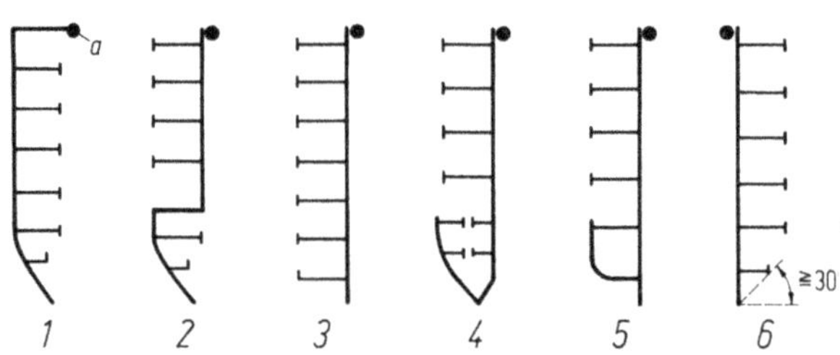

Abb. 12.3. Verschiedene Schützformen. *a* Dichtung.

Die Schütze mit oberwasserseitiger Stauwand und unterwasserseitiger Dichtung nach Form *1* oder *2* verhalten sich günstig, weil durch die Form des Strahlleitblechs instabile Strahlablösungen vermindert werden und der Ablösungspunkt der Strömung meistens zur Schützschneide hin verlegt ist.

Bei den Schützen mit unterwasserseitiger Stauwand und Dichtung (Form *3*, *4*, *5*) sind die Formen *3* und *5* nicht günstig. Wegen der Lage des untersten Riegels kommt es zu periodischem Ablösen und Wiederanliegen der Strömung. Dies kann zu Schwingungen mit großer Amplitude und zu Kavitationserscheinungen führen. Dieser Nachteil wird bei der Schützform *4* durch Anordnen eines günstig geformten Strahlleitblechs ausgeglichen. Hinsichtlich des Schwingungsverhaltens besitzt dieses Schütz eine günstige Form.

Bei der Schützform *6* mit oberwasserseitiger Stauwand und Dichtung wird das Schwingungsverhalten des Verschlusses durch die Lage und die Abmessung des untersten waagerechten Riegels bestimmt. Für den Abfluß mit rückgestauter Deckwalze sowie für den rückgestauten Abfluß ist diese von großer Bedeutung.

Günstig ist ein Öffnungswinkel von $\geqq 30°$. Im untersten Riegel muß man zusätzlich Wasserlöcher für den Druckausgleich vorsehen. Auch sollte der unterste Riegel möglichst klein gehalten werden und mindestens 0,3 m über der Unterkante der Sohldichtung liegen. Es gibt Lösungen, bei denen die unterwasserseitige Tragkonstruktion verkleidet ist. Damit ist eine glatte Wand geschaffen.

12.5.2.3 Gleitschütz

In unteren Stellungen sind die Reibungskräfte sehr groß. Schwingungen werden kaum auftreten. Wird der Verschluß trotzdem durch Störquellen in der Strömung zu Schwingungen angefacht, dann wird es daran liegen, daß die Konstruktion nach Unterwasser zu offen ist [*553*]. Auch kann der Grund darin bestehen, daß beim Abheben der Dichtung Wasser aus dem Schützschacht auf die Tragkonstruktion fällt (Abb. 12.4a). In dem Fall hilft eine unterwasserseitige Verkleidung oder eine Verlegung der Stauwand nach UW (Abb. 12.4b). Dabei

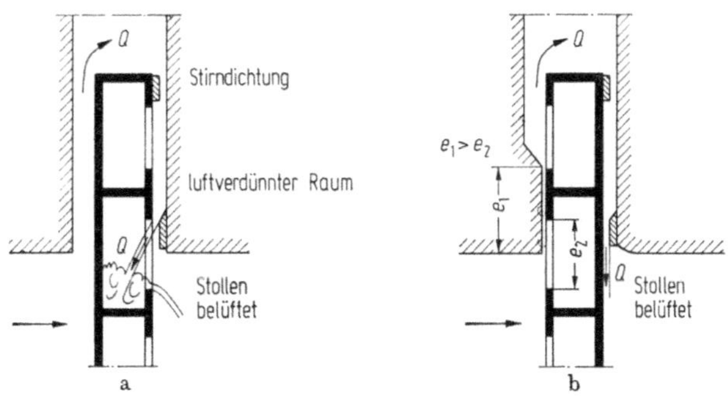

Abb. 12.4. Schwingungsgefährdeter Abflußzustand bei einem Tiefschütz. a) Wasser aus Schacht trifft Tragkonstruktion und Schwingungsgefahr; b) Wasser aus Schacht fließt in den Stollen; keine Schwingungsgefahr, wenn $e_1 > e_2$.

ist darauf zu achten, daß die Länge e_1 des Schachtvorsprunges größer ist als der Zwischenraum e_2 zweier Tragglieder. In gehobener Stellung sollte ein Gleitschütz, wenn man ganz sicher gehen will, gegen Anschlagnocken fahren und sich festklemmen.

12.5.2.4 Rollschütz

Infolge der geringeren Reibungskräfte in vertikaler Richtung ist ein Rollschütz gegen Schwingungen anfälliger. Es muß deshalb auf strömungsgünstige Ausbildung besonders geachtet werden. In gehobener Stellung, wenn das Schütz im Schacht sich befindet und nicht mehr unter Wasserdruck steht, ist durch Wirbel im Schacht eine Schwingung (hin- und herpendelnd) möglich. Hiergegen wirken Gegenführungsrollen, möglichst gefedert, oder Kufen mit geringem Spiel. Auch kann man das Schütz festklemmen.

Oft werden aus Sicherheitsgründen zwei Tiefschütze dicht hintereinander in einem Stollen eingebaut. Werden beide Verschlüsse gleichzeitig bewegt, dann können sich Stauungszustände einstellen, bei denen das unterwasserseitige Schütz schwingt. Für den Fall empfiehlt es sich, das oberwasserseitige Schütz mit Störkörpern zu versehen. Diese Gummistrahlstörer am oberen Schütz (Abb. 12.5) bewirken ein Aufreißen des geschlossenen Abflußstrahles, so daß die auf das gesamte Strahlband verteilten Druckschwankungen und Wirbelbewegungen in der turbulenten Vermischungszone in ihrer Einheitlichkeit gestört werden.

Eine Neigung ist erforderlich, damit beim Senken des Schützes in die Schließlage die Störkörper, geführt von den Strahlleitkufen aus Stahl, mit Sicherheit auf die Unterwasserseite ausweichen können. Bei ausreichendem Schließdruck spielt deren Minderung durch die nach oben wirkende Widerstandskraft der Gummileisten eine untergeordnete Rolle [*554*].

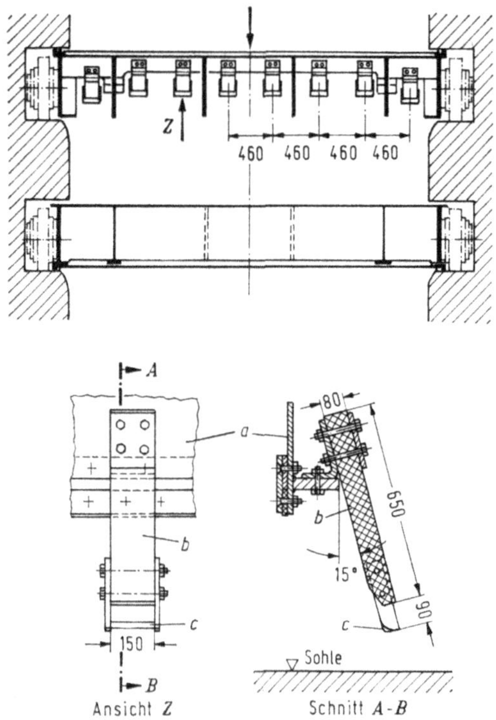

Abb. 12.5. Anordnung von Strahlstörern aus Gummi (MAN).
a Stauwand Schütz mit Sohlendichtung; *b* Strahlstörer; *c* Strahlleitkufen.

12.5.2.5 Segmentschütz

Liegen die Drehlager unterwasserseitig, verhält sich der Verschluß ähnlich dem der Form *6* (Abb. 12.3). Allerdings sollte hier ein Öffnungswinkel von $\geqq 50^\circ$ eingehalten werden, bedingt durch die veränderliche Relativlage des untersten Riegels bei der Drehbewegung.

Bei Konstruktionen mit Drehlager im Oberwasser (Zugsegment) ist die Schwingungsgefahr größer. Denn die Tragkonstruktion liegt in der Strömung. Eine lotrechte Aussteifung der Stauwand ist etwas günstiger, da vor allem nur die Hauptträger und die Stützarme der Strömung Angriffsfläche bieten. Aufwendiger, dafür aber sicherer, ist eine vollständige Verkleidung der Tragkonstruktion und der Stützarme. Ferner ist es günstig, wenn die Stirndichtung mit Beginn der Drehbewegung einen Spalt über die ganze Breite freigibt zum Druckausgleich des Raumes hinter dem Segment [*555*].

12.6 Kegelstrahlschieber

Das Schwingungsverhalten eines Kegelstrahlschiebers (Abb. 4.62) wird im wesentlichen durch folgende Einflüsse bestimmt [*551*, *556*]:

a) Überöffnung der Spaltweite (hierbei ist der Austrittsquerschnitt größer als der lichte Rohrquerschnitt),

b) Dicke der radial angeordneten Halterippen,

c) Unterwasserstand,

d) Ausbildung der Rohrschieberdichtung und

e) Ausbildung des Bereichs der Kegeldichtung.

Als die wesentlichsten Einflüsse sind die Überöffnung, die Dicke der Halterippen und der Unterwasserstand zu nennen.

Infolge des kegeligen Abschlußbodens wird der Ausflußstrahl in Form eines Hohlkegels aufgelöst und fein zerstäubt. Dadurch tritt in einer abgedeckten Kammer ein hoher Luftverbrauch ein. Reichliche Belüftung, damit nicht Druckschwankungen sich einstellen, ist notwendig.

Bei der Überöffnung der Spaltweite besteht die Gefahr der instabilen Strahlenablösung am unterwasserseitigen Ende des Rohrschiebers. Dann kann der Kegelstrahlschieber zu Schwingungen angefacht werden.

Bei der turbulenten Durchströmung des Rohrquerschnitts treten Druckschwankungen auf, die unmittelbar auf die Halterippen wirken und diese ebenfalls zu Schwingungen anfachen können. Deshalb vor dem Schieber ein gerades Rohrstück von mindestens $5D$ Länge einschalten.

Je nach dem elastischen Verhalten übernehmen die Halterippen die Selbststeuerung. Sie verrücken dann Schwingungen mit großer Amplitude.

Ein hoher Unterwasserstand ist ebenfalls für Kegelstrahlschieber wegen der pulsierenden Deckwalze ungünstig.

12.7 Dichtung

Bei Aufsatzschützen mit Schneiden oder Sohlbalken s. Abschn. 12.2.1.

Bei Absenkschützen treten bei einer Schneidendichtung ebenfalls Schwingungen nicht auf, da auch hier die Strömung sich ablösen kann. Allerdings muß die Wehrschwelle genau ausgeführt und die Dichtung nachstellbar sein. Vergrößert sich während der Senkbewegung der Abstand zwischen Dichtung und Wehrschwelle, dann kann es sein, daß der Strahl pendelt und zu Schwingungen anregt [*557*]. Entweder muß die Wehrschwelle gleichen Abstand zur Dichtung beibehalten oder durch eine Unstetigkeit den Abstand schlagartig verbreitern.

Bei den Seitendichtungen ist darauf zu achten, daß sie stets unter einer gewissen Verspannung angepreßt sind. Hierbei ist es gleichgültig, ob Winkel- oder Notenprofil. Kann die Dichtung infolge zu großen Abstandes des Schützes von der Dichtungsfläche sich verformen und Wasser durchlassen, dann besteht die Gefahr von Schwingungen [*558*]. Bei Tiefschützen haben wir zusätzlich noch die Stirndichtung. Ist beispielsweise eine Dichtung (Abb. 12.6) an den festen Teilen befestigt und hebt beim Hubvorgang des Schützes sich die Dichtungsleiste von der Stirndichtung ab, so werden infolge Durchströmens des engen Spaltes zwischen Gummiprofil und Stauwand selbsterregte Dichtungsschwingungen erzeugt, die ihrerseits das Schütz zu Schwingungen anfachen können (Abb. 12.6a). Man führt dann besser die festen Teile so nahe an das Schütz heran, daß nur ein solcher Spalt zwischen Schütz und festen Teilen verbleibt, der kleiner als der an der abgelaufenen Dichtung ist (Abb. 12.6b).

Günstiger ist es, die Dichtung am Schütz zu befestigen. Beim Hubvorgang hebt sie sich von der Dichtungsleiste ab und gelangt in einen erweiterten Raum, in dem die Dichtung nicht mehr zu Schwingungen angefacht werden kann. Zusätzlich wird das Profil noch durch eine Zunge (s. Abb. 9.23a) oder beidseitig

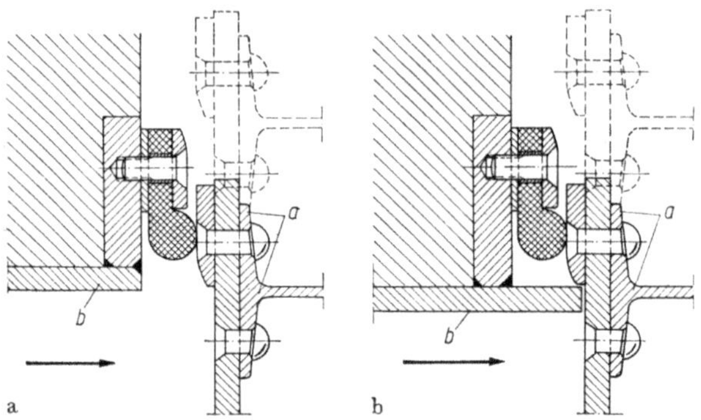

Abb. 12.6. Oberwasserseitige, an den festen Teilen befestigte Stirndichtung.
a) Schwingungsgefährdetes Schütz; b) konstruktive Verbesserung.
a Schütz; *b* feste Teile.

gehalten (s. Abb. 9.25). Es genügen oft kleine, zusätzliche Dämpfungen, beispielsweise eine größere Vorspannung der Dichtung, um angefachte Schützschwingungen zu verhindern. Daher liegen die Schütze mit einer auf dem gesamten Hubweg schleifenden Dichtung am ruhigsten.

12.8 Notverschluß

Ist der Notverschluß in mehrere schmale Dammbalken geteilt, so muß bei blockiertem, teilweise abgesenktem Hauptverschluß der Dammbalken durch die Strömung hindurchgefahren werden. Die Unter- und Überströmung eines solchen Dammbalkens bringt die gleichen Probleme mit sich, wie sie bei den über- und unterströmten Schützen vorzufinden sind.

Strömungsgünstige Gestaltung der Dammbalken sowie große Steifigkeit der Antriebe bringt Abhilfe [*559*]. Ebenfalls vermindern Störleisten auch hier anfachende Kräfte.

12.9 Antriebe

Der Antrieb selbst ist weitgehend schwingungsfrei. Dagegen üben elastische Hubmittel manchmal einen Einfluß auf das Schwingungsverhalten eines Schützes aus. Während Hubmittel, wie Zahnstange, Spindel und Hubstange, infolge ihrer Steifigkeit unberücksichtigt bleiben können, sind bei den elastischen Teilen, wie Kette und Seil, anfachende Kräfte möglich.

Die Frequenz eines an Ketten oder Seilen aufgehängten Schützes wird im wesentlichen durch die Elastizität des Hubmittels bestimmt. Je länger die Seile, desto elastischer das System, desto größer die Längenänderungen [*224*].

Werden Schütze durch ölhydraulische Antriebe bewegt, so können die auf die Konstruktion wirkenden pulsierenden Kräfte — auch wenn sie verhältnismäßig klein sind — am Öldruckzylinder im Resonanzfall erhebliche Drücke verursachen. Wird bei hohen Unterdrücken Luft angesaugt und tritt gelöste Luft im Ölzylinder aus, so kann sich die Eigenfrequenz so verschieben, daß sie mit der Eigenfrequenz der erregenden hydrodynamischen Kräfte übereinstimmt. Die

Ausschläge vergrößern sich im Resonanzfall und steuern wiederum die Wirbel und damit die Größe der anfachenden hydrodynamischen Kräfte. Zur Vermeidung dieses Anfachungsvorganges empfiehlt es sich, die Reibungskräfte größer vorzusehen als die anfachenden hydrodynamischen Kräfte [*560*].

12.10 Rechen

Frei gelagerte Stäbe neigen zu Schwingungen. Auf Grund von Frequenzberechnungen unter Berücksichtigung einer entsprechenden Sicherheit hat sich Abb. 12.7 ergeben [*561*]. In Abhängigkeit der Stabstärke und der Fließgeschwindigkeit liefert das Diagramm die größte noch mögliche Stützweite, ohne in den Bereich der Resonanz zu gelangen.

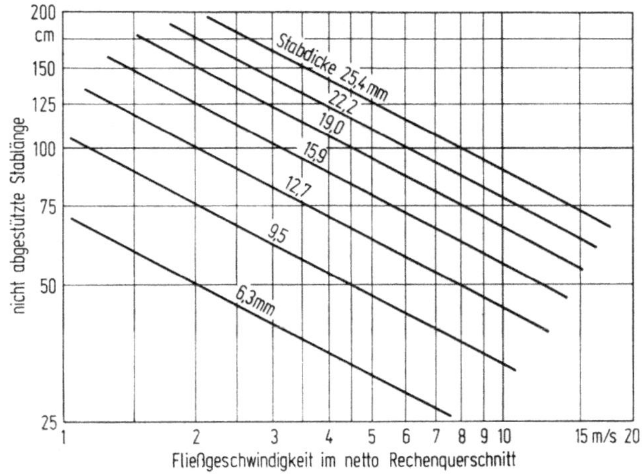

Abb. 12.7. Größte Stützweite von Rechenstäben zur Vermeidung von Schwingungen.

13 Eis

Seine größte Dichte weist das Wasser bei einer Temperatur von +4 °C auf. Setzt dann bei weiterer Abkühlung die Bildung von Eis ein, dann dehnt sich das Wasser beim Kristallisieren plötzlich erheblich aus. Die Gewichtsverminderung oder Volumenzunahme wird rd. 9%. Unangenehm hierbei die Volumenänderung, da diese eine sprengende Wirkung mit sich bringt. Überall dort, wo Wasser stehenbleibt oder einsickern und gefrieren kann, ist an diese Erscheinung zu denken.

Die Härte des Eises ist nicht groß und liegt bei 1,5 der Skala, also zwischen Talk und Gips. Auch die Elastizität des Eises ist gering. Der E-Modul schwankt zwischen

$$950\ \text{kp/mm}^2 \text{ parallel zur Gefrierfläche und}$$
$$1120\ \text{kp/mm}^2 \text{ senkrecht zur Gefrierfläche.}$$

Bei Meereis ändern sich die Eigenschaften in starkem Maße mit Temperatur, Salzgehalt, Druck und Gasgehalt (Porosität). Im allgemeinen ist die Elastizität des Meereises infolge seiner inhomogenen Struktur geringer und seine Plastizität größer als die des Süßwassereises.

13.1 Festigkeit

Bei Versuchen mit Natureis [*583*] konnte für Süßwasser ein Mittelwert für die Bruchfestigkeit von glasklarem Eis, 38 cm dick mit Blasenketten geringen Umfanges von

$$\sigma_B = 40 \text{ kp/cm}^2$$

ermittelt werden.

Je stärker die Blasenbildung, desto mehr sinkt die Bruchlast ab. Es wurden bei starker Blasenbildung Werte von rd. 18,0 kp/cm² gemessen. Bei Brackwasser verschlechtert sich der Wert noch mehr und erreicht als Mittel nur 12,0 kp/cm².

Die Biegezugfestigkeit des Süßwassereises in Gefrierrichtung, also in der natürlichen Lage des Eises, scheint im Mittel zwischen 18 bis 19 kp/cm² zu liegen. Für die Brackwasserzone verringert sich der Wert bis auf 3 kp/cm².

Werden Abhängigkeit des Eises von Temperatur, Wachstumsrichtung und Verformungsgeschwindigkeit (da die Druckverhältnisse in der Natur ebenfalls unter verschiedenen Geschwindigkeiten, vom langsamen Schub – Packeis unter Strömungsdruck – bis zum kurzzeitigen Stoß – antreibende Scholle –, vor sich gehen) graphisch dargestellt, dann ergibt sich Abb. 13.1. Dabei ist festzustellen, daß das Steigungsmaß der Festigkeit mit sinkender Temperatur abnimmt. Unabhängig von der Temperatur und der Druckrichtung haben die Festigkeitskurven ein Maximum bei der Verformungsgeschwindigkeit $s \cong 0{,}0031$/s. Bei langsamer Verformung, wenn die Plastizität noch stärker zur Geltung kommen kann, sinkt die Festigkeit ebenso wie bei schnellerer Verformung [*584*]. Salzwassereis verhält sich ähnlich, nur liegen die Werte rd. 50% niedriger.

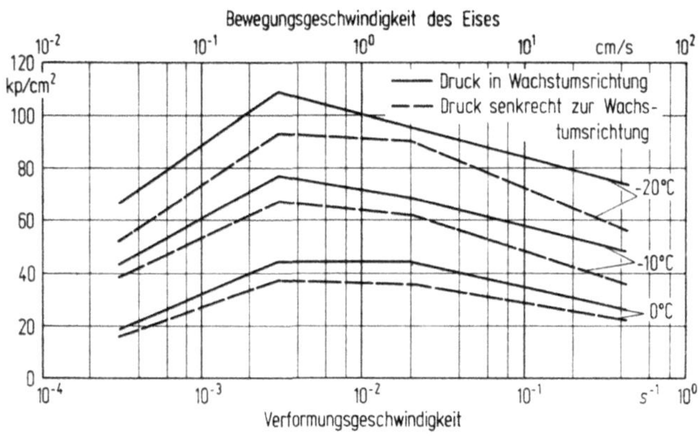

Abb. 13.1. Druckfestigkeit von Süßwassereis in Abhängigkeit von Verformungsgeschwindigkeit, Temperatur und Druckrichtung.

13.2 Eisdruck

Ausgangspunkt für die Festlegung eines Eisdruckes ist die Bruchfestigkeit des Eises. DIN 19704 schreibt für mitteleuropäische Binnenverhältnisse (Tiefschütze sind hierbei ausgenommen) folgende Werte vor, wobei hinsichtlich der Konstruktion des Verschlußkörpers zwischen

a) Stauwand und deren Aussteifungen und
b) Haupttragwerk

und hinsichtlich der Intensität der Eisbelastung zwischen Gewässern mit

α) starker,

β) mäßiger

Eisbildung unterschieden wird:

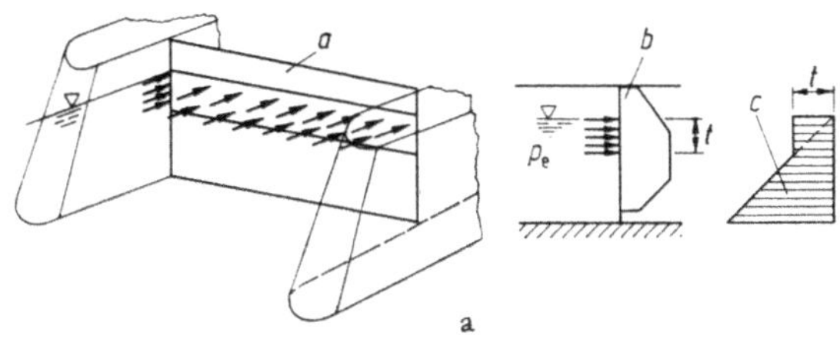

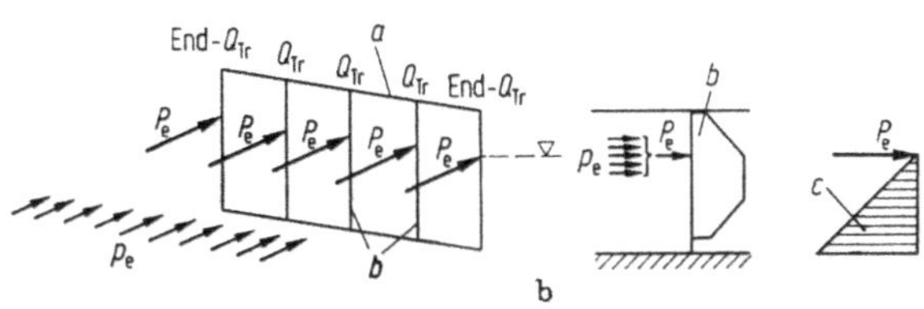

Abb. 13.2. Ansatz des Eisdruckes bzw. Eisstoßes am Beispiel der Stauwand.
a) Eisdruck bzw. Stoß als gleichförmige Flächenlast p_e auf die Tiefe t; b) als gleichförmige horizontale Linienlast P_e.
a Stauwand; *b* Querträger; *c* Belastungsfigur aus Wasserdruck und Eis.

a) für die *Stauwand und ihre örtlichen Aussteifungen* ist das Wasserdruckdreieck vom Wasserspiegel ab nach unten gemäß Abb. 13.2a

α) in Gewässern mit starker Eisbildung (Eisdecke $\geqq$ 30 cm) auf 3 m Tiefe (t) durch einen gleichmäßigen Flächendruck

$$p_e = 3\ \mathrm{Mp/m^2} \quad \text{und}$$

β) in Gewässern mit mäßiger Eisbildung (Eisdecke bis 30 cm) auf 2 m Tiefe (t) durch einen gleichmäßigen Flächendruck

$$p_e = 2\ \mathrm{Mp/m^2}$$

zu ersetzen.

b) für das *Haupttragwerk* ist gemäß Abb. 13.2b eine Linienlast

α) in Gewässern mit starker Eisbildung von $p_e = 1$ Mp/m und

β) in Gewässern mit mäßiger Eisbildung von $p_e = 0{,}7$ Mp/m

in der Höhe des Wasserspiegels und nur in den Knotenpunkten bzw. in den Querträgerebenen des Haupttragwerkes anzusetzen.

Diese Werte scheinen aber auf Grund neuerer Beobachtungen zu niedrig zu sein. Nehmen wir als mittlere Bruchfestigkeit des Eises von $\sigma_B = 40\ \mathrm{kp/cm^2} = 400\ \mathrm{Mp/m^2}$ an, bei einer wirksamen Höhe t des Eises ist nach Angaben aus

$$\left.\begin{array}{ll} \text{Schweden} & t = 0{,}3 \text{ bis } 0{,}7\ \mathrm{m} \\ \text{Holland} & t = 0{,}4 \text{ bis } 0{,}5\ \mathrm{m} \end{array}\right\} t_m = 0{,}5\,.$$

Als wirksame Länge über die Spannweite des Verschlusses rechnet man mit etwa 30 bis 40% der Spannweite. Somit wäre als wirksamer Eisdruck auf den Verschlußkörper anzusetzen als streifenförmige Flächenlast

$$p_e = 0{,}35\, t_m\, \sigma_B = 0{,}35 \cdot 0{,}5 \cdot 400 = 70\ \mathrm{Mp/m}. \tag{265}$$

Unterströmte Verschlußkörper und Tiefschütze werden u. U. in der Nähe der Konstruktionsunterkante von mitgerissenen Eisschollen zusätzlich zu den hydrodynamischen Kraftwirkungen belastet; der Ansatz (auf die Stauwand deren örtliche Aussteifungen) einer Linienlast in der entsprechenden Wirkungsrichtung der Strömung empfiehlt sich in solchen Fällen (s. Abb. 4.9).

Überströmte Verschlußkörper, besonders solche mit relativ langen Überfallrücken, wie z. B. Sektorwehre, können durch Eisschollen erhebliche örtliche Beanspruchungen erhalten (s. Abschn. 4.1.6).

Schließlich seien noch die Belastungen durch Auftriebskräfte angefrorenen oder untergesetzten Eises erwähnt. Sie können so verschieden sein, daß sich eine Norm dafür nicht aufstellen läßt. In Schweden rechnet man bei angefrorenem Eis von 35 bis 50 cm Dicke und steigendem Wasser mit senkrechten Kräften von etwa 1,5 Mp/m.

Eisdruck auf Pfähle s. [*713*].

13.3 Schutzmaßnahmen

13.3.1 Eisverhütung

Die größte Gefahr entsteht durch Gefrieren von Leckwasser auf der Luftseite der Dichtung. Gute Dichtung und ständiger Anpreßdruck sind deshalb besonders wichtig.

Bei exponierten Anlagen ist zu prüfen, ob besondere Vorkehrungen gegen die Zufuhr kalter Luft zu treffen sind (z. B. Aufhängen von Folien). Leckwasser soll die Möglichkeit haben, frei abzufließen.

Vor Bauausführung ist festzulegen, ob und welche Flächen beheizt werden sollen. Der betreffende Bereich braucht nur so weit erwärmt zu werden, daß er mit Sicherheit über dem Gefrierpunkt verbleibt. Übermäßige Erwärmung ist wegen hohen Energieverbrauches und der Gefährdung der Gummi-Dichtung unzweckmäßig.

Die elektrische Heizung der festen Teile bringt Abschn. 19.5. Es sollen deshalb hier nur andere Möglichkeiten behandelt werden.

13.3.1.1 Wassererwärmung

Die beste und sicherste Art Eisbildung vor und an den Verschlüssen zu verhindern ist die, das Wasser in seiner Temperatur über dem Gefrierpunkt zu halten. Hierzu wird ein vom Stauraum abgetrennter Wärmeraum geschaffen. Beispielsweise mit einer Kunststoff-Folie läßt sich oberwasserseitig des Verschlusses eine Trennwand zur Verhinderung des Wärmeaustausches zum Stauraum schaffen.

Die Heizung des Wärmeraumes ist verhältnismäßig einfach, da die Wassermenge nicht groß zu sein braucht. Durch Wasserdampf, Umwälzanlage mit Heißwasser, geheizten Ölrohren usw. läßt sich die benötigte Wärmemenge zuführen. Diese Lösung hat den Vorteil, daß vor allem bei einem zweiteiligen Verschluß die Horizontaldichtung stets eisfrei bleibt. Auch Seitendichtungen genießen den gleichen Vorteil.

Wird auf eine Trennwand verzichtet, müssen die Maßnahmen besonders auf Teile des Verschlusses zielen, die beweglich zu bleiben haben.

13.3.1.2 Druckluftenteisung

Durch Einblasen von Druckluft in ein Rohrsystem, welches in den wärmeren unteren Schichten des Wassers verlegt und mit entsprechenden Luftaustrittsöffnungen (Düsen) versehen ist, wird erreicht, daß aus den Düsen in Form von kleinen Bläschen Luft austritt. Durch ihren Auftrieb wird ein aufwärts gerichteter Strom erzeugt. Dieser reißt die tieferen, durch den Untergrund erwärmten Schichten des Wassers mit an die Oberfläche [*585*, *586*]. Solch ein Wasser-Luft-Gemisch genügt, um eine bereits vorhandene Eisdecke zu schmelzen, bzw. es verhindert von vornherein die Eisbildung.

Die Abstände der Düsen sind verschieden in Abhängigkeit des Düsendurchmessers. Auch die Wassertiefe spielt eine Rolle. Das Düsenrohr sollte mindestens 3,0 m tief liegen, um an der Oberfläche einen Wirkungsdurchmesser von rd. 3,50 m zu haben. Der Durchmesser der Düsen schwankt zwischen 0,8 bis 3,5 mm, der der Druckluftleitung von 25 bis 50 mm.

Die zu installierende Leistung des Kompressors hängt von Durchmesser und Zahl der Düsen, von den Reibungsverlusten, von der Länge der Leitungen, der Luftgeschwindigkeit, Krümmer usw. ab. Im allgemeinen reichen Luftmengen zwischen 2 und 8 m^3/s aus. Der Differenzdruck am Austritt der Düse sollte nicht größer als 0,30 kp/cm^2 werden. Sonst besteht die Gefahr, daß infolge der Luftabkühlung durch Ausdehnung sich an den Düsen Eis bilden und den Austritt der Luft verhindern kann [*587*]. In Gebieten mit starkem Frost sollte trockene Luft verwendet werden. Denn sonst gefriert Kondenswasser in der Druckrohrleitung.

Beim „Zwei-Rohr-System" erfolgt die Luftverteilung durch ein Rohrsystem aus flexiblen Kunststoffrohren. Die Verankerung der „Düsenleitung" erfolgt durch bewegliche Halterungen an einer zweiten flexiblen Rohrleitung, der „Ankerleitung". Die Ankerleitung – durch Betongewichte od. ä. beschwert – paßt sich dem Untergrund an. Die Düsenleitung – durch Schwimmer mit dem erforderlichen Auftrieb versehen – schwimmt in dem durch die beweglichen Halterungen einstellbaren Abstand über der Ankerleitung [*585*].

Bei Klappen, Segmenten, Sektor- oder Trommelschützen, also bei Verschlüssen mit gebogener Stauwand, sollte, wenn nur am Boden eine Leitung liegt, nicht weiter als 1,50 m wegen der Krümmung nach OW gegangen werden [*587*]. Als einfache Lösung läßt man einen Schlauch mit Austrittsöffnung beiderseits des Verschlusses herab [*588*]. Die Seiten und die Oberfläche bleiben eisfrei, allerdings kann die Sohldichtung anfrieren. Hierfür wäre dann eine elektrische oder Ölheizung zu empfehlen. Bei Rechen werden seitlich in den Pfeilern Düsen eingelassen [*589*], die eine Vereisung des Rechens verhindern sollen.

Bei Tiefschützen mit nur kurzem Stollen kann von UW kalte Luft an den Verschluß gelangen. Deshalb wird der Stollen abgedeckt, angewärmte Luft durch das Belüftungsrohr hereingeblasen und durch das Absaugrohr wieder hochgesogen [*590*]. Der Stollenaustritt ist abgedeckt. Damit ist der Wärmebedarf nicht so hoch.

13.3.1.3 Ölheizung

Für solch ein System ist entscheidend die Wahl des richtigen Wärmeträgers. Er darf nicht stockig werden und sollte auch eine niedrige Viskosität besitzen [*590*].

13.3.1.4 Sonstige Maßnahmen

Zur Sicherung der Beweglichkeit können die Verschlußkörper in kürzeren Zeitabständen etwas bewegt werden. Dadurch wird ein Anfrieren der Dichtungen zunächst verhindert. Durch Einstreuen von Salz kann mit Erfolg bis zu Temperaturen von etwa −10 °C die Dichtung beweglich gehalten werden.

Man kann auch unter größerem Aufwand mit Hilfe von Kokskörben beheizen. Auf den Hauptträgern werden baustellenübliche Kokskörbe in einer größeren Anzahl aufgestellt bzw. aufgehängt und teilweise durch Schutzblenden aus Brettern und Dachpappe abgedeckt. Man darf aber dabei nicht zu nah der Dichtung kommen. Meistens löst sich dann die Eisschicht an der Stauhaut in größeren Stücken ab. Kommt es zu stärkeren Vereisungen der Schützkonstruktion, dann lassen sich diese Eismassen von Hand mit Hilfe von Äxten entfernen. Die Eisbeseitigung selbst geht ohne Schwierigkeiten vonstatten. Zur örtlichen Enteisung an den Laufschienen kann man Propanbrenner einsetzen. Sie haben sich für örtlich begrenzten Einsatz bei kleinen Eismengen bewährt, sind aber für die Eisbeseitigung an den Verschlußkörpern wenig geeignet [*591*].

Bei tiefer liegenden Einläufen bilden sich manchmal Wirbel aus, die Eisstücke mit herunterziehen und Schäden am Rechen oder den Verschlüssen hervorrufen können. Zur Störung des Wirbels wird ein schwimmendes Kreuz eingesetzt [*592*]. Hat eine Schleuse im Oberhaupt Hub- oder Senktore, so werden sie bei Beginn des Frostes abgesenkt oder gehoben. Der Stau reicht also bis zum Unterhaupt.

Dieses Verfahren schützt die gesamten Oberhauptverschlüsse gegen Vereisung. Vor den Toren des Unterhauptes wird eine Rinne von etwa 1 m Breite eisfrei gehalten, um einen Eisdruck auf den Verschluß selbst zu verhindern. An den Oberhäuptern sollten lediglich die Nischen eisfrei gehalten sein, so daß größerer Eisansatz an den Ketten (bei abgesenktem Tor) vermieden wird. Besonders erwähnt sei, daß selbst starke Vereisung der Armaturen meistens nicht zu einer Blockierung der Beweglichkeit der Laufrollen führt. Die Rollen drehen sich bei Beweglichkeit der Verschlüsse nach Bruch der Eisschichten in allen Betriebsstellungen.

13.3.2 Eisabfuhr

Die Abtrift des Eises über eine Wehranlage bereitet insofern erhebliche Schwierigkeiten, da die Oberflächenströmung im Wehrbereich auch bei gesenkten Verschlüssen zu gering ist, um das Eis in Bewegung zu halten. Die dichttreibenden Eisschollen verklausen sich vielfach. Erst bei starkem Absenken der Wehrverschlüsse bis zu einer Überfallhöhe von etwa 2 m, ferner bei Absenken des Stauspiegels unter Wirkung des größeren Spiegelgefälles, setzt sich das Eis oberhalb des Wehres in Bewegung. Selbst in diesem Falle ist ein ständiges Mitwirken von Fahrzeugen (Eisbrecher-Motorschiffe) notwendig, um eine ausreichende Abtrift zu erzielen.

Zur Verbesserung der Abtrift kann man Schwellbetrieb durchführen mit zwei-, drei- und viermaligem Schwellen innerhalb 24 Stunden. Soweit die variablen Einflüsse wie Menge des im Wehrbereich angesammelten Eises, Größe der Eisschollen, Verklausungen, Gegenwind usw. eine Beurteilung zulassen, dürfte der Schwellvorgang mit längerer Dauer eine günstigere Abtrift ergeben [*591*].

13.3.3 Stoßminderung

Da der Eisstoß gegen gerade Flächen größer als gegen geneigte oder abgerundete ist, sollte bei eisgefährdeten Konstruktionen hierauf Rücksicht genommen werden. Schräge Eisabweiser (Abb. 4.9, 4.10) oder Schutz des Abfallrückens eines Sektors (Gleitbohlen) helfen den Eisstoß mindern. Auch federnde Konstruktionen (ähnlich denen gegen Schiffsstoß, Abschn. 6.7) wandeln durch ihre Bremsstrecke einen Teil der kinetischen Energie um.

14 Ermittlung der Antriebskraft

Für die Größe des Antriebes sind ausschlaggebend die bei einer Bewegung zu überwindenden Kräfte und Widerstände. Wir unterscheiden bei der Ermittlung der Antriebskräfte entsprechend den beiden Hauptbewegungsarten

a) Hub- und Senkkräfte,
b) Drehkräfte

und aus diesen beiden eine Kombination

c) Hub- und Senkkräfte mit Drehkräften.

Während bei der ersten Art Gewichte, Reibungskräfte usw. (z. B. Hubschütz) in gerader Bewegung zu überwinden sind, sind bei der zweiten Kraftart (z. B. Klappe) Drehmomente zu erzeugen. Bei der dritten Form kommen beide Kraftarten vor (z. B. Hubschütz mit Klappe).

Bei Drehbewegungen mit lotrechter Achse (Stemmtor usw.) bleiben die Kräfte durch Eigengewicht des Verschlusses verhältnismäßig gering. Hydraulische Belastungen (z. B. Wasserverdrängung, Überstau oder Wellenschlag) können aber erhebliche Zusatzkräfte erzeugen.

14.1 Hub- und Senkkräfte

Bei den Hub- und Senkkräften ist zu beachten, ob die Wirkungsrichtung der zu überwindenden Kräfte gleichgerichtet der gewünschten Bewegungsrichtung ist oder entgegengesetzt verläuft. In dem einen Fall verringert sie die Antriebskraft, im anderen wirkt sie vergrößernd.

Die bei einer Hubbewegung auftretenden Kräfte setzen sich zusammen aus:

E Eigengewicht des Verschlusses einschließlich Armaturen und Ballast. (eine stets abwärts gerichtete Kraft, als Funktion vom Wasserdruck W, der Staufläche F und der Konstruktion K);

E' Gewicht des mitgenommenen Wasser, Eis, Sand usw.;

ΔE scheinbare Gewichtsreduzierung um den Auftriebsverlust des eingetauchten Verschlußteiles (einschließlich Ballast);

H Eigengewicht des Hubmittels. Wird im wesentlichen von der größten Hubkraft und der Antriebsart bestimmt;

W_r, W_{gl} rollender bzw. gleitender Widerstand der Armaturen, dessen Größe vor allem durch die Horizontalbelastung festgelegt ist, dazu die Reibung aus Schützführung;

R_{DH}, R_{DS} Reibungskräfte der horizontalen bzw. Seitendichtung, abhängig von der Dichtungsart, deren Länge und dem Wasserdruck;
K_H statische und dynamische Kräfte aus Wasserauflasten, Auftrieb, Sog usw.;
G Eigengewicht von Gegengewichten;
S Auftrieb (Gewichtsreduzierung) durch Schwimmer.

Die maximale Hubkraft Z (Zugkraft) wird damit

$$Z_{\max} = \left(E + E' - \Delta E + H + \frac{W_r}{W_{gl}} + R_{DH} + R_{DS} \pm K_H - G - S\right) \varkappa . \quad (266)$$

Dabei ist $\varkappa$ ein Sicherheitszuschlag für unvorhergesehene Kräfte.

Die Ermittlung der einzelnen Werte geschieht:

a) E durch Gewichtsauszug der Konstruktion, dazu das Gewicht der Armaturen, Dichtung, gegebenenfalls Ballast usw. Es empfiehlt sich, für das Eigengewicht aus Sicherheitsgründen einen Zuschlag von 5% (z. B. Walztoleranz der Bleche) zu wählen.

b) E' je nach Konstruktion, Hubgeschwindigkeit, Klima und Schwebstoffgehalt des Wassers.

c) ΔE durch Feststellung, wieviel des Verschlusses bei Staustellung im Wasser steht und wieviel in Höchstlage. Es reicht aus, zwischen diesen beiden Extremwerten linear zu interpolieren. Dabei ist

$$V_v \gamma_w = E_e / \gamma_{ST} .$$

mit V_v Volumen des eingetauchten Verschlußteiles, E_e = Gewicht des eingetauchten Teiles, γ_w bzw. γ_{ST} = spez. Gewicht des Wassers bzw. der Verschlußkonstruktion.

d) H durch Gewichtsauszug des Hubmittels.

e) W_r, W_{gl}. Rollende Reibung W_r s. Abschn. 17.1.1. Gleitende Reibung W_{gl} tritt bei der gleitenden Bewegung eines Verschlusses als tangentialer Reibungswiderstand auf. Sie wird im allgemeinen proportional dem Normaldruck N, der senkrecht zur Gleitebene steht, gesetzt: $W_{gl} = N \mu$.

Es ist somit die Gleitreibung unabhängig von der Größe der Reibungsfläche, sondern nur proportional der Normalkraft und des Reibungsbeiwertes als Ausdruck der Materialbeschaffenheit. Es muß somit eine Kraft $P = W_{gl}$ wirken, um die Reibung zu überwinden. Reibungsbeiwerte s. Abschn. 9.6.

Die vereinfachende Annahme nach Coulomb mit μ = const ist eine erste Annäherung. Tatsächlich ist der Wert für μ nicht ganz unabhängig von der Gleitgeschwindigkeit und dem spezifischen Druck.

Der spezifische Druck N kann sich zusammensetzen aus Wasserdruck W und der Komponente des Eigengewichtes. Ist der Verschluß längere Zeit nicht bewegt worden, so tritt zusätzlich noch Haftreibung auf, so daß der bei Anfahren wirksame Reibungswiderstand μ_0 höher liegt als die Reibungszahl μ der Bewegung. Da aber die Motoren der Windwerke meistens auf das 2,0- bis 2,5fache Anfahrdrehmoment ausgelegt sind, wird im allgemeinen die Erhöhung des Anfangswiderstandes ohne Schwierigkeit überwunden. Lediglich in einem Sicherheitsfaktor ($\varkappa$) wird diesem Umstand Rechnung getragen.

Die Reibungskräfte aus Führung des Verschlusses (in der Regel Seiten- und Gegenführung) werden bei Kufen und Rollen durch einen pauschalen Zuschlag und bei federnden Rollen durch eine Kraft entsprechend der Feder berücksichtigt. Sie sind verhältnismäßig klein und liegen je nach Verschlußgröße und Wasserdruck zwischen 0,5 und 3 Mp.

f) R_{DH} und R_{DS} durch Ermittlung nach Abschn. 9.6.

g) K_H durch Ermittlung der hydraulischen Auflasten (Abschn. 1.8.2.3 und 1.8.2.4) und der hydrodynamischen Kräfte (Abschn. 1.8.4.2).

h) G durch Gewichtsauszug der Gegengewichte (dabei muß die Umlenkung des Verbindungsmittels gewichtsmindernd berücksichtigt werden).

i) S durch Ermittlung des Auftriebsvolumens der Schwimmer oder Schwimmkästen. Es ist zu beachten, daß die Schwimmer oder Kästen nur dann entlastend wirken, wenn sie im Wasser eingetaucht sind. Liegen sie trocken, vergrößern sie die Hubkraft um ihr Eigengewicht.

j) $\varkappa$ als Sicherheitszuschlag für den Beginn der Hubbewegung. Im allgemeinen reicht auch für wenig bewegte Verschlüsse ein Zuschlag bei Beginn der Hubbewegung von 15 bis 20%, der linear nach 30% des Hubweges (bei Verschlüssen mit freiem Wasserspiegel) auf 0% abnimmt. Wird solch ein Gesamtsicherheitszuschlag gewählt, können Einzelzuschläge wie bei der Dichtungsreibung oder deren ungleiche Verteilung, den hydrodynamischen Kräften, Festfrieren, Festklemmen von Fremdkörpern, Schäden an den Lagern oder Laufrollen usw. unterbleiben.

Für die Bemessung des Antriebes sind allerdings noch zusätzlich je nach Hubmittel die Seilrollen- und Zahnstangenreibung bzw. Kettensteifigkeit sowie die Beschleunigungskräfte zu berücksichtigen. Bei Ermittlung der Senkkraft muß beachtet werden, daß die Reibungs- und die Auftriebskräfte entgegengesetzt wirken. Somit ändert sich Gl. (266) bei Ermittlung der Senkkräfte in

$$Z_{\max} = \left(E + E' - \Delta E + H - \begin{matrix} W_r \\ W_{gl} \end{matrix} - R_{DH} - R_{DS} \pm K_H - G - S\right). \quad (267)$$

Die Ermittlung der Einzelkräfte ist wie bei der Hubbewegung. Für das Absenken muß aber sichergestellt sein, daß über den ganzen Senkweg eine ausreichende abwärtsgerichtete Kraft noch verbleibt (es sei denn, der Antrieb

Tabelle 37

Hubkraftermittlung

	Hub über Sohle (a_0 = Gesamthub)	$0{,}1a_0$	$0{,}2a_0$	$0{,}3a_0$	usw.
	Wasserdruck				
1.	Eigengewicht der Stahlkonstruktion einschließlich Dichtung				
2.	Armaturen				
3.	Summe 1+2 und Zuschlag 5%				
4a. 4b	Ballast Mitgenommenes Wasser, Eis usw. = E'				
5.	Summe (3+4a+4b) = E				
6.	Auftriebsverlust ΔE				
7.	Hubmittel H				
8.	Reibungskräfte W_r W_{gl}				
9.	Dichtungsreibung R_{DH} R_{DS}				
10.	Hydraulische Lasten K_H				
11.	Gegengewicht G				
12.	Schwimmer S				
13.	Summe 5 bis 12				
14.	Sicherheitszuschlag $\varkappa$ (von 13) (15% (20%) bis 0 bei 30° Hubweg)				
15.	Summe 13 und 14				

wäre in der Lage, eine ausreichende Druckkraft zu erzeugen). Außerdem muß in der Schließlage ein genügend großer Sohldichtungsdruck (s. S. 606) vorhanden sein. Die Ermittlung der Hub- und Senkkräfte wird durch eine tabellarische Übersicht erleichtert (Tab. 37). Bahnneigung beeinflußt Kräfte.

Um auch einen visuellen Eindruck von dem kontinuierlichen Verlauf der Hubkräfte zu erhalten, sollten die tabellarischen Werte beim Öffnen und Schließen des Verschlusses in Abhängigkeit vom Weg graphisch dargestellt werden.

14.2 Drehkräfte

Bei Verschlüssen mit einer Drehachse sind für die Bewegung Kräfte aufzuwenden, die ein Moment erzeugen, das größer ist als die Summe aller Momente, die dieser Bewegung entgegenwirken. Die Größe dieser Drehkräfte hängt einmal von der Summe aller am Verschluß angreifenden Momente und vom Hebelarm (Abstand Wirkungslinie des Antriebes zum Drehpunkt) ab.

Ist die Drehrichtung entgegengesetzt der Eigengewichtskomponente, dann wirken die Reibungsmomente auf die aufzubringende Drehkraft vergrößernd. Verläuft die Drehrichtung in gleicher Richtung der Eigengewichtskomponente, so entlasten die Reibungskräfte den Antrieb.

Es muß also vorher geprüft werden, ob die Reibungskräfte positiv (+), also verstärkend, oder negativ (−), also schwächend die zu ermittelte Drehkraft beeinflussen.

Allgemein läßt sich für die Drehkraft (Zug- oder Druckkraft) die Beziehung schreiben:

$$Z_{\max} = \frac{M_E \pm M_{R_{DH,\,DS}} \pm M_{W_r,\;W_{gl}} \pm M_{K_H} - M_G - M_S}{e}\,\varkappa\,. \tag{268}$$

Hierin bedeuten

- e Abstand der Wirkungslinie des Antriebes vom Drehpunkt;
- M_E Moment aus Eigengewicht, der absolute Betrag aus Abstand des Schwerpunktes des Verschlusses einschl. Hubmittel vom Drehpunkt. Dabei sind die allseits unter Wasser befindlichen Teile mit dem durch den Auftrieb verminderten spez. Gewicht einzusetzen;
- $M_{R_{DH,\,DS}}$ Moment aus Reibung der Horizontal- und Seitendichtung. Auch hier der absolute Betrag aus der Summe der Momente der einzelnen Reibungskräfte bezogen auf den Drehpunkt;
- $M_{W_r/W_{gl}}$ Moment aus Reibung der Lagerung. Wegen des kleinen Hebelarmes oft so klein, daß es vernachlässigt werden kann;
- M_{K_H} Moment aus den hydraulischen Kräften als Summe der Momente der einzelnen hydraulischen Kräfte, bezogen auf den Drehpunkt;
- M_G Moment aus Eigengewicht des Gegengewichtes, wobei maßgebend für den Hebelarm der senkrechte Abstand der Wirkungslinie vom Drehpunkt ist;
- M_S Moment aus Schwimmer oder Schwimmkasten, der absolute Betrag des Abstandes des Auftriebsschwerpunktes vom Drehpunkt und der Auftriebsgröße;
- $\varkappa$ Sicherheitszuschlag, der zwischen 1,15 (1,20) und 1,00 liegt. Bei übersichtlichen, rechnerisch oder durch Versuche ermittelten Verhältnissen, kann $\varkappa = 1{,}0$ gesetzt werden.

Bei der Ermittlung der Drehkraft sollte auch am besten wieder tabellarisch vorgegangen werden (Tab. 38). Die graphische Auswertung zeigt dann bei einer Unstetigkeit, ob ein Fehler sich eingeschlichen hat.

Tabelle 38

Drehkraftermittlung

	Hub über Sohle (z.B. Segment) Absenkung unter Stauziel (z.B. Klappe) (a_0 = volle Querschnittsfreigabe)	$0{,}1a_0$	$0{,}2a_0$	$0{,}3a_0$	usw.
	Wasserdruck				
1.	Moment aus Eigengewicht M_E				
2.	Moment aus Dichtungsreibung $M_{R_{DH/DS}}$				
3.	Moment aus Lagerreibung $M_{W_{r/gl}}$				
4.	Moment aus hydraulischen Kräften M_{K_H}				
5.	Summe 1 bis 4 (auf Drehrichtung achten)				
6.	Zuschlag zu 5 (oder für alle Stellungen einen Zuschlag) 15% (20%) … 0 … 30% (der Bewegung)				
7.	Moment des Gegengewichtes M_G				
8.	Moment aus Schwimmer M_S				
9.	Summe 5 bis 8				
10.	Hebelarm des Antriebes e				
11.	Drehkraft (Zug-Druckraft) Z $\left(\frac{9}{10}\right)$				

14.3 Hub-, Senk- und Drehkräfte

Bei einer Kombination von zwei Verschlußtypen sind für den Antrieb sowohl die Hub- und Senkkräfte als auch die Drehkräfte zu ermitteln. Diese Aufgabe stellt also eine Kombination der beiden vorher besprochenen Kraftarten dar.

Hierbei werden für jeden Verschlußteil (z. B. Klappe mit Dreigurtschütz) getrennt die Werte ermittelt. Danach erfolgt eine Überlagerung der Kräfte aus beiden Systemen.

15 Steuerungen

Wir unterscheiden im Stahlwasserbau verschiedene Arten von Steuerungen. Es gibt Steuereinrichtungen, die in Abhängigkeit des Wasserspiegels solche Reaktionen am Verschluß ausführen, die sich wieder auf die Wasserspiegellage auswirken. Andere Steuerungen leiten direkt durch den Wasserstand eine Bewegung des Verschlusses ein. Ferner kennen wir Steuerungen eines ganzen Betriebsablaufes, wie beispielsweise bei einer Schleusung oder bei einem Krafthaus mit Wehr. Auch Antriebe, wie vor allem Servomotoren, werden durch Steuerungen in ihrem Arbeitsablauf beherrscht.

15.1 Erfassung des Meßwertes

Pegelstände werden oft durch Schwimmer mit Zugseil oder Zugkette und Gegengewicht erfaßt. Diese einfache Art der Meßwerterfassung gibt bei einer ausreichenden Schwimmergröße und bei Meßbereichen, in denen das Gewicht des Zugseils oder der Kette vernachlässigbar ist, eine einfache und für normale Ansprüche auch hinreichend genaue Messung. Es ist üblich, Schwimmer (Dmr. 200 bis 400 mm) zum Antrieb von Gebereinrichtungen zu verwenden. Die Führungsrohre können bei Meßbereichen von 2 bis 4 m im allgemeinen ohne Schwierigkeiten eingebaut werden. Bei größeren Meßbereichen von 10 m aufwärts werden sie durch ihr großes Gewicht und durch den beträchtlichen Kostenanteil aufwendig [*593*].

Beim Abtastverfahren arbeitet der Abtastpegel mit 2 Platinelektroden und einer fernelektrisch betriebenen Nachlaufsteuerung. Wir haben damit eine indirekte Überwachung des Wasserspiegels, wobei ein Stellmotor als Fremdkraft benutzt wird. Die aus nichtrostendem Material hergestellten und mit Platinspitzen versehenen Elektroden sind in einen Isolierkörper eingebracht und in ihrer Höhenlage um die gewünschte Meßtoleranz gegeneinander versetzt. Eine Elektrode ist bei ruhendem Wasserspiegel ständig etwas eingetaucht, die zweite unbenetzt. Steigt der Wasserspiegel, so wird auch die zweite Elektrode stromführend und gibt einen Aufwärtsbefehl. Fällt der Wasserstand, so werden beide Elektroden stromlos und veranlassen einen Abwärtssteuerbefehl für den Nachsteuermotor. Als Rückleitung dient die zu überwachende Wassersäule.

15.2 Elektrische Gebereinrichtungen

Die in vielen Fällen gebräuchliche schrittweise Übertragung des Meßwertes nach der sogenannten Schrittschaltmethode bedingt zwar eine praktisch absolute Übertragungsgenauigkeit, ist aber von der Sicherheit der Übertragungsleitung und der Stromversorgung erheblich abhängig. Kurzzeitige Unterbrechungen werden zunächst nicht sichtbar und führen dabei zu einem bleibenden Meßfehler.

Es ist weiterhin möglich, durch geberseitige Schalteinrichtungen im Geber den Meßwert sozusagen zu zerlegen und in Form des Impulstelegramms nach der Empfangsseite zu übertragen. Bei dieser Methode können durch kurzzeitige Unterbrechungen bleibende Meßfehler nicht auftreten, da das Impulstelegramm beliebig oft wiederholt und überdies auf seine Vollständigkeit kontrolliert werden kann [*594*].

Auch das Puls-Code-Verfahren ist frei von Übertragungsfehlern [*595*].

15.3 Empfangsgeräte

Für die Erfassung von Pegelständen hat die digitale Anzeige mit normalen Zahlenrollenwerken oder mit Leuchtziffern größere Bedeutung erlangt. Während bei der oben erwähnten Schrittschaltmethode eine unmittelbare Steuerung entsprechender Digitalempfänger möglich ist, müssen für Widerstandsfernmessung besondere Vorkehrungen getroffen werden. In beiden Fällen ist es notwendig, durch entsprechende Schaltung dafür zu sorgen, daß bei vorübergehendem Ausfall der Meßspannung oder des Übertragungsweges ein Auseinanderlaufen von Geber und Empfänger nicht eintreten kann. Es können auch zusammen mit der Digitalanzeige Geräte zur symbolischen Darstellung von Pegelständen und Wehrstellungen eingerichtet werden. Durch geeignete Schaltungen wird erreicht, daß die Fernübertragung auch bei einseitiger Speisung der Brückenschaltung von allen Änderungen des Leistungswiderstandes praktisch unabhängig bleibt. Während die digitale (digit = Ziffer) Anzeige [*596*] bei langsam veränderlichen Werten wegen der erreichbaren Genauigkeit vielfach bevorzugt wird, ist sie bei Meßwerten, die häufige oder rasche Änderungen erleiden, nicht mehr verwendbar. Deshalb hat die seit langem eingeführte Anzeige des Grob- und Feinmeßwertes durch Analogmessung (da eine Meßgröße einen analogen Ausschlag gibt) mit normalen Meßwerken auch heute noch ihre Bedeutung, zumal sie auch bei schwankenden Werten eine Erfassung der Pegelstände ermöglicht und sich überdies dem Gedächtnis leichter einprägt als die reine Zahlendarstellung [*593*].

15.4 Steuerung des Wasserstandes oder der Wassermenge

Die einfachste Form einer Regelbrücke mit Stellungsgeber und vom Stellmotor direkt angetriebenem Rückführwiderstand ist in Abb. 15.1 dargestellt. Bei Abweichung des Pegelstandes vom Sollwert wird das Brückengleichgewicht verschoben, es fließt ein Strom, welcher das Meßwerk zum Ausschlag bringt und bei Erreichen der Grenzwertfühler den Steuerbefehl auslöst. Durch den Stellmotor wird das Stellglied, also beispielsweise die Wehrhöhe verstellt und durch die gleichzeitige Veränderung des Rückführwiderstandes das Brückengleichgewicht wiederhergestellt, so daß der Regelschritt rechtzeitig begrenzt wird.

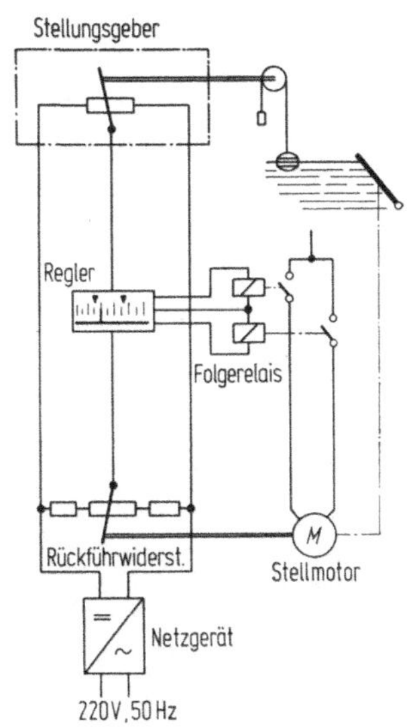

Abb. 15.1. Prinzipschaltung einer als Proportionalregelung ausgebildeten automatischen Wehrsteuerung.

Diese einfache Ausführung ist jedoch bei größeren Anlagen wegen ihres unvermeidlichen Proportionalfehlers unzweckmäßig und deshalb durch eine Schaltung ergänzt worden, welche eine Trennung zwischen Rückführwiderstand und Stellmotor vorsieht. Bei dieser gerade für Regelstrecken mit hoher Trägheit besonders zweckmäßigen Schaltung wird für den Antrieb des Rückführwiderstandes ein besonderer Meßmotor verwendet, welcher während des Regelschrittes gleichzeitig mit dem Stellmotor eingeschaltet und nach Abschluß des Regelschrittes zur Rückstellung des Rückführwiderstandes benutzt wird. Auf diese Weise läßt sich eine hohe Stabilität erreichen und der sonst auftretende Proportionalfehler vollkommen ausschalten [*597*, *598*].

Eine konstante Strömungsgeschwindigkeit kann dadurch eingehalten werden, daß bei Überschreitung der normalen Strömungsgeschwindigkeit, die durch Differenzstellung von Schwimmern gemessen wird, eine Balanciervorrichtung die Steuerungen schließt und damit eine Bewegung des Schützes einleitet.

15.5 Steuerung des Verschlusses in Abhängigkeit des Kraftwerkes

Bei plötzlichem Ausfall der auf das Netz geschalteten Maschinen, die mit einer bestimmten Mindestlast belastet sind, wird zur Vermeidung von Unterwassersunkwellen unabhängig von jeder Automatikvoraussetzung für eine bestimmte Zeit Schwallbetrieb durchgeführt. Gleichzeitig erfolgt damit automatische Absenkung der Verschlüsse auf einen festgelegten Wert, unabhängig davon, ob sie auf Automatik geschaltet sind oder nicht; jedoch nur, wenn die Steuerung der Verschlüsse beim Kraftwerk liegt. Der Schwallsteuerzustand der Turbinen wird vermieden bzw. unterbrochen, wenn Schnell- oder Notschluß anspricht. Die Schaltung der Regeleinrichtung wird im allgemeinen so ausgeführt, daß diese grundsätzlich nur dann in Betrieb genommen werden kann, wenn vorher die Bedingungen im Wehr dafür geschaffen sind. Also ganz allgemein, die Verschlüsse sind auf Fernsteuerung geschaltet und nicht selbständig an der Wasserführung beteiligt. Die Erfüllung dieser Bedingung ist zugleich das Kriterium dafür, daß die Verantwortung für die Durchflußregelung ausschließlich beim Bedienungspersonal des Kraftwerkes liegt [*599*].

15.6 Steuerung selbsttätiger Verschlüsse

15.6.1 Sektor

Die nachfolgenden Überlegungen sind sinngemäß auch auf das Trommel- und das Dachwehr anwendbar.

Wenn zur Erhaltung der Gleichgewichtslage in der Sektorkammer ein freier Wasserspiegel sich ausbilden kann (Abb. 15.2), liefert die Gleichgewichtsbedingung

$$M_W = M_A + M_E \qquad (296)$$

die Berechnung der jeweiligen Lage von I_W in jeder Sektorstellung.

Dabei bedeuten

M_W Summe aller aus dem Kammerwasserstand sich ergebenden aufwärtsdrehenden Momente;

M_E abwärtsdrehendes Moment aus Sektoreigengewicht E;

M_A abwärtsdrehendes Moment aus Wasserauflast A.

M_W ist eine Funktion der Kammerwasserspiegelhöhe a über dem Drehlager. Mit den Bezeichnungen in Abb. 15.2 gilt

$$\gamma\, a^2/2 \sin\alpha\, a/3 \sin\alpha = M_A + M_E \qquad (270)$$

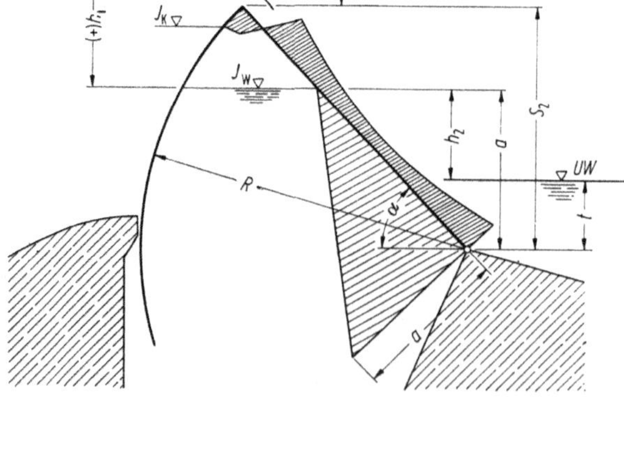

Abb. 15.2. Druckverteilung an einem überströmten Sektor mit noch freiem Kammerwasserspiegel.

und daraus, nach a aufgelöst

$$a = \sqrt[3]{6 \sin^2\alpha/\gamma (M_A + M_E)\, 1/\gamma}\,. \tag{271}$$

Mit $\sin\alpha = S_2/R$ wird

$$a = \sqrt[3]{6 S_2^2/R^2 \,(M_A + M_E)\, 1/\gamma}\,. \tag{272}$$

Die Gl. (272) gilt jedoch nur, solange $a \leqq S_2$, d. h. bis der freie Kammerwasserspiegel I_W die Sektorspitze anschneidet [*35*].

Wird das in der Sektorkammer stehende Wasser bis in die Sektorspitze gesaugt, etwa mit einem Ejektor oder mit einer Vakuumpumpe, so entsteht an Stelle des Luftraumes ein Unterdruckgebiet und mit diesem ein zusätzliches Senkmoment (Abb. 15.3). Mit dem so geschaffenen Überschuß an senkenden

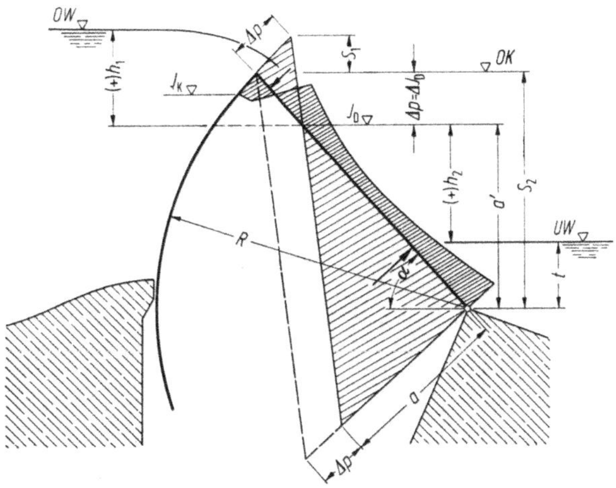

Abb. 15.3. Druckverteilung an einem vollständig entlüfteten Sektor mit Tauchwänden J_D − UW > 0.

Kräften, die im Augenblick des Öffnens der Verbindungsleitung zwischen Kammer und Unterwasser frei werden können, spricht der Verschluß kraftschlüssig unmittelbar auf Regulierbewegungen der Schieber an.

Die Größe Δp (Abb. 15.3), die sich in jeder Gleichgewichtslage einstellen muß und damit die Lage des zugehörigen Innendruckes $I_D = OK \pm \Delta p$, erhält man aus Gleichung

$$\gamma = \frac{S_2 R}{2} \frac{R}{3} + \Delta p \frac{R^2}{2} = M_A + M_E \tag{273}$$

und daraus

$$\Delta p = 2(M_A + M_E)/R^2 - \gamma S_2/3\,. \tag{274}$$

Solange nach dieser Gleichung Δp negativ ist, liegt I_D um Δp unter der Sektorspitze, und auf den Sektor wirkt von innen ein Sogmoment von

$$\Delta M_S = \Delta p^2 \frac{R^2}{2\gamma S_2^2}\left(S_2 - \frac{\Delta p}{3\gamma}\right). \tag{275}$$

Ein ausführliches Berechnungsbeispiel für einen Sektor s. [*600*].

Für ein Trommelschütz oder ein Dachwehr sind die hydraulischen Innendruckverhältnisse ähnlich [*601, 602*]. Auch das Doppelplattenwehr [*603*], viele weitere Abarten [*604*] oder eine Klappe mit „Wassersteller“ [*605*] bringen für die Hydraulik keine neuen Überlegungen. Auch gibt es Lösungen für eine vollhydraulische Steuerung [*606*].

15.6.1.1 Leckwasserausgleich

Damit der Sektor in der gewünschten Stellung (s. Abb. 4.23, 4.24) stehenbleibt, wird der Drehschieber *a* (oder Ringkolbenschieber) zum Ausgleich der unerwünschten Sektorbewegung entweder zum Oberwasser oder zum Unterwasser gerade so weit geöffnet, daß die Differenz des durch die Dichtungen hinein- oder herausströmenden Wassers ausgeglichen wird (Abb. 15.4). Da es dem Wärter unmöglich ist, die richtige Schieberöffnung zu ermitteln, bei der der Sektor

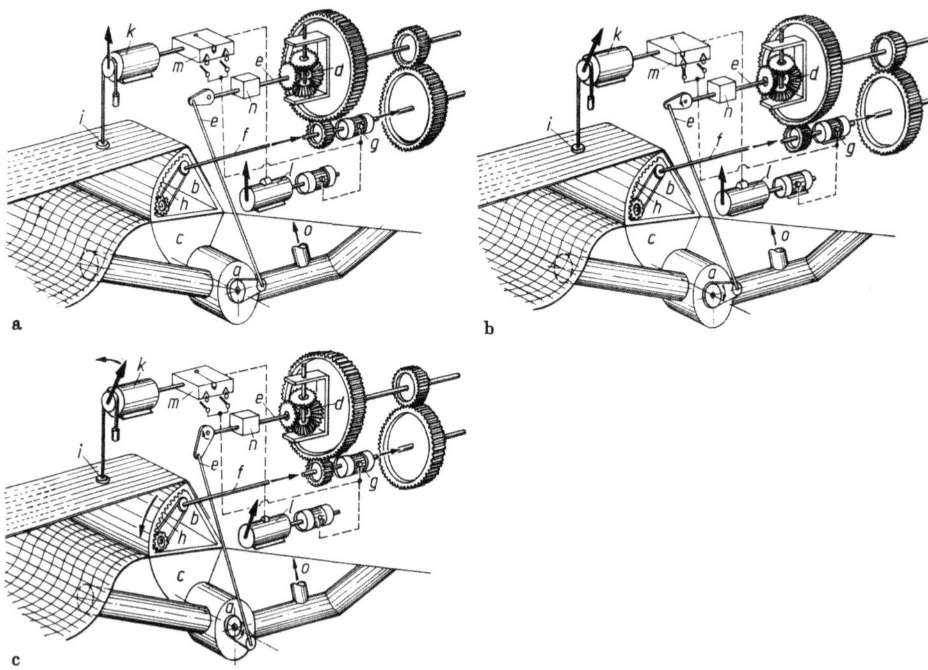

Abb. 15.4. Schema der selbsttätigen Sektorsteuerung.

a) Ruhestellung: Zeiger von *k* und *l* lotrecht, Schieber *a* geschlossen; b) Stellung bei zu hohem Oberwasser: verschiedene Stellungen der Zeiger von *k* und *l* (Zeiger *k* schräg, Zeiger *l* lotrecht). Einschaltung der Motoren durch den Regler *m*. Beginn des Öffnens des Abflusses durch den Schieber *a*; c) Stellung nach Öffnen des Schiebers *a*: gleiche schräge Stellung der Zeiger von *k* und *l*. Abschaltung der Motoren durch den Regler *m*. Offene Stellung des Schiebers *a* zum Abfluß hin. Beginn der Rückkehr der elektrischen Rückführung *l* in seine Nullstellung. Danach: Fallen des Oberwassers, Schließen des Schiebers *a* durch die mechanische Rückführung, Stillstand des Reglers *m* (entsprechend der Ruhestellung).

a Drehschieber; *b* Sektor; *c* Sektorkammer; *d* Planetengetriebe mit einem Abtrieb und zwei Antrieben; *e* Abtrieb des Getriebes *d*; *f* Antrieb des Getriebes *d*; *g* Stellmotor bzw. Handantrieb; *h* Zahnstange am Sektor; *i* Schwimmer im Oberwasser; *k* vom Schwimmer *i* verstellbarer elektrischer Pegelgeber; *l* elektrische Rückführung; *m* Regler; *n* Speicherwerk; *o* Sogrohr zum Auslaß im Sektorrücken knapp unterhalb der Überfallkante.

stehenbleibt, ist eine Rückführung vorhanden, bei der der Schieber über ein Getriebe so mit dem Sektor verbunden ist, daß das ungesteuerte Sinken des Sektors *b* die Zuflußleitung zur Sektorkammer *c* und das ungesteuerte Heben des Sektors die Abflußleitung öffnet. Durch seine eigene Bewegung öffnet der Sektor *b* den Schieber *a* so lange, bis der Differenzwasserstrom aus den Undichtigkeiten ausgeglichen ist. Der selbsttätige Leckwasserausgleich arbeitet ohne jede elektrische Einrichtung, so daß die Anlage nur dann ausfallen kann, wenn ein Schaden im mechanischen Getriebe eintritt. Dieses Getriebe *d* ist seinem Aufbau nach ein Planetenradgetriebe mit einem Abtrieb und zwei Antrieben. Der Abtrieb *e* verstellt den Schieber. Von den zwei Antrieben wird der eine durch die Drehbewegung des Sektors (mechanische Rückführung) betätigt, der zweite über ein Stirngetriebe mit einer Handkurbel oder einem elektrischen Stellmotor *g* bewegt.

Mit Hilfe dieses Stellmotors öffnet sich der Schieber nach der einen oder anderen Richtung, um eine gewünschte Stellungsänderung des Sektors einzuleiten. Sobald sich der Sektor *b* in Bewegung setzt, wird er mit Hilfe der mechanischen Rückführung versuchen, den Schieber *a* wieder zu schließen. Solange aber der Stellmotor eingeschaltet bleibt und der Verstellweg größer ist als der Verstellweg der Rückführung, bleibt der Schieber offen. Nach Abschalten des Stellmotors wird er durch die mechanische Rückführung wieder geschlossen. Der Abgriff der Sektorbewegung für die mechanische Rückführung geschieht oft an einer Zahnstange *h*, die an der Stauwand des Sektors befestigt ist. Dadurch ergibt sich eine sehr gute Kraftübertragung zu dem Planetenradgetriebe *d*. So ist auch eine große Übersetzung der Drehbewegung vom Sektor zum Schieber hin möglich [*607*].

15.6.1.2 Einhalten des Oberwasserstandes

Die Steuerung zum Einhalten der vorgewählten Stauziele arbeitet in der Art, daß auf elektrischem Wege die gemessene Änderungsgeschwindigkeit des OW-Standes mit der errechneten Geschwindigkeit, die sich aus einer bestimmten Stellungsänderung des Sektors ergibt, verglichen wird. Es verstellt ein im OW befindlicher Schwimmer *i* einen elektrischen Pegelgeber *k*, der mit einem Potentiometer ausgerüstet ist (Abb. 15.4). Stimmt der eingeschaltete Widerstand dieses Potentiometers nicht mit dem Vergleichswiderstand einer elektrischen Rückführung *l* überein, so fließt ein Ausgleichsstrom, der mit Hilfe des Reglers *m* die zugeschalteten Stellmotoren entweder rechts- oder linksdrehend einschaltet und damit den Schieber *a* so einstellt, daß entweder Wasser zur oder aus der Sektorkammer *c* fließt.

Da sich der OW-Stand nur langsam ändert, muß das Verstellen des Schiebers *a* rechtzeitig unterbrochen werden, da sonst eine Übersteuerung eintreten und der OW-Stand über den Toleranzbereich hinaus schwanken würde. Die rechtzeitige Unterbrechung des Stellbefehls wird mit Hilfe der elektrischen Rückführung *l* erreicht, die zusammen mit dem Stellmotor *g* eingeschaltet wird. Der Motor der elektrischen Rückführung verstellt den Vergleichswiderstand so lange, bis dieser mit dem Widerstand des elektrischen Pegelgebers *k* übereinstimmt. Es fließt dann Ausgleichsstrom nicht mehr, und der Regler *m* schaltet den Stellmotor, dessen Laufzeit proportional der vom Pegelgeber *k* gemessenen Wasserstandsänderung ist, ab, während der Motor der elektrischen Rückführung in die entgegengesetzte Drehrichtung umgeschaltet wird. Mit dem Abschalten des Stellmotors und dem Umschalten der elektrischen Rückführung beginnt der zweite Teil der selbsttätigen Regelung des OW-Standes. Der Motor der elektrischen Rückführung *l* beginnt mit einer fest eingestellten Geschwindigkeit den Vergleichswiderstand in seine Ausgangslage zurückzudrehen. Stimmt die Änderungsgeschwindigkeit dieses Vergleichswiderstandes nicht mit der Geschwindigkeit der Rückstellung des vom Pegelgeber *k* beeinflußten Widerstandes überein, so fließt, entsprechend der Differenz zwischen den beiden Widerständen, ein Ausgleichsstrom, der den Regler *m* wieder auslenkt. Dadurch wird der Stellmotor für den Drehschieber *a* und auch der Motor der elektrischen Rückführung *l* sofort erneut eingeschaltet. Das System kommt erst zur Ruhe, wenn der Pegelgeber *k* und die elektrische Rückführung *l* in ihre Ausgangslage zurückgeführt sind [*606*].

15.6.1.3 Schnellabsenkung, Alarmanlagen

Der Sektor muß, wenn besondere Leerschüsse nicht vorgesehen sind, bei Ausfall einzelner Turbinen oder des ganzen Kraftwerkes sofort gesenkt werden, um den Durchfluß der Turbinen abzuleiten.

Die Anlage zum Schnellsenken des Sektors kann aus einem pneumatisch angetriebenen Schieber von großem Durchmesser (z. B. 1000 mm) bestehen. Im Anschluß an die Schnellsenkung des Sektors wird die Steuerung ,,Einhaltung des Oberwasserstandes" automatisch eingeschaltet. Außerdem ertönt ein Alarmruf.

Treten bei der Schnellsenkung Störungen an der Wehranlage auf oder wird die Toleranz des Wasserspiegels überschritten, ertönt ein akustisches Signal. Die Alarmanlage erhält ebenso wie die Steuerung der Wehranlage den elektrischen Strom aus einer von den übrigen Stromverbrauchern völlig getrennten Versorgungsleitung.

15.6.2 Segmentschütz

Zwei Schwimmer sind durch Triebstockstangen mit dem Antrieb des Segmentes verbunden (Abb. 15.5). Wird das Stauziel überschritten, fließt durch einen Kanal Wasser in die beiden Schwimmerkammern in den Pfeilern. Die Schwimmer steigen mit dem Wasserspiegel an, dabei dreht die Triebstockstange ein Ritzel, über das die Hubbewegung des Segmentes erfolgt. Gegengewichte gleichen weitgehend das Eigengewicht der Schützkonstruktion aus. Beide Schwimmerkammern eines Segmentes sind durch ein Ausgleichsrohr miteinander verbunden.

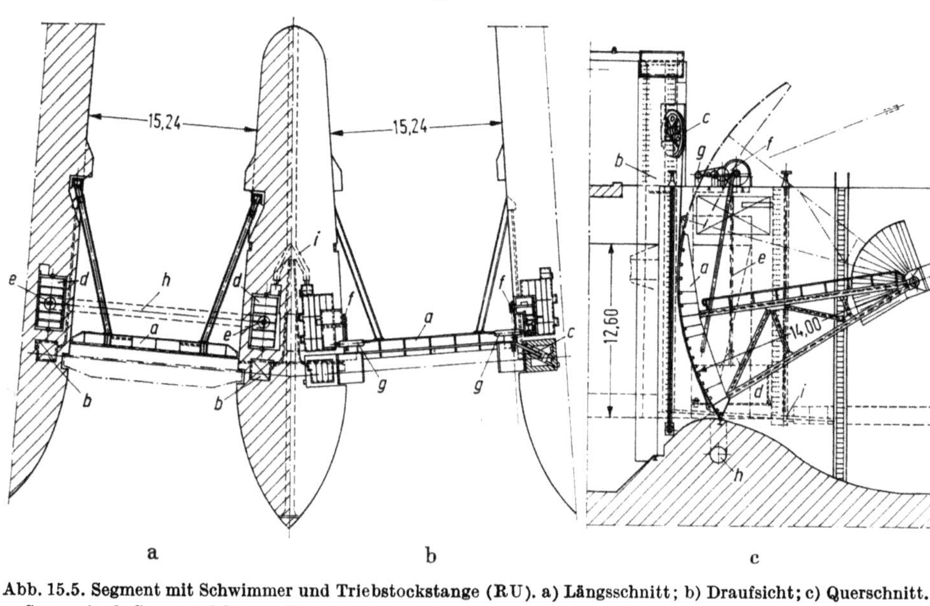

Abb. 15.5. Segment mit Schwimmer und Triebstockstange (RU). a) Längsschnitt; b) Draufsicht; c) Querschnitt. *a* Segment; *b* Gegengewichte; *c* Umlenkrolle für die Gegengewichte; *d* Schwimmer und Kammer; *e* Triebstockstange; *f* Hubstange und Ritzel für Segment; *g* mechanischer Gleichlauf; *h* Ausgleichsrohr zwischen den Kammern; *i* Ablauf mit Schiebern nach UW.

Von einer bestimmten Stauspiegelhöhe an fließt Wasser durch ein schwimmergesteuertes Ventil in den Schacht für den Ausgleichsschwimmkörper (Abb. 15.6). Dieser gewinnt entsprechend dem von ihm verdrängten Wasservolumen an Auf-

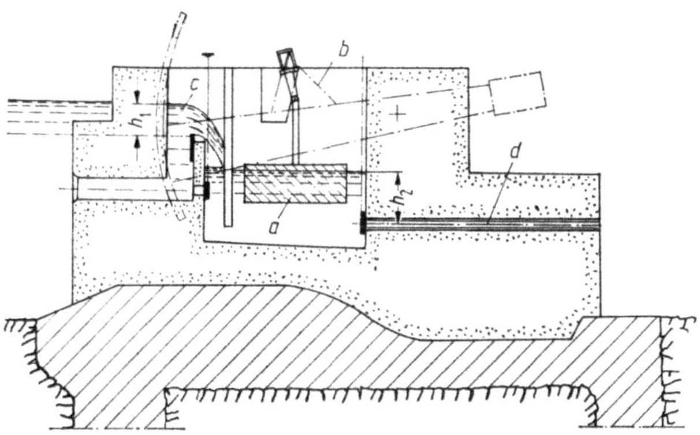

Abb. 15.6. Hydraulisches Segmentschütz mit Schwimmer. Schnitt durch den Pfeiler, Segment angehoben.
a **Schwimmer;** ***b*** **Schwimmerkammer;** ***c*** **Überlauf;** ***d*** **Abfluß mit Schieber;** h_1 **Überfallhöhe;** h_2 **Differenz zwischen Kammer-wasserspiegel und Abflußrohr (oder UW).**

trieb. Da das Drehmoment der Gegengewichte größer ist als das aus Eigengewicht der Schützkonstruktion, setzt die Hubbewegung ein. Wird mit

$$k = 2/3 \cdot \mu \sqrt{2g}\, B$$

der Koeffizient bezeichnet, der bei einer Überfallhöhe von h_1 den Zufluß in die Schwimmkammer mit $k\, h_1^{3/2}$ ausdrückt, und liegt mit dem Koeffizienten

$$m = \mu F \sqrt{2g}$$

der Abfluß aus der Kammer $m \sqrt{h_2}$ (mit h_2 als Abstand des Kammerwasserspiegels zum Abflußrohr oder UW) fest, dann besteht Gleichgewicht [*608*] zwischen Zufluß in und Abfluß aus der Kammer bei

$$k\, h_1^{3/2} = m \sqrt{h_2}\,,$$

und somit ist

$$h_2 = k^2/m^2 \cdot h_1^3. \tag{276}$$

Soll der Schwimmer durch das Oberwasser unmittelbar bewegt werden, läßt sich dies bei oberwasserseitiger Lagerung lösen [*609*]. An der Stauraumseite ist ein durchlaufender Schwimmer mit den äußersten Enden der Segmentarme starr verbunden (Abb. 15.7). Das auf dieser Seite herrschende Übergewicht wird mit steigendem Beckenwasserstand durch Auftriebskräfte am Schwimmer

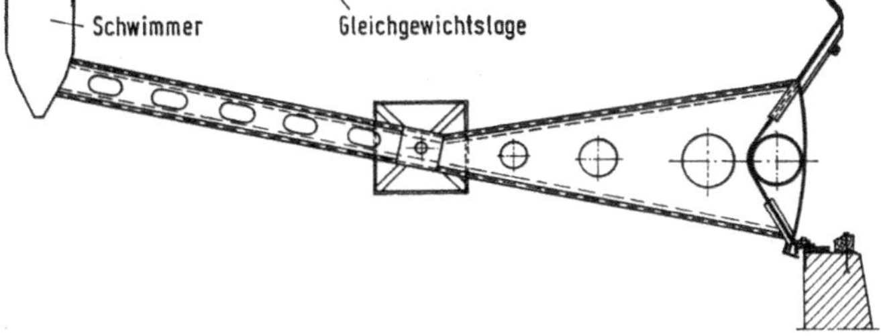

Abb. 15.7. Vollhydraulischer Verschluß mit Schwimmer.

so weit abgebaut, daß sich bei Erreichen einer Spiegelhöhe der Gleichgewichtszustand zwischen Staukörperseite und Schwimmerseite einspielt. Die Überlaufkante liegt auf gleicher Höhe, so daß bei weiter steigendem Beckenwasserstand die Entlastung einsetzt und damit auch dynamische Kräfte mit einem Öffnungsmoment in den Bewegungsvorgang eingreifen. Abhängig von der Zuflußmenge ergibt sich damit eine eindeutige Verschlußstellung.

Sinngemäß lassen sich solche Lösungen auch auf Klappen (sei es durch Zwischenschaltung von Waagebalken usw.) und andere Verschlußtypen übertragen. Hiermit sind auch Sonderkonstruktionen wie Doppelplattenwehre [*610*] gemeint. Weitere Beispiele sind in [*611–613*] enthalten.

15.7 Steuerung von Antrieben

15.7.1 Mechanische Antriebe

Die Bewegung des Antriebes wird durch Schalter eingeleitet oder beendet und durch Bremsen verzögert. Der Gleichlauf bei zwei Antrieben erfolgt entweder durch die mechanische (s. Abschn. 18.1.2) oder durch die elektrische Welle (s. Abschn. 19.3). Ein Schaltschema mit dem Zusammenwirken der einzelnen Geräte s. [*614*] (mechanische Antriebe s. Abschn. 18.1).

15.7.2 Hydraulische Antriebe

15.7.2.1 Bewegung

Durch Steuereinrichtungen muß den Arbeitszylindern das Drucköl so zugeführt werden, daß sie die für den Verschluß vorgeschriebenen Bewegungen folgerichtig durchführen. Steuerschieber, Drosseln, Rückschlagventile, Rohrleitungen und auch elektrische Endschalter sind die wesentlichen Bestandteile einer Steuerung. Je nach den gestellten Forderungen werden die Steuerschieber von Hand oder elektrisch durch angebaute Magnete betätigt. Bei kleineren Durchflußmengen ist eine unmittelbare Betätigung der Steuerkolben üblich. Für größere Ölmengen müssen Ventile mit Öldruckvorsteuerung gewählt werden, auch dann, wenn der Steuerkolben einen Druckausgleich besitzt. Für die Vorsteuerung, auch Pilotsteuerung genannt, wird zweckmäßig ein kleines Ölpumpenaggregat in die Öldruckerzeugungsanlage eingebaut. Dieses ist bei druckgesteuerten Rückschlagventilen nötig, wenn ein Verschluß durch sein Eigengewicht ohne Hilfe der Hauptpumpe abgesenkt werden soll. Bei einem Schleusenumlaufverschluß, der anfangs eine kleine Füllhubgeschwindigkeit und danach eine dreimal so hohe Resthubgeschwindigkeit erreichen soll, arbeitet beim Füllhub nur die kleine Ölpumpe (Abb. 15.8). Ist dieser durchfahren, so wird durch einen Endschalter für den Resthub die große Ölpumpe zugeschaltet. Das Senken erfolgt normalerweise bei ausgespiegeltem Wasser durch das Eigengewicht des Schützes mit einer Geschwindigkeit, die das Mehrfache der Füllhubgeschwindigkeit ausmacht. Hierfür ist das Mengenregelventil ausgelegt, das bei Hubbewegungen durch einen Bypaß mit Rückschlagventil überbrückt ist. Bei Senkbewegungen laufen beide Pumpen mit, obwohl die Hauptfördermenge durch die Last aus dem unteren Teil des Zylinders (Ringraum) bzw. Ölbehälter nachgezogen wird. Dies hat den Vorteil, daß bei Umkehrbewegung, die im Schleusenbetrieb öfter erfolgen müssen

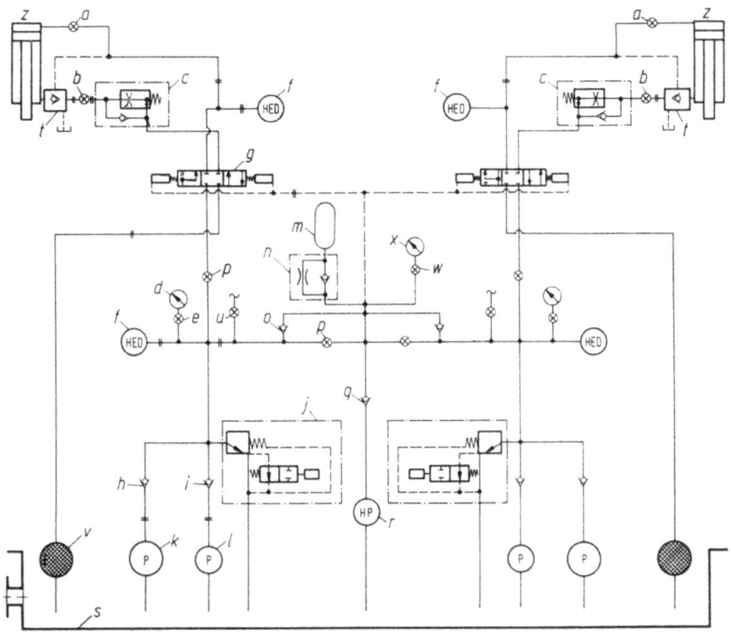

Abb. 15.8. Steuerschema eines ölhydraulischen Antriebes für zwei Hubgeschwindigkeiten (RU). Zwei Antriebe auf gemeinsamen Ölbehälter.

a Blockkugelhahn; *b* Blockkugelhahn; *c* Mengenregelventil; *d* Manometer; *e* Manometerabsperrventil; *f* Druckschalter; *g* 4-Wege-Längsventil; *h* Rückschlagventil; *i* Rückschlagventil; *j* Druckbegrenzungsventil; *k* Hochdruck-Axialkolbenpumpe; *l* Hochdruck-Axialkolbenpumpe; *m* Hydraulikspeicher; *n* komb. Drossel-Rückschlagventil; *o* Rückschlagventil; *p* Blockkugelhahn; *q* Rückschlagventil; *r* Handpumpe; *s* Ölbehälter; *t* gest. Rückschlagventil; *u* Blockkugelhahn; *v* Rücklauffilter; *w* Manometerabsperrventil; *x* Manometer; *z* Antriebszylinder.

und bei der im vorliegenden Fall das Schütz gegen einseitigen Wasserdruck nach unten gedrückt werden muß, der Bedienungsmann das gleiche Senkkommando wie im Normalfall auszuführen hat. Die Senkgeschwindigkeit entspricht dann der Pumpenfördermenge und hat also die Größe der Resthubgeschwindigkeit. Die im Senksinne ausgeübte Kraft entspricht dabei dem auf die Kolbenstangenfläche wirkenden Pumpendruck (Servomotore s. Abschn. 18.2).

Die Endstellungen werden durch elektrische Schalter begrenzt. Diese bringen den Steuerschieber in Mittelstellung und schalten den Pumpenmotor ab. Wo angängig, besitzt der Steuerschieber in der Mittelstellung einen drucklosen Umlauf von der Pumpe zum Ölbehälter, so daß durch den Nachlauf des Motors, der normalerweise eine elektrisch gesteuerte Bremse nicht besitzt, ein Druckanstieg nicht mehr erfolgt. Die Endschalter werden vom Verschluß oder aber von der Kolbenstange betätigt. Hierbei ist ein dem Endschaltertyp entsprechender Antrieb oder Anschlag erforderlich. Werden Endschalter nicht eingebaut, so legt sich in den Endlagen der Kolben gegen den Anschlag im Arbeitszylinder. Die Pumpe fördert dann so lange weiter, bis sie manuell abgeschaltet wird. Bis dahin wird die gesamte Fördermenge über das Überströmventil (Sicherheitsventil) in den Ölbehälter zurückgeführt. Das kann einen unzulässigen Temperaturanstieg im Öl zur Folge haben. Deshalb sollte man auf eine Endschaltereinrichtung nicht verzichten.

Bei der Leckölsteuerung setzt ein Endschalter die Pumpe wieder in Tätigkeit, wenn der Kolben um ein bestimmtes Maß abgesackt ist.

15.7.2.2 Gleichlauf

Bekannte Lösungen mit Mengenregelventilen oder hintereinander geschalteten Arbeitszylindern sind im Stahlwasserbau kaum anwendbar. Denn trotz gleicher Ölmengenzufuhr zu den Arbeitszylindern wäre infolge unterschiedlicher Leckmengen an Kolben und Stopfbüchse ein Schieflaufen eines doppelseitig angetriebenen Verschlusses möglich. Zwar kann eine Verbindungswelle, die mit ihren beiderseits aufgebrachten Ritzeln in festverlegten Zahnstangen läuft, in ein Schütz eingebaut werden. So läßt sich ein Gleichlauf mechanisch erzwingen.

Ein durch einen torsionssteifen Verschluß erreichter Gleichlauf benötigt keine zusätzliche mechanische Gleichlaufeinrichtung.

Eine wegabhängige Gleichlaufsteuerung wird durch die Ölzufuhr zu den Arbeitszylindern auf beiden Seiten eines Schützes abhängig vom Hubweg so gesteuert, daß der vorgeeilten Seite die Zufuhr so lange gedrosselt wird, bis die horizontale Lage wieder erreicht ist. Ein gewisses Maß an Schiefstellung muß allerdings zugelassen werden, was man auch unbeschadet kann. Man nimmt ja auch bei elektrischer Welle z. B. etwa 50 mm Schiefstellung bei etwa 20 m Lichtweite bis zum Ansprechen der Gleichlaufüberwachung in Kauf.

Ist das Verlegen einer beide Antriebsseiten verbindenden Steuerwelle nicht möglich, so benutzt man als Steuerwelle den elektrischen Gleichlauf (Abb. 15.9). Die Spindeln lassen sich auch durch Zahnräder, Planetengetriebe oder Kurbeln

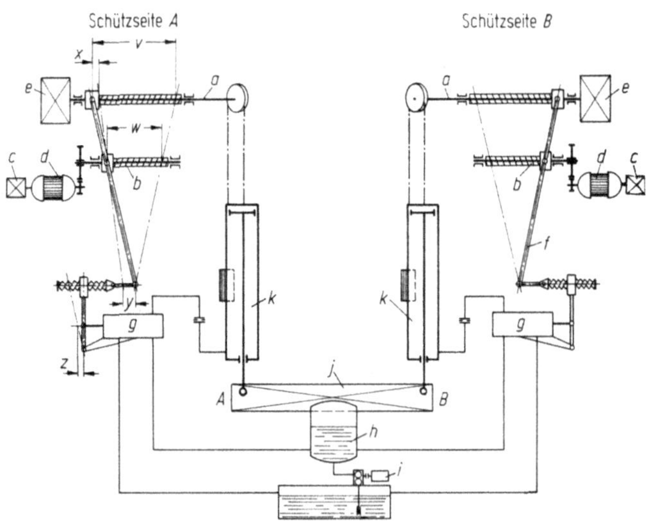

Abb. 15.9. Wegabhängiger Gleichlauf für ein Schütz mit zwei hydraulischen Antrieben (RU).
a Istwert-Geber; *b* Sollwert-Geber; *c* Steuermotor; *d* Ausgleichsmotor für elektrische Welle zum Steuermotor; *e* Nockenschalter für Gleichlaufüberwachung; *f* Hebel; *g* Steuerschieber; *h* Druckspeicher; *i* Druckölerzeugungsanlage; *j* Hubschütz mit Seite *A* und *B*; *k* Antriebszylinder; *v* und *w* Wege der Geber.

ersetzen. Von den Arbeitszylindern oder dem Verschluß wird beiderseits der ,,Ist-Wertgeber" angetrieben. Den ,,Soll-Wertgeber", je Seite als Spindel, bewegen genau synchron drehende Motoren. Läuft nun eine Seite vor, so wird über Gestänge der zugehörige Steuerschieber gedrosselt, im umgekehrten Fall weiter geöffnet. In Ruhestellung sind beide Steuerschieber gesperrt. Das Einleiten des Bewegungsvorganges geschieht durch Einschalten der synchron laufenden Motoren, die dann die Steuerschieber auf Heben oder Senken stellen. Die Motordrehzahl bestimmt die Hubgeschwindigkeit. Mit dem ,,Ist-Wertgeber" sind beiderseits von der elektrischen Welle her bekannte Nockenschalter angetrieben, die auch hier als Gleichlaufüberwachung wirken und beim Überschreiten des für eine Schiefstellung zulässigen Maßes den Antrieb abschalten und die Ölzu- bzw. Ölabfuhr sperren.

15.8 Zentralsteuerung

15.8.1 Wehranlage

Für die Überwachung und die Steuerung der Wehrverschlüsse ist ein besonderer Stelltisch vorgesehen. Die Lage der beweglichen Verschlußkörper ist an der Stellung eines Zeigers in einem Meßgerät Mitte des Tisches erkennbar (Abb. 15.10). Daneben zeigen Zahlrollenwerke die Höhenkoten der Schützoberkanten an. Vielfach kann aber auch aus Schaubildern die Stellung der Verschlüsse abgelesen werden [*614*].

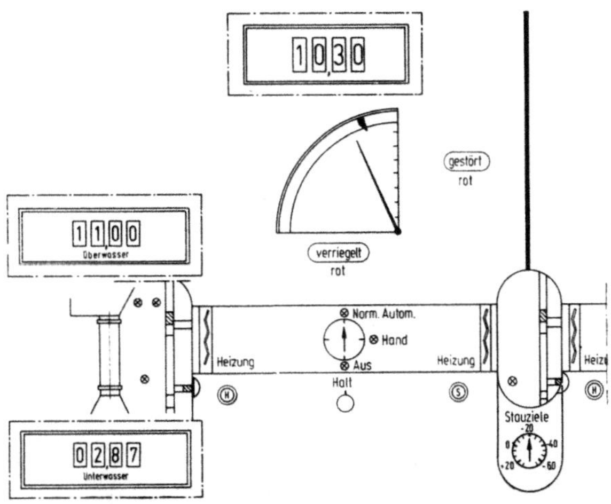

Abb. 15.10. Zentralsteuerung von drei Wehrverschlüssen (Mosel).

Der Unterwasserstand des Oberliegers, der Oberwasserstand und der Unterwasserstand werden ebenfalls durch Zahlrollenwerke angezeigt. Das Einleiten der Verschlußbewegungen (Heben und Senken) geschieht durch Druckknöpfe. Die Kontrollampen sind so angeordnet, daß in der symbolischen Darstellung die zur Steuerung benutzten Leitungen hell aufleuchten.

Ein weiterer Schalter auf dem Stelltisch gestattet verschiedene Überfallhöhen einzustellen. Bei Ausfall des Kraftwerkes erfolgt die Übergabe des Abflusses von der Turbinenanlage zur Wehranlage zwar selbsttätig, aber eine Korrektur der selbsttätig ermittelten Überfallhöhe ist meistens notwendig. Neben der Zentralsteuerung für die Wehranlagen sind die sonst üblichen örtlichen Steuerungen als Hilfssteuerungen vorhanden. Auch eine Fernsteuerung aller Wehre kann in ähnlicher Art von einer Fernwirkzentrale erfolgen.

15.8.2 Schleusenanlage

Die Stellungen und die Bewegungen der Schleusentore werden durch Lichtzeichen bekanntgegeben. Die Torbewegungen leitet der Druck auf Knöpfe ein, wenn die Schiffe stillgesetzt und an den Pollern befestigt sind. Da sämtliche

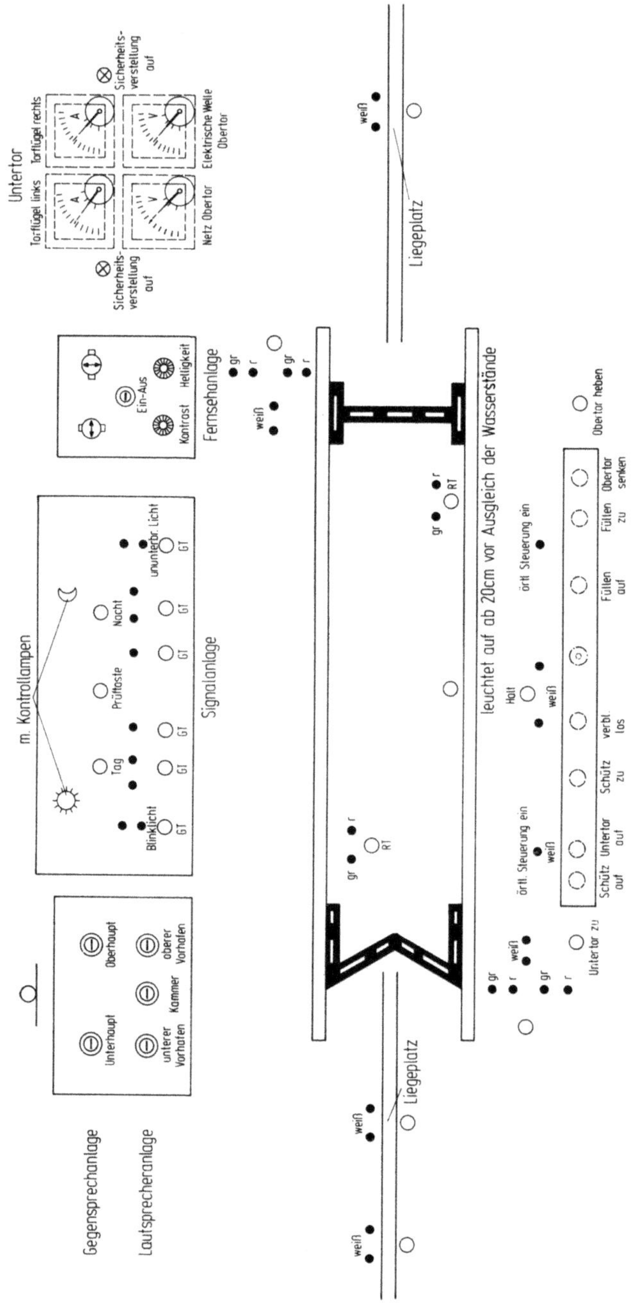

Abb. 15.11. Zentralsteuerung einer Schleuse (Mosel).

Bewegungen an den Schleusenanlagen selbsttätig weitergeschaltet werden, konzentriert sich die Aufmerksamkeit des Schleusenpersonals vor allem auf den Schleusungsvorgang. Mit Hilfe eines Halteknopfes kann der Bewegungsablauf jederzeit stillgesetzt werden (Abb. 15.11). Die bisher übliche Weiterschaltung jeder einzelnen Torbewegung kann von Hand durchgeführt werden, wenn nach

Öffnen einer Abdeckleiste weitere Druckknöpfe zugänglich werden. Eine Fehlbedienung tritt auch bei dieser Handbetätigung wegen gegenseitiger Verblockung der Bewegungen nicht ein. Es kann bei Gefahr, z. B. ein weiteres Entleeren der Kammer, nicht nur durch Schließen der Schütze am Untertor, sondern auch durch gleichzeitiges Heben des Obertores abgebremst werden. Eine Bewegung, die normalerweise gegeneinander verblockt ist. Einzelne, nicht zum normalen Schleusenablauf benötigte Bewegungen, wie Geschwemmselabfuhr, Öffnen zur Hochwasserabfuhr, Schließen und Öffnen der beiden Stemmtorflügel hintereinander (Normalschaltung ist immer gemeinsames Bewegen der Torflügel), können nur am Oberhaupt bzw. Unterhaupt, also örtlich gesteuert werden (s. a. [*615*]).

16 Korrosionsschutz

16.1 Verhütung oder Minderung des Korrosionsangriffes

Schon bei der Konstruktion kann viel zum Schutz getan werden [*616*–*620*]. Der Korrosion ausgesetzt sind die Flächen aller Bauteile und Konstruktionselemente, die unmittelbar mit Luft, Wasser und Erde Berührung haben. Um diese Flächen möglichst klein zu halten, ist die Verwendung von einzelnen starken Walz-, Vollwand- oder Kastenprofilen gegenüber aufgelösten Konstruktionen vorzuziehen. Geschweißte Konstruktionen bieten weniger Angriffspunkte zur Rostbildung als genietete oder geschraubte Bauteile. Vorstehende Teile sind korrosionsempfindlicher, da an ihnen ein konzentrierter Ionenaustausch erfolgt; sie sollten möglichst vermieden werden. Für die Konservierung bereiten Vertiefungen, Ecken, Kanten, Winkel, Absätze usw. besondere Schwierigkeiten. Glatte Flächen sind daher anzustreben. Mittlere Korrosionsschwächung je Jahr s. [*717*].

Oberhalb des Wasserspiegels sind die Profile so zu gestalten oder anzuordnen, daß sich in ihnen Wasser nicht ansammeln kann. Wenn sich nach oben offene Konstruktionen nicht vermeiden lassen, sind Entwässerungsöffnungen vorzusehen, die sich im Laufe der Zeit nicht zusetzen können. Schleifende Dichtungen sollen Fremdkörper nicht festhalten.

Beim Entwurf der Gesamtkonstruktion ist zu beachten, daß der Bereich des stärksten Korrosionsangriffs möglichst nicht mit dem Bereich der größten statischen Beanspruchung zusammenfällt. Ist dies unvermeidlich, so sind die höher beanspruchten Konstruktionsteile mit entsprechenden Sicherheiten zu bemessen.

Durch Legierungszusätze mag die Korrosionsbeständigkeit der in Frage kommenden Stahlsorten wohl gesteigert werden können, zum Teil indirekt durch Ausbildung von beständigeren Schichten der Korrosionsprodukte [*621*, *622*]. Eine deutliche Überlegenheit ist aber nicht erkennbar [*623*–*625*].

Bei Verwendung verschiedener Materialsorten muß sichergestellt werden, daß Berührungsflächen oder Einflußzonen verschiedenen Potentials nicht auftreten. Schweißnähte weisen ebenfalls eine andere Materialzusammensetzung auf als die Konstruktion selbst. Untersuchungen [*626*] zeigten, daß in vielen Fällen die Schweißnähte stärker korrodierten als die Bleche. Zunächst als Lochfraß, dann flächenweise. Am wenigsten bei sauren, am stärksten bei basischen Elektroden.

Es wäre danach also ein Überkappen gefährdeter Schweißnähte mit korrosionsbeständigerem Material in Erwägung zu ziehen. Auch durch porenfreie Nähte wird eine Verbesserung erreicht [*627*, *628*].

Schädliche Beanspruchungen, besonders mechanischer Art, sollten ausgeschaltet oder verringert werden (Abfangen von Treibzeug, kein gewaltsames Abschlagen von Eis oder Abschmelzen mit Brennern, Schutz bei Begehungen, Reparaturarbeiten usw.).

Wesensfremde Beanspruchungen möglichst vermeiden (z. B. Unterwasserkonservierungen bei Trockenlegung nicht starken Sonneneinwirkungen aussetzen, Schlick und Schlamm abspülen, Bewuchs, Ablagerungen und Fäulnisherde von Zeit zu Zeit entfernen). Bei Schmierung und Reinigung von Antriebsteilen, Ketten, Gestängen usw., Lösungs- oder Schmiermittel nicht auf die Konservierung einwirken lassen! Treten Schäden auf, so sollten diese sofort in sachgemäßer Weise und möglichst mit dem gleichen Material ausgebessert werden. Bei längerer Beanspruchung ist auch an ein flächenweises Überstreichen und Auffrischen zu denken.

Der Erreichbarkeit der Flächen dienen z. B. die Anordnung von Laufstegen, Arbeitsbühnen oder, wo diese nicht in Frage kommen, doch wenigstens von Vorrichtungen, die das Anbringen von Gerüsten, Bühnen, Arbeitswagen, Plattformen, Aufzügen, Winden u. dgl. mit einfachen Mitteln ermöglichen. Oft genügen nur einige Ösen, Haken, Steigeisen oder z. B. Winkelprofile als Laufschienen für Rollgerüste. Ferner wirkt sich günstig aus (Terminunabhängigkeit) die Auswechsel- oder Austauschbarkeit von wichtigen Bauelementen (Bereitstellung von Reservetoren oder Reserverechen, die gleichzeitig in mehrere Anlagen passen, Austauschbarkeit von Notverschlußteilen u. a.).

Um die Wahl der Konservierungsart zu erleichtern, empfiehlt es sich, Übersichtszeichnungen (Abb. 16.1) anzufertigen, aus denen sich schematisch die Bauart und die Arbeitsweise ergibt. Darin wären solche Flächen zu bezeichnen, die einer Sonderbehandlung bedürfen, wie z. B. Flächen im Erdreich oder Dichtungsschleifflächen mit Art der Dichtung und Angaben, wie häufig etwa Schleifbewegungen eintreten.

Ferner sind zu kennzeichnen, Flächen, die einen Korrosionsschutz nicht erhalten, wie z. B. Innenflächen luftdicht verschlossener Hohlkörper [*629*], nichtrostend plattierte Flächen oder kraftübertragende Flächen von hochfesten Schraubverbindungen [*630*]. Auch Angaben über besondere Vorschriften über Oberflächenbeschaffenheit und Farbtongebung, z. B. zur Landschaftsanpassung oder über Phenolfreiheit des Materials bei Anlagen für Trinkwasserversorgung und ähnliches, dürfen nicht fehlen.

Ebenfalls gehören Angaben über betriebliche Beanspruchungen dazu, wie:
Betriebswasserstände und Schwankungszonen;
Spritzwasserbereiche;
Wasserdruck (verlangt besondere Porendichtigkeit des Korrosionsschutzes);
Wassergeschwindigkeit (wichtig z. B. im Hinblick auf Sauerstoffzufuhr, Ablösung und Abführung von Schutzschichten und Korrosionsprodukten);
Mitführung von Geschiebe;
Betriebstemperatur (z. B. bei Kühlwasserdurchfluß oder bei Eistauvorrichtungen);
Trossenschliff;

zeitweises Trockenstehen (gefährlich für Unterwasserkonservierungen, besonders bei Schlickbelag oder im tropischen Klima, desgleichen auch, wenn in Innenräumen übermäßig hohe Temperaturen bei Sonneneinstrahlung auf die Außenflächen entstehen).

Eine gute Übersicht erhält man, wenn an Hand der Angaben über die betrieblichen Beanspruchungen die Übersichtszeichnung in Beanspruchungszonen farbig

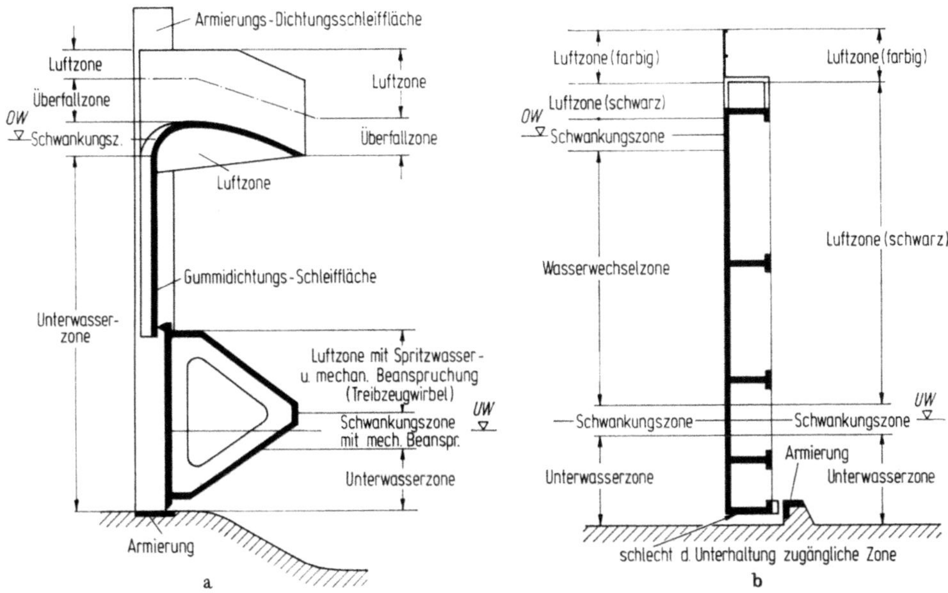

Abb. 16.1. Beispiele zur Einteilung der Beanspruchungs- und Konservierungszonen. a) Hakendoppelschütz; b) Stemmtor im Unterhaupt.

aufgeteilt wird und die Werks- und Baustellenmaßnahmen getrennt in einer Tabelle erläutert werden (Konservierungsplan).

In sauerstofffreiem Wasser erfolgt praktisch kaum Korrosion. Außer dem für die Konservierung einflußreichen Sauerstoffgehalt bestimmt aber noch eine Vielzahl von Faktoren die Aggressivität des Wassers und die Korrosionsgeschwindigkeit [*631*, *632*].

In witterungsgeschützter Lage, z. B. durch eine Brückenfahrbahn von Sonneneinstrahlung abgeschirmt, bei sauberer Landatmosphäre, wird ein Verschluß sehr viel weniger durch Korrosion angegriffen werden als ungeschützt tropischem Klima ausgesetzt, in salzig feuchter Seeluft, in Industrieabgas- oder Rauchgasatmosphäre oder in nebelig feuchten Tälern oder Stollen.

Ist die Möglichkeit einer laufenden Unterhaltung durch eigenes Personal gegeben und erwünscht, so wird man Anstrichstoffe verwenden, die möglichst bei allen Objekten des Betriebes einheitlich sind, sich leicht auf Lager halten lassen und einfach verarbeitet werden können. Im anderen Fall übernehmen Spezialfirmen diese Arbeit.

16.2 Konservierung

16.2.1 Vorbereitende Arbeiten

Die Konservierung kann nur haften und wirksam sein, wenn der Untergrund, d. h. die zu schützende Fläche, in geeigneter Weise vorbereitet ist.

Hierzu gehört die Entfernung von Schmutz, Schlick, Schlamm, Staub, Bewuchs, Öl, Fett, Resten alter Konservierung usw. Häufig wird sich die Grundreinigung gleichzeitig mit der Entrostung durchführen lassen und keinen besonderen Arbeitsgang erfordern.

Die Entrostung umfaßt das Beseitigen von Rost jeder Art und Form sowie von Walzhaut, Zunder und Schweißschlacken. Die Entfernung der Walzhaut ist am besten durch Sandstrahlen oder teils auch durch Flammstrahlen (bei Reparaturen) möglich. Oft wird das sogenannte Abwittern, d. h. das natürliche Abrostenlassen, als Notbehelf befürwortet. Dies kostet aber Zeit, in der an anderen Stellen schon Korrosion (auch Lochfraß) eintreten kann. Außerdem ist dann doch noch eine Entrostung nötig [*716*].

Um eine Norm bzw. Verständigungsmöglichkeit über den gewünschten Entrostungserfolg zu haben, hat sich folgende Einteilung eingebürgert [*633*–*635*], und zwar:

a) Entrostungsgrad 1 – Reinigen mit teilweise verbleibendem Anstrich,
b) Entrostungsgrad 2 – Metallisch reine, wolkige Entrostung,
c) Entrostungsgrad 2a – Metallisch wolkig bis blank,
d) Entrostungsgrad 3 – Metallisch blanke Entrostung.

Die chemische Entrostung hat praktische Bedeutung nur für kleine Teile, die im Badverfahren behandelt werden können. Es gibt auch die sogenannten Rostumwandler, bei deren Anwendung eine Entfernung des Rostes mehr oder weniger gespart werden soll [*638*–*640*]. Hierbei ist Vorsicht geboten.

Mit den einzelnen Entrostungsverfahren sind folgende Entrostungsgrade zu erreichen:

Entrostungsverfahren	von Hand	maschinell	Flammstrahlen	Sandstrahlen
Maximal erzielbarer Entrostungsgrad (DIN 18364)	1 [*636*]	1–2	2	3 [*637*]

Je schlechter der erzielte, wirklich zum Zeitpunkt des Grundierens bestehende Entrostungsgrad ist, um so besser muß das Eindring- und Kriechvermögen des Grundanstrichstoffes sein. Zu konservierende Oberflächen müssen absolut trocken sein. Auch Schwitzwasser (Kondenswasser) darf sich nicht bilden. Dies ist besonders zu beachten, weil die Kondensbildung oft gering und schwer erkennbar ist. Ob Gefahr einer Kondensbildung besteht, läßt sich durch Messung von Lufttemperatur und Luftfeuchtigkeit über der Oberfläche (Taupunktbestimmung) und Vergleich mit der Oberflächentemperatur des Stahles ermitteln. Letztere sollte mindestens 3 °C, möglichst aber 5 °C über dem Taupunkt liegen.

Da Kondensbildung ausgeschlossen ist, wenn die Oberflächentemperatur höher als die Lufttemperatur ist, besteht bei Flächen, die auf der Rückseite in Erde, in Beton oder in Wasser eingebettet sind und ständig eine verhältnismäßig niedrige Oberflächentemperatur behalten, größere Sicherheit vor Schwitzwasserbildung, wenn sie bei kalter und natürlich auch möglichst trockener Luft, d. h. also am besten im Vorfrühling oder auch im Winter, bearbeitet werden.

16.2.2 Anstrichmaterialien und Aufbringungsverfahren

Es scheiden solche Stoffe aus, die eine ausreichende Beständigkeit gegen Wasser oder Feuchtigkeit nicht haben bzw. die im Wasser quellen, Wasser aufnehmen oder durchlassen [*639*, *641*].

Für die Konservierung stehen im wesentlichen Materialien auf folgender Basis zur Wahl:

bituminöse Materialien [*639*, *640*, *642–644*];
Chlorkautschukmaterialien [*639*, *641*];
Phenolharzmaterialien;
Epoxymaterialien [*645*];
Polyurethan-, Polyester-, Vinyl- und andere Materialien;
Neoprene und ähnliche Materialien [*646*];
Metallstaubfarben;
Kombinationen der verschiedenen Typen;
Spezialanstriche.

Die meisten in Frage kommenden Materialien lassen sich sowohl im herkömmlichen Verfahren mittels Pinsel als auch im Spritzverfahren verarbeiten. Pinselanstrichen wird besonders bei Grundierungen der Vorzug gegeben, damit die Materialien besonders gut in die Unebenheiten und Poren des Untergrundes eingearbeitet werden können. Deshalb sollte auch das Auftragen mit Rollen besonders für die Grundierung abgelehnt werden. Beim Spritzen ist trotz vieler neuer Verfahren und Geräte zu beachten, daß nicht in jedem Fall jede Materialsorte spritzbar eingestellt werden kann. Dies gilt besonders bei Heißkonservierungen, wo im Spritzverfahren nur bestimmte bitumenreiche und füllstoffarme Materialien zu verarbeiten sind [*643*].

Es gibt keine Möglichkeit, aus einer Wasseranalyse exakte Aussagen über Bewährung und Lebensdauer einer Konservierung für ein bestimmtes Objekt zu machen. Wertvoll sind systematische Plattenversuche an Orten möglichst typischer Beanspruchungsverhältnisse [*644*, *647*, *648*].

Ein genaues Bild bringt ein Großversuch an einer im Betrieb befindlichen Wehranlage [*649*, *650*]. Das Ergebnis ist in der nachfolgenden Tab. 39 zusammengefaßt.

Tabelle 39

Entrostung	Grundanstrich	Deckanstrich	Ergebnis
Sandstrahl-entrostung	Zinkstaubfarbe	Zinkstaubfarbe	Luftzone: nicht eindeutig, in allen anderen Zonen nicht bestanden
	Zinkstaubfarbe	PVC-Anstrich	nicht bestanden
	Zinkstaubfarbe	Epoxyharze	in allen Zonen bestanden
	Zinkstaubfarbe	Fischöl-kombination	nicht bestanden
	Zinkstaubfarbe	Steinkohlen-teerpech	in allen Zonen bestanden
	PVC-Anstrich	PVC-Anstrich	Luftzone: bestanden Wasserwechselzone: nicht bestanden Unterwasserzone: nicht bestanden

Tabelle 39 (Fortsetzung)

Entrostung	Grundanstrich	Deckanstrich	Ergebnis
Sandstrahl-entrostung	Epoxyharze	Epoxyharze	in allen Zonen: bestanden, vereinzelt Fehlstellen — wenn zu dünn aufgetragen
	Epoxyharze	Steinkohlen-teerpech	Haftung meist schlecht, nicht eindeutig bestanden
	Fischöl	Fischöl	nicht bestanden
	Steinkohlen-teerpech	Steinkohlen-teerpech	in allen Zonen bestanden
	Chlorkautschuk	Chlorkautschuk	in allen Zonen bestanden
	Chlorkautschuk	Steinkohlen-teerpech	nicht eindeutig bestanden, Haftung meist schlecht
	Neoprene	Neoprene	nicht bestanden, Ausführungsbedingungen zu schlecht, einzelne Schichten haften nicht
	Neoprene	Steinkohlen-teerpech	in allen Zonen bestanden
	Spritzzink mit Kunstharz-porenverschluß		in allen Zonen einwandfrei
	Abwechselnd Zink und Aluminium gespritzt, obiger Porenverschluß		in allen Zonen einwandfrei
	Pulverkaltspritzverfahren		in allen Zonen einwandfrei
Flammphosphatieren		Vergleichsversuche mit allen obigen Deckanstrichen	nur vereinzelte Erfolge, im allgemeinen schlechter als Sandstrahlentrostung
Hand-entrostung	Vergleichsversuche		nicht bestanden, deutlich schlechtere Ergebnisse

16.2.3 Erzielbare Schichtstärken und Schichtstärkeprüfungen

Allgemein gilt, daß die Lebensdauer der Konservierung bei etwa gleicher Materialbasis proportional der Schichtstärke ist [*639*, *651*, *652*]. Deshalb ist es falsch zu glauben, Materialien mit großer Ergiebigkeit brächten großen wirtschaftlichen Nutzen.

Anstrichstoffe neigen im allgemeinen dazu, infolge der Oberflächenspannung von Kanten, Nietköpfen und anderen vorstehenden Teilen wegzuziehen, so daß gerade die am meisten den Beschädigungen ausgesetzten Flächen die geringste Schichtstärke aufweisen. Deshalb ist die Forderung nach einem besonderen zusätzlichen Kanten- oder Nietkopfschutzanstrich durchaus berechtigt [*636*, *638*]. Zur Messung der Schichtstärke sind eine Reihe von Instrumenten geschaffen worden, die die Schichtstärken nichtmagnetischer Überzüge auf Stahl auf magnetischer Basis messen. Sie finden sowohl als stromquellenunabhängige Taschengeräte (Elcometer, Mikrotest) wie auch als an Stromquellen gebundene größere Geräte (z. B. Leptoskop, Permaskop) laufend Anwendung.

16.3 Metallische Überzüge

Die Feuerverzinkung, bei der das vorbereitete Werkstück in geschmolzenes Zink getaucht wird, ist naturgemäß nicht am fertigen Bauwerk, sondern nur in einzelnen Teilen, die dem Umfang der Tauchbäder entsprechen, anzuwenden. Die behandelten Teile müssen dann später mit verzinkten Schrauben verbunden werden. Es wird deshalb mehr für Zusatz- und Ausrüstungsteile angewendet. Geeignete Anstriche nach einer Haftvorbehandlung der Oberfläche sind üblich und zu empfehlen [*653*, *654*].

Beim Metallspritzen wird Metall in geschmolzenem Zustand als Schutzschicht auf eine metallisch blank sandgestrahlte, genügend aufgerauhte Fläche aufgespritzt [*637*, *655*–*657*]. Es werden zum Schmelzen des Metalls sowohl Gasflammen als auch elektrische Lichtbogen oder das Plasmaverfahren angewandt. Das Metall wird in Form von Drähten oder als Pulver zugeführt [*658*].

Im Korrosionsschutz können praktisch nur Metalle zur Verwendung kommen, die einen kathodischen Schutz gegenüber Stahl ausüben, wie Zink, Aluminium und Aluminiumlegierungen. Die spezielle Auswahl unter diesen richtet sich danach, welches Metall unter den gegebenen Beanspruchungsverhältnissen die größte Widerstandsfähigkeit verspricht. Die Schichtstärken liegen im allgemeinen um 0,2 mm [*659*–*667*].

Um Metallspritzschichten, die von Natur aus stets eine gewisse Porosität aufweisen, abzudichten und um direkte Einwirkungen des Wassers oder einer aggressiven Atmosphäre zu verhindern, sollten immer Anstriche, die sich mit der Metallspritzschicht vertragen, aufgebracht werden.

16.4 Vorübergehender Rostschutz

Teile (z. B. Antriebe oder dergleichen), die ohne Anstrich bleiben müssen oder für die die weiteren Schutzmaßnahmen noch nicht festgelegt werden können, sind während des Transportes und der Montage zu schützen.

Nicht immer kommt nur einfaches Einfetten in Frage. Es gibt für diesen Zweck besondere Rostschutzmittel, die geeignet sind, einen nachhaltigen Schutz auszuüben und die durch Abwaschen mit Lösungsmitteln oder Abziehen wie eine Haut ohne Schwierigkeiten entfernt werden können.

Für kleinere Teile, die blank bleiben sollen und verpackt werden, ist auch die Anwendung chemischer Substanzen oder präparierter Verpackungsmaterialien, die die Feuchtigkeit aus der in der Verpackung befindlichen Luft entziehen, bekannt.

Bei einbetonierten Flächen neigt man jetzt mehr dazu, einbetonierte Stahlteile, bei denen eine Haftfähigkeit nicht gefordert wird, vorher durch Anstrich zu schützen [*668*]. Dazu müssen Konservierungen benutzt werden, die sowohl den Einwirkungen des vorkommenden Wassers als auch den Ausscheidungen aus dem Beton widerstehen.

16.5 Elektrochemischer Schutz

Bei den kathodischen Schutzverfahren unterbindet man das Austreten der Korrosionsströme dadurch, daß man von außen her auf die zu schützende Metallfläche einen genügend starken Gegenstrom schickt. Hierfür gibt es zwei Möglichkeiten. Man kann die zu schützenden Metalloberflächen

a) mit einem unedleren Metall zu einem Strom liefernden galvanischen Element zusammenschalten (sogenanntes Opferanodenverfahren) oder

b) mit einer Fremdstrom-Gleichspannungsquelle verbinden (sogenanntes Fremdstromverfahren).

In beiden Fällen muß der Schutzstrom gerade eben so stark sein, daß der Korrosionsstrom völlig unterdrückt wird. Die erforderliche Schutzstromstärke bestimmt man durch eine Potentialmessung mittels einer Vergleichselektrode und eines hochohmigen Spannungsmessers.

Der Schutzstrom hängt erheblich von einer Reihe äußerer Einflüsse ab, wie Art und Güte eines isolierenden Anstrichs, Zusammensetzung und Sauerstoffgehalt des Wassers, Strömungsgeschwindigkeit, Verbundmetallsysteme, Bildung natürlicher Deckschichten. Da sich diese Einflüsse mit der Zeit ändern können, muß man das Schutzpotential von Zeit zu Zeit nachprüfen und die Stromstärke nachregeln.

Die Entscheidung darüber, welches der beiden Systeme – Opferanoden- oder Fremdstromverfahren – zweckmäßiger ist, hängt von äußeren Bedingungen, wie Strombedarf, Schutzstromdichte, Elektrolytwiderstand, Nähe einer Fremdstromquelle, Installations- und Wartungskosten, ab.

Beim Opferanodenverfahren verbindet man die zu schützende Stahlkonstruktion mit Anoden aus einem unedleren Metall, die allmählich aufgezehrt werden. Man verwendet meist Magnesiumanoden. Gegen Seewasserkorrosion sind Elektroden aus Zink vorzuziehen, die mit Aluminium, Cadmium und Quecksilber legiert sind. Die berechnete oder durch Messungen bestimmte Stromstärke wird mittels der Anzahl der eingebauten Anoden und ihrer Abstände eingeregelt.

Beim Fremdstromverfahren schaltet man meist die zu schützende Konstruktion über eine Transformator-Gleichrichter-Einheit an das Netz an. Der Vorteil dieser Schaltung besteht in den niedrigen Stromkosten und in der guten Regelbarkeit. Zum Einleiten des Schutzstroms in den Elektrolyten sieht man eine oder mehrere Elektroden vor, und zwar entweder ,,selbstverzehrende", die aus Eisenschrott oder Aluminium bestehen, oder ,,nicht selbstverzehrende" aus mit Kunststoff gebundenem Graphit, aus Eisen mit bis zu 14% Silizium oder auch aus platiniertem Titan.

Allgemeine und einfache Richtlinien für das Anwenden kathodischer Schutzmaßnahmen lassen sich nicht aufstellen. Die beeinflussenden Größen – z. B. die Zusammensetzung des Wassers – spielen eine ausschlaggebende Rolle. Zusätzlich ist ein erhebliches Maß von Erfahrungen erforderlich. Es gibt sogar besonders ungünstige Bedingungen, unter denen sich dieses Verfahren überhaupt nicht anwenden läßt [*672*].

16.6 Gewährleistungs- und Garantiefragen

Es ist zu unterscheiden zwischen Gewährleistung, d. h. Haftung für Mängel in der Ausführung oder Materiallieferung während einer festgelegten Verjährungsfrist, und Garantie, d. h. Zusicherung einer bestimmten Eigenschaft auf eine bestimmte Dauer [*669*, *670*].

Weder die Gewährleistungs- noch die Garantiefrist ist identisch mit der Lebensdauer der Konservierung. Die Fristen haben höchstens insofern einen Zusammenhang damit, als sie bei hochwertigen Maßnahmen, die eine lange Lebensdauer des Korrosionsschutzes erwarten lassen, länger sein können als bei einfachen Maßnahmen kurzer Lebensdauer.

Bei Korrosionsschutzmaßnahmen sind in Deutschland Garantien kaum, Gewährleistungsvereinbarungen dagegen allgemein üblich. Die Fristen und speziellen Bedingungen sind in verschiedenen Grundvorschriften festgelegt [*633*, *670*, *671*].

D. Maschinelle und elektrische Ausrüstung

17 Armaturen und Hubmittel

17.1 Armaturen

Zur Übertragung des Wasserdruckes vom beweglichen Verschluß auf die Pfeiler bzw. Fundamente sind Bauelemente (Armaturen) erforderlich, die unter großen Kräften Bewegungen zulassen müssen. Je nach Bauart des Verschlusses sind dies z. B.: Laufrollen und Walzen, Drehlager für Schwenkbewegungen, Spurlager, Rollkränze mit Verzahnungen.

Die Armaturen werden im allgemeinen aus Stahlguß und Kohlenstoffstählen, vergütet und unvergütet, ausgeführt.

Diese Werkstoffe sind bei guter Wartung und Pflege ausreichend. Sind Verschlüsse nur unter erschwerten Bedingungen zugänglich, so empfiehlt es sich, einzelne Elemente aus korrosionsbeständigen Werkstoffen, wie z. B. aus Chrom-Nickel-Legierungen, zu fertigen. Auch können ganze Laufrollen mit Achsen und Wälzrollen oder Stoney-Rollen aus solchen Stählen gefertigt werden.

17.1.1 Laufrollen

17.1.1.1 Lagerung

Um einen geringen Bewegungswiderstand und damit eine günstige Hubkraft zu erzielen, werden für die Mehrzahl aller Schütze Laufrollen mit Wälzlagerung eingebaut. Sofern die Belastungen es zulassen, ist die Verwendung von handelsüblichen Zylinderrollenlagern oder Pendelrollenlagern zu empfehlen (Abb. 17.1). Solche sind aber gegen eindringendes Wasser sehr empfindlich.

Bei großen Rollenbelastungen (z. B. hier $P = 230$ Mp) sind Lagerungen mit Wälzrollen und Wagen (Abb. 17.2) üblich. Die Wälzrollen wurden früher häufig ohne Verwendung eines Käfigs zwischen Achse und Laufradnabe eingebaut. Im Betrieb können hierbei infolge Verschränkungen der Wälzrollen vorzeitig Abnutzungserscheinungen entstehen.

Laufrollen aus Stahlguß oder Stahl und Achsen aus Schmiedestahl werden außer auf Biegung auch auf Hertzsche Pressung beansprucht.

Um die Pressung zwischen Nabe, Wälzrollen und Achse ungefähr in gleicher Größe auszunutzen, ist ein gleicher Festigkeitsunterschied zwischen diesen anzustreben.

Werden die Materialien zur Erzielung höherer Festigkeiten mit einer Oberflächenhärtung versehen, z. B. die Laufradbohrung und die Achse in Ebene der Wälzrollen, so ist darauf zu achten, daß die Härtetiefe genügend groß ist, um

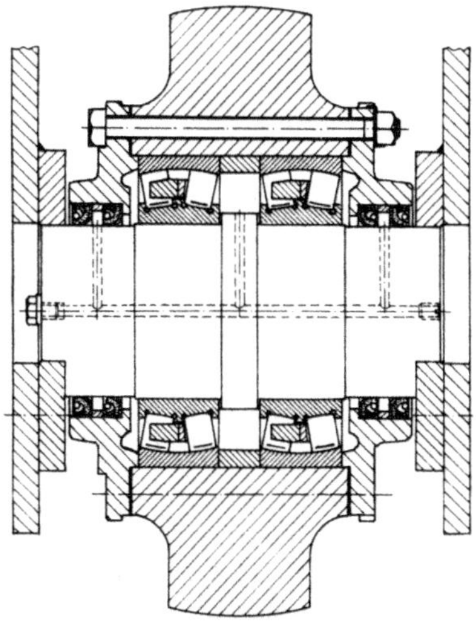

Abb. 17.1. Laufrad mit 2 Pendelrollenlager für ein Rollschütz.

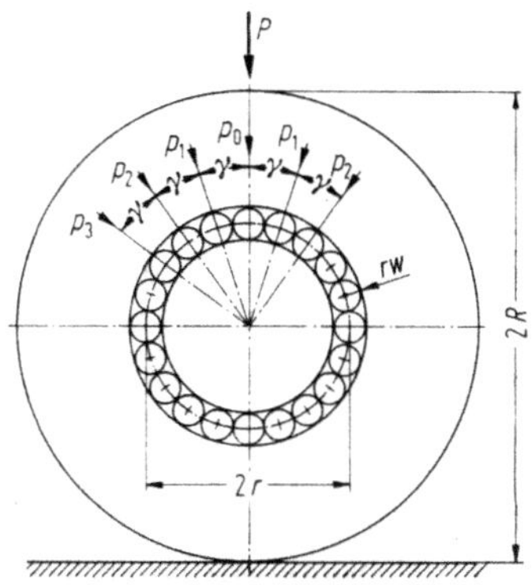

Abb. 17.3. Kräfteverteilung auf Wälzrolle.

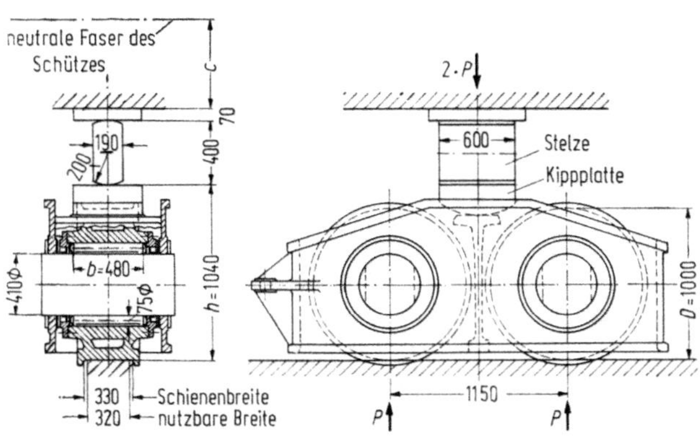

Abb. 17.2. Laufwagen für Radlasten von $P = 230$ Mp.

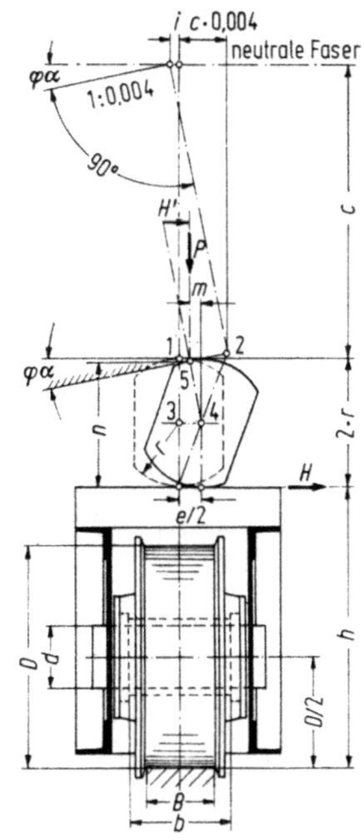

Abb. 17.4. Stelzenverlagerung bei Schützdurchbiegung und Längenausdehnung.

die Gefahr von Rissen bei größeren Hertzschen Pressungen zu vermeiden. Die maximale Belastung p_0 der einzelnen Wälzrolle (Abb. 17.3) wird ermittelt zu

$$p_0 = \frac{k}{z} P. \tag{277}$$

Es bedeuten:

P Laufrollenbelastung;

z Anzahl der Wälzrollen;

k Faktor, der sich aus den geometrischen Verhältnissen ergibt.

Nach [*673*] errechnet sich die maximale Belastung von der oberen Wälzrolle zu:

$$p_0 = \frac{P}{1 + 2\cos 5/2\gamma + 2\cos 5/22\gamma + \cdots 2\cos 5/2n\gamma}, \tag{278}$$

wobei γ der Winkel zwischen 2 Wälzrollen ist.

Die Summe aller Einzelbelastungen der Wälzrollen, also $p_0 + 2p_1 + 2p_2 + \cdots + 2p_n$ beträgt etwa $1{,}2P$.

Bei $z = 20$ Rollen errechnet sich k zu 4,38. Es empfiehlt sich aber mit $k = 5$ zu rechnen, da infolge von Ausführungstoleranzen der vorausgesetzte spiellose Lauf praktisch kaum erreichbar ist.

Das für den Einbau nötige Spiel soll aber trotzdem so klein wie möglich gehalten werden. Als Passung wird Qualität 8 oder feiner empfohlen.

Bei kleineren Laufrollen oder solchen, die bei Bewegungen nur gering belastet werden bzw. bei Rollen für Verschlüsse, bei denen ein hoher Reibungswiderstand unbedeutend, eventuell sogar erwünscht ist, sind auch einfache Gleitlager üblich (Abb. 17.4). Die Rollen werden in der Regel mit Bronze ausgebüchst. Es empfiehlt sich, die Achse, sofern die Konstruktion viel dem Wasser ausgesetzt ist, mit aufgesetzten Büchsen aus nichtrostendem Material zu versehen. Sind Rollen zum Warten schlecht zu erreichen oder nur durch lange Rohrleitungen zu schmieren, so werden selbstschmierende Büchsen eingebaut. Als solche sind bekannt Bronzebüchsen mit Schmiernestern und Büchsen aus graphithaltiger Bronze.

Es bleibt abzuwarten, wie Lagerflächen aus Kunststoffen — vor allem Polytetrafluoräthylen (Teflon) — infolge ihrer guten Eigenschaften (bei $v = 1$ mm/s, $p = 300$ kp/cm², $p\,v = 300 \left[\frac{\text{kp mm}}{\text{cm}^2\,\text{s}}\right]$ mit Gleitreibungswerten zwischen 0,01 und 0,03 und geringem Verschleiß sich im Stahlwasserbau durchsetzen werden [*674*].

Der Bewegungswiderstand setzt sich zusammen aus der wälzenden Reibung zwischen Laufkranz und Schiene und der Zapfenreibung. Für Büchsenlagerung ist

$$W_r = P\,\frac{\mu\, r + f}{R} \tag{279}$$

und für Wälzlagerung

$$W_r = P\,\frac{2{,}4 f' \dfrac{1}{2 r_w}\, r + f}{R}. \tag{280}$$

Hierin ist

- P Belastung der Laufrolle;
- r Radius der Laufachse bzw. des Wälzrollenkreises;
- R Radius des Laufrades;
- μ Reibungszahl für Lauffläche zwischen Achse und Büchse (zweckmäßig mit 0,12 einsetzen);
- r_w Wälzrollenradius;
- f Hebelarm der rollenden Reibung zwischen Laufrad und Schiene;
- f' Hebelarm der rollenden Reibung zwischen Wälzrolle und Achse bzw. Laufradbohrung.

Für Spurkranzreibung ist ein Zuschlag von (0,1 bis 0,2) W ausreichend. Die Ermittlung genauer Werte für f und f' nach [*675*]. Es empfiehlt sich jedoch, für das Laufrad und auch für Nadellager, also für f und f', 0,05 cm einzusetzen.

Selbst mit diesen Werten errechnen sich für Nadellager, d. h. Wälzrollen, die zwischen Achse und Laufradbohrung eingelegt werden, verhältnismäßig geringe Bewegungswiderstände. Man sollte jedoch bei der Hubkraftermittlung einen kleineren Wert als 1% vom Rollendruck nicht einsetzen. Denn infolge unvermeidlicher Spiele können die Wälzrollen sich etwas schräg stellen. Das erhöht den Bewegungswiderstand.

17.1.1.2 Abdichtung und Schmierung

Für die Dichtung haben sich Simmerringe gut bewährt, die so einzubauen sind, daß sie dem außerhalb stehenden Wasser den Eintritt verwehren und beim Nachdrücken von frischem Fett das alte nach außen lassen. Bei größeren Abmessungen können auch Hutmanschetten oder ähnliche Profile eingebaut werden. Deren Lippen sollen aber möglichst durch nichtrostende oder schlauchgeschützte Federn angepreßt werden. Von Filzringen ist abzuraten, da diese die Elastizität nach längerem Betrieb verlieren und infolge der sich verhärtenden Öltränkung einen genügenden Schutz nicht mehr bieten.

Sofern die Rollen zwischen Laufwagenwangen oder doppelten Endschotten liegen, ist eine zweite Dichtung zweckmäßig. Diese verhindert ein Eindringen von Sand und anderen die seitlichen Anlaufscheiben zerstörenden Stoffe. Gleichzeitig wird eine zusätzliche zweite Fettkammer zur Abdichtung gebildet.

Es empfiehlt sich, die Sitzstellen, auf denen die Lippen der Dichtungen ruhen und bei Bewegungen gleiten, mit hartverchromter Oberfläche oder nichtrostender Auftragsschweißung zu versehen. Bei längerem Stillstand besteht andernfalls die Gefahr, daß die Lippen anrosten und dann bei Bewegungen zerstört werden.

Bei Laufrollen, die ständig unter hohem Wasserdruck stehen und die nur in größeren Abständen nachzuschmieren sind, empfiehlt es sich, seitlich der Simmerringe vollständig mit Fett ausgefüllt Labyrinthdichtungen anzubringen.

Zum Nachdrücken von frischem Fett sind Schmierleitungen bzw. -bohrungen in den Achsen vorzusehen. Von längeren Schmierrohrleitungen sollte man möglichst absehen, weil diese durch Treibzeug leicht beschädigt werden. Außerdem haben sie den Nachteil, daß stets nur das in den langen Leitungen gestandene und teilweise verharzte Fett in die Rollenlager gelangt. Zumindest bei den ersten Fettfüllungen nach Inbetriebnahme einer Anlage ist zwischenzeitlich nach Bewegungen öfters Fett nachzudrücken, damit alle Zwischenräume restlos gefüllt werden.

17.1.1.3 Anbau der Laufrollen an den Verschlußkörper

Die Laufrollen werden entweder fest oder unter Zwischenschaltung von Stelzen und Kippplatten nach Art der beweglichen Brückenauflager mit dem Verschlußkörper verbunden. Bei der festen Verbindung sind die Laufradachsen in einem Doppelschott befestigt oder aber die Rollen auf auskragenden Achsen (fliegend, Abb. 17.5) gelagert, um mit geringen Nischentiefen auszukommen.

Im Wehrbau bei Lichtweiten über 12 m ist eine Schützauflagerung mit Stelze (Abb. 17.2) stets zu empfehlen. Bei kürzeren Weiten sowie bei Talsperrenverschlüssen und Turbineneinläufen sind durchweg fest eingebaute Rollen üblich.

Bei der beweglichen Auflagerung besitzt der Laufwagen 2 Laufrollen (Abb. 17.2) mit mittig eingebauter Stelze. Die einzelnen exzentrischen Einflüsse, die auftreten können, sind (Abb. 17.4):

$e_1(\Delta l_3)$ ist die Verlagerung des Stelzenmittelpunktes und damit der Last P je Rolle bei Temperaturausdehnung von $\pm \Delta l$ je Verschlußseite

$$e_1 = \pm \frac{\Delta l}{2}.$$

$e_2(\Delta l_1, \Delta l_2, \varphi_1, \varphi_2)$ ist die Verlagerung aus der Neigung der Endtangente und der damit verbundenen Spreizung des Endschottes. Die Spreizung wird durch den Abstand c der neutralen Achse des Schützes zur Stelzenauflagerung bestimmt, die positiv oder negativ sein kann. Bei einer Tangentenneigung von $1 : 0{,}004$, die etwa einer üblichen Schützdurchbiegung von $l/800$ entspricht, errechnet sich die Verschiebung des Stelzenmittelpunktes und damit die Lastverlagerung mit hinreichender Genauigkeit zu

$$e_2 = \pm c\, 0{,}004\, \tfrac{1}{2}.$$

Die Verschiebung i aus der Längsdifferenz zwischen der neutralen Achse und ihrer Sehne im durchgebogenen Zustand ist so gering, daß sie vernachlässigt werden kann.

$e_3(\Delta l_4)$ ist der exzentrische Einfluß aus der Horizontalkraft H, die am Stelzenauflager durch die Neigung und die wälzende Reibung entsteht. Da der Berührungspunkt zwischen Endschott und Stelze bei Punkt 5 liegt, ist die Horizontalkraft aus der Neigung:

$$H' = \frac{P\,m}{n}. \tag{281}$$

Da die Neigung verhältnismäßig gering ist, kann gerechnet werden:

$$m = 0{,}004\,r$$

und

$$n = 2r,$$

somit

$$H' = \frac{P\,0{,}004\,r}{2r} = \sim 0{,}002\,P. \tag{282}$$

Aus der wälzenden Reibung beträgt die Horizontalkraft am Auflager zwischen Stelze und Wagen:

$$H'' = \frac{P\,2f}{2r}. \tag{283}$$

Mit $f = 0{,}05$ (Hebelarm der rollenden Reibung) ist

$$H'' = \frac{P\,0{,}05}{r}.$$

Aus $H = H' + H'' = 0{,}002\,P + \frac{P\,0{,}05}{r} = P\left(0{,}002 + \frac{0{,}05}{r}\right)$ ergibt sich, bezogen auf die Laufschiene, für

$$e_3 = \frac{H\,h}{P} = h\left(0{,}002 + \frac{0{,}05}{r}\right), \tag{284}$$

und bezogen auf die Achsmitte

$$e_3' = \left(0{,}002 + \frac{0{,}05}{r}\right)\left(h - \frac{D}{2}\right). \tag{285}$$

$e_4(\Delta l_5, \Delta l_6, \varphi_3, \varphi_4)$ ist die Verlagerung aus Montageungenauigkeiten, welche durch Aufbauen des Verschlusses, Meßfehler bei dem Verlegen der Schienen und nicht zuletzt die Ungenauigkeiten enthalten soll, die durch nicht parallele Lage der Schienenoberfläche zur Verschlußachse vorhanden sind.

$e_5(\Delta l_7)$ ist die Verlagerung aus seitlichem Führungsspiel, um welches der Verschluß sich aus der Mittellage verschieben kann.

Alle diese Einflüsse können in gleicher Richtung wirken, so daß dann die Gesamtexzentrizität beträgt:

$$e = e_1 + e_2 + e_3 + e_4 + e_5 \text{ für die Lauffläche der Laufschienen,}$$

$$e' = e_1 + e_2 + e_3' + e_4 + e_5 \text{ für die Radlagerung.}$$

Die maximale Belastung auf 1 cm Schienenbreite, die für die Berechnung nach Hertz einzusetzen ist, beträgt dann

$$p = \frac{P}{B} + \frac{P\,e\,6}{1\,B^2}\,. \tag{286}$$

Je cm Wälzrollenlänge beträgt sie

$$p_w = \frac{p_0}{b} + \frac{p_0\,e'\,6}{1\,b^2}\,, \tag{287}$$

worin p_0 der auf eine Wälzrolle entfallende maximale Belastungsanteil ist [Gl. (277)].

Bei Gleitlagerung ist zur Ermittlung der maximalen Büchsenpressung die Exzentrizität ähnlich zu berücksichtigen. Auch beim Einbau von 2 Rollenlagern nach Abb. 17.1 erhöht sich die maximale Lagerlast infolge ungleichmäßiger Verteilung entsprechend e'. ·

Sofern sich bei Laufrollen, Laufwagen und Stelzen die Abmessungen nach den Ähnlichkeitsgesetzen im Verhältnis der Belastung ändern, so können bei Rollschützen nach mehreren Nachrechnungen zur Ermittlung des Exzentrizitätsmaßes e vereinfachte Formeln in Abhängigkeit der Lichtweite l des Verschlusses und der Normallast P ermittelt und mit genügender Genauigkeit angewandt werden.

Für folgende Konstruktionsverhältnisse (Abb. 17.2)

20 Wälzrollen mit d in cm,

$$D = \text{rd. } 12{,}5(d + 0{,}6)\,,$$

$$b = 6{,}5d\,,$$

$$h = \text{rd. } 14d\,,$$

$$r = \text{rd. } 2{,}6d\,,$$

$$c = 8 \text{ bis } 10d$$

kann z. B. gerechnet werden mit

$$e = 6 \text{ bis } 8 + \left(0{,}6\sqrt{P}\right) + (0{,}4l) \text{ [mm]} \tag{288}$$

je Verschlußseite, worin P in Mp und l in m einzusetzen ist.

Werden die Laufrollen fest mit dem Schütz verbunden (Abb. 17.5), so ist es meistens erforderlich, die Laufflächen der Rollen ballig auszuführen. Allerdings wird mit zylindrischen Laufrollen auf gewölbten Schienen die gleiche Wirkung erzielt. Nur dort, wo eine sehr geringe Exzentrizität vorhanden ist und nachgewiesen werden kann, daß unter Berücksichtigung der Kantenpressung die Beanspruchungen nach Hertz noch in den zulässigen Grenzen liegen, sind zylindrische Laufflächen möglich. Als Druckfläche ergibt sich dann ein Paraboloidschnitt.

Für ballig gedrehte Laufrollen wähle man einen Balligkeitsradius, der das 10- bis 15fache des Lafradradius beträgt, also

$$R_b = 10 \text{ bis } 15 \frac{D}{2}.$$

Als Druckfläche ergibt sich eine Ellipse, die mit ihrer größeren Achse $2a$ quer zur Schiene liegt.

Die Achsen $2a$ und $2b$ werden nach HERTZ berechnet [*675*]. Nach DIN 19704 ist der 1,5fache Wert gegenüber zylindrischen Laufrollen als Druckspannung zugelassen.

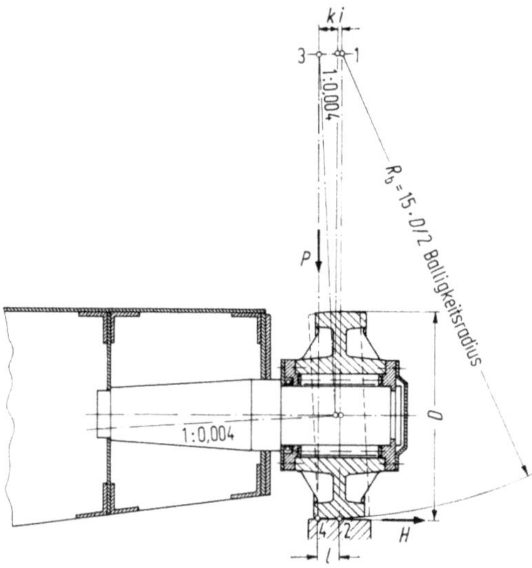

Abb. 17.5
Einfluß der Schützdurchbiegung auf eine fest angebaute Rolle.

Auch hier können Außenmittigkeiten auftreten. Es ist deshalb zu prüfen, ob dann die Druckellipse noch einen ausreichenden Abstand vom Schienenrand und der Laufradkante besitzt.

Bei Laufrollen mit auskragenden Achsen ist zu beachten, daß zusätzlich zur Schützdurchbiegung die Durchbiegung der Achse die Neigung der Endtangente ausschlaggebend beeinflußt (Abb. 17.5). Es wird angenommen, daß die gemittelte Schwerachse des Verschlusses in Laufradachse ausläuft. Durch den Bogen, den die sich nicht verkürzende Schwerachse bei Belastungen bildet, verschiebt sich Mitte Rolle um das Maß i. Wäre der Balligkeitsradius gleich dem Rollenradius, also die Laufrolle eine Kugel, so wäre dieses Maß allein die Verlagerung aus der Schützdurchbiegung. Es erfolgt dabei auf der Schiene ein reines Abwälzen ohne Horizontalschub aus gleitender Reibung. Bei dem gewählten Balligkeitsradius von $R_b = 15 \frac{D}{2}$ verschiebt sich aber der Mittelpunkt desselben von Punkt *1* nach *3* um den Wert $i + k$. Damit ergibt sich eine Verlagerung des Auflagerpunktes von Punkt *2* nach *4*. Sie beträgt unter der Voraussetzung einer Endtangentenneigung von 1 : 0,004

$$l = i + 0{,}004\left(15 \frac{D}{2} - \frac{D}{2}\right) = i + 0{,}028\, D.$$

Darin ist i ein sehr kleiner Wert, der vernachlässigt werden kann. Somit wird beim Balligkeitsradius von

$$R_b = 15\frac{D}{2} \text{ und einer Endtangente } 1:0{,}004$$

$$l = 0{,}028D. \qquad (289)$$

Dies liefert bei $D = 500$ mm aus Schützdurchbiegung schon eine Verlagerung von 14 mm. Bei kleinerem Balligkeitsradius wird dieser Wert geringer, aber es wird dann auch die nachzuweisende Hertzsche Pressung höher. Für die Laufrollenlagerung erhöht sich das Exzentrizitätsmaß durch ein Rutschen der Rolle quer zur Schiene, was bei Belastungs- und Temperaturschwankungen geschieht, um den nicht unerheblichen Wert von μ D/2. Sofern die Schwerachse außerhalb der Rollenachse liegt, kann auch l noch größer werden.

Deshalb sind am Verschluß fest angebaute Laufrollen so ungünstigen Belastungsverhältnissen unterworfen, daß diese Art nur für kleinere Stüzweiten und bei Tiefschützen mit geringer Durchbiegung zu empfehlen ist.

Allerdings kann bei fest angebauten Rollen mit Buchsenlagerung durch eine Verlagerung des Berührungspunktes zwischen Laufrollen und Schiene auch der Horizontalschub vermindert werden. Bei dieser Lösung erfolgt ein seitliches Verschieben (Rutschen) nicht zwischen Laufrolle und Schiene, sondern an der geschmierten Lauffläche zwischen Achse und Laufrad. Durch seitliche Federn wird die ballige Laufrolle in unbelastetem Zustand wieder in die Mittellage zurückgedrückt.

Bei einer anderen Bauart sind die fest eingebauten Laufrollen über Pendelrollen kugelig auf der Achse gelagert. Die Laufrolle kann sich dabei nach jeder Richtung hin schrägstellen. Durch Anschläge oder Dichtungsringe zwischen Laufradbohrung und Achse ist allerdings der mögliche Neigungswinkel seitlich begrenzt. Der Laufradkranz ist zylindrisch. Geringe Schützdurchbiegungen infolge der Belastung aus Wasserdruck sind wegen der kugeligen Lagerung möglich, ohne unzulässige exzentrische Belastungen zwischen Laufradkranz und Schiene hervorzurufen.

Diese Lösung kann aber nur für geringe Lichtweiten bei Temperaturgleichmäßigkeit unter Last und auch nur dann, wenn die neutrale Achse des Verschlusses in Ebene der Laufradachse liegt (z. B. Tiefschütze), empfohlen werden. Bei solch einer Lagerung ist es nicht möglich, den Laufkranz ballig auszuführen. Denn dann wäre in Schützhubrichtung eine völlig labile Lagerung der Rolle vorhanden [*676*].

17.1.1.4 Beanspruchung einer Laufrolle

Bei großen Lasten — beispielsweise 300 Mp — ist die Verteilung der Last im Laufrollenkörper wichtig, um örtliche Überbelastungen auszuschalten. Rein rechnerisch läßt sich der Verlauf der Kräfte nicht verfolgen. Auch der Übergang von der Schiene auf die Rolle und von dort auf die Wälzrolle ist unklar. In besonderen Fällen bedient man sich dann des Modellversuches (Abb. 17.6). Ein Modell aus Plexiglas (hier Maßstab 1 : 2) unter Last bringt mit Hilfe der Spannungsoptik erkennbar die Isoklinen (dunkle Linien, die zu all den Stellen des Modells gehören, in denen die Hauptspannungen eine bestimmte Richtung haben). Die Auswertung liefert den Verlauf der Isotachen und Isoklinen, aus deren Verlauf sich der Spannungsverlauf und damit die Beanspruchung berechnen läßt.

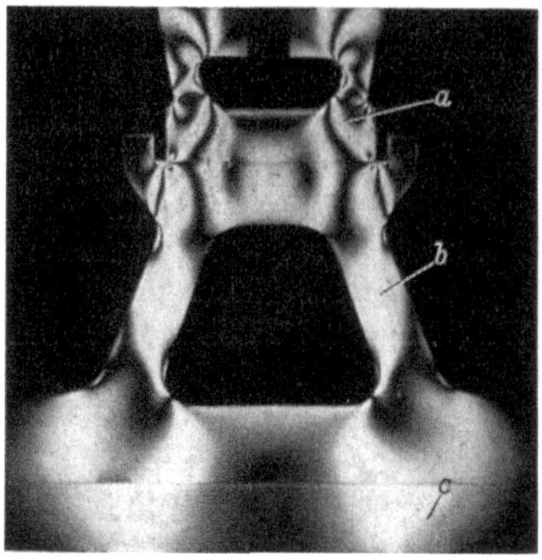

Abb. 17.6. Verlauf der Isoklinen für eine belastete Schiene mit Rolle und Wälzrolle (Schneider). *a* Schiene; *b* Rolle; *c* Wälzrolle.

17.1.2 Stoney-Rollen

Die Lagerung von Schütztafeln auf Stoney-Rollen (Abb. 4.51 bis 4.56) kann nur bei besonderen Verhältnissen empfohlen werden. Solche sind z. B. bei Tiefschützen gegeben, wo also auf kurzer Länge große Kräfte zu übertragen sind. Stoney-Rollen sind weder mit dem Schütz noch mit dem Auflager fest verbunden (Abb. 17.7). Sondern sie sind zwischen dem Schützendschott und der Laufschiene lose eingelegt. Es liegt Rolle unmittelbar an Rolle.

Stoney-Rollen übertragen die Belastung unmittelbar vom Schütz auf die Laufschiene. Dies hat den Vorteil, daß Zapfenreibung den Bewegungswiderstand nicht beeinflußt. Der Widerstand errechnet sich aus der rollenden Reibung zwischen Laufschiene und Auflagerschiene zu

$$W_r = \frac{P\,2f}{D}$$

mit D als Stoney-Rollendurchmesser.

Wird der für geschlichtete Oberflächen angegebene Wert $f = 0{,}05$ eingesetzt, so ist erfahrungsgemäß der daraus ermittelte Bewegungswiderstand zu gering. Keineswegs sollte man für die Bestimmung des Bewegungswiderstandes weniger als 1 bis 2% vom Wasserdruck einsetzen. Hiermit werden die nicht genau erfaßbaren Widerstände abgegolten, die durch eindringende Schwebstoffe, Sand, Korrosion, Erosion wie auch teilweises Gleiten der Rollen und dergleichen entstehen.

Stoney-Rollen sind exzentrischen Belastungen ausgesetzt und damit auf Hertzsche Pressungen zu untersuchen. Es darf jedoch nicht eine gleichmäßig verteilte Belastung auf die dicht hintereinander angeordneten Rollen vorausgesetzt werden. Denn innerhalb einer vorgegebenen Toleranz besitzen die Rollen verschiedene Durchmesser. Ferner sind die Laufschienen uneben. Auch das Überrollen von Schwebstoffen und Verschmutzungen erzeugt nicht erfaßbare Belastungsunterschiede.

Werden für die Berechnung der Stoney-Rollen und zugehörigen Schienen zugelassene Hertzsche Pressungen zugrunde gelegt, so sollte man voraussetzen, daß nur jede 2. Rolle einen Anteil aus der auf das Endschott wirkenden Last übernimmt. Hinsichtlich des Einbaues der Stoney-Rollen sind zwei Lösungen gebräuchlich.

Die Stoney-Rollen werden bei Stoney-Leitern in einem Rahmen mit Wangen aus Flachstählen gelagert (Abb. 17.7), wobei der Rollenabstand nach oben entsprechend der abnehmenden Schottbelastung vergrößert werden kann. Die beiden Wangen, durch Diagonalen oder Bindebleche miteinander verbunden, schließen ein Gegeneinanderverschieben aus. Jede Stoney-Rolle ist durchbohrt, mit Bronzebuchsen versehen und auf einer in beiden Wangen befestigten Achse gelagert.

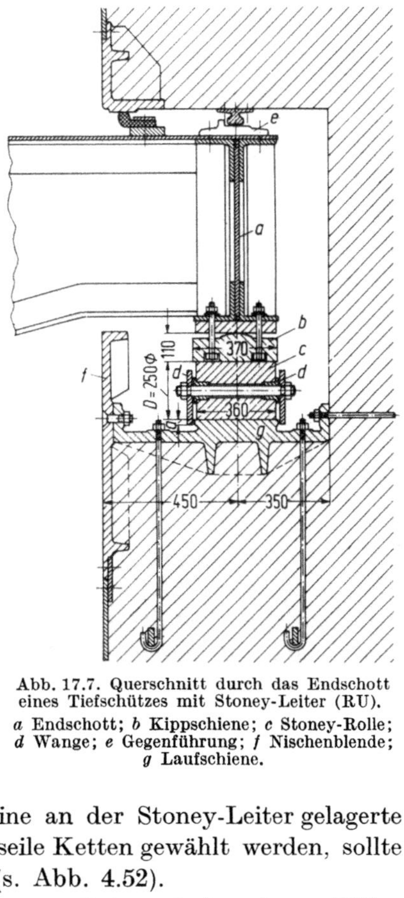

Abb. 17.7. Querschnitt durch das Endschott eines Tiefschützes mit Stoney-Leiter (RU). *a* Endschott; *b* Kippschiene; *c* Stoney-Rolle; *d* Wange; *e* Gegenführung; *f* Nischenblende; *g* Laufschiene.

Infolge der innerhalb der Toleranz liegenden verschiedenen Durchmesser treten an den Achsen größere Kräfte in der Bewegungsrichtung dadurch auf, daß bei Hubbewegungen an einzelnen Rollen nicht ein einwandfreies Abwälzen, sondern auch ein zusätzliches Gleiten erfolgt. Die Achsen sind daher erfahrungsgemäß stärker zu bemessen. Auch empfiehlt es sich, ein größeres Achsspiel auszuführen, um wenigstens zum Teil den vor- oder nacheilenden Rollen diesen Freiheitsgrad zu geben.

Für die seitliche Führung der Stoney-Rollen reicht es, die Wangen so breit zu machen, daß sie auf beiden Seiten bis unter die Lauffläche der Schiene reichen ($a \cong 15$ bis 25 mm). Jede Stoney-Leiter muß gegen Abstürzen im entlasteten Zustand gesichert sein. Hierzu reichen Drahtseile aus, die einerseits am Verschlußkörper, andererseits an einem Festpunkt befestigt sind und über eine an der Stoney-Leiter gelagerte Seilrolle laufen. Sofern statt elastischer Drahtseile Ketten gewählt werden, sollte wenigstens ein Ende federnd befestigt sein (s. Abb. 4.52).

Wegen der exzentrischen Beanspruchungen genügt es, bei geringen Stützweiten die am Schütz befestigte Laufschiene kippbar anzuschließen.

Es ist auch möglich, die Schiene am Schütz fest anzuschließen und die Laufschiene am Beton kippbar zu gestalten. Muß z. B. bei Schützen größerer Stützweite mit großen Längenausdehnungen gerechnet werden, so sind bewegliche Auflager zwischen Endschott und Schützschiene zwischenzuschalten.

Nicht zylindrische, also ballig gedrehte Stoney-Rollen laufen zwischen festverankerten Schienen. Die gleiche Wirkung wird erzielt, wenn die Rollen zylindrisch bleiben und eine der beiden Schienen mit einer balligen Lauffläche ausgeführt wird. Durchbiegungen, bei balligen Rollen auch geringe Längenausdehnungen, können dann zwanglos aufgenommen werden. Da aber der Balligkeitsradius bei diesen Lösungen sehr groß ausfällt, liegt die Druckellipse bei Längenausdehnungen sehr schnell außerhalb der Schienen und Stoney-Rollen.

Stoney-Ketten haben gegenüber den Stoney-Leitern den Vorteil, daß bei Hubbewegungen Konstruktionsteile nicht zurückbleiben und damit in den Nischen dem strömenden Wasser nicht ausgesetzt sind. Die Stoney-Kette bildet einen geschlossenen Rollenkranz, der endlos um das Endschott des Schützes herumgelegt wird (Abb. 4.53 bis 4.56). Deshalb ist eine Laufschiene mit entsprechend großem Radius um das ganze Schütz herumzuführen. Die Stoney-Rollen sind jetzt in Laschen befestigt. Bei beiderseitigem Zapfen, auf die in den Laschen Büchsen aufgeschoben sind, wird die Führung besser. Denn je Rollenseite ist nur ein Bohrungsspiel vorhanden. Diese Lösung bedingt aber eine Verteuerung infolge größerer Zerspanungsarbeit an den einzelnen Rollen. Die Laschen müssen so breit sein, daß sie die Seitenführung (Spurkranzwirkung) auf der Schiene am Schütz übernehmen. Eine günstigere Führung wird erreicht, wenn die Schienen am Schütz so eingehobelt werden, daß beiderseits eine etwa 15 bis 20 mm hohe Spurleiste verbleibt. Der in Staustellung auf der Oberwasserseite liegende Teil der Stoney-Kette kann in der Regel eine größere Rollenteilung oder schwächere Rollen besitzen. Schienenart, Befestigung und Rollenform sind ähnlich wie bei den Stoney-Leitern.

17.1.3 Drehlager für Segmente

Für ein Drehlager (Abb. 17.8) sind die Belastung $P = 950$ Mp, $H = 260$ Mp bei einer Buchsenpressung von $p = 310\ \text{kp/cm}^2$. Der Lagerkörper aus Stahlguß, in dem die Achse drehfest eingebaut ist, überträgt über einen kräftigen Fuß die durch den Wasserdruck erzeugte Radiallast P auf geschweißte Träger. Zur Aufnahme der Vertikalkomponenten, die im wesentlichen den Eigengewichtsanteil enthalten, ist an dem Stützkörper ein zweiter Fuß angegossen, der fast rechtwinklig zur Hauptdruckfläche liegt. Die Horizontalkraft H wird über die Wangen des Stützkörpers und einer für die Montage notwendigen Zwischenkonstruktion unmittelbar in den Betonpfeiler eingeleitet. Zur Erzielung eines gleichmäßigen Auflagerdruckes hintergießt man nach genauem Ausrichten der Drehachse alle Stützflächen mit Zink. Da Segmentdrehlager nur geringe Drehbewegungen, maximal 60 bis 80° bei sehr kleinen Winkel- bzw. Gleitgeschwindigkeiten ausführen, kommt der Werkstoffwahl für Lagerbüchse und Achse sowie der Schmiereinrichtung besondere Beachtung zu. Die Büchsen, die in die Lagernaben fest eingesetzt werden, sind aus hochfester Bronze mit guten Gleiteigenschaften zu fertigen, die spezifische Pressungen von 250 bis 300 kp/cm^2 übernehmen kann. Geeignet sind hierfür Zinn- oder Aluminiumbronzen. Die Achsen werden im allgemeinen aus Kohlenstoffstählen gefertigt. Nur dort, wo die Lager im Wasser liegen, empfehlen sich nichtrostende Chrom-Nickel-legierte Stähle. Hartverchromte Oberflächen sind fettabweisend.

Je nachdem, von wo die Schmiermittelzufuhr erfolgen soll, sind in den Buchsen oder Achsen mehrere am Umfang gut auslaufende Schmiernuten in Achsrichtung anzubringen, und zwar müssen diese in der belasteten Zone liegen. Der Abstand der Nuten untereinander darf nicht zu groß werden, damit bei Bewegungen auch dann, wenn das Segmentschütz nicht in die Höchstlage gefahren wird, auf alle belasteten Flächen ein Fettfilm nachgezogen wird.

Es gibt selbstschmierende Buchsen (Lubrite). Bei dieser Konstruktion sind Sacklöcher mit Graphit und einem elastischen Bindemittel gefüllt. Die Sacklöcher nehmen 25 bis 30% der Gleitfläche ein. Die Anlaufscheiben sind dann

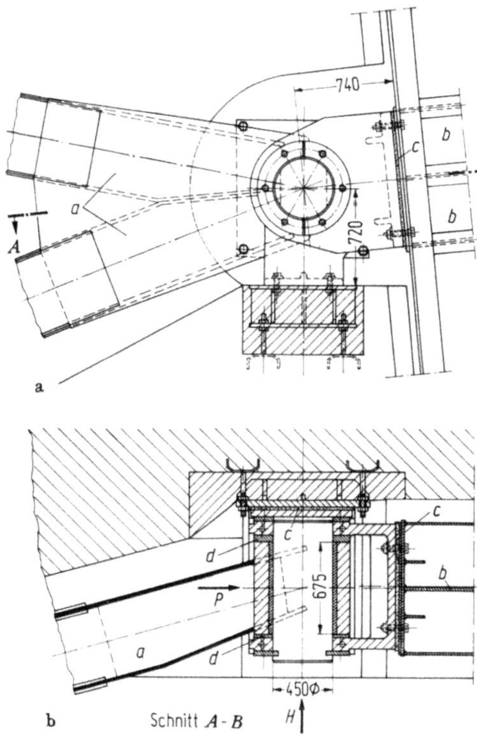

Abb. 17.8a u. b
Drehlager für ein Segment.
a) Ansicht; b) Draufsicht.
a Stützarm; *b* Lagerträger;
c Zinkguß; *d* Dichtungsring

ebenfalls selbstschmierend ausgebildet. Es bleibt auch hier abzuwarten, wie Lagerkörper aus Kunststoff – vor allem Polytetrafluoräthylen – infolge ihrer guten Eigenschaften sich ein Feld erobern werden.

Es empfiehlt sich, die Gleitflächen gegen Eindringen von Schmutz zu schützen. Als einfache Lösung wird der Spalt zwischen Lagernabe und dem mit bearbeiteten Ansätzen versehenen Stützkörper mit Stahlbändern überdeckt, in die Leder oder Kunststoff eingeklebt sind.

Liegt das Drehlager im Wasser (z.B. Zugsegment Abb. 4.14), muß es besonders abgedichtet werden. Die Achse ist in einem einbetonierten Rahmen so befestigt, daß der Drehzapfen in die lichte Öffnung hinausragt. Durch eine Dichtung zwischen beweglicher Nabe und Pfeilerwand und durch eine Schutzkappe auf dem wasserseitigen Teil der Lagernabe wird ein Eindringen von Schmutz und Wasser in die Laufflächen verhindert. Labyrinthdichtung und Kappe werden mit Fett gefüllt. Durch Schmierbohrungen in der Achse können jederzeit frisches Fett in diese Dichtungen nachgedrückt und auch die Laufflächen geschmiert werden.

Auch läßt sich die Lagerschale kugelförmig vorsehen, um nicht zu vermeidende Fertigungs- und Montagefehler oder elastische Veränderungen in gewissem Umfang auszugleichen. Die Kugelbüchse steckt in einer Stahlbüchse. Letztere wird von dem eigentlichen Drehlagerkörper getragen. Dieser überträgt alle auf das Segment einwirkenden Kräfte in den Pfeiler.

Wird die Lagergrundplatte rechtwinklig zu den schrägen Stützarmen angeordnet (Abb. 17.9), so ist im Pfeiler nur eine Fläche für die Kraftübertragung notwendig. Der Lagerzapfen ist allseitig umschlossen. Eine Verklemmung durch Fremdkörper kann sich nicht einstellen. Ein Anker nimmt Zugkräfte auf und hält das Lager als Einheit zusammen.

17.1.4 Lager für Stauklappen

Die Art der Lagerkonstruktion für Stauklappen wird stark durch die Wahl der Klappendichtung beeinflußt. Dem Ideal einer vollkommenen Dichtung kommt das Segmentdrehlager entgegen. Bei ihm ist der theoretische Drehpunkt über die gesamte Lichtweite für eine durchlaufende Banddichtung frei (Abb. 9.10). Zweckmäßigerweise ist an jedem Klappenquerschott ein Segmentdrehlager eingebaut. Die Klappenquerschotte sind nach unten bis über den theoretischen

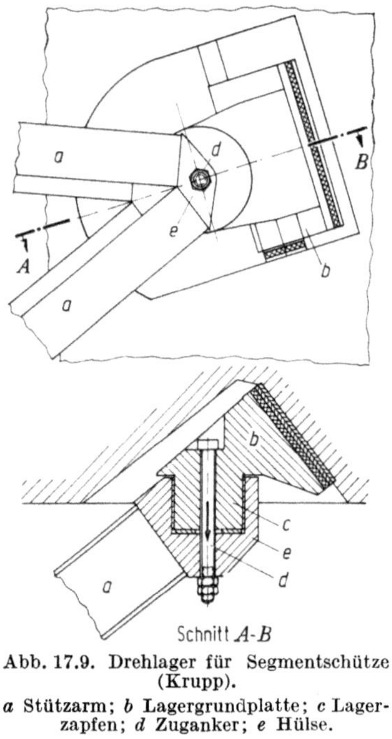

Abb. 17.9. Drehlager für Segmentschütze (Krupp).
a Stützarm; *b* Lagergrundplatte; *c* Lagerzapfen; *d* Zuganker; *e* Hülse.

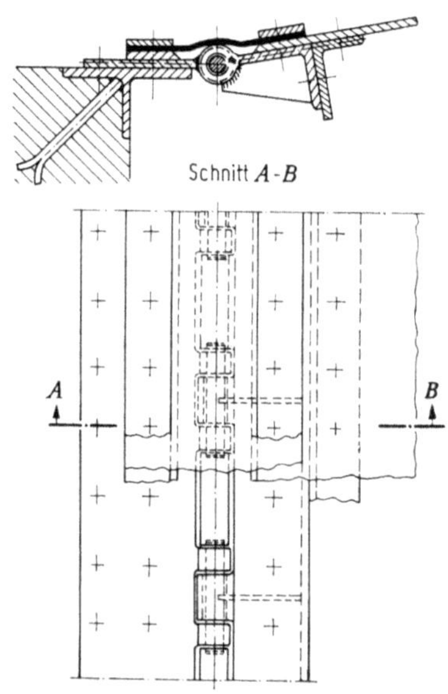

Abb. 17.10. Scharnierlager mit oberwasserseitiger Dichtung für eine Klappe.

Drehpunkt hinausgeführt und an diesem für die durchlaufende Banddichtung hinreichend ausgespart. Beiderseits sind Bronzesegmente aufgesetzt. Der an das Schütz geschraubte Lagerkörper besteht aus starken Blechen mit Eindrehungen für die Bronzesegmente. In der Klappenstaulage ruhen die Segmente nur teilweise in den Aussparungen, jedoch so, daß die Lastresultierende durch den Auflagerabschnitt geht. Als Klappenendlager sind für torsionssteife Klappen jedoch Ringlager erforderlich, um die Antriebs- bzw. Kettenkräfte einwandfrei aufnehmen zu können.

Beim nicht so kostspieligen Scharnierlager verläuft die Banddichtung jedoch oberwasser- (Abb. 17.10) oder auch unterwasserseitig vom Drehpunkt (Abb. 9.10). Solch ein Lager ist einfach und robust. Es wird auf Lagerpressung und Scherfestigkeit im Bolzen berechnet und bemessen, wobei die zulässigen Werte gering anzusetzen sind, da eine gleichmäßig verteilte Belastung im Betrieb nicht vorausgesetzt werden kann. Die Scharnierbohrungen besitzen Bronzebüchsen. Gute Erfahrungen hat man mit Preßstoffbüchsen gemacht, die nur einer Wasserschmierung bedürfen. Mit einem Scharnierlager lassen sich auch große Kräfte (hier 800 Mp) übertragen (Abb. 6.22).

Bolzenlager (Abb. 17.11) werden wie normale Augenlager bemessen. Die mit der Klappenhaut verschweißten Hauben sind außen und an den Stirnflächen für die Dichtung bearbeitet. Die Stopfbüchsendichtung ist von der Unterwasserseite her zugänglich. Man kann sie bei entsprechend niedrigen Unterwasserständen nachziehen und auch schmieren.

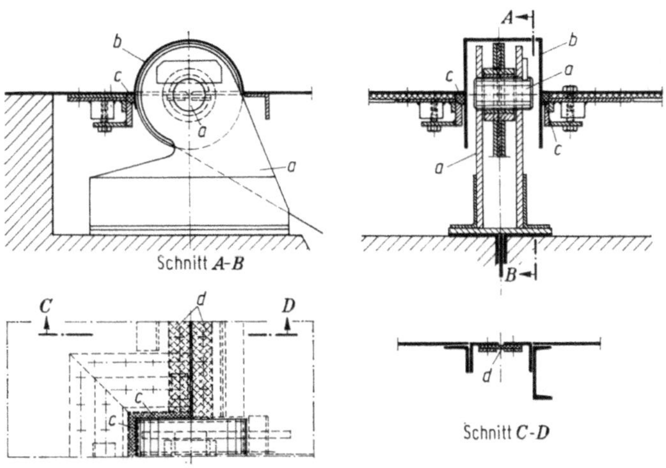

Abb. 17.11. Bolzenlager und Längsdichtung einer Klappe.
a Lagerkörper mit Drehbolzen; *b* Haube an der Klappe; *c* Dichtung an der Haube; *d* Banddichtung.

17.1.5 Lager für Sektoren

In Anlehnung an die Stauklappen (Abb. 17.11) werden bei Sektorverschlüssen auch Bolzenlager verwendet (Abb. 17.12). Der Lagerbolzen ist mit 2 Scherbolzen zwischen den Wangen des geschweißten Lagerblockes befestigt. Bolzen und Wangen haben einen Sektorausschnitt, durch den die Banddichtung läuft. Der Lagerbock, mit Anker und Schubleisten am Betonfundament befestigt, nimmt alle Kräfte, deren Richtung sich bei Verschlußbewegungen ändern, auf. Die Lagernabe mit eingesetzter Büchse ist nur eine Halbschale von etwa 180°, die an die Querspante des Sektorkörpers angeschweißt ist. In allen Sektorstellungen ist die symmetrisch beiderseits der Resultierenden liegende Fläche noch so groß, daß die zulässige Büchsenpressung nicht überschritten wird. Der Lagerbolzen ist hartverchromt oder aus nichtrostendem Werkstoff. Die Büchse aus selbstschmierendem Deva-Metall gefertigt. Zur Aufnahme negativer Kräfte, die im Ruhezustand dann auftreten können, wenn der Sektorverschluß in Staulage verriegelt wird, sind an beide Wangen des Lagerbockes Halbringe angeschraubt, in die sich bei diesem besonderen Betriebszustand die Lagernabe nach Überbrückung eines geringen Spieles einlegen kann. Dreht der Sektor sich über den Winkel des Ausschnittes hinaus, wird die Lagerverbindung gelöst. Auch finden wir wie beim

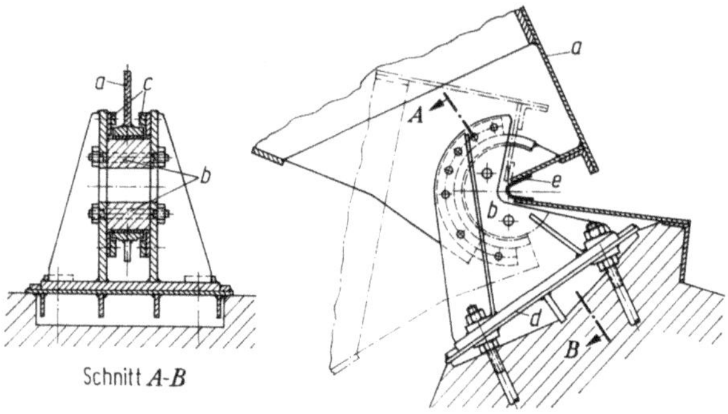

Abb. 17.12. Bolzenlager mit Dichtung im Drehpunkt für einen Sektor.
a Sektor; *b* Bolzen mit sektorförmigem Ausschnitt; *c* Halteringe für negative Kräfte; *d* Lagerplatte im Wehrrücken; *e* Banddichtung.

Sektor Bolzenlager mit außerhalb des Drehpunktes liegender Dichtung (Abb. 9.18). Der Bolzen des Lagers ist nicht angeschnitten, die Lagerschalen halten über den vollen Umfang (360°) für alle Belastungsrichtungen den Bolzen kraftschlüssig fest. Welle als Lager s. Abschn. 9.3.7.

17.1.6 Spurlager

Das Spurlager, vorwiegend zur Aufnahme axialer Kräfte dienend, ist bei Stemmtoren ein wichtiges Bauelement. In der Staulage, wenn das Stemmtor an den Stemmknaggen anliegt, wird das Spurlager nur durch reine Vertikalkräfte belastet. Bei der Torbewegung aber sind auch die sich aus dem Torgewicht ergebenden Horizontalkomponenten aufzunehmen. Hierfür darf aber das Ringlager den Spurzapfen nicht spiellos umfassen. Denn es sollen in der Schließlage des Tores die aus dem Wasserdruck entstehenden Kräfte nur von der Wende-, Schlagsäule und den Stemmknaggen aufgenommen werden und nicht anteilig vom Spurzapfen. Der Lagerkörper am Tor, die im Beton verankerte Fußplatte und das Zapfenlager bestehen aus Stahlguß. Das Zapfenlager wird bei der Montage mit Druckschrauben an der Fußplatte in horizontaler Richtung genau eingestellt und durch Vergießen des verbleibenden Spaltes festgelegt. Diese Einstellung wird vielfach auch durch Keile vorgenommen, die anschließend dann durch Heftschweißung gegen Lösen gesichert werden.

Es gibt Lösungen, bei denen eine Spurplatte zwischen Spurzapfen und Lagerkörper eingelegt ist. Sie ist gehärtet oder aus einem Vergütungsstahl gefertigt, hat oben eine ballige und unten eine ebene Auflagerfläche. Letztere gleitet bei Tordrehungen auf dem Spurzapfen. Über die ballige Fläche erfolgen die geringen Kippbewegungen von der Stau- in die Bewegungslage. Empfehlenswert ist es, wenn zwischen Spurplatte und Spurzapfen noch eine Bronzescheibe eingelegt wird, wodurch die Gleiteigenschaften verbessert werden. Oder aber man fertigt die Spurplatte aus hochfester Aluminiumbronze. Es ist auch schon angeregt worden, die Spurscheibe aus Kunststoff herzustellen, wobei man bei diesem unter Wasser laufenden Lager auf jede zusätzliche Fettschmierung verzichten könnte. Selbst bei großen Stemmtoren ist man dazu übergegangen, Spurplatte und Spurscheibe zu vereinen (Abb. 17.13). Die Spurpfanne aus Bronze wird konkav kugelig eingedreht. Das Gegenstück, auf dem sich die Pfanne dreht, ist der Spurzapfen mit einer Kugelkalotte. Die Radien beider Stücke sind etwas unterschiedlich, wodurch das Drehen bei Torbewegungen unter recht hohen Hertzschen Pressungen erfolgt. Dieses geschieht zwar nicht auf einem Punkt in der Vertikalachse (Zenit), sondern in einem seitlich liegenden Berührungspunkt, durch den die Lastresultierende geht. Es erfolgt also nicht ein reines Drehen, sondern ein Gleiten unter Hertzschen Pressungen. Diese werden sich natürlich bald durch Verschleiß, der die Radien im Berührungspunkt auf gleiche Größe bringt, abbauen. Ein Ringlager ist bei dieser Konstruktion nicht nötig. Es müssen aber die Kugelradien so klein und so aufeinander abgestimmt sein, daß bei dem gegebenen Verhältnis der Vertikallast (Eigengewicht) zur Horizontalkraft (Horizontalkomponente aus Eigengewicht) das Tor nicht zu hoch gehoben wird und über die Kalotte abrutscht. Es muß also die Lastresultierende unterhalb der Mittelpunkte beider Kugelradien liegen.

Eine Zentrierung durch Stellschrauben, wie bei einem zylindrischen Spurzapfen, kann entfallen. Ein Dichtungsring verhindert das Eindringen von Schwebstoffen, die schmirgelnd wirken könnten. Beim Einsetzen des Einschweißringes (Abb. 17.13k) in den Beton ist darauf zu achten, daß der Beton auf dem ganzen Umfang des Ringes fest anliegt. Die konkav kugelige Pfanne wird zentral von der Mitte aus durch Nuten mit Schmiermittel versorgt.

Beim Buchholz-Spurlager (Abb. 17.14) ist zwischen Spurzapfen und Spurpfanne eine Stelze mit einem konkaven und einem konvexen kugeligen Kopf

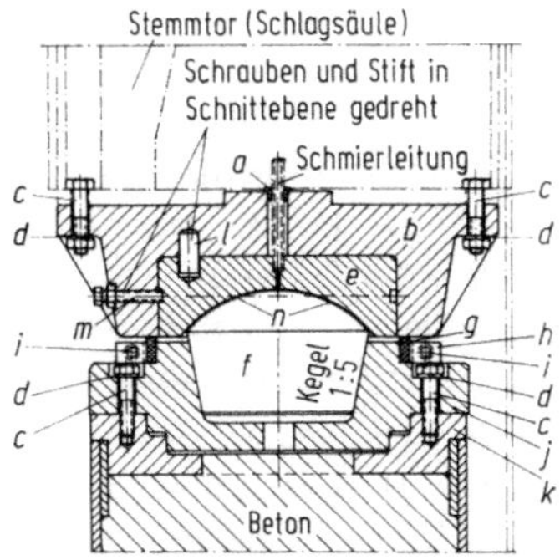

Abb. 17.13. Stemmtor-Spurlager mit kugeligen Spurzapfen (Klönne).
a Metallbuchse; *b* Spurlager-Oberteil; *c* Sechskantschraube; *d* Federring; *e* Spurlagerpfanne; *f* Spurzapfen; *g* Flachgummi; *h* Schelle; *i* Sechskantschraube; *j* Spurlager-Unterteil; *k* Einschweißring; *l* Zylinderstift; *m* Sechskantschraube mit Zapfen; *n* Schmiernuten.

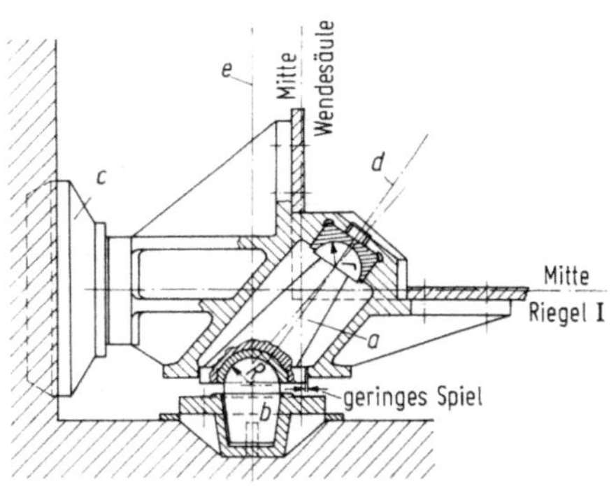

Abb. 17.14. Stemmtor-Spurlager „System Buchholz" in Stemmlage.
a Stelze; *b* Spurzapfen; *c* untere Stemmknagge; *d* Lage der Resultierenden in Drehlage; *e* Tordrehachse.

eingebaut, deren Achse in Richtung der Resultierenden bei Torbewegungen liegt. Entsprechend der Federung am Torhalslager wird das Tor in der Staustellung durch den Stemmdruck angehoben. Abnutzungen von Anschlaghölzern und das Einklemmen von Fremdkörpern läßt das Lager zwanglos zu. Dabei bleiben beide Kalotten und Pfannen satt ineinander liegen. An beiden Stützpunkten haben Zapfen und Pfannen gleiche Radien, so daß Hertzsche Pressungen nicht vorhanden sind und ein Gleiten unter solchen auch nicht erfolgt. Das Lager gibt also unter günstigen Bedingungen den Freiheitsgrad, der für Stemmtore in Staustellung und bei Bewegung notwendig ist.

17.1.7 Rollkränze

An Walzen finden wir Rollkränze mit den zugehörigen Laufbahnen. Rollbahn und Zahnleiste liegen unmittelbar nebeneinander, müssen aber senkrecht zur Öffnung noch ausreichendes Spiel haben, um bei Temperaturausdehnungen Klemmungen zwischen Zahnkopf und Bahn nicht zuzulassen und auch die auf Hertzsche Pressungen tragende Berührungslinie nicht unzulässig stark zu verkürzen. Die Rollflächen sind zu bearbeiten, für die Zähne ist Rohguß ausreichend. Es empfiehlt sich jedoch, letztere vor dem Einbau durch Schablone zu prüfen oder noch besser, sich im Werk durch Abrollen des Kranzes auf der Bahn von dem einwandfreien Zustand zu überzeugen. Der Zahngrund ist nach außen hin abgeschrägt, damit Eis und eventuell auch Verschmutzungen beim Überrollen herausgequetscht werden können.

17.2 Hubmittel

17.2.1 Gallsche Gelenkketten

Für den Stahlwasserbau wurde eine Laschenkette entwickelt, die für große Belastungen bei verhältnismäßig kleinen Geschwindigkeiten besonders geeignet ist. Bei dieser Konstruktion (Abb. 17.15) wird jeder Bolzen beim Ritzeleingriff dreifach abgestützt (dreifach gelagerte Gallsche Gelenkkette). Solche Lagerung bietet den Vorteil, daß für den Bolzendurchmesser vorwiegend die Scherfestigkeit maßgebend ist. Er kann also kleiner werden als bei den normalen Ketten. Dem dünneren Bolzen entsprechend wird die Teilung und bei gegebener Ritzelzähnezahl auch der Teilkreis kleiner; damit kleinere Antriebsmomente und leichtere Triebwerke. Für die Festlegung der Laschen auf den Bolzen kann man den Bolzen absetzen und auf die äußeren Enden Büchsen aufziehen. Diese besitzen den gleichen Außendurchmesser wie das zwischen den Laschenpaketen liegende Bolzenstück, so daß also die Verzahnung an allen 3 Ritzelscheiben gleich wird. Die Büchsen sind durch Vernietung des Bolzenendes gegen Abschieben gesichert. Nach Wahl werden einzelne oder auch alle Bolzen mit leicht lösbaren Büchsen versehen, damit ein bequemes Auswechseln von Laschen und Bolzen möglich ist. Bolzen mit einheitlichem Durchmesser erhalten Eindrehungen zur Aufnahme von Seeger-Ringen (Abb. 17.15). Die Eindrehungen und Seeger-Ringe liegen zwischen den Außenlaschen jedes Laschenstranges. Durch die Verschraubung unter Benutzung von Distanzrohren sind Bolzen und Laschen in Axialrichtung gegeneinander festgelegt.

Für die Bemessung der dreifach gelagerten Ketten sind maßgebend die Flächenpressungen zwischen Bolzen und Laschenbohrungen, deren zulässige Größe außer von der Materialpaarung sehr wesentlich von der Häufigkeit der Ablenkung (Flexur) unter Last am Antriebsritzel und an Umlenkrollen abhängt. Bei sehr hohen Flächenpressungen können schon nach kurzer Betriebszeit starke Freßerscheinungen auftreten, so daß ganze Kettenstücke erneuert werden müssen (Zulässige Flächenpressungen in Abhängigkeit von Flexuren s. DIN 19704).

Wenn Gegengewichte und Umlenkrollen eingebaut sind, erhöht sich die Anzahl der Flexuren eines Kettengliedes. Um die Verschleißbeanspruchung zu vermindern, werden Laschen auch ausgebüchst. Für den Schleusenbetrieb verringert man die Pressungen z. B. auf 500 bis 600 kp/cm² und büchst die Laschen mit selbstschmierendem Material aus.

Damit keine zu großen unterschiedlichen Belastungen bzw. Flächenpressungen in den Laschen einer Teilung auftreten, kommt der Bearbeitungsgenauigkeit der Laschen besondere Bedeutung zu. Das Maß von Bohrungsaußenkante bis Bohrungsaußenkante (Teilung und Laschenbohrung) darf bei allen Laschen einer Teilung höchstens eine Toleranz von 0,03 bis 0,04 mm betragen (s. DIN 19705).

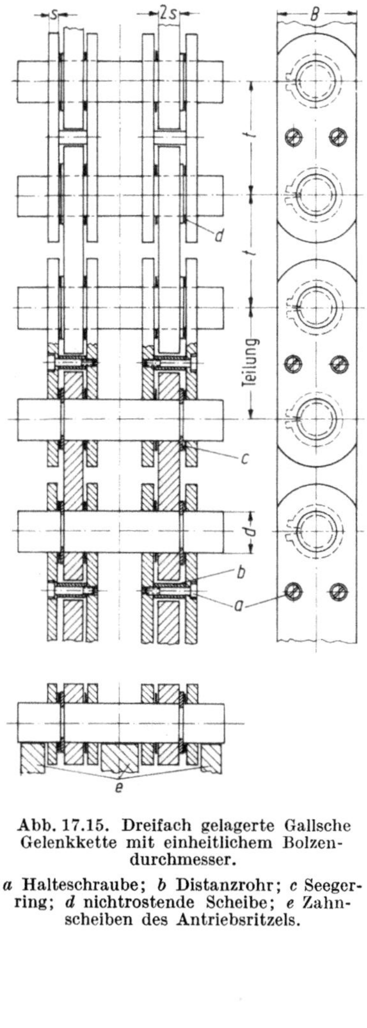

Abb. 17.15. Dreifach gelagerte Gallsche Gelenkkette mit einheitlichem Bolzendurchmesser.
a Halteschraube; *b* Distanzrohr; *c* Seegerring; *d* nichtrostende Scheibe; *e* Zahnscheiben des Antriebsritzels.

Für Ketten, die unter Wasser liegen, werden Bronzebolzen empfohlen, damit die einzelnen Glieder gelenkig bleiben. Bei der Festigkeitsberechnung reicht es im allgemeinen aus, den Nachweis zu erbringen, daß bei der Lasche die Zugbeanspruchung unter der Annahme gleichmäßiger Verteilung innerhalb der zulässigen Grenze liegt. In Wirklichkeit treten jedoch infolge der Kerbwirkung am Lochrand Spannungsspitzen auf. Der Spannungsverlauf im Zugquerschnitt entspricht etwa ähnlich der Abb. 17.16. Es sollte deshalb mit der erwähnten Rechnungsweise die Spannung an dieser Stelle $0{,}8\sigma_{zul}$ nicht überschritten werden. Zur Berechnung des Laschenkopfes reicht es aus, folgende durch Versuchsergebnisse erhärtete Maßverhältnisse anzunehmen, wobei vorausgesetzt ist, daß die Laschenbreite etwa doppelt so groß ist wie der Bolzendurchmesser. Also für

$$b \cong 2d$$

ist

$$\varrho_{min} = 1{,}2d$$

oder

$$n_{min} = 1{,}4\,\text{m}.$$

Es kann nicht damit gerechnet werden, daß beim Ritzeleingriff zwei Kettenbolzen gleichzeitig tragen, insbesondere dann nicht, wenn das ablaufende Kettentrum entlastet ist. Durch Versuche wurde festgestellt, daß für die Bolzen vorwiegend die Scherfestigkeit maßgebend ist. In Anlehnung an Abb. 17.17 sollte eingehalten werden

$$p = 0{,}9 \text{ bis } 1{,}1d\,,$$

$$q = 0{,}5 \text{ bis } 0{,}6d\,,$$

$$l \leqq 1{,}6d\,.$$

Bei der Verzahnung des Antriebsritzels ist es kaum möglich, weniger als 7 Zähne zu wählen. Anderenfalls wird der auf Biegung und Torsion beanspruchte Ritzelwellenquerschnitt zu klein. Der Kopfkreisdurchmesser braucht nicht größer zu werden als Teilkreis- plus Bolzendurchmesser. Am Antriebsritzel ist die Kette, insbesondere dann, wenn ein Kettenstrang unbelastet bleibt, durch eine Kettenhaube gut zu führen. Werden die Führungsbügel, die meist über den äußeren Zahnscheiben liegen, mit einem Spiel von etwa 2 mm über der theoretischen

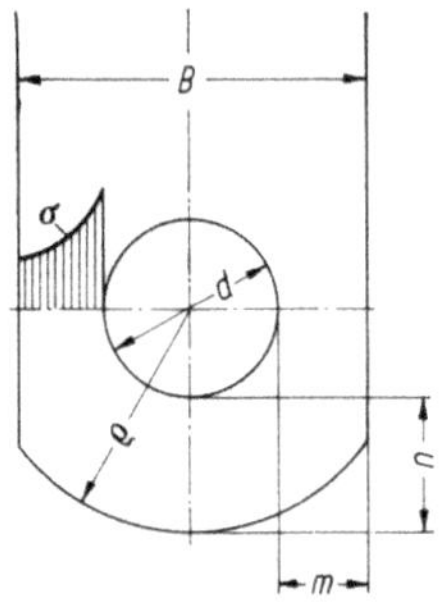

Abb. 17.16. Abmessungen des Laschenkopfes.

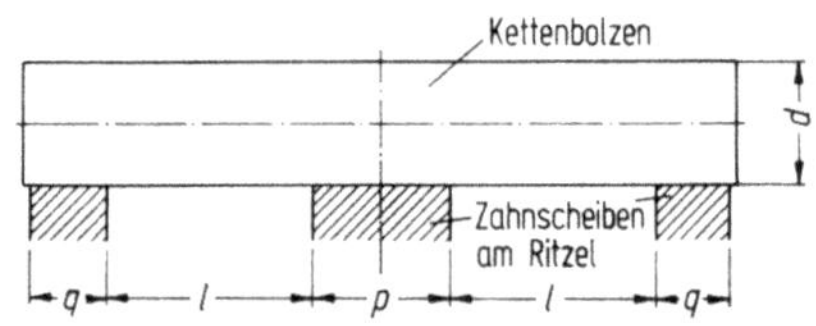

Abb. 17.17. Stützenverhältnisse eines Kettenbolzens in Abhängigkeit von seinem Durchmesser.

Bolzenlage ausgeführt, so ist ein Klettern und Verklemmen der Kette nicht zu befürchten. Die Kettenhaube soll auch Abstreifer besitzen. Diese liegen parallel zu den abgehenden Kettensträngen und haben den Zweck, besonders das nicht belastete Kettentrum beim Ablaufen vom Ritzel zu lösen, falls es in der Verzahnung haften sollte. Bei Durchbildung der Abstreifer darf nicht außer acht bleiben, daß die Kette beim Auf- und Ablaufen um eine Bogenhöhe schwankt, die durch die Kettenteilung als Sehne auf den Teilkreis gebildet wird.

17.2.2 Triebstockstangen und -kränze (-segmente)

Für kleine Hubwege werden bei Zug- und Druckkräften oft Triebstockstangen verwandt. Man benutzt sie vorwiegend zum Antrieb von kleineren Schützen, die mit Druck geschlossen werden müssen. Triebstocksegmente finden wir bei Drehbewegungen.

Beim Nachweis für den Triebstockzahn ist die Kraft am Zahnkopf anzusetzen, weil zumindest bei nicht eingelaufener Verzahnung mit einem gleichmäßigen Tragen von zwei Zähnen ab Einzeleingriffspunkt nicht gerechnet werden darf.

Es muß ebenfalls die sich aus der gleitenden Reibung am Zahn ergebende Horizontalkraft $H = \mu P$ (Abb. 17.18) in Ansatz gebracht werden mit $\mu = 0{,}12$ bis 0,15 bei gut geschmierter Verzahnung.

Es sei noch erwähnt, daß die Triebstockbolzen sich an den Auflagerflächen nach kurzer Betriebszeit durch den Verschleiß abflachen. Dies ist nicht eine nachteilige Erscheinung, denn es bauen sich dadurch die bei Inbetriebnahme vorhandenen recht hohen Hertzschen Pressungen schnell ab. Es ist aus diesem Grunde auch abwegig, die Triebstockbolzen mit einer Oberflächenhärtung zu versehen. Wohl ist es zweckmäßig, die Zahnflanken des Ritzels zur Vermeidungeines frühzeitigen Verschleißes zu härten oder aber das Ritzel aus einem leicht mit Chrom legierten verschleißfesten Stahl zu fertigen. Wegen der anfänglichhohen Hertzschen Pressungen ist in den ersten Monaten nach Inbetriebnahme die Verzahnung gut zu schmieren und zu beobachten. Sollten sich Freßriefen zeigen, so sind diese sofort nachzuschleifen.

Die Triebstockbolzen müssen in der Triebstockstange bzw. im Triebstockkranz unbedingt gegen Drehen durch Achshalter, Schweißung, Nietung oder dergleichen festgelegt werden. Geschieht dies nicht, so wird durch die am Zahn auftretende Reibungskraft der Bolzen in den Zahnstangenwangen bei hohen Flächenpressungen gedreht. Dies hat einen Verschleiß und Fressungen in den Laschenbohrungen zur Folge. Außerdem kann sich am Triebstockbolzen nicht die erwähnte vorteilhafte Abflachung bilden.

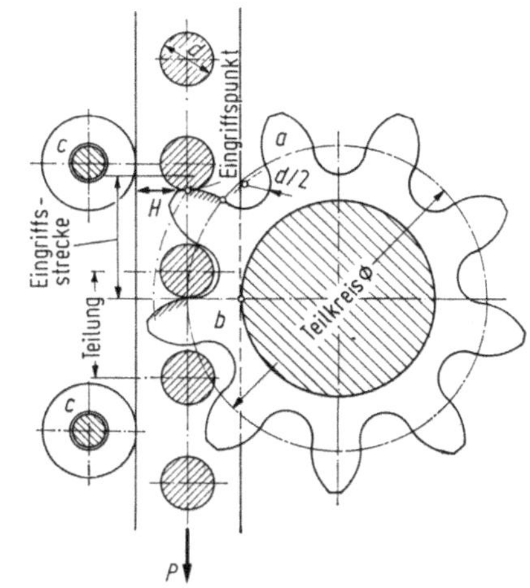

Abb. 17.18. Triebstockverzahnung mit Führung am Ritzel.
a Ritzel; *b* Gegenführung durch Ritzelwelle; *c* Gegenführungsrollen.

Triebstockzahnstangen müssen über den Bereich des Ritzelangriffs zur Aufnahme der Horizontalkraft gut geführt sein. Bei in gleichbleibender Richtung sich bewegenden Zahnstangen reichen hierfür feste Gegenrollen aus (Abb. 17.18). Auf der Ritzelseite läßt man vielfach auch die Zahnstangenwangen am Ritzelwellenschaft anlaufen, wo allerdings wegen der relativen Umfangsgeschwindigkeit zwischen Ritzelwellenschaft und Teilkreis ein Gleiten auftritt. Bei schwingenden Zahnstangen, wie z. B. beim Antrieb von Klappen, dient zur Führung die Ritzelschwinge. Sind bei Triebstockkränzen (Segmenten) Ritzel- und Triebstockteilkreis ortsfest in Zapfen gelagert, wie z. B. bei Kurbelrädern für Stemmtorantriebe, so ist eine besondere Führung am Ritzel nicht erforderlich. Wohl aber ist zu beachten, daß die Lagerkräfte durch die Zahnreibungskraft vergrößert werden.

Bei großen Triebstocksegmenten ist eine Schweißkonstruktion meistens wirtschaftlicher.

17.2.3 Gelenkzahnstange, Triebstockkette

Die Gelenkzahnstange kann überall dort eingesetzt werden, wo auch eine Triebstockzahnstange zweckmäßig wäre. Sie benötigt aber weniger Platz. Ursprünglich war sie zur Überwindung von Zug- und Druckkräften entworfen. Demzufolge besteht sie aus kurzen Triebstockzahnstangen, die gelenkig miteinander verbunden und zwischen Last und Ritzel drucksteif geführt sind. Bei horizontalen wie bei vertikalen Lastbewegungsrichtungen lassen sich die Stangenabschnitte stapeln. Auch können zwei Stränge in ein größeres Ritzel eingreifen und oberhalb des Ritzels kraftlos umgelenkt werden (Abb. 17.19). Am rückwärtigen Ende hängt z. B. ein Gegengewicht zum Ausgleich. Der Ausgleich erfolgt über das Ritzel, das wie ein gleicharmiger Hebel wirkt. Die Gelenkbolzen müssen gegen Drehen in den Wangen ebenso festgelegt werden wie die übrigen Bolzen.

Wird eine Gelenkzahnstange drucksteif geführt, so sind auf beiden Enden der Gelenkbolzen Führungsrollen aufgesetzt (Abb. 17.20). Sie dienen gleichzeitig zur Aufnahme der Reibungskräfte beim Ritzeleingriff und sind auch hierfür zu bemessen. Denn die Belastungen der Rollen im Bereich zwischen Ritzel und Last sind wesentlich geringer. Es empfiehlt sich, die aus den geometrischen Verhältnissen sich ergebenden Rollenkräfte bei Berechnung der Führungen, also auch der Rollen, um 100% zu erhöhen. Sie sollen mindestens aber 3% der Druckkraft je Gelenk übernehmen. Auch ohne Rollenführung kann eine Gelenkkette mit Hilfe von Hakenlaschen drucksteif gemacht werden, so daß Druckkräfte in begrenzter Größe übertragbar sind. Bei Gelenkzahnstangen, die nur Zugkräfte übertragen, muß die Führung am Ritzel durch Schienen und Rollen auf den

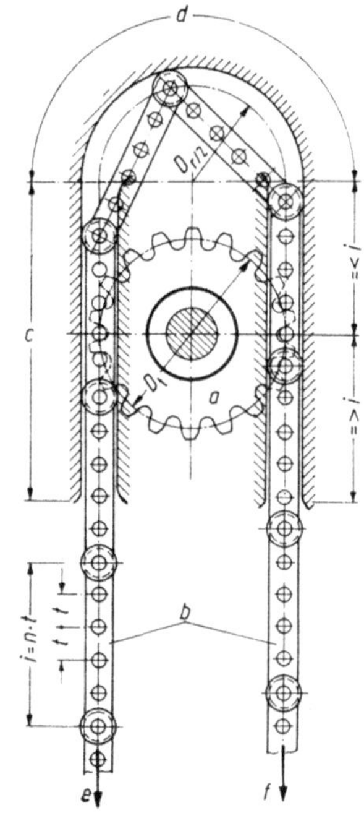

Abb. 17.19. Kraftlose Umlenkung einer beiderseits belasteten Gelenkzahnstange.
a Ritzel; *b* Gelenkzahnstange; *c* Führung für Ritzeleingriff; *d* Umlenkung, nur außen; *e* zum Schütz; f zum Gegengewicht.

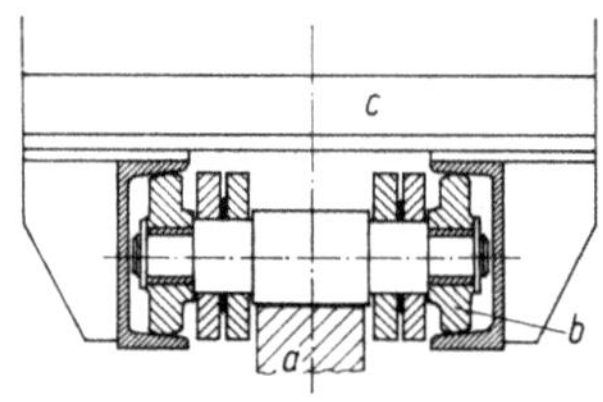

Abb. 17.20. Querschnitt durch eine drucksteif geführte Gelenkzahnstange.
a Ritzel; *b* Führungsrolle mit selbstschmierender Buchse; *c* Befestigung der Führung.

Gelenkbolzen erfolgen. Dabei sollen die Schienen ober- und unterhalb des Ritzels so lang sein, daß beim Zahneingriff eines Gelenkbolzens die ober- und unterhalb liegenden Gelenkbolzen noch in den Schienen geführt sind. Werden nur Gegenrollen angeordnet (ähnlich Abb. 17.18), so erfolgt durch die mit der Last wandernde Reibungskraft H ein Ausschwenken der Gelenkzahnstangenglieder. Dies kann bei größeren Geschwindigkeiten zu unangenehmen Schlägen führen.

Einen Vorteil bietet die Gelenkzahnstange durch die kraftlose Umlenkung hinter oder oberhalb des Ritzels. Die Gelenke sind aus diesem Grunde im Gegensatz zu den Gallschen Gelenkketten kaum einem Verschleiß ausgesetzt; Reibungen und damit Verschleiß entstehen nur an der Triebstockverzahnung. Die Gelenkzahnstange sollte also überall dort angewendet werden, wo mit großen Bewegungshäufigkeiten und mit verhältnismäßig großen Geschwindigkeiten gerechnet werden muß.

Eine Abart der Gelenkzahnstange ist die nur für Zugkräfte geeignete Triebstockkette. Diese besteht aus kurzen Gelenkstücken mit einem oder höchstens zwei festen Triebstockbolzen und bietet daher den Vorteil einer kraftlosen Umlenkung mit kleinem Radius und auch kurzen Führungen am Ritzel. Ähnlich der Kette (Abb. 17.15) kann solche Triebsstockkette auch dreifach gelagert ausgeführt werden.

17.2.4 Drahtseile

Drahtseile als Huborgane werden meistens nur für kleinere Verschlüsse mit verhältnismäßig geringen Bewegungswiderständen verwandt. Größere Lasten bedingen eine mehrsträngige Aufhängung oder starke Seile. Dies führt zu großen Seiltrommeldurchmessern, hohen Antriebsmomenten und damit zu schweren Triebwerken. Häufiger findet man Drahtseile als Gegengewichtsaufhängung. In solchen Fällen sind starke Seile mit großem Seilrollendurchmesser angebracht.

Sind mehrere Seilstränge auf einer Verschlußseite angeordnet, so wird für gleichen Lastanteil durch Ausgleichsrollen, Ausgleichshebel (Balanzier) oder auch Federn gesorgt. Zusätzlich sind auch Nachstellvorrichtungen, wie Spannschlösser erforderlich, um Seillängungen auszugleichen.

Es sollte nicht versäumt werden, Drahtseile schon im Werk vorzurecken. Damit werden störende, unterschiedliche Seillängungen während des Betriebes auf ein Minimum reduziert. Drahtseile im Wasser kann man aus korrosionsbeständigem Stahl fertigen. Diese teuere Lösung ist im Hinblick auf die Lebensdauer wirtschaftlich. Oder man wählt ein Flachseil mit einer allseitig aufvulkanisierten Gummischicht.

17.2.5 Gliederketten

Gliederketten sind für den Betrieb im Wasser unempfindlich und sehr robust. Die Kettennüsse in den Antrieben sind verzahnt und, soweit die Kette hier zum Eingriff kommt, ist sie kalibriert. Kettennüsse und auch Umlenkrollen besitzen kräftige Hauben, die ein Abspringen der Ketten verhindern.

Ein weiteres Anwendungsgebiet finden wir auch bei Anlagen mit einer größeren Anzahl Rollschützen, für die nur ein oder zwei fahrbare Antriebe vorhanden sind.

Hängt ein Verschluß an Gliederketten und laufen diese nicht über Kettennüsse oder Trommeln, so wird er in jeder beliebigen, d. h. der Kettenteilung entsprechenden Höhe durch sogenannte Kettenstopper gehalten.

17.2.6 Spindeln

Die Verwendung von Spindeln zum Heben oder Verfahren von großen Lasten bietet insofern einen Vorteil, da große Übersetzungen in einer Spindel enthalten sind. Zu ihrer Drehung sind nur kleine Antriebsmomente bei leichten Triebwerken nötig. Es ist aber nicht zu verkennen, daß sie einen schlechten Wirkungsgrad besitzen und insbesondere bei geringen Steigungen ein großer Anteil der Antriebsleistung durch die gleitende Reibung zwischen Spindel und Mutter sowie durch Reibung am Spurlager verzehrt wird. Auch sind sie gegen Wasser, Witterungseinflüsse und gegen mechanische Beschädigungen sehr empfindlich.

Wir finden sie bei Gleit- oder Rollschützen für Bewässerungszwecke, die von Hand bedient werden und außer der Spindel nur noch ein Kegelradvorgelege zum Antrieb benötigen. Bei Klappen (Ab. 4.31) kommen sie ebenfalls zur Anwendung. Auch bei Hebewerken, also bei Bauwerken mit großer Last, werden Spindelantriebe eingesetzt (Abb. 6.38). Die Abmessungen der Spindel mit Mutter am neuen Henrichenburger Hebewerk bringt Abb. 17.21. Obwohl die Normallast (Betrieb) gegenüber der Katastrophenlast gering ist, weiß man aus Erfahrung, daß bei großer Betriebshäufigkeit selbst bei geringer Flächenpressung der Verschleiß an den Muttergängen groß sein kann. Er wird stark durch eine gute Schmierung und Wartung beeinflußt. Deshalb ist an jeder Spindelmutter eine automatische Schmiervorrichtung vorgesehen.

Um Abnutzungen rechtzeitig zu erkennen, ist ein Gangprüfstück (Kontrollstück) eingebaut. Abschließend sei darauf hingewiesen, daß man bei großen Hubwegen möglichst nur Zugkräfte in Spindeln einleiten sollte. Durch beiderseitige Axiallager ist dies zu erreichen. Bei der Bemessung der Spindel ist zu prüfen,

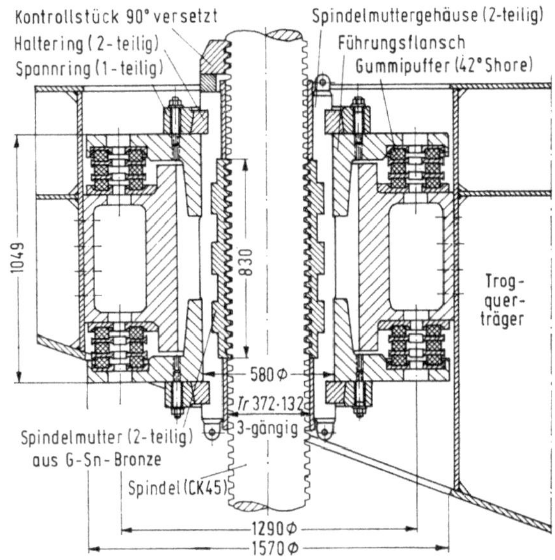

Abb. 17.21 Spindelmutter mit Gummipufferlagerung für ein Schiffshebewerk (Arb.-Gem. 2).

welche Querkräfte, hervorgerufen durch Temperaturausdehnungen oder dergleichen, sie auch auf Biegung beanspruchen. Beim Werkstoff sollte darauf gesehen werden, die Mutter wegen des höheren Verschleißes aus weicherem Material zu wählen, zumal sie einfacher als die Spindel zu ersetzen ist.

17.2.7 Schubstangen und Lenker

Die in diesem Abschnitt behandelten Elemente sind nicht ausgesprochene Hubmittel, sondern dienen im Stahlwasserbau vorwiegend zur Verbindung von schwingenden Antriebsteilen mit dem Verschlußkörper. So sind sie z. B. bei Stemmtoren als Verbindungsglied zwischen Kurbelrad und Torflügel eingebaut. Lenker sind häufig auch an Schleusenhubtoren, wo sie das letzte Glied der drucksteifen Gelenkzahnstange mit dem Tor verbinden und kurz vor Erreichen der Staulage eine Kurbelwirkung ausüben kann. Dadurch wird das Tor langsam aufgesetzt.

Schubstangen und Lenker, die durchweg Druck- wie auch Zugkräfte zu übernehmen haben, werden im allgemeinen aus Walzstahlprofilen oder auch aus Rohren gefertigt. Letztere müssen gegen Eindringen von Wasser beiderseits durch eingeschweißte Köpfe verschlossen sein. Beide Enden besitzen ausgebüchste Augen für den Anschluß an Tor und Huborgan bzw. Kurbelrad. Auf einem Ende ist das Auge federnd an die Stange angeschlossen, und zwar so, daß die Federung sowohl in Zug- als auch in Druckrichtung wirksam ist. In Druckrichtung ist sie erforderlich, um trotz unvermeidlicher Montageungenauigkeiten den Anpreß- bzw. Schließdruck in der gewünschten Größe zu bekommen. Die Federung in Zugrichtung bewirkt ein stoßfreies Anfahren. Die Federn sind im allgemeinen vorgespannt. Bei Schubstangen an Stemmtoren ist dies unbedingt erforderlich, um bei aufkommendem Wellenschlag das Tor während der Bewegung starr am Antrieb zu haben. An einem Ende sollte das Anschlußauge in Richtung der Schubstangenachse nachstellbar sein.

18 Antriebe

So vielseitig die Verschlußarten und ihre Anwendungsgebiete sind, so verschieden sind auch die Antriebskonstruktionen. Diese werden zusätzlich noch durch das gewählte Hubmittel beeinflußt.

Für die Berechnungen gelten die im allgemeinen Maschinenbau üblichen Grundsätze sowie für Deutschland zusätzlich DIN 19704. Es ist deshalb auch darauf verzichtet worden, die Berechnung und Bemessung von Maschinenteilen wie Zahnräder oder Wellen zu behandeln. Richtlinien für die Konstruktion, über Zweck, Betriebshäufigkeit und vorgeschriebene bzw. anzunehmende Lebensdauer zur Dimensionierung und Konstruktion bringt DIN 19705.

Viele der bisher ausgeführten Verschlüsse besitzen einen mechanischen Antrieb. Sie werden also von einem Motor über Zahnräder und Schneckengetriebe bewegt. In den letzten Jahren tritt aber immer mehr der ölhydraulische Antrieb in den Vordergrund. Er besitzt wesentliche Vorzüge wie einfache Geschwindigkeitsregulierung, geringer Platzbedarf. Vor allem aber kann bei seiner Verwendung durchweg auf ein Hubmittel wie Kette, Seil und dergleichen, verzichtet werden. Überall dort, wo große Kräfte über nicht zu lange Wege wirken sollen, bietet sich der Öldruckzylinder (Servomotor) an. Weitere Angaben über Antriebe s. [*688* bis *691*].

18.1 Mechanische Antriebe

Ein mechanischer Antrieb wird aus den Haupttriebwerkselementen, wie Übersetzungsgetriebe, Wellen, Lager gebildet, die den Antriebsmotor, der vorwiegend ein Elektromotor ist, mit dem Ritzel oder der Seiltrommel verbinden. Alle Elemente sind möglichst auf einem gemeinsamen Rahmen gelagert und so einander zugeordnet, daß sie gut wartbar sind.

Beim Tiefbauentwurf lassen sich durch rechtzeitig vorgetragene Wünsche hinsichtlich geringer Pfeilerverbreiterung oder Vergrößerung einer Triebwerksgrube bzw. eines Antriebshauses Zwangslösungen infolge Raummangels in der Regel vermeiden.

18.1.1 Haupttriebwerkselemente

18.1.1.1 Übersetzungsgetriebe

Zu den Haupttriebwerkselementen gehören in erster Linie Stirn- und Kegelrad-Übersetzungsgetriebe. Alle Zahnräder müssen aus dem Vollen geschnittene Zähne besitzen. Als Werkstoffe sind Stahlguß oder Stahl zu wählen. Gußeisen darf nur für untergeordnete Räder, wie z. B. für Stellungsanzeiger, zugelassen werden.

Es ist bei Zahnrädern zu unterscheiden zwischen:

a) offen laufenden, also solchen, die mit ihren Wellen auf Stahlkonstruktionsrahmen gelagert sind und

b) in geschlossenen, öldichten Getriebekästen laufenden Präzisionsgetrieben.

Für die erstgenannten ist für die Zahnfußfestigkeit ein Sicherheitsfaktor von 2,4 und für letztere ein solcher von nur 1,7 gegenüber der Dauerursprungsfestigkeit vorgeschrieben. Dieser Unterschied erklärt sich daraus, weil bei offenen Rädern infolge der von dem Triebwerksrahmen auch aufzunehmenden Last (Kettenzug oder Zahnstangenkraft) unterschiedliche Durchbiegungen erfolgen. Demzufolge kann nicht mit einem stets gleichmäßigen Tragen auf der ganzen Zahnbreite gerechnet werden.

Der Sicherheitsfaktor von 1,7 für Zahnräder in Getriebekästen setzt voraus, daß der Getriebekasten sehr steif ist und äußere Lasten nicht aufzunehmen hat. Es sollen deshalb an den An- und Abtriebswellenstümpfen nur reine Drehmomente ein- bzw. abgeleitet werden, also nicht Zahndrücke wirken.

Es empfiehlt sich, insbesondere offen laufende Räder immer zu korrigieren, vor allem dann aber, wenn die Zahnfußfestigkeit, wie bei reinen Krafträdern, für die Dimensionierung maßgebend ist. Wirtschaftlich wird ein V+-Getriebe mit $x = +0{,}5 \cdot \mathrm{m}$, wobei also die Verzahnung von Rad und Ritzel um den Wert $+0{,}5 \cdot \mathrm{m}$ nach außen bei entsprechender Vergrößerung der Zentrale verschoben ist. Mit Rücksicht auf ein nicht gleichmäßiges Tragen auf der ganzen Zahnbreite dürfen offene Räder nicht zu breit ausgeführt sein. Zahnbreiten von 10· Modul bei Stirn- und 7,5· Modul bei Kegelrädern sollen möglichst nicht überschritten werden. Durch Oberflächenhärtung kann die Zahnfuß-, insbesondere aber die Verschleißfestigkeit verbessert werden.

Für geschlossene Getriebe sind die vorgenannten Einschränkungen über Zahnbreiten und oberflächengehärtete Zähne nicht gültig. Schnellaufende Vorgelege, also auch solche, die unmittelbar an den Antriebsmotor angeschlossen werden, sind immer als geschlossene in Öl laufende Getriebe auszuführen. Zur Erzielung eines ruhigen Laufes sind hierfür Schräg- und Pfeilverzahnungen zu bevorzugen.

Besondere Bedeutung kommt auch dem Schneckengetriebe zu. Es hat den Vorteil, eine große Übersetzung, bis zu 1 : 70, in nur einer Stufe unterzubringen.

Da zwischen Schnecke und Schneckenrad ein reines Gleiten erfolgt, entstehen im Schneckengetriebe verhältnismäßig große Reibungsverluste mit schlechtem Wirkungsgrad. Diese Eigenschaft wird für viele Verschlüsse geschätzt, weil hier gegen Absinken eine Selbsthemmung vorliegt. Allerdings ist diese nur dann vorhanden, wenn der Reibungswinkel größer als der Steigungswinkel der Schnecke ist. Bei gut eingelaufenen Getrieben, selbst bei eingängigen, ist dies praktisch nie zu erreichen, da es aus konstruktiven Gründen unzweckmäßig ist, den Steigungswinkel kleiner zu halten, als es für einen Reibungsbeiwert von $\mu \approx 0{,}04$ (für eingelaufene Schnecken) notwendig wäre.

Schneckenradkränze stellt man aus hochfester Bronze mit guten Gleiteigenschaften her. Die Schnecken aus Einsatzstählen müssen gehärtet und geschliffen sein. Die Gleitgeschwindigkeiten, am Teilkreis der Schnecke gemessen, sollten 15 bis 20 cm/s möglichst nicht überschreiten.

18.1.1.2 Wellen und Lager

Alle Wellen und Achsen sollten möglichst kurz gehalten und auch im Hinblick auf Verformungen der Triebwerksrahmen zwängungsfrei gelagert werden. Hierbei sind auch Ausdehnungen durch Temperaturdifferenzen zu beachten. Übergänge an Wellenabsätzen müssen große Radien erhalten. Alle Wellen und Achsen, insbesondere auch die Übergangsradien sind mit Rücksicht auf Kerbwirkungen sauber zu schlichten. Eine geschruppte Oberfläche sollte nicht zugelassen werden. Desgleichen sind auch Keilnuten stets sauber zu bearbeiten und im Grund mit Radien zu versehen. Aufgekeilte Zahnräder, Kupplungen, Trommeln sollten mit ihren Naben nicht satt an Wellenabsätzen anliegen, da andernfalls die Biegewechselfestigkeit ungünstig beeinflußt wird. Dies gilt besonders für schnellaufende Wellen. Als Werkstoffe für Triebwerkswellen wähle man Kohlenstoff- oder auch Vergütungsstähle. Zu beachten ist, daß Mangan-Silizium-Stähle zu Seigerungen in den Kernzonen neigen. Geschmiedete Ritzelwellen und sonstige hochbelastete Wellen mit größeren geschmiedeten Absätzen sollten axial durchbohrt und in den Bohrungen auf Lunker untersucht werden. Auch Schalluntersuchungen geben über die Güte Aufschluß.

Lager für die Haupttriebwerkswellen, die durch Zahndrücke belastet sind, müssen aus Stahlguß und mit Bronzebüchsen versehen sein. Die Oberteile von Deckellagern können, sofern Deckelbelastungen nicht auftreten, auch aus Grauguß ohne zusätzliche Lagerschalen ausgeführt werden. Augen- und auch Deckellager sollten nicht breiter als der Durchmesser werden. Spezifische Lagerpressungen können bis zu 150 kp/cm^2 reichen.

Alle Lager sind gegen Verschieben durch Paßschrauben oder Keile zwischen Lagerfuß und angeschweißten Schubblechen zu sichern. Beide Lösungen ermöglichen ein Nachrichten, wenn nach Inbetriebnahme ein schlechtes Zahntragbild sichtbar wird.

Für Wellen, die mit mehr als 50 U/min laufen, werden mit Rücksicht auf Wartung und Verschleiß Kugellager empfohlen. Sofern es sich um Verbindungswellen handelt, die nur Torsionskräfte übertragen, dürfen die Lagergehäuse auch aus Grauguß sein.

18.1.1.3 Bremsen

Alle mechanischen Triebwerke besitzen Bremsen, die entweder als Stopp- oder als Haltebremsen wirken. Um sie in ihren Abmessungen klein zu halten, werden sie meistens an der Motorwelle angebracht. Dann ist ein Teil der elastischen Motorkupplung als Bremsscheibe ausgebildet. Hierfür wähle man die Kupplungshälfte, die auf dem Wellenstumpf des Motorvorgeleges fest aufgekeilt ist und nicht jene, die mit dem Motorstumpf verbunden ist, da diese elastisch an das Triebwerk anschließt.

Im allgemeinen erhalten Triebwerke Backenbremsen und nur in seltenen Fällen Bandbremsen. Es empfiehlt sich, die Bremsbacken mit Belägen aus Topco-Fiber bzw. Topco-Asbest zu belegen, die mit Aluminium- oder Kupfernieten befestigt oder aufgeklebt werden.

Die Bremsbacken können fest oder auch gelenkig mit den Bremsholmen verbunden sein. Es ist darauf zu achten, daß die Gelenke der Holme im Abstand des Bremsscheibenradius von der Wellenachse liegen, um nicht Zusatz- und

Entlastungskräfte durch die Bremsumfangskraft zu bekommen. Um das Schleifen einer Bremsbacke während des Laufes zu verhindern, muß jeder Bremsholm einen verstellbaren Anschlag erhalten. Bei Inbetriebnahme und Nachstellungen richte man es möglichst so ein, daß ein Drittel bis die Hälfte des Hubweges für die Lüftung benutzt wird und der Rest für den eintretenden Verschleiß zur Verfügung steht.

Bei Haltebremsen soll das Bremsmoment mindestens 1,5fach so groß sein wie das abwärtsgerichtete Lastmoment, einschließlich hydraulischer Auflasten und Sogkräfte.

Bremsen werden durchweg elektrisch gesteuert. Es sollten nur Bremslüftgeräte Verwendung finden, die eine Dämpfung besitzen. Diese Dämpfung muß gegebenenfalls einstellbar sein, um ein sanftes, stoßfreies Stillsetzen des Verschlusses zu erreichen. Aus diesem Grunde wird auch empfohlen, die Bremswirkung durch Federkraft und nicht durch Gewichte zu erzeugen.

Für manche Verschlüsse erscheint aus den örtlichen oder hydraulischen Gegebenheiten ein Absenken bzw. Umlegen auch ohne Motorantrieb wünschenswert. Zur Regelung der Senkgeschwindigkeit sind dann Geschwindigkeitsbremsen nötig. Sowohl mechanische als auch ölhydraulische Bremsen sind dafür gebräuchlich. Erstere werden vorwiegend für kleinere Senkleistungen eingebaut. Sie bestehen aus einem feststehenden Gehäuse, an dessen Innenwand beispielsweise drei an die Welle angeschlossene Fliehkraftgewichte (Bremsklötze) schleifen und dadurch die Senkarbeit in Wärme umsetzen (Abb. 18.1). Da die Senkgeschwindig-

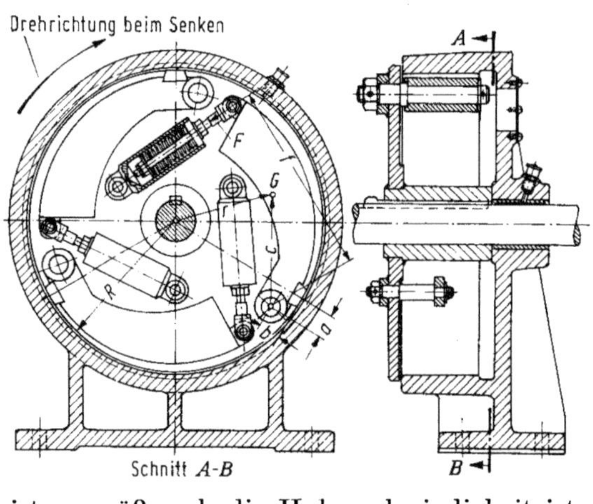

Abb. 18.1 Übersicht einer mechanischen Geschwindigkeitsbremse.

keit meistens größer als die Hubgeschwindigkeit ist, ziehen Federn die Bremsklötze bei der Normalgeschwindigkeit von der Schleiffläche zurück. Der Antrieb beim Hub wird somit nicht gebremst. Die Bremsdrehzahl errechnet sich aus:

$$n = \sqrt{P\left[\left(\frac{a}{\mu c} + \frac{b}{c}\right) + \frac{Ff}{c}\right]\frac{900}{rG}} \text{ U/min.} \qquad (290)$$

Hierin bedeuten (Abb. 18.1):

$P = \frac{M_{Br}}{R}$ Summe der Umfangkraft an allen Bremsklötzen;

G Gewicht der Bremsklötze;

F Federkraft aller Federn bei Bremsklötzen in Bremsstellung;

μ	Reibungsbeiwert 0,1 bis 0,12;
r u. c	Maße für die Lage des Schwerpunktes der Bremsklötze;
a, b u. f	Maße (s. Abb. 18.1).

Die Bremse muß auch auf Erwärmung nachgerechnet werden. Falls die Wärmeaufnahme und -übergabe an die Außenluft nicht ausreichen, sind zusätzliche Kühlrippen oder Wasser- bzw. Ölkästen nötig. Die Umfangsgeschwindigkeit der Schleifleisten soll möglichst nicht über 3 bis 4 m/s liegen. Als Schleifkranz reicht normalerweise das gußeiserne Gehäuse aus.

Ölhydraulische Geschwindigkeitsbremsen bestehen aus einer von der Last angetriebenen Zahnradpumpe, die das Öl durch eine Drossel in den Behälter zurückdrückt. Wenn die Bremse beim Heben des Verschlusses mitläuft, dann höchstens nur mit der Hälfte der Drehzahl, die sie beim Senken macht. Anderenfalls belastet sie den Antriebsmotor zu sehr. Bei kleinerem Drehzahlunterschied muß die Geschwindigkeitsbremse beim Heben abkuppelbar sein. Bereitet dies zu große Schwierigkeiten, bietet sich eine Umleitung mit Rückschlagventil, durch die das Bremsöl beim Heben widerstandslos angesaugt werden kann, als Lösung an. Ölhydraulische Bremsen haben noch den Vorteil, daß mit ihnen durch eine vom Antrieb über eine Nockenscheibe gesteuerte Drossel der Verschluß automatisch sanft in die Endstellung eingefahren werden kann.

18.1.1.4 Handantrieb und Notantrieb

Wieviel Bedienungsleute einen Handantrieb betätigen sollen, hängt vom Platz und der geforderten Bewegungsgeschwindigkeit ab. Ein Mann kann bei Handkurbelbedienung eine Leistung von etwa 8 mkp/s vollbringen. Bei Handkurbeln mit einem Radius von $R = 350$ bis 400 mm lege man eine Umfangsgeschwindigkeit von etwa 1,0 m/s zugrunde. Die Arbeitsleistung von 8 mkp/s gilt für normale Bewegungswiderstände und für eine ununterbrochene Zeit von 15 bis 20 min. Die erfoderliche Zahl der Bedienungsleute errechnet sich aus

$$n = \frac{K}{8\eta T}, \tag{291}$$

worin K die Hubkraft in kp, η der Wirkungsgrad vom Huborgan bis zur Handkurbel und T die für 1,0 m Hub gewünschte Zeit in Sekunden ist. Bei kurzzeitigen Belastungsspitzen kann mit einer doppelten menschlichen Leistung gerechnet werden.

In allen Fällen, in denen die Last treibend wirkt, muß eine Selbstsperrung im Antrieb vorhanden sein. Ist eine selbstsperrende Schnecke nicht eingebaut, so ist eine Lastdruckbremse erforderlich. Bei Stemmtorantrieben muß diese gegebenenfalls doppeltwirkend sein. Der Handantrieb sollte abgekuppelt werden können. Man vermeide dabei einen Reibungsschluß (Gefahr von Kurbelschlägen). Ein durch das Kupplungsgestänge des Handantriebes betätigter elektrischer Blockierungsschalter macht den Antriebsmotor im eingerückten Zustand spannungslos.

Ein Notantrieb (z. B. tragbarer Benzinmotor) mit Kupplung und Wendegetriebe kann auf Konsolen am Triebwerksrahmen befestigt und mit einem Keilriemenantrieb an den für eine Handkurbel vorgesehenen Wellenstumpf angeschlossen werden.

18.1.1.5 Verriegelungen und Schützaufhängungen

Für viele Verschlüsse wird in geöffneter Stellung eine Verriegelung oder Schützaufhängungen gefordert. Diese können je nach Verschlußart unter anderem folgenden Zweck erfüllen:

a) Entlastung der Huborgane und eventuelles Auswechseln derselben bei völlig gehobenem Verschluß.

b) Sicherheit gegen Absinken eines gehobenen Verschlusses durch unvorhergesehene Umstände.

c) Verriegeln gegen Kräfte, für die Hubmittel und Antriebe nicht bemessen sind, z. B. Stemmtore in Schleusen, die zur Hochwasserabfuhr herangezogen werden.

d) Verriegeln eines Sektors in Staulage, um die Sektorkammer leerpumpen und besichtigen zu können.

In allen Fällen werden die Riegel ohne Belastung eingelegt und auch wieder zurückgezogen. Für das Absetzen der Last und auch für das kurze Anheben zur Riegelentlastung soll möglichst der Handantrieb benutzt werden. Aus diesem Grunde werden mit dem Gestänge zur Betätigung eines Riegels ähnlich wie bei Handantrieben Blockierungsschalter bewegt. Diese trennen den Antriebsmotor vom Netz. Bei zweiseitig angetriebenen Verschlüssen müssen die Riegel auf beiden Seiten einen Blockierungsschalter besitzen.

Bei Sicherheitstoren, die jederzeit bei eintretenden Notfällen abgesenkt werden müssen, empfiehlt es sich, an den Riegeln Kontakte anzubringen, die dem Wärter durch akustisches Signal oder Lichtzeichen anzeigen, wenn das Tor auf dem Riegel aufliegt und um ein geringes Maß wieder anzuheben ist. Diese zeitraubende Tätigkeit ist damit vor einem Absenken bei eingetretenem Notfall eingespart.

18.1.2 Verbindung bei zweiseitigen Antrieben

Bei nicht torsionssteifen, zweiseitig angetriebenen Verschlüssen sind zur Erzielung eines Gleichlaufes die Antriebe beider Seiten zu verbinden. Dieses erfolgt durch eine elektrische oder eine mechanische Welle. Hier sei nur erwähnt, daß die elektrische Welle (s. Abschn. 19.2) die sich gut bewährt hat, bei großen Lichtweiten und besonders dort auch angewandt werden sollte, wo mechanische Wellen mit Hilfe mehrerer Kegelräder umzulenken wären.

Bei mechanischen Wellen ist zu unterscheiden zwischen Kraft- und Ausgleichswellen. Erstere sind vorhanden, wenn beide Triebwerke eines Verschlusses nur einen gemeinsamen Antriebsmotor besitzen, der auf einem der beiden Triebwerke oder in Mitte einer Wehrbrücke montiert ist. Die Welle hat hier also dauernd das volle Drehmoment zu einem Triebwerk zu übertragen. Bei einer Ausgleichswelle besitzt jedes Triebwerk einen eigenen Motor. Sie übernimmt demzufolge nur Differenzmomente bei unterschiedlichen Lasten auf beiden Seiten und stellt damit den genauen Gleichlauf beider Schützseiten sicher. Die Kraftwelle ist also für das volle Drehmoment unter Zugrundelegung des normalen Betriebsfalles zu bemessen. Bei der Ausgleichwelle dagegen darf für die Übertragung der vollen Last von einer Seite zur anderen der besondere Betriebsfall angenommen werden. Dies wäre der Fall, wenn ein Motor ausfällt und der andere kurzzeitig bei 100%iger Überlastung beide Seiten antreiben muß.

Verbindungswellen sollen möglichst nicht schneller als mit 150 U/min laufen. Kugellager sind mit Rücksicht auf die Wartung den Gleitlagern vorzuziehen. Für Längenausdehnungen infolge Temperaturschwankungen sind Ausdehnungskupplungen einzubauen. Auch dort, wo Wellen von Pfeilern auf Brücken oder Bedienungsstege übergeleitet werden, ist dies erforderlich. In den meisten Fällen sind hierfür einfache Klauenkupplungen völlig ausreichend. Ist eine Ablenkung von Wellen erforderlich, so sind die hierzu nötigen Kegelräder auf gemeinsamen Rahmen zu lagern. Es empfiehlt sich dann, durchweg geschlossene, möglichst in Öl laufende Kegelradgetriebe zu wählen, die auch einen ruhigen Lauf gewährleisten.

Eine gebräuchliche Lösung ist die Verbindung von zwei Antrieben durch eine Rohrwelle. Sie sollen im allgemeinen nicht höhere Drehzahlen als 20 U/min haben. Bei der Bemessung ist in den meisten Fällen die Durchbiegung maßgebend, die nicht größer als $^1/_{1200}$ der Stützweite sein sollte. Da die Rohrwelle große Torsionsmomente überträgt, kann beim Antrieb ohne Motor mindestens ein Übersetzungsgetriebe eingespart werden (s. Abb. 18.9).

18.1.3 Triebwerksrahmen

Die einzelnen Maschinenelemente eines Antriebes werden auf Rahmen aufgebaut, die in der Regel aus geschweißten Stahlkonstruktionen bestehen. Sie sollen nach Stahlbauvorschriften bemessen werden, jedoch mit der Einschränkung, daß mit Rücksicht auf einen zwängungsfreien Lauf der Getriebeteile den Verformungen Grenzen gesetzt sind. Bei Triebwerksrahmen, die z. B. wie bei üblichen Wehrantrieben die Nischenbreite überbrücken und außer durch Eigengewichte auch durch die Kettenzüge belastet werden, sollten die zulässigen Beanspruchungen nicht ausgenutzt werden. Es empfiehlt sich, die Durchbiegung nachzurechnen und so zu dimensionieren, daß diese in den beiden Hauptträgern möglichst gleich ist. An Querschotten und Aussteifungen, insbesondere dort, wo konzentrierte äußere Kräfte eingeleitet werden, sollte nie gespart werden. Verbände oder diese ersetzende Knotenbleche sind für Transport und Montage nötig, aber auch dann vorzusehen, wenn der Rahmen mit der Betonunterlage fest verbunden wird. Unterstützungen für Motor und schnellaufende Getriebe sind im Hinblick auf erschütterungsfreien Lauf kräftig auszubilden und gut auszusteifen. Dies gilt auch für Rahmen von Stemmtorantrieben, um ein Losschlagen bei dem hier häufigen Lastwechsel durch Öffnen und Schließen zu vermeiden.

An Stellen, an denen Lager, Getriebekästen, Motoren und andere Maschinenteile auf den Rahmen aufgeschraubt werden, sind aufgeschweißte Futterstücke zweckmäßig, die am fertigen Rahmen gehobelt oder plangefräst sind. An großen Rahmen werden ganze Lamellen zu diesem Zweck bearbeitet. Die aufgebrachten Maschinenteile liegen dann mit ihrer ganzen Auflagerfläche einwandfrei auf. Außerdem wird durch diese Maßnahme die Werksmontage vereinfacht.

18.2 Ölhydraulische Antriebe

In fast allen Fällen erfolgt die Verschlußbewegung durch Arbeitszylinder (Servomotoren), die von Öldruckerzeugungsanlagen gespeist werden. Zwar sind kleinere Wehranlagen bekannt, bei denen die Rollschütze nicht durch Arbeits-

Tabelle 40. *Gegenüberstellung Mechanischer Antrieb — Ölhydraulischer Antrieb*

		Mechanischer Antrieb	Ölhydraulischer Antrieb
Prinzipieller Aufbau	Kraftquelle	Elektromotor; wahlweise menschliche Arbeitskraft (Handantrieb)	wie nebenstehend; zusätzlich Windkessel als Akkumulator möglich (bei langdauerndem Stromausfall); wahlweise menschliche Arbeitskraft (Handpumpe)
	Kraftübertragung	Zahnradvorgelege, Schneckengetriebe	Ölpumpe — Rohrleitung — Hubzylinder — Kolben
	Hubmittel für Zug Hubmittel für Druck und Zug	Seil, Kette (Zahn-) Stange, drucksteife Kette, Gelenkzahnstange	Kolbenstange aus nichtrostendem Material bzw. hartverchromt, evtl. mit nachgeschaltetem Hubmittel wie nebenstehend
Funktion	Wirkungsgrad	infolge Zahnradvorgelege (Schneckengetriebe) schlechter	gut, da Rohrleitungsquerschnitt genügend groß gehalten werden kann, weil billig
	Überlastungsschutz	Überlastungsschutzkupplung (Rutschkupplung mit elektrischem Ausschalter), von Temperatur und Konsistenz des Mediums abhängig, schwierig einzustellen vom Bedienungspersonal	Sicherheitsventil in weiten Grenzen leicht einstellbar
	Kräftemessung an der Lastseite	nur durch teuere Druckmeßdosen od. ä. möglich	einfaches Manometer
	stufenlos variable Geschwindigkeit	nicht möglich, nur bei Verwendung von polumschaltbaren Motoren Verhältnisse 1 : 2 : 3	leicht möglich durch Anordnung einer Ölpumpe mit verstellbarer Fördermenge
	Bremse	Backenbremse	keine Motorbremse erforderlich; Servomotor wirkt als progressive Bremse (Ölbremse) bei Schnellschluß-Fallschützen. Zum Halten der Last dienen Rückschlagventile
	Schnellabsenkung	nur durch besondere Motoren und Getriebe, evtl. durch Fliehkraftbremse möglich	in einfachster Weise möglich durch Öffnen der Ölablaufleitung vom Zylinder
	Selbstsperrung	nur mit Schneckengetriebe	durch Schließen des Ölkreislaufes mit Ventil

Funktion	Endschaltung	durch Getriebe- oder Spindelendschalter oder durch vom Schützkörper ausgelöste Hebelendschalter	durch vom Schützkörper oder Hilfsgestänge ausgelöste Hebelendschalter und/oder durch von der Kolbenstange im Zylinderkopf betätigte Ventile
Räumliche Anordnung	—	Windwerk liegt in unmittelbarer Nähe des Verschlußkörpers, andernfalls ergeben sich unwirtschaftliche Transmissionen	Öldruckerzeugungsaggregat kann an beliebiger Stelle aufgestellt werden
	bei nicht gleichzeitiger Betätigung verschiedener Verschlußkörper	pro Verschlußkörper ist ein Windwerk nötig, andernfalls ergeben sich unwirtschaftliche Transmissionen bzw. Kupplungen; Betätigung der letzteren schwierig. Fahrbarer Antrieb für mehrere Verschlüsse (s. Abb. **18.12**)	ein Öldruckerzeugungsaggregat kann mehrere Schütze bedienen durch einfaches Ventilumsteuern
	Anordnung unter Wasser	für Windwerke nicht möglich; Huborgane sind gefährdet wegen Geschwemmseleinzug und Vereisungsgefahr	Zylinder kann unter Wasser angeordnet sein; Kolbenstange (nichtrostend, mit schützendem Ölfilm überzogen) geeignet für Unterwasseranordnung
Betrieb und Wartung	Bewegungsfähigkeit bei Kälte	vorhanden	vorhanden, jedoch bei stärkerem Frost zusätzliche Maßnahmen (z. B. Heizung).
	Schmierung und Reinigung	Verschmutzungsgefahr der Zahnradvorgelege (z. B. auf Schleusentoren); viele bewegliche Teile	keine rotierenden Teile, die der Verschmutzung ausgesetzt sind; wenige bewegliche Teile

zylinder, sondern durch Ölmotoren bewegt werden. Diese sind ohne Zwischenschaltung von Zahnradvorgelegen unmittelbar mit den Ritzelwellen gekuppelt. Als Huborgane sind also noch Ketten oder Zahnstangen erforderlich.

Ein ölhydraulischer Antrieb mit Arbeitszylindern besteht aus drei Baugruppen, und zwar aus den Arbeitszylindern, der Öldruckerzeugungsanlage und der Steuerung mit den Ölleitungen. Es können zum Bewegen eines Verschlusses ein oder auch mehrere Arbeitszylinder nötig sein, die eine gemeinsame Öldruckerzeugungsanlage und Steuerung besitzen. Bevor die drei Baugruppen einzeln behandelt werden, soll eine Gegenüberstellung (Tab. 40) zum mechanischen Antrieb Vor- und Nachteile aufzeigen [*677*].

18.2.1 Arbeitszylinder

Es gibt Arbeitszylinder für Zug- und Druckkräfte und auch solche, die nur Zugkräfte ausüben. Kolbenstangen werden meist nur einseitig herausgeführt; beiderseits dann, wenn eine Endschaltung, ein Stellungsanzeiger oder eine Haltevorrichtung es erfordern.

Einen Arbeitszylinder für Zug- und Druckkräfte zeigt Abb. 18.2.

Als Korrosionsschutz reicht in vielen Fällen eine Hartverchromung für die Kolbenstange aus, oder man zieht einen Kupfermantel über. Wo große Korrosionsgefahr besteht, sind Kolbenstangen aus nichtrostendem Chrom-Nickel-Stahl

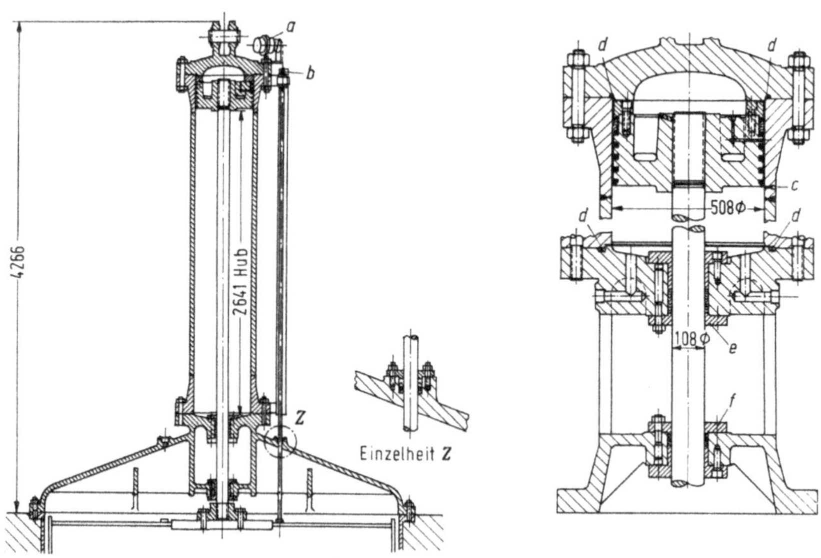

Abb. 18.2. Zug- und Druckzylinder (MAN, RU).
a Geber für Fernanzeige; *b* Endschalter; *c* Anschluß Entlüftungsventil; *d* Dichtungsringe; *e* Stopfbüchse gegen Öldruck im Zylinder; *f* Stopfbüchse gegen Wasserdruck im Zylinder.

zu empfehlen. Werden Arbeitszylinder für Schwenkbewegungen, wie bei Stemmtoren, Stauklappen, Segmenten oder dergleichen, in Zapfen gelagert, ist bei Druckkräften für eine ausreichende Einspannungslänge zwischen Kolbenstange und Zylinder zu sorgen. Dies ist leicht zu erreichen, indem der mit einer Führungsbuchse versehene Kolben in ausgefahrener Stellung einen genügenden Abstand zum Stopfbuchsenlager behält. Eventuell muß der Zylinder dann etwas länger werden als für den Hub erforderlich.

Als Dichtungen sollte man möglichst solche Typen wählen, bei denen eine Beschädigung der Lippen beim Einbau am wenigsten zu befürchten ist. Werden vom Kolben Löcher oder Schlitze, die für Geschwindigkeitsdämpfungen oder zu anderen Zwecken im Zylindermantel vorhanden sind, überfahren, so werden Kolbenringe eingebaut. Solche müssen aber stets sauber geschliffene Oberflächen besitzen, da man nicht mit einem Einschleifen während des Betriebes rechnen kann. Zur Schonung der Dichtungen und zur Erreichung eines möglichst hohen Dichtungsgrades werden die Zylinderbohrungen gehont und die Kolbenstangen geschliffen.

Bei Absenkverschlüssen, bei denen die Last eindeutig stets in der gleichen Richtung wirkt, ist die Anwendung von Zylindern mit Plungern möglich (Abb. 18.3). Der Zylinder stützt sich über Gürtelzapfen in dem mit dem Beton verankerten Rahmen ab und kann so die Schwenkbewegungen bei Klappenbetätigungen ausführen. Die Last wird über das am Plungerkopf befindliche Gelenk eingeleitet und setzt sich hier unmittelbar auf die Ölsäule ab. Aus diesem Grunde ist es zweckmäßig, den Plunger wie hier, auf der Zylinderseite offen-

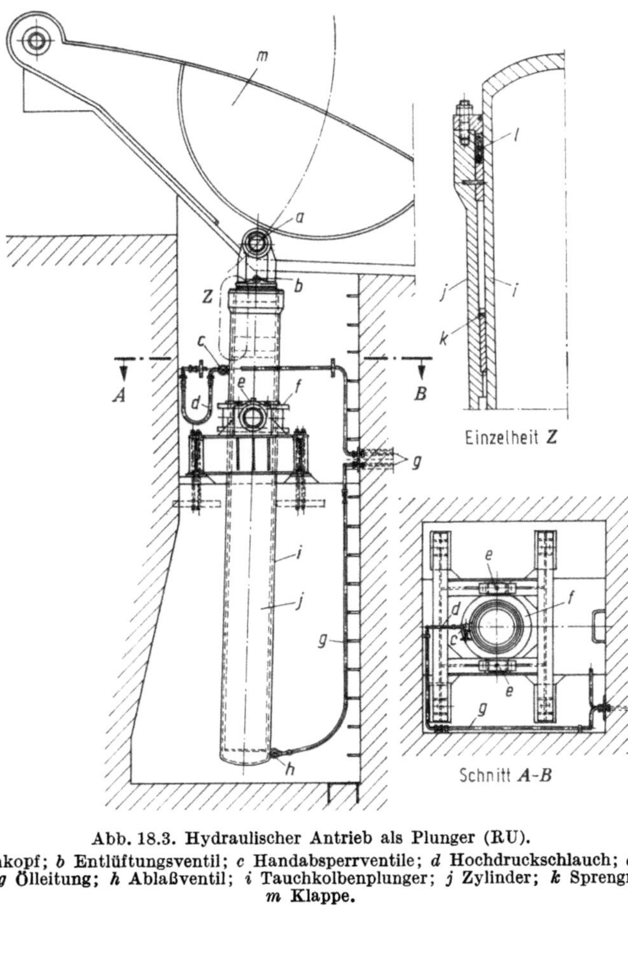

Abb. 18.3. Hydraulischer Antrieb als Plunger (RU).
a Tauchkolbenkopf; *b* Entlüftungsventil; *c* Handabsperrventile; *d* Hochdruckschlauch; *e* Deckellager; *f* Zylindergürtel; *g* Ölleitung; *h* Ablaßventil; *i* Tauchkolbenplunger; *j* Zylinder; *k* Sprengring; *l* Dichtung; *m* Klappe.

zulassen, wenn auch dadurch eine größere Menge Betriebsöl erforderlich wird. Ein weiterer Vorteil ist dabei, daß in die Plungerwandung vorwiegend Zug-Ring-Spannungen aus dem Öldruck kommen. Eine Normalbeanspruchung auf Druck in Achsrichtung, die aus dem auf die untere Stirnwand des Plungers wirkenden Öldruck entsteht, ist vernachlässigbar klein. Es wird deshalb der unten geschlossene Plunger schwerer als der offene. Auch sei noch darauf hingewiesen, daß die Standsicherheit in ausgefahrener Stellung bei offenem Plunger durch den Innendruck besser ist. Bei geschlossenem Plunger ist allein die Einspannlänge am Stopfbüchsenlager für die Sicherheit gegen Knicken maßgebend [*678*].

Das Ausbohren der Plunger-Zylinder erübrigt sich. Sie bleiben innen unbearbeitet. Eine automatische Dämpfung in den Endlagen ist nicht möglich. Ist sie bei Plungerantrieben erforderlich, so muß die Steuerung entsprechend ausgebildet werden.

Der normale Öldruck-Servomotor mit Zylinder, Innenkolben und Kolbenstange baut in der Bewegungsrichtung verhältnismäßig lang. Das Gesamtaggregat benötigt mehr als den doppelten nutzbaren Hubweg. Die Baulänge läßt sich dadurch verkürzen, wenn man statt eines einteiligen einen teleskopartig zusammenschiebbaren Druckkolben wählt (s. Abschn. 18.3.2).

18.2.2 Öldruckerzeugungsanlagen

Die Hauptelemente einer Öldruckerzeugungsanlage sind die Ölpumpe mit Antriebsmotor, der Ölbehälter sowie die Sicherheitseinrichtungen, wie Überströmventil, Manometer und Ölfilter. Die drei Systeme von Ölpumpen, die für Stahlwasserbauantriebe vorwiegend benutzt werden, sind Zahnradpumpen, Schraubenpumpen und Drehkolbenpumpen. Ihre unterschiedlichen Merkmale sind, abgesehen von der Kostenfrage, vorwiegend der volumetrische Wirkungsgrad und die Regelbarkeit.

Im allgemeinen reichen für den Stahlwasserbau die konstruktiv einfacheren und somit auch billigeren Zahnradpumpen aus. Wo mit zwei verschiedenen Geschwindigkeiten gefahren werden muß, ist der Einbau von zwei Zahnradpumpen mit unterschiedlichen, der verlangten Geschwindigkeit angepaßten Fördermengen zweckmäßig. Da die Fördermenge außer vom Druck auch von der Pumpendrehzahl abhängig ist, kann diese Aufgabe gegebenenfalls auch dadurch gelöst werden, daß zum Antrieb ein polumschaltbarer Elektromotor gewählt wird.

Den Grundrahmen bildet der Ölbehälter, auf bzw. in welchem die Pumpensätze mit Überströmventilen, Filtern und Belüftungsventilen eingebaut sind. Steuerschieber, Manometer und sonstige Einrichtungen, wie Reservehandpumpe, Ventile und Meßinstrumente, sind ebenfalls am Ölbehälter montiert. Der Ölbehälter muß außer einem Ölstandanzeiger oder Ölmeßstab auch öldicht verschlossene Öffnungen besitzen, die ein Reinigen des Innenraumes und auch ein Nachprüfen bzw. Herausnehmen der eingebauten Elemente gestatten. Bei kleineren Behältern bietet ein abschraubbarer oberer Deckel hierfür die beste Möglichkeit. Alle Rohrstutzen für die zu den Arbeitszylindern abgehenden Rohrleitungen sind möglichst mit Absperrventilen zu versehen.

Für Regulierverschlüsse und auch Umlaufverschlüsse wird manchmal die Bedingung gestellt, daß sie ein oder mehrere Bewegungsschübe auch dann noch ausführen sollen, wenn die Kraftquelle ausfällt. In solchen Fällen ist ein Kraftspeicher notwendig. Hierzu dient ein Windkessel, seltener sind Flüssigkeitsbehälter mit Gewichtsbelastung ausgeführt.

18.2.3 Öldruck

Für die Bemessung eines Zylinders sind nur die Kolbenkraft, der Hub und der Betriebsdruck maßgebend.

Mit Hilfe des Druckes erhält man aus der Beziehung

$$\text{Kolbenfläche} = \frac{\text{Kolbenkraft}}{\text{Druck}}$$

die wichtigste Entwurfsgröße. Die Abmessungen des Arbeitszylinders werden damit wesentlich beeinflußt, und man wird bei der Festlegung der Abmessungen zunächst vom Betriebsdruck ausgehen. Damit wird der Betriebsdruck ausschlaggebend für alle anderen Größen, besonders auch der für den Betrieb eines Zylinders notwendigen Hydraulikanlage. Aus Versuchen mit einer Last von 100 Mp und einem Hub von 500 mm ergab sich eine Gesamtwirtschaftlichkeitskurve (Abb. 18.4). Es wurden dabei für 50 kp/cm² gleich 100% angesetzt. Danach kann gesagt werden, daß allgemein der optimale Betriebsdruck für dic meisten Arbeitszylinder und die dazugehörigen Anlagen zwischen 250 und 300 kp/cm² liegt [*679*].

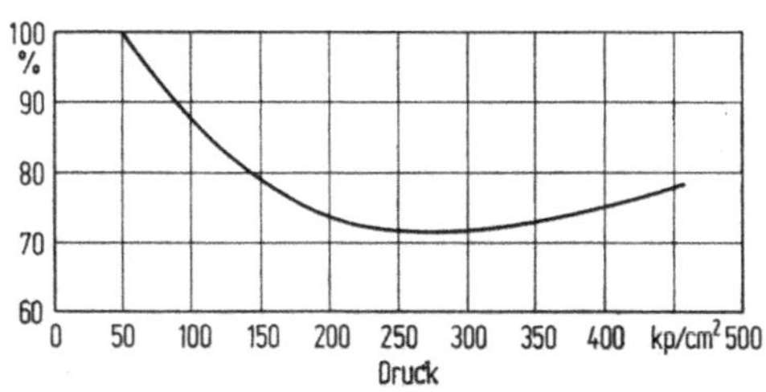

Abb. 18.4. Gesamtwirtschaftlichkeitskurve eines Arbeitszylinders in Abhängigkeit vom Betriebsdruck.

Dieses Resultat wird sich in Spezialfällen (z. B. besonders lange Leitungen, extrem langer Hub usw.) natürlich verschieben.

Als Vorteile der Hochdruckhydraulik sind anzuführen [*122, 680*]:

a) Kleinere Abmessungen; dadurch Gewichtsersparnis sowie Verminderung der Möglichkeit unbemerkter Materialfehler.

b) Kleinere Fördermengen bei gleichen Hub- und Senkgeschwindigkeiten; dadurch können sämtliche Hydraulikventile mit den Rohrleitungen entsprechend kleiner dimensioniert werden.

c) Verwendung kleinerer Ölmengen und Ölbehälter.

d) Obwohl die Öldrücke höher sind, treten weniger Leckverluste ein, weil die Dichtungen und die Leckwege in Ventilen und Pressen kleiner sind.

e) Der Einbau von Leckölpumpen kann möglicherweise entfallen.

f) Die Zylinder weisen bei höheren Öldrücken entsprechend größere Wandstärken auf und sind deshalb einer geringeren Dehnung unterworfen als die verhältnismäßig dünnwandigen Niederdruckpressen.

g) Bei gleicher relativer Sicherheit ist die absolute Sicherheit bei höheren Drücken größer.

Mit optimalen Drücken bis 300 kp/cm² liegen für den Stahlwasserbau allerdings noch nicht genügend Erfahrungen vor. Daher ist für deutsche Anlagen in der DIN 19705 eine Begrenzung des Öldruckes vorgeschrieben. Bei den festzulegenden Ölleitungsquerschnitten wähle man Ölgeschwindigkeiten, die nicht höher sind als 4 bis 5 m/s. Ausnahmen (10 bis 12 m/s) können bei kurzzeitigem Schnellsenken eines Verschlusses gemacht werden, wobei dann aber durch geeignete Maßnahmen (Dämpfung am Arbeitszylinder oder dergleichen) eine kleinere Verzögerung beim Einfahren in die Endstellung erreicht werden muß, um harte Schläge in den Leitungen und Schiebern zu vermeiden. In Leitungen, durch die beim Schnellsenken das Öl auf die lastlose Kolbenseite nachgesaugt wird, muß aber die Ölgeschwindigkeit so gering bleiben, daß nicht solch ein Unterdruck entsteht, der eine Ölverdampfung bewirkt. Mit Rücksicht auf Rohrleitungsverluste und stoßfreies Arbeiten sind in den Rohrleitungen scharfe Krümmer und schroffe Querschnittsübergänge zu vermeiden.

18.3 Antriebe für verschiedene Konstruktionen

Nachfolgend werden Antriebsarten gezeigt, ohne dabei sagen zu wollen, daß die eine oder andere Lösung nur für diesen oder jenen Typ geeignet ist.

18.3.1 Wehrantriebe

18.3.1.1 Rollschütz

Bei Rollschützen mit Aufsatzklappe dient vielfach nur ein Triebwerk sowohl der Klappen- als auch der Schützbewegung. Die Hubkette wird vom Schütz über das Antriebsritzel und von dort zur Stauklappe geführt. Bei dieser Lösung wird, wenn aus der Staulage heraus das Ritzel im Schützhubsinne bewegt wird, zunächst die Stauklappe umgelegt und beim Weiterbewegen in gleicher Ritzeldrehrichtung das Schütz mit umgelegter Klappe gehoben. Bei umgekehrter Drehrichtung senkt sich zunächst das Schütz bis auf die Wehrschwelle ab, danach folgt ein Aufrichten der Klappe bis zur Staustellung. Außer in den Endstellungen wird auch die Stellung ,,Schütz auf Sohle, Klappe umgelegt" durchweg durch Endschalter automatisch begrenzt. Das Kettenstück zwischen Triebwerk und Klappe, welches nicht über das Ritzel läuft, wird als Fleyerkette ausgeführt, für die höhere Flächenpressungen zwischen Bolzen und Bohrungen zulässig sind, da ja Flexuren nicht erfolgen. Bei manchen Anlagen ist eine Klappenkettenverriegelung üblich, die den Zweck erfüllt, in Staustellung die Klappenkette am Triebwerksrahmen zu verankern. Dann kann man das Schütz zum Freispülen der Sohle 1,0 bis 2,0 m anheben, ohne vorher durch Umlegen der Klappe eine unerwünschte Stauabsenkung mit Wasserverlust in Kauf nehmen zu müssen. Hierbei legt sich mit dem Schützhub die Stauklappe nur bis zum Stauziel um. Den gleichen Zweck erreicht man, wenn die Klappe durch Einlegen eines Stempels oder auf andere Art in aufgerichteter Stellung zum Schütz arretiert werden kann.

Die ,,tiefliegende Bauweise' (Abb. 4.8) erlaubt es, das Hubmittel sehr tief über eine Konsole an das Schütz anzuschließen. Es ist dann möglich, den Verschluß am Triebwerk vorbeizuziehen. Um die Laufwagen und auch die in die Nische hineinragende Konsole in den oberen Lagen durch das Triebwerk nicht zu behindern, kann der Triebwerksrahmen die Wehrnische nicht auf der ganzen Breite überbrücken.

Für Rollschützen mit aufgesetzter Stauklappe können für bestimmte Betriebsbedingungen auch getrennte Antriebe für Schütz und Klappe verlangt werden (sinngemäß Abb. 18.5).

Um kleinere Antriebsmomente und damit leichtere Triebwerke zu erhalten, werden vielfach Rollschütze mit und ohne Stauklappe unter Verwendung von Kettenumlenkrollen doppelsträngig aufgehängt. Die Hubkette wird dabei vom

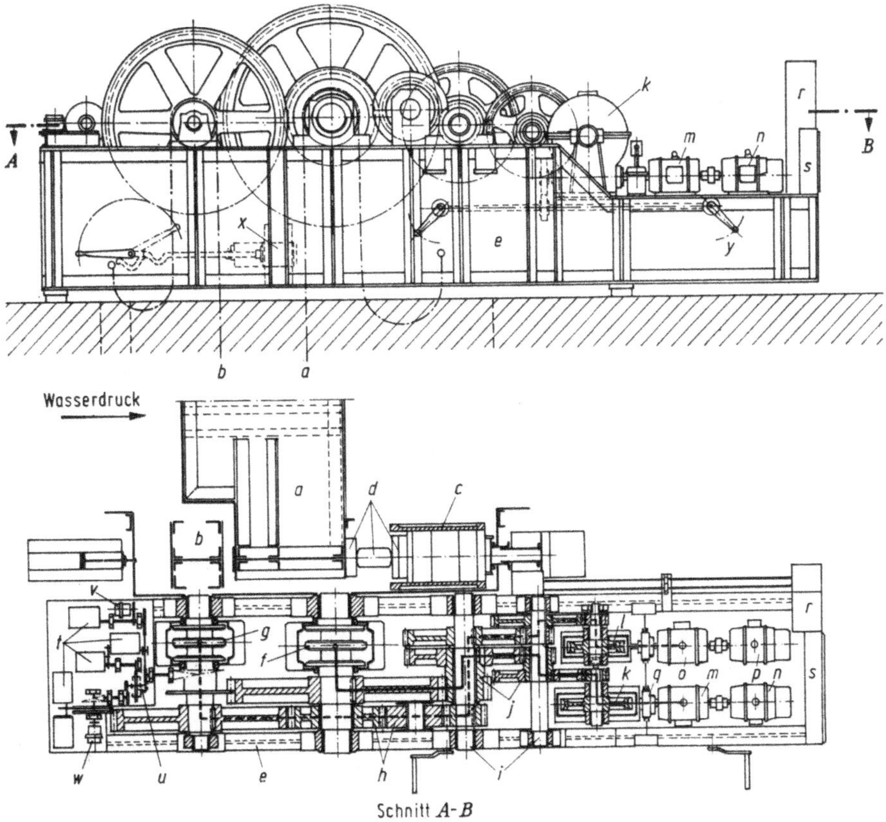

Abb. 18.5. Getrennter Antrieb. Beide Antriebe nach UW entwickelt (RU).
a Unterschütz (US); *b* Kragarm Oberschütz (OS); *c* Laufwagen; *d* Druckplatten und Stelzen; *e* Windwerkrahmen; *f* Kettenritzel zu US; *g* Kettenritzel zu OS; *h* Zwischenräder; *i* Vorlegewellen; *j* Hohlwellen; *k* Schneckengetriebe zu US; *l* Schneckengetriebe zu OS; *m* Motor zu US; *n* Ausgleichsmaschine zu US; *o* Motor zu OS; *p* Ausgleichsmaschine zu OS; *q* Bremsen; *r* Teufenanzeiger; *s* Steuerstand; *t* Endschaltereinrichtung; *u* Differential im Endschalterantrieb; *v* Geber für Fernstellungsanzeiger des US; *w* Geber für Fernstellungsanzeiger des OS; *x* Schützverriegelung; *y* Handantrieb.

Antriebsritzel über die am Schütz gelagerte Umlenkrolle wieder hoch in den Triebwerksrahmen geführt, wo ihr Ende über Augenstangen verankert ist. Mit Hilfe der verstellbaren Augenstangen ist ein Längenausgleich der Ketten beider Seiten möglich. Umlenkrollen sollen aber immer über dem Wasserspiegel (maßgebend oft das höchste Unterwasser) liegen, damit durch Treibzeug und Geschwemmsel Verklemmungen und auch Korrosion nicht auftreten. Sonst ist eine einsträngige Aufhängung besser als eine im Wasser liegende Umlenkrolle. Kettenumlenkrollen werden verzahnt und auf Büchsen oder Wälzrollen gelagert.

18.3.1.2 Hakendoppelschütz

Hakendoppelschütze erfordern normalerweise getrennte Antriebe für das Ober- und Unterschütz. Alle Betriebserfordernisse, wie z. B. Absenken des Oberschützes und gleichzeitiges Heben des Unterschützes, können dann erfüllt werden. Hat das Triebwerkshaus in Fließrichtung eine hinreichende Ausdehnung, so kann der Oberschützantrieb nach Oberwasser und der Unterschützantrieb nach Unterwasser zu stehen. Sind die Pfeiler dagegen kurz, dann empfiehlt es sich, beide Antriebe zur gleichen Seite hin zu entwickeln (Abb. 18.5). Bei dem dargestellten

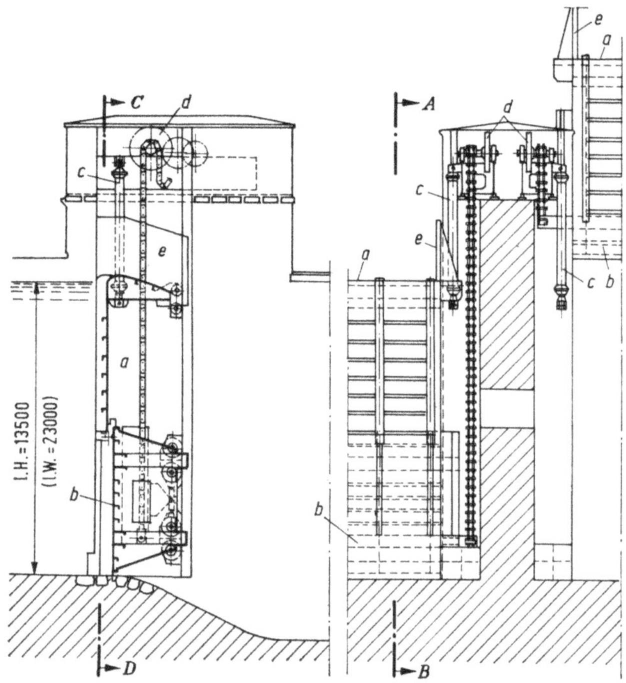

Abb. 18.6. Hakenschütz mit ölhydraulischem Antrieb des Oberschützes und mechanischem Kettenantrieb des Unterschützes (Dingler). Querschnitte durch das Wehr.
a Oberschütz, beidseitig angetrieben; *b* Unterschütz; *c* Antriebszylinder für Oberschütz; *d* Kettenwindwerk für Unterschütz; *e* Seitenschild am Oberschütz.

Triebwerk laufen Stirnradvorgelege des Oberschützantriebs auf Wellen des Unterschützantriebs. Durch dicke und gestrichelte Linien ist der Kraftfluß zwischen Antriebsmotor und Ritzelwelle beim Ober- und Unterschützantrieb zu verfolgen.

Normalerweise ist der ölhydraulische Antrieb nur dann sinnvoll, wenn seine Hubhöhe nicht ein Vielfaches der entsprechenden Schützhöhe beträgt. Das Hakenschütz weist jedoch (als zusammengefahrenes Schützpaket) eine beachtlich große Hubhöhe auf (Abb. 18.6). Demnach kann unter Beibehaltung der sogenannten tiefliegenden Bauweise das Absenken des Oberschützes von der Staulage in die Tiefstlage durch einen Antriebszylinder erfolgen. Beim Hochfahren des Schützpaketes aus der Staulage bis in die Höchstlage wird das Oberschütz durch das mit einem normalen Kettenantrieb ausgerüstete Unterschütz mitgenommen.

Der technische Vorteil der Lösung liegt darin, daß im Zuge der Feinregulierung häufig bewegte Ketten, die einem Verschleiß unterliegen, für das Oberschütz vermieden werden. Schließlich ist eine Schnellabsenkung des Oberschützes in einfacher Weise möglich. Für Gleichlauf ist zu sorgen [677].

18.3.1.3 Klappe

Für torsionsfeste, einseitig angetriebene Stauklappen sind viele Antriebe ähnlicher Art (wie für Rollschütze) ausgeführt, und zwar sowohl mit Gallschen Ketten als auch mit Triebstockstangen als Huborgan. Eine nicht oft anzutreffende Antriebsart für Klappenwehre, die aus der Forderung nach niedrigen Pfeilern entstand, ist ein lotrechter Spindelantrieb (Abb. 18.7). Die Spindel, gelenkig an

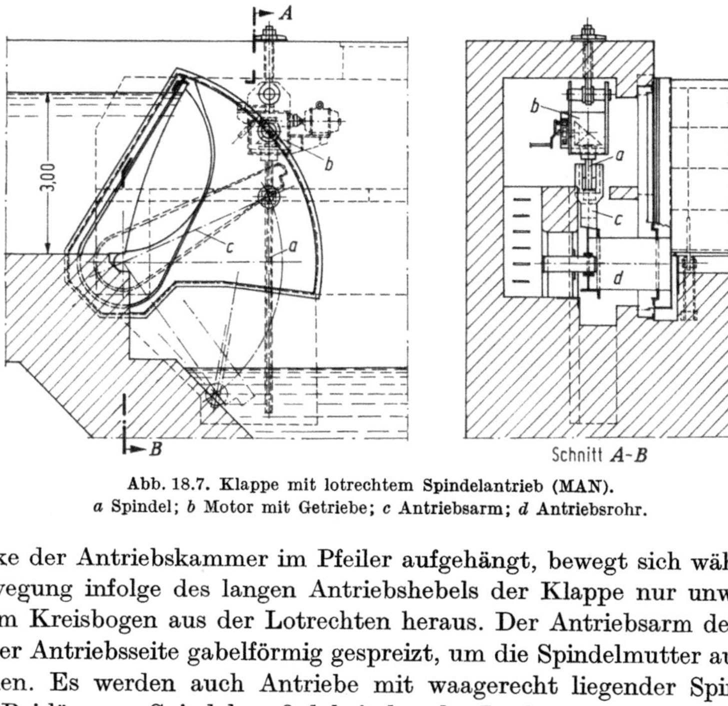

Abb. 18.7. Klappe mit lotrechtem Spindelantrieb (MAN).
a Spindel; *b* Motor mit Getriebe; *c* Antriebsarm; *d* Antriebsrohr.

der Decke der Antriebskammer im Pfeiler aufgehängt, bewegt sich während der Drehbewegung infolge des langen Antriebshebels der Klappe nur unwesentlich auf einem Kreisbogen aus der Lotrechten heraus. Der Antriebsarm der Klappe ist auf der Antriebsseite gabelförmig gespreizt, um die Spindelmutter aufnehmen zu können. Es werden auch Antriebe mit waagerecht liegender Spindel verwendet. Bei längerer Spindel muß dabei aber der Lenker unterstützt sein, damit die Spindel nicht durchhängt und bei Drehbewegung schwingt.

Klappen bieten eine günstige Möglichkeit für die Anwendung des ölhydraulischen Antriebes. Die Klappendrehachse ist einseitig durch ein in den Pfeiler hineingehendes torsionssteifes Rohr verlängert, auf das in der Pfeilergrube ein Hebel aufgebracht ist. Auf diesen wird die Kolbenstangenkraft übertragen. Der Arbeitszylinder ist der Klappenbewegung entsprechend in Gürtelzapfen schwenkbar gelagert. Er steht fast senkrecht.

Die Antriebszylinder der beiden Klappenhälften einer Wehröffnung arbeiten zusammen und besitzen eine gemeinsame Öldruck-Erzeugungsanlage (Abb. 18.8). Eine Leitung verbindet die beiden Räume unter den Kolben und eine weitere die beiden Räume über den Kolben. Die Drücke unter bzw. über den Kolben der beiden Antriebszylinder sind also stets gleich. Der Gleichlauf wird durch den torsionssteifen Klappenkörper erzwungen. Solange der Scherbolzen im Mittelstoß noch nicht abgeschert bzw. in der Lage ist, das bei einer unsymmetrischen äußeren Belastung auftretende und eine Schiefstellung bewirkende zusätzliche Torsionsmoment von einer auf die andere Seite zu übertragen, hat die Klappe infolge ihres elastischen Rückstellmoments die Tendenz, sich nach Beseitigung der Störung wieder geradezustellen. Die kommunizierenden Rohrverbindungen zwischen den beiden Zylindern kommen diesem selbsttätigen Ausgleich entgegen, ohne daß dabei Ventile oder Pumpen tätig werden.

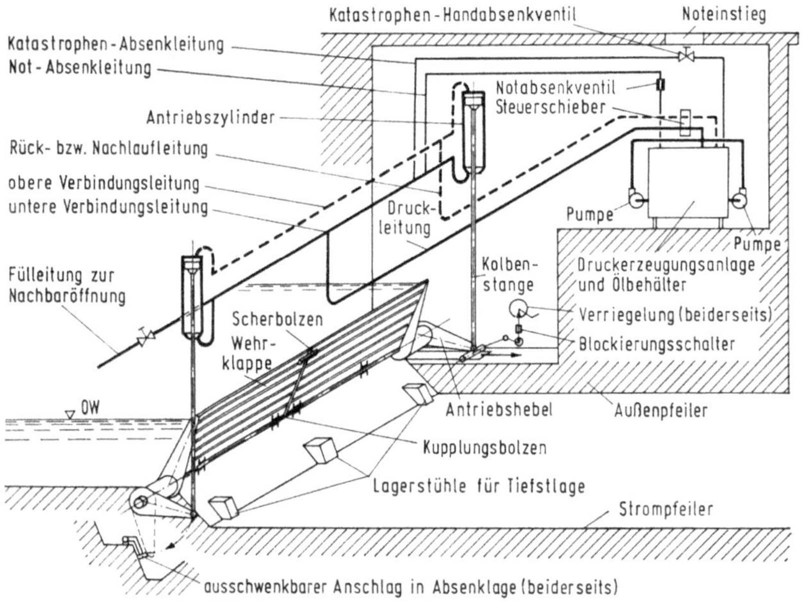

Abb. 18.8. Schematische Darstellung des Antriebes für eine Fischbauchklappe (RMD).

Wird eine Stauklappe, wie z. B. bei Sperrmauern, so hochgelegt, daß das Unterwasser weit unter der Drehachse bleibt (s. Abb. 18.3), so können die Arbeitszylinder unterhalb der Klappe angeordnet und dadurch das kostspielige, in den Pfeiler hineinführende Torsionsrohr mit Hebel eingespart werden.

18.3.1.4 Segment

Antriebe für Segmentwehre bedürfen gegenüber vorbeschriebenen Wehrantrieben kaum einer Ergänzung. Da diese Verschlußart in der Regel ohne Pfeilernischen ausgeführt ist, müssen die Antriebe, sofern sie nicht auf der Wehrbrücke stehen, in die Lichtöffnung hinausragende, fliegende Ritzel- bzw. Trommelwellen erhalten (Abb. 4.12 u. 4.60). Als Huborgane sind Gelenkketten und auch Seile gebräuchlich. Sie liegen entweder oberwasserseitig auf der gekrümmten Stauwand oder sind hinter der Stauwand an den Verschluß angeschlossen und führen dann in geradem Strang zum Ritzel. Im ersteren Fall sind die Hebelverhältnisse günstiger und somit die Antriebskräfte kleiner. Auch finden wir Antriebe mit gebogener Zahnstange oder durch Spindeln (Abb. 4.39).

Als Beispiel eine Anordnung des Huborganes mit Gelenkkette hinter der Stauwand (Abb. 18.9): hier ist eine dreifach gelagerte Gelenkkette unter Ver-

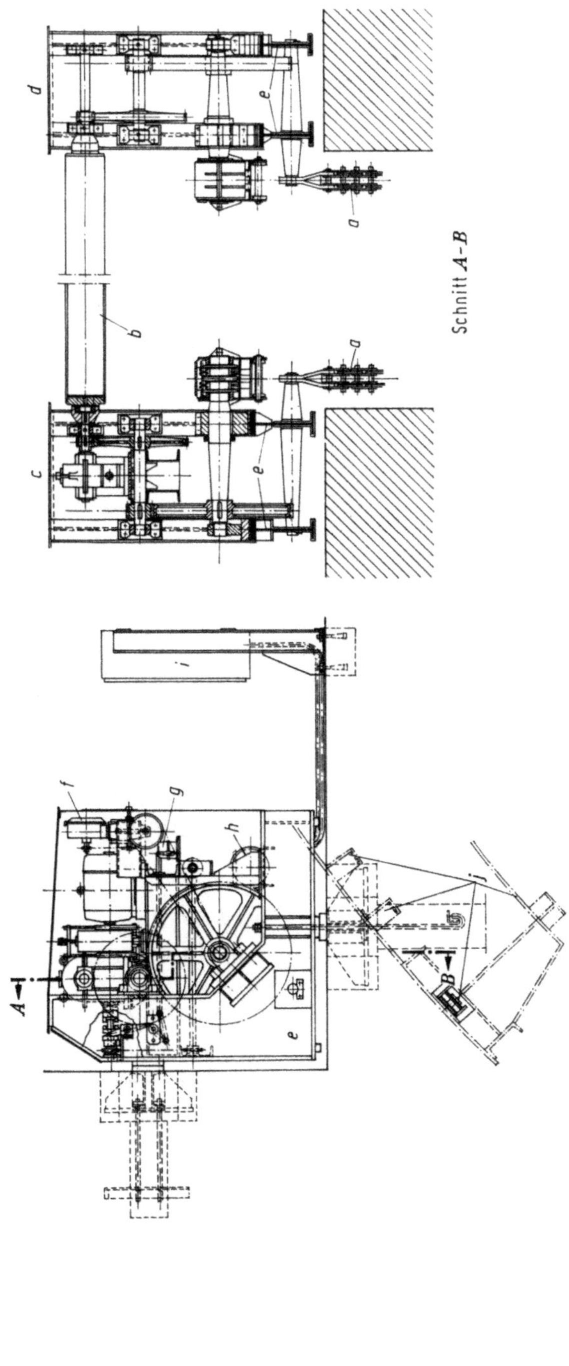

Abb. 18.9. Segmentantrieb mit Gelenkkette (RU).
a Dreifach gelagerte Kette; *b* Rohrverbindungswelle; *c* angetriebene Seite; *d* nicht angetriebene Seite; *e* Windenrahmen; *f* Ferngeber; *g* Blockierungsschalter; *h* Zählwerksendschalter; *i* Schaltschrank; *j* Segment mit Seitenführungsrolle.

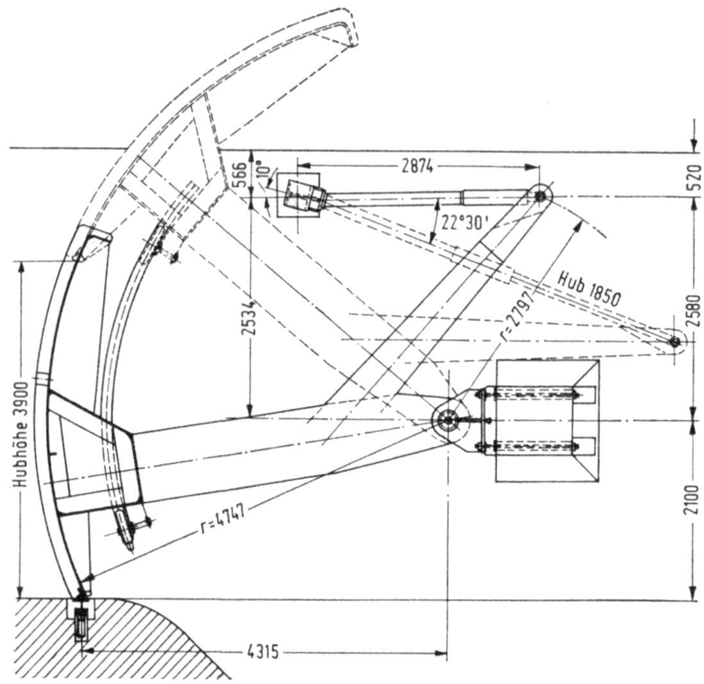

Abb. 18.10 Torsionssteifes Segment mit ölhydraulischem Antrieb (Wartmann).

wendung einer Umlenkrolle doppelsträngig angeordnet. Der Antrieb ist insofern interessant, da er wegen der kurzen Pfeilerplattform unterhalb der Betonbrücke in einem rechtwinkligen Rahmen übereinanderliegende Vorgelege besitzt. Die Verbindung beider Antriebsseiten erfolgt durch eine Rohrwelle.

Natürlich hat der hydraulische Antrieb auch bei den Segmenten Anwendung gefunden (s. Abb. 4.13). Über Konsolen an den Stützarmen [*681*] kann der hydraulische Antrieb die Drehbewegung erreichen (Abb. 18.10) oder über eine Gelenkkette, die zur Verkürzung des Hubweges umgelenkt wird, den Verschluß anheben (Abb. 18.11). Auch direkter Angriff der Kolbenstange am unteren Hauptträger ist möglich [*718*].

18.3.1.5 Fahrbare Antriebe

Wird eine Wehranlage mit einer größeren Anzahl von Schützen ausgerüstet, so ist es wirtschaftlich, zur Bedienung aller Verschlüsse manchmal nur einen oder zwei fahrbare Antriebe aufzustellen [*682*]. Der Aufbau des Antriebes ist einfach. Zwei Gliederketten, an denen das Schütz hängt, trommeln sich auf. Mit Hilfe von Kettenstoppern kann der Verschluß in jeder Höhenlage an den Ketten gehalten und der Antrieb zur Bewegung eines weiteren Schützes verfahren werden (Abb. 18.12).

Hat jede Öffnung eine eigene Seilwinde mit selbsthemmenden Schneckengetriebe, Bremse und Endschaltereinrichtung, dann wird ein Antriebsatz, bestehend aus Elektromotor, Motorgetriebe und Steuerstand an dem zu bedienenden Verschluß herangefahren. Mit einer leicht lösbaren Kupplung ist er schnell angeschlossen und der Stromanschluß hergestellt. Unter diese Gruppe fallen auch die Krane (Abb. 5.9, 5.10).

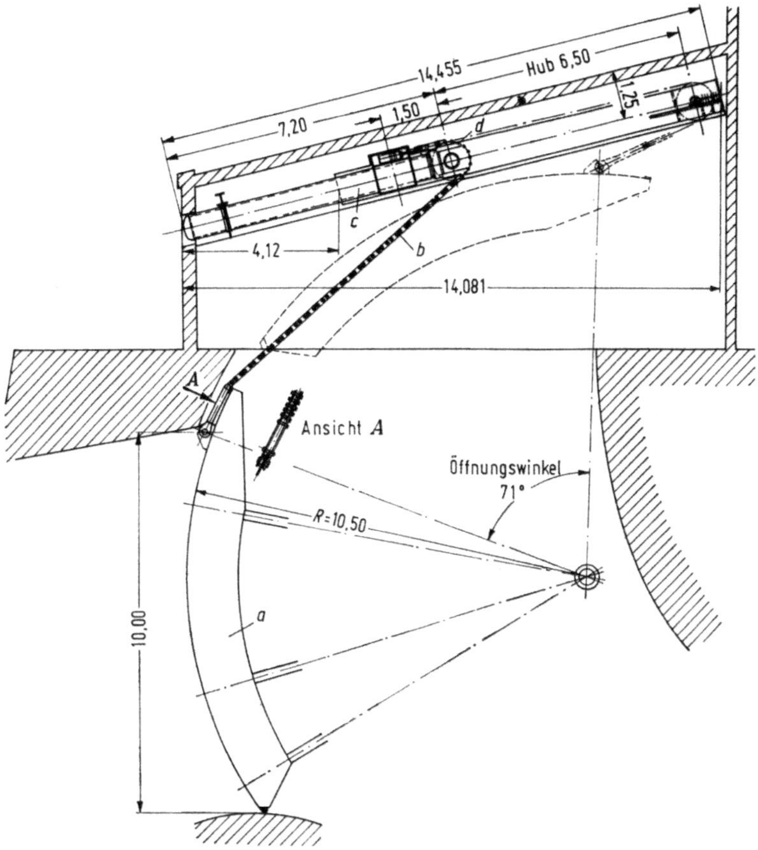

Abb. 18.11. Segment mit Kette und hydraulischem Antrieb (RU).
a Segment; *b* Hubkette; *c* Plunger; *d* Umlenkrolle.

18.3.2 Turbinenverschlüsse

Handelt es sich um Dammbalken oder Schützteile, die nacheinander abzusenken sind, ist jede sonst im Stahlwasserbau anwendbare Antriebsart möglich. Anders sieht es aus, wenn die Forderung auf „Schnellschluß" besteht. Wegen der notwendigen Dämpfung der Fallbewegung des Verschlusses hat sich für diese Art der hydraulische Antrieb besonders bewährt.

Der Zylinder kann dann im Schacht untergebracht werden, wenn man sich damit abfindet, daß er bei gezogenem Schütz und bei Vollstau den größten Teil seiner Länge ins Wasser taucht. Das ist zu vertreten, denn die Abdichtungen zwischen Drucköl und Wasser läßt sich mit den heute zur Verfügung stehenden Spezialringen in den Stopfbüchsenpackungen ohne Schwierigkeiten lösen. Der einzige empfindliche Teil des Antriebsaggregates, die Gleitfläche der Kolbenstange, liegt im Betriebszustand – also bei gehobenem Schütz – vollständig im Drucköl (Abb. 5.1).

In Fällen, wo jedoch diese übliche Anordnung nicht möglich oder nicht erwünscht ist, läßt sich durch Verwendung eines Druckkolbens (Plunger) in der Regel eine platzsparende und räumlich günstigere Lösung erreichen. Auch ein horizontaler Servomotor für ein Schütz mit Revisionskammer direkt unter

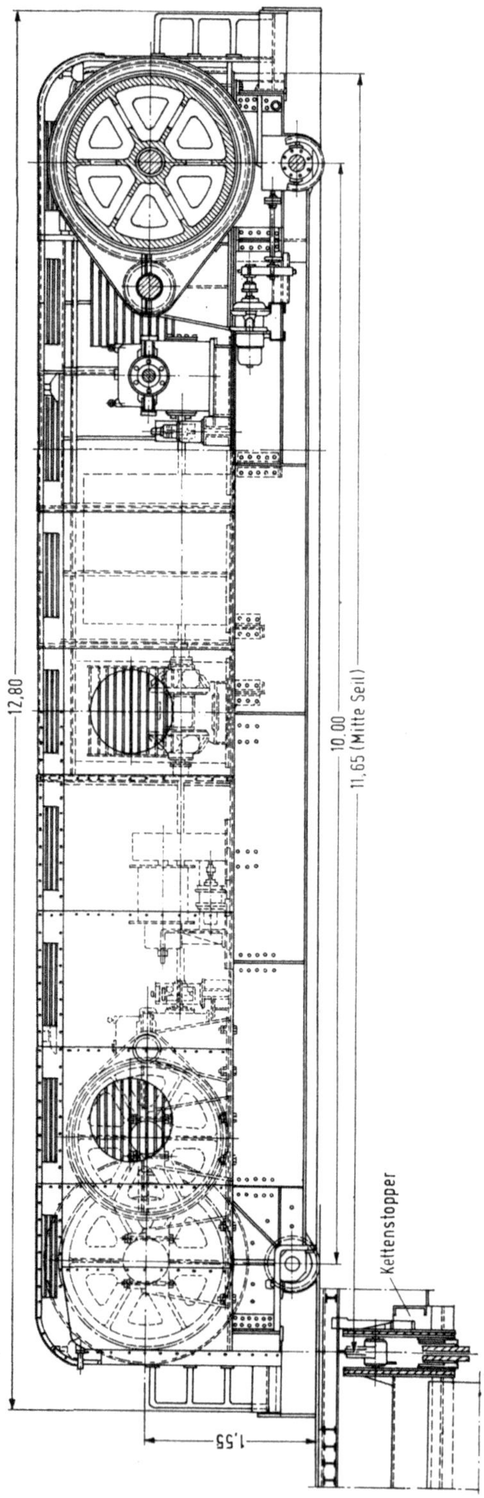

Abb. 18.12. Längsansicht eines fahrbaren Antriebes (TVA).

dem Bedinungsraum kann bei beschränkter Bauhöhe den Zweck erfüllen. Die Gelenkkette (Abb. 18.11) und auch Seile bieten außer dem Übergang von der Vertikalen zur Horizontalen die Möglichkeit, den Servomotor zum Aufziehen des Schützes bis in die Revisionskammer zu verwenden.

Die Baulänge des Antriebes läßt sich weiter verkürzen, wenn man statt eines einteiligen Druckkolbens einen teleskopartig zusammenschiebbaren wählt [*683*]. Bei dieser Bauart (Abb. 18.13) beträgt die Hubhöhe des Öldruckservomotors rd. ein Viertel des Schützweges. Das sind bei 20,0 m nur 5,0 m. Durch die über eine Rolle am Druckkolben geführte Kette, deren stromabwärtiges Ende am Fundament des Servomotors fest verankert ist, werden die Geschwindigkeit und

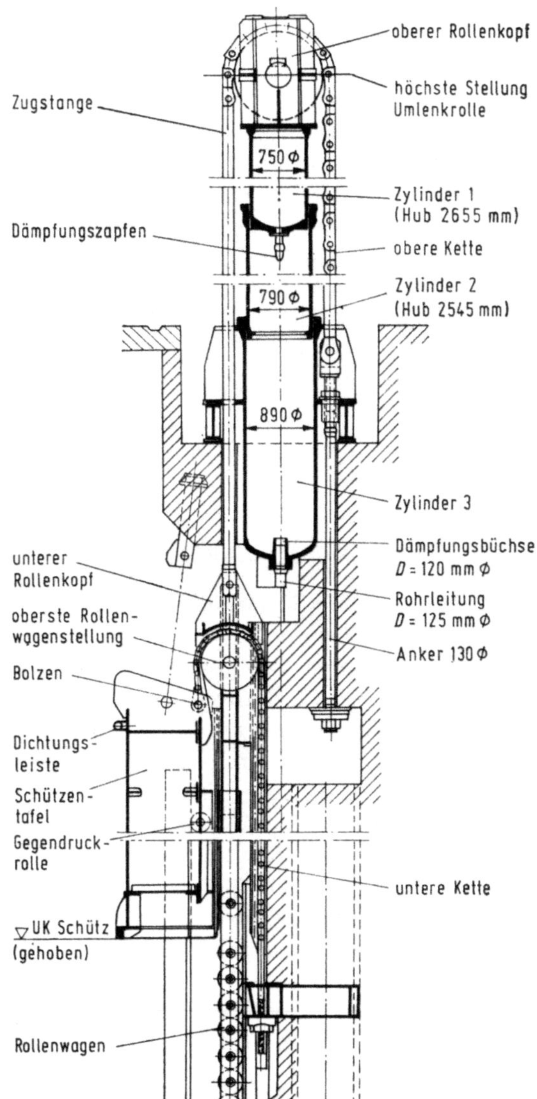

Abb. 18.13. **Hydraulischer Antrieb in Teleskopbauart (Waagner).**

der Hubweg zunächst auf das Doppelte übersetzt. Diese obere Kette bewegt eine in einem Führungsrahmen gelagerte Rolle, über welche die untere Hubkette läuft. Das eine Ende dieser Kette ist im Beton des Schützenschachtes verankert, am freien Ende hängt die Schütztafel, die somit den vierfachen Servomotorhub zurücklegt.

Die Beherrschung des Dämpfungsvorganges ist wichtig, weil er das einwandfreie Aufsetzen des Schützes gewährleisten muß. Die größten Beanspruchungen treten bei Teleskopservomotoren jedoch im allgemeinen beim Mitnehmen des Zwischenzylinders auf. Am Innenzylinder ist ein Stempel angebracht, der gegen ein rohrförmiges Paßstück wirkt. Dieses ist im Boden des Zwischenzylinders eingeschraubt und kann mittels einer Gegenmutter so fixiert werden, daß der Stempel die Paßfläche gerade berührt, wenn der Innenzylinder am Zwischenzylinder aufsitzt. Der Öldurchtritt durch den Zwischenboden wird dadurch abgesperrt, bis auf kleine Bohrungen im Stempel, die notwendig sind, um beim Heben die Druckübertragung auf den vollen Querschnitt des Innenzylinders zu gewährleisten. Diese Einrichtung beschleunigt den Zwischenzylinder knapp vor dem Auftreffen des Innenzylinders, gewährleistet dadurch ein völlig sanftes Mitnehmen und ist unabhängig von Bearbeitungsungenauigkeiten und vor allem von der seitlichen Toleranz in der Führung der Teleskopzylinder.

Bei einem mechanischen Antrieb trennt, wenn eine Turbine Überdrehzahl erhält, der Magnetlüfter durch einen Impuls von der Turbine her über die Federbandkupplung automatisch Antriebsmotor vom übrigen Getriebe des Windwerkes. Das Schütz schließt durch Eigengewicht aus der Lauerstellung heraus den Saugschlauch ab. Die dabei frei werdende Energie wird im Windwerk wegen der besseren Dämpfung durch eine ölhydraulischen Geschwindigkeitsbremse (s. Abschn. 18.1.1.3) aufgefangen [*684*].

18.3.3 Tiefschütze

Ölhydraulische Antriebe sind für Tiefschütze gut geeignet. Steht der Hubzylinder im hochliegenden Antriebsraum, so wird das Schütz in der Regel an Hubstangen aufgehängt. Diese Stangen, die nur Zugkräfte zu übertragen haben, bestehen aus Teillängen, die dem Zylinderhub entsprechen. Soll der Verschluß zur Wartung oder Reparatur völlig hochgezogen werden, so wird bei eingezogenem Kolben die Hubstange unterhalb des oberen Teilstückes verriegelt, so daß dieses ausgebaut werden kann. Die Kolbenstange wird dann an das nächste Teilstück angeschlossen, das Schütz wird so bis in die höchste Stellung gehoben.

Breite Verschlüsse oder gar zwei Tafeln an einem Antrieb erfordern zusätzliche konstruktive Maßnahmen. Der gemeinsame Servomotor hat ein nach unten stark verbreitetes Verbindungsgestänge, das ein Verkanten der Tafeln ausschließt. Der Servozylinder ist beweglich, wobei durch sein Gewicht eine zusätzliche Schließkraft entsteht.

Tiefschütze werden oft in ein unter Wasserdruck stehendes Gehäuse gezogen (s. Abb. 4.57). Der Hubzylinder steht dann auf dem Gehäusedeckel. Es ist erforderlich, daß für den Durchtritt der Kolbenstange aus dem Zylinder und durch den Gehäusedeckel getrennte Stopfbüchsen ausgeführt werden. Die eine dichtet gegen Öl- und die andere gegen Wasserdruck (s. Abb. 18.2).

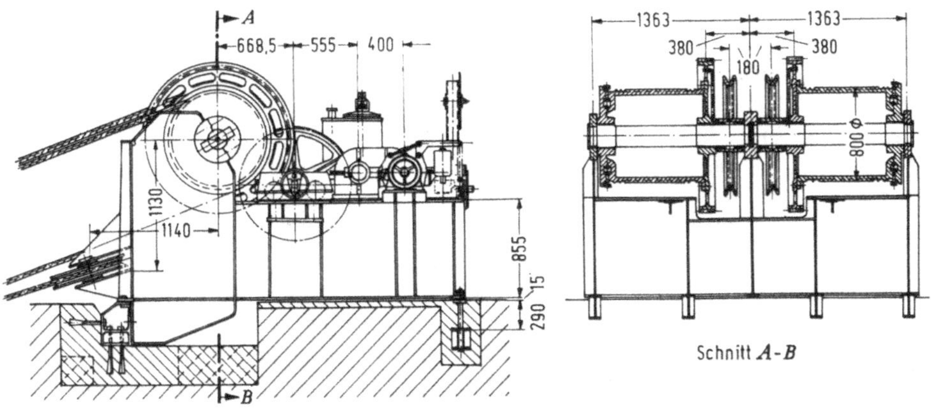

Abb. 18.14. Seilantrieb für ein auf schräger Bahn laufendes Rollschütz (RU).

Auf geneigten Sperren laufen die Tiefschütze in der Regel auf dem der Neigung angepaßten Bahnen. Der Verschluß wird durch einen mechanischen Seilantrieb bewegt (Abb. 18.14). Die Hubseile sind mehrfach eingeschert. Die Verbindung zwischen Unterflansche und Schütz erfolgt durch ein 80 m langes Gestänge aus Flachstahl. Dieses ist der Zuglänge des Antriebes entsprechend unterteilt und ausbaubar. Dadurch kann das Schütz in Etappen zur Dammkrone hochgezogen werden. Erwähnenswert für den Antrieb die große horizontale Kraftkomponente, für die das Windwerk hinreichend zu verankern ist.

Zu den Sperrenverschlüssen gehören auch die Kegelstrahlschieber, die entweder ölhydraulisch oder durch Spindelantriebe bewegt werden. Näheres s. Abb. 4.62 u. [*685*.]

18.3.4 Schiffahrtsanlagen

Für Stemmtore wird der Kurbelradantrieb bevorzugt. Er bietet mit seinen beiden Totlagen den Vorteil eines Einfahrens mit verminderter Geschwindigkeit in die Endlagen. Auch ist beim Öffnen gegen einen Überstau von 10 bis 20 cm und zur Überwindung einer sich erhöhenden Stauwelle beim Einfahren in die Tornische eine erhöhte Antriebsleistung nicht erforderlich.

Der ölhydraulische Antrieb ist ebenfalls gut geeignet. Der Hubzylinder kann ohne Zwischenelemente unmittelbar an den Torflügel angelenkt werden, und zwar dicht an der Wendesäule. Damit ist nur kleiner Hub erforderlich (Abb. 18.15).

Ein federnder Anschluß am Torflügel ist im Gegensatz zum Antrieb mit Kurbelrad nicht notwendig [*686*]. Ein absoluter Gleichlauf ist nicht erforderlich, die Leckölverluste spielen kaum eine Rolle.

Auch gibt es Seilantriebe für Stemmtore [*687*]. Da die Seile aber ständig unter Wasser liegen, ist ihre Anwendung nicht sehr verbreitet.

Bei den lotrecht bewegten Toren finden wir Antriebsarten, wie sie im Wehrbau üblich sind.

Bei Drehtoren mit horizontaler Achse verwendet man gern Antriebe wie bei Klappen oder auch Triebstöcke. Für einen geraden Triebstock zeigt Abb. 18.16 eine Lösung. Bei einem Triebstocksegment steht dieses im Eingriff mit dem Triebstockritzel, das an dem Antrieb angebracht ist.

Wird ein Schleusentor horizontal bewegt (z. B. Schiebetor), ist ein mechanischer Antrieb wegen des langen Weges günstig. Es kann der Antrieb im

Oberwagen gelagert werden. Dann greifen Ritzel in die Triebstockverzahnung der Laufschienen ein. Oder aber am Ende der Torkammer ist ein Antrieb fest eingebaut, der durch Seile oder Gelenkzahnstangen (s. Abb. 17.19) mit dem Oberwagen und damit mit dem Schiebetor verbunden ist (Abb. 18.17). Der mechanische Antrieb hat sich hier bewährt. Er erfordert jedoch für die Beschleunigungs- und Verzögerungsstrecken in den Torendwegen eine zusätzliche elektrische Regeleinrichtung, wie Leonard-Steuerung oder Induktionskupplungen.

Bei ölhydraulischem Antrieb mit Hydraulikmotoren (Abb. 18.18) wird durch Regulierung der Ölfördermenge jede beliebige Fahrgeschwindigkeit, Beschleunigung und Verzögerung auf einfache Weise eingestellt. Bei großen Schiebetoren werden mehrere von Hydraulikmotoren bewegte geschlossene Antriebe an die Zahnstangen angeschlossen. Die Hydraulikmotore sind so geschaltet, daß alle

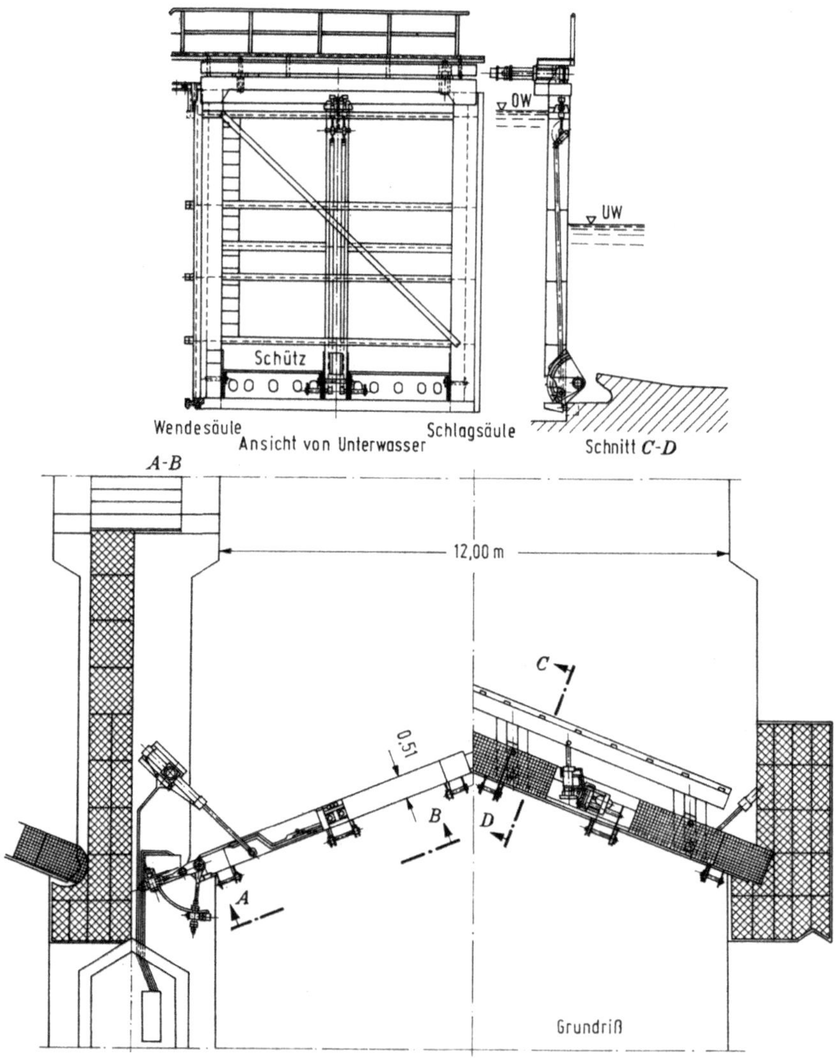

Abb. 18.15. Ölhydraulischer Stemmtorantrieb mit ölhydraulisch abbremsbaren Stoßschutzbalken (MAN).

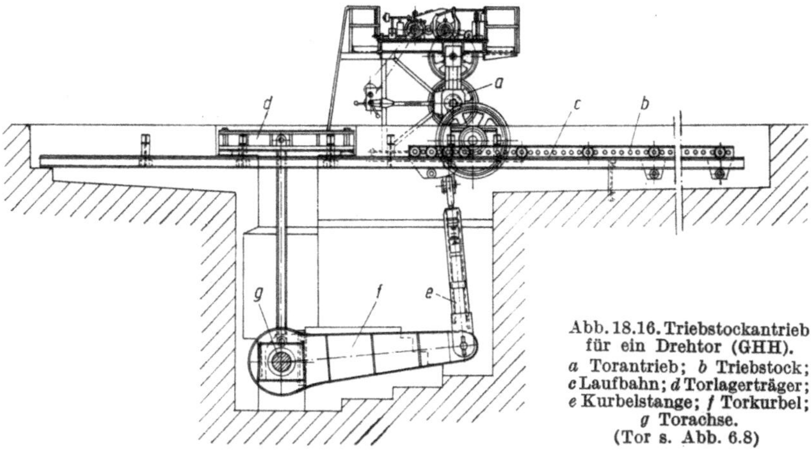

Abb. 18.16. Triebstockantrieb für ein Drehtor (GHH).
a Torantrieb; *b* Triebstock; *c* Laufbahn; *d* Torlagerträger; *e* Kurbelstange; *f* Torkurbel; *g* Torachse.
(Tor s. Abb. 6.8)

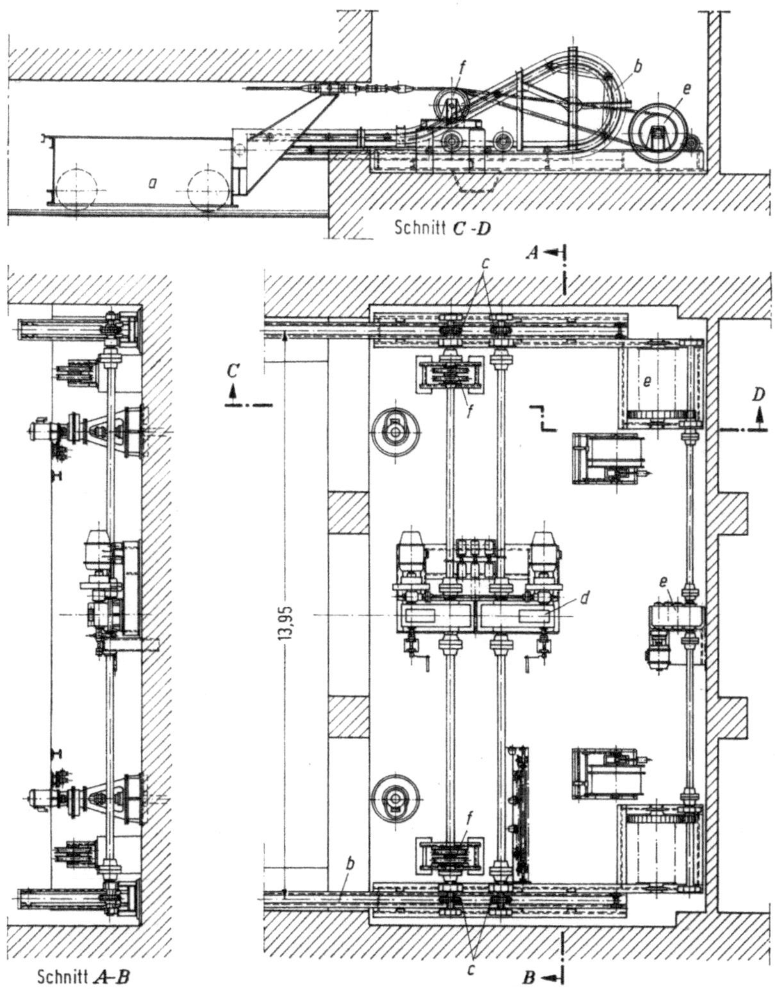

Abb. 18.17. Stationärer mechanischer Antrieb für ein Schiebetor (GHH, Klönne, MAN, RU).
a Oberwagen; *b* Gelenkzahnstange; *c* Antriebsritzel; *d* mechanischer Antrieb; *e* Notantrieb mit Drahtseilen; *f* Seilrollen für Notantrieb

mit gleichem Druck arbeiten, also das gleiche Drehmoment erzeugen und somit allen Antriebsritzeln die gleiche Kraft vermitteln. Fördermenge und Öldruck werden von Aggregaten aufgebracht, die mit verstellbaren Axialkolbenpumpen ausgerüstet sind. Nach Ansprechen von Vorendschaltern wird automatisch die Fördermenge so reguliert, daß eine sanfte Änderung der Torgeschwindigkeit gewährleistet ist. Fällt eines der Hydraulikaggregate aus, so kann mit dem Betriebsfähigen das Tor auch noch bewegt werden, jedoch dann mit nur halber Fahrgeschwindigkeit.

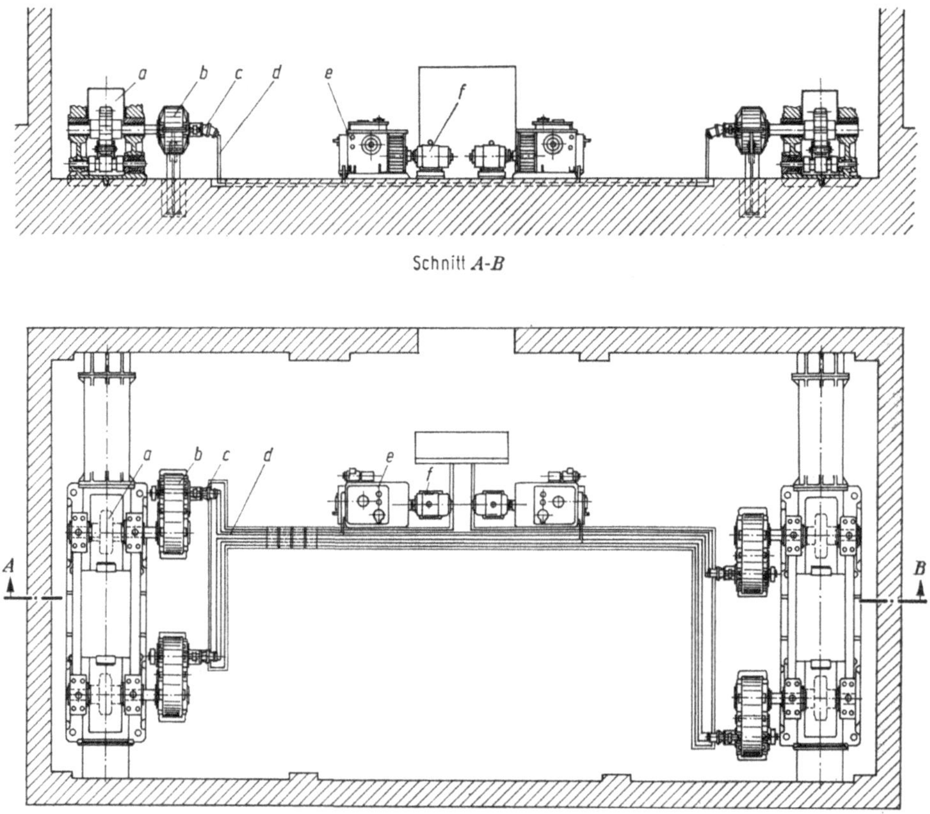

Abb. 18.18. Schiebetorantrieb mit Ölhydraulikmotoren (Krupp, RU).
a Antriebsritzel; *b* gekapselter Antrieb; *c* Hydraulikmotor; *d* Ölleitungen; *e* Öldruck-Erzeugungsanlage; *f* E-Motor.

19 Elektrische Ausrüstung

19.1 Allgemeines

Die elektrische Ausrüstung für die Antriebe muß den Anforderungen des rauhen und teilweise feuchten Betriebes genügen.

Die Motoren werden in der Regel in geschützter Ausführung, Schutzart P 21, für eine Einschaltdauer von 20% ED bei Schleusentoren und für 40% ED oder als Dauerläufer bei Verschlüssen zum Füllen oder Entleeren einer Schleuse und bei Wehrverschlüssen vorgesehen. Die Schleusenverschlüsse fahren im Aussetzbetrieb und die Wehrverschlüsse im Kurzzeitbetrieb. Motoren mit Kurzschlußläufer für direkte Einschaltung werden bevorzugt, wenn nicht die Netzverhältnisse in besonderen Fällen die Verwendung von Motoren mit Schleifringläufer vorschreiben. Motoren mit Kurzschlußläufer stellen hinsichtlich der Anforderungen an die Schaltmittel und deren Wartung die geringsten Ansprüche. Die Motoren mit Kurzschlußläufer sollen 2faches Nennmoment als Anzugsmoment bei etwa 3- bis 3,5fachem Nennstrom als Einschaltstrom haben. Motoren mit abfallender Momentenkennlinie (Widerstandsläufer) bei steigender Drehzahl haben sich wegen der weichen Charakteristik als zweckmäßig erwiesen. Eine solche Charakteristik hat z. B. der Hebezeug-Doppelstabläufer (Abb. 19.1).

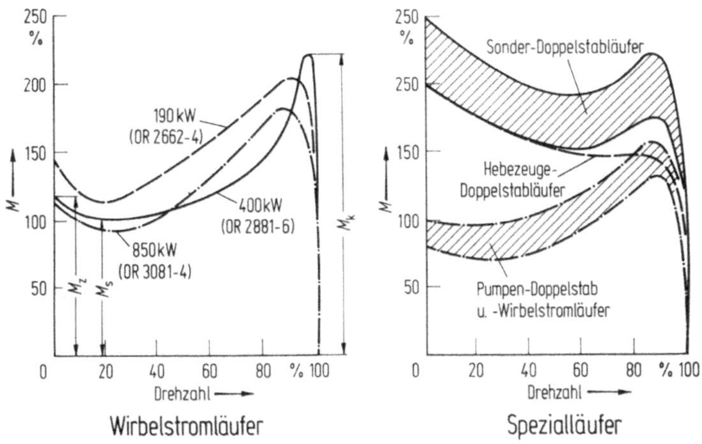

Abb. 19.1. Drehstrommotoren. Anlaufkennlinien.

Für die Betätigung der Bremsen werden motorisch betätigte Bremslüftgeräte, z. B. Eldrogeräte oder Motordrücker verwendet. Das Eldrogerät ist mit einer kleinen Pumpe ein hydraulisch arbeitendes Bremslüftgerät, während der Motordrücker die Bremse mit motorisch angetriebenen Fliehgewichten lüftet. Bei einem Motordrücker (Abb. 19.2) treibt der unten eingebaute Motor über eine

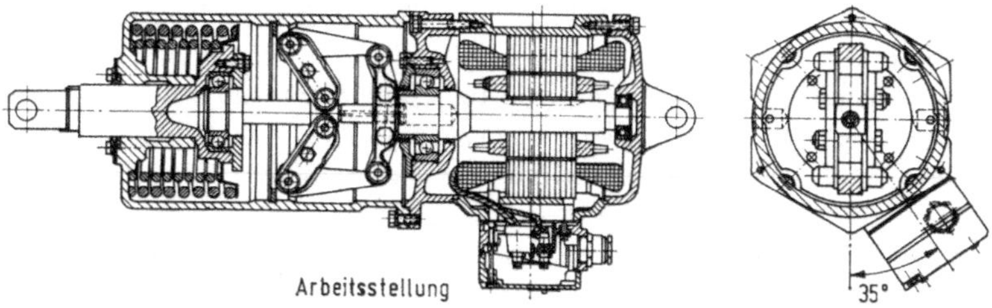

Abb. 19.2. Motordrücker (Siemens).

Welle die Fliehgewichte an, die ihrerseits den Stößel gegen die Bremsfeder anheben. Dieses Gerät kann senkrecht, waagerecht und auch in Schräglage eingebaut werden. Die Motordrücker werden oft auch zum Betätigen von Verriegelungen benutzt. Bei Antrieben mit elektrischer Welle ist eine weiche und stoßfreie Bremsung wichtig. Dies gilt vor allem für Gleichlaufaggregate mit kleiner Leistung, weil ein schlagartig einsetzendes Bremsmoment die elektrische Welle abreißen kann.

Je nach Art der Verschlüsse sind Vorendschalter, Betriebsendschalter und Notendschalter erforderlich. Als Vorendschalter und Betriebsendschalter werden oft Zählwerks-Getriebeendschalter verwendet. Die Schalterwelle treibt über zwei parallel zueinander angeordnete Zählwerke mit Dezimalübersetzung ein Stirnraddifferential an, das über ein Momentschaltwerk die Schaltwelle betätigt (Abb. 19.3).

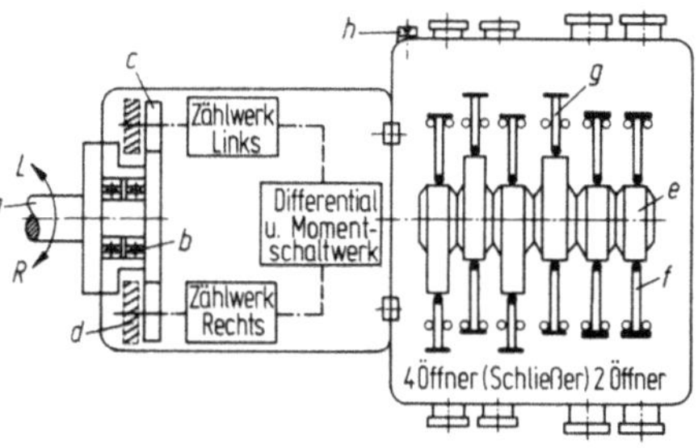

Abb. 19.3. Zählwerks-Getriebeendschalter.
a Antriebswelle; *b* Kugellager; *c* Kupplungsrad; *d* entkuppelte Stellung des Kupplungsrades rechts; *e* Nockenscheibe; *f* Hauptkontakt für Schaltrichtung *L*; *g* Hilfskontakt Schaltrichtung *R*; *h* Erdung.

Die auf der Schaltwelle sitzenden Nockenscheiben schalten die rechts und links in zwei Reihen angeordneten Nockenschalter. Die Getriebeendschalter können mit einer Genauigkeit von $^1/_{32}$ einer Umdrehung der Schalterwelle eingestellt werden. Als Notendschalter sind Getriebeendschalter und Hebelendschalter gebräuchlich. Werden Getriebeendschalter verwendet, so müssen diese einen vom Betriebsendschalter unabhängigen Antrieb haben. An jedem Handantrieb ist ein Blockierungsschalter anzubauen, der bei Einkupplung des Handantriebes den elektrischen Antrieb abschaltet. Der Schalter ist mechanisch, z. B. durch eine Kulisse, so zu betätigen, daß die Abschaltung erfolgt, bevor die Kupplung des Handantriebes zum Eingriff kommt.

19.2 Antriebe und Steuerungen

Für die Steuerung werden Druckknöpfe oder Tastschalter verwendet. Dauerkontaktgeber sollen als Kommandoschalter nicht gewählt werden, weil bei Netzausfall durch die wiederkehrende Spannung ein Selbstanlauf erfolgen kann.

Wenn ein Antrieb örtliche Steuerung und Fernsteuerung hat, muß örtlich ein Betriebsumschalter Örtlich – Fern vorgesehen werden. Dieser Umschalter ist auch als Unfallschutzschalter zu betrachten, da der mit Wartungs- oder Instandsetzungsarbeiten Beschäftigte sich gegen eine unbeabsichtigte Fernsteuerung schützen kann.

Die Motorschutzschalter, Schaltschütze, Zeitrelais und sonstige Schaltmittel werden in der Nähe des Antriebes untergebracht. Der Einbau kann in gußgekapselte Verteilungen oder in Schaltschränke erfolgen.

Bei der Schaltung eines einmotorigen Antriebes werden der Motor und der parallel geschaltete Motordrücker über einen Motorschutzschalter, die Ständerschütze *S 1* oder *S 2* und die Hauptstromkontakte der Endschalter *E 1* oder *E 2* an Spannung gelegt (Abb. 19.4).

Die Endschalter *E 1* und *E 2* liegen auch in den Spulenstromkreisen der Ständerschütze. Es ist also Haupt- und Hilfsstromendschaltung gleichzeitig vorgesehen. Die gleiche Schaltung wird im Prinzip für einen zweimotorigen Antrieb

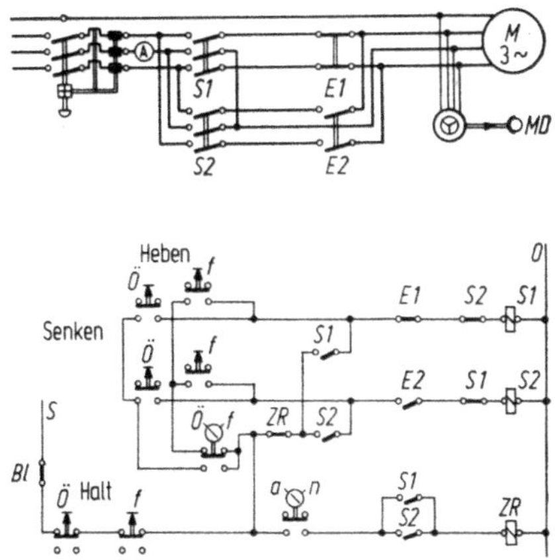

Abb. 19.4. Wehrantrieb. Schütz mit einfachem Antrieb.
E **Endausschalter;** ***MD*** **Motordrücker;** ***S*** **Umkehrschütze;** ***ZR*** **Zeitrelais; Steuerung:** ***a*** **absatzweise,** ***n*** **normale,** ***ö*** **örtliche;** ***f*** **Fernsteuerung.**

mit mechanischer Verbindungswelle verwendet (Abb. 19.5). Hinter den Hauptstromkontakten der Endschalter *E 1* und *E 2* sind die Bimetallrelais *Bi 1* und *Bi 2* für getrennten Motorschutz der beiden Motoren angeordnet.

Die Bemessung des mechanischen Antriebes muß bei einem einmotorigen Antrieb nach dem größten möglichen Motormoment erfolgen. Bei einem zweimotorigen Antrieb ist jedes Windwerk nach dem auf einer Antriebsseite möglichen Motormoment zu dimensionieren. Tritt auf einer Seite eine Überlast auf, so kann hier das Maximalmoment des eigenen Motors und das überschüssige Moment des zweiten Motors, das über die Verbindungswelle (mechanisch, elektrisch) von dem anderen Windwerk kommt, auf den Antrieb einwirken.

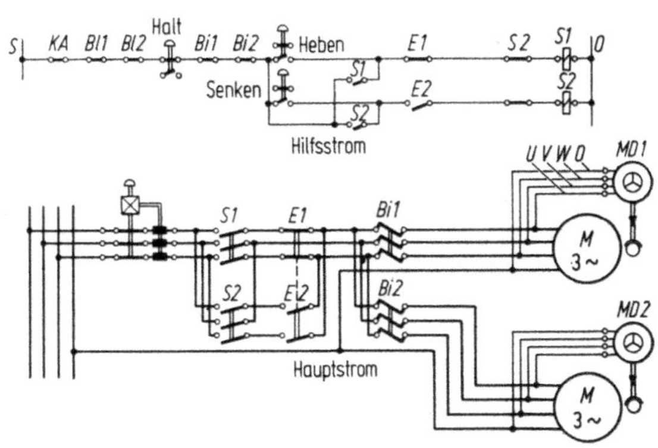

Abb. 19.5. Wehrantrieb. Schütz mit zweiseitigem Antrieb und mechanischer Welle.
Bi **Bimetallrelais;** ***Bl*** **Blockierungsschalter am Handantrieb;** ***E*** **Endausschalter;** ***MD*** **Motordrücker;** ***S*** **Ständerschütze;** ***KA*** **Kleinautomat.**

Die elektrische Welle wird durch 2 Drehstrom-Asynchronmaschinen (Ausgleichsmaschinen) mit Schleifringläufer gebildet, die mit ihren Ständern am Netz liegen und deren Läufer gleichphasig verbunden sind. Sie muß den gleichen Anforderungen genügen, die an eine mechanische Welle gestellt werden. Die zulässigen elastischen Verdrehungen dürfen bei der elektrischen Welle kein Außertrittfallen der Motoren herbeiführen (Abb. 19.6). Die mit Hilfe von Zeitrelais erzwungene Folgeschaltung bewirkt, daß die Ausgleichsmaschinen vor den Motoren eingeschaltet und erst bei Stillstand der Motoren wieder ausgeschaltet werden. Bei Einhaltung dieser Schaltfolge bleibt der Gleichlauf gewährt, solange die Netzspannung vorhanden ist.

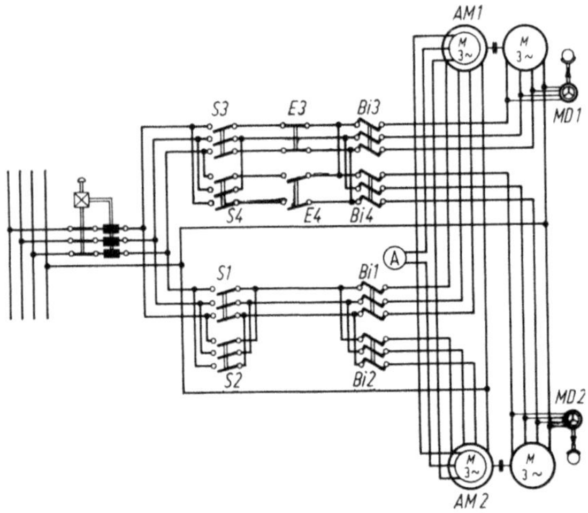

Abb. 19.6. Wehrantrieb. Schütz mit zweiseitigem Antrieb und elektrischer Welle. Hauptstrom-Stromlaufplan.
AM Ausgleichsmaschine; *Bi* Bimetallrelais; *E* Endausschalter; *MD* Motordrücker; *S* Ständerschütz.

In Abb. 19.7 sind die Gleichlaufmomente von 2 Maschinentypen angegeben. Die Ausgleichsmaschinen arbeiten zwischen Schlupf *1* und *2*, da sie durch die Motoren gegen ihr Drehfeld angetrieben werden. Das Generatormoment ist das Moment, das der Motor *2* aufbringen muß. Das Motormoment ist das den überlasteten Motor *1* unterstützende Moment der elektrischen Welle. Das Verhältnis

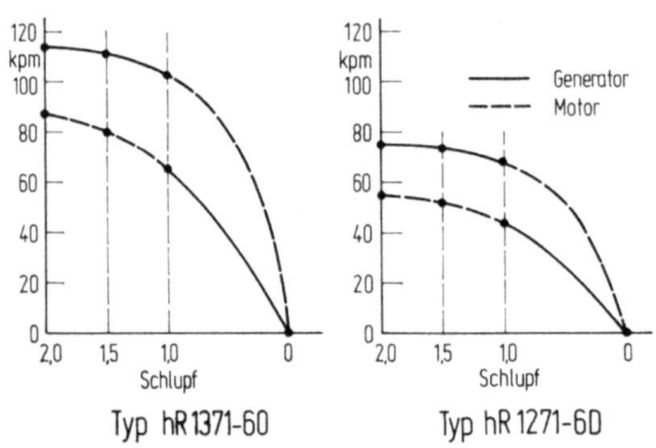

Abb. 19.7. Elektrische Welle. Kennlinien der Ausgleichsmaschinen.

Motormoment zu Generatormoment ist der Wirkungsgrad der elektrischen Welle. Für die Bemessung einer Antriebsseite ist das maximale Moment eines Motors und das von der elektrischen Welle her verfügbare Motormoment maßgebend. Bei richtiger Anpassung der Motoren an das Lastmoment kann das auf einer Triebwerksseite mögliche Gesamtmoment auf das 2,7fache Motorenmoment beschränkt werden, ohne das die elektrische Welle bricht.

Der mechanische Aufbau der Gleichlaufaggregate ist so vorzunehmen, daß die Ausgleichsmaschine mit dem mechanischen Antrieb verbunden ist und der Motor über die Ausgleichsmaschine antreibt.

19.3 Antriebe für stufenloses langsames Anfahren und Abbremsen

Hier ist bekannt der Leonhard-Umformer, der aus einem Antriebsmotor, einem Steuergenerator und einem Erregergenerator besteht. Der Drehstrommotor wird in Stern-Dreieckschaltung ohne Vorschaltwiderstand angelassen. Der Steuergenerator liefert den Strom für die Anker der Antriebsmotoren. Das Feld des Steuergenerators wird durch den Erregergenerator gespeist. Weiterhin liefert der Erregergenerator den Strom für die Felder der Antriebsmotoren. Wird der Stromkreis des Erregergenerators abgeschaltet, so wird die Feldererregung des Steuergenerators und der Antriebsmotoren stufenlos weggenommen.

Neuerdings wählt man auch für die Erzeugung des Gleichstromes Quecksilberdampf-Stromrichter. Diese Stromrichtergefäße stellen ruhende, wartungs- und verschleißfreie Teile dar. Sie sind als Einanodengefäße ausgeführt. Zur Erzeugung der Antriebsleistung bei motorischem Betrieb sind mehrere Gefäße notwendig. Um die im generatorischen Bereich auftretenden Bremsmomente aufzunehmen, werden weitere Gefäße in Gegenparallelschaltung verwendet, die als Wechselrichter wirken und ins Netz zurückspeisen. Diese Anordnung stellt durch die verlustlose Regelung bei hohem Wirkungsgrad und dem Fortfall von Leerlaufverlusten bei rotierenden Umformern den wirtschaftlichsten Antrieb mit geringstem Stromverbrauch dar. Die Regelung der Drehzahl und Drehmomente erfolgt elektronisch durch kontaktfreie und stufenlose Transistorregler.

19.4 Antriebsschutz

Ein elektrischer Antriebsschutz ist in den meisten Fällen nicht mit einfachen Mitteln zu erzielen. Nur bei Leonard-Betrieb, bei dem das Motormoment eine lineare Abhängigkeit vom Strom hat, und bei einem Drehstrommotor mit Schleifringläufer, dessen Läuferstrom ein Maß für das Drehmoment ist, kann ein sicherer elektrischer Schutz gegeben werden. Als weiteres Mittel ist die Verwendung von Anlauf- und Sicherheitskupplungen hydraulischer und mechanischer Art bekannt. Bei mechanischen Antrieben sind die Kettenaufhängungen der Verschlußkörper die am meisten gefährdeten Antriebsorgane. Man hat bei einer Reihe von Anlagen magnetoelastische Kraftmeßdosen unter die Lager der Kettenritzelwelle gesetzt. Man kann durch Einbau von Kraftmeßdosen unter dem Lagerbock die Kettenzugkräfte messen.

19.5 Beheizungen

Für die elektrische Heizung können in Frage kommen:

a) der oberwasserseitige Kantenschutzwinkel als Dichtungsschleiffläche;

b) die Nische;

c) die unterwasserseitige Pfeilerwand;

d) das Seitenschild einer Klappe, eines Segments, Sektors, Trommel- oder Dachwehres;

e) Horizontaldichtungen;

f) Rechen.

Der Oberwasserkantenschutz ist in der Regel ein großer Winkel, der direkt an die Sekundärseite eines Hochstromtransformators angeschlossen wird. Eine andere Möglichkeit ist, auf diesem Winkel eine besondere Heizleiste isoliert aufzubringen und ebenfalls an einen Transformator anzuschließen. Eine Widerstandheizung mit geringstmöglichem Stromverbrauch kann auch dadurch erzielt werden, daß als Stromzuführung der Dichtungsanschlag dient, welcher als nichtrostender Flachstahl geringste Abmessungen erhält. Der Stromrückführung dient der danebenliegende kräftige Aussteifungsträger. Eine nichtleitende, beide Schienen verbindende und an diesem festhaftende Spezialfüllmasse dichtet den verbleibenden Spalt schraubenlos vollkommen ab und unterbindet die Hintersickerung von der Oberwasserseite her. Die Gesamtkonstruktion bildet einen geschlossenen verlegbaren Einbaukörper (Abbildung 19.8).

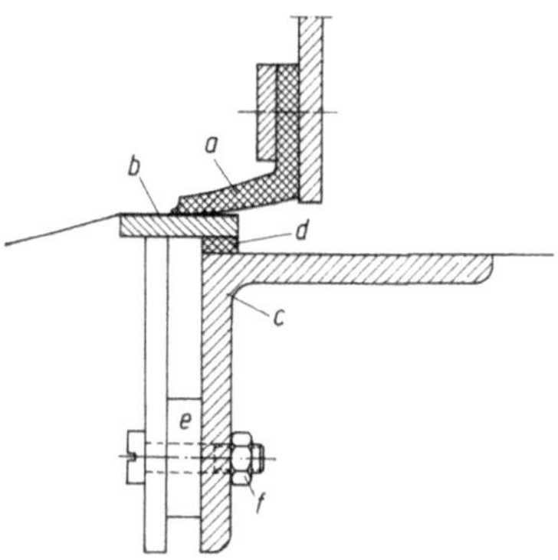

Abb. 19.8. Elektrisch heizbarer Anschlag einer Seitendichtung (MAN).
a Winkelprofil (Gummi); *b* nichtrostende Dichtungsgleitfläche; *c* Aussteifungsträger; *d* nichtleitende und verbindende Spaltfüllung; *e* isolierendes Distanzfutter aus Kunststoff; *f* Kunststoffschraube.

Die Nischenheizung besteht meistens aus aneinander gereihten Flacheisen. Dasselbe kann für die unterwasserseitige Heizung der Pfeilerwand gelten. Die Beheizung des Seitenschildes kann mit starkwandigen Kesselrohren als Heizleitern, mit Heizkabel oder mit Heizstäben durchgeführt werden. Heizkabel oder Heizstäbe erfordern eine zu hohe Heizspannung, die auf dem Seitenschild nicht erwünscht ist. Man rechnet mit folgenden installierten kW je m^2 Heizleiteroberfläche:

2,5 kW für den Oberwasserkantenschutz,
1,5 kW für die Seitenschildbeheizung,
1,0 kW für die Nischenheizung bzw. Pfeilerheizung.

Der Leistungsfaktor ($\cos\varphi$) liegt bei 0,6 für diese einphasig ausgeführten Heizungen.

Besondere Sorgfalt ist den Heizungsanschlüssen zuzuwenden. Die Anschlußflächen von Heizwinkeln oder Flacheisen sind gut zu verzinnen. Auf dieser verzinnten Fläche wird eine Kupferplatte für den Anschluß der vom Transformator kommenden Kabel geschraubt. Die Zahl der Schrauben für die Befestigung der Kupferplatte auf dem Heizleiter muß 8 mal so groß sein, wie bei einer Verbindung von Kupfer mit Kupfer.

Auch haben sich Infrastrahler bewährt, die einzeln oder gebündelt dem Verschluß Wärme zuführen.

Ölheizung s. S. 449.

E. Sonstiges

20 Montage

20.1 Im Werk

20.1.1 Allgemeines

Zur Schulung und Weiterbildung wäre es gut, den Konstrukteuren in regelmäßigen Abständen, zumindest aber, wenn ein Werkstück sich in einem interessanten Stadium seiner Herstellung befindet, im Beisein des Konstruktionschefs oder des Kommissionsführers und der verantwortlichen Betriebsleute Gelegenheit zu geben, sich den Fortgang der Arbeiten anzusehen [*692*]. Wenn darüber hinaus ab und zu noch die Möglichkeit besteht, dem Konstrukteur auch einmal die Montage seiner Konstruktion zu zeigen, so dürfte dies sehr wesentlich zum Verständnis für wirtschaftliches Konstruieren beitragen. Denn sehr oft zeigen sich ja die Mängel einer Konstruktion erst auf der Baustelle. Hier kostet deren Beseitigung aber bekanntlich das meiste Geld [*693*].

Im allgemeinen werden die Zeichnungen im Konstruktionsbüro bis in die letzten Details fertiggestellt und auch die natürlichen Größen dort angefertigt. Die Werkstatt beschränkt sich lediglich auf eine Kontrolle der Additionsmaße.

Die Herstellung der natürlichen Größen im technischen Büro hat den Vorteil, daß der Konstrukteur, der sowieso häufig gezwungen ist, sich zur Ausarbeitung einzelne Konstruktionspunkte, diese in natürlicher Größe, herzustellen, mit den Einzelheiten und Maßen vertraut ist. Bei der Anfertigung der natürlichen Größen in der Werkstatt dagegen, also nach dem Skizzensystem, muß der Vorzeichner sich erst in die Konstruktion hineindenken.

Eine Zeichnung sollte nach Möglichkeit nicht mehr Positionen enthalten, als unbedingt erforderlich. Die Zahlen schwanken etwa zwischen 50 bis 70 Positionen. Eine Zeichnung mit wesentlich mehr Positionen wird leicht unübersichtlich und unverständlich. Sie verursacht in der Werkstatt unnötige Schwierigkeiten. Die Mehrarbeit, die für das TB durch Anfertigung mehrerer Zeichnungen mit weniger Positionen entsteht, dürfte durch den Vorteil einer besseren Herstellung in der Werkstatt weitgehend aufgehoben werden. Dagegen spricht zwar, daß bei Anfertigung von mehr Zeichnungen die Maße von Anschlußpunkten und dergleichen öfters auf andere Blätter übertragen werden müssen und dadurch neue Fehlerquellen entstehen. Wenn aber die Gewähr gegeben ist, daß die Additionsmaße kontrolliert werden, dann dürften diese Fehlerquellen zum größten Teil ausgeschlossen sein.

Unter der Voraussetzung, daß bei der Schweißkonstruktion die entsprechenden Schrumpfmaße für die verschiedenen Bauteile berücksichtigt werden, ferner der gesamte Arbeitsvorgang in der Werkstatt wie Hobeln der Bleche, Bohrungen,

Versenken der Löcher usw. gemäß den Werkstattzeichnungen ohne Fehler abgewickelt ist, beginnt der Zusammenbau der einzelnen Elemente bis zur fertigen Konstruktion. Hierbei wird die Konstruktion nur bis zur Größe fest verschweißt bzw. genietet oder gegebenenfalls auch geschraubt, wie die Bauteile gerade noch transportiert werden können.

Man geht oft dazu über, möglichst große Stücke auf die Baustelle zu bringen, um die Baustellenmontage, die naturgemäß einen geringeren und nicht so leistungsfähigen Maschinenpark aufweist, zu entlasten. Die größten und schwersten Stücke, die die Werkstatt verlassen können, werden bestimmt durch das Lichtraumprofil während des Transportes und durch die Hebegeräte oder auch Verladegeräte, mit denen die Einzelteile umgeladen oder abgeladen werden. Bei Schiffsversand wird ein günstiges Verhältnis vom Stückgewicht zum Frachtvolumen angestrebt.

Jedenfalls empfiehlt es sich infolge der geforderten hohen Genauigkeit, grundsätzlich eine Werksmontage durchzuführen. Fehler oder Unstimmigkeiten, die beim Entwurf der Konstruktion oder auch in der Fertigung nicht bemerkt wurden, lassen sich an einer im Werk vormontierten Konstruktion (manchmal nur im Werk) verhältnismäßig einfach, schnell und damit auch in wirtschaftlich vertretbaren Grenzen korrigieren.

Zum besseren Verständnis der Werksmontage einige Beispiele:

20.1.2 Segmentschütz

Zuerst wird die Stauwand des Segmentschützes in ihren Einzelteilen, es handelt sich hierbei auf Maß bearbeitete und gebogene Bleche, auf Böcken ausgelegt und sauber nach Schnur geheftet. Die fertig auf Maß bearbeiteten Längssteifen werden entsprechend der Kontrollrisse und danach die Schalen geheftet. Anschließend erfolgt eine Kontrolle des Radius der Schalen mit Hilfe einer Rollschablone. Etwaige Abweichungen gleicht man vor dem Zusammenbau der ganzen Stauwand durch Richten der Einzelteile aus.

Die Horizontal- und Vertikalträger werden entsprechend der vorgegebenen Schweißfolge als fertiges Bauteil zusammengeschweißt. Der erste fertige Träger, auf Maßhaltigkeit kontrolliert, gilt nach entsprechender Korrektur als Vorbild für die Fertigung der weiteren Träger. Die Kopfplatten an den Stützarmen werden plangefräst.

Die ganze Stauwand wird dann so ausgelegt, daß die Stauwandbleche unten liegen. Die fertig geschweißten Schalen verlascht man mit den Stoßlamellen. Die Enden sind durch Kanthölzer unterstützt. Um beim Einbau des Hauptträgers ein Abspringen der Kanthölzer zu verhindern, sind an der Stauwand Nocken angeschweißt. Der Radius ist während dieses Montagevorganges zu kontrollieren und durch Unterkeilung der Abstützung auszurichten. Danach wird der untere Hauptträger angebaut, verdornt, und fest verschraubt (Abb. 20.1). Die damit voll ausgelegte, verdornte und verschraubte Stauwand wird auf Maßhaltigkeit überprüft. Sämtliche Löcher der Stauwand werden auf Soll-Dmr. aufgerieben. Auch die Klemmleisten der Sohlendichtung und die Seitenrollen zur Führung des Verschlusses werden angepaßt. Danach stellt man die Stauwand hoch, durch Kanthölzer abgestützt und durch Seile abgefangen. Ist die Verschlußhöhe zu groß, so empfiehlt es sich, die oberen Schüsse der Stauwand, nachdem sie signiert sind, abzubauen um das Gewicht der aufzurichtenden Stauwand zu reduzieren. Diese können dann später mit Hilfe eines Portalkranes oder auch Autokranes aufgesetzt werden.

Die Stützarme werden nun mit den eingebauten Verbänden an die hochgestellte Stauwand angepaßt. Dabei steht ein Lagerträger mit den aufgebauten Lagerböcken unter den Stützarmen. Nach dem Ausrichten des Lagerträgers

Abb. 20.1. Ausgelegte Stauwand mit montierten horizontalen Hauptträgern (RU).

zur Stauwand werden die Stumpen mit den Lagernaben bei eingestecktem Bolzen verschweißt. Danach erfolgt das endgültige Aufreiben der Anschlüsse der Stützarme an die Hauptträger.

Sind sämtliche Teile signiert und ihre Nummerierungen auf einen Signierungsplan übertragen (Reihenfolge kann auch umgekehrt sein) so erfolgt der Auseinanderbau und man verpackt die Einzelteile versandfähig.

20.1.3 Sektor

Für eine einwandfreie Arbeitsweise des Sektors (sinngemäß auch Trommelschütz) ist gleicher Radius der gebogenen Stauwand sehr wichtig, damit die Stirndichtung in allen Stellungen im Eingriff bleibt. Bestimmend für die Maßhaltigkeit des Sektors ist dementsprechend die Genauigkeit der Rahmen. Man kann für deren Auslegen eine Zusammenbauvorrichtung herstellen. Gebogene Stauwandteile und Abfallbodenstücke haben Breiten, die dem Abstand von Querrahmen zu Querrahmen entsprechen. Man stellt sie nun auf zwei horizontale Träger. Lagermittelpunkt und Anschluß der Sohlschwellenböcke liegen in einer Ebene. Danach werden die Längsträger zwischen den Schotten eingebaut; die Stauwand- und die Abfallbodenbleche der Endfelder paßt man zweckmäßigerweise erst auf der Baustelle an. Der Radius der Stauwand wird mit einer Lehre kontrolliert und an den Verbindungspunkten mit den Längsträgern ausgerichtet. Danach werden die Verbindungswinkel aufgerieben. Es ist dabei darauf zu achten, daß die Stauwand und der Abfallboden sich an der Überlaufkante sauber treffen.

20.1.4 Rollschütz

Von dem mehrteiligen Rollschütz werden die einzelnen Schüsse nach Anweisungen der Werkstatt als Einzelteile mit entsprechender Maßgenauigkeit hergestellt. Sie werden auf zwei Hilfsträger aufgelegt und zwar so hoch, daß auch noch von unten her Hilfslaschen an der Konstruktion angebracht werden können. Die einzelnen Schüsse liegen mit der Stauwandseite nach oben und werden verschraubt. Sie sind ausnivelliert und auf Maßhaltigkeit überprüft, wobei besonders wichtig das Gesamtlängenmaß aller Schüsse ist. Gleichzeitig wird die einwandfreie Winkligkeit der Schneide zur Schützachse festgestellt. Besonders gekennzeichnete Löcher an der Stauwand werden aufgerieben und man zieht Paßschrauben oder Paßdorne ein. Danach erfolgt das Anreißen der Dichtungsleisten und der Achslöcher. Die einzelnen Schüsse werden gelöst. Sie erhalten auf dem Drehtisch die Bohrungen sowie die Fräsung für die Dichtungsleisten. Dann erfolgt der Einbau der Rollen und das Schütz wird jetzt mit Rollen erneut ausgelegt, fest verschraubt und verdornt. Alle noch aufzureibenden Löcher in der Stauwand erhalten das Sollmaß, die Gummidichtungen mit Klemmleisten werden angebaut. Man hebt das Schütz mit dem Kran an, um die wirkliche Schwerachse festzulegen und montiert die Hubösen für den Antrieb. Anschließend Signierung aller Einzelteile, Auseinanderbau, Verpackung (dabei Ausbau der Rollen, Schutz durch Verschläge gegen Beschädigung) und Versand.

Oft werden feste Teile, insbesondere für Tiefschütze, vormontiert. Auch Panzerungen (s. Abb. 8.13) werden am besten in der Werkstatt auf Genauigkeit und Maßhaltigkeit überprüft.

20.2 Auf der Baustelle

20.2.1 Allgemeines

Für die Baustelle sind besondere Montagezeichnungen anzufertigen, auf denen nur die für die Baustelle wichtigen Einzelheiten, also Baustellenstöße und dergleichen, vermerkt sind. Vor allen Dingen muß eine klare Übersichtszeichnung vorhanden sein, aus der die gesamten konstruktiven Zusammenhänge ersichtlich sind.

Gegenüber den anderen Anwendungsgebieten des Stahlbaues ist im Wasserbau das Nieten für Baustellenverbindungen verstärkt beibehalten. Selbst bei Konstruktionen, die in überwiegend geschweißter Ausführung auf die Baustelle gesandt werden, werden die Baustellenstöße gern genietet. Ein geschweißter Montagestoß kann die im Werk erreichte Maßhaltigkeit oftmals gefährden. Die Baustelle verfügt oft nicht über ausreichende Mittel, Verwerfung und Schweißspannungen zu kontrollieren, einzuschränken oder ganz zu vermeiden. Es werden deshalb manchmal Baustellen-Nietverbindungen vorgezogen, die in der Werksvormontage aufgerieben sind und damit die geforderte Maßhaltigkeit der Konstruktion auch nach der Baustellenmontage beibehalten und unkontrollierbare Spannungen vermeiden [*694*].

Nach Art und Aufgabe der Konstruktion können kleine Verwerfungen aus dem Schweißen zugelassen sein. Durch Schrumpfung bedingte Maßänderungen gleicht man durch geeignete Konstruktionen aus. Es werden dann Paßstücke vorgesehen, die erst zum Schluß eingesetzt werden.

Im allgemeinen wird die elektrische Handlichtbogenschweißung angewandt. Die automatische, elektrische Lichtbogenschweißung läßt sich durch die Besonderheit beim Stahlwasserbau auf der Baustelle nicht in dem Maße anwenden wie sonst bei anderen Stahlkonstruktionen. Sie wird deshalb auf wenige Sonderfälle bei großflächigen Blechwänden und Horizontalböden, wie z. B. bei Trockendock- oder Großschiffahrtschleusentoren, Schwimmern und Trögen von Schiffshebewerken beschränkt bleiben. Selbst dann kann auf eine teilweise Handschweißung, sei es für Stehnähte oder kurze Kehlraupen, nicht verzichtet werden.

Witterungsverhältnisse stören den Einsatz von Schweißgeräten, denn Schutz- und Wärmevorrichtungen bei Frost oder Regen sind auf der Baustelle aufwendig und behindern den zügigen Ablauf im Zusammenbau.

Auf der Baustelle läuft die Montage im allgemeinen wie folgt ab:

1. Einbau der festen, einzubetonierenden Teile
2. Montage der Hauptkonstruktion und Antriebe
3. Probebetrieb

Die Montageart hängt von vielen Umständen ab. Sie wird unter anderem bestimmt durch:

a) die Art des Transportes der Konstruktionsteile vom Werk bis zur Baustelle und die eventuellen Umschlagmöglichkeiten auf dem Wege bis dahin,

b) den technischen Ablauf der dem Stahlbau vorausgehenden Tief- und Betonbauarbeiten,

c) die Tragfähigkeit der auf der Baustelle bereits vorhandenen oder verfügbaren eigenen Hebezeuge,

d) den Zustand der Baustelle selbst und ihrer näheren Umgebung,

e) die Wasserverhältnisse,

f) zusätzliche Maßnahmen bei Schiffahrt,

g) Offenhaltung und Sicherung sonstiger an der Baustelle vorbei- oder über sie hinwegführender Verkehrswege,

h) die klimatischen Bedingungen auf der Baustelle,

i) architektonische Forderungen des Bauherrn,

j) eventuelle Verwendung der Konstruktion in provisorischer oder endgültiger Form schon während des Bauablaufes der Gesamtanlage.

Die unter d) bis f) angeführten Gesichtspunkte werden für die Einrichtung der Baustellen und die Abwicklung der Montage entscheiden, ob ein Verschluß

a) in trockener Baugrube auf der Sohle an Ort und Stelle errichtet werden kann,

b) auf einer besonderen Rüstung oder Plattform innerhalb der späteren Betriebsbereiche erstellt werden muß,

c) oder ob außerhalb des unmittelbaren Baustellenbereiches der Zusammenbau bestimmter Verschlüsse und ihr Transport mit geeigneten Mitteln nach Abschluß der Betonarbeiten zum späteren Betriebsbereich notwendig wird.

Die Montage in trockener Baugrube auf der Sohle oder im Schutz von Spundwänden oder Fangedämmen wird im allgemeinen bevorzugt. Aufwendige Stütz- und Arbeitsgerüste, besondere Sicherheitsmaßnahmen für das Montagepersonal entfallen. Es wird eine größere Genauigkeit bei der Abstimmung der beweglichen auf die festen Teile, d. h. damit auch beim Einbau der Dichtungen, erreicht. Genauigkeit bei der Montage verbürgt einwandfreien Betrieb.

Die Konstruktion wird, soweit es ihre Zugänglichkeit beim Zusammenbau erfordert, auf einfachen Montagelagern abgestützt. Der Aufbau der Geräte und die Anfuhr des Materials wird einfacher. Bei Wasserläufen oder Kanälen mit jahreszeitlich geringer oder unterbrochener Wasserführung wird sich eine solche Lösung technisch und terminlich verhältnismäßig einfach erreichen lassen. Bei Wasserläufen mit starker Wasserführung dagegen, zusätzlich vielleicht noch mit Schiffahrt, häufigem oder unregelmäßigem Hochwasser- oder Gezeitendurchfluß, bedeuten trockene Baugrubenabschnitte im Flußbett neben einer Einengung des Durchflußquerschnittes im allgemeinen auch eine Verlängerung der Bauzeit [*695*].

Die Montage auf einer durchströmten oder unterströmten Rüstung wird dann notwendig, wenn im Rahmen des Gesamtbauzeitenplanes dieser Bauabschnitt für den Durchfluß frei sein muß. Bei Lage der Montageplattform ist das HHW zu beachten. Soll der Schiffsverkehr durch solch eine Öffnung geleitet werden, muß die Unterkante des Gerüstes über dem Schiffahrtsprofil liegen. Einbauten in den Durchflußöffnungen sind notfalls einzuschränken, gegen Schiffsstoß zu sichern oder ganz wegzulassen.

Stützböcke im Wasser sind gegen die Strömung abzufangen oder abzustützen. Für die Auflagerung der Arbeitsplattform bieten sich Aussparungen im Pfeilerbeton, auch einbetonierte, oder herausnehmbare, aus den Pfeilern oder Widerlagern auskragende Träger an. Das Aufstellen von Rüstungen und Geräten wird bei dieser Montageform aufwendiger, die Abstimmung der beweglichen auf die festen Stahlbauteile erschwert.

Wird eine Stahlwasserbau-Konstruktion seitlich oder außerhalb der Einbaustelle montiert, so ist man frei von den Forderungen aus Wasserführung, Schiffahrt und Tiefbau. Der Zusammenbau muß dann so ablaufen, daß der Verschluß als Ganzes oder auch einzelne Schüsse ohne großen zusätzlichen Aufwand in seine Staustellung hereingelassen, eingefahren oder eingeschwommen werden können. Ergeben sich während der Bauzeit besondere Bedingungen aus Regenzeit, Hochwasserschutz oder Abflußregulierung, so kann die Montage so lange eine provisorische Bedienung vorsehen, bis der endgültige Antrieb eingebaut ist. Beispielsweise können Rollschütze bereits für Bewässerungskanäle arbeiten, ein Docktor als Baugrubenabschluß beim Bau der Kammer dienen, Tiefschütze schon während des Staudammbaues Wasser abführen.

20.2.2 Feste Teile

Die Genauigkeit, mit der die festen Teile nach dem Einsetzen ausgerichtet und beim Betonieren in ihrer Stellung gehalten werden, bestimmen ihre Wirksamkeit bei Kraftübertragung, als Dichtung oder als Führung. Die Übernahme und der Einbau der festen Teile infolge ihres geringen Gewichtes erfordert auf der Baustelle meist keinen besonderen Aufwand. Sie können oft mit einfachen Mitteln oder auch mit Hilfe von Arbeitsgeräten des Tiefbauers eingesetzt werden.

Eine in einer Aussparung verlegte Wehrschwelle wird mit einer einfachen Montagehilfsvorrichtung ausgerichtet (Abb. 20.2). Die Durchmesser für die Löcher im Beton, in die die Steinschrauben einzementiert werden, sind so gewählt, daß sie gebohrt werden können. Mit einem einfachen Winkeleisen mit

Langlöchern, an dem die Schwelle mit Klammern gehalten und durch Holzkeile gesichert ist, wird die Schwelle in die Längsflucht gerichtet und ihre Höhenlage durch die Muttern an den Steinschrauben reguliert.

Gegenmuttern verhindern Lageveränderungen nach dem Ausrichten. Eine maßgerechte, starre Winkelschablone hilft beim Ausrichten der festen Teile einer Wehrnische (Abb. 20.3). Sie hält gleichzeitig die Lauf- und Gegenführungsschiene, die Seitenführung und den Kantenschutz zueinander in der richtigen

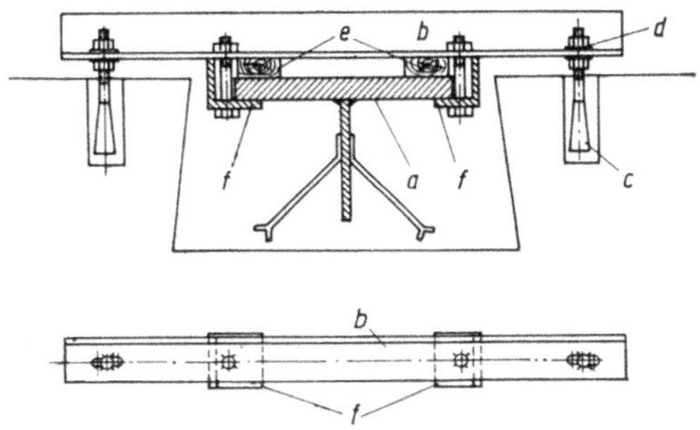

Abb. 20.2. Verlegen einer Wehrschwelle.
a Sohlschwelle; *b* Tragwinkel; *c* Steinschrauben; *d* Unterlegscheibe; *e* Eichenholz; *f* Klemmwinkel.

Lage. Die Nischenarmierung wird nach zwei Richtungen mit vorher einbetonierten Steinschrauben einreguliert. Je nach Länge und Steifigkeit der Armierungen liegen solche Schablonen in 1,5 bis 2,5 m Abstand. Die Rundeisenhaltebügel werden nach dem Betonieren entfernt. Eine Betonnische mit Kastenaussparungen und Bewehrungseisen für das Einhaken der Rundeisenanker wird allerdings komplizierter.

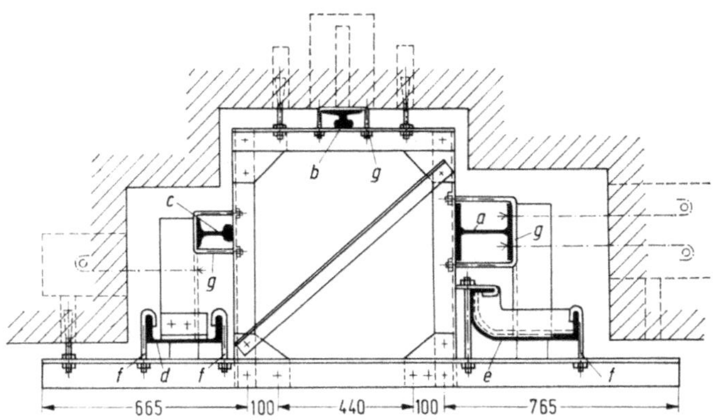

Abb. 20.3. Hilfskonstruktion für das Verlegen der festen Teile einer Wehrnische.
a Schiene; *b* Seitenführung; *c* Gegenführung; *d* Seitendichtungsfläche; *e* Kantenschutz; *f* Hakenschrauben; *g* Bügelschrauben.

Eine maßgerechte, starre Winkelschablone für eine ganze Wehrnischen-Blechpanzerung mit Lauf-, Gegen- und Seitenführungsschienen und Kantenschutz ist regulierbar in zwei Richtungen durch einbetonierte Steinschrauben (Abb. 20.4). Die Hauptkonstruktion wie Schienen und Dichtungsanlageflächen liegen fest am Rahmen auf. Die Blechwände werden durch aufgeschweißte Regulierschrauben, die später abgemeißelt und abgeschliffen werden, mit Gegenmuttern ausgerichtet und gehalten.

Sollen die festen Teile gleich im Primärbeton eingegossen werden, so können sie teilweise als Schalung dienen (Abb. 8.12). Sie müssen aber für den Betonierungsvorgang an Stütz- und Verankerungskonstruktionen befestigt werden. Diese

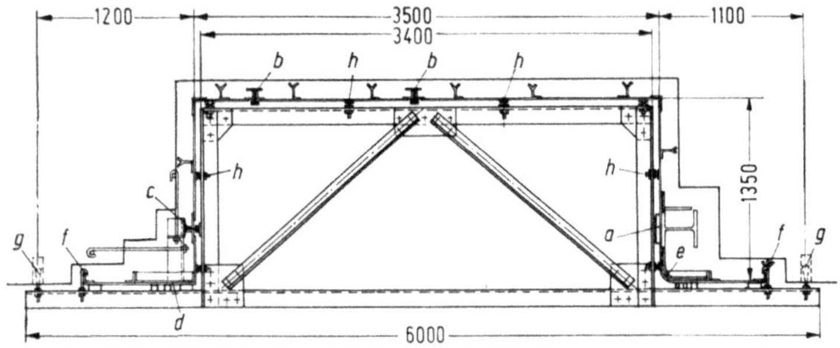

Abb. 20.4. Hilfsvorrichtung für eine Wehrnischenpanzerung mit Druck-, Seiten- und Gegenführungsschiene. *a* Laufschiene; *b* Seitenführungsschiene; *c* Gegenführungsschiene; *d* Seitendichtungsfläche; *e* Kantenschutz; *f* Hakenschrauben; *g* Steinschrauben; *h* Justierschrauben.

werden oftmals sehr aufwendig, so daß eine Kostenersparnis gegenüber dem Verfahren mit Aussparungen kaum erzielt werden kann. Ein nachträgliches Justieren fester Teile bei Setzungen des Bauwerkes während des Betonierens scheidet aus.

20.2.3 Verschlüsse

20.2.3.1 In trockener Baugrube

In der durch Hochwasser nicht gefährdeten Jahreszeit kann nacheinander jeweils eine Wehröffnung durch die Oberwasserdammbalken geschlossen werden,

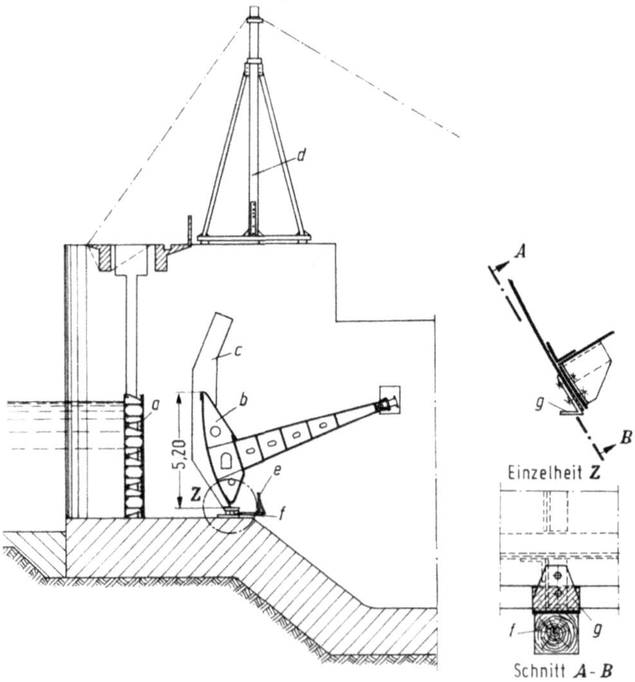

Abb. 20.5. Montage eines Segmentes in trockener Baugrube. *a* Dammbalken; *b* Segment; *c* feste Teile; *d* Montagederrik; *e* Arbeitsbühne; *f* Kantholz; *g* Stützwinkel.

so daß eine trockene Baugrube für den Verschluß geschaffen ist (Abb. 20.5). Das Material wird auf Lastwagen angefahren. Eine Hubvorrichtung an einem einfachen Standmast hebt es vom Wagen und setzt es auf Schienentransportkarren. Auf dem wird es über den Wehrsteg unter den Montagederrick gebracht. Dieser Derrick steht auf dem Zwischenpfeiler und setzt die Konstruktionsteile auf die trockene Wehrsohle hinter den Dammbalken.

20.2.3.2 Auf Rüstung

Eine Arbeitsbühne ist meistens aus wiederverwendbaren, auswechselbaren Montagelementen hergestellt (Abb. 20.6). Für den Zusammenbau des Schützes

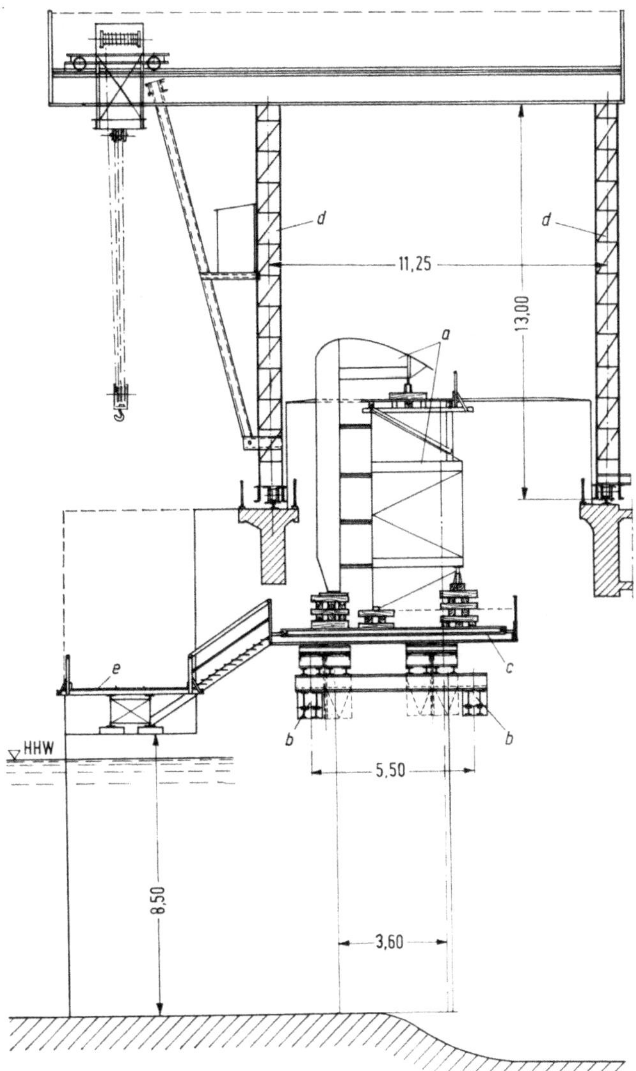

Abb. 20.6. Montage eines Hakendoppelschützes auf der Rüstung.
a Hakendoppelschütz; *b* Kragträger; *c* Arbeitsbühne; *d* Portalkran; *e* Transportsteg mit Gleis.

auf dieser Arbeitsbühne dient ein Portalkran, dessen Spannweite dem späteren Wehrbedienungskran auf den Betonwehrstegen angepaßt ist. Für die Materialanfuhr liegt ein besonderer Transportsteg mit Gleis auf oberwasserseitigen Pfeilern. Das Transportgleis führt zum Lagerplatz, wo für den Materialumschlag von Waggon auf Lager oder Montagetransportwagen ein weiterer Portalkran errichtet ist.

Handelt es sich um große Stützweiten, so wird die Bühne meistens in der Mitte durch ein Gerüst nochmals unterstützt.

20.2.3.3 Außerhalb des unmittelbaren Baustellenbereiches

Bei hohen Verschlüssen bereitet es wegen des großen Gewichtes einigen Aufwand sie seitlich zu verschieben und auf die Lager abzusetzen. Mit Hilfe von Schwimmern kann die Arbeit erleichtert werden.

Bei Montage eines Docktores auf hochwasserfreier Hochrüstung ruht die Arbeitsplattform auf 2 Rammgerüstgruppen und zwar so weit vom Ufer entfernt, daß für den späteren Ausschwimmvorgang genügend Wassertiefe vorhanden ist (Abb. 20.7). Die Plattform und das Ufer verbindet ein Transportsteg auf

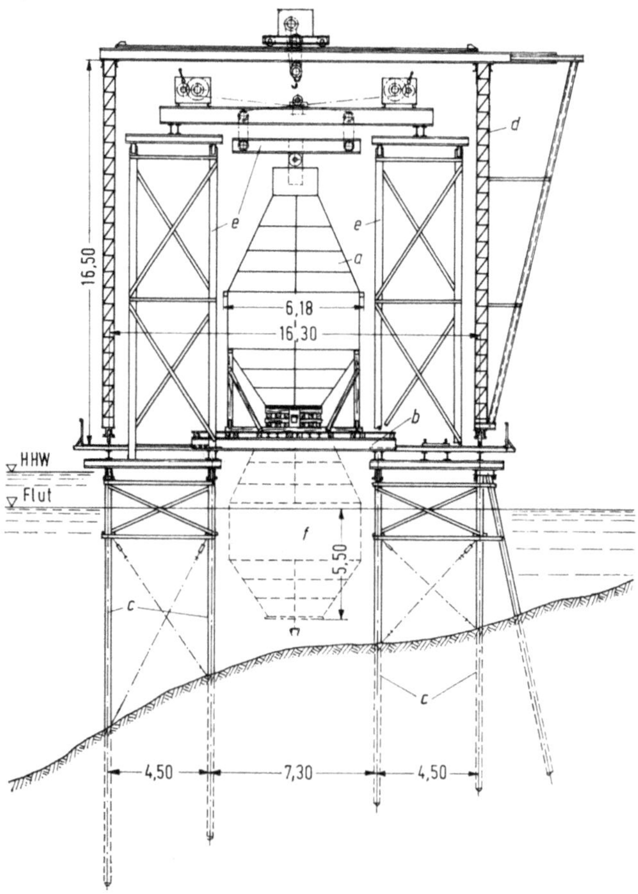

Abb. 20.7. Hochwasserfreie Montage eines Docktores.
a Docktor; *b* Arbeitsplattform; *c* Rammgerüst; *d* Portalkran; *e* Hubportal; *f* schwimmendes Docktor.

gerammten Pfählen. Ein Montageportalkran überspannt die gesamte Arbeitsplattform, übernimmt die auf dem Transportsteg herangebrachte Konstruktion und setzt sie auf die Bühne zwischen den Gerüstgruppen ab.

Nach beendetem Zusammenbau wird das Tor an zwei besonderen Hubportalen aufgehängt und angehoben. Die Bühne baut man unter ihm weg. Das Tor kann dann zwischen den beiden Rammgerüstgruppen ins Wasser angesenkt und schwimmend an seine endgültige Einbaustelle geschleppt werden.

Das Tor kann aber auch auf Pontons abgesetzt und dann als fertiger Bauteil in die Öffnung eingeschwommen werden.

20.2.4 Antriebs- und Maschinenteile

Sie können im allgemeinen im Zuge der Montage mit eingesetzt werden, ohne daß weitere Geräte oder besondere Maßnahmen notwendig werden. Drehlager und Stemmlager werden mit den festen Teilen eingebaut, ausgerichtet und vergossen, Laufrollenwagen, Lager für Klappen, Antriebe usw. im Zuge des Zusammenbaues der Konstruktion.

Alle Maschinenteile, seien es Seil- oder Kettenwindwerke, Pumpenanlage und Zylinder für ölhydraulische Antriebe usw., werden im Werk soweit zusammengesetzt, daß sie mit den einfachen Mitteln der Baustelle aufgestellt und ausgerichtet werden können.

Empfindliche Zubehörteile werden nach dem Werkszusammenbau abgenommen und auf der Baustelle an den markierten Stellen wieder angesetzt. Nach dem Aufsetzen, Ausrichten und Vergießen der Lager und Antriebe bleibt im allgemeinen für die Montage nur noch das Auflegen und Anschließen der Ketten oder Seile, Anbringen der Schmiereinrichtung, Verlegen der Rohrleitungen bei hydraulischen Anlagen, Einbau von Rohren und Schiebern für Flut- und Lenzeinrichtungen, Anbringen und Einstellen von Endschaltern. Elektrische Einrichtungen und Leitungen werden, soweit sie im Werk nicht bereits an die Maschinengruppen angebaut werden können, von Spezialfirmen montiert. Für die Montage ortsveränderlicher Antriebsmaschinen wie z. B. Dammbalkenkrane, Portal- oder Brückenkrane für die Bedienung einer Vielzahl nebeneinander liegender Roll- oder Tiefschütze, müssen oft, besonders wegen ihrer Lage, ihrer Art, ihrer Abmessungen und Gewichte, besondere Montageeinrichtungen erstellt werden.

20.2.5 Probebetrieb

Er soll die Funktionsfähigkeit der Anlage unter betrieblichen Bedingungen nachweisen bei einer gleichzeitigen Nachregulierung und Korrektur der Schaltungen, Steuerungen, Dichtungen. Meistens wird hierbei das Personal für die spätere Bedienung mit der Arbeitsweise der Anlage und mit ihren konstruktiven und maschinellen Einrichtungen vertraut gemacht.

Für den Ablauf der Montagearbeiten ist es wünschenswert, daß dieser Probebetrieb ihren unmittelbaren Abschluß bildet. Aus bautechnischen, betrieblichen oder auch klimatischen Gründen läßt es sich aber oft nicht einrichten, daß die für die Durchführung des Probebetriebes erforderlichen Stau-, Durchfluß- oder Verkehrsbedingungen geschaffen werden können. Zwischen Montage und Erprobung liegt dann eine Unterbrechung. Das Montagepersonal wird abgezogen und oft lassen sich besondere Maßnahmen zum Schutz gegen Verschmutzung durch Baubetrieb, gegen Beschädigung der Konservierung oder gegen Mißbrauch nicht vermeiden.

Während des Probebetriebes wird die Anlage unter allen üblicherweise auftretenden Lastfällen gefahren. Allerdings kann auch manchmal unter Katastrophenlast bewegt werden.

Bei diesem Probebetrieb werden sämtliche elektrischen und mechanischen Schaltungen, Steuerungen, Antriebe, Getriebe, Vorgelege, Lager, Schmierungen, Dichtungen, Ketten- oder Seilaufhängungen und Führungen kontrolliert und gegebenenfalls nachreguliert. Die Überprüfung kann auch Messungen über Deformationen oder Schwingungen einschließen. Es genügt meistens nicht, bei mehreren oder einer Vielzahl gleichartiger Verschlüsse die Korrekturen oder Änderungen an einem Verschluß auf die anderen zu übertragen und damit auf deren Probefahrt zu verzichten. Es empfiehlt sich, alle Verschlüsse im Probebetrieb auf ihre Brauchbarkeit zu kontrollieren. Auch der probeweise Einbau von Notverschlüssen gehört zum Probebetrieb.

In Anbetracht des Umfanges, der Art und Kompliziertheit einer Anlage sollte im Bauprogramm ausreichend Zeit für den Probebetrieb vorgesehen sein.

21 Modellversuche

Beim Entwurf ist es von Wichtigkeit, die Strömungsvorgänge und die Kräfte des strömenden Wassers zu kennen. Die Mannigfaltigkeit der Aufgabenstellungen und die Vielfalt der Strömungsvorgänge machen jedoch oft eine einwandfreie Vorausbestimmung der zu erwartenden Verhältnisse recht schwierig. Die stets wechselnden natürlichen Gegebenheiten und die immer wieder verschiedenen hydraulischen Voraussetzungen bringen es mit sich, daß bei fast jeder wasserbaulichen Aufgabe eine von der vorherigen irgendwie abweichende Lösung gefunden wird.

Wenn auch durch die intensive Forschungsarbeit in den Wasserbaulaboratorien weitgehend Unklarheiten beseitigt werden konnten, so bereitet es doch in manchen Fällen Schwierigkeiten, allgemeingültige Gesetze aufzustellen. Zahlreiche Probleme lassen sich eben durch eine einwandfreie rechnerische Ermittlung nicht erfassen. Oft erweist sich dann der Modellversuch als das beste Mittel, um eine einwandfreie und zugleich zweckmäßige Lösung zu finden. Änderungen am Modell sind schnell und verhältnismäßig preiswert berücksichtigt, ihre Auswirkung sofort erkennbar. Wieviel schwerer dagegen oder manchmal sogar unmöglich ist es, in der Natur am fertigen Bauwerk auftretende Mängel abzustellen. Wenn man dabei bedenkt, in welch bescheidenem Umfang sich die aufzuwendenden Kosten eines Modellversuches bewegen, so sollte man im Zweifelsfall immer auf diese Lösungsmöglichkeit zurückgreifen.

Die Übertragung der an Modellen gemessenen Größen (Wassertiefe, Wassergeschwindigkeit, Druck, Strömungsverlauf) auf die Natur und umgekehrt erfolgt durch Anwendung der Ähnlichkeitsmechanik. Das Modell ist ein verkleinertes Abbild des Naturbauwerkes. Die geometrische Ähnlichkeit allein genügt nicht. Auch die Strömung muß dynamisch ähnlich sein. Dies bedeutet, daß in ähnlich gelegenen Punkten von Modell und Natur die wirkenden Kräfte im gleichen

Verhältnis stehen, damit die Resultierende aller Kräfte und somit die Beschleunigung des Flüssigkeitsteilchens in beiden Fällen die gleiche Richtung hat [*696*, *697*]. Durch das Froudesche und das Reynoldssche Ähnlichkeitsgesetz werden die Abhängigkeitsverhältnisse bei überwiegenden Trägheits- und Schwerkräften und bei überwiegenden Trägheits- und Reibungskräften festgelegt. Auch elektroanaloge Modellversuche sowie das Hele-Shaw-Verfahren bringen brauchbare Ergebnisse [*698*].

Man muß sich allerdings auch darüber im klaren sein, daß der Modellversuch nicht alle Fragen eindeutig beantworten kann [*699*]. Es sei da besonders auf das Gebiet der Schwingungen, Belüftung [*700*, *701*] und Kavitation [*702*] verwiesen.

Wie nützlich und wertvoll und mit der Wirklichkeit übereinstimmend Modellversuche sind, soll am Beispiel eines Tiefschützes nach Abb. **4.54** gezeigt werden. Die Modellversuche (ausgeführt im Institut für Hydromechanik, Stauanlagen und Wasserversorgung, Universität (TH) Karlsruhe) brachten für diesen Verschluß bei einem Abfluß von 500 m^3/s bei einem Hub von 1,43 m eine Spitze der abwärts

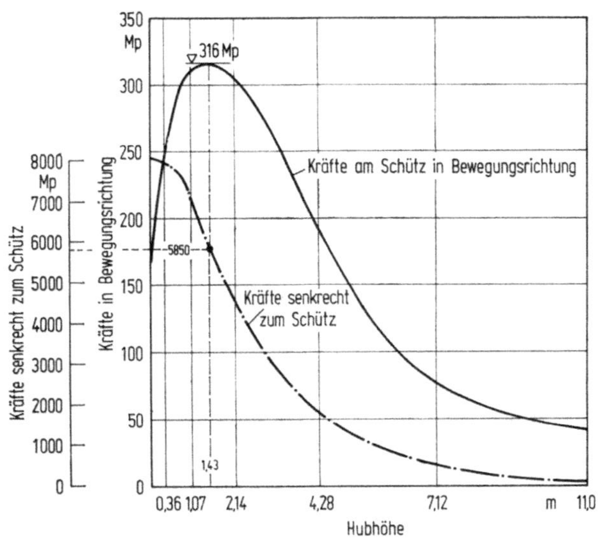

Abb. 21.1. Ermittlung der lotrechten und horizontalen Kräfte an einem Tiefschützmodell.

gerichteten hydraulischen Kräfte von 316 Mp (Abb. 21.1). Der senkrecht auf das Schütz wirkende Wasserdruck hatte sich dabei von 8000 Mp auf 5850 Mp ermäßigt.

Später wurden in der Natur durch das Institut für Baustatik der TU Karlsruhe Messungen am Verschluß vorgenommen (Abb. 21.2). Die lotrecht wirkenden Kräfte, ermittelt am Übergang zwischen Hubstange und Schütz zeigen eine sehr gute Übereinstimmung mit den Modellergebnissen. Die gemessene Spitze liegt in der Natur bei 1,51 m Hub, also nur 8 cm höher. Bei den hydraulischen Kräften bringt die Messung in der Natur einen Wert von 330 Mp. Unter Berücksichtigung des Eigengewichtes, der Rollreibung und der Dichtungsreibung verbleibt eine Differenz von 4,5 Mp. Diese würde sich noch, wenn in der Natur ein Abfluß von 500 m^3/s (wie im Modell) gemessen worden wäre, um rd. 2 Mp auf 6,5 Mp erhöht haben. Damit ist aber eine Differenz beider Ergebnisse von nur

2% feststellbar. Lediglich in Staustellung scheint eine Kraftdifferenz zwischen beiden Messungen aufzutreten. Während im Modell die Kraft Null ist, stellt sich in der Natur noch eine Druckkraft ein. Dies ist aber dadurch bedingt, daß das Gestänge zum Servomotor bei aufsitzendem Schütz entlastet wird und dann infolge seines Eigengewichtes als Druckkraft wirkt.

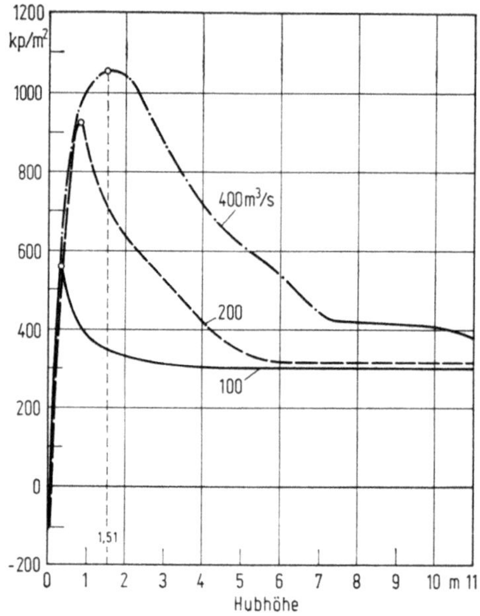

Abb. 21.2. Messungen in der Natur am Schütz zum Vergleich der Ergebnisse in Abb. 21.1.

Wenn also ein Institut mit hochwertigen Meßgeräten versehen ist, die auch von entsprechenden Versuchsingenieuren fachgerecht bedient werden, dann hilft der Modellversuch bereits vor dem Bau, hydraulische und strömungstechnische Fragen befriedigend zu beantworten.

Literaturverzeichnis

A. Theoretische Unterlagen

1. Kaufmann, W.: Technische Hydro- und Aeromechanik, 2. Aufl. Berlin/Göttingen/Heidelberg: Springer 1958.
2. Eck, B.: Technische Strömungslehre, 6. Aufl. Berlin/Göttingen/Heidelberg: Springer 1961.
3. Streck, O.: Grund- und Wasserbau in praktischen Beispielen. Berlin/Göttingen/Heidelberg: Springer 1956.
4. Tietjens, O.: Strömungslehre. Berlin/Göttingen/Heidelberg: Springer 1960.
5. Prandtl, L.: Führer durch die Strömungslehre. Braunschweig: Vieweg 1965.
6. Knapp, F. H.: Ausfluß, Überfall und Durchfluß im Wasserbau. Karlsruhe: G. Braun 1960.
7. Federhofer, K.: Aufgaben aus der Hydromechanik. Berlin/Göttingen/Heidelberg: Springer 1954.
8. Albring, W.: Angewandte Strömungslehre. Dresden/Leipzig: Theodor Steinkopf 1960.
9. Böss, P.: Grundlagen der technischen Hydromechanik. Gas- und Wasserfach Nr. 3 1953.
10. Naudascher, E.: Incompressible fluid flow. Handbook of the Engineering Sciences, Bd. I, v. Nostrand Co., 1967.
11. Press, H., Schröder, R.: Hydromechanik im Wasserbau. Berlin: Ernst u. Sohn 1966.
12. Kozeny, J.: Hydraulik. Wien: Springer 1953.
13. Streeter, V. L.: Handbook of fluid dynamics. New York/Toronto/London: McGraw-Hill 1961.
14. Walshaw, A. C., Jobson, D. A.: Mechanics of fluids. London: Longmans, Green & Co. 1962.
15. Davis, C. V.: Handbook of applied hydraulics. New York/Toronto/London: McGraw-Hill 1952.
16. Rouse, H.: Elementary mechanics of fluids. New York/London: McGraw-Hill 1945.
17. Rouse, H.: Engineering hydraulics. New York/London/Sydney: John Wiley & Sons 1949.
18. Jaeger, Ch.: Technische Hydraulik. Basel: Birkhäuser 1949.
19. Dubs, R.: Angewandte Hydraulik. Zürich: Rascher 1957.
20. Creager, P., Justin, D.: Hydroelectric Handbook. New York: John Wiley & Sons 1950.
21. Leliavsky, S.: Irrigation and hydraulic design. London: Chapman & Hall 1955.
22. Samarin, Popow u. Fandejew: Wasserbau. Berlin: VEB Verlag für Bauwesen 1960.
23. Aus einer Studienarbeit (G. Böker), betreut durch Dipl.-Math. H. Schwarz (unveröffentlicht). Staatl. Ing.-Schule Aalen 1967.
24. Wendel, K.: Sicherheit gegen Kentern. Z. VDI 100 (1958) 1523—1533.
25. Hutarew, Georg: Einführung in die technische Hydraulik. Berlin/Göttingen/Heidelberg/New York: Springer 1965.
26. Kirschmer, G.: Kritische Betrachtungen der Frage der Rohrreibung. Z. VDI 94 (1962) 785—791.
27. Wickert, G.: Anwendung einer Ausgleichsrechnung auf Flüssigkeitsbewegungen. Bauing. 29 (1954) 71.
28. Gehrig, W., Herr, D.: Beitrag zur Ermittlung des Wasserdruckes auf gekrümmte Flächen. Mitt. d. Bundesanst. f. Wasserbau Nr. 14, Febr. 1960.
29. Hartung, F.: Kräftespiel und Gestaltungsmöglichkeiten bei Wehranlagen mit einteiligen Planschützen. Bauing. 29 (1954) 201—211.
30. Press, H.: Wehre. Berlin: Ernst u. Sohn 1959.
31. Wickert, G.: Abfluß über hohe Wehre. Bauing. 30 (1955) 63.
32. Prášil, F.: Technische Hydrodynamik. Berlin: Springer 1926.
33. Kollbrunner, C. F., Wyss, W.: Anwendung der Potentialtheorie im Stahlwasserbau. Mitt. Forsch. Konstr. Stahlbau Nr. 6 (1947).
34. Langer, W.: Bestimmung der dynamischen Auflasten und Drehmomente an Stauklappen bei veränderlichen Klappenradien und Vorradien. Diss. TH Karlsruhe 1953.

35. Pfaff, G.: Das Sektorwehr. Bautechnik 40 (1963) 308—315.
36. Jambor, F.: Mögliche Erhöhung und Entwicklung der festen Wehrschwelle sowie Gestaltung der damit verbundenen Wehrkonstruktionen, im besonderen im Sektorbau. Bautechnik 36 (1959) 221—228 und 297—300.
37. Bradley, J. N.: Rating curves for flow-over drum gates. Trans. Amer. Soc. Civ. Engrs. 119 (1954).
38. Böss, P., Müller, H. P.: Experimentelle und theoretische Untersuchungen zur Ermittlung einer neuen Dachwehrform. Baupl. u. Bautechnik Bd. 1 (1947) 53—59.
39. Müller, H. P.: Versuche an Modellen von selbsttätigen Wehranlagen. Das Versuchswesen der Maschinenfabrik Voith.
40. Hartung, F.: Wehranlagen mit Absenkschützen. Bauing. 29 (1954) 392—397.
41. Rössert, R.: Hydraulik im Wasserbau. München/Wien: Oldenburg 1964.
42. Toch, A.: Discharge characteristics of tainter gates. Proc. Amer. Soc. Civ. Engrs. 79 (1959) HY 2.
43. Rohne, J. Th.: Problems concerning use of low-head radial gates. Proc. Amer. Soc. Civ. Engrs. 85 (1959) HY 2.
44. Naudascher, E.: Abflußmenge und dynamische Kräfte bei Tiefschützen. Bauing. 32 (1957) 428—439.
45. Naudascher, E.: Berechnung der dynamischen Kräfte bei Tiefschützen. Stahlbau 28 (1959) 57—68.
46. Naudascher, E.: Hydrodynamische und hydroelastische Beanspruchung von Tiefschützen. Stahlbau 33 (1964) 199—208 u. 277—286.
47. Wickert, G.: Folgerungen aus der Hydraulik für Tiefschütze. Bauing. 31 (1956) 101 bis 108.
48. Wickert, G.: Anwendung der Hydraulik auf Tiefschütze. Lehre u. Forschung, H. Nr. 2, TH Karlsruhe 1956.
49. Colgate, D.: Hydraulic downpull forces on high-head gates. HY 11, S. 39—52. Hydr. Div. 85 (1959).
50. Rouve, G., Abdul Rhader, M. H.: Lösungsverfahren für Potential-Strömungen mit freier Oberfläche. Wasserwirtschaft 59 (1969) 95—102.
51. Knauff, H.: Die hydraulischen Kräfte an Tiefschützen. Diss. TH Karlsruhe 1960.
52. Giesecke, J.: Berechnung von Ausflußzahlen für Kegelstrahlschieber. Wasserwirtschaft 56 (1966) 315—323.
53. Richter, H.: Rohrhydraulik. Berlin/Göttingen/Heidelberg: Springer 1962.
54. Sainflou, G.: Ann. des Ponts et Chaussees IV (1928) 5—49.
55. Hoffmann, H.: Über die Wechselwirkungen einer senkrechten Tauchwand mit periodischen Schwerewellen. Inst. Wasserb. u. Wasserwirtsch. TU Berlin, Mitt. Nr. 64 (1967).
56. Schnoor, E.: Über neue Verfahren zur Berechnung des Reflexionsdruckes von Wasserwellen auf senkrechte Wände. Mitt. Bundesanst. Wasserbau Karlsruhe, Nr. 24 (1966) u. Nr. 25 (1967).
57. Nagai, S.: Wave pressures on various types of vertikal-wall breakwaters. 21. Int. Schiffahrtskongr. 1965, Stockholm.
58a. Minikin, R. R.: Winds, waves and maritime structures-Studies in harbour making and in the protection of coasts. London: Charles Griffin & Co. 1950.
58b. Dietz, J. W., van Staal, G.: Wave forces on the Eider evacuation sluices. Proceed. Symp. Research on Wave Action, Vol. II, Delft Hydraulics Laboratory, July 1969.
58c. Dietz, J. W.: Abdämmung der Eider; Modellversuche für das Sielbauwerk. Mitt. Bundesanst. Wasserbau Karlsruhe, Nr. 30 (1970).
59. Karwowski, J.: Designing of Lock-Gates of artificial material, Practical application. XXIIe Congrès International de Navigation, Paris 1969; Section I, Sujet 3, p. 163. Secrétariat Général A.I.P.N. (Association Internationale permanente des Congrès Navigation), Brüssel.
60. Willems, G., Dehousse, N. M., Dubois, V., Seyvert, J.: Contribution à l'étude de la conception, du dimensionnement et de la vérification des contraintes d'une porte d'écluse à vantail unique. XXIIe Congrès International de Navigation, Paris: 1969; Section I, Sujet 3, p. 77. Secrétariat Général A. I. P. N. (Association Internationale permanente des Congrès Navigation), Brüssel.

61. MISTÉTH, E.: Bemessung von Stahlwasserbauten unter Anwendung der Wahrscheinlichkeitsrechnung. Stahlbau-Rundschau Wien 29 (1966) 54.
62a. KLÖPPEL, K.: Über zulässige Spannungen im Stahlbau. Veröff. d. Deutsch. Stahlbauverb. Heft 6 (Baden-Baden 1954).
62b. BEER, H.: Beitrag zur stochastischen Konzeption der Bauwerkssicherheit. Z. VDI 112 (1970) Nr. 11, S. 725.
63. PLICA, P.: Die Berechnung des elliptischen Paraboloides unter hydrostatischer Belastung. Diss. T. H. Stuttgart 1965.
64. WOLMIR, A. S.: Biegsame Platten und Schalen. Berlin: VEB Verlag für Bauwesen 1962.
65. BLEICH, F.: Buckling Strength of Metal Structures. New York/Toronto/London: McGraw Hill 1952.
66. BITTNER, E.: Platten und Behälter. Wien/New York: Springer 1965.
67. TIMOSHENKO, S. P., WOINOWSKY-KRIEGER, S.: Theory of plates and shells, 2nd Ed. New York/Toronto/London: McGraw Hill 1959.
68. BRUNNER, W.: Drehwinkel-Ausgleichsverfahren zur Berechnung beliebig belasteter durchlaufender Platten. Beton und Stahlbetonbau 6 (1961) 140.
69. NISSIMOFF, H.: Die Stützkräfte gleichmäßig belasteter kreuzweise bewehrter Rechteckplatten nach der Plastizitäts- und Elastizitätstheorie. Beton- und Stahlbetonbau 12 (1967) 441.
70. REINITZHUBER, F., KRUG, S.: Beitrag zur Berechnung von Platten, die durch Randträger verstärkt sind. In: Stahlbau und Baustatik. Wien/New York: Springer 1965, S. 159.
71. GURR, S.: Beitrag zur Berechnung zusammengesetzter ebener Flächentragwerke unter besonderer Berücksichtigung ebener Stauwände, mit Hilfe von Randwert- und Lastwertmatrizen. Diss. TH Stuttgart 1964.
72. PETERSHAGEN, H.: Beiträge zur Behandlung von Sonderproblemen bei schiffbaulichen Biegeträgern. Diss. TH Hannover 1966.
73. FUKUDA, T.: Ein Beitrag zur Lösung der mitwirkenden Breite. Rep. Inst. Ind. Sci. Tokyo Vol. 12 (1963) No. 5.
74. KLEMENT, D.: Über die mittragende Breite symmetrischer Kastenträger. In: Stahlbau und Baustatik. Wien/New York: Springer 1965, S. 336.
75. LINDNER, J.: Näherungsweise Bestimmung der mitwirkenden Plattenbreite bei Normalkraftbeanspruchung. Bautechnik 45 (1968) 403.
76. KOEPKE, W., DENEKE, G.: Die mitwirkende Breite der Gurte von Plattenbalken. Deutscher Ausschuß für Stahlbeton, H. 192. Berlin: Ernst & Sohn 1967.
77. BASU, A. K., CHAPMAN, J. C.: Large Deflection Behaviour of transversely loaded rectangular orthotropic Plates. Proc. Instn. Civ. Eng. Lond. 35 (1966) 79.
78. Aus Studienarbeiten (T. BAUM, F. GRÜLL, F. MAYER, P. BUCHER), betreut durch Dipl.-Math. H. SCHWARZ und Verf. (unveröffentlicht). Staatl. Ing.-Schule Aalen 1967—1969.
79. SCHAPITZ, E.: Festigkeitslehre für den Leichtbau, 2. Aufl. Düsseldorf: VDI-Verlag 1963.
80. HENSCHKE, W.: Schiffbautechnisches Handbuch. Bd. 1, 2. Aufl. Berlin: VEB Verlag Technik 1966.
81. YOUNG, A. G.: Ship plating loaded beyond the elastic limit. Quaterly Transactions. Instn. Nav. Architects Lond. 101 (1959) 143.
82. STEINHARDT, O., ABDEL-SAYED, G.: Zur Tragfähigkeit von versteiften Flachblechtafeln im Metallbau. Ber. Vers.-Anst. Stahl, Holz, Steine, T.H. Karlsruhe, 3. Folge (1963) H. 1.
83. STEINHARDT, O.: Zur vollständigen Berechnung von „orthotropen Platten“ im Stahlbau. In: Stahlbau und Baustatik. Wien/New York: Springer 1965, S. 58.
84. HASSAN, K.: Beitrag zur Berechnung von orthotropen Platten mit veränderlichen Steifigkeiten. Diss. T. H. Stuttgart 1965.
85. PELIKAN, W., ESSLINGER, M.: Die Stahlfahrbahn, Berechnung und Konstruktion. M.A.N. Forsch. H. 7 (1957).
86. SCHULTZ, H. G.: Zum Stabilitätsproblem elastisch eingespannter orthotroper Platten. Schiff und Hafen 14 (1962) 479.
87. KRUG, S., STEIN, P.: Einflußfelder orthogonal anisotroper Platten. Berlin/Göttingen/Heidelberg: Springer 1961.

88. SCHORER, H.: Line load action on thin cylindrical shells. Proc. Am. Soc. Civ. Eng. (1935) 181.
89. BEER, H.: Über die Schalenbauweise bei Wehrverschlüssen. Österr. Wasserwirtsch. 13 (1961) 123.
90. MEHMEL, A.: Rechenprogramm zur Ermittlung der Schnittkräfte und Formänderungen in Kreiszylinderschalen. Bauingenieur 37 (1962) 188.
91. DABROWSKI, R.: Die Berechnung der allseitig starr gestützten orthotropen Kreiszylinderschalen. Bauingenieur 37 (1962) 459.
92. FISCHER, L.: Theorie und Praxis der Schalenkonstruktionen. Berlin/München: Ernst & Sohn 1967.
93a. GIRKMANN, K.: Traglasten gedrückter und zugleich querbelasteter Stäbe und Platten. Stahlbau 15 (1942) 57.
93b. SCHUBERT, J.: Torsionssteife, vorverformte Gitterroste unter Quer- und Normalkraftbeanspruchung im überkritischen Bereich. Diss. T. H. Darmstadt 1969.
94. PFLÜGER, A.: Stabilitätsprobleme der Elastostatik, 2. Aufl. Berlin/Göttingen/Heidelberg/New York: Springer 1964.
95a. KLÖPPEL, K., SCHEER, J.: Beulwerte ausgesteifter Rechteckplatten, Bd. 1. Berlin: Ernst & Sohn 1960.
95b. KLÖPPEL, K., MÖLLER, K. H.: Beulwerke ausgesteifter Rechteckplatten, Bd. 2. Berlin: Ernst & Sohn 1968.
96. KOLTUNOV, M. A.: Ustojčivost' gibkoj paneli cilindričeskoj oboločki. Vestn. Mosk. un-ta. Matem., mechan., 1962, No. 6, 43—50.
97. LOMBROZO, JU. M.: Rasčet nesuščej sposobnosti krugovoj cilindričeskoj paneli s učetom načal'noj pogibi. Naučn. tr. Omskij in-t inž. ž.-d. transp., 1965, 49, 91—106.
98a. CONWAY, H. D.: Bending of rectangular Plates subjected to a uniformly distributed Lateral Load and to Tensile or Compressive Forces in the plane of the plate. J. Appl. Mechanics, Trans. ASME, Vol. 71 (1949) 301.
98b. CHANG, C. C., CONWAY, H. D.: The Marcus Method applied to solution of uniformly loaded and clamped rectangular Plate subjected to Forces in its plane. J. Appl. Mechanics, Trans. ASME, Vol. 74 (1952) 179.
98c. WÖHRLE, E.: Die Berechnung der frei aufliegenden orthotropen Rechteckplatte unter Querlast und konstanter Längskraft als Kontinuum nach der linearisierten Theorie II. Ordnung. Diss. T. H. Stuttgart 1965.
99. STEINHARDT, O.: Die waagrechte Koppelung von Trägern mittels querliegender Torsionsglieder. Z. VDI 24 (1952) 161.
100. KLEMMT, K. H.: Stahlwasserbau. In: Ingenieurtaschenbuch Bauwesen, Band II, Teil 2, Abschn. 19. Leipzig: Teubner 1970.
101. KLÖPPEL, K.: Die Bedeutung des Schubmittelpunkts bei Biegung und Torsion gerader, prismatischer Stäbe mit dünnwandigen, offenen Querschnitten. In: Stahl im Hochbau, 13. Aufl. Düsseldorf: Stahleisen 1967, S. 1084.
102. KOLLBRUNNER, C. F., BASLER, K.: Torsion. Berlin/Heidelberg/New York: Springer 1966.
103. BORNSCHEUER, F. W.: Beispiel und Formelsammlung zur Spannungsberechnung dünnwandiger Stäbe mit wölbbehindertem Querschnitt. Stahlbau 21 (1952) 225.
104. SCHARDT, R.: Eine Erweiterung der technischen Biegelehre für die Berechnung biegesteifer prismatischer Faltwerke. Stahlbau 35 (1966) 161.
105. DEHOUSSE, N. M., DEPREZ, J.: Les bordages orthotropes plans. Calcul d'une porte plane d'écluse. Université de Liège, Centre d'études, de recherches et d'essais scientifiques du Genie Civil, Mem. No. 22 (1967).
106. DEHOUSSE, N. M.: Les bordages raidis en construction hydraulique. Abh. IVBH 22 (1962) S. 37.
107. KUBITZKI, H. H.: Biege- und Verdrehbeanspruchung unsymmetrischer Kastenträger. Techn. Mitt. Krupp 17 (1959) H. 5, S. 207.
108a. ROIK, K., SEDLACEK, G.: Theorie der Wölbkrafttorsion unter Berücksichtigung der sekundären Schubverformungen. Stahlbau 35 (1966) 43.
108b. HEES, G.: Zuschrift zu [108a]. Stahlbau 38 (1969) 383.

109. KREBS, A., HAAS, F.: Die Berechnung ebener Kontinua mittels der Stabwerkmethode (Anwendung auf Balken mit einer rechteckigen Öffnung). Deutscher Ausschuß für Stahlbeton, H. 199. Berlin: Ernst & Sohn 1968.
110. DABROWSKI, R.: Gekrümmte dünnwandige Träger. Berlin/Heidelberg/New York: Springer 1968.
111. KLEMMT, K. H.: Beitrag zur statischen Untersuchung räumlicher Systeme im Stahlwasserbau. Techn. Mitt. Krupp 15 (1957) 251.
112. ISENBERG, W.: Stabilitätsnachweis biegesteif ausgefachter Segmentschütz-Dreharme. Bautechnik 46 (1969) 7.
113. SHERMER, C. L.: Torsion in Lock Gates and prestressing of Diagonals. Diss. University of Michigan/USA 1951.
114. FLIERL, K.: Die Versteifung verdrillter offener Hohlkörper. Mitt. Vers.-Anst. Wasserbau T. H. München (1953) H. 1.
115. CICIN, P.: Die Fischbauchklappe und verwandte Systeme. Bauingenieur 33 (1958) 367 u. 425.
116. MOHEIT, W.: Zur Ermittlung der Lagerkräfte verschiedener Verschlüsse des Stahlwasserbaus. Stahlbau 29 (1960) 84.
117. PETERS, K.: Untersuchung des Kräfteverlaufs an torsionssteifen Stauklappen. Diss. T. H. Karlsruhe 1952.
118. KOLLBRUNNER, C. F., HAJDIN, N.: Beitrag zur Berechnung von Stauwehrklappen. Mitt. Forsch. Konstr. Stahlbau (1961) H. 28.
119. PRINCE, C.: Particularités du calcul des vannes du type à caisson. Schweiz. Bauztg. 71 (1953) 391.
120. JUNG, H.: Berechnung der Oberschütze eines zweiteiligen Hakenschützes. Bautechnik 39 (1962) 232.

B. Verschlüsse. Konstruktive Lösungen

121. WYSS, W.: Moderne Wehr- und Schleusenverschlüsse. Strom u. See 52 (1957) 344—347.
122. KOLLBRUNNER, C. F., MILOSAVLJEVIĆ, S.: Verschlußarten beim Stahlwasserbau. Mitt. Forsch. Konstr. Stahlbau Nr. 34 (1966).
123. KOLLBRUNNER, C. F., MILOSAVLJEVIĆ, S.: Verschlußarten beim Stahlwasserbau. Mitt. Forsch. Konstr. Stahlbau Nr. 35/1 (1967).
124. KOLLBRUNNER, C. F., MILOSAVLJEVIĆ, S.: Verschlußarten beim Stahlwasserbau. Mitt. Forsch. Konstr. Stahlbau Nr. 35/2 (1967).
125. KOLLBRUNNER, C. F.: Moderner Stahlwasserbau (Schützen) und Bau von Stahlfundamenten für Turbogruppen. Mitt. Forsch. Konstr. Stahlbau Nr. 20 (1956).
126. HARTUNG, F.: Neuzeitliche Gesichtspunkte im Großwehrbau. Sonderh. Wasserkraft d. Elektrizitätswirtsch. (VDEW) 59 (1960) 22—39.
127. PEILERT, F. W.: Die konstruktive Durchbildung von Wehranlagen mit mechanischem Antrieb. Berlin: VEB Verlag Technik 1955.
128. WICKERT, G.: Hydrodynamische Probleme im Stahlwasserbau. Z. VDI 105 (1963) 85—96.
129. SPIEKERMANN, G.: Instabile Formen des Schußstrahles beim Abfluß unter Schützen und seine Kraftwirkungen auf die Schützkonstruktionen. Versuchsanst. Wasserbau TH München, Bericht Nr. 2 (1962).
130. HARTUNG, F.: Kleine Wehrverschlüsse mit großen Schwierigkeiten. Voith Forsch. u. Konstr. (1958) H. 4.
131. WICKERT, G.: Stahlwasserbau für Stauanlagen. Z. VDI 100 (1958) 1337—1347.
132. DAUMY, G.: Aperçu sur l'évolution de la technique des vannes pour installations hydroélectriques. La Houille Blanche, Juli/August 1962.
133. WICKERT, G.: Abhängigkeit und Größe der Schiffskräfte bei Kammerfüllung durch das Obertor mit tiefliegendem Drempel. Diss. TH Karlsruhe 1951.
134. WITTMANN, H., WICKERT, G.: Nouveaux dispositifs de remplissage des ecluses de navigation intérieure. Bulletin de l'Association Internationale permanente Congrès de Navigation 28 (1954) Nr. 39, 53—80.

135. Wössner, O.: Schleusenfüllung durch Längskanäle mit Stichkanälen. Diss. TH Karlsruhe 1950.
136. Wickert, G.: Schiffahrtsanlage Ottmarsheim. Hansa 90 (1953) 389–390.
137. Wittmann, H., Wickert, G.: Schwallfreies Füllen einer Kammerschleuse. Bauing. 30 (1955) 25–28.
138. Wickert, G.: Ein Beitrag zum Problem der Schiffsschleusungen. Hansa 91 (1954) Nr. 21/22.
139. Wickert, G.: Über eine Anwendung der Nomographie auf die Berechnung von Schleusenfüllungen. Wasserwirtschaft 44 (1954) 128–131.
139a. Hütte, Band II, 29. Aufl. 1970. Berlin/München/Düsseldorf: Ernst & Sohn.
139b. Bernhardt, H. H.: Beitrag zur Berechnung von Schleusenfüllungen. Flußbaulabor Uni. Karlsruhe 1970, Mitt. 158, 191–207.
140. Hartung, F.: Rollschützen oder Gleitschützen. Wasserkr. u. Wasserwirtsch. 38 (1943) 187–192.
141. BP 1209065 Rollschütz mit zusammenfaltbarer Stauwand.
142. BP 1194785 In der Höhe unterteiltes Rollschütz.
143. Hartung, F.: Stoney-Schützen und Rollenschützen. Mitt. Forschanst. Gutenhoffn., Nürnberg 6 (1938) Nr. 5, 123–137.
144. Köhler, F.: Konstruktive Grundzüge und praktische Erfahrung beim Bau und Betrieb von Stahlwasserbauten. Berlin/Göttingen/Heidelberg: Springer 1956.
145. Jitta, J.: Stuwschuiven met zeer gote overspanning. De Ingenieur 31 (1953) 31–37.
146. Hartung, F. L.: Die Entwicklungstendenzen des Großwehrbaues bei den Flußkraftwerken in Mitteleuropa. Öst. Bau-Z. II (1956) 137–155.
147. Lindner, R.: Der Bau der Neckarstaustufe Poppenweiler. Bautechnik 34 (1957) 417 bis 426.
148. Lindner, R.: Wehr und Schleuse der Neckarstufe Poppenweiler. Bauing. 33 (1958) 226 bis 233.
149. Lesi, G.: Le paratoie discario dell'impianto di Levane con elemento superiore „a gancio". Milano: Società Editrice Riviste Industrie Elettriche 1959.
150. MAN-Schützenwehre, Prospekt Werk Gustavsburg.
151. v. Egloffstein, B.: Der Beitrag des Stahlbaues zum Bau der Staustufe Jochenstein. Öst. Wasserwirtsch. 8 (1956) 187–197.
152. Roehle, W.: Stahlwasserbau konservativ, modern oder modisch? Öst. Z. f. Elektrizitätswirtsch. 15 (1962) 179–187.
153. Roehle, W.: Der Stahl- und Stahlwasserbau. Öst. Z. f. Elektrizitätswirtsch. 8 (1955) 298–313.
154. Amstutz, E.: Torsionssteife Hohlträger aus Stahl. Schweiz. Bauztg. 71 (1953) 338–340.
155. Gutknecht, A.: Die Hakenschützen für das Kraftwerk Birsfelden. Schweiz. Bauztg. 71 (1953) 363–367.
156. Gutknecht, A.: Die Stauwehrschütze für das Kraftwerk Birsfelden. Acier-Stahl-Steel. Z. 20 (1955) 49–62.
157. Hartung, F.: Eindrücke aus dem amerikanischen Stahlwasserbau. Bauing. 27 (1952) 201–209.
158. Rohde, O.: Überlaufsegmente mit dem bisher höchsten Stau. Stahlbau 30 (1961) 315–317.
159. Blanc, G. J.: The Derbendi Khan project. Waler Power 15 (1963) 423–431.
160. Engstrom, U. V.: Innovations at Wanapum Dam. Civ. Engng. 33 (1963) 43–47.
161. Angelin, S.: A submergible type of tainter gate. Kongress IAHR, The Hague, C16/1–10.
162. Liebl, A.: Segmentwehre mit Aufsatzklappen. Öst. Ing. Z. 4 (1961) 112–116.
163. Ackermann, H.: Die Wehranlage des Kraftwerkes Wörishofen. Bauing. 40 (1965) 465–467.
164. Amstutz, E.: Die Wehrschützen des Rheinkraftwerkes Säckingen. Schweiz. Bauztg. 82 (1964) Nr. 48.
165. Liebl, A.: Die Entwicklung der Klappensegmentwehre an der Enns. Stahlbau-Rundsch. (1965) 21–23.
166. Fischer, D.: Das Aarekraftwerk Flumenthal. Wasserwirtschaft 59 (1969) 39–44.

167. MÜLLER, W.: Über das Zugsegment als Verschluß im Stahlwasserbau. Wasserwirtschaft 57 (1967) 385—392.
168. KOLLBRUNNER, C. F.: Die Sektor-Hakenschütze des Kraftwerkes Rupperswil-Auenstein. Mitt. Forsch. Konstr. Stahlbau 3 (1946).
169. KOLLBRUNNER, C. F.: L'Evacuateur de crues de l'usine hydroélectrique de Rossens avec vannes-secteur doubles. La Houille Blanche (1950) 421—425.
170. KOLLBRUNNER, C. F.: Sektor-Haken- und Sektor-Klappen-Schützen. Schweiz. Bauztg. 71 (1953) 335—338.
171. KOLLBRUNNER, C. F., STREULI, L., MILOSALVJEVIĆ, S.: Ein neuartiger kombinierter Wehrverschluß. Mitt. Forsch. Konstr. Stahlbau Nr. 33 (1965).
172. GUTKNECHT, A.: Zur Entwicklung im Bau von Wehrschützen. Schweiz. Bauztg. 72 (1954) 724—726.
173. ANDREW, E., VELTROP, A.: Prestressed anchorage for large tainter gates. Proc. Amer. Soc. Civ. Engrs. (1964) 123—148.
174. KENIGSBERG, A. H.: Anchorages for large tainter gates. Proc. Amer. Soc. Civ. Engrs. WW 5 (1956).
175. PAWLITZKI, U.: Verankerung von Segmentwehrlagern durch Spannglieder bei der Wehranlage Baygorria (Uruguay). Bautechnik 37 (1960) 268—271.
176. GRZYWIENSKI, A.: Neue Tendenzen in der Ausbildung von Flußkraftwerken und Schiffsschleusen. Wasserwirtschaft 54 (1964) 160—170.
177. BP 1209512 Armierter, mit Nischen versehener Wehrpfeiler zur Auflagerung für Drehlager von Segmentschützen.
178. ACKERMANN, H.: Vom Werden des Sektorwehres in Deutschland. Bautechnik 38 (1961) 145—149.
179. HAMPE, B.: Stahlwasserbau. Stahlbau 2 (1964).
180. Modellversuche für die Lagerdichtung des Sektorwehres Geesthacht/Elbe. Bundesanst. f. Wasserb. Karlsruhe Juli (1965).
181. FRANZ, H.: Ein neues Sektorwehr in der Ruhr. Wasserwirtschaft 39 (1949) 85—92.
182. WICKERT, G.: Das erste geschweißte vollhydraulische Sektorwehr. Schweißen u. Schneiden 12 (1960) Nr. 5.
183. ANNEMÜLLER, H.: Die Sektorverschlüsse der Moselstaustufe Lehmen. Stahlbau 30 (1961) 311—315.
184. SCHROETER, P.: Das Sektorwehr Landesbergen. Bautechnik 37 (1960) 462—470.
185. BP 1218962 Hydrostatisch bewegbares Dachwehr.
186. Dachwehre mit selbsttätiger hydraulischer Steuerung. Druckschrift Voith, Heidenheim.
187. Walzenwehre. Prospekt MAN, Werk Gustavsburg.
188. HARTUNG, F.: Neuere Klappenwehre und ihre Steuerungen. Z.-VDI 80 (1936) 277—280.
189. JACOBSEN, S.: Aus der Projektierung für die Kraftwerkgruppe Hinterrhein. Schweiz. Bauztg. 78 (1960) 365—370 u. 390—395.
190. KÖHLER, F.: Die Wehranlage der Staustufe Ottendorf. Jber. über Bauarbeiten u. d. Kraftwerksbetrieb der Rhein-Main-Donau AG. Selbstverlag RMD, April 1961.
191. MOHEIT, W.: The gates for the barrage of Chippawa-Grass Island Pool near the Niagara Falls, Canada.
192. CICIN, P.: Die Fischbauchklappe und verwandte Wehrsysteme. Bauing. 33 (1958) 367—374 u. 425—432.
193. KAMMERLOCHER, L., DAUMY, G., BERTRAND, J. P.: Vanne à elements papillons horizontaux. 8. Kongreß IAHR, Montreal, 1959.
194. HAMPE, B.: Die Gegendruckstauklappe. Bauing. 34 (1959) 41—44.
195. Barrage de Châlons-sur-Marne. Traveaux, April 1956.
196. ESCHLER, H.: Schütze mit Aufsatzklappe oder Doppelschütze. Bautechnik 31 (1954) 278—281.
197. KÖHLER: Stahlwasserbau im Lichte praktischer Erfahrungen. Bauing. 28 (1953) 305 bis 313 u. 349—355.
198. LIEBL, A.: Neuere Entwicklungen im Stahlwasserbau. Öst. Stahlbauverb. 29 (1966) 9—17.
199. HOLLEIS, P.: Der Ausbau des „Unteren Lechs“. Bautechnik 31 (1953) 185—189.

200. FROTEY, R., LAUFER, M., CHALLAND, P.: L'équipement des barrages de garde. La Houille Blanche, Numéro hors série (1955) 233–238.
201. KUEŽEVIĆ, B.: Le Danube en Jugoslavie. La Houlle Blanche 9 (1964) 267–281.
202. WILLETT, D. C.: The Mactaquac Development. Water Power 18 (1966) 469–475.
203. HECKEL, R.: Stahlwasserbau in Mitteleuropa und in Großraumgebieten — Charakteristische Unterschiede. Stahlbau-Rundsch. (1966) 28.
204. GEMAEHLING, CL.: La chute de Pierre–Bénite sur le Rhône. Travaux 50 (1967) 434–454.
205. GRENGG, H.: Das Stauwerk am Eisernen Tor. Bauing. 42 (1967) 107.
206. DIESENDORF, W., JOHNSON, K. E.: The Snowy-Murray development. Water Power 19 (1967) 47–58.
207. BLEULER, W.: Schützen. Escher Wyss Mitt. 36 (1963) 27–41.
208. BERTRAND, H.: Le Barrage de Golinhac. Travaux (Mai 1961) 391–398.
209. HENNINGER, O., CHRISTALLER, H.: Fortschritte in Planung. Bau und Betrieb an Wasserkraftanlagen in der Bundesrepublik Deutschland. 5. Weltkraftkonferenz, Wien 1956, H. 34, S. 217.
210. GRZYWIENSKI, A.: Hydraulic forces on vertical lift gates. Kongreß 8. IAHR, Montreal, 1959.
211. BLEULER, W.: Sluice gates. Water Power 15 (1963) 450–466.
212. MUSSAR, F.: Grundablaßschützen. Escher Wyss Mitt. (1952/53).
213. JACOBSEN, S.: Die Grundablässe des Ausgleichsbeckens Bärenburg. Schweiz. Bauztg. 78 (1960) 365–370 u. 390–395.
214. GREB, H.-H., LEINEWEBER, J. B.: Neuartige Stolleneinlaufverschlüsse im Koepchenwerk, Speicherkraftwerk Herdecke/Ruhr. Stahlbau 21 (1952) 232–237.
215. WICKERT, G.: Geschweißte Einlaufschütze für große Wassertiefen. Schweißen u. Schneiden 13 (1961) 399–402.
216. GUTKNECHT, A.: Die Grundschütze der Wasserfassung Miguel Hidalgo in Mexiko. Schweiz. Bauztg. 74 (1956) 367–369.
217. Vannes de sécurité, Travaux, Mai 1961.
218. EGGENSCHWYLER, A.: Zum Bau eiserner Wehrschützen. Schweiz. Bauztg. 56 (1910) 59–60.
219. PRESS, H.: Stauanlagen und Wasserkraftwerke. Teil I: Talsperren. Berlin: Ernst u. Sohn 1958.
220. WICKERT, G.: Die Strahlschütze des Bhakra-Dammes. Schweißen u. Schneiden 11 (1959) 240–243.
221. THOMAS, CH.: Hydraulic performance of 96-inch regulating gates in closed conduits. 8. Kongreß IAHR Montreal 1959.
222. Design of TVA Projects. Technical Report Nr. 24. United States Government Printing Office. Washington 1952.
223. The Roseires Dam. Water Power 16 (1964) 139–146.
224. WICKERT, G.: Untersuchungen für den Einlaßturm der Big-Eildon-Sperre (Australien). Bauing. 28 (1953) 381–388.
225. WICKERT, G.: Der Kegelstrahlschieber als Beispiel einer neuzeitlichen Schweißkonstruktion. Schweißen u. Schneiden 9 (1957) Nr. 6.
226. WICKERT, G.: The tapered slide valve, a water regulating assembly for irrigation purposes. Trends 9 (1958).
227. ACKERMANN, H.: Aus der Entwicklung der beweglichen Wehrverschlüsse. Schweiz. techn. Z. (1949/50).
228. FRAAZ, K.: Bau und Planung der Staustufen Koblenz und Trier. Bautechnik 39 (1952) 237–241.
229. FRIEDER, A.: Sonderkonstruktionen von Schützen für Wasserkraftanlagen. Von Roll Mitt. 3 (1944) 117–130.
230. GRZYWIENSKI, A.: Stahlwasserbau. Stahlbau-Rundsch., Sonderheft 5. Weltkraftkonferenz, Wien 1956, S. 4–9.
231. KOLLBRUNNER, C. F., PERRENOUD, J.-L.: Die Entwicklung im Bau von Wehrverschlüssen, dargestellt nach Vor- und Ausführungsprojekten der AG Conrad Zschokke, Döttingen. Hoch- u. Tiefbau (1944) Nr. 11, 12, 13 u. 17.

232. Kyle, J. H.: The buildung of TVA. Louisiana State University Press 1958.
233. Laufer, M.: Die Groß-Wehranlage Gudu-Barrage am Indus in Pakistan. Bauing. 38 (1963) 211—217.
234. Liebl, A.: Die Wehrverschlüsse des Kraftwerkes Aschach. Acier — Stahl — Steel (1964) 441—444.
235. Schäfer, A.: Weiten oder Tiefenentwicklung bei Wehranlagen, Walzen oder Schützen. Bautechnik 13 (1935) 623—627.
236. Spillway and Outlet works, Fort Randall Dam, Missouri River, South Dakota, Okt. 1959.
237. Tainter gate tests. Norfork Dam, North Fork River, Arkansas; Model and prototype investigations, Juni 1954.
238. Wunderlich, W.: Die Grundablässe an Talsperren. Wasserwirtschaft 53 (1963) 70—75 u. 106—114.
239. Zandveld, A.: Der „Delta-Plan", Projekte. Acier — Stahl — Steel (1965) 521—525.
240. Mosonyi, E.: Wasserkraftwerke; Band I: Niederdruckanlagen; Band II: Hochdruckanlagen, Kleinstkraftwerke, Pumpspeicheranlagen. Düsseldorf: VDI-Verlag 1966.
241. Ludin, A.: Wasserkraftanlagen. Berlin: Springer 1934.
242. Heckel, R.: Stahlwasserbau in Mitteleuropa und in Großraumgebieten. Charakteristische Unterschiede. Stahlbau-Rundsch. (1966) 18—28.
243. Burger, C.: Absperrorgane in Wasserkraftanlagen. Voith Forsch. u. Konstr. (1962) Nr. 9.
244. Lieber, J. H.: Une centrale hydro-électrique de grande puissance et de basse chute: Ottmarsheim. La Houille Blanche, A (1952) 151—160.
245. Grengg, H., Jüngling, O.: Triebwasser- und Hochwasserentlastung bei Niederdruckwerken. 5. Weltkraftkonferenz, Wien 1956, H. 18, S. 106.
246. Altenburger, H.: Der Spiralauslaß als Hochwasserentlastung bei Donaukraftwerken. Mitt. Inst. Wasserwirtsch. TH Graz, 1965, Nr. 13.
247. Ackermann, H.: Die UW Fallschützen des Sennarkraftwerkes im Sudan. Bauing. 39 (1964) 148—151.
248. Wickert, G.: Einzelheiten von der McNary-Wasserkraftanlage. Bauing. 31 (1956) 381—383.
249. Wickert, G.: Das McNary-Projekt. Bauing. 31 (1956) 29—30.
250. Roehle, W.: Besondere Aufgaben des Stahl-Wasserbaus beim Ausbau der Donau zur modernen Kraft-Wasserstraße. Techn. Rundsch. Nr. 52a v. 16. 12. 1963.
251. Annemüller, H., Schaaf, F.-W.: Die Turbineneinlaufschütze für die Wasserkraftanlage Rapel/Chile. Stahlbau 36 (1967) 23—30.
252. v. Ranke, F.: Furnas — Brasiliens Großkraftwerk. Bauing. 41 (1966) 469—475.
253. Rechen und Schützen für kleine und mittelgroße Anlagen. Voith Prospekt 628.
254. Wickert, G.: Wasserkraftsystem Piave-Boite-Maè-Vajont. Bauing. 23 (1958) 317—320.
255. Ortsfeste Rechenreiniger. Voith Druckschrift 1053.
256. Francis-Spiralturbinen, Speicherpumpen und Abschlußorgane im Pumpspeicherwerk Happurg der Großkraftwerk Franken A.G. Voith Druckschrift.
257. Fahrbare Rechenreiniger für Wasserkraftanlagen und Pumpwerke. Voith Druckschrift 1054.
258. Bernt, H., Radler, S.: Die Entwicklung des Spiralauslasses und seine Verwirklichung beim Kraftwerk St. Pantaleon. Elektrotechn. u. Masch.-Bau 18 (1963) 273—285.
259. Blind, H.: Planning of pumped-storage plants. Water Power 19 (1967) 226—230 u. 207—292.
260. Borkenstein, W.: Planung, Entwurf und Bau von Wasserkraftanlagen. Starkstromtechn. I. 8. Aufl. (1954) 723—778.
261. Diesendorf, W.: The snowy montains scheme. Sydney: Horwitz Publications Inc. 1961.
262. Kollbrunner, C. F.: Geschweißte Schütze. Int. Inst. of Welding, Tagung 1955, Zürich.
263. Kollbrunner, C. F.: Ausführungsarten und Konstruktionsgrundsätze bei Schützen im Stahlwasserbau. Z. VDI 106 (1964) 817—821.
264. Kolly, L.: L'aménagement du Rhin de Bâle au lac de Constance. La Houillie Blanche 14 (1959) 167—176.

265. LABORDE-MILLAA, J.: L'aménagement de Kariba sur le Zambèze. La Houille Blanche 14 (1959) 457—473.
266. LESCAIL, R.: Barrage de Marckolsheim. La Houille Blanche 14 (1959) 207—212.
267. LOUBTON, M., SCHAFFER, R.: L'usine hydroélectrique de Vogelgrün. La Houille Blanche 14 (1959) 213—220.
268. MULLER, H.: L'aménagement du Rhin à l'amont du lac de Constance. La Houille Blanche 14 (1959) 161—166.
269. POHL, H.: Neue russische Wasserkraftanlagen. Deutsche Wasserwirtschaft (1934) 48—50.
270. ROEHLE, W.: Das Kraftwerk am Eisernen Tor, das größte geplante Donaukraftwerk. Öst. Z. Elektrizitätswirtsch. 19 (1966) 154—159.
271. SMITH, P. M.: Hydraulic downpull on ice harbor powerhouse gate. Amer. Soc. Civ. Engrs. 1963
272. WICKERT, G.: Die Maggia-Kraftwerke. Bauing. 28 (1953) 444.
273. WICKERT, G.: Probleme der Gezeitenkraftnutzung. VDI Forsch.-H. 446, 1954.
274. WICKERT, G.: Probleme der Gezeitenkraftausnutzung. Bauing. 30 (1955) 93.
275. WICKERT, G.: Das Kraftwerk Birsfelden. Elektrotechn. Z. 77 (1956) 245.
276. WICKERT, G.: Die Entwicklung der russischen Wasserkraftnutzung. Wasserwirtschaft 46 (1956) 197.
277. WICKERT, G.: Entwicklung und Stand der russischen Wasserkraftnutzung. Techn. Rdsch. (1956) Nr. 23.
278. WICKERT, G.: Besichtigungsreise zu südfranzösischen Wasserkraftanlagen. Bauing. 31 (1956) 298.
279. WICKERT, G.: Tidal Power. Water Power 8 (1956) 221.
280. WICKERT, G.: Entwicklungen auf dem Gebiet der Gezeitenkraftnutzung. Bauing. 32 (1957) 317.
281. WICKERT, G.: Entwicklung und Stand der sowjetrussischen Wasserkraftnutzung. Arch. Energiewirtsch. 11 (1957) 183.
282. WICKERT, G.: Besichtigung französischer Wasserkraftanlagen anläßlich des 5. internationalen Kongresses für Elektrizitätswirtschaft. Elektrizitätswirtsch. 55 (1956) 32.
283. HARTUNG, F.: Stählerne Schleusenverschlüsse. Schiffbau 37 (1938) Nr. 21/22.
284. WICKERT, G.: Der Amsterdam-Rhein-Kanal. Bauing. 28 (1953) 332—346.
285. NIEL, A.: Modellversuche an einem Stemmtorflügel einer Schiffahrtsschleuse. Öst. Wasserwirtsch. 8 (1956) 26—28.
286. PARTENSCKY, H.-W.: Phenomenes d'oscillation observes aux vantaux ouverts d'une porte busquée. Kongreß IAHR London, 1963, 3.13, S. 101—108.
287. HEYN, W.: Zweiflügeliges Schleusendrehtor. Bautechnik 36 (1959) 332—335.
288. GEMAEHLING, C., BESLIN, M.: Les Portes intermédiaires busquées de toute hauteur des écluses de Saint-Pierre et de Châteauneuf, sur la Rhône. Traveaux 50 (1967) 107 bis 115.
289. DE LA CORDE, E.: Les Portes intermédiaires busquées de toute hauteur des écluses de Saint-Pierre et de Châteauneuf, sur la Rhône. Traveaux 50 (1967) 171—178.
290. WICKERT, G.: Die größte Schachtschleuse der Welt. Hansa 91 (1954) 1719—1720.
291. KRAPFENBAUER, R.: Die Sektorwehre im Hafen von St. Malo und die Wehranlage von Rivières am Tarn. Öst. Bauz. 6. Jg., S. 187—194.
292. BP 1194333: Drehsegmenttor für zweiseitig beaufschlagte Schleusen und Hochwassersperrwerke.
293. Klapptore für direkte Füllung von Schleusenkammern. Bauplanung, Bautechnik 20 (1966) 619.
294. CABELKA, J.: Construction et modernisation des ecluses sur l'Elbe en Tchechoslovaquie. 22. Int. Navigation Congreß, Sect. I, Paris 1969, 193—210.
295. DEHNERT, H.: Schleusen und Hebewerke, Berlin/Göttingen/Heidelberg: Springer 1954.
296. Schiffshebewerk Heinrichenburg in Waltrop. Festschr. z. Einweihung im August 1962.
297. WICKERT, G.: Die Entwicklung der russischen Binnenwasserstraßen. Wasserwirtschaft 44 (1954) 281—286.
298. WICKERT, G.: Die Entwicklung der russischen Wasserstraßen und ihrer Schiffahrt. Z. Binnenschiffahrt 82 (1955) 414—416.

299. Kabelac, O. W.: Great Volga Waterway. Proc. Amer. Soc. Civ. Engrs. 87 (1961) WW 1, 151—163.
300. Pouma, J. H., Davis, J. P., Nelson, M. E.: United States pratice in lock design. 22. Int. Navigation Congress, Sect. I, Paris 1969, 213—237.
301. Press, H.: Binnenwasserstraßen und Binnenhäfen, Berlin: Ernst u. Sohn 1956.
302. Wickert, G.: Beispiele architektonischer Gestaltung im Stahlwasserbau. Bauing. 37 (1962) 329—332.
302a. Sahmel, P.: Die Stahlkonstruktion für das Hubgerüst der zweiten Schleuse Herbrum. Bauing. 45 (1970) Nr. 10, S. 358—364.
303. Wilk, W.: Die Schleusen des Rhein-Seitenkanals bei Vogelgrün. Stahlbau 32 (1963) 88—91.
304. Wickert, G.: Der Rhône-Seitenkanal Donzère-Mondragon mit der höchsten Schleuse Europas. Hansa 90 (1953) 1441—1443.
305. Stahlwasserbauten. Prospekt Maschinenfabrik Eßlingen.
306. Welt, O., Schmausser, G.: Ein neues Hubtorsystem am Unterhaupt der Doppelschleuse Cannstatt/Neckar. Bautechnik 37 (1960) 2—12.
307. Habbaniyahfload relief scheme. British Engineering overseas 38 (1955) Nr. 5.
308. Emergency gate, Greenup Locks Ohio River Kentucky. Technical Report 2-527, US Army Engineer Waterways Exp. Stat. Corps of Engineers, Vicksburg, Miss., 1959.
309. Hampel, H., Jambor, F., Köhler, F.: Portes d'ecluse: A) Calcul et etude comperative des differents types. C) Vannes de sassement. 22. Int. Navigation Congress, Sect. I, Paris 1969, S. 5—45 u. Dt. Ber. zum 22. Int. Schiffahrtskongr. Paris (1969) S. 64—107, BVM, Bonn 1969.
310. Hub-Senk-Tor für Schleusen. Prospekt Noell, Würzburg.
311. Linder, R.: Neuartige Verschlüsse und Formgebung an Wehr und Schleuse der Neckarstufe Poppenweiler. Bauing. 33 (1958) 226—233.
312. Roehle, W.: Utilisation of locks for the discharge of peak floods, some characteristic lock gate designs, mechanical equipment, and filling systems of locks on the Austrian Danube. 22. Int. Navigation Congress, Sect. I, Paris 1969, S. 47—62.
313. Linder, R. J.: Hochwasserentlastung von Staustufen durch Schiffsschleusen. Bauing.-Praxis, Berlin (1966) H. 120.
314. Klemmt, K. H.: Stahlverwendung im Wasserbau. Beratungsstelle Stahlverwendung, Düsseldorf.
315. Culvert tainter valves, New Lock No. 19, Mississippi River. Techn. Rep. Nr. 2-537, US-Army Engineer Waterways Exp. Stat. Corps of Engineers, Vicksburg, Miss., 1961.
316. Willems, G., Dehousse, N. M., Dubois, V., Seyvert, J.: Ecluses, vannes de sassement, portes. 22. Int. Navigation Congress, Sect. I, Paris 1969, S. 63—106.
317. Laufer, M., Schmausser, G.: Ölhydraulische Antriebe im Stahlwasserbau. Bauing. 34 (1959) 417—427.
318. Leclerq, R.: Rapport C, Vannes de sassement. 22. Int. Navigation Congress, Sect. I, Paris 1969, S. 123—136.
319. Grenet, M. J.: La remise en état des portes de l'écluse P. H. Watier à Dunkerque. Travaux 32 (1948) 271—272.
320. Bouchet, R.: Les écluses de Fessenheim. Travaux 40 (1956) 225.
321. Bouchet, M.: Les écluses du troisième bief „Fessenheim". La Houille Blanche 14 (1969) 221—228.
322. Cabelka, J., Puzanov, A.: Navigation lock serving as a waterway of a canal-type power station. 19. Int. Navigation Congress, London 1957, 127—144.
323. Highest lock opens for traffic. Engng. News Records 103 (1959) 50.
324. Jitta, J.: Dutch lock gates with a push-off mechanism. Water Power 31 (1961) 38—39.
325. Junker, E.: Ingenieurbauwerke am Dortmund-Ems-Kanal. Archit. u. Ing. 12 (1961) 148—152.
326. Krause, M.: Die Schleusenanlage der Staustufe Geesthacht. Hansa 95 (1958) 910—917.
327. Kuezevic, B.: Le problème des portes de fer. La Houille Blanche 19 (1964) 283—290.
328. Djordjević, V., Purić, V.: Die Djerdap-Kraftwerks- und Schiffahrtsanlage. Wasserwirtschaft 60 (1970) 263—269.

329. LOFFT, H. T., BELL, W. C.: Lock of 100-ft lift built into Wilson-Dam. Civil Engng. 28 (1958) 496–501.
330. MACKINTOSH, J. B.: John Day lock and dam. Water Power 16 (1964) 355–360 u. 370 bis 376.
331. MC-GRAW jr., WILLIAM, F.: Meldahl locks and dam on the Ohio River. Civ. Engng. 33 (1963) 56–59.
332. MOORE, N. R.: New locks of lower Mississippi and gulf coast. Proc. Amer. Soc. Civ. Engngs. 82 (1956) Nr. 969.
333. MOORS, J. A.: Emergency closure gates for navigation locks. Kongreß IAHR, London, 1963, 4.9, S. 65–72.
334. RICHARDSON, G. G., RYDELL, L. E., VON GUTEN, C. H.: New concepts in development of hydraulic energy on navigable waterways. 19. Int. Navigation Congress, London 1957, S. 53–74.
335. ROEHLE, W.: Historische Entwicklung, Aufgabenstellung und deren Lösung im Bau von Schleusen in Wasserstraßen. Stahlbau-Rundsch. (1966) Nr. 29.
336. RUSCHENBURG, F.: Der Rhein als Schiffahrtsweg. Wasserwirtschaft 54 (1964) 287–295.
337. SCHWARZ, J. S.: Der Ausbau der Mosel zur Großschiffahrtsstraße. Z. VDI 106 (1964) 822–828.
338. WENTINK, H. C.: Kanalisatie van Neder Rijn en Lek, II Een voorontwerp voor het stuwcomplex te Hagestein. De Ingenieur 68 (1956) 163–170.
339. BACHUS, E.: Die Kanalisierung des holländischen Niederrheins und des Lek. Bauing. 33 (1958) 108–111.
340. EGGINK, A.: De visierstuw. De Ingenieur 66 (1954) Nr. 5.
341. Drydock for 700000-ton-tankers. The Engineer 8. März 1968, 415.
342. ANNEMÜLLER, H., SCHAAF, F.-W.: Neues Schwimmtor für das Trockendock im Hafen von Antwerpen. Stahlbau 36 (1967) 296–302.
343. BP 1179515: Schwimmtor mit Drempelanschlag insbesondere für Dockanlagen.
344. LACK, O., SELMER, H.: Der Ausbau des Fischereihafens Cuxhaven. Hafenbautechn. Ges. 1962/63, S. 219–233.
345. SCHROETER, P.: Neuere Entwicklungen beim Bau großer Schiebetore am Beispiel der Schleuse der 4. Hafeneinfahrt Wilhelmshafen. Bautechnik 42 (1965) Nr. 10/11.
346. LIESE, R.: Die ersten Betriebserfahrungen mit dem Sperrwerk in der Leda bei Leer. Wass. u. Boden 8 (1956) 141–146.
347. LINDER, R.: Sicherheitstore, Hochwasserabschlüsse und Sperrwerke an deutschen Wasserstraßen. Wasserwirtschaft 58 (1968) 39–44.
348. WITTMER, H.: Tideänderungen durch Einbauten in Tideflüssen. Mitt. Hann. Versuchsanst. Grundb. u. Wasserbau Nr. 13 (1958) 1–231.
349. HÖFT, H.-D., HOMANN, H.: Ein neues Sturmflutsperrwerk im Hamburger Hafen. Handb. Hafenbau u. Umschlagstechn. Hansa-Verlag, B. 12 (1967) 120–123.
350. LAUCHT, H.: Das Sperrwerk Billwerder Bucht. Wass. u. Boden 16 (1964) 255–258.
351. FÜHRBÖTER, A.: Modellversuche für das Sturmflutsperrwerk Billwerder Bucht/Hamburg. Mitt. Franzius-Inst. TH Hannover Nr. 24, 1964.
352. Sturmflutsperrwerk mit Klappbrücke über die Geeste in Bremerhaven. Sonderdruck G. H.H.
353. BREUER: Das Ledasperrwerk bei Leer in Ostfriesland. N. Arch. Niedersachsen Nr. 20, 1950.
354. DRESSEL, W.: Das Ledasperrwerk bei Leer als Hochwasserschutz für das Leda–Jümme-Gebiet. Wasserwirtschaft 42 (1952) 38–44.
355. Das Ledasperrwerk bei Leer. Festschr. Wasser- u. Schiffahrtsdir. Aurich, Juli 1954.
356. KÜMPEL, O.: Das Sperrwerk in der Leda bei Leer. Baumasch. u. Bautechnik 2 (1955) Nr. 8 u. 9.
357. Eiderdamm, Prospekt von der Arbeitsgem. Eiderabdämmung, 1969.
357a. CORDES, F.: Eiderdamm Hundeknöll-Vollerwiek. Bautechnik 47 (1970) Nr. 11, S. 361–370 u. Nr. 12, 397–402.
358. SCHOR, R. J.: Herstellung und Montage der Stahlwehre des Schutzdammes im Haringvliet (Niederlande). Acier — Stahl — Steel (1965) 526–539.
359. KÜHN, G.: Der Bau der Schleuse Haringsfleet. Baumasch. u. Technik 9 (1962) 87–94.

360. KUIPER, H.: De segmentschuiven met de elektro-hydraulische aandrijvingen voor de spuisluis in het Haringvliet. De Ingenieur, Werktuig- en Scheepsbouw (1964) 199—214.

361. WESTERHOUT, H.: Ontwerp en bouw van de spuisluizen in het Haringvliet. Polytechn. Tijdschr. Orgaan van het NIRIA (1967) 570—581.

362. VOGEL, G.: Sperrwerke an der schleswig-holsteinischen Westküste. VDI-Berichte 145 (1970) 37—42.

363. KÖHLER, F., BURKHARDT, E.: Erfahrungen im Bau und Betrieb von Kleinschleusen. Bautechnik 31 (1954) Nr. 11, S. 363—366.

364. BP 1056546: Stoßschutzeinrichtung an Wasserverschlußkörpern, insbesondere Schleusentoren oder Trogabschlußtoren von Schiffshebewerken.

365. WELT, O., SANDMEYER, O., SCHMAUSSER, G.: Ölhydraulische Schiffsstoß-Schutzvorrichtung am Untertor der 2. Schleuse Lauffen/Neckar. Wasserwirtschaft 53 (1963) 8—11.

366. BP 1256162: Stoßschutzeinrichtung für Schleusentore.

367. BP 1254093: Stoßschutzeinrichtung für das Unterhaupt von Schleusen.

368. BP 1215602: Kammerseitig am Unterhaupt einer Schleuse angeordnete, verformbare Stoßschutzvorrichtung.

369. BP 1203690: Sicherheitsvorrichtungen für das Abbremsen oder Abfangen von Schiffen von Wasserbauwerken, insbesondere von Schleusentoren.

370. BP 1197391: Stoßschutzeinrichtungen für Schleusentore.

371. BP 1197033: Stoßschutzeinrichtungen für Schleusentore.

372. BP 1158008: Stoßschutzeinrichtungen für Schleusentore.

373. BP 1128818: Stoßschutzeinrichtung für Schleusentore.

374. BP 1059845: Stoßschutzbalken für Schleusen und sonstige Schiffahrtsanlagen.

375. BELJASCHEWSKI: Gewölbte Hubtore mit segmentartigem Grundriß. Hydrotechn. Bauw. (1952/53) 40.

376. FISCHER, H.: Modellversuche an einem hakenförmigen Schleusentor. Z. VDI (1941) 786.

377. FEDOROFF: Die konstruktive Gestaltung stark beanspruchter Hubtore. Hydrotechn. Bauw. (1952/53) 36.

378. GRENET, M. J.: La remise en état des portes de l'écluse P. H. WATIER à Dunkerque. Travaux 32 (1948) 271—272.

379. Hochwasserschutztor Pleidelsheim/Neckar. Bau u. Bauind. (1956) 319—322.

380. Hydraulic prototype tests of Tainter valve, McNary Lock, Columbia River, Washington Juni 1960.

381. HUGENECK, F.: Die Schleusenverschlüsse Aschach. Bautechnik 39 (1962) 117—119.

382. Intake studies, Dardanelle Lock, Arkansas River, Arkansas, Juli 1961.

383. JERMAR, FR.: Le problème des Barrages mobiles et leur emploi dans les écluses. 20. Int. Schiffahrtskongr., Boston 1961, S. I/2.

384. MAASKE, H., STECHER, B.: Tropfwasserrinnen für Schleusenhubtore. Bautechnik (1942) 253.

385. RICHARDSON, G. C.: Navigation lock gates and valves. Convention Milwaukee, May 1963. Amer. Soc. Civ. Engrs.

386. STARZEFF, M.: Versenkbare Torverschlüsse für Kammerschleusen. Hydrotechn. Bauw. (1952/53) 21.

387. Submergibel-type tainter gate for spillway, Cheatham Lock and Dam, Cuberland River, Tennessee, April 1954.

388. Spillway for Markland locks and dam, Ohio River, Kentucky and Indiana, Mai 1961.

389. Spillway, Greenup locks and dam, Ohio River, Kentucky and Indiana, Juli 1961.

390. Spillway for New Cumberland locks and dam (Final Design), Ohio River, West Virginia, Nov. 1961.

391. TILLINGER, T.: Pneumatic locks. Dock Harb. Author. 31 (1950) 52—63.

392. TRIGER: Das Füllen einer Kammerschleuse durch Anhub des Hubtores. Hydrotechn. Bauw. (1952/53) 15.

393. Upstream emergency dam, Cheatham Lock, Cumberland River, Tennessee, Juli 1961.

394. WITTMANN, H., WÖSSNER, O.: Tore und Fülleinrichtungen an Schiffsschleusen. Wasserwirtschaft 40 (1949) 82.

395. Welt, O.: Neuere Schleusentore und ihre Antriebsvorrichtungen nebst den Einrichtungen zum Füllen und Entleeren der Kammer bei Schleusen ohne Umläufe. Studium Bau- u. Verkehrsprobln. d. Wass.straßen. Hrsg. v. B. V. M., Offenbach a. M. 1949.
396. Weise: Sektortore in Binnenschiffahrtsschleusen. Bauing. (1950) 348.
397. Willems, G.: Le plan incliné de Ronquières. Rev. Soc. Roy. Ing. Ind. (1962) 514—535.
398. De Ries, J.: Etude sur le mouvement de l'eau es les forces d'amarrage de bateaux dans un sas sonobile. Ann. Trav. publ. Belg. (1962) Nr. 3, 4 u. 5.
399. Willems, G., Valke, E., Rooryjck, R., Seyvert, J.: Le plan incliné de Ronquières. Rapp. 21 Congrès Int. Navigation.
400. Willems, G., Valke, E.: Le ouvrages de navigation pour grandes chutes. Le plan incliné de Ronquières. Vol. d'hommage au Prof. F. Campus, 1964.
401. de Jager, W. G.: Het hellend vlak voor schepen te Ronquières. Polytechn. tijdschr. 19 (1964) 243—253.
402. de Ries, J.: Veilig transport van het schip over het helland vlak van Ronquières. Het Ingenieursblad, 21 (1967) 1—11.
403. Willems, M. G.: Le plan incliné de Ronquières. Conférence donnée au Rotary Club de Seraing sur Meuse. Trav. Publ. (1966).
404. BP 1183862: Schiffshebewerk mit in den Haltungen miteinander gekuppeltem Haltungs- und Trogtor.
405. BP 1265065: Schiffshebewerk auf geneigter Ebene.
406. BP 1223316: Hebewerk für Schiffe mit Förderung der Schiffe auf einer geneigten Ebene und im Nassen.
407. Bretschneider, H.: Schiffshebeanlagen mit schiefer Ebene. Wasserwirtschaft 55 (1965) 381—385.
408. Inbetriebnahme des neuen Schiffshebewerkes Henrichenburg in Waltrop. Wass.- u. Schiffahrtsdir. Münster, 1962.
409. Illiger, Joh.: Ein neues Schiffshebewerk bei Henrichenburg. Bautechnik 36 (1959) 329—332.
410. Roloff, J.: Die Tiefbau- und Stahlbau-Arbeiten für das Schiffshebewerk Henrichenburg in Waltrop. Z. VDI 103 (1961) Nr. 31, S. 1545—1552.
411. Illiger, Joh., Braun, H.-G.: Schiffshebewerk Henrichenburg in Waltrop. Tiefbau 4 (1962) Nr. 10, S. 671—691.
412. Illiger, Joh.: Der Stahlbau des neuen Schiffshebewerkes Henrichenburg in Waltrop. Stahlbau 32 (1963) 321—330 u. 377—381.
413. Schiffshebewerk Henrichenburg in Waltrop. Sonderh. Inbetriebsetzg. Hebewerke August 1962 (Arb.-Gem. 2).
414. Steinhardt, O.: Versuche über Schweißnahtlänge. Stahlbau 30 (1961).
415. BP 1054390: Vorrichtung zum zeitweiligen Abdichten des Troges von Schiffshebewerken gegenüber der ober- oder unterwasserseitigen Haltung.
416. BP 1072566: Trogführung für Schiffshebewerke.
417. Schulz, H.: Bauliche Durchbildung der Schwimmer des Schiffshebewerkes Henrichenburg. Schweißen u. Schneiden 13 (1961) 396—399.
418. Wickert, G.: Schwimmer als Gewichtsausgleich für Schiffshebewerke. Bauing. 34 (1959) 342—349.
419. BP 1075051: Schiffshebewerk mit unter dem Schiffstrog angeordneten, aufrecht stehenden Ausgleichsschwimmern.
420. Röhnisch, A.: Bau von Hebewerken, Entwicklungsrichtungen. Z. VDI 102 (1960) 637—643.
421. Simons, H.: Über die Gestaltung von Schiffshebewerken. Mitt. Hann. Versuchsanst. Grundb. u. Wasserbau, Franzius-Inst. TH Hannover, Nr. 11 (1957).
422. Wickert, G.: Beispiele architektonischer Gestaltung im Stahlwasserbau. Bauing. 37 (1962) 329—332.
423. Illiger, J.: Schleusen und Hebewerke im Bereich des Elbe-Seiten-Kanals, ihre Konstruktion und Leistungsfähigkeit. VDI-Berichte 145 (1970) 43—50.
424. Kuhn, R.: Die Überwindung der hohen Stufen des Main-Donau-Kanals. VDI-Berichte 145 (1970) 51—59.

425. Dietrichs, E.: Beitrag zur Bestimmung der zweckmäßigen Schiffshebeanlage für die Überwindung großer Höhen an Binnenschiffahrtskanälen unter besonderer Berücksichtigung der Hubgeschwindigkeiten. Diss. Hochschule f. Verkehrswesen, Dresden 1964.
426. Dietrichs, E.: Die Hubgeschwindigkeiten von Schiffshebewerken. Wasserwirtschaft — Wassertechnik 17 (1967) 167—171.
427. Dietrichs, E.: Beitrag über Schiffshebeanlagen großer Höhen. Wasserwirtschaft — Wassertechnik 16 (1966) 527—531.
428. Dehnert, H.: Schleusen und Hebewerke, Berlin/Göttingen/Heidelberg: Springer 1954.
429. Konz, O.: Donau-Bodensee-Kanal, Ulm-Friedrichshafen, Stuttgart: Felix Braix 1950.
430. Konz, O.: Neckar-Donau-Kanal, Plochingen—Ulm, Stuttgart: Felix Braix 1954.
431. Lattermann: Das Schiffshebewerk. Wasserwirtschaft — Wassertechnik 17 (1967) 388—389.
432. Mayer, R.: Wasserweg Neckar—Donau—Bodensee. VDI-Nachr. 17 (1963) 6.
433. Press, H.: Binnenwasserstraßen und Binnenhäfen, Berlin: Ernst u. Sohn 1956.
434. Rütjerot, H., Arens, M.: Mittel zur Überwindung großer Fallhöhen durch die Schiffahrt. Dt. Ber. zum Int. Schiffahrtskongr. London 1957. Hrsg. BVM Bonn.
435. Vasiliev, O. F.: Water surface fluctuations in locks and inclined ship elevators and the conditions of ship stay. Proc. 8. Congress, IAHR, Montreal 1959, 8 B.
436. Ostendorf: Grundlagen für den Bau von Industrie- und Werfthäfen an Binnenwasserstraßen. Jb. hafenbautechn. Ges. 15 (1936) 43—59.
437. BP 904634: Schiffsaufschleppe.
438. Lohmeyer, E.: Bau einer Schiffsaufschleppe in Pahlevi (Iran). Bautechnik 21 (1943) 224.
439. Free rolling emergency gates. Glenfield and Kennedy, Prospekt.
440. Stahlwasserbau. Noell, Prospekt.
441. Streuli, L. J.: Eléments-poutres normalisés en métal léger pour fermeture de pertuis. Aluminium Suisse Nr. 5 (1959) 162—166.
442. Amstutz, E.: Die Oberwasserdammbalken zum Maschinenhaus des Rheinkraftwerkes Säckingen. Schweiz. Bauztg. 84 (1966) Nr. 18.
443. Escande, L., Castex, L.: Experimental study on the manoeuvring with stop-logs in flowing water. Kongreß IAHR, The Hague, 1955, D 16/1—27.
444. Eschler, H.: Untersuchungen über das Einsetzen von Wehrdammbalken in der Strömung. Schweiz. Bauztg. 75 (1957) Nr. 27.
445. Grzywienski, A.: Über Strömungsdammbalken. Öst. Z. Elektrizitätswirtsch. 16 (1963) Nr. 1.
446. Grzywienski, A.: The effect of turbulent flow on multisection vertical lift gates. Kongreß, IAHR Belgrad, 1961, I/22.
447. Rundgren, H. L.: Hydrodynamic forces against semicircular steel arch cofferdam segments immersed in streaming water. Sonderdruck D 13, VBB Stockholm.
448. Hecker, E.: Hydrodynamic forces on a multi-leaf gate system. IAHR, Fort Collins, Colorado USA, Sept. 1967, Nr. 4, S. 207—210.
449. Ball, J. W.: Hydraulic characteristics of gate slots. J. Hydr. Div. 85 (1959) HY 10, S. 81—114.
450. Falvey, H. Th.: Energieverluste und Strömungsvorgänge bei Nischen. Diss. TH Karlsruhe 1964.
451. BP 1101299: Nische zur Aufnahme der Laufrollen bzw. Gleitkufen von beweglichen Wasserverschlüssen.
452. Brevet d'invitation P. V. 845.925. Nische pour recevoier des galets de roulement on patins de glissement de fermetures hydraulique mobiles.
453. Lochschmidt, O.: Exzentrische Belastung der Laufarmaturen. Stahlbau 30 (1961) 83—90.
454. Wonik, G.: Berechnung von Laufschienen im Stahlwasserbau. Bautechnik 41 (1964) 188—197.
455. Bleich, H.: Berechnung von Eisenbetonfundamenten als elastisch gestützte Träger. Bautechnik 15 (1937) 477—478.
456. Stahl im Hochbau, 12. Aufl., S. 427, Düsseldorf: Stahleisen 1948

C. Besondere Probleme

457. Kollbrunner, C. F., Streuli, L.: Dichtungen im Stahlwasserbau. Mitt. Forsch. u. Konstr. Stahlbau Nr. 18 (1955).
458. DIN 53505: Härteprüfung nach Shore A, C und D.
459. DIN 53504: Bestimmung der Zugfestigkeit und Bruchdehnung von Weichgummi durch den Zugversuch.
460. DIN 53512: Bestimmung der Stoßelastizität.
461. DIN 53516: Bestimmung des Abriebs.
462. DIN 53515: Weiterreißversuch mit der Winkelprobe nach Graves mit Einschnitt.
463. DIN 53508: Künstliche Alterung von Weichgummi.
464. Specification for extruded rubber water stop. Gates, MRG-659, Denver, July 1953.
465. Corps of Engineers: Crest and head gates. Tainter gates. Part C XX VII, Chap. 2, Nov. 1950.
466. BP 1045922: Bewegliche Dichtung für Wehrschütze, Schleusentore und ähnliche Wasserverschlüsse.
467. Krause, M., Reuter, F.: Die Staustufe Geesthacht. Entwurf und Bauausführung. Wasserwirtschaft 53 (1963) 89—99.
468. Franz, H.: Ein neues Sektorwehr in der Ruhr. Wasserwirtschaft 39 (1949) 85—92.
469. Dumas, F.: Les dernières réalisations et les tendances actuelles en France dans le domaine des écluses de navigation. Bulletin du centre d'études de recherches et d'essais scientifiques des constructions du Génie Civil et d'hydraulique fluvial de l'Université de Liège. Tome special 1962.
470. Roloff, H.: Vorschlag für die Drempel-Dichtung von Hub-Senktoren. Bautechnik 37 (1960) 116.
471. BP 1020932: Elastische Dichutng, insbesondere aus Gummi, für bewegliche Stauverschlüsse, wie z. B. Wehrverschlüsse, Grundablaßschütze, Docktore, Schleusen.
472. 1122053: Dichtung für Wehrkörper, insbesondere für Tiefschütze.
473. Busse, F.: Das PECO-Bolzenschweißverfahren, System CYC ARC. Bauing. 37 (1962) 9—11.
474. Corps of Engineers, Waterways Exp. Stat. Vicksburg, Miss.: Outlet works and spillway for Garrison Dam, Missouri River, North Dakota. Techn. Mem. (1956) Nr. 2-431.
475. Wunderlich, W.: Beitrag zur Belüftung des Abflusses in Tiefauslässen. Diss. TH Karlsruhe, Juli 1961.
476. Wunderlich, W.: Die Grundablässe an Talsperren. Wasserwirtschaft 53 (1963) 70—75.
477. Corps of Engineers, Waterways Exp. Stat. Vicksburg, Miss.: Slide gate tests Norfolk Dam, Northfork River, Arkansas. Techn. Mem. (1954) Nr. 2-389.
478. Dettmers, D.: Beitrag zur Frage der Belüftung von Tiefschützen. Mitt. Hann. Versuchsanst. f. Grundb. u. Wasserbau (1953) Nr. 4, S. 22—68.
479. Levin, P.: Calcul hydraulique des conduits d'aération des vindanges de fond et dispositifs déversants. La Houille Blanche 20 (1965) 121—127.
480. Kalinske, A. A., Robertson, J. W.: Entrainment of air in flowing water — closed conduit flow. Trans. Amer. Soc. Civ. Engrs. 108 (1943) 1435—1447.
481. Corps of Engineers: Hydraulic design Criteria for reservoir outlets. Loose leaf data book.
482. Cambell, F. B., Guyton, B.; Air demand in gated outlet works. Proc. IAHR, Minneapolis 1953, S. 529—533.
483. Martins, N.: L'aêration dans les évacuateurs en puits. IAHR 8. Kongreß Montreal, Aug. 1959, 4 D.
484. Heinrich, G.: Über Strömungen von Schäumen. ZAMM 22 (1942).
485. Cohen de Lara, G.: Degaze naturel dans les puits inclinés reliant les adductions secundaires an galeries en charge. IAHR 1955, C 19.
486. Smetana, J.: Ecoulement de l'eau en dessous d'une vanne et forme rationelle de la surface d'appui de la vanne. La Houille Blanche 2 (1948) Nr. 4.
487. Annemüller, H.: Die Luftaufnahme durch fließendes Wasser. 146. Arbeit aus dem Th.-Rehbock-Flußbaulaboratorium der TH Karlsruhe 1958.

488. Jevdjevich, V., Levin, L.: Entrainment of air in flowing water and technical problems connected with it. Proc. IAHR, Minneapolis 1953, S. 439—454.
489. Bollrich, G.: Zur Belüftung von Grundablaßverschlüssen. Wasserwirtschaftliche Z., TU Dresden 12 (1963) 1709—1717.
490. Bormann, K.: Der Abfluß in Schußrinnen unter Berücksichtigung der Luftaufnahme. Versuchsanst. f. Wasserbau TH München Nr. 13, 1968.
491. Corps of Engineers, Waterways Exp. Stat. Vicksburg, Miss.: Pressure and air demand tests in flood-control conduit, Denison Dam Red River, Oklahoma and Texas. Miscellaneous Paper (1953) Nr. 2-31.
492. Douma: Hydraulic design criteria for reservoir-outlets. 6. Kongreß IAHR, The Hague 1955, C 10.
493. Escande, L.: Remark on the functioning of air vents in pipe lines. Kongreß IAHR, The Hague 1955, B 8/1—4.
494. Fassó, Cl. A.: Experimental research on air-entrainment in gated outlet works. Kongreß IAHR, The Hague 1955, C 26/1—18.
495. Ghetti, A.: Elementi per 10 studii idraulici degli organi di scarico profondo da serbatoi, desunti da ricerche sperimentati. Energia Elettrica (1959) Nr. 9.
496. Goljsoščk: Influence de l'airation sur le fonctionnement des vindanges de fond. Congrés Skoplje 1957, S. 38—46.
497. Haindl, K., Sotornik, V.: Quantity of air drawn into a conduit by the hydraulic jump and its measurement by gamma-radiation. Kongreß IHR, Lissabon 1957, D 31/1—7.
498. Holtorff, G.: Wirbelbildung und Luftaufnahme an Wasserfassungen. Diss. TH Karlsruhe 1961.
499. Kamenev: Aération d'une nappe d'eau en chute libre. Construction Hydrotechnique 8 (1964) 45—49.
500. Le Méhaute, B.: Le calcul des reniflards. Proc. IAHR, Montreal 1959, 11-D.
501. Martins, N.: L'aération dans les èvacuateurs en puits. 8. Congr. IAHR, Montreal 1959.
502. Mura, Y., Ijuin, S., Nakagawa, H.: Air demand in conduits partly filled with flowing water. 8. Congr. IAHR, Montreal 1959, 12-D.
503. Pressure and air demand tests in flood control conduit. Denison Dam. US Army Engineer Waterways Exp. Stat. Vicksburg, Miss., 2—31, Mai 1953.
504. Sananes, M. F.: Entrainement d'air sous une lame déversante. 8. Congr. IAHR, Montreal August 1959, 13-D.
505. Schilling, H.: Luftmessungen in Grundablässen von Stauanlagen. Escher Wyss Mitt. 36 (1963) 41—47.
506. Semenza, C.: L'impianto idroelettrico del Lumiei. Energia Elletrica 1948.
507. Straub, L. G., Anderson, A. G.: Expériments on self aerated flow in open channel. Proc. Amer. Soc. Civ. Engrs., pap. 1890, Dez. 1958.
508. Vibration, pressure and air-demand tests in flood-control sluice. Pine Flat Dam, Kings River, California, Febr. 1954.
509. Hartung, F.: Kavitationsprobleme im Stahlwasserbau und ihre Erforschung. Vortrag Stahlb.-Verb. 2. Juni 1966, München.
510. Bretschneider, H.: Maßstabseinflüsse bei Kavitation. Inst. Wasserb. u. Wasserwirtsch. TU Berlin, Nr. 66, Berlin 1967.
511. Daily, J. W., Broughton, R. S.: Turbulence and static pressure in relation to imception of cavitation. 9. Convention, IAHR, Belgrad 1951.
512. Duport, J. P., Bertrand, J. P.: Choix des conditions aux limites dans les essais de cavitation de vannes. 8. Kongreß IAHR, Montreal 1959.
513. Ball, W.: Cavitation and vibration studies for a cylinder gate designed for high heads. 8. Kongreß IAHR Montreal 1959.
514. Rao, N. S. G.: Cavitation — its inception and damage. Irrigation and Power 17 (1960) Nr. 4, u. 18 (1961) Nr. 1.
515. Uppal, H. L.: Effect of cavitation on the design of river outlets of high dams. Irrigation and Power 18 (1961) Nr. 5.
516. Rao, N. S. G., Thiruvengadam, A.: Prediction of cavitation damage. Trans. Amer. Soc. Civ. Engrs., Paper Nr. 3308, 127 (1962).

517. BEAUFRERE, J.: Etude de l'éffet d'échelle sur la cavitation dans les turbomachines hydrauliques. — Communication au Comité Technique de la S. H. F., März 1960, La Houille Blanche, A (1960).
518. BEAUFRERE, J.: Etude de l'effet d'échelle sur la cavitation dans les turbomachines hydrauliques. C. R. Acad. Sci. (April 1960).
519. BEAUFRERE, J.: Etude experimentale de l'éffet d'échelle sur la cavitation dans les turbomachines hydrauliques. C. R. Acad. Sci. (Mai 1960).
520. BERTHOLD, Mme., GIRAUD, H.: Cavitation test-beds for turbines and valves of S.O.G.R.E.A.H. Kongreß IAHR, Lissabon 1957, B 6/1—38.
521. BORG, S. F., HU, P. N.: Cavitation effects in unsteady two and three dimensional flows. Kongreß IAHR, Lissabon 1957, B 1/1—17.
522. CASEAU, P.: Evolution d'une bulle au voisinage de l'équilibre. 7èmes Journées de l'Hydraulique, S. H. F., Juni 1962.
523. CORMAULT, P.: Incidence des teneurs en gaz de l'eau sur la mesure du bruit comme critère d'apparition de la cavitation. 7èmes Journées de l'Hydraulique, S. H. F., Juni 1962.
524. EISENBERG, P., PREISER, H. S., THIUVENGADAM, A. T.: How to protect materials against cavitation damage. Mater. Design. Engng. 65 (1967) 86—89.
525. HUG, M.: La Cavitation. Bulletin du centre de recherches et d'essais de Chatou. Nr. 1, 1962.
526. JOGLEKAR, D. V., DAMLE, P. M.: Cavitation free sluice outlet design. Kongreß IAHR, Lissabon 1957, B 2/1—10.
527. KINDSVATER, E.: Symposium on cavitation in high Dams. Trans. Amer. Soc. Civ. Engrs. (1946) Disc. p. 874.
528. KOZYREV, S. P.: Novyj sposob issledovanija kavitacionnogo iznosa. (Neue Methode zur Untersuchung des Kavitationsverschleißes.) Zavod. Labor. 33 (1967) 227—229.
529. LOCHER, A., NAUDASCHER, E.: Some characteristic of macro-turbulenze in flow past a normal wall. Proc. 12. Kongreß IAHR, Nr. 2, Fort Collins 1967.
530. MARITIMER: Corrosion — Erosion. Anti-Corrosion 14 (1967) Nr. 2, S. 8—9.
531. MALYŠEVSKAJA, E. G., ERAŠOV, A. F.: Zavisimost' kavitacionnoj stojkosti nekotorych nerzavejuščich stalej ot struktury. (Abhängigkeit der Kavitationsbeständigkeit einiger nichtrostender Stähle von der Struktur.) Energomasionostroenie 13 (1967) 30—33.
532. RATA, J. M.: Erosion de cavitation. Symposium IAHR, Nice Sept. 1960.
533. RATA, J. M.: Bruit de cavitation. Symposium IAHR, Nice Sept. 1960.
534. RATA, J. M.: Détermination acaustique du seuil de cavitation. Méthodes et appareillage utilisés. 7èmes Journées de l'Hydraulique, S. H. F., Juni 1962.
535. SCHALNEW, K. K.: Kavitation von Schützennischen. Izv. Akad. Nauk SSSR, Otd. techn. Nauk, Mech. i Masino-Stroenie, Moskva 2 (1962) 57—64.
536. PETRIKAT, K.: Die „schwingungsanfachenden Kräfte" im Wehrbau. MAN Forschungsh. (1953) 69—100.
537. NAUDASCHER, E.: From flow instability to flow-induced excitation. Proc. Amer. Soc. Civ. Engrs. 93 (1967) HY 4, 15—40.
538. PETRIKAT, K.: Schwingungsanfachung, Schwingungsbeseitigung im Stahlwasserbau. Wasserwirtschaft 54 (1964) 213—225.
539. FISCHER, H.: Die Schwingungen am unterströmten Wehr und ihre Beseitigung. Mitt. Forsch.-Anst. Gutehoffn., Nürnberg 5 (1937) 125—134.
540. NAUDASCHER, E.: Die Schwingungserregung an gleichzeitig über- und unterströmten Wehrverschlüssen. Stahlbau 32 (1961) 113—121.
541. NAUDASCHER, E.: Beitrag zur Untersuchung der schwingungserregenden Kräfte an gleichzeitig über- und unterströmten Wehrverschlüssen. Techn. Mitt. Krupp 17 (1959) 230—275.
542. NAUDASCHER, E.: Vibration of gates during overflow and underflow. Proc. Amer. Soc. Civ. Engrs. 87 (1961) HY 5, 63—86.
543. NAUDASCHER, E.: Effect of interacting periodic wakes on the vibration of multi-leaf gates. IAHR, Leningrad 1965.
544. SEIFERT, R.: Über Schwingungen von Wehren. Z. VDI 84 (1940) 105—110.

545. THOMA, D.: Flatterschwingungen an Überfallstrahlen. Mitt. Hydr. Inst. TH München: Oldenbourg 1940.

546. FISCHER, H.: Die Beseitigung von Schwingungen an über- und unterströmten Wehren. Mitt. Forsch.-Anst. Gutehoffn., Nürnberg 5 (1937) 75–88.

547. MUELLER, H.: Beitrag zur Erforschung der Schwingungserscheinungen an überströmten Wehren. Wasserkraft u. Wasserwirtschaft 32 (1937) 61–64.

548. MÜLLER, O.: Das bei Überfall schwingende Wehr als selbsterregendes, gekoppeltes System unter Berücksichtigung gewisser Analogien zum Röhrensender und zur Zungenpfeife. Mitt. Preuss. Versuchsanst. f. Wasserb. u. Schiffbau Berlin (1937) Nr. 33.

549. PARTENSKY, H. W., KHLOEUNG, J. S.: Oscillations de lames déversantes non aérées. Proc. IAHR Fort Collins Sept. 1967, 4, 198–202.

550. NIKHILESH, R.: Hydrodynamic pressure oscillations around a conduit gate. Mitt. Franzius-Inst. TH Hannover (1966) Nr. 28.

551. KRUMMET, R.: Schwingungsverhalten von Verschlußorganen im Stahlwasserbau bei großen Druckhöhen, insbesondere von Tiefschützen. Forsch. Ing.-Wes. 31 (1965) 133 bis 141.

552. SHRI SOM PARKASH: Hoist chamber at Bhakra Dam. Faiture and repair battle, New Dehli: Caxton Press 1961.

553. ACKERMANN, H.: Schwingungen an unter- und überströmten Wehren und ihre Beseitigung. Bauing. 37 (1962) 337–344.

554. KRUMMET, R.: Untersuchungen von Schwingungserscheinungen am unteren Verschluß von zweier hintereinander angeordneter Tiefschützen. MAN Forschungsh. Nr. 11 (1963/64).

555. Hydraulic prototype tests of Tainter Valve, McNary Lock. US Army Engineer (Vicksburg), Report Nr. 2-552, Juni 1960.

556. LANGE, F.: Determination of vibrations on the vanes of a Hollow jet Valve, due to changing pressure. IAHR 1967, Nr. 4, S. 1188–1192.

557. MURPHY, TH. E.: Model and prototype obversation of gate oscillations. Kongreß IAHR, London 1963, Nr. 3.

558. PETRIKAT, K.: Vibrational phenomena observed on a lock inlet Flap-Gate. Proc. 8. Congr. IAHR, Montreal 1959.

559. FLAGSTAD, K., ANGELIN, S.: Vibration of arched stop-logs immersed in streaming water. Kongreß IAHR, Belgrad 1961.

560. PETRIKAT, K., UNNY, T. E.: Angefachte Schwingungen in Druckrohrleitungen von Talsperren, in Pumpenleitungen und Öldruckantrieben von Wehren. Wasserwirtschaft 55 (1965) 372–375.

561. ZOWSKI, TH.: Trashracks and raking equipment. Water Power 12 (1960) Nr. 9/10.

562. ABELEV, A. S.: Pulsations of hydrodynamic loads acting on bottom gates of hydraulic structures and their calculations methods. Kongreß IAHR, London 1963, Nr. 3.21.

563. CASTEX, L.: Etude de la vibration des barreaux de grille sous influence des tourbillons alternés. 7. Kongreß IAHR, 1957.

564. ESCANDE, L., CASTEX, L.: Etude experimentale de la manoeuvre des batardeaux en eau vive. Kongreß IAHR, The Hague 1955, D 16.

565. FURHMANN, O.: Schwingungsuntersuchungen an überströmten beweglichen Wehren. Diss. TH Berlin 1934.

566. GRCIC, J.: Predetermination of vibration positions of a flap gate. Kongreß IAHR, London 1963, Nr. 2.11, S. 81–88.

567. KOLKMANN, P. A.: Vibration tests in a model of a weir with elastic similarity on the Froude Scale. Proc. 8. Kongreß IAHR, Montreal 1959.

568. KOLKMANN: Analysis of vibration measurements on an underflow type of gate. Kongreß IAHR, London 1963, Nr. 3, S. 23.

569. LEVIN, L.: Etude hydraulique des grilles de prise d'eau. 7. Kongreß IAHR, 1957.

570. LEVIN, L.: Problèmes de perte de charge et de stabilité des grilles de prise d'eau. La Houille Blanche 22 (1967) 271–277.

571. MÜLLER, O.: Schwingungs-Untersuchungen an unterströmten Wehren. Mitt. d. Preuß. Versuchs-Anst. f. Wasserb. u. Schiffbau, Berlin 1933.

572. MURPHY, TH. E.: Model and prototype observations of gate oscillations. Kongreß IAHR, London 1963, Nr. 3.1, S. 1—8.
573. NAUDASCHER, E.: On the role of eddies in flow-induced vibrations. Kongreß IAHR, London 1963, Nr. 3.9.
574. PARISET, E.: Etude sur la vibration des lames deversantes. Laboratoire Dauphinois d'Hydraulique, Grenoble, France.
575. PARISET, E.: Study on vibration of weir nappes. Kongreß IAHR, The Hague 1955, C 21/1—15.
576. PETRIKAT, K.: Neue Versuchs-Einrichtungen und Ergebnisse von der Wasserbauversuchsanstalt der MAN Gustavsburg. MAN-Forschungsh. 1952, 2. Halbj.
577. PETRIKAT, K.: Schwingungsuntersuchungen an Stahlwasserbauten. Stahlbau (1955) Nr. 9 u. 12.
578. PETRIKAT, K.: Vibration tests on weirs and bottom gates. Water Power 10 (1958) Nr. 2 bis 5.
579. TOEBES, G. H.: Hydroelastic forces on hydraulic structures due to turbulent wake flows. Proc. Kongreß IAHR, Dubrovnik 1961.
580. Vibration, pressure and air — demand tests in flood — control sluice, Pine Flat Dam. US Army Engineer Waterways Exp. Stat. Vicksburg, Miss., 2-75, Febr. 1954.
581. Vibration and pressure — cell tests, flood — control Intake Gates, Fort Randall Dam. US Army Engineer Waterways Exp. Stat. Vicksburg, Miss., 2-435, Juni 1956.
582. WALTER, J., GANAPATHY, K. T., THOMAS, B.: Vibration characteristics of sluice gates. 10. Kongreß Amer. Soc. Civ. Engrs., Nr. 3, London 1963.
583. LAUCHT, H.: Von den Eigenschaften des Eises. Mitt. Franzius-Inst. TH Hannover 23 (1963) 196—225.
RUCK, K. W., FREUND, H.: Ergebnisse und Untersuchungen über Festigkeit von Ostsee- und Süßwasser-Eis. Bauing. 44 (1969) 338—343.
584. SCHWARZ, J.: Über die physikalischen Vorgänge bei Eisdruck. Mitt. Franzius-Inst. TU Hannover (1968) H. 31.
585. HEURITSCH, K.: Eisfreihaltung bei Wasserbauten mittels Druckluft nach dem „Zwei-Rohr-System". Hansa 97 (1960) Nr. 45/46, S. 2310—2312.
586. Compressed-air used for de-icing waterways. Civil Engng. 29 (1959) 369.
587. CLINCH, R. L., MILLMANN, R. N., ERICKSON, O. M.: Ice problems at McCormick Dam. Proc. Congr. IAHR, Montreal 1959.
588. STROWGER, E. B.: Ice problems in hydraulic structures. Proc. Congr. IAHR, Montreal 1959.
589. BIER, P. S.: Ice prevention at hydraulic structures. Water Power (April/Mai 1954) 136—141 u. 185—189.
590. MCCAIG, J. W., HAYDOCK, I. L.: Prevention of ice formation in low-level reservoir outlets. Proc. Congr. IAHR, Montreal 1959.
591. BÖCK, H.: Die Eisverhältnisse der Donau im Stauraum Jochenstein. Jochenstein AG Passau 1956.
592. DEVIK, O.: Present experience on ice problems connected with the utilisation of water power in Norway. IAHR 2 (1964) Nr. 1, S. 25—40.
593. v. GRUNDHERR, F.: Neuerungen auf dem Gebiet der Pegelstands-Fernmessung. Wasserwirtschaft 50 (1960) 85—89.
594. WEBER, E.: Wasserstand-Fernmessung nach dem Impulstelegrammverfahren. Siemens-Z. 27 (1953) 369—375.
595. TÜRK, B.: Fernmessung nach dem Puls-Code-Verfahren. Siemens-Z. 30 (1956) Nr. 5 bis 7, S. 351—357.
596. SORGE, S.: Grundsätzliches über das digitale Messen. ATM, Lieferung 246, Juli 1956, S. R 67—70.
597. v. GRUNDHERR, F.: Elektrische Durchflußregelung für Laufkraftwerke. In: Festschrift „50 Jahre VDE-Bezirksverein Nordbayern".
598. GÖTZ, J., GUTSMANN, A.: Anlagen und Einrichtungen der Schwachstromtechnik des Salzachkraftwerkes Schwarzach. Öst. Z. Elektrizitätswirtsch. 12 (1959) 165—168.

599. LANDSBERGER, R.: Anwendung der Fernwirktechnik für automatische Durchflußregelung in Laufwasserkraftwerken. Druck z. Tagung der Nachrichtentechn. Ges., Stuttgart Okt. 1961.
600. POLLER, G.: Beitrag zur Steuerung und Berechnung der Sektorwehre mit einem Berechnungsbeispiel. Z. VDI 105 (1963) 96—105.
601. GERMAR, F.: Automatic movable Barrages. 19. Int. Navigation Kongreß, London 1957.
602. Dachwehre mit selbsttätiger hydraulischer Steuerung. Voith-Prospekt.
603. REINICKE, H.: Das hydraulische Doppelplattenwehr, ein neuer Klappenverschluß, Wasserwirtschaft-Wassertechnik 4 (1954) 182—184.
604. GERMAR, FR.: Jezy Státuinakladatelstoi technické Literatury, Prag 1955.
605. Klappenwehre, Prospekt MAN-Werk, Gustàvsburg.
606. WICKERT, G., ANNEMÜLLER, H.: Fortschritte in der Entwicklung der Sektorsteuerung, Wasserwirtschaft 51 (1961) 59—64.
607. RADEMACHER, E.: Die selbsttätige Steuerung der Moselwehre. Z. VDI 108 (1966) 339 bis 343.
608. BOUVARD, M.: Barrages mobiles et prises d'eau en rivières. Collection du Laboratoire National d'Hydraulique, Eyrolles 1960.
609. HARTUNG, W.: Die Gestaltung der Auslaufbauwerke an Hochwasserrückhaltebecken. Wasserwirtschaft 55 (1965) 356—364.
610. JERMÁR, FR.: Jezy. Prag: Nakladatelstoi Československé Akademie VĚD 1959.
611. WICKERT, G.: Die automatische Steuerung der Oberstufe Kaprun. Elektrotechn. Z. 334, 78 (1957) 334.
612. OLYMPIEFF, M. A.: Influence de la boue en suspension dans l'eau sur le réglage du niveau amont de la retenue de mechra homadi. Proc. 8. Kongreß IAHR, Montreal 1959.
613. Steuerklappen mit selbsttätiger Steuerung. Wass. u. Boden 18 (1966) Nr. 4, S. 129.
614. ACKERMANN, H.: Die Steuerung der Wehrschützen Deizisau. Bauing. 44 (1969) 152 bis 153.
615. THEDE, H.: Fernzeiger- und Fernsteueranlagen für die Schleusen des Saimaa-Kanals. Wasserwirtschaft 59 (1969) 12—17.
616. VAN OETEREN: Anstrich- und rostschutzgerechte Gestaltung der Konstruktion. Werkstoffe, Korrosion 9 (1958) 197—202.
617. PANHÄUSER, K.: Anstrichtechnisch richtige Gestaltung von Konstruktionen. Industrie-Lackier-Betrieb Nr. 11, S. 238.
618. DUNKER, R. W.: Atmosphärischer Rostschutz. Bedeutung der Oberflächenvorbehandlung und anstrichgerechter Konstruktionen. Chem.-Ing.-Techn. 25 (1953) 641—696.
619. BURTON, W. H.: Design process equipment. Critical factor in unit design is corrosion, Mater. Protect. 6 (1967) 22—27.
620. COBURN, S. K.: Designing to prevent corrosion. Protection of equipment should begin at the drawing board. Mater. Protect. 6 (1967) 33—39.
621. VAN OETEREN: Korrosionsschutz durch Anstrichstoffe. Stuttgart: Wasserwirtschaftl. Verlagsges. 1961.
622. DAEVES, K., MEWES, K. F., SCHULZ, S. H.: Über die Einflußgrößen und die Auswertung der Naturrostungsversuche bei unlegierten und schwachlegierten Stählen. Korrosion u. Metallschutz 19 (1943) 233—259.
623. ILLIGER: Korrosionsuntersuchungen an Stahlspundwänden des Rhein-Herne-Kanals und des Dortmund-Ems-Kanals. Bautechnik 33 (1956) 190—195.
624. STÜDEMANN, G.: Korrosion an Stahlspundwänden. Schiff u. Hafen, Sonderh.: Vorträge und Erörterung der Fachtagung „Korrosion und Korrosionsschutz am Schiff und im Hafen" (1960) 68—82.
625. WOLLIN, G.: Korrosion im Grund- und Wasserbau. Bautechnik 40 (1963) 37—41.
626. Corrosion of Welded Steel in Seewater. Lasttechnik 28 (1962) Nr. 3L, S. 61—81.
627. MÜLLER, H. U.: Schweißprobleme bei Stahlkonservierungen. Oerlikon-Schweißmitt. 12 (1967) 14.
628. MÜLLER, H. U.: Schweißprobleme bei der Stahlkonservierung. Stahlbau 37 (1968) Nr. 9, S. 286—288.

629. SEILS, A., KRANITZKY, W.: Der Korrosionsschutz im Inneren geschlossener Hohlkästen. Stahlbau 28 (1959) Nr. 2, S. 46—53.
630. Der Bundesminister für Verkehr: Anweisung für die Anwendung von HV-Verbindungen. Stahlbau 7 (1962) 215.
631. WOLLIN, G., LOCKAU, S.: Korrosion und Wasserzusammensetzung. Hansa 96 (1959) 1896—1900.
632. WOLLIN, G.: Korrosionserscheinungen im Hafen bzw. Wasserbau. Schiff u. Hafen, Sonderh.: Vorträge und Erörterung der Fachtagung „Korrosion und Korrosionsschutz am Schiff und im Hafen" (1960) 65—67.
633. Deutsche Bundesbahn: Technische Vorschriften für den Rostschutz von Stahlbauwerken (Rost) 1963.
634. DIN 18364: Oberflächenschutzarbeiten an Stahl und Oberflächenschutzarbeiten (Anstriche) an Aluminiumlegierungen.
635. Skalen für Rostgrad von Stahloberflächen und deren Güteklasse bei der Vorbereitung des Untergrundes vor dem Schutzanstrich. Ausgearb. v. Korrosionsausschuß der Kgl. Schwed. Akademie d. Ing.-Wissensch.
636. DIN 55928: Schutzanstrich von Stahlbauwerken.
637. DIN 8565: Rostschutz von Stahlbauwerken durch Metallspritzen.
638. Beratungsstelle für Stahlverwendung, Düsseldorf: Oberflächenschutz von Stahl durch Anstriche. Merkblatt DK 621 7953.
639. KRENKLER, K.: Die neue Entwicklung auf dem Gebiet der Rostschutzanstriche. Werkstoffe u. Korrosion 10 (1959) 1—15.
640. KRENKLER, K.: Rostschutz von Stahlbauwerken. Werkstoffe u. Korrosion (1954) 441—451.
641. VAN OETEREN: Anstriche für Unterwasserbeanspruchung. Werkstoffe u. Korrosion 11 (1960) 209—212.
642. DIN 55946: Bituminöse Stoffe.
643. HAYSSEN, D.: Heißkonservierung im Schiff- und Stahlwasserbau. Z. Bitumen (1952) Nr. 5.
644. Bundesanstalt für Wasserbau, Karlsruhe: Mitteilungsblatt Nr. 17, Januar 1962, Sonderh. Korrosionsversuche.
645. Pipeline is pulled across the Rhine in one piece. World Construction 21 (1968) 54—58.
646. Schützende Auskleidungen und Anstriche aus Neoprene, Hypalon und Viton, Synthetische Elastomere. Druckschrift d. Fa. Du Pont.
647. SCHRÖDER, H. TH.: Das Verhalten von Metall- und Kunststoffüberzügen und von Rostschutzanstrichen in Hafen-, Meer-, Fluß- und Kanalwasser. Schiff u. Hafen, Sonderh.: Vorträge und Erörterung der Fachtagung „Korrosion und Korrosionsschutz am Schiff und im Hafen" (1960) 96—104.
648. HESS, P. M.: Coating research extends gate life. Sonderdr. Electrical World, 6. April 1953.
649. ROEHLE, W.: Die Erprobung von Konservierungsmaßnahmen für Stahlwasserbaukonstruktionen am Wehrfeld 5 des Donaukraftwerkes Ybbs-Persenbeug. Stahlbau-Rundsch. (1965) Nr. 28.
650. ROEHLE, W.: Vergleiche zwischen konservativem und neuzeitlichem Korrosionsschutz. Bauing. 42 (1967) 330—333.
651. VAN OETEREN: Die Bedeutung der Schichtdicke bei Korrosionsschutzanstrichen. Werkstoffe u. Korrosion (1961) 752—758.
652. SEILS, A.: Erläuterungen zu den „Technischen Vorschriften für den Rostschutz von Stahlbauwerken" (Rost) der Deutschen Bundesbahn, gültig seit 15. März 1957. Stahlbau 27 (1958) 126—131.
653. GLOOR, R.: Vollbadverzinkung als Unterwasserrostschutz. Bull. schweiz. elektrotechn. Ver. 43 (1952) 984—990.
654. VAN OETEREN: Feuerverzinkung und Anstrich ein ideales Korrosionsschutzsystem. Sonderdr. aus: Das Deutsche Malerblatt (1960) Nr. 1.
655. SCHWEIZER, F. W., MOLL, G.: Erfahrungen mit Spritzverzinkung an Stauwehrschützen. Bull. schweiz. elektrotechn. Ver. 43 (1952) 980—983.

656. Oertli: Erfahrungen mit Spritzverzinkungen als Unterwasser-Rostschutz. Bull. schweiz. elektrotechn. Ver. 43 (1952) 973–979.
657. v. Hofe, H.: Hochwertiger Rostschutz durch Metallspritzen. Der Maschinenschaden 28 (1955) 3–11.
658. Lacher, G.: Über die Grundlagen des Metallspritzens. Stahlbau (1963) 26–27.
659. Halls, E. E.: Sprayed zinc coating for the protection of iron and steel. Metal Spraying 4 (1954) 280–284 u. 315–321.
660. Korrosionsschutz durch Zink. Sonderh. d. Zinkberatung e. V. Düsseldorf.
661. Kowalski, Z.: Korrosionsschutz von Stahlwasserbauten durch flammgespritzte Zinküberzüge. Werkstoff u. Korrosion 10 (1959) 357–363.
662. Delhees, F.: Zinkstaubanstriche im Stahlbau. Galvanotechn. Oberflächenschutz 8 (1967) 131–134.
663. Delpeuc'h, Y.: Les revêtements par métallisation au zinc pour la protection de l'acier contre la corrosion en eau de mer. Neuf ans d'expérience. Corr. Trait. Protect. 15 (1967) 238–245.
664. Fischer, H. W.: Einfluß des Prüfverfahrens auf die Bewertung der Korrosionsbeständigkeit von Metallen und metallischen Schutzschichten. IfL-Mitt. Dresden 6 (1967) 19–23.
665. Flame-sprayed aluminium coating. Mater. Protect. 6 (1967) 58.
666. Mason, G.: Influence of zinc dust loadings. Zinc-rich paints in highly corrosive environments. Mater. Protect. 6 (1967) 43–46.
667. Newnham, H. A.: The role of metallic lead in anticorrosive paints. Anti Corrosion, London 1 (1967) 14.
668. van Oeteren: Sollen Stahlkonstruktionen, die zum Teil einbetoniert bzw. eingefacht werden, an den einzubetonierenden bzw. einzufachenden Stellen vorher gestrichen werden? Werkstoffe u. Korrosion (1962) 741.
669. Die Gewährleistung bei Anstricharbeiten und ihre technischen Voraussetzungen. Hsgb. v. Hauptverband des Deutschen Malerhandwerks. Technik u. Werkstoffe (1960) 1–4.
670. VOB DIN 1960/1961.
671. Richtlinien für die Ausführung und Unterhaltung von Rostschutzanstrichen an Stahlwasserbauten. Ausgabe 1965, Verkehrsblatt 19 (1965) 141–180.
672. Zscherpe, E.: Elektrochemischer Korrosionsschutz. Z. VDI 107 (1965) 17–18.

D. Maschinelle und elektrische Ausrüstung

673. Striebeck: Belastungen von Wälzrollen. Z. VDI 46 (1902) 121.
674. Wetz, H., Hakenjos, V.: Gleitreibungsuntersuchungen mit Polytetrafluoräthylen bei hin- und hergehender Bewegung. Bautechnik 44 (1967) 159–166.
675. Hütte, 28. Aufl., Bd. 1, S. 738 u. S. 965.
676. Schaaf, F. W.: Zur Frage der Verwendungsmöglichkeit von Laufrädern mit Pendellagern. Stahlbau 37 (1968) 315–317.
677. Laufer, M., Schmausser, G.: Ölhydraulische Antriebe im Stahlwasserbau. Bauing. 34 (1959) 417–427.
678. Roth, W., Christ, H.: Ausknicken eines abgesenkten Teleskoprohres durch Innendruck. Konstruktion 14 (1962) 109–111.
679. Lang, H.: Der optimale Betriebsdruck für Arbeitszylinder. Ölhydraulik u. Pneumatik 5 (1961) 164–166.
680. Zusammenstellung Fa. H. Bieri AG, Liebefeld-Bern, Schweiz.
681. Amstutz, E.: Stauschützen mit ölhydraulischem Antrieb. Schweiz. Bauztg. 74 (1956) 370–374.
682. Wüster, D.: Fahrbarer elektrischer Schützenantrieb. Öst. Wasserwirtsch. 15 (1963) 152.
683. Heckel, K., Schneeweiss, G.: Druckstöße in Servomotoren von Schnellschlußschützen. In: Stahlbau und Baustatik — Aktuelle Probleme. Wien/New York: Springer 1965.
684. Ackermann, H.: Die UW-Fallschützen des Sennarkraftwerkes im Sudan. Bauing. 39 (1964) 148–151.

685. VOLK, W.: Absperrorgane in Rohrleitungen (Konstruktionsbücher Bd. 18), Berlin/Heidelberg/New York: Springer 1959.
686. FISCHER, F., SCHWARZ, E.: Neue vollhydraulische angetriebene Tore für die Schleuse Heidelberg. Bautechnik 44 (1967) 113—119.
687. Wasserbauanlagen in USA, Darmstadt: Otto Elsner 1961.
688. HARTUNG, F.: Warum einseitig angetriebene Wehrverschlüsse? Bauing. (1939) 405—410.
689. CAILLEZ, H., FARAL, M.: La description générale de l'usine maremotrice et de son équipment électromécanique. Revue Française de l'Énergie 17 (1966) 769—809.
690. SCHMAUSSER, G.: Stahlwasserbau-Ausrüstung des Mariental-Staudamms in Südwestafrika. Bautechnik 41 (1964) 37—43.
691. SCHMAUSSER, G.: Stahlwasserbau-Ausrüstung des Mariental-Staudammes in Südwestafrika. Demag Nachrichten 179 (1965) 17901—17906.

E. Sonstiges

692. STÜSSI, F.: Theorie und Praxis im Stahlbau. Acier — Stahl — Steel (1958) 77—85.
693. WOLF, W.: Die Zusammenarbeit zwischen Konstrukteur und Werkstatt. Dt. Stahlb.-Verb., Köln 1953.
694. ROEHLE, W.: Moderner Stahlwasserbau an der Donau. Strom aus Ybbs-Persenbeug, Okt. 1957, ÖDKW, 50—55.
695. FUCHS, H.: Über den Bau von Schleusen und Wehren unter Aufrechterhaltung der Schiffahrt. Sonderdr. aus den dt. Berichten zum 18. Int. Schiffahrtskongr., Rom 1953. BVM Bonn.
696. FRANCKE, P.: Entwicklung und Erfahrung im wasserbaulichen Versuchswesen. Öst. Wasserwirtschaft 15 (1963) 70—76.
697. WITTMANN, H., BÖSS, P.: Wasserbauliches Versuchswesen, in: Taschenbuch für Bauingenieure, Hrsg. F. SCHLEICHER, Berlin/Göttingen/Heidelberg: Springer 1949.
698. KOHLHASE, S.: Elektroanalogversuche und Hele-Shaw-Strömungen. Mitt. Franzius-Inst. TU Hannover, H. 31 (1968) 234—245.
699. PETRIKAT, K.: Möglichkeiten und Grenzen des wasserbaulichen Versuchswesens. Mitt. Inst. Wasserwirtsch. Grundb. u. Wasserbau TH Stuttgart (1966) 121—182.
700. WICKERT, G.: Hochwasserentlastungsanlagen mit kreisförmiger Überlaufkrone. Bauing. 30 (1955) 263.
701. LIEBEL, A.: Die Grundblasschützen des Kaunertalkraftwerkes. Bauing. 43 (1968) 393—395.
702. SEUS, G. J.: Die Anfangskavitation. Versuchsanst. f. Wasserbau TH München, Nr. 8, 1966.

F. Nachtrag

703. FRANKE, P. G.: Abriß der Hydraulik, H. 1, Hydrostatik. Wiesbaden: Bauverlag 1970.
704. FRANKE, P. G.: The determination of discharge below gates in case of variable tailwater conditions. Journal of Hydraulic Research 7 (1969) Nr. 4, S. 433—447.
705. FRANKE, P. G.: Abriß der Hydraulik, H. 3, Abfluß aus Öffnungen. Wiesbaden: Bauverlag 1970.
706. VALENTIN, F.: Bestimmung des Abflusses unter Planschützen bei veränderlichem Unterwasserstand. Bautechnik 47 (1970) Nr. 3, S. 103—106.
707. KOLLBRUNNER, C. F.: Sektor-Haken- und Sektor-Klappen-Schützen. Schweiz. Bauzeitung 71 (1953) Nr. 23, S. 335—338.
708. KOLLBRUNNER, C. F., MILOSAVLJEVIC, S.: Verschlußarten beim Stahlwasserbau. Mitt. über Forschung und Konstruktion im Stahlbau, Nr. 35/3, Febr. 1969, Leemann, Zürich.
709. ROEHLE, W.: Der Stahlwasserbau an der österreichischen Donau. Rückblick und Ausblick. ÖZE 22 (1969) Nr. 4, S. 161—172.

710. ZIMMERMANN, J.: Widerstand schräg angeströmter Rechengitter, H. 157. Versuchsanstalt für Wasserbau u. Kulturtechnik, Universität Karlsruhe, 1969.
711. WILK, W.: Die Schleusen des Rhein-Seitenkanals bei Vogelgrün. Stahlbau 32 (1963) H. 3, S. 88—91.
712. RUCK, K., FREUND, H.: Ergebnisse und Untersuchungen über Festigkeit von Ostsee- und Süßwasser-Eis. Bauing. 44 (1969) Nr. 9, S. 338—343.
713. SCHWARZ, J.: Treibeisdruck auf Pfähle. Mitt. Franzius-Inst. TU Hannover, H. 34 (1970) 91-193.
714. SCHWARZ, H.J.: Entwicklungstendenzen im Bau von Grundablaß-Schützen. Schw. Talsperrentechnik 42 (1970).
715. ACKERMANN, H.: Zur Frage von Störkörpern auf absenkbarer Wehrkrone. Bauing. 46 (1971) 22—25.
716. HEBBERLING, H.: Zur Rostschutzfrage. Bauing. 46 (1971) 29—30.
717. Empfehlungen des Arbeitsausschusses „Ufereinfassungen“. Berlin: Ernst u. Sohn 1971.
718. Die Klappensegmentverschlüsse für das Ehnskraftwerk Weyer. Österr. Stahlb.-Rundschau 36 (1971) 12.

Verzeichnis der Firmen-Kurznamen

Von folgenden Firmen, Gesellschaften oder Verwaltungen, für die nachfolgende Abkürzungen gewählt sind, wurden freundlicherweise Unterlagen für dieses Buch zur Verfügung gestellt:

Alsacienne	Société Alsacienne de Constructions Mécaniques, Paris (Frankreich)
Arb. Gem. 1	Arbeitsgemeinschaft Buss AG, Basel; Dinglerwerke AG, Zweibrücken; Wartmann u. Cie. A. G., Brugg/Zürich; Eisenbau Whylen A. G., Whylen
Arb. Gem. 2	Arbeitsgemeinschaft Rheinstahl Union, Dortmund; Demag, Düsseldorf; Dinglerwerke A. G., Zweibrücken; G. H. H. Sterkrade; Aug. Klönne, Dortmund; Fried. Krupp, Rheinhausen; MAN Gustavsburg; SSW Erlangen; AEG, Frankfurt
Bechtel	Bechtel Corporation, Engineers-Constructors, San Francisco, Los Angeles (USA)
Bell	Bell u. Cie. AG, Kriens (Schweiz)
Bouchayer	Bouchayer u. Viallet, Grenoble (Frankreich)
Bund	Bundesanstalt für Wasserbau, Karlsruhe (Deutschland)
Buss	Buss AG, Basel (Schweiz)
Calzoni	Società Allesandro Calzoni, Bologna (Italien)
Canadian	Canadian Vickers Ltd., Montreal (Canada)
Charmilles	Ateliers des Charmilles S. A., Genf (Schweiz)
Dingler	Dinglerwerke AG, Zweibrücken (Deutschland)
Dominion	Dominion Bridge, Montreal (Canada)
E. D. F.	Electricité de France, Paris (Frankreich)
Eilers	Louis Eilers, Eisenhoch- u. Brückenbau, Hannover (Deutschland)
English	English Electric Company Limited, Stafford (England)
Escher	Escher-Wyss, Zürich (Schweiz); Ravensburg (Deutschland)
Fargo	Fargo Engineering Company (USA)
Gates	The Gates Rubber Company, Sales Division INC., Denver (USA)
GHH	Gutehoffnungshütte Sterkrade AG, Werk Sterkrade (Deutschland)
Gibb	Sir Alexander Gibb and Partners, London (England)
Glenfield	Glenfield and Kennedy Ltd., Kilmarnock (Schottland)
Goodwin	A. E. Goodwin Ltd., Sydney (Australien)
Gruner	Ingenieurbüro Gruner, Basel (Schweiz)
Hagenuk	Hagenuk, Kiel (Deutschland)
Harza	Harza Ingineering Company, Chicago (USA)
Howaldt	Kieler Howaldtswerke, Kiel (Deutschland)
Hydroprojekt	Hydroprojekt, Bratislava (Tschechoslowakei)
I. H. C.	Industurieele Handelscombinatie Holland, Den Haag (Holland)
International	International Engineering Company INC., San Francisco (USA)
Ishikawajima	Ishikawajima Heavy Industries Co. Ltd. (Japan)
Jonneret	Atelieres de Construction SA., Jonneret, Genf (Schweiz)
Kaiser	Kaiser Engineers and Constructors, INC., Oakland (USA)
Klönne	Aug. Klönne, Dortmund (Deutschland)
Krupp	Fried. Krupp Maschinen und Stahlbau Rheinhausen, Rheinhausen (Deutschland)
Lab.	Theodor Rehbock, Flußbaulaboratorium, Universität Karlsruhe (Deutschland)
Maier	Maschinenfabrik B. Maier, Brackwede (Deutschland)
MAN	Maschinenfabrik Augsburg-Nürnberg A. G., Werk Gustavsburg (Deutschland)
ME	Maschinenfabrik Esslingen, Esslingen (Deutschland)
Metcalf	Metcalf and Eddy, Engineers, Boston (USA)
Metrawatt	Metrawatt A. G., Nürnberg (Deutschland)
Ministere	Ministere des Travaux Publics, Brüssel (Belgien)
Mosel	Internationale Mosel-Gesellschaft m. b. H., Trier (Deutschland)

Neyrpic	ETS. Neyrpic, Constructions Mecaniques et Hydrauliques, Grenoble (Frankreich)
Noell	Gg. Noell u. Co., Würzburg (Deutschland)
ÖDKW	Österreichische Donaukraftwerke AG., Wien (Österreich)
Ransomes	Ransomes and Rapier, Ipswich (England)
RIJ	Rijkswaterstraat, Bruggen (Holland)
RMD	Rhein-Main-Donau AG., München (Deutschland)
RU	Rheinstahl Union AG., Dortmund (Deutschland)
Sakai	Sakai Iron Works Co., Ltd., Osaka (Japan)
Schneider	Société des Forges et Ateliers du Creusot, Paris (Frankreich)
Seibert	Stahlbau Seibert, Aschaffenburg (Deutschland)
Shawinigan	Shawinigan Engineering Co., Ltd., Consulting Engineers, Quebec (Canada)
Siemens	Siemens-Schuckertwerke AG., Erlangen (Deutschland)
Smith	S. Morgan Smith Company, York (USA)
Southern	Southern California Edison Company, Los Angeles (USA)
State Rivers	State Rivers and Water Supply Commission, Melbourne (Australien)
Terni	Terni Società per l'Industria e l'Elettricitá, Rom (Italien)
TVA	Tennessee Valley Authority, Knoxville (USA)
US Bureau	Bureau of Reclamation, Denver (USA)
US Corps	Corps of Engineers, Washington (USA)
Vöest	Vereinigte Österreichische Eisen- und Stahlwerke, Linz (Österreich)
Voith	J. M. Voith GmbH., Heidenheim (Deutschland)
v. Roll	v. Roll'sche Eisenwerke AG., Gerlafingen (Schweiz)
Waagner	Waagner-Biró, Wien-Graz (Österreich)
Wartmann	Wartmann u. Cie AG, Brugg/Zürich (Schweiz)
Wasser	Wasser- u. Schiffahrtsdirektion, Münster (Deutschland)
Waterbouwkundig	Waterbouwkundig Laboratorium Borgerhout-Antwerpen (Holland)
Whylen	Eisenbau Whylen A. G., Whylen (Schweiz)
Zschokke	Conrad Zschokke AG., Döttingen (Schweiz)

Sachverzeichnis

721/7/71 — III/18/203

GPSR Compliance

The European Union's (EU) General Product Safety Regulation (GPSR) is a set of rules that requires consumer products to be safe and our obligations to ensure this.

If you have any concerns about our products, you can contact us on ProductSafety@springernature.com

In case Publisher is established outside the EU, the EU authorized representative is:

Springer Nature Customer Service Center GmbH
Europaplatz 3
69115 Heidelberg, Germany

Batch number: 10684222

Printed by Printforce, the Netherlands